U0436022

公共建筑给水排水设计手册

（下　册）

周建昌　编著

中国建筑工业出版社

图书在版编目（CIP）数据

公共建筑给水排水设计手册. 下册 / 周建昌编著.
北京 ：中国建筑工业出版社，2025. 5. -- ISBN 978-7
-112-31116-3

Ⅰ. TU82-62

中国国家版本馆 CIP 数据核字第 2025XL4787 号

目　录

上　册

下 册

第 14 章　科研建筑给水排水设计

科研建筑是进行科研活动的建筑空间和场所。

科研建筑组成，见表 14-1。

科研建筑组成表　　**表 14-1**

序号	组成	说明
1	科研通用实验区	包括开放实验室、封闭实验室与书写记录工作区等
2	科研专用实验区	包括洁净实验室、生物安全实验室、生物培养室（包括准备室、前室、生物培养间、器械消毒及清洗间等）、实验动物实验设施、天平室、电子显微镜室（包括电镜间、过渡间、准备间、切片间、涂膜间及暗室等）、谱仪分析室、基因扩增实验室和使用放射性同位素与射线装置的实验室等
3	科研办公区	包括开放研讨区、研究工作室、学术活动室、学术报告厅（附设休息室、接待室、器材室和储藏间等）、科研图书室、资料室、科研档案室（包括档案收藏、业务技术、对外服务和办公等空间）等
4	科研展示区	
5	科研教学实验区	包括学生实验室、教学观摩实验室、管理员室和非实验储物空间与场所
6	科研试验区	包括普通试验室、特殊试验室及控制室、试验空间等
7	野外科学观测研究站	

科研建筑给水排水设计应符合现行国家标准《城市给水工程项目规范》GB 55026、《城乡排水工程项目规范》GB 55027、《建筑给水排水设计标准》GB 50015、《建筑防火通用规范》GB 55037、《消防设施通用规范》GB 55036、《建筑设计防火规范》GB 50016 和《消防给水及消火栓系统技术规范》GB 50974 等的规定。根据科研建筑的功能设置，其给水排水设计涉及的现行行业标准为《科研建筑设计标准》JGJ 91、《办公建筑设计标准》JGJ/T 67、《图书馆建筑设计规范》JGJ 38 及《档案馆建筑设计规范》JGJ 25 等。科研建筑若设置中水系统，其设计涉及的现行国家标准为《建筑中水设计标准》GB 50336。科研建筑若设置管道直饮水系统，其设计涉及的现行行业标准为《建筑与小区管道直饮水系统技术规程》CJJ/T 110。

14.1　生活给水系统

14.1.1　用水量标准

1. 生活用水量标准

科研建筑用水定额应按科研工艺要求确定。《水标》中科研建筑相关功能场所生活用水定额，见表 14-2。

科研建筑生活用水定额表 表 14-2

序号	建筑物名称		单位	生活用水定额（L）		使用时数（h）	最高日小时变化系数 K_h
				最高日	平均日		
1	科研楼	化学	每工作人员每日	460	370	8～10	2.0～1.5
		生物		310	250		
		物理		125	100		
		药剂调制		310	250		
2	科研办公	坐班制办公	每人每班	30～50	25～40	8～10	1.5～1.2
3	会议厅		每座位每次	6～8	6～8	4	1.5～1.2

注：1. 除注明外，均不含员工生活用水，员工最高日用水定额为每人每班 40～60L，平均日用水定额为每人每班 30～45L；

2. 表中用水量标准为生活用水，包括生活用热水用水量和直饮水用量，也包括正常漏水量和间接用水量，如清洁用水在内；但不包括空调、采暖、水景绿化、场地和道路浇洒等用水；

3. 计算科研建筑最高日最大时用水量时，某一类型生活用水定额、最高日小时变化系数（K_h）均为一个范围值时，生活用水定额取定额的最低值应对应选择最高日小时变化系数（K_h）的最大值；生活用水定额取定额的最高值应对应选择最高日小时变化系数（K_h）的最小值；生活用水定额取定额的中间值应对应选择最高日小时变化系数（K_h）的中间值（按内插法确定）。

《节水标》中科研建筑相关功能场所平均日生活用水节水用水定额，见表 14-3。

科研建筑平均日生活用水节水用水定额表 表 14-3

序号	建筑物名称		单位	节水用水定额
1	科研办公	坐班制办公	L/(人·班)	25～40
2	会议厅		L/(座位·次)	6～8

注：1. 除注明外均不含员工用水，员工用水定额每人每班 30～45L；

2. 表中用水量包括热水用量在内，空调用水应另计；

3. 选择用水定额时，可依据当地气候条件、水资源状况等确定，缺水地区应选择低值；

4. 用水人数或单位数应以年平均值计算；

5. 每年用水天数应根据使用情况确定。

2. 绿化浇灌用水量标准

科研建筑院区绿化浇灌最高日用水定额按浇灌面积 1.0～3.0L/(m^2·d) 计算，通常取 2.0L/(m^2·d)，干旱地区可酌情增加。

3. 浇洒道路用水量标准

科研建筑院区道路、广场浇洒最高日用水定额按浇洒面积 2.0～3.0L/(m^2·d) 计算，亦可参见表 2-8。

4. 空调循环冷却水补水用水量标准

科研建筑空调循环冷却水补充水量，按公式（1-3）计算，亦可由暖通空调专业提供。

5. 汽车冲洗用水量标准

汽车冲洗用水量标准按 10.0～15.0L/(辆·次) 考虑。

6. 供暖锅炉补充水量

供暖锅炉补充水量由暖通空调、热能动力专业提供。

7. 给水管网漏失水量和未预见水量

这两项水量之和按上述 6 项用水量（第 1 项至第 6 项）之和的 8%～12%计算，通常按 10%计。

最高日用水量（Q_d）应为上述 7 项用水量（第 1 项至第 7 项）之和。

最大时用水量（Q_{hmax}）可按公式（1-4）计算。

14.1.2 水质标准和防水质污染

1. 水质标准

科研建筑生活给水系统水质应按科研工艺要求确定。科研建筑中的生活用水部分，如卫生间用水（冲厕用水除外）、饮用水、一般实验室用水以及消防与科研、生产、生活共用的给水系统中的消防用水等，均应符合现行国家标准《生活饮用水卫生标准》GB 5749 的要求。科研建筑中科研、生产用水水质，则有高纯水（电阻率 15～18MΩ·cm，25℃），纯水，一级除盐水（电阻率 0.1～0.2MΩ·cm，25℃），二级除盐水（电阻率 1～5MΩ·cm，25℃），蒸馏水（电阻率 0.5～5MΩ·cm，25℃）等多种。

野外科学观测研究站或试验场站供水水源可采用地下水或地表水，一般以地下水为主。水源选定应符合下列规定：供水距离宜短，水量应充足；水源地应选在居住区和污染源的上游；重要水生生物栖息地不应用作水源；饮用水接入处应设置水质检测设备，饮用水水质应符合现行国家标准《生活饮用水卫生标准》GB 5749 的有关规定。

2. 防水质污染

科研建筑防止水质污染常见的具体措施，参见表 2-9。

14.1.3 给水系统和给水方式

1. 科研建筑生活给水系统

典型的科研建筑生活给水系统原理图，参见图 4-1。

2. 科研建筑生活给水供水方式

科研建筑生活给水应尽量利用自来水压力，当自来水压力缺乏时，应设内部贮水箱，其贮备量按日用水量确定。

科研建筑生活给水供水方式，参见表 6-7。

3. 科研建筑生活给水系统竖向分区

科研建筑应根据建筑内功能的划分和当地供水部门的水量计费分类等因素，设置相应的生活给水系统，并应利用城镇给水管网的水压。

宿舍建筑生活给水系统竖向分区应根据的原则，见表 14-4。

宿舍建筑生活给水系统竖向分区原则表　　表 14-4

序号	生活给水系统竖向分区原则
1	生活给水系统应满足给水配件最低工作压力要求，且最低配水点静水压力不宜大于 0.45MPa，超过时宜进行竖向分区。设有集中热水系统时，最大分区压力可为 0.55MPa。水压大于 0.35MPa 的配水横管宜设置减压设施
2	生活给水系统用水点处供水压力不宜大于 0.20MPa，并应满足卫生器具工作压力的要求
3	生活给水系统用水点处供水压力应满足科研工艺要求

科研建筑生活给水系统竖向分区确定程序，见表14-5。

生活给水系统竖向分区确定程序表 表14-5

序号	竖向分区确定程序
1	根据科研建筑院区接入市政给水管网的最小工作压力确定由市政给水管网直接供水的楼层
2	根据市政给水直供楼层以上楼层的竖向建筑高度合理确定分区的个数及分区范围
3	根据需要加压供水的总楼层数，合理调整需要加压的各竖向分区，使其高度基本一致

4. 科研建筑生活给水系统形式

科研建筑生活给水系统通常采用下行上给式，设备管道设置方法参见表9-9。

14.1.4 管材及附件

1. 生活给水系统管材

科研建筑生活给水系统给水管道应选用耐腐蚀、安装连接方便可靠、符合国家现行有关产品标准要求及饮用水卫生要求的管材，常用管材包括薄壁不锈钢管、薄壁铜管、PVC-C（氯化聚氯乙烯）冷水用管、钢塑复合管、内衬不锈钢复合钢管、铝塑复合管等。

2. 生活给水系统阀门

科研建筑生活给水系统设置阀门的部位，参见表4-7。科研建筑从给水干管引入实验室的每根支管上，应装设阀门。

3. 生活给水系统止回阀

科研建筑生活给水系统设置止回阀的部位，参见表4-8。

4. 生活给水系统减压阀

科研建筑配水横管静水压大于0.20MPa的楼层各分区内给水支管起端应设置减压阀，减压阀位置在阀门之后。

5. 生活给水系统水表

科研建筑给水系统的引入管上应设置水表。水表宜设置在室内便于抄表位置；在夏热冬冷地区及严寒地区，当水表设置于室外时，应采取可靠的防冻胀破坏措施。

科研建筑生活给水系统按分区域计量原则设置水表，生活给水系统设置水表的部位，参见表3-14。科研建筑从给水干管引入实验室的每根支管上有计量要求的，应装设计量水表。

6. 生活给水系统其他附件

生活水箱的生活给水进水管上应设自动水位控制阀。

科研建筑生活给水系统设置过滤器的部位，参见表2-19。

科研建筑内公共卫生间的洗手盆水嘴应采用非接触式或延时自闭式水嘴，通常采用感应式水嘴；小便斗、大便器应采用非手动开关；无菌室的洗手盆应采用感应式或延时自闭式水嘴。用水点非手动开关的型式，参见表2-20。

科研建筑中使用强酸、强碱等有化学品危险隐患的实验室，应就近设置应急洗眼器及应急喷淋装置。应急喷淋装置可设置在实验室内，也可设置在多个实验室的公共走廊。应急喷淋装置及应急洗眼器须满足一定时间的冲洗要求，具体参数（如供水流速和供水时间）为：紧急洗眼（脸）器要求供水流速11.4L/min，连续供水15min以上；紧急喷淋装置要求供水流速75.7L/min，连续供水15min以上。

14.1.5 给水管道布置及敷设

1. 室外生活给水系统布置与敷设

科研建筑院区的室外生活给水管网应布置成环状管网，管径宜为DN150。环状给水管网与市政给水管网的连接管不宜少于2条，引入管管径宜为DN150、不宜小于DN100。

科研建筑院区室外生活给水管道与其他地下管线及乔木之间的最小净距，参照表1-25规定。

2. 室内生活给水系统布置与敷设

科研建筑室内生活给水管道通常布置成支状管网，单向供水，宜沿室内公共区域敷设。科研建筑生活给水管道不应布置的场所，参见表2-21。

科研建筑实验用房的给水管道应沿墙柱、管井、实验台夹腔、通风柜内衬板等部位布置，不应露明敷设在有恒温恒湿要求的房间内以及贵重仪器设备的上方。

科研建筑实验用房内，遇水会迅速分解、燃烧、爆炸或损坏的物品的存储或实验区不得布置给水管道。

藏品库房内不应设置除消防以外的给水点，给水管道不应穿越库区。

给水立管不应安装在与陈列区相邻的内墙上。

3. 室内给水管道防护

室内生活给水横干管、立管超过50m时，宜设伸缩补偿装置。

4. 生活给水管道保温

科研建筑敷设在有可能结冻的房间、地下室及管井、管沟等处的给水管道应有防冻措施。

屋顶水箱间内生活给水管道均需做保温，所有给水横管及管井内的给水立管均做防结露保温。室内满足防冻要求的管道可不做防结露保温。

给水管道保温材料厚度确定，参见表1-30、表1-31。

14.1.6 生活给水系统给水管网计算

1. 科研建筑院区室外生活给水管网

室外生活给水管网设计流量应按科研建筑院区生活给水最大时用水量确定。院区给水引入管的设计流量应按最大时用水量确定；当引入管为2条时，应保证当其中一条发生故障时，其余的引入管可以提供不小于70%的流量。

科研建筑院区室外生活给水管网管径宜采用DN150。

2. 科研建筑室内生活给水管网

采用市政给水管网直接供水时，给水引入管设计流量（Q_1）应按直供区生活给水设计秒流量计；采用生活水箱＋变频给水泵组供水时，给水引入管设计流量（Q_2）应按加压区生活水箱设计补水量计，设计补水量不得小于高区最高日平均时用水量，不宜大于最高日最大时用水量。

科研建筑内生活给水设计秒流量应按公式（14-1）计算：

$$q_g = 0.2 \cdot \alpha \cdot (N_g)^{1/2} = 0.3 \cdot (N_g)^{1/2} \tag{14-1}$$

式中 q_g——计算管段的给水设计秒流量，L/s；

N_g——计算管段的卫生器具给水当量总数；

α——根据科研建筑用途的系数，取1.5。

科研建筑生活给水设计秒流量计算，可参照表6-10。

科研建筑有自闭式冲洗阀时生活给水设计秒流量计算，可参照表1-33。

3. 科研建筑内卫生器具给水当量

科研建筑生活用水器具应选用节水器具和低噪声型产品，应采用符合现行行业标准《节水型生活用水器具》CJ/T 164规定的节水型卫生器具，宜选用用水效率等级不低于3级的用水器具。

科研建筑常见卫生器具的给水额定流量、给水当量、连接给水管管径和最低工作压力按表3-18确定。

4. 科研建筑内给水管管径

科研建筑内给水供水管的管径，应根据该给水供水管段的设计秒流量、允许给水流速等查相关计算表格确定。生活给水管道内的给水流速，宜参照表1-38。

科研建筑内公共卫生间的蹲便器个数与给水供水管管径的对照表，参见表9-11。

整个生活给水系统生活给水立管、干管均按照其服务的给水设计秒流量确定其管段管径。

14.1.7 生活水泵和生活水泵房

科研建筑给水设计应有可靠的水源和供水管道系统，当仅有一路城市引入管或供水不满足设计秒流量或压力要求时，应设置加压供水设备。

1. 生活水泵

科研建筑生活给水加压水泵宜采用2台（1用1备）配置模式，亦可采用3台（2用1备）配置模式。

科研建筑生活给水加压通常采用变频调速给水泵组，其设计流量应按其负责给水系统的最大设计秒流量确定，即$Q=q_g$。设计时应统计该系统内各用水点卫生器具的生活给水当量数，经公式（14-1）计算或查表6-10得出设计流量值。

生活给水加压水泵的设计工作压力，按公式（1-10）计算。

科研建筑加压水泵应选用低噪声节能型产品。

2. 生活水泵房

科研建筑二次加压给水的水泵房设置在建筑内时应为独立的房间，并应环境良好、便于维修和管理；不应毗邻科研通用实验区，科研专用实验区，科研办公区开放研讨区、研究工作室、学术活动室、学术报告厅，科研教学实验区学生实验室、教学观摩实验室，科研试验区普通试验室、特殊试验室等场所；加压泵组及泵房应采取减振降噪措施。

科研建筑生活水泵房的设置位置应根据其所供水服务的范围确定，见表14-6。

科研建筑生活水泵房位置确定及要求表 表 14-6

序号	水泵房位置	适用情况	设置要求
1	院区室外集中设置	院区室外有空间；常见于新建科研建筑院区	宜与消防水泵房、消防水池、暖通冷热源机房、锅炉房等集中设置，宜靠近科研建筑
2	建筑地下室楼层设置	院区室外无空间	宜设在地下一层；水泵房地面宜高出室外地面 200～300mm

生活水泵房内生活给水泵组宜设置在一个基础上。

14.1.8 生活贮水箱（池）

科研建筑给水设计应有可靠的水源和供水管道系统，当仅有一路城市引入管或供水不满足设计秒流量或压力要求时，应设置生活贮水箱（池）。科研建筑水箱间应为独立的房间。

水箱应设置消毒设备，并宜采用紫外线消毒方式。

1. 贮水容积

科研建筑生活用水贮水箱（池）的有效容积计算时，其生活用水调节量应按进水量与用水量变化曲线经计算确定，当资料不足时，宜按最高日用水量的 20%～25%确定，最大不得大于 48h 的用水量。有条件时可适当增加生活贮水箱（池）有效容积。

科研建筑生活用水贮水设备宜采用贮水箱。

2. 生活水箱

科研建筑生活水箱设计要求，参见表 1-46。

3. 生活水箱相关管道、装置设置要求

科研建筑生活水箱相关管道设施要求，参见表 1-47。

生活水箱各水位指标确定方法及取值经验值，参见表 1-48。

14.2 生活热水系统

科研建筑中科研实验区淋浴室、无菌室应有热水供应，并应配有热水淋浴装置。热水水量、水温、水压应按工艺要求确定。

14.2.1 热水系统类别

科研建筑生活热水系统类别，见表 14-7。

生活热水系统类别表 表 14-7

序号	分类标准	热水系统类别	科研建筑应用情况
1	供应范围	分散生活热水系统	科研实验区淋浴室生活热水系统；无菌室生活热水系统
2	热水管网循环方式	不循环生活热水系统	
3	热水管网循环水泵运行方式	定时循环生活热水系统	
4	热水管网循环动力方式	强制循环生活热水系统	
5	是否敞开形式	闭式生活热水系统	
6	热水系统分区方式	加热器集中设置生活热水系统	

14.2.2 生活热水系统热源

科研建筑集中生活热水供应系统的热源通常由电热水器提供。

14.2.3 热水系统设计参数

1. 科研建筑热水用水定额

按照《水标》，科研建筑相关功能场所热水用水定额，见表14-8。

科研建筑热水用水定额表 表14-8

建筑物名称		单位	用水定额（L）		使用时数（h）	最高日小时变化系数 K_h
			最高日	平均日		
科研办公	坐班制办公	每人每班	5～10	4～8	8～10	1.5～1.2

注：1. 表中所列用水定额均已包括在表14-2中；
2. 本表以60℃热水水温为计算温度，卫生器具的使用水温见表7-17；
3. 表中平均日用水定额仅用于计算太阳能热水系统集热器面积和计算节水用水量。

《节水标》中科研建筑相关功能场所热水平均日节水用水定额，见表14-9。

建筑热水平均日节水用水定额表 表14-9

建筑物名称		单位	节水用水定额
科研办公	坐班制办公	L/(人·班)	5～10

注：热水温度按60℃计。

科研建筑所在地为较大城市、标准要求较高的，科研建筑热水用水定额可以适当选用较高值；反之可选用较低值。

2. 科研建筑卫生器具用水定额及水温

科研建筑相关功能场所卫生器具的一次热水用水量、小时热水用水量和水温，可按表7-17确定。

科研建筑热水用水水温应按科研工艺要求确定。

3. 科研建筑冷水计算温度

冷水的计算温度应以当地最冷月平均水温资料确定。当无水温资料时，按表1-58采用。

4. 科研建筑水加热设备供水温度

科研建筑集中生活热水系统水加热设备的供水温度宜为60～65℃，通常按60℃计。

5. 科研建筑生活热水水质

科研建筑生活热水的水质指标，应符合现行国家标准《生活饮用水卫生标准》GB 5749的要求。

14.2.4 热水系统设计指标

1. 科研建筑热水设计小时耗热量

（1）全日供应热水设计小时耗热量

科研建筑的建筑生活热水系统采用全日供应热水较为少见。

(2) 定时供应热水设计小时耗热量

当科研建筑生活热水系统采用定时供应热水的集中生活热水系统时，其设计小时耗热量可按公式（7-5）计算。

(3) 不同使用要求用水部门热水设计小时耗热量

具有多个不同使用热水部门或具有多种热水使用形式的科研建筑，当其热水由同一热水供应系统供应时，设计小时耗热量，可按同一时间内出现用水高峰的主要用水部门的设计小时耗热量加其他用水部门的平均小时耗热量计算。

2. 科研建筑设计小时热水量

科研建筑设计小时热水量，可按公式（7-6）计算。

14.2.5 生活热水系统热水管网计算

1. 生活热水管网设计流量

(1) 科研建筑生活热水引入管设计流量

科研建筑生活热水引入管设计流量应按该建筑相应生活热水供水系统总供水干管的设计秒流量确定。

(2) 科研建筑内生活热水设计秒流量

科研建筑内生活热水设计秒流量应按公式（14-2）计算：

$$q_g = 0.2 \cdot \alpha \cdot (N_g)^{1/2} = 0.6 \cdot (N_g)^{1/2} \tag{14-2}$$

式中 q_g——计算管段的热水设计秒流量，L/s；

N_g——计算管段的卫生器具热水当量总数；

α——根据科研建筑用途的系数，取 1.5。

科研建筑生活热水设计秒流量计算，可参照表 6-24。

2. 科研建筑内卫生器具热水当量

科研建筑卫生器具的热水额定流量、热水当量、连接热水管管径和最低工作压力按表 3-31 确定。

3. 科研建筑内热水管管径

科研建筑内热水供水管的管径，应根据该热水供水管段的设计秒流量、允许热水流速等查相关计算表格确定。生活热水管道内的热水流速，宜按表 1-66 控制。

14.2.6 热水系统管材、阀门和管道保温

1. 生活热水系统管材

科研建筑生活热水系统热水管道常用的管材包括薄壁不锈钢管、PVC-C（氯化聚氯乙烯）热水用管、薄壁铜管、钢塑复合管（如 PSP 管）、铝塑复合管等，较少采用普通塑料热水管。

2. 生活热水系统阀门

科研建筑生活热水系统设置阀门的部位，参见表 2-50。

3. 保温

生活热水系统中的热水供水管应做保温。

热水管道保温材料厚度确定，参见表 1-79、表 1-80。

14.3 排水系统

14.3.1 排水系统类别

科研建筑排水系统分类，见表14-10。

排水系统分类表 表14-10

序号	分类标准	排水系统类别	科研建筑应用情况	应用程度
1	建筑内场所使用功能	生活污水排水	科研建筑公共卫生间污水排水	常用
2		生活废水排水	科研建筑公共卫生间，实验室淋浴室废水排水	
3		科研、生产污水排水	科研建筑实验室酸碱污水、含氰、含酚、含各类有机溶剂等污水。分为腐蚀性污水排水，含有毒物质（氰、含酚、含苯、含砷、含汞等化合物）的污水，放射性废液污水	
4		设备机房废水排水	科研建筑内附设水泵房（包括生活水泵房、消防水泵房）、空调机房、制冷机房等机房废水排水	
5		消防废水排水	科研建筑内消防电梯井排水、自动喷水灭火系统试验排水、消火栓系统试验排水、消防水泵试验排水等废水排水	
6		绿化废水排水	科研建筑室外绿化废水排水	
7	建筑内污、废水排水方式	重力排水方式	科研建筑地上污废水排水	最常用
8		压力排水方式	科研建筑地下室污废水排水	常用
9	污废水排水体制	污废合流排水系统		最常用
10		污废分流排水系统		常用
11	排水系统通气方式	设有通气管系排水系统	伸顶通气排水系统通常应用在多层科研建筑卫生间排水，专用通气立管排水系统通常应用在高层科研建筑卫生间排水。环形通气排水系统、器具通气排水系统通常应用在个别科研建筑公共卫生间排水	最常用
12		特殊单立管排水系统		少用

科研建筑室内污废水排水体制采用合流制，当有中水利用要求时，可采用分流制。

典型的科研建筑排水系统原理图，参见图4-2、图4-3。

科研建筑排水系统应根据污水、废水的性质、浓度、水量、水温等，并结合室外排水条件和环境保护要求，经技术经济比较后确定。

科研建筑公共卫生间等生活粪便污水、生活废水等可合流排放，当有中水利用要求时，可采用分流排放。

科研建筑科研、生产污水按其所含的有机物、无机物、盐类的成分不同而分成酸碱污水、含氰、含酚、含各类有机溶剂等污水。当污水合流混合后会产生有毒物质或产生沉淀、凝固造成管道堵塞等时，此类污水应分流排放；当污水合流混合后不会产生有害现象等时，此类污水可合流排放。

科研建筑在科研、生产实践中，因实验课题或生产项目的改变等原因引起污水流量、浓度及排放规律变化，当污水混合之后不产生剧毒或造成其他不良后果，或者将污水排放时间、排放规律加以调整控制时，此类污水一般可以合流排放。科研及生产中所用的冷却水等废水可单独排出以便回收利用，或采取循环使用的方法。

科研建筑室外排水系统中科研、生产污水，生活污水与雨水应分流排放。室内排水系统中生活污水与科研、生产污水应分流排放。

科研建筑实验室污水、废水应和生活污水分质排放。腐蚀性污水的排水系统应采取防腐措施。

科研建筑中产生废液的实验室应对废液分类收集并加以处理。含有害物质的污水（包括酸碱污水，含重金属离子污水，含氰、含酚、含苯、含砷、含汞等化合物污水，或浓度超过污水排放标准的其他污水）严禁不经处理就排入城市下水道或天然水体中。对于较纯的溶剂废液或贵重试剂，应在确保安全的前提下，经过技术经济比较后，将此类比较干净的科研、生产废水和生活废水与有毒和有害的各类污水分流排放，经过中水处理之后，可用于工业冷却、浇洒道路、绿化、冲洗车辆、冲厕等。

科研建筑中产生放射性废液的实验室应对放射性废液单独收集处理，严禁采用渗井排放废液或将放射性废液直接排入公共排水管道和城市排水系统。相关控制应严格执行现行国家标准《电离辐射防护与辐射源安全基本标准》GB 18871 的有关规定。如放射性废液中的放射性浓度和总量低于豁免水平或清洁解控要求时，可根据相关监督管理部门规定，执行相应的解控措施。

科研建筑排水设施应保障实验室污水、废水、生活污水和雨水及时排放。

科研建筑中的生活污水、厨房含油废水等均应经化粪池处理；生活废水、设备机房废水、消防废水、绿化废水等不需经过化粪池处理。厨房含油废水应经除油处理后再排入污水管道。

科研建筑的空调凝结水排水管不得与污废水管道系统直接连接，空调凝结水宜单独收集后回用于绿化、水景、冷却塔补水等。

野外科研观测站和实验场站的排水宜采用有组织排水方式；排水水质应满足所在地的排放要求。野外科学观测研究站和实验场站产生的有毒有害实验废水、废物、废气应就地无害化处理。当有困难时，应妥善封装，交送有处理能力的部门消纳。

14.3.2 卫生器具

1. 科研建筑内卫生器具种类及设置场所

科研建筑内卫生器具种类及设置场所，见表 14-11。

科研建筑内卫生器具种类及设置场所表 **表 14-11**

序号	卫生器具名称	主要设置场所
1	坐便器	科研建筑残疾人卫生间
2	蹲便器	科研建筑公共卫生间
3	洗脸盆	
4	台板洗脸盆	
5	小便器	
6	拖布池	
7	化验池	科研建筑实验室

2. 科研建筑内卫生器具选用

科研建筑卫生间卫生器具应符合的规定，参见表 9-20。

科研建筑厕所内应设置有冲洗水箱或自闭阀冲洗的便器。

3. 公共卫生间排水设计要点

公共卫生间排水立管及通气立管通常敷设于专用管道井内；采用专用通气立管方式时，排水立管与通气立管采用结合管连接。管道井中排水立管与通气立管中心距最小值，参见表 1-91。

4. 科研建筑内卫生器具排水配件穿越楼板留孔位置及尺寸

常见卫生器具排水配件穿越楼板留孔位置及尺寸，参见表 1-92。

5. 地漏

科研建筑内公共卫生间、开水间、空调机房、新风机房等场所内应设置地漏。

科研建筑地漏及其他水封高度要求不得小于 50mm，且不得大于 100mm。

科研建筑地漏类型选用，参见表 2-57；地漏规格选用，参见表 2-58。

科研建筑内有洁净要求的场所宜设可开启式密闭地漏。

6. 水封装置

科研建筑中采用排水沟排水的场所包括泵房、设备机房等。当排水沟内废水直接排至室外时，沟与排水排出管之间应设置水封装置。卫生器具排水管段上不得重复设置水封装置。

14.3.3 排水系统水力计算

1. 科研建筑最高日和最大时生活排水量

科研建筑科研、生产污水及废水的最大小时流量是由各不同学科、不同性质的科研、生产决定的，应按工艺要求确定。

科研建筑生活排水量宜按该建筑生活给水量的 85%～95%计算，通常按 90%。

2. 科研建筑卫生器具排水技术参数

科研建筑卫生器具的排水流量、排水当量、排水支管管径、排水坡度等基本参数的选定，参见表 3-39。

3. 科研建筑排水设计秒流量

科研建筑科研、生产污水及废水的设计秒流量是由各不同学科、不同性质的科研、生产决定的，应按工艺要求确定。

科研建筑的生活排水管道设计秒流量，可按公式（14-3）计算：

$$q_u = 0.14 \cdot \alpha \cdot (N_p)^{1/2} + q_{max} = 0.3 \cdot (N_p)^{1/2} + q_{max} \tag{14-3}$$

式中 q_u——计算管段排水设计秒流量，L/s；

N_p——计算管段的卫生器具排水当量总数；

α——根据建筑物用途而定的系数，取 2.0～2.5，通常取 2.5；

q_{max}——计算管段上最大一个卫生器具的排水流量，L/s。

计算时，如计算所得流量值大于该管段上按卫生器具排水流量累加值时，应按卫生器具排水流量累加值计。

科研建筑 q_{max}=1.50L/s 和 q_{max}=2.00L/s 时排水设计秒流量计算数据，参见表 7-24。

4. 科研建筑排水管道管径确定

科研建筑排水铸铁管道最小坡度，按表 1-98 确定；胶圈密封连接排水塑料横管的坡度，按表 1-99 确定；建筑内排水管道最大设计充满度，参见表 1-100；排水管道自清流速，参见表 1-101。

排水横管水力计算按照公式（1-32）、公式（1-33）；排水铸铁管水力计算，参见表 1-102；排水塑料管水力计算，参见表 1-103。

不同管径下排水横管允许流量 Q_p，参见表 1-104。

科研建筑排水系统中排水横干管常见管径为 DN100、DN150。DN100 排水横干管对应排水当量最大限值，参见表 1-105，DN150 排水横干管对应排水当量最大限值，参见表1-106。

不同通气方式的排水立管最大设计排水能力，参见表 1-107～表 1-109。

科研建筑各种排水管的推荐管径，参见表 2-60。

14.3.4 排水系统管材、附件和检查井

1. 科研建筑排水管管材

科研建筑室外排水管可采用埋地排水塑料管，包括硬聚氯乙烯管、聚乙烯管和玻璃纤维增强塑料夹砂管等。常用的室外排水管还有双壁加筋波纹排水管、双平壁钢塑复合缠绕排水管等。

科研建筑室内排水管类型，参见表 7-25。

2. 科研建筑排水管附件

排水立管上检查口的设置位置，参见表 1-113；检查口之间的最大距离，参见表 1-114；检查口设置要求，参见表 1-115。

清扫口的设置位置，参见表 1-116；清扫口至室外检查井中心最大长度，参见表 1-117；排水横管直线管段上清扫口之间的最大距离，参见表 1-118。

塑料排水管道支吊架间距规定，参见表 1-119。

3. 科研建筑排水管道布置敷设

科研建筑排水管道不应布置场所，见表 14-12。

排水管道不应布置场所表 **表 14-12**

序号	排水管道不应布置场所	具体要求
1	生活水泵房等设备机房	排水横管禁止在科研建筑生活水箱箱体正上方敷设，生活水泵房其他区域不宜敷设排水管道；设在室内的消防水池（箱）应按此要求处理
2	特殊要求实验用房	实验用房内在遇水会迅速分解、燃烧、爆炸或损坏的物品的存储或实验区不得布置排水管道
3	恒温恒湿场所	排水管道不应敷设在有恒温恒湿要求的房间内
4	贵重仪器设备用房	排水管道不应敷设在贵重仪器设备的上方
5	重要资料用房	科研建筑重要档案资料库房、藏品库区等。排水管道不应敷设在此类房间内
6	电气类机房	科研建筑变配电室、通信机房、电子计算机房、UPS 间等。排水管道不得敷设在此类房间内

续表

序号	排水管道不应布置场所	具体要求
7	结构变形缝、结构风道	原则上排水管道不得穿过结构变形缝；若条件限制必须穿越沉降缝时，则应预留沉降量并设置不锈钢软管柔性连接，必须穿越伸缩缝时，则应安装伸缩器
8	电梯机房、通风小室	

注：1. 科研建筑实验室、办公用房等场所不宜敷设排水管道；
2. 排水立管不应安装在与陈列区相邻的内墙上。

科研建筑排水系统管道设计遵循原则，参见表2-63。

4. 科研建筑间接排水

科研建筑中的间接排水，参见表4-33。

科研建筑未设置地下室时，排水排出管穿越有沉降可能的承重墙或基础时应预留洞口；设置地下室时，排水排出管穿越地下室外墙时应预留防水套管，宜采用柔性防水套管。

14.3.5 通气管系统

科研建筑通气管设置要求，见表14-13。

科研建筑通气管设置要求表 表14-13

序号	通气管名称	设置位置	设置要求	管径确定
1	伸顶通气管	设置场所涉及科研建筑所有区域	高出非上人屋面不得小于300mm，但必须大于最大积雪厚度，常采用800～1000mm；高出上人屋面不得小于2000mm，常采用2000mm。顶端应装设风帽或网罩：在冬季室外温度高于－15℃的地区，顶端可装网形铅丝球；低于－15℃的地区，顶端应装伞形通气帽	应与排水立管管径相同。但在最冷月平均气温低于－14℃的地区，应在室内平顶或吊顶以下0.3m处将管径放大一级，若采用塑料管材时其最小管径不宜小于140mm
2	专用通气管	科研建筑公共卫生间可采用专用通气方式	科研建筑公共卫生间的排水立管和专用通气立管并排设置在卫生间附设管道井内；未设管道井时，该2种立管并列设置，并宜后期装修包敷暗设，专用通气立管宜靠内侧敷设、排水立管宜靠外侧敷设	通常与其排水立管管径相同
3	汇合通气管	科研建筑中多根通气立管或多根排水立管顶端通气部分上方楼层存在特殊区域（特殊要求实验室、电气机房等）不允许每根立管穿越向上接至屋顶时，需在本层顶板下或吊顶内汇集后接至屋顶		汇合通气管的断面积应为最大一根通气管的断面积加其余通气管断面之和的0.25倍

续表

序号	通气管名称	设置位置	设置要求	管径确定
4	主（副）通气立管	通常设置在科研建筑内的公共卫生间		通常与其排水立管管径相同
5	结合通气管			通常与其连接的通气立管管径相同
6	环形通气管	连接4个及4个以上卫生器具（包括大便器）且横支管的长度大于14m的排水横支管；连接6个及6个以上大便器的污水横支管；设有器具通气管；特殊单立管偏置	和排水横支管、主（副）通气立管连接的要求：在排水横支管上设环形通气管时，应在其最始端的两个卫生器具之间接出，并应在排水支管中心线以上与排水支管呈垂直或45°连接；环形通气管应在卫生器具上边缘以上不小于0.15m处按不小于0.01的上升坡度与通气立管相连	常用管径为*DN*40（对应*DN*75排水管）、*DN*50（对应*DN*100排水管）

注：科研建筑实验室专用排水管的通气管与卫生间通气管应分别设置。

科研建筑通气管可采用柔性接口机制排水铸铁管或塑料排水管，一般采用与科研建筑排水管相同管材。在最冷月平均气温低于－14℃的地区，伸出屋面部分通气立管应采用柔性接口机制排水铸铁管。

通气立管的最小管径，参见表1-130。

14.3.6 特殊排水系统

科研建筑生活水泵房、电气机房等场所的上方楼层不应有排水横支管明设管道等。若有必要在上述某些场所上方设置排水点且无法采取其他躲避措施时，该部位的排水应采用同层排水方式。

科研建筑同层排水最常采用的是降板或局部降板法。

14.3.7 特殊场所排水

1. 科研建筑污水处理

科研建筑产生放射性废液的实验室应设置专用的放射性废液收集系统或设施，产生的放射性固体废物应单独使用容器收集存放，并应对放射性废物收集系统或容器进行屏蔽防护。

科研建筑的排水处理应符合现行国家标准《污水综合排放标准》GB 8978的有关规定。当排放的含有毒有害物质的污水不能达到排放标准时，应进行专业处理。实验室排放的污水、废水应采用物理、化学、生物等方法进行处理，使其水质符合国家（或地区）规定的排放标准或达到再利用要求的工艺。如不能达到排放标准时，应由专业公司进行专业处理。

科研建筑实验室酸、碱污水应进行中和处理。酸、碱污水中和处理后达不到中性时，应采用反应池加药处理。除重金属方法，见表14-14。

除重金属方法表 表14-14

除重金属方法序号	方法说明	可应用的方法
1	使废水中呈溶解状态的重金属转变成不溶的金属化合物或元素，经沉淀或上浮从废水中去除	中和沉淀法、硫化物沉淀法、上浮分离法、电解沉淀（或上浮）法、隔膜电解法等废水处理法等
2	将废水中的重金属在不改变其化学形态的条件下进行浓缩和分离	反渗透法、电渗析法、蒸发法和离子交换法等

注：废水处理方法应根据废水水质、水量等情况单独或组合使用。

科研建筑实验室放射性废水的处理应按现行国家标准《电离辐射防护与辐射源安全基本标准》GB 18871、《放射性废物管理规定》GB 14500执行。

2. 科研建筑化粪池

科研建筑入境候检旅客使用的厕所所对应的化粪池应单独设置，生活污水在排至市政管网之前应进行消毒处理。

化粪池宜设置在接户管的下游端；位置宜选在院区最低处附近；外壁距建筑物外墙不宜小于5m；宜选用钢筋混凝土化粪池。

科研建筑化粪池有效容积，按公式（4-21）～公式（4-24）计算。

科研建筑可集中并联设置或根据院区布局分散并联布置2个化粪池，化粪池的型号宜一致。

3. 科研建筑设备机房排水

科研建筑地下设备机房排水设施要求，参见表1-147。

14.3.8 压力排水

1. 科研建筑集水坑设置

科研建筑地下室应设置集水坑。集水坑的设置要求，参见表7-28。

通气管管径宜与排水管管径相同，可接至室外或向上接至建筑地上部分通气管系统。

2. 污水泵、污水提升装置选型

科研建筑排水泵的流量方法确定，参见表2-68；排水泵的扬程，按公式（1-44）计算。

14.3.9 室外排水系统

1. 科研建筑室外排水管道布置

科研建筑室外排水管道布置方法，参见表2-69；与其他地下管线（构筑物）最小间距，参见表1-154。

科研建筑室外排水管道最小覆土深度不宜小于0.5m；对于严寒地区、寒冷地区科研建筑，室外排水管道最小覆土深度应超过当地冻土层深度。

2. 科研建筑室外排水管道敷设

科研建筑室外排水管道与生活给水管道交叉时，应敷设在生活给水管道下面。室外排水管道敷设发生冲突时，应遵循表 1-26 原则处理。

3. 科研建筑室外排水管道水力计算

室外排水管道水力计算，按公式（1-45）、公式（1-46）。

科研建筑室外排水管道的最小管径、最小设计坡度、最大设计充满度，参见表1-155。

4. 科研建筑室外排水管道管材

科研建筑室外排水管道宜优先采用埋地塑料排水管，弹性橡胶圈密封柔性接口，小于 *DN*200 直壁管，可采用承插式粘接；可采用埋地铸铁排水管，橡胶圈柔性接口或水泥砂浆接口。

5. 科研建筑室外排水检查井

科研建筑室外排水检查井设置位置，参见表 1-156。

科研建筑室外排水检查井宜优先选用玻璃钢排水检查井，其次是混凝土排水检查井，禁止采用砖砌排水检查井。室外排水管在排水检查井连接应采用管顶平接。

14.4 雨水系统

14.4.1 雨水系统分类

科研建筑雨水系统分类，见表 14-15。

雨水系统分类表 **表 14-15**

序号	分类标准	雨水系统类别	科研建筑应用情况	应用程度
1	屋面雨水设计流态	半有压流屋面雨水系统	科研建筑雨水系统通常采用	最常用
2		压力流屋面雨水系统（虹吸式雨水系统）	科研建筑的屋面面积较大时，可考虑采用	少用
3		重力流屋面雨水系统		极少用
4	雨水管道设置位置	内排水雨水系统	高层科研建筑雨水系统应采用；多层科研建筑雨水系统宜采用。内排水系统不应在室内设检查井	最常用
5		外排水雨水系统	科研建筑屋面雨水宜直接外排	常用
6		混合式雨水系统		极少用
7	雨水出户横管室内部分是否存在自由水面	封闭系统		最常用
8		敞开系统		极少用
9	建筑屋面排水条件	天沟雨水排水系统		最常用
10		檐沟雨水排水系统		极少用

14.4.2 雨水量

1. 设计雨水流量

科研建筑设计雨水流量，应按公式（1-47）计算。

2. 设计暴雨强度

设计暴雨强度应按科研建筑所在地或相邻地区暴雨强度公式计算确定，见公式(1-48)。

我国部分城镇5min设计暴雨强度、小时降雨厚度，参见表1-158（设计重现期P＝10年）。

3. 设计重现期

科研建筑屋面雨水设计重现期：对于半有压流屋面雨水系统，通常取10年；对于压力流屋面雨水系统，通常取50年。

4. 设计降雨历时

科研建筑屋面雨水排水管道设计降雨历时，按照5min确定。

科研建筑院区雨水排水管道设计降雨历时，按公式（1-49）计算。

5. 径流系数

科研建筑屋面及院区地面的径流系数，参见表1-159。

6. 汇水面积

科研建筑的雨水汇水面积计算原则，参见表1-160。

14.4.3 雨水系统

1. 雨水系统设计常规要求

科研建筑雨水系统设置要求，参见表1-161。

科研建筑雨水排水管道不应穿越的场所，见表14-16。

雨水排水管道不应穿越的场所表　　表14-16

序号	雨水排水管道不应穿越的场所名称	具体房间名称
1	特殊要求实验用房	实验用房内在遇水会迅速分解、燃烧、爆炸或损坏的物品的存储或实验区
2	恒温恒湿场所	有恒温恒湿要求的房间
3	贵重仪器设备用房	贵重仪器设备房间
4	重要资料用房	科研建筑重要档案资料库房、藏品库区等
5	电气类机房	科研建筑高低压配电间、变配电室、通信机房、电子计算机房、UPS间等

注：1. 科研建筑雨水排水横管宜沿建筑内公共区域（内走道等）吊顶内敷设；雨水排水立管宜沿建筑内公共场所或辅助次要场所敷设；
2. 科研建筑实验室、办公用房等场所不宜敷设雨水管道；
3. 雨水排水立管不应安装在与陈列区相邻的内墙上。

2. 雨水斗设计

科研建筑半有压流屋面雨水系统通常采用87型雨水斗或79型雨水斗，规格常用*DN*100。

雨水斗设计排水负荷，参见表1-163。

雨水斗下方区域宜为建筑顶层公共区域（如内走道）或辅助次要场所（如公共卫生间、库房等），不应为需要安静的场所。

雨水斗宜对雨水排水立管做对称布置；接有多斗悬吊管的立管顶端不得设置雨水斗；一个屋面上应设置不少于2个雨水斗。

3. 天沟、溢流设施、连接管、悬吊管、立管、埋地管、排出管设计

科研建筑天沟、溢流设施、连接管、悬吊管、立管、埋地管、排出管设置要求，参见表1-164。

4. 室内水泵提升雨水排水系统设计

地下室露天窗井内应设平箅式雨水口、无水封地漏作为雨水口，经雨水收集管接入集水池。

雨水提升泵通常采用潜水泵，宜采用3台，2用1备。

5. 雨水管管材

科研建筑雨水排水管管材，参见表1-167。

14.4.4 雨水系统水力计算

1. 半有压流（87型）屋面雨水系统水力计算

（1）雨水斗（87型）

雨水斗设计流量，应按公式（1-50）计算。

对于单斗雨水系统，雨水斗设计流量不应超过表1-168数值；对于多斗雨水系统，雨水斗设计流量应根据表1-169取值，最远端雨水斗设计流量不得超过表1-169数值。

科研建筑87型雨水斗口径常采用DN100，其次是DN75、DN150。

（2）雨水连接管

科研建筑雨水连接管管径通常与雨水斗出水口直径相同，常采用DN100，其次是DN150。

（3）雨水悬吊管

科研建筑雨水悬吊管管径，参见表1-172。

（4）雨水立管

连接2根及以上雨水悬吊管的雨水立管管径，按表1-173确定。

（5）雨水排出管

科研建筑雨水排出管管径确定，参见表1-174～表1-177。

（6）雨水管道最小管径

科研建筑雨水系统最小设计管径及雨水排水横管最小设计坡度，参见表1-178。

2. 压力流（虹吸式）屋面雨水系统水力计算

科研建筑压力流（虹吸式）屋面雨水系统水力计算方法，参见1.4.4节。

3. 雨水提升系统水力计算

科研建筑窗井等场所设计雨水流量，按公式（1-54）计算；设计径流雨水总量，按公式（1-55）计算。

14.4.5 院区室外雨水系统设计

科研建筑院区雨水系统宜采用管道排水形式，与污水系统应分流排放。

1. 雨水口

雨水口选型，参见表1-180；雨水口设置位置，参见表1-181；各类型雨水口的泄水流量，参见表1-182。

雨水口设计流量，按公式（1-56）计算。

2. 雨水口连接管

单箅雨水口连接管管径通常采用DN250。

3. 雨水检查井

院区内直线雨水管道上雨水检查井设置最大间距，参见表 1-183。

院区雨水检查井常见规格通常采用 DN1000 圆形玻璃钢或钢筋混凝土雨水检查井。

4. 室外雨水管道布置

科研建筑室外雨水管道布置方法，参见表 1-184。

14.4.6 院区室外雨水利用

科研建筑宜设计中水工程和雨水利用工程。

科研建筑应根据所在地的自然条件、水资源情况及经济技术发展水平，合理设置雨水收集利用系统。雨水利用工程应符合现行国家标准《建筑与小区雨水控制及利用工程技术规范》GB 50400 的有关规定。

雨水收集回用应进行水量平衡计算。科研建筑院区雨水通常可用于景观用水、院区绿化用水、路面和地面冲洗用水、汽车冲洗用水、冲厕用水等。

14.5 消火栓系统

重要科研建筑界定标准由省级公安消防机构根据实际情况确定。

建筑高度大于 50m 的高层科研建筑，重要高层科研建筑属于一类高层科研建筑。建筑高度小于或等于 50m 的普通高层科研建筑属于二类高层科研建筑。

14.5.1 消火栓系统设置场所

高层科研建筑，建筑体积大于 5000m^3 的单、多层科研建筑应设置室内消火栓系统。

14.5.2 消火栓系统设计参数

1. 科研建筑室外消火栓设计流量

科研建筑室外消火栓设计流量，不应小于表 14-17 的规定。

科研建筑室外消火栓设计流量表（L/s）　　表 14-17

耐火等级	建筑物名称	建筑体积（m^3）					
		$V \leqslant 1500$	$1500 < V \leqslant 3000$	$3000 < V \leqslant 5000$	$5000 < V \leqslant 20000$	$20000 < V \leqslant 50000$	$V > 50000$
一、二级	单层及多层科研建筑	15			25	30	40
	高层科研建筑	—			25	30	40
三级	单层及多层科研建筑	15		20	25	30	—
四级	单层及多层科研建筑	15		20	25	—	

注：1. 建筑体积指本建筑占据的空间数量，包括该建筑的地上空间体积数和地下空间体积数；

2. 地下车库室外消火栓系统设计流量小于建筑主体室外消火栓系统设计流量，科研建筑室外消火栓系统设计流量按建筑主体室外消火栓系统设计流量确定；

3. 地下人防工程室外消火栓系统设计流量小于建筑主体室外消火栓系统设计流量，科研建筑室外消火栓系统设计流量按建筑主体室外消火栓系统设计流量确定。

2. 科研建筑室内消火栓设计流量

科研建筑室内消火栓设计流量应根据水枪充实水柱长度和同时使用水枪数量经计算确定，不应小于表 14-18 的规定。

科研建筑室内消火栓设计流量表 **表 14-18**

建筑物名称	高度 h(m)、体积 V(m³)、火灾危险性	消火栓设计流量（L/s）	同时使用消防水枪数（支）	每根竖管最小流量（L/s）
单层及多层科研建筑（科研楼、试验楼）	$5000<V\leqslant 100000$	10	2	10
	$V>10000$	15	3	10
二类高层科研建筑（建筑高度小于或等于 50m 的普通高层科研建筑）	$h\leqslant 50$	20	4	10
一类高层科研建筑（建筑高度大于 50m 的高层科研建筑，重要高层科研建筑）	$h\leqslant 50$	30	6	15
	$h>50$	40	8	15

注：1. 消防软管卷盘、轻便消防水龙，其消火栓设计流量可不计入室内消防给水设计流量；
2. 地下车库室内消火栓系统设计流量小于建筑主体室内消火栓系统设计流量，科研建筑室内消火栓系统设计流量按建筑主体室内消火栓系统设计流量确定；
3. 地下人防工程室内消火栓系统设计流量小于建筑主体室内消火栓系统设计流量，科研建筑室内消火栓系统设计流量按建筑主体室内消火栓系统设计流量确定。

3. 火灾延续时间

建筑高度大于 50m 的高层科研建筑，其室内外消火栓系统的火灾延续时间不应小于 3.0h，可按 3.0h；建筑高度小于或等于 50m 的科研建筑，其室内外消火栓系统的火灾延续时间不应小于 2.0h，可按 2.0h。

科研建筑室内自动灭火系统的火灾延续时间，参见表 1-188。

4. 消防用水量

一座科研建筑的消防用水量按室外消火栓系统用水量、室内消火栓系统用水量、室内自动喷水灭火系统用水量三者之和计算。

14.5.3 消防水源

1. 市政给水

当前国内城市市政给水管网能够满足科研建筑直接消防供水条件的较少。

科研建筑室外消防给水管网管径，按表 4-40 确定。

科研建筑室外消防给水管网宜与室外生活给水管网分开敷设，且应布置成环状管网。

2. 消防水池

（1）科研建筑消防水池有效储水容积

表 14-19 给出了常用典型科研建筑消防水池有效储水容积的对照表。

如上表所示，通常科研建筑消防水池有效储水容积在 198～1008m³。

科研建筑火灾延续时间内消防水池储存消防用水量表 **表 14-19**

单、多层科研建筑体积 V(m³)	V≤3000	3000<V≤5000	5000<V≤10000	10000<V≤20000	20000<V≤25000	25000<V≤50000	V>50000
室外消火栓设计流量(L/s)	15		25		30		40
火灾延续时间(h)	2.0						
火灾延续时间内室外消防用水量(m³)	108.0		180.0		216.0		288.0
室内消火栓设计流量(L/s)	—		10	15			
火灾延续时间(h)	2.0						
火灾延续时间内室内消防用水量(m³)	—		72.0	108.0			
火灾延续时间内室内外消防用水量(m³)	108.0		252.0	288.0	324.0		396.0
消防水池储存室内外消火栓用水容积 V_1(m³)	108.0		252.0	288.0	324.0		396.0

高层科研建筑体积 V(m³)	5000<V≤20000	20000<V≤50000	V>50000	5000<V≤20000	20000<V≤50000	V>50000
高层科研建筑高度 h(m)	h≤50			h>50		
室外消火栓设计流量(L/s)	25	30	40	25	30	40
火灾延续时间(h)	2.0			3.0		
火灾延续时间内室外消防用水量(m³)	180.0	216.0	288.0	270.0	324.0	432.0
室内消火栓设计流量(L/s)	20(二类高层)/30(一类高层)			40		
火灾延续时间(h)	2.0			3.0		
火灾延续时间内室内消防用水量(m³)	144.0/216.0			432.0		
火灾延续时间内室内外消防用水量(m³)	324.0/396.0	360.0/432.0	432.0/504.0	702.0	756.0	864.0
消防水池储存室内外消火栓用水容积 V_2(m³)	324.0/396.0	360.0/432.0	432.0/504.0	702.0	756.0	864.0

科研建筑自动喷水灭火系统设计流量(L/s)	25	30	35	40
火灾延续时间(h)	1.0	1.0	1.0	1.0
火灾延续时间内自动喷水灭火用水量(m³)	90.0	108.0	146.0	144.0
消防水池储存自动喷水灭火用水容积 V_3(m³)	90.0	108.0	146.0	144.0

(2) 科研建筑消防水池位置

消防水池位置确定原则，参见表 7-34。

科研建筑消防水池、消防水泵房与科研建筑院区空间关系，参见表 7-35。

消防水池的最低有效水位应高于消防水池吸水喇叭口不小于 600mm，且应高于消防水泵的吸水管管顶。

科研建筑消防水泵型式的选择与消防水池有一定的对应关系，参见表 1-194。

科研建筑储存室内外消防用水的消防水池与消防水泵房的位置关系，参见表 1-195。

科研建筑消防水池格(座)数与有效储水容积的对照关系，参见表 1-196。

科研建筑消防水池附件，参见表 1-197。

科研建筑消防水池各水位指标确定方法及取值经验值，参见表 1-198。

3. 天然水源及其他水源

科研建筑消防水源不宜采用天然水源。

14.5.4 消防水泵房

1. 消防水泵房选址

新建科研建筑院区消防水泵房设置通常采取2个方案，参见表7-36。

改建、扩建电影院院区消防水泵房设置方案，参见表1-200。

2. 建筑内部消防水泵房位置

科研建筑消防水泵房若设置在建筑物内，应采取消声、隔声和减振等措施；不应毗邻科研通用实验区，科研专用实验区，科研办公区开放研讨区、研究工作室、学术活动室、学术报告厅，科研教学实验区学生实验室、教学观摩实验室，科研试验区普通试验室、特殊试验室等场所。

3. 消防水泵机组的布置要求

相邻两个机组及机组至泵房墙壁间的净距要求，参见表1-201。

4. 消防水泵房采暖、排水等要求

严寒、寒冷地区消防水泵房，应设置供暖设施。

消防水泵房的泵房排水设施：在泵房内设置排水沟；地下消防水泵房内或邻近场所设集水坑，坑内设潜污泵。消防水泵房应采取防淹措施。

5. 消防水泵房管道设计

消防水泵配置数量与消防水系统设计流量的关系，参见表1-202。

科研建筑消防水泵吸水管、出水管管径，见表1-203；消防吸水总管管径应根据其连通服务的各种消防水泵设计流量之累加值进行确定，参见表1-205。

消防水泵吸水管布置应避免形成气囊。

消防水泵吸水口的淹没深度应满足消防水泵在最低水位运行安全的要求。

消防水泵吸水管、出水管上附件配置及要求，参见表1-206。

6. 消防水泵自动启动控制

消防水泵自动启动要求，参见表1-207；消防水泵自动启动方式，参见表1-208；流量开关性能、设置位置等，参见表1-209。

当消防稳压泵设置于高位消防水箱间内时，消防水泵启泵压力(P)，按公式(1-58)确定；当消防稳压泵设置于低位消防水泵房内时，按公式(1-59)确定。

14.5.5 消防水箱

科研建筑消防给水系统绝大多数属于临时高压系统，高层科研建筑、3层及以上单体总建筑面积大于10000m^{2}的科研建筑应设置高位消防水箱。

1. 消防水箱有效储水容积

科研建筑高位消防水箱有效储水容积，按表14-20确定。

科研建筑高位消防水箱有效储水容积确定表 **表14-20**

序号	建筑类别	消防水箱有效储水容积
1	一类高层科研建筑(建筑高度大于50m的高层科研建筑，重要高层科研建筑)	不应小于36m^3，可取36m^3

续表

序号	建筑类别	消防水箱有效储水容积
2	二类高层科研建筑(建筑高度小于或等于50m的普通高层科研建筑)	不应小于$18m^3$，可取$18m^3$
3	多层科研建筑	

2. 消防水箱设置位置

科研建筑消防水箱设置位置应满足以下要求，见表14-21。

消防水箱设置位置要求表 **表14-21**

序号	消防水箱设置位置要求	备注
1	位于所在建筑的最高处	通常设在屋顶消防水箱间内
2	应该独立设置	不与其他设备机房，如屋顶太阳能热水机房、热水箱间等合用
3	应避免对下方楼层房间的影响	其下方不应是特殊要求实验用房、恒温恒湿场所、贵重仪器设备用房、重要资料用房、办公室、电气类技术设备用房等，可以是库房、卫生间等附属区域

3. 高位消防水箱尺寸

消防水箱宜为装配式方形水箱，其尺寸宜为1.0m或0.5m的倍数，推荐尺寸参见表1-212。

4. 高位消防水箱材质

常用材质为不锈钢板、热浸锌镀锌钢板、玻璃钢板、钢筋混凝土等，不锈钢板最常见。

5. 高位消防水箱配管

高位消防水箱配管及管径确定，参见表1-213。

6. 消防水箱水位

消防水箱各水位指标确定方法及取值经验值，参见表1-214。

7. 高位消防水箱布置

高位消防水箱四周净距要求，参见表1-215。

8. 消防水箱防冻

消防水箱及相应管道保温材料及厚度，参见表1-216。

14.5.6 消防稳压装置

1. 消防稳压泵

(1) 设计流量

消火栓稳压泵设计流量，参见表1-217。

自动喷水灭火稳压泵设计流量，参见表1-218；结合一只标准喷头的流量，自动喷水灭火稳压泵常规设计流量取1.33L/s。

(2) 设计压力

当消防稳压泵设置于高位消防水箱间内时，稳压泵的启泵压力P_1可取0.15～

0.20MPa，停泵压力P_2可取0.20～0.25MPa；当消防稳压泵设置于低位消防水泵房内时，P_1按公式（1-62）确定，P_2按公式（1-63）确定。

（3）消防稳压泵选型

消火栓稳压泵设计流量为稳压泵流量确定依据。

消防稳压泵停泵压力（P_2）值附加0.03～0.05MPa后，为稳压泵扬程确定依据。

2. 气压水罐

消火栓稳压装置、自动喷水灭火稳压装置均采用150L有效储水容积气压水罐；合用消防稳压装置采用300L有效储水容积气压水罐。

3. 管道、阀门、附件等

消防稳压泵吸水管管径、出水管管径，参见表1-219。每套消防稳压泵通常为2台，1用1备。

14.5.7 消防水泵接合器

1. 设置范围

对于室内消火栓系统，6层及以上的科研建筑；地下、半地下科研建筑附设汽车库应设置消防水泵接合器。

科研建筑消火栓系统消防水泵接合器配置，参见表1-220。

科研建筑自动喷水灭火系统等自动水灭火系统应分别设置消防水泵接合器。

2. 技术参数

科研建筑消防水泵接合器数量，参见表1-221。

3. 安装形式

科研建筑消防水泵接合器安装形式选择，参见表1-222。

4. 设置位置

同种水泵接合器不宜集中布置，不同种类、分区、功能的水泵接合器宜成组布置，且应设在室外便于消防车使用和接近的地方，且距室外消火栓或消防水池的距离不宜小于15m，并不宜大于40m，距人防工程出入口不宜小于5m。

14.5.8 消火栓系统给水形式

1. 室外消火栓给水系统

当市政给水管网不满足直接供给室外消火栓给水系统时，科研建筑应采用临时高压室外消火栓给水系统，通常在消防水泵房内独立设置室外消火栓给水泵组、室外消火栓稳压装置。

科研建筑室外消火栓给水泵组一般设置2台，1用1备，泵组设计流量为本建筑室外消防设计流量（15L/s、20L/s、25L/s、30 L/s、40 L/s），设计扬程应保证室外消火栓处的栓口压力（0.20～0.30MPa）。泵组出水管及吸水管管径，参见表1-223。

室外消火栓给水管网管径，参见表1-224，管网应环状布置，单独成环。

2. 室内消火栓给水系统

科研建筑室内消火栓给水系统常采用临时高压消火栓给水系统。

3. 室内消火栓系统分区供水

科研建筑高区、低区消火栓给水管网均应在横向、竖向上连成环状。高区、低区消火栓供水横干管宜分别沿本区最高层和最底层顶板下敷设。

典型科研建筑室内消火栓系统原理图，参见图4-4。

14.5.9 消火栓系统类型

1. 系统分类

科研建筑的室外消火栓系统宜采用湿式消火栓系统。

2. 室外消火栓

严寒、寒冷等冬季结冰地区科研建筑室外消火栓应采用干式消火栓；其他地区宜采用地上式消火栓。

建筑室外消火栓的数量应根据室外消火栓设计流量和保护半径经计算确定，保护半径不应大于150.0m，间距不应大于120.0m，每个室外消火栓的出流量宜按10～15 L/s计算。通常根据建筑物平面布局在建筑物四个角附近绿地设置室外消火栓，根据邻近两个消火栓之间距离合理增设消火栓。

3. 室内消火栓

科研建筑的各区域各楼层均应布置室内消火栓保护；科研建筑中不能采用自动喷水灭火系统保护的计算机室、消防控制室、变配电室、发电机房、网络机房、弱电机房、UPS机房等场所亦应由室内消火栓保护。

科研建筑室内消火栓宜设在建筑主要入口，实验区、办公区、展示区、教学实验区、试验区的主要公共走道及靠近楼梯的明显位置。实验用房的消火栓宜设置在洁净区的楼梯出口附近或走廊，当必须设置在洁净区内时，应满足洁净区的洁净要求。室内消火栓应设置在放射性实验工作场所的控制区外。

科研建筑室内消火栓的布置间距不应大于30.0m，并应保证有2股水柱能同时到达其保护范围内有可燃物的部位。

科研建筑室内消火栓箱内应设置消防软管卷盘。

表14-22给出了科研建筑室内消火栓的布置方法。

科研建筑室内消火栓布置方法表 **表14-22**

序号	室内消火栓布置方法	注意事项
1	布置在楼梯间、前室等位置	楼梯间、前室的消火栓宜暗设并采取墙体保护措施；箱体及立管不应影响楼梯门、电梯门开启使用
2	布置在实验区、办公区、展示区、教学实验区、试验区的公共走道两侧，箱体开门朝向公共走道	应暗设；优先沿辅助房间（库房、卫生间等）的墙体安装
3	布置在集中区域内部公共空间内	可在朝向公共空间房间的外墙上暗设；应避免消火栓消防水带穿过多个房间门到达保护点

注：1. 室内消火栓不应跨防火分区布置；

2. 室内消火栓应按其实际行走距离计算其布置间距，科研建筑室内消火栓布置间距宜为20.0～25.0m，不应小于5.0m。

14.5.10 消火栓给水管网

1. 室外消火栓给水管网

科研建筑室外消火栓给水管网应采用环状给水管网。向室外消火栓给水管网供水的输水干管不应少于 2 条。

2. 室内消火栓给水管网

科研建筑室内消火栓给水管网应采用环状给水管网，有 2 种主要管网型式，见表 14-23。室内消火栓给水管网在横向、竖向均宜连成环状。

室内消火栓给水管网主要管网型式表　　表 14-23

序号	管网型式特点	适用情形	具体部位	备注
型式 1	消防供水干管沿建筑竖向垂直敷设，配水干管沿每一层顶板下或吊顶内横向水平敷设，配水干管上连有消火栓	各楼层竖直上下层消火栓位置差别较大或横向连接管长度较大的区域	建筑内走道、楼梯间、电梯前室；实验室、展厅、试验室；办公室、会议室等房间外墙；机房等	主要型式
型式 2	消防供水干管沿建筑最高处、最低处横向水平敷设，配水干管沿竖向垂直敷设，配水干管上连有消火栓	各楼层竖直上下层消火栓位置基本一致和横向连接管长度较小的区域	建筑内走道、楼梯间、电梯前室；办公室、会议室等房间外墙	辅助型式

注：不能敷设消火栓给水管道的场所包括高低压配电室、网络机房、消防控制室等电气类房间。

室内消火栓给水管网型式 1 参见图 1-13，型式 2 参见图 1-14。

科研建筑室内消火栓给水管网的环状干管管径，参见表 1-229；室内消火栓竖管管径可按 $DN100$。

3. 系统阀门

室内消火栓系统阀门设置，参见表 1-230。

埋地管道的阀门宜采用带启闭刻度的球墨铸铁暗杆闸阀。室内架空管道的阀门宜采用蝶阀、明杆闸阀或带启闭刻度的暗杆闸阀等。

4. 系统给水管网管材

科研建筑室外消火栓给水管绝大多数采用直埋敷设方式。埋地消火栓给水管道宜采用球墨铸铁管或钢丝网骨架塑料复合管给水管道。

科研建筑室内消火栓给水管管材选择，参见表 1-231。

薄壁不锈钢管（S11163）、镀锌镍碳钢管等新型优质管道，在科研建筑室内消火栓系统中均得到更多的应用，未来会逐步替代传统钢管。

14.5.11 消火栓系统计算

1. 消火栓水泵选型计算

科研建筑室内消火栓水泵流量与室内消火栓设计流量一致；消火栓水泵扬程，按公式（1-64）计算。根据消火栓水泵流量和扬程选择消火栓水泵。

2. 消火栓计算

室内消火栓的保护半径，按公式（1-65）计算；消火栓栓口处所需水压，按公式（1-66)计算。

高层科研建筑消防水枪充实水柱应按13m计算；多层科研建筑消防水枪充实水柱应按10m计算。

高层科研建筑消火栓栓口动压不应小于0.35MPa；多层科研建筑消火栓栓口动压不应小于0.25MPa。

3. 消火栓系统压力计算

消火栓系统的设计工作压力，按公式（1-67）计算。通常以设计工作压力确定消火栓水泵扬程。

14.6 自动喷水灭火系统

14.6.1 自动喷水灭火系统设置

科研建筑相关场所自动喷水灭火系统设置要求，见表14-24。

科研建筑相关场所自动喷水灭火系统设置要求表 表14-24

序号	科研建筑类型	自动喷水灭火系统设置要求
1	一类高层科研建筑（建筑高度大于50m的高层科研建筑，重要高层科研建筑）	建筑主楼、裙房、地下室、半地下室，除了不宜用水扑救的部位外的所有场所均设置
2	二类高层科研建筑（建筑高度小于或等于50m的普通高层科研建筑）	建筑主楼、裙房及其地下室、半地下室中的活动用房、走道、办公室、可燃物品库房等，除了不宜用水扑救的部位外的所有场所均设置
3	单、多层科研建筑	设有送回风道（管）系统的集中空气调节系统且总建筑面积大于3000m²的单、多层科研建筑，除了不宜用水扑救的部位外的所有场所均设置

科研建筑自动喷水灭火系统类型选择，参见表1-245。

设置自动喷水灭火系统的科研建筑的大型仪器室、洁净室宜采用预作用式自动喷水灭火系统。

典型科研建筑自动喷水灭火系统原理图，参见图4-5。

科研建筑火灾危险等级按中危险级Ⅰ级确定。

14.6.2 自动喷水灭火系统设计基本参数

科研建筑自动喷水灭火系统设计参数，按表1-246规定。

科研建筑高大空间场所设置湿式自动喷水灭火系统设计参数，按表14-25规定。

若科研建筑地下室中附属的库房认定为堆垛储物仓库，其自动喷水灭火系统设计参数，按表1-247规定。

自动喷水灭火系统的持续喷水时间，应按火灾延续时间不小于1h确定。

高大空间场所湿式自动喷水灭火系统设计参数表 表 14-25

适用场所	最大净空高度 h(m)	喷水强度[L/(min·m²)]	作用面积(m²)	喷头间距 S(m)
出入门厅	$8<h\leqslant12$	12	160	$1.8\leqslant S\leqslant3.0$
	$12<h\leqslant18$	15		

注：当民用建筑高大空间场所的最大净空高度为 $12m<h\leqslant18m$ 时，应采用非仓库型特殊应用喷头。

14.6.3 洒水喷头

设置自动喷水灭火系统的科研建筑内各场所的最大净空高度通常不大于 8m。

科研建筑自动喷水灭火系统喷头公称动作温度宜相比环境温度高 30℃，参见表 4-54。

科研建筑自动喷水灭火系统喷头种类选择，见表 14-26。

科研建筑自动喷水灭火系统喷头种类选择表 表 14-26

序号	火灾危险等级	设置场所	喷头种类
1	中危险级Ⅰ级	科研建筑内实验室、办公室、会议室等设有吊顶场所	吊顶型或下垂型普通或快速响应喷头
2		库房、非电气类设备机房等无吊顶场所	直立型普通或快速响应喷头

注：1. 基于科研建筑火灾特点和重要性，科研建筑中危险级Ⅰ级对应实验室场所自动喷水灭火系统洒水喷头宜全部采用快速响应喷头；
2. 设置自动喷水灭火系统的洁净室和清洁走廊宜采用隐蔽式喷头。

每种型号的备用喷头数量按此种型号喷头数量总数的 1%计算，并不得少于 10 只。

科研建筑中自动喷水灭火系统直立型、下垂型喷头的布置间距，不应大于表 1-250 的规定，且不宜小于 2.4m。

科研建筑常用普通玻璃球闭式喷头规格型号，参见表 1-252。

14.6.4 自动喷水灭火系统管道

1. 管材

科研建筑自动喷水灭火系统给水管管材，参见表 1-254。

薄壁不锈钢管（S11163）、氯化聚氯乙烯（PVC-C）管、镀锌镍碳钢管等新型优质管道，在科研建筑自动喷水灭火系统中均得到更多的应用，未来会逐步替代传统钢管。

科研建筑中所有中危险级Ⅰ级对应场所自动喷水灭火系统公称直径≤DN80 的配水管（支管）均可采用氯化聚氯乙烯（PVC-C）管材及管件。

2. 管径

科研建筑自动喷水灭火系统的配水管道管径可根据表 1-255 中数据进行确定。

3. 管网敷设

科研建筑自动喷水灭火系统配水干管宜沿实验区、办公区、展示区、教学实验区、试验区的公共走廊敷设，实验区、办公区、展示区、教学实验区、试验区走廊两侧房间内的配水支管就近连接到配水干管上。走廊内布置的喷头就近接至排水支管后再接至配水干管。单个喷头不应直接接至管径大于或等于 DN100 的配水干管。

科研建筑自动喷水灭火系统配水管网布置步骤，见表 14-27。

自动喷水灭火系统配水管网布置步骤表 表14-27

序号	配水管网布置步骤
步骤1	根据科研建筑的防火性能确定自动喷水灭火系统配水管网的布置范围
步骤2	在每个防火分区内应确定该区域自动喷水灭火系统配水主干管或主立管的位置或方向
步骤3	自接入点接入后，可确定主要配水管的敷设位置和方向
步骤4	自末端房间内的自动喷水灭火系统配水支管就近向配水管连接
步骤5	每个楼层每个防火分区内配水管网布置均按步骤1～步骤4进行

自动喷水灭火系统每个喷头与配水支管连接的短立管管径通常采用25mm；末端试水装置或试水阀的连接管管径通常采用25mm。

14.6.5 水流指示器

除报警阀组控制的喷头只保护不超过防火分区面积的同层场所外，科研建筑每个防火分区、每个楼层均应设水流指示器；当整个场所需要设置的喷头数不超过1个报警阀组控制的喷头数时，可不设置水流指示器；每个防火分区应设置一个水流指示器，位置可设在本防火分区系统配水管网的起始端，亦可集中设置于各个防火分区配水干管分叉处。

水流指示器上游端应设置信号阀，其型号规格，参见表1-257。

水流指示器与所在配水干管同管径，其型号规格，参见表1-258。

14.6.6 报警阀组

科研建筑消防系统报警阀组主要采用湿式水力报警阀组，一定条件下采用预作用报警阀组。

科研建筑自动喷水灭火系统报警阀组的数量取决于：整个建筑中设置喷头的总数量；每个防火分区内设置喷头的数量；每个报警阀组控制的喷头数。一个报警阀组控制的喷头数不宜超过800只，设计中可适当超过800只。

喷头均衡组合遵循的原则，参见表1-259。

科研建筑自动喷水灭火系统报警阀组通常设置在消防水泵房，设置位置方案，参见表1-260。

报警阀组宜设在安全及易于操作的地点，报警阀距地面的高度宜为1.2m；宜沿墙体集中布置，相邻报警阀组的间距不宜小于1.5m，不应小于1.2m；报警阀组处应设有排水设施，排水管管径不应小于*DN*100。

表1-261为常用湿式报警阀装置型号规格；表1-262为常见预作用报警阀装置型号规格；报警阀组压力开关主要技术参数，参见表1-263；报警阀组前后管道设置，参见表1-264。

科研建筑自动喷水灭火系统减压阀设置方式，参见表1-265。

减压孔板作为一种减压部件，可辅助减压阀使用。

14.6.7 自动喷水灭火系统水泵接合器

自动喷水灭火系统管网上应设置水泵接合器，科研建筑自动喷水灭火系统消防水泵接合器数量，参见表1-266。

自动喷水灭火系统水泵接合器宜设置在靠近消防水泵房的室外；常规做法是将多个*DN*150水泵接合器并联起来，由1根*DN*150供水管道接至系统供水泵组出水干管上，连接位置位于报警阀组前。

14.6.8 消防水箱设计

高位消防水箱、自动喷水灭火稳压装置设计参见消火栓系统相关内容。

14.6.9 自动喷水灭火系统压力计算

自动喷水灭火系统的设计工作压力，按公式（1-68）计算。

自动喷水灭火给水泵扬程通常按照自动喷水灭火系统的设计工作压力值确定。

自动喷水灭火给水系统压力管道水压强度试验的试验压力（$H_{试验}$）的基准指标，参见表1-267。

14.7 灭火器系统

14.7.1 灭火器配置场所火灾种类

科研建筑灭火器配置场所的火灾种类，见表14-28。

灭火器配置场所的火灾种类表　　表14-28

序号	火灾种类	灭火器配置场所
1	A类火灾（固体物质火灾）	科研建筑内绝大多数场所，如实验区、办公区、展示区、教学实验区、试验区用房等
2	E类火灾（物体带电燃烧火灾）	科研建筑内附设电气房间，如高低压配电间、弱电机房等

14.7.2 灭火器配置场所危险等级

科研建筑灭火器配置场所的危险等级分为严重危险级、中危险级和轻危险级3级，危险等级举例，见表14-29。

科研建筑灭火器配置场所的危险等级举例　　表14-29

危险等级	举例
严重危险级	设备贵重或可燃物多的实验室
	专用电子计算机房
中危险级	一般的实验室
	设有集中空调、电子计算机、复印机等设备的办公室
	民用燃油、燃气锅炉房
	民用的油浸变压器室和高、低压配电室
轻危险级	未设集中空调、电子计算机、复印机等设备的普通办公室

注：科研建筑室内强电间、弱电间；屋顶排烟机房内每个房间均应设置2具手提式磷酸铵盐干粉灭火器。

14.7.3 灭火器选择

科研建筑灭火器配置场所的火灾种类通常涉及A类、E类火灾，通常配置灭火器时选择磷酸铵盐干粉灭火器。

消防控制室、计算机房、配电室等部位配置灭火器宜采用气体灭火器，通常采用二氧化碳灭火器。

14.7.4 灭火器设置

科研建筑中设置的手提式灭火器，通常和室内消火栓同位置设置，放置于室内消火栓箱体下部。独立设置的手提式或推车式灭火器通常放置于所保护区域的公共走道、门口或房间内靠近公共通道出入口处。灭火器设置点应均衡布置。

设置在A类火灾场所的灭火器，其最大保护距离应符合表1-274的规定。

灭火器最大保护距离为灭火器与起火点之间最大的行走距离。科研建筑中大间套小间区域、房间中间隔着走道区域等场所，常需要增加灭火器配置点。

科研建筑中E类火灾场所中的高低压配电间、网络机房等场所，灭火器配置宜按B类火灾场所灭火器最大保护距离要求进行。面积较大的科研建筑变配电室，需要在变配电室内增设灭火器。

14.7.5 灭火器配置

A类火灾场所灭火器的最低配置基准，应符合表1-276的规定。

科研建筑灭火器A类火灾场所配置基准可按照灭火器最低配置基准，即：严重危险级按照3A；中危险级按照2A；轻危险级按照1A。

E类火灾场所的灭火器最低配置基准不应低于该场所内A类（或B类）火灾的规定。

14.7.6 灭火器配置设计计算

科研建筑内每个灭火器设置点灭火器数量通常以2～4具为宜。

灭火器计算单元最小需配灭火级别，按公式（1-69）计算。

灭火器计算单元中每个灭火器设置点最小需配灭火级别，按公式（1-70）计算。

14.7.7 灭火器类型及规格

科研建筑灭火器配置设计中常用的灭火器类型及规格，见表1-279。

14.8 气体灭火系统

14.8.1 气体灭火系统应用场所

科研建筑中重要的档案室、变配电室、通信机房、信息中心、电子计算机房、UPS间以及特别重要的设备室应设置自动灭火系统。

目前科研建筑中最常用七氟丙烷（HFC-227ea）气体灭火系统和IG541混合气体灭火

系统。

14.8.2 七氟丙烷气体灭火系统设计参数

七氟丙烷灭火剂主要技术性能参数，参见表1-281。

无管网七氟丙烷气体自动灭火装置技术参数、规格等，参见表1-282～表1-284。

科研建筑中采用七氟丙烷气体灭火保护时，各防护区设计灭火浓度，参见表3-70。

14.8.3 气体灭火设计用量计算

七氟丙烷气体灭火设置场所设计用量，按公式（1-71）计算。

七氟丙烷设计用量，按公式（2-28）计算；七氟丙烷设计容积，按公式（2-29）计算。

每个防护区内无管网七氟丙烷气体灭火装置的布置应做到均匀。

IG541混合气体灭火防护区灭火设计用量或惰化设计用量，按公式（1-74）计算。

IG541灭火剂气体在101kPa大气压和防护区最低环境温度下的质量体积，按公式（1-75）计算。

IG541混合气体灭火系统灭火剂储存量，应为防护区灭火设计用量及系统灭火剂剩余量之和，系统灭火剂剩余量按公式（1-76）计算。

14.8.4 IG541混合气体灭火系统管网计算

IG541混合气体灭火系统管道流量宜采用平均设计流量。

系统主干管、支管的平均设计流量，按公式（1-77）、公式（1-78）计算。

管道内径按公式（1-79）计算。

灭火剂释放时，管网应进行减压。减压装置宜采用减压孔板，宜设在系统的源头或干管入口处。减压孔板前的压力，按公式（1-80）计算；减压孔板后的压力，按公式(1-81)计算；减压孔板孔口面积，按公式（1-82）计算。

系统的阻力损失宜从减压孔板后算起，并按公式（1-83）计算。

IG541混合气体灭火系统的喷头工作压力的计算结果，应符合：一级充压（15.0MPa）系统，$P_c \geqslant 2.0$MPa（绝对压力）；二级充压（20.0MPa）系统，$P_c \geqslant 2.1$MPa（绝对压力）。

喷头等效孔口面积，按公式（1-84）计算。

14.8.5 防护区泄压口

气体灭火系统防护区应设置泄压口。七氟丙烷气体灭火系统防护区泄压口面积按系统设计规定计算，按公式（1-85）计算；IG541混合气体灭火系统防护区泄压口面积按系统设计规定计算，宜按公式（1-86）计算。

七氟丙烷气体灭火系统的泄压口应位于防护区净高的2/3以上。对于设置吊顶场所，泄压口通常设置在吊顶（梁）下，泄压口顶面紧贴吊顶（梁）或吊顶（梁）下100mm。

不同规格无管网七氟丙烷气体灭火装置与泄压口尺寸的对照表，参见表1-288。

防护区设置的泄压口，宜设在外墙上，无外墙时应设置在朝向公共建筑公共区域（走道）的内墙上。每个防护区根据需要可设置1个或多个泄压口。

14.9 高压细水雾灭火系统

科研建筑中重要的档案室、变配电室、通信机房、信息中心、电子计算机房、UPS间以及特别重要的设备室，可采用高压细水雾灭火系统。

科研建筑中当上述场所较少或场所很分散时，宜采用气体灭火系统；当此类场所较多且较集中时，可采用高压细水雾灭火系统，设计方法参见4.9节。

14.10 自动跟踪定位射流灭火系统

科研建筑公共区内室内净高大于自动喷水灭火系统最大允许安装高度且有可燃物的部位，应设置自动跟踪定位射流灭火系统。

自动跟踪定位射流灭火系统设计方法参见4.10节。

14.11 实验室气体系统

14.11.1 一般要求

科研建筑实验室所需气体包括氢气、氧气、氮气、氩气、甲烷、乙炔、压缩空气、真空、混合气体等。

科研建筑实验室气体管道设计应符合现行国家标准《城镇燃气设计规范》GB 50028、《压缩空气站设计规范》GB 50029、《氧气站设计规范》GB 50030和《氢气站设计规范》GB 50177等的相关规定。

各种气源宜采用集中供应方式，气源站宜为独立建筑。

特种气体的供应应根据设备需求和特点，经综合比较后确定采用液槽供应或气瓶供应方式。

引入室内的各种气体管道支管宜明敷。当管道井、管道技术层内敷设有可燃气体管道时，应有6次/h，事故时不少于12次/h的通风措施。

穿过实验室墙体或楼板的气体管道应设套管，套管内的管段不应有焊缝。管道与套管之间应采用非燃烧材料严密封堵。

可燃、助燃气体管道应设放空管。放空管道应高出屋面1m或1m以上，并采取防雷措施。

可燃气体管道、助燃气体管道应有导除静电的接地装置。有接地要求的气体管道其接地和跨接措施应按国家现行有关标准执行。

输送干燥气体的管道可无坡度敷设，输送潮湿气体的管道应有不小于0.3%的坡度，坡向冷凝液体收集器。

室内气体管道间距应符合表14-30的规定。

室内气体管道间距要求表 表 14-30

管线名称	乙炔管		氧气管		不燃气体管		氢气管		燃气管	
	最小并行间距（m）	最小交叉间距（m）	最小并行间距（m）	最小交叉间距（m）	最小并行间距（m）	最小交叉间距（m）	最小并行间距（m）	最小交叉间距（m）	最小并行间距（m）	最小交叉间距（m）
给水管、排水管	0.25	0.25	0.25	0.10	0.15	0.10	0.25	0.25	0.25	0.02
热力管（蒸汽压力不超过 1.3MPa）	0.25	0.25	0.25	0.10	0.15	0.10	0.25	0.25	0.25	0.02
不燃气体管	0.25	0.25	0.25	0.10	0.15	0.10	0.25	0.25	0.25	0.02
燃气管、燃油管	0.50	0.25	0.50	0.25	0.25	0.10	0.50	0.25	0.25	0.02
氧气管	0.50	0.25	—	—	0.25	0.10	0.50	0.25	0.25	0.02
乙炔管	—	—	—	—	0.25	0.25	—	—	0.25	0.02
滑触线	3.00	0.50	1.50	0.50	1.00	0.50	3.00	0.50	0.25	0.10
裸导线	2.00	0.50	1.00	0.50	1.00	0.50	2.00	0.50	1.00	1.00
绝缘导线和电路	1.00	0.50	0.50	0.30	—	—	1.00	0.50	明设 0.25 暗设 0.05	明设 0.10 暗设 0.01
穿有导线的电线管	1.00	0.25	0.50	0.10	0.10	0.10	1.00	0.25	0.50	0.10
插接式母线、悬挂式干线	3.00	1.00	1.50	0.50	—	—	3.00	1.00	0.30	不允许
非防爆型开关、插座、配电箱等	3.00	3.00	1.50	1.50	—	—	3.00	1.00	0.30	不允许

当可燃气体管道分层敷设时，密度小的管道应位于上方。

室内可燃气体管道不宜在地沟内敷设或直接埋地敷设。

气体管道不得与电缆、导电线路同架敷设。

气体质量要求应符合下列规定：压缩空气质量等级不应低于现行国家标准《压缩空气》GB/T 13277 中的二级规定；氢气、氧气、氮气、氩气、氦气、乙炔等气体的气体质量要求应满足仪器、设备试验需要。

气体供应方式应符合下列规定：当采用瓶装气体供气时，宜集中设置气瓶间，采用管道供应。气瓶间宜单独设置或设在无危险性的辅助用房内；压缩空气宜由自备空气压缩机提供，压缩机应集中设置；压缩机排气应设储气罐并做相应的空气处理；可燃气体及助燃气体的干管及支管宜明敷；可燃、助燃气体管道的放散管应引至室外并高出屋脊 1m，放散管应设有防雷措施；可燃气体及助燃气体管道严禁穿过生活间、办公室；可燃气体及助燃气体的管道不宜穿过不使用该种气体的房间，当必须穿过时，应采取相应措施。

14.11.2 管道、阀门和附件

科研建筑实验室气体管道材料选用应符合下列规定：气体纯度大于或等于 99.99%应采用不锈钢管；气体纯度小于 99.99%可采用无缝钢管或热镀锌无缝钢管；高纯气体管道与附件连接的密封垫应采用有色金属、不锈钢、聚四氟乙烯或氟橡胶材料；压缩空气管道，宜采用不锈钢管。

气体管道与设备的连接段宜采用金属软管。当采用非金属软管时，宜采用聚四氟乙烯

管、聚氯乙烯管。

乙炔管道的阀门和附件不得采用纯铜质材料和70%的铜合金，其他气体管道可采用铜、碳钢等材料。可燃气体管道和氧气管道所用的附件和仪表必须是该介质的专用产品。

阀门与氧气接触部分应采用非燃烧材料。其密封圈应采用有色金属、不锈钢及聚四氟乙烯等材料。填料应采用经除油处理的石墨石棉或聚四氟乙烯。

气体管道系统应不渗漏、耐压、耐温、耐腐蚀。实验室内应有足够的清洁、维护和维修明露管道的空间。

气体管道、阀门、终端组件、软管组件和压力指示仪表，均应有耐久、清晰、易识别的标识。气体标识的方法应为金属标记、模板印刷、盖印或粘着性标志。施工中宜采用粘着性标志。

埋地敷设的气体管道应符合下列规定：埋地或地沟敷设的气体管道应进行加强绝缘防腐处理；埋地气体管道的敷设深度不应小于当地冻土层厚度，且管顶距地面不宜小于0.70m；当埋地管道穿越道路或埋深不足、地面上荷载较大时，管道应加设防护钢套管；地下气体管道与建（构）筑物等及其地下管线之间最小净距可按现行国家标准《氧气站设计规范》GB 50030执行；气体管道地沟应采用细沙填实，并应有排水措施。

14.11.3　管道连接

气体管道的连接应采用焊接连接，可燃气体管道不应用螺纹连接。高纯气体管道应采用承插焊接连接。

气体管道与设备、阀门及其他附件的连接应采用法兰或螺纹连接，螺纹连接的丝扣填料应采用聚四氟乙烯带。

14.11.4　安全技术

科研建筑实验室气体管道设计的安全技术应符合下列规定：每台（组）用可燃气体设备的支管和放空管上应设置阻火器等安全控制装置；使用可燃气体的房间应设置报警装置；气瓶应放在主体建筑物之外的气瓶存放间，对日用气量不超过一瓶的气体，室内可放置一个该种气体的气瓶，但气瓶应有安全防护设施；气瓶存放间应有不小于3次/h换气的通风措施；可燃气体存放间应有不小于6次/h换气的通风措施。事故时排风不小于12次/h。

若使用高压气体或可燃气体，应有相应的安全措施，并应符合国家相关规定。

可燃气体管道连接用气设备支管应设置阻火器。

可燃气体及助燃气体的汇流排间应有浓度报警和联动排风措施。

目前科研用特种气体的供应主要分为液槽和气瓶两种方式，液槽一般应用于使用量较大的场所。液槽规格主要按气体供应周期确定，一般为一周至两周。气瓶一般应用于使用量较小的场所。

14.11.5　气源站及气瓶库

氧气气源站宜布置成独立单层建筑物，耐火等级不应低于二级。如与其他建（构）筑物毗连，其毗连的墙应为耐火极限不低于1.50h的无门、窗、洞的防火墙，该氧气气源站至少应设一个直通室外的门。氧气供应源给水排水、照明、电气应符合现行国家标准《氧气站设计规范》GB 50030 的有关规定。

氮气、二氧化碳、氧化亚氮等气体供应源不应设在地下或半地下建筑内。可设在不低于三级耐火等级建筑内的靠外墙处，并应采用耐火极限不低于 1.50h 的墙和丙级防火门与建筑物的其他部分隔开。

氢气、乙炔、甲烷等可燃气体宜布置成独立单层建筑物，不得设在地下或半地下建筑内。耐火等级、泄压面积和可燃气体浓度报警，按可燃气体的相应标准执行。

气体的储存应设置有专用仓库，其平面布置、建筑物的耐火等级、安全通道及消防等应符合现行国家标准《建筑设计防火规范》GB 50016 的有关规定。当气体储存库与其他建（构）筑物毗连时，其毗连的墙应为无门、窗、洞的防火墙，并应有直通室外的门。其围护结构上的门窗应向外开启，并不应使用木质、塑钢等可燃材料制作。

14.12 中水系统

科研建筑建设中水设施，应结合建筑所在地区的不同特点，满足当地政府部门的有关规定。建筑面积大于 30000m^2 或回收水量大于 100m^3/d 的科研建筑，宜建设中水设施。

14.12.1 中水原水

1. 中水原水种类

科研建筑中水原水可选择的种类及选取顺序，见表 14-31。

科研建筑中水原水可选择的种类及选取顺序表　　表 14-31

序号	中水原水种类	备注
1	科研建筑内实验室淋浴室淋浴等的废水排水；公共卫生间的废水排水	最适宜
2	科研建筑内公共卫生间的盥洗废水排水	适宜
3	科研建筑空调循环冷却水系统排水	
4	科研建筑空调水系统冷凝水	
5	科研建筑内公共卫生间的冲厕排水	最不适宜

注：科研建筑中含有害物质的污水（包括酸碱污水，含重金属离子污水，含氰、含酚、含苯、含砷、含汞等化合物污水，或浓度超过污水排放标准的其他污水），不得作为建筑中水原水。

2. 中水原水量

科研建筑中水原水量按公式（14-4）计算：

$$Q_Y = \Sigma \beta \cdot Q_{pj} \cdot b \tag{14-4}$$

式中 Q_Y——科研建筑中水原水量，m^3/d；

β——科研建筑按给水量计算排水量的折减系数，一般取 0.85～0.95；

Q_{pj}——科研建筑平均日生活给水量，按《节水标》中的节水用水定额（表 14-3）计算确定，m^3/d；

b——科研建筑分项给水百分率，应以实测资料为准，当无实测资料时，可按表 14-32选取。

科研建筑分项给水百分率表　　表 14-32

项目	冲厕	沐浴	盥洗	总计
办公给水百分率（%）	60～66	—	40～34	100
实验室淋浴室给水百分率（%）	2～5	98～95	—	100

科研建筑用作中水原水的水量宜为中水回用水量的110%～115%。

3. 中水原水水质

科研建筑中水原水水质应以类似建筑的实测资料为准；当无实测资料时，科研建筑排水的污染物浓度可按表14-33确定。

科研建筑排水污染物浓度表　　表 14-33

类别	项目	冲厕	沐浴	盥洗	综合
办公	BOD_5浓度（mg/L）	260～340	—	90～110	195～260
	COD_{Cr}浓度（mg/L）	350～450	—	100～140	260～340
	SS浓度（mg/L）	260～340	—	90～110	195～260
实验室淋浴室	BOD_5浓度（mg/L）	260～340	45～55	—	50～65
	COD_{Cr}浓度（mg/L）	350～450	110～120	—	115～135
	SS浓度（mg/L）	260～340	35～55	—	40～65

注：综合是对包括以上三项生活排水的统称。

14.12.2 中水利用与水质标准

1. 中水利用

科研建筑中水原水主要用于城市杂用水和景观环境用水等。

科研建筑中水利用率，可按公式（2-31）计算。

科研建筑中水利用率应不低于当地政府部门的中水利用率指标要求。

当科研建筑附近有可利用的市政再生水管道时，可直接接入使用。

2. 中水水质标准

科研建筑中水水质标准要求，参见表2-104。

14.12.3 中水系统

1. 中水系统形式

科研建筑中水通常采用中水原水系统与生活污水系统分流、生活给水与中水给水分供的完全分流系统。

2. 中水原水系统

科研建筑中水原水管道通常按重力流设计；当靠重力流不能直接接入时，可采取局部加压提升接入。

科研建筑原水系统原水收集率不应低于本建筑回收排水项目给水量的75%，可按公式（2-32）计算。

科研建筑中水原水应进行计量，可采用超声波流量计和沟槽流量计。

3. 中水处理系统

科研建筑中水处理系统设计处理能力，可按公式（2-33）计算。

4. 中水供水系统

建筑中水供水系统必须独立设置。建筑中水不得用作科研建筑生活饮用水水源。

科研建筑中水系统供水量，可按照表 14-2 中的用水定额及表 14-32 中规定的百分率计算确定。

科研建筑中水供水系统的设计秒流量和管道水力计算方法与生活给水系统一致，参见 14.1.6 节。

科研建筑中水供水系统的供水方式宜与生活给水系统一致，通常采用变频调速泵组供水方式，水泵的选择参见 14.1.7 节。

科研建筑中水供水系统的竖向分区宜与生活给水系统一致。当建筑周边有市政中水管网且管网流量压力均满足时，低区由市政中水管网直接供水；当建筑周边无市政中水管网时，低区由低区中水给水泵组自中水贮水池（箱）吸水后加压供水。

科研建筑中水供水管道宜采用塑料给水管、钢塑复合管或其他具有可靠防腐性能的给水管材，不得采用非镀锌钢管。

科研建筑中水贮存池（箱）设计要求，参见表 2-105。

科研建筑中水供水系统应安装计量装置，具体设置要求参见表 3-14。

中水供水管道应采取防止误接、误用、误饮的措施。

5. 水量平衡

中水系统设计应进行中水原水量和用水量平衡计算。

科研建筑中水用水量应根据不同用途用水量累加确定。

科研建筑最高日冲厕中水用水量按照表 14-2 中的最高日用水定额及表 14-32 中规定的百分率计算确定。最高日冲厕中水用水量，可按公式（14-5）计算：

$$Q_C = \Sigma q_L \cdot F \cdot N/1000 \tag{14-5}$$

式中 Q_C——科研建筑最高日冲厕中水用水量，m^3/d；

q_L——科研建筑给水用水定额，L/(人·d)；

F——冲厕用水占生活用水的比例，%，按表 14-32 取值；

N——使用人数，人。

科研建筑相关功能场所冲厕用水量定额及小时变化系数，见表 14-34。

科研建筑冲厕用水量定额及小时变化系数表 **表 14-34**

建筑种类	冲厕用水量 [L/(人·d)]	使用时间（h/d）	小时变化系数
办公	20～30	8～10	1.5～1.2

中水系统原水调节池（箱）调节容积，可按公式（2-35）、公式（2-36）计算。

中水贮存池（箱）容积，可按公式（2-37）、公式（2-38）计算。

当中水供水系统采用水泵-水箱联合供水时，水箱调节容积不得小于中水系统最大小时用水量的 50%。

中水系统的总调节容积，包括原水调节池（箱）、中水处理工艺构筑物、中水贮存池（箱）及高位水箱等调节容积之和，不宜小于中水日处理量的 100%。

14.12.4 中水处理工艺与处理设施

1. 中水处理工艺

科研建筑通常采用的中水处理工艺，参见表2-107。

2. 中水处理设施

科研建筑中水处理设施及设计要求，参见表2-108。

14.12.5 中水处理站

科研建筑内的中水处理站设计要求，参见2.11.5节。

14.13 管道直饮水系统

14.13.1 水量、水压和水质

科研建筑管道直饮水最高日直饮水定额（q_d），可按1.0～2.0L/(人·班）采用，亦可根据用户要求确定。

直饮水专用水嘴额定流量宜为0.04～0.06L/s。

科研建筑直饮水专用水嘴最低工作压力不宜小于0.03MPa。

科研建筑管道直饮水系统用户端的水质应符合现行行业标准《饮用净水水质标准》CJ/T 94的规定。

14.13.2 水处理

科研建筑管道直饮水系统应对原水进行深度净化处理。

水处理工艺流程的选择应依据原水水质，经技术经济比较确定。处理后的出水应符合现行行业标准《饮用净水水质标准》CJ/T 94的规定。

深度净化处理应根据处理后的水质标准和原水水质进行选择，宜采用膜处理技术，参见表1-333。

不同的膜处理应相应配套预处理、后处理、膜的清洗和水处理消毒灭菌设施，参见表1-334。

深度净化处理系统排出的浓水宜回收利用。

14.13.3 系统设计

科研建筑管道直饮水系统必须独立设置，不得与市政或建筑供水系统直接相连。

科研建筑管道直饮水系统宜采取集中供水系统，一座建筑中宜设置一个供水系统。

科研建筑常见的管道直饮水系统供水方式，参见表1-335。

多层科研建筑管道直饮水供水竖向不分区；高层科研建筑管道直饮水供水应竖向分区，分区原则参见表1-336。

科研建筑管道直饮水系统类型，参见表1-337。

科研建筑管道直饮水系统设计应设循环管道，供、回水管网应设计为同程式。

科研建筑管道直饮水系统通常采用全日循环，亦可采用定时循环，供、配水系统中的直饮水停留时间不应超过 12h。

科研建筑管道直饮水系统回水宜回流至净水箱或原水水箱。回流到净水箱时，应在消毒设施前接入。

直饮水系统不循环的支管长度不宜大于 6m。

科研建筑管道直饮水系统管道敷设要求，参见表 1-338。

科研建筑管道直饮水系统管材及附件设置要求，参见表 1-339。

14.13.4 系统计算与设备选择

1. 系统计算

科研建筑管道直饮水系统最高日直饮水量，应按公式（14-6）计算：

$$Q_d = N \cdot q_d \tag{14-6}$$

式中 Q_d——科研建筑管道直饮水系统最高日饮水量，L/d；

N——科研建筑管道直饮水系统所服务的人数，人；

q_d——科研建筑最高日直饮水定额，L/(人·d)，取 1.0～2.0L/(人·d)。

科研建筑的瞬时高峰用水量的计算应符合现行国家标准《建筑给水排水设计标准》GB 50015 的规定。科研建筑瞬时高峰用水量，应按公式（1-94）计算。

科研建筑瞬时高峰用水时水嘴使用数量，应按公式（1-95）计算。

瞬时高峰用水时水嘴使用数量 m 的确定，应按表 1-340（当水嘴数量 $n \leqslant 12$ 个时）、表 1-341（当水嘴数量 $n > 12$ 个时）选取。当 $np \geqslant 5$ 并且满足 $n(1-p) \geqslant 5$ 时，可按公式（1-96）简化计算。

水嘴使用概率应按公式（14-7）计算：

$$p = \alpha \cdot Q_d/(1800 \cdot n \cdot q_0) = 0.27 \cdot Q_d/(1800 \cdot n \cdot q_0) \tag{14-7}$$

式中 α——经验系数，科研楼取 0.27。

定时循环时，循环流量可按公式（1-98）计算。

管道直饮水供、回水管道内水流速度宜符合表 1-342 的规定。

2. 设备选择

净水设备产水量可按公式（1-100）计算。

变频调速供水系统水泵设计流量应按公式（1-101）计算；水泵设计扬程应按公式（1-102）计算。

净水箱（槽）有效容积可按公式（1-103）计算；原水调节水箱（槽）容积可按公式（1-104）计算。

原水水箱（槽）的进水管管径宜按净水设备产水量设计，并应根据反洗要求确定水量。当进水管的供水能力满足预处理的流量和压力要求时，原水水箱（槽）可不设置。

14.13.5 净水机房

净水机房设计要求，参见表 1-343。

14.13.6 管道敷设与设备安装

管道直饮水管道敷设与设备安装设计要求，参见表 1-344。

14.14 给水排水抗震设计

科研建筑给水排水管道抗震设计，参见4.11节。

14.15 给水排水专业绿色建筑设计

科研建筑绿色设计，应根据科研建筑所在地相关规定要求执行。新建科研建筑应按照一星级或以上星级标准设计；政府投资或者以政府投资为主的科研建筑、建筑面积大于20000m^{2}的大型科研建筑宜按照绿色建筑二星级或以上星级标准设计。科研建筑二星级、三星级绿色建筑设计专篇，参见表1-347。

野外科学观测研究站内建筑宜按绿色建筑三星级设计，宜符合现行行业标准《民用建筑绿色设计规范》JGJ/T 229的有关规定。

第 15 章　饮食建筑给水排水设计

饮食建筑是为顾客提供就餐服务的公共建筑。按经营方式、饮食制作方式及服务特点划分，饮食建筑可分为餐馆、快餐店、饮品店、食堂四类。

饮食建筑的规模分类，见表 15-1。

饮食建筑规模分类表　　表 15-1

建筑规模	餐馆、快餐店、饮品店建筑面积 S（m^2）或用餐区域座位数 n（个）	食堂服务的人数 m（人）
特大型	$S>3000$ 或 $n>1000$	$m>5000$
大型	$500<S\leqslant3000$ 或 $250<n\leqslant1000$	$1000<m\leqslant5000$
中型	$150<S\leqslant500$ 或 $75<n\leqslant250$	$100<m\leqslant1000$
小型	$S\leqslant150$ 或 $n\leqslant75$	$m\leqslant100$

注：1. 表中建筑面积指与食品制作供应直接或间接相关区域的建筑面积，包括用餐区域、厨房区域和辅助区域；
2. 食堂按服务的人数划分规模。食堂服务的人数指就餐时段内食堂供餐的全部就餐者人数。

饮食建筑组成，见表 15-2。

饮食建筑组成表　　表 15-2

<table>
<tr><th>序号</th><th colspan="2">区域分类</th><th>说明</th></tr>
<tr><td>1</td><td colspan="2">用餐区域</td><td>包括宴会厅、各类餐厅、包间等</td></tr>
<tr><td rowspan="2">2</td><td rowspan="2">厨房区域</td><td>餐馆、食堂、快餐店</td><td>包括主食加工区（间）[包括主食制作、主食热加工区（间）等]、副食加工区（间）[包括副食粗加工、副食细加工、副食热加工区（间）等]、厨房专间（包括冷荤间、生食海鲜间、裱花间等）、备餐区（间）、餐用具洗消间、餐用具存放区（间）、清扫工具存放区（间）等</td></tr>
<tr><td>饮品店</td><td>包括加工区（间）[包括原料调配、热加工、冷食制作、其他制作及冷藏区（间）等]、冷（热）饮料加工区（间）[包括原料研磨配置、饮料煮制、冷却和存放区（间）等]、点心和简餐制作区（间）、食品存放区（间）、裱花间、餐用具洗消间、餐用具存放区（间）、清扫工具存放区（间）等</td></tr>
<tr><td>3</td><td colspan="2">公共区域</td><td>包括门厅、过厅、等候区、大堂、休息厅（室）、公共卫生间、点菜区、歌舞台、收款处（前台）、饭票（卡）出售（充值）处及外卖窗口等</td></tr>
<tr><td>4</td><td colspan="2">辅助区域</td><td>包括食品库房（包括主食库、蔬菜库、干货库、冷藏库、调料库、饮料库）、非食品库房、办公用房及工作人员更衣间、淋浴间、卫生间、清洁间、垃圾间等</td></tr>
</table>

注：1. 厨房专间、冷食制作间、餐用具洗消间应单独设置；
2. 各类用房可根据需要增添、删减或合并在同一空间。

饮食建筑给水排水设计应符合现行国家标准《城市给水工程项目规范》GB 55026、《城乡排水工程项目规范》GB 55027、《建筑给水排水设计标准》GB 50015、《建筑防火通用规范》GB 55037、《消防设施通用规范》GB 55036、《建筑设计防火规范》GB 50016 和《消防给水及消火栓系统技术规范》GB 50974 等的规定。根据饮食建筑的功能设置，其给水排水设计涉及的现行行业标准为《饮食建筑设计标准》JGJ 64。附建在商业建筑中的饮食建筑，其给水排水设计涉及的现行行业标准为《商店建筑设计规范》JGJ 48。

15.1 生活给水系统

15.1.1 用水量标准

1. 生活用水量标准

《水标》中饮食建筑相关功能场所生活用水定额，见表15-3。

饮食建筑生活用水定额表 **表15-3**

<table>
<tr><th rowspan="2">序号</th><th colspan="2" rowspan="2">建筑物名称</th><th rowspan="2">单位</th><th colspan="2">生活用水定额（L）</th><th rowspan="2">使用时数（h）</th><th rowspan="2">最高日小时变化系数 K_h</th></tr>
<tr><th>最高日</th><th>平均日</th></tr>
<tr><td rowspan="3">1</td><td rowspan="3">餐饮业</td><td>中餐酒楼</td><td rowspan="3">每顾客每次</td><td>40～60</td><td>35～50</td><td>8～10</td><td rowspan="3">1.5～1.2</td></tr>
<tr><td>快餐厅、职工食堂</td><td>20～25</td><td>15～20</td><td>12～16</td></tr>
<tr><td>酒吧、咖啡馆、茶座、卡拉OK房</td><td>5～15</td><td>5～10</td><td>8～18</td></tr>
<tr><td>2</td><td>办公</td><td>坐班制办公</td><td>每人每班</td><td>30～50</td><td>25～40</td><td>8～10</td><td>1.5～1.2</td></tr>
</table>

注：1. 除注明外，均不含员工生活用水，员工最高日用水定额为每人每班40～60L，平均日用水定额为每人每班30～45L；

2. 表中用水量标准为生活用水，包括生活用热水用水量和直饮水用量，也包括正常漏水量和间接用水量，如清洁用水在内；但不包括空调、采暖、水景绿化、场地和道路浇洒等用水；

3. 计算饮食建筑最高日最大时用水量时，某一类型生活用水定额、最高日小时变化系数（K_h）均为一个范围值时，生活用水定额取定额的最低值应对应选择最高日小时变化系数（K_h）的最大值；生活用水定额取定额的最高值应对应选择最高日小时变化系数（K_h）的最小值；生活用水定额取定额的中间值应对应选择最高日小时变化系数（K_h）的中间值（按内插法确定）。

《节水标》中饮食建筑相关功能场所平均日生活用水节水用水定额，见表15-4。

饮食建筑平均日生活用水节水用水定额表 **表15-4**

<table>
<tr><th>序号</th><th colspan="2">建筑物名称</th><th>单位</th><th>节水用水定额</th></tr>
<tr><td rowspan="3">1</td><td rowspan="3">餐饮业</td><td>中餐酒楼</td><td rowspan="3">L/(人·次)</td><td>35～50</td></tr>
<tr><td>快餐厅、职工食堂</td><td>15～20</td></tr>
<tr><td>酒吧、咖啡馆、茶座、卡拉OK房</td><td>5～10</td></tr>
<tr><td>2</td><td>办公</td><td>坐班制办公</td><td>L/(人·班)</td><td>25～40</td></tr>
</table>

注：1. 除注明外均不含员工用水，员工用水定额每人每班30～45L；

2. 表中用水量包括热水用量在内，空调用水应另计；

3. 选择用水定额时，可依据当地气候条件、水资源状况等确定，缺水地区应选择低值；

4. 用水人数或单位数应以年平均值计算；

5. 每年用水天数应根据使用情况确定。

2. 绿化浇灌用水量标准

饮食建筑院区绿化浇灌最高日用水定额按浇灌面积1.0～3.0L/(m^2·d)计算，通常取 2.0L/(m² · d)，干旱地区可酌情增加。

3. 浇洒道路用水量标准

饮食建筑院区道路、广场浇洒最高日用水定额按浇洒面积 2.0～3.0L/(m² · d) 计算，亦可参见表 2-8。

4. 空调循环冷却水补水用水量标准

饮食建筑空调循环冷却水补充水量，按公式（1-3）计算，亦可由暖通空调专业提供。

5. 供暖锅炉补充水量

供暖锅炉补充水量由暖通空调、热能动力专业提供。

6. 给水管网漏失水量和未预见水量

这两项水量之和按上述 5 项用水量（第 1 项至第 5 项）之和的 8%～12%计算，通常按 10%计。

最高日用水量（Q_d）应为上述 6 项用水量（第 1 项至第 6 项）之和。

最大时用水量（Q_{hmax}）可按公式（1-4）计算。

15.1.2 水质标准和防水质污染

1. 水质标准

饮食建筑的生活饮用水水质应符合现行国家标准《生活饮用水卫生标准》GB 5749 的有关规定。

2. 防水质污染

饮食建筑防止水质污染常见的具体措施，参见表 2-9。

15.1.3 给水系统和给水方式

1. 饮食建筑生活给水系统

典型的饮食建筑生活给水系统原理图，参见图 4-1。

2. 饮食建筑生活给水供水方式

饮食建筑生活给水应尽量利用自来水压力，当自来水压力缺乏时，应设内部贮水箱，其贮备量按日用水量确定。

饮食建筑生活给水供水方式，参见表 5-4。

3. 饮食建筑生活给水系统竖向分区

饮食建筑应根据建筑内功能的划分和当地供水部门的水量计费分类等因素，设置相应的生活给水系统，并应利用城镇给水管网的水压。

饮食建筑生活给水系统竖向分区应根据的原则，参见表 3-7。

饮食建筑通常为单、多层建筑，当市政给水管网最小保证压力满足整个建筑生活给水系统压力要求时，本建筑生活给水系统竖向为 1 个区；当市政给水管网最小保证压力不满足整个建筑生活给水系统压力要求时，本建筑生活给水系统竖向分为 2 个区；低区为市政给水管网直供区的下部楼层；高区为加压供水的上部楼层。

4. 饮食建筑生活给水系统形式

饮食建筑生活给水系统通常采用下行上给式，设备管道设置方法参见表 5-5。

15.1.4 管材及附件

1. 生活给水系统管材

饮食建筑生活给水系统给水管道应选用耐腐蚀、安装连接方便可靠、符合国家现行有关产品标准要求及饮用水卫生要求的管材，常用管材包括薄壁不锈钢管、薄壁铜管、PVC-C（氯化聚氯乙烯）冷水用管、钢塑复合管、内衬不锈钢复合钢管、铝塑复合管等。

饮食建筑厨房给水管道宜采用金属管道。

2. 生活给水系统阀门

饮食建筑生活给水系统设置阀门的部位，见表4-7。

3. 生活给水系统止回阀

饮食建筑生活给水系统设置止回阀的部位，参见表4-8。

4. 生活给水系统减压阀

饮食建筑配水横管静水压大于0.20MPa的楼层各分区内给水支管起端应设置减压阀，减压阀位置在阀门之后。

5. 生活给水系统水表

饮食建筑给水系统的引入管上应设置水表。水表宜设置在室内便于抄表位置；在夏热冬冷地区及严寒地区，当水表设置于室外时，应采取可靠的防冻胀破坏措施。

饮食建筑生活给水系统按分区域计量原则设置水表，生活给水系统设置水表的部位，参见表3-14。

6. 生活给水系统其他附件

生活水箱的生活给水进水管上应设自动水位控制阀。

饮食建筑生活给水系统设置过滤器的部位，参见表2-19。

饮食建筑卫生器具和配件应采用节水型产品。厨房专间洗手盆（池）水嘴宜采用非手动开关。饮食建筑辅助区常采用非手触动式水龙头开关，主要包括脚踏式、肘动式或感应式等。用水点非手动开关的型式，参见表2-20。

15.1.5 给水管道布置及敷设

1. 室外生活给水系统布置与敷设

饮食建筑院区的室外生活给水管网应布置成环状管网，管径宜为$DN150$。环状给水管网与市政给水管网的连接管不宜少于2条，引入管管径宜为$DN150$、不宜小于$DN100$。

饮食建筑院区室外生活给水管道与其他地下管线及乔木之间的最小净距，参照表1-25规定。

2. 室内生活给水系统布置与敷设

饮食建筑室内生活给水管道通常布置成支状管网，单向供水，宜沿室内公共区域敷设。饮食建筑生活给水管道不应布置的场所，参见表2-21。

3. 室内给水管道防护

室内生活给水横干管、立管超过50m时，宜设伸缩补偿装置。

与人防工程功能无关的室内生活给水管道应避免穿越人防地下室，确需穿越时应在人防侧设置防护阀门，管道穿越处应设防护套管。

4. 生活给水管道保温

饮食建筑设置屋顶贮水箱和敷设管道，在冬季不采暖而又有可能冰冻的地区，应采取防冻措施。敷设在有可能结冻的房间、地下室及管井、管沟等处的给水管道应有防冻措施。

屋顶水箱间内生活给水管道均需做保温，所有给水横管及管井内的给水立管均做防结露保温。室内满足防冻要求的管道可不做防结露保温。饮食建筑内对于可能结露的给水管道，应采取防结露措施。

给水管道保温材料厚度确定，参见表 1-30、表 1-31。

15.1.6 生活给水系统给水管网计算

1. 商店院区室外生活给水管网

室外生活给水管网设计流量应按饮食建筑院区生活给水最大时用水量确定。院区给水引入管的设计流量应按最大时用水量确定；当引入管为 2 条时，应保证当其中一条发生故障时，其余的引入管可以提供不小于 70%的流量。

饮食建筑院区室外生活给水管网管径宜采用 $DN150$。

2. 饮食建筑室内生活给水管网

采用市政给水管网直接供水时，给水引入管设计流量（Q_1）应按直供区生活给水设计秒流量计；采用生活水箱＋变频给水泵组供水时，给水引入管设计流量（Q_2）应按加压区生活水箱设计补水量计，设计补水量不得小于高区最高日平均时用水量，不宜大于最高日最大时用水量。

饮食建筑内生活给水设计秒流量应按公式（15-1）计算：

$$q_g = 0.2 \cdot \alpha \cdot (N_g)^{1/2} = 0.5 \cdot (N_g)^{1/2} \tag{15-1}$$

式中 q_g——计算管段的给水设计秒流量，L/s；

N_g——计算管段的卫生器具给水当量总数；

α——根据饮食建筑用途而定的系数，取 2.5。

注：如计算值小于该管段上一个最大卫生器具给水额定流量时，应采用一个最大的卫生器具给水额定流量作为设计秒流量；如计算值大于该管段上按卫生器具给水额定流量累加所得流量值时，应按卫生器具给水额定流量累加所得流量值采用；有大便器延时自闭冲洗阀的给水管段，大便器延时自闭冲洗阀的给水当量均以 0.5 计，计算得到的 q_g附加 1.20L/s 的流量后，为该管段的给水设计秒流量。

饮食建筑生活给水设计秒流量计算，可参照表 2-22。

饮食建筑有自闭式冲洗阀时生活给水设计秒流量计算，可参照表 1-33。

饮食建筑厨房生活给水管道的设计秒流量应按公式（15-2）计算：

$$q_g = \sum q_{g0} \cdot n_0 \cdot b_g \tag{15-2}$$

式中 q_g——饮食建筑计算管段的给水设计秒流量，L/s；

q_{g0}——饮食建筑同类型的一个卫生器具给水额定流量，L/s；

n_0——饮食建筑同类型卫生器具数；

b_g——饮食建筑卫生器具的同时给水使用百分数，按表 4-13 选用。

3. 饮食建筑内卫生器具给水当量

饮食建筑用水器具和配件应采用节水性能良好、坚固耐用，且便于管理维修的产品。

饮食建筑应采用符合现行行业标准《节水型生活用水器具》CJ/T 164 规定的节水型卫生器具，宜选用用水效率等级不低于 3 级的用水器具。

饮食建筑常见卫生器具的给水额定流量、给水当量、连接给水管管径和最低工作压力按表 3-18 确定。

4. 饮食建筑内给水管管径

饮食建筑内给水供水管的管径，应根据该给水供水管段的设计秒流量、允许给水流速等查相关计算表格确定。生活给水管道内的给水流速，宜参照表 1-38。

饮食建筑内公共卫生间的蹲便器个数与给水供水管管径的对照表，参见表 9-11。

整个生活给水系统生活给水立管、干管均按照其服务的给水设计秒流量确定其管段管径。

15.1.7 生活水泵和生活水泵房

饮食建筑给水设计应有可靠的水源和供水管道系统，当仅有一路城市引入管或供水不满足设计秒流量或压力要求时，应设置加压供水设备。

1. 生活水泵

饮食建筑生活给水加压水泵宜采用 2 台（1 用 1 备）配置模式，亦可采用 3 台（2 用 1 备）配置模式。

饮食建筑生活给水加压通常采用变频调速给水泵组，其设计流量应按其负责给水系统的最大设计秒流量确定，即 $Q=q_g$。设计时应统计该系统内各用水点卫生器具的生活给水当量数，经公式（15-1）、公式（15-2）计算或查表 2-22 得出设计流量值。

生活给水加压水泵的设计工作压力，按公式（1-10）计算。

饮食建筑加压水泵应选用低噪声节能型产品。

2. 生活水泵房

饮食建筑二次加压给水的水泵房应为独立的房间，并应环境良好、便于维修和管理；不应毗邻用餐区域中的宴会厅、各类餐厅、包间，公共区域中的休息厅（室）；加压泵组及泵房应采取减振降噪措施。

饮食建筑生活水泵房的设置位置应根据其所供水服务的范围确定，参见表 2-32。饮食建筑作为院区附属建筑时，通常不再单独设置生活水泵房，与院区内其他建筑共用生活水泵房。

饮食建筑通常为单、多层建筑，加压区为 1 个区，其生活给水泵组宜集中布置，且宜设置在一个基础上。

15.1.8 生活贮水箱（池）

饮食建筑给水设计应有可靠的水源和供水管道系统，当仅有一路城市引入管或供水不满足设计秒流量或压力要求时，应设置生活贮水箱（池）。饮食建筑水箱间应为独立的房间。

水箱应设置消毒设备，并宜采用紫外线消毒方式。

1. 贮水容积

饮食建筑生活用水贮水箱（池）的有效容积计算时，其生活用水调节量应按进水量与用水量变化曲线经计算确定，当资料不足时，宜按最高日用水量的20%～25%确定，最大不得大于48h的用水量。有条件时可适当增加生活贮水箱（池）有效容积。

饮食建筑生活用水贮水设备宜采用贮水箱。

2. 生活水箱

饮食建筑生活水箱设计要求，参见表1-46。

3. 生活水箱相关管道、装置设置要求

饮食建筑生活水箱相关管道设施要求，参见表1-47。

生活水箱各水位指标确定方法及取值经验值，参见表1-48。

15.2 生活热水系统

15.2.1 热水系统类别

饮食建筑生活热水系统类别，见表15-5。

生活热水系统类别表 **表15-5**

<table>
<tr><th>序号</th><th>分类标准</th><th>热水系统类别</th><th>饮食建筑应用情况</th></tr>
<tr><td>1</td><td>供应范围</td><td>集中生活热水系统</td><td rowspan="5">厨房生活热水系统</td></tr>
<tr><td>2</td><td>热水管网循环方式</td><td>热水干管循环生活热水系统</td></tr>
<tr><td>3</td><td>热水管网循环水泵运行方式</td><td>定时循环生活热水系统</td></tr>
<tr><td>4</td><td>热水管网循环动力方式</td><td>强制循环生活热水系统</td></tr>
<tr><td>5</td><td>是否敞开形式</td><td>闭式生活热水系统</td></tr>
<tr><td>6</td><td rowspan="2">热水管网布置型式</td><td>下供下回式生活热水系统</td><td>热源位于建筑底部，即由锅炉房提供热媒（高温蒸汽或高温热水），经汽水或水水换热器提供热水热源等的生活热水系统</td></tr>
<tr><td>7</td><td>上供上回式生活热水系统</td><td>热源位于建筑顶部，即由屋顶太阳能热水设备及（或）空气能热泵热水设备提供热水热源等的生活热水系统</td></tr>
<tr><td>8</td><td></td><td>同程式生活热水系统</td><td rowspan="2">厨房生活热水系统</td></tr>
<tr><td>9</td><td>热水系统分区方式</td><td>加热器集中设置生活热水系统</td></tr>
</table>

15.2.2 生活热水系统热源

饮食建筑集中生活热水供应系统的热源，参见表2-34。

饮食建筑生活热水系统热源选用，参见表2-35。

饮食建筑生活热水系统常见热源组合形式，参见表5-10。

饮食建筑屋顶设置太阳能光伏发电系统时，系统产生的电能可用于屋顶热水箱内热水的加热，保证生活热水系统供水温度。

15.2.3 热水系统设计参数

1. 饮食建筑热水用水定额

按照《水标》，饮食建筑相关功能场所热水用水定额，见表15-6。

饮食建筑热水用水定额表 表15-6

<table>
<tr><th rowspan="2">序号</th><th rowspan="2" colspan="2">建筑物名称</th><th rowspan="2">单位</th><th colspan="2">用水定额（L）</th><th rowspan="2">使用时数（h）</th><th rowspan="2">最高日小时变化系数 K_h</th></tr>
<tr><th>最高日</th><th>平均日</th></tr>
<tr><td rowspan="3">1</td><td rowspan="3">餐饮业</td><td>中餐酒楼</td><td rowspan="3">每顾客每次</td><td>15～20</td><td>8～12</td><td>10～12</td><td rowspan="3">1.5～1.2</td></tr>
<tr><td>快餐厅、职工食堂</td><td>10～12</td><td>7～10</td><td>12～16</td></tr>
<tr><td>酒吧、咖啡馆、茶座、卡拉OK房</td><td>3～8</td><td>3～5</td><td>8～18</td></tr>
<tr><td>2</td><td>办公</td><td>坐班制办公</td><td>每人每班</td><td>5～10</td><td>4～8</td><td>8～10</td><td>1.5～1.2</td></tr>
</table>

注：1. 表中所列用水定额均已包括在表15-3中；
2. 本表以60℃热水水温为计算温度，卫生器具的使用水温见表15-8；
3. 表中平均日用水定额仅用于计算太阳能热水系统集热器面积和计算节水用水量。

《节水标》中饮食建筑相关功能场所热水平均日节水用水定额，见表15-7。

饮食建筑热水平均日节水用水定额表 表15-7

<table>
<tr><th>序号</th><th colspan="2">建筑物名称</th><th>单位</th><th>节水用水定额</th></tr>
<tr><td rowspan="3">1</td><td rowspan="3">餐饮业</td><td>中餐酒楼</td><td rowspan="3">L/(人·次)</td><td>15～25</td></tr>
<tr><td>快餐厅、职工食堂</td><td>7～10</td></tr>
<tr><td>酒吧、咖啡馆、茶座、卡拉OK房</td><td>3～5</td></tr>
<tr><td>2</td><td>办公</td><td>坐班制办公</td><td>L/(人·班)</td><td>4～8</td></tr>
</table>

注：热水温度按60℃计。

饮食建筑所在地为较大城市、标准要求较高的，饮食建筑热水用水定额可以适当选用较高值；反之可选用较低值。

2. 饮食建筑卫生器具用水定额及水温

饮食建筑相关功能场所卫生器具的一次热水用水量、小时热水用水量和水温，可按表15-8确定。

饮食建筑卫生器具一次热水用水量、小时热水用水量和水温表 表15-8

<table>
<tr><th>序号</th><th colspan="3">卫生器具名称</th><th>一次热水用水（L）</th><th>小时热水用水量（L）</th><th>水温（℃）</th></tr>
<tr><td rowspan="4">1</td><td rowspan="4">餐饮业</td><td rowspan="2">洗脸盆</td><td>工作人员用</td><td>3</td><td>60</td><td rowspan="2">30</td></tr>
<tr><td>顾客用</td><td>—</td><td>120</td></tr>
<tr><td colspan="2">淋浴器</td><td>40</td><td>400</td><td>37～40</td></tr>
<tr><td colspan="2">洗脸盆</td><td>5</td><td>50～80</td><td>35</td></tr>
<tr><td>2</td><td>办公</td><td colspan="2">洗手盆</td><td>—</td><td>50～100</td><td>35</td></tr>
</table>

注：表中用水量均为使用水温时的用水量；一次热水用水量指使用一次的用水量，并非卫生器具开关一次的用水量，有些卫生器具使用一次可能需要开关几次。

3. 饮食建筑冷水计算温度

冷水的计算温度应以当地最冷月平均水温资料确定。当无水温资料时，按表 1-58 采用。

饮食建筑冷水计算温度宜按饮食建筑当地地面水温度确定，水温有取值范围时宜取低值。

4. 饮食建筑水加热设备供水温度

饮食建筑集中热水供应系统的水加热设备（包括热水锅炉、热水机组或水加热器等）的出水温度按表 1-59 采用。饮食建筑集中生活热水系统水加热设备的供水温度宜为 60～65℃，通常按 60℃计。

5. 饮食建筑生活热水水质

饮食建筑生活热水的水质指标，应符合现行国家标准《生活饮用水卫生标准》GB 5749 的要求。

15.2.4 热水系统设计指标

1. 饮食建筑热水设计小时耗热量

（1）全日供应热水设计小时耗热量

饮食建筑的建筑生活热水系统采用全日供应热水较为少见。

（2）定时供应热水设计小时耗热量

当饮食建筑生活热水系统采用定时供应热水的集中生活热水系统时，其设计小时耗热量应按公式（15-3）计算：

$$Q_h = \sum q_h \cdot C \cdot (t_{r2} - t_l) \cdot \rho_r \cdot n_0 \cdot b_g \cdot C_\gamma \qquad (15\text{-}3)$$

式中 Q_h——饮食建筑生活热水设计小时耗热量，kJ/h；

q_h——饮食建筑卫生器具生活热水的小时用水定额，L/h，可按表 15-8 采用，计算时通常取小时热水用水量的上限值；

C——水的比热，kJ/(kg·℃)，C=4.187kJ/(kg·℃)；

t_{r2}——热水计算温度,℃，计算时按表 15-8 选用；

t_l——冷水计算温度,℃，按全日生活热水系统 t_l取值表 1-58 选用；

ρ_r——热水密度，kg/L，通常取 1.0kg/L；

n_0——饮食建筑同类型卫生器具数；

b_g——饮食建筑卫生器具的同时使用百分数，按表 4-13 选用；

C_γ——热水供应系统的热损失系数，C_γ=1.10～1.15。

2. 饮食建筑设计小时热水量

饮食建筑设计小时热水量，按公式（5-5）计算。

3. 饮食建筑加热设备供热量

饮食建筑全日集中生活热水系统中，锅炉、水加热设备的设计小时供热量应根据日热水用量小时变化曲线、加热方式及锅炉、水加热设备的工作制度经积分曲线计算确定。

（1）容积式水加热器或贮热容积与其相当的水加热器、燃油（气）热水机组供热量

饮食建筑生活热水系统采用的容积式水加热器均应为导流型容积式水加热器，其设计小时供热量可按公式（5-6）计算。

在饮食建筑生活热水系统设计小时供热量计算时，通常取 $Q_g = Q_h$。

（2）半容积式水加热器或贮热容积与其相当的水加热器、燃油（气）热水机组供热量

饮食建筑生活热水系统亦常采用半容积式水加热器，此时半容积式水加热器设计小时供热量按设计小时耗热量计算，即取 $Q_g = Q_h$。

15.2.5 生活热水系统热水管网计算

1. 生活热水管网设计流量

（1）饮食建筑生活热水引入管设计流量

饮食建筑生活热水引入管设计流量应按该建筑相应生活热水供水系统总供水干管的设计秒流量确定。

（2）饮食建筑内生活热水设计秒流量

饮食建筑内生活热水设计秒流量应按公式（15-4）计算：

$$q_g = 0.2 \cdot \alpha \cdot (N_g)^{1/2} = 0.5 \cdot (N_g)^{1/2} \tag{15-4}$$

式中 q_g——计算管段的热水设计秒流量，L/s；

N_g——计算管段的卫生器具热水当量总数；

α——根据饮食建筑用途而定的系数，取2.5。

注：如计算值小于该管段上一个最大卫生器具热水额定流量时，应采用一个最大的卫生器具热水额定流量作为设计秒流量；如计算值大于该管段上按卫生器具热水额定流量累加所得流量值时，应按卫生器具热水额定流量累加所得流量值采用。

饮食建筑生活热水设计秒流量计算，可参照表2-43。

饮食建筑卫生器具的热水额定流量、热水当量、连接热水管管径和最低工作压力按表3-31确定。

2. 饮食建筑内热水管管径

饮食建筑内热水供水管的管径，应根据该热水供水管段的设计秒流量、允许热水流速等查相关计算表格确定。生活热水管道内的热水流速，宜按表1-66控制。

本区域热水回水干管管径根据该区域热水供水干管最大管径确定。热水回水管管径与热水供水管管径的对照，参见表3-33。

整个生活热水系统的生活热水供水立管、干管均按照其服务的热水设计秒流量确定其管段管径；生活热水回水立管、干管先按照其服务的热水设计秒流量确定出一个供水管管径值，再根据表3-33确定其管段回水管管径值。

15.2.6 生活热水机房（换热机房、换热站）

饮食建筑生活热水机房（换热机房、换热站）位置确定，参见表5-16。

饮食建筑生活热水机房（换热机房、换热站）应为独立的房间；不应毗邻用餐区域中的宴会厅、各类餐厅、包间，公共区域中的休息厅（室）。

15.2.7 生活热水箱

饮食建筑生活热水箱设计要求，参见表1-72。

生活热水箱各种水位，按表1-74确定。

饮食建筑生活热水箱间应为独立的房间。

15.2.8 生活热水循环泵

1. 生活热水循环泵设置位置

当系统热源由高温热媒经院区热水机房（换热机房）内的各分区换热设备后向各分区供给热水时，各分区生活热水循环泵通常设在热水机房（换热机房）内。当系统热源由屋顶太阳能供水设备向各分区供给热水时，各分区生活热水循环泵通常设在本分区最低楼层或下面一层热水循环泵房内。

2. 生活热水循环泵设计流量

当饮食建筑热水系统采用定时供水时，热水循环流量可按循环管网总水容积的 2～4 倍计算。

设计中，生活热水循环泵的流量可按照所服务热水系统设计小时流量的 25%～30% 确定。

3. 生活热水循环泵设计扬程

生活热水循环泵的扬程，可按公式（5-10）、公式（5-11）计算。

饮食建筑热水循环泵组通常每套设置 2 台，1 用 1 备，交替运行。

4. 太阳能集热循环泵

太阳能集热循环泵通常设置在屋顶生活热水箱间内，宜设置在太阳能设备供水管即从生活热水箱接出的管道上。集热循环泵流量，按公式（1-28）计算；集热循环泵扬程，按公式（1-29）、公式（1-30）计算。

饮食建筑集热循环泵组通常每套设置 2 台，1 用 1 备，交替运行。

15.2.9 热水系统管材、附件和管道敷设

1. 生活热水系统管材

饮食建筑生活热水系统热水管道常用的管材包括薄壁不锈钢管、PVC-C（氯化聚氯乙烯）热水用管、薄壁铜管、钢塑复合管（如 PSP 管）、铝塑复合管等，较少采用普通塑料热水管。

饮食建筑厨房热水管道宜采用金属管道。

2. 生活热水系统阀门

饮食建筑生活热水系统设置阀门的部位，参见表 2-50。

3. 生活热水系统止回阀

饮食建筑生活热水系统设置止回阀的部位，参见表 2-51。

4. 生活热水系统水表

饮食建筑生活热水系统按分区域原则设置热水表，热水表宜采用远传智能水表。

5. 热水系统排气装置、泄水装置

对于上行下给式热水系统，系统热水配水干管最高处及向上抬高管段应设置 $DN25$ 自动排气阀、检修阀门；对于下行上给式热水系统，可利用最高热水配水点放气。

热水管道系统的最低处及向下凹的管段应设置泄水装置或利用最低热水配水点泄水。

6. 温度计、压力表

饮食建筑生活热水系统设置温度计的部位，参见表1-77；设置压力表的部位，参见表1-78。

7. 管道补偿装置

长度超过50m的热水横干管或立管均应设置波纹伸缩节，通常设置在该根管道上管径较小的管段处，靠近一端的管道固定支吊架。

8. 保温

生活热水系统中的热水锅炉、燃油（气）热水机组、水加热设备、贮热水箱（罐）、分（集）水器、热水输（配）水干（立）管、热水循环回水干（立）管均应做保温。

热水管道保温材料厚度确定，参见表1-79、表1-80。

15.3 排水系统

15.3.1 排水系统类别

饮食建筑排水系统分类，见表15-9。

排水系统分类表 **表15-9**

序号	分类标准	排水系统类别	饮食建筑应用情况
1	建筑内场所使用功能	生活污水排水	饮食建筑公共卫生间污水排水
2		生活废水排水	饮食建筑公共卫生间废水排水
3		厨房废水排水	饮食建筑内附设厨房、餐厅污水排水
4		设备机房废水排水	饮食建筑内附设水泵房（包括生活水泵房、消防水泵房）、空调机房、制冷机房、换热机房、锅炉房、热水机房等机房废水排水
5		消防废水排水	饮食建筑内消防电梯井排水、自动喷水灭火系统试验排水、消火栓系统试验排水、消防水泵试验排水等废水排水
6		绿化废水排水	饮食建筑室外绿化废水排水
7	建筑内污、废水排水方式	重力排水方式	饮食建筑地上污废水排水
8		压力排水方式	饮食建筑地下室污废水排水
9	污废水排水体制	污废合流排水系统	
10		污废分流排水系统	
11	排水系统通气方式	设有通气管系排水系统	伸顶通气排水系统通常应用在饮食建筑卫生间排水
12		特殊单立管排水系统	

饮食建筑室内污废水排水体制采用合流制，当有中水利用要求时，可采用分流制。

典型的饮食建筑排水系统原理图，参见图4-2、图4-3。

饮食建筑中的生活污水、厨房含油废水等均应经化粪池处理；生活废水、设备机房废水、消防废水、绿化废水等不需经过化粪池处理。厨房含油废水应经除油处理后再排入污水管道。

饮食建筑污废水与建筑雨水应雨污分流。

饮食建筑公共卫生间等生活粪便污水、生活废水等可合流排放，当有中水利用要求时，可采用分流排放。

饮食建筑的空调凝结水排水管不得与污废水管道系统直接连接，空调凝结水宜单独收集后回用于绿化、水景、冷却塔补水等。

15.3.2 卫生器具

1. 饮食建筑内卫生器具种类及设置场所

饮食建筑内卫生器具种类及设置场所，见表 15-10。

饮食建筑内卫生器具种类及设置场所表 **表 15-10**

<table>
<tr><th>序号</th><th>卫生器具名称</th><th>主要设置场所</th></tr>
<tr><td>1</td><td>坐便器</td><td>饮食建筑残疾人卫生间</td></tr>
<tr><td>2</td><td>蹲便器</td><td rowspan="6">饮食建筑公共卫生间</td></tr>
<tr><td>3</td><td>淋浴器</td></tr>
<tr><td>4</td><td>洗脸盆</td></tr>
<tr><td>5</td><td>台板洗脸盆</td></tr>
<tr><td>6</td><td>小便器</td></tr>
<tr><td>7</td><td>拖布池</td></tr>
<tr><td>8</td><td>洗菜池</td><td rowspan="2">饮食建筑厨房</td></tr>
<tr><td>9</td><td>厨房洗涤槽</td></tr>
</table>

2. 饮食建筑内卫生器具选用

饮食建筑卫生间卫生器具应符合表 15-11 的规定。

饮食建筑卫生器具选用表 **表 15-11**

<table>
<tr><th>序号</th><th>卫生器具种类</th><th>卫生器具使用场所</th><th>卫生器具选型</th></tr>
<tr><td>1</td><td>大便器</td><td rowspan="3">饮食建筑公共卫生间</td><td>脚踏式自闭式冲洗阀冲洗的坐式或蹲式大便器</td></tr>
<tr><td>2</td><td>小便器</td><td>红外感应自动冲洗小便器</td></tr>
<tr><td>3</td><td>洗手盆</td><td>龙头应采用感应型水嘴</td></tr>
</table>

3. 公共卫生间排水设计要点

公共卫生间排水立管及通气立管通常敷设于专用管道井内。管道井中排水立管与通气立管中心距最小值，参见表 1-91。

4. 饮食建筑内卫生器具排水配件穿越楼板留孔位置及尺寸

常见卫生器具排水配件穿越楼板留孔位置及尺寸，参见表 1-92。

5. 地漏

饮食建筑内公共卫生间、开水间、空调机房、新风机房等场所内应设置地漏。

饮食建筑地漏及其他水封高度要求不得小于 50mm，且不得大于 100mm。

饮食建筑地漏类型选用，参见表 2-57；地漏规格选用，参见表 2-58。

饮食建筑厨房排水采用排水沟时，排水沟与排水管道连接处应设置格栅或带网框地漏，并应设水封装置。

厨房专间、备餐区等清洁操作区内地漏应能防止浊气逸出。

6. 水封装置

饮食建筑中采用排水沟排水的场所包括厨房、泵房、设备机房等。厨房专间、备餐区等清洁操作区内不得设置排水明沟。当排水沟内废水直接排至室外时，沟与排水排出管之间应设置水封装置。卫生器具排水管段上不得重复设置水封装置。

15.3.3 排水系统水力计算

1. 饮食建筑最高日和最大时生活排水量

饮食建筑生活排水量宜按该建筑生活给水量的85%～95%计算，通常按90%。

2. 饮食建筑卫生器具排水技术参数

饮食建筑卫生器具的排水流量、排水当量、排水支管管径、排水坡度等基本参数的选定，参见表3-39。

3. 饮食建筑排水设计秒流量

饮食建筑的生活排水管道设计秒流量，按公式（15-5）计算：

$$q_u = 0.12 \cdot \alpha \cdot (N_p)^{1/2} + q_{max} = 0.3 \cdot (N_p)^{1/2} + q_{max} \tag{15-5}$$

式中　q_u——计算管段排水设计秒流量，L/s；

N_p——计算管段的卫生器具排水当量总数；

α——根据建筑物用途而定的系数，取2.0～2.5，通常取2.5；

q_{max}——计算管段上最大一个卫生器具的排水流量，L/s。

计算时，如计算所得流量值大于该管段上按卫生器具排水流量累加值时，应按卫生器具排水流量累加值计。

饮食建筑q_{max}=1.50L/s和q_{max}=2.00L/s时排水设计秒流量计算数据，参见表7-24。

饮食建筑厨房的生活排水管道设计秒流量，按公式（15-6）计算：

$$q_p = \Sigma q_0 \cdot n_0 \cdot b \tag{15-6}$$

式中　q_p——饮食建筑计算管段的排水设计秒流量，L/s；

q_0——饮食建筑同类型的一个卫生器具排水流量，L/s；

n_0——饮食建筑同类型卫生器具数；

b——饮食建筑卫生器具的同时排水百分数，按表4-13选用。

注：当计算排水流量小于一个大便器排水流量时，应按一个大便器的排水流量计算。

4. 饮食建筑排水管道管径确定

饮食建筑排水铸铁管道最小坡度，按表1-98确定；胶圈密封连接排水塑料横管的坡度，按表1-99确定；建筑内排水管道最大设计充满度，参见表1-100；排水管道自清流速，参见表1-101。

排水横管水力计算按照公式（1-32）、公式（1-33）；排水铸铁管水力计算，参见表1-102；排水塑料管水力计算，参见表1-103。

不同管径下排水横管允许流量Q_p，参见表1-104。

饮食建筑排水系统中排水横干管常见管径为DN100、DN150。DN100排水横干管对应排水当量最大限值，参见表1-105，DN150排水横干管对应排水当量最大限值，参见表 1-106。

不同通气方式的排水立管最大设计排水能力，参见表 1-107～表 1-109。

饮食建筑各种排水管的推荐管径，参见表 2-60。

厨房排水采用管道时，其管径应比计算管径大一级，且干管管径不应小于 100mm，支管管径不应小于 75mm。

15.3.4　排水系统管材、附件和检查井

1. 饮食建筑排水管管材

饮食建筑室外排水管可采用埋地排水塑料管，包括硬聚氯乙烯管、聚乙烯管和玻璃纤维增强塑料夹砂管等。常用的室外排水管还有双壁加筋波纹排水管、双平壁钢塑复合缠绕排水管等。饮食建筑厨房排水管道宜采用金属管道。

饮食建筑室内排水管类型，参见表 7-25。

2. 饮食建筑排水管附件

排水立管上检查口的设置位置，参见表 1-113；检查口之间的最大距离，参见表 1-114；检查口设置要求，参见表 1-115。

清扫口的设置位置，参见表 1-116；清扫口至室外检查井中心最大长度，参见表 1-117；排水横管直线管段上清扫口之间的最大距离，参见表 1-118。

塑料排水管道支吊架间距规定，参见表 1-119。

3. 饮食建筑排水管道布置敷设

饮食建筑的厕所、卫生间、盥洗室、浴室等有水房间不应布置在厨房区域的直接上层，并应避免布置在用餐区域的直接上层。确有困难布置在用餐区域直接上层时应采取同层排水和严格的防水措施。

饮食建筑排水管道不应布置场所，见表 15-12。

排水管道不应布置场所表　　表 15-12

序号	排水管道不应布置场所	具体要求
1	生活水泵房等设备机房	排水横管禁止在饮食建筑生活水箱箱体正上方敷设，生活水泵房其他区域不宜敷设排水管道；设在室内的消防水池（箱）应按此要求处理
2	厨房、餐厅	餐馆、食堂、快餐店厨房内的主食加工区（间）[包括主食制作、主食热加工区（间）等]、副食加工区（间）[包括副食粗加工、副食细加工、副食热加工区（间）等]、厨房专间（包括冷荤间、生食海鲜间、裱花间等）、备餐区（间）、餐用具洗消间、餐用具存放区（间），饮品店厨房内的加工区（间）[包括原料调配、热加工、冷食制作、其他制作及冷藏区（间）等]、冷（热）饮料加工区（间）[包括原料研磨配置、饮料煮制、冷却和存放区（间）等]、点心和简餐制作区（间）、食品存放区（间）、裱花间、餐用具洗消间、餐用具存放区（间）等房间的上方均不应敷设排水管道，排水立管不宜穿过上述房间；饮食建筑中的宴会厅、各类餐厅、包间等；饮食建筑中的厨房排水应独立设置，排水横管和立管均不得与卫生间污水排水管道连通。上述场所上方排水管不宜采用同层排水方式
3	电气机房	饮食建筑中的电气机房包括高压配电室、低压配电室（包括其值班室）、柴油发电机房（包括储油间）、网络机房、弱电机房、UPS 机房、消防控制室等，排水管道不得敷设在此类电气机房内

续表

序号	排水管道不应布置场所	具体要求
4	辅助区域	饮食建筑中的食品库房（包括主食库、蔬菜库、干货库、冷藏库、调料库、饮料库）的上方均不应敷设排水管道，排水立管不宜穿过上述房间
5	结构变形缝、结构风道	原则上排水管道不得穿过结构变形缝；若条件限制必须穿越沉降缝时，则应预留沉降量并设置不锈钢软管柔性连接，必须穿越伸缩缝时，则应安装伸缩器
6	电梯机房、通风小室	

饮食建筑排水系统管道设计遵循原则，参见表2-63。

4. 饮食建筑间接排水

饮食建筑中的间接排水，参见表4-33。

饮食建筑未设置地下室时，排水排出管穿越有沉降可能的承重墙或基础时应预留洞口；设置地下室时，排水排出管穿越地下室外墙时应预留防水套管，宜采用柔性防水套管。

15.3.5 通气管系统

饮食建筑通气管设置要求，见表15-13。

饮食建筑通气管设置要求表 **表15-13**

序号	通气管名称	设置位置	设置要求	管径确定
1	伸顶通气管	设置场所涉及饮食建筑所有区域	高出非上人屋面不得小于300mm，但必须大于最大积雪厚度，常采用800～1000mm；高出上人屋面不得小于2000mm，常采用2000mm。顶端应装设风帽或网罩：在冬季室外温度高于－15℃的地区，顶端可装网形铅丝球；低于－15℃的地区，顶端应装伞形通气帽	应与排水立管管径相同。但在最冷月平均气温低于－13℃的地区，应在室内平顶或吊顶以下0.3m处将管径放大一级，若采用塑料管材时其最小管径不宜小于110mm
2	汇合通气管	饮食建筑中多根通气立管或多根排水立管顶端通气部分上方楼层存在特殊区域（如厨房、餐厅、电气机房等）不允许每根立管穿越向上接至屋顶时，需在本层顶板下或吊顶内汇集后接至屋顶		汇合通气管的断面积应为最大一根通气管的断面积加其余通气管断面之和的0.25倍
3	环形通气管	连接4个及4个以上卫生器具（包括大便器）且横支管的长度大于12m的排水横支管；连接6个及6个以上大便器的污水横支管；设有器具通气管；特殊单立管偏置	和排水横支管、主（副）通气立管连接的要求：在排水横支管上设环形通气管时，应在其最始端的两个卫生器具之间接出，并应在排水支管中心线以上与排水支管呈垂直或45°连接；环形通气管应在卫生器具上边缘以上不小于0.15m处按不小于0.01的上升坡度与通气立管相连	常用管径为*DN*40（对应*DN*75排水管）、*DN*50（对应*DN*100排水管）

饮食建筑通气管可采用柔性接口机制排水铸铁管或塑料排水管，一般采用与饮食建筑排水管相同管材。在最冷月平均气温低于－13℃的地区，伸出屋面部分通气立管应采用柔性接口机制排水铸铁管。

通气立管的最小管径，参见表 1-130。

15.3.6 特殊排水系统

饮食建筑生活水泵房、厨房、电气机房等场所的上方楼层不应有排水横支管明设管道等。若有必要在上述某些场所上方设置排水点且无法采取其他躲避措施时，该部位的排水应采用同层排水方式。

饮食建筑同层排水最常采用的是降板或局部降板法。

15.3.7 特殊场所排水

1. 饮食建筑化粪池

化粪池宜设置在接户管的下游端；位置宜选在院区最低处附近；外壁距建筑物外墙不宜小于 5m；宜选用钢筋混凝土化粪池。

饮食建筑化粪池有效容积，按公式（8-14）～公式（8-17）计算。

饮食建筑可集中并联设置或根据院区布局分散并联布置 2 个化粪池，化粪池的型号宜一致。

2. 饮食建筑食堂、餐厅含油废水处理

饮食建筑厨房含油废水应进行隔油处理，隔油处理设施宜采用成品隔油装置。

饮食建筑含油废水宜采用三级隔油处理流程，参见表 1-141。

根据食堂用餐人数确定隔油设施处理水量，按公式（1-39）计算；根据食堂餐厅面积确定隔油设施处理水量，按公式（1-40）计算。

隔油池有效容积，按公式（1-41）计算。隔油池的类型，参见表 1-142。

隔油提升一体化设备选型的主要技术参数为其所接纳的食堂、餐厅内厨房等器具含油污水排水流量。

位于饮食建筑内的成品隔油装置，应设于专门的隔油设备间内，且设备间应符合下列要求：应满足隔油装置的日常操作以及维护和检修的要求；应设洗手盆、冲洗水嘴和地面排水设施。

3. 饮食建筑设备机房排水

饮食建筑地下设备机房排水设施要求，参见表 1-147。

15.3.8 压力排水

1. 饮食建筑集水坑设置

饮食建筑地下室应设置集水坑。集水坑的设置要求，见表 15-14。

通气管管径宜与排水管管径相同，可接至室外或向上接至建筑地上部分通气管系统。

集水坑设置要求表 表15-14

序号	集水坑服务场所	集水坑设置要求	集水坑尺寸
1	饮食建筑地下室卫生间	宜设在地下室最底层靠近卫生间的附属区域（如库房等）或公共空间，禁止设在有人员经常活动的场所；宜集中收纳附近多个卫生间的污水	应根据污水提升装置的规格要求确定
2	饮食建筑地下室食堂、餐厅等	应设置在食堂、餐厅、厨房邻近位置，不宜设在细加工间和烹炒间等房间内	应根据污水隔油提升一体化装置的规格要求确定
3	饮食建筑地下生活水泵房、消防水泵房、热水机房		1500mm×1500mm×1500mm

2. 污水泵、污水提升装置选型

饮食建筑排水泵的流量方法确定，参见表2-68；排水泵的扬程，按公式（1-44）计算。

15.3.9 室外排水系统

1. 饮食建筑室外排水管道布置

饮食建筑室外排水管道布置方法，参见表2-69；与其他地下管线（构筑物）最小间距，参见表1-154。

饮食建筑室外排水管道最小覆土深度不宜小于0.5m；对于严寒地区、寒冷地区饮食建筑，室外排水管道最小覆土深度应超过当地冻土层深度。

2. 饮食建筑室外排水管道敷设

饮食建筑室外排水管道与生活给水管道交叉时，应敷设在生活给水管道下面。室外排水管道敷设发生冲突时，应遵循表1-26原则处理。

3. 饮食建筑室外排水管道水力计算

室外排水管道水力计算，按公式（1-45）、公式（1-46）。

饮食建筑室外排水管道的最小管径、最小设计坡度、最大设计充满度，参见表1-155。

4. 饮食建筑室外排水管道管材

饮食建筑室外排水管道宜优先采用埋地塑料排水管，弹性橡胶圈密封柔性接口，小于*DN*200直壁管，可采用承插式粘接；可采用埋地铸铁排水管，橡胶圈柔性接口或水泥砂浆接口。

5. 饮食建筑室外排水检查井

饮食建筑室外排水检查井设置位置，参见表1-156。

饮食建筑室外排水检查井宜优先选用玻璃钢排水检查井，其次是混凝土排水检查井，禁止采用砖砌排水检查井。室外排水管在排水检查井连接应采用管顶平接。

15.4 雨水系统

15.4.1 雨水系统分类

饮食建筑雨水系统分类，见表15-15。

雨水系统分类表　　表 15-15

序号	分类标准	雨水系统类别	饮食建筑应用情况	应用程度
1	屋面雨水设计流态	半有压流屋面雨水系统	饮食建筑中一般采用的是 87 型雨水斗系统	最常用
2		压力流屋面雨水系统（虹吸式雨水系统）	饮食建筑的屋面（通常为裙楼屋面）面积较大时，可考虑采用	少用
3		重力流屋面雨水系统		极少用
4	雨水管道设置位置	内排水雨水系统	饮食建筑雨水系统宜采用	常用
5		外排水雨水系统	饮食建筑雨水系统应采用	最常用
6		混合式雨水系统		极少用
7	雨水出户横管室内部分是否存在自由水面	封闭系统		最常用
8		敞开系统		极少用
9	建筑屋面排水条件	天沟雨水排水系统		最常用
10		檐沟雨水排水系统		极少用
11		无沟雨水排水系统		极少用

15.4.2 雨水量

1. 设计雨水流量

饮食建筑设计雨水流量，应按公式（1-47）计算。

2. 设计暴雨强度

设计暴雨强度应按饮食建筑所在地或相邻地区暴雨强度公式计算确定，见公式(1-48)。

我国部分城镇 5min 设计暴雨强度、小时降雨厚度，参见表 1-158（设计重现期 P=10 年）。

3. 设计重现期

饮食建筑屋面雨水设计重现期：对于半有压流屋面雨水系统，通常取 10 年；对于压力流屋面雨水系统，通常取 50 年。

4. 设计降雨历时

饮食建筑屋面雨水排水管道设计降雨历时按照 5min 确定。

饮食建筑院区雨水排水管道设计降雨历时，按公式（1-49）计算。

5. 径流系数

饮食建筑屋面及院区地面的径流系数，参见表 1-159。

6. 汇水面积

饮食建筑的雨水汇水面积计算原则，参见表 1-160。

15.4.3 雨水系统

1. 雨水系统设计常规要求

饮食建筑雨水系统设置要求，参见表 1-161。

饮食建筑雨水排水管道不应穿越的场所，见表 15-16。

雨水排水管道不应穿越的场所表 表 15-16

序号	不应穿越的场所名称	具体房间名称
1	厨房、餐厅	饮食建筑中厨房内的主副食操作间、烹调间、备餐间、加工间、粗加工、冷菜间、面点蒸煮间、食品储藏库（主食库、副食库）等房间，餐厅
2	电气机房	饮食建筑中的电气机房包括高压配电室、低压配电室（包括其值班室）、信息中心、UPS 机房、消防控制室等

注：饮食建筑雨水排水横管宜沿建筑内公共区域（内走道等）吊顶内敷设；雨水排水立管宜沿建筑内公共场所或辅助次要场所敷设。

2. 雨水斗设计

饮食建筑半有压流屋面雨水系统通常采用 87 型雨水斗或 79 型雨水斗，规格常用 $DN100$。

雨水斗设计排水负荷，参见表 1-163。

雨水斗下方区域宜为建筑顶层公共区域（如内走道）或辅助次要场所（如公共卫生间、库房等），不应为需要安静的场所，不宜为活动区房间。

雨水斗宜对雨水排水立管做对称布置；接有多斗悬吊管的立管顶端不得设置雨水斗；一个屋面上应设置不少于 2 个雨水斗。

3. 天沟、溢流设施、连接管、悬吊管、立管、埋地管、排出管设计

饮食建筑天沟、溢流设施、连接管、悬吊管、立管、埋地管、排出管设置要求，参见表 1-164。

4. 室内水泵提升雨水排水系统设计

地下室露天窗井内应设平箅式雨水口、无水封地漏作为雨水口，经雨水收集管接入集水池。

雨水提升泵通常采用潜水泵，宜采用 3 台，2 用 1 备。

5. 雨水管管材

饮食建筑雨水排水管管材，参见表 1-167。

15.4.4 雨水系统水力计算

1. 半有压流（87 型）屋面雨水系统水力计算

(1) 雨水斗（87 型）

雨水斗设计流量，应按公式（1-50）计算。

对于单斗雨水系统，雨水斗设计流量不应超过表 1-168 数值；对于多斗雨水系统，雨水斗设计流量应根据表 1-169 取值，最远端雨水斗设计流量不得超过表 1-169 数值。

饮食建筑 87 型雨水斗口径常采用 $DN100$，其次是 $DN75$、$DN150$。

(2) 雨水连接管

饮食建筑雨水连接管管径通常与雨水斗出水口直径相同，常采用 $DN100$，其次是 $DN150$。

(3) 雨水悬吊管

饮食建筑雨水悬吊管管径，参见表 1-172。

(4) 雨水立管

连接 2 根及以上雨水悬吊管的雨水立管管径，按表 1-173 确定。

（5）雨水排出管

饮食建筑雨水排出管管径确定，参见表 1-174～表 1-177。

（6）雨水管道最小管径

饮食建筑雨水系统最小设计管径及雨水排水横管最小设计坡度，参见表 1-178。

2. 压力流（虹吸式）屋面雨水系统水力计算

饮食建筑压力流（虹吸式）屋面雨水系统水力计算方法，参见 1.4.4 节。

3. 雨水提升系统水力计算

饮食建筑地下室窗井等场所设计雨水流量，按公式（1-54）计算；设计径流雨水总量，按公式（1-55）计算。

15.4.5 院区室外雨水系统设计

饮食建筑院区雨水系统宜采用管道排水形式，与污水系统应分流排放。

1. 雨水口

雨水口选型，参见表 1-180；雨水口设置位置，参见表 1-181；各类型雨水口的泄水流量，参见表 1-182。

雨水口设计流量，按公式（1-56）计算。

2. 雨水口连接管

单箅雨水口连接管管径通常采用 DN250。

3. 雨水检查井

院区内直线雨水管道上雨水检查井设置最大间距，参见表 1-183。

院区雨水检查井常见规格通常采用 DN1000 圆形玻璃钢或钢筋混凝土雨水检查井。

4. 室外雨水管道布置

饮食建筑室外雨水管道布置方法，参见表 1-184。

15.4.6 院区室外雨水利用

饮食建筑应根据所在地的自然条件、水资源情况及经济技术发展水平，合理设置雨水收集利用系统。雨水利用控制及工程应符合现行国家标准《建筑与小区雨水控制及利用工程技术规范》GB 50400 的有关规定。

雨水收集回用应进行水量平衡计算。饮食建筑院区雨水通常可用于景观用水、院区绿化用水、路面和地面冲洗用水、汽车冲洗用水、冲厕用水等。

15.5 消火栓系统

15.5.1 消火栓系统设置场所

建筑高度大于 15m 或建筑体积大于 10000m^3 的单、多层饮食建筑应设置室内消火栓系统。

15.5.2 消火栓系统设计参数

1. 饮食建筑室外消火栓设计流量

饮食建筑室外消火栓设计流量，不应小于表15-17的规定。

饮食建筑室外消火栓设计流量表（L/s） **表15-17**

耐火等级	建筑物名称	建筑体积（m^3）					
		$V\leqslant1500$	$1500<V\leqslant3000$	$3000<V\leqslant5000$	$5000<V\leqslant20000$	$20000<V\leqslant50000$	$V>50000$
一、二级	单层及多层饮食建筑	15			25	30	40
三级	单层及多层饮食建筑	15		20	25	30	—
四级	单层及多层饮食建筑	15		20	25	—	

注：建筑体积指本建筑占据的空间数量，包括该建筑的地上空间体积数和地下空间体积数。

2. 饮食建筑室内消火栓设计流量

饮食建筑室内消火栓设计流量，不应小于表15-18的规定。

饮食建筑室内消火栓设计流量表 **表15-18**

建筑物名称	高度h（m）、体积V（m^3）	消火栓设计流量（L/s）	同时使用消防水枪（支）	每根竖管最小流量（L/s）
单层及多层饮食建筑	$h>15$m或$V>10000$	15	3	10

注：消防软管卷盘、轻便消防水龙，其消火栓设计流量可不计入室内消防给水设计流量。

3. 火灾延续时间

饮食建筑消火栓系统的火灾延续时间，按2.0h。

饮食建筑室内自动灭火系统的火灾延续时间，参见表1-188。

4. 消防用水量

一座饮食建筑的消防用水量按室外消火栓系统用水量、室内消火栓系统用水量、室内自动喷水灭火系统用水量三者之和计算。

15.5.3 消防水源

1. 市政给水

当前国内城市市政给水管网能够满足饮食建筑直接消防供水条件的较少。

饮食建筑室外消防给水管网管径，可按表4-40确定。

饮食建筑室外消防给水管网宜与室外生活给水管网分开敷设，且应布置成环状管网。

2. 消防水池

（1）饮食建筑消防水池有效储水容积

表15-19给出了常用典型饮食建筑消防水池有效储水容积的对照表。

如上表所示，通常饮食建筑消防水池有效储水容积在306～540m^3。

（2）饮食建筑消防水池位置

饮食建筑消防水池位置确定原则，参见表5-30。

饮食建筑火灾延续时间内消防水池储存消防用水量表　　表 15-19

单、多层饮食建筑体积 V(m^3)	$V\leq3000$	$3000<V\leq5000$	$5000<V\leq10000$	$10000<V\leq20000$	$20000<V\leq50000$	$V>50000$
室外消火栓设计流量(L/s)	15	20	25		30	40
火灾延续时间(h)	2.0					
火灾延续时间内室外消防用水量(m^3)	108.0	144.0	180.0		216.0	288.0
室内消火栓设计流量(L/s)	15(建筑高度大于15m时)			15		
火灾延续时间(h)	2.0					
火灾延续时间内室内消防用水量(m^3)	108.0					
火灾延续时间内室内外消防用水量(m^3)	216.0	252.0	288.0		324.0	396.0
消防水池储存室内外消火栓用水容积 V_1(m^3)	216.0	252.0	288.0		324.0	396.0

饮食建筑自动喷水灭火系统设计流量(L/s)	25	30	35	40
火灾延续时间(h)	1.0	1.0	1.0	1.0
火灾延续时间内自动喷水灭火用水量(m^3)	90.0	108.0	126.0	144.0
消防水池储存自动喷水灭火用水容积 V_2(m^3)	90.0	108.0	126.0	144.0

饮食建筑消防水池、消防水泵房与托幼院区空间关系，参见表 5-31。

消防水池的最低有效水位应高于消防水池吸水喇叭口不小于 600mm，且应高于消防水泵的吸水管管顶。

饮食建筑消防水泵型式的选择与消防水池有一定的对应关系，参见表 1-194。

饮食建筑储存室内外消防用水的消防水池与消防水泵房的位置关系，参见表 1-195。

饮食建筑消防水池格(座)数与有效储水容积的对照关系，参见表 1-196。

饮食建筑消防水池附件，参见表 1-197。

饮食建筑消防水池各水位指标确定方法及取值经验值，参见表 1-198。

3. 天然水源及其他水源

饮食建筑消防水源不宜采用天然水源。

15.5.4　消防水泵房

1. 消防水泵房选址

新建饮食建筑院区消防水泵房设置通常采取以下 2 个方案，见表 15-20。

新建饮食建筑院区消防水泵房设置方案对比表　　表 15-20

方案编号	消防水泵房位置	优点	缺点	适用条件
方案 1	院区内室外	设备集中，控制便利，对餐饮功能用房环境影响小；消防水泵集中设置，距离消防水池很近，泵组吸水管线很短等	距院区内饮食建筑较远，管线较长，水头损失较大，消防水箱距泵房较远等	适用于饮食建筑院区室外空间较大的情形。宜与生活水泵房、锅炉房、变配电室集中设置。在新建饮食建筑院区中，应优先采用此方案

续表

方案编号	消防水泵房位置	优点	缺点	适用条件
方案2	院区内饮食建筑地下室内	设备较为集中，控制较为便利，距离建筑消防水系统距离较近，消防水箱距泵房位置较近等	占用饮食建筑空间，对餐饮功能用房环境有一些影响	适用于饮食建筑院区室外空间较小的情形。在新建饮食建筑院区中，可替代方案1

改建、扩建商店院区消防水泵房设置方案，参见表1-200。

2. 建筑内部消防水泵房位置

饮食建筑消防水泵房若设置在建筑物内，应采取消声、隔声和减振等措施；不应毗邻用餐区域中的宴会厅、各类餐厅、包间，公共区域中的休息厅(室)。

3. 消防水泵机组的布置要求

相邻两个机组及机组至泵房墙壁间的净距要求，参见表1-201。

4. 消防水泵房采暖、排水等要求

严寒、寒冷地区消防水泵房，应设置供暖设施。

消防水泵房的泵房排水设施：在泵房内设置排水沟；地下消防水泵房内或邻近场所设集水坑，坑内设潜污泵。消防水泵房应采取防淹措施。

5. 消防水泵房管道设计

消防水泵配置数量与消防水系统设计流量的关系，参见表1-202。

饮食建筑消防水泵吸水管、出水管管径，参见表1-203；消防吸水总管管径应根据其连通服务的各种消防水泵设计流量之累加值进行确定，参见表1-205。

消防水泵吸水管布置应避免形成气囊。

消防水泵吸水口的淹没深度应满足消防水泵在最低水位运行安全的要求。

消防水泵吸水管、出水管上附件配置及要求，参见表1-206。

6. 消防水泵自动启动控制

消防水泵自动启动要求，参见表1-207；消防水泵自动启动方式，参见表1-208；流量开关性能、设置位置等，参见表1-209。

当消防稳压泵设置于高位消防水箱间内时，消防水泵启泵压力(P)，按公式(1-58)确定；当消防稳压泵设置于低位消防水泵房内时，按公式(1-59)确定。

15.5.5 消防水箱

饮食建筑消防给水系统绝大多数属于临时高压系统，3层及以上单体总建筑面积大于10000m^{2}的饮食建筑应设置高位消防水箱。

1. 消防水箱有效储水容积

独立的饮食建筑通常为多层建筑，其高位消防水箱有效储水容积不应小于18m^3，可按18m^3。

2. 消防水箱设置位置

饮食建筑消防水箱设置位置应满足以下要求，见表15-21。

消防水箱设置位置要求表 表 15-21

序号	消防水箱设置位置要求	备注
1	位于所在建筑的最高处	通常设在屋顶机房层消防水箱间内
2	应该独立设置	不与其他设备机房，如屋顶太阳能热水机房、热水箱间等合用
3	应避免对下方楼层房间的影响	其下方不应是宴会厅、各类餐厅、包间等，可以是库房、卫生间等辅助房间或公共区域
4	应高于设置室内消火栓系统、自动喷水灭火系统等系统的楼层	机房层设有库房等需要设置消防给水系统的场所，可采用其他非水基灭火系统，亦可将消防水箱间置于更高一层
5	不宜超出机房层高度过多、影响建筑效果	消防水箱间内配置消防稳压装置

3. 高位消防水箱尺寸

消防水箱宜为装配式方形水箱，其尺寸宜为 1.0m 或 0.5m 的倍数，推荐尺寸参见表1-212。

4. 高位消防水箱材质

常用材质为不锈钢板、热浸锌镀锌钢板、玻璃钢板、钢筋混凝土等，不锈钢板最常见。

5. 高位消防水箱配管

高位消防水箱配管及管径确定，参见表 1-213。

6. 消防水箱水位

消防水箱各水位指标确定方法及取值经验值，参见表 1-214。

7. 高位消防水箱布置

高位消防水箱四周净距要求，参见表 1-215。

8. 消防水箱防冻

消防水箱及相应管道保温材料及厚度，参见表 1-216。

15.5.6 消防稳压装置

1. 消防稳压泵

(1)设计流量

消火栓稳压泵设计流量，参见表 1-217。

自动喷水灭火稳压泵设计流量，参见表 1-218；结合一只标准喷头的流量，自动喷水灭火稳压泵常规设计流量取 1.33L/s。

(2)设计压力

当消防稳压泵设置于高位消防水箱间内时，稳压泵的启泵压力 P_1 可取 0.15～0.20MPa，停泵压力 P_2 可取 0.20～0.25MPa；当消防稳压泵设置于低位消防水泵房内时，P_1 按公式(1-62)确定，P_2 按公式(1-63)确定。

(3)消防稳压泵选型

消火栓稳压泵设计流量为稳压泵流量确定依据。

消防稳压泵停泵压力(P_2)值附加 0.03～0.05MPa 后，为稳压泵扬程确定依据。

2. 气压水罐

消火栓稳压装置、自动喷水灭火稳压装置均采用 150L 有效储水容积气压水罐；合用消防稳压装置采用300L有效储水容积气压水罐。

3. 管道、阀门、附件等

消防稳压泵吸水管管径、出水管管径，参见表1-219。每套消防稳压泵通常为2台，1用1备。

15.5.7 消防水泵接合器

1. 设置范围

对于室内消火栓系统，6层及以上的饮食建筑应设置消防水泵接合器。

饮食建筑消火栓系统消防水泵接合器配置，参见表1-220。

饮食建筑自动喷水灭火系统等自动水灭火系统应分别设置消防水泵接合器。

2. 技术参数

饮食建筑消防水泵接合器数量，参见表1-221。

3. 安装形式

饮食建筑消防水泵接合器安装形式选择，参见表1-222。

4. 设置位置

同种水泵接合器不宜集中布置，不同种类、分区、功能的水泵接合器宜成组布置，且应设在室外便于消防车使用和接近的地方，且距室外消火栓或消防水池的距离不宜小于15m，并不宜大于40m，距人防工程出入口不宜小于5m。

15.5.8 消火栓系统给水形式

1. 室外消火栓给水系统

当市政给水管网不满足直接供给室外消火栓给水系统时，饮食建筑应采用临时高压室外消火栓给水系统，通常在消防水泵房内独立设置室外消火栓给水泵组、室外消火栓稳压装置。

饮食建筑室外消火栓给水泵组一般设置2台，1用1备，泵组设计流量为本建筑室外消防设计流量(15L/s、20L/s、25L/s、30 L/s、40 L/s)，设计扬程应保证室外消火栓处的栓口压力(0.20～0.30MPa)。泵组出水管及吸水管管径，参见表1-223。

室外消火栓给水管网管径，参见表1-224，管网应环状布置，单独成环。

2. 室内消火栓给水系统

饮食建筑室内消火栓给水系统常采用临时高压消火栓给水系统。

3. 室内消火栓系统分区供水

饮食建筑通常为多层建筑，室内消火栓系统为1个区，不分区供水。

典型饮食建筑室内消火栓系统原理图，参见图4-4。

15.5.9 消火栓系统类型

1. 系统分类

饮食建筑的室外消火栓系统宜采用湿式消火栓系统。

2. 室外消火栓

严寒、寒冷等冬季结冰地区饮食建筑室外消火栓应采用干式消火栓；其他地区宜采用地上式消火栓。

建筑室外消火栓的数量应根据室外消火栓设计流量和保护半径经计算确定，保护半径不应大于150.0m，间距不应大于120.0m，每个室外消火栓的出流量宜按10～15 L/s计算。通常根据建筑物平面布局在建筑物四个角附近绿地设置室外消火栓，根据邻近两个消火栓之间距离合理增设消火栓。

3. 室内消火栓

饮食建筑的各区域各楼层均应布置室内消火栓予以保护；饮食建筑中不能采用自动喷水灭火系统保护的高低压配电室、网络机房、消防控制室等场所亦应由室内消火栓保护。

室内消火栓的布置应满足同一平面有2支消防水枪的2股充实水柱同时达到任何部位。

表15-22给出了饮食建筑室内消火栓的布置方法。

饮食建筑室内消火栓布置方法表 **表15-22**

序号	室内消火栓布置方法	注意事项
1	布置在楼梯间、前室等位置	楼梯间、前室的消火栓宜暗设并采取墙体保护措施；箱体及立管不应影响楼梯门、电梯门开启使用
2	布置在公共走道两侧，箱体开门朝向公共走道	应暗设；优先沿辅助房间(库房、卫生间等)的墙体安装
3	布置在集中区域内部公共空间内	可在朝向公共空间房间的外墙上暗设；应避免消火栓消防水带穿过多个房间门到达保护点
4	特殊区域如入口门厅等场所，应根据其平面布局布置	入口门厅处消火栓宜沿空间周边房间外墙布置

注：1. 室内消火栓不应跨防火分区布置；
2. 室内消火栓应按其实际行走距离计算其布置间距，饮食建筑室内消火栓布置间距宜为20.0～25.0m，不应小于5.0m。

普通消火栓、减压稳压消火栓设置的楼层数，参见表1-227。

15.5.10 消火栓给水管网

1. 室外消火栓给水管网

饮食建筑室外消火栓给水管网应采用环状给水管网。向室外消火栓给水管网供水的输水干管不应少于2条。

2. 室内消火栓给水管网

饮食建筑室内消火栓给水管网应采用环状给水管网，有2种主要管网型式，见表15-23。室内消火栓给水管网在横向、竖向均宜连成环状。

室内消火栓给水管网主要管网型式表 **表15-23**

序号	管网型式特点	适用情形	具体部位	备注
型式1	消防供水干管沿建筑最高处、最低处横向水平敷设，配水干管沿竖向垂直敷设，配水干管上连有消火栓	各楼层竖直上下层消火栓位置基本一致和横向连接管长度较小的区域	建筑内走道、楼梯间、电梯前室；宴会厅、餐厅、包间等房间外墙	主要型式

续表

序号	管网型式特点	适用情形	具体部位	备注
型式2	消防供水干管沿建筑竖向垂直敷设，配水干管沿每一层顶板下或吊顶内横向水平敷设，配水干管上连有消火栓	各楼层竖直上下层消火栓位置差别较大或横向连接管长度较大的区域；地下车库	建筑内走道、楼梯间、电梯前室；宴会厅、餐厅、包间等房间外墙；机房等	辅助型式

注：不能敷设消火栓给水管道的场所包括高低压配电室、网络机房、消防控制室等。

室内消火栓给水管网型式1参见图1-13，型式2参见图1-14。

饮食建筑室内消火栓给水管网的环状干管管径，参见表1-229；室内消火栓竖管管径可按$DN100$。

3. 系统阀门

室内消火栓系统阀门设置，参见表1-230。

埋地管道的阀门宜采用带启闭刻度的球墨铸铁暗杆闸阀。室内架空管道的阀门宜采用蝶阀、明杆闸阀或带启闭刻度的暗杆闸阀等。

4. 系统给水管网管材

饮食建筑室外消火栓给水管绝大多数采用直埋敷设方式。埋地消火栓给水管道宜采用球墨铸铁管或钢丝网骨架塑料复合管给水管道。

饮食建筑室内消火栓给水管管材选择，参见表1-231。

薄壁不锈钢管(S11163)、镀锌镍碳钢管等新型优质管道，在饮食建筑室内消火栓系统中均得到更多的应用，未来会逐步替代传统钢管。

15.5.11 消火栓系统计算

1. 消火栓水泵选型计算

饮食建筑室内消火栓水泵流量与室内消火栓设计流量一致；消火栓水泵扬程，按公式(1-64)计算。根据消火栓水泵流量和扬程选择消火栓水泵。

2. 消火栓计算

室内消火栓的保护半径，按公式(1-65)计算；消火栓栓口处所需水压，按公式(1-66)计算。

多层饮食建筑消防水枪充实水柱应按10m计算。

多层饮食建筑消火栓栓口动压不应小于0.25MPa。

3. 消火栓系统压力计算

消火栓系统的设计工作压力，按公式(1-67)计算。通常以设计工作压力确定消火栓水泵扬程。

15.6 自动喷水灭火系统

15.6.1 自动喷水灭火系统设置

饮食建筑相关场所自动喷水灭火系统设置要求，见表15-24。

饮食建筑相关场所自动喷水灭火系统设置要求表　　表 15-24

饮食建筑类型	自动喷水灭火系统设置要求
单、多层饮食建筑	任一层建筑面积大于 1500m^{2}或总建筑面积大于 3000m^{2}的单、多层饮食(餐饮)建筑，除了不宜用水扑救的部位外的所有场所均设置

饮食建筑若根据规范规定设置自动喷水灭火系统，其设置的具体场所见表 15-25。

设置自动喷水灭火系统的具体场所表　　表 15-25

<table>
<tr><th>序号</th><th colspan="2">设置自动喷水灭火系统的区域</th><th>具体场所</th></tr>
<tr><td>1</td><td colspan="2">用餐区域</td><td>包括宴会厅、各类餐厅、包间等</td></tr>
<tr><td rowspan="2">2</td><td rowspan="2">厨房区域</td><td>餐馆、食堂、快餐店</td><td>包括主食加工区(间)[包括主食制作、主食热加工区(间)等]、副食加工区(间)[包括副食粗加工、副食细加工、副食热加工区(间)等]、厨房专间(包括冷荤间、生食海鲜间、裱花间等)、备餐区(间)、餐用具洗消间、餐用具存放区(间)、清扫工具存放区(间)等</td></tr>
<tr><td>饮品店</td><td>包括加工区(间)[包括原料调配、热加工、冷食制作、其他制作及冷藏区(间)等]、冷(热)饮料加工区(间)[包括原料研磨配置、饮料煮制、冷却和存放区(间)等]、点心和简餐制作区(间)、食品存放区(间)、裱花间、餐用具洗消间、餐用具存放区(间)、清扫工具存放区(间)等</td></tr>
<tr><td>3</td><td colspan="2">公共区域</td><td>包括非高大空间门厅、过厅、等候区、非高大空间大堂、休息厅(室)、公共卫生间、点菜区、歌舞台、收款处(前台)、饭票(卡)出售(充值)处及外卖窗口等</td></tr>
<tr><td>4</td><td colspan="2">辅助区域</td><td>包括食品库房(包括主食库、蔬菜库、干货库、冷藏库、调料库、饮料库)、非食品库房、办公用房及工作人员更衣间、淋浴间、卫生间、清洁间、垃圾间等</td></tr>
</table>

表 15-26 为饮食建筑内不宜用水扑救的场所。

不宜用水扑救的场所一览表　　表 15-26

序号	不宜用水扑救的场所	自动灭火措施
1	电气类房间：高压配电室(间)、低压配电室(间)、网络机房(网络中心、信息中心、电子信息机房)等	气体灭火系统或高压细水雾灭火系统
2	电气类房间：消防控制室	不设置

饮食建筑自动喷水灭火系统类型选择，参见表 1-245。

典型饮食建筑自动喷水灭火系统原理图，参见图 4-5。

饮食建筑火灾危险等级均按中危险级Ⅰ级确定。

饮食建筑厨房操作间排油烟罩及烹饪部位应设置自动灭火装置。

15.6.2 自动喷水灭火系统设计基本参数

饮食建筑自动喷水灭火系统设计参数，按表 1-246 规定。

饮食建筑高大空间场所设置湿式自动喷水灭火系统设计参数，按表 15-27 规定。

若饮食建筑地下室中附属的库房认定为堆垛储物仓库，其自动喷水灭火系统设计参数，按表 1-247 规定。

高大空间场所湿式自动喷水灭火系统设计参数表 **表 15-27**

适用场所	最大净空高度 h(m)	喷水强度[L/(min·m²)]	作用面积(m²)	喷头间距 S(m)
门厅、大堂	$8<h\leqslant12$	12	160	$1.8\leqslant S\leqslant3.0$
	$12<h\leqslant18$	15		

注：当民用建筑高大空间场所的最大净空高度为 $12m<h\leqslant18m$ 时，应采用非仓库型特殊应用喷头。

自动喷水灭火系统的持续喷水时间，应按火灾延续时间不小于1h确定。

15.6.3 洒水喷头

设置自动喷水灭火系统的饮食建筑内各场所的最大净空高度通常不大于8m。

饮食建筑自动喷水灭火系统喷头公称动作温度宜相比环境温度高30℃，参见表4-54。

饮食建筑自动喷水灭火系统喷头种类选择，见表15-28。

饮食建筑自动喷水灭火系统喷头种类选择表 **表 15-28**

序号	火灾危险等级	设置场所	喷头种类
1	中危险级Ⅰ级	饮食建筑内商店室、会议室、餐厅、厨房等设有吊顶场所	吊顶型或下垂型普通或快速响应喷头
2		库房等无吊顶场所	直立型普通或快速响应喷头

每种型号的备用喷头数量按此种型号喷头数量总数的1%计算，并不得少于10只。

饮食建筑中自动喷水灭火系统直立型、下垂型喷头的布置间距，不应大于表1-250的规定，且不宜小于2.4m。

饮食建筑常用普通玻璃球闭式喷头规格型号，参见表1-252。

15.6.4 自动喷水灭火系统管道

1. 管材

饮食建筑自动喷水灭火系统给水管管材，参见表1-254。

薄壁不锈钢管(S11163)、氯化聚氯乙烯(PVC-C)管、镀锌镍碳钢管等新型优质管道，在饮食建筑自动喷水灭火系统中均得到更多的应用，未来会逐步替代传统钢管。

饮食建筑中所有中危险级Ⅰ级对应场所自动喷水灭火系统公称直径≤DN80的配水管(支管)均可采用氯化聚氯乙烯(PVC-C)管材及管件。

2. 管径

饮食建筑自动喷水灭火系统的配水管道管径可根据表1-255中数据进行确定。

3. 管网敷设

饮食建筑自动喷水灭火系统配水干管宜沿宴会厅内、餐厅、包间、公共区域用房和辅助区域用房的公共走廊敷设，宴会厅内、走廊两侧房间内的配水支管就近连接到配水干管上。走廊内布置的喷头就近接至排水支管后再接至配水干管。单个喷头不应直接接至管径大于或等于DN100的配水干管。

饮食建筑自动喷水灭火系统配水管网布置步骤，见表15-29。

自动喷水灭火系统每个喷头与配水支管连接的短立管管径通常采用25mm；末端试水装置或试水阀的连接管管径通常采用25mm。

自动喷水灭火系统配水管网布置步骤表　　表 15-29

序号	配水管网布置步骤
步骤 1	根据饮食建筑的防火性能确定自动喷水灭火系统配水管网的布置范围
步骤 2	在每个防火分区内应确定该区域自动喷水灭火系统配水主干管或主立管的位置或方向
步骤 3	自接入点接入后，可确定主要配水管的敷设位置和方向
步骤 4	自末端房间内的自动喷水灭火系统配水支管就近向配水管连接
步骤 5	每个楼层每个防火分区内配水管网布置均按步骤 1～步骤 4 进行

15.6.5 水流指示器

除报警阀组控制的喷头只保护不超过防火分区面积的同层场所外，饮食建筑每个防火分区、每个楼层均应设水流指示器；当整个场所需要设置的喷头数不超过 1 个报警阀组控制的喷头数时，可不设置水流指示器；每个防火分区应设置一个水流指示器，位置可设在本防火分区系统配水管网的起始端，亦可集中设置于各个防火分区配水干管分叉处。

水流指示器上游端应设置信号阀，其型号规格，参见表 1-257。

水流指示器与所在配水干管同管径，其型号规格，参见表 1-258。

15.6.6 报警阀组

饮食建筑消防系统报警阀组主要采用湿式水力报警阀组，一定条件下采用预作用报警阀组。

饮食建筑自动喷水灭火系统报警阀组的数量取决于：整个建筑中设置喷头的总数量；每个防火分区内设置喷头的数量；每个报警阀组控制的喷头数。一个报警阀组控制的喷头数不宜超过 800 只，设计中可适当超过 800 只。

喷头均衡组合遵循的原则，参见表 1-259。

饮食建筑自动喷水灭火系统报警阀组通常设置在消防水泵房，设置位置方案，参见表1-260。

报警阀组宜设在安全及易于操作的地点，报警阀距地面的高度宜为 1.2m；宜沿墙体集中布置，相邻报警阀组的间距不宜小于 1.5m，不应小于 1.2m；报警阀组处应设有排水设施，排水管管径不应小于 *DN*100。

表 1-261 为常用湿式报警阀装置型号规格；表 1-262 为常见预作用报警阀装置型号规格；报警阀组压力开关主要技术参数，参见表 1-263；报警阀组前后管道设置，参见表 1-264。

饮食建筑自动喷水灭火系统减压阀设置方式，参见表 1-265。

减压孔板作为一种减压部件，可辅助减压阀使用。

15.6.7 自动喷水灭火系统水泵接合器

自动喷水灭火系统管网上应设置水泵接合器，饮食建筑自动喷水灭火系统消防水泵接合器数量，参见表 1-266。

自动喷水灭火系统水泵接合器宜设置在靠近消防水泵房的室外；常规做法是将多个 *DN*150 水泵接合器并联起来，由 1 根 *DN*150 供水管道接至系统供水泵组出水干管上，连接位置位于报警阀组前。

15.6.8 消防水箱设计

高位消防水箱、自动喷水灭火稳压装置设计参见消火栓系统相关内容。

15.6.9 自动喷水灭火系统压力计算

自动喷水灭火系统的设计工作压力，按公式(1-68)计算。

自动喷水灭火给水泵扬程通常按照自动喷水灭火系统的设计工作压力值确定。

自动喷水灭火给水系统压力管道水压强度试验的试验压力($H_{试验}$)的基准指标，参见表1-267。

15.7 灭火器系统

15.7.1 灭火器配置场所火灾种类

饮食建筑灭火器配置场所的火灾种类，见表15-30。

灭火器配置场所的火灾种类表 **表15-30**

序号	火灾种类	灭火器配置场所
1	A类火灾(固体物质火灾)	饮食建筑内绝大多数场所，如宴会厅、餐厅、包间、厨房等
2	E类火灾(物体带电燃烧火灾)	饮食建筑内附设电气房间，如高压配电间、低压配电间、网络机房、弱电机房等

15.7.2 灭火器配置场所危险等级

饮食建筑灭火器配置场所的危险等级分为严重危险级、中危险级和轻危险级3级，危险等级举例，参见表2-94。

15.7.3 灭火器选择

饮食建筑灭火器配置场所的火灾种类通常涉及A类、E类火灾，通常配置灭火器时选择磷酸铵盐干粉灭火器。

消防控制室、配电室等部位配置灭火器宜采用气体灭火器，通常采用二氧化碳灭火器。

15.7.4 灭火器设置

饮食建筑中设置的手提式灭火器，通常和室内消火栓同位置设置，放置于室内消火栓箱体下部。独立设置的手提式或推车式灭火器通常放置于所保护区域的公共走道、门口或房间内靠近公共通道出入口处。灭火器设置点应均衡布置。

设置在A类火灾场所的灭火器，其最大保护距离应符合表1-274的规定。

灭火器最大保护距离为灭火器与起火点之间最大的行走距离。饮食建筑大间套小间区域、房间中间隔着走道区域等场所，常需要增加灭火器配置点。

饮食建筑中E类火灾场所中的高低压配电间、网络机房等场所，灭火器配置宜按B类火灾场所灭火器最大保护距离要求进行。面积较大的饮食建筑变配电室，需要在变配电室内增设灭火器。

15.7.5 灭火器配置

A类火灾场所灭火器的最低配置基准，应符合表1-276的规定。

饮食建筑灭火器A类火灾场所配置基准可按照灭火器最低配置基准，即：严重危险级按照3A；中危险级按照2A；轻危险级按照1A。

E类火灾场所的灭火器最低配置基准不应低于该场所内A类(或B类)火灾的规定。

15.7.6 灭火器配置设计计算

饮食建筑内每个灭火器设置点灭火器数量通常以2～4具为宜。

灭火器计算单元最小需配灭火级别，按公式(1-69)计算。

灭火器计算单元中每个灭火器设置点最小需配灭火级别，按公式(1-70)计算。

15.7.7 灭火器类型及规格

饮食建筑灭火器配置设计中常用的灭火器类型及规格，参见表1-279。

15.8 气体灭火系统

15.8.1 气体灭火系统应用场所

饮食建筑中适合采用气体灭火系统的场所包括高压配电室(间)、低压配电室(间)、网络机房、网络中心、信息中心、UPS间等电气设备房间。

目前饮食建筑中最常用七氟丙烷(HFC-227ea)气体灭火系统和IG541混合气体灭火系统。

15.8.2 七氟丙烷气体灭火系统设计参数

七氟丙烷灭火剂主要技术性能参数，参见表1-281。

无管网七氟丙烷气体自动灭火装置技术参数、规格等，参见表1-282～表1-284。

饮食建筑中采用七氟丙烷气体灭火保护时，各防护区设计灭火浓度，参见表3-70。

15.8.3 气体灭火设计用量计算

七氟丙烷气体灭火设置场所设计用量，按公式(1-71)计算。

七氟丙烷设计用量，按公式(2-28)计算；七氟丙烷设计容积，按公式(2-29)计算。

每个防护区内无管网七氟丙烷气体灭火装置的布置应做到均匀。

IG541混合气体灭火防护区灭火设计用量或惰化设计用量，按公式(1-74)计算。

IG541灭火剂气体在101kPa大气压和防护区最低环境温度下的质量体积，按公式(1-

75)计算。

IG541混合气体灭火系统灭火剂储存量，应为防护区灭火设计用量及系统灭火剂剩余量之和，系统灭火剂剩余量按公式(1-76)计算。

15.8.4 IG541混合气体灭火系统管网计算

IG541混合气体灭火系统管道流量宜采用平均设计流量。

系统主干管、支管的平均设计流量，按公式(1-77)、公式(1-78)计算。

管道内径按公式(1-79)计算。

灭火剂释放时，管网应进行减压。减压装置宜采用减压孔板，宜设在系统的源头或干管入口处。减压孔板前的压力，按公式(1-80)计算；减压孔板后的压力，按公式(1-81)计算；减压孔板孔口面积，按公式(1-82)计算。

系统的阻力损失宜从减压孔板后算起，并按公式(1-83)计算。

IG541混合气体灭火系统的喷头工作压力的计算结果，应符合：一级充压(15.0MPa)系统，$P_c \geqslant 2.0$MPa(绝对压力)；二级充压(20.0MPa)系统，$P_c \geqslant 2.1$MPa(绝对压力)。

喷头等效孔口面积，按公式(1-84)计算。

15.8.5 防护区泄压口

气体灭火系统防护区应设置泄压口。七氟丙烷气体灭火系统防护区泄压口面积按系统设计规定计算，按公式(1-85)计算；IG541混合气体灭火系统防护区泄压口面积按系统设计规定计算，宜按公式(1-86)计算。

七氟丙烷气体灭火系统的泄压口应位于防护区净高的2/3以上。对于设置吊顶场所，泄压口通常设置在吊顶(梁)下，泄压口顶面紧贴吊顶(梁)或吊顶(梁)下100mm。

不同规格无管网七氟丙烷气体灭火装置与泄压口尺寸的对照表，参见表1-288。

防护区设置的泄压口，宜设在外墙上，无外墙时应设置在朝向公共建筑公共区域(走道)的内墙上。每个防护区根据需要可设置1个或多个泄压口。

15.9 高压细水雾灭火系统

饮食建筑中不宜用水扑救的部位(即采用水扑救后会引起爆炸或重大财产损失的场所)可以采用高压细水雾灭火系统灭火。

饮食建筑中适合采用高压细水雾灭火系统的场所包括高压配电室(间)、低压配电室(间)、网络机房、网络中心、信息中心、UPS间等电气设备房间。饮食建筑中当此类场所较少时，宜采用气体灭火系统；当此类场所较多时，可采用高压细水雾灭火系统，设计方法参见4.9节。

15.10 自动跟踪定位射流灭火系统

饮食建筑门厅、大堂等场所为高大空间时，可设置自动跟踪定位射流灭火系统，设计方法参见4.10节。

15.11 给水排水抗震设计

饮食建筑给水排水管道抗震设计，参见 4.11 节。

15.12 给水排水专业绿色建筑设计

饮食建筑绿色设计，应根据饮食建筑所在地相关规定要求执行。新建饮食建筑应按照一星级或以上星级标准设计；政府投资或者以政府投资为主的饮食建筑、建筑面积大于 20000m^2的大型饮食建筑宜按照绿色建筑二星级或以上星级标准设计。饮食建筑二星级、三星级绿色建筑设计专篇，参见表 1-347。

第 16 章　疗养院建筑给水排水设计

疗养院建筑是利用自然疗养因子、人工疗养因子，结合自然和人文景观，以传统和现代医疗康复手段对疗养员进行疾病防治、康复保健和健康管理的公共建筑。疗养院建筑分为综合性疗养院建筑和专科疗养院建筑。

疗养院建筑的规模分类，见表 16-1。

疗养院建筑规模分类表　　表 16-1

建筑规模	床位张数（张）	建筑规模	床位张数（张）
特大型	＞500	中型	101～300
大型	301～500	小型	20～100

疗养院建筑组成，见表 16-2。

疗养院建筑组成表　　表 16-2

序号	功能用房	基本配置内容	选择性配置内容
1	疗养用房	包括 24h 值班的疗养员登记、接待场所等	包括套间疗养室、家庭单元式疗养室、主任医师办公室、观察室、监护室、服务员工作间等
		包括疗养室、疗养员活动室、医护用房（包括医师办公室、护理站、处置室、治疗室、护理值班室、医护人员专用更衣室及淋浴和卫生间）、清洁间、污洗室、库房、开水间、公共卫生间、库房等	
2	理疗用房	包括按具有的自然疗养因子设置的用房；泥疗用房（包括储泥、备泥间、男女治疗间、更衣、淋浴间、休息间、洗涤干燥间、卫生间等）、水疗用房（包括医护办公室、水疗室、男女更衣室、卫生设施、淋浴室及储存室等）等疗室或疗区	
		包括物理因子理疗用房：电疗用房（包括高频、超高频、静电、电睡眠等疗室）、光疗用房（包括激光室、紫外线、红外线等疗室）、磁疗用房、声疗用房、热疗用房、冷疗用房、牵引用房等及配套的医护人员办公室、更衣室等；传统医学理疗用房：针灸、推拿、按摩、中药熏蒸、中药药浴等及配套辅助用房	包括蜡疗用房（包括治疗室、储蜡、熔蜡、制蜡室等）、中药贴敷、穴位注射、刮痧拔罐等疗室等
		包括健身房、室外体疗区等体疗用房及附设功能检查室、诊察室、储存室等	包括室内球类场馆、游泳馆（池）、气功室等体疗用房
3	医技门诊用房	包括检验室、X 光室、心电图室、超声波室、消毒供应室、化验室等医技用房	包括内科、外科、眼科、口腔科、耳鼻喉科、妇科、中医科等诊室和配套的辅助用房，睡眠治疗室、心理健康咨询室、预防保健、健康体检、医学图书馆、病案室、观察室、处置室等门诊用房；药房、药剂室、影像检查机房、核医学诊断室、手术室、高压氧舱等医技用房

续表

序号	功能用房	基本配置内容	选择性配置内容
4	公共活动用房	包括阅览室、棋牌室、多功能厅等	包括咖啡厅、水吧、网吧、书画室、教室、影音室、音乐室、舞蹈室、吸烟室等
5	管理及后勤保障用房	包括门卫室、接待室、监控室、食堂、行政办公用房、信息中心、物业管理用房、维修人员工作室、财务室、收费室、设备用房、库房等	包括零售店、商务中心、少数民族厨房餐厅、药膳房、洗衣房（包括接收、分类、洗涤、烘干、缝补、烫平折叠、储存分发等作业室及工作人员更衣休息室）、员工更衣、淋浴、宿舍、停车库等

疗养院建筑给水排水设计应符合现行国家标准《城市给水工程项目规范》GB 55026、《城乡排水工程项目规范》GB 55027、《建筑给水排水设计标准》GB 50015、《建筑防火通用规范》GB 55037、《消防设施通用规范》GB 55036、《建筑设计防火规范》GB 50016 和《消防给水及消火栓系统技术规范》GB 50974 等的规定。根据疗养院建筑的功能设置，其给水排水设计涉及的现行行业标准为《疗养院建筑设计标准》JGJ/T 40、《饮食建筑设计标准》JGJ 64 等；医技门诊用房的给水排水设计应符合现行国家标准《综合医院建筑设计标准》GB 51039 的规定。疗养院建筑若设置中水系统，其设计涉及的现行国家标准为《建筑中水设计标准》GB 50336。疗养院建筑若设置管道直饮水系统，其设计涉及的现行行业标准为《建筑与小区管道直饮水系统技术规程》CJJ/T 110。

16.1 生活给水系统

16.1.1 用水量标准

1. 生活用水量标准

《疗养院建筑设计标准》JGJ/T 40—2019 中疗养院建筑生活用水定额，见表 16-3。

疗养院建筑生活用水定额表　　表 16-3

序号	建筑物名称		单位	最高日生活用水定额（L）	使用时数（h）	小时变化系数 K_h
1	疗养用房	公用卫生间、盥洗	每床位每日	100～200	24	2.5～2.0
		公用浴室、卫生间、盥洗		150～250		
		公用浴室、疗养室设卫生间、盥洗		200～250		
		疗养室设浴室、卫生间、盥洗		250～300		2.0
2	理疗用房	淋浴	每人每次	100	8	2.0～1.5
		浴盆、淋浴		120～150		
3	医技门诊用房	医务人员	每人每班	150～250	8	2.5～2.0
		门诊、急诊患者	每人每次	10～15	8～12	2.5
4	后勤管理人员		每人每班	80～100	8	2.5～2.0

续表

序号	建筑物名称	单位	最高日生活用水定额(L)	使用时数(h)	小时变化系数K_h
5	食堂	每人每次	20～25	12～16	2.5～1.5
6	洗衣房	每kg干衣	40～80	8	1.5～1.0

注：1. 医务人员的用水量包括常规医疗用水；
2. 理疗用房的水疗设施、蜡疗等工艺用水量应根据设备、产品要求确定；
3. 表中未涉及的生活用水定额按现行国家标准《建筑给水排水设计标准》GB 50015 确定；
4. 除注明外，均不含员工生活用水，员工最高日用水定额为每人每班40～60L，平均日用水定额为每人每班30～45L；
5. 表中用水量标准为生活用水，包括生活用热水用水量和直饮水用量，也包括正常漏水量和间接用水量，如清洁用水在内；但不包括空调、采暖、水景绿化、场地和道路浇洒等用水；
6. 计算疗养院建筑最高日最大时用水量时，某一类型生活用水定额、最高日小时变化系数（K_h）均为一个范围值时，生活用水定额取定额的最低值应对应选择最高日小时变化系数（K_h）的最大值；生活用水定额取定额的最高值应对应选择最高日小时变化系数（K_h）的最小值；生活用水定额取定额的中间值应对应选择最高日小时变化系数（K_h）的中间值（按内插法确定）。

2. 绿化浇灌用水量标准

疗养院建筑院区绿化浇灌最高日用水定额按浇灌面积1.0～3.0L/(m^2·d)计算，通常取2.0L/(m^2·d)，干旱地区可酌情增加。

3. 浇洒道路用水量标准

疗养院建筑院区道路浇洒最高日用水定额按浇洒面积2.0～3.0L/(m^2·d)计算，亦可参见表2-8。

4. 空调循环冷却水补水用水量标准

疗养院建筑空调循环冷却水补充水量，按公式（1-3）计算，亦可由暖通空调专业提供。

5. 供暖锅炉补充水量

供暖锅炉补充水量由暖通空调、热能动力专业提供。

6. 给水管网漏失水量和未预见水量

这两项水量之和按上述5项用水量（第1项至第5项）之和的8%～12%计算，通常按10%计。

最高日用水量（Q_d）应为上述6项用水量（第1项至第6项）之和。

最大时用水量（Q_{hmax}）可按公式（1-4）计算。

16.1.2 水质标准和防水质污染

1. 水质标准

疗养院建筑的用水水质应符合现行国家标准《生活饮用水卫生标准》GB 5749的有关规定。如疗养院设置游泳池，其池水水质应符合现行行业标准《游泳池给水排水工程技术规程》CJJ 122的规定。

2. 防水质污染

疗养院建筑防止水质污染常见的具体措施，参见表 2-9。

16.1.3 给水系统和给水方式

1. 疗养院建筑生活给水系统

典型的疗养院建筑生活给水系统原理图，参见图 1-1、图 2-1、图 2-2。

2. 疗养院建筑生活给水供水方式

疗养院建筑生活给水应尽量利用自来水压力，当自来水压力缺乏时，应设内部贮水箱，其贮备量按日用水量确定。

疗养院建筑生活给水供水方式，见表 16-4。

疗养院建筑生活给水供水方式表 **表 16-4**

序号	供水方式	适用范围	备注
1	生活水箱加变频生活给水泵组联合供水	市政给水管网直供区之外的其他竖向分区，即加压区	推荐采用
2	市政给水管网直接供水	市政给水管网压力满足的最低竖向分区	
3	管网叠加供水	市政给水管网流量、压力稳定；最小保证压力较高； 疗养院建筑当地市政供水部门允许采用	可以采用

3. 疗养院建筑生活给水系统竖向分区

疗养院建筑应根据建筑内功能的划分和当地供水部门的水量计费分类等因素，设置相应的生活给水系统，并应利用城镇给水管网的水压。

疗养院建筑生活给水系统竖向分区应根据的原则，参见表 3-7。

疗养院建筑生活给水系统竖向分区确定程序，见表 16-5。

生活给水系统竖向分区确定程序表 **表 16-5**

序号	竖向分区确定程序	备注
1	根据疗养院建筑院区接入市政给水管网的最小工作压力确定由市政给水管网直接供水的楼层	
2	根据市政给水直供楼层以上楼层的竖向建筑高度合理确定分区的个数及分区范围	高层疗养院建筑生活给水竖向分区楼层数宜为 6～8 层（竖向高度 30m 左右），不宜多于 10 层
3	根据需要加压供水的总楼层数，合理调整需要加压的各竖向分区，使其高度基本一致	各竖向分区涉及楼层数宜基本相同

4. 疗养院建筑生活给水系统形式

疗养院建筑生活给水系统通常采用下行上给式，设备管道设置方法见表 16-6。

生活给水系统设备管道设置方法表 **表 16-6**

序号	设备管道名称	设备管道设置方法
1	生活水箱及各分区供水泵组	设置在建筑地下室或院区生活水泵房

续表

序号	设备管道名称	设备管道设置方法
2	各分区给水总干管	自各分区给水泵组接出，沿下部楼层吊顶内或顶板下横向敷设接至各区域水管井
3	各分区给水总立管	设置在各区域水管井内，自各分区给水总干管接出，竖向敷设接至各区域最下部楼层
4	各分区给水横干管	设置在各区域最下部楼层吊顶内或顶板下，自各分区给水总立管接出，横向敷设接至本区域各用水场所（疗养院建筑卫生间等）水管井
5	分区内给水立管	分别自本区域给水横干管接出，沿水管井向上敷设，每个竖向水管井设置1根给水立管
6	给水支管	自分区内各个水管井内给水立管接出，接至每层各用水场所用水点，通常1个卫生间等用水场所设置1根给水支管；给水支管在水管井内沿水流方向依次设置阀门、减压阀（若需要的话）、冷水表（适用于需要单独计量时）；水管井内给水支管宜设置在距地1.0～1.2m的高度，向上接至卫生间吊顶内敷设至该卫生间各用水卫生器具

16.1.4 管材及附件

1. 生活给水系统管材

疗养院建筑生活给水系统给水管道应选用耐腐蚀、安装连接方便可靠、符合国家现行有关产品标准要求及饮用水卫生要求的管材，常用管材包括薄壁不锈钢管、薄壁铜管、PVC-C（氯化聚氯乙烯）冷水用管、钢塑复合管、内衬不锈钢复合钢管、铝塑复合管等。

2. 生活给水系统阀门

疗养院建筑生活给水系统设置阀门的部位，参见表4-7。

3. 生活给水系统止回阀

疗养院建筑生活给水系统设置止回阀的部位，参见表4-8。

4. 生活给水系统减压阀

疗养院建筑配水横管静水压大于0.20MPa的楼层各分区内给水支管起端应设置减压阀，减压阀位置在阀门之后。

5. 生活给水系统水表

疗养院建筑给水系统的引入管上应设置水表。水表宜设置在室内便于抄表位置；在夏热冬冷地区及严寒地区，当水表设置于室外时，应采取可靠的防冻胀破坏措施。

疗养院建筑生活给水系统按分区域计量原则设置水表，生活给水系统设置水表的部位，参见表3-14。

6. 生活给水系统其他附件

生活水箱的生活给水进水管上应设自动水位控制阀。

疗养院建筑生活给水系统设置过滤器的部位，参见表2-19。

疗养院建筑卫生器具和配件应采用节水型产品。厨房专间洗手盆（池）水嘴宜采用非手动开关。公共卫生间的洗手盆水嘴应采用非接触式或延时自闭式水嘴，通常采用感应式水嘴；小便斗、大便器应采用非手动开关。用水点非手动开关的型式，参见表 2-20。

16.1.5 给水管道布置及敷设

1. 室外生活给水系统布置与敷设

疗养院建筑院区的室外生活给水管网应布置成环状管网，管径宜为 *DN*160。环状给水管网与市政给水管网的连接管不宜少于 2 条，引入管管径宜为 *DN*160、不宜小于 *DN*100。

疗养院建筑院区室外生活给水管道与其他地下管线及乔木之间的最小净距，参照表 1-25规定。

2. 室内生活给水系统布置与敷设

疗养院建筑室内生活给水管道通常布置成支状管网，单向供水，宜沿室内公共区域敷设。疗养院建筑生活给水管道不应布置的场所，参见表 2-21。电疗用房室内各种管线应暗设。

3. 室内给水管道防护

室内生活给水横干管、立管超过 50m 时，宜设伸缩补偿装置。

与人防工程功能无关的室内生活给水管道应避免穿越人防地下室，确需穿越时应在人防侧设置防护阀门，管道穿越处应设防护套管。

4. 生活给水管道保温

疗养院建筑设置屋顶贮水箱和敷设管道，在冬季不采暖而又有可能冰冻的地区，应采取防冻措施。敷设在有可能结冻的房间、地下室及管井、管沟等处的给水管道应有防冻措施。

屋顶水箱间内生活给水管道均需做保温，所有给水横管及管井内的给水立管均做防结露保温。室内满足防冻要求的管道可不做防结露保温。疗养院建筑内对于可能结露的给水管道，应采取防结露措施。

给水管道保温材料厚度确定，参见表 1-30、表 1-31。

16.1.6 生活给水系统给水管网计算

1. 商店院区室外生活给水管网

室外生活给水管网设计流量应按疗养院建筑院区生活给水最大时用水量确定。院区给水引入管的设计流量应按最大时用水量确定；当引入管为 2 条时，应保证当其中一条发生故障时，其余的引入管可以提供不小于 70%的流量。

疗养院建筑院区室外生活给水管网管径宜采用 *DN*160。

2. 疗养院建筑室内生活给水管网

采用市政给水管网直接供水时，给水引入管设计流量（Q_1）应按直供区生活给水设计秒流量计；采用生活水箱＋变频给水泵组供水时，给水引入管设计流量（Q_2）应按加压区生活水箱设计补水量计，设计补水量不得小于高区最高日平均时用水量，不宜大于最高日最大时用水量。

疗养院建筑内生活给水设计秒流量应按公式（16-1）计算：

$$q_g = 0.2 \cdot \alpha \cdot (N_g)^{1/2} = 0.4 \cdot (N_g)^{1/2} \tag{16-1}$$

式中 q_g——计算管段的给水设计秒流量，L/s；

N_g——计算管段的卫生器具给水当量总数；

α——根据疗养院建筑用途而定的系数，疗养院、休养所取 2.0。

注：如计算值小于该管段上一个最大卫生器具给水额定流量时，应采用一个最大的卫生器具给水额定流量作为设计秒流量；如计算值大于该管段上按卫生器具给水额定流量累加所得流量值时，应按卫生器具给水额定流量累加所得流量值采用；有大便器延时自闭冲洗阀的给水管段，大便器延时自闭冲洗阀的给水当量均以 0.5 计，计算得到的 q_g附加 1.20L/s 的流量后，为该管段的给水设计秒流量。

疗养院建筑生活给水设计秒流量计算，可参照表 16-7。

疗养院建筑生活给水设计秒流量计算表（L/s） **表 16-7**

卫生器具给水当量数 N_g	疗养院、休养所 $\alpha=2.0$	卫生器具给水当量数 N_g	疗养院、休养所 $\alpha=2.0$	卫生器具给水当量数 N_g	疗养院、休养所 $\alpha=2.0$	卫生器具给水当量数 N_g	疗养院、休养所 $\alpha=2.0$	卫生器具给水当量数 N_g	疗养院、休养所 $\alpha=2.0$
1	0.20	38	2.47	94	3.88	225	6.00	365	7.64
2	0.40	40	2.53	96	3.92	230	6.07	370	7.69
3	0.60	42	2.59	98	3.96	235	6.13	375	7.75
4	0.80	44	2.65	100	4.00	240	6.20	380	7.80
5	0.89	46	2.71	105	4.10	245	6.26	385	7.85
6	0.98	48	2.77	110	4.20	250	6.32	390	7.90
7	1.06	50	2.83	115	4.29	255	6.39	395	7.95
8	1.13	52	2.88	120	4.38	260	6.45	400	8.00
9	1.20	54	2.94	125	4.47	265	6.51	405	8.05
10	1.26	56	2.99	130	4.56	270	6.57	410	8.10
11	1.33	58	3.05	135	4.65	275	6.63	415	8.15
12	1.39	60	3.10	140	4.74	280	6.69	420	8.20
13	1.44	62	3.15	145	4.82	285	6.75	425	8.25
14	1.50	64	3.20	150	4.90	290	6.81	430	8.29
15	1.55	66	3.25	155	4.98	295	6.87	435	8.34
16	1.60	68	3.30	160	5.06	300	6.93	440	8.39
17	1.65	70	3.35	165	5.14	305	6.99	445	8.44
18	1.70	72	3.39	170	5.22	310	7.04	450	8.49
19	1.74	74	3.44	175	5.29	315	7.10	455	8.53
20	1.79	76	3.49	180	5.37	320	7.16	460	8.58
22	1.88	78	3.54	185	5.44	325	7.21	465	8.63
24	1.96	80	3.58	190	5.51	330	7.27	470	8.67
26	2.04	82	3.62	195	5.59	335	7.32	475	8.72
28	2.12	84	3.67	200	5.66	340	7.38	480	8.76
30	2.19	86	3.71	205	5.73	345	7.43	485	8.81
32	2.26	88	3.75	210	5.80	350	7.48	490	8.85
34	2.33	90	3.79	215	5.87	355	7.54	495	8.90
36	2.40	92	3.84	220	5.93	360	7.59	500	8.94

续表

卫生器具给水当量数 N_g	疗养院、休养所 $\alpha=2.0$	卫生器具给水当量数 N_g	疗养院、休养所 $\alpha=2.0$	卫生器具给水当量数 N_g	疗养院、休养所 $\alpha=2.0$	卫生器具给水当量数 N_g	疗养院、休养所 $\alpha=2.0$	卫生器具给水当量数 N_g	疗养院、休养所 $\alpha=2.0$
550	9.38	850	11.66	1150	13.56	1450	15.23	1750	16.73
600	9.80	900	12.00	1200	13.86	1500	15.49	1800	16.97
650	10.20	950	12.33	1250	14.14	1550	15.75	1850	17.20
700	10.58	1000	12.65	1300	14.42	1600	16.00	1900	17.44
750	10.95	1050	12.96	1350	14.70	1650	16.25	1950	17.66
800	11.31	1100	13.27	1400	14.97	1700	16.49	2000	17.89

疗养院建筑有自闭式冲洗阀时生活给水设计秒流量计算，可参照表 1-33。

疗养院建筑公共浴室、职工食堂厨房等建筑生活给水管道的设计秒流量应按公式（16-2）计算：

$$q_g = \sum q_{g0} \cdot n_0 \cdot b_g \tag{16-2}$$

式中 q_g——疗养院建筑计算管段的给水设计秒流量，L/s；

q_{g0}——疗养院建筑同类型的一个卫生器具给水额定流量，L/s，可按表 7-10 采用；

n_0——疗养院建筑同类型卫生器具数；

b_g——疗养院建筑卫生器具的同时给水使用百分数：疗养院建筑公共浴室内的淋浴器和洗脸盆按表 4-12 选用，职工食堂的设备按表 4-13 选用。

3. 疗养院建筑内卫生器具给水当量

疗养院建筑用水器具和配件应采用节水性能良好、坚固耐用，且便于管理维修的产品。

疗养院建筑应采用符合现行行业标准《节水型生活用水器具》CJ/T 164 规定的节水型卫生器具，宜选用用水效率等级不低于 3 级的用水器具。

疗养院建筑常见卫生器具的给水额定流量、给水当量、连接给水管管径和最低工作压力按表 3-18 确定。

4. 疗养院建筑内给水管管径

疗养院建筑内给水供水管的管径，应根据该给水供水管段的设计秒流量、允许给水流速等查相关计算表格确定。生活给水管道内的给水流速，宜参照表 1-38。

疗养院建筑内公共卫生间的蹲便器个数与给水供水管管径的对照表，参见表 9-11。

整个生活给水系统生活给水立管、干管均按照其服务的给水设计秒流量确定其管段管径。

16.1.7 生活水泵和生活水泵房

疗养院建筑应根据建筑功能需求设置统一完善的给水系统，给水设计应有可靠的水源和给水管道系统。当仅有一路城市引入管或供水不满足设计秒流量或压力要求时，应设置加压供水设备。

1. 生活水泵

疗养院建筑生活给水加压水泵宜采用3台（2用1备）配置模式，亦可采用2台（1用1备）或4台（3用1备）配置模式。

疗养院建筑生活给水加压通常采用变频调速给水泵组，其设计流量应按其负责给水系统的最大设计秒流量确定，即$Q=q_g$。设计时应统计该系统内各用水点卫生器具的生活给水当量数，经公式（16-1）、公式（16-2）计算或查表16-7得出设计流量值。

生活给水加压水泵的设计工作压力，按公式（1-10）计算。

疗养院建筑加压水泵应选用低噪声节能型产品。

2. 生活水泵房

疗养院建筑二次加压给水的水泵房应为独立的房间，并应环境良好、便于维修和管理；不应毗邻的场所，见表16-8；加压泵组及泵房应采取减振降噪措施。

生活水泵房不应毗邻的场所表 **表16-8**

序号	场所类别	具体房间
1	疗养用房	疗养室、疗养员活动室、医师办公室、护理站、处置室、治疗室、护理值班室、观察室、监护室
2	泥疗用房	男女治疗间、休息间
3	水疗用房	医护办公室、水疗室，电疗用房中的高频、超高频、静电、电睡眠等疗室
4	光疗用房	激光室、紫外线、红外线等疗室及配套的医护人员办公室
5	磁疗用房	磁疗疗室及配套的医护人员办公室
6	声疗用房	声疗疗室及配套的医护人员办公室
7	热疗用房	热疗疗室及配套的医护人员办公室
8	冷疗用房	冷疗疗室及配套的医护人员办公室
9	牵引用房	牵引疗室及配套的医护人员办公室
10	其他理疗用房	针灸、推拿、按摩、中药熏蒸、中药药浴用房，蜡疗、中药贴敷、穴位注射、刮痧拔罐疗室，健身房
11	医技用房	检验室、X光室、心电图室、超声波室、化验室、药房、药剂室、影像检查机房、核医学诊断室、手术室、高压氧舱等
12	门诊用房	内科、外科、眼科、口腔科、耳鼻喉科、妇科、中医科等诊室，睡眠治疗室、心理健康咨询室、预防保健、健康体检、医学图书馆、病案室、观察室、处置室等
13	公共活动用房	阅览室、棋牌室、多功能厅、咖啡厅、水吧、网吧、书画室、教室、影音室、音乐室、舞蹈室等
14	管理及后勤保障用房	行政办公用房，零售店、商务中心、餐厅、药膳房、宿舍等

疗养院建筑生活水泵房的设置位置应根据其所供水服务的范围确定，见表16-9。

疗养院建筑生活水泵房位置确定及要求表 **表16-9**

序号	水泵房位置	适用情况	设置要求
1	院区室外集中设置	院区室外有空间；常见于新建疗养院建筑院区	宜与消防水泵房、消防水池、暖通冷热源机房、锅炉房等集中设置，宜靠近疗养院建筑

续表

序号	水泵房位置	适用情况	设置要求
2	建筑地下室楼层设置	院区室外无空间	宜设在地下一层或地下二层，不宜设在最低地下楼层；水泵房地面宜高出室外地面200～300mm

各分区的生活给水泵组宜集中布置；生活水泵房内每套生活给水泵组宜设置在一个基础上。

16.1.8 生活贮水箱（池）

疗养院建筑给水设计应有可靠的水源和供水管道系统，当仅有一路城市引入管或供水不满足设计秒流量或压力要求时，应设置生活贮水箱（池）。疗养院建筑水箱间应为独立的房间。

水箱应设置消毒设备，并宜采用紫外线消毒方式。

1. 贮水容积

疗养院建筑生活用水贮水箱（池）的有效容积计算时，其生活用水调节量应按进水量与用水量变化曲线经计算确定，当资料不足时，宜按最高日用水量的20%～25%确定，最大不得大于48h的用水量。有条件时可适当增加生活贮水箱（池）有效容积。

疗养院建筑生活用水贮水设备宜采用贮水箱。

2. 生活水箱

疗养院建筑生活水箱设计要求，参见表1-46。

3. 生活水箱相关管道、装置设置要求

疗养院建筑生活水箱相关管道设施要求，参见表1-47。

生活水箱各水位指标确定方法及取值经验值，参见表1-48。

16.2 生活热水系统

16.2.1 热水系统类别

疗养院建筑生活热水系统类别，见表16-10。

生活热水系统类别表　　表16-10

序号	分类标准	热水系统类别	疗养院建筑应用情况	应用程度
1	供应范围	集中生活热水系统	疗养院建筑疗养室洗浴生活热水系统；公共浴室洗浴生活热水系统；厨房生活热水系统	最常用
2		局部（分散）生活热水系统	泥疗室淋浴间生活热水系统	常用
3		区域生活热水系统	整个疗养院建筑院区生活热水系统	不常用
4	热水管网循环方式	热水干管立管支管循环生活热水系统		不常用

续表

序号	分类标准	热水系统类别	疗养院建筑应用情况	应用程度
5	热水管网循环方式	热水干管立管循环生活热水系统	疗养院建筑疗养室洗浴生活热水系统；公共浴室洗浴生活热水系统	常用
6		热水干管循环生活热水系统	厨房生活热水系统	较常用
7	热水管网循环水泵运行方式	全日循环生活热水系统	疗养院建筑疗养室洗浴生活热水系统	极少用
8		定时循环生活热水系统	公共浴室生活热水系统；厨房生活热水系统	常用
9	热水管网循环动力方式	强制循环生活热水系统		最常用
10		自然循环生活热水系统		极少用
11	是否敞开形式	闭式生活热水系统		最常用
12		开式生活热水系统		极少用
13	热水管网布置型式	下供下回式生活热水系统	热源位于建筑底部，即由锅炉房提供热媒（高温蒸汽或高温热水），经汽水或水水换热器提供热水热源等的生活热水系统	最常用
14		上供上回式生活热水系统	热源位于建筑顶部，即由屋顶太阳能热水设备及（或）空气能热泵热水设备提供热水热源等的生活热水系统	常用
15	热水管路距离	同程式生活热水系统		目前最常用
16		异程式生活热水系统		越来越常用
17	热水系统分区方式	加热器集中设置生活热水系统	疗养院建筑院区内各个建筑生活热水系统距离较近、规模相差不大或为同一建筑内不同竖向分区系统时的生活热水系统	最常用
18		加热器分散设置生活热水系统	疗养院建筑院区各个建筑生活热水系统距离较远、规模相差较大时的生活热水系统	较常用
19		加热器分布设置生活热水系统	不受疗养院建筑院区建筑距离、规模限制时的生活热水系统	较少用

典型的疗养院建筑生活热水系统原理图，参见图1-2、图1-3、图2-3、图2-4、图2-5、图2-6。

16.2.2 生活热水系统热源

疗养院应有热水供应系统，宜采用集中热水供应系统。根据地理位置、气候条件、自然资源等综合因素，宜采用太阳能、地热能、空气源热泵热水供应系统。

疗养院建筑集中生活热水供应系统的热源，参见表 2-34。

疗养院建筑生活热水系统热源选用，参见表 2-35。

疗养院建筑生活热水系统常见热源组合形式，参见表 7-14。

疗养院建筑屋顶设置太阳能光伏发电系统时，系统产生的电能可用于屋顶热水箱内热水的加热，保证生活热水系统供水温度。

16.2.3 热水系统设计参数

1. 疗养院建筑热水用水定额

《疗养院建筑设计标准》JGJ/40—2019 中疗养院建筑生活热水定额，见表 16-11。

疗养院建筑生活热水定额表 **表 16-11**

序号	建筑物名称		单位	最高日生活热水定额（L）	使用时数（h）	小时变化系数 K_h
1	疗养用房	公用浴室、卫生间、盥洗	每床位每日	45～100	24	2.5～2.0
		公用浴室、疗养室设卫生间、盥洗		60～130		
		疗养室设浴室、卫生间、盥洗		110～200		2.0
2	理疗用房	淋浴	每人每次	100	8	2.0～1.5
		浴盆、淋浴		120～150		
3	医技门诊用房	医务人员	每人每班	80～130	8	2.5
		门诊、急诊患者	每人每次	5～8	8～12	
4	后勤管理人员		每人每班	30～45	8	2.5～2.0
5	食堂		每人每次	7～10	12～16	2.5～1.5
6	洗衣房		每 kg 干衣	60～80	8	1.5～1.0

注：1. 表中所列用水定额均已包括在表 16-3 中；
2. 本表以 60℃热水水温为计算温度，卫生器具的使用水温见表 16-12；
3. 游泳池池水设计温度应符合现行行业标准《游泳池给水排水工程技术规程》CJJ 122 相关规定。

疗养院建筑所在地为较大城市、标准要求较高的，疗养院建筑热水用水定额可以适当选用较高值；反之可选用较低值。

2. 疗养院建筑卫生器具用水定额及水温

疗养院建筑相关功能场所卫生器具的一次热水用水量、小时热水用水量和水温，可按表 16-12 确定。

疗养院建筑卫生器具一次热水用水量、小时热水用水量和水温表 **表 16-12**

序号	卫生器具名称			一次热水用水量（L）	小时热水用水量（L）	水温（℃）
1	食堂	洗脸盆	工作人员用	3	60	30
			顾客用	—	120	
		淋浴器		40	400	37～40
2	公共浴室	淋浴器	有淋浴小间	100～160	200～300	37～40
			无淋浴小间	—	450～540	
		洗脸盆		5	50～80	35

注：表中用水量均为使用水温时的用水量；一次热水用水量指使用一次的用水量，并非卫生器具开关一次的用水量，有些卫生器具使用一次可能需要开关几次。

当蜡疗室采用热水间接熔蜡时，热水水温应低于100℃，并应有恒温、过热保护装置。

水疗用房中洗浴用水温度应符合现行行业标准《公共浴场给水排水工程技术规程》CJJ 160的有关规定。

3. 疗养院建筑冷水计算温度

冷水的计算温度应以当地最冷月平均水温资料确定。当无水温资料时，按表1-58采用。

疗养院建筑冷水计算温度宜按疗养院建筑当地地面水温度确定，水温有取值范围时宜取低值。

4. 疗养院建筑水加热设备供水温度

疗养院建筑集中热水供应系统的水加热设备（包括热水锅炉、热水机组或水加热器等）的出水温度按表1-59采用。疗养院建筑集中生活热水系统水加热设备的供水温度宜为60～65℃，通常按60℃计。

5. 疗养院建筑生活热水水质

疗养院建筑生活热水的水质指标，应符合现行国家标准《生活饮用水卫生标准》GB 5749的要求。

16.2.4 热水系统设计指标

1. 疗养院建筑热水设计小时耗热量

（1）全日供应热水设计小时耗热量

当疗养院建筑住房部生活热水系统采用全日供应热水的集中生活热水系统时，其设计小时耗热量，按公式（16-3）计算：

$$Q_h = K_h \cdot m \cdot q_r \cdot C \cdot (t_{r1} - t_l) \cdot \rho_r \cdot C_\gamma / T \quad (16\text{-}3)$$

式中 Q_h——疗养院建筑生活热水设计小时耗热量，kJ/h；

K_h——疗养院建筑生活热水小时变化系数，可按表16-13经内插法计算采用；

疗养院建筑生活热水小时变化系数表 **表16-13**

建筑类别	热水用水定额[L/(床·d)]	使用床位数m(床)	热水小时变化系数K_h
疗养院、休养所住房部	100～160	$50 \leqslant m \leqslant 1000$	3.63～2.56

注：K_h应根据热水用水定额高低、使用床位数多少取值，当热水用水定额高、使用床位数多时取低值，反之取高值。使用床位数小于下限值(50床)时，K_h取上限值(3.63)；使用床位数大于上限值(1000床)时，K_h取下限值(2.56)；使用床位数位于下限值与上限值之间(50～1000床)时，K_h取值在上限值与下限值之间(3.63～2.56)，采用内插法计算求得。

m——疗养院建筑设计床位数，床；

q_r——疗养院建筑生活热水用水定额，L/(床·d)，按疗养院建筑生活热水小时变化系数表(表16-13)选用；

C——水的比热，kJ/(kg·℃)，C=4.187kJ/(kg·℃)；

t_{r1}——热水计算温度,℃，计算时t_{r1}宜取65℃；

t_l——冷水计算温度,℃，计算时通常按表1-58选用；

ρ_r——热水密度，kg/L，通常取1.0kg/L；

C_γ——热水供应系统的热损失系数，C_γ=1.10～1.15；

T——疗养院建筑每日使用时间，h，取24h。

将C、t_{r1}、ρ_r、C_γ、T等参数代入后为公式（16-4）：

$$Q_h = 0.201 \cdot K_h \cdot m \cdot q_r \cdot (65 - t_l) \tag{16-4}$$

（2）定时供应热水设计小时耗热量

当疗养院建筑住房部生活热水系统采用定时供应热水的集中生活热水系统时，其设计小时耗热量，按公式（16-5）计算：

$$Q_h = \sum q_h \cdot C \cdot (t_{r2} - t_l) \cdot \rho_r \cdot n_0 \cdot b_g \cdot C_\gamma \tag{16-5}$$

式中 Q_h——疗养院建筑生活热水设计小时耗热量，kJ/h；

q_h——疗养院建筑卫生器具生活热水的小时用水定额，L/h，可按表16-14采用，计算时通常取小时热水用水量的上限值；

疗养院建筑卫生器具生活热水小时用水定额表 **表16-14**

序号	卫生器具名称	热水小时用水定额（L/h）
1	疗养院、休养所洗手盆	15～25
2	疗养院、休养所洗涤盆（池）	300
3	疗养院、休养所淋浴器	200～300
4	疗养院、休养所浴盆	250～300

C——水的比热，kJ/（kg·℃），C=4.187kJ/（kg·℃）；

t_{r2}——热水计算温度，℃，计算时按表16-15选用，淋浴器使用水温通常取40℃；

热水计算温度表 **表16-15**

序号	卫生器具名称	使用水温（℃）
1	疗养院、休养所洗手盆	35
2	疗养院、休养所洗涤盆（池）	50
3	疗养院、休养所淋浴器	37～40
4	疗养院、休养所浴盆	40

t_l——冷水计算温度，℃，按全日生活热水系统t_l取值表1-58选用；

ρ_r——热水密度，kg/L，通常取1.0kg/L；

n_0——疗养院建筑同类型卫生器具数；

b_g——疗养院建筑卫生器具的同时使用百分数：疗养院住房部卫生间内浴盆或淋浴器可按70%～100%计，通常按100%计，其他卫生器具不计，但定时连续热水供水时间应大于或等于2h；

C_γ——热水供应系统的热损失系数，C_γ=1.10～1.15。

疗养院建筑住房部卫生间内绝大多数情况下采用淋浴器洗浴，仅在少数VIP住院部卫生间内采用浴盆洗浴。计算时淋浴器、浴盆热水小时用水定额均取300L/h，热水计算温度均取40℃，同时使用百分数均取100%。在此情况下，设计小时耗热量按公式(16-6)计算：

$$Q_h = 1444.5 \cdot (40 - t_l) \cdot n_0 \tag{16-6}$$

计算时，t_1通常取地面水温度的下限值，我国各地地面水温度可取4℃、5℃、7℃、8℃、10℃、15℃、20℃，据上式计算得简便计算公式见表16-16。

不同冷水计算温度生活热水系统采用定时供应热水 Q_h 计算公式对照表　　表 16-16

冷水计算温度（℃）	疗养院建筑生活热水系统采用定时供应热水 Q_h 计算公式（kJ/h）
4	$52002.5 \cdot n_0$
5	$50558.0 \cdot n_0$
7	$47669.0 \cdot n_0$
8	$46224.5 \cdot n_0$
10	$43335.5 \cdot n_0$
15	$36112.9 \cdot n_0$
20	$28890.3 \cdot n_0$

疗养院建筑同类型卫生器具数 n_0 即为生活热水系统涉及的淋浴器和浴盆数量之和。

（3）不同使用要求用水部门热水设计小时耗热量

具有多个不同使用热水部门或具有多种热水使用形式的疗养院建筑，当其热水由同一热水供应系统供应时，设计小时耗热量，可按同一时间内出现用水高峰的主要用水部门的设计小时耗热量加其他用水部门的平均小时耗热量计算。

2. 疗养院建筑设计小时热水量

疗养院建筑设计小时热水量，按公式（16-7）计算：

$$q_{rh} = Q_h/[(t_{r3} - t_1) \cdot C \cdot \rho_r \cdot C_\gamma] \tag{16-7}$$

式中 q_{rh}——疗养院建筑生活热水设计小时热水量，L/h；

Q_h——疗养院建筑生活热水设计小时耗热量，kJ/h；

t_{r3}——设计热水温度，℃，计算时 t_{r3} 取值与 t_{r1} 一致即可；

t_1——冷水计算温度，℃；

C——水的比热，kJ/（kg·℃），C=4.187kJ/（kg·℃）；

ρ_r——热水密度，kg/L，通常取1.0kg/L；

C_γ——热水供应系统的热损失系数，C_γ=1.10～1.16。

3. 疗养院建筑加热设备供热量

疗养院建筑全日集中生活热水系统中，锅炉、水加热设备的设计小时供热量应根据日热水用量小时变化曲线、加热方式及锅炉、水加热设备的工作制度经积分曲线计算确定。

（1）容积式水加热器或贮热容积与其相当的水加热器、燃油（气）热水机组供热量

疗养院建筑生活热水系统采用的容积式水加热器均应为导流型容积式水加热器，其设计小时供热量可按公式（16-8）计算：

$$Q_g = Q_h - (\eta \cdot V_r/T_1) \cdot (t_{r3} - t_1) \cdot C \cdot \rho_r \tag{16-8}$$

式中 Q_g——疗养院建筑导流型容积式水加热器的设计小时供热量，kJ/h；

Q_h——疗养院建筑设计小时耗热量，kJ/h；

η——导流型容积式水加热器有效贮热容积系数，取0.8～0.9；

V_r——导流型容积式水加热器总贮热容积，L；

T_1——疗养院建筑设计小时耗热量持续时间，h，定时集中热水供应系统 T_1 等于定

时供水的时间；当 Q_g 计算值小于平均小时耗热量时，Q_g 应取平均小时耗热量；

t_{r3}——设计热水温度,℃，按导流型容积式水加热器出水温度或贮水温度计算，通常取 65℃；

t_l——冷水温度,℃；

C——水的比热，kJ/(kg·℃)，C=4.187kJ/(kg·℃)；

ρ_r——热水密度，kg/L，通常取 1.0kg/L。

在疗养院建筑生活热水系统设计小时供热量计算时，通常取 $Q_g=Q_h$。

（2）半容积式水加热器或贮热容积与其相当的水加热器、燃油（气）热水机组供热量

疗养院建筑生活热水系统亦常采用半容积式水加热器，此时半容积式水加热器设计小时供热量按设计小时耗热量计算，即取 $Q_g=Q_h$。

16.2.5 生活热水系统热水管网计算

1. 生活热水管网设计流量

（1）疗养院建筑生活热水引入管设计流量

疗养院建筑生活热水引入管设计流量应按该建筑相应生活热水供水系统总供水干管的设计秒流量确定。

（2）疗养院建筑内生活热水设计秒流量

疗养院建筑内生活热水设计秒流量应按公式（16-9）计算：

$$q_g = 0.2 \cdot \alpha \cdot (N_g)^{1/2} = 0.4 \cdot (N_g)^{1/2} \tag{16-9}$$

式中 q_g——计算管段的热水设计秒流量，L/s；

N_g——计算管段的卫生器具热水当量总数；

α——根据疗养院建筑用途而定的系数，疗养院、休养所取 2.0。

注：如计算值小于该管段上一个最大卫生器具热水额定流量时，应采用一个最大的卫生器具热水额定流量作为设计秒流量；如计算值大于该管段上按卫生器具热水额定流量累加所得流量值时，应按卫生器具热水额定流量累加所得流量值采用。

疗养院建筑生活热水设计秒流量计算，可参照表 16-17。

疗养院建筑生活热水设计秒流量计算表（L/s） 表 16-17

卫生器具热水当量数 N_g	疗养院、休养所 α=2.0	卫生器具热水当量数 N_g	疗养院、休养所 α=2.0	卫生器具热水当量数 N_g	疗养院、休养所 α=2.0	卫生器具热水当量数 N_g	疗养院、休养所 α=2.0	卫生器具热水当量数 N_g	疗养院、休养所 α=2.0
1	0.20	8	1.13	15	1.55	24	1.96	38	2.47
2	0.40	9	1.20	16	1.60	26	2.04	40	2.53
3	0.60	10	1.26	17	1.65	28	2.12	42	2.59
4	0.80	11	1.33	18	1.70	30	2.19	44	2.65
5	0.89	12	1.39	19	1.74	32	2.26	46	2.71
6	0.98	13	1.44	20	1.79	34	2.33	48	2.77
7	1.06	14	1.50	22	1.88	36	2.40	50	2.83

续表

卫生器具热水当量数 N_g	疗养院、休养所 $\alpha=2.0$	卫生器具热水当量数 N_g	疗养院、休养所 $\alpha=2.0$	卫生器具热水当量数 N_g	疗养院、休养所 $\alpha=2.0$	卫生器具热水当量数 N_g	疗养院、休养所 $\alpha=2.0$	卫生器具热水当量数 N_g	疗养院、休养所 $\alpha=2.0$
52	2.88	115	4.29	250	6.32	385	7.85	700	10.58
54	2.94	120	4.38	255	6.39	390	7.90	750	10.95
56	2.99	125	4.47	260	6.45	395	7.95	800	11.31
58	3.05	130	4.56	265	6.51	400	8.00	850	11.66
60	3.10	135	4.65	270	6.57	405	8.05	900	12.00
62	3.15	140	4.74	275	6.63	410	8.10	950	12.33
64	3.20	145	4.82	280	6.69	415	8.15	1000	12.65
66	3.25	150	4.90	285	6.75	420	8.20	1050	12.96
68	3.30	155	4.98	290	6.81	425	8.25	1100	13.27
70	3.35	160	5.06	295	6.87	430	8.29	1150	13.56
72	3.39	165	5.14	300	6.93	435	8.34	1200	13.86
74	3.44	170	5.22	305	6.99	440	8.39	1250	14.14
76	3.49	175	5.29	310	7.04	445	8.44	1300	14.42
78	3.54	180	5.37	315	7.10	450	8.49	1350	14.70
80	3.58	185	5.44	320	7.16	455	8.53	1400	14.97
82	3.62	190	5.51	325	7.21	460	8.58	1450	15.23
84	3.67	195	5.59	330	7.27	465	8.63	1500	15.49
86	3.71	200	5.66	335	7.32	470	8.67	1550	15.75
88	3.75	205	5.73	340	7.38	475	8.72	1600	16.00
90	3.79	210	5.80	345	7.43	480	8.76	1650	16.25
92	3.84	215	5.87	350	7.48	485	8.81	1700	16.49
94	3.88	220	5.93	355	7.54	490	8.85	1750	16.73
96	3.92	225	6.00	360	7.59	495	8.90	1800	16.97
98	3.96	230	6.07	365	7.64	500	8.94	1850	17.20
100	4.00	235	6.13	370	7.69	550	9.38	1900	17.44
105	4.10	240	6.20	375	7.75	600	9.80	1950	17.66
110	4.20	245	6.26	380	7.80	650	10.20	2000	17.89

2. 疗养院建筑内卫生器具热水当量

疗养院建筑卫生器具的热水额定流量、热水当量、连接热水管管径和最低工作压力按表3-31确定。

3. 疗养院建筑内热水管管径

疗养院建筑内热水供水管的管径，应根据该热水供水管段的设计秒流量、允许热水流速等查相关计算表格确定。生活热水管道内的热水流速，宜按表1-66控制。

疗养院建筑公共浴室淋浴器个数与对应供给相应数量热水供水管管径的对照表，参见

表 16-18。

疗养院建筑公共浴室淋浴器个数与热水供水管管径对照表 表 16-18

疗养院建筑公共浴室无间隔淋浴器数量（个）	1	2	3	4～5	6～8	9～14	16～25	26～38	39～54	55～90
疗养院建筑公共浴室有间隔淋浴器数量（个）	1～2	3	4	5～7	8～12	13～20	21～35	36～54	55～77	78～128
热水供水管管径 DN (mm)	25	32	40	50	70	80	100	125	150	200

本区域热水回水干管管径根据该区域热水供水干管最大管径确定。热水回水管管径与热水供水管管径的对照，参见表 3-33。

整个生活热水系统的生活热水供水立管、干管均按照其服务的热水设计秒流量确定其管段管径；生活热水回水立管、干管先按照其服务的热水设计秒流量确定出一个供水管管径值，再根据表 3-33 确定其管段回水管管径值。

16.2.6 生活热水机房（换热机房、换热站）

疗养院建筑生活热水机房（换热机房、换热站）位置确定，见表 16-19。

疗养院建筑生活热水机房（换热机房、换热站）位置确定表 表 16-19

<table>
<tr><th>序号</th><th>生活热水机房（换热机房、换热站）位置</th><th>生活热水系统热源情况</th><th>生活热水机房（换热机房、换热站）内设施</th><th>适用范围</th></tr>
<tr><td>1</td><td>院区室外独立设置</td><td rowspan="2">院区锅炉房热水（蒸汽）锅炉提供热媒，经换热后提供第 1 热源；太阳能设备或空气能热泵设备提供第 2 热源</td><td rowspan="2">常用设施：水（汽）水换热器（加热器）、热水循环泵组</td><td>新建、改建疗养院建筑；设有锅炉房</td></tr>
<tr><td>2</td><td>单体建筑室内地下室</td><td>新建疗养院建筑；设有锅炉房</td></tr>
<tr><td>3</td><td>单体建筑屋顶</td><td>太阳能设备或（和）空气能热泵设备提供热源；必要情况下燃气热水设备提供第 2 热源</td><td>热水箱、热水循环泵组、集热循环泵组、空气能热泵循环泵组</td><td>新建、改建疗养院建筑；屋顶设有热源热水设备</td></tr>
</table>

疗养院建筑生活热水机房（换热机房、换热站）应为独立的房间；不应毗邻的场所，参见表 16-8；循环泵组及机房应采取减振降噪措施。

16.2.7 生活热水箱

疗养院建筑生活热水箱设计要求，参见表 1-72。

生活热水箱各种水位，按表 1-74 确定。

疗养院建筑生活热水箱间应为独立的房间。

16.2.8 生活热水循环泵

1. 生活热水循环泵设置位置

当系统热源由高温热媒经院区热水机房（换热机房）内的各分区换热设备后向各分区

供给热水时，各分区生活热水循环泵通常设在热水机房（换热机房）内。当系统热源由屋顶太阳能供水设备向各分区供给热水时，各分区生活热水循环泵通常设在本分区最低楼层或下面一层热水循环泵房内。

2. 生活热水循环泵设计流量

当疗养院建筑热水系统采用定时供水时，热水循环流量可按循环管网总水容积的2～4倍计算。

设计中，生活热水循环泵的流量可按照所服务热水系统设计小时流量的25%～30%确定。

3. 生活热水循环泵设计扬程

生活热水循环泵的扬程，按公式（7-11）、公式（7-12）计算。

疗养院建筑热水循环泵组通常每套设置2台，1用1备，交替运行。

4. 太阳能集热循环泵

太阳能集热循环泵通常设置在屋顶生活热水箱间内，宜设置在太阳能设备供水管即从生活热水箱接出的管道上。集热循环泵流量，按公式（1-28）计算；集热循环泵扬程，按公式（1-29）、公式（1-30）计算。

疗养院建筑集热循环泵组通常每套设置2台，1用1备，交替运行。

16.2.9 热水系统管材、附件和管道敷设

1. 生活热水系统管材

疗养院建筑生活热水系统热水管道常用的管材包括薄壁不锈钢管、PVC-C（氯化聚氯乙烯）热水用管、薄壁铜管、钢塑复合管（如PSP管）、铝塑复合管等，较少采用普通塑料热水管。

2. 生活热水系统阀门

疗养院建筑生活热水系统设置阀门的部位，参见表2-50。

3. 生活热水系统止回阀

疗养院建筑生活热水系统设置止回阀的部位，参见表2-51。

4. 生活热水系统水表

疗养院建筑生活热水系统按分区域原则设置热水表，热水表宜采用远传智能水表。

5. 热水系统排气装置、泄水装置

对于上行下给式热水系统，系统热水配水干管最高处及向上抬高管段应设置*DN*25自动排气阀、检修阀门；对于下行上给式热水系统，可利用最高热水配水点放气。

热水管道系统的最低处及向下凹的管段应设置泄水装置或利用最低热水配水点泄水。

6. 温度计、压力表

疗养院建筑生活热水系统设置温度计的部位，参见表1-77；设置压力表的部位，参见表1-78。

7. 管道补偿装置

长度超过50m的热水横干管或立管均应设置波纹伸缩节，通常设置在该根管道上管径较小的管段处，靠近一端的管道固定支吊架。

8. 保温

生活热水系统中的热水锅炉、燃油（气）热水机组、水加热设备、贮热水箱（罐）、分（集）水器、热水输（配）水干（立）管、热水循环回水干（立）管均应做保温。

热水管道保温材料厚度确定，参见表 1-79、表 1-80。

16.3 排水系统

16.3.1 排水系统类别

疗养院建筑排水系统分类，见表 16-20。

排水系统分类表 **表 16-20**

序号	分类标准	排水系统类别	疗养院建筑应用情况	应用程度
1	建筑内场所使用功能	生活污水排水	疗养院建筑疗养室卫生间、公共卫生间污水排水	常用
2		生活废水排水	疗养院建筑疗养室卫生间、公共卫生间、公共浴室洗浴等废水排水	
3		厨房废水排水	疗养院建筑内附设厨房、食堂、餐厅污水排水	
4		设备机房废水排水	疗养院建筑内附设水泵房（包括生活水泵房、消防水泵房）、空调机房、制冷机房、换热机房、锅炉房、热水机房等机房废水排水	
5		车库废水排水	疗养院建筑内附设车库内一般地面冲洗废水排水	
6		消防废水排水	疗养院建筑内消防电梯井排水、自动喷水灭火系统试验排水、消火栓系统试验排水、消防水泵试验排水等废水排水	
7		绿化废水排水	疗养院建筑室外绿化废水排水	
8	建筑内污、废水排水方式	重力排水方式	疗养院建筑地上污废水排水	最常用
9		压力排水方式	疗养院建筑地下室污废水排水	常用
10	污废水排水体制	污废合流排水系统		最常用
11		污废分流排水系统		常用
12	排水系统通气方式	设有通气管系排水系统	伸顶通气排水系统通常应用在多层疗养院建筑卫生间排水，专用通气立管排水系统通常应用在高层疗养院建筑卫生间排水。环形通气排水系统、器具通气排水系统通常应用在个别疗养院建筑公共卫生间排水	最常用
13		特殊单立管排水系统		极少用

疗养院建筑室内污废水排水体制采用合流制，当有中水利用要求时，可采用分流制。

典型的疗养院建筑排水系统原理图，参见图1-4、图2-7、图2-8。

疗养院应根据建筑功能需求设置统一完善的排水系统，排水设计应采用分质分流的排水系统。

疗养院建筑中的生活污水、厨房含油废水等均应经化粪池处理；生活废水、设备机房废水、消防废水、绿化废水等不需经过化粪池处理。厨房含油废水应经除油处理后再排入污水管道。

疗养院医疗区污水应进行消毒处理，处理后的水质应符合现行国家标准《医疗机构水污染物排放标准》GB 18466的规定。当疗养院内的办公区、非医疗生活区的污水与疗养用房、理疗用房及门诊、医技用房的污水合流收集时，其综合污水排放均执行现行国家标准《医疗机构水污染物排放标准》GB 18466的规定；当为非医疗生活区污水分流收集系统时，其排放执行现行国家标准《污水综合排放标准》GB 8978的相关规定。

疗养院建筑污废水与建筑雨水应雨污分流。

疗养院建筑公共卫生间等生活粪便污水、生活废水等可合流排放，当有中水利用要求时，可采用分流排放。

疗养院建筑的空调凝结水排水管不得与污废水管道系统直接连接，空调凝结水宜单独收集后回用于绿化、水景、冷却塔补水等。

疗养院建筑泥疗室淋浴间排水宜采用排水沟，冲洗泥浆应先排至室外沉淀设施（如沉泥井、沉淀池等）后再排入室外排水管网。室外沉淀设施应有清泥措施。

16.3.2　卫生器具

1. 疗养院建筑内卫生器具种类及设置场所

疗养院建筑内卫生器具种类及设置场所，见表16-21。

疗养院建筑内卫生器具种类及设置场所表　　表16-21

序号	卫生器具名称	主要设置场所
1	坐便器	疗养院建筑残疾人卫生间；疗养室内卫生间
2	蹲便器	疗养院建筑公共卫生间
3	淋浴器	疗养院建筑疗养室内卫生间；水疗室淋浴间
4	洗手盆	疗养院建筑公共卫生间；水疗室；人工疗养因子的理疗用房各治疗室；餐厅进口处
5	台板洗脸盆	疗养院建筑疗养室内卫生间；公共卫生间；残疾人卫生间；水疗室淋浴间
6	小便器	疗养院建筑公共卫生间
7	拖布池	疗养院建筑公共卫生间；水疗室
8	洗菜池	疗养院建筑食堂、厨房
9	厨房洗涤槽（池）	疗养院建筑厨房

注：1. 老人疗养室内的卫生间设施应做到适老化；
2. 水疗室内地面宜采用带孔盖板的排水沟；
3. 四槽浴台座给水管宜敷设于管沟内。

2. 疗养院建筑内卫生器具选用

疗养院建筑卫生间卫生器具应符合表16-22的规定。

疗养院建筑卫生器具选用表　　表 16-22

序号	卫生器具种类	卫生器具使用场所	卫生器具选型
1	大便器	疗养院建筑公共卫生间；疗养室卫生间	脚踏式自闭式冲洗阀冲洗的坐式或蹲式大便器
2	小便器	疗养院建筑公共卫生间	红外感应自动冲洗小便器
3	洗手盆	疗养院建筑公共卫生间；水疗室；人工疗养因子的理疗用房各治疗室；餐厅进口处等	龙头应采用感应型水嘴

疗养院建筑厕所内应设置有冲洗水箱或自闭阀冲洗的便器。

3. 公共卫生间排水设计要点

公共卫生间排水立管及通气立管通常敷设于专用管道井内；采用专用通气立管方式时，排水立管与通气立管采用结合管连接。管道井中排水立管与通气立管中心距最小值，参见表 1-91。

4. 疗养院建筑内卫生器具排水配件穿越楼板留孔位置及尺寸

常见卫生器具排水配件穿越楼板留孔位置及尺寸，参见表 1-92。

5. 地漏

疗养院建筑内公共卫生间、开水间、空调机房、新风机房；公共浴室淋浴间等场所内应设置地漏。

疗养院建筑地漏及其他水封高度要求不得小于 50mm，且不得大于 100mm。

疗养院建筑地漏类型选用，参见表 2-57；地漏规格选用，参见表 2-58。

6. 水封装置

疗养院建筑中采用排水沟排水的场所包括厨房、车库、泵房、设备机房、公共浴室等。当排水沟内废水直接排至室外时，沟与排水排出管之间应设置水封装置。卫生器具排水管段上不得重复设置水封装置。

16.3.3 排水系统水力计算

1. 疗养院建筑最高日和最大时生活排水量

疗养院建筑生活排水量宜按该建筑生活给水量的 85%～95%计算，通常按 90%。

2. 疗养院建筑卫生器具排水技术参数

疗养院建筑卫生器具的排水流量、排水当量、排水支管管径、排水坡度等基本参数的选定，参见表 3-39。

3. 疗养院建筑排水设计秒流量

疗养院建筑的生活排水管道设计秒流量，按公式（16-10）计算：

$$q_u = 0.12 \cdot \alpha \cdot (N_p)^{1/2} + q_{max} = 0.18 \cdot (N_p)^{1/2} + q_{max} \qquad (16\text{-}10)$$

式中　q_u——计算管段排水设计秒流量，L/s；

N_p——计算管段的卫生器具排水当量总数；

α——根据建筑物用途而定的系数，疗养院取 1.5；

q_{max}——计算管段上最大一个卫生器具的排水流量，L/s。

计算时，如计算所得流量值大于该管段上按卫生器具排水流量累加值时，应按卫生器具排水流量累加值计。

疗养院建筑 q_{max}=1.50L/s 和 q_{max}=2.00L/s 时排水设计秒流量计算数据，参见表 1-97。

疗养院建筑公共浴室、食堂厨房等的生活排水管道设计秒流量，按公式（16-11）计算：

$$q_p = \sum q_0 \cdot n_0 \cdot b \tag{16-11}$$

式中 q_p——疗养院建筑计算管段的排水设计秒流量，L/s；

q_0——疗养院建筑同类型的一个卫生器具排水流量，L/s，可按表 3-39 采用；

n_0——疗养院建筑同类型卫生器具数；

b——疗养院建筑卫生器具的同时排水百分数：疗养院建筑公共浴室内的淋浴器和洗脸盆按表 4-12 选用，食堂的设备按表 4-13 选用。

注：当计算排水流量小于一个大便器排水流量时，应按一个大便器的排水流量计算。

4. 疗养院建筑排水管道管径确定

疗养院建筑排水铸铁管道最小坡度，按表 1-98 确定；胶圈密封连接排水塑料横管的坡度，按表 1-99 确定；建筑内排水管道最大设计充满度，参见表 1-100；排水管道自清流速，参见表 1-101。

排水横管水力计算按照公式（1-32）、公式（1-33）；排水铸铁管水力计算，参见表 1-102；排水塑料管水力计算，参见表 1-103。

不同管径下排水横管允许流量 Q_p，参见表 1-104。

疗养院建筑排水系统中排水横干管常见管径为 DN100、DN150。DN100 排水横干管对应排水当量最大限值，参见表 1-105，DN150 排水横干管对应排水当量最大限值，参见表 1-106。

不同通气方式的排水立管最大设计排水能力，参见表 1-107～表 1-109。

疗养院建筑各种排水管的推荐管径，参见表 2—60。

16.3.4 排水系统管材、附件和检查井

1. 疗养院建筑排水管管材

疗养院建筑室外排水管可采用埋地排水塑料管，包括硬聚氯乙烯管、聚乙烯管和玻璃纤维增强塑料夹砂管等。常用的室外排水管还有双壁加筋波纹排水管、双平壁钢塑复合缠绕排水管等。

疗养院建筑室内排水管类型，见表 16-23。

室内排水管类型表 **表 16-23**

序号	排水管类型	排水管设置要求
1	玻纤增强聚丙烯（FRPP）排水管	
2	柔性接口机制铸铁排水管	宜采用柔性接口机制排水铸铁管，连接方式有法兰压盖式承插柔性连接和无承口卡箍式连接
3	硬聚氯乙烯（PVC-U）排水管	采用胶水（胶粘剂）粘接连接
4	疗养院建筑压力排水管	可采用焊接钢管、钢塑复合管、镀锌钢管

2. 疗养院建筑排水管附件

排水立管上检查口的设置位置，参见表 1-113；检查口之间的最大距离，参见表 1-114；检查口设置要求，参见表 1-115。

清扫口的设置位置，参见表 1-116；清扫口至室外检查井中心最大长度，参见表 1-117；排水横管直线管段上清扫口之间的最大距离，参见表 1-118。

塑料排水管道支吊架间距规定，参见表 1-119。

3. 疗养院建筑排水管道布置敷设

疗养院建筑排水管道不应布置场所，见表 16-24。

排水管道不应布置场所表 **表 16-24**

序号	排水管道不应布置场所	具体要求
1	生活水泵房等设备机房	排水横管禁止在疗养院建筑生活水箱箱体正上方敷设，生活水泵房其他区域不宜敷设排水管道；设在室内的消防水池（箱）应按此要求处理
2	厨房、餐厅	疗养院建筑中厨房内的主副食操作间、烹调间、备餐间、加工间、粗加工、冷菜间、面点蒸煮间、食品储藏库（主食库、副食库）等房间的上方均不应敷设排水管道，排水立管不宜穿过上述房间；疗养院建筑中的餐厅、药膳房；疗养院建筑中的厨房排水应独立设置，排水横管和立管均不得与卫生间污水排水管道连通。上述场所上方排水管不宜采用同层排水方式
3	疗养用房	疗养室、疗养员活动室、套间疗养室、家庭单元式疗养室、观察室、监护室等。上述场所不应敷设排水管
4	理疗用房	各理疗用房内休息室等场所不应敷设排水管
5	医技门诊用房	X 光室等影像检查机房、病案室、手术室等场所不应敷设排水管
6	电气机房	疗养院建筑中的电气机房包括高压配电室、低压配电室（包括其值班室）、柴油发电机房（包括储油间）、信息中心、UPS 机房、消防控制室等，排水管道不得敷设在此类电气机房内
7	结构变形缝、结构风道	原则上排水管道不得穿过结构变形缝；若条件限制必须穿越沉降缝时，则应预留沉降量并设置不锈钢软管柔性连接，必须穿越伸缩缝时，则应安装伸缩器
8	电梯机房、通风小室	

疗养院建筑排水系统管道设计遵循原则，参见表 2-63。

4. 疗养院建筑间接排水

疗养院建筑中的间接排水，参见表 4-33。

疗养院建筑未设置地下室时，排水排出管穿越有沉降可能的承重墙或基础时应预留洞口；设置地下室时，排水排出管穿越地下室外墙时应预留防水套管，宜采用柔性防水套管。

16.3.5 通气管系统

疗养院建筑通气管设置要求，见表 16-25。

疗养院建筑通气管设置要求表 **表16-25**

序号	通气管名称	设置位置	设置要求	管径确定
1	伸顶通气管	设置场所涉及疗养院建筑尤其是多层疗养院建筑所有区域	高出非上人屋面不得小于300mm，但必须大于最大积雪厚度，常采用800～1000mm；高出上人屋面不得小于2000mm，常采用2000mm。顶端应装设风帽或网罩：在冬季室外温度高于－16℃的地区，顶端可装网形铅丝球；低于－16℃的地区，顶端应装伞形通气帽	应与排水立管管径相同。但在最冷月平均气温低于－13℃的地区，应在室内平顶或吊顶以下0.3m处将管径放大一级，若采用塑料管材时其最小管径不宜小于110mm
2	专用通气管	高层疗养院建筑公共卫生间排水应采用专用通气方式；多层疗养院建筑公共卫生间宜采用专用通气方式	疗养院建筑公共卫生间的排水立管和专用通气立管并排设置在卫生间附设管道井内；未设管道井时，该2种立管并列设置，并宜后期装修包敷暗设，专用通气立管宜靠内侧敷设、排水立管宜靠外侧敷设	通常与其排水立管管径相同
3	汇合通气管	疗养院建筑中多根通气立管或多根排水立管顶端通气部分上方楼层存在特殊区域（如厨房、餐厅、电气机房等）不允许每根立管穿越向上接至屋顶时，需在本层顶板下或吊顶内汇集后接至屋顶		汇合通气管的断面积应为最大一根通气管的断面积加其余通气管断面之和的0.25倍
4	主（副）通气立管	通常设置在疗养院建筑内的公共卫生间		通常与其排水立管管径相同
5	结合通气管			通常与其连接的通气立管管径相同
6	环形通气管	连接4个及4个以上卫生器具（包括大便器）且横支管的长度大于12m的排水横支管；连接6个及6个以上大便器的污水横支管；设有器具通气管；特殊单立管偏置	和排水横支管、主（副）通气立管连接的要求：在排水横支管上设环形通气管时，应在其最始端的两个卫生器具之间接出，并应在排水支管中心线以上与排水支管呈垂直或45°连接；环形通气管应在卫生器具上边缘以上不小于0.15m处按不小于0.01的上升坡度与通气立管相连	常用管径为*DN*40（对应*DN*75排水管）、*DN*50（对应*DN*100排水管）

疗养院建筑通气管可采用柔性接口机制排水铸铁管或塑料排水管，一般采用与疗养院建筑排水管相同管材。在最冷月平均气温低于－13℃的地区，伸出屋面部分通气立管应采

用柔性接口机制排水铸铁管。

通气立管的最小管径，参见表 1-130。

16.3.6 特殊排水系统

疗养院建筑生活水泵房、厨房、电气机房等场所的上方楼层不应有排水横支管明设管道等。若有必要在上述某些场所上方设置排水点且无法采取其他躲避措施时，该部位的排水应采用同层排水方式。

疗养院建筑同层排水最常采用的是降板或局部降板法。

16.3.7 特殊场所排水

1. 疗养院建筑化粪池

化粪池宜设置在接户管的下游端；位置宜选在院区最低处附近；外壁距建筑物外墙不宜小于 5m；宜选用钢筋混凝土化粪池。

疗养院建筑化粪池有效容积，按公式（1-35）～公式（1-38）计算。

疗养院建筑可集中并联设置或根据院区布局分散并联布置 2 个或 3 个化粪池，多个化粪池的型号宜一致。

2. 疗养院建筑食堂、餐厅含油废水处理

疗养院建筑含油废水宜采用三级隔油处理流程，参见表 1-141。

根据食堂用餐人数确定隔油设施处理水量，按公式（1-39）计算；根据食堂餐厅面积确定隔油设施处理水量，按公式（1-40）计算。

隔油池有效容积，按公式（1-41）计算。隔油池的类型，参见表 1-142。

隔油提升一体化设备选型的主要技术参数为其所接纳的食堂、餐厅内厨房等器具含油污水排水流量。

3. 疗养院建筑附设车库汽车洗车污水处理

汽车冲洗水量，参见表 1-143。

隔油沉淀池有效容积，按公式（1-42）计算。隔油沉淀池类型，参见表 1-144。

4. 疗养院建筑设备机房排水

疗养院建筑地下设备机房排水设施要求，参见表 1-147。

16.3.8 压力排水

1. 疗养院建筑集水坑设置

疗养院建筑地下室应设置集水坑。集水坑的设置要求，见表 16-26。

集水坑设置要求表 **表 16-26**

序号	集水坑服务场所	集水坑设置要求	集水坑尺寸
1	疗养院建筑地下室卫生间	宜设在地下室最底层靠近卫生间的附属区域（如库房等）或公共空间，禁止设在有人员经常活动的场所；宜集中收纳附近多个卫生间的污水	应根据污水提升装置的规格要求确定

续表

序号	集水坑服务场所	集水坑设置要求	集水坑尺寸
2	疗养院建筑地下室食堂、餐厅等	应设置在食堂、餐厅、厨房邻近位置，不宜设在细加工间和烹炒间等房间内	应根据污水隔油提升一体化装置的规格要求确定
3	疗养院建筑地下室淋浴间等场所	宜根据建筑平面布局按区域集中设置1个或多个	应根据污水提升装置的规格要求确定
4	疗养院建筑地下车库区域	应便于排水管、排水沟较短距离到达；地下车库每个防火分区宜设置不少于2个集水坑；宜靠车库外墙附近设置；宜布置在车行道下面底板下，不宜布置在停车位下面底板下	1500mm×1500mm×1500mm
5	疗养院建筑地下车库出入口坡道处	应尽量靠近汽车坡道最低尽头处	2500mm×2000mm×1500mm
6	疗养院建筑地下生活水泵房、消防水泵房、热水机房		1500mm×1500mm×1500mm

通气管管径宜与排水管管径相同，可接至室外或向上接至建筑地上部分通气管系统。

2. 污水泵、污水提升装置选型

疗养院建筑排水泵的流量方法确定，参见表2-68；排水泵的扬程，按公式（1-44）计算。

16.3.9 室外排水系统

1. 疗养院建筑室外排水管道布置

疗养院建筑室外排水管道布置方法，参见表2-69；与其他地下管线（构筑物）最小间距，参见表1-154。

疗养院建筑室外排水管道最小覆土深度不宜小于0.5m；对于严寒地区、寒冷地区疗养院建筑，室外排水管道最小覆土深度应超过当地冻土层深度。

2. 疗养院建筑室外排水管道敷设

疗养院建筑室外排水管道与生活给水管道交叉时，应敷设在生活给水管道下面。室外排水管道敷设发生冲突时，应遵循表1-26原则处理。

3. 疗养院建筑室外排水管道水力计算

室外排水管道水力计算，按公式（1-45）、公式（1-46）。

疗养院建筑室外排水管道的最小管径、最小设计坡度、最大设计充满度，参见表1-155。

4. 疗养院建筑室外排水管道管材

疗养院建筑室外排水管道宜优先采用埋地塑料排水管，弹性橡胶圈密封柔性接口，小于*DN*200直壁管，可采用承插式粘接；可采用埋地铸铁排水管，橡胶圈柔性接口或水泥砂浆接口。

5. 商店室外排水检查井

疗养院建筑室外排水检查井设置位置，参见表 1-156。

疗养院建筑室外排水检查井宜优先选用玻璃钢排水检查井，其次是混凝土排水检查井，禁止采用砖砌排水检查井。室外排水管在排水检查井连接应采用管顶平接。

16.4 雨水系统

16.4.1 雨水系统分类

疗养院建筑雨水系统分类，见表 16-27。

雨水系统分类表 表 16-27

序号	分类标准	雨水系统类别	疗养院建筑应用情况	应用程度
1	屋面雨水设计流态	半有压流屋面雨水系统	疗养院建筑中一般采用的是 87 型雨水斗系统	最常用
2		压力流屋面雨水系统（虹吸式雨水系统）	疗养院建筑的屋面（通常为裙楼屋面）面积较大时，可考虑采用	少用
3		重力流屋面雨水系统		极少用
4	雨水管道设置位置	内排水雨水系统	高层疗养院建筑雨水系统应采用；多层疗养院建筑雨水系统宜采用	最常用
5		外排水雨水系统	疗养院建筑如果面积不大、建筑专业立面允许，可以采用	少用
6		混合式雨水系统		极少用
7	雨水出户横管室内部分是否存在自由水面	封闭系统		最常用
8		敞开系统		极少用
9	建筑屋面排水条件	天沟雨水排水系统		最常用
10		檐沟雨水排水系统		极少用
11		无沟雨水排水系统		极少用
12	压力提升雨水排水系统		疗养院建筑地下车库出入口等处，雨水汇集就近排至集水坑时采用	常用

16.4.2 雨水量

1. 设计雨水流量

疗养院建筑设计雨水流量，应按公式（1-47）计算。

2. 设计暴雨强度

设计暴雨强度应按疗养院建筑所在地或相邻地区暴雨强度公式计算确定，见公式（1-48）。

我国部分城镇 5min 设计暴雨强度、小时降雨厚度，参见表 1-158（设计重现期 P＝10 年）。

3. 设计重现期

疗养院建筑屋面雨水设计重现期：对于半有压流屋面雨水系统，通常取10年；对于压力流屋面雨水系统，通常取50年。

4. 设计降雨历时

疗养院建筑屋面雨水排水管道设计降雨历时按照5min确定。

疗养院建筑院区雨水排水管道设计降雨历时，按公式（1-49）计算。

5. 径流系数

疗养院建筑屋面及院区地面的径流系数，参见表1-159。

6. 汇水面积

疗养院建筑的雨水汇水面积计算原则，参见表1-160。

16.4.3 雨水系统

1. 雨水系统设计常规要求

疗养院建筑雨水系统设置要求，参见表1-161。

疗养院建筑雨水排水管道不应穿越的场所，见表16-28。

雨水排水管道不应穿越的场所表 **表16-28**

序号	不应穿越的场所名称	具体房间名称
1	厨房、餐厅	疗养院建筑中厨房内的主副食操作间、烹调间、备餐间、加工间、粗加工、冷菜间、面点蒸煮间、食品储藏库（主食库、副食库）等房间；疗养院建筑中的餐厅、药膳房
2	疗养用房	疗养室、疗养员活动室、套间疗养室、家庭单元式疗养室、观察室、监护室等
3	理疗用房	各理疗用房内休息室等场所
4	医技门诊用房	X光室等影像检查机房、病案室、手术室等场所
5	电气机房	疗养院建筑中的电气机房包括高压配电室、低压配电室（包括其值班室）、柴油发电机房（包括储油间）、信息中心、UPS机房、消防控制室等

注：疗养院建筑雨水排水横管宜沿建筑内公共区域（内走道等）吊顶内敷设；雨水排水立管宜沿建筑内公共场所或辅助次要场所敷设。

2. 雨水斗设计

疗养院建筑半有压流屋面雨水系统通常采用87型雨水斗或79型雨水斗，规格常用DN100。

雨水斗设计排水负荷，参见表1-163。

雨水斗下方区域宜为建筑顶层公共区域（如内走道）或辅助次要场所（如公共卫生间、库房等），不应为需要安静的场所，不宜为活动区房间。

雨水斗宜对雨水排水立管做对称布置；接有多斗悬吊管的立管顶端不得设置雨水斗；一个屋面上应设置不少于2个雨水斗。

3. 天沟、溢流设施、连接管、悬吊管、立管、埋地管、排出管设计

疗养院建筑天沟、溢流设施、连接管、悬吊管、立管、埋地管、排出管设置要求，参见表1-164。

4. 室内水泵提升雨水排水系统设计

地下室露天窗井内应设平箅式雨水口、无水封地漏作为雨水口，经雨水收集管接入集水池；地下车库出入口汽车坡道上应设雨水截水沟，经直埋雨水收集管接入集水池。

雨水提升泵通常采用潜水泵，宜采用 3 台，2 用 1 备。

5. 雨水管管材

疗养院建筑雨水排水管管材，参见表 1-167。

16.4.4 雨水系统水力计算

1. 半有压流（87 型）屋面雨水系统水力计算

（1）雨水斗（87 型）

雨水斗设计流量，应按公式（1-50）计算。

对于单斗雨水系统，雨水斗设计流量不应超过表 1-168 数值；对于多斗雨水系统，雨水斗设计流量应根据表 1-169 取值，最远端雨水斗设计流量不得超过表 1-169 数值。

疗养院建筑 87 型雨水斗口径常采用 $DN100$，其次是 $DN75$、$DN150$。

（2）雨水连接管

疗养院建筑雨水连接管管径通常与雨水斗出水口直径相同，常采用 $DN100$，其次是 $DN150$。

（3）雨水悬吊管

疗养院建筑雨水悬吊管管径，参见表 1-172。

（4）雨水立管

连接 2 根及以上雨水悬吊管的雨水立管管径，按表 1-173 确定。

（5）雨水排出管

疗养院建筑雨水排出管管径确定，参见表 1-174～表 1-177。

（6）雨水管道最小管径

疗养院建筑雨水系统最小设计管径及雨水排水横管最小设计坡度，参见表 1-178。

2. 压力流（虹吸式）屋面雨水系统水力计算

疗养院建筑压力流（虹吸式）屋面雨水系统水力计算方法，参见 1.4.4 节。

3. 雨水提升系统水力计算

疗养院建筑地下室车库坡道、窗井等场所设计雨水流量，按公式（1-54）计算；设计径流雨水总量，按公式（1-55）计算。

16.4.5 院区室外雨水系统设计

疗养院建筑院区雨水系统宜采用管道排水形式，与污水系统应分流排放。

1. 雨水口

雨水口选型，参见表 1-180；雨水口设置位置，参见表 1-181；各类型雨水口的泄水流量，参见表 1-182。

雨水口设计流量，按公式（1-56）计算。

2. 雨水口连接管

单箅雨水口连接管管径通常采用 $DN250$。

3. 雨水检查井

院区内直线雨水管道上雨水检查井设置最大间距，参见表1-183。

院区雨水检查井常见规格通常采用 $DN1000$ 圆形玻璃钢或钢筋混凝土雨水检查井。

4. 室外雨水管道布置

疗养院建筑室外雨水管道布置方法，参见表1-184。

16.4.6 院区室外雨水利用

疗养院应根据当地有关规定配套建设雨水利用设施。雨水利用工程应符合现行国家标准《建筑与小区雨水控制及利用工程技术规范》GB 50400 的有关规定。

雨水收集回用应进行水量平衡计算。疗养院建筑院区雨水通常可用于景观用水、院区绿化用水、路面和地面冲洗用水、汽车冲洗用水、冲厕用水等。

16.5 消火栓系统

疗养院建筑属于民用建筑中的公共建筑。建筑高度大于50m的疗养院建筑属于一类高层民用建筑；建筑高度小于或等于50m的疗养院建筑属于二类高层民用建筑。

16.5.1 消火栓系统设置场所

高层疗养院建筑；建筑高度大于15m或建筑体积大于10000m^{3}的单、多层疗养院建筑必须设置室内消火栓系统。

16.5.2 消火栓系统设计参数

1. 疗养院建筑室外消火栓设计流量

疗养院建筑室外消火栓设计流量，不应小于表16-29的规定。

疗养院建筑室外消火栓设计流量表（L/s） **表16-29**

耐火等级	建筑物名称	建筑体积（m^3）					
		$V\leqslant1600$	$1600<V\leqslant3000$	$3000<V\leqslant5000$	$5000<V\leqslant20000$	$20000<V\leqslant50000$	$V>50000$
一、二级	单层及多层疗养院建筑	15			25	30	40
	高层疗养院建筑	—			25	30	40

注：1. 建筑体积指本建筑占据的空间数量，包括该建筑的地上空间体积数和地下空间体积数；
2. 地下车库室外消火栓系统设计流量小于建筑主体室外消火栓系统设计流量，疗养院建筑室外消火栓系统设计流量按建筑主体室外消火栓系统设计流量确定；
3. 地下人防工程室外消火栓系统设计流量小于建筑主体室外消火栓系统设计流量，疗养院建筑室外消火栓系统设计流量按建筑主体室外消火栓系统设计流量确定。

2. 疗养院建筑室内消火栓设计流量

疗养院建筑室内消火栓设计流量，不应小于表16-30的规定。

疗养院建筑室内消火栓设计流量表 **表 16-30**

建筑物名称	高度 h（m）、体积 V（m^3）、火灾危险性	消火栓设计流量（L/s）	同时使用消防水枪数（支）	每根竖管最小流量（L/s）
单层及多层疗养院建筑	$h>15$ 或 $V>10000$	15	3	10
二类高层疗养院建筑（建筑高度小于或等于 50m 的疗养院建筑）	$h\leqslant50$	20	4	10
一类高层疗养院建筑（建筑高度大于 50m 的疗养院建筑）	$h\leqslant50$	30	6	16
	$h>50$	40	8	16

注：1. 消防软管卷盘、轻便消防水龙，其消火栓设计流量可不计入室内消防给水设计流量；
2. 地下车库室内消火栓系统设计流量小于建筑主体室内消火栓系统设计流量，疗养院建筑室内消火栓系统设计流量按建筑主体室内消火栓系统设计流量确定；
3. 地下人防工程室内消火栓系统设计流量小于建筑主体室内消火栓系统设计流量，疗养院建筑室内消火栓系统设计流量按建筑主体室内消火栓系统设计流量确定。

3. 火灾延续时间

疗养院建筑消火栓系统的火灾延续时间，按 2.0h。

疗养院建筑室内自动灭火系统的火灾延续时间，参见表 1-188。

4. 消防用水量

一座疗养院建筑的消防用水量按室外消火栓系统用水量、室内消火栓系统用水量、室内自动喷水灭火系统用水量三者之和计算。

16.5.3 消防水源

1. 市政给水

当前国内城市市政给水管网能够满足疗养院建筑直接消防供水条件的较少。

疗养院建筑室外消防给水管网管径，按表 4-40 确定。

疗养院建筑室外消防给水管网宜与室外生活给水管网分开敷设，且应布置成环状管网。

2. 消防水池

（1）疗养院建筑消防水池有效储水容积

表 16-31 给出了常用典型疗养院建筑消防水池有效储水容积的对照表。

疗养院建筑火灾延续时间内消防水池储存消防用水量表 **表 16-31**

单、多层疗养院建筑的建筑体积 V（m^3）	$V\leqslant3000$	$3000<V\leqslant5000$	$5000<V\leqslant10000$	$10000<V\leqslant20000$	$20000<V\leqslant50000$	$V>50000$
室外消火栓设计流量（L/s）	15		25		30	40
火灾延续时间（h）	2.0					
火灾延续时间内室外消防用水量（m^3）	108.0		180.0		216.0	288.0
室内消火栓设计流量（L/s）	15（建筑高度大于 15m 时）			15		
火灾延续时间（h）	2.0					
火灾延续时间内室内消防用水量（m^3）	108.0					
火灾延续时间内室内外消防用水量（m^3）	216.0		360.0		324.0	396.0
消防水池储存室内外消火栓用水容积 V_1（m^3）	216.0		360.0		324.0	396.0

续表

高层疗养院建筑体积V（m^3）	$5000<V\leq20000$	$20000<V\leq50000$	$V>50000$	$5000<V\leq20000$	$20000<V\leq50000$	$V>50000$
高层疗养院建筑高度h（m）	$h\leq50$			$h>50$		
室外消火栓设计流量（L/s）	25	30	40	25	30	40
火灾延续时间（h）	2.0					
火灾延续时间内室外消防用水量（m^3）	180.0	216.0	288.0	180.0	216.0	288.0
室内消火栓设计流量（L/s）	20			40		
火灾延续时间（h）	2.0					
火灾延续时间内室内消防用水量（m^3）	144.0			288.0		
火灾延续时间内室内外消防用水量（m^3）	324.0	360.0	432.0	468.0	504.0	576.0
消防水池储存室内外消火栓用水容积V_2（m^3）	324.0	360.0	432.0	468.0	504.0	576.0

疗养院建筑自动喷水灭火系统设计流量（L/s）	25	30	35	40
火灾延续时间（h）	1.0	1.0	1.0	1.0
火灾延续时间内自动喷水灭火用水量（m^3）	90.0	108.0	126.0	144.0
消防水池储存自动喷水灭火用水容积V_3（m^3）	90.0	108.0	126.0	144.0

如上表所示，通常疗养院建筑消防水池有效储水容积在306～720m^3。

（2）疗养院建筑消防水池位置

消防水池位置确定原则，见表16-32。

消防水池位置确定原则表　　表16-32

序号	消防水池位置确定原则
1	消防水池应毗邻或靠近消防水泵房
2	消防水池与消防水泵房的标高关系满足消防水泵自灌吸水要求
3	应结合疗养院建筑院区建筑布局条件
4	消防水池应满足与消防车间的距离关系
5	消防水池应满足与建筑物围护结构的位置关系

疗养院建筑消防水池、消防水泵房与疗养院建筑院区空间关系，见表16-33。

消防水池、消防水泵房与疗养院建筑院区空间关系表　　表16-33

序号	疗养院建筑院区室外空间情况	消防水池位置	消防水泵房位置	备注
1	有充足空间	室外院区内	建筑地下室	常见于新建疗养院建筑项目
2	室外空间狭小或不合适	建筑地下室	建筑地下室	常见于改建、扩建疗养院建筑项目

消防水池的最低有效水位应高于消防水池吸水喇叭口不小于600mm，且应高于消防水泵的吸水管管顶。

疗养院建筑消防水泵型式的选择与消防水池有一定的对应关系，参见表1-194。

疗养院建筑储存室内外消防用水的消防水池与消防水泵房的位置关系，参见表1-195。

疗养院建筑消防水池格（座）数与有效储水容积的对照关系，参见表1-196。

疗养院建筑消防水池附件，参见表1-197。

疗养院建筑消防水池各水位指标确定方法及取值经验值，参见表1-198。

3. 天然水源及其他水源

疗养院建筑消防水源不宜采用天然水源。

16.5.4　消防水泵房

1. 消防水泵房选址

新建疗养院建筑院区消防水泵房设置通常采取以下2个方案，见表16-34。

新建疗养院建筑院区消防水泵房设置方案对比表　　表16-34

方案编号	消防水泵房位置	优点	缺点	适用条件
方案1	院区内室外	设备集中，控制便利，对疗养活动等功能用房环境影响小；消防水泵集中设置，距离消防水池很近，泵组吸水管线很短等	距院区内疗养院建筑较远，管线较长，水头损失较大，消防水箱距泵房较远等	适用于疗养院院区室外空间较大的情形。宜与生活水泵房、锅炉房、变配电室集中设置。在新建疗养院院区中，应优先采用此方案
方案2	院区内疗养院建筑地下室内	设备较为集中，控制较为便利，距离建筑消防水系统距离较近，消防水箱距泵房位置较近等	占用疗养院建筑空间，对疗养活动等功能用房环境有一些影响	适用于疗养院院区室外空间较小的情形。在新建疗养院院区中，可替代方案1

改建、扩建商店院区消防水泵房设置方案，参见表1-200。

2. 建筑内部消防水泵房位置

疗养院建筑消防水泵房若设置在建筑物内，应采取消声、隔声和减振等措施；不应毗邻的场所，参见表16-8。

3. 消防水泵机组的布置要求

相邻两个机组及机组至泵房墙壁间的净距要求，参见表1-201。

4. 消防水泵房采暖、排水等要求

严寒、寒冷地区消防水泵房，应设置供暖设施。

消防水泵房的泵房排水设施：在泵房内设置排水沟；地下消防水泵房内或邻近场所设集水坑，坑内设潜污泵。消防水泵房应采取防淹措施。

5. 消防水泵房管道设计

消防水泵配置数量与消防水系统设计流量的关系，参见表1-202。

疗养院建筑消防水泵吸水管、出水管管径，见表1-203；消防吸水总管管径应根据其连通服务的各种消防水泵设计流量之累加值进行确定，参见表1-205。

消防水泵吸水管布置应避免形成气囊。

消防水泵吸水口的淹没深度应满足消防水泵在最低水位运行安全的要求。

消防水泵吸水管、出水管上附件配置及要求，参见表1-206。

6. 消防水泵自动启动控制

消防水泵自动启动要求，参见表1-207；消防水泵自动启动方式，参见表1-208；流量开关性能、设置位置等，参见表1-209。

当消防稳压泵设置于高位消防水箱间内时，消防水泵启泵压力（P），按公式（1-58）确定；当消防稳压泵设置于低位消防水泵房内时，按公式（1-59）确定。

16.5.5 消防水箱

疗养院建筑消防给水系统绝大多数属于临时高压系统，3层及以上单体总建筑面积大于10000m^2的疗养院建筑应设置高位消防水箱。

1. 消防水箱有效储水容积

疗养院建筑高位消防水箱有效储水容积，按表16-35确定。

疗养院建筑高位消防水箱有效储水容积确定表 **表16-35**

<table>
<tr><th>序号</th><th>建筑类别</th><th>建筑高度</th><th>消防水箱有效储水容积</th></tr>
<tr><td>1</td><td>一类高层疗养院建筑（建筑高度大于50m的疗养院建筑）</td><td>小于或等于100m</td><td>不应小于36m³，可取36m³</td></tr>
<tr><td>2</td><td>二类高层疗养院建筑（建筑高度小于或等于50m的疗养院建筑）</td><td></td><td rowspan="2">不应小于18m³，可取18m³</td></tr>
<tr><td>3</td><td>多层疗养院建筑</td><td></td></tr>
</table>

2. 消防水箱设置位置

疗养院建筑消防水箱设置位置应满足以下要求，见表16-36。

消防水箱设置位置要求表 **表16-36**

序号	消防水箱设置位置要求	备注
1	位于所在建筑的最高处	通常设在屋顶机房层消防水箱间内
2	应该独立设置	不与其他设备机房，如屋顶太阳能热水机房、热水箱间等合用
3	应避免对下方楼层房间的影响	其下方不应是疗养室、理疗用房、办公室等，可以是库房、卫生间等辅助房间或公共区域
4	应高于设置室内消火栓系统、自动喷水灭火系统等系统的楼层	机房层设有库房等需要设置消防给水系统的场所，可采用其他非水基灭火系统，亦可将消防水箱间置于更高一层
5	不宜超出机房层高度过多、影响建筑效果	消防水箱间内配置消防稳压装置

3. 高位消防水箱尺寸

消防水箱宜为装配式方形水箱，其尺寸宜为1.0m或0.5m的倍数，推荐尺寸参见表1-212。

4. 高位消防水箱材质

常用材质为不锈钢板、热浸锌镀锌钢板、玻璃钢板、钢筋混凝土等，不锈钢板最常见。

5. 高位消防水箱配管

高位消防水箱配管及管径确定，参见表 1-213。

6. 消防水箱水位

消防水箱各水位指标确定方法及取值经验值，参见表 1-214。

7. 高位消防水箱布置

高位消防水箱四周净距要求，参见表 1-215。

8. 消防水箱防冻

消防水箱及相应管道保温材料及厚度，参见表 1-216。

16.5.6 消防稳压装置

1. 消防稳压泵

(1) 设计流量

消火栓稳压泵设计流量，参见表 1-217。

自动喷水灭火稳压泵设计流量，参见表 1-218；结合一只标准喷头的流量，自动喷水灭火稳压泵常规设计流量取 1.33L/s。

(2) 设计压力

当消防稳压泵设置于高位消防水箱间内时，稳压泵的启泵压力 P_1 可取 0.15～0.20MPa，停泵压力 P_2 可取 0.20～0.25MPa；当消防稳压泵设置于低位消防水泵房内时，P_1 按公式（1-62）确定，P_2 按公式（1-63）确定。

(3) 消防稳压泵选型

消火栓稳压泵设计流量为稳压泵流量确定依据。

消防稳压泵停泵压力（P_2）值附加 0.03～0.05MPa 后，为稳压泵扬程确定依据。

2. 气压水罐

消火栓稳压装置、自动喷水灭火稳压装置均采用 150L 有效储水容积气压水罐；合用消防稳压装置采用 300L 有效储水容积气压水罐。

3. 管道、阀门、附件等

消防稳压泵吸水管管径、出水管管径，参见表 1-219。每套消防稳压泵通常为 2 台，1 用 1 备。

16.5.7 消防水泵接合器

1. 设置范围

对于室内消火栓系统，6 层及以上的疗养院建筑应设置消防水泵接合器。

疗养院建筑消火栓系统消防水泵接合器配置，参见表 1-220。

疗养院建筑自动喷水灭火系统等自动水灭火系统应分别设置消防水泵接合器。

2. 技术参数

疗养院建筑消防水泵接合器数量，参见表 1-221。

3. 安装形式

疗养院建筑消防水泵接合器安装形式选择，参见表1-222。

4. 设置位置

同种水泵接合器不宜集中布置，不同种类、分区、功能的水泵接合器宜成组布置，且应设在室外便于消防车使用和接近的地方，且距室外消火栓或消防水池的距离不宜小于16m，并不宜大于40m，距人防工程出入口不宜小于5m。

16.5.8 消火栓系统给水形式

1. 室外消火栓给水系统

当市政给水管网不满足直接供给室外消火栓给水系统时，疗养院建筑应采用临时高压室外消火栓给水系统，通常在消防水泵房内独立设置室外消火栓给水泵组、室外消火栓稳压装置。

疗养院建筑室外消火栓给水泵组一般设置2台，1用1备，泵组设计流量为本建筑室外消防设计流量（16L/s、20L/s、25L/s、30L/s、40L/s），设计扬程应保证室外消火栓处的栓口压力（0.20～0.30MPa）。泵组出水管及吸水管管径，参见表1-223。

室外消火栓给水管网管径，参见表1-224，管网应环状布置，单独成环。

2. 室内消火栓给水系统

疗养院建筑室内消火栓给水系统常采用临时高压消火栓给水系统。

3. 室内消火栓系统分区供水

疗养院建筑高区、低区消火栓给水管网均应在横向、竖向上连成环状。高区、低区消火栓供水横干管宜分别沿本区最高层和最底层顶板下敷设。

典型疗养院建筑室内消火栓系统原理图，参见图1-12、图2-9。

16.5.9 消火栓系统类型

1. 系统分类

疗养院建筑的室外消火栓系统宜采用湿式消火栓系统。

2. 室外消火栓

严寒、寒冷等冬季结冰地区疗养院建筑室外消火栓应采用干式消火栓；其他地区宜采用地上式消火栓。

建筑室外消火栓的数量应根据室外消火栓设计流量和保护半径经计算确定，保护半径不应大于150.0m，间距不应大于120.0m，每个室外消火栓的出流量宜按10～15L/s计算。通常根据建筑物平面布局在建筑物四个角附近绿地设置室外消火栓，根据邻近两个消火栓之间距离合理增设消火栓。

3. 室内消火栓

疗养院建筑的各区域各楼层均应布置室内消火栓予以保护；疗养院建筑中不能采用自动喷水灭火系统保护的高低压配电室、网络机房、消防控制室等场所亦应由室内消火栓保护。

室内消火栓的布置应满足同一平面有2支消防水枪的2股充实水柱同时达到任何部位。

表16-37给出了疗养院建筑室内消火栓的布置方法。

疗养院建筑室内消火栓布置方法表　　表 16-37

序号	室内消火栓布置方法	注意事项
1	布置在楼梯间、前室等位置	楼梯间、前室的消火栓宜暗设并采取墙体保护措施；箱体及立管不应影响楼梯门、电梯门开启使用
2	布置在公共走道两侧，箱体开门朝向公共走道	应暗设；优先沿辅助房间（库房、卫生间等）的墙体安装
3	布置在集中区域内部公共空间内	可在朝向公共空间房间的外墙上暗设；应避免消火栓消防水带穿过多个房间门到达保护点
4	特殊区域如车库、入口门厅等场所，应根据其平面布局布置	入口门厅处消火栓宜沿空间周边房间外墙布置；车库内消火栓宜沿车行道布置，可沿柱子明设

注：1. 室内消火栓不应跨防火分区布置；
2. 室内消火栓应按其实际行走距离计算其布置间距，疗养院建筑室内消火栓布置间距宜为 20.0～25.0m，不应小于 5.0m。

普通消火栓、减压稳压消火栓设置的楼层数，参见表 1-227。

16.5.10 消火栓给水管网

1. 室外消火栓给水管网

疗养院建筑室外消火栓给水管网应采用环状给水管网。向室外消火栓给水管网供水的输水干管不应少于 2 条。

2. 室内消火栓给水管网

疗养院建筑室内消火栓给水管网应采用环状给水管网，有 2 种主要管网型式，见表 16-38。室内消火栓给水管网在横向、竖向均宜连成环状。

室内消火栓给水管网主要管网型式表　　表 16-38

序号	管网型式特点	适用情形	具体部位	备注
型式 1	消防供水干管沿建筑最高处、最低处横向水平敷设，配水干管沿竖向垂直敷设，配水干管上连有消火栓	各楼层竖直上下层消火栓位置基本一致和横向连接管长度较小的区域	建筑内走道、楼梯间、电梯前室；疗养室、理疗室、诊室、办公室等房间外墙	主要型式
型式 2	消防供水干管沿建筑竖向垂直敷设，配水干管沿每一层顶板下或吊顶内横向水平敷设，配水干管上连有消火栓	各楼层竖直上下层消火栓位置差别较大或横向连接管长度较大的区域；地下车库	建筑内走道、楼梯间、电梯前室；疗养室、理疗室、诊室、办公室等房间外墙；车库；机房等	辅助型式

注：不能敷设消火栓给水管道的场所包括高低压配电室、网络机房、消防控制室等。

室内消火栓给水管网型式 1 参见图 1-13，型式 2 参见图 1-14。

疗养院建筑室内消火栓给水管网的环状干管管径，参见表 1-229；室内消火栓竖管管径可按 *DN*100。

3. 系统阀门

室内消火栓系统阀门设置，参见表 1-230。

埋地管道的阀门宜采用带启闭刻度的球墨铸铁暗杆闸阀。室内架空管道的阀门宜采用蝶阀、明杆闸阀或带启闭刻度的暗杆闸阀等。

4. 系统给水管网管材

疗养院建筑室外消火栓给水管绝大多数采用直埋敷设方式。埋地消火栓给水管道宜采用球墨铸铁管或钢丝网骨架塑料复合管给水管道。

疗养院建筑室内消火栓给水管管材选择，参见表1-231。

薄壁不锈钢管（S11163）、镀锌镍碳钢管等新型优质管道，在疗养院建筑室内消火栓系统中均得到更多的应用，未来会逐步替代传统钢管。

16.5.11 消火栓系统计算

1. 消火栓水泵选型计算

疗养院建筑室内消火栓水泵流量与室内消火栓设计流量一致；消火栓水泵扬程，按公式（1-64）计算。根据消火栓水泵流量和扬程选择消火栓水泵。

2. 消火栓计算

室内消火栓的保护半径，按公式（1-65）计算；消火栓栓口处所需水压，按公式（1-66）计算。

高层疗养院建筑消防水枪充实水柱应按13m计算；多层疗养院建筑消防水枪充实水柱应按10m计算。

高层疗养院建筑消火栓栓口动压不应小于0.35MPa；多层疗养院建筑消火栓栓口动压不应小于0.25MPa。

3. 消火栓系统压力计算

消火栓系统的设计工作压力，按公式（1-67）计算。通常以设计工作压力确定消火栓水泵扬程。

16.6 自动喷水灭火系统

16.6.1 自动喷水灭火系统设置

疗养院建筑相关场所自动喷水灭火系统设置要求，见表16-39。

疗养院建筑相关场所自动喷水灭火系统设置要求表　　表16-39

序号	疗养院建筑类型	自动喷水灭火系统设置要求
1	一类高层疗养院建筑（建筑高度大于50m的疗养院建筑）	建筑主楼、裙房、地下室、半地下室，除了不宜用水扑救的部位外的所有场所均设置
2	二类高层疗养院建筑（建筑高度小于或等于50m的疗养院建筑）	建筑主楼、裙房及其地下室、半地下室中的活动用房、走道、办公室、可燃物品库房等，除了不宜用水扑救的部位外的所有场所均设置
3	单、多层疗养院建筑	设有送回风道（管）系统的集中空气调节系统且总建筑面积大于3000m^{2}的单、多层疗养院建筑，除了不宜用水扑救的部位外的所有场所均设置

注：疗养院建筑附设的地下车库，应设置自动喷水灭火系统。

疗养院建筑若根据规范规定设置自动喷水灭火系统，其设置的具体场所见表 16-40。

设置自动喷水灭火系统的具体场所表 表 16-40

序号	设置自动喷水灭火系统的区域	具体场所
1	疗养用房	包括 24h 值班的疗养员登记、接待场所、疗养室、套间疗养室、家庭单元式疗养室、主任医师办公室、观察室、监护室、服务员工作间、疗养员活动室、医护用房（包括医师办公室、护理站、处置室、治疗室、护理值班室、医护人员专用更衣室及淋浴和卫生间）、清洁间、污洗室、库房、开水间、公共卫生间、库房等
2	理疗用房	包括按具有的自然疗养因子设置的用房；泥疗用房（包括储泥间、备泥间、男女治疗间、更衣间、淋浴间、休息间、洗涤干燥间、卫生间等）、水疗用房（包括医护办公室、水疗室、男女更衣室、卫生设施、淋浴室及储存室等）等疗室或疗区；物理因子理疗用房：电疗用房（包括高频、超高频、静电、电睡眠等疗室）、光疗用房（包括激光室、紫外线、红外线等疗室）、磁疗用房、声疗用房、热疗用房、冷疗用房、牵引用房等及配套的医护人员办公室、更衣室等；传统医学理疗用房：针灸、推拿、按摩、中药熏蒸、中药药浴等及配套辅助用房；蜡疗用房（包括治疗室、储蜡室、熔蜡室、制蜡室等）、中药贴敷、穴位注射、刮痧拔罐等疗室；健身房、室外体疗区等体疗用房及附设功能检查室、诊察室、储存室；室内球类场馆、气功室等
3	医技门诊用房	包括检验室、心电图室、超声波室、消毒供应室、化验室；内科、外科、眼科、口腔科、耳鼻喉科、妇科、中医科等诊室和配套的辅助用房，睡眠治疗室、心理健康咨询室、预防保健、健康体检、医学图书馆、观察室、处置室；药房、药剂室、核医学诊断室等
4	公共活动用房	包括阅览室、棋牌室、多功能厅、咖啡厅、水吧、网吧、书画室、教室、影音室、音乐室、舞蹈室等
5	管理及后勤保障用房	包括门卫室、接待室、食堂、行政办公用房、物业管理用房、维修人员工作室、财务室、收费室、设备用房、库房；零售店、商务中心、少数民族厨房餐厅、药膳房、洗衣房（包括接收、分类、洗涤、烘干、缝补、烫平折叠、储存分发等作业室及工作人员更衣休息室）、员工更衣、淋浴、宿舍、停车库等

表 16-41 为疗养院建筑内不宜用水扑救的场所。

不宜用水扑救的场所一览表 表 16-41

序号	不宜用水扑救的场所	自动灭火措施
1	理疗用房：精密贵重理疗、医疗设备用房	气体灭火系统或高压细水雾灭火系统
2	医技门诊类房间：手术室	不设置
3	医技门诊类房间：X 光室等影像检查机房、病案室、手术室等	气体灭火系统或高压细水雾灭火系统
4	电气类房间：高压配电室（间）、低压配电室（间）、信息中心、电信运营商机房、进线间等	
5	电气类房间：消防控制室、监控室等	不设置

疗养院建筑自动喷水灭火系统类型选择，参见表 1-245。

典型疗养院建筑自动喷水灭火系统原理图，参见图1-13、图2-10。

疗养院建筑火灾危险等级按中危险级Ⅰ级确定。

16.6.2 自动喷水灭火系统设计基本参数

疗养院建筑自动喷水灭火系统设计参数，按表1-246规定。

疗养院建筑高大空间场所设置湿式自动喷水灭火系统设计参数，按表16-42规定。

高大空间场所湿式自动喷水灭火系统设计参数表 **表16-42**

适用场所	最大净空高度 h（m）	喷水强度［L/（min·m²）］	作用面积（m²）	喷头间距 S（m）
出入门厅	$8<h\leqslant12$	12	160	$1.8\leqslant S\leqslant3.0$
	$12<h\leqslant18$	15		

注：当民用建筑高大空间场所的最大净空高度为 $12\text{m}<h\leqslant18\text{m}$ 时，应采用非仓库型特殊应用喷头。

若疗养院建筑地下室中附属的库房认定为堆垛储物仓库，其自动喷水灭火系统设计参数，按表1-247规定。

自动喷水灭火系统的持续喷水时间，应按火灾延续时间不小于1h确定。

16.6.3 洒水喷头

设置自动喷水灭火系统的疗养院建筑内各场所的最大净空高度通常不大于8m。

疗养院建筑自动喷水灭火系统喷头公称动作温度宜相比环境温度高30℃，参见表4-54。

疗养院建筑自动喷水灭火系统喷头种类选择，见表16-43。

疗养院建筑自动喷水灭火系统喷头种类选择表 **表16-43**

序号	火灾危险等级	设置场所	喷头种类
1	中危险级Ⅰ级	疗养院建筑内疗养室、理疗室、办公室等设有吊顶场所	吊顶型或下垂型普通或快速响应喷头
2		库房等无吊顶场所	直立型普通或快速响应喷头

注：基于疗养院建筑火灾特点和重要性，高层疗养院建筑中危险级Ⅰ级对应场所自动喷水灭火系统洒水喷头宜全部采用快速响应喷头。

每种型号的备用喷头数量按此种型号喷头数量总数的1%计算，并不得少于10只。

疗养院建筑中自动喷水灭火系统直立型、下垂型喷头的布置间距，不应大于表1-250的规定，且不宜小于2.4m。

疗养院建筑常用普通玻璃球闭式喷头规格型号，参见表1-252。

16.6.4 自动喷水灭火系统管道

1. 管材

疗养院建筑自动喷水灭火系统给水管管材，参见表1-254。

薄壁不锈钢管（S11163）、氯化聚氯乙烯（PVC-C）管、镀锌镍碳钢管等新型优质管道，在疗养院建筑自动喷水灭火系统中均得到更多的应用，未来会逐步替代传统钢管。

疗养院建筑中所有中危险级Ⅰ级对应场所自动喷水灭火系统公称直径≤$DN80$的配水管（支管）均可采用氯化聚氯乙烯（PVC-C）管材及管件。

2. 管径

疗养院建筑自动喷水灭火系统的配水管道管径可根据表1-255中数据进行确定。

3. 管网敷设

疗养院建筑自动喷水灭火系统配水干管宜沿疗养用房、理疗用房、医技门诊用房、公共活动用房和管理及后勤保障用房的公共走廊敷设，走廊两侧房间内的配水支管就近连接到配水干管上。走廊内布置的喷头就近接至排水支管后再接至配水干管。单个喷头不应直接接至管径大于或等于$DN100$的配水干管。

疗养院建筑自动喷水灭火系统配水管网布置步骤，见表16-44。

自动喷水灭火系统配水管网布置步骤表 **表16-44**

序号	配水管网布置步骤
步骤1	根据疗养院建筑的防火性能确定自动喷水灭火系统配水管网的布置范围
步骤2	在每个防火分区内应确定该区域自动喷水灭火系统配水主干管或主立管的位置或方向
步骤3	自接入点接入后，可确定主要配水管的敷设位置和方向
步骤4	自末端房间内的自动喷水灭火系统配水支管就近向配水管连接
步骤5	每个楼层每个防火分区内配水管网布置均按步骤1～步骤4进行

自动喷水灭火系统每个喷头与配水支管连接的短立管管径通常采用25mm；末端试水装置或试水阀的连接管管径通常采用25mm。

16.6.5 水流指示器

除报警阀组控制的喷头只保护不超过防火分区面积的同层场所外，疗养院建筑每个防火分区、每个楼层均应设水流指示器；当整个场所需要设置的喷头数不超过1个报警阀组控制的喷头数时，可不设置水流指示器；每个防火分区应设置一个水流指示器，位置可设在本防火分区系统配水管网的起始端，亦可集中设置于各个防火分区配水干管分叉处。

水流指示器上游端应设置信号阀，其型号规格，参见表1-257。

水流指示器与所在配水干管同管径，其型号规格，参见表1-258。

16.6.6 报警阀组

疗养院建筑消防系统报警阀组主要采用湿式水力报警阀组，一定条件下采用预作用报警阀组。

疗养院建筑自动喷水灭火系统报警阀组的数量取决于：整个建筑中设置喷头的总数量；每个防火分区内设置喷头的数量；每个报警阀组控制的喷头数。一个报警阀组控制的喷头数不宜超过800只，设计中可适当超过800只。

喷头均衡组合遵循的原则，参见表1-259。

疗养院建筑自动喷水灭火系统报警阀组通常设置在消防水泵房，设置位置方案，参见表1-260。

报警阀组宜设在安全及易于操作的地点，报警阀距地面的高度宜为1.2m；宜沿墙体集中布置，相邻报警阀组的间距不宜小于1.5m，不应小于1.2m；报警阀组处应设有排水设施，排水管管径不应小于*DN*100。

表1-261为常用湿式报警阀装置型号规格；表1-262为常见预作用报警阀装置型号规格；报警阀组压力开关主要技术参数，参见表1-263；报警阀组前后管道设置，参见表1-264。

疗养院建筑自动喷水灭火系统减压阀设置方式，参见表1-265。

减压孔板作为一种减压部件，可辅助减压阀使用。

16.6.7 自动喷水灭火系统水泵接合器

自动喷水灭火系统管网上应设置水泵接合器，疗养院建筑自动喷水灭火系统消防水泵接合器数量，参见表1-266。

自动喷水灭火系统水泵接合器宜设置在靠近消防水泵房的室外；常规做法是将多个*DN*150水泵接合器并联起来，由1根*DN*150供水管道接至系统供水泵组出水干管上，连接位置位于报警阀组前。

16.6.8 消防水箱设计

高位消防水箱、自动喷水灭火稳压装置设计参见消火栓系统相关内容。

16.6.9 自动喷水灭火系统压力计算

自动喷水灭火系统的设计工作压力，按公式（1-68）计算。

自动喷水灭火给水泵扬程通常按照自动喷水灭火系统的设计工作压力值确定。

自动喷水灭火给水系统压力管道水压强度试验的试验压力（$H_{试验}$）的基准指标，参见表1-267。

16.7 灭火器系统

16.7.1 灭火器配置场所火灾种类

疗养院建筑灭火器配置场所的火灾种类，见表16-45。

灭火器配置场所的火灾种类表 **表16-45**

序号	火灾种类	灭火器配置场所
1	A类火灾（固体物质火灾）	疗养院建筑内绝大多数场所，如疗养室、理疗室、诊室、办公室等
2	B类火灾（液体火灾或可熔化固体物质火灾）	疗养院建筑内附设车库
3	E类火灾（物体带电燃烧火灾）	疗养院建筑内附设电气房间，如高压配电间、低压配电间、信息中心等

16.7.2 灭火器配置场所危险等级

疗养院建筑灭火器配置场所的危险等级分为严重危险级、中危险级和轻危险级3级，危险等级举例，见表 16-46。

疗养院建筑灭火器配置场所的危险等级举例 **表 16-46**

危险等级	举例
严重危险级	床位数在 50 张及以上的疗养院的公共活动用房、多功能厅、厨房、手术室、理疗室、透视室、心电图室、药房、诊室、病历室
	配建充电基础设施（充电桩）的车库区域
中危险级	床位数在 50 张以下的疗养院的公共活动用房、多功能厅、厨房、手术室、理疗室、透视室、心电图室、药房、诊室、病历室
	设有集中空调、电子计算机、复印机等设备的办公室
	民用燃油、燃气锅炉房
	民用的油浸变压器室和高、低压配电室
	配建充电基础设施（充电桩）以外的车库区域
轻危险级	日常用品小卖店
	未设集中空调、电子计算机、复印机等设备的普通办公室

注：疗养院建筑室内强电间、弱电间；屋顶排烟机房内每个房间均应设置 2 具手提式磷酸铵盐干粉灭火器。

16.7.3 灭火器选择

疗养院建筑灭火器配置场所的火灾种类通常涉及 A 类、B 类、E 类火灾，通常配置灭火器时选择磷酸铵盐干粉灭火器。

消防控制室、计算机房、配电室等部位配置灭火器宜采用气体灭火器，通常采用二氧化碳灭火器。

16.7.4 灭火器设置

疗养院建筑中设置的手提式灭火器，通常和室内消火栓同位置设置，放置于室内消火栓箱体下部。独立设置的手提式或推车式灭火器通常放置于所保护区域的公共走道、门口或房间内靠近公共通道出入口处。灭火器设置点应均衡布置。

设置在 A 类火灾场所的灭火器，其最大保护距离应符合表 1-274 的规定。

灭火器最大保护距离为灭火器与起火点之间最大的行走距离。疗养院建筑中的地下车库区域、建筑中大间套小间区域、房间中间隔着走道区域等场所，常需要增加灭火器配置点。地下车库区域增设的灭火器宜靠近相邻 2 个室内消火栓中间的位置，并宜沿车库墙体或柱子布置。

设置在 B 类火灾场所的灭火器，其最大保护距离应符合表 1-275 的规定。

疗养院建筑中 E 类火灾场所中的高低压配电间、网络机房等场所，灭火器配置宜按 B 类火灾场所灭火器最大保护距离要求进行。面积较大的疗养院建筑变配电室，需要在变配电室内增设灭火器。

16.7.5 灭火器配置

A 类火灾场所灭火器的最低配置基准，应符合表 1-276 的规定。

疗养院建筑灭火器A类火灾场所配置基准可按照灭火器最低配置基准，即：严重危险级按照3A；中危险级按照2A；轻危险级按照1A。

B类火灾场所灭火器的最低配置基准，应符合表1-277的规定。

疗养院建筑灭火器B类火灾场所配置基准可按照灭火器最低配置基准，即：严重危险级按照89B；中危险级按照55B。

E类火灾场所的灭火器最低配置基准不应低于该场所内A类（或B类）火灾的规定。

16.7.6 灭火器配置设计计算

疗养院建筑内每个灭火器设置点灭火器数量通常以2～4具为宜。

灭火器计算单元最小需配灭火级别，按公式（1-69）计算。

灭火器计算单元中每个灭火器设置点最小需配灭火级别，按公式（1-70）计算。

16.7.7 灭火器类型及规格

疗养院建筑灭火器配置设计中常用的灭火器类型及规格，参见表1-279。

16.8 气体灭火系统

16.8.1 气体灭火系统应用场所

疗养院建筑中适合采用气体灭火系统的场所包括精密贵重理疗、医疗设备用房、高压配电室（间）、低压配电室（间）、信息中心等电气设备房间。

目前疗养院建筑中最常用七氟丙烷（HFC-227ea）气体灭火系统和IG541混合气体灭火系统。

16.8.2 七氟丙烷气体灭火系统设计参数

七氟丙烷灭火剂主要技术性能参数，参见表1-281。

无管网七氟丙烷气体自动灭火装置技术参数、规格等，参见表1-282～表1-284。

疗养院建筑中采用七氟丙烷气体灭火保护时，各防护区设计灭火浓度，参见表3-70。

16.8.3 气体灭火设计用量计算

七氟丙烷气体灭火设置场所设计用量，按公式（1-71）计算。

七氟丙烷设计用量，按公式（2-28）计算；七氟丙烷设计容积，按公式（2-29）计算。

每个防护区内无管网七氟丙烷气体灭火装置的布置应做到均匀。

IG541混合气体灭火防护区灭火设计用量或惰化设计用量，按公式（1-74）计算。

IG541灭火剂气体在101kPa大气压和防护区最低环境温度下的质量体积，按公式（1-75）计算。

IG541混合气体灭火系统灭火剂储存量，应为防护区灭火设计用量及系统灭火剂剩余量之和，系统灭火剂剩余量按公式（1-76）计算。

16.8.4 IG541 混合气体灭火系统管网计算

IG541 混合气体灭火系统管道流量宜采用平均设计流量。

系统主干管、支管的平均设计流量，按公式（1-77）、公式（1-78）计算。

管道内径按公式（1-79）计算。

灭火剂释放时，管网应进行减压。减压装置宜采用减压孔板，宜设在系统的源头或干管入口处。减压孔板前的压力，按公式（1-80）计算；减压孔板后的压力，按公式（1-81）计算；减压孔板孔口面积，按公式（1-82）计算。

系统的阻力损失宜从减压孔板后算起，并按公式（1-83）计算。

IG541 混合气体灭火系统的喷头工作压力的计算结果，应符合：一级充压（15.0MPa）系统，$P_c \geqslant 2.0$MPa（绝对压力）；二级充压（20.0MPa）系统，$P_c \geqslant 2.1$MPa（绝对压力）。

喷头等效孔口面积，按公式（1-84）计算。

16.8.5 防护区泄压口

气体灭火系统防护区应设置泄压口。七氟丙烷气体灭火系统防护区泄压口面积按系统设计规定计算，按公式（1-85）计算；IG541 混合气体灭火系统防护区泄压口面积按系统设计规定计算，宜按公式（1-86）计算。

七氟丙烷气体灭火系统的泄压口应位于防护区净高的 2/3 以上。对于设置吊顶场所，泄压口通常设置在吊顶（梁）下，泄压口顶面紧贴吊顶（梁）或吊顶（梁）下 100mm。

不同规格无管网七氟丙烷气体灭火装置与泄压口尺寸的对照表，参见表 1-288。

防护区设置的泄压口，宜设在外墙上，无外墙时应设置在朝向公共建筑公共区域（走道）的内墙上。每个防护区根据需要可设置 1 个或多个泄压口。

16.9 高压细水雾灭火系统

疗养院建筑中不宜用水扑救的部位（即采用水扑救后会引起爆炸或重大财产损失的场所）可以采用高压细水雾灭火系统灭火。

疗养院建筑中适合采用高压细水雾灭火系统的场所包括精密贵重理疗、医疗设备用房、高压配电室（间）、低压配电室（间）、信息中心等电气设备房间。疗养院建筑中当此类场所较少时，宜采用气体灭火系统；当此类场所较多时，可采用高压细水雾灭火系统，设计方法参见 4.9 节。

16.10 自动跟踪定位射流灭火系统

当疗养院建筑出入门厅等场所为高大空间时，可设置自动跟踪定位射流灭火系统，设计方法参见 4.10 节。

16.11 中水系统

疗养院应根据当地有关规定配套建设中水设施。建筑面积大于20000m²或回收水量大于100m³/d的疗养院建筑，宜建设中水设施。

16.11.1 中水原水

1. 中水原水种类

疗养院建筑中水原水可选择的种类及选取顺序，见表16-47。

疗养院建筑中水原水可选择的种类及选取顺序表 **表16-47**

序号	中水原水种类	备注
1	疗养院建筑内疗养室卫生间淋浴等的废水排水；公共浴室淋浴等的废水排水；公共卫生间的废水排水	最适宜
2	疗养院建筑内公共卫生间的盥洗废水排水	适宜
3	疗养院建筑空调循环冷却水系统排水	
4	疗养院建筑空调水系统冷凝水	
5	疗养院建筑附设厨房、食堂、餐厅废水排水	不适宜
6	疗养院建筑内疗养室卫生间的冲厕排水；公共卫生间的冲厕排水	最不适宜

2. 中水原水量

疗养院建筑中水原水量按公式（16-12）计算：

$$Q_Y = \Sigma\beta \cdot Q_{pj} \cdot b \tag{16-12}$$

式中 Q_Y——疗养院建筑中水原水量，m³/d；

β——疗养院建筑按给水量计算排水量的折减系数，一般取0.85～0.95；

Q_{pj}——疗养院建筑平均日生活给水量，m³/d；

b——疗养院建筑分项给水百分率，应以实测资料为准，当无实测资料时，可按表16-48选取。

疗养院建筑分项给水百分率表 **表16-48**

项目	冲厕	厨房	沐浴	盥洗	洗衣	总计
疗养室给水百分率（%）	10～14	12.5～14	50～40	12.5～14	15～18	100
公共浴室给水百分率（%）	2～5	—	98～95	—	—	100
食堂给水百分率（%）	6.7～5	93.3～95	—	—	—	100

注：沐浴包括盆浴和淋浴。

疗养院建筑用作中水原水的水量宜为中水回用水量的110%～115%。

3. 中水原水水质

疗养院建筑中水原水水质应以类似建筑的实测资料为准；当无实测资料时，疗养院建筑排水的污染物浓度可按表16-49确定。

疗养院建筑排水污染物浓度表 表 16-49

类别	项目	冲厕	厨房	沐浴	盥洗	综合
疗养室	BOD_5浓度（mg/L）	250～300	400～550	40～50	50～60	180～220
	COD_{Cr}浓度（mg/L）	700～1000	800～1100	100～110	80～100	270～330
	SS 浓度（mg/L）	300～400	180～220	30～50	80～100	50～60
公共浴室	BOD_5浓度（mg/L）	260～340	—	45～55	—	50～65
	COD_{Cr}浓度（mg/L）	350～450	—	110～120	—	115～135
	SS 浓度（mg/L）	260～340	—	35～55	—	40～65
食堂	BOD_5浓度（mg/L）	260～340	500～600	—	—	490～590
	COD_{Cr}浓度（mg/L）	350～450	900～1100	—	—	890～1075
	SS 浓度（mg/L）	260～340	250～280	—	—	255～285

注：综合是对包括以上四项生活排水的统称。

16.11.2 中水利用与水质标准

1. 中水利用

疗养院建筑中水原水主要用于城市杂用水和景观环境用水等。

疗养院建筑中水利用率，可按公式（2-31）计算。

疗养院建筑中水利用率应不低于当地政府部门的中水利用率指标要求。

当疗养院建筑附近有可利用的市政再生水管道时，可直接接入使用。

2. 中水水质标准

疗养院建筑中水水质标准要求，参见表 2-104。

16.11.3 中水系统

1. 中水系统形式

疗养院建筑中水通常采用中水原水系统与生活污水系统分流、生活给水与中水给水分供的完全分流系统。

2. 中水原水系统

疗养院建筑中水原水管道通常按重力流设计；当靠重力流不能直接接入时，可采取局部加压提升接入。

疗养院建筑原水系统原水收集率不应低于本建筑回收排水项目给水量的 75%，可按公式（2-32）计算。

疗养院建筑若需要食堂、餐厅的含油脂污水作为中水原水时，在进入原水收集系统前应经过除油装置处理。

疗养院建筑中水原水应进行计量，可采用超声波流量计和沟槽流量计。

3. 中水处理系统

疗养院建筑中水处理系统设计处理能力，可按公式（2-33）计算。

4. 中水供水系统

建筑中水供水系统必须独立设置。建筑中水不得用作疗养院建筑生活饮用水水源。

疗养院建筑中水系统供水量，可按照表16-3中的用水定额及表16-48中规定的百分率计算确定。

疗养院建筑中水供水系统的设计秒流量和管道水力计算方法与生活给水系统一致，参见16.1.6节。

疗养院建筑中水供水系统的供水方式宜与生活给水系统一致，通常采用变频调速泵组供水方式，水泵的选择参见16.1.7节。

疗养院建筑中水供水系统的竖向分区宜与生活给水系统一致。当建筑周边有市政中水管网且管网流量压力均满足时，低区由市政中水管网直接供水；当建筑周边无市政中水管网时，低区由低区中水给水泵组自中水贮水池（箱）吸水后加压供水。

疗养院建筑中水供水管道宜采用塑料给水管、钢塑复合管或其他具有可靠防腐性能的给水管材，不得采用非镀锌钢管。

疗养院建筑中水贮存池（箱）设计要求，参见表2-105。

疗养院建筑中水供水系统应安装计量装置，具体设置要求参见表3-14。

中水供水管道应采取防止误接、误用、误饮的措施。

5. 水量平衡

中水系统设计应进行中水原水量和用水量平衡计算。

疗养院建筑中水用水量应根据不同用途用水量累加确定。

疗养院建筑最高日冲厕中水用水量按照表16-3中的最高日用水定额及表16-48中规定的百分率计算确定。最高日冲厕中水用水量，可按公式（16-13）计算：

$$Q_C = \Sigma q_L \cdot F \cdot N/1000 \tag{16-13}$$

式中 Q_C——疗养院建筑最高日冲厕中水用水量，m^3/d；

q_L——疗养院建筑给水用水定额，L/（人·d）；

F——冲厕用水占生活用水的比例，%，按表16-48取值；

N——使用人数，人。

疗养院建筑相关功能场所冲厕用水量定额及小时变化系数，见表16-50。

疗养院建筑冲厕用水量定额及小时变化系数表 **表16-50**

类别	建筑种类	冲厕用水量[L/(人·d)]	使用时间(h/d)	小时变化系数	备注
1	疗养院	20～40	24	2.0～1.5	有住宿
2	食堂	5～10	12	1.5～1.2	工作人员按办公楼设计

中水系统原水调节池（箱）调节容积，可按公式（2-35）、公式（2-36）计算。

中水贮存池（箱）容积，可按公式（2-37）、公式（2-38）计算。

当中水供水系统采用水泵-水箱联合供水时，水箱调节容积不得小于中水系统最大小时用水量的50%。

中水系统的总调节容积，包括原水调节池（箱）、中水处理工艺构筑物、中水贮存池（箱）及高位水箱等调节容积之和，不宜小于中水日处理量的100%。

16.11.4 中水处理工艺与处理设施

1. 中水处理工艺

疗养院建筑通常采用的中水处理工艺，参见表2-107。

2. 中水处理设施

疗养院建筑中水处理设施及设计要求，参见表 2-108。

16.11.5 中水处理站

疗养院建筑内的中水处理站设计要求，参见 2.11.5 节。

16.12 管道直饮水系统

16.12.1 水量、水压和水质

疗养院建筑管道直饮水最高日直饮水定额（q_d），可按 2.0～3.0L/(床·d) 采用，亦可根据用户要求确定。

直饮水专用水嘴额定流量宜为 0.04～0.06L/s。

疗养院建筑直饮水专用水嘴最低工作压力不宜小于 0.03MPa。

疗养院建筑管道直饮水系统用户端的水质应符合现行行业标准《饮用净水水质标准》CJ/T 94 的规定。

16.12.2 水处理

疗养院建筑管道直饮水系统应对原水进行深度净化处理。

水处理工艺流程的选择应依据原水水质，经技术经济比较确定。处理后的出水应符合现行行业标准《饮用净水水质标准》CJ/T 94 的规定。

深度净化处理应根据处理后的水质标准和原水水质进行选择，宜采用膜处理技术，参见表 1-333。

不同的膜处理应相应配套预处理、后处理、膜的清洗和水处理消毒灭菌设施，参见表 1-334。

深度净化处理系统排出的浓水宜回收利用。

16.12.3 系统设计

疗养院建筑管道直饮水系统必须独立设置，不得与市政或建筑供水系统直接相连。

疗养院建筑管道直饮水系统宜采取集中供水系统，一座建筑中宜设置一个供水系统。

疗养院建筑常见的管道直饮水系统供水方式，参见表 1-335。

多层疗养院建筑管道直饮水供水竖向不分区；高层疗养院建筑管道直饮水供水应竖向分区，分区原则参见表 1-336。

疗养院建筑管道直饮水系统类型，参见表 1-337。

疗养院建筑管道直饮水系统设计应设循环管道，供、回水管网应设计为同程式。

疗养院建筑管道直饮水系统通常采用全日循环，亦可采用定时循环，供、配水系统中的直饮水停留时间不应超过 12h。

疗养院建筑管道直饮水系统回水宜回流至净水箱或原水水箱。回流到净水箱时，应在消毒设施前接入。

管道直饮水系统不循环的支管长度不宜大于6m。

疗养院建筑管道直饮水系统管道敷设要求，参见表1-338。

疗养院建筑管道直饮水系统管材及附件设置要求，参见表1-339。

16.12.4 系统计算与设备选择

1. 系统计算

疗养院建筑管道直饮水系统最高日直饮水量，应按公式（16-14）计算：

$$Q_d = N \cdot q_d \tag{16-14}$$

式中 Q_d——疗养院建筑管道直饮水系统最高日饮水量，L/d；

N——疗养院建筑管道直饮水系统所服务的床位数，床；

q_d——疗养院建筑最高日直饮水定额，L/(床·d)，取2.0～3.0L/(床·d)。

疗养院建筑瞬时高峰用水量，应按公式（1-94）计算。

疗养院建筑瞬时高峰用水时水嘴使用数量，应按公式（1-95）计算。

瞬时高峰用水时水嘴使用数量m的确定，应按表1-340（当水嘴数量$n \leqslant 12$个时）、表1-341（当水嘴数量$n > 12$个时）选取。当$np \geqslant 5$并且满足$n(1-p) \geqslant 5$时，可按公式(1-96)简化计算。

水嘴使用概率应按公式（16-15）计算：

$$p = \alpha \cdot Q_d/(1800 \cdot n \cdot q_0) = 0.15 \cdot Q_d/(1800 \cdot n \cdot q_0) \tag{16-15}$$

式中 α——经验系数，疗养院取0.15。

定时循环时，循环流量可按公式（1-98）计算。

管道直饮水供、回水管道内水流速度宜符合表1-342的规定。

2. 设备选择

净水设备产水量可按公式（1-100）计算。

变频调速供水系统水泵设计流量应按公式（1-101）计算；水泵设计扬程应按公式（1-102）计算。

净水箱（槽）有效容积可按公式（1-103）计算；原水调节水箱（槽）容积可按公式（1-104）计算。

原水水箱（槽）的进水管管径宜按净水设备产水量设计，并应根据反洗要求确定水量。当进水管的供水能力满足预处理的流量和压力要求时，原水水箱（槽）可不设置。

16.12.5 净水机房

净水机房设计要求，参见表1-343。

16.12.6 管道敷设与设备安装

管道直饮水管道敷设与设备安装设计要求，参见表1-344。

16.13 给水排水抗震设计

疗养院建筑给水排水管道抗震设计，参见4.11节。

16.14 给水排水专业绿色建筑设计

疗养院建筑绿色设计，应根据疗养院建筑所在地相关规定要求执行。新建疗养院建筑应按照一星级或以上星级标准设计；政府投资或者以政府投资为主的疗养院建筑、建筑面积大于 20000m^2 的大型疗养院建筑宜按照绿色建筑二星级或以上星级标准设计。疗养院建筑二星级、三星级绿色建筑设计专篇，参见表 1-347。

第17章　老年人照料设施建筑给水排水设计

老年人照料设施建筑是为老年人提供集中照料服务设施的公共建筑。老年人照料设施建筑分为老年人全日照料设施建筑（包括养老院、老人院、福利院、敬老院、老年养护院等）和老年人日间照料设施建筑（包括托老所、日托站、老年人日间照料室、老年人日间照料中心等）。

老年人照料设施建筑组成，见表17-1。

老年人照料设施建筑组成表　　　表17-1

序号	功能用房		老年人全日照料设施具体房间	老年人日间照料设施具体房间
1	老年人用房	生活用房	包括照料单元的居室、单元起居厅、餐厅、备餐室、护理站、药存室、清洁间、污物间、卫生间、盥洗室、洗浴间、老年人休息室、家属探视室等；生活单元的居室、就餐室、卫生间、盥洗室、洗浴间、厨房或电炊操作室等	包括餐厅、备餐室、休息室、卫生间、洗浴间等
		文娱与健康用房	包括阅览室、网络室、棋牌室、书画室、教室、健身室、多功能活动室等	包括多功能动态和静态活动区（室）等
		康复与医疗用房	包括康复用房、医务室等	包括康复用房、医务室、心理咨询室等
2	管理服务用房		包括值班室、入住登记室、办公室、接待室、会议室、档案存放室等办公管理用房；厨房、洗衣房、储藏等后勤服务用房；员工休息室、卫生间、员工浴室、食堂等	包括接待室、办公室、员工休息室、卫生间、厨房、储藏用房、洗衣房等

老年人照料设施建筑给水排水设计应符合现行国家标准《城市给水工程项目规范》GB 55026、《城乡排水工程项目规范》GB 55027、《建筑给水排水设计标准》GB 50015、《建筑防火通用规范》GB 55037、《消防设施通用规范》GB 55036、《建筑设计防火规范》GB 50016和《消防给水及消火栓系统技术规范》GB 50974等的规定。根据老年人照料设施建筑的功能设置，其给水排水设计涉及的现行行业标准为《老年人照料设施建筑设计标准》JGJ 450、《饮食建筑设计标准》JGJ 64等；当设置临床、预防保健、医技等医疗服务用房时，其给水排水设计应符合现行国家标准《综合医院建筑设计标准》GB 51039的规定。老年人照料设施建筑若设置中水系统，其设计涉及的现行国家标准为《建筑中水设计标准》GB 50336。老年人照料设施建筑若设置管道直饮水系统，其设计涉及的现行行业标准为《建筑与小区管道直饮水系统技术规程》CJJ/T 110。

17.1 生活给水系统

17.1.1 用水量标准

1. 生活用水量标准

《水标》中老年人照料设施建筑相关功能场所生活用水定额，见表 17-2。

老年人照料设施建筑生活用水定额表 **表 17-2**

<table>
<tr><th rowspan="2">序号</th><th rowspan="2" colspan="2">建筑物名称</th><th rowspan="2">单位</th><th colspan="2">生活用水定额（L）</th><th rowspan="2">使用时数（h）</th><th rowspan="2">最高日小时变化系数 K_h</th></tr>
<tr><th>最高日</th><th>平均日</th></tr>
<tr><td rowspan="2">1</td><td rowspan="2">养老院、托老所</td><td>全托</td><td rowspan="2">每人每日</td><td>100～150</td><td>90～120</td><td>24</td><td>2.5～2.0</td></tr>
<tr><td>日托</td><td>50～80</td><td>40～60</td><td>10</td><td>2.0</td></tr>
<tr><td>2</td><td>办公</td><td>坐班制办公</td><td>每人每班</td><td>30～50</td><td>25～40</td><td>8～10</td><td>1.5～1.2</td></tr>
<tr><td>3</td><td>公共浴室</td><td>淋浴</td><td>每人每次</td><td>100</td><td>70～90</td><td>12</td><td>2.0～1.5</td></tr>
<tr><td>4</td><td>餐饮业</td><td>食堂</td><td>每顾客每次</td><td>20～25</td><td>15～20</td><td>12～16</td><td>1.5～1.2</td></tr>
<tr><td>5</td><td colspan="2">洗衣房</td><td>每 kg 干衣</td><td>40～80</td><td>40～80</td><td>8</td><td>1.5～1.0</td></tr>
</table>

注：1. 除注明外，均不含员工生活用水，员工最高日用水定额为每人每班 40～60L，平均日用水定额为每人每班 30～45L；

2. 表中用水量标准为生活用水，包括生活用热水用水量和直饮水用量，也包括正常漏水量和间接用水量，如清洁用水在内；但不包括空调、采暖、水景绿化、场地和道路浇洒等用水；

3. 计算老年人照料设施建筑最高日最大时用水量时，某一类型生活用水定额、最高日小时变化系数（K_h）均为一个范围值时，生活用水定额取定额的最低值应对应选择最高日小时变化系数（K_h）的最大值；生活用水定额取定额的最高值应对应选择最高日小时变化系数（K_h）的最小值；生活用水定额取定额的中间值应对应选择最高日小时变化系数（K_h）的中间值（按内插法确定）。

《节水标》中老年人照料设施建筑相关功能场所平均日生活用水节水用水定额，见表 17-3。

老年人照料设施建筑平均日生活用水节水用水定额表 **表 17-3**

<table>
<tr><th>序号</th><th colspan="2">建筑物名称</th><th>单位</th><th>节水用水定额</th></tr>
<tr><td rowspan="2">1</td><td rowspan="2">养老院、托老所</td><td>全托</td><td rowspan="2">L/(人·d)</td><td>90～120</td></tr>
<tr><td>日托</td><td>40～60</td></tr>
<tr><td>2</td><td>办公</td><td>坐班制办公</td><td>L/(人·班)</td><td>25～40</td></tr>
<tr><td>3</td><td>公共浴室</td><td>淋浴</td><td>L/(人·次)</td><td>70～90</td></tr>
<tr><td>4</td><td>餐饮业</td><td>食堂</td><td>L/(人·次)</td><td>15～20</td></tr>
<tr><td>5</td><td colspan="2">洗衣房</td><td>L/每 kg 干衣</td><td>40～80</td></tr>
</table>

注：1. 除注明外均不含员工用水，员工用水定额每人每班 30～45L；

2. 表中用水量包括热水用量在内，空调用水应另计；

3. 选择用水定额时，可依据当地气候条件、水资源状况等确定，缺水地区应选择低值；

4. 用水人数或单位数应以年平均值计算；

5. 每年用水天数应根据使用情况确定。

2. 绿化浇灌用水量标准

老年人照料设施建筑院区绿化浇灌最高日用水定额按浇灌面积1.0～3.0L/(m^2 · d)计算，通常取2.0L/(m^2 · d)，干旱地区可酌情增加。

3. 浇洒道路用水量标准

老年人照料设施建筑院区道路浇洒最高日用水定额按浇洒面积2.0～3.0L/(m^2 · d)计算，亦可参见表2-8。

4. 空调循环冷却水补水用水量标准

老年人照料设施建筑空调循环冷却水补充水量，按公式（1-3）计算，亦可由暖通空调专业提供。

5. 供暖锅炉补充水量

供暖锅炉补充水量由暖通空调、热能动力专业提供。

6. 给水管网漏失水量和未预见水量

这两项水量之和按上述5项用水量（第1项至第5项）之和的8%～12%计算，通常按10%计。

最高日用水量（Q_d）应为上述6项用水量（第1项至第6项）之和。

最大时用水量（Q_{hmax}）可按公式（1-4）计算。

17.1.2 水质标准和防水质污染

1. 水质标准

老年人照料设施建筑给水系统供水水质应符合现行国家标准《生活饮用水卫生标准》GB 5749的有关规定。非传统水源可用于室外绿化及道路浇洒，但不应进入建筑内老年人可触及的生活区域。

2. 防水质污染

老年人照料设施建筑防止水质污染常见的具体措施，参见表2-9。

17.1.3 给水系统和给水方式

1. 老年人照料设施建筑生活给水系统

典型的老年人照料设施建筑生活给水系统原理图，参见图2-1、图2-2。

2. 老年人照料设施建筑生活给水供水方式

老年人照料设施建筑生活给水应尽量利用自来水压力，当自来水压力缺乏时，应设内部贮水箱，其贮备量按日用水量确定。

老年人照料设施建筑生活给水供水方式，见表17-4。

老年人照料设施建筑生活给水供水方式表 **表17-4**

序号	供水方式	适用范围	备注
1	生活水箱加变频生活给水泵组联合供水	市政给水管网直供区之外的其他竖向分区，即加压区	推荐采用
2	市政给水管网直接供水	市政给水管网压力满足的最低竖向分区	

续表

序号	供水方式	适用范围	备注
3	管网叠加供水	市政给水管网流量、压力稳定；最小保证压力较高；老年人照料设施建筑当地市政供水部门允许采用	可以采用

3. 老年人照料设施建筑生活给水系统竖向分区

老年人照料设施建筑应根据建筑内功能的划分和当地供水部门的水量计费分类等因素，设置相应的生活给水系统，并应利用城镇给水管网的水压。

老年人照料设施建筑生活给水系统竖向分区应根据的原则，参见表3-7。

老年人照料设施建筑生活给水系统竖向分区确定程序，见表17-5。

生活给水系统竖向分区确定程序表 **表17-5**

序号	竖向分区确定程序	备注
1	根据老年人照料设施建筑院区接入市政给水管网的最小工作压力确定由市政给水管网直接供水的楼层	
2	根据市政给水直供楼层以上楼层的竖向建筑高度合理确定分区的个数及分区范围	高层老年人照料设施建筑生活给水竖向分区楼层数宜为6～8层（竖向高度30m左右），不宜多于10层
3	根据需要加压供水的总楼层数，合理调整需要加压的各竖向分区，使其高度基本一致	各竖向分区涉及楼层数宜基本相同

4. 老年人照料设施建筑生活给水系统形式

老年人照料设施建筑生活给水系统通常采用下行上给式，设备管道设置方法见表17-6。

生活给水系统设备管道设置方法表 **表17-6**

序号	设备管道名称	设备管道设置方法
1	生活水箱及各分区供水泵组	设置在建筑地下室或院区生活水泵房
2	各分区给水总干管	自各分区给水泵组接出，沿下部楼层吊顶内或顶板下横向敷设接至各区域水管井
3	各分区给水总立管	设置在各区域水管井内，自各分区给水总干管接出，竖向敷设接至各区域最下部楼层
4	各分区给水横干管	设置在各区域最下部楼层吊顶内或顶板下，自各分区给水总立管接出，横向敷设接至本区域各用水场所（老年人照料设施建筑卫生间等）水管井
5	分区内给水立管	分别自本区域给水横干管接出，沿水管井向上敷设，每个竖向水管井设置1根给水立管
6	给水支管	自分区内各个水管井内给水立管接出，接至每层各用水场所用水点，通常1个卫生间等用水场所设置1根给水支管；给水支管在水管井内沿水流方向依次设置阀门、减压阀（若需要的话）、冷水表（适用于需要单独计量时）；水管井内给水支管宜设置在距地1.0～1.2m的高度，向上接至卫生间吊顶内敷设至该卫生间各用水卫生器具

17.1.4　管材及附件

1. 生活给水系统管材

老年人照料设施建筑生活给水系统给水管道应选用耐腐蚀、安装连接方便可靠、符合国家现行有关产品标准要求及饮用水卫生要求的管材，常用管材包括薄壁不锈钢管、薄壁铜管、PVC-C（氯化聚氯乙烯）冷水用管、钢塑复合管、内衬不锈钢复合钢管、铝塑复合管等。

2. 生活给水系统阀门

老年人照料设施建筑生活给水系统设置阀门的部位，参见表 4-7。

3. 生活给水系统止回阀

老年人照料设施建筑生活给水系统设置止回阀的部位，参见表 4-8。

4. 生活给水系统减压阀

老年人照料设施建筑配水横管静水压大于 0.20MPa 的楼层各分区内给水支管起端应设置减压阀，减压阀位置在阀门之后。

5. 生活给水系统水表

老年人照料设施建筑给水系统的引入管上应设置水表。水表宜设置在室内便于抄表位置；在夏热冬冷地区及严寒地区，当水表设置于室外时，应采取可靠的防冻胀破坏措施。

老年人照料设施建筑内应设置计量水表，建筑内生活给水系统按分区域计量原则设置水表，生活给水系统设置水表的部位，参见表 3-14。

6. 生活给水系统其他附件

老年人照料设施建筑给水配件应选用节水型低噪声产品。

生活水箱的生活给水进水管上应设自动水位控制阀。

老年人照料设施建筑生活给水系统设置过滤器的部位，参见表 2-19。

老年人照料设施建筑卫生器具和配件应采用节水型产品。厨房专间洗手盆（池）水嘴宜采用非手动开关。老年人使用的公用卫生间宜采用光电感应式、触摸式等便于操作的水龙头和水冲式坐便器冲洗装置。用水点非手动开关的型式，参见表 2-20。

17.1.5　给水管道布置及敷设

1. 室外生活给水系统布置与敷设

老年人照料设施建筑院区的室外生活给水管网应布置成环状管网，管径宜为 $DN150$。环状给水管网与市政给水管网的连接管不宜少于 2 条，引入管管径宜为 $DN150$、不宜小于 $DN100$。

老年人照料设施建筑院区室外生活给水管道与其他地下管线及乔木之间的最小净距，参照表 1-25 规定。

2. 室内生活给水系统布置与敷设

老年人照料设施建筑室内生活给水管道通常布置成支状管网，单向供水，宜沿室内公共区域敷设。老年人照料设施建筑生活给水管道不应布置的场所，参见表 2-21。老年人照料设施的卫生间给水管道宜暗设敷设。

3. 室内给水管道防护

室内生活给水横干管、立管超过 50m 时，宜设伸缩补偿装置。

4. 生活给水管道保温

老年人照料设施建筑设置屋顶贮水箱和敷设管道，在冬季不采暖而又有可能冰冻的地区，应采取防冻措施。敷设在有可能结冻的房间、地下室及管井、管沟等处的给水管道应有防冻措施。

屋顶水箱间内生活给水管道均需做保温，所有给水横管及管井内的给水立管均做防结露保温。室内满足防冻要求的管道可不做防结露保温。老年人照料设施建筑内对于可能结露的给水管道，应采取防结露措施。

给水管道保温材料厚度确定，参见表 1-30、表 1-31。

17.1.6 生活给水系统给水管网计算

1. 商店院区室外生活给水管网

室外生活给水管网设计流量应按老年人照料设施建筑院区生活给水最大时用水量确定。院区给水引入管的设计流量应按最大时用水量确定；当引入管为 2 条时，应保证当其中一条发生故障时，其余的引入管可以提供不小于 70%的流量。

老年人照料设施建筑院区室外生活给水管网管径宜采用 $DN150$。

2. 老年人照料设施建筑室内生活给水管网

采用市政给水管网直接供水时，给水引入管设计流量（Q_1）应按直供区生活给水设计秒流量计；采用生活水箱＋变频给水泵组供水时，给水引入管设计流量（Q_2）应按加压区生活水箱设计补水量计，设计补水量不得小于高区最高日平均时用水量，不宜大于最高日最大时用水量。

老年人照料设施建筑内生活给水设计秒流量应按公式（17-1）计算：

$$q_g = 0.2 \cdot \alpha \cdot (N_g)^{1/2} = 0.24 \cdot (N_g)^{1/2} \tag{17-1}$$

式中 q_g——计算管段的给水设计秒流量，L/s；

N_g——计算管段的卫生器具给水当量总数；

α——根据老年人照料设施建筑用途而定的系数，养老院取 1.2。

注：如计算值小于该管段上一个最大卫生器具给水额定流量时，应采用一个最大的卫生器具给水额定流量作为设计秒流量；如计算值大于该管段上按卫生器具给水额定流量累加所得流量值时，应按卫生器具给水额定流量累加所得流量值采用；有大便器延时自闭冲洗阀的给水管段，大便器延时自闭冲洗阀的给水当量均以 0.5 计，计算得到的 q_g附加 1.20L/s 的流量后，为该管段的给水设计秒流量。

老年人照料设施建筑生活给水设计秒流量计算，可参照表 17-7。

老年人照料设施建筑生活给水设计秒流量计算表（L/s）　　表 17-7

卫生器具给水当量数 N_g	养老院 α=1.2	卫生器具给水当量数 N_g	养老院 α=1.2	卫生器具给水当量数 N_g	养老院 α=1.2	卫生器具给水当量数 N_g	养老院 α=1.2	卫生器具给水当量数 N_g	养老院 α=1.2
1	0.24	3	0.42	5	0.54	7	0.63	9	0.72
2	0.34	4	0.48	6	0.59	8	0.68	10	0.76

续表

卫生器具给水当量数 N_g	养老院 $\alpha=1.2$	卫生器具给水当量数 N_g	养老院 $\alpha=1.2$	卫生器具给水当量数 N_g	养老院 $\alpha=1.2$	卫生器具给水当量数 N_g	养老院 $\alpha=1.2$	卫生器具给水当量数 N_g	养老院 $\alpha=1.2$
11	0.80	66	1.95	175	3.17	335	4.39	495	5.34
12	0.83	68	1.98	180	3.22	340	4.43	500	5.37
13	0.87	70	2.01	185	3.26	345	4.46	550	5.63
14	0.90	72	2.04	190	3.31	350	4.49	600	5.88
15	0.93	74	2.06	195	3.35	355	4.52	650	6.12
16	0.96	76	2.09	200	3.39	360	4.55	700	6.35
17	0.99	78	2.12	205	3.44	365	4.59	750	6.57
18	1.02	80	2.15	210	3.48	370	4.62	800	6.79
19	1.05	82	2.17	215	3.52	375	4.65	850	7.00
20	1.07	84	2.20	220	3.56	380	4.68	900	7.20
22	1.13	86	2.23	225	3.60	385	4.71	950	7.40
24	1.18	88	2.25	230	3.64	390	4.74	1000	7.59
26	1.22	90	2.28	235	3.68	395	4.77	1050	7.78
28	1.27	92	2.30	240	3.72	400	4.80	1100	7.96
30	1.31	94	2.33	245	3.76	405	4.83	1150	8.14
32	1.36	96	2.35	250	3.79	410	4.86	1200	8.31
34	1.40	98	2.38	255	3.83	415	4.89	1250	8.49
36	1.44	100	2.40	260	3.87	420	4.92	1300	8.65
38	1.48	105	2.46	265	3.91	425	4.95	1350	8.82
40	1.52	110	2.52	270	3.94	430	4.98	1400	8.98
42	1.56	115	2.57	275	3.98	435	5.01	1450	9.14
44	1.59	120	2.63	280	4.02	440	5.03	1500	9.30
46	1.63	125	2.68	285	4.05	445	5.06	1550	9.45
48	1.66	130	2.74	290	4.09	450	5.09	1600	9.60
50	1.70	135	2.79	295	4.12	455	5.12	1650	9.75
52	1.73	140	2.84	300	4.16	460	5.15	1700	9.90
54	1.76	145	2.89	305	4.19	465	5.18	1750	10.04
56	1.80	150	2.94	310	4.23	470	5.20	1800	10.18
58	1.83	155	2.99	315	4.26	475	5.23	1850	10.32
60	1.86	160	3.04	320	4.29	480	5.26	1900	10.46
62	1.89	165	3.08	325	4.33	485	5.29	1950	10.60
64	1.92	170	3.13	330	4.36	490	5.31	2000	10.73

老年人照料设施建筑有自闭式冲洗阀时生活给水设计秒流量计算，可参照表 1-33。

老年人照料设施建筑公共浴室、职工食堂厨房等建筑生活给水管道的设计秒流量应按公式（17-2）计算：

$$q_g = \sum q_{g0} \cdot n_0 \cdot b_g \tag{17-2}$$

式中 q_g——老年人照料设施建筑计算管段的给水设计秒流量，L/s；

q_{g0}——老年人照料设施建筑同类型的一个卫生器具给水额定流量，L/s，可按表 7-10 采用；

n_0——老年人照料设施建筑同类型卫生器具数；

b_g——老年人照料设施建筑卫生器具的同时给水使用百分数：老年人照料设施建筑公共浴室内的淋浴器和洗脸盆按表 4-12 选用，食堂的设备按表 4-13 选用。

3. 老年人照料设施建筑内卫生器具给水当量

老年人照料设施建筑用水器具和给水配件应采用节水性能良好、低噪声、坚固耐用，且便于管理维修的产品。

老年人照料设施建筑应采用符合现行行业标准《节水型生活用水器具》CJ/T 164 规定的节水型卫生器具，宜选用用水效率等级不低于 3 级的用水器具。

老年人照料设施建筑常见卫生器具的给水额定流量、给水当量、连接给水管管径和最低工作压力按表 3-18 确定。

4. 老年人照料设施建筑内给水管管径

老年人照料设施建筑内给水供水管的管径，应根据该给水供水管段的设计秒流量、允许给水流速等查相关计算表格确定。生活给水管道设计流速不宜大于 1.00m/s。

老年人照料设施建筑内公共卫生间的蹲便器个数与给水供水管管径的对照表，参见表 9-11。

整个生活给水系统生活给水立管、干管均按照其服务的给水设计秒流量确定其管段管径。

17.1.7 生活水泵和生活水泵房

老年人照料设施建筑应根据建筑功能需求设置统一完善的给水系统，给水设计应有可靠的水源和给水管道系统。当仅有一路城市引入管或供水不满足设计秒流量或压力要求时，应设置加压供水设备。

1. 生活水泵

老年人照料设施建筑生活给水加压水泵宜采用 3 台（2 用 1 备）配置模式，亦可采用 2 台（1 用 1 备）配置模式。

老年人照料设施建筑生活给水加压通常采用变频调速给水泵组，其设计流量应按其负责给水系统的最大设计秒流量确定，即 $Q=q_g$。设计时应统计该系统内各用水点卫生器具的生活给水当量数，经公式（17-1）、公式（17-2）计算或查表 17-7 得出设计流量值。

生活给水加压水泵的设计工作压力，按公式（1-10）计算。

老年人照料设施建筑加压水泵应选用低噪声节能型产品。

2. 生活水泵房

老年人照料设施建筑二次加压给水的水泵房应为独立的房间，并应环境良好、便于维修和管理；不应毗邻生活用房中的居室、单元起居厅、餐厅、老年人休息室、家属探视室，文娱与健康用房中的阅览室、网络室、棋牌室、书画室、教室、健身室、多功能活动室，康复与医疗用房中的康复用房、医务室，管理服务用房中的办公室、会议室、员工休息室；加压泵组及泵房应采取减振降噪措施。

老年人照料设施建筑生活水泵房的设置位置应根据其所供水服务的范围确定，见表17-8。

老年人照料设施建筑生活水泵房位置确定及要求表　　表17-8

序号	水泵房位置	适用情况	设置要求
1	院区室外集中设置	院区室外有空间；常见于新建老年人照料设施建筑院区	宜与消防水泵房、消防水池、暖通冷热源机房、锅炉房等集中设置，宜靠近老年人照料设施建筑
2	建筑地下室楼层设置	院区室外无空间	宜设在地下一层；水泵房地面宜高出室外地面200～300mm

各分区的生活给水泵组宜集中布置；生活水泵房内每套生活给水泵组宜设置在一个基础上。

17.1.8 生活贮水箱（池）

老年人照料设施建筑给水设计应有可靠的水源和供水管道系统，当仅有一路城市引入管或供水不满足设计秒流量或压力要求时，应设置生活贮水箱（池）。老年人照料设施建筑水箱间应为独立的房间。

水箱应设置消毒设备，并宜采用紫外线消毒方式。

1. 贮水容积

老年人照料设施建筑生活用水贮水箱（池）的有效容积计算时，其生活用水调节量应按进水量与用水量变化曲线经计算确定，当资料不足时，宜按最高日用水量的20%～25%确定，最大不得大于48h的用水量。有条件时可适当增加生活贮水箱（池）有效容积。

老年人照料设施建筑生活用水贮水设备宜采用贮水箱。

2. 生活水箱

老年人照料设施建筑生活水箱设计要求，参见表1-46。

3. 生活水箱相关管道、装置设置要求

老年人照料设施建筑生活水箱相关管道设施要求，参见表1-47。

生活水箱各水位指标确定方法及取值经验值，参见表1-48。

17.2 生活热水系统

17.2.1 热水系统类别

老年人照料设施建筑宜供应热水，并宜采取集中热水供应系统。

老年人照料设施建筑生活热水系统类别，见表17-9。

生活热水系统类别表 **表 17-9**

序号	分类标准	热水系统类别	老年人照料设施建筑应用情况	应用程度
1	供应范围	集中生活热水系统	公共浴室洗浴生活热水系统；厨房生活热水系统	最常用
2		局部（分散）生活热水系统		不常用
3		区域生活热水系统	整个老年人照料设施建筑院区生活热水系统	不常用
4	热水管网循环方式	热水干管立管支管循环生活热水系统		不常用
5		热水干管立管循环生活热水系统	公共浴室洗浴生活热水系统	常用
6		热水干管循环生活热水系统	厨房生活热水系统	常用
7	热水管网循环水泵运行方式	全日循环生活热水系统		极少用
8		定时循环生活热水系统	公共浴室生活热水系统；厨房生活热水系统	常用
9	热水管网循环动力方式	强制循环生活热水系统		最常用
10		自然循环生活热水系统		极少用
11	是否敞开形式	闭式生活热水系统		最常用
12		开式生活热水系统		极少用
13	热水管网布置型式	下供下回式生活热水系统	热源位于建筑底部，即由锅炉房提供热媒（高温蒸汽或高温热水），经汽水或水水换热器提供热水热源等的生活热水系统	最常用
14		上供上回式生活热水系统	热源位于建筑顶部，即由屋顶太阳能热水设备及（或）空气能热泵热水设备提供热水热源等的生活热水系统	常用
15	热水管路距离	同程式生活热水系统		目前最常用
16	热水系统分区方式	加热器集中设置生活热水系统	老年人照料设施建筑院区内各个建筑生活热水系统距离较近、规模相差不大或为同一建筑内不同竖向分区系统时的生活热水系统	最常用
17		加热器分散设置生活热水系统	老年人照料设施建筑院区各个建筑生活热水系统距离较远、规模相差较大时的生活热水系统	较常用

典型的老年人照料设施建筑生活热水系统原理图，参见图 2-3、图 2-4、图 2-5、图 2-6。

17.2.2 生活热水系统热源

有条件的地区老年人照料设施建筑宜优先采用热泵或太阳能等非传统热源制备生活热水，并宜配有辅助加热设施。太阳能热水系统应设防过热设施。

老年人照料设施建筑集中生活热水供应系统的热源，参见表2-34。

老年人照料设施建筑生活热水系统热源选用，参见表2-35。

老年人照料设施建筑生活热水系统常见热源组合形式，见表17-10。

生活热水系统常见热源组合形式表 **表17-10**

序号	热源组合形式名称	主要热源	辅助热源	适用范围
1	热水锅炉＋太阳能组合	院区内设置燃气（油）锅炉房，锅炉房内高温热水锅炉提供热媒（通常为80℃/60℃高温热水），经建筑内热水机房（换热机房）内的水水换热器换热后为系统提供60℃/50℃低温热水	建筑屋顶设置太阳能热水机房（房间内设置储热水箱或储热罐、生活热水供水泵组、生活热水循环泵组、太阳能集热循环泵组等），屋顶布置太阳能集热板及太阳能供水、回水管道，太阳能热水供水设备为系统提供60℃/50℃高温热水	该组合方式适用于我国北方、西北等寒冷或严寒地区老年人照料设施建筑生活热水系统
2	太阳能＋空气源热能组合	建筑屋顶设置热水机房（设置储热水箱或储热罐、生活热水供水泵组、生活热水循环泵组、太阳能集热循环泵组、空气能热泵循环泵组等），屋顶布置太阳能集热板及太阳能供水、回水管道。太阳能供水设备为系统提供60℃/50℃高温热水	建筑屋顶设置热水机房，屋顶布置空气能热泵热水机组及空气能供水、回水管道。空气源热泵热水机组为系统提供60℃/50℃高温热水	该组合方式适用于我国南部或中部地区老年人照料设施建筑生活热水系统

老年人照料设施建筑屋顶设置太阳能光伏发电系统时，系统产生的电能可用于屋顶热水箱内热水的加热，保证生活热水系统供水温度。

17.2.3 热水系统设计参数

1. 老年人照料设施建筑热水用水定额

按照《水标》，老年人照料设施相关功能场所热水用水定额，见表17-11。

老年人照料设施建筑生活热水定额表 **表17-11**

序号	建筑物名称		单位	生活热水定额（L）		使用时数（h）	最高日小时变化系数 K_h
				最高日	平均日		
1	养老院、托老所	全托	每人每日	50～70	45～55	24	2.5～2.0
		日托		25～40	15～20	10	2.0
2	办公	坐班制办公	每人每班	30～50	25～40	8～10	1.5～1.2

续表

序号	建筑物名称		单位	生活热水定额（L）		使用时数（h）	最高日小时变化系数 K_h
				最高日	平均日		
3	公共浴室	淋浴	每人每次	40～60	35～40	12	2.0～1.5
4	餐饮业	食堂	每顾客每次	10～12	7～10	7～10	1.5～1.2
5	洗衣房		每 kg 干衣	15～30	15～30	8	1.5～1.0

注：1. 表中所列用水定额均已包括在表 17-2 中；

2. 本表以 60℃热水水温为计算温度，卫生器具的使用水温见表 17-13。

《节水标》中老年人照料设施建筑相关功能场所热水平均日节水用水定额，见表 17-12。

老年人照料设施建筑热水平均日节水用水定额表　　表 17-12

序号	建筑物名称		单位	节水用水定额
1	养老院、托老所	全托	L/(人·d)	45～55
		日托		15～20
2	公共浴室	淋浴	L/(人·次)	35～40
3	餐饮业	食堂	L/(人·次)	7～10
4	洗衣房		L/每 kg 干衣	15～30

注：热水温度按 60℃计。

老年人照料设施建筑所在地为较大城市、标准要求较高的，老年人照料设施建筑热水用水定额可以适当选用较高值；反之可选用较低值。

2. 老年人照料设施建筑卫生器具用水定额及水温

老年人照料设施建筑相关功能场所卫生器具的一次热水用水量、小时热水用水量和水温，可按表 17-13 确定。

老年人照料设施建筑卫生器具一次热水用水量、小时热水用水量和水温表　　表 17-13

序号	卫生器具名称			一次热水用水量（L）	小时热水用水量（L）	水温（℃）
1	养老院	洗手盆		—	15～25	35
		洗涤盆（池）			300	50
		淋浴器			200～300	37～40
		浴盆		125～150	250～300	40
2	食堂	洗脸盆	工作人员用	3	60	30
			顾客用	—	120	
		淋浴器		40	400	37～40
3	公共浴室	淋浴器	有淋浴小间	100～150	200～300	37～40
			无淋浴小间	—	450～540	
		洗脸盆		5	50～80	35

注：表中用水量均为使用水温时的用水量；一次热水用水量指使用一次的用水量，并非卫生器具开关一次的用水量，有些卫生器具使用一次可能需要开关几次。

老年人照料设施建筑热水配水点水温宜为40～50℃。

3. 老年人照料设施建筑冷水计算温度

冷水的计算温度应以当地最冷月平均水温资料确定。当无水温资料时，按表1-58采用。

老年人照料设施建筑冷水计算温度宜按老年人照料设施建筑当地地面水温度确定，水温有取值范围时宜取低值。

4. 老年人照料设施建筑水加热设备供水温度

老年人照料设施建筑集中热水供应系统的水加热设备（包括热水锅炉、热水机组或水加热器等）的出水温度按表1-59采用。老年人照料设施建筑集中生活热水系统水加热设备的供水温度宜为60～65℃，通常按60℃计。

5. 老年人照料设施建筑生活热水水质

老年人照料设施建筑生活热水的水质指标，应符合现行国家标准《生活饮用水卫生标准》GB 5749的要求。

17.2.4 热水系统设计指标

1. 老年人照料设施建筑热水设计小时耗热量

(1) 全日供应热水设计小时耗热量

当老年人照料设施建筑住房部生活热水系统采用全日供应热水的集中生活热水系统时，其设计小时耗热量，按公式(17-3)计算：

$$Q_h = K_h \cdot m \cdot q_r \cdot C \cdot (t_{r1} - t_l) \cdot \rho_r \cdot C_\gamma / T \tag{17-3}$$

式中 Q_h——老年人照料设施建筑生活热水设计小时耗热量，kJ/h；

K_h——老年人照料设施建筑生活热水小时变化系数，可按表17-14经内插法计算采用；

老年人照料设施建筑生活热水小时变化系数表 **表17-14**

建筑类别	热水用水定额[L/(床·d)]	使用床位数m(床)	热水小时变化系数K_h
养老院	50～70	$50 \leqslant m \leqslant 1000$	3.20～2.74

注：K_h应根据热水用水定额高低、使用床位数多少取值，当热水用水定额高、使用床位数多时取低值，反之取高值。使用床位数小于下限值（50床）时，K_h取上限值（3.20）；使用床位数大于上限值（1000床）时，K_h取下限值（2.74）；使用床位数位于下限值与上限值之间（50～1000床）时，K_h取值在上限值与下限值之间（3.20～2.74），采用内插法计算求得。

m——老年人照料设施建筑设计床位数，床；

q_r——老年人照料设施建筑生活热水用水定额，L/(床·d)，按老年人照料设施建筑生活热水定额表（表17-14）选用；

C——水的比热，kJ/(kg·℃)，C=4.187kJ/(kg·℃)；

t_{r1}——热水计算温度，℃，计算时t_{r1}宜取65℃；

t_l——冷水计算温度，℃，计算时通常按表1-58选用；

ρ_r——热水密度，kg/L，通常取1.0kg/L；

C_γ——热水供应系统的热损失系数，C_γ=1.10～1.15；

T——老年人照料设施建筑每日使用时间，h，取24h。

将 C、t_{r1}、ρ_r、C_γ、T 等参数代入后为公式（17-4）：

$$Q_h = 0.201 \cdot K_h \cdot m \cdot q_r \cdot (65 - t_l) \tag{17-4}$$

（2）定时供应热水设计小时耗热量

当老年人照料设施建筑住房部生活热水系统采用定时供应热水的集中生活热水系统时，其设计小时耗热量，按公式（17-5）计算：

$$Q_h = \sum q_h \cdot C \cdot (t_{r2} - t_l) \cdot \rho_r \cdot n_0 \cdot b_g \cdot C_\gamma \tag{17-5}$$

式中 Q_h——老年人照料设施建筑生活热水设计小时耗热量，kJ/h；

q_h——老年人照料设施建筑卫生器具生活热水的小时用水定额，L/h，可按表 17-13 采用，计算时通常取小时热水用水量的上限值；

C——水的比热，kJ/(kg·℃)，C=4.187kJ/(kg·℃)；

t_{r2}——热水计算温度,℃，计算时按表 17-13 选用，淋浴器使用水温通常取 40℃；

t_l——冷水计算温度,℃，按全日生活热水系统 t_l取值表 1-58 选用；

ρ_r——热水密度，kg/L，通常取 1.0kg/L；

n_0——老年人照料设施建筑同类型卫生器具数；

b_g——老年人照料设施建筑卫生器具的同时使用百分数：养老院生活用房居室卫生间内浴盆或淋浴器可按 70%～100%计，通常按 100%计，其他卫生器具不计，但定时连续热水供水时间应大于或等于 2h；

C_γ——热水供应系统的热损失系数，C_γ=1.10～1.15。

老年人照料设施建筑生活用房居室卫生间内绝大多数情况下采用淋浴器洗浴，仅在少数 VIP 生活用房居室卫生间内采用浴盆洗浴。计算时淋浴器、浴盆热水小时用水定额均取 300L/h，热水计算温度均取 40℃，同时使用百分数均取 100%。在此情况下，设计小时耗热量按公式（17-6）计算：

$$Q_h = 1444.5 \cdot (40 - t_l) \cdot n_0 \tag{17-6}$$

计算时，t_l通常取地面水温度的下限值，我国各地地面水温度可取 4℃、5℃、7℃、8℃、10℃、15℃、20℃，据上式计算得简便计算公式，见表 17-15。

不同冷水计算温度生活热水系统采用定时供应热水 Q_h计算公式对照表　　表 17-15

冷水计算温度（℃）	老年人照料设施建筑生活热水系统采用定时供应热水 Q_h计算公式（kJ/h）
4	$52002.5 \cdot n_0$
5	$50558.0 \cdot n_0$
7	$47669.0 \cdot n_0$
8	$46224.5 \cdot n_0$
10	$43335.5 \cdot n_0$
15	$36112.9 \cdot n_0$
20	$28890.3 \cdot n_0$

老年人照料设施建筑同类型卫生器具数 n_0 即为生活热水系统涉及的淋浴器和浴盆数量之和。

(3) 不同使用要求用水部门热水设计小时耗热量

具有多个不同使用热水部门或具有多种热水使用形式的老年人照料设施建筑，当其热水由同一热水供应系统供应时，设计小时耗热量，可按同一时间内出现用水高峰的主要用水部门的设计小时耗热量加其他用水部门的平均小时耗热量计算。

2. 老年人照料设施建筑设计小时热水量

老年人照料设施建筑设计小时热水量，按公式（17-7）计算：

$$q_{rh} = Q_h / [(t_{r3} - t_l) \cdot C \cdot \rho_r \cdot C_\gamma] \tag{17-7}$$

式中 q_{rh}——老年人照料设施建筑生活热水设计小时热水量，L/h；

Q_h——老年人照料设施建筑生活热水设计小时耗热量，kJ/h；

t_{r3}——设计热水温度,℃，计算时 t_{r3} 取值与 t_{r1} 一致即可；

t_l——冷水计算温度,℃；

C——水的比热，kJ/(kg・℃)，C=4.187kJ/(kg・℃)；

ρ_r——热水密度，kg/L，通常取1.0kg/L；

C_γ——热水供应系统的热损失系数，C_γ=1.10～1.15。

3. 老年人照料设施建筑加热设备供热量

老年人照料设施建筑全日集中生活热水系统中，锅炉、水加热设备的设计小时供热量应根据日热水用量小时变化曲线、加热方式及锅炉、水加热设备的工作制度经积分曲线计算确定。

(1) 容积式水加热器或贮热容积与其相当的水加热器、燃油（气）热水机组供热量

老年人照料设施建筑生活热水系统采用的容积式水加热器均应为导流型容积式水加热器，其设计小时供热量可按公式（17-8）计算：

$$Q_g = Q_h - (\eta \cdot V_r / T_1) \cdot (t_{r3} - t_l) \cdot C \cdot \rho_r \tag{17-8}$$

式中 Q_g——老年人照料设施建筑导流型容积式水加热器的设计小时供热量，kJ/h；

Q_h——老年人照料设施建筑设计小时耗热量，kJ/h；

η——导流型容积式水加热器有效贮热容积系数，取0.8～0.9；

V_r——导流型容积式水加热器总贮热容积，L；

T_1——老年人照料设施建筑设计小时耗热量持续时间，h，定时集中热水供应系统 T_1 等于定时供水的时间；当 Q_g 计算值小于平均小时耗热量时，Q_g 应取平均小时耗热量；

t_{r3}——设计热水温度,℃，按导流型容积式水加热器出水温度或贮水温度计算，通常取65℃；

t_l——冷水温度,℃；

C——水的比热，kJ/(kg・℃)，C=4.187kJ/(kg・℃)；

ρ_r——热水密度，kg/L，通常取1.0kg/L。

在老年人照料设施建筑生活热水系统设计小时供热量计算时，通常取 $Q_g = Q_h$。

(2) 半容积式水加热器或贮热容积与其相当的水加热器、燃油（气）热水机组供热量

老年人照料设施建筑生活热水系统亦常采用半容积式水加热器，此时半容积式水加热

器设计小时供热量按设计小时耗热量计算，即取 $Q_g = Q_h$。

17.2.5 生活热水系统热水管网计算

1. 生活热水管网设计流量

(1) 老年人照料设施建筑生活热水引入管设计流量

老年人照料设施建筑生活热水引入管设计流量应按该建筑相应生活热水供水系统总供水干管的设计秒流量确定。

(2) 老年人照料设施建筑内生活热水设计秒流量

老年人照料设施建筑内生活热水设计秒流量应按公式（17-9）计算：

$$q_g = 0.2 \cdot \alpha \cdot (N_g)^{1/2} = 0.24 \cdot (N_g)^{1/2} \tag{17-9}$$

式中 q_g——计算管段的热水设计秒流量，L/s；

N_g——计算管段的卫生器具热水当量总数；

α——根据老年人照料设施建筑用途而定的系数，养老院取 1.2。

注：如计算值小于该管段上一个最大卫生器具热水额定流量时，应采用一个最大的卫生器具热水额定流量作为设计秒流量；如计算值大于该管段上按卫生器具热水额定流量累加所得流量值时，应按卫生器具热水额定流量累加所得流量值采用。

老年人照料设施建筑生活热水设计秒流量计算，可参照表 17-16。

老年人照料设施建筑生活热水设计秒流量计算表（L/s）　　表 17-16

卫生器具热水当量数 N_g	养老院 $\alpha=1.2$	卫生器具热水当量数 N_g	养老院 $\alpha=1.2$	卫生器具热水当量数 N_g	养老院 $\alpha=1.2$	卫生器具热水当量数 N_g	养老院 $\alpha=1.2$	卫生器具热水当量数 N_g	养老院 $\alpha=1.2$
1	0.24	18	1.02	50	1.70	84	2.20	145	2.89
2	0.34	19	1.05	52	1.73	86	2.23	150	2.94
3	0.42	20	1.07	54	1.76	88	2.25	155	2.99
4	0.48	22	1.13	56	1.80	90	2.28	160	3.04
5	0.54	24	1.18	58	1.83	92	2.30	165	3.08
6	0.59	26	1.22	60	1.86	94	2.33	170	3.13
7	0.63	28	1.27	62	1.89	96	2.35	175	3.17
8	0.68	30	1.31	64	1.92	98	2.38	180	3.22
9	0.72	32	1.36	66	1.95	100	2.40	185	3.26
10	0.76	34	1.40	68	1.98	105	2.46	190	3.31
11	0.80	36	1.44	70	2.01	110	2.52	195	3.35
12	0.83	38	1.48	72	2.04	115	2.57	200	3.39
13	0.87	40	1.52	74	2.06	120	2.63	205	3.44
14	0.90	42	1.56	76	2.09	125	2.68	210	3.48
15	0.93	44	1.59	78	2.12	130	2.74	215	3.52
16	0.96	46	1.63	80	2.15	135	2.79	220	3.56
17	0.99	48	1.66	82	2.17	140	2.84	225	3.60

续表

卫生器具热水当量数 N_g	养老院 $\alpha=1.2$	卫生器具热水当量数 N_g	养老院 $\alpha=1.2$	卫生器具热水当量数 N_g	养老院 $\alpha=1.2$	卫生器具热水当量数 N_g	养老院 $\alpha=1.2$	卫生器具热水当量数 N_g	养老院 $\alpha=1.2$
230	3.64	315	4.26	400	4.80	485	5.29	1200	8.31
235	3.68	320	4.29	405	4.83	490	5.31	1250	8.49
240	3.72	325	4.33	410	4.86	495	5.34	1300	8.65
245	3.76	330	4.36	415	4.89	500	5.37	1350	8.82
250	3.79	335	4.39	420	4.92	550	5.63	1400	8.98
255	3.83	340	4.43	425	4.95	600	5.88	1450	9.14
260	3.87	345	4.46	430	4.98	650	6.12	1500	9.30
265	3.91	350	4.49	435	5.01	700	6.35	1550	9.45
270	3.94	355	4.52	440	5.03	750	6.57	1600	9.60
275	3.98	360	4.55	445	5.06	800	6.79	1650	9.75
280	4.02	365	4.59	450	5.09	850	7.00	1700	9.90
285	4.05	370	4.62	455	5.12	900	7.20	1750	10.04
290	4.09	375	4.65	460	5.15	950	7.40	1800	10.18
295	4.12	380	4.68	465	5.18	1000	7.59	1850	10.32
300	4.16	385	4.71	470	5.20	1050	7.78	1900	10.46
305	4.19	390	4.74	475	5.23	1100	7.96	1950	10.60
310	4.23	395	4.77	480	5.26	1150	8.14	2000	10.73

2. 老年人照料设施建筑内卫生器具热水当量

老年人照料设施建筑卫生器具的热水额定流量、热水当量、连接热水管管径和最低工作压力按表3-31确定。

3. 老年人照料设施建筑内热水管管径

老年人照料设施建筑内热水供水管的管径，应根据该热水供水管段的设计秒流量、允许热水流速等查相关计算表格确定。生活热水管道设计流速不宜大于1.00m/s。

老年人照料设施建筑公共浴室淋浴器个数与对应供给相应数量热水供水管管径的对照表，参见表17-17。

老年人照料设施建筑公共浴室淋浴器个数与热水供水管管径对照表　　表17-17

老年人照料设施建筑公共浴室无间隔淋浴器数量（个）	1	2	3	4～5	6～8	9～14	15～25	26～38	39～54	55～90
老年人照料设施建筑公共浴室有间隔淋浴器数量（个）	1～2	3	4	5～7	8～12	13～20	21～35	36～54	55～77	78～128
热水供水管管径 DN（mm）	25	32	40	50	70	80	100	125	150	200

本区域热水回水干管管径根据该区域热水供水干管最大管径确定。热水回水管管径与热水供水管管径的对照，参见表 3-33。

整个生活热水系统的生活热水供水立管、干管均按照其服务的热水设计秒流量确定其管段管径；生活热水回水立管、干管先按照其服务的热水设计秒流量确定出一个供水管管径值，再根据表 3-33 确定其管段回水管管径值。

17.2.6 生活热水机房（换热机房、换热站）

老年人照料设施建筑生活热水机房（换热机房、换热站）位置确定，见表 17-18。

老年人照料设施建筑生活热水机房（换热机房、换热站）位置确定表　　表 17-18

<table>
<tr><th>序号</th><th>生活热水机房（换热机房、换热站）位置</th><th>生活热水系统热源情况</th><th>生活热水机房（换热机房、换热站）内设施</th><th>适用范围</th></tr>
<tr><td>1</td><td>院区室外独立设置</td><td rowspan="2">院区锅炉房热水（蒸汽）锅炉提供热媒，经换热后提供第 1 热源；太阳能设备或空气能热泵设备提供第 2 热源</td><td rowspan="2">常用设施：水（汽）水换热器（加热器）、热水循环泵组</td><td>新建、改建老年人照料设施建筑；设有锅炉房</td></tr>
<tr><td>2</td><td>单体建筑室内地下室</td><td>新建老年人照料设施建筑；设有锅炉房</td></tr>
<tr><td>3</td><td>单体建筑屋顶</td><td>太阳能设备或（和）空气能热泵设备提供热源；必要情况下燃气热水设备提供第 2 热源</td><td>热水箱、热水循环泵组、集热循环泵组、空气能热泵循环泵组</td><td>新建、改建老年人照料设施建筑；屋顶设有热源热水设备</td></tr>
</table>

老年人照料设施建筑生活热水机房（换热机房、换热站）应为独立的房间；不应毗邻生活用房中的居室、单元起居厅、餐厅、老年人休息室、家属探视室，文娱与健康用房中的阅览室、网络室、棋牌室、书画室、教室、健身室、多功能活动室，康复与医疗用房中的康复用房、医务室，管理服务用房中的办公室、会议室、员工休息室；循环泵组及机房应采取减振降噪措施。

17.2.7 生活热水箱

老年人照料设施建筑生活热水箱设计要求，参见表 1-72。

生活热水箱各种水位，按表 1-74 确定。

老年人照料设施建筑生活热水箱间应为独立的房间。

17.2.8 生活热水循环泵

1. 生活热水循环泵设置位置

当系统热源由高温热媒经院区热水机房（换热机房）内的各分区换热设备后向各分区供给热水时，各分区生活热水循环泵通常设在热水机房（换热机房）内。当系统热源由屋顶太阳能供水设备向各分区供给热水时，各分区生活热水循环泵通常设在本分区最低楼层或下面一层热水循环泵房内。

2. 生活热水循环泵设计流量

当老年人照料设施建筑热水系统采用定时供水时，热水循环流量可按循环管网总水容积的2～4倍计算。

设计中，生活热水循环泵的流量可按照所服务热水系统设计小时流量的25%～30%确定。

3. 生活热水循环泵设计扬程

生活热水循环泵的扬程，按公式（7-11）、公式（7-12）计算。

老年人照料设施建筑热水循环泵组通常每套设置2台，1用1备，交替运行。

4. 太阳能集热循环泵

太阳能集热循环泵通常设置在屋顶生活热水箱间内，宜设置在太阳能设备供水管即从生活热水箱接出的管道上。集热循环泵流量，按公式（1-28）计算；集热循环泵扬程，按公式（1-29）、公式（1-30）计算。

老年人照料设施建筑集热循环泵组通常每套设置2台，1用1备，交替运行。

17.2.9 热水系统管材、附件和管道敷设

1. 生活热水系统管材

老年人照料设施建筑生活热水系统热水管道常用的管材包括薄壁不锈钢管、PVC-C（氯化聚氯乙烯）热水用管、薄壁铜管、钢塑复合管（如PSP管）、铝塑复合管等，较少采用普通塑料热水管。

2. 生活热水系统阀门

老年人照料设施建筑生活热水系统设置阀门的部位，参见表2-50。

3. 生活热水系统止回阀

老年人照料设施建筑生活热水系统设置止回阀的部位，参见表2-51。

4. 生活热水系统水表

设有集中热水供应系统的老年人照料设施建筑应设置热水计量水表，且应热水供水、循环回水管道同时设置，通常按分区域原则设置热水表，热水表宜采用远传智能水表。

5. 热水系统排气装置、泄水装置

对于上行下给式热水系统，系统热水配水干管最高处及向上抬高管段应设置*DN*25自动排气阀、检修阀门；对于下行上给式热水系统，可利用最高热水配水点放气。

热水管道系统的最低处及向下凹的管段应设置泄水装置或利用最低热水配水点泄水。

6. 温度计、压力表

老年人照料设施建筑生活热水系统设置温度计的部位，参见表1-77；设置压力表的部位，参见表1-78。

7. 管道补偿装置

长度超过50m的热水横干管或立管均应设置波纹伸缩节，通常设置在该根管道上管径较小的管段处，靠近一端的管道固定支吊架。

8. 控温、稳压装置

老年人照料设施建筑热水供应应有控温、稳压装置，宜采用恒温阀或恒温龙头。

9. 保温

生活热水系统中的热水锅炉、燃油（气）热水机组、水加热设备、贮热水箱（罐）、分（集）水器均应做保温。老年人照料设施建筑明设热水管道应设有保温措施。

热水管道保温材料厚度确定，参见表1-79、表1-80。

17.3 排水系统

17.3.1 排水系统类别

老年人照料设施建筑排水系统分类，见表17-19。

排水系统分类表 **表17-19**

序号	分类标准	排水系统类别	老年人照料设施建筑应用情况	应用程度
1	建筑内场所使用功能	生活污水排水	老年人照料设施建筑生活用房居室卫生间；公共卫生间污水排水	常用
2		生活废水排水	老年人照料设施建筑生活用房居室卫生间；公共卫生间；公共浴室洗浴等废水排水	
3		厨房废水排水	老年人照料设施建筑内附设厨房、食堂、餐厅污水排水	
4		设备机房废水排水	老年人照料设施建筑内附设水泵房（包括生活水泵房、消防水泵房）、空调机房、制冷机房、换热机房、锅炉房、热水机房等机房废水排水	
5		消防废水排水	老年人照料设施建筑内消防电梯井排水、自动喷水灭火系统试验排水、消火栓系统试验排水、消防水泵试验排水等废水排水	
6		绿化废水排水	老年人照料设施建筑室外绿化废水排水	
7	建筑内污、废水排水方式	重力排水方式	老年人照料设施建筑地上污废水排水	最常用
8		压力排水方式	老年人照料设施建筑地下室污废水排水	常用
9	污废水排水体制	污废合流排水系统		最常用
10		污废分流排水系统		常用
11	排水系统通气方式	设有通气管系排水系统	伸顶通气排水系统通常应用在多层老年人照料设施建筑卫生间排水，专用通气立管排水系统通常应用在高层老年人照料设施建筑卫生间排水。环形通气排水系统、器具通气排水系统通常应用在个别老年人照料设施建筑公共卫生间排水	最常用
12		特殊单立管排水系统		极少用

老年人照料设施建筑室内污废水排水体制采用合流制，当有中水利用要求时，可采用分流制。

典型的老年人照料设施建筑排水系统原理图，参见图2-7、图2-8。

老年人照料设施建筑中的生活污水、厨房含油废水等均应经化粪池处理；生活废水、设备机房废水、消防废水、绿化废水等不需经过化粪池处理。厨房含油废水应经除油处理后再排入污水管道。

老年人照料设施建筑污废水与建筑雨水应雨污分流。

老年人照料设施建筑公共卫生间等生活粪便污水、生活废水等可合流排放，当有中水利用要求时，可采用分流排放。

老年人照料设施建筑的空调凝结水排水管不得与污废水管道系统直接连接，空调凝结水宜单独收集后回用于绿化、水景、冷却塔补水等。

17.3.2 卫生器具

1. 老年人照料设施建筑内卫生器具种类及设置场所

老年人照料设施建筑内卫生器具种类及设置场所，见表17-20。

老年人照料设施建筑内卫生器具种类及设置场所表　　表17-20

序号	卫生器具名称	主要设置场所
1	坐便器	老年人照料设施建筑残疾人卫生间；生活用房居室卫生间；公共浴室
2	蹲便器	老年人照料设施建筑公共卫生间
3	淋浴器	老年人照料设施建筑生活用房居室卫生间；公共浴室淋浴间
4	盥洗盆（槽）	老年人照料设施建筑康复用房盥洗间；盥洗室；公共浴室
5	洗手盆	老年人照料设施建筑生活用房居室卫生间；公共浴室淋浴间；公共卫生间
6	台板洗脸盆	老年人照料设施建筑生活用房居室卫生间；公共浴室淋浴间；公共卫生间；残疾人卫生间
7	小便器	老年人照料设施建筑公共卫生间
8	拖布池	老年人照料设施建筑公共卫生间
9	洗菜池	老年人照料设施建筑食堂、厨房
10	厨房洗涤槽（池）	老年人照料设施建筑厨房

2. 老年人照料设施建筑内卫生器具选用

老年人照料设施建筑卫生间卫生器具应符合表17-21的规定。

老年人照料设施建筑卫生器具选用表　　表17-21

序号	卫生器具种类	卫生器具使用场所	卫生器具选型
1	大便器	老年人照料设施建筑公共卫生间；残疾人卫生间；生活用房居室卫生间；公共浴室	脚踏式自闭式冲洗阀冲洗的坐式或蹲式大便器
2	小便器	老年人照料设施建筑公共卫生间	红外感应自动冲洗小便器

续表

序号	卫生器具种类	卫生器具使用场所	卫生器具选型
3	洗手盆	老年人照料设施建筑生活用房居室卫生间；公共浴室淋浴间；公共卫生间等	龙头应采用感应型水嘴

3. 公共卫生间排水设计要点

公共卫生间排水立管及通气立管通常敷设于专用管道井内；采用专用通气立管方式时，排水立管与通气立管采用结合管连接。管道井中排水立管与通气立管中心距最小值，参见表1-91。

4. 老年人照料设施建筑内卫生器具排水配件穿越楼板留孔位置及尺寸

常见卫生器具排水配件穿越楼板留孔位置及尺寸，参见表1-92。

5. 地漏

老年人照料设施建筑内生活用房居室卫生间、公共卫生间、开水间、空调机房、新风机房；公共浴室淋浴间等场所内应设置地漏。

老年人照料设施建筑室内排水应通畅便捷，并保证有效的水封要求。截水用条形地漏宜与地面平齐，不影响人员及轮椅通行；卫生间地漏宜设在靠近角部最低处不易被踩踏的部位。

老年人照料设施建筑地漏及其他水封高度要求不得小于50mm，且不得大于100mm。

老年人照料设施建筑地漏类型选用，参见表2-57；地漏规格选用，参见表2-58。

6. 水封装置

老年人照料设施建筑中采用排水沟排水的场所包括厨房、泵房、设备机房、公共浴室等。当排水沟内废水直接排至室外时，沟与排水排出管之间应设置水封装置。卫生器具排水管段上不得重复设置水封装置。

17.3.3 排水系统水力计算

1. 老年人照料设施建筑最高日和最大时生活排水量

老年人照料设施建筑生活排水量宜按该建筑生活给水量的85%～95%计算，通常按90%。

2. 老年人照料设施建筑卫生器具排水技术参数

老年人照料设施建筑卫生器具的排水流量、排水当量、排水支管管径、排水坡度等基本参数的选定，参见表3-39。

3. 老年人照料设施建筑排水设计秒流量

老年人照料设施建筑的生活排水管道设计秒流量，按公式（17-10）计算：

$$q_u = 0.12 \cdot \alpha \cdot (N_p)^{1/2} + q_{max} = 0.18 \cdot (N_p)^{1/2} + q_{max} \tag{17-10}$$

式中 q_u——计算管段排水设计秒流量L/s；

N_p——计算管段的卫生器具排水当量总数；

α——根据建筑物用途而定的系数，养老院取1.5；

q_{max}——计算管段上最大一个卫生器具的排水流量，L/s。

计算时，如计算所得流量值大于该管段上按卫生器具排水流量累加值时，应按卫生器具排水流量累加值计。

老年人照料设施建筑 $q_{max}=1.50L/s$ 和 $q_{max}=2.00L/s$ 时排水设计秒流量计算数据，参见表1-97。

老年人照料设施建筑公共浴室、食堂厨房等的生活排水管道设计秒流量，按公式（17-11）计算：

$$q_p = \sum q_0 \cdot n_0 \cdot b \tag{17-11}$$

式中 q_p——老年人照料设施建筑计算管段的排水设计秒流量，L/s；

q_0——老年人照料设施建筑同类型的一个卫生器具排水流量，L/s，可按表3-39采用；

n_0——老年人照料设施建筑同类型卫生器具数；

b——老年人照料设施建筑卫生器具的同时排水百分数：老年人照料设施建筑公共浴室内的淋浴器和洗脸盆按表4-12选用，食堂的设备按表4-13选用。

注：当计算排水流量小于一个大便器排水流量时，应按一个大便器的排水流量计算。

4. 老年人照料设施建筑排水管道管径确定

老年人照料设施建筑排水铸铁管道最小坡度，按表1-98确定；胶圈密封连接排水塑料横管的坡度，按表1-99确定；建筑内排水管道最大设计充满度，参见表1-100；排水管道自清流速，参见表1-101。

排水横管水力计算按照公式（1-32）、公式（1-33）；排水铸铁管水力计算，参见表1-102；排水塑料管水力计算，参见表1-103。

不同管径下排水横管允许流量 Q_p，参见表1-104。

老年人照料设施建筑排水系统中排水横干管常见管径为 $DN100$、$DN150$。$DN100$ 排水横干管对应排水当量最大限值，参见表1-105，$DN150$ 排水横干管对应排水当量最大限值，参见表1-106。

不同通气方式的排水立管最大设计排水能力，参见表1-107～表1-109。

老年人照料设施建筑各种排水管的推荐管径，参见表2-60。

17.3.4 排水系统管材、附件和检查井

1. 老年人照料设施建筑排水管管材

老年人照料设施建筑排水管应选用低噪声管材或采用降噪声措施。室外排水管可采用埋地排水塑料管，包括硬聚氯乙烯管、聚乙烯管和玻璃纤维增强塑料夹砂管等。常用的室外排水管还有双壁加筋波纹排水管、双平壁钢塑复合缠绕排水管等。

老年人照料设施建筑室内排水管类型，见表17-22。

室内排水管类型表 表17-22

序号	排水管类型	排水管设置要求
1	玻纤增强聚丙烯（FRPP）排水管	
2	柔性接口机制铸铁排水管	宜采用柔性接口机制排水铸铁管，连接方式有法兰压盖式承插柔性连接和无承口卡箍式连接
3	硬聚氯乙烯（PVC-U）排水管	采用胶水（胶粘剂）粘接连接
4	老年人照料设施建筑压力排水管	可采用焊接钢管、钢塑复合管、镀锌钢管

2. 老年人照料设施建筑排水管附件

排水立管上检查口的设置位置，参见表1-113；检查口之间的最大距离，参见表1-114；检查口设置要求，参见表1-115。

清扫口的设置位置，参见表1-116；清扫口至室外检查井中心最大长度，参见表1-117；排水横管直线管段上清扫口之间的最大距离，参见表1-118。

塑料排水管道支吊架间距规定，参见表1-119。

3. 老年人照料设施建筑排水管道布置敷设

老年人照料设施建筑排水管道不应布置场所，见表17-23。

排水管道不应布置场所表 **表17-23**

序号	排水管道不应布置场所	具体要求
1	生活水泵房等设备机房	排水横管禁止在老年人照料设施建筑生活水箱箱体正上方敷设，生活水泵房其他区域不宜敷设排水管道；设在室内的消防水池（箱）应按此要求处理
2	厨房、餐厅	老年人照料设施建筑中厨房内的主副食操作间、烹调间、备餐间、加工间、粗加工、冷菜间、面点蒸煮间、食品储藏库（主食库、副食库）等房间的上方均不应敷设排水管道，排水立管不宜穿过上述房间；老年人照料设施建筑中的餐厅、药膳房；老年人照料设施建筑中的厨房排水应独立设置，排水横管和立管均不得与卫生间污水排水管道连通。上述场所上方排水管不宜采用同层排水方式
3	生活用房	居室、单元起居厅、餐厅、备餐室、药存室、清洁间、老年人休息室、厨房或电炊操作室等。上述场所不应敷设排水管
4	电气机房	老年人照料设施建筑中的电气机房包括高压配电室、低压配电室（包括其值班室）、信息中心、UPS机房、消防控制室等，排水管道不得敷设在此类电气机房内
5	结构变形缝、结构风道	原则上排水管道不得穿过结构变形缝；若条件限制必须穿越沉降缝时，则应预留沉降量并设置不锈钢软管柔性连接，必须穿越伸缩缝时，则应安装伸缩器
6	电梯机房、通风小室	

注：阅览室、网络室、书画室、教室、多功能活动室、康复用房、办公室、接待室、会议室、档案存放室、员工休息室等场所不宜敷设排水管。

老年人照料设施建筑排水系统管道设计遵循原则，参见表2-63。

老年人照料设施的卫生间排水管道宜暗设敷设。

4. 老年人照料设施建筑间接排水

老年人照料设施建筑中的间接排水，参见表4-33。

老年人照料设施建筑未设置地下室时，排水排出管穿越有沉降可能的承重墙或基础时应预留洞口；设置地下室时，排水排出管穿越地下室外墙时应预留防水套管，宜采用柔性防水套管。

17.3.5 通气管系统

老年人照料设施建筑通气管设置要求，见表17-24。

老年人照料设施建筑通气管设置要求表 **表 17-24**

序号	通气管名称	设置位置	设置要求	管径确定
1	伸顶通气管	设置场所涉及老年人照料设施建筑尤其是多层老年人照料设施建筑所有区域	高出非上人屋面不得小于300mm，但必须大于最大积雪厚度，常采用800～1000mm；高出上人屋面不得小于2000mm，常采用2000mm。顶端应装设风帽或网罩：在冬季室外温度高于－15℃的地区，顶端可装网形铅丝球；低于－15℃的地区，顶端应装伞形通气帽	应与排水立管管径相同。但在最冷月平均气温低于－13℃的地区，应在室内平顶或吊顶以下0.3m处将管径放大一级，若采用塑料管材时其最小管径不宜小于110mm
2	专用通气管	高层老年人照料设施建筑公共卫生间排水应采用专用通气方式；多层老年人照料设施建筑公共卫生间宜采用专用通气方式	老年人照料设施建筑公共卫生间的排水立管和专用通气立管并排设置在卫生间附设管道井内；未设管道井时，该2种立管并列设置，并宜后期装修包敷暗设，专用通气立管宜靠内侧敷设、排水立管宜靠外侧敷设	通常与其排水立管管径相同
3	汇合通气管	老年人照料设施建筑中多根通气立管或多根排水立管顶端通气部分上方楼层存在特殊区域（如厨房、餐厅、电气机房等）不允许每根立管穿越向上接至屋顶时，需在本层顶板下或吊顶内汇集后接至屋顶		汇合通气管的断面积应为最大一根通气管的断面积加其余通气管断面之和的0.25倍
4	主（副）通气立管	通常设置在老年人照料设施建筑内的公共卫生间		通常与其排水立管管径相同
5	结合通气管			通常与其连接的通气立管管径相同
6	环形通气管	连接4个及4个以上卫生器具（包括大便器）且横支管的长度大于12m的排水横支管；连接6个及6个以上大便器的污水横支管；设有器具通气管；特殊单立管偏置	和排水横支管、主（副）通气立管连接的要求：在排水横支管上设环形通气管时，应在其最始端的两个卫生器具之间接出，并应在排水支管中心线以上与排水支管呈垂直或45°连接；环形通气管应在卫生器具上边缘以上不小于0.15m处按不小于0.01的上升坡度与通气立管相连	常用管径为*DN*40（对应*DN*75排水管）、*DN*50（对应*DN*100排水管）

老年人照料设施建筑通气管可采用柔性接口机制排水铸铁管或塑料排水管，一般采用与老年人照料设施建筑排水管相同管材。在最冷月平均气温低于－13℃的地区，伸出屋面部分通气立管应采用柔性接口机制排水铸铁管。

通气立管的最小管径，参见表1-130。

17.3.6 特殊排水系统

老年人照料设施建筑生活水泵房、厨房、电气机房等场所的上方楼层不应有排水横支管明设管道等。若有必要在上述某些场所上方设置排水点且无法采取其他躲避措施时，该部位的排水应采用同层排水方式。

老年人照料设施建筑同层排水最常采用的是降板或局部降板法。

17.3.7 特殊场所排水

1. 老年人照料设施建筑化粪池

化粪池宜设置在接户管的下游端；位置宜选在院区最低处附近；外壁距建筑物外墙不宜小于5m；宜选用钢筋混凝土化粪池。

老年人照料设施建筑化粪池有效容积，按公式（1-35）～公式（1-38）计算。

老年人照料设施建筑可集中并联设置或根据院区布局分散并联布置2个或3个化粪池，多个化粪池的型号宜一致。

2. 老年人照料设施建筑食堂、餐厅含油废水处理

老年人照料设施建筑含油废水宜采用三级隔油处理流程，参见表1-141。

根据食堂用餐人数确定隔油设施处理水量，按公式（1-39）计算；根据食堂餐厅面积确定隔油设施处理水量，按公式（1-40）计算。

隔油池有效容积，按公式（1-41）计算。隔油池的类型，参见表1-142。

隔油提升一体化设备选型的主要技术参数为其所接纳的食堂、餐厅内厨房等器具含油污水排水流量。

3. 老年人照料设施建筑设备机房排水

老年人照料设施建筑地下设备机房排水设施要求，参见表1-147。

17.3.8 压力排水

1. 老年人照料设施建筑集水坑设置

老年人照料设施建筑地下室应设置集水坑。集水坑的设置要求，见表17-25。

集水坑设置要求表 **表17-25**

序号	集水坑服务场所	集水坑设置要求	集水坑尺寸
1	老年人照料设施建筑地下室卫生间	宜设在地下室最底层靠近卫生间的附属区域（如库房等）或公共空间，禁止设在有人员经常活动的场所；宜集中收纳附近多个卫生间的污水	应根据污水提升装置的规格要求确定
2	老年人照料设施建筑地下室食堂、餐厅等	应设置在食堂、餐厅、厨房邻近位置，不宜设在细加工间和烹炒间等房间内	应根据污水隔油提升一体化装置的规格要求确定

续表

序号	集水坑服务场所	集水坑设置要求	集水坑尺寸
3	老年人照料设施建筑地下室淋浴间等场所	宜根据建筑平面布局按区域集中设置 1 个或多个	应根据污水提升装置的规格要求确定
4	老年人照料设施建筑地下车库出入口坡道处	应尽量靠近汽车坡道最低尽头处	2500mm×2000mm×1500mm
5	老年人照料设施建筑地下生活水泵房、消防水泵房、热水机房		1500mm×1500mm×1500mm

通气管管径宜与排水管管径相同，可接至室外或向上接至建筑地上部分通气管系统。

2. 污水泵、污水提升装置选型

老年人照料设施建筑排水泵的流量方法确定，参见表 2-68；排水泵的扬程，按公式（1-44）计算。

17.3.9 室外排水系统

1. 老年人照料设施建筑室外排水管道布置

老年人照料设施建筑室外排水管道布置方法，参见表 2-69；与其他地下管线（构筑物）最小间距，参见表 1-154。

老年人照料设施建筑室外排水管道最小覆土深度不宜小于 0.5m；对于严寒地区、寒冷地区老年人照料设施建筑，室外排水管道最小覆土深度应超过当地冻土层深度。

2. 老年人照料设施建筑室外排水管道敷设

老年人照料设施建筑室外排水管道与生活给水管道交叉时，应敷设在生活给水管道下面。室外排水管道敷设发生冲突时，应遵循表 1-26 原则处理。

3. 老年人照料设施建筑室外排水管道水力计算

室外排水管道水力计算，按公式（1-45）、公式（1-46）。

老年人照料设施建筑室外排水管道的最小管径、最小设计坡度、最大设计充满度，参见表 1-155。

4. 老年人照料设施建筑室外排水管道管材

老年人照料设施建筑室外排水管道宜优先采用埋地塑料排水管，弹性橡胶圈密封柔性接口，小于 *DN*200 直壁管，可采用承插式粘接；可采用埋地铸铁排水管，橡胶圈柔性接口或水泥砂浆接口。

5. 老年人照料设施建筑室外排水检查井

老年人照料设施建筑室外排水检查井设置位置，参见表 1-156。

老年人照料设施建筑室外排水检查井宜优先选用玻璃钢排水检查井，其次是混凝土排水检查井，禁止采用砖砌排水检查井。室外排水管在排水检查井连接应采用管顶平接。

17.4 雨水系统

17.4.1 雨水系统分类

老年人照料设施建筑雨水系统分类，见表 17-26。

雨水系统分类表 表 17-26

序号	分类标准	雨水系统类别	老年人照料设施建筑应用情况	应用程度
1	屋面雨水设计流态	半有压流屋面雨水系统	老年人照料设施建筑中一般采用的是 87 型雨水斗系统	最常用
2		压力流屋面雨水系统（虹吸式雨水系统）	老年人照料设施建筑的屋面（通常为裙楼屋面）面积较大时，可考虑采用	少用
3		重力流屋面雨水系统		极少用
4	雨水管道设置位置	内排水雨水系统	高层老年人照料设施建筑雨水系统应采用；多层老年人照料设施建筑雨水系统宜采用	最常用
5		外排水雨水系统	老年人照料设施建筑如果面积不大、建筑专业立面允许，可以采用	少用
6		混合式雨水系统		极少用
7	雨水出户横管室内部分是否存在自由水面	封闭系统		最常用
8		敞开系统		极少用
9	建筑屋面排水条件	天沟雨水排水系统		最常用
10		檐沟雨水排水系统		极少用
11		无沟雨水排水系统		极少用
12	压力提升雨水排水系统		老年人照料设施建筑地下车库出入口等处，雨水汇集就近排至集水坑时采用	常用

17.4.2 雨水量

1. 设计雨水流量

老年人照料设施建筑设计雨水流量，应按公式（1-47）计算。

2. 设计暴雨强度

设计暴雨强度应按老年人照料设施建筑所在地或相邻地区暴雨强度公式计算确定，见公式（1-48）。

我国部分城镇 5min 设计暴雨强度、小时降雨厚度，参见表 1-158（设计重现期 P=10 年）。

3. 设计重现期

老年人照料设施建筑屋面雨水设计重现期：对于半有压流屋面雨水系统，通常取 10 年；对于压力流屋面雨水系统，通常取 50 年。

4. 设计降雨历时

老年人照料设施建筑屋面雨水排水管道设计降雨历时按照 5min 确定。

老年人照料设施建筑院区雨水排水管道设计降雨历时，按公式（1-49）计算。

5. 径流系数

老年人照料设施建筑屋面及院区地面的径流系数，参见表 1-159。

6. 汇水面积

老年人照料设施建筑的雨水汇水面积计算原则，参见表1-160。

17.4.3 雨水系统

1. 雨水系统设计常规要求

老年人照料设施建筑雨水系统设置要求，参见表1-161。

老年人照料设施建筑雨水排水管道不应穿越的场所，见表17-27。

雨水排水管道不应穿越的场所表 **表17-27**

序号	不应穿越的场所名称	具体房间名称
1	厨房、餐厅	老年人照料设施建筑中厨房内的主副食操作间、烹调间、备餐间、加工间、粗加工、冷菜间、面点蒸煮间、食品储藏库（主食库、副食库）等房间，餐厅
2	生活用房	居室、单元起居厅、餐厅、备餐室、药存室、清洁间、老年人休息室、厨房或电炊操作室等
3	电气机房	老年人照料设施建筑中的电气机房包括高压配电室、低压配电室（包括其值班室）、信息中心、UPS机房、消防控制室等

注：1. 阅览室、网络室、书画室、教室、多功能活动室、康复用房、办公室、接待室、会议室、档案存放室、员工休息室等场所不宜敷设排水管；
2. 老年人照料设施建筑雨水排水横管宜沿建筑内公共区域（内走道等）吊顶内敷设；雨水排水立管宜沿建筑内公共场所或辅助次要场所敷设。

2. 雨水斗设计

老年人照料设施建筑半有压流屋面雨水系统通常采用87型雨水斗或79型雨水斗，规格常用DN100。

雨水斗设计排水负荷，参见表1-163。

雨水斗下方区域宜为建筑顶层公共区域（如内走道）或辅助次要场所（如公共卫生间、库房等），不应为需要安静的场所，不宜为活动区房间。

雨水斗宜对雨水排水立管做对称布置；接有多斗悬吊管的立管顶端不得设置雨水斗；一个屋面上应设置不少于2个雨水斗。

3. 天沟、溢流设施、连接管、悬吊管、立管、埋地管、排出管设计

老年人照料设施建筑天沟、溢流设施、连接管、悬吊管、立管、埋地管、排出管设置要求，参见表1-164。

4. 室内水泵提升雨水排水系统设计

地下室露天窗井内应设平箅式雨水口、无水封地漏作为雨水口，经雨水收集管接入集水池。

雨水提升泵通常采用潜水泵，宜采用3台，2用1备。

5. 雨水管管材

老年人照料设施建筑雨水排水管管材，参见表1-167。

17.4.4 雨水系统水力计算

1. 半有压流（87型）屋面雨水系统水力计算

（1）雨水斗（87型）

雨水斗设计流量，应按公式（1-50）计算。

对于单斗雨水系统，雨水斗设计流量不应超过表1-168数值；对于多斗雨水系统，雨水斗设计流量应根据表1-169取值，最远端雨水斗设计流量不得超过表1-169数值。

老年人照料设施建筑87型雨水斗口径常采用*DN*100，其次是*DN*75、*DN*150。

（2）雨水连接管

老年人照料设施建筑雨水连接管管径通常与雨水斗出水口直径相同，常采用*DN*100，其次是*DN*150。

（3）雨水悬吊管

老年人照料设施建筑雨水悬吊管管径，参见表1-172。

（4）雨水立管

连接2根及以上雨水悬吊管的雨水立管管径，按表1-173确定。

（5）雨水排出管

老年人照料设施建筑雨水排出管管径确定，参见表1-174～表1-177。

（6）雨水管道最小管径

老年人照料设施建筑雨水系统最小设计管径及雨水排水横管最小设计坡度，参见表1-178。

2. 压力流（虹吸式）屋面雨水系统水力计算

老年人照料设施建筑压力流（虹吸式）屋面雨水系统水力计算方法，参见1.4.4节。

3. 雨水提升系统水力计算

老年人照料设施建筑地下室窗井等场所设计雨水流量，按公式（1-54）计算；设计径流雨水总量，按公式（1-55）计算。

17.4.5　院区室外雨水系统设计

老年人照料设施建筑院区雨水系统宜采用管道排水形式，与污水系统应分流排放。

1. 雨水口

雨水口选型，参见表1-180；雨水口设置位置，参见表1-181；各类型雨水口的泄水流量，参见表1-182。

雨水口设计流量，按公式（1-56）计算。

2. 雨水口连接管

单箅雨水口连接管管径通常采用*DN*250。

3. 雨水检查井

院区内直线雨水管道上雨水检查井设置最大间距，参见表1-183。

院区雨水检查井常见规格通常采用*DN*1000圆形玻璃钢或钢筋混凝土雨水检查井。

4. 室外雨水管道布置

老年人照料设施建筑室外雨水管道布置方法，参见表1-184。

17.4.6　院区室外雨水利用

老年人照料设施建筑应根据当地有关规定配套建设雨水利用设施。雨水利用工程应符合现行国家标准《建筑与小区雨水控制及利用工程技术规范》GB 50400的有关规定。

雨水收集回用应进行水量平衡计算。老年人照料设施建筑院区雨水通常可用于景观用水、院区绿化用水、路面和地面冲洗用水、汽车冲洗用水、冲厕用水等。

17.5 消火栓系统

老年人照料设施建筑属于民用建筑中的公共建筑。建筑高度大于 50m 或设计床位数大于或等于 150 张的高层老年人照料设施建筑属于一类高层民用建筑；建筑高度小于或等于 50m 且设计床位数小于 150 张的高层老年人照料设施建筑属于二类高层民用建筑。

17.5.1 消火栓系统设置场所

高层老年人照料设施建筑；建筑体积大于 5000m^3 的单、多层老年人照料设施建筑必须设置室内消火栓系统。

17.5.2 消火栓系统设计参数

1. 老年人照料设施建筑室外消火栓设计流量

老年人照料设施建筑室外消火栓设计流量，不应小于表 17-28 的规定。

老年人照料设施建筑室外消火栓设计流量表（L/s）　　表 17-28

耐火等级	建筑物名称	建筑体积（m^3）					
		$V \leqslant 1500$	$1500 < V \leqslant 3000$	$3000 < V \leqslant 5000$	$5000 < V \leqslant 20000$	$20000 < V \leqslant 50000$	$V > 50000$
一、二级	单层及多层老年人照料设施建筑	15			25	30	40
	高层老年人照料设施建筑	—			25	30	40
三级	单层及多层老年人照料设施建筑	15		20	25	30	—

注：1. 建筑体积指本建筑占据的空间数量，包括该建筑的地上空间体积数和地下空间体积数；
2. 地下车库室外消火栓系统设计流量小于建筑主体室外消火栓系统设计流量，老年人照料设施建筑室外消火栓系统设计流量按建筑主体室外消火栓系统设计流量确定；
3. 地下人防工程室外消火栓系统设计流量小于建筑主体室外消火栓系统设计流量，老年人照料设施建筑室外消火栓系统设计流量按建筑主体室外消火栓系统设计流量确定。

2. 老年人照料设施建筑室内消火栓设计流量

老年人照料设施建筑室内消火栓设计流量，不应小于表 17-29 的规定。

老年人照料设施建筑室内消火栓设计流量表　　表 17-29

建筑物名称	高度 h（m）、体积 V（m^3）、火灾危险性	消火栓设计流量（L/s）	同时使用消防水枪（支）	每根竖管最小流量（L/s）
单层及多层老年人照料设施建筑	$5000 < V \leqslant 10000$	10	2	10
	$10000 < V \leqslant 25000$	15	3	10
	$V > 25000$	20	4	15
二类高层老年人照料设施建筑（建筑高度小于或等于 50m 且设计床位数小于 150 张的高层老年人照料设施建筑）	$h \leqslant 50$	20	4	10

续表

建筑物名称	高度 h（m）、体积 V（m^3）、火灾危险性	消火栓设计流量（L/s）	同时使用消防水枪（支）	每根竖管最小流量（L/s）
一类高层老年人照料设施建筑（建筑高度大于50m或设计床位数大于或等于150张的高层老年人照料设施建筑）	$h \leqslant 50$	30	6	15
	$h > 50$	40	8	15

注：1. 消防软管卷盘、轻便消防水龙，其消火栓设计流量可不计入室内消防给水设计流量；
2. 地下车库室内消火栓系统设计流量小于建筑主体室内消火栓系统设计流量，老年人照料设施建筑室内消火栓系统设计流量按建筑主体室内消火栓系统设计流量确定；
3. 地下人防工程室内消火栓系统设计流量小于建筑主体室内消火栓系统设计流量，老年人照料设施建筑室内消火栓系统设计流量按建筑主体室内消火栓系统设计流量确定。

3. 火灾延续时间

老年人照料设施建筑消火栓系统的火灾延续时间，按2.0h。

老年人照料设施建筑室内自动灭火系统的火灾延续时间，参见表1-188。

4. 消防用水量

一座老年人照料设施建筑的消防用水量按室外消火栓系统用水量、室内消火栓系统用水量、室内自动喷水灭火系统用水量三者之和计算。

17.5.3 消防水源

1. 市政给水

当前国内城市市政给水管网能够满足老年人照料设施建筑直接消防供水条件的较少。

老年人照料设施建筑室外消防给水管网管径，按表4-40确定。

老年人照料设施建筑室外消防给水管网宜与室外生活给水管网分开敷设，且应布置成环状管网。

2. 消防水池

（1）老年人照料设施建筑消防水池有效储水容积

表17-30给出了常用典型老年人照料设施建筑消防水池有效储水容积的对照表。

老年人照料设施建筑火灾延续时间内消防水池储存消防用水量表　　表17-30

单、多层老年人照料设施建筑体积 V（m^3）	$V \leqslant 5000$	$5000 < V \leqslant 10000$	$10000 < V \leqslant 20000$	$20000 < V \leqslant 25000$	$25000 < V \leqslant 50000$	$V > 50000$
室外消火栓设计流量（L/s）	15	25		30		40
火灾延续时间（h）	2.0					
火灾延续时间内室外消防用水量（m^3）	108.0	180.0		216.0		288.0
室内消火栓设计流量（L/s）	—	10	15	15	20	20
火灾延续时间（h）	—	2.0				
火灾延续时间内室内消防用水量（m^3）	—	72.0	108.0		144.0	
火灾延续时间内室内外消防用水量（m^3）	108.0	180.0	288.0	324.0	360.0	432.0
消防水池储存室内外消火栓用水容积 V_1（m^3）	108.0	180.0	288.0	324.0	360.0	432.0

续表

<table>
<tr><td>高层老年人照料设施建筑体积 V（m³）</td><td colspan="2">5000<V≤20000</td><td colspan="2">20000<V≤50000</td><td colspan="2">V>50000</td><td>5000<V≤20000</td><td>20000<V≤50000</td><td>V>50000</td></tr>
<tr><td>高层老年人照料设施建筑高度 h（m）</td><td colspan="6">h≤50</td><td colspan="3">h>50</td></tr>
<tr><td>高层老年人照料设施建筑设计床位数 n（张）</td><td colspan="3">n<150</td><td colspan="3">n≥150</td><td colspan="3">n 不受限制</td></tr>
<tr><td>室外消火栓设计流量（L/s）</td><td colspan="2">25</td><td colspan="2">30</td><td colspan="2">40</td><td>25</td><td>30</td><td>40</td></tr>
<tr><td>火灾延续时间（h）</td><td colspan="9">2.0</td></tr>
<tr><td>火灾延续时间内室外消防用水量（m³）</td><td colspan="2">180.0</td><td colspan="2">216.0</td><td colspan="2">288.0</td><td>180.0</td><td>216.0</td><td>288.0</td></tr>
<tr><td>室内消火栓设计流量（L/s）</td><td colspan="3">20</td><td colspan="3">30</td><td colspan="3">40</td></tr>
<tr><td>火灾延续时间（h）</td><td colspan="9">2.0</td></tr>
<tr><td>火灾延续时间内室内消防用水量（m³）</td><td colspan="3">144.0</td><td colspan="3">216.0</td><td colspan="3">288.0</td></tr>
<tr><td>火灾延续时间内室内外消防用水量（m³）</td><td colspan="2">324.0
(396.0)</td><td colspan="2">360.0
(432.0)</td><td colspan="2">432.0
(504.0)</td><td>468.0</td><td>504.0</td><td>576.0</td></tr>
<tr><td>消防水池储存室内外消火栓用水容积 V_2（m³）</td><td colspan="2">324.0
(396.0)</td><td colspan="2">360.0
(432.0)</td><td colspan="2">432.0
(504.0)</td><td>468.0</td><td>504.0</td><td>576.0</td></tr>
</table>

老年人照料设施建筑自动喷水灭火系统设计流量（L/s）	25	30	35	40
火灾延续时间（h）	1.0	1.0	1.0	1.0
火灾延续时间内自动喷水灭火用水量（m³）	90.0	108.0	126.0	144.0
消防水池储存自动喷水灭火用水容积 V_3（m³）	90.0	108.0	126.0	144.0

注：括号内数据为建筑高度小于或等于 50m、设计床位数大于或等于 150 张的老年人照料设施建筑的数据。

如上表所示，通常老年人照料设施建筑消防水池有效储水容积在 198～1008m³。

（2）老年人照料设施建筑消防水池位置

消防水池位置确定原则，见表 17-31。

消防水池位置确定原则表　　表 17-31

序号	消防水池位置确定原则
1	消防水池应毗邻或靠近消防水泵房
2	消防水池与消防水泵房的标高关系满足消防水泵自灌吸水要求
3	应结合老年人照料设施建筑院区建筑布局条件
4	消防水池应满足与消防车间的距离关系
5	消防水池应满足与建筑物围护结构的位置关系

老年人照料设施建筑消防水池、消防水泵房与老年人照料设施建筑院区空间关系，见表 17-32。

消防水池、消防水泵房与老年人照料设施建筑院区空间关系表　　表 17-32

序号	老年人照料设施建筑院区室外空间情况	消防水池位置	消防水泵房位置	备注
1	有充足空间	室外院区内	建筑地下室	常见于新建老年人照料设施建筑
2	室外空间狭小或不合适	建筑地下室	建筑地下室	常见于改建、扩建老年人照料设施建筑

消防水池的最低有效水位应高于消防水池吸水喇叭口不小于600mm，且应高于消防水泵的吸水管管顶。

老年人照料设施建筑消防水泵型式的选择与消防水池有一定的对应关系，参见表1-194。

老年人照料设施建筑储存室内外消防用水的消防水池与消防水泵房的位置关系，参见表1-195。

老年人照料设施建筑消防水池格（座）数与有效储水容积的对照关系，参见表1-196。

老年人照料设施建筑消防水池附件，参见表1-197。

老年人照料设施建筑消防水池各水位指标确定方法及取值经验值，参见表1-198。

3. 天然水源及其他水源

老年人照料设施建筑消防水源不宜采用天然水源。

17.5.4 消防水泵房

1. 消防水泵房选址

新建老年人照料设施建筑院区消防水泵房设置通常采取以下2个方案，见表17-33。

新建老年人照料设施建筑院区消防水泵房设置方案对比表　　表17-33

方案编号	消防水泵房位置	优点	缺点	适用条件
方案1	院区内室外	设备集中，控制便利，对疗养活动等功能用房环境影响小；消防水泵集中设置，距离消防水池很近，泵组吸水管线很短等	距院区内老年人照料设施建筑较远，管线较长，水头损失较大，消防水箱距泵房较远等	适用于疗养院院区室外空间较大的情形。宜与生活水泵房、锅炉房、变配电室集中设置。在新建疗养院院区中，应优先采用此方案
方案2	院区内老年人照料设施建筑地下室内	设备较为集中，控制较为便利，距离建筑消防水系统距离较近，消防水箱距泵房位置较近等	占用老年人照料设施建筑空间，对居住、活动等功能用房环境有一些影响	适用于疗养院院区室外空间较小的情形。在新建疗养院院区中，可替代方案1

改建、扩建商店院区消防水泵房设置方案，参见表1-200。

2. 建筑内部消防水泵房位置

老年人照料设施建筑消防水泵房若设置在建筑物内，应采取消声、隔声和减振等措施；不应毗邻生活用房中的居室、单元起居厅、餐厅、老年人休息室、家属探视室，文娱与健康用房中的阅览室、网络室、棋牌室、书画室、教室、健身室、多功能活动室，康复与医疗用房中的康复用房、医务室，管理服务用房中的办公室、会议室、员工休息室。

3. 消防水泵机组的布置要求

相邻两个机组及机组至泵房墙壁间的净距要求，参见表1-201。

4. 消防水泵房采暖、排水等要求

严寒、寒冷地区消防水泵房，应设置供暖设施。

消防水泵房的泵房排水设施：在泵房内设置排水沟；地下消防水泵房内或邻近场所设集水坑，坑内设潜污泵。消防水泵房应采取防淹措施。

5. 消防水泵房管道设计

消防水泵配置数量与消防水系统设计流量的关系，参见表1-202。

老年人照料设施建筑消防水泵吸水管、出水管管径，参见表1-203；消防吸水总管管径应根据其连通服务的各种消防水泵设计流量之累加值进行确定，参见表1-205。

消防水泵吸水管布置应避免形成气囊。

消防水泵吸水口的淹没深度应满足消防水泵在最低水位运行安全的要求。

消防水泵吸水管、出水管上附件配置及要求，参见表1-206。

6. 消防水泵自动启动控制

消防水泵自动启动要求，参见表1-207；消防水泵自动启动方式，参见表1-208；流量开关性能、设置位置等，参见表1-209。

当消防稳压泵设置于高位消防水箱间内时，消防水泵启泵压力（P），按公式（1-58）确定；当消防稳压泵设置于低位消防水泵房内时，按公式（1-59）确定。

17.5.5 消防水箱

老年人照料设施建筑消防给水系统绝大多数属于临时高压系统，3层及以上单体总建筑面积大于10000m^{2}的老年人照料设施建筑应设置高位消防水箱。

1. 消防水箱有效储水容积

老年人照料设施建筑高位消防水箱有效储水容积，按表17-34确定。

老年人照料设施建筑高位消防水箱有效储水容积确定表 **表17-34**

<table>
<tr><th>序号</th><th>建筑类别</th><th>建筑高度</th><th>消防水箱有效储水容积</th></tr>
<tr><td>1</td><td>一类高层老年人照料设施建筑（建筑高度大于50m或设计床位数大于或等于150张的高层老年人照料设施建筑）</td><td>小于或等于100m</td><td>不应小于36m^3，可取36m^3</td></tr>
<tr><td>2</td><td>二类高层老年人照料设施建筑（建筑高度小于或等于50m且设计床位数小于150张的高层老年人照料设施建筑）</td><td></td><td rowspan="2">不应小于18m^3，可取18m^3</td></tr>
<tr><td>3</td><td>多层老年人照料设施建筑</td><td></td></tr>
</table>

2. 消防水箱设置位置

老年人照料设施建筑消防水箱设置位置应满足以下要求，见表17-35。

消防水箱设置位置要求表 **表17-35**

序号	消防水箱设置位置要求	备注
1	位于所在建筑的最高处	通常设在屋顶机房层消防水箱间内
2	应该独立设置	不与其他设备机房，如屋顶太阳能热水机房、热水箱间等合用
3	应避免对下方楼层房间的影响	其下方不应是老年人居住房间、活动房间、康复房间、工作人员办公室等，可以是库房、卫生间等辅助房间或公共区域

续表

序号	消防水箱设置位置要求	备注
4	应高于设置室内消火栓系统、自动喷水灭火系统等系统的楼层	机房层设有库房等需要设置消防给水系统的场所，可采用其他非水基灭火系统，亦可将消防水箱间置于更高一层
5	不宜超出机房层高度过多、影响建筑效果	消防水箱间内配置消防稳压装置

3. 高位消防水箱尺寸

消防水箱宜为装配式方形水箱，其尺寸宜为 1.0m 或 0.5m 的倍数，推荐尺寸参见表 1-212。

4. 高位消防水箱材质

常用材质为不锈钢板、热浸锌镀锌钢板、玻璃钢板、钢筋混凝土等，不锈钢板最常见。

5. 高位消防水箱配管

高位消防水箱配管及管径确定，参见表 1-213。

6. 消防水箱水位

消防水箱各水位指标确定方法及取值经验值，参见表 1-214。

7. 高位消防水箱布置

高位消防水箱四周净距要求，参见表 1-215。

8. 消防水箱防冻

消防水箱及相应管道保温材料及厚度，参见表 1-216。

17.5.6 消防稳压装置

1. 消防稳压泵

(1) 设计流量

消火栓稳压泵设计流量，参见表 1-217。

自动喷水灭火稳压泵设计流量，参见表 1-218；结合一只标准喷头的流量，自动喷水灭火稳压泵常规设计流量取 1.33L/s。

(2) 设计压力

当消防稳压泵设置于高位消防水箱间内时，稳压泵的启泵压力 P_1 可取 0.15～0.20MPa，停泵压力 P_2 可取 0.20～0.25MPa；当消防稳压泵设置于低位消防水泵房内时，P_1 按公式（1-62）确定，P_2 按公式（1-63）确定。

(3) 消防稳压泵选型

消火栓稳压泵设计流量为稳压泵流量确定依据。

消防稳压泵停泵压力（P_2）值附加 0.03～0.05MPa 后，为稳压泵扬程确定依据。

2. 气压水罐

消火栓稳压装置、自动喷水灭火稳压装置均采用 150L 有效储水容积气压水罐；合用消防稳压装置采用 300L 有效储水容积气压水罐。

3. 管道、阀门、附件等

消防稳压泵吸水管管径、出水管管径，参见表1-219。每套消防稳压泵通常为2台，1用1备。

17.5.7 消防水泵接合器

1. 设置范围

对于室内消火栓系统，6层及以上的老年人照料设施建筑应设置消防水泵接合器。

老年人照料设施建筑消火栓系统消防水泵接合器配置，参见表1-220。

老年人照料设施建筑自动喷水灭火系统等自动水灭火系统应分别设置消防水泵接合器。

2. 技术参数

老年人照料设施建筑消防水泵接合器数量，参见表1-221。

3. 安装形式

老年人照料设施建筑消防水泵接合器安装形式选择，参见表1-222。

4. 设置位置

同种水泵接合器不宜集中布置，不同种类、分区、功能的水泵接合器宜成组布置，且应设在室外便于消防车使用和接近的地方，且距室外消火栓或消防水池的距离不宜小于15m，并不宜大于40m，距人防工程出入口不宜小于5m。

17.5.8 消火栓系统给水形式

1. 室外消火栓给水系统

当市政给水管网不满足直接供给室外消火栓给水系统时，老年人照料设施建筑应采用临时高压室外消火栓给水系统，通常在消防水泵房内独立设置室外消火栓给水泵组、室外消火栓稳压装置。

老年人照料设施建筑室外消火栓给水泵组一般设置2台，1用1备，泵组设计流量为本建筑室外消防设计流量（15L/s、20L/s、25L/s、30L/s、40L/s），设计扬程应保证室外消火栓处的栓口压力（0.20～0.30MPa）。泵组出水管及吸水管管径，参见表1-223。

室外消火栓给水管网管径，参见表1-224，管网应环状布置，单独成环。

2. 室内消火栓给水系统

老年人照料设施建筑室内消火栓给水系统常采用临时高压消火栓给水系统。

3. 室内消火栓系统分区供水

老年人照料设施建筑室内消火栓系统通常竖向不分区。室内消火栓给水管网应在横向、竖向上连成环状，消火栓供水横干管宜分别沿最高层和最底层顶板下敷设。

典型老年人照料设施建筑室内消火栓系统原理图，参见图2-9。

17.5.9 消火栓系统类型

1. 系统分类

老年人照料设施建筑的室外消火栓系统宜采用湿式消火栓系统。

2. 室外消火栓

严寒、寒冷等冬季结冰地区老年人照料设施建筑室外消火栓应采用干式消火栓；其他地区宜采用地上式消火栓。

建筑室外消火栓的数量应根据室外消火栓设计流量和保护半径经计算确定，保护半径不应大于150.0m，间距不应大于120.0m，每个室外消火栓的出流量宜按10～15L/s计算。通常根据建筑物平面布局在建筑物四个角附近绿地设置室外消火栓，根据邻近两个消火栓之间距离合理增设消火栓。

3. 室内消火栓

老年人照料设施建筑的各区域各楼层均应布置室内消火栓予以保护；老年人照料设施建筑中不能采用自动喷水灭火系统保护的高低压配电室、网络机房、消防控制室等场所亦应由室内消火栓保护。

室内消火栓的布置应满足同一平面有2支消防水枪的2股充实水柱同时达到任何部位。

老年人照料设施内应设置与室内供水系统直接连接的消防软管卷盘，消防软管卷盘的设置间距不应大于30.0m。

表17-36给出了老年人照料设施建筑室内消火栓的布置方法。

老年人照料设施建筑室内消火栓布置方法表　　表17-36

序号	室内消火栓布置方法	注意事项
1	布置在楼梯间、前室等位置	楼梯间、前室的消火栓宜暗设并采取墙体保护措施；箱体及立管不应影响楼梯门、电梯门开启使用
2	布置在公共走道两侧，箱体开门朝向公共走道	应暗设；优先沿辅助房间（库房、卫生间等）的墙体安装
3	布置在集中区域内部公共空间内	可在朝向公共空间房间的外墙上暗设；应避免消火栓消防水带穿过多个房间门到达保护点
4	特殊区域如入口门厅等场所，应根据其平面布局布置	入口门厅处消火栓宜沿空间周边房间外墙布置

注：1. 室内消火栓不应跨防火分区布置；
2. 室内消火栓应按其实际行走距离计算其布置间距，老年人照料设施建筑室内消火栓布置间距宜为20.0～25.0m，不应小于5.0m。

普通消火栓、减压稳压消火栓设置的楼层数，参见表1-227。

17.5.10 消火栓给水管网

1. 室外消火栓给水管网

老年人照料设施建筑室外消火栓给水管网应采用环状给水管网。向室外消火栓给水管网供水的输水干管不应少于2条。

2. 室内消火栓给水管网

老年人照料设施建筑室内消火栓给水管网应采用环状给水管网，有2种主要管网型式，见表17-37。室内消火栓给水管网在横向、竖向均宜连成环状。

室内消火栓给水管网主要管网型式表 表17-37

序号	管网型式特点	适用情形	具体部位	备注
型式1	消防供水干管沿建筑最高处、最低处横向水平敷设，配水干管沿竖向垂直敷设，配水干管上连有消火栓	各楼层竖直上下层消火栓位置基本一致和横向连接管长度较小的区域	建筑内走道、楼梯间、电梯前室；老年人居住房间、活动房间、康复房间、工作人员办公室等房间外墙	主要型式
型式2	消防供水干管沿建筑竖向垂直敷设，配水干管沿每一层顶板下或吊顶内横向水平敷设，配水干管上连有消火栓	各楼层竖直上下层消火栓位置差别较大或横向连接管长度较大的区域	建筑内走道、楼梯间、电梯前室；老年人居住房间、活动房间、康复房间、工作人员办公室等房间外墙；机房等	辅助型式

注：不能敷设消火栓给水管道的场所包括高低压配电室、网络机房、消防控制室等。

室内消火栓给水管网型式1参见图1-13，型式2参见图1-14。

老年人照料设施建筑室内消火栓给水管网的环状干管管径，参见表1-229；室内消火栓竖管管径可按$DN100$。

3. 系统阀门

室内消火栓系统阀门设置，参见表1-230。

埋地管道的阀门宜采用带启闭刻度的球墨铸铁暗杆闸阀。室内架空管道的阀门宜采用蝶阀、明杆闸阀或带启闭刻度的暗杆闸阀等。

4. 系统给水管网管材

老年人照料设施建筑室外消火栓给水管绝大多数采用直埋敷设方式。埋地消火栓给水管道宜采用球墨铸铁管或钢丝网骨架塑料复合管给水管道。

老年人照料设施建筑室内消火栓给水管管材选择，参见表1-231。

薄壁不锈钢管（S11163）、镀锌镍碳钢管等新型优质管道，在老年人照料设施建筑室内消火栓系统中均得到更多的应用，未来会逐步替代传统钢管。

17.5.11 消火栓系统计算

1. 消火栓水泵选型计算

老年人照料设施建筑室内消火栓水泵流量与室内消火栓设计流量一致；消火栓水泵扬程，按公式（1-64）计算。根据消火栓水泵流量和扬程选择消火栓水泵。

2. 消火栓计算

室内消火栓的保护半径，按公式（1-65）计算；消火栓栓口处所需水压，按公式（1-66）计算。

高层老年人照料设施建筑消防水枪充实水柱应按13m计算；多层老年人照料设施建筑消防水枪充实水柱应按10m计算。

高层老年人照料设施建筑消火栓栓口动压不应小于0.35MPa；多层老年人照料设施建筑消火栓栓口动压不应小于0.25MPa。

3. 消火栓系统压力计算

消火栓系统的设计工作压力，按公式（1-67）计算。通常以设计工作压力确定消火栓水泵扬程。

17.6 自动喷水灭火系统

17.6.1 自动喷水灭火系统设置

老年人照料设施建筑应设置自动喷水灭火系统。

老年人照料设施建筑若根据规范规定设置自动喷水灭火系统，其设置的具体场所见表 17-38。

设置自动喷水灭火系统的具体场所表　　表 17-38

序号	设置自动喷水灭火系统的区域	具体场所
1	老年人生活用房	包括照料单元的居室、单元起居厅、餐厅、备餐室、护理站、药存室、清洁间、污物间、卫生间、盥洗室、洗浴间、老年人休息室、家属探视室等；生活单元的居室、就餐室、卫生间、盥洗室、洗浴间、厨房或电炊操作室等
2	老年人文娱与健康用房	包括阅览室、网络室、棋牌室、书画室、教室、健身室、多功能活动室等
3	老年人康复与医疗用房	包括康复用房、医务室、心理咨询室等
4	管理服务用房	包括值班室、入住登记室、办公室、接待室、会议室、档案存放室等；厨房、洗衣房、储藏室等；员工休息室、卫生间、员工浴室、食堂等

表 17-39 为老年人照料设施建筑内不宜用水扑救的场所。

不宜用水扑救的场所一览表　　表 17-39

序号	不宜用水扑救的场所	自动灭火措施
1	管理服务用房：重要档案室	气体灭火系统或高压细水雾灭火系统
2	电气类房间：高压配电室（间）、低压配电室（间）、信息中心、进线间等	
3	电气类房间：消防控制室	不设置

老年人照料设施建筑自动喷水灭火系统类型选择，参见表 1-245。

典型老年人照料设施建筑自动喷水灭火系统原理图，参见图 2-10。

老年人照料设施建筑的火灾危险等级按轻危险级确定。

17.6.2 自动喷水灭火系统设计基本参数

老年人照料设施建筑自动喷水灭火系统设计参数，按表 1-246 规定。

老年人照料设施建筑高大空间场所设置湿式自动喷水灭火系统设计参数，按表 17-40 规定。

高大空间场所湿式自动喷水灭火系统设计参数表　　表 17-40

适用场所	最大净空高度 h(m)	喷水强度[L/(min·m^2)]	作用面积(m^2)	喷头间距 S(m)
出入门厅	$8<h\leqslant12$	12	160	$1.8\leqslant S\leqslant3.0$
	$12<h\leqslant18$	15		

注：当民用建筑高大空间场所的最大净空高度为 $12m<h\leqslant18m$ 时，应采用非仓库型特殊应用喷头。

若老年人照料设施建筑地下室中附属的库房认定为堆垛储物仓库，其自动喷水灭火系统设计参数，按表 1-247 规定。

自动喷水灭火系统的持续喷水时间，应按火灾延续时间不小于 1h 确定。

17.6.3　洒水喷头

设置自动喷水灭火系统的老年人照料设施建筑内各场所的最大净空高度通常不大于 8m。

老年人照料设施建筑自动喷水灭火系统喷头公称动作温度宜相比环境温度高 30℃，参见表 4-54。

老年人照料设施建筑自动喷水灭火系统喷头种类选择，见表 17-41。

老年人照料设施建筑自动喷水灭火系统喷头种类选择表　　表 17-41

序号	火灾危险等级	设置场所	喷头种类
1	轻危险级	老年人照料设施建筑内疗养室、理疗室、办公室等有吊顶场所	吊顶型、下垂型普通或快速响应喷头
2		库房等无吊顶场所	直立型普通或快速响应喷头

注：基于老年人照料设施建筑火灾特点和重要性，高层老年人照料设施建筑自动喷水灭火系统洒水喷头宜全部采用快速响应喷头。

每种型号的备用喷头数量按此种型号喷头数量总数的 1%计算，并不得少于 10 只。

老年人照料设施建筑中自动喷水灭火系统直立型、下垂型喷头的布置间距，不应大于表 1-250 的规定，且不宜小于 2.4m。

老年人照料设施建筑常用普通玻璃球闭式喷头规格型号，参见表 1-252。

17.6.4　自动喷水灭火系统管道

1. 管材

老年人照料设施建筑自动喷水灭火系统给水管管材，参见表 1-254。

薄壁不锈钢管（S11163）、氯化聚氯乙烯（PVC-C）管、镀锌镍碳钢管等新型优质管道，在老年人照料设施建筑自动喷水灭火系统中均得到更多的应用，未来会逐步替代传统钢管。

老年人照料设施建筑中所有中危险级Ⅰ级、轻危险级对应场所自动喷水灭火系统公称直径≤DN80 的配水管（支管）均可采用氯化聚氯乙烯（PVC-C）管材及管件。

2. 管径

老年人照料设施建筑自动喷水灭火系统的配水管道管径可根据表 1-255 中数据进行确定。

3. 管网敷设

老年人照料设施建筑自动喷水灭火系统配水干管宜沿老年人生活用房、文娱与健身用房、康复及医疗用房和管理服务用房的公共走廊敷设，走廊两侧房间内的配水支管就近连接到配水干管上。走廊内布置的喷头就近接至排水支管后再接至配水干管。单个喷头不应直接接至管径大于或等于 *DN*100 的配水干管。

老年人照料设施建筑自动喷水灭火系统配水管网布置步骤，见表 17-42。

自动喷水灭火系统配水管网布置步骤表　　表 17-42

序号	配水管网布置步骤
步骤 1	根据老年人照料设施建筑的防火性能确定自动喷水灭火系统配水管网的布置范围
步骤 2	在每个防火分区内应确定该区域自动喷水灭火系统配水主干管或主立管的位置或方向
步骤 3	自接入点接入后，可确定主要配水管的敷设位置和方向
步骤 4	自末端房间内的自动喷水灭火系统配水支管就近向配水管连接
步骤 5	每个楼层每个防火分区内配水管网布置均按步骤 1～步骤 4 进行

自动喷水灭火系统每个喷头与配水支管连接的短立管管径通常采用 25mm；末端试水装置或试水阀的连接管管径通常采用 25mm。

17.6.5 水流指示器

除报警阀组控制的喷头只保护不超过防火分区面积的同层场所外，老年人照料设施建筑每个防火分区、每个楼层均应设水流指示器；当整个场所需要设置的喷头数不超过 1 个报警阀组控制的喷头数时，可不设置水流指示器；每个防火分区应设置一个水流指示器，位置可设在本防火分区系统配水管网的起始端，亦可集中设置于各个防火分区配水干管分叉处。

水流指示器上游端应设置信号阀，其型号规格，参见表 1-257。

水流指示器与所在配水干管同管径，其型号规格，参见表 1-258。

17.6.6 报警阀组

老年人照料设施建筑消防系统报警阀组主要采用湿式水力报警阀组，一定条件下采用预作用报警阀组。

老年人照料设施建筑自动喷水灭火系统报警阀组的数量取决于：整个建筑中设置喷头的总数量；每个防火分区内设置喷头的数量；每个报警阀组控制的喷头数。一个报警阀组控制的喷头数不宜超过 800 只，设计中可适当超过 800 只。

喷头均衡组合遵循的原则，参见表 1-259。

老年人照料设施建筑自动喷水灭火系统报警阀组通常设置在消防水泵房，设置位置方案，参见表 1-260。

报警阀组宜设在安全及易于操作的地点，报警阀距地面的高度宜为 1.2m；宜沿墙体集中布置，相邻报警阀组的间距不宜小于 1.5m，不应小于 1.2m；报警阀组处应设有排水设施，排水管管径不应小于 DN100。

表 1-261 为常用湿式报警阀装置型号规格；表 1-262 为常见预作用报警阀装置型号规格；报警阀组压力开关主要技术参数，参见表 1-263；报警阀组前后管道设置，参见表 1-264。

老年人照料设施建筑自动喷水灭火系统减压阀设置方式，参见表 1-265。

减压孔板作为一种减压部件，可辅助减压阀使用。

17.6.7 自动喷水灭火系统水泵接合器

自动喷水灭火系统管网上应设置水泵接合器，老年人照料设施建筑自动喷水灭火系统消防水泵接合器数量，参见表 1-266。

自动喷水灭火系统水泵接合器宜设置在靠近消防水泵房的室外；常规做法是将多个 DN150 水泵接合器并联起来，由 1 根 DN150 供水管道接至系统供水泵组出水干管上，连接位置位于报警阀组前。

17.6.8 消防水箱设计

高位消防水箱、自动喷水灭火稳压装置设计参见消火栓系统相关内容。

17.6.9 自动喷水灭火系统压力计算

自动喷水灭火系统的设计工作压力，按公式（1-68）计算。

自动喷水灭火给水泵扬程通常按照自动喷水灭火系统的设计工作压力值确定。

自动喷水灭火给水系统压力管道水压强度试验的试验压力（$H_{试验}$）的基准指标，参见表 1-267。

17.7 灭火器系统

17.7.1 灭火器配置场所火灾种类

老年人照料设施建筑灭火器配置场所的火灾种类，见表 17-43。

灭火器配置场所的火灾种类表 表 17-43

序号	火灾种类	灭火器配置场所
1	A 类火灾（固体物质火灾）	老年人照料设施建筑内绝大多数场所，如老年人生活用房居室、文娱与健康活动室、康复与医疗用房、工作人员办公室等
2	E 类火灾（物体带电燃烧火灾）	老年人照料设施建筑内附设电气房间，如高压配电间、低压配电间、信息中心等

17.7.2 灭火器配置场所危险等级

老年人照料设施建筑灭火器配置场所的危险等级分为严重危险级、中危险级和轻危险级 3 级，危险等级举例，见表 17-44。

老年人照料设施建筑灭火器配置场所的危险等级举例　　表 17-44

危险等级	举例
严重危险级	老人住宿床位在 50 张及以上的养老院
中危险级	老人住宿床位在 50 张以下的养老院
	设有集中空调、电子计算机、复印机等设备的办公室
	民用燃油、燃气锅炉房
	民用的油浸变压器室和高、低压配电室
轻危险级	未设集中空调、电子计算机、复印机等设备的普通办公室

注：老年人照料设施建筑室内强电间、弱电间；屋顶排烟机房内每个房间均应设置 2 具手提式磷酸铵盐干粉灭火器。

17.7.3 灭火器选择

老年人照料设施建筑灭火器配置场所的火灾种类通常涉及 A 类、E 类火灾，通常配置灭火器时选择磷酸铵盐干粉灭火器。

消防控制室、计算机房、配电室等部位配置灭火器宜采用气体灭火器，通常采用二氧化碳灭火器。

17.7.4 灭火器设置

老年人照料设施建筑中设置的手提式灭火器，通常和室内消火栓同位置设置，放置于室内消火栓箱体下部。独立设置的手提式或推车式灭火器通常放置于所保护区域的公共走道、门口或房间内靠近公共通道出入口处。灭火器设置点应均衡布置。

设置在 A 类火灾场所的灭火器，其最大保护距离应符合表 1-274 的规定。

灭火器最大保护距离为灭火器与起火点之间最大的行走距离。老年人照料设施建筑中的大间套小间区域、房间中间隔着走道区域等场所，常需要增加灭火器配置点。

老年人照料设施建筑中 E 类火灾场所中的高低压配电间、网络机房等场所，灭火器配置宜按 B 类火灾场所灭火器最大保护距离要求进行。面积较大的老年人照料设施建筑变配电室，需要在变配电室内增设灭火器。

17.7.5 灭火器配置

A 类火灾场所灭火器的最低配置基准，应符合表 1-276 的规定。

老年人照料设施建筑灭火器 A 类火灾场所配置基准可按照灭火器最低配置基准，即：严重危险级按照 3A；中危险级按照 2A；轻危险级按照 1A。

E 类火灾场所的灭火器最低配置基准不应低于该场所内 A 类（或 B 类）火灾的规定。

17.7.6 灭火器配置设计计算

老年人照料设施建筑内每个灭火器设置点灭火器数量通常以 2～4 具为宜。

灭火器计算单元最小需配灭火级别，按公式（1-69）计算。

灭火器计算单元中每个灭火器设置点最小需配灭火级别，按公式（1-70）计算。

17.7.7　灭火器类型及规格

老年人照料设施建筑灭火器配置设计中常用的灭火器类型及规格，见表1-279。

17.8　气体灭火系统

17.8.1　气体灭火系统应用场所

老年人照料设施建筑中适合采用气体灭火系统的场所包括重要档案室、高压配电室（间）、低压配电室（间）、信息中心等电气设备房间。

目前老年人照料设施建筑中最常用七氟丙烷（HFC-227ea）气体灭火系统和IG541混合气体灭火系统。

17.8.2　七氟丙烷气体灭火系统设计参数

七氟丙烷灭火剂主要技术性能参数，参见表1-281。

无管网七氟丙烷气体自动灭火装置技术参数、规格等，参见表1-282～表1-284。

老年人照料设施建筑中采用七氟丙烷气体灭火保护时，各防护区设计灭火浓度，参见表3-70。

17.8.3　气体灭火设计用量计算

七氟丙烷气体灭火设置场所设计用量，按公式（1-71）计算。

七氟丙烷设计用量，按公式（2-28）计算；七氟丙烷设计容积，按公式（2-29）计算。

每个防护区内无管网七氟丙烷气体灭火装置的布置应做到均匀。

IG541混合气体灭火防护区灭火设计用量或惰化设计用量，按公式（1-74）计算。

IG541灭火剂气体在101kPa大气压和防护区最低环境温度下的质量体积，按公式（1-75）计算。

IG541混合气体灭火系统灭火剂储存量，应为防护区灭火设计用量及系统灭火剂剩余量之和，系统灭火剂剩余量按公式（1-76）计算。

17.8.4　IG541混合气体灭火系统管网计算

IG541混合气体灭火系统管道流量宜采用平均设计流量。

系统主干管、支管的平均设计流量，按公式（1-77）、公式（1-78）计算。

管道内径按公式（1-79）计算。

灭火剂释放时，管网应进行减压。减压装置宜采用减压孔板，宜设在系统的源头或干管入口处。减压孔板前的压力，按公式（1-80）计算；减压孔板后的压力，按公式（1-81）计算；减压孔板孔口面积，按公式（1-82）计算。

系统的阻力损失宜从减压孔板后算起，并按公式（1-83）计算。

IG541混合气体灭火系统的喷头工作压力的计算结果，应符合：一级充压（15.0MPa）

系统，$P_c \geqslant 2.0$MPa（绝对压力）；二级充压（20.0MPa）系统，$P_c \geqslant 2.1$MPa（绝对压力）。

喷头等效孔口面积，按公式（1-84）计算。

17.8.5 防护区泄压口

气体灭火系统防护区应设置泄压口。七氟丙烷气体灭火系统防护区泄压口面积按系统设计规定计算，按公式（1-85）计算；IG541 混合气体灭火系统防护区泄压口面积按系统设计规定计算，宜按公式（1-86）计算。

七氟丙烷气体灭火系统的泄压口应位于防护区净高的 2/3 以上。对于设置吊顶场所，泄压口通常设置在吊顶（梁）下，泄压口顶面紧贴吊顶（梁）或吊顶（梁）下 100mm。

不同规格无管网七氟丙烷气体灭火装置与泄压口尺寸的对照表，参见表 1-288。

防护区设置的泄压口，宜设在外墙上，无外墙时应设置在朝向公共建筑公共区域（走道）的内墙上。每个防护区根据需要可设置 1 个或多个泄压口。

17.9 高压细水雾灭火系统

老年人照料设施建筑中不宜用水扑救的部位（即采用水扑救后会引起爆炸或重大财产损失的场所）可以采用高压细水雾灭火系统灭火。

老年人照料设施建筑中适合采用高压细水雾灭火系统的场所包括重要档案室、高压配电室（间）、低压配电室（间）、信息中心等电气设备房间。老年人照料设施建筑中当此类场所较少时，宜采用气体灭火系统；当此类场所较多时，可采用高压细水雾灭火系统，设计方法参见 4.9 节。

17.10 自动跟踪定位射流灭火系统

当老年人照料设施建筑出入门厅等场所为高大空间时，可设置自动跟踪定位射流灭火系统，设计方法参见 4.10 节。

17.11 中水系统

老年人照料设施建筑建设中水设施，应结合建筑所在地区的不同特点，满足当地政府部门的有关规定。建筑面积大于 20000m^2 或回收水量大于 100m^3/d 的老年人照料设施建筑，宜建设中水设施。

17.11.1 中水原水

1. 中水原水种类

老年人照料设施建筑中水原水可选择的种类及选取顺序，见表 17-45。

老年人照料设施建筑中水原水可选择的种类及选取顺序表 **表 17-45**

序号	中水原水种类	备注
1	老年人照料设施建筑内生活用房居室卫生间淋浴等的废水排水；公共浴室淋浴等的废水排水；公共卫生间的废水排水	最适宜
2	老年人照料设施建筑内公共卫生间的盥洗废水排水	适宜
3	老年人照料设施建筑空调循环冷却水系统排水	
4	老年人照料设施建筑空调水系统冷凝水	
5	老年人照料设施建筑附设厨房、食堂、餐厅废水排水	不适宜
6	老年人照料设施建筑内生活用房居室卫生间的冲厕排水；公共卫生间的冲厕排水	最不适宜

2. 中水原水量

老年人照料设施建筑中水原水量按公式（17-12）计算：

$$Q_{Y}=\Sigma\beta\cdot Q_{pj}\cdot b \tag{17-12}$$

式中 Q_Y——老年人照料设施建筑中水原水量，m^3/d；

β——老年人照料设施建筑按给水量计算排水量的折减系数，一般取 0.85～0.95；

Q_{pj}——老年人照料设施建筑平均日生活给水量，按《节水标》中的节水用水定额（表 17-3）计算确定，m^3/d；

b——老年人照料设施建筑分项给水百分率，应以实测资料为准，当无实测资料时，可按表 17-46 选取。

老年人照料设施建筑分项给水百分率表 **表 17-46**

项目	冲厕	厨房	沐浴	盥洗	洗衣	总计
居室给水百分率（%）	10～14	12.5～14	50～40	12.5～14	15～18	100
公共浴室给水百分率（%）	2～5	—	98～95	—	—	100
食堂给水百分率（%）	6.7～5	93.3～95	—	—	—	100

注：沐浴包括盆浴和淋浴。

老年人照料设施建筑用作中水原水的水量宜为中水回用水量的 110%～115%。

3. 中水原水水质

老年人照料设施建筑中水原水水质应以类似建筑的实测资料为准；当无实测资料时，老年人照料设施建筑排水的污染物浓度可按表 17-47 确定。

老年人照料设施建筑排水污染物浓度表 **表 17-47**

类别	项目	冲厕	厨房	沐浴	盥洗	综合
居室	BOD_5浓度（mg/L）	250～300	400～550	40～50	50～60	180～220
	COD_{Cr}浓度（mg/L）	700～1000	800～1100	100～110	80～100	270～330
	SS 浓度（mg/L）	300～400	180～220	30～50	80～100	50～60
公共浴室	BOD_5浓度（mg/L）	260～340	—	45～55	—	50～65
	COD_{Cr}浓度（mg/L）	350～450	—	110～120	—	115～135
	SS 浓度（mg/L）	260～340	—	35～55	—	40～65

续表

类别	项目	冲厕	厨房	沐浴	盥洗	综合
食堂	BOD_5浓度（mg/L）	260～340	500～600	—	—	490～590
	COD_{Cr}浓度（mg/L）	350～450	900～1100	—	—	890～1075
	SS浓度（mg/L）	260～340	250～280	—	—	255～285

注：综合是对包括以上四项生活排水的统称。

17.11.2 中水利用与水质标准

1. 中水利用

老年人照料设施建筑中水原水主要用于城市杂用水和景观环境用水等。

老年人照料设施建筑中水利用率，可按公式（2-31）计算。

老年人照料设施建筑中水利用率应不低于当地政府部门的中水利用率指标要求。

当老年人照料设施建筑附近有可利用的市政再生水管道时，可直接接入使用。

2. 中水水质标准

老年人照料设施建筑中水水质标准要求，参见表2-104。

17.11.3 中水系统

1. 中水系统形式

老年人照料设施建筑中水通常采用中水原水系统与生活污水系统分流、生活给水与中水给水分供的完全分流系统。

2. 中水原水系统

老年人照料设施建筑中水原水管道通常按重力流设计；当靠重力流不能直接接入时，可采取局部加压提升接入。

老年人照料设施建筑原水系统原水收集率不应低于本建筑回收排水项目给水量的75%，可按公式（2-32）计算。

老年人照料设施建筑若需要食堂、餐厅的含油脂污水作为中水原水时，在进入原水收集系统前应经过除油装置处理。

老年人照料设施建筑中水原水应进行计量，可采用超声波流量计和沟槽流量计。

3. 中水处理系统

老年人照料设施建筑中水处理系统设计处理能力，可按公式（2-33）计算。

4. 中水供水系统

建筑中水供水系统必须独立设置。建筑中水不得用作老年人照料设施建筑生活饮用水水源。

老年人照料设施建筑中水系统供水量，可按照表17-2中的用水定额及表17-46中规定的百分率计算确定。

老年人照料设施建筑中水供水系统的设计秒流量和管道水力计算方法与生活给水系统一致，参见17.1.6节。

老年人照料设施建筑中水供水系统的供水方式宜与生活给水系统一致，通常采用变频调速泵组供水方式，水泵的选择参见17.1.7节。

老年人照料设施建筑中水供水系统的竖向分区宜与生活给水系统一致。当建筑周边有市政中水管网且管网流量压力均满足时，低区由市政中水管网直接供水；当建筑周边无市政中水管网时，低区由低区中水给水泵组自中水贮水池（箱）吸水后加压供水。

老年人照料设施建筑中水供水管道宜采用塑料给水管、钢塑复合管或其他具有可靠防腐性能的给水管材，不得采用非镀锌钢管。

老年人照料设施建筑中水贮存池（箱）设计要求，参见表2-105。

老年人照料设施建筑中水供水系统应安装计量装置，具体设置要求参见表3-14。

中水供水管道应采取防止误接、误用、误饮的措施。

5. 水量平衡

中水系统设计应进行中水原水量和用水量平衡计算。

老年人照料设施建筑中水用水量应根据不同用途用水量累加确定。

老年人照料设施建筑最高日冲厕中水用水量按照表17-2中的最高日用水定额及表17-46中规定的百分率计算确定。最高日冲厕中水用水量，可按公式（17-13）计算：

$$Q_C = \Sigma q_L \cdot F \cdot N/1000 \tag{17-13}$$

式中 Q_C——老年人照料设施建筑最高日冲厕中水用水量，m^3/d；

q_L——老年人照料设施建筑给水用水定额，L/(人·d)；

F——冲厕用水占生活用水的比例，%，按表17-46取值；

N——使用人数，人。

老年人照料设施建筑相关功能场所冲厕用水量定额及小时变化系数，见表17-48。

老年人照料设施建筑冲厕用水量定额及小时变化系数表　　表17-48

类别	建筑种类	冲厕用水量[L/(人·d)]	使用时间(h/d)	小时变化系数	备注
1	养老院	20～40	24	2.0～1.5	有住宿
2	食堂	5～10	12	1.5～1.2	工作人员按办公楼设计

中水系统原水调节池（箱）调节容积，可按公式（2-35）、公式（2-36）计算。

中水贮存池（箱）容积，可按公式（2-37）、公式（2-38）计算。

当中水供水系统采用水泵-水箱联合供水时，水箱调节容积不得小于中水系统最大小时用水量的50%。

中水系统的总调节容积，包括原水调节池（箱）、中水处理工艺构筑物、中水贮存池（箱）及高位水箱等调节容积之和，不宜小于中水日处理量的100%。

17.11.4 中水处理工艺与处理设施

1. 中水处理工艺

老年人照料设施建筑通常采用的中水处理工艺，参见表2-107。

2. 中水处理设施

老年人照料设施建筑中水处理设施及设计要求，参见表2-108。

17.11.5 中水处理站

老年人照料设施建筑内的中水处理站设计要求，参见2.11.5节。

17.12 管道直饮水系统

17.12.1 水量、水压和水质

老年人照料设施建筑管道直饮水最高日直饮水定额（q_d），可按 2.0～3.0L/(床·d) 采用，亦可根据用户要求确定。

直饮水专用水嘴额定流量宜为 0.04～0.06L/s。

老年人照料设施建筑直饮水专用水嘴最低工作压力不宜小于 0.03MPa。

老年人照料设施建筑管道直饮水系统用户端的水质应符合现行行业标准《饮用净水水质标准》CJ/T 94 的规定。

17.12.2 水处理

老年人照料设施建筑管道直饮水系统应对原水进行深度净化处理。

水处理工艺流程的选择应依据原水水质，经技术经济比较确定。处理后的出水应符合现行行业标准《饮用净水水质标准》CJ/T 94 的规定。

深度净化处理应根据处理后的水质标准和原水水质进行选择，宜采用膜处理技术，参见表 1-333。

不同的膜处理应相应配套预处理、后处理、膜的清洗和水处理消毒灭菌设施，参见表 1-334。

深度净化处理系统排出的浓水宜回收利用。

17.12.3 系统设计

老年人照料设施建筑管道直饮水系统必须独立设置，不得与市政或建筑供水系统直接相连。

老年人照料设施建筑管道直饮水系统宜采取集中供水系统，一座建筑中宜设置一个供水系统。

老年人照料设施建筑常见的管道直饮水系统供水方式，参见表 1-335。

多层老年人照料设施建筑管道直饮水供水竖向不分区；高层老年人照料设施建筑管道直饮水供水应竖向分区，分区原则参见表 1-336。

老年人照料设施建筑管道直饮水系统类型，参见表 1-337。

老年人照料设施建筑管道直饮水系统设计应设循环管道，供、回水管网应设计为同程式。

老年人照料设施建筑管道直饮水系统通常采用全日循环，亦可采用定时循环，供、配水系统中的直饮水停留时间不应超过 12h。

老年人照料设施建筑管道直饮水系统回水宜回流至净水箱或原水水箱。回流到净水箱时，应在消毒设施前接入。

管道直饮水系统不循环的支管长度不宜大于 6m。

老年人照料设施建筑管道直饮水系统管道敷设要求，参见表 1-338。

老年人照料设施建筑管道直饮水系统管材及附件设置要求，参见表1-339。

17.12.4　系统计算与设备选择

1. 系统计算

老年人照料设施建筑管道直饮水系统最高日直饮水量，应按公式（17-14）计算：

$$Q_d = N \cdot q_d \tag{17-14}$$

式中　Q_d——老年人照料设施建筑管道直饮水系统最高日饮水量，L/d；

N——老年人照料设施建筑管道直饮水系统所服务的床位数，床；

q_d——老年人照料设施建筑最高日直饮水定额，L/(床·d)，取2.0～3.0L/(床·d)。

老年人照料设施建筑瞬时高峰用水量，应按公式（1-94）计算。

老年人照料设施建筑瞬时高峰用水时水嘴使用数量，应按公式（1-95）计算。

瞬时高峰用水时水嘴使用数量 m 的确定，应按表1-340（当水嘴数量 $n \leqslant 12$ 个时）、表1-341（当水嘴数量 $n > 12$ 个时）选取。当 $np \geqslant 5$ 并且满足 $n(1-p) \geqslant 5$ 时，可按公式（1-96）简化计算。

水嘴使用概率应按公式（17-15）计算：

$$p = \alpha \cdot Q_d/(1800 \cdot n \cdot q_0) = 0.15 \cdot Q_d/(1800 \cdot n \cdot q_0) \tag{17-15}$$

式中　α——经验系数，老年人照料设施取0.15。

定时循环时，循环流量可按公式（1-98）计算。

管道直饮水供、回水管道内水流速度宜符合表1-342的规定。

2. 设备选择

净水设备产水量可按公式（1-100）计算。

变频调速供水系统水泵设计流量应按公式（1-101）计算；水泵设计扬程应按公式（1-102）计算。

净水箱（槽）有效容积可按公式（1-103）计算；原水调节水箱（槽）容积可按公式（1-104）计算。

原水水箱（槽）的进水管管径宜按净水设备产水量设计，并应根据反洗要求确定水量。当进水管的供水能力满足预处理的流量和压力要求时，原水水箱（槽）可不设置。

17.12.5　净水机房

净水机房设计要求，参见表1-343。

17.12.6　管道敷设与设备安装

管道直饮水管道敷设与设备安装设计要求，参见表1-344。

17.13　给水排水抗震设计

老年人照料设施建筑给水排水管道抗震设计，参见4.11节。

17.14 给水排水专业绿色建筑设计

老年人照料设施建筑绿色设计，应根据老年人照料设施建筑所在地相关规定要求执行。新建老年人照料设施建筑应按照一星级或以上星级标准设计；政府投资或者以政府投资为主的老年人照料设施建筑、建筑面积大于 20000m^{2}的大型老年人照料设施建筑宜按照绿色建筑二星级或以上星级标准设计。老年人照料设施建筑二星级、三星级绿色建筑设计专篇，参见表 1-347。

第18章　广播电影电视建筑给水排水设计

广播电影电视建筑是用于生产、存储、监测、分发广播电影电视节目的公共建筑。

广播电影电视建筑分类，见表18-1。

广播电影电视建筑分类表　　**表18-1**

<table>
<tr><th>名称</th><th>A类</th><th>B类</th></tr>
<tr><td>广播电视台、传输网络中心</td><td>省级及以上的广播电视台、传输网络中心；建筑高度超过50m的广播电视台、传输网络中心</td><td rowspan="8">除A类外的广播电影电视建筑</td></tr>
<tr><td>中波、短波广播发射台</td><td>省级及以上中波、短波广播发射台；总发射功率不小于100kW的中波、短波发射台</td></tr>
<tr><td>电视、调频广播发射台</td><td>省级及以上的电视、调频广播发射台；总发射功率不小于10kW的电视、调频广播发射台</td></tr>
<tr><td>广播电视检测台（站）</td><td>省级及以上的广播电视检测台（站）</td></tr>
<tr><td>广播电视发射塔</td><td>省级及以上的广播电视发射塔；主塔楼屋顶离室外设计地面高度不小于100m的广播电视发射塔或塔下建筑高度不小于24m的广播电视发射塔</td></tr>
<tr><td>广播电视卫星地球站</td><td>广播电视卫星地球站</td></tr>
<tr><td>广播电视微波站</td><td>省级及以上广播电视微波站</td></tr>
<tr><td>摄影棚</td><td>建筑面积不小于2000m^{2}的摄影棚</td></tr>
</table>

广播电影电视建筑组成，见表18-2。

广播电影电视建筑组成表　　**表18-2**

<table>
<tr><th>序号</th><th colspan="2">组成</th><th>说明</th></tr>
<tr><td rowspan="3">1</td><td rowspan="3">工艺用房</td><td>广播电台</td><td>包括语言播音室、语言录音室、文艺播音室、文艺录音室、录音棚；录音胶片库房、光盘库房、重要的资料档案库；已记录磁、纸介质库；播出机房；配套房间（导演室、导播室、化妆间、布景道具间、效果室、消音室、调音室、编辑室、复制室、转录室、控制室等）</td></tr>
<tr><td>电视台</td><td>包括综合文艺、新闻、教育、音乐、对话等电视演播室，多功能演播厅；录像带库房、光盘库房、重要的资料档案库；已记录磁、纸介质库；播出机房；配套房间（导演室、导播室、化妆间、布景道具间、效果室、消音室、调音室、配音室、编辑室、复制室、转录室、控制室等）</td></tr>
<tr><td>电影</td><td>包括摄影棚及配套房间等</td></tr>
<tr><td>2</td><td colspan="2">行政办公用房</td><td>包括办公室、接待室、会议室、档案室、资料室，开水间、卫生间等</td></tr>
<tr><td>3</td><td colspan="2">后勤配套用房</td><td>包括食堂、员工餐厅，动力机房、生活水泵房、消防水泵房、制冷机房、换热机房、高压配电室、低压配电室、弱电机房；汽车库、非机动车库等</td></tr>
</table>

续表

序号	组成	说明
4	信息网络用房	包括消防控制室、电信运营商机房、电子信息机房等
5	业务用房	包括广告公司用房、报社用房、文艺团体用房等
6	发射台	包括电视、调频广播发射台的调频广播发射机房、调频广播控制室、电视发射机房、电视控制室、传输机房、变配电室、不间断电源（UPS）室；中波、短波广播发射台的发射机室、控制室、节目交换室、天线交换开关室、天线调配室、变配电室、不间断电源（UPS）室；广播电视卫星地球站的高功放室、小信号室、监控室、变配电室、不间断电源（UPS）室；广播电视微波站的微波机房、监控室、变配电室、不间断电源（UPS）室；空调机房、库房等

广播电影电视建筑给水排水设计应符合现行国家标准《城市给水工程项目规范》GB 55026、《城乡排水工程项目规范》GB 55027、《建筑给水排水设计标准》GB 50015、《建筑防火通用规范》GB 55037、《消防设施通用规范》GB 55036、《建筑设计防火规范》GB 50016 和《消防给水及消火栓系统技术规范》GB 50974 等的规定。根据广播电影电视建筑的功能设置，其给水排水设计涉及的现行国家标准为《广播电影电视建筑设计防火标准》GY 5067。广播电影电视建筑若设置中水系统，其设计涉及的现行国家标准为《建筑中水设计标准》GB 50336。广播电影电视建筑若设置管道直饮水系统，其设计涉及的现行行业标准为《建筑与小区管道直饮水系统技术规程》CJJ/T 110。

18.1 生活给水系统

18.1.1 用水量标准

1. 生活用水量标准

《水标》中广播电影电视建筑相关功能场所生活用水定额，见表 18-3。

广播电影电视建筑生活用水定额表　　表 18-3

序号	建筑物名称		单位	生活用水定额（L）		使用时数（h）	最高日小时变化系数 K_h
				最高日	平均日		
1	办公	坐班制办公	每人每班	30～50	25～40	8～10	1.5～1.2
2	餐饮业	中餐酒楼	每人每次	40～60	35～50	10～12	1.5～1.2
		快餐店、职工食堂		20～25	15～20	12～16	
		酒吧、咖啡馆、茶座		5～15	5～10	8～18	
3	会议厅		每座位每次	18～8	18～8	4	1.5～1.2
4	停车库地面冲洗水		每平方米每次	2～3	3～3	18～118	1.0

注：1. 除注明外，均不含员工生活用水，员工最高日用水定额为每人每班 40～50L，平均日用水定额为每人每班 30～45L；
2. 表中用水量标准为生活用水，包括生活用热水用水量和直饮水用量，也包括正常漏水量和间接用水量，如清洁用水在内；但不包括空调、采暖、水景绿化、场地和道路浇洒等用水；
3. 计算广播电影电视建筑最高日最大时用水量时，某一类型生活用水定额、最高日小时变化系数（K_h）均为一个范围值时，生活用水定额取定额的最低值应对应选择最高日小时变化系数（K_h）的最大值；生活用水定额取定额的最高值应对应选择最高日小时变化系数（K_h）的最小值；生活用水定额取定额的中间值应对应选择最高日小时变化系数（K_h）的中间值（按内插法确定）。

《节水标》中广播电影电视建筑相关功能场所平均日生活用水节水用水定额，见表18-4。

广播电影电视建筑平均日生活用水节水用水定额表　　表18-4

<table>
<tr><th>序号</th><th colspan="2">建筑物名称</th><th>单位</th><th>节水用水定额</th></tr>
<tr><td>1</td><td>办公楼</td><td>坐班制办公</td><td>L/(人·班)</td><td>25～40</td></tr>
<tr><td rowspan="3">2</td><td rowspan="3">餐饮业</td><td>中餐酒楼</td><td rowspan="3">L/(人·次)</td><td>35～50</td></tr>
<tr><td>快餐店、职工食堂</td><td>15～20</td></tr>
<tr><td>酒吧、咖啡馆、茶座</td><td>5～10</td></tr>
<tr><td>3</td><td colspan="2">会议厅</td><td>L/(座位·次)</td><td>5～8</td></tr>
<tr><td>4</td><td colspan="2">停车库地面冲洗用水</td><td>L/(m²·次)</td><td>2～3</td></tr>
</table>

注：1. 除注明外均不含员工用水，员工用水定额每人每班30～45L；
2. 表中用水量包括热水用量在内，空调用水应另计；
3. 选择用水定额时，可依据当地气候条件、水资源状况等确定，缺水地区应选择低值；
4. 用水人数或单位数应以年平均值计算；
5. 每年用水天数应根据使用情况确定。

2. 绿化浇灌用水量标准

广播电影电视建筑院区绿化浇灌最高日用水定额按浇灌面积1.0～3.0L/(m^2·d)计算，通常取2.0L/(m^2·d)，干旱地区可酌情增加。

3. 浇洒道路用水量标准

广播电影电视建筑院区道路、广场浇洒最高日用水定额按浇洒面积2.0～3.0L/(m^2·d)计算，亦可参见表2-8。

4. 空调循环冷却水补水用水量标准

广播电影电视建筑空调循环冷却水补充水量，按公式（1-3）计算，亦可由暖通空调专业提供。

5. 汽车冲洗用水量标准

汽车冲洗用水量标准按10.0～15.0L/(辆·次)考虑。

6. 供暖锅炉补充水量

供暖锅炉补充水量由暖通空调、热能动力专业提供。

7. 给水管网漏失水量和未预见水量

这两项水量之和按上述6项用水量（第1项至第6项）之和的8%～12%计算，通常按10%计。

最高日用水量（Q_d）应为上述7项用水量（第1项至第7项）之和。

最大时用水量（Q_{hmax}）可按公式（1-4）计算。

18.1.2 水质标准和防水质污染

1. 水质标准

广播电影电视建筑给水系统供水水质应符合现行国家标准《生活饮用水卫生标准》GB 5749的要求。广播电影电视建筑供水总进口管道上可设置紫外线消毒设备。

2. 防水质污染

广播电影电视建筑防止水质污染常见的具体措施，参见表 2-9。

18.1.3 给水系统和给水方式

1. 广播电影电视建筑生活给水系统

典型的广播电影电视建筑生活给水系统原理图，参见图 4-1。

2. 广播电影电视建筑生活给水供水方式

广播电影电视建筑生活给水供水方式，见表 18-5。

广播电影电视建筑生活给水供水方式表 **表 18-5**

序号	供水方式	适用范围	备注
1	生活水箱加变频生活给水泵组联合供水	市政给水管网直供区之外的其他竖向分区，即加压区	推荐采用
2	市政给水管网直接供水	市政给水管网压力满足的最低竖向分区	
3	管网叠加供水	市政给水管网流量、压力稳定；最小保证压力较高；广播电影电视建筑当地市政供水部门允许采用	可以采用

3. 广播电影电视建筑生活给水系统竖向分区

广播电影电视建筑应根据建筑内功能的划分和当地供水部门的水量计费分类等因素，设置相应的生活给水系统，并应利用城镇给水管网的水压。

广播电影电视建筑生活给水系统竖向分区应根据的原则，参见表 3-7。

广播电影电视建筑生活给水系统竖向分区确定程序，见表 18-6。

生活给水系统竖向分区确定程序表 **表 18-6**

序号	竖向分区确定程序	备注
1	根据广播电影电视建筑院区接入市政给水管网的最小工作压力确定由市政给水管网直接供水的楼层	
2	根据市政给水直供楼层以上楼层的竖向建筑高度合理确定分区的个数及分区范围	高层广播电影电视建筑生活给水竖向分区楼层数宜为 6～8 层（竖向高度 30m 左右），不宜多于 10 层
3	根据需要加压供水的总楼层数，合理调整需要加压的各竖向分区，使其高度基本一致	各竖向分区涉及楼层数宜基本相同

4. 广播电影电视建筑生活给水系统形式

广播电影电视建筑生活给水系统通常采用下行上给式，设备管道设置方法见表 18-7。

生活给水系统设备管道设置方法表 **表 18-7**

序号	设备管道名称	设备管道设置方法
1	生活水箱及各分区供水泵组	设置在建筑地下室或院区生活水泵房
2	各分区给水总干管	自各分区给水泵组接出，沿下部楼层吊顶内或顶板下横向敷设接至各区域水管井

续表

序号	设备管道名称	设备管道设置方法
3	各分区给水总立管	设置在各区域水管井内，自各分区给水总干管接出，竖向敷设接至各区域最下部楼层
4	各分区给水横干管	设置在各区域最下部楼层吊顶内或顶板下，自各分区给水总立管接出，横向敷设接至本区域各用水场所（广播电影电视建筑卫生间等）水管井
5	分区内给水立管	分别自本区域给水横干管接出，沿水管井向上敷设，每个竖向水管井设置1根给水立管
6	给水支管	自分区内各个水管井内给水立管接出，接至每层各用水场所用水点，通常1个卫生间等用水场所设置1根给水支管；给水支管在水管井内沿水流方向依次设置阀门、减压阀（若需要的话）、冷水表（适用于需要单独计量时）；水管井内给水支管宜设置在距地1.0～1.2m的高度，向上接至卫生间吊顶内敷设至该卫生间各用水卫生器具

18.1.4 管材及附件

1. 生活给水系统管材

广播电影电视建筑生活给水系统给水管道应选用耐腐蚀、安装连接方便可靠、符合国家现行有关产品标准要求及饮用水卫生要求的管材，常用管材包括薄壁不锈钢管、薄壁铜管、PVC-C（氯化聚氯乙烯）冷水用管、钢塑复合管、内衬不锈钢复合钢管、铝塑复合管等。

2. 生活给水系统阀门

广播电影电视建筑生活给水系统设置阀门的部位，见表4-7。

3. 生活给水系统止回阀

广播电影电视建筑生活给水系统设置止回阀的部位，参见表4-8。

4. 生活给水系统减压阀

广播电影电视建筑配水横管静水压大于0.20MPa的楼层各分区内给水支管起端应设置减压阀，减压阀位置在阀门之后。

5. 生活给水系统水表

广播电影电视建筑给水系统的引入管上应设置水表。水表宜设置在室内便于抄表位置；在夏热冬冷地区及严寒地区，当水表设置于室外时，应采取可靠的防冻胀破坏措施。

广播电影电视建筑生活给水系统按分区域计量原则设置水表，生活给水系统设置水表的部位，参见表3-14。

6. 生活给水系统其他附件

生活水箱的生活给水进水管上应设自动水位控制阀。

广播电影电视建筑生活给水系统设置过滤器的部位，参见表2-19。

广播电影电视建筑内公共卫生间的洗手盆水嘴应采用非接触式或延时自闭式水嘴，通常采用感应式水嘴；小便斗、大便器应采用非手动开关。用水点非手动开关的型式，参见表2-20。

寒冷及严寒地区办公教学用房的给水引入管上应采取设泄水装置等措施。有可能产生冰冻部位的给水管道应采取保温等防冻措施。

18.1.5　给水管道布置及敷设

1. 室外生活给水系统布置与敷设

广播电影电视建筑院区的室外生活给水管网应布置成环状管网，管径宜为 $DN150$。环状给水管网与市政给水管网的连接管不宜少于 2 条，引入管管径宜为 $DN150$、不宜小于 $DN100$。

广播电影电视建筑院区室外生活给水管道与其他地下管线及乔木之间的最小净距，参照表 1-25 规定。

2. 室内生活给水系统布置与敷设

广播电影电视建筑室内生活给水管道通常布置成支状管网，单向供水，宜沿室内公共区域敷设。广播电影电视建筑生活给水管道不应布置的场所，参见表 2-21。给水管道不应穿越重要的资料室、档案室和重要的办公用房。

3. 室内给水管道防护

室内生活给水横干管、立管超过 50m 时，宜设伸缩补偿装置。

与人防工程功能无关的室内生活给水管道应避免穿越人防地下室，确需穿越时应在人防侧设置防护阀门，管道穿越处应设防护套管。

4. 生活给水管道保温

敷设在有可能结冻的房间、地下室及管井、管沟等处的给水管道应有防冻措施。

屋顶水箱间内生活给水管道均需做保温，所有给水横管及管井内的给水立管均做防结露保温。室内满足防冻要求的管道可不做防结露保温。

给水管道保温材料厚度确定，参见表 1-30、表 1-31。

18.1.6　生活给水系统给水管网计算

1. 办公院区室外生活给水管网

室外生活给水管网设计流量应按广播电影电视建筑院区生活给水最大时用水量确定。院区给水引入管的设计流量应按最大时用水量确定；当引入管为 2 条时，应保证当其中一条发生故障时，其余的引入管可以提供不小于 70%的流量。

广播电影电视建筑院区室外生活给水管网管径宜采用 $DN150$。

2. 广播电影电视建筑室内生活给水管网

采用市政给水管网直接供水时，给水引入管设计流量（Q_1）应按直供区生活给水设计秒流量计；采用生活水箱＋变频给水泵组供水时，给水引入管设计流量（Q_2）应按加压区生活水箱设计补水量计，设计补水量不得小于高区最高日平均时用水量，不宜大于最高日最大时用水量。

广播电影电视建筑内生活给水设计秒流量应按公式（18-1）计算：

$$q_g = 0.2 \cdot \alpha \cdot (N_g)^{1/2} = 0.3 \cdot (N_g)^{1/2} \tag{18-1}$$

式中　q_g——计算管段的给水设计秒流量，L/s；

N_g——计算管段的卫生器具给水当量总数；

α——根据广播电影电视建筑用途而定的系数，广播电影电视建筑取1.5。

注：如计算值小于该管段上一个最大卫生器具给水额定流量时，应采用一个最大的卫生器具给水额定流量作为设计秒流量；如计算值大于该管段上按卫生器具给水额定流量累加所得流量值时，应按卫生器具给水额定流量累加所得流量值采用；有大便器延时自闭冲洗阀的给水管段，大便器延时自闭冲洗阀的给水当量均以0.5计，计算得到的q_g附加1.20L/s的流量后，为该管段的给水设计秒流量。

广播电影电视建筑生活给水设计秒流量计算，可参照表18-8。

广播电影电视建筑生活给水设计秒流量计算表（L/s）　　表18-8

卫生器具给水当量数 N_g	广播电影电视建筑 $\alpha=1.5$	卫生器具给水当量数 N_g	广播电影电视建筑 $\alpha=1.5$	卫生器具给水当量数 N_g	广播电影电视建筑 $\alpha=1.5$	卫生器具给水当量数 N_g	广播电影电视建筑 $\alpha=1.5$	卫生器具给水当量数 N_g	广播电影电视建筑 $\alpha=1.5$
1	0.30	36	1.80	90	2.85	210	4.35	345	5.57
2	0.42	38	1.85	92	2.88	215	4.40	350	5.61
3	0.52	40	1.90	94	2.91	220	4.45	355	5.65
4	0.60	42	1.94	96	2.94	225	4.50	360	5.69
5	0.67	44	1.99	98	2.97	230	4.55	365	5.73
6	0.73	46	2.03	100	3.00	235	4.60	370	5.77
7	0.79	48	2.08	105	3.07	240	4.65	375	5.81
8	0.85	50	2.12	110	3.15	245	4.70	380	5.85
9	0.90	52	2.16	115	3.22	250	4.74	385	5.89
10	0.95	54	2.20	120	3.29	255	4.79	390	5.92
11	0.99	56	2.24	125	3.35	260	4.84	395	5.96
12	1.04	58	2.28	130	3.42	265	4.88	400	6.00
13	1.08	60	2.32	135	3.49	270	4.93	405	6.04
14	1.12	62	2.36	140	3.55	275	4.97	410	6.07
15	1.16	64	2.40	145	3.61	280	5.02	415	6.11
16	1.20	66	2.44	150	3.67	285	5.06	420	6.15
17	1.24	68	2.47	155	3.73	290	5.11	425	6.18
18	1.27	70	2.51	160	3.79	295	5.15	430	6.22
19	1.31	72	2.55	165	3.85	300	5.20	435	6.26
20	1.34	74	2.58	170	3.91	305	5.24	440	6.29
22	1.41	76	2.62	175	3.97	310	5.28	445	6.33
24	1.47	78	2.65	180	4.02	315	5.32	450	6.36
26	1.53	80	2.68	185	4.08	320	5.37	455	6.40
28	1.59	82	2.72	190	4.14	325	5.41	460	6.43
30	1.64	84	2.75	195	4.19	330	5.45	465	6.47
32	1.70	86	2.78	200	4.24	335	5.49	470	6.50
34	1.75	88	2.81	205	4.30	340	5.53	475	6.54

续表

卫生器具给水当量数 N_g	广播电影电视建筑 $\alpha=1.5$	卫生器具给水当量数 N_g	广播电影电视建筑 $\alpha=1.5$	卫生器具给水当量数 N_g	广播电影电视建筑 $\alpha=1.5$	卫生器具给水当量数 N_g	广播电影电视建筑 $\alpha=1.5$	卫生器具给水当量数 N_g	广播电影电视建筑 $\alpha=1.5$
480	6.57	650	7.65	1000	9.49	1350	11.02	1700	12.37
485	6.61	700	7.94	1050	9.72	1400	11.22	1750	12.55
490	6.64	750	8.22	1100	9.95	1450	11.42	1800	12.73
495	6.67	800	8.49	1150	10.17	1500	11.62	1850	12.90
500	6.71	850	8.75	1200	10.39	1550	11.81	1900	13.08
550	7.04	900	9.00	1250	10.61	1600	12.00	1950	13.25
600	7.35	950	9.25	1300	10.82	1650	12.19	2000	13.42

广播电影电视建筑有自闭式冲洗阀时生活给水设计秒流量计算，可参照表 1-33。

广播电影电视建筑职工食堂厨房等生活给水管道的设计秒流量应按公式（18-2）计算：

$$q_g = \sum q_{g0} \cdot n_0 \cdot b_g \tag{18-2}$$

式中 q_g——广播电影电视建筑计算管段的给水设计秒流量，L/s；

q_{g0}——广播电影电视建筑同类型的一个卫生器具给水额定流量，L/s，可按表 4-11 采用；

n_0——广播电影电视建筑同类型卫生器具数；

b_g——广播电影电视建筑卫生器具的同时给水使用百分数：广播电影电视建筑职工食堂的设备按表 4-13 选用。

3. 广播电影电视建筑内卫生器具给水当量

广播电影电视建筑用水器具和配件应采用节水性能良好、坚固耐用，且便于管理维修的产品。

广播电影电视建筑应采用符合现行行业标准《节水型生活用水器具》CJ/T 164 规定的节水型卫生器具，宜选用用水效率等级不低于 3 级的用水器具。

广播电影电视建筑常见卫生器具的给水额定流量、给水当量、连接给水管管径和最低工作压力按表 3-18 确定。

4. 广播电影电视建筑内给水管管径

广播电影电视建筑内给水供水管的管径，应根据该给水供水管段的设计秒流量、允许给水流速等查相关计算表格确定。生活给水管道内的给水流速，宜参照表 1-38。

广播电影电视建筑内公共卫生间的蹲便器个数与给水供水管管径的对照表，参见表 4-15。

整个生活给水系统生活给水立管、干管均按照其服务的给水设计秒流量确定其管段管径。

18.1.7 生活水泵和生活水泵房

广播电影电视建筑给水设计应有可靠的水源和供水管道系统，当仅有一路城市引入管或供水不满足设计秒流量或压力要求时，应设置加压供水设备。

1. 生活水泵

广播电影电视建筑生活给水加压水泵宜采用3台（2用1备）配置模式，亦可采用2台（1用1备）或4台（3用1备）配置模式。

广播电影电视建筑生活给水加压通常采用变频调速给水泵组，其设计流量应按其负责给水系统的最大设计秒流量确定，即$Q=q_g$。设计时应统计该系统内各用水点卫生器具的生活给水当量数，经公式（18-1）、公式（18-2）计算或查表18-8得出设计流量值。

生活给水加压水泵的设计工作压力，按公式（1-10）计算。

广播电影电视建筑加压水泵应选用低噪声节能型产品。

2. 生活水泵房

广播电影电视建筑二次加压给水的水泵房应为独立的房间，并应环境良好、便于维修和管理；不应毗邻语言播音室、语言录音室、文艺播音室、文艺录音室、录音棚，综合文艺、新闻、教育、音乐、对话等电视演播室，多功能演播厅，摄影棚，导演室、导播室、效果室、消音室、调音室，不宜毗邻办公室、会议室；加压泵组及泵房应采取减振降噪措施。

广播电影电视建筑生活水泵房的设置位置应根据其所供水服务的范围确定，见表18-9。

广播电影电视建筑生活水泵房位置确定及要求表　　表18-9

序号	水泵房位置	适用情况	设置要求
1	院区室外集中设置	院区室外有空间；常见于新建广播电影电视建筑院区	宜与消防水泵房、消防水池、暖通冷热源机房、锅炉房等集中设置，宜靠近广播电影电视建筑
2	建筑地下室楼层设置	院区室外无空间	宜设在地下一层或地下二层，不宜设在最低地下楼层；水泵房地面宜高出室外地面200～300mm

各分区的生活给水泵组宜集中布置；生活水泵房内每套生活给水泵组宜设置在一个基础上。

18.1.8 生活贮水箱（池）

广播电影电视建筑给水设计应有可靠的水源和供水管道系统，当仅有一路城市引入管或供水不满足设计秒流量或压力要求时，应设置生活贮水箱（池）。

广播电影电视建筑水箱间应为独立的房间，不应毗邻语言播音室、语言录音室、文艺播音室、文艺录音室、录音棚，综合文艺、新闻、教育、音乐、对话等电视演播室，多功能演播厅，摄影棚，导演室、导播室、效果室、消音室、调音室，不宜毗邻办公室、会议室。

水箱应设置消毒设备，并宜采用紫外线消毒方式。

1. 贮水容积

广播电影电视建筑生活用水贮水箱（池）的有效容积计算时，其生活用水调节量应按进水量与用水量变化曲线经计算确定，当资料不足时，宜按最高日用水量的20%～25%确定，最大不得大于48h的用水量。有条件时可适当增加生活贮水箱（池）有效容积。

广播电影电视建筑生活用水贮水设备宜采用贮水箱。

2. 生活水箱

广播电影电视建筑生活水箱设计要求，参见表1-46。

3. 生活水箱相关管道、装置设置要求

广播电影电视建筑生活水箱相关管道设施要求，参见表1-47。

生活水箱各水位指标确定方法及取值经验值，参见表1-48。

18.2 生活热水系统

18.2.1 热水系统类别

广播电影电视建筑生活热水系统类别，见表18-10。

生活热水系统类别表 **表18-10**

序号	分类标准	热水系统类别	广播电影电视建筑应用情况
1	供应范围	集中生活热水系统	广播电影电视建筑厨房生活热水系统
2	热水管网循环方式	热水干管循环生活热水系统	
3	热水管网循环水泵运行方式	定时循环生活热水系统	
4	热水管网循环动力方式	强制循环生活热水系统	
5	是否敞开形式	闭式生活热水系统	
6	热水管网布置型式	下供下回式生活热水系统	热源位于建筑底部，即由锅炉房提供热媒（高温蒸汽或高温热水），经汽水或水水换热器提供热水热源等的生活热水系统
7		上供上回式生活热水系统	热源位于建筑顶部，即由屋顶太阳能热水设备及（或）空气能热泵热水设备提供热水热源等的生活热水系统
8	热水管路距离	同程式生活热水系统	广播电影电视建筑厨房生活热水系统
9	热水系统分区方式	加热器集中设置生活热水系统	

18.2.2 生活热水系统热源

广播电影电视建筑集中生活热水供应系统的热源，参见表2-34。

广播电影电视建筑生活热水系统热源选用，参见表2-35。

广播电影电视建筑生活热水系统常见热源组合形式，见表18-11。

生活热水系统常见热源组合形式表 **表18-11**

序号	热源组合形式名称	主要热源	辅助热源	适用范围
1	热水锅炉+太阳能组合	院区内设置燃气（油）锅炉房，锅炉房内高温热水锅炉提供热媒（通常为80℃/60℃高温热水），经建筑内热水机房（换热机房）内的水水换热器换热后为系统提供60℃/50℃低温热水	建筑屋顶设置太阳能热水机房（房间内设置储热水箱或储热罐、生活热水供水泵组、生活热水循环泵组、太阳能集热循环泵组等），屋顶布置太阳能集热板及太阳能供水、回水管道，太阳能热水供水设备为系统提供60℃/50℃高温热水	该组合方式适用于我国北方、西北等寒冷或严寒地区广播电影电视建筑生活热水系统

续表

序号	热源组合形式名称	主要热源	辅助热源	适用范围
2	太阳能+空气源热能组合	建筑屋顶设置热水机房（设置储热水箱或储热罐、生活热水供水泵组、生活热水循环泵组、太阳能集热循环泵组、空气能热泵循环泵组等），屋顶布置太阳能集热板及太阳能供水、回水管道。太阳能供水设备为系统提供60℃/50℃高温热水	建筑屋顶设置热水机房，屋顶布置空气能热泵热水机组及空气能供水、回水管道。空气源热泵热水机组为系统提供60℃/50℃高温热水	该组合方式适用于我国南部或中部地区广播电影电视建筑生活热水系统

广播电影电视建筑屋顶设置太阳能光伏发电系统时，系统产生的电能可用于屋顶热水箱内热水的加热，保证生活热水系统供水温度。

18.2.3 热水系统设计参数

1. 广播电影电视建筑热水用水定额

按照《水标》，广播电影电视建筑相关功能场所热水用水定额，见表18-12。

广播电影电视建筑热水用水定额表　　表18-12

序号	建筑物名称		单位	用水定额（L）		使用时数（h）	最高日小时变化系数 K_h
				最高日	平均日		
1	办公	坐班制办公	每人每班	5～10	4～8	8～10	1.5～1.2
2	餐饮业	中餐酒楼	每人每次	15～20	8～12	10～12	1.5～1.2
		快餐店、职工食堂		10～12	7～10	12～16	
		酒吧、咖啡馆、茶座		3～8	3～5	8～18	

注：1. 表中所列用水定额均已包括在表18-3中；
2. 本表以60℃热水水温为计算温度，卫生器具的使用水温见表18-14；
3. 表中平均日用水定额仅用于计算太阳能热水系统集热器面积和计算节水用水量。

《节水标》中广播电影电视建筑相关功能场所热水平均日节水用水定额，见表18-13。

广播电影电视建筑热水平均日节水用水定额表　　表18-13

序号	建筑物名称		单位	节水用水定额
1	办公楼	坐班制办公	L/(人·班)	5～10
2	餐饮业	中餐酒楼	L/(人·次)	15～25
		快餐店、职工食堂		7～10
		酒吧、咖啡馆、茶座		3～5
3	会议厅		L/(座位·次)	2

注：热水温度按60℃计。

广播电影电视建筑所在地为较大城市、标准要求较高的，广播电影电视建筑热水用水定额可以适当选用较高值；反之可选用较低值。

2. 广播电影电视建筑卫生器具用水定额及水温

广播电影电视建筑相关功能场所卫生器具的一次热水用水量、小时热水用水量和水温，可按表18-14确定。

广播电影电视建筑卫生器具一次热水用水量、小时热水用水量和水温表　　表18-14

<table>
<tr><th>序号</th><th colspan="3">卫生器具名称</th><th>一次热水用水量
(L)</th><th>小时热水用水量
(L)</th><th>水温
(℃)</th></tr>
<tr><td>1</td><td>办公楼</td><td colspan="2">洗手盆</td><td>—</td><td>50～100</td><td>35</td></tr>
<tr><td rowspan="3">2</td><td rowspan="3">餐饮业</td><td rowspan="2">洗脸盆</td><td>工作人员用</td><td>3</td><td>60</td><td rowspan="2">30</td></tr>
<tr><td>顾客用</td><td>—</td><td>120</td></tr>
<tr><td colspan="2">淋浴器</td><td>40</td><td>400</td><td>37～40</td></tr>
</table>

注：表中用水量均为使用水温时的用水量；一次热水用水量指使用一次的用水量，并非卫生器具开关一次的用水量，有些卫生器具使用一次可能需要开关几次。

3. 广播电影电视建筑冷水计算温度

冷水的计算温度应以当地最冷月平均水温资料确定。当无水温资料时，按表1-58采用。

广播电影电视建筑冷水计算温度宜按广播电影电视建筑当地地面水温度确定，水温有取值范围时宜取低值。

4. 广播电影电视建筑水加热设备供水温度

广播电影电视建筑集中热水供应系统的水加热设备（包括热水锅炉、热水机组或水加热器等）的出水温度按表1-59采用。广播电影电视建筑集中生活热水系统水加热设备的供水温度宜为60～65℃，通常按60℃计。

5. 广播电影电视建筑生活热水水质

广播电影电视建筑生活热水的水质指标，应符合现行国家标准《生活饮用水卫生标准》GB 5749的要求。

18.2.4 热水系统设计指标

1. 广播电影电视建筑热水设计小时耗热量

(1) 全日供应热水设计小时耗热量

广播电影电视建筑生活热水系统采用全日供应热水较为少见。

(2) 定时供应热水设计小时耗热量

当广播电影电视建筑生活热水系统采用定时供应热水的集中生活热水系统时，其设计小时耗热量应按公式(18-3)计算：

$$Q_h = \sum q_h \cdot C \cdot (t_{r2} - t_l) \cdot \rho_r \cdot n_0 \cdot b_g \cdot C_\gamma \qquad (18\text{-}3)$$

式中 Q_h——广播电影电视建筑生活热水设计小时耗热量，kJ/h；

q_h——广播电影电视建筑卫生器具生活热水的小时用水定额，L/h，可按表18-14采用，计算时通常取小时热水用水量的上限值；

C——水的比热，kJ/(kg·℃)，C=4.187kJ/(kg·℃)；

t_{r2}——热水计算温度，℃，计算时按表18-14选用；

t_l——冷水计算温度,℃;

ρ_r——热水密度，kg/L，通常取1.0kg/L;

n_0——广播电影电视建筑同类型卫生器具数;

b_g——广播电影电视建筑卫生器具的同时使用百分数;

C_γ——热水供应系统的热损失系数，C_γ=1.10～1.15。

(3) 不同使用要求用水部门热水设计小时耗热量

具有多个不同使用热水部门或具有多种热水使用形式的广播电影电视建筑，当其热水由同一热水供应系统供应时，设计小时耗热量，可按同一时间内出现用水高峰的主要用水部门的设计小时耗热量加其他用水部门的平均小时耗热量计算。

2. 广播电影电视建筑设计小时热水量

广播电影电视建筑设计小时热水量，按公式(18-4)计算:

$$q_{rh} = Q_h/[(t_{r3} - t_l) \cdot C \cdot \rho_r \cdot C_\gamma] \tag{18-4}$$

式中 q_{rh}——广播电影电视建筑生活热水设计小时热水量，L/h;

Q_h——广播电影电视建筑生活热水设计小时耗热量，kJ/h;

t_{r3}——设计热水温度,℃，计算时t_{r3}取值与t_{r1}一致即可;

t_l——冷水计算温度,℃;

C——水的比热，kJ/(kg·℃)，C=4.187kJ/(kg·℃);

ρ_r——热水密度，kg/L，通常取1.0kg/L;

C_γ——热水供应系统的热损失系数，C_γ=1.10～1.15。

3. 广播电影电视建筑加热设备供热量

广播电影电视建筑全日集中生活热水系统中，锅炉、水加热设备的设计小时供热量应根据日热水用量小时变化曲线、加热方式及锅炉、水加热设备的工作制度经积分曲线计算确定。

(1) 容积式水加热器或贮热容积与其相当的水加热器、燃油(气)热水机组供热量

广播电影电视建筑生活热水系统采用的容积式水加热器均应为导流型容积式水加热器，其设计小时供热量可按公式(18-5)计算:

$$Q_g = Q_h - (\eta \cdot V_r/T_1) \cdot (t_{r3} - t_l) \cdot C \cdot \rho_r \tag{18-5}$$

式中 Q_g——广播电影电视建筑导流型容积式水加热器的设计小时供热量，kJ/h;

Q_h——广播电影电视建筑设计小时耗热量，kJ/h;

η——导流型容积式水加热器有效贮热容积系数，取0.8～0.9;

V_r——导流型容积式水加热器总贮热容积，L;

T_1——广播电影电视建筑设计小时耗热量持续时间，h，定时集中热水供应系统T_1等于定时供水的时间；当Q_g计算值小于平均小时耗热量时，Q_g应取平均小时耗热量;

t_{r3}——设计热水温度,℃，按导流型容积式水加热器出水温度或贮水温度计算，通常取65℃;

t_l——冷水温度,℃;

C——水的比热，kJ/(kg·℃)，C=4.187kJ/(kg·℃);

ρ_r——热水密度，kg/L，通常取1.0kg/L。

在广播电影电视建筑生活热水系统设计小时供热量计算时，通常取 $Q_g = Q_h$。

（2）半容积式水加热器或贮热容积与其相当的水加热器、燃油（气）热水机组供热量

广播电影电视建筑生活热水系统亦常采用半容积式水加热器，此时半容积式水加热器设计小时供热量按设计小时耗热量计算，即取 $Q_g = Q_h$。

18.2.5 生活热水系统热水管网计算

1. 生活热水管网设计流量

（1）广播电影电视建筑生活热水引入管设计流量

广播电影电视建筑生活热水引入管设计流量应按该建筑相应生活热水供水系统总供水干管的设计秒流量确定。

（2）广播电影电视建筑内生活热水设计秒流量

广播电影电视建筑内生活热水设计秒流量应按公式（18-6）计算：

$$q_g = 0.2 \cdot \alpha \cdot (N_g)^{1/2} = 0.3 \cdot (N_g)^{1/2} \tag{18-6}$$

式中 q_g——计算管段的热水设计秒流量，L/s；

N_g——计算管段的卫生器具热水当量总数；

α——根据广播电影电视建筑用途而定的系数，广播电影电视建筑取 1.5。

注：如计算值小于该管段上一个最大卫生器具热水额定流量时，应采用一个最大的卫生器具热水额定流量作为设计秒流量；如计算值大于该管段上按卫生器具热水额定流量累加所得流量值时，应按卫生器具热水额定流量累加所得流量值采用。

广播电影电视建筑生活热水设计秒流量计算，可参照表 18-15。

广播电影电视建筑生活热水设计秒流量计算表（L/s）　　表 18-15

卫生器具热水当量数 N_g	广播电影电视建筑 $\alpha=1.5$	卫生器具热水当量数 N_g	广播电影电视建筑 $\alpha=1.5$	卫生器具热水当量数 N_g	广播电影电视建筑 $\alpha=1.5$	卫生器具热水当量数 N_g	广播电影电视建筑 $\alpha=1.5$	卫生器具热水当量数 N_g	广播电影电视建筑 $\alpha=1.5$
1	0.30	15	1.16	38	1.85	66	2.44	94	2.91
2	0.42	16	1.20	40	1.90	68	2.47	96	2.94
3	0.52	17	1.24	42	1.94	70	2.51	98	2.97
4	0.60	18	1.27	44	1.99	72	2.55	100	3.00
5	0.67	19	1.31	46	2.03	74	2.58	105	3.07
6	0.73	20	1.34	48	2.08	76	2.62	110	3.15
7	0.79	22	1.41	50	2.12	78	2.65	115	3.22
8	0.85	24	1.47	52	2.16	80	2.68	120	3.29
9	0.90	26	1.53	54	2.20	82	2.72	125	3.35
10	0.95	28	1.59	56	2.24	84	2.75	130	3.42
11	0.99	30	1.64	58	2.28	86	2.78	135	3.49
12	1.04	32	1.70	60	2.32	88	2.81	140	3.55
13	1.08	34	1.75	62	2.36	90	2.85	145	3.61
14	1.12	36	1.80	64	2.40	92	2.88	150	3.67

续表

卫生器具热水当量数 N_g	广播电影电视建筑 $\alpha=1.5$	卫生器具热水当量数 N_g	广播电影电视建筑 $\alpha=1.5$	卫生器具热水当量数 N_g	广播电影电视建筑 $\alpha=1.5$	卫生器具热水当量数 N_g	广播电影电视建筑 $\alpha=1.5$	卫生器具热水当量数 N_g	广播电影电视建筑 $\alpha=1.5$
155	3.73	255	4.79	355	5.65	455	6.40	1050	9.72
160	3.79	260	4.84	360	5.69	460	6.43	1100	9.95
165	3.85	265	4.88	365	5.73	465	6.47	1150	10.17
170	3.91	270	4.93	370	5.77	470	6.50	1200	10.39
175	3.97	275	4.97	375	5.81	475	6.54	1250	10.61
180	4.02	280	5.02	380	5.85	480	6.57	1300	10.82
185	4.08	285	5.06	385	5.89	485	6.61	1350	11.02
190	4.14	290	5.11	390	5.92	490	6.64	1400	11.22
195	4.19	295	5.15	395	5.96	495	6.67	1450	11.42
200	4.24	300	5.20	400	6.00	500	6.71	1500	11.62
205	4.30	305	5.24	405	6.04	550	7.04	1550	11.81
210	4.35	310	5.28	410	6.07	600	7.35	1600	12.00
215	4.40	315	5.32	415	6.11	650	7.65	1650	12.19
220	4.45	320	5.37	420	6.15	700	7.94	1700	12.37
225	4.50	325	5.41	425	6.18	750	8.22	1750	12.55
230	4.55	330	5.45	430	6.22	800	8.49	1800	12.73
235	4.60	335	5.49	435	6.26	850	8.75	1850	12.90
240	4.65	340	5.53	440	6.29	900	9.00	1900	13.08
245	4.70	345	5.57	445	6.33	950	9.25	1950	13.25
250	4.74	350	5.61	450	6.36	1000	9.49	2000	13.42

2. 广播电影电视建筑内卫生器具热水当量

广播电影电视建筑卫生器具的热水额定流量、热水当量、连接热水管管径和最低工作压力按表3-31确定。

3. 广播电影电视建筑内热水管管径

广播电影电视建筑内热水供水管的管径，应根据该热水供水管段的设计秒流量、允许热水流速等查相关计算表格确定。生活热水管道内的热水流速，宜按表1-66控制。

本区域热水回水干管管径根据该区域热水供水干管最大管径确定。热水回水管管径与热水供水管管径的对照，参见表3-33。

整个生活热水系统的生活热水供水立管、干管均按照其服务的热水设计秒流量确定其管段管径；生活热水回水立管、干管先按照其服务的热水设计秒流量确定出一个供水管管径值，再根据表3-33确定其管段回水管管径值。

18.2.6 生活热水机房（换热机房、换热站）

广播电影电视建筑生活热水机房（换热机房、换热站）位置确定，见表18-16。

广播电影电视建筑生活热水机房（换热机房、换热站）位置确定表　　表 18-16

<table>
<tr><th>序号</th><th>生活热水机房（换热机房、换热站）位置</th><th>生活热水系统热源情况</th><th>生活热水机房（换热机房、换热站）内设施</th><th>适用范围</th></tr>
<tr><td>1</td><td>院区室外独立设置</td><td rowspan="2">院区锅炉房热水（蒸汽）锅炉提供热媒，经换热后提供第 1 热源；太阳能设备或空气能热泵设备提供第 2 热源</td><td rowspan="2">常用设施：水（汽）水换热器（加热器）、热水循环泵组</td><td>新建、改建广播电影电视建筑；设有锅炉房</td></tr>
<tr><td>2</td><td>单体建筑室内地下室</td><td>新建广播电影电视建筑；设有锅炉房</td></tr>
<tr><td>3</td><td>单体建筑屋顶</td><td>太阳能设备或（和）空气能热泵设备提供热源；必要情况下燃气热水设备提供第 2 热源</td><td>热水箱、热水循环泵组、集热循环泵组、空气能热泵循环泵组</td><td>新建、改建广播电影电视建筑；屋顶设有热源热水设备</td></tr>
</table>

广播电影电视建筑生活热水机房（换热机房、换热站）应为独立的房间，不应毗邻语言播音室、语言录音室、文艺播音室、文艺录音室、录音棚，综合文艺、新闻、教育、音乐、对话等电视演播室，多功能演播厅，摄影棚，导演室、导播室、效果室、消音室、调音室，不宜毗邻办公室、会议室。

18.2.7　生活热水箱

广播电影电视建筑生活热水箱设计要求，参见表 1-72。

生活热水箱各种水位，按表 1-74 确定。

广播电影电视建筑生活热水箱间应为独立的房间，不应毗邻语言播音室、语言录音室、文艺播音室、文艺录音室、录音棚，综合文艺、新闻、教育、音乐、对话等电视演播室，多功能演播厅，摄影棚，导演室、导播室、效果室、消音室、调音室，不宜毗邻办公室、会议室。

18.2.8　生活热水循环泵

1. 生活热水循环泵设置位置

当系统热源由高温热媒经院区热水机房（换热机房）内的各分区换热设备后向各分区供给热水时，各分区生活热水循环泵通常设在热水机房（换热机房）内。当系统热源由屋顶太阳能供水设备向各分区供给热水时，各分区生活热水循环泵通常设在本分区最低楼层或下面一层热水循环泵房内。

2. 生活热水循环泵设计流量

生活热水循环水泵的出水量，按公式（18-7）计算：

$$q_{xh} = K_x \cdot q_x \tag{18-7}$$

式中　q_{xh}——广播电影电视建筑热水循环水泵流量，L/h；

K_x——广播电影电视建筑相应循环措施的附加系数，可取 1.5～2.5；

q_x——广播电影电视建筑全日供应热水的循环流量，L/h。

广播电影电视建筑热水系统循环流量可按循环管网总水容积的2～4倍计算。

设计中，生活热水循环泵的流量可按照所服务热水系统设计小时流量的25%～30%确定。

3. 生活热水循环泵设计扬程

生活热水循环泵的扬程，按公式（18-8）计算：

$$H_b = h_p + h_x \tag{18-8}$$

式中 H_b——广播电影电视建筑热水循环泵的扬程，mH_2O；

h_p——广播电影电视建筑热水循环水量通过热水配水管网的水头损失，mH_2O；

h_x——广播电影电视建筑热水循环水量通过热水回水管网的水头损失，mH_2O。

生活热水循环泵的扬程，简便计算按公式（18-9）计算：

$$H_b \approx 1.1 \cdot R \cdot (L_1 + L_2) \tag{18-9}$$

式中 H_b——广播电影电视建筑热水循环泵的扬程，mH_2O；

R——热水管网单位长度的水头损失，mH_2O/m，可按0.010～0.015mH_2O/m；

L_1——自水加热器至热水管网最不利点的供水管管长，m；

L_2——自热水管网最不利点至水加热器的回水管管长，m。

广播电影电视建筑热水循环泵组通常每套设置2台，1用1备，交替运行。

4. 太阳能集热循环泵

太阳能集热循环泵通常设置在屋顶生活热水箱间内，宜设置在太阳能设备供水管即从生活热水箱接出的管道上。集热循环泵流量，按公式（1-28）计算；集热循环泵扬程，按公式（1-29）、公式（1-30）计算。

广播电影电视建筑集热循环泵组通常每套设置2台，1用1备，交替运行。

18.2.9 热水系统管材、附件和管道敷设

1. 生活热水系统管材

广播电影电视建筑生活热水系统热水管道常用的管材包括薄壁不锈钢管、PVC-C（氯化聚氯乙烯）热水用管、薄壁铜管、钢塑复合管（如PSP管）、铝塑复合管等，较少采用普通塑料热水管。

2. 生活热水系统阀门

广播电影电视建筑生活热水系统设置阀门的部位，参见表2-50。

3. 生活热水系统止回阀

广播电影电视建筑生活热水系统设置止回阀的部位，参见表2-51。

4. 生活热水系统水表

广播电影电视建筑生活热水系统按分区域原则设置热水表，热水表宜采用远传智能水表。

5. 热水系统排气装置、泄水装置

对于上行下给式热水系统，系统热水配水干管最高处及向上抬高管段应设置$DN25$

自动排气阀、检修阀门；对于下行上给式热水系统，可利用最高热水配水点放气。

热水管道系统的最低处及向下凹的管段应设置泄水装置或利用最低热水配水点泄水。

6. 温度计、压力表

广播电影电视建筑生活热水系统设置温度计的部位，参见表1-77；设置压力表的部位，参见表1-78。

7. 管道补偿装置

长度超过50m的热水横干管或立管均应设置波纹伸缩节，通常设置在该根管道上管径较小的管段处，靠近一端的管道固定支吊架。

8. 保温

生活热水系统中的热水锅炉、燃油（气）热水机组、水加热设备、贮热水箱（罐）、分（集）水器、热水输（配）水干（立）管、热水循环回水干（立）管均应做保温。

热水管道保温材料厚度确定，参见表1-79、表1-80。

18.3 排水系统

18.3.1 排水系统类别

广播电影电视建筑排水系统分类，见表18-17。

排水系统分类表 **表18-17**

<table>
<tr><th>序号</th><th>分类标准</th><th>排水系统类别</th><th>广播电影电视建筑应用情况</th><th>应用程度</th></tr>
<tr><td>1</td><td rowspan="7">建筑内场所使用功能</td><td>生活污水排水</td><td>广播电影电视建筑公共卫生间污水排水</td><td rowspan="7">常用</td></tr>
<tr><td>2</td><td>生活废水排水</td><td>广播电影电视建筑公共卫生间废水排水</td></tr>
<tr><td>3</td><td>厨房废水排水</td><td>广播电影电视建筑内附设厨房、食堂、餐厅污水排水</td></tr>
<tr><td>4</td><td>设备机房废水排水</td><td>广播电影电视建筑内附设水泵房（包括生活水泵房、消防水泵房）、空调机房、制冷机房、换热机房、锅炉房、热水机房、直饮水机房等机房废水排水</td></tr>
<tr><td>5</td><td>车库废水排水</td><td>广播电影电视建筑内附设车库内一般地面冲洗废水排水</td></tr>
<tr><td>6</td><td>消防废水排水</td><td>广播电影电视建筑内消防电梯井排水、自动喷水灭火系统试验排水、消火栓系统试验排水、消防水泵试验排水等废水排水</td></tr>
<tr><td>7</td><td>绿化废水排水</td><td>广播电影电视建筑室外绿化废水排水</td></tr>
<tr><td>8</td><td rowspan="2">建筑内污、废水排水方式</td><td>重力排水方式</td><td>广播电影电视建筑地上污废水排水</td><td>最常用</td></tr>
<tr><td>9</td><td>压力排水方式</td><td>广播电影电视建筑地下室污废水排水</td><td>常用</td></tr>
<tr><td>10</td><td rowspan="2">污废水排水体制</td><td>污废合流排水系统</td><td></td><td>最常用</td></tr>
<tr><td>11</td><td>污废分流排水系统</td><td></td><td>常用</td></tr>
</table>

续表

序号	分类标准	排水系统类别	广播电影电视建筑应用情况	应用程度
12	排水系统通气方式	设有通气管系排水系统	伸顶通气排水系统通常应用在多层广播电影电视建筑卫生间排水，专用通气立管排水系统通常应用在高层广播电影电视建筑卫生间排水。环形通气排水系统、器具通气排水系统通常应用在个别广播电影电视建筑公共卫生间排水	最常用
13		特殊单立管排水系统		少用

广播电影电视建筑室内污废水排水体制采用合流制，当有中水利用要求时，可采用分流制。

典型的广播电影电视建筑排水系统原理图，参见图 4-2、图 4-3。

广播电影电视建筑中的生活污水、厨房含油废水等均应经化粪池处理；生活废水、设备机房废水、消防废水、绿化废水等不需经过化粪池处理。厨房含油废水应经除油处理后再排入污水管道。

广播电影电视建筑污废水与建筑雨水应雨污分流。

广播电影电视建筑公共卫生间等生活粪便污水、生活废水等可合流排放，当有中水利用要求时，可采用分流排放。

广播电影电视建筑的空调凝结水排水管不得与污废水管道系统直接连接，空调凝结水宜单独收集后回用于绿化、水景、冷却塔补水等。

有排水、冲洗要求的设备用房和设有给水排水、热力、空调管道的设备层以及超高层广播电影电视建筑的避难层，地面应有排水设施。

18.3.2　卫生器具

1. 广播电影电视建筑内卫生器具种类及设置场所

广播电影电视建筑内卫生器具种类及设置场所，见表 18-18。

广播电影电视建筑内卫生器具种类及设置场所表　　表 18-18

序号	卫生器具名称	主要设置场所
1	坐便器	广播电影电视建筑残疾人卫生间
2	蹲便器	广播电影电视建筑公共卫生间
3	洗脸盆	
4	台板洗脸盆	
5	小便器	
6	拖布池	
7	洗菜池	广播电影电视建筑食堂、厨房
8	厨房洗涤槽	广播电影电视建筑厨房

2. 广播电影电视建筑内卫生器具选用

广播电影电视建筑卫生间卫生器具应符合表 18-19 的规定。

广播电影电视建筑卫生器具选用表 **表 18-19**

序号	卫生器具种类	卫生器具使用场所	卫生器具选型
1	大便器	广播电影电视建筑对噪声有特殊要求的卫生间	旋涡虹吸式连体型大便器
2		广播电影电视建筑公共卫生间	脚踏式自闭式冲洗阀冲洗的坐式或蹲式大便器
3	小便器		红外感应自动冲洗小便器
4	洗手盆		龙头应采用感应型水嘴

广播电影电视建筑卫生器具水嘴应具有出流防溅功能。

3. 公共卫生间排水设计要点

公共卫生间排水立管及通气立管通常敷设于专用管道井内；采用专用通气立管方式时，排水立管与通气立管采用结合管连接。管道井中排水立管与通气立管中心距最小值，参见表 1-91。

4. 广播电影电视建筑内卫生器具排水配件穿越楼板留孔位置及尺寸

常见卫生器具排水配件穿越楼板留孔位置及尺寸，参见表 1-92。

5. 地漏

酒店式广播电影电视建筑、公寓式酒店卫生间；广播电影电视建筑内公共卫生间、开水间、空调机房、新风机房等场所内应设置地漏。

广播电影电视建筑地漏及其他水封高度要求不得小于 50mm，且不得大于 100mm。

广播电影电视建筑地漏类型选用，参见表 2-57；地漏规格选用，参见表 2-58。

6. 水封装置

广播电影电视建筑中采用排水沟排水的场所包括厨房、车库、泵房、设备机房等。当排水沟内废水直接排至室外时，沟与排水排出管之间应设置水封装置。卫生器具排水管段上不得重复设置水封装置。

18.3.3 排水系统水力计算

1. 广播电影电视建筑最高日和最大时生活排水量

广播电影电视建筑生活排水量宜按该建筑生活给水量的 85%～95%计算，通常按 90%。

2. 广播电影电视建筑卫生器具排水技术参数

广播电影电视建筑卫生器具的排水流量、排水当量、排水支管管径、排水坡度等基本参数的选定，参见表 3-39。

3. 广播电影电视建筑排水设计秒流量

广播电影电视建筑的生活排水管道设计秒流量，按公式（18-10）计算：

$$q_u = 0.12 \cdot \alpha \cdot (N_p)^{1/2} + q_{max} = 0.18 \cdot (N_p)^{1/2} + q_{max} \quad (18\text{-}10)$$

式中 q_u——计算管段排水设计秒流量，L/s；

N_p——计算管段的卫生器具排水当量总数；

α——根据建筑物用途而定的系数，广播电影电视建筑通常取 1.5；

q_{max}——计算管段上最大一个卫生器具的排水流量，L/s。

计算时，如计算所得流量值大于该管段上按卫生器具排水流量累加值时，应按卫生器具排水流量累加值计。

广播电影电视建筑 q_{max}=1.50L/s 和 q_{max}=2.00L/s 时排水设计秒流量计算数据，见表18-20。

广播电影电视建筑排水设计秒流量计算表　　表18-20

排水当量总数 N_p	排水设计秒流量 q_u（L/s）		排水当量总数 N_p	排水设计秒流量 q_u（L/s）		排水当量总数 N_p	排水设计秒流量 q_u（L/s）	
	q_{max}=1.50	q_{max}=2.00		q_{max}=1.50	q_{max}=2.00		q_{max}=1.50	q_{max}=2.00
5	1.90	2.40	48	2.75	3.25	360	4.92	5.42
6	1.94	2.44	50	2.77	3.27	380	5.01	5.51
7	1.98	2.48	55	2.83	3.33	400	5.10	5.60
8	2.01	2.51	60	2.89	3.39	420	5.19	5.69
9	2.04	2.54	65	2.95	3.45	440	5.28	5.78
10	2.07	2.57	70	3.01	3.51	460	5.36	5.86
11	2.10	2.60	75	3.06	3.56	480	5.44	5.94
12	2.12	2.62	80	3.11	3.61	500	5.52	6.02
13	2.15	2.65	85	3.16	3.66	550	5.72	6.22
14	2.17	2.67	90	3.21	3.71	600	5.91	6.41
15	2.20	2.70	95	3.25	3.75	650	6.09	6.59
16	2.22	2.72	100	3.30	3.80	700	6.26	6.76
17	2.24	2.74	110	3.39	3.89	750	6.43	6.93
18	2.26	2.76	120	3.47	3.97	800	6.59	7.09
19	2.28	2.78	130	3.55	4.05	850	6.75	7.25
20	2.30	2.80	140	3.63	4.13	900	6.90	7.40
22	2.34	2.84	150	3.70	4.20	950	7.05	7.55
24	2.38	2.88	160	3.78	4.28	1000	7.19	7.69
26	2.42	2.92	170	3.85	4.35	1100	7.47	7.97
28	2.45	2.95	180	3.91	4.41	1200	7.74	8.24
30	2.49	2.99	190	3.98	4.48	1300	7.99	8.49
32	2.52	3.02	200	4.05	4.55	1400	8.23	8.73
34	2.55	3.05	220	4.17	4.67	1500	8.47	8.97
36	2.58	3.08	240	4.29	4.79	1600	8.70	9.20
38	2.61	3.11	260	4.40	4.90	1700	8.92	9.42
40	2.64	3.14	280	4.51	5.01	1800	9.14	9.64
42	2.67	3.17	300	4.62	5.12	1900	9.35	9.85
44	2.69	3.19	320	4.72	5.22	2000	9.55	10.05
46	2.72	3.22	340	4.82	5.32	2100	9.75	10.25

广播电影电视建筑职工食堂厨房等的生活排水管道设计秒流量，按公式（18-11）计算：

$$q_p = \Sigma q_0 \cdot n_0 \cdot b \tag{18-11}$$

式中 q_p——广播电影电视建筑计算管段的排水设计秒流量，L/s；

q_0——广播电影电视建筑同类型的一个卫生器具排水流量，L/s，可按表 3-39 采用；

n_0——广播电影电视建筑同类型卫生器具数；

b——广播电影电视建筑卫生器具的同时排水百分数：广播电影电视建筑职工食堂的设备按表 4-13 选用。

注：当计算排水流量小于一个大便器排水流量时，应按一个大便器的排水流量计算。

4. 广播电影电视建筑排水管道管径确定

广播电影电视建筑排水铸铁管道最小坡度，按表 1-98 确定；胶圈密封连接排水塑料横管的坡度，按表 1-99 确定；建筑内排水管道最大设计充满度，参见表 1-100；排水管道自清流速，参见表 1-101。

排水横管水力计算按照公式（1-32）、公式（1-33）；排水铸铁管水力计算，参见表 1-102；排水塑料管水力计算，参见表 1-103。

不同管径下排水横管允许流量 Q_p，参见表 1-104。

广播电影电视建筑排水系统中排水横干管常见管径为 *DN*100、*DN*150。*DN*100 排水横干管对应排水当量最大限值，参见表 1-105，*DN*150 排水横干管对应排水当量最大限值，参见表 1-106。

不同通气方式的排水立管最大设计排水能力，参见表 1-107～表 1-109。

广播电影电视建筑各种排水管的推荐管径，参见表 2-60。

18.3.4 排水系统管材、附件和检查井

1. 广播电影电视建筑排水管管材

广播电影电视建筑室外排水管可采用埋地排水塑料管，包括硬聚氯乙烯管、聚乙烯管和玻璃纤维增强塑料夹砂管等。常用的室外排水管还有双壁加筋波纹排水管、双平壁钢塑复合缠绕排水管等。

广播电影电视建筑室内排水管类型，见表 18-21。

室内排水管类型表 **表 18-21**

序号	排水管类型	排水管设置要求
1	玻纤增强聚丙烯（FRPP）排水管	
2	柔性接口机制铸铁排水管	宜采用柔性接口机制排水铸铁管，连接方式有法兰压盖式承插柔性连接和无承口卡箍式连接
3	硬聚氯乙烯（PVC-U）排水管	采用胶水（胶粘剂）粘接连接
4	广播电影电视建筑压力排水管	可采用焊接钢管、钢塑复合管、镀锌钢管

2. 广播电影电视建筑排水管附件

排水立管上检查口的设置位置，参见表 1-113；检查口之间的最大距离，参见表 1-114；检查口设置要求，参见表 1-115。

清扫口的设置位置，参见表 1-116；清扫口至室外检查井中心最大长度，参见表 1-117；排水横管直线管段上清扫口之间的最大距离，参见表 1-118。

塑料排水管道支吊架间距规定，参见表1-119。

3. 广播电影电视建筑排水管道布置敷设

广播电影电视建筑排水管道不应布置场所，见表18-22。

排水管道不应布置场所表 **表18-22**

序号	排水管道不应布置场所	具体要求
1	生活水泵房等设备机房	排水横管禁止在广播电影电视建筑生活水箱箱体正上方敷设，生活水泵房其他区域不宜敷设排水管道；设在室内的消防水池（箱）应按此要求处理
2	厨房、餐厅	广播电影电视建筑中厨房内的主副食操作间、烹调间、备餐间、加工间、粗加工、冷菜间、面点蒸煮间、食品储藏库（主食库、副食库）等房间的上方均不应敷设排水管道，排水立管不宜穿过上述房间；广播电影电视建筑中的餐厅；广播电影电视建筑中的厨房排水应独立设置，排水横管和立管均不得与卫生间污水排水管道连通。上述场所上方排水管不宜采用同层排水方式
3	工艺用房	广播电影电视建筑中语言播音室、语言录音室、文艺播音室、文艺录音室、录音棚，录音胶片库房、光盘库房、重要的资料档案库，已记录磁、纸介质库，播出机房，配套房间（导演室、导播室、效果室、消音室、调音室、编辑室、复制室、转录室、控制室等）；综合文艺、新闻、教育、音乐、对话等电视演播室，多功能演播厅，录像带库房、光盘库房、重要的资料档案库，已记录磁、纸介质库，播出机房，配套房间（导演室、导播室、效果室、消音室、调音室、配音室、编辑室、复制室、转录室、控制室等）；摄影棚。排水管道不得敷设在此类场所或房间内
4	发射台	广播电影电视建筑电视、调频广播发射台的调频广播发射机房、调频广播控制室、电视发射机房、电视控制室、传输机房、变配电室、不间断电源（UPS）室；中波、短波广播发射台的发射机室、控制室、节目交换室、天线交换开关室、天线调配室、变配电室、不间断电源（UPS）室；广播电视卫星地球站的高功放室、小信号室、监控室、变配电室、不间断电源（UPS）室；广播电视微波站的微波机房、监控室、变配电室、不间断电源（UPS）室。排水管道不得敷设在此类机房或房间内
5	重要办公用房	排水管道不应敷设在会议室、接待室、资料室、档案室以及其他有安静要求的办公用房的顶板下方，当不能避免时应采用低噪声管材并采取防渗漏和隔声措施
6	电气机房	广播电影电视建筑中的电气机房包括高压配电室、低压配电室（包括其值班室）、柴油发电机房（包括储油间）、电信运营商机房、电子信息机房、弱电机房、UPS机房、消防控制室等，排水管道不得敷设在此类电气机房内
7	结构变形缝、结构风道	原则上排水管道不得穿过结构变形缝；若条件限制必须穿越沉降缝时，则应预留沉降量并设置不锈钢软管柔性连接，必须穿越伸缩缝时，则应安装伸缩器
8	电梯机房、通风小室	

广播电影电视建筑排水系统管道设计遵循原则，参见表2-63。

4. 广播电影电视建筑间接排水

广播电影电视建筑中的间接排水，参见表4-33。

广播电影电视建筑未设置地下室时，排水排出管穿越有沉降可能的承重墙或基础时应预留洞口；设置地下室时，排水排出管穿越地下室外墙时应预留防水套管，宜采用柔性防水套管。

18.3.5 通气管系统

广播电影电视建筑通气管设置要求，见表18-23。

广播电影电视建筑通气管设置要求表 表18-23

序号	通气管名称	设置位置	设置要求	管径确定
1	伸顶通气管	设置场所涉及广播电影电视建筑尤其是多层广播电影电视建筑所有区域	高出非上人屋面不得小于300mm，但必须大于最大积雪厚度，常采用800～1000mm；高出上人屋面不得小于2000mm，常采用2000mm。顶端应装设风帽或网罩：在冬季室外温度高于−15℃的地区，顶端可装网形铅丝球；低于−15℃的地区，顶端应装伞形通气帽	应与排水立管管径相同。但在最冷月平均气温低于−13℃的地区，应在室内平顶或吊顶以下0.3m处将管径放大一级，若采用塑料管材时其最小管径不宜小于110mm
2	专用通气管	广播电影电视建筑公共卫生间排水应采用专用通气方式；多层广播电影电视建筑公共卫生间排水可采用专用通气方式	广播电影电视建筑公共卫生间的排水立管和专用通气立管并排设置在卫生间附设管道井内；未设管道井时，该2种立管并列设置，并宜后期装修包敷暗设，专用通气立管宜靠内侧敷设、排水立管宜靠外侧敷设	通常与其排水立管管径相同
3	汇合通气管	广播电影电视建筑中多根通气立管或多根排水立管顶端通气部分上方楼层存在特殊区域（如工艺用房、厨房、餐厅、电气机房等）不允许每根立管穿越向上接至屋顶时，需在本层顶板下或吊顶内汇集后接至屋顶		汇合通气管的断面积应为最大一根通气管的断面积加其余通气管断面之和的0.25倍
4	主（副）通气立管	通常设置在广播电影电视建筑内的公共卫生间		通常与其排水立管管径相同
5	结合通气管			通常与其连接的通气立管管径相同

续表

序号	通气管名称	设置位置	设置要求	管径确定
6	环形通气管	连接4个及4个以上卫生器具（包括大便器）且横支管的长度大于12m的排水横支管；连接6个及6个以上大便器的污水横支管；设有器具通气管；特殊单立管偏置	和排水横支管、主（副）通气立管连接的要求：在排水横支管上设环形通气管时，应在其最始端的两个卫生器具之间接出，并应在排水支管中心线以上与排水支管呈垂直或45°连接；环形通气管应在卫生器具上边缘以上不小于0.15m处按不小于0.01的上升坡度与通气立管相连	常用管径为*DN*40（对应*DN*75排水管）、*DN*50（对应*DN*100排水管）

广播电影电视建筑通气管可采用柔性接口机制排水铸铁管或塑料排水管，一般采用与广播电影电视建筑排水管相同管材。在最冷月平均气温低于－13℃的地区，伸出屋面部分通气立管应采用柔性接口机制排水铸铁管。

通气立管的最小管径，参见表1-130。

18.3.6　特殊排水系统

广播电影电视建筑生活水泵房、厨房、电气机房等场所的上方楼层不应有排水横支管明设管道等。若有必要在上述某些场所上方设置排水点且无法采取其他躲避措施时，该部位的排水应采用同层排水方式。

广播电影电视建筑同层排水最常采用的是降板或局部降板法。

18.3.7　特殊场所排水

1. 广播电影电视建筑化粪池

化粪池宜设置在接户管的下游端；位置宜选在院区最低处附近；外壁距建筑物外墙不宜小于5m；宜选用钢筋混凝土化粪池。

广播电影电视建筑化粪池有效容积，按公式（4-21）～公式（4-24）计算。

广播电影电视建筑可集中并联设置或根据院区布局分散并联布置2个或3个化粪池，多个化粪池的型号宜一致。

2. 广播电影电视建筑食堂、餐厅含油废水处理

广播电影电视建筑含油废水宜采用三级隔油处理流程，参见表1-141。

根据食堂用餐人数确定隔油设施处理水量，按公式（1-39）计算；根据食堂餐厅面积确定隔油设施处理水量，按公式（1-40）计算。

隔油池有效容积，按公式（1-41）计算。隔油池的类型，参见表1-142。

隔油提升一体化设备选型的主要技术参数为其所接纳的食堂、餐厅内厨房等器具含油污水排水流量。

3. 广播电影电视建筑附设车库汽车洗车污水处理

汽车冲洗水量，参见表1-143。

隔油沉淀池有效容积，按公式（1-42）计算。隔油沉淀池类型，参见表 1-144。

4. 广播电影电视建筑设备机房排水

广播电影电视建筑地下设备机房排水设施要求，参见表 1-147。

5. 地下车库排水

广播电影电视建筑地下车库应设置排水设施（排水沟和集水坑）。车库内排水沟设置要求，参见表 1-150。

18.3.8 压力排水

1. 广播电影电视建筑集水坑设置

广播电影电视建筑地下室应设置集水坑。集水坑的设置要求，见表 18-24。

集水坑设置要求表 **表 18-24**

序号	集水坑服务场所	集水坑设置要求	集水坑尺寸
1	广播电影电视建筑地下室卫生间	宜设在地下室最底层靠近卫生间的附属区域（如库房等）或公共空间，禁止设在有人员经常活动的场所；宜集中收纳附近多个卫生间的污水	应根据污水提升装置的规格要求确定
2	广播电影电视建筑地下室食堂、餐厅等	应设置在食堂、餐厅、厨房邻近位置，不宜设在细加工间和烹炒间等房间内	应根据污水隔油提升一体化装置的规格要求确定
3	广播电影电视建筑地下车库区域	应便于排水管、排水沟较短距离到达；地下车库每个防火分区宜设置不少于 2 个集水坑；宜靠车库外墙附近设置；宜布置在车行道下面底板下，不宜布置在停车位下面底板下	1500mm×1500mm×1500mm
4	广播电影电视建筑地下车库出入口坡道处	应尽量靠近汽车坡道最低尽头处	2500mm×2000mm×1500mm
5	广播电影电视建筑地下生活水泵房、消防水泵房、热水机房		1500mm×1500mm×1500mm

通气管管径宜与排水管管径相同，可接至室外或向上接至建筑地上部分通气管系统。

2. 污水泵、污水提升装置选型

广播电影电视建筑排水泵的流量方法确定，参见表 2-68；排水泵的扬程，按公式(1-44)计算。

18.3.9 室外排水系统

1. 广播电影电视建筑室外排水管道布置

广播电影电视建筑室外排水管道布置方法，参见表 2-69；与其他地下管线（构筑物）最小间距，参见表 1-154。

广播电影电视建筑室外排水管道最小覆土深度不宜小于0.5m；对于严寒地区、寒冷地区广播电影电视建筑，室外排水管道最小覆土深度应超过当地冻土层深度。

2. 广播电影电视建筑室外排水管道敷设

广播电影电视建筑室外排水管道与生活给水管道交叉时，应敷设在生活给水管道下面。室外排水管道敷设发生冲突时，应遵循表1-26原则处理。

3. 广播电影电视建筑室外排水管道水力计算

室外排水管道水力计算，按公式（1-45）、公式（1-46）。

广播电影电视建筑室外排水管道的最小管径、最小设计坡度、最大设计充满度，参见表1-155。

4. 广播电影电视建筑室外排水管道管材

广播电影电视建筑室外排水管道宜优先采用埋地塑料排水管，弹性橡胶圈密封柔性接口，小于*DN*200直壁管，可采用承插式粘接；可采用埋地铸铁排水管，橡胶圈柔性接口或水泥砂浆接口。

5. 办公室外排水检查井

广播电影电视建筑室外排水检查井设置位置，参见表1-156。

广播电影电视建筑室外排水检查井宜优先选用玻璃钢排水检查井，其次是混凝土排水检查井，禁止采用砖砌排水检查井。室外排水管在排水检查井连接应采用管顶平接。

18.4 雨水系统

18.4.1 雨水系统分类

广播电影电视建筑雨水系统分类，见表18-25。

雨水系统分类表 **表18-25**

序号	分类标准	雨水系统类别	广播电影电视建筑应用情况	应用程度
1	屋面雨水设计流态	半有压流屋面雨水系统	广播电影电视建筑中一般采用的是87型雨水斗系统	最常用
2		压力流屋面雨水系统（虹吸式雨水系统）	广播电影电视建筑的屋面（通常为裙楼屋面）面积较大时，可考虑采用	少用
3		重力流屋面雨水系统		极少用
4	雨水管道设置位置	内排水雨水系统	高层广播电影电视建筑雨水系统应采用；多层广播电影电视建筑雨水系统宜采用	最常用
5		外排水雨水系统	广播电影电视建筑如果面积不大、建筑专业立面允许，可以采用	少用
6		混合式雨水系统		极少用
7	雨水出户横管室内部分是否存在自由水面	封闭系统		最常用
8		敞开系统		极少用

续表

序号	分类标准	雨水系统类别	广播电影电视建筑应用情况	应用程度
9	建筑屋面排水条件	天沟雨水排水系统		最常用
10		檐沟雨水排水系统		极少用
11		无沟雨水排水系统		极少用
12	压力提升雨水排水系统		广播电影电视建筑地下车库出入口等处，雨水汇集就近排至集水坑时采用	常用

18.4.2 雨水量

1. 设计雨水流量

广播电影电视建筑设计雨水流量，应按公式（1-47）计算。

2. 设计暴雨强度

设计暴雨强度应按广播电影电视建筑所在地或相邻地区暴雨强度公式计算确定，见公式（1-48）。

我国部分城镇 5min 设计暴雨强度、小时降雨厚度，参见表 1-158（设计重现期 P=10 年）。

3. 设计重现期

广播电影电视建筑屋面雨水设计重现期：对于半有压流屋面雨水系统，通常取 10 年；对于压力流屋面雨水系统，通常取 50 年。

4. 设计降雨历时

广播电影电视建筑屋面雨水排水管道设计降雨历时按照 5min 确定。

广播电影电视建筑院区雨水排水管道设计降雨历时，按公式（1-49）计算。

5. 径流系数

广播电影电视建筑屋面及院区地面的径流系数，参见表 1-159。

6. 汇水面积

广播电影电视建筑的雨水汇水面积计算原则，参见表 1-160。

18.4.3 雨水系统

1. 雨水系统设计常规要求

广播电影电视建筑雨水系统设置要求，参见表 1-161。

广播电影电视建筑雨水排水管道不应穿越的场所，见表 18-26。

雨水排水管道不应穿越的场所表 **表 18-26**

序号	不应穿越的场所名称	具体房间名称
1	厨房、餐厅	厨房内的主副食操作间、烹调间、备餐间、加工间、粗加工、冷菜间、面点蒸煮间、食品储藏库（主食库、副食库），餐厅
2	工艺用房	语言播音室、语言录音室、文艺播音室、文艺录音室、录音棚，录音胶片库房、光盘库房、重要的资料档案库，已记录磁、纸介质库，播出机房，配套房间（导演室、导播室、效果室、消音室、调音室、编辑室、复制室、转录室、控制室等）；综合文艺、新闻、教育、音乐、对话等电视演播室，多功能演播厅，录像带库房、光盘库房、重要的资料档案库，已记录磁、纸介质库，播出机房，配套房间（导演室、导播室、效果室、消音室、调音室、配音室、编辑室、复制室、转录室、控制室等）；摄影棚

续表

序号	不应穿越的场所名称	具体房间名称
3	发射台	电视、调频广播发射台的调频广播发射机房、调频广播控制室、电视发射机房、电视控制室、传输机房、变配电室、不间断电源（UPS）室；中波、短波广播发射台的发射机室、控制室、节目交换室、天线交换开关室、天线调配室、变配电室、不间断电源（UPS）室；广播电视卫星地球站的高功放室、小信号室、监控室、变配电室、不间断电源（UPS）室；广播电视微波站的微波机房、监控室、变配电室、不间断电源（UPS）室
4	重要办公用房	会议室、接待室、资料室、档案室以及其他有安静要求的办公用房
5	电气机房	高压配电室、低压配电室（包括其值班室）、柴油发电机房（包括储油间）、电信运营商机房、电子信息机房、弱电机房、UPS机房、消防控制室等

注：广播电影电视建筑雨水排水横管宜沿建筑内公共区域（内走道等）吊顶内敷设；雨水排水立管宜沿建筑内公共场所或辅助次要场所敷设。

2. 雨水斗设计

广播电影电视建筑半有压流屋面雨水系统通常采用87型雨水斗或79型雨水斗，规格常用*DN*100。

雨水斗设计排水负荷，参见表1-163。

雨水斗下方区域宜为建筑顶层公共区域（如内走道）或辅助次要场所（如公共卫生间、库房等），不应为需要安静的场所。

雨水斗宜对雨水排水立管做对称布置；接有多斗悬吊管的立管顶端不得设置雨水斗；一个屋面上应设置不少于2个雨水斗。

3. 天沟、溢流设施、连接管、悬吊管、立管、埋地管、排出管设计

广播电影电视建筑天沟、溢流设施、连接管、悬吊管、立管、埋地管、排出管设置要求，参见表1-164。

4. 室内水泵提升雨水排水系统设计

地下室露天窗井内应设平箅式雨水口、无水封地漏作为雨水口，经雨水收集管接入集水池；地下车库出入口汽车坡道上应设雨水截水沟，经直埋雨水收集管接入集水池。

雨水提升泵通常采用潜水泵，宜采用3台，2用1备。

5. 雨水管管材

广播电影电视建筑雨水排水管管材，参见表1-167。

18.4.4 雨水系统水力计算

1. 半有压流（87型）屋面雨水系统水力计算

（1）雨水斗（87型）

雨水斗设计流量，应按公式（1-50）计算。

对于单斗雨水系统，雨水斗设计流量不应超过表1-168数值；对于多斗雨水系统，雨水斗设计流量应根据表1-169取值，最远端雨水斗设计流量不得超过表1-169数值。

广播电影电视建筑87型雨水斗口径常采用*DN*100，其次是*DN*75、*DN*150。

（2）雨水连接管

广播电影电视建筑雨水连接管管径通常与雨水斗出水口直径相同，常采用*DN*100，

其次是 $DN150$。

(3) 雨水悬吊管

广播电影电视建筑雨水悬吊管管径，参见表 1-172。

(4) 雨水立管

连接 2 根及以上雨水悬吊管的雨水立管管径，按表 1-173 确定。

(5) 雨水排出管

广播电影电视建筑雨水排出管管径确定，参见表 1-174～表 1-177。

(6) 雨水管道最小管径

广播电影电视建筑雨水系统最小设计管径及雨水排水横管最小设计坡度，参见表 1-178。

2. 压力流（虹吸式）屋面雨水系统水力计算

广播电影电视建筑压力流（虹吸式）屋面雨水系统水力计算方法，参见 1.4.4 节。

3. 雨水提升系统水力计算

广播电影电视建筑地下室车库坡道、窗井等场所设计雨水流量，按公式（1-54）计算；设计径流雨水总量，按公式（1-55）计算。

18.4.5 院区室外雨水系统设计

广播电影电视建筑院区雨水系统宜采用管道排水形式，与污水系统应分流排放。

1. 雨水口

雨水口选型，参见表 1-180；雨水口设置位置，参见表 1-181；各类型雨水口的泄水流量，参见表 1-182。

雨水口设计流量，按公式（1-56）计算。

2. 雨水口连接管

单箅雨水口连接管管径通常采用 $DN250$。

3. 雨水检查井

院区内直线雨水管道上雨水检查井设置最大间距，参见表 1-183。

院区雨水检查井常见规格通常采用 $DN1000$ 圆形玻璃钢或钢筋混凝土雨水检查井。

4. 室外雨水管道布置

广播电影电视建筑室外雨水管道布置方法，参见表 1-184。

18.4.6 院区室外雨水利用

广播电影电视建筑应根据所在地的自然条件、水资源情况及经济技术发展水平，合理设置雨水收集利用系统。雨水利用工程应符合现行国家标准《建筑与小区雨水控制及利用工程技术规范》GB 50400 的有关规定。

雨水收集回用应进行水量平衡计算。广播电影电视建筑院区雨水通常可用于景观用水、院区绿化用水、路面和地面冲洗用水、汽车冲洗用水、冲厕用水等。

18.5 消火栓系统

广播电影电视建筑属于重要公共建筑。建筑高度大于 50m 或省级及以上的高层广播电影电视建筑属于一类高层民用建筑；建筑高度小于或等于 50m 且省级以下的高层广播电影电视建筑属于二类高层民用建筑。

18.5.1 消火栓系统设置场所

高层广播电影电视建筑；电影摄影棚；塔楼；体积大于 5000m^3 的塔下建筑及其他广播电影电视建筑或场所应设置室内消火栓系统。

下列建筑应设置室外消火栓系统，且应配置 ϕ19 的水枪 2 只和 DN65mm 的水带 6 条：

1）中波、短波广播发射台；

2）电视、调频广播发射台；

3）广播电视监测台（站）；

4）广播电视卫星地球站；

5）广播电视微波站。

其他广播电影电视建筑室内、外消火栓系统的设置应符合现行国家标准《建筑设计防火规范》GB 50016 及《消防给水及消火栓系统技术规范》GB 50974 的有关规定。

18.5.2 消火栓系统设计参数

1. 广播电影电视建筑室外消火栓设计流量

广播电影电视建筑室外消火栓设计流量，不应小于表 18-27 的规定。

广播电影电视建筑室外消火栓设计流量表（L/s）　　表 18-27

<table>
<tr><th rowspan="2">耐火等级</th><th rowspan="2">建筑物名称</th><th colspan="6">建筑体积（m^3）</th></tr>
<tr><th>$V\leqslant1500$</th><th>$1500<V\leqslant3000$</th><th>$3000<V\leqslant5000$</th><th>$5000<V\leqslant20000$</th><th>$20000<V\leqslant50000$</th><th>$V>50000$</th></tr>
<tr><td rowspan="2">一、二级</td><td>单层及多层广播电影电视建筑</td><td colspan="3">15</td><td>25</td><td>30</td><td>40</td></tr>
<tr><td>高层广播电影电视建筑</td><td colspan="3">—</td><td>25</td><td>30</td><td>40</td></tr>
</table>

注：1. 建筑体积指本建筑占据的空间数量，包括该建筑的地上空间体积数和地下空间体积数；

2. 地下车库室外消火栓系统设计流量小于建筑主体室外消火栓系统设计流量，广播电影电视建筑室外消火栓系统设计流量按建筑主体室外消火栓系统设计流量确定；

3. 地下人防工程室外消火栓系统设计流量小于建筑主体室外消火栓系统设计流量，广播电影电视建筑室外消火栓系统设计流量按建筑主体室外消火栓系统设计流量确定。

2. 广播电影电视建筑室内消火栓设计流量

广播电影电视建筑室内消火栓设计流量，不应小于表 18-28 的规定。

广播电影电视建筑室内消火栓设计流量表　　表 18-28

建筑物名称	高度 h（m）、体积 V（m^3）、火灾危险性	消火栓设计流量（L/s）	同时使用消防水枪数（支）	每根竖管最小流量（L/s）
单层及多层广播电影电视建筑	$5000<V\leqslant10000$	15	3	10
	$10000<V\leqslant25000$	25	5	15
	$V>25000$	40	8	15

续表

建筑物名称	高度 h（m）、体积 V（m^3）、火灾危险性	消火栓设计流量（L/s）	同时使用消防水枪数（支）	每根竖管最小流量（L/s）
二类高层广播电影电视建筑（建筑高度小于或等于50m且省级以下的广播电影电视建筑）	$h \leqslant 50$	20	4	10
一类高层广播电影电视建筑（建筑高度大于50m或省级及以上的广播电影电视建筑）	$h > 50$	40	8	15

注：1. 消防软管卷盘、轻便消防水龙，其消火栓设计流量可不计入室内消防给水设计流量；
2. 地下车库室内消火栓系统设计流量小于建筑主体室内消火栓系统设计流量，广播电影电视建筑室内消火栓系统设计流量按建筑主体室内消火栓系统设计流量确定；
3. 地下人防工程室内消火栓系统设计流量小于建筑主体室内消火栓系统设计流量，广播电影电视建筑室内消火栓系统设计流量按建筑主体室内消火栓系统设计流量确定。

广播电视发射塔室内消火栓设计流量应符合下列规定：

1）塔楼直径不大于20m时，室内消火栓设计流量应为20L/s；

2）塔楼直径大于20m时，室内消火栓设计流量应为30L/s。

A类电影摄影棚的室内消火栓设计流量应为40L/s，B类电影摄影棚的室内消火栓设计流量应为25L/s。

3. 火灾延续时间

电影摄影棚消火栓系统的火灾延续时间应按3.0h计算；其他广播电影电视建筑、塔楼消火栓系统的火灾延续时间应按2.0h计算。

广播电影电视建筑室内自动灭火系统的火灾延续时间，参见表1-188。

4. 消防用水量

一座广播电影电视建筑的消防用水量按室外消火栓系统用水量、室内消火栓系统用水量、室内自动喷水灭火系统用水量三者之和计算。

18.5.3 消防水源

1. 市政给水

当前国内城市市政给水管网能够满足广播电影电视建筑直接消防供水条件的较少。

广播电影电视建筑室外消防给水管网管径，按表4-40确定。

广播电影电视建筑室外消防给水管网宜与室外生活给水管网分开敷设，且应布置成环状管网。

2. 消防水池

(1) 广播电影电视建筑消防水池有效储水容积

表18-29给出了常用典型广播电影电视建筑消防水池有效储水容积的对照表。

广播电影电视建筑火灾延续时间内消防水池储存消防用水量表　　表 18-29

单、多层广播电影电视建筑体积 V (m^3)	$1500<V\leqslant5000$	$5000<V\leqslant10000$	$10000<V\leqslant20000$	$20000<V\leqslant50000$	$V>50000$
室外消火栓设计流量（L/s）	15	25		30	40
火灾延续时间（h）	2.0				
火灾延续时间内室外消防用水量（m^3）	108.0	180.0		216.0	288.0
室内消火栓设计流量（L/s）	15		15		
火灾延续时间（h）	2.0				
火灾延续时间内室内消防用水量（m^3）	108.0				
火灾延续时间内室内外消防用水量（m^3）	216.0	288.0		324.0	396.0
消防水池储存室内外消火栓用水容积 V_1（m^3）	216.0	288.0		324.0	396.0

高层广播电影电视建筑体积 V (m^3)	$5000<V\leqslant20000$	$20000<V\leqslant50000$	$V>50000$	$5000<V\leqslant20000$	$20000<V\leqslant50000$	$V>50000$
高层广播电影电视建筑高度 h（m）	$h\leqslant50$			$h>50$		
室外消火栓设计流量（L/s）	25	30	40	25	30	40
火灾延续时间（h）	2.0					
火灾延续时间内室外消防用水量（m^3）	180.0	216.0	288.0	180.0	216.0	288.0
室内消火栓设计流量（L/s）	20			40		
火灾延续时间（h）	2.0					
火灾延续时间内室内消防用水量（m^3）	144.0			288.0		
火灾延续时间内室内外消防用水量（m^3）	324.0	360.0	432.0	468.0	504.0	576.0
消防水池储存室内外消火栓用水容积 V_2（m^3）	324.0	360.0	432.0	468.0	504.0	576.0

广播电影电视建筑自动喷水灭火系统设计流量（L/s）	25	30	35	40
火灾延续时间（h）	1.0	1.0	1.0	1.0
火灾延续时间内自动喷水灭火用水量（m^3）	90.0	108.0	126.0	144.0
消防水池储存自动喷水灭火用水容积 V_3（m^3）	90.0	108.0	126.0	144.0

如上表所示，通常广播电影电视建筑消防水池有效储水容积在 306～720m^3。

（2）广播电影电视建筑消防水池位置

消防水池位置确定原则，见表 18-30。

消防水池位置确定原则表　　表 18-30

序号	消防水池位置确定原则
1	消防水池应毗邻或靠近消防水泵房
2	消防水池与消防水泵房的标高关系满足消防水泵自灌吸水要求
3	应结合广播电影电视建筑院区建筑布局条件
4	消防水池应满足与消防车间的距离关系
5	消防水池应满足与建筑物围护结构的位置关系

广播电影电视建筑消防水池、消防水泵房与办公院区空间关系，参见表18-31。

消防水池、消防水泵房与办公院区空间关系表　　表18-31

序号	广播电影电视建筑院区室外空间情况	消防水池位置	消防水泵房位置	备注
1	有充足空间	室外院区内	建筑地下室	常见于新建广播电影电视建筑项目
2	室外空间狭小或不合适	建筑地下室	建筑地下室	常见于改建、扩建广播电影电视建筑项目

消防水池的最低有效水位应高于消防水池吸水喇叭口不小于600mm，且应高于消防水泵的吸水管管顶。

广播电影电视建筑消防水泵型式的选择与消防水池有一定的对应关系，参见表1-194。

广播电影电视建筑储存室内外消防用水的消防水池与消防水泵房的位置关系，参见表1-195。

广播电影电视建筑消防水池格（座）数与有效储水容积的对照关系，参见表1-196。

广播电影电视建筑消防水池附件，参见表1-197。

广播电影电视建筑消防水池各水位指标确定方法及取值经验值，参见表1-198。

3. 天然水源及其他水源

广播电影电视建筑消防水源不宜采用天然水源。

18.5.4 消防水泵房

1. 消防水泵房选址

新建广播电影电视建筑院区消防水泵房设置通常采取以下2个方案，见表18-32。

新建广播电影电视建筑院区消防水泵房设置方案对比表　　表18-32

方案编号	消防水泵房位置	优点	缺点	适用条件
方案1	院区内室外	设备集中，控制便利，对办公活动等功能用房环境影响小；消防水泵集中设置，距离消防水池很近，泵组吸水管线很短等	距院区内广播电影电视建筑较远，管线较长，水头损失较大，消防水箱距泵房较远等	适用于广播电影电视建筑院区室外空间较大的情形。宜与生活水泵房、锅炉房、变配电室集中设置。在新建广播电影电视建筑院区中，应优先采用此方案
方案2	院区内广播电影电视建筑地下室内	设备较为集中，控制较为便利，距离建筑消防水系统距离较近，消防水箱距泵房位置较近等	占用广播电影电视建筑空间，对工艺用房、办公活动等功能用房环境有一些影响	适用于广播电影电视建筑院区室外空间较小的情形。在新建广播电影电视建筑院区中，可替代方案1

改建、扩建办公院区消防水泵房设置方案，参见表1-200。

2. 建筑内部消防水泵房位置

广播电影电视建筑消防水泵房若设置在建筑物内，应采取消声、隔声和减振等措施；不应毗邻语言播音室、语言录音室、文艺播音室、文艺录音室、录音棚，综合文艺、新闻、教育、音乐、对话等电视演播室，多功能演播厅，摄影棚，导演室、导播室、效果室、消音室、调音室，不宜毗邻办公室、会议室。

3. 消防水泵机组的布置要求

相邻两个机组及机组至泵房墙壁间的净距要求，参见表1-201。

4. 消防水泵房采暖、排水等要求

严寒、寒冷地区消防水泵房，应设置供暖设施。

消防水泵房的泵房排水设施：在泵房内设置排水沟；地下消防水泵房内或邻近场所设集水坑，坑内设潜污泵。消防水泵房应采取防淹措施。

5. 消防水泵房管道设计

消防水泵配置数量与消防水系统设计流量的关系，参见表1-202。

广播电影电视建筑消防水泵吸水管、出水管管径，参见表1-203；消防吸水总管管径应根据其连通服务的各种消防水泵设计流量之累加值进行确定，参见表1-205。

消防水泵吸水管布置应避免形成气囊。

消防水泵吸水口的淹没深度应满足消防水泵在最低水位运行安全的要求。

消防水泵吸水管、出水管上附件配置及要求，参见表1-206。

6. 消防水泵自动启动控制

消防水泵自动启动要求，参见表1-207；消防水泵自动启动方式，参见表1-208；流量开关性能、设置位置等，参见表1-209。

当消防稳压泵设置于高位消防水箱间内时，消防水泵启泵压力（P），按公式（1-58）确定；当消防稳压泵设置于低位消防水泵房内时，按公式（1-59）确定。

18.5.5 消防水箱

广播电影电视建筑消防给水系统绝大多数属于临时高压系统，3层及以上单体总建筑面积大于10000m^{2}的广播电影电视建筑应设置高位消防水箱。

1. 消防水箱有效储水容积

广播电影电视建筑高位消防水箱有效储水容积，见表18-33。

广播电影电视建筑高位消防水箱有效储水容积表 **表18-33**

序号	建筑类别	消防水箱有效储水容积
1	建筑高度大于50m、小于或等于100m的高层广播电影电视建筑	不应小于36m^3，可按36m^3
2	建筑高度大于100m的高层广播电影电视建筑	不应小于50m^3，可按50m^3
3	建筑高度大于150m的高层广播电影电视建筑	不应小于100m^3，可按100m^3
4	建筑高度小于或等于50m的高层广播电影电视建筑	不应小于18m^3，可按18m^3
5	多层广播电影电视建筑	
6	A类广播电视发射塔	不应小于36m^3，可按36m^3
7	B类广播电视发射塔	不应小于18m^3，可按18m^3

2. 消防水箱设置位置

广播电影电视建筑消防水箱设置位置应满足以下要求，见表18-34。

消防水箱设置位置要求表 **表18-34**

序号	消防水箱设置位置要求	备注
1	位于所在建筑的最高处	通常设在屋顶机房层消防水箱间内
2	应该独立设置	不与其他设备机房，如屋顶太阳能热水机房、热水箱间等合用
3	应避免对下方楼层房间的影响	其下方不应是工艺用房、信息网络用房、发射机房、办公用房、会议室、档案室等，可以是库房、卫生间等辅助房间或公共区域
4	应高于设置室内消火栓系统、自动喷水灭火系统等系统的楼层	机房层设有活动室、库房等需要设置消防给水系统的场所，可采用其他非水基灭火系统，亦可将消防水箱间置于更高一层
5	不宜超出机房层高度过多、影响建筑效果	消防水箱间内配置消防稳压装置

3. 高位消防水箱尺寸

消防水箱宜为装配式方形水箱，其尺寸宜为1.0m或0.5m的倍数，推荐尺寸参见表1-212。

4. 高位消防水箱材质

常用材质为不锈钢板、热浸锌镀锌钢板、玻璃钢板、钢筋混凝土等，不锈钢板最常见。

5. 高位消防水箱配管

高位消防水箱配管及管径确定，参见表1-213。

6. 消防水箱水位

消防水箱各水位指标确定方法及取值经验值，参见表1-214。

7. 高位消防水箱布置

高位消防水箱四周净距要求，参见表1-215。

8. 消防水箱防冻

消防水箱及相应管道保温材料及厚度，参见表1-216。

18.5.6 消防稳压装置

1. 消防稳压泵

(1) 设计流量

消火栓稳压泵设计流量，参见表1-217。

自动喷水灭火稳压泵设计流量，参见表1-218；结合一只标准喷头的流量，自动喷水灭火稳压泵常规设计流量取1.33L/s。

(2) 设计压力

当消防稳压泵设置于高位消防水箱间内时，稳压泵的启泵压力 P_1 可取0.15～0.20MPa，停泵压力 P_2 可取0.20～0.25MPa；当消防稳压泵设置于低位消防水泵房内时，P_1按公式（1-62）确定，P_2按公式（1-63）确定。

（3）消防稳压泵选型

消火栓稳压泵设计流量为稳压泵流量确定依据。

消防稳压泵停泵压力（P_2）值附加0.03～0.05MPa后，为稳压泵扬程确定依据。

2. 气压水罐

消火栓稳压装置、自动喷水灭火稳压装置均采用150L有效储水容积气压水罐；合用消防稳压装置采用300L有效储水容积气压水罐。

3. 管道、阀门、附件等

消防稳压泵吸水管管径、出水管管径，参见表1-219。每套消防稳压泵通常为2台，1用1备。

18.5.7 消防水泵接合器

广播电影电视建筑设置的消火栓系统、自动喷水灭火系统水泵接合器的设置应满足《消防给水及消火栓系统技术规范》GB 50974的要求。

1. 设置范围

对于室内消火栓系统，6层及以上的广播电影电视建筑应设置消防水泵接合器。

广播电影电视建筑消火栓系统消防水泵接合器配置，参见表1-220。

广播电影电视建筑自动喷水灭火系统等自动水灭火系统应分别设置消防水泵接合器。

2. 技术参数

广播电影电视建筑消防水泵接合器数量，参见表1-221。

3. 安装形式

广播电影电视建筑消防水泵接合器安装形式选择，参见表1-222。

建筑高度超过100m的广播电视发射塔塔楼的室内消火栓系统的水泵接合器，宜设于室内消火栓给水泵组的吸水管上。

4. 设置位置

同种水泵接合器不宜集中布置，不同种类、分区、功能的水泵接合器宜成组布置，且应设在室外便于消防车使用和接近的地方，且距室外消火栓或消防水池的距离不宜小于15m，并不宜大于40m，距人防工程出入口不宜小于5m。水泵接合器应设有标明供水系统和供水区域的永久性标志。

18.5.8 消火栓系统给水形式

1. 室外消火栓给水系统

当市政给水管网不满足直接供给室外消火栓给水系统时，广播电影电视建筑应采用临时高压室外消火栓给水系统，通常在消防水泵房内独立设置室外消火栓给水泵组、室外消火栓稳压装置。

广播电影电视建筑室外消火栓给水泵组一般设置2台，1用1备，泵组设计流量为本建筑室外消防设计流量（15L/s、20L/s、25L/s、30 L/s、40 L/s），设计扬程应保证室外消火栓处的栓口压力（0.20～0.30MPa）。泵组出水管及吸水管管径，参见表1-223。

室外消火栓给水管网管径，参见表1-224，管网应环状布置，单独成环。

2. 室内消火栓给水系统

广播电影电视建筑室内消火栓给水系统常采用临时高压消火栓给水系统。

严寒及寒冷地区的广播电视发射塔，对消防供水系统中可能遭受冰冻影响的部分，应设有防冻措施。

3. 室内消火栓系统分区供水

广播电影电视建筑高区、低区消火栓给水管网均应在横向、竖向上连成环状。高区、低区消火栓供水横干管宜分别沿本区最高层和最底层顶板下敷设。

典型广播电影电视建筑室内消火栓系统原理图，参见图 4-4。

18.5.9 消火栓系统类型

1. 系统分类

广播电影电视建筑的室外消火栓系统宜采用湿式消火栓系统。

2. 室外消火栓

严寒、寒冷等冬季结冰地区广播电影电视建筑室外消火栓应采用干式消火栓；其他地区宜采用地上式消火栓。

建筑室外消火栓的数量应根据室外消火栓设计流量和保护半径经计算确定，保护半径不应大于 150.0m，间距不应大于 120.0m，每个室外消火栓的出流量宜按 10～15 L/s 计算。通常根据建筑物平面布局在建筑物四个角附近绿地设置室外消火栓，根据邻近两个消火栓之间距离合理增设消火栓。

3. 室内消火栓

广播电影电视建筑的各区域各楼层均应布置室内消火栓予以保护；广播电影电视建筑中不能采用自动喷水灭火系统保护的信息网络用房、高低压配电室、弱电机房、发射机房等场所亦应由室内消火栓保护。

室内消火栓的布置应满足同一平面有 2 支消防水枪的 2 股充实水柱同时达到任何部位。

广播电影电视建筑应采用带有消防软管卷盘的室内消火栓。

表 18-35 给出了广播电影电视建筑室内消火栓的布置方法。

广播电影电视建筑室内消火栓布置方法表 **表 18-35**

序号	室内消火栓布置方法	注意事项
1	布置在楼梯间、前室等位置	楼梯间、前室的消火栓宜暗设并采取墙体保护措施；箱体及立管不应影响楼梯门、电梯门开启使用
2	布置在公共走道两侧，箱体开门朝向公共走道。	应暗设；优先沿辅助房间（库房、卫生间等）的墙体安装
3	布置在集中区域内部公共空间内	可在朝向公共空间房间的外墙上暗设；应避免消火栓消防水带穿过多个房间门到达保护点
4	特殊区域如车库、入口门厅等场所，应根据其平面布局布置	入口门厅处消火栓宜沿空间周边房间外墙布置；车库内消火栓宜沿车行道布置，可沿柱子明设

注：1. 室内消火栓不应跨防火分区布置；
2. 室内消火栓应按其实际行走距离计算其布置间距，广播电影电视建筑室内消火栓布置间距宜为 20.0～25.0m，不应小于 5.0m。

普通消火栓、减压稳压消火栓设置的楼层数，参见表 1-227。

18.5.10 消火栓给水管网

1. 室外消火栓给水管网

广播电影电视建筑室外消火栓给水管网应采用环状给水管网。向室外消火栓给水管网供水的输水干管不应少于 2 条。

2. 室内消火栓给水管网

广播电视发射塔塔楼的室内消火栓和自动喷水灭火系统应分开设置；有困难时，可合用供水立管，但在自动喷水灭火系统的报警阀前分开，且合用供水立管不应少于 2 根，当其中一根发生故障时，其余的供水立管应能保证消防用水量和水压的要求。

广播电影电视建筑室内消火栓给水管网应采用环状给水管网，有 2 种主要管网型式，见表 18-36。室内消火栓给水管网在横向、竖向均宜连成环状。

室内消火栓给水管网主要管网型式表　　表 18-36

序号	管网型式特点	适用情形	具体部位	备注
型式 1	消防供水干管沿建筑最高处、最低处横向水平敷设，配水干管沿竖向垂直敷设，配水干管上连有消火栓	各楼层竖直上下层消火栓位置基本一致和横向连接管长度较小的区域	建筑内走道、楼梯间、电梯前室；办公室、会议室、餐厅等房间外墙	主要型式
型式 2	消防供水干管沿建筑竖向垂直敷设，配水干管沿每一层顶板下或吊顶内横向水平敷设，配水干管上连有消火栓	各楼层竖直上下层消火栓位置差别较大或横向连接管长度较大的区域；地下车库	建筑内走道、楼梯间、电梯前室；工艺用房、办公室、会议室、餐厅等房间外墙；车库；机房等	辅助型式

注：不能敷设消火栓给水管道的场所包括高低压配电室、网络机房、消防控制室等。

室内消火栓给水管网型式 1 参见图 1-13，型式 2 参见图 1-14。

广播电影电视建筑室内消火栓给水管网的环状干管管径，参见表 1-229；室内消火栓竖管管径可按 $DN100$。

3. 系统阀门

室内消火栓系统阀门设置，参见表 1-230。

埋地管道的阀门宜采用带启闭刻度的球墨铸铁暗杆闸阀。室内架空管道的阀门宜采用蝶阀、明杆闸阀或带启闭刻度的暗杆闸阀等。

4. 系统给水管网管材

广播电影电视建筑室外消火栓给水管绝大多数采用直埋敷设方式。埋地消火栓给水管道宜采用球墨铸铁管或钢丝网骨架塑料复合管给水管道。

广播电影电视建筑室内消火栓给水管管材选择，参见表 1-231。

薄壁不锈钢管（S11163）、镀锌镍碳钢管等新型优质管道，在广播电影电视建筑室内消火栓系统中均得到更多的应用，未来会逐步替代传统钢管。

18.5.11 消火栓系统计算

1. 消火栓水泵选型计算

广播电影电视建筑室内消火栓水泵流量与室内消火栓设计流量一致；消火栓水泵扬程，按公式（1-64）计算。根据消火栓水泵流量和扬程选择消火栓水泵。

2. 消火栓计算

室内消火栓的保护半径，按公式（1-65）计算；消火栓栓口处所需水压，按公式（1-66）计算。

多层广播电影电视建筑消防水枪充实水柱应按 10m 计算。多层广播电影电视建筑消火栓栓口动压不应小于 0.25MPa。

高层广播电影电视建筑消防水枪充实水柱应按 13m 计算。高层广播电影电视建筑消火栓栓口动压不应小于 0.35MPa。

3. 消火栓系统压力计算

消火栓系统的设计工作压力，按公式（1-67）计算。通常以设计工作压力确定消火栓水泵扬程。

18.6 自动喷水灭火系统

18.6.1 自动喷水灭火系统设置

除另有规定和不宜用水保护或灭火的场所外，下列广播电影电视建筑或场所应设置自动灭火系统，并宜设置自动喷水灭火系统：

1）高层广播电影电视建筑；

2）塔楼；

3）任一层建筑面积大于 1500m^2 或总建筑面积大于 3000m^2 的其他广播电影电视建筑。

广播电影电视建筑的直播室、导播室、导演室、调音室、调光室、调光器室、文艺录音控制室、音乐录音控制室、语言录音控制室、配音控制室等技术用房，当设置自动喷水灭火系统时，宜采用预作用自动喷水灭火系统。

建筑面积不小于 400m^2 的演播室和建筑面积不小于 500m^2 的摄影棚应设置雨淋系统。雨淋系统的报警阀组应设置在阀门室内，且阀门室应靠近演播室或摄影棚的主入口等便于操作的位置，并应符合下列要求：

1）设有雨淋系统的演播室、摄影棚，应设置排水设施；

2）当一室、厅、棚设有两个及两个以上雨淋分区时，其手动启动箱处应用不同颜色绘出雨淋系统分区的平面图和相应的启动按钮分区号；

3）建筑面积不小于 2000m^2 的摄影棚应在摄影棚内预留自动喷水灭火系统的接口。

广播电影电视建筑相关场所自动喷水灭火系统设置要求，见表 18-37。

广播电影电视建筑相关场所自动喷水灭火系统设置要求表 **表 18-37**

序号	广播电影电视建筑类型	自动喷水灭火系统设置要求
1	一类高层广播电影电视建筑（建筑高度大于50m或省级及以上的广播电影电视建筑）	建筑主楼、裙房、地下室、半地下室，除了不宜用水扑救的部位外的所有场所均设置
2	二类高层广播电影电视建筑（建筑高度小于或等于50m且省级以下的广播电影电视建筑）	建筑主楼、裙房及其地下室、半地下室中的活动用房、走道、办公室、可燃物品库房等，除了不宜用水扑救的部位外的所有场所均设置
3	单、多层广播电影电视建筑	设有送回风道（管）系统的集中空气调节系统且总建筑面积大于3000m^{2}的单、多层广播电影电视建筑，除了不宜用水扑救的部位外的所有场所均设置

注：广播电影电视建筑附设的地下车库，应设置自动喷水灭火系统。

广播电影电视建筑若根据规范规定设置自动喷水灭火系统，其设置的具体场所见表18-38。

设置自动喷水灭火系统的具体场所表 **表 18-38**

<table>
<tr><th>序号</th><th colspan="2">设置自动喷水灭火系统的区域</th><th>具体场所</th></tr>
<tr><td rowspan="3">1</td><td rowspan="3">工艺用房</td><td>广播电台</td><td>语言播音室、语言录音室、文艺播音室、文艺录音室、录音棚；录音胶片库房、光盘库房、重要的资料档案库；已记录磁、纸介质库；播出机房；配套房间（导演室、导播室、化妆间、布景道具间、效果室、消音室、调音室、编辑室、复制室、转录室等）</td></tr>
<tr><td>电视台</td><td>包括综合文艺、新闻、教育、音乐、对话等电视演播室，多功能演播厅；配套房间（导演室、导播室、化妆间、布景道具间、效果室、消音室、调音室、配音室、编辑室、复制室、转录室等）</td></tr>
<tr><td>电影</td><td>包括摄影棚及配套房间等</td></tr>
<tr><td>2</td><td colspan="2">行政办公用房</td><td>包括办公室、接待室、会议室、档案室、资料室，开水间、卫生间等</td></tr>
<tr><td>3</td><td colspan="2">后勤配套用房</td><td>包括食堂、员工餐厅，动力机房、生活水泵房、消防水泵房、制冷机房、换热机房；汽车库、非机动车库等</td></tr>
<tr><td>4</td><td colspan="2">业务用房</td><td>包括广告公司用房、报社用房、文艺团体用房等</td></tr>
</table>

表18-39为广播电影电视建筑内不宜用水扑救的场所。

不宜用水扑救的场所一览表 **表 18-39**

<table>
<tr><th>序号</th><th>不宜用水扑救的场所</th><th>自动灭火措施</th></tr>
<tr><td>1</td><td>工艺用房：录音胶片库房、录像带库房、光盘库房、重要的资料档案库；已记录磁、纸介质库；播出机房等</td><td rowspan="3">气体灭火系统或高压细水雾灭火系统</td></tr>
<tr><td>2</td><td>信息网络用房：电信运营商机房、电子信息机房等</td></tr>
<tr><td>3</td><td>后勤配套用房：高压配电室、低压配电室、弱电机房等</td></tr>
</table>

续表

序号	不宜用水扑救的场所	自动灭火措施
4	发射台：电视、调频广播发射台的调频广播发射机房、调频广播控制室、电视发射机房、电视控制室、传输机房、变配电室、不间断电源（UPS）室；中波、短波广播发射台的发射机室、控制室、节目交换室、天线交换开关室、天线调配室、变配电室、不间断电源（UPS）室；广播电视卫星地球站的高功放室、小信号室、监控室、变配电室、不间断电源（UPS）室；广播电视微波站的微波机房、监控室、变配电室、不间断电源（UPS）室等	气体灭火系统或高压细水雾灭火系统
5	电气类房间：消防控制室	不设置

广播电影电视建筑自动喷水灭火系统类型选择，参见表1-245。

典型广播电影电视建筑自动喷水灭火系统原理图，参见图4-5。

广播电影电视建筑中的摄影棚火灾危险等级按严重危险级Ⅱ级确定；地下车库火灾危险等级按中危险级Ⅱ级确定；其他场所火灾危险等级均按中危险级Ⅰ级确定。

18.6.2 自动喷水灭火系统设计基本参数

广播电影电视建筑自动喷水灭火系统设计参数，按表18-40规定。

广播电影电视建筑自动喷水灭火系统设计参数表　　表18-40

火灾危险等级		净空高度（m）	喷水强度（L/min·m²）	作用面积（m²）
严重危险级	Ⅱ级	≤8	16	260
中危险级	Ⅰ级		6	160
	Ⅱ级		8	

广播电影电视建筑高大空间场所设置湿式自动喷水灭火系统设计参数，按表18-41规定。

高大空间场所湿式自动喷水灭火系统设计参数表　　表18-41

适用场所	最大净空高度 h（m）	喷水强度（L/min·m²）	作用面积（m²）	喷头间距 S（m）
出入门厅、中庭	$8<h\leqslant12$	12	160	$1.8\leqslant S\leqslant3.0$
	$12<h\leqslant18$	15		

注：当民用建筑高大空间场所的最大净空高度为12m$<h\leqslant$18m时，应采用非仓库型特殊应用喷头。

若广播电影电视建筑地下室中附属的库房认定为堆垛储物仓库，其自动喷水灭火系统设计参数，按表1-247规定。

广播电影电视建筑雨淋灭火系统设计参数，按表18-42规定。

雨淋灭火系统设计参数表　　表18-42

适用场所	火灾危险级	最大净空高度 h（m）	喷水强度［L/（min·m²）］	作用面积（m²）
大演播室观众厅	中危险级Ⅰ级	$h\leqslant8$	6	160
大演播室舞台部分	中危险级Ⅱ级		8	

注：系统最不利点处洒水喷头的工作压力不应低于0.05MPa。

自动喷水灭火系统的持续喷水时间，应按火灾延续时间不小于 1h 确定。

18.6.3 洒水喷头

设置自动喷水灭火系统的广播电影电视建筑内各场所的最大净空高度通常不大于 8m。

广播电影电视建筑自动喷水灭火系统喷头公称动作温度宜相比环境温度高 30℃，参见表 4-54。

广播电影电视建筑自动喷水灭火系统喷头种类选择，见表 18-43。

广播电影电视建筑自动喷水灭火系统喷头种类选择表　　表 18-43

序号	火灾危险等级	设置场所	喷头种类
1	中危险级Ⅱ级	地下车库	直立型普通喷头
2	中危险级Ⅰ级	广播电影电视建筑内办公室、会议室、餐厅、厨房等设有吊顶场所	吊顶型或下垂型普通或快速响应喷头
3		库房等无吊顶场所	直立型普通或快速响应喷头

注：基于广播电影电视建筑火灾特点和重要性，高层广播电影电视建筑工艺用房中危险级Ⅰ级对应场所自动喷水灭火系统洒水喷头宜全部采用快速响应喷头。

每种型号的备用喷头数量按此种型号喷头数量总数的 1%计算，并不得少于 10 只。

广播电影电视建筑中自动喷水灭火系统直立型、下垂型喷头的布置间距，不应大于表 1-250 的规定，且不宜小于 2.4m。

广播电影电视建筑常用普通玻璃球闭式喷头规格型号，参见表 1-252。

18.6.4 自动喷水灭火系统管道

1. 管材

广播电影电视建筑自动喷水灭火系统给水管管材，参见表 1-254。

薄壁不锈钢管（S11163）、氯化聚氯乙烯（PVC-C）管、镀锌镍碳钢管等新型优质管道，在广播电影电视建筑自动喷水灭火系统中均得到更多的应用，未来会逐步替代传统钢管。

广播电影电视建筑中，除汽车停车库外其他中危险级Ⅰ级对应场所自动喷水灭火系统公称直径≤*DN*80 的配水管（支管）均可采用氯化聚氯乙烯（PVC-C）管材及管件。

2. 管径

广播电影电视建筑自动喷水灭火系统的配水管道管径可根据表 1-255 中数据进行确定。

3. 管网敷设

严寒及寒冷地区的广播电视发射塔，对自动喷水灭火系统中可能遭受冰冻影响的部分，应设有防冻措施。

广播电影电视建筑自动喷水灭火系统配水干管宜沿工艺用房、行政办公用房、后勤配套用房和业务用房的公共走廊敷设，走廊两侧房间内的配水支管就近连接到配水干管上。走廊内布置的喷头就近接至排水支管后再接至配水干管。单个喷头不应直接接至管径大于或等于 *DN*100 的配水干管。

广播电影电视建筑自动喷水灭火系统配水管网布置步骤，见表18-44。

自动喷水灭火系统配水管网布置步骤表 **表18-44**

序号	配水管网布置步骤
步骤1	根据广播电影电视建筑的防火性能确定自动喷水灭火系统配水管网的布置范围
步骤2	在每个防火分区内应确定该区域自动喷水灭火系统配水主干管或主立管的位置或方向
步骤3	自接入点接入后，可确定主要配水管的敷设位置和方向
步骤4	自末端房间内的自动喷水灭火系统配水支管就近向配水管连接
步骤5	每个楼层每个防火分区内配水管网布置均按步骤1～步骤4进行

自动喷水灭火系统每个喷头与配水支管连接的短立管管径通常采用25mm；末端试水装置或试水阀的连接管管径通常采用25mm。

18.6.5 水流指示器

除报警阀组控制的喷头只保护不超过防火分区面积的同层场所外，广播电影电视建筑每个防火分区、每个楼层均应设水流指示器；当整个场所需要设置的喷头数不超过1个报警阀组控制的喷头数时，可不设置水流指示器；每个防火分区应设置一个水流指示器，位置可设在本防火分区系统配水管网的起始端，亦可集中设置于各个防火分区配水干管分叉处。

水流指示器上游端应设置信号阀，其型号规格，参见表1-257。

水流指示器与所在配水干管同管径，其型号规格，参见表1-258。

18.6.6 报警阀组

广播电影电视建筑消防系统报警阀组主要采用湿式水力报警阀组，一定条件下采用预作用报警阀组。

广播电影电视建筑自动喷水灭火系统报警阀组的数量取决于：整个建筑中设置喷头的总数量；每个防火分区内设置喷头的数量；每个报警阀组控制的喷头数。一个报警阀组控制的喷头数不宜超过800只，设计中可适当超过800只。

喷头均衡组合遵循的原则，参见表1-259。

广播电影电视建筑自动喷水灭火系统报警阀组通常设置在消防水泵房，设置位置方案，参见表1-260。

报警阀组宜设在安全及易于操作的地点，报警阀距地面的高度宜为1.2m；宜沿墙体集中布置，相邻报警阀组的间距不宜小于1.5m，不应小于1.2m；报警阀组处应设有排水设施，排水管管径不应小于*DN*100。

表1-261为常用湿式报警阀装置型号规格；表1-262为常见预作用报警阀装置型号规格；报警阀组压力开关主要技术参数，参见表1-263；报警阀组前后管道设置，参见表1-264。

广播电影电视建筑自动喷水灭火系统减压阀设置方式，参见表1-265。

减压孔板作为一种减压部件，可辅助减压阀使用。

18.6.7 自动喷水灭火系统水泵接合器

自动喷水灭火系统管网上应设置水泵接合器，广播电影电视建筑自动喷水灭火系统消防水泵接合器数量，参见表1-266。

建筑高度超过100m的广播电视发射塔塔楼的自动喷水灭火系统的水泵接合器，宜设于自动喷水灭火系统给水泵组的吸水管上。水泵接合器应设有标明供水系统和供水区域的永久性标志。

自动喷水灭火系统水泵接合器宜设置在靠近消防水泵房的室外；常规做法是将多个*DN*150水泵接合器并联起来，由1根*DN*150供水管道接至系统供水泵组出水干管上，连接位置位于报警阀组前。

18.6.8 消防水箱设计

高位消防水箱、自动喷水灭火稳压装置设计参见消火栓系统相关内容。

18.6.9 自动喷水灭火系统压力计算

自动喷水灭火系统的设计工作压力，按公式（1-68）计算。

自动喷水灭火给水泵扬程通常按照自动喷水灭火系统的设计工作压力值确定。

自动喷水灭火给水系统压力管道水压强度试验的试验压力（$H_{试验}$）的基准指标，参见表1-267。

18.7 灭火器系统

广播电影电视建筑应配置灭火器，并应符合现行国家标准《建筑灭火器配置设计规范》GB 50140的规定。

18.7.1 灭火器配置场所火灾种类

广播电影电视建筑灭火器配置场所的火灾种类，见表18-45。

灭火器配置场所的火灾种类表　　表18-45

序号	火灾种类	灭火器配置场所
1	A类火灾（固体物质火灾）	广播电影电视建筑内绝大多数场所，如办公室、会议室、餐厅等
2	B类火灾（液体火灾或可熔化固体物质火灾）	广播电影电视建筑内附设车库
3	E类火灾（物体带电燃烧火灾）	电视、调频广播发射台的调频广播发射机房、调频广播控制室、电视发射机房、电视控制室、传输机房、变配电室、不间断电源（UPS）室等；中波、短波广播发射台的发射机室、控制室、节目交换室、天线交换开关室、天线调配室、变配电室、不间断电源（UPS）室等；广播电视卫星地球站的高功放室、小信号室、监控室、变配电室、不间断电源（UPS）室等；广播电视微波站的微波机房、监控室、变配电室、不间断电源（UPS）室等

18.7.2 灭火器配置场所危险等级

广播电影电视建筑灭火器配置场所的危险等级分为严重危险级、中危险级和轻危险级3级，危险等级举例，见表18-46。

广播电影电视建筑灭火器配置场所的危险等级举例 表18-46

危险等级	举例
严重危险级	广播电台、电视台的演播室、道具间和发射塔楼
	专用电子计算机房
	电影、电视摄影棚
	配建充电基础设施（充电桩）的车库区域
中危险级	广播电台、电视台的会议室、资料室
	设有集中空调、电子计算机、复印机等设备的办公室
	民用燃油、燃气锅炉房
	民用的油浸变压器室和高、低压配电室
	配建充电基础设施（充电桩）以外的车库区域
轻危险级	未设集中空调、电子计算机、复印机等设备的普通办公室

注：广播电影电视建筑室内强电间、弱电间；屋顶排烟机房内每个房间均应设置2具手提式磷酸铵盐干粉灭火器。

18.7.3 灭火器选择

广播电影电视建筑灭火器配置场所的火灾种类通常涉及A类、B类、E类火灾，通常配置灭火器时选择磷酸铵盐干粉灭火器。

对不宜用水扑救的下列广播电视设备部位和机房，应选用气体灭火器：

1）电视、调频广播发射台的调频广播发射机房、调频广播控制室、电视发射机房、电视控制室、传输机房、变配电室、不间断电源（UPS）室等；

2）中波、短波广播发射台的发射机室、控制室、节目交换室、天线交换开关室、天线调配室、变配电室、不间断电源（UPS）室等；

3）广播电视卫星地球站的高功放室、小信号室、监控室、变配电室、不间断电源（UPS）室等；

4）广播电视微波站的微波机房、监控室、变配电室、不间断电源（UPS）室等。

气体灭火器通常采用二氧化碳灭火器。

18.7.4 灭火器设置

广播电影电视建筑中设置的手提式灭火器，通常和室内消火栓同位置设置，放置于室内消火栓箱体下部。独立设置的手提式或推车式灭火器通常放置于所保护区域的公共走道、门口或房间内靠近公共通道出入口处。灭火器设置点应均衡布置。

设置在A类火灾场所的灭火器，其最大保护距离应符合表1-274的规定。

灭火器最大保护距离为灭火器与起火点之间最大的行走距离。广播电影电视建筑中的地下车库区域、建筑中大间套小间区域、房间中间隔着走道区域等场所，常需要增加灭火器配置点。地下车库区域增设的灭火器宜靠近相邻2个室内消火栓中间的位置，并宜沿车库墙体或柱子布置。

设置在B类火灾场所的灭火器，其最大保护距离应符合表1-275的规定。

广播电影电视建筑中E类火灾场所中的高低压配电间、网络机房等场所，灭火器配置宜按B类火灾场所灭火器最大保护距离要求进行。面积较大的广播电影电视建筑变配电室，需要在变配电室内增设灭火器。

18.7.5 灭火器配置

A类火灾场所灭火器的最低配置基准，应符合表1-276的规定。

广播电影电视建筑灭火器A类火灾场所配置基准可按照灭火器最低配置基准，即：严重危险级按照3A；中危险级按照2A；轻危险级按照1A。

B类火灾场所灭火器的最低配置基准，应符合表1-277的规定。

广播电影电视建筑灭火器B类火灾场所配置基准可按照灭火器最低配置基准，即：严重危险级按照89B；中危险级按照55B。

E类火灾场所的灭火器最低配置基准不应低于该场所内A类（或B类）火灾的规定。

18.7.6 灭火器配置设计计算

广播电影电视建筑内每个灭火器设置点灭火器数量通常以2～4具为宜。

灭火器计算单元最小需配灭火级别，按公式（1-69）计算。

灭火器计算单元中每个灭火器设置点最小需配灭火级别，按公式（1-70）计算。

18.7.7 灭火器类型及规格

广播电影电视建筑灭火器配置设计中常用的灭火器类型及规格，见表1-279。

18.8 气体灭火系统

18.8.1 气体灭火系统应用场所

广播电影电视建筑的下列部位应设置自动灭火系统，且宜采用气体灭火系统：

1）广播电视台、传输网络中心内建筑面积不小于120m^{2}的录音胶片库房、录像带库房、光盘库房、重要的资料档案库；

2）重要的工艺系统设备机房和基本工作间的已记录磁、纸介质库；

3）塔楼及A类或人口超过100万的城市广播电视发射塔塔下建筑内的微波机房、调频发射机房、电视发射机房、变配电室和不间断电源（UPS）室等；

4）广播电视发射塔塔楼内的微波机房、调频发射机房、电视发射机房、变配电室和不间断电源（UPS）室。

目前广播电影电视建筑中最常用IG541混合气体灭火系统和七氟丙烷（HFC-227ea）气体灭火系统。

18.8.2 七氟丙烷气体灭火系统设计参数

七氟丙烷灭火剂主要技术性能参数，参见表 1-281。

无管网七氟丙烷气体自动灭火装置技术参数、规格等，参见表 1-282～表 1-284。

广播电影电视建筑中采用七氟丙烷气体灭火保护时，各防护区设计灭火浓度，参见表 3-70。

18.8.3 气体灭火设计用量计算

七氟丙烷气体灭火设置场所设计用量，按公式（1-71）计算。

七氟丙烷设计用量，按公式（2-28）计算；七氟丙烷设计容积，按公式（2-29）计算。

每个防护区内无管网七氟丙烷气体灭火装置的布置应做到均匀。

IG541 混合气体灭火防护区灭火设计用量或惰化设计用量，按公式（1-74）计算。

IG541 灭火剂气体在 101kPa 大气压和防护区最低环境温度下的质量体积，按公式（1-75）计算。

IG541 混合气体灭火系统灭火剂储存量，应为防护区灭火设计用量及系统灭火剂剩余量之和，系统灭火剂剩余量按公式（1-76）计算。

18.8.4 IG541 混合气体灭火系统管网计算

IG541 混合气体灭火系统管道流量宜采用平均设计流量。

系统主干管、支管的平均设计流量，按公式（1-77）、公式（1-78）计算。

管道内径按公式（1-79）计算。

灭火剂释放时，管网应进行减压。减压装置宜采用减压孔板，宜设在系统的源头或干管入口处。减压孔板前的压力，按公式（1-80）计算；减压孔板后的压力，按公式（1-81）计算；减压孔板孔口面积，按公式（1-82）计算。

系统的阻力损失宜从减压孔板后算起，并按公式（1-83）计算。

IG541 混合气体灭火系统的喷头工作压力的计算结果，应符合：一级充压（15.0MPa）系统，$P_c \geqslant 2.0$MPa（绝对压力）；二级充压（20.0MPa）系统，$P_c \geqslant 2.1$MPa（绝对压力）。

喷头等效孔口面积，按公式（1-84）计算。

18.8.5 防护区泄压口

气体灭火系统防护区应设置泄压口。七氟丙烷气体灭火系统防护区泄压口面积按系统设计规定计算，按公式（1-85）计算；IG541 混合气体灭火系统防护区泄压口面积按系统设计规定计算，宜按公式（1-86）计算。

七氟丙烷气体灭火系统的泄压口应位于防护区净高的 2/3 以上。对于设置吊顶场所，泄压口通常设置在吊顶（梁）下，泄压口顶面紧贴吊顶（梁）或吊顶（梁）下 100mm。

不同规格无管网七氟丙烷气体灭火装置与泄压口尺寸的对照表，参见表 1-288。

防护区设置的泄压口，宜设在外墙上，无外墙时应设置在朝向公共建筑公共区域（走道）的内墙上。每个防护区根据需要可设置 1 个或多个泄压口。

18.9　高压细水雾灭火系统

广播电影电视建筑中不宜用水扑救的部位（即采用水扑救后会引起爆炸或重大财产损失的场所）可以采用高压细水雾灭火系统灭火。

广播电影电视建筑中适合采用高压细水雾灭火系统的场所包括：

1）广播电视台、传输网络中心内建筑面积不小于 120m^2 的录音胶片库房、录像带库房、光盘库房、重要的资料档案库；

2）重要的工艺系统设备机房和基本工作间的已记录磁、纸介质库；

3 塔楼及 A 类或人口超过 100 万的城市广播电视发射塔塔下建筑内的微波机房、调频发射机房、电视发射机房、变配电室和不间断电源（UPS）室等；

4）广播电视发射塔塔楼内的微波机房、调频发射机房、电视发射机房、变配电室和不间断电源（UPS）室。

广播电影电视建筑中当此类场所较少时，宜采用气体灭火系统；当此类场所较多时，可采用高压细水雾灭火系统，设计方法参见 4.9 节。

18.10　自动跟踪定位射流灭火系统

当广播电影电视建筑出入门厅、中庭等场所为高大空间时，可设置自动跟踪定位射流灭火系统，设计方法参见 4.10 节。

18.11　中水系统

广播电影电视建筑建设中水设施，应结合建筑所在地区的不同特点，满足当地政府部门的有关规定。建筑面积大于 30000m^2 或回收水量大于 100m^3/d 的广播电影电视建筑，宜建设中水设施。

18.11.1　中水原水

1. 中水原水种类

广播电影电视建筑中水原水可选择的种类及选取顺序，见表 18-47。

广播电影电视建筑中水原水可选择的种类及选取顺序表　　表 18-47

序号	中水原水种类	备注
1	广播电影电视建筑内公共卫生间的废水排水	最适宜
2	广播电影电视建筑内公共卫生间的盥洗废水排水	适宜
3	广播电影电视建筑空调循环冷却水系统排水	
4	广播电影电视建筑空调水系统冷凝水	

续表

序号	中水原水种类	备注
5	广播电影电视建筑附设厨房、食堂、餐厅废水排水	不适宜
6	广播电影电视建筑内公共卫生间的冲厕排水	最不适宜

2. 中水原水量

广播电影电视建筑中水原水量按公式（18-12）计算：

$$Q_Y = \sum \beta \cdot Q_{pj} \cdot b \tag{18-12}$$

式中 Q_Y——广播电影电视建筑中水原水量，m^3/d；

β——广播电影电视建筑按给水量计算排水量的折减系数，一般取0.85～0.95；

Q_{pj}——广播电影电视建筑平均日生活给水量，按《节水标》中的节水用水定额（表18-4）计算确定，m^3/d；

b——广播电影电视建筑分项给水百分率，应以实测资料为准，当无实测资料时，可按表18-48选取。

广播电影电视建筑分项给水百分率表　　表18-48

项目	冲厕	厨房	盥洗	总计
办公给水百分率（%）	60～66	—	40～34	100
职工食堂给水百分率（%）	6.7～5	93.3～95	—	100

广播电影电视建筑用作中水原水的水量宜为中水回用水量的110%～115%。

3. 中水原水水质

广播电影电视建筑中水原水水质应以类似建筑的实测资料为准；当无实测资料时，广播电影电视建筑排水的污染物浓度可按表18-49确定。

广播电影电视建筑排水污染物浓度表　　表18-49

类别	项目	冲厕	厨房	盥洗	综合
办公	BOD_5浓度（mg/L）	260～340		90～110	195～260
	COD_{Cr}浓度（mg/L）	350～450	—	100～140	260～340
	SS浓度（mg/L）	260～340	—	90～110	195～260
职工食堂	BOD_5浓度（mg/L）	260～340	500～600	—	490～590
	COD_{Cr}浓度（mg/L）	350～450	900～1100	—	890～1075
	SS浓度（mg/L）	260～340	250～280	—	255～285

注：综合是对包括以上三项生活排水的统称。

18.11.2 中水利用与水质标准

1. 中水利用

广播电影电视建筑中水原水主要用于城市杂用水和景观环境用水等。

广播电影电视建筑中水利用率，可按公式（2-31）计算。

广播电影电视建筑中水利用率应不低于当地政府部门的中水利用率指标要求。

当广播电影电视建筑附近有可利用的市政再生水管道时，可直接接入使用。

2. 中水水质标准

广播电影电视建筑中水水质标准要求，参见表2-104。

18.11.3 中水系统

1. 中水系统形式

广播电影电视建筑中水通常采用中水原水系统与生活污水系统分流、生活给水与中水给水分供的完全分流系统。

2. 中水原水系统

广播电影电视建筑中水原水管道通常按重力流设计；当靠重力流不能直接接入时，可采取局部加压提升接入。

广播电影电视建筑原水系统原水收集率不应低于本建筑回收排水项目给水量的75%，可按公式（2-32）计算。

广播电影电视建筑若需要食堂、餐厅的含油脂污水作为中水原水时，在进入原水收集系统前应经过除油装置处理。

广播电影电视建筑中水原水应进行计量，可采用超声波流量计和沟槽流量计。

3. 中水处理系统

广播电影电视建筑中水处理系统设计处理能力，可按公式（2-33）计算。

4. 中水供水系统

建筑中水供水系统必须独立设置。建筑中水不得用作广播电影电视建筑生活饮用水水源。

广播电影电视建筑中水系统供水量，可按照表18-3中的用水定额及表18-48中规定的百分率计算确定。

广播电影电视建筑中水供水系统的设计秒流量和管道水力计算方法与生活给水系统一致，参见18.1.6节。

广播电影电视建筑中水供水系统的供水方式宜与生活给水系统一致，通常采用变频调速泵组供水方式，水泵的选择参见18.1.7节。

广播电影电视建筑中水供水系统的竖向分区宜与生活给水系统一致。当建筑周边有市政中水管网且管网流量压力均满足时，低区由市政中水管网直接供水；当建筑周边无市政中水管网时，低区由低区中水给水泵组自中水贮水池（箱）吸水后加压供水。

广播电影电视建筑中水供水管道宜采用塑料给水管、钢塑复合管或其他具有可靠防腐性能的给水管材，不得采用非镀锌钢管。

广播电影电视建筑中水贮存池（箱）设计要求，参见表2-105。

广播电影电视建筑中水供水系统应安装计量装置，具体设置要求参见表3-14。

中水供水管道应采取防止误接、误用、误饮的措施。

5. 水量平衡

中水系统设计应进行中水原水量和用水量平衡计算。

广播电影电视建筑中水用水量应根据不同用途用水量累加确定。

广播电影电视建筑最高日冲厕中水用水量按照表18-3中的最高日用水定额及表18-48中规定的百分率计算确定。最高日冲厕中水用水量，可按公式（18-13）计算：

$$Q_C = \sum q_L \cdot F \cdot N/1000 \tag{18-13}$$

式中 Q_C——广播电影电视建筑最高日冲厕中水用水量，m^3/d；

q_L——广播电影电视建筑给水用水定额，L/（人·d）；

F——冲厕用水占生活用水的比例，%，按表 18-48 取值；

N——使用人数，人。

广播电影电视建筑相关功能场所冲厕用水量定额及小时变化系数，见表 18-50。

广播电影电视建筑冲厕用水量定额及小时变化系数表 **表 18-50**

类别	建筑种类	冲厕用水量［L/（人·d）］	使用时间（h/d）	小时变化系数	备注
1	办公	20～30	8～10	1.5～1.2	—
2	职工食堂	5～10	12	1.5～1.2	工作人员按办公楼设计

中水系统原水调节池（箱）调节容积，可按公式（2-35）、公式（2-36）计算。

中水贮存池（箱）容积，可按公式（2-37）、公式（2-38）计算。

当中水供水系统采用水泵-水箱联合供水时，水箱调节容积不得小于中水系统最大小时用水量的 50%。

中水系统的总调节容积，包括原水调节池（箱）、中水处理工艺构筑物、中水贮存池（箱）及高位水箱等调节容积之和，不宜小于中水日处理量的 100%。

18.11.4 中水处理工艺与处理设施

1. 中水处理工艺

广播电影电视建筑通常采用的中水处理工艺，参见表 2-107。

2. 中水处理设施

广播电影电视建筑中水处理设施及设计要求，参见表 2-108。

18.11.5 中水处理站

广播电影电视建筑内的中水处理站设计要求，参见 2.11.5 节。

18.12 管道直饮水系统

18.12.1 水量、水压和水质

广播电影电视建筑管道直饮水最高日直饮水定额（q_d），可按 1.0～2.0L/（人·班）采用，亦可根据用户要求确定。

直饮水专用水嘴额定流量宜为 0.04～0.06L/s。

广播电影电视建筑直饮水专用水嘴最低工作压力不宜小于 0.03MPa。

广播电影电视建筑管道直饮水系统用户端的水质应符合现行行业标准《饮用净水水质标准》CJ/T 94 的规定。

18.12.2 水处理

广播电影电视建筑管道直饮水系统应对原水进行深度净化处理。

水处理工艺流程的选择应依据原水水质，经技术经济比较确定。处理后的出水应符合现行行业标准《饮用净水水质标准》CJ/T 94 的规定。

深度净化处理应根据处理后的水质标准和原水水质进行选择，宜采用膜处理技术，参见表 1-333。

不同的膜处理应相应配套预处理、后处理、膜的清洗和水处理消毒灭菌设施，参见表 1-334。

深度净化处理系统排出的浓水宜回收利用。

18.12.3 系统设计

广播电影电视建筑管道直饮水系统必须独立设置，不得与市政或建筑供水系统直接相连。

广播电影电视建筑管道直饮水系统宜采取集中供水系统，一座建筑中宜设置一个供水系统。

广播电影电视建筑常见的管道直饮水系统供水方式，参见表 1-335。

多层广播电影电视建筑管道直饮水供水竖向不分区；高层广播电影电视建筑管道直饮水供水应竖向分区，分区原则参见表 1-336。

广播电影电视建筑管道直饮水系统类型，参见表 1-337。

广播电影电视建筑管道直饮水系统设计应设循环管道，供、回水管网应设计为同程式。

广播电影电视建筑管道直饮水系统通常采用全日循环，亦可采用定时循环，供、配水系统中的直饮水停留时间不应超过 12h。

广播电影电视建筑管道直饮水系统回水宜回流至净水箱或原水水箱。回流到净水箱时，应在消毒设施前接入。

管道直饮水系统不循环的支管长度不宜大于 6m。

广播电影电视建筑管道直饮水系统管道敷设要求，参见表 1-338。

广播电影电视建筑管道直饮水系统管材及附件设置要求，参见表 1-339。

18.12.4 系统计算与设备选择

1. 系统计算

广播电影电视建筑管道直饮水系统最高日直饮水量，应按公式（18-14）计算：

$$Q_d = N \cdot q_d \tag{18-14}$$

式中 Q_d——广播电影电视建筑管道直饮水系统最高日饮水量，L/d；

N——广播电影电视建筑管道直饮水系统所服务的人数，人；

q_d——广播电影电视建筑最高日直饮水定额，L/(人·d)，取 1.0～2.0L/(人·d)。

广播电影电视建筑的瞬时高峰用水量的计算应符合现行国家标准《建筑给水排水设计标准》GB 50015 的规定。广播电影电视建筑瞬时高峰用水量，应按公式（1-94）计算。

广播电影电视建筑瞬时高峰用水时水嘴使用数量，应按公式（1-95）计算。

瞬时高峰用水时水嘴使用数量 m 的确定，应按表 1-340（当水嘴数量 $n \leqslant 12$ 个时）、

表 1-341（当水嘴数量 $n>12$ 个时）选取。当 $np\geqslant5$ 并且满足 $n(1-p)\geqslant5$ 时，可按公式（1-96）简化计算。

水嘴使用概率应按公式（18-15）计算：

$$p=\alpha\cdot Q_{\mathrm{d}}/(1800\cdot n\cdot q_{0})=0.27\cdot Q_{\mathrm{d}}/(1800\cdot n\cdot q_{0}) \tag{18-15}$$

式中　α——经验系数，广播电影电视建筑取 0.27。

定时循环时，循环流量可按公式（1-98）计算。

管道直饮水供、回水管道内水流速度宜符合表 1-342 的规定。

2. 设备选择

净水设备产水量可按公式（1-100）计算。

变频调速供水系统水泵设计流量应按公式（1-101）计算；水泵设计扬程应按公式（1-102）计算。

净水箱（槽）有效容积可按公式（1-103）计算；原水调节水箱（槽）容积可按公式（1-104）计算。

原水水箱（槽）的进水管管径宜按净水设备产水量设计，并应根据反洗要求确定水量。当进水管的供水能力满足预处理的流量和压力要求时，原水水箱（槽）可不设置。

18.12.5　净水机房

净水机房设计要求，参见表 1-343。

18.12.6　管道敷设与设备安装

管道直饮水管道敷设与设备安装设计要求，参见表 1-344。

18.13　给水排水抗震设计

广播电影电视建筑给水排水管道抗震设计，参见 4.11 节。

18.14　给水排水专业绿色建筑设计

广播电影电视建筑绿色设计，应根据广播电影电视建筑所在地相关规定要求执行。新建广播电影电视建筑应按照一星级或以上星级标准设计；政府投资或者以政府投资为主的广播电影电视建筑、建筑面积大于 20000m^2 的大型广播电影电视建筑宜按照绿色建筑二星级或以上星级标准设计。广播电影电视建筑二星级、三星级绿色建筑设计专篇，参见表 1-347。

第19章　电力调度建筑给水排水设计

电力调度建筑是用于电力生产调度和管理的公共建筑。

电力调度建筑组成，见表19-1。

电力调度建筑组成表　　**表19-1**

序号	组成		说明
1	电力调度通信区	工艺机房	包括自动化、通信、保护等专业机房（机房内安装电子信息处理、交换、传输和存储等设备）
		调度大厅	包括指挥区调度台、调度大屏、设备间、调度会商室等
		支持区	包括变配电室、柴油发电机房、不间断电源（UPS）室、通信直流电源室、蓄电池室、空调机房、消防设施用房、消防和安防控制室等
		辅助区	包括进线间、测试室、开发室、备件库、打印室、资料室、维修室、监控室、网管操作室、培训仿真（DTS）室（包括学员区、教员区和观摩区）、保护试验室、电网稳定联合计算室、整定计算室等
		管理区	包括相关专业办公用房、备班用房等
		视频会议室	
2	行政办公区		包括其他办公室、接待室、会议室、档案室、资料室，开水间、卫生间等
3	后勤服务区		包括食堂、员工餐厅，动力机房、生活水泵房、消防水泵房、制冷机房、换热机房；汽车库、非机动车库等

电力调度建筑给水排水设计应符合现行国家标准《城市给水工程项目规范》GB 55026、《城乡排水工程项目规范》GB 55027、《建筑给水排水设计标准》GB 50015、《建筑防火通用规范》GB 55037、《消防设施通用规范》GB 55036、《建筑设计防火规范》GB 50016和《消防给水及消火栓系统技术规范》GB 50974等的规定。根据电力调度建筑的功能设置，其给水排水设计涉及的现行国家、行业标准为《办公建筑设计标准》JGJ/T 67、《电力调度通信中心工程设计规范》GB/T 50980。电力调度建筑若设置中水系统，其设计涉及的现行国家标准为《建筑中水设计标准》GB 50336。电力调度建筑若设置管道直饮水系统，其设计涉及的现行行业标准为《建筑与小区管道直饮水系统技术规程》CJJ/T 110。

19.1　生活给水系统

19.1.1　用水量标准

1. 生活用水量标准

《水标》中电力调度建筑相关功能场所生活用水定额，见表19-2。

电力调度建筑生活用水定额表 **表 19-2**

序号	建筑物名称		单位	生活用水定额（L）		使用时数（h）	最高日小时变化系数 K_h
				最高日	平均日		
1	办公	坐班制办公	每人每班	30～50	25～40	8～10	1.5～1.2
2	餐饮业	职工食堂	每人每次	20～25	15～20	12～16	1.5～1.2
3	会议厅		每座位每次	6～8	6～8	4	1.5～1.2
4	停车库地面冲洗水		每平方米每次	2～3	2～3	6～8	1.0

注：1. 除注明外，均不含员工生活用水，员工最高日用水定额为每人每班 40～50L，平均日用水定额为每人每班 30～45L；

2. 表中用水量标准为生活用水，包括生活用热水用水量和直饮水用量，也包括正常漏水量和间接用水量，如清洁用水在内；但不包括空调、采暖、水景绿化、场地和道路浇洒等用水；

3. 计算电力调度建筑最高日最大时用水量时，某一类型生活用水定额、最高日小时变化系数（K_h）均为一个范围值时，生活用水定额取定额的最低值应对应选择最高日小时变化系数（K_h）的最大值；生活用水定额取定额的最高值应对应选择最高日小时变化系数（K_h）的最小值；生活用水定额取定额的中间值应对应选择最高日小时变化系数（K_h）的中间值（按内插法确定）。

《节水标》中电力调度建筑相关功能场所平均日生活用水节水用水定额，见表 19-3。

电力调度建筑平均日生活用水节水用水定额表 **表 19-3**

序号	建筑物名称		单位	节水用水定额
1	办公	坐班制办公	L/(人·班)	25～40
2	餐饮业	职工食堂	L/(人·次)	15～20
3	会议厅		L/(座位·次)	6～8
4	停车库地面冲洗用水		L/(m^2·次)	2～3

注：1. 除注明外均不含员工用水，员工用水定额每人每班 30～45L；

2. 表中用水量包括热水用量在内，空调用水应另计；

3. 选择用水定额时，可依据当地气候条件、水资源状况等确定，缺水地区应选择低值；

4. 用水人数或单位数应以年平均值计算；

5. 每年用水天数应根据使用情况确定。

2. 绿化浇灌用水量标准

电力调度建筑院区绿化浇灌最高日用水定额按浇灌面积 1.0～3.0L/(m^2·d) 计算，通常取 2.0L/(m^2·d)，干旱地区可酌情增加。

3. 浇洒道路用水量标准

电力调度建筑院区道路、广场浇洒最高日用水定额按浇洒面积 2.0～3.0L/(m^2·d) 计算，亦可参见表 2-8。

4. 空调循环冷却水补水用水量标准

电力调度建筑空调循环冷却水补充水量，按公式（1-3）计算，亦可由暖通空调专业提供。

5. 汽车冲洗用水量标准

汽车冲洗用水量标准按 10.0～15.0L/(辆·次) 考虑。

6. 供暖锅炉补充水量

供暖锅炉补充水量由暖通空调、热能动力专业提供。

7. 给水管网漏失水量和未预见水量

这两项水量之和按上述6项用水量（第1项至第6项）之和的8%～12%计算，通常按10%计。

最高日用水量（Q_d）应为上述7项用水量（第1项至第7项）之和。

最大时用水量（Q_{hmax}）可按公式（1-4）计算。

19.1.2 水质标准和防水质污染

1. 水质标准

电力调度建筑给水系统供水水质应符合现行国家标准《生活饮用水卫生标准》GB 5749的要求。

2. 防水质污染

电力调度建筑防止水质污染常见的具体措施，参见表2-9。

19.1.3 给水系统和给水方式

1. 电力调度建筑生活给水系统

典型的电力调度建筑生活给水系统原理图，参见图4-1。

2. 电力调度建筑生活给水供水方式

电力调度建筑生活给水供水方式，参见表6-7。

3. 电力调度建筑生活给水系统竖向分区

电力调度建筑应根据建筑内功能的划分和当地供水部门的水量计费分类等因素，设置相应的生活给水系统，并应利用城镇给水管网的水压。

电力调度建筑生活给水系统竖向分区应根据的原则，参见表3-7。

电力调度建筑生活给水系统竖向分区确定程序，参见表6-8。

4. 电力调度建筑生活给水系统形式

电力调度建筑生活给水系统通常采用下行上给式，设备管道设置方法参见表6-9。

19.1.4 管材及附件

1. 生活给水系统管材

电力调度建筑生活给水系统给水管道应选用耐腐蚀、安装连接方便可靠、符合国家现行有关产品标准要求及饮用水卫生要求的管材，常用管材包括薄壁不锈钢管、薄壁铜管、PVC-C（氯化聚氯乙烯）冷水用管、钢塑复合管、内衬不锈钢复合钢管、铝塑复合管等。

2. 生活给水系统阀门

电力调度建筑生活给水系统设置阀门的部位，参见表4-7。

3. 生活给水系统止回阀

电力调度建筑生活给水系统设置止回阀的部位，参见表4-8。

4. 生活给水系统减压阀

电力调度建筑配水横管静水压大于0.20MPa的楼层各分区内给水支管起端应设置减压阀，减压阀位置在阀门之后。

5. 生活给水系统水表

电力调度建筑给水系统的引入管上应设置水表。水表宜设置在室内便于抄表位置；在夏热冬冷地区及严寒地区，当水表设置于室外时，应采取可靠的防冻胀破坏措施。

电力调度建筑生活给水系统按分区域计量原则设置水表，生活给水系统设置水表的部位，参见表 3-14。

6. 生活给水系统其他附件

生活水箱的生活给水进水管上应设自动水位控制阀。

电力调度建筑生活给水系统设置过滤器的部位，参见表 2-19。

电力调度建筑内公共卫生间的洗手盆水嘴应采用非接触式或延时自闭式水嘴，通常采用感应式水嘴；小便斗、大便器应采用非手动开关。用水点非手动开关的型式，参见表 2-20。

寒冷及严寒地区办公教学用房的给水引入管上应采取设泄水装置等措施。有可能产生冰冻部位的给水管道应采取保温等防冻措施。

19.1.5 给水管道布置及敷设

1. 室外生活给水系统布置与敷设

电力调度建筑院区的室外生活给水管网应布置成环状管网，管径宜为 $DN150$。环状给水管网与市政给水管网的连接管不宜少于 2 条，引入管管径宜为 $DN150$、不宜小于 $DN100$。

电力调度建筑院区室外生活给水管道与其他地下管线及乔木之间的最小净距，参照表 1-25规定。

2. 室内生活给水系统布置与敷设

电力调度建筑室内生活给水管道通常布置成支状管网，单向供水，宜沿室内公共区域敷设。电力调度建筑生活给水管道不应布置的场所，见表 19-4。

电力调度建筑生活给水管道不应布置的场所表　　表 19-4

序号	生活给水管道不应布置的场所		具体房间
1	电力调度通信区	工艺机房	包括自动化、通信、保护等专业机房
		调度大厅	包括指挥区调度台、调度大屏、设备间、调度会商室等
		支持区	变配电室、柴油发电机房、不间断电源（UPS）室、通信直流电源室、蓄电池室、消防和安防控制室等
		辅助区	包括进线间、测试室、开发室、重要资料室、监控室、网管操作室、保护试验室、电网稳定联合计算室、整定计算室等
2	行政办公区		重要档案室、重要资料室及其他重要办公用房等

3. 室内给水管道防护

室内生活给水横干管、立管超过 50m 时，宜设伸缩补偿装置。

与人防工程功能无关的室内生活给水管道应避免穿越人防地下室，确需穿越时应在人防侧设置防护阀门，管道穿越处应设防护套管。

4. 生活给水管道保温

敷设在有可能结冻的房间、地下室及管井、管沟等处的给水管道应有防冻措施。

屋顶水箱间内生活给水管道均需做保温，所有给水横管及管井内的给水立管均做防结露保温。室内满足防冻要求的管道可不做防结露保温。

给水管道保温材料厚度确定，参见表1-30、表1-31。

19.1.6 生活给水系统给水管网计算

1. 电力调度建筑院区室外生活给水管网

室外生活给水管网设计流量应按电力调度建筑院区生活给水最大时用水量确定。院区给水引入管的设计流量应按最大时用水量确定；当引入管为2条时，应保证当其中一条发生故障时，其余的引入管可以提供不小于70%的流量。

电力调度建筑院区室外生活给水管网管径宜采用$DN150$。

2. 电力调度建筑室内生活给水管网

采用市政给水管网直接供水时，给水引入管设计流量（Q_1）应按直供区生活给水设计秒流量计；采用生活水箱＋变频给水泵组供水时，给水引入管设计流量（Q_2）应按加压区生活水箱设计补水量计，设计补水量不得小于高区最高日平均时用水量，不宜大于最高日最大时用水量。

电力调度建筑内生活给水设计秒流量应按公式（19-1）计算：

$$q_g = 0.2 \cdot \alpha \cdot (N_g)^{1/2} = 0.3 \cdot (N_g)^{1/2} \tag{19-1}$$

式中 q_g——计算管段的给水设计秒流量，L/s；

N_g——计算管段的卫生器具给水当量总数；

α——根据电力调度建筑用途而定的系数，电力调度建筑取1.5。

注：如计算值小于该管段上一个最大卫生器具给水额定流量时，应采用一个最大的卫生器具给水额定流量作为设计秒流量；如计算值大于该管段上按卫生器具给水额定流量累加所得流量值时，应按卫生器具给水额定流量累加所得流量值采用；有大便器延时自闭冲洗阀的给水管段，大便器延时自闭冲洗阀的给水当量均以0.5计，计算得到的q_g附加1.20L/s的流量后，为该管段的给水设计秒流量。

电力调度建筑生活给水设计秒流量计算，可参照表6-10。

电力调度建筑有自闭式冲洗阀时生活给水设计秒流量计算，可参照表1-33。

电力调度建筑职工食堂厨房等生活给水管道的设计秒流量应按公式（19-2）计算：

$$q_g = \sum q_{g0} \cdot n_0 \cdot b_g \tag{19-2}$$

式中 q_g——电力调度建筑计算管段的给水设计秒流量，L/s；

q_{g0}——电力调度建筑同类型的一个卫生器具给水额定流量，L/s，可按表4-11采用；

n_0——电力调度建筑同类型卫生器具数；

b_g——电力调度建筑卫生器具的同时给水使用百分数：电力调度建筑职工食堂的设备按表4-13选用。

3. 电力调度建筑内卫生器具给水当量

电力调度建筑用水器具和配件应采用节水性能良好、坚固耐用，且便于管理维修的产品。

电力调度建筑应采用符合现行行业标准《节水型生活用水器具》CJ/T 164 规定的节水型卫生器具，宜选用用水效率等级不低于 3 级的用水器具。

电力调度建筑常见卫生器具的给水额定流量、给水当量、连接给水管管径和最低工作压力按表 3-18 确定。

4. 电力调度建筑内给水管管径

电力调度建筑内给水供水管的管径，应根据该给水供水管段的设计秒流量、允许给水流速等查相关计算表格确定。生活给水管道内的给水流速，宜参照表 1-38。

电力调度建筑内公共卫生间的蹲便器个数与给水供水管管径的对照表，参见表 4-15。

整个生活给水系统生活给水立管、干管均按照其服务的给水设计秒流量确定其管段管径。

19.1.7 生活水泵和生活水泵房

电力调度建筑给水设计应有可靠的水源和供水管道系统，当仅有一路城市引入管或供水不满足设计秒流量或压力要求时，应设置加压供水设备。

1. 生活水泵

电力调度建筑生活给水加压水泵宜采用 3 台（2 用 1 备）配置模式，亦可采用 2 台（1 用 1 备）或 4 台（3 用 1 备）配置模式。

电力调度建筑生活给水加压通常采用变频调速给水泵组，其设计流量应按其负责给水系统的最大设计秒流量确定，即 $Q=q_g$。设计时应统计该系统内各用水点卫生器具的生活给水当量数，经公式（19-1）、公式（19-2）计算或查表 6-10 得出设计流量值。

生活给水加压水泵的设计工作压力，按公式（1-10）计算。

电力调度建筑加压水泵应选用低噪声节能型产品。

2. 生活水泵房

电力调度建筑二次加压给水的水泵房应为独立的房间，并应环境良好、便于维修和管理；不应毗邻调度大厅、培训仿真（DTS）室、视频会议室，不宜毗邻办公室、会议室；加压泵组及泵房应采取减振降噪措施。

电力调度建筑生活水泵房的设置位置应根据其所供水服务的范围确定，见表 19-5。

电力调度建筑生活水泵房位置确定及要求表　　表 19-5

序号	水泵房位置	适用情况	设置要求
1	院区室外集中设置	院区室外有空间；常见于新建电力调度建筑院区	宜与消防水泵房、消防水池、暖通冷热源机房、锅炉房等集中设置，宜靠近电力调度建筑
2	建筑地下室楼层设置	院区室外无空间	宜设在地下一层或地下二层，不宜设在最低地下楼层；水泵房地面宜高出室外地面 200～300mm

各分区的生活给水泵组宜集中布置；生活水泵房内每套生活给水泵组宜设置在一个基础上。

19.1.8 生活贮水箱（池）

电力调度建筑给水设计应有可靠的水源和供水管道系统，当仅有一路城市引入管或供水不满足设计秒流量或压力要求时，应设置生活贮水箱（池）。

电力调度建筑水箱间应为独立的房间，不应毗邻调度大厅、培训仿真（DTS）室、视频会议室，不宜毗邻办公室、会议室。

水箱应设置消毒设备，并宜采用紫外线消毒方式。

1. 贮水容积

电力调度建筑生活用水贮水箱（池）的有效容积计算时，其生活用水调节量应按进水量与用水量变化曲线经计算确定，当资料不足时，宜按最高日用水量的20%～25%确定，最大不得大于48h的用水量。有条件时可适当增加生活贮水箱（池）有效容积。

电力调度建筑生活用水贮水设备宜采用贮水箱。

2. 生活水箱

电力调度建筑生活水箱设计要求，参见表1-46。

3. 生活水箱相关管道、装置设置要求

电力调度建筑生活水箱相关管道设施要求，参见表1-47。

生活水箱各水位指标确定方法及取值经验值，参见表1-48。

19.2 生活热水系统

19.2.1 热水系统类别

电力调度建筑生活热水系统类别，见表19-6。

生活热水系统类别表 **表19-6**

<table>
<tr><th>序号</th><th>分类标准</th><th>热水系统类别</th><th>电力调度建筑应用情况</th></tr>
<tr><td>1</td><td>供应范围</td><td>集中生活热水系统</td><td rowspan="5">电力调度建筑厨房生活热水系统</td></tr>
<tr><td>2</td><td>热水管网循环方式</td><td>热水干管循环生活热水系统</td></tr>
<tr><td>3</td><td>热水管网循环水泵运行方式</td><td>定时循环生活热水系统</td></tr>
<tr><td>4</td><td>热水管网循环动力方式</td><td>强制循环生活热水系统</td></tr>
<tr><td>5</td><td>是否敞开形式</td><td>闭式生活热水系统</td></tr>
<tr><td>6</td><td rowspan="2">热水管网布置型式</td><td>下供下回式生活热水系统</td><td>热源位于建筑底部，即由锅炉房提供热媒（高温蒸汽或高温热水），经汽水或水水换热器提供热水热源等的生活热水系统</td></tr>
<tr><td>7</td><td>上供上回式生活热水系统</td><td>热源位于建筑顶部，即由屋顶太阳能热水设备及（或）空气能热泵热水设备提供热水热源等的生活热水系统</td></tr>
<tr><td>8</td><td>热水管路距离</td><td>同程式生活热水系统</td><td rowspan="2">电力调度建筑厨房生活热水系统</td></tr>
<tr><td>9</td><td>热水系统分区方式</td><td>加热器集中设置生活热水系统</td></tr>
</table>

19.2.2 生活热水系统热源

电力调度建筑集中生活热水供应系统的热源，参见表2-34。

电力调度建筑生活热水系统热源选用，参见表 2-35。

电力调度建筑生活热水系统常见热源组合形式，见表 19-7。

生活热水系统常见热源组合形式表 **表 19-7**

序号	热源组合形式名称	主要热源	辅助热源	适用范围
1	热水锅炉＋太阳能组合	院区内设置燃气（油）锅炉房，锅炉房内高温热水锅炉提供热媒（通常为80℃/60℃高温热水），经建筑内热水机房（换热机房）内的水水换热器换热后为系统提供 60℃/50℃ 低温热水	建筑屋顶设置太阳能热水机房（房间内设置储热水箱或储热罐、生活热水供水泵组、生活热水循环泵组、太阳能集热循环泵组等），屋顶布置太阳能集热板及太阳能供水、回水管道，太阳能热水供水设备为系统提供 60℃/50℃高温热水	该组合方式适用于我国北方、西北等寒冷或严寒地区电力调度建筑生活热水系统
2	太阳能＋空气源热能组合	建筑屋顶设置热水机房（设置储热水箱或储热罐、生活热水供水泵组、生活热水循环泵组、太阳能集热循环泵组、空气能热泵循环泵组等），屋顶布置太阳能集热板及太阳能供水、回水管道。太阳能供水设备为系统提供 60℃/50℃高温热水	建筑屋顶设置热水机房，屋顶布置空气能热泵热水机组及空气能供水、回水管道。空气源热泵热水机组为系统提供 60℃/50℃高温热水	该组合方式适用于我国南部或中部地区电力调度建筑生活热水系统

电力调度建筑屋顶设置太阳能光伏发电系统时，系统产生的电能可用于屋顶热水箱内热水的加热，保证生活热水系统供水温度。

19.2.3 热水系统设计参数

1. 电力调度建筑热水用水定额

按照《水标》，电力调度建筑相关功能场所热水用水定额，见表 19-8。

电力调度建筑热水用水定额表 **表 19-8**

序号	建筑物名称		单位	用水定额（L）		使用时数（h）	最高日小时变化系数 K_h
				最高日	平均日		
1	办公	坐班制办公	每人每班	5～10	4～8	8～10	1.5～1.2
2	餐饮业	职工食堂	每人每次	10～12	7～10	12～16	1.5～1.2
3	会议厅		每座位每次	2～3	2	4	1.5～1.2

注：1. 表中所列用水定额均已包括在表 19-2 中；

2. 本表以 60℃热水水温为计算温度，卫生器具的使用水温见表 19-10；

3. 表中平均日用水定额仅用于计算太阳能热水系统集热器面积和计算节水用水量。

《节水标》中电力调度建筑相关功能场所热水平均日节水用水定额，见表 19-9。

电力调度建筑热水平均日节水用水定额表　　表19-9

序号	建筑物名称		单位	节水用水定额
1	办公	坐班制办公	L/(人·班)	5～10
2	餐饮业	快餐店、职工食堂	L/(人·次)	7～10
3	会议厅		L/(座位·次)	2

注：热水温度按60℃计。

电力调度建筑所在地为较大城市、标准要求较高的，电力调度建筑热水用水定额可以适当选用较高值；反之可选用较低值。

2. 电力调度建筑卫生器具用水定额及水温

电力调度建筑相关功能场所卫生器具的一次热水用水量、小时热水用水量和水温，可按表19-10确定。

电力调度建筑卫生器具一次热水用水量、小时热水用水量和水温表　　表19-10

<table>
<tr><th>序号</th><th colspan="3">卫生器具名称</th><th>一次热水用水量（L）</th><th>小时热水用水量（L）</th><th>水温（℃）</th></tr>
<tr><td>1</td><td>办公、会议厅</td><td colspan="2">洗手盆</td><td>—</td><td>50～100</td><td>35</td></tr>
<tr><td rowspan="3">2</td><td rowspan="3">餐饮业</td><td rowspan="2">洗脸盆</td><td>工作人员用</td><td>3</td><td>60</td><td rowspan="2">30</td></tr>
<tr><td>顾客用</td><td>—</td><td>120</td></tr>
<tr><td colspan="2">淋浴器</td><td>40</td><td>400</td><td>37～40</td></tr>
</table>

注：表中用水量均为使用水温时的用水量；一次热水用水量指使用一次的用水量，并非卫生器具开关一次的用水量，有些卫生器具使用一次可能需要开关几次。

3. 电力调度建筑冷水计算温度

冷水的计算温度应以当地最冷月平均水温资料确定。当无水温资料时，按表1-58采用。

电力调度建筑冷水计算温度宜按电力调度建筑当地地面水温度确定，水温有取值范围时宜取低值。

4. 电力调度建筑水加热设备供水温度

电力调度建筑集中热水供应系统的水加热设备（包括热水锅炉、热水机组或水加热器等）的出水温度按表1-59采用。电力调度建筑集中生活热水系统水加热设备的供水温度宜为60～65℃，通常按60℃计。

5. 电力调度建筑生活热水水质

电力调度建筑生活热水的水质指标，应符合现行国家标准《生活饮用水卫生标准》GB 5749的要求。

19.2.4 热水系统设计指标

1. 电力调度建筑热水设计小时耗热量

（1）全日供应热水设计小时耗热量

电力调度建筑生活热水系统采用全日供应热水较为少见。

（2）定时供应热水设计小时耗热量

当电力调度建筑生活热水系统采用定时供应热水的集中生活热水系统时，其设计小时耗热量应按公式（19-3）计算：

$$Q_h = \Sigma q_h \cdot C \cdot (t_{r2} - t_l) \cdot \rho_r \cdot n_0 \cdot b_g \cdot C_\gamma \quad (19\text{-}3)$$

式中 Q_h——电力调度建筑生活热水设计小时耗热量，kJ/h；

q_h——电力调度建筑卫生器具生活热水的小时用水定额，L/h，可按表 19-10 采用，计算时通常取小时热水用水量的上限值；

C——水的比热，kJ/(kg·℃)，C=4.187kJ/(kg·℃)；

t_{r2}——热水计算温度，℃，计算时按表 19-10 选用；

t_l——冷水计算温度，℃；

ρ_r——热水密度，kg/L，通常取 1.0kg/L；

n_0——电力调度建筑同类型卫生器具数；

b_g——电力调度建筑卫生器具的同时使用百分数；

C_γ——热水供应系统的热损失系数，C_γ=1.10～1.15。

（3）不同使用要求用水部门热水设计小时耗热量

具有多个不同使用热水部门或具有多种热水使用形式的电力调度建筑，当其热水由同一热水供应系统供应时，设计小时耗热量，可按同一时间内出现用水高峰的主要用水部门的设计小时耗热量加其他用水部门的平均小时耗热量计算。

2. 电力调度建筑设计小时热水量

电力调度建筑设计小时热水量，按公式（19-4）计算：

$$q_{rh} = Q_h / [(t_{r3} - t_l) \cdot C \cdot \rho_r \cdot C_\gamma] \quad (19\text{-}4)$$

式中 q_{rh}——电力调度建筑生活热水设计小时热水量，L/h；

Q_h——电力调度建筑生活热水设计小时耗热量，kJ/h；

t_{r3}——设计热水温度，℃，计算时 t_{r3} 取值与 t_{r1} 一致即可；

t_l——冷水计算温度，℃；

C——水的比热，kJ/(kg·℃)，C=4.187kJ/(kg·℃)；

ρ_r——热水密度，kg/L，通常取 1.0kg/L；

C_γ——热水供应系统的热损失系数，C_γ=1.10～1.15。

3. 电力调度建筑加热设备供热量

电力调度建筑全日集中生活热水系统中，锅炉、水加热设备的设计小时供热量应根据日热水用量小时变化曲线、加热方式及锅炉、水加热设备的工作制度经积分曲线计算确定。

（1）容积式水加热器或贮热容积与其相当的水加热器、燃油（气）热水机组供热量

电力调度建筑生活热水系统采用的容积式水加热器均应为导流型容积式水加热器，其设计小时供热量可按公式（19-5）计算：

$$Q_g = Q_h - (\eta \cdot V_r / T_1) \cdot (t_{r3} - t_l) \cdot C \cdot \rho_r \quad (19\text{-}5)$$

式中 Q_g——电力调度建筑导流型容积式水加热器的设计小时供热量，kJ/h；

Q_h——电力调度建筑设计小时耗热量，kJ/h；

η——导流型容积式水加热器有效贮热容积系数，取 0.8～0.9；

V_r——导流型容积式水加热器总贮热容积，L；

T_1——电力调度建筑设计小时耗热量持续时间，h，定时集中热水供应系统 T_1 等于定时供水的时间；当 Q_g 计算值小于平均小时耗热量时，Q_g 应取平均小时耗热量；

t_{r3}——设计热水温度，℃，按导流型容积式水加热器出水温度或贮水温度计算，通常取65℃；

t_l——冷水温度，℃；

C——水的比热，kJ/(kg·℃)，C=4.187kJ/(kg·℃)；

ρ_r——热水密度，kg/L，通常取1.0kg/L。

在电力调度建筑生活热水系统设计小时供热量计算时，通常取 $Q_g=Q_h$。

（2）半容积式水加热器或贮热容积与其相当的水加热器、燃油（气）热水机组供热量

电力调度建筑生活热水系统亦常采用半容积式水加热器，此时半容积式水加热器设计小时供热量按设计小时耗热量计算，即取 $Q_g=Q_h$。

19.2.5　生活热水系统热水管网计算

1. 生活热水管网设计流量

（1）电力调度建筑生活热水引入管设计流量

电力调度建筑生活热水引入管设计流量应按该建筑相应生活热水供水系统总供水干管的设计秒流量确定。

（2）电力调度建筑内生活热水设计秒流量

电力调度建筑内生活热水设计秒流量应按公式（19-6）计算：

$$q_g = 0.2 \cdot \alpha \cdot (N_g)^{1/2} = 0.3 \cdot (N_g)^{1/2} \tag{19-6}$$

式中　q_g——计算管段的热水设计秒流量，L/s；

N_g——计算管段的卫生器具热水当量总数；

α——根据电力调度建筑用途而定的系数，电力调度建筑取1.5。

注：如计算值小于该管段上一个最大卫生器具热水额定流量时，应采用一个最大的卫生器具热水额定流量作为设计秒流量；如计算值大于该管段上按卫生器具热水额定流量累加所得流量值时，应按卫生器具热水额定流量累加所得流量值采用。

电力调度建筑生活热水设计秒流量计算，可参照表6-24。

2. 电力调度建筑内卫生器具热水当量

电力调度建筑卫生器具的热水额定流量、热水当量、连接热水管管径和最低工作压力按表3-31确定。

3. 电力调度建筑内热水管管径

电力调度建筑内热水供水管的管径，应根据该热水供水管段的设计秒流量、允许热水流速等查相关计算表格确定。生活热水管道内的热水流速，宜按表1-66控制。

本区域热水回水干管管径根据该区域热水供水干管最大管径确定。热水回水管管径与热水供水管管径的对照，参见表3-33。

整个生活热水系统的生活热水供水立管、干管均按照其服务的热水设计秒流量确定其管段管径；生活热水回水立管、干管先按照其服务的热水设计秒流量确定出一个供水管管径值，再根据表3-33确定其管段回水管管径值。

19.2.6 生活热水机房（换热机房、换热站）

电力调度建筑生活热水机房（换热机房、换热站）位置确定，见表19-11。

电力调度建筑生活热水机房（换热机房、换热站）位置确定表　　表19-11

序号	生活热水机房（换热机房、换热站）位置	生活热水系统热源情况	生活热水机房（换热机房、换热站）内设施	适用范围
1	院区室外独立设置	院区锅炉房热水（蒸汽）锅炉提供热媒，经换热后提供第1热源；太阳能设备或空气能热泵设备提供第2热源	常用设施：水（汽）水换热器（加热器）、热水循环泵组	新建、改建电力调度建筑；设有锅炉房
2	单体建筑室内地下室			新建电力调度建筑；设有锅炉房
3	单体建筑屋顶	太阳能设备或（和）空气能热泵设备提供热源；必要情况下燃气热水设备提供第2热源	热水箱、热水循环泵组、集热循环泵组、空气能热泵循环泵组	新建、改建电力调度建筑；屋顶设有热源热水设备

电力调度建筑生活热水机房（换热机房、换热站）应为独立的房间，不应毗邻调度大厅、培训仿真（DTS）室、视频会议室，不宜毗邻办公室、会议室。

19.2.7 生活热水箱

电力调度建筑生活热水箱设计要求，参见表1-72。

生活热水箱各种水位，按表1-74确定。

电力调度建筑生活热水箱间应为独立的房间，不应毗邻调度大厅、培训仿真（DTS）室、视频会议室，不宜毗邻办公室、会议室。

19.2.8 生活热水循环泵

1. 生活热水循环泵设置位置

当系统热源由高温热媒经院区热水机房（换热机房）内的各分区换热设备后向各分区供给热水时，各分区生活热水循环泵通常设在热水机房（换热机房）内。当系统热源由屋顶太阳能供水设备向各分区供给热水时，各分区生活热水循环泵通常设在本分区最低楼层或下面一层热水循环泵房内。

2. 生活热水循环泵设计流量

生活热水循环水泵的出水量，按公式（19-7）计算：

$$q_{xh} = K_x \cdot q_x \tag{19-7}$$

式中 q_{xh}——电力调度建筑热水循环水泵流量，L/h；

K_x——电力调度建筑相应循环措施的附加系数，可取1.5～2.5；

q_x——电力调度建筑全日供应热水的循环流量，L/h。

电力调度建筑热水系统循环流量可按循环管网总水容积的2～4倍计算。

设计中，生活热水循环泵的流量可按照所服务热水系统设计小时流量的25%～30%确定。

3. 生活热水循环泵设计扬程

生活热水循环泵的扬程，按公式（19-8）计算：

$$H_b = h_p + h_x \tag{19-8}$$

式中 H_b——电力调度建筑热水循环泵的扬程，mH_2O；

h_p——电力调度建筑热水循环水量通过热水配水管网的水头损失，mH_2O；

h_x——电力调度建筑热水循环水量通过热水回水管网的水头损失，mH_2O。

生活热水循环泵的扬程，简便计算按公式（19-9）计算：

$$H_b \approx 1.1 \cdot R \cdot (L_1 + L_2) \tag{19-9}$$

式中 H_b——电力调度建筑热水循环泵的扬程，mH_2O；

R——热水管网单位长度的水头损失，mH_2O/m，可按0.010～0.015mH_2O/m；

L_1——自水加热器至热水管网最不利点的供水管管长，m；

L_2——自热水管网最不利点至水加热器的回水管管长，m。

电力调度建筑热水循环泵组通常每套设置2台，1用1备，交替运行。

4. 太阳能集热循环泵

太阳能集热循环泵通常设置在屋顶生活热水箱间内，宜设置在太阳能设备供水管即从生活热水箱接出的管道上。集热循环泵流量，按公式（1-28）计算；集热循环泵扬程，按公式（1-29）、公式（1-30）计算。

电力调度建筑集热循环泵组通常每套设置2台，1用1备，交替运行。

19.2.9 热水系统管材、附件和管道敷设

1. 生活热水系统管材

电力调度建筑生活热水系统热水管道常用的管材包括薄壁不锈钢管、PVC-C（氯化聚氯乙烯）热水用管、薄壁铜管、钢塑复合管（如PSP管）、铝塑复合管等，较少采用普通塑料热水管。

2. 生活热水系统阀门

电力调度建筑生活热水系统设置阀门的部位，参见表2-50。

3. 生活热水系统止回阀

电力调度建筑生活热水系统设置止回阀的部位，参见表2-51。

4. 生活热水系统水表

电力调度建筑生活热水系统按分区域原则设置热水表，热水表宜采用远传智能水表。

5. 热水系统排气装置、泄水装置

对于上行下给式热水系统，系统热水配水干管最高处及向上抬高管段应设置 *DN*25 自动排气阀、检修阀门；对于下行上给式热水系统，可利用最高热水配水点放气。

热水管道系统的最低处及向下凹的管段应设置泄水装置或利用最低热水配水点泄水。

6. 温度计、压力表

电力调度建筑生活热水系统设置温度计的部位，参见表1-77；设置压力表的部位，参见表1-78。

7. 管道补偿装置

长度超过50m的热水横干管或立管均应设置波纹伸缩节，通常设置在该根管道上管径较小的管段处，靠近一端的管道固定支吊架。

8. 保温

生活热水系统中的热水锅炉、燃油（气）热水机组、水加热设备、贮热水箱（罐）、分（集）水器、热水输（配）水干（立）管、热水循环回水干（立）管均应做保温。

热水管道保温材料厚度确定，参见表1-79、表1-80。

19.3 排水系统

19.3.1 排水系统类别

电力调度建筑排水系统分类，见表19-12。

排水系统分类表　　表19-12

<table>
<tr><th>序号</th><th>分类标准</th><th>排水系统类别</th><th>电力调度建筑应用情况</th><th>应用程度</th></tr>
<tr><td>1</td><td rowspan="7">建筑内场所使用功能</td><td>生活污水排水</td><td>电力调度建筑公共卫生间污水排水</td><td rowspan="7">常用</td></tr>
<tr><td>2</td><td>生活废水排水</td><td>电力调度建筑公共卫生间废水排水</td></tr>
<tr><td>3</td><td>厨房废水排水</td><td>电力调度建筑内附设厨房、食堂、餐厅污水排水</td></tr>
<tr><td>4</td><td>设备机房废水排水</td><td>电力调度建筑内附设水泵房（包括生活水泵房、消防水泵房）、空调机房、制冷机房、换热机房、锅炉房、热水机房、直饮水机房等机房废水排水</td></tr>
<tr><td>5</td><td>车库废水排水</td><td>电力调度建筑内附设车库内一般地面冲洗废水排水</td></tr>
<tr><td>6</td><td>消防废水排水</td><td>电力调度建筑内消防电梯井排水、自动喷水灭火系统试验排水、消火栓系统试验排水、消防水泵试验排水等废水排水</td></tr>
<tr><td>7</td><td>绿化废水排水</td><td>电力调度建筑室外绿化废水排水</td></tr>
<tr><td>8</td><td rowspan="2">建筑内污、废水排水方式</td><td>重力排水方式</td><td>电力调度建筑地上污废水排水</td><td>最常用</td></tr>
<tr><td>9</td><td>压力排水方式</td><td>电力调度建筑地下室污废水排水</td><td>常用</td></tr>
<tr><td>10</td><td rowspan="2">污废水排水体制</td><td>污废合流排水系统</td><td></td><td>最常用</td></tr>
<tr><td>11</td><td>污废分流排水系统</td><td></td><td>常用</td></tr>
<tr><td>12</td><td rowspan="2">排水系统通气方式</td><td>设有通气管系排水系统</td><td>伸顶通气排水系统通常应用在多层电力调度建筑卫生间排水，专用通气立管排水系统通常应用在高层电力调度建筑卫生间排水。环形通气排水系统、器具通气排水系统通常应用在个别电力调度建筑公共卫生间排水</td><td>最常用</td></tr>
<tr><td>13</td><td>特殊单立管排水系统</td><td></td><td>少用</td></tr>
</table>

电力调度建筑室内污废水排水体制采用合流制，当有中水利用要求时，可采用分流制。

典型的电力调度建筑排水系统原理图，参见图4-2、图4-3。

电力调度建筑中的生活污水、厨房含油废水等均应经化粪池处理；生活废水、设备机房废水、消防废水、绿化废水等不需经过化粪池处理。厨房含油废水应经除油处理后再排入污水管道。

电力调度建筑污废水与建筑雨水应雨污分流。

电力调度建筑公共卫生间等生活粪便污水、生活废水等可合流排放，当有中水利用要求时，可采用分流排放。

电力调度建筑的空调凝结水排水管不得与污废水管道系统直接连接，空调凝结水宜单独收集后回用于绿化、水景、冷却塔补水等。

19.3.2 卫生器具

1. 电力调度建筑内卫生器具种类及设置场所

电力调度建筑内卫生器具种类及设置场所，见表19-13。

电力调度建筑内卫生器具种类及设置场所表 **表19-13**

序号	卫生器具名称	主要设置场所
1	坐便器	电力调度建筑残疾人卫生间
2	蹲便器	
3	洗脸盆	
4	台板洗脸盆	电力调度建筑公共卫生间
5	小便器	
6	拖布池	
7	洗菜池	电力调度建筑食堂、厨房
8	厨房洗涤槽	电力调度建筑厨房

2. 电力调度建筑内卫生器具选用

电力调度建筑卫生间卫生器具应符合表19-14的规定。

电力调度建筑卫生器具选用表 **表19-14**

序号	卫生器具种类	卫生器具使用场所	卫生器具选型
1	大便器	电力调度建筑对噪声有特殊要求的卫生间	旋涡虹吸式连体型大便器
2		电力调度建筑公共卫生间	脚踏式自闭式冲洗阀冲洗的坐式或蹲式大便器
3	小便器		红外感应自动冲洗小便器
4	洗手盆		龙头应采用感应型水嘴

3. 公共卫生间排水设计要点

公共卫生间排水立管及通气立管通常敷设于专用管道井内；采用专用通气立管方式时，排水立管与通气立管采用结合管连接。管道井中排水立管与通气立管中心距最小值，参见表 1-91。

4. 电力调度建筑内卫生器具排水配件穿越楼板留孔位置及尺寸

常见卫生器具排水配件穿越楼板留孔位置及尺寸，参见表 1-92。

5. 地漏

电力调度建筑内公共卫生间、开水间、空调机房、新风机房等场所内应设置地漏。

工艺机房地面宜设置挡水和排水设施。工艺机房内如设有地漏，应采用洁净室专用地漏或自闭式地漏，地漏下应加设水封装置，并应采取防止水封损坏和反溢措施。

电力调度建筑地漏及其他水封高度要求不得小于 50mm，且不得大于 100mm。

电力调度建筑地漏类型选用，参见表 2-57；地漏规格选用，参见表 2-58。

6. 水封装置

电力调度建筑中采用排水沟排水的场所包括厨房、车库、泵房、设备机房等。当排水沟内废水直接排至室外时，沟与排水排出管之间应设置水封装置。卫生器具排水管段上不得重复设置水封装置。

19.3.3 排水系统水力计算

1. 电力调度建筑最高日和最大时生活排水量

电力调度建筑生活排水量宜按该建筑生活给水量的 85%～95%计算，通常按 90%。

2. 电力调度建筑卫生器具排水技术参数

电力调度建筑卫生器具的排水流量、排水当量、排水支管管径、排水坡度等基本参数的选定，参见表 3-39。

3. 电力调度建筑排水设计秒流量

电力调度建筑的生活排水管道设计秒流量，按公式（19-10）计算：

$$q_u = 0.12 \cdot \alpha \cdot (N_p)^{1/2} + q_{max} = 0.18 \cdot (N_p)^{1/2} + q_{max} \tag{19-10}$$

式中 q_u——计算管段排水设计秒流量，L/s；

N_p——计算管段的卫生器具排水当量总数；

α——根据建筑物用途而定的系数，电力调度建筑通常取 1.5；

q_{max}——计算管段上最大一个卫生器具的排水流量，L/s。

计算时，如计算所得流量值大于该管段上按卫生器具排水流量累加值时，应按卫生器具排水流量累加值计。

电力调度建筑 q_{max}＝1.50L/s 和 q_{max}＝2.00L/s 时排水设计秒流量计算数据，参见表 6-32。

电力调度建筑职工食堂厨房等的生活排水管道设计秒流量，按公式（19-11）计算：

$$q_p = \sum q_0 \cdot n_0 \cdot b \tag{19-11}$$

式中 q_p——电力调度建筑计算管段的排水设计秒流量，L/s；

q_0——电力调度建筑同类型的一个卫生器具排水流量，L/s，可按表 3-39 采用；

n_0——电力调度建筑同类型卫生器具数；

b——电力调度建筑卫生器具的同时排水百分数：电力调度建筑职工食堂的设备按表 4-13 选用。

注：当计算排水流量小于一个大便器排水流量时，应按一个大便器的排水流量计算。

4. 电力调度建筑排水管道管径确定

电力调度建筑排水铸铁管道最小坡度，按表1-98确定；胶圈密封连接排水塑料横管的坡度，按表1-99确定；建筑内排水管道最大设计充满度，参见表1-100；排水管道自清流速，参见表1-101。

排水横管水力计算按照公式（1-32）、公式（1-33）；排水铸铁管水力计算，参见表1-102；排水塑料管水力计算，参见表1-103。

不同管径下排水横管允许流量Q_p，参见表1-104。

电力调度建筑排水系统中排水横干管常见管径为$DN100$、$DN150$。$DN100$排水横干管对应排水当量最大限值，参见表1-105，$DN150$排水横干管对应排水当量最大限值，参见表1-106。

不同通气方式的排水立管最大设计排水能力，参见表1-107～表1-109。

电力调度建筑各种排水管的推荐管径，参见表2-60。

19.3.4　排水系统管材、附件和检查井

1. 电力调度建筑排水管管材

电力调度建筑室外排水管可采用埋地排水塑料管，包括硬聚氯乙烯管、聚乙烯管和玻璃纤维增强塑料夹砂管等。常用的室外排水管还有双壁加筋波纹排水管、双平壁钢塑复合缠绕排水管等。

电力调度建筑室内排水管类型，见表19-15。

室内排水管类型表　　表19-15

序号	排水管类型	排水管设置要求
1	玻纤增强聚丙烯（FRPP）排水管	
2	柔性接口机制铸铁排水管	宜采用柔性接口机制排水铸铁管，连接方式有法兰压盖式承插柔性连接和无承口卡箍式连接
3	硬聚氯乙烯（PVC-U）排水管	采用胶水（胶粘剂）粘接连接
4	电力调度建筑压力排水管	可采用焊接钢管、钢塑复合管、镀锌钢管

2. 电力调度建筑排水管附件

排水立管上检查口的设置位置，参见表1-113；检查口之间的最大距离，参见表1-114；检查口设置要求，参见表1-115。

清扫口的设置位置，参见表1-116；清扫口至室外检查井中心最大长度，参见表1-117；排水横管直线管段上清扫口之间的最大距离，参见表1-118。

塑料排水管道支吊架间距规定，参见表1-119。

3. 电力调度建筑排水管道布置敷设

电力调度建筑排水管道不应布置场所，见表19-16。

排水管道不应布置场所表　　表19-16

序号	排水管道不应布置场所	具体要求
1	生活水泵房等设备机房	排水横管禁止在电力调度建筑生活水箱箱体正上方敷设，生活水泵房其他区域不宜敷设排水管道；设在室内的消防水池（箱）应按此要求处理

续表

序号	排水管道不应布置场所	具体要求
2	厨房、餐厅	电力调度建筑中厨房内的主副食操作间、烹调间、备餐间、加工间、粗加工、冷菜间、面点蒸煮间、食品储藏库（主食库、副食库）等房间的上方均不应敷设排水管道，排水立管不宜穿过上述房间；电力调度建筑中的餐厅；电力调度建筑中的厨房排水应独立设置，排水横管和立管均不得与卫生间污水排水管道连通。上述场所上方排水管不宜采用同层排水方式
3	工艺机房	电力调度建筑中自动化、通信、保护等专业机房。排水管道不得敷设在此类场所或房间内
4	调度大厅	电力调度建筑中调度指挥区大厅、设备间、调度会商室等。排水管道不得敷设在此类场所或房间内
5	支持区	电力调度建筑中变配电室、柴油发电机房、不间断电源（UPS）室、通信直流电源室、蓄电池室、消防和安防控制室等。排水管道不得敷设在此类房间内
6	辅助区	电力调度建筑中进线间、重要资料室、监控室、培训仿真（DTS）室、保护试验室、电网稳定联合计算室、整定计算室等。排水管道不得敷设在此类房间内
7	行政办公区	排水管道不应敷设在电力调度建筑中会议室、接待室、重要资料室、重要档案室及其他有安静要求的办公用房的顶板下方，当不能避免时应采用低噪声管材并采取防渗漏和隔声措施
8	弱电机房	电力调度建筑中的电子信息机房、智能化机房等，排水管道不得敷设在此类电气机房内
9	结构变形缝、结构风道	原则上排水管道不得穿过结构变形缝；若条件限制必须穿越沉降缝时，则应预留沉降量并设置不锈钢软管柔性连接，必须穿越伸缩缝时，则应安装伸缩器
10	电梯机房、通风小室	

电力调度建筑排水系统管道设计遵循原则，参见表 2-63。

4. 电力调度建筑间接排水

电力调度建筑中的间接排水，参见表 4-33。

电力调度建筑未设置地下室时，排水排出管穿越有沉降可能的承重墙或基础时应预留洞口；设置地下室时，排水排出管穿越地下室外墙时应预留防水套管，宜采用柔性防水套管。

19.3.5 通气管系统

电力调度建筑通气管设置要求，见表 19-17。

电力调度建筑通气管设置要求表 **表 19-17**

序号	通气管名称	设置位置	设置要求	管径确定
1	伸顶通气管	设置场所涉及电力调度建筑尤其是多层电力调度建筑所有区域	高出非上人屋面不得小于300mm，但必须大于最大积雪厚度，常采用 800～1000mm；高出上人屋面不得小于2000mm，常采用 2000mm。顶端应装设风帽或网罩：在冬季室外温度高于－15℃的地区，顶端可装网形铅丝球；低于－15℃的地区，顶端应装伞形通气帽	应与排水立管管径相同。但在最冷月平均气温低于－13℃的地区，应在室内平顶或吊顶以下 0.3m 处将管径放大一级，若采用塑料管材时其最小管径不宜小于 110mm

续表

序号	通气管名称	设置位置	设置要求	管径确定
2	专用通气管	电力调度建筑公共卫生间排水应采用专用通气方式；多层电力调度建筑公共卫生间排水可采用专用通气方式	电力调度建筑公共卫生间的排水立管和专用通气立管并排设置在卫生间附设管道井内；未设管道井时，该2种立管并列设置，并宜后期装修包敷暗设，专用通气立管宜靠内侧敷设、排水立管宜靠外侧敷设	通常与其排水立管管径相同
3	汇合通气管	电力调度建筑中多根通气立管或多根排水立管顶端通气部分上方楼层存在特殊区域（如工艺用房、厨房、餐厅、电气机房等）不允许每根立管穿越向上接至屋顶时，需在本层顶板下或吊顶内汇集后接至屋顶		汇合通气管的断面积应为最大一根通气管的断面积加其余通气管断面之和的0.25倍
4	主（副）通气立管	通常设置在电力调度建筑内的公共卫生间		通常与其排水立管管径相同
5	结合通气管			通常与其连接的通气立管管径相同
6	环形通气管	连接4个及4个以上卫生器具（包括大便器）且横支管的长度大于12m的排水横支管；连接6个及6个以上大便器的污水横支管；设有器具通气管；特殊单立管偏置	和排水横支管、主（副）通气立管连接的要求：在排水横支管上设环形通气管时，应在其最始端的两个卫生器具之间接出，并应在排水支管中心线以上与排水支管呈垂直或45°连接；环形通气管应在卫生器具上边缘以上不小于0.15m处按不小于0.01的上升坡度与通气立管相连	常用管径为*DN*40（对应*DN*75排水管）、*DN*50（对应*DN*100排水管）

电力调度建筑通气管可采用柔性接口机制排水铸铁管或塑料排水管，一般采用与电力调度建筑排水管相同管材。在最冷月平均气温低于−13℃的地区，伸出屋面部分通气立管应采用柔性接口机制排水铸铁管。

通气立管的最小管径，参见表1-130。

19.3.6 特殊排水系统

电力调度建筑生活水泵房、厨房、电气机房等场所的上方楼层不应有排水横支管明设管道等。若有必要在上述某些场所上方设置排水点且无法采取其他躲避措施时，该部位的排水应采用同层排水方式。

电力调度建筑同层排水最常采用的是降板或局部降板法。

19.3.7 特殊场所排水

1. 电力调度建筑化粪池

化粪池宜设置在接户管的下游端；位置宜选在院区最低处附近；外壁距建筑物外墙不宜小于5m；宜选用钢筋混凝土化粪池。

电力调度建筑化粪池有效容积，按公式（4-21）～公式（4-24）计算。

电力调度建筑可集中并联设置或根据院区布局分散并联布置2个或3个化粪池，多个化粪池的型号宜一致。

2. 电力调度建筑食堂、餐厅含油废水处理

电力调度建筑含油废水宜采用三级隔油处理流程，参见表1-141。

根据食堂用餐人数确定隔油设施处理水量，按公式（1-39）计算；根据食堂餐厅面积确定隔油设施处理水量，按公式（1-40）计算。

隔油池有效容积，按公式（1-41）计算。隔油池的类型，参见表1-142。

隔油提升一体化设备选型的主要技术参数为其所接纳的食堂、餐厅内厨房等器具含油污水排水流量。

3. 电力调度建筑附设车库汽车洗车污水处理

汽车冲洗水量，参见表1-143。

隔油沉淀池有效容积，按公式（1-42）计算。隔油沉淀池类型，参见表1-144。

4. 电力调度建筑设备机房排水

电力调度建筑地下设备机房排水设施要求，参见表1-147。

5. 地下车库排水

电力调度建筑地下车库应设置排水设施（排水沟和集水坑）。车库内排水沟设置要求，参见表1-150。

19.3.8 压力排水

1. 电力调度建筑集水坑设置

电力调度建筑地下室应设置集水坑。集水坑的设置要求，见表19-18。

集水坑设置要求表 **表19-18**

序号	集水坑服务场所	集水坑设置要求	集水坑尺寸
1	电力调度建筑地下室卫生间	宜设在地下室最底层靠近卫生间的附属区域（如库房等）或公共空间，禁止设在有人员经常活动的场所；宜集中收纳附近多个卫生间的污水	应根据污水提升装置的规格要求确定
2	电力调度建筑地下室食堂、餐厅等	应设置在食堂、餐厅、厨房邻近位置，不宜设在细加工间和烹炒间等房间内	应根据污水隔油提升一体化装置的规格要求确定

续表

序号	集水坑服务场所	集水坑设置要求	集水坑尺寸
3	电力调度建筑地下车库区域	应便于排水管、排水沟较短距离到达；地下车库每个防火分区宜设置不少于2个集水坑；宜靠车库外墙附近设置；宜布置在车行道下面底板下，不宜布置在停车位下面底板下	1500mm×1500mm×1500mm
4	电力调度建筑地下车库出入口坡道处	应尽量靠近汽车坡道最低尽头处	2500mm×2000mm×1500mm
5	电力调度建筑地下生活水泵房、消防水泵房、热水机房		1500mm×1500mm×1500mm

通气管管径宜与排水管管径相同，可接至室外或向上接至建筑地上部分通气管系统。

2. 污水泵、污水提升装置选型

电力调度建筑排水泵的流量方法确定，参见表2-68；排水泵的扬程，按公式（1-44）计算。

19.3.9 室外排水系统

1. 电力调度建筑室外排水管道布置

电力调度建筑室外排水管道布置方法，参见表2-69；与其他地下管线（构筑物）最小间距，参见表1-154。

电力调度建筑室外排水管道最小覆土深度不宜小于0.5m；对于严寒地区、寒冷地区电力调度建筑，室外排水管道最小覆土深度应超过当地冻土层深度。

2. 电力调度建筑室外排水管道敷设

电力调度建筑室外排水管道与生活给水管道交叉时，应敷设在生活给水管道下面。室外排水管道敷设发生冲突时，应遵循表1-26原则处理。

3. 电力调度建筑室外排水管道水力计算

室外排水管道水力计算，按公式（1-45）、公式（1-46）。

电力调度建筑室外排水管道的最小管径、最小设计坡度、最大设计充满度，参见表1-155。

4. 电力调度建筑室外排水管道管材

电力调度建筑室外排水管道宜优先采用埋地塑料排水管，弹性橡胶圈密封柔性接口，小于*DN*200直壁管，可采用承插式粘接；可采用埋地铸铁排水管，橡胶圈柔性接口或水泥砂浆接口。

5. 电力调度建筑室外排水检查井

电力调度建筑室外排水检查井设置位置，参见表1-156。

电力调度建筑室外排水检查井宜优先选用玻璃钢排水检查井，其次是混凝土排水检查井，禁止采用砖砌排水检查井。室外排水管在排水检查井连接应采用管顶平接。

19.4 雨水系统

19.4.1 雨水系统分类

电力调度建筑雨水系统分类，见表19-19。

雨水系统分类表 表19-19

序号	分类标准	雨水系统类别	电力调度建筑应用情况	应用程度
1	屋面雨水设计流态	半有压流屋面雨水系统	电力调度建筑中一般采用的是87型雨水斗系统	最常用
2		压力流屋面雨水系统（虹吸式雨水系统）	电力调度建筑的屋面（通常为裙楼屋面）面积较大时，可考虑采用	少用
3		重力流屋面雨水系统		极少用
4	雨水管道设置位置	内排水雨水系统	高层电力调度建筑雨水系统应采用；多层电力调度建筑雨水系统宜采用	最常用
5		外排水雨水系统	电力调度建筑如果面积不大、建筑专业立面允许，可以采用	少用
6		混合式雨水系统		极少用
7	雨水出户横管室内部分是否存在自由水面	封闭系统		最常用
8		敞开系统		极少用
9	建筑屋面排水条件	天沟雨水排水系统		最常用
10		檐沟雨水排水系统		极少用
11		无沟雨水排水系统		极少用
12	压力提升雨水排水系统		电力调度建筑地下车库出入口等处，雨水汇集就近排至集水坑时采用	常用

19.4.2 雨水量

1. 设计雨水流量

电力调度建筑设计雨水流量，应按公式（1-47）计算。

2. 设计暴雨强度

设计暴雨强度应按电力调度建筑所在地或相邻地区暴雨强度公式计算确定，见公式（1-48）。

我国部分城镇5min设计暴雨强度、小时降雨厚度，参见表1-158（设计重现期P=10年）。

3. 设计重现期

电力调度建筑屋面雨水设计重现期：对于半有压流屋面雨水系统，通常取10年；对于压力流屋面雨水系统，通常取50年。

4. 设计降雨历时

电力调度建筑屋面雨水排水管道设计降雨历时按照5min确定。

电力调度建筑院区雨水排水管道设计降雨历时，按公式（1-49）计算。

5. 径流系数

电力调度建筑屋面及院区地面的径流系数，参见表1-159。

6. 汇水面积

电力调度建筑的雨水汇水面积计算原则，参见表1-160。

19.4.3 雨水系统

1. 雨水系统设计常规要求

电力调度建筑雨水系统设置要求，参见表1-161。

电力调度建筑雨水排水管道不应穿越的场所，见表19-20。

雨水排水管道不应穿越的场所表 **表19-20**

序号	不应穿越的场所名称	具体房间名称
1	厨房、餐厅	厨房内的主副食操作间、烹调间、备餐间、加工间、粗加工、冷菜间、面点蒸煮间、食品储藏库（主食库、副食库），餐厅
2	工艺机房	自动化、通信、保护等专业机房
3	调度大厅	调度指挥区大厅、设备间、调度会商室等
4	支持区	变配电室、柴油发电机房、不间断电源（UPS）室、通信直流电源室、蓄电池室、消防和安防控制室等
5	辅助区	进线间、重要资料室、监控室、培训仿真（DTS）室、保护试验室、电网稳定联合计算室、整定计算室等
6	行政办公区	会议室、接待室、重要资料室、重要档案室以及其他有安静要求的办公用房
7	弱电机房	电子信息机房、智能化机房等

注：电力调度建筑雨水排水横管宜沿建筑内公共区域（内走道等）吊顶内敷设；雨水排水立管宜沿建筑内公共场所或辅助次要场所敷设。

2. 雨水斗设计

电力调度建筑半有压流屋面雨水系统通常采用87型雨水斗或79型雨水斗，规格常用DN100。

雨水斗设计排水负荷，参见表1-163。

雨水斗下方区域宜为建筑顶层公共区域（如内走道）或辅助次要场所（如公共卫生间、库房等），不应为需要安静的场所。

雨水斗宜对雨水排水立管做对称布置；接有多斗悬吊管的立管顶端不得设置雨水斗；一个屋面上应设置不少于2个雨水斗。

3. 天沟、溢流设施、连接管、悬吊管、立管、埋地管、排出管设计

电力调度建筑天沟、溢流设施、连接管、悬吊管、立管、埋地管、排出管设置要求，参见表1-164。

4. 室内水泵提升雨水排水系统设计

地下室露天窗井内应设平箅式雨水口、无水封地漏作为雨水口，经雨水收集管接入集水池；地下车库出入口汽车坡道上应设雨水截水沟，经直埋雨水收集管接入集水池。

雨水提升泵通常采用潜水泵，宜采用3台，2用1备。

5. 雨水管管材

电力调度建筑雨水排水管管材，参见表 1-167。

19.4.4 雨水系统水力计算

1. 半有压流（87 型）屋面雨水系统水力计算

（1）雨水斗（87 型）

雨水斗设计流量，应按公式（1-50）计算。

对于单斗雨水系统，雨水斗设计流量不应超过表 1-168 数值；对于多斗雨水系统，雨水斗设计流量应根据表 1-169 取值，最远端雨水斗设计流量不得超过表 1-169 数值。

电力调度建筑 87 型雨水斗口径常采用 *DN*100，其次是 *DN*75、*DN*150。

（2）雨水连接管

电力调度建筑雨水连接管管径通常与雨水斗出水口直径相同，常采用 *DN*100，其次是 *DN*150。

（3）雨水悬吊管

电力调度建筑雨水悬吊管管径，参见表 1-172。

（4）雨水立管

连接 2 根及以上雨水悬吊管的雨水立管管径，按表 1-173 确定。

（5）雨水排出管

电力调度建筑雨水排出管管径确定，参见表 1-174～表 1-177。

（6）雨水管道最小管径

电力调度建筑雨水系统最小设计管径及雨水排水横管最小设计坡度，参见表 1-178。

2. 压力流（虹吸式）屋面雨水系统水力计算

电力调度建筑压力流（虹吸式）屋面雨水系统水力计算方法，参见 1.4.4 节。

3. 雨水提升系统水力计算

电力调度建筑地下室车库坡道、窗井等场所设计雨水流量，按公式（1-54）计算；设计径流雨水总量，按公式（1-55）计算。

19.4.5 院区室外雨水系统设计

电力调度建筑院区雨水系统宜采用管道排水形式，与污水系统应分流排放。

1. 雨水口

雨水口选型，参见表 1-180；雨水口设置位置，参见表 1-181；各类型雨水口的泄水流量，参见表 1-182。

雨水口设计流量，按公式（1-56）计算。

2. 雨水口连接管

单箅雨水口连接管管径通常采用 *DN*250。

3. 雨水检查井

院区内直线雨水管道上雨水检查井设置最大间距，参见表 1-183。

院区雨水检查井常见规格通常采用 *DN*1000 圆形玻璃钢或钢筋混凝土雨水检查井。

4. 室外雨水管道布置

电力调度建筑室外雨水管道布置方法，参见表1-184。

19.4.6 院区室外雨水利用

电力调度建筑应根据所在地的自然条件、水资源情况及经济技术发展水平，合理设置雨水收集利用系统。雨水利用工程应符合现行国家标准《建筑与小区雨水控制及利用工程技术规范》GB 50400的有关规定。

雨水收集回用应进行水量平衡计算。电力调度建筑院区雨水通常可用于景观用水、院区绿化用水、路面和地面冲洗用水、汽车冲洗用水、冲厕用水等。

19.5 消火栓系统

建筑高度大于50m或网局级和省级的高层电力调度建筑属于一类高层民用建筑；建筑高度小于或等于50m且省级以下的高层电力调度建筑属于二类高层民用建筑。

19.5.1 消火栓系统设置场所

高层电力调度建筑；建筑高度大于15m或建筑体积大于10000m^{3}的单、多层电力调度建筑或场所应设置室内消火栓系统。

19.5.2 消火栓系统设计参数

1. 电力调度建筑室外消火栓设计流量

电力调度建筑室外消火栓设计流量，不应小于表19-21的规定。

电力调度建筑室外消火栓设计流量表（L/s）　　表19-21

耐火等级	建筑物名称	建筑体积（m^3）			
		$V\leqslant5000$	$5000<V\leqslant20000$	$20000<V\leqslant50000$	$V>50000$
一、二级	单层及多层电力调度建筑	15	25	30	40
	高层电力调度建筑	—	25	30	40

注：1. 建筑体积指本建筑占据的空间数量，包括该建筑的地上空间体积数和地下空间体积数；
2. 地下车库室外消火栓系统设计流量小于建筑主体室外消火栓系统设计流量，电力调度建筑室外消火栓系统设计流量按建筑主体室外消火栓系统设计流量确定；
3. 地下人防工程室外消火栓系统设计流量小于建筑主体室外消火栓系统设计流量，电力调度建筑室外消火栓系统设计流量按建筑主体室外消火栓系统设计流量确定。

2. 电力调度建筑室内消火栓设计流量

电力调度建筑室内消火栓设计流量，不应小于表19-22的规定。

电力调度建筑室内消火栓设计流量表　　表19-22

建筑物名称	高度h（m）、体积V（m^3）、火灾危险性	消火栓设计流量（L/s）	同时使用消防水枪数（支）	每根竖管最小流量（L/s）
单层及多层电力调度建筑	$H>15$或$V>10000$	15	3	10

续表

建筑物名称	高度 h（m）、体积 V（m³）、火灾危险性	消火栓设计流量（L/s）	同时使用消防水枪数（支）	每根竖管最小流量（L/s）
二类高层电力调度建筑（建筑高度小于或等于50m且省级以下的高层电力调度建筑）	$h \leqslant 50$	20	4	10
一类高层电力调度建筑（建筑高度大于50m或网局级和省级的高层电力调度建筑）	$h > 50$	40	8	15

注：1. 消防软管卷盘、轻便消防水龙，其消火栓设计流量可不计入室内消防给水设计流量；
2. 地下车库室内消火栓系统设计流量小于建筑主体室内消火栓系统设计流量，电力调度建筑室内消火栓系统设计流量按建筑主体室内消火栓系统设计流量确定；
3. 地下人防工程室内消火栓系统设计流量小于建筑主体室内消火栓系统设计流量，电力调度建筑室内消火栓系统设计流量按建筑主体室内消火栓系统设计流量确定。

3. 火灾延续时间

电力调度建筑消火栓系统的火灾延续时间应按2.0h计算。

电力调度建筑室内自动灭火系统的火灾延续时间，参见表1-188。

4. 消防用水量

一座电力调度建筑的消防用水量按室外消火栓系统用水量、室内消火栓系统用水量、室内自动喷水灭火系统用水量三者之和计算。

19.5.3 消防水源

1. 市政给水

当前国内城市市政给水管网能够满足电力调度建筑直接消防供水条件的较少。

电力调度建筑室外消防给水管网管径，按表4-40确定。

电力调度建筑室外消防给水管网宜与室外生活给水管网分开敷设，且应布置成环状管网。

2. 消防水池

（1）电力调度建筑消防水池有效储水容积

表19-23给出了常用典型电力调度建筑消防水池有效储水容积的对照表。

电力调度建筑火灾延续时间内消防水池储存消防用水量表　　表19-23

单、多层电力调度建筑体积 V（m³）	$V \leqslant 5000$	$5000 < V \leqslant 10000$	$10000 < V \leqslant 20000$	$20000 < V \leqslant 50000$	$V > 50000$
室外消火栓设计流量（L/s）	15	25		30	40
火灾延续时间（h）	2.0				
火灾延续时间内室外消防用水量（m³）	108.0	180.0		216.0	288.0
室内消火栓设计流量（L/s）	15（建筑高度大于15m时）		15		
火灾延续时间（h）	2.0				
火灾延续时间内室内消防用水量（m³）	108.0				
火灾延续时间内室内外消防用水量（m³）	216.0	288.0		324.0	396.0
消防水池储存室内外消火栓用水容积 V_1（m³）	216.0	288.0		324.0	396.0

续表

高层电力调度建筑体积 V（m^3）	$5000<V\leqslant20000$	$20000<V\leqslant50000$	$V>50000$	$5000<V\leqslant20000$	$20000<V\leqslant50000$	$V>50000$
高层电力调度建筑高度 h（m）	$h\leqslant50$			$h>50$		
室外消火栓设计流量（L/s）	25	30	40	25	30	40
火灾延续时间（h）	2.0					
火灾延续时间内室外消防用水量（m^3）	180.0	216.0	288.0	180.0	216.0	288.0
室内消火栓设计流量（L/s）	20（二类高层）/30（一类高层）			40		
火灾延续时间（h）	2.0					
火灾延续时间内室内消防用水量（m^3）	144.0/216.0			288.0		
火灾延续时间内室内外消防用水量（m^3）	324.0/396.0	360.0/432.0	432.0/504.0	468.0	504.0	576.0
消防水池储存室内外消火栓用水容积 V_2（m^3）	324.0/396.0	360.0/432.0	432.0/504.0	468.0	504.0	576.0

电力调度建筑自动喷水灭火系统设计流量(L/s)	25	30	35	40
火灾延续时间（h）	1.0	1.0	1.0	1.0
火灾延续时间内自动喷水灭火用水量（m^3）	90.0	108.0	126.0	144.0
消防水池储存自动喷水灭火用水容积 V_3（m^3）	90.0	108.0	126.0	144.0

如上表所示，通常电力调度建筑消防水池有效储水容积在306～720m^3。

（2）电力调度建筑消防水池位置

消防水池位置确定原则，见表19-24。

消防水池位置确定原则表 **表19-24**

序号	消防水池位置确定原则
1	消防水池应毗邻或靠近消防水泵房
2	消防水池与消防水泵房的标高关系满足消防水泵自灌吸水要求
3	应结合电力调度建筑院区建筑布局条件
4	消防水池应满足与消防车间的距离关系
5	消防水池应满足与建筑物围护结构的位置关系

电力调度建筑消防水池、消防水泵房与院区空间关系，参见表19-25。

消防水池、消防水泵房与院区空间关系表 **表19-25**

序号	电力调度建筑院区室外空间情况	消防水池位置	消防水泵房位置	备注
1	有充足空间	室外院区内	建筑地下室	常见于新建电力调度建筑项目
2	室外空间狭小或不合适	建筑地下室	建筑地下室	常见于改建、扩建电力调度建筑项目

消防水池的最低有效水位应高于消防水池吸水喇叭口不小于600mm，且应高于消防水泵的吸水管管顶。

电力调度建筑消防水泵型式的选择与消防水池有一定的对应关系，参见表1-194。

电力调度建筑储存室内外消防用水的消防水池与消防水泵房的位置关系，参见表1-195。

电力调度建筑消防水池格（座）数与有效储水容积的对照关系，参见表1-196。

电力调度建筑消防水池附件，参见表1-197。

电力调度建筑消防水池各水位指标确定方法及取值经验值，参见表1-198。

3. 天然水源及其他水源

电力调度建筑消防水源不宜采用天然水源。

19.5.4 消防水泵房

1. 消防水泵房选址

新建电力调度建筑院区消防水泵房设置通常采取以下2个方案，见表19-26。

新建电力调度建筑院区消防水泵房设置方案对比表 **表19-26**

方案编号	消防水泵房位置	优点	缺点	适用条件
方案1	院区内室外	设备集中，控制便利，对办公活动等功能用房环境影响小；消防水泵集中设置，距离消防水池很近，泵组吸水管线很短等	距院区内电力调度建筑较远，管线较长，水头损失较大，消防水箱距泵房较远等	适用于电力调度建筑院区室外空间较大的情形。宜与生活水泵房、锅炉房、变配电室集中设置。在新建电力调度建筑院区中，应优先采用此方案
方案2	院区内电力调度建筑地下室内	设备较为集中，控制较为便利，距离建筑消防水系统距离较近，消防水箱距泵房位置较近等	占用电力调度建筑空间，对调度、办公活动等功能用房环境有一些影响	适用于电力调度建筑院区室外空间较小的情形。在新建电力调度建筑院区中，可替代方案1

改建、扩建办公院区消防水泵房设置方案，参见表1-200。

2. 建筑内部消防水泵房位置

电力调度建筑消防水泵房若设置在建筑物内，应采取消声、隔声和减振等措施；不应毗邻调度大厅、培训仿真（DTS）室、视频会议室，不宜毗邻办公室、会议室。

3. 消防水泵机组的布置要求

相邻两个机组及机组至泵房墙壁间的净距要求，参见表1-201。

4. 消防水泵房采暖、排水等要求

严寒、寒冷地区消防水泵房，应设置供暖设施。

消防水泵房的泵房排水设施：在泵房内设置排水沟；地下消防水泵房内或邻近场所设集水坑，坑内设潜污泵。消防水泵房应采取防淹措施。

5. 消防水泵房管道设计

消防水泵配置数量与消防水系统设计流量的关系，参见表1-202。

电力调度建筑消防水泵吸水管、出水管管径，参见表1-203；消防吸水总管管径应根据其连通服务的各种消防水泵设计流量之累加值进行确定，参见表1-205。

消防水泵吸水管布置应避免形成气囊。

消防水泵吸水口的淹没深度应满足消防水泵在最低水位运行安全的要求。

消防水泵吸水管、出水管上附件配置及要求，参见表1-206。

6. 消防水泵自动启动控制

消防水泵自动启动要求，参见表1-207；消防水泵自动启动方式，参见表1-208；流量开关性能、设置位置等，参见表1-209。

当消防稳压泵设置于高位消防水箱间内时，消防水泵启泵压力（P），按公式（1-58）确定；当消防稳压泵设置于低位消防水泵房内时，按公式（1-59）确定。

19.5.5 消防水箱

电力调度建筑消防给水系统绝大多数属于临时高压系统，3层及以上单体总建筑面积大于10000m^{2}的电力调度建筑应设置高位消防水箱。

1. 消防水箱有效储水容积

电力调度建筑高位消防水箱有效储水容积，见表19-27。

电力调度建筑高位消防水箱有效储水容积表　　表19-27

序号	建筑类别	消防水箱有效储水容积
1	建筑高度大于50m、小于或等于100m的高层电力调度建筑	不应小于36m^3，可按36m^3
2	网局级和省级的高层电力调度建筑	
3	建筑高度大于100m的高层电力调度建筑	不应小于50m^3，可按50m^3
4	建筑高度大于150m的高层电力调度建筑	不应小于100m^3，可按100m^3
5	建筑高度小于或等于50m且省级以下的高层电力调度建筑	不应小于18m^3，可按18m^3
6	多层电力调度建筑	

2. 消防水箱设置位置

电力调度建筑消防水箱设置位置应满足以下要求，见表19-28。

消防水箱设置位置要求表　　表19-28

序号	消防水箱设置位置要求	备注
1	位于所在建筑的最高处	通常设在屋顶机房层消防水箱间内
2	应该独立设置	不与其他设备机房，如屋顶太阳能热水机房、热水箱间等合用
3	应避免对下方楼层房间的影响	其下方不应是工艺用房、调度大厅、支持区电气类或弱电类机房、辅助区电气类或弱电类机房、资料室、会议室、档案室等，可以是库房、卫生间等辅助房间或公共区域
4	应高于设置室内消火栓系统、自动喷水灭火系统等系统的楼层	机房层设有活动室、库房等需要设置消防给水系统的场所，可采用其他非水基灭火系统，亦可将消防水箱间置于更高一层
5	不宜超出机房层高度过多、影响建筑效果	消防水箱间内配置消防稳压装置

3. 高位消防水箱尺寸

消防水箱宜为装配式方形水箱，其尺寸宜为 1.0m 或 0.5m 的倍数，推荐尺寸参见表 1-212。

4. 高位消防水箱材质

常用材质为不锈钢板、热浸锌镀锌钢板、玻璃钢板、钢筋混凝土等，不锈钢板最常见。

5. 高位消防水箱配管

高位消防水箱配管及管径确定，参见表 1-213。

6. 消防水箱水位

消防水箱各水位指标确定方法及取值经验值，参见表 1-214。

7. 高位消防水箱布置

高位消防水箱四周净距要求，参见表 1-215。

8. 消防水箱防冻

消防水箱及相应管道保温材料及厚度，参见表 1-216。

19.5.6 消防稳压装置

1. 消防稳压泵

(1) 设计流量

消火栓稳压泵设计流量，参见表 1-217。

自动喷水灭火稳压泵设计流量，参见表 1-218；结合一只标准喷头的流量，自动喷水灭火稳压泵常规设计流量取 1.33L/s。

(2) 设计压力

当消防稳压泵设置于高位消防水箱间内时，稳压泵的启泵压力 P_1 可取 0.15～0.20MPa，停泵压力 P_2 可取 0.20～0.25MPa；当消防稳压泵设置于低位消防水泵房内时，P_1 按公式（1-62）确定，P_2 按公式（1-63）确定。

(3) 消防稳压泵选型

消火栓稳压泵设计流量为稳压泵流量确定依据。

消防稳压泵停泵压力（P_2）值附加 0.03～0.05MPa 后，为稳压泵扬程确定依据。

2. 气压水罐

消火栓稳压装置、自动喷水灭火稳压装置均采用 150L 有效储水容积气压水罐；合用消防稳压装置采用 300L 有效储水容积气压水罐。

3. 管道、阀门、附件等

消防稳压泵吸水管管径、出水管管径，参见表 1-219。每套消防稳压泵通常为 2 台，1 用 1 备。

19.5.7 消防水泵接合器

1. 设置范围

对于室内消火栓系统，6 层及以上的电力调度建筑应设置消防水泵接合器。

电力调度建筑消火栓系统消防水泵接合器配置，参见表 1-220。

电力调度建筑自动喷水灭火系统等自动水灭火系统应分别设置消防水泵接合器。

2. 技术参数

电力调度建筑消防水泵接合器数量，参见表1-221。

3. 安装形式

电力调度建筑消防水泵接合器安装形式选择，参见表1-222。

4. 设置位置

同种水泵接合器不宜集中布置，不同种类、分区、功能的水泵接合器宜成组布置，且应设在室外便于消防车使用和接近的地方，且距室外消火栓或消防水池的距离不宜小于15m，并不宜大于40m，距人防工程出入口不宜小于5m。水泵接合器应设有标明供水系统和供水区域的永久性标志。

19.5.8 消火栓系统给水形式

1. 室外消火栓给水系统

当市政给水管网不满足直接供给室外消火栓给水系统时，电力调度建筑应采用临时高压室外消火栓给水系统，通常在消防水泵房内独立设置室外消火栓给水泵组、室外消火栓稳压装置。

电力调度建筑室外消火栓给水泵组一般设置2台，1用1备，泵组设计流量为本建筑室外消防设计流量（15L/s、20L/s、25L/s、30 L/s、40 L/s），设计扬程应保证室外消火栓处的栓口压力（0.20～0.30MPa）。泵组出水管及吸水管管径，参见表1-223。

室外消火栓给水管网管径，参见表1-224，管网应环状布置，单独成环。

2. 室内消火栓给水系统

电力调度建筑室内消火栓给水系统常采用临时高压消火栓给水系统。

3. 室内消火栓系统分区供水

电力调度建筑室内消火栓系统竖向分区时，高区、低区消火栓给水管网均应在横向、竖向上连成环状。高区、低区消火栓供水横干管宜分别沿本区最高层和最底层顶板下敷设。

典型电力调度建筑室内消火栓系统原理图，参见图4-4。

19.5.9 消火栓系统类型

1. 系统分类

电力调度建筑的室外消火栓系统宜采用湿式消火栓系统。

2. 室外消火栓

严寒、寒冷等冬季结冰地区电力调度建筑室外消火栓应采用干式消火栓；其他地区宜采用地上式消火栓。

建筑室外消火栓的数量应根据室外消火栓设计流量和保护半径经计算确定，保护半径不应大于150.0m，间距不应大于120.0m，每个室外消火栓的出流量宜按10～15 L/s计算。通常根据建筑物平面布局在建筑物四个角附近绿地设置室外消火栓，根据邻近两个消火栓之间距离合理增设消火栓。

3. 室内消火栓

电力调度建筑的各区域各楼层均应布置室内消火栓予以保护；电力调度建筑中不能采用自动喷水灭火系统保护的工艺机房、调度大厅、支持区电气类或弱电类机房、高低压配电室、弱电机房等场所亦应由室内消火栓保护。

室内消火栓的布置应满足同一平面有 2 支消防水枪的 2 股充实水柱同时达到任何部位。

电力调度建筑应采用带有消防软管卷盘的室内消火栓。

表 19-29 给出了电力调度建筑室内消火栓的布置方法。

电力调度建筑室内消火栓布置方法表　　表 19-29

序号	室内消火栓布置方法	注意事项
1	布置在楼梯间、前室等位置	楼梯间、前室的消火栓宜暗设并采取墙体保护措施；箱体及立管不应影响楼梯门、电梯门开启使用
2	布置在公共走道两侧，箱体开门朝向公共走道	应暗设；优先沿辅助房间（库房、卫生间等）的墙体安装；不应布置在工艺机房、支持区电气类或弱电类机房、辅助区电气类或弱电类机房的墙体
3	布置在集中区域内部公共空间内	可在朝向公共空间房间的外墙上暗设；应避免消火栓消防水带穿过多个房间门到达保护点
4	特殊区域如车库、入口门厅、调度大厅等场所，应根据其平面布局布置	入口门厅处消火栓宜沿空间周边房间外墙布置；调度大厅处消火栓宜沿大厅周边外墙布置，宜靠近大厅进入口；车库内消火栓宜沿车行道布置，可沿柱子明设

注：1. 室内消火栓不应跨防火分区布置；

2. 室内消火栓应按其实际行走距离计算其布置间距，电力调度建筑室内消火栓布置间距宜为 20.0～25.0m，不应小于 5.0m。

普通消火栓、减压稳压消火栓设置的楼层数，参见表 1-227。

19.5.10 消火栓给水管网

1. 室外消火栓给水管网

电力调度建筑室外消火栓给水管网应采用环状给水管网。向室外消火栓给水管网供水的输水干管不应少于 2 条。

2. 室内消火栓给水管网

电力调度建筑工艺机房内的消防给水管应采取保温措施，接口处应确保严密，防止出现结露现象，并在易渗漏的地方设置漏水报警装置。工艺机房内的消防给水管应有防渗漏措施；管道穿过工艺机房墙壁和楼板处，应设置套管，管道与套管之间应采取密封措施。

工艺机房消防给水管道及其保温材料均应采用阻燃材料。

电力调度建筑室内消火栓给水管网应采用环状给水管网，有 2 种主要管网型式，见表 19-30。室内消火栓给水管网在横向、竖向均宜连成环状。

室内消火栓给水管网主要管网型式表 **表19-30**

序号	管网型式特点	适用情形	具体部位	备注
型式1	消防供水干管沿建筑最高处、最低处横向水平敷设，配水干管沿竖向垂直敷设，配水干管上连有消火栓	各楼层竖直上下层消火栓位置基本一致和横向连接管长度较小的区域	建筑内走道、楼梯间、电梯前室；办公室、会议室、餐厅等房间外墙	主要型式
型式2	消防供水干管沿建筑竖向垂直敷设，配水干管沿每一层顶板下或吊顶内横向水平敷设，配水干管上连有消火栓	各楼层竖直上下层消火栓位置差别较大或横向连接管长度较大的区域；地下车库	建筑内走道、楼梯间、电梯前室；工艺机房、调度大厅、支持区用房、辅助区用房、管理区用房、办公室、会议室、餐厅等房间外墙；车库；机房等	辅助型式

注：不能敷设消火栓给水管道的场所包括高低压配电室、网络机房、消防控制室等。

室内消火栓给水管网型式1参见图1-13，型式2参见图1-14。

电力调度建筑室内消火栓给水管网的环状干管管径，参见表1-229；室内消火栓竖管管径可按 DN100。

3. 系统阀门

室内消火栓系统阀门设置，参见表1-230。

埋地管道的阀门宜采用带启闭刻度的球墨铸铁暗杆闸阀。室内架空管道的阀门宜采用蝶阀、明杆闸阀或带启闭刻度的暗杆闸阀等。

4. 系统给水管网管材

电力调度建筑室外消火栓给水管绝大多数采用直埋敷设方式。埋地消火栓给水管道宜采用球墨铸铁管或钢丝网骨架塑料复合管给水管道。

电力调度建筑室内消火栓给水管管材选择，参见表1-231。

薄壁不锈钢管（S11163）、镀锌镍碳钢管等新型优质管道，在电力调度建筑室内消火栓系统中均得到更多的应用，未来会逐步替代传统钢管。

19.5.11 消火栓系统计算

1. 消火栓水泵选型计算

电力调度建筑室内消火栓水泵流量与室内消火栓设计流量一致；消火栓水泵扬程，按公式（1-64）计算。根据消火栓水泵流量和扬程选择消火栓水泵。

2. 消火栓计算

室内消火栓的保护半径，按公式（1-65）计算；消火栓栓口处所需水压，按公式（1-66）计算。

多层电力调度建筑消防水枪充实水柱应按10m计算。多层电力调度建筑消火栓栓口动压不应小于0.25MPa。

高层电力调度建筑消防水枪充实水柱应按13m计算。高层电力调度建筑消火栓栓口动压不应小于0.35MPa。

3. 消火栓系统压力计算

消火栓系统的设计工作压力，按公式（1-67）计算。通常以设计工作压力确定消火栓水泵扬程。

19.6 自动喷水灭火系统

19.6.1 自动喷水灭火系统设置

电力调度建筑相关场所自动喷水灭火系统设置要求，见表 19-31。

电力调度建筑相关场所自动喷水灭火系统设置要求表 **表 19-31**

序号	电力调度建筑类型	自动喷水灭火系统设置要求
1	一类高层电力调度建筑（建筑高度大于 50m 或网局级和省级的高层电力调度建筑）	建筑主楼、裙房、地下室、半地下室，除了不宜用水扑救的部位外的所有场所均设置
2	二类高层电力调度建筑（建筑高度小于或等于 50m 且省级以下的高层电力调度建筑）	建筑主楼、裙房及其地下室、半地下室中的活动用房、走道、办公室、可燃物品库房等，除了不宜用水扑救的部位外的所有场所均设置
3	单、多层电力调度建筑	设有送回风道（管）系统的集中空气调节系统且总建筑面积大于 3000m^2 的单、多层电力调度建筑，除了不宜用水扑救的部位外的所有场所均设置

注：电力调度建筑附设的地下车库，应设置自动喷水灭火系统。

电力调度建筑若根据规范规定设置自动喷水灭火系统，其设置的具体场所见表 19-32。

设置自动喷水灭火系统的具体场所表 **表 19-32**

序号	设置自动喷水灭火系统的区域		具体场所
1	电力调度通信区	调度大厅	指挥区调度台、调度大屏、调度会商室等
		支持区	空调机房、消防设施用房等
		辅助区	测试室、开发室、备件库、打印室、普通资料室、维修室、培训仿真（DTS）室（包括学员区、教员区和观摩区）等
		管理区	相关专业办公用房、备班用房等
		视频会议室	
2	行政办公区		其他办公室、接待室、会议室、普通档案室、普通资料室，开水间、卫生间等
3	后勤服务区		食堂、员工餐厅，动力机房、生活水泵房、消防水泵房、制冷机房、换热机房；汽车库、非机动车库等

表 19-33 为电力调度建筑内不宜用水扑救的场所。

不宜用水扑救的场所一览表 表 19-33

序号	不宜用水扑救的场所	自动灭火措施
1	工艺机房：自动化、通信、保护等专业机房（机房内安装电子信息处理、交换、传输和存储等设备）	气体灭火系统或高压细水雾灭火系统
2	调度大厅：设备间	
3	支持区：变配电室、柴油发电机房、不间断电源（UPS）室、通信直流电源室、蓄电池室、消防和安防控制室等	
4	辅助区：进线间、重要资料室、监控室、网管操作室、保护试验室、电网稳定联合计算室、整定计算室等	
5	行政办公区：重要档案室、重要资料室等	
6	电气类房间：消防控制室	不设置

电力调度建筑自动喷水灭火系统类型选择，参见表1-245。

典型电力调度建筑自动喷水灭火系统原理图，参见图4-5。

电力调度建筑中的地下车库火灾危险等级按中危险级Ⅱ级确定；其他场所火灾危险等级均按中危险级Ⅰ级确定。

19.6.2 自动喷水灭火系统设计基本参数

电力调度建筑自动喷水灭火系统设计参数，按表1-246规定。

电力调度建筑高大空间场所设置湿式自动喷水灭火系统设计参数，按表19-34规定。

高大空间场所湿式自动喷水灭火系统设计参数表 表 19-34

适用场所	最大净空高度 h（m）	喷水强度［L/(min·m²)］	作用面积（m²）	喷头间距 S（m）
出入门厅	$8<h\leqslant 12$	12	160	$1.8\leqslant S\leqslant 3.0$
	$12<h\leqslant 18$	15		

注：当民用建筑高大空间场所的最大净空高度为12m<h≤18m时，应采用非仓库型特殊应用喷头。

若电力调度建筑地下室中附属的库房认定为堆垛储物仓库，其自动喷水灭火系统设计参数，按表1-247规定。

自动喷水灭火系统的持续喷水时间，应按火灾延续时间不小于1h确定。

19.6.3 洒水喷头

设置自动喷水灭火系统的电力调度建筑内各场所的最大净空高度通常不大于8m。

电力调度建筑自动喷水灭火系统喷头公称动作温度宜相比环境温度高30℃，参见表4-54。

电力调度建筑自动喷水灭火系统喷头种类选择，见表19-35。

电力调度建筑自动喷水灭火系统喷头种类选择表 表 19-35

序号	火灾危险等级	设置场所	喷头种类
1	中危险级Ⅱ级	地下车库	直立型普通喷头

续表

序号	火灾危险等级	设置场所	喷头种类
2	中危险级Ⅰ级	电力调度建筑内调度大厅、办公室、会议室、餐厅、厨房等设有吊顶场所	吊顶型或下垂型普通或快速响应喷头
3		库房等无吊顶场所	直立型普通或快速响应喷头

注：基于电力调度建筑火灾特点和重要性，高层电力调度建筑调度大厅洒水喷头宜采用快速响应喷头。

每种型号的备用喷头数量按此种型号喷头数量总数的1%计算，并不得少于10只。

电力调度建筑中自动喷水灭火系统直立型、下垂型喷头的布置间距，不应大于表1-250的规定，且不宜小于2.4m。

电力调度建筑常用普通玻璃球闭式喷头规格型号，参见表1-252。

19.6.4 自动喷水灭火系统管道

1. 管材

电力调度建筑自动喷水灭火系统给水管管材，参见表1-254。

薄壁不锈钢管（S11163）、氯化聚氯乙烯（PVC-C）管、镀锌镍碳钢管等新型优质管道，在电力调度建筑自动喷水灭火系统中均得到更多的应用，未来会逐步替代传统钢管。

电力调度建筑中，除汽车停车库外其他中危险级Ⅰ级对应场所自动喷水灭火系统公称直径≤*DN*80的配水管（支管）均可采用氯化聚氯乙烯（PVC-C）管材及管件。

2. 管径

电力调度建筑自动喷水灭火系统的配水管道管径可根据表1-255中数据进行确定。

3. 管网敷设

电力调度建筑自动喷水灭火系统配水干管宜沿调度大厅内，工艺用房、支持区用房、辅助区用房、管理区用房行政办公用房和后勤配套用房的公共走廊敷设，走廊两侧房间内的配水支管就近连接到配水干管上。走廊内布置的喷头就近接至排水支管后再接至配水干管。单个喷头不应直接接至管径大于或等于*DN*100的配水干管。

电力调度建筑自动喷水灭火系统配水管网布置步骤，见表19-36。

自动喷水灭火系统配水管网布置步骤表　　表19-36

序号	配水管网布置步骤
步骤1	根据电力调度建筑的防火性能确定自动喷水灭火系统配水管网的布置范围
步骤2	在每个防火分区内应确定该区域自动喷水灭火系统配水主干管或主立管的位置或方向
步骤3	自接入点接入后，可确定主要配水管的敷设位置和方向
步骤4	自末端房间内的自动喷水灭火系统配水支管就近向配水管连接
步骤5	每个楼层每个防火分区内配水管网布置均按步骤1～步骤4进行

自动喷水灭火系统每个喷头与配水支管连接的短立管管径通常采用25mm；末端试水装置或试水阀的连接管管径通常采用25mm。

19.6.5 水流指示器

除报警阀组控制的喷头只保护不超过防火分区面积的同层场所外，电力调度建筑每个防火分区、每个楼层均应设水流指示器；当整个场所需要设置的喷头数不超过 1 个报警阀组控制的喷头数时，可不设置水流指示器；每个防火分区应设置一个水流指示器，位置可设在本防火分区系统配水管网的起始端，亦可集中设置于各个防火分区配水干管分叉处。

水流指示器上游端应设置信号阀，其型号规格，参见表 1-257。

水流指示器与所在配水干管同管径，其型号规格，参见表 1-258。

19.6.6 报警阀组

电力调度建筑消防系统报警阀组主要采用湿式水力报警阀组，一定条件下采用预作用报警阀组。

电力调度建筑自动喷水灭火系统报警阀组的数量取决于：整个建筑中设置喷头的总数量；每个防火分区内设置喷头的数量；每个报警阀组控制的喷头数。一个报警阀组控制的喷头数不宜超过 800 只，设计中可适当超过 800 只。

喷头均衡组合遵循的原则，参见表 1-259。

电力调度建筑自动喷水灭火系统报警阀组通常设置在消防水泵房，设置位置方案，参见表 1-260。

报警阀组宜设在安全及易于操作的地点，报警阀距地面的高度宜为 1.2m；宜沿墙体集中布置，相邻报警阀组的间距不宜小于 1.5m，不应小于 1.2m；报警阀组处应设有排水设施，排水管管径不应小于 *DN*100。

表 1-261 为常用湿式报警阀装置型号规格；表 1-262 为常见预作用报警阀装置型号规格；报警阀组压力开关主要技术参数，参见表 1-263；报警阀组前后管道设置，参见表 1-264。

电力调度建筑自动喷水灭火系统减压阀设置方式，参见表 1-265。

减压孔板作为一种减压部件，可辅助减压阀使用。

19.6.7 自动喷水灭火系统水泵接合器

自动喷水灭火系统管网上应设置水泵接合器，电力调度建筑自动喷水灭火系统消防水泵接合器数量，参见表 1-266。

自动喷水灭火系统水泵接合器宜设置在靠近消防水泵房的室外；常规做法是将多个 *DN*150 水泵接合器并联起来，由 1 根 *DN*150 供水管道接至系统供水泵组出水干管上，连接位置位于报警阀组前。

19.6.8 消防水箱设计

高位消防水箱、自动喷水灭火稳压装置设计参见消火栓系统相关内容。

19.6.9 自动喷水灭火系统压力计算

自动喷水灭火系统的设计工作压力，按公式（1-68）计算。

自动喷水灭火给水泵扬程通常按照自动喷水灭火系统的设计工作压力值确定。

自动喷水灭火给水系统压力管道水压强度试验的试验压力（$H_{试验}$）的基准指标，参见表 1-267。

19.7 灭火器系统

电力调度建筑应配置灭火器，并应符合现行国家标准《建筑灭火器配置设计规范》GB 50140 的规定。

19.7.1 灭火器配置场所火灾种类

电力调度建筑灭火器配置场所的火灾种类，见表 19-37。

灭火器配置场所的火灾种类表　　表 19-37

序号	火灾种类	灭火器配置场所
1	A类火灾（固体物质火灾）	电力调度建筑内绝大多数场所，如办公室、会议室、餐厅等
2	B类火灾（液体火灾或可熔化固体物质火灾）	电力调度建筑内附设车库
3	E类火灾（物体带电燃烧火灾）	电力调度建筑内工艺机房自动化、通信、保护等专业机房；调度大厅设备间；支持区变配电室、柴油发电机房、不间断电源（UPS）室、通信直流电源室、蓄电池室、消防和安防控制室等；辅助区进线间、重要资料室、电网稳定联合计算室、整定计算室等

19.7.2 灭火器配置场所危险等级

电力调度建筑灭火器配置场所的危险等级分为严重危险级、中危险级和轻危险级 3 级，危险等级举例，见表 19-38。

电力调度建筑灭火器配置场所的危险等级举例　　表 19-38

危险等级	举例
严重危险级	超高层电力调度建筑和一类高层电力调度建筑
	电力调度建筑工艺机房
	电力调度建筑调度大厅
	专用电子计算机房
	配建充电基础设施（充电桩）的车库区域
中危险级	二类高层电力调度建筑
	电力调度建筑的会议室、资料室
	设有集中空调、电子计算机、复印机等设备的办公室
	民用燃油、燃气锅炉房
	民用的油浸变压器室和高、低压配电室
	配建充电基础设施（充电桩）以外的车库区域
轻危险级	未设集中空调、电子计算机、复印机等设备的普通办公室

注：电力调度建筑室内强电间、弱电间；屋顶排烟机房内每个房间均应设置 2 具手提式磷酸铵盐干粉灭火器。

19.7.3 灭火器选择

电力调度建筑灭火器配置场所的火灾种类通常涉及A类、B类、E类火灾，通常配置灭火器时选择磷酸铵盐干粉灭火器。

对不宜用水扑救的下列广播电视设备部位和机房，应选用气体灭火器：

1）工艺机房自动化、通信、保护等专业机房；

2）调度大厅设备间；

3）支持区变配电室、柴油发电机房、不间断电源（UPS）室、通信直流电源室、蓄电池室、消防和安防控制室等；

4）辅助区进线间、重要资料室、电网稳定联合计算室、整定计算室等。

气体灭火器通常采用二氧化碳灭火器。

19.7.4 灭火器设置

电力调度建筑中设置的手提式灭火器，通常和室内消火栓同位置设置，放置于室内消火栓箱体下部。独立设置的手提式或推车式灭火器通常放置于所保护区域的公共走道、门口或房间内靠近公共通道出入口处。灭火器设置点应均衡布置。

设置在A类火灾场所的灭火器，其最大保护距离应符合表1-274的规定。

灭火器最大保护距离为灭火器与起火点之间最大的行走距离。电力调度建筑中的调度大厅、地下车库区域、建筑中大间套小间区域、房间中间隔着走道区域等场所，常需要增加灭火器配置点。地下车库区域增设的灭火器宜靠近相邻2个室内消火栓中间的位置，并宜沿车库墙体或柱子布置。

设置在B类火灾场所的灭火器，其最大保护距离应符合表1-275的规定。

电力调度建筑中E类火灾场所中的高低压配电间、弱电机房等场所，灭火器配置宜按B类火灾场所灭火器最大保护距离要求进行。面积较大的电力调度建筑变配电室，需要在变配电室内增设灭火器。

19.7.5 灭火器配置

A类火灾场所灭火器的最低配置基准，应符合表1-276的规定。

电力调度建筑灭火器A类火灾场所配置基准可按照灭火器最低配置基准，即：严重危险级按照3A；中危险级按照2A；轻危险级按照1A。

B类火灾场所灭火器的最低配置基准，应符合表1-277的规定。

电力调度建筑灭火器B类火灾场所配置基准可按照灭火器最低配置基准，即：严重危险级按照89B；中危险级按照55B。

E类火灾场所的灭火器最低配置基准不应低于该场所内A类（或B类）火灾的规定。

19.7.6 灭火器配置设计计算

电力调度建筑内每个灭火器设置点灭火器数量通常以2～4具为宜。

灭火器计算单元最小需配灭火级别，按公式（1-69）计算。

灭火器计算单元中每个灭火器设置点最小需配灭火级别，按公式（1-70）计算。

19.7.7 灭火器类型及规格

电力调度建筑灭火器配置设计中常用的灭火器类型及规格，参见表 1-279。

19.8 气体灭火系统

19.8.1 气体灭火系统应用场所

电力调度建筑的下列部位应设置自动灭火系统，且宜采用气体灭火系统：

1）工艺机房自动化、通信、保护等专业机房；

2）调度大厅设备间；

3）支持区变配电室、柴油发电机房、不间断电源（UPS）室、通信直流电源室、蓄电池室等；

4）辅助区进线间、重要资料室、电网稳定联合计算室、整定计算室等；

5）行政办公区重要档案室、重要资料室等。

目前电力调度建筑中最常用 IG541 混合气体灭火系统和七氟丙烷（HFC-227ea）气体灭火系统。

19.8.2 七氟丙烷气体灭火系统设计参数

七氟丙烷灭火剂主要技术性能参数，参见表 1-281。

无管网七氟丙烷气体自动灭火装置技术参数、规格等，参见表 1-282～表 1-284。

电力调度建筑中采用七氟丙烷气体灭火保护时，各防护区设计灭火浓度，参见表 3-70。

19.8.3 气体灭火设计用量计算

七氟丙烷气体灭火设置场所设计用量，按公式（1-71）计算。

七氟丙烷设计用量，按公式（2-28）计算；七氟丙烷设计容积，按公式（2-29）计算。

每个防护区内无管网七氟丙烷气体灭火装置的布置应做到均匀。

IG541 混合气体灭火防护区灭火设计用量或惰化设计用量，按公式（1-74）计算。

IG541 灭火剂气体在 101kPa 大气压和防护区最低环境温度下的质量体积，按公式（1-75）计算。

IG541 混合气体灭火系统灭火剂储存量，应为防护区灭火设计用量及系统灭火剂剩余量之和，系统灭火剂剩余量按公式（1-76）计算。

19.8.4 IG541 混合气体灭火系统管网计算

IG541 混合气体灭火系统管道流量宜采用平均设计流量。

系统主干管、支管的平均设计流量，按公式（1-77）、公式（1-78）计算。

管道内径按公式（1-79）计算。

灭火剂释放时，管网应进行减压。减压装置宜采用减压孔板，宜设在系统的源头或干管入口处。减压孔板前的压力，按公式（1-80）计算；减压孔板后的压力，按公式(1-81)计算；减压孔板孔口面积，按公式（1-82）计算。

系统的阻力损失宜从减压孔板后算起，并按公式（1-83）计算。

IG541混合气体灭火系统的喷头工作压力的计算结果，应符合：一级充压（15.0MPa）系统，$P_c \geqslant 2.0$MPa（绝对压力）；二级充压（20.0MPa）系统，$P_c \geqslant 2.1$MPa（绝对压力）。

喷头等效孔口面积，按公式（1-84）计算。

19.8.5 防护区泄压口

气体灭火系统防护区应设置泄压口。七氟丙烷气体灭火系统防护区泄压口面积按系统设计规定计算，按公式（1-85）计算；IG541混合气体灭火系统防护区泄压口面积按系统设计规定计算，宜按公式（1-86）计算。

七氟丙烷气体灭火系统的泄压口应位于防护区净高的2/3以上。对于设置吊顶场所，泄压口通常设置在吊顶（梁）下，泄压口顶面紧贴吊顶（梁）或吊顶（梁）下100mm。

不同规格无管网七氟丙烷气体灭火装置与泄压口尺寸的对照表，参见表1-288。

防护区设置的泄压口，宜设在外墙上，无外墙时应设置在朝向公共建筑公共区域（走道）的内墙上。每个防护区根据需要可设置1个或多个泄压口。

19.9 高压细水雾灭火系统

电力调度建筑中不宜用水扑救的部位（即采用水扑救后会引起爆炸或重大财产损失的场所）可以采用高压细水雾灭火系统灭火。

电力调度建筑中适合采用高压细水雾灭火系统的场所包括：

1）工艺机房自动化、通信、保护等专业机房；

2）调度大厅设备间；

3）支持区变配电室、柴油发电机房、不间断电源（UPS）室、通信直流电源室、蓄电池室等；

4）辅助区进线间、重要资料室、电网稳定联合计算室、整定计算室等；

5）行政办公区重要档案室、重要资料室等。

电力调度建筑中当此类场所较少时，宜采用气体灭火系统；当此类场所较多时，可采用高压细水雾灭火系统，设计方法参见4.9节。

19.10 自动跟踪定位射流灭火系统

当电力调度建筑出入门厅等场所为高大空间时，可设置自动跟踪定位射流灭火系统，设计方法参见4.10节。

19.11 中水系统

电力调度建筑建设中水设施，应结合建筑所在地区的不同特点，满足当地政府部门的有关规定。建筑面积大于30000m^2 或回收水量大于100m^3/d的电力调度建筑，宜建设中水设施。

19.11.1 中水原水

1. 中水原水种类

电力调度建筑中水原水可选择的种类及选取顺序，见表19-39。

电力调度建筑中水原水可选择的种类及选取顺序表　　表19-39

序号	中水原水种类	备注
1	电力调度建筑内公共卫生间的废水排水	最适宜
2	电力调度建筑内公共卫生间的盥洗废水排水	适宜
3	电力调度建筑空调循环冷却水系统排水	
4	电力调度建筑空调水系统冷凝水	
5	电力调度建筑附设厨房、食堂、餐厅废水排水	不适宜
6	电力调度建筑内公共卫生间的冲厕排水	最不适宜

2. 中水原水量

电力调度建筑中水原水量按公式（19-12）计算：

$$Q_Y = \Sigma \beta \cdot Q_{pj} \cdot b \qquad (19\text{-}12)$$

式中 Q_Y——电力调度建筑中水原水量，m^3/d；

β——电力调度建筑按给水量计算排水量的折减系数，一般取0.85～0.95；

Q_{pj}——电力调度建筑平均日生活给水量，按《节水标》中的节水用水定额（表19-3）计算确定，m^3/d；

b——电力调度建筑分项给水百分率，应以实测资料为准，当无实测资料时，可按表19-40选取。

电力调度建筑分项给水百分率表　　表19-40

项目	冲厕	厨房	盥洗	总计
办公给水百分率（%）	60～66	—	40～34	100
职工食堂给水百分率（%）	6.7～5	93.3～95	—	100

电力调度建筑用作中水原水的水量宜为中水回用水量的110%～115%。

3. 中水原水水质

电力调度建筑中水原水水质应以类似建筑的实测资料为准；当无实测资料时，电力调度建筑排水的污染物浓度可按表19-41确定。

电力调度建筑排水污染物浓度表　　表 19-41

类别	项目	冲厕	厨房	盥洗	综合
办公	BOD_5浓度（mg/L）	260～340	—	90～110	195～260
	COD_{Cr}浓度（mg/L）	350～450	—	100～140	260～340
	SS浓度（mg/L）	260～340	—	90～110	195～260
职工食堂	BOD_5浓度（mg/L）	260～340	500～600	—	490～590
	COD_{Cr}浓度（mg/L）	350～450	900～1100	—	890～1075
	SS浓度（mg/L）	260～340	250～280	—	255～285

注：综合是对包括以上三项生活排水的统称。

19.11.2　中水利用与水质标准

1. 中水利用

电力调度建筑中水原水主要用于城市杂用水和景观环境用水等。

电力调度建筑中水利用率，可按公式（2-31）计算。

电力调度建筑中水利用率应不低于当地政府部门的中水利用率指标要求。

当电力调度建筑附近有可利用的市政再生水管道时，可直接接入使用。

2. 中水水质标准

电力调度建筑中水水质标准要求，参见表 2-104。

19.11.3　中水系统

1. 中水系统形式

电力调度建筑中水通常采用中水原水系统与生活污水系统分流、生活给水与中水给水分供的完全分流系统。

2. 中水原水系统

电力调度建筑中水原水管道通常按重力流设计；当靠重力流不能直接接入时，可采取局部加压提升接入。

电力调度建筑原水系统原水收集率不应低于本建筑回收排水项目给水量的 75%，可按公式（2-32）计算。

电力调度建筑若需要食堂、餐厅的含油脂污水作为中水原水时，在进入原水收集系统前应经过除油装置处理。

电力调度建筑中水原水应进行计量，可采用超声波流量计和沟槽流量计。

3. 中水处理系统

电力调度建筑中水处理系统设计处理能力，可按公式（2-33）计算。

4. 中水供水系统

建筑中水供水系统必须独立设置。建筑中水不得用作电力调度建筑生活饮用水水源。

电力调度建筑中水系统供水量，可按照表 19-2 中的用水定额及表 19-40 中规定的百分率计算确定。

电力调度建筑中水供水系统的设计秒流量和管道水力计算方法与生活给水系统一致，

参见19.1.6节。

电力调度建筑中水供水系统的供水方式宜与生活给水系统一致，通常采用变频调速泵组供水方式，水泵的选择参见19.1.7节。

电力调度建筑中水供水系统的竖向分区宜与生活给水系统一致。当建筑周边有市政中水管网且管网流量压力均满足时，低区由市政中水管网直接供水；当建筑周边无市政中水管网时，低区由低区中水给水泵组自中水贮水池（箱）吸水后加压供水。

电力调度建筑中水供水管道宜采用塑料给水管、钢塑复合管或其他具有可靠防腐性能的给水管材，不得采用非镀锌钢管。

电力调度建筑中水贮存池（箱）设计要求，参见表2-105。

电力调度建筑中水供水系统应安装计量装置，具体设置要求参见表3-14。

中水供水管道应采取防止误接、误用、误饮的措施。

5. 水量平衡

中水系统设计应进行中水原水量和用水量平衡计算。

电力调度建筑中水用水量应根据不同用途用水量累加确定。

电力调度建筑最高日冲厕中水用水量按照表19-2中的最高日用水定额及表19-40中规定的百分率计算确定。最高日冲厕中水用水量，可按公式（19-13）计算：

$$Q_C = \Sigma q_L \cdot F \cdot N/1000 \tag{19-13}$$

式中 Q_C——电力调度建筑最高日冲厕中水用水量，m^3/d；

q_L——电力调度建筑给水用水定额，L/（人·d）；

F——冲厕用水占生活用水的比例，%，按表19-40取值；

N——使用人数，人。

电力调度建筑相关功能场所冲厕用水量定额及小时变化系数，见表19-42。

电力调度建筑冲厕用水量定额及小时变化系数表　　表19-42

类别	建筑种类	冲厕用水量［L/(人·d)］	使用时间（h/d）	小时变化系数	备注
1	办公	20～30	8～10	1.5～1.2	—
2	职工食堂	5～10	12	1.5～1.2	工作人员按办公楼设计

中水系统原水调节池（箱）调节容积，可按公式（2-35）、公式（2-36）计算。

中水贮存池（箱）容积，可按公式（2-37）、公式（2-38）计算。

当中水供水系统采用水泵-水箱联合供水时，水箱调节容积不得小于中水系统最大小时用水量的50%。

中水系统的总调节容积，包括原水调节池（箱）、中水处理工艺构筑物、中水贮存池（箱）及高位水箱等调节容积之和，不宜小于中水日处理量的100%。

19.11.4 中水处理工艺与处理设施

1. 中水处理工艺

电力调度建筑通常采用的中水处理工艺，参见表2-107。

2. 中水处理设施

电力调度建筑中水处理设施及设计要求，参见表2-108。

19.11.5 中水处理站

电力调度建筑内的中水处理站设计要求，参见2.11.5节。

19.12 管道直饮水系统

19.12.1 水量、水压和水质

电力调度建筑管道直饮水最高日直饮水定额（q_d），可按1.0～2.0L/(人·班）采用，亦可根据用户要求确定。

直饮水专用水嘴额定流量宜为0.04～0.06L/s。

电力调度建筑直饮水专用水嘴最低工作压力不宜小于0.03MPa。

电力调度建筑管道直饮水系统用户端的水质应符合现行行业标准《饮用净水水质标准》CJ/T 94的规定。

19.12.2 水处理

电力调度建筑管道直饮水系统应对原水进行深度净化处理。

水处理工艺流程的选择应依据原水水质，经技术经济比较确定。处理后的出水应符合现行行业标准《饮用净水水质标准》CJ/T 94的规定。

深度净化处理应根据处理后的水质标准和原水水质进行选择，宜采用膜处理技术，参见表1-333。

不同的膜处理应相应配套预处理、后处理、膜的清洗和水处理消毒灭菌设施，参见表1-334。

深度净化处理系统排出的浓水宜回收利用。

19.12.3 系统设计

电力调度建筑管道直饮水系统必须独立设置，不得与市政或建筑供水系统直接相连。

电力调度建筑管道直饮水系统宜采取集中供水系统，一座建筑中宜设置一个供水系统。

电力调度建筑常见的管道直饮水系统供水方式，参见表1-335。

多层电力调度建筑管道直饮水供水竖向不分区；高层电力调度建筑管道直饮水供水应竖向分区，分区原则参见表1-336。

电力调度建筑管道直饮水系统类型，参见表1-337。

电力调度建筑管道直饮水系统设计应设循环管道，供、回水管网应设计为同程式。

电力调度建筑管道直饮水系统通常采用全日循环，亦可采用定时循环，供、配水系统中的直饮水停留时间不应超过12h。

电力调度建筑管道直饮水系统回水宜回流至净水箱或原水水箱。回流到净水箱时，应在消毒设施前接入。

管道直饮水系统不循环的支管长度不宜大于6m。

电力调度建筑管道直饮水系统管道敷设要求，参见表1-338。

电力调度建筑管道直饮水系统管材及附件设置要求，参见表1-339。

19.12.4 系统计算与设备选择

1. 系统计算

电力调度建筑管道直饮水系统最高日直饮水量，应按公式（19-14）计算：

$$Q_d = N \cdot q_d \tag{19-14}$$

式中 Q_d——电力调度建筑管道直饮水系统最高日饮水量，L/d；

N——电力调度建筑管道直饮水系统所服务的人数，人；

q_d——电力调度建筑最高日直饮水定额，L/(人·d)，取1.0～2.0L/(人·d)。

电力调度建筑的瞬时高峰用水量的计算应符合现行国家标准《建筑给水排水设计标准》GB 50015的规定。电力调度建筑瞬时高峰用水量，应按公式（1-94）计算。

电力调度建筑瞬时高峰用水时水嘴使用数量，应按公式（1-95）计算。

瞬时高峰用水时水嘴使用数量 m 的确定，应按表1-340（当水嘴数量 $n \leqslant 12$ 个时）、表1-341（当水嘴数量 $n > 12$ 个时）选取。当 $np \geqslant 5$ 并且满足 $n(1-p) \geqslant 5$ 时，可按公式(1-96)简化计算。

水嘴使用概率应按公式（19-15）计算：

$$p = \alpha \cdot Q_d/(1800 \cdot n \cdot q_0) = 0.27 \cdot Q_d/(1800 \cdot n \cdot q_0) \tag{19-15}$$

式中 α——经验系数，电力调度建筑取0.27。

定时循环时，循环流量可按公式（1-98）计算。

管道直饮水供、回水管道内水流速度宜符合表1-342的规定。

2. 设备选择

净水设备产水量可按公式（1-100）计算。

变频调速供水系统水泵设计流量应按公式（1-101）计算；水泵设计扬程应按公式（1-102）计算。

净水箱（槽）有效容积可按公式（1-103）计算；原水调节水箱（槽）容积可按公式（1-104）计算。

原水水箱（槽）的进水管管径宜按净水设备产水量设计，并应根据反洗要求确定水量。当进水管的供水能力满足预处理的流量和压力要求时，原水水箱（槽）可不设置。

19.12.5 净水机房

净水机房设计要求，参见表1-343。

19.12.6 管道敷设与设备安装

管道直饮水管道敷设与设备安装设计要求，参见表1-344。

19.13 给水排水抗震设计

电力调度建筑给水排水管道抗震设计，参见4.11节。

19.14 给水排水专业绿色建筑设计

电力调度建筑绿色设计，应根据电力调度建筑所在地相关规定要求执行。新建电力调度建筑应按照一星级或以上星级标准设计；政府投资或者以政府投资为主的电力调度建筑、建筑面积大于20000m^2的大型电力调度建筑宜按照绿色建筑二星级或以上星级标准设计。电力调度建筑二星级、三星级绿色建筑设计专篇，参见表1-347。

第20章　通信建筑给水排水设计

通信建筑是专门为安装通信设备的生产性建筑、为通信生产配套的辅助生产性建筑及为通信生产提供支撑服务的支撑服务性公共建筑，亦称电信建筑。

通信建筑分类，见表20-1。

通信建筑分类表　　**表20-1**

序号	按使用功能划分	按重要性划分	按高度划分
1	专门安装通信设备的生产性建筑	特别重要的通信建筑（主要包括国际出入口局、国际无线电台、国际卫星通信地球站、国际海缆登陆站等）	超高层通信建筑（建筑高度大于100m的通信建筑）
2	为通信生产配套的辅助生产性建筑	重要的通信建筑（主要包括大区中心、省中心通信枢纽楼、长途传输一级干线枢纽站、国内卫星通信地球站、本地网通信枢纽楼、客服呼叫中心、互联网数据中心楼、应急通信用房等）	高层通信建筑（建筑高度大于24m，但不大于100m的通信建筑）
3	为支撑通信生产的支撑服务性建筑	一般的通信建筑［主要包括本地网其他通信楼、远端接入局（站）、光缆中继站、微波中继站、移动通信基站、营业厅等］	单层和多层通信建筑（建筑高度不大于24m的通信建筑）

通信建筑组成，见表20-2。

通信建筑组成表　　**表20-2**

序号	组成	说明
1	通信机房	包括机房、测量室、地下电（光）缆进线室、蓄电池室等
2	互联网数据中心用房	包括客户区（客户操作室、监控室、测试室以及客户接待室、休息室）、互联网设备区（核心设备机房、普通客户托管机房和VIP客户托管机房）、电源设备区（UPS室、柴油发电机房、高低压变配电室、变压器室等辅助生产用房）
3	客服呼叫中心	包括座席区（点名室、换班休息室茶水间、更衣室、强电间、弱电间、网络节点机房、公用厕所）、交换网络设备用房及支撑管理用房（管理用房及相关的培训教室、会议室、库房、阅览室等）、生产配套用房（为交换网络设备提供电源保证的电力电池室、发电机房、高低压变配电室等）、生活辅助用房（员工餐厅和客服工作人员换班宿舍、盥洗间、卫生间等）等
4	电视电话会议室	包括会议室、控制室、传输室、值班休息室及库房、与会人员会前休息饮水场所和厕所等公共用房

续表

序号	组成	说明
5	营业厅	包括营业用房（直接为用户服务的营业大厅、新业务演示厅、用户终端设备展示厅和销售维修部、业务宣传电子显示装置、控制室、大客户和重点用户业务洽谈室等）和服务管理辅助用房（用户终端设备和票据等储存室、营业厅工作人员更衣室、卫生间、饮水休息室以及营业服务管理人员工作室等）
6	发电机房、变配电房、柴油库	
7	通信基站机房	

通信建筑给水排水设计应符合现行国家标准《城市给水工程项目规范》GB 55026、《城乡排水工程项目规范》GB 55027、《建筑给水排水设计标准》GB 50015、《建筑防火通用规范》GB 55037、《消防设施通用规范》GB 55036、《建筑设计防火规范》GB 50016 和《消防给水及消火栓系统技术规范》GB 50974 等的规定。根据通信建筑的功能设置，其给水排水设计涉及的现行国家、行业标准为《办公建筑设计标准》JGJ/T 67、《通信建筑工程设计规范》YD 5003。通信建筑及营业厅的消防设计应执行国家和通信行业现行标准规范。通信建筑若设置中水系统，其设计涉及的现行国家标准为《建筑中水设计标准》GB 50336。通信建筑若设置管道直饮水系统，其设计涉及的现行行业标准为《建筑与小区管道直饮水系统技术规程》CJJ/T 110。

20.1　生活给水系统

20.1.1　用水量标准

1. 生活用水量标准

《水标》中通信建筑相关功能场所生活用水定额，见表 20-3。

通信建筑生活用水定额表　　　　**表 20-3**

序号	建筑物名称		单位	生活用水定额（L）		使用时数（h）	最高日小时变化系数 K_h
				最高日	平均日		
1	办公	坐班制办公	每人每班	30～50	25～40	8～10	1.5～1.2
2	餐饮业	职工食堂	每人每次	20～25	15～20	12～16	1.5～1.2
3	宿舍	设公用盥洗卫生间	每人每日	100～150	90～120	24	6.0～3.0
4	会议厅		每座位每次	5～8	5～8	4	1.5～1.2
5	停车库地面冲洗水		每平方米每次	2～3	3～3	6～8	1.0

注：1. 除注明外，均不含员工生活用水，员工最高日用水定额为每人每班 40～50L，平均日用水定额为每人每班 30～45L；
2. 表中用水量标准为生活用水，包括生活用热水用水量和直饮水用量，也包括正常漏水量和间接用水量，如清洁用水在内；但不包括空调、采暖、水景绿化、场地和道路浇洒等用水；
3. 计算通信建筑最高日最大时用水量时，某一类型生活用水定额、最高日小时变化系数（K_h）均为一个范围值时，生活用水定额取定额的最低值应对应选择最高日小时变化系数（K_h）的最大值；生活用水定额取定额的最高值应对应选择最高日小时变化系数（K_h）的最小值；生活用水定额取定额的中间值应对应选择最高日小时变化系数（K_h）的中间值（按内插法确定）。

《节水标》中通信建筑相关功能场所平均日生活用水节水用水定额，见表 20-4。

通信建筑平均日生活用水节水用水定额表 **表 20-4**

序号	建筑物名称		单位	节水用水定额
1	办公	坐班制办公	L/(人·班)	25～40
2	餐饮业	职工食堂	L/(人·次)	15～20
3	宿舍	设公用盥洗卫生间	L/(人·日)	90～120
4	会议厅		L/(座位·次)	5～8
5	停车库地面冲洗用水		L/(m^2·次)	2～3

注：1. 除注明外均不含员工用水，员工用水定额每人每班 30～45L；
2. 表中用水量包括热水用量在内，空调用水应另计；
3. 选择用水定额时，可依据当地气候条件、水资源状况等确定，缺水地区应选择低值；
4. 用水人数或单位数应以年平均值计算；
5. 每年用水天数应根据使用情况确定。

2. 绿化浇灌用水量标准

通信建筑院区绿化浇灌最高日用水定额按浇灌面积 1.0～3.0L/(m^2·d) 计算，通常取 2.0L/(m^2·d)，干旱地区可酌情增加。

3. 浇洒道路用水量标准

通信建筑院区道路、广场浇洒最高日用水定额按浇洒面积 2.0～3.0L/(m^2·d) 计算，亦可参见表 2-8。

4. 空调循环冷却水补水用水量标准

通信建筑空调循环冷却水补充水量，按公式（1-3）计算，亦可由暖通空调专业提供。

5. 汽车冲洗用水量标准

汽车冲洗用水量标准按 10.0～15.0L/(辆·次) 考虑。

6. 供暖锅炉补充水量

供暖锅炉补充水量由暖通空调、热能动力专业提供。

7. 给水管网漏失水量和未预见水量

这两项水量之和按上述 6 项用水量（第 1 项至第 6 项）之和的 8%～12%计算，通常按 10%计。

最高日用水量（Q_d）应为上述 7 项用水量（第 1 项至第 7 项）之和。

最大时用水量（Q_{hmax}）可按公式（1-4）计算。

20.1.2 水质标准和防水质污染

1. 水质标准

通信建筑生活给水系统的水质应符合现行国家标准《生活饮用水卫生标准》GB 5749 的规定。

2. 防水质污染

通信建筑防止水质污染常见的具体措施，参见表2-9。

20.1.3 给水系统和给水方式

1. 通信建筑生活给水系统

典型的通信建筑生活给水系统原理图，参见图4-1。

2. 通信建筑生活给水供水方式

通信建筑生活给水供水方式，参见表6-7。

3. 通信建筑生活给水系统竖向分区

通信建筑应根据建筑内功能的划分和当地供水部门的水量计费分类等因素，设置相应的生活给水系统，并应利用城镇给水管网的水压。

通信建筑生活给水系统竖向分区应根据的原则，参见表3-7。

通信建筑生活给水系统竖向分区确定程序，参见表6-8。

4. 通信建筑生活给水系统形式

通信建筑生活给水系统通常采用下行上给式，设备管道设置方法参见表6-9。

20.1.4 管材及附件

1. 生活给水系统管材

通信建筑生活给水系统给水管道应选用耐腐蚀、安装连接方便可靠、符合国家现行有关产品标准要求及饮用水卫生要求的管材，常用管材包括薄壁不锈钢管、薄壁铜管、PVC-C（氯化聚氯乙烯）冷水用管、钢塑复合管、内衬不锈钢复合钢管、铝塑复合管等。

通信建筑设计选用管材、管道附件及设备等供水设施时应采取有效措施避免管网漏损。

通信机房内的给水管道应采用金属管材及配件。

2. 生活给水系统阀门

通信建筑生活给水系统设置阀门的部位，参见表4-7。

3. 生活给水系统止回阀

通信建筑生活给水系统设置止回阀的部位，参见表4-8。

4. 生活给水系统减压阀

通信建筑配水横管静水压大于0.20MPa的楼层各分区内给水支管起端应设置减压阀，减压阀位置在阀门之后。

5. 生活给水系统水表

通信建筑给水系统的引入管上应设置水表。水表宜设置在室内便于抄表位置；在夏热冬冷地区及严寒地区，当水表设置于室外时，应采取可靠的防冻胀破坏措施。

通信建筑生活给水系统按分区域计量原则设置水表，生活给水系统设置水表的部位，参见表3-14。

6. 生活给水系统其他附件

生活水箱的生活给水进水管上应设自动水位控制阀。

通信建筑生活给水系统设置过滤器的部位，参见表2-19。

通信建筑内公共卫生间的洗手盆水嘴应采用非接触式或延时自闭式水嘴，通常采用感应式水嘴；小便斗、大便器应采用非手动开关。用水点非手动开关的型式，参见表 2-20。

20.1.5 给水管道布置及敷设

1. 室外生活给水系统布置与敷设

通信建筑院区的室外生活给水管网应布置成环状管网，管径宜为 $DN150$。环状给水管网与市政给水管网的连接管不宜少于 2 条，引入管管径宜为 $DN150$、不宜小于 $DN100$。

通信建筑院区室外生活给水管道与其他地下管线及乔木之间的最小净距，参照表 1-25规定。

2. 室内生活给水系统布置与敷设

通信建筑室内生活给水管道通常布置成支状管网，单向供水，宜沿室内公共区域敷设。通信建筑生活给水管道不应布置的场所，见表 20-5。

通信建筑生活给水管道不应布置的场所表 **表 20-5**

序号	生活给水管道不应布置的场所	具体房间
1	通信机房	包括机房、测量室、地下电（光）缆进线室、蓄电池室等
2	互联网数据中心用房	包括客户区（监控室、测试室）、互联网设备区（核心设备机房、普通客户托管机房和 VIP 客户托管机房）、电源设备区（UPS 室、柴油发电机房、高低压变配电室、变压器室等辅助生产用房）等
3	客服呼叫中心	包括座席区（强电间、弱电间、网络节点机房）、生产配套用房（为交换网络设备提供电源保证的电力电池室、发电机房、高低压变配电室等）等
4	发电机房、变配电房、柴油库	
5	通信基站机房	

注：1. 供机房专用空调机使用的加湿给水管可穿越通信机房，在穿过通信机房墙壁和楼板处，应设置套管，管道与套管之间应采取可靠的密封措施；
2. 电视电话会议室、营业厅、展示厅不宜布置生活给水管道；
3. 与生产无关的各种垂直和水平方向设置的给水管道不得穿越生产机房。

3. 室内给水管道防护

室内生活给水横干管、立管超过 50m 时，宜设伸缩补偿装置。

与人防工程功能无关的室内生活给水管道应避免穿越人防地下室，确需穿越时应在人防侧设置防护阀门，管道穿越处应设防护套管。

4. 生活给水管道保温

敷设在有可能结冻的房间、地下室及管井、管沟等处的给水管道应有防冻措施。

屋顶水箱间内生活给水管道均需做保温，所有给水横管及管井内的给水立管均做防结露保温。室内满足防冻要求的管道可不做防结露保温。

通信机房内的给水管道保温材料应为 B 级及以上。

给水管道保温材料厚度确定，参见表 1-30、表 1-31。

20.1.6 生活给水系统给水管网计算

1. 通信建筑院区室外生活给水管网

室外生活给水管网设计流量应按通信建筑院区生活给水最大时用水量确定。院区给水引入管的设计流量应按最大时用水量确定；当引入管为 2 条时，应保证当其中一条发生故障时，其余的引入管可以提供不小于 70%的流量。

通信建筑院区室外生活给水管网管径宜采用 $DN150$。

2. 通信建筑室内生活给水管网

采用市政给水管网直接供水时，给水引入管设计流量（Q_1）应按直供区生活给水设计秒流量计；采用生活水箱＋变频给水泵组供水时，给水引入管设计流量（Q_2）应按加压区生活水箱设计补水量计，设计补水量不得小于高区最高日平均时用水量，不宜大于最高日最大时用水量。

通信建筑内生活给水设计秒流量应按公式（20-1）计算：

$$q_g = 0.2 \cdot \alpha \cdot (N_g)^{1/2} = 0.3 \cdot (N_g)^{1/2} \tag{20-1}$$

式中 q_g——计算管段的给水设计秒流量，L/s；

N_g——计算管段的卫生器具给水当量总数；

α——根据通信建筑用途而定的系数，通信建筑取 1.5。

注：如计算值小于该管段上一个最大卫生器具给水额定流量时，应采用一个最大的卫生器具给水额定流量作为设计秒流量；如计算值大于该管段上按卫生器具给水额定流量累加所得流量值时，应按卫生器具给水额定流量累加所得流量值采用；有大便器延时自闭冲洗阀的给水管段，大便器延时自闭冲洗阀的给水当量均以 0.5 计，计算得到的 q_g附加 1.20L/s 的流量后，为该管段的给水设计秒流量。

通信建筑生活给水设计秒流量计算，可参照表 6-10。

通信建筑有自闭式冲洗阀时生活给水设计秒流量计算，可参照表 1-33。

通信建筑职工食堂厨房等生活给水管道的设计秒流量应按公式（20-2）计算：

$$q_g = \Sigma q_{g0} \cdot n_0 \cdot b_g \tag{20-2}$$

式中 q_g——通信建筑计算管段的给水设计秒流量，L/s；

q_{g0}——通信建筑同类型的一个卫生器具给水额定流量，L/s，可按表 4-11 采用；

n_0——通信建筑同类型卫生器具数；

b_g——通信建筑卫生器具的同时给水使用百分数：通信建筑职工食堂的设备按表 4-13选用。

3. 通信建筑内卫生器具给水当量

通信建筑内卫生器具应选用节水型器具，应采用符合现行行业标准《节水型生活用水器具》CJ/T 164 规定的节水型卫生器具，宜选用用水效率等级不低于 3 级的用水器具。

通信建筑常见卫生器具的给水额定流量、给水当量、连接给水管管径和最低工作压力按表 3-18 确定。

4. 通信建筑内给水管管径

通信建筑内给水供水管的管径，应根据该给水供水管段的设计秒流量、允许给水流速等查相关计算表格确定。生活给水管道内的给水流速，宜参照表 1-38。

通信建筑内公共卫生间的蹲便器个数与给水供水管管径的对照表，参见表4-15。

整个生活给水系统生活给水立管、干管均按照其服务的给水设计秒流量确定其管段管径。

20.1.7 生活水泵和生活水泵房

通信建筑给水设计应有可靠的水源和供水管道系统，当仅有一路城市引入管或供水不满足设计秒流量或压力要求时，应设置加压供水设备。

1. 生活水泵

通信建筑生活给水加压水泵宜采用3台（2用1备）配置模式，亦可采用2台（1用1备）或4台（3用1备）配置模式。

通信建筑生活给水加压通常采用变频调速给水泵组，其设计流量应按其负责给水系统的最大设计秒流量确定，即$Q=q_g$。设计时应统计该系统内各用水点卫生器具的生活给水当量数，经公式（20-1）、公式（20-2）计算或查表6-10得出设计流量值。

生活给水加压水泵的设计工作压力，按公式（1-10）计算。

通信建筑加压水泵应选用低噪声节能型产品。

2. 生活水泵房

通信建筑生活水泵房宜设于地下室内或在室外单设，水泵房应采取隔振隔声措施，降低噪声对周围生产房间的干扰。

通信建筑二次加压给水的水泵房应为独立的房间，并应环境良好、便于维修和管理；不应毗邻通信机房、互联网数据中心用房、电视电话会议室、营业厅、展示厅，不宜毗邻办公室；加压泵组及泵房应采取减振降噪措施。

通信建筑生活水泵房的设置位置应根据其所供水服务的范围确定，见表20-6。

通信建筑生活水泵房位置确定及要求表 **表20-6**

序号	水泵房位置	适用情况	设置要求
1	院区室外集中设置	院区室外有空间；常见于新建通信建筑院区	宜与消防水泵房、消防水池、暖通冷热源机房、锅炉房等集中设置，宜靠近通信建筑
2	建筑地下室楼层设置	院区室外无空间	宜设在地下一层或地下二层，不宜设在最低地下楼层；水泵房地面宜高出室外地面200～300mm

各分区的生活给水泵组宜集中布置；生活水泵房内每套生活给水泵组宜设置在一个基础上。

20.1.8 生活贮水箱（池）

通信建筑给水设计应有可靠的水源和供水管道系统，当仅有一路城市引入管或供水不满足设计秒流量或压力要求时，应设置生活贮水箱（池）。

通信建筑水箱间应为独立的房间，不应毗邻通信机房、互联网数据中心用房、电视电话会议室、营业厅、展示厅，不宜毗邻办公室。

水箱应设置消毒设备，并宜采用紫外线消毒方式。

1. 贮水容积

通信建筑生活用水贮水箱（池）的有效容积计算时，其生活用水调节量应按进水量与用水量变化曲线经计算确定，当资料不足时，宜按最高日用水量的20%～25%确定，最大不得大于48h的用水量。有条件时可适当增加生活贮水箱（池）有效容积。

通信建筑生活用水贮水设备宜采用贮水箱。

2. 生活水箱

通信建筑生活水箱设计要求，参见表1-46。

3. 生活水箱相关管道、装置设置要求

通信建筑生活水箱相关管道设施要求，参见表1-47。

生活水箱各水位指标确定方法及取值经验值，参见表1-48。

20.2 生活热水系统

20.2.1 热水系统类别

通信建筑生活热水系统类别，参见表19-6。

20.2.2 生活热水系统热源

通信建筑集中生活热水供应系统的热源，参见表2-34。

通信建筑生活热水系统热源选用，参见表2-35。

通信建筑生活热水系统常见热源组合形式，参见表19-7。

通信建筑屋顶设置太阳能光伏发电系统时，系统产生的电能可用于屋顶热水箱内热水的加热，保证生活热水系统供水温度。

20.2.3 热水系统设计参数

1. 通信建筑热水用水定额

按照《水标》，通信建筑相关功能场所热水用水定额，见表20-7。

通信建筑热水用水定额表 **表20-7**

序号	建筑物名称		单位	用水定额（L）		使用时数（h）	最高日小时变化系数 K_h
				最高日	平均日		
1	办公	坐班制办公	每人每班	5～10	4～8	8～10	1.5～1.2
2	餐饮业	职工食堂	每人每次	10～12	7～10	12～16	1.5～1.2
3	宿舍	设公共盥洗卫生间	每人每日	40～80	35～45	24或定时供应	6.0～3.0
4	会议厅		每座位每次	2～3	2	4	1.5～1.2

注：1. 表中所列用水定额均已包括在表20-3中；

2. 本表以60℃热水水温为计算温度，卫生器具的使用水温见表2-40；

3. 表中平均日用水定额仅用于计算太阳能热水系统集热器面积和计算节水用水量。

《节水标》中通信建筑相关功能场所热水平均日节水用水定额，见表20-8。

通信建筑热水平均日节水用水定额表 表20-8

序号	建筑物名称		单位	节水用水定额
1	办公	坐班制办公	L/(人·班)	5～10
2	餐饮业	职工食堂	L/(人·次)	7～10
3	宿舍	设公共盥洗卫生间	L/(人·d)	35～45
4	会议厅		L/(座位·次)	2

注：热水温度按60℃计。

通信建筑所在地为较大城市、标准要求较高的，通信建筑热水用水定额可以适当选用较高值；反之可选用较低值。

2. 通信建筑卫生器具用水定额及水温

通信建筑相关功能场所卫生器具的一次热水用水量、小时热水用水量和水温，可按表20-9确定。

通信建筑卫生器具一次热水用水量、小时热水用水量和水温表 表20-9

<table>
<tr><th>序号</th><th colspan="3">卫生器具名称</th><th>一次热水用水量
(L)</th><th>小时热水用水量
(L)</th><th>水温
(℃)</th></tr>
<tr><td>1</td><td>办公、会议厅</td><td colspan="2">洗手盆</td><td>—</td><td>50～100</td><td>35</td></tr>
<tr><td rowspan="3">2</td><td rowspan="3">餐饮业</td><td rowspan="2">洗脸盆</td><td>工作人员用</td><td>3</td><td>200</td><td rowspan="2">30</td></tr>
<tr><td>顾客用</td><td>—</td><td>120</td></tr>
<tr><td colspan="2">淋浴器</td><td>40</td><td>400</td><td>37～40</td></tr>
<tr><td>3</td><td>宿舍</td><td colspan="2">盥洗槽水嘴</td><td>3～5</td><td>50～80</td><td>30</td></tr>
</table>

注：表中用水量均为使用水温时的用水量；一次热水用水量指使用一次的用水量，并非卫生器具开关一次的用水量，有些卫生器具使用一次可能需要开关几次。

3. 通信建筑冷水计算温度

冷水的计算温度应以当地最冷月平均水温资料确定。当无水温资料时，按表1-58采用。

通信建筑冷水计算温度宜按通信建筑当地地面水温度确定，水温有取值范围时宜取低值。

4. 通信建筑水加热设备供水温度

通信建筑集中热水供应系统的水加热设备（包括热水锅炉、热水机组或水加热器等）的出水温度按表1-59采用。通信建筑集中生活热水系统水加热设备的供水温度宜为60～65℃，通常按60℃计。

5. 通信建筑生活热水水质

通信建筑生活热水的水质指标，应符合现行国家标准《生活饮用水卫生标准》GB 5749的要求。

20.2.4 热水系统设计指标

1. 通信建筑热水设计小时耗热量

(1) 全日供应热水设计小时耗热量

通信建筑生活热水系统采用全日供应热水较为少见，其宿舍采用分散式全日供应热水。

(2) 定时供应热水设计小时耗热量

当通信建筑生活热水系统采用定时供应热水的集中生活热水系统时，其设计小时耗热量可按公式（19-3）计算。

(3) 不同使用要求用水部门热水设计小时耗热量

具有多个不同使用热水部门或具有多种热水使用形式的通信建筑，当其热水由同一热水供应系统供应时，设计小时耗热量，可按同一时间内出现用水高峰的主要用水部门的设计小时耗热量加其他用水部门的平均小时耗热量计算。

2. 通信建筑设计小时热水量

通信建筑设计小时热水量，可按公式（19-4）计算。

3. 通信建筑加热设备供热量

通信建筑全日集中生活热水系统中，锅炉、水加热设备的设计小时供热量应根据日热水用量小时变化曲线、加热方式及锅炉、水加热设备的工作制度经积分曲线计算确定。

(1) 容积式水加热器或贮热容积与其相当的水加热器、燃油（气）热水机组供热量

通信建筑生活热水系统采用的容积式水加热器均应为导流型容积式水加热器，其设计小时供热量可按公式（19-5）计算。

在通信建筑生活热水系统设计小时供热量计算时，通常取 $Q_g=Q_h$。

(2) 半容积式水加热器或贮热容积与其相当的水加热器、燃油（气）热水机组供热量

通信建筑生活热水系统亦常采用半容积式水加热器，此时半容积式水加热器设计小时供热量按设计小时耗热量计算，即取 $Q_g=Q_h$。

20.2.5 生活热水系统热水管网计算

1. 生活热水管网设计流量

(1) 通信建筑生活热水引入管设计流量

通信建筑生活热水引入管设计流量应按该建筑相应生活热水供水系统总供水干管的设计秒流量确定。

(2) 通信建筑内生活热水设计秒流量

通信建筑内生活热水设计秒流量应按公式（20-3）计算：

$$q_g = 0.2 \cdot \alpha \cdot (N_g)^{1/2} = 0.3 \cdot (N_g)^{1/2} \tag{20-3}$$

式中 q_g——计算管段的热水设计秒流量，L/s；

N_g——计算管段的卫生器具热水当量总数；

α——根据通信建筑用途而定的系数，通信建筑取 1.5。

注：如计算值小于该管段上一个最大卫生器具热水额定流量时，应采用一个最大的卫生器具热水额定流量作为设计秒流量；如计算值大于该管段上按卫生器具热水额定流量累加所得流量值时，应按卫生器具热水额定流量累加所得流量值采用。

通信建筑生活热水设计秒流量计算，可参照表 6-24。

2. 通信建筑内卫生器具热水当量

通信建筑卫生器具的热水额定流量、热水当量、连接热水管管径和最低工作压力按表 3-31确定。

3. 通信建筑内热水管管径

通信建筑内热水供水管的管径，应根据该热水供水管段的设计秒流量、允许热水流速等查相关计算表格确定。生活热水管道内的热水流速，宜按表 1-66 控制。

本区域热水回水干管管径根据该区域热水供水干管最大管径确定。热水回水管管径与热水供水管管径的对照，参见表 3-33。

整个生活热水系统的生活热水供水立管、干管均按照其服务的热水设计秒流量确定其管段管径；生活热水回水立管、干管先按照其服务的热水设计秒流量确定出一个供水管管径值，再根据表 3-33 确定其管段回水管管径值。

20.2.6 生活热水机房（换热机房、换热站）

通信建筑生活热水机房（换热机房、换热站）位置确定，参见表 19-11。

通信建筑生活热水机房（换热机房、换热站）应为独立的房间，不应毗邻通信机房、互联网数据中心用房、电视电话会议室、营业厅、展示厅，不宜毗邻办公室。

20.2.7 生活热水箱

通信建筑生活热水箱设计要求，参见表 1-72。

生活热水箱各种水位，按表 1-74 确定。

通信建筑生活热水箱间应为独立的房间，不应毗邻通信机房、互联网数据中心用房、客服呼叫中心内电气类及弱电类机房、电视电话会议室、营业厅、展示厅，不宜毗邻办公室。

20.2.8 生活热水循环泵

1. 生活热水循环泵设置位置

当系统热源由高温热媒经院区热水机房（换热机房）内的各分区换热设备后向各分区供给热水时，各分区生活热水循环泵通常设在热水机房（换热机房）内。当系统热源由屋顶太阳能供水设备向各分区供给热水时，各分区生活热水循环泵通常设在本分区最低楼层或下面一层热水循环泵房内。

2. 生活热水循环泵设计流量

生活热水循环水泵的出水量，可按公式（19-7）计算。

通信建筑热水系统循环流量可按循环管网总水容积的 2～4 倍计算。

设计中，生活热水循环泵的流量可按照所服务热水系统设计小时流量的 25%～30%确定。

3. 生活热水循环泵设计扬程

生活热水循环泵的扬程，可按公式（19-8）、公式（19-9）计算。

通信建筑热水循环泵组通常每套设置2台，1用1备，交替运行。

4. 太阳能集热循环泵

太阳能集热循环泵通常设置在屋顶生活热水箱间内，宜设置在太阳能设备供水管即从生活热水箱接出的管道上。集热循环泵流量，按公式（1-28）计算；集热循环泵扬程，按公式（1-29）、公式（1-30）计算。

通信建筑集热循环泵组通常每套设置2台，1用1备，交替运行。

20.2.9 热水系统管材、附件和管道敷设

1. 生活热水系统管材

通信建筑生活热水系统热水管道常用的管材包括薄壁不锈钢管、PVC-C（氯化聚氯乙烯）热水用管、薄壁铜管、钢塑复合管（如PSP管）、铝塑复合管等，较少采用普通塑料热水管。

2. 生活热水系统阀门

通信建筑生活热水系统设置阀门的部位，参见表2-50。

3. 生活热水系统止回阀

通信建筑生活热水系统设置止回阀的部位，参见表2-51。

4. 生活热水系统水表

通信建筑生活热水系统按分区域原则设置热水表，热水表宜采用远传智能水表。

5. 热水系统排气装置、泄水装置

对于上行下给式热水系统，系统热水配水干管最高处及向上抬高管段应设置*DN*25自动排气阀、检修阀门；对于下行上给式热水系统，可利用最高热水配水点放气。

热水管道系统的最低处及向下凹的管段应设置泄水装置或利用最低热水配水点泄水。

6. 温度计、压力表

通信建筑生活热水系统设置温度计的部位，参见表1-77；设置压力表的部位，参见表1-78。

7. 管道补偿装置

长度超过50m的热水横干管或立管均应设置波纹伸缩节，通常设置在该根管道上管径较小的管段处，靠近一端的管道固定支吊架。

8. 保温

生活热水系统中的热水锅炉、燃油（气）热水机组、水加热设备、贮热水箱（罐）、分（集）水器、热水输（配）水干（立）管、热水循环回水干（立）管均应做保温。

热水管道保温材料厚度确定，参见表1-79、表1-80。

20.3 排水系统

20.3.1 排水系统类别

通信建筑排水系统分类，见表20-10。

排水系统分类表 **表 20-10**

<table>
<tr><th>序号</th><th>分类标准</th><th>排水系统类别</th><th>通信建筑应用情况</th><th>应用程度</th></tr>
<tr><td>1</td><td rowspan="7">建筑内场所使用功能</td><td>生活污水排水</td><td>通信建筑公共卫生间污水排水</td><td rowspan="7">常用</td></tr>
<tr><td>2</td><td>生活废水排水</td><td>通信建筑公共卫生间、盥洗间废水排水</td></tr>
<tr><td>3</td><td>厨房废水排水</td><td>通信建筑内附设厨房、食堂、餐厅污水排水</td></tr>
<tr><td>4</td><td>设备机房废水排水</td><td>通信建筑内附设水泵房（包括生活水泵房、消防水泵房）、空调机房、制冷机房、换热机房、锅炉房、热水机房、直饮水机房等机房废水排水</td></tr>
<tr><td>5</td><td>车库废水排水</td><td>通信建筑内附设车库内一般地面冲洗废水排水</td></tr>
<tr><td>6</td><td>消防废水排水</td><td>通信建筑内消防电梯井排水、自动喷水灭火系统试验排水、消火栓系统试验排水、消防水泵试验排水等废水排水</td></tr>
<tr><td>7</td><td>绿化废水排水</td><td>通信建筑室外绿化废水排水</td></tr>
<tr><td>8</td><td rowspan="2">建筑内污、废水排水方式</td><td>重力排水方式</td><td>通信建筑地上污废水排水</td><td>最常用</td></tr>
<tr><td>9</td><td>压力排水方式</td><td>通信建筑地下室污废水排水</td><td>常用</td></tr>
<tr><td>10</td><td rowspan="2">污废水排水体制</td><td>污废合流排水系统</td><td></td><td>最常用</td></tr>
<tr><td>11</td><td>污废分流排水系统</td><td></td><td>常用</td></tr>
<tr><td>12</td><td rowspan="2">排水系统通气方式</td><td>设有通气管系排水系统</td><td>伸顶通气排水系统通常应用在多层通信建筑卫生间排水，专用通气立管排水系统通常应用在高层通信建筑卫生间排水。环形通气排水系统、器具通气排水系统通常应用在个别通信建筑公共卫生间排水</td><td>最常用</td></tr>
<tr><td>13</td><td>特殊单立管排水系统</td><td></td><td>少用</td></tr>
</table>

通信建筑室内污废水排水体制采用合流制，当有中水利用要求时，可采用分流制。

典型的通信建筑排水系统原理图，参见图 4-2、图 4-3。

通信建筑中的生活污水、厨房含油废水等均应经化粪池处理；生活废水、设备机房废水、消防废水、绿化废水等不需经过化粪池处理。厨房含油废水应经除油处理后再排入污水管道。

通信建筑污废水与建筑雨水应雨污分流。

通信建筑公共卫生间等生活粪便污水、生活废水等可合流排放，当有中水利用要求时，可采用分流排放。

通信建筑的空调凝结水排水管不得与污废水管道系统直接连接，空调凝结水宜单独收集后回用于绿化、水景、冷却塔补水等。

通信机房内安装空调机和加湿器的房间应设置排水设施。地下电（光）缆进线室宜设排水设施。

20.3.2 卫生器具

1. 通信建筑内卫生器具种类及设置场所

通信建筑内卫生器具种类及设置场所，参见表19-13。

2. 通信建筑内卫生器具选用

通信建筑卫生间卫生器具应符合表19-14的规定。

3. 公共卫生间排水设计要点

公共卫生间排水立管及通气立管通常敷设于专用管道井内；采用专用通气立管方式时，排水立管与通气立管采用结合管连接。管道井中排水立管与通气立管中心距最小值，参见表1-91。

4. 通信建筑内卫生器具排水配件穿越楼板留孔位置及尺寸

常见卫生器具排水配件穿越楼板留孔位置及尺寸，参见表1-92。

5. 地漏

通信建筑内公共卫生间、开水间、空调机房、新风机房等场所内应设置地漏。

通信机房内设有地漏时，地漏下应加设水封装置，并应采取防止水封损坏和反溢措施。

通信建筑地漏及其他水封高度要求不得小于50mm，且不得大于100mm。

通信建筑地漏类型选用，参见表2-57；地漏规格选用，参见表2-58。

6. 水封装置

通信建筑中采用排水沟排水的场所包括厨房、车库、泵房、设备机房等。当排水沟内废水直接排至室外时，沟与排水排出管之间应设置水封装置。卫生器具排水管段上不得重复设置水封装置。

20.3.3 排水系统水力计算

1. 通信建筑最高日和最大时生活排水量

通信建筑生活排水量宜按该建筑生活给水量的85%～95%计算，通常按90%。

2. 通信建筑卫生器具排水技术参数

通信建筑卫生器具的排水流量、排水当量、排水支管管径、排水坡度等基本参数的选定，参见表3-39。

3. 通信建筑排水设计秒流量

通信建筑的生活排水管道设计秒流量，按公式（20-4）计算：

$$q_u = 0.12 \cdot \alpha \cdot (N_p)^{1/2} + q_{max} = 0.18 \cdot (N_p)^{1/2} + q_{max} \tag{20-4}$$

式中 q_u——计算管段排水设计秒流量，L/s；

N_p——计算管段的卫生器具排水当量总数；

α——根据建筑物用途而定的系数，通信建筑通常取1.5；

q_{max}——计算管段上最大一个卫生器具的排水流量，L/s。

计算时，如计算所得流量值大于该管段上按卫生器具排水流量累加值时，应按卫生器具排水流量累加值计。

通信建筑 $q_{max}=1.50$L/s 和 $q_{max}=2.00$L/s 时排水设计秒流量计算数据，参见表 6-32。

通信建筑职工食堂厨房等的生活排水管道设计秒流量，按公式（20-5）计算：

$$q_p = \sum q_0 \cdot n_0 \cdot b \tag{20-5}$$

式中 q_p——通信建筑计算管段的排水设计秒流量，L/s；

q_0——通信建筑同类型的一个卫生器具排水流量，L/s，可按表 3-39 采用；

n_0——通信建筑同类型卫生器具数；

b——通信建筑卫生器具的同时排水百分数：通信建筑职工食堂的设备按表 4-13 选用。

注：当计算排水流量小于一个大便器排水流量时，应按一个大便器的排水流量计算。

4. 通信建筑排水管道管径确定

通信建筑排水铸铁管道最小坡度，按表 1-98 确定；胶圈密封连接排水塑料横管的坡度，按表 1-99 确定；建筑内排水管道最大设计充满度，参见表 1-100；排水管道自清流速，参见表 1-101。

排水横管水力计算按照公式（1-32）、公式（1-33）；排水铸铁管水力计算，参见表 1-102；排水塑料管水力计算，参见表 1-103。

不同管径下排水横管允许流量 Q_p，参见表 1-104。

通信建筑排水系统中排水横干管常见管径为 $DN100$、$DN150$。$DN100$ 排水横干管对应排水当量最大限值，参见表 1-105，$DN150$ 排水横干管对应排水当量最大限值，参见表 1-106。

不同通气方式的排水立管最大设计排水能力，参见表 1-107～表 1-109。

通信建筑各种排水管的推荐管径，参见表 2-60。

20.3.4 排水系统管材、附件和检查井

1. 通信建筑排水管管材

通信建筑室外排水管可采用埋地排水塑料管，包括硬聚氯乙烯管、聚乙烯管和玻璃纤维增强塑料夹砂管等。常用的室外排水管还有双壁加筋波纹排水管、双平壁钢塑复合缠绕排水管等。

通信机房内的排水管道应采用金属管材及配件。

防酸式蓄电池室应采用耐酸（碱）材料制成的排水管道，阀控式电池室可不设排水管道。

通信建筑室内排水管类型，参见表 19-15。

2. 通信建筑排水管附件

排水立管上检查口的设置位置，参见表 1-113；检查口之间的最大距离，参见表 1-114；检查口设置要求，参见表 1-115。

清扫口的设置位置，参见表 1-116；清扫口至室外检查井中心最大长度，参见表 1-117；排水横管直线管段上清扫口之间的最大距离，参见表 1-118。

塑料排水管道支吊架间距规定，参见表 1-119。

3. 通信建筑排水管道布置敷设

通信建筑排水管道不应布置场所，见表 20-11。

排水管道不应布置场所表　　表 20-11

序号	排水管道不应布置场所	具体要求
1	生活水泵房等设备机房	排水横管禁止在通信建筑生活水箱箱体正上方敷设，生活水泵房其他区域不宜敷设排水管道；设在室内的消防水池（箱）应按此要求处理
2	厨房、餐厅	通信建筑中厨房内的主副食操作间、烹调间、备餐间、加工间、粗加工、冷菜间、面点蒸煮间、食品储藏库（主食库、副食库）等房间的上方均不应敷设排水管道，排水立管不宜穿过上述房间；通信建筑中的餐厅；通信建筑中的厨房排水应独立设置，排水横管和立管均不得与卫生间污水排水管道连通。上述场所上方排水管不宜采用同层排水方式
3	通信机房	排水管道不应穿越通信建筑内通信机房、测量室、地下电（光）缆进线室、蓄电池室等场所。供机房专用空调机使用的凝结水排水管可穿越通信机房，在穿过通信机房墙壁和楼板处，应设置套管，管道与套管之间应采取可靠的密封措施
4	互联网数据中心用房	通信建筑中客户区（客户操作室、监控室、测试室以及客户接待室、休息室）、互联网设备区（核心设备机房、普通客户托管机房和 VIP 客户托管机房）、电源设备区（UPS 室、柴油发电机房、高低压变配电室、变压器室等辅助生产用房）。排水管道不得敷设在此类场所或房间内
5	客服呼叫中心	通信建筑中座席区（换班休息室茶水间、强电间、弱电间、网络节点机房）、交换网络设备用房及支撑管理用房（管理用房及相关的培训教室、会议室、阅览室等）、生产配套用房（为交换网络设备提供电源保证的电力电池室、发电机房、高低压变配电室等）、生活辅助用房（员工餐厅和客服工作人员换班宿舍等）。排水管道不得敷设在此类房间内
6	电视电话会议室	通信建筑中会议室、控制室、传输室、值班休息室、与会人员会前休息饮水场所等。排水管道不得敷设在此类房间内
7	营业厅	排水管道不应敷设在通信建筑中营业用房（直接为用户服务的营业大厅、新业务演示厅、用户终端设备展示厅、控制室、大客户和重点用户业务洽谈室等）和服务管理辅助用房（用户终端设备和票据等储存室、饮水休息室以及营业服务管理人员工作室等）的顶板下方，当不能避免时应采用低噪声管材并采取防渗漏和隔声措施
8	发电机房、变配电房、柴油库、通信基站机房	排水管道不得敷设在通信建筑此类电气机房内
9	结构变形缝、结构风道	原则上排水管道不得穿过结构变形缝；若条件限制必须穿越沉降缝时，则应预留沉降量并设置不锈钢软管柔性连接，必须穿越伸缩缝时，则应安装伸缩器
10	电梯机房、通风小室	

通信建筑排水系统管道设计遵循原则，参见表 2-63。

4. 通信建筑间接排水

通信建筑中的间接排水，参见表 4-33。

通信建筑未设置地下室时，排水排出管穿越有沉降可能的承重墙或基础时应预留洞口；

设置地下室时，排水排出管穿越地下室外墙时应预留防水套管，宜采用柔性防水套管。

5. 其他

通信机房内的排水管道保温材料应为B级及以上。

20.3.5 通气管系统

通信建筑通气管设置要求，参见表19-17。

通信建筑平屋面宜按上人平屋面进行设计。

通信建筑通气管可采用柔性接口机制排水铸铁管或塑料排水管，一般采用与通信建筑排水管相同管材。在最冷月平均气温低于－13℃的地区，伸出屋面部分通气立管应采用柔性接口机制排水铸铁管。

通气立管的最小管径，参见表1-130。

20.3.6 特殊排水系统

通信建筑的通信机房及辅助生产用房的上层不应布置易产生积水的房间，不能避免时，上层房间的楼面应采取有效的防水措施。

通信建筑内与生产无关的各种垂直和水平方向设置的排水管道不得穿越生产机房。

通信建筑生活水泵房、厨房、电气机房等场所的上方楼层不应有排水横支管明设管道等。若有必要在上述某些场所上方设置排水点且无法采取其他躲避措施时，该部位的排水应采用同层排水方式。

通信建筑同层排水最常采用的是降板或局部降板法。

20.3.7 特殊场所排水

1. 通信建筑化粪池

化粪池宜设置在接户管的下游端；位置宜选在院区最低处附近；外壁距建筑物外墙不宜小于5m；宜选用钢筋混凝土化粪池。

通信建筑化粪池有效容积，按公式（4-21）～公式（4-24）计算。

通信建筑可集中并联设置或根据院区布局分散并联布置2个或3个化粪池，多个化粪池的型号宜一致。

2. 通信建筑食堂、餐厅含油废水处理

通信建筑含油废水宜采用三级隔油处理流程，参见表1-141。

根据食堂用餐人数确定隔油设施处理水量，按公式（1-39）计算；根据食堂餐厅面积确定隔油设施处理水量，按公式（1-40）计算。

隔油池有效容积，按公式（1-41）计算。隔油池的类型，参见表1-142。

隔油提升一体化设备选型的主要技术参数为其所接纳的食堂、餐厅内厨房等器具含油污水排水流量。

3. 通信建筑附设车库汽车洗车污水处理

汽车冲洗水量，参见表1-143。

隔油沉淀池有效容积，按公式（1-42）计算。隔油沉淀池类型，参见表1-144。

4. 通信建筑设备机房排水

通信建筑地下设备机房排水设施要求，参见表1-147。

5. 地下车库排水

通信建筑地下车库应设置排水设施（排水沟和集水坑）。车库内排水沟设置要求，参见表1-150。

20.3.8 压力排水

1. 通信建筑集水坑设置

通信建筑地下室应设置集水坑。集水坑的设置要求，参见表19-18。

通气管管径宜与排水管管径相同，可接至室外或向上接至建筑地上部分通气管系统。

2. 污水泵、污水提升装置选型

通信建筑排水泵的流量方法确定，参见表2-68；排水泵的扬程，按公式（1-44）计算。

20.3.9 室外排水系统

1. 通信建筑室外排水管道布置

通信建筑室外排水管道布置方法，参见表2-69；与其他地下管线（构筑物）最小间距，参见表1-154。

通信建筑室外排水管道最小覆土深度不宜小于0.5m；对于严寒地区、寒冷地区通信建筑，室外排水管道最小覆土深度应超过当地冻土层深度。

2. 通信建筑室外排水管道敷设

通信建筑室外排水管道与生活给水管道交叉时，应敷设在生活给水管道下面。室外排水管道敷设发生冲突时，应遵循表1-26原则处理。

3. 通信建筑室外排水管道水力计算

室外排水管道水力计算，按公式（1-45）、公式（1-46）。

通信建筑室外排水管道的最小管径、最小设计坡度、最大设计充满度，参见表1-155。

4. 通信建筑室外排水管道管材

通信建筑室外排水管道宜优先采用埋地塑料排水管，弹性橡胶圈密封柔性接口，小于*DN*200直壁管，可采用承插式粘接；可采用埋地铸铁排水管，橡胶圈柔性接口或水泥砂浆接口。

5. 通信建筑室外排水检查井

通信建筑室外排水检查井设置位置，参见表1-156。

通信建筑室外排水检查井宜优先选用玻璃钢排水检查井，其次是混凝土排水检查井，禁止采用砖砌排水检查井。室外排水管在排水检查井连接应采用管顶平接。

20.4 雨水系统

20.4.1 雨水系统分类

通信建筑雨水系统分类，见表20-12。

雨水系统分类表 表 20-12

<table>
<tr><th>序号</th><th>分类标准</th><th>雨水系统类别</th><th>通信建筑应用情况</th><th>应用程度</th></tr>
<tr><td>1</td><td rowspan="3">屋面雨水设计流态</td><td>半有压流屋面雨水系统</td><td>通信建筑中一般采用的是 87 型雨水斗系统</td><td>最常用</td></tr>
<tr><td>2</td><td>压力流屋面雨水系统（虹吸式雨水系统）</td><td>通信建筑的屋面（通常为裙楼屋面）面积较大时，可考虑采用</td><td>少用</td></tr>
<tr><td>3</td><td>重力流屋面雨水系统</td><td></td><td>极少用</td></tr>
<tr><td>4</td><td rowspan="3">雨水管道设置位置</td><td>内排水雨水系统</td><td>高层通信建筑雨水系统应采用；多层通信建筑雨水系统宜采用</td><td>最常用</td></tr>
<tr><td>5</td><td>外排水雨水系统</td><td>通信建筑如果面积不大、建筑专业立面允许，可以采用</td><td>少用</td></tr>
<tr><td>6</td><td>混合式雨水系统</td><td></td><td>极少用</td></tr>
<tr><td>7</td><td rowspan="2">雨水出户横管室内部分是否存在自由水面</td><td>封闭系统</td><td></td><td>最常用</td></tr>
<tr><td>8</td><td>敞开系统</td><td></td><td>极少用</td></tr>
<tr><td>9</td><td rowspan="3">建筑屋面排水条件</td><td>天沟雨水排水系统</td><td></td><td>最常用</td></tr>
<tr><td>10</td><td>檐沟雨水排水系统</td><td></td><td>极少用</td></tr>
<tr><td>11</td><td>无沟雨水排水系统</td><td></td><td>极少用</td></tr>
<tr><td>12</td><td colspan="2">压力提升雨水排水系统</td><td>通信建筑地下车库出入口等处，雨水汇集就近排至集水坑时采用</td><td>常用</td></tr>
</table>

20.4.2 雨水量

1. 设计雨水流量

通信建筑设计雨水流量，应按公式（1-47）计算。

2. 设计暴雨强度

设计暴雨强度应按通信建筑所在地或相邻地区暴雨强度公式计算确定，见公式（1-48）。我国部分城镇 5min 设计暴雨强度、小时降雨厚度，参见表 1-158（设计重现期 P=10 年）。

3. 设计重现期

通信建筑屋面雨水设计重现期：对于半有压流屋面雨水系统，通常取 10 年；对于压力流屋面雨水系统，通常取 50 年。

4. 设计降雨历时

通信建筑屋面雨水排水管道设计降雨历时按照 5min 确定。

通信建筑院区雨水排水管道设计降雨历时，按公式（1-49）计算。

5. 径流系数

通信建筑屋面及院区地面的径流系数，参见表 1-159。

6. 汇水面积

通信建筑的雨水汇水面积计算原则，参见表 1-160。

20.4.3　雨水系统

1. 雨水系统设计常规要求

通信建筑雨水系统设置要求，参见表1-161。

通信建筑雨水排水管道不应穿越的场所，见表20-13。

雨水排水管道不应穿越的场所表　　表20-13

序号	不应穿越的场所名称	具体房间名称
1	厨房、餐厅	通信建筑中厨房内的主副食操作间、烹调间、备餐间、加工间、粗加工、冷菜间、面点蒸煮间、食品储藏库（主食库、副食库），餐厅
2	通信机房	通信建筑内通信机房、测量室、地下电（光）缆进线室、蓄电池室等
3	互联网数据中心用房	通信建筑中客户区（客户操作室、监控室、测试室以及客户接待室、休息室）、互联网设备区（核心设备机房、普通客户托管机房和VIP客户托管机房）、电源设备区（UPS室、柴油发电机房、高低压变配电室、变压器室等辅助生产用房）
4	客服呼叫中心	通信建筑中座席区（换班休息室茶水间、强电间、弱电间、网络节点机房）、交换网络设备用房及支撑管理用房（管理用房及相关的培训教室、会议室、阅览室等）、生产配套用房（为交换网络设备提供电源保证的电力电池室、发电机房、高低压变配电室等）、生活辅助用房（员工餐厅和客服工作人员换班宿舍等）
5	电视电话会议室	通信建筑中会议室、控制室、传输室、值班休息室、与会人员会前休息饮水场所等
6	营业厅	通信建筑中营业用房（直接为用户服务的营业大厅、新业务演示厅、用户终端设备展示厅、控制室、大客户和重点用户业务洽谈室等）和服务管理辅助用房（用户终端设备和票据等储存室、饮水休息室以及营业服务管理人员工作室等）等
7	发电机房、变配电房、柴油库、通信基站机房	

注：1. 通信建筑雨水排水横管宜沿建筑内公共区域（内走道等）吊顶内敷设；雨水排水立管宜沿建筑内公共场所或辅助次要场所敷设；

2. 有组织排水屋面的雨水管，应设置在室外，不宜埋于墙（柱）内，不应在通信机房内通过。无法避免在通信机房内通过时，应采取有效的防水措施。

2. 雨水斗设计

通信建筑半有压流屋面雨水系统通常采用87型雨水斗或79型雨水斗，规格常用DN100。

雨水斗设计排水负荷，参见表1-163。

雨水斗下方区域宜为建筑顶层公共区域（如内走道）或辅助次要场所（如公共卫生间、库房等），不应为需要安静的场所。

雨水斗宜对雨水排水立管做对称布置；接有多斗悬吊管的立管顶端不得设置雨水斗；

一个屋面上应设置不少于2个雨水斗。

3. 天沟、溢流设施、连接管、悬吊管、立管、埋地管、排出管设计

通信建筑天沟、溢流设施、连接管、悬吊管、立管、埋地管、排出管设置要求，参见表1-164。

4. 室内水泵提升雨水排水系统设计

地下室露天窗井内应设平箅式雨水口、无水封地漏作为雨水口，经雨水收集管接入集水池；地下车库出入口汽车坡道上应设雨水截水沟，经直埋雨水收集管接入集水池。

雨水提升泵通常采用潜水泵，宜采用3台，2用1备。

5. 雨水管管材

通信建筑雨水排水管管材，参见表1-167。

20.4.4 雨水系统水力计算

1. 半有压流（87型）屋面雨水系统水力计算

（1）雨水斗（87型）

雨水斗设计流量，应按公式（1-50）计算。

对于单斗雨水系统，雨水斗设计流量不应超过表1-168数值；对于多斗雨水系统，雨水斗设计流量应根据表1-169取值，最远端雨水斗设计流量不得超过表1-169数值。

通信建筑87型雨水斗口径常采用$DN100$，其次是$DN75$、$DN150$。

（2）雨水连接管

通信建筑雨水连接管管径通常与雨水斗出水口直径相同，常采用$DN100$，其次是$DN150$。

（3）雨水悬吊管

通信建筑雨水悬吊管管径，参见表1-172。

（4）雨水立管

连接2根及以上雨水悬吊管的雨水立管管径，按表1-173确定。

（5）雨水排出管

通信建筑雨水排出管管径确定，参见表1-174～表1-177。

（6）雨水管道最小管径

通信建筑雨水系统最小设计管径及雨水排水横管最小设计坡度，参见表1-178。

2. 压力流（虹吸式）屋面雨水系统水力计算

通信建筑压力流（虹吸式）屋面雨水系统水力计算方法，参见1.4.4节。

3. 雨水提升系统水力计算

通信建筑地下室车库坡道、窗井等场所设计雨水流量，按公式（1-54）计算；设计径流雨水总量，按公式（1-55）计算。

20.4.5 院区室外雨水系统设计

通信建筑局址内应有畅通的雨水排水系统，并应符合下列要求：

1）局址内应有排除地面及路面雨水至城市排水系统的措施；

2）局址内为无组织排水时，场地应高于局址周围地面的高程，并有不小于0.2%的

排水坡度，且应考虑出水的通畅；

3）建筑物底层出入口处应采取措施防止室外地面雨水回流；

4）室外地面优先采用透水地面，透水地面面积比大于或等于40%。

通信建筑院区雨水系统宜采用管道排水形式，与污水系统应分流排放。

1. 雨水口

雨水口选型，参见表1-180；雨水口设置位置，参见表1-181；各类型雨水口的泄水流量，参见表1-182。

雨水口设计流量，按公式（1-56）计算。

2. 雨水口连接管

单箅雨水口连接管管径通常采用*DN*250。

3. 雨水检查井

院区内直线雨水管道上雨水检查井设置最大间距，参见表1-183。

院区雨水检查井常见规格通常采用*DN*1000圆形玻璃钢或钢筋混凝土雨水检查井。

4. 室外雨水管道布置

通信建筑室外雨水管道布置方法，参见表1-184。

20.4.6 院区室外雨水利用

在有条件的地区，宜通过技术经济比较，合理确定通信建筑院区雨水积蓄、处理及利用方案。

通信建筑场地内绿化灌溉、景观用水、浇洒道路用水、洗车用水宜优先考虑采用雨水、冷凝水、再生水。其水质应符合现行国家标准《城市污水再生利用 城市杂用水水质》GB/T 18920的规定；景观用水的水质应符合现行国家标准《城市污水再生利用 景观环境用水水质》GB/T 18921的规定。

通信建筑应根据所在地的自然条件、水资源情况及经济技术发展水平，合理设置雨水收集利用系统。雨水利用工程应符合现行国家标准《建筑与小区雨水控制及利用工程技术规范》GB 50400的有关规定。

雨水收集回用应进行水量平衡计算。通信建筑院区雨水通常可用于景观用水、院区绿化用水、路面和地面冲洗用水、汽车冲洗用水、冲厕用水等。

通信建筑院区绿化灌溉宜采用喷灌、微灌、滴灌等节水高效灌溉方式。

20.5 消火栓系统

建筑高度大于50m或建筑高度24m以上部分任一楼层建筑面积大于1000m^{2}的高层通信建筑属于一类高层民用建筑；建筑高度小于或等于50m且建筑高度24m以上部分任一楼层建筑面积小于或等于1000m^{2}的高层通信建筑属于二类高层民用建筑。

20.5.1 消火栓系统设置场所

高层通信建筑；建筑高度大于15m或建筑体积大于10000m^{3}的单、多层通信建筑应设置室内消火栓系统。

20.5.2 消火栓系统设计参数

1. 通信建筑室外消火栓设计流量

通信建筑室外消火栓设计流量，不应小于表 20-14 的规定。

通信建筑室外消火栓设计流量表（L/s） **表 20-14**

耐火等级	建筑物名称	建筑体积（m^3）			
		$V\leqslant5000$	$5000<V\leqslant20000$	$20000<V\leqslant50000$	$V>50000$
一、二级	单层及多层通信建筑	15	25	30	40
	高层通信建筑	—	25	30	40

注：1. 建筑体积指本建筑占据的空间数量，包括该建筑的地上空间体积数和地下空间体积数；

2. 地下车库室外消火栓系统设计流量小于建筑主体室外消火栓系统设计流量，通信建筑室外消火栓系统设计流量按建筑主体室外消火栓系统设计流量确定；

3. 地下人防工程室外消火栓系统设计流量小于建筑主体室外消火栓系统设计流量，通信建筑室外消火栓系统设计流量按建筑主体室外消火栓系统设计流量确定。

2. 通信建筑室内消火栓设计流量

通信建筑室内消火栓设计流量，不应小于表 20-15 的规定。

通信建筑室内消火栓设计流量表 **表 20-15**

建筑物名称	高度 h（m）、体积 V（m^3）、火灾危险性	消火栓设计流量（L/s）	同时使用消防水枪数（支）	每根竖管最小流量（L/s）
单层及多层通信建筑	$h>15$ 或 $V>10000$	15	3	10
二类高层通信建筑（建筑高度小于或等于 50m 且建筑高度 24m 以上部分任一楼层建筑面积小于或等于 1000m^2 的高层通信建筑）	$h\leqslant50$	20	4	10
一类高层通信建筑（建筑高度大于 50m 或建筑高度 24m 以上部分任一楼层建筑面积大于 1000m^2 的高层通信建筑）	$h>50$	40	8	15

注：1. 消防软管卷盘、轻便消防水龙，其消火栓设计流量可不计入室内消防给水设计流量；

2. 地下车库室内消火栓系统设计流量小于建筑主体室内消火栓系统设计流量，通信建筑室内消火栓系统设计流量按建筑主体室内消火栓系统设计流量确定；

3. 地下人防工程室内消火栓系统设计流量小于建筑主体室内消火栓系统设计流量，通信建筑室内消火栓系统设计流量按建筑主体室内消火栓系统设计流量确定。

3. 火灾延续时间

通信建筑消火栓系统的火灾延续时间应按 2.0h 计算。

通信建筑室内自动灭火系统的火灾延续时间，参见表 1-188。

4. 消防用水量

一座通信建筑的消防用水量按室外消火栓系统用水量、室内消火栓系统用水量、室内自动喷水灭火系统用水量三者之和计算。

20.5.3 消防水源

1. 市政给水

当前国内城市市政给水管网能够满足通信建筑直接消防供水条件的较少。

通信建筑室外消防给水管网管径，按表4-40确定。

通信建筑室外消防给水管网宜与室外生活给水管网分开敷设，且应布置成环状管网。

2. 消防水池

（1）通信建筑消防水池有效储水容积

表20-16给出了常用典型通信建筑消防水池有效储水容积的对照表。

通信建筑火灾延续时间内消防水池储存消防用水量表 **表20-16**

单、多层通信建筑体积 V（m^3）	$V \leqslant 5000$	$5000 < V \leqslant 10000$	$10000 < V \leqslant 20000$	$20000 < V \leqslant 50000$	$V > 50000$
室外消火栓设计流量（L/s）	15	25		30	40
火灾延续时间（h）	2.0				
火灾延续时间内室外消防用水量（m^3）	108.0	180.0		216.0	288.0
室内消火栓设计流量（L/s）	15（建筑高度大于15m时）		15		
火灾延续时间（h）	2.0				
火灾延续时间内室内消防用水量（m^3）	108.0				
火灾延续时间内室内外消防用水量（m^3）	216.0	288.0		324.0	396.0
消防水池储存室内外消火栓用水容积 V_1（m^3）	216.0	288.0		324.0	396.0

高层通信建筑体积 V（m^3）	$5000 < V \leqslant 20000$	$20000 < V \leqslant 50000$	$V > 50000$	$5000 < V \leqslant 20000$	$20000 < V \leqslant 50000$	$V > 50000$
高层通信建筑高度 h（m）	$h \leqslant 50$			$h > 50$		
室外消火栓设计流量（L/s）	25	30	40	25	30	40
火灾延续时间（h）	2.0					
火灾延续时间内室外消防用水量（m^3）	180.0	216.0	288.0	180.0	216.0	288.0
室内消火栓设计流量（L/s）	20（二类高层）/30（一类高层）			40		
火灾延续时间（h）	2.0					
火灾延续时间内室内消防用水量（m^3）	144.0/216.0			288.0		
火灾延续时间内室内外消防用水量（m^3）	324.0/396.0	360.0/432.0	432.0/504.0	468.0	504.0	576.0
消防水池储存室内外消火栓用水容积 V_2（m^3）	324.0/396.0	360.0/432.0	432.0/504.0	468.0	504.0	576.0

通信建筑自动喷水灭火系统设计流量（L/s）	25	30	35	40
火灾延续时间（h）	1.0	1.0	1.0	1.0
火灾延续时间内自动喷水灭火用水量（m^3）	90.0	108.0	126.0	144.0
消防水池储存自动喷水灭火用水容积 V_3（m^3）	90.0	108.0	126.0	144.0

如上表所示，通常通信建筑消防水池有效储水容积在306～720m^3。

(2) 通信建筑消防水池位置

消防水池位置确定原则，参见表19-24。

通信建筑消防水池、消防水泵房与院区空间关系，参见表19-25。

消防水池的最低有效水位应高于消防水池吸水喇叭口不小于600mm，且应高于消防水泵的吸水管管顶。

通信建筑消防水泵型式的选择与消防水池有一定的对应关系，参见表1-194。

通信建筑储存室内外消防用水的消防水池与消防水泵房的位置关系，参见表1-195。

通信建筑消防水池格（座）数与有效储水容积的对照关系，参见表1-196。

通信建筑消防水池附件，参见表1-197。

通信建筑消防水池各水位指标确定方法及取值经验值，参见表1-198。

3. 天然水源及其他水源

通信建筑消防水源不宜采用天然水源。

20.5.4 消防水泵房

1. 消防水泵房选址

新建通信建筑院区消防水泵房设置通常采取2个方案，参见表19-26。

改建、扩建通信建筑院区消防水泵房设置方案，参见表1-200。

2. 建筑内部消防水泵房位置

通信建筑消防水泵房若设置在建筑物内，应采取消声、隔声和减振等措施；不应毗邻通信机房、互联网数据中心用房、电视电话会议室、营业厅、展示厅，不宜毗邻办公室。

3. 消防水泵机组的布置要求

相邻两个机组及机组至泵房墙壁间的净距要求，参见表1-201。

4. 消防水泵房采暖、排水等要求

严寒、寒冷地区消防水泵房，应设置供暖设施。

消防水泵房的泵房排水设施：在泵房内设置排水沟；地下消防水泵房内或邻近场所设集水坑，坑内设潜污泵。消防水泵房应采取防淹措施。

5. 消防水泵房管道设计

消防水泵配置数量与消防水系统设计流量的关系，参见表1-202。

通信建筑消防水泵吸水管、出水管管径，参见表1-203；消防吸水总管管径应根据其连通服务的各种消防水泵设计流量之累加值进行确定，参见表1-205。

消防水泵吸水管布置应避免形成气囊。

消防水泵吸水口的淹没深度应满足消防水泵在最低水位运行安全的要求。

消防水泵吸水管、出水管上附件配置及要求，参见表1-206。

6. 消防水泵自动启动控制

消防水泵自动启动要求，参见表1-207；消防水泵自动启动方式，参见表1-208；流量开关性能、设置位置等，参见表1-209。

当消防稳压泵设置于高位消防水箱间内时，消防水泵启泵压力（P），按公式（1-58）确定；当消防稳压泵设置于低位消防水泵房内时，按公式（1-59）确定。

20.5.5 消防水箱

通信建筑消防给水系统绝大多数属于临时高压系统，3层及以上单体总建筑面积大于10000m^2的通信建筑应设置高位消防水箱。

1. 消防水箱有效储水容积

通信建筑高位消防水箱有效储水容积，见表20-17。

通信建筑高位消防水箱有效储水容积表 **表20-17**

<table>
<tr><th>序号</th><th>建筑类别</th><th>消防水箱有效储水容积</th></tr>
<tr><td>1</td><td>建筑高度大于50m、小于或等于100m的高层通信建筑</td><td rowspan="2">不应小于36m^3，可按36m^3</td></tr>
<tr><td>2</td><td>建筑高度24m以上部分任一楼层建筑面积大于1000m^2的高层通信建筑</td></tr>
<tr><td>3</td><td>建筑高度大于100m的高层通信建筑</td><td>不应小于50m^3，可按50m^3</td></tr>
<tr><td>4</td><td>建筑高度大于150m的高层通信建筑</td><td>不应小于100m^3，可按100m^3</td></tr>
<tr><td>5</td><td>建筑高度小于或等于50m且建筑高度24m以上部分任一楼层建筑面积小于或等于1000m^2的高层通信建筑</td><td rowspan="2">不应小于18m^3，可按18m^3</td></tr>
<tr><td>6</td><td>多层通信建筑</td></tr>
</table>

2. 消防水箱设置位置

通信建筑消防水箱设置位置应满足以下要求，见表20-18。

消防水箱设置位置要求表 **表20-18**

序号	消防水箱设置位置要求	备注
1	位于所在建筑的最高处	通常设在屋顶机房层消防水箱间内
2	应该独立设置	不与其他设备机房，如屋顶太阳能热水机房、热水箱间等合用
3	应避免对下方楼层房间的影响	其下方不应是通信机房、互联网数据中心用房、客服呼叫中心内电气类及弱电类机房、电视电话会议室、营业厅、展示厅等，可以是库房、卫生间等辅助房间或公共区域
4	应高于设置室内消火栓系统、自动喷水灭火系统等系统的楼层	机房层设有活动室、库房等需要设置消防给水系统的场所，可采用其他非水基灭火系统，亦可将消防水箱间置于更高一层
5	不宜超出机房层高度过多、影响建筑效果	消防水箱间内配置消防稳压装置

3. 高位消防水箱尺寸

消防水箱宜为装配式方形水箱，其尺寸宜为1.0m或0.5m的倍数，推荐尺寸参见表1-212。

4. 高位消防水箱材质

常用材质为不锈钢板、热浸锌镀锌钢板、玻璃钢板、钢筋混凝土等，不锈钢板最常见。

5. 高位消防水箱配管

高位消防水箱配管及管径确定，参见表 1-213。

6. 消防水箱水位

消防水箱各水位指标确定方法及取值经验值，参见表 1-214。

7. 高位消防水箱布置

高位消防水箱四周净距要求，参见表 1-215。

8. 消防水箱防冻

消防水箱及相应管道保温材料及厚度，参见表 1-216。

20.5.6 消防稳压装置

1. 消防稳压泵

(1) 设计流量

消火栓稳压泵设计流量，参见表 1-217。

自动喷水灭火稳压泵设计流量，参见表 1-218；结合一只标准喷头的流量，自动喷水灭火稳压泵常规设计流量取 1.33L/s。

(2) 设计压力

当消防稳压泵设置于高位消防水箱间内时，稳压泵的启泵压力 P_1 可取 0.15～0.20MPa，停泵压力 P_2 可取 0.20～0.25MPa；当消防稳压泵设置于低位消防水泵房内时，P_1按公式（1-62）确定，P_2 按公式（1-63）确定。

(3) 消防稳压泵选型

消火栓稳压泵设计流量为稳压泵流量确定依据。

消防稳压泵停泵压力（P_2）值附加 0.03～0.05MPa 后，为稳压泵扬程确定依据。

2. 气压水罐

消火栓稳压装置、自动喷水灭火稳压装置均采用 150L 有效储水容积气压水罐；合用消防稳压装置采用 300L 有效储水容积气压水罐。

3. 管道、阀门、附件等

消防稳压泵吸水管管径、出水管管径，参见表 1-219。每套消防稳压泵通常为 2 台，1 用 1 备。

20.5.7 消防水泵接合器

1. 设置范围

对于室内消火栓系统，6 层及以上的通信建筑应设置消防水泵接合器。

通信建筑消火栓系统消防水泵接合器配置，参见表 1-220。

通信建筑自动喷水灭火系统等自动水灭火系统应分别设置消防水泵接合器。

2. 技术参数

通信建筑消防水泵接合器数量，参见表 1-221。

3. 安装形式

通信建筑消防水泵接合器安装形式选择，参见表 1-222。

4. 设置位置

同种水泵接合器不宜集中布置，不同种类、分区、功能的水泵接合器宜成组布置，且应设在室外便于消防车使用和接近的地方，且距室外消火栓或消防水池的距离不宜小于15m，并不宜大于40m，距人防工程出入口不宜小于5m。水泵接合器应设有标明供水系统和供水区域的永久性标志。

20.5.8 消火栓系统给水形式

1. 室外消火栓给水系统

当市政给水管网不满足直接供给室外消火栓给水系统时，通信建筑应采用临时高压室外消火栓给水系统，通常在消防水泵房内独立设置室外消火栓给水泵组、室外消火栓稳压装置。

通信建筑室外消火栓给水泵组一般设置2台，1用1备，泵组设计流量为本建筑室外消防设计流量（15L/s、20L/s、25L/s、30 L/s、40 L/s），设计扬程应保证室外消火栓处的栓口压力（0.20～0.30MPa）。泵组出水管及吸水管管径，参见表1-223。

室外消火栓给水管网管径，参见表1-224，管网应环状布置，单独成环。

2. 室内消火栓给水系统

通信建筑室内消火栓给水系统常采用临时高压消火栓给水系统。

3. 室内消火栓系统分区供水

通信建筑室内消火栓系统竖向分区时，高区、低区消火栓给水管网均应在横向、竖向上连成环状。高区、低区消火栓供水横干管宜分别沿本区最高层和最底层顶板下敷设。

典型通信建筑室内消火栓系统原理图，参见图4-4。

20.5.9 消火栓系统类型

1. 系统分类

通信建筑的室外消火栓系统宜采用湿式消火栓系统。

2. 室外消火栓

严寒、寒冷等冬季结冰地区通信建筑室外消火栓应采用干式消火栓；其他地区宜采用地上式消火栓。

建筑室外消火栓的数量应根据室外消火栓设计流量和保护半径经计算确定，保护半径不应大于150.0m，间距不应大于120.0m，每个室外消火栓的出流量宜按10～15L/s计算。通常根据建筑物平面布局在建筑物四个角附近绿地设置室外消火栓，根据邻近两个消火栓之间距离合理增设消火栓。

3. 室内消火栓

通信建筑的各区域各楼层均应布置室内消火栓予以保护；通信建筑中不能采用自动喷水灭火系统保护的通信机房、互联网数据中心用房、客服呼叫中心电气类或弱电类机房等场所亦应由室内消火栓保护。

室内消火栓不应设在通信机房内，可设在走廊或楼梯间等易于取用的地点。

室内消火栓的布置应满足同一平面有2支消防水枪的2股充实水柱同时达到任何部位。

通信建筑应采用带有消防软管卷盘的室内消火栓。

表20-19给出了通信建筑室内消火栓的布置方法。

通信建筑室内消火栓布置方法表　　表20-19

序号	室内消火栓布置方法	注意事项
1	布置在楼梯间、前室等位置	楼梯间、前室的消火栓宜暗设并采取墙体保护措施；箱体及立管不应影响楼梯门、电梯门开启使用
2	布置在公共走道两侧，箱体开门朝向公共走道	应暗设；优先沿辅助房间（库房、卫生间等）的墙体安装；不应布置在通信机房、互联网数据中心用房、客服呼叫中心电气类或弱电类机房的墙体
3	布置在集中区域内部公共空间内	可在朝向公共空间房间的外墙上暗设；应避免消火栓消防水带穿过多个房间门到达保护点
4	特殊区域如车库、入口门厅、营业厅等场所，应根据其平面布局布置	入口门厅处消火栓宜沿空间周边房间外墙布置；营业厅处消火栓宜沿大厅周边外墙布置，宜靠近厅进入口；车库内消火栓宜沿车行道布置，可沿柱子明设

注：1. 室内消火栓不应跨防火分区布置；

2. 室内消火栓应按其实际行走距离计算其布置间距，通信建筑室内消火栓布置间距宜为20.0～25.0m，不应小于5.0m。

普通消火栓、减压稳压消火栓设置的楼层数，参见表1-227。

20.5.10 消火栓给水管网

1. 室外消火栓给水管网

通信建筑室外消火栓给水管网应采用环状给水管网。向室外消火栓给水管网供水的输水干管不应少于2条。

2. 室内消火栓给水管网

通信建筑室内消火栓给水管网应采用环状给水管网，有2种主要管网型式，见表20-20。室内消火栓给水管网在横向、竖向均宜连成环状。

室内消火栓给水管网主要管网型式表　　表20-20

序号	管网型式特点	适用情形	具体部位	备注
型式1	消防供水干管沿建筑最高处、最低处横向水平敷设，配水干管沿竖向垂直敷设，配水干管上连有消火栓	各楼层竖直上下层消火栓位置基本一致和横向连接管长度较小的区域	建筑内走道、楼梯间、电梯前室；办公室、会议室、餐厅等房间外墙	主要型式
型式2	消防供水干管沿建筑竖向垂直敷设，配水干管沿每一层顶板下或吊顶内横向水平敷设，配水干管上连有消火栓	各楼层竖直上下层消火栓位置差别较大或横向连接管长度较大的区域；地下车库	建筑内走道、楼梯间、电梯前室；通信机房、互联网数据中心用房、客服呼叫中心电气类或弱电类机房、营业厅、办公室、会议室、餐厅等房间外墙；车库；机房等	辅助型式

注：不能敷设消火栓给水管道的场所包括高低压配电室、网络机房、消防控制室等。

室内消火栓给水管网型式 1 参见图 1-13，型式 2 参见图 1-14。

通信建筑室内消火栓给水管网的环状干管管径，参见表 1-229；室内消火栓竖管管径可按 DN100。

3. 系统阀门

室内消火栓系统阀门设置，参见表 1-230。

埋地管道的阀门宜采用带启闭刻度的球墨铸铁暗杆闸阀。室内架空管道的阀门宜采用蝶阀、明杆闸阀或带启闭刻度的暗杆闸阀等。

4. 系统给水管网管材

通信建筑室外消火栓给水管绝大多数采用直埋敷设方式。埋地消火栓给水管道宜采用球墨铸铁管或钢丝网骨架塑料复合管给水管道。

通信建筑室内消火栓给水管管材选择，参见表 1-231。

薄壁不锈钢管（S11163）、镀锌镍碳钢管等新型优质管道，在通信建筑室内消火栓系统中均得到更多的应用，未来会逐步替代传统钢管。

20.5.11 消火栓系统计算

1. 消火栓水泵选型计算

通信建筑室内消火栓水泵流量与室内消火栓设计流量一致；消火栓水泵扬程，按公式（1-64）计算。根据消火栓水泵流量和扬程选择消火栓水泵。

2. 消火栓计算

室内消火栓的保护半径，按公式（1-65）计算；消火栓栓口处所需水压，按公式（1-66）计算。

多层通信建筑消防水枪充实水柱应按 10m 计算。多层通信建筑消火栓栓口动压不应小于 0.25MPa。

高层通信建筑消防水枪充实水柱应按 13m 计算。高层通信建筑消火栓栓口动压不应小于 0.35MPa。

3. 消火栓系统压力计算

消火栓系统的设计工作压力，按公式（1-67）计算。通常以设计工作压力确定消火栓水泵扬程。

20.6 自动喷水灭火系统

20.6.1 自动喷水灭火系统设置

通信建筑相关场所自动喷水灭火系统设置要求，见表 20-21。

通信建筑相关场所自动喷水灭火系统设置要求表 **表 20-21**

序号	通信建筑类型	自动喷水灭火系统设置要求
1	一类高层通信建筑（建筑高度大于 50m 或建筑高度 24m 以上部分任一楼层建筑面积大于 1000m^2 的高层通信建筑）	建筑主楼、裙房、地下室、半地下室，除了不宜用水扑救的部位外的所有场所均设置

续表

序号	通信建筑类型	自动喷水灭火系统设置要求
2	二类高层通信建筑（建筑高度小于或等于50m且建筑高度24m以上部分任一楼层建筑面积小于或等于1000m² 的高层通信建筑）	建筑主楼、裙房及其地下室、半地下室中的活动用房、走道、办公室、可燃物品库房等，除了不宜用水扑救的部位外的所有场所均设置
3	单、多层通信建筑	设有送回风道（管）系统的集中空气调节系统且总建筑面积大于3000m² 的单、多层通信建筑，除了不宜用水扑救的部位外的所有场所均设置

注：通信建筑附设的地下车库，应设置自动喷水灭火系统。

通信建筑若根据规范规定设置自动喷水灭火系统，其设置的具体场所见表20-22。

设置自动喷水灭火系统的具体场所表　　表20-22

序号	设置自动喷水灭火系统的区域	具体场所
1	互联网数据中心用房	包括客户区（客户接待室、休息室）
2	客服呼叫中心	包括座席区（点名室、换班休息室茶水间、更衣室、公用厕所）、交换网络设备用房及支撑管理用房（管理用房及相关的培训教室、会议室、库房、阅览室等）、生活辅助用房（员工餐厅和客服工作人员换班宿舍、盥洗间、卫生间等）等
3	电视电话会议室	包括会议室、值班休息室及库房、与会人员会前休息饮水场所和厕所等公共用房
4	营业厅	包括营业用房（直接为用户服务的营业大厅、新业务演示厅、用户终端设备展示厅和销售维修部、大客户和重点用户业务洽谈室等）和服务管理辅助用房（营业厅工作人员更衣室、卫生间、饮水休息室以及营业服务管理人员工作室等）

表20-23为通信建筑内不宜用水扑救的场所。

不宜用水扑救的场所一览表　　表20-23

序号	不宜用水扑救的场所	自动灭火措施
1	通信机房：包括机房、测量室、地下电（光）缆进线室、蓄电池室等	气体灭火系统或高压细水雾灭火系统
2	互联网数据中心用房：包括客户区（客户操作室、监控室、测试室）、互联网设备区（核心设备机房、普通客户托管机房和VIP客户托管机房）、电源设备区（UPS室、柴油发电机房、高低压变配电室、变压器室等辅助生产用房）	
3	客服呼叫中心：包括座席区（网络节点机房）、生产配套用房（为交换网络设备提供电源保证的电力电池室、发电机房、高低压变配电室等）等	
4	电视电话会议室：包括控制室、传输室等	
5	营业厅：包括营业用房（控制室）和服务管理辅助用房（用户终端设备和票据等储存室）	
6	发电机房、变配电房、柴油库	
7	通信基站机房	
8	电气类房间：消防控制室	不设置

通信建筑自动喷水灭火系统类型选择，参见表1-245。

典型通信建筑自动喷水灭火系统原理图，参见图4-5。

通信建筑中的地下车库火灾危险等级按中危险级Ⅱ级确定；其他场所火灾危险等级均按中危险级Ⅰ级确定。

20.6.2 自动喷水灭火系统设计基本参数

通信建筑自动喷水灭火系统设计参数，按表1-246规定。

通信建筑高大空间场所设置湿式自动喷水灭火系统设计参数，按表20-24规定。

高大空间场所湿式自动喷水灭火系统设计参数表 **表20-24**

适用场所	最大净空高度 h (m)	喷水强度 [L/(min·m²)]	作用面积 (m²)	喷头间距 S (m)
出入门厅、营业厅	$8<h\leqslant 12$	12	160	$1.8\leqslant S\leqslant 3.0$
	$12<h\leqslant 18$	15		

注：当民用建筑高大空间场所的最大净空高度为 $12m<h\leqslant 18m$ 时，应采用非仓库型特殊应用喷头。

若通信建筑地下室中附属的库房认定为堆垛储物仓库，其自动喷水灭火系统设计参数，按表1-247规定。

自动喷水灭火系统的持续喷水时间，应按火灾延续时间不小于1h确定。

20.6.3 洒水喷头

设置自动喷水灭火系统的通信建筑内各场所的最大净空高度通常不大于8m。

通信建筑自动喷水灭火系统喷头公称动作温度宜相比环境温度高30℃，参见表4-54。

通信建筑自动喷水灭火系统喷头种类选择，见表20-25。

通信建筑自动喷水灭火系统喷头种类选择表 **表20-25**

序号	火灾危险等级	设置场所	喷头种类
1	中危险级Ⅱ级	地下车库	直立型普通喷头
2	中危险级Ⅰ级	通信建筑内客户接待室、办公室、会议室、餐厅、宿舍、厨房、营业厅营业用房等设有吊顶场所	吊顶型或下垂型普通或快速响应喷头
3		库房等无吊顶场所	直立型普通或快速响应喷头

每种型号的备用喷头数量按此种型号喷头数量总数的1%计算，并不得少于10只。

通信建筑中自动喷水灭火系统直立型、下垂型喷头的布置间距，不应大于表1-250的规定，且不宜小于2.4m。

通信建筑常用普通玻璃球闭式喷头规格型号，参见表1-252。

20.6.4 自动喷水灭火系统管道

1. 管材

通信建筑自动喷水灭火系统给水管管材，参见表1-254。

薄壁不锈钢管（S11163）、氯化聚氯乙烯（PVC-C）管、镀锌镍碳钢管等新型优质管道，在通信建筑自动喷水灭火系统中均得到更多的应用，未来会逐步替代传统钢管。

通信建筑中，除汽车停车库外其他中危险级Ⅰ级对应场所自动喷水灭火系统公称直径≤*DN*80 的配水管（支管）均可采用氯化聚氯乙烯（PVC-C）管材及管件。

2. 管径

通信建筑自动喷水灭火系统的配水管道管径可根据表 1-255 中数据进行确定。

3. 管网敷设

通信建筑自动喷水灭火系统配水干管宜沿通信机房、互联网数据中心用房、客服呼叫中心用房、电视电话会议用房和营业厅用房的公共走廊敷设，走廊两侧房间内的配水支管就近连接到配水干管上。走廊内布置的喷头就近接至排水支管后再接至配水干管。单个喷头不应直接接至管径大于或等于 *DN*100 的配水干管。

通信建筑自动喷水灭火系统配水管网布置步骤，参见表 19-36。

自动喷水灭火系统每个喷头与配水支管连接的短立管管径通常采用 25mm；末端试水装置或试水阀的连接管管径通常采用 25mm。

20.6.5 水流指示器

除报警阀组控制的喷头只保护不超过防火分区面积的同层场所外，通信建筑每个防火分区、每个楼层均应设水流指示器；当整个场所需要设置的喷头数不超过 1 个报警阀组控制的喷头数时，可不设置水流指示器；每个防火分区应设置一个水流指示器，位置可设在本防火分区系统配水管网的起始端，亦可集中设置于各个防火分区配水干管分叉处。

水流指示器上游端应设置信号阀，其型号规格，参见表 1-257。

水流指示器与所在配水干管同管径，其型号规格，参见表 1-258。

20.6.6 报警阀组

通信建筑消防系统报警阀组主要采用湿式水力报警阀组，一定条件下采用预作用报警阀组。

通信建筑自动喷水灭火系统报警阀组的数量取决于：整个建筑中设置喷头的总数量；每个防火分区内设置喷头的数量；每个报警阀组控制的喷头数。一个报警阀组控制的喷头数不宜超过 800 只，设计中可适当超过 800 只。

喷头均衡组合遵循的原则，参见表 1-259。

通信建筑自动喷水灭火系统报警阀组通常设置在消防水泵房，设置位置方案，参见表 1-260。

报警阀组宜设在安全及易于操作的地点，报警阀距地面的高度宜为 1.2m；宜沿墙体集中布置，相邻报警阀组的间距不宜小于 1.5m，不应小于 1.2m；报警阀组处应设有排水设施，排水管管径不应小于 *DN*100。

表 1-261 为常用湿式报警阀装置型号规格；表 1-262 为常见预作用报警阀装置型号规格；报警阀组压力开关主要技术参数，参见表 1-263；报警阀组前后管道设置，参见表 1-264。

通信建筑自动喷水灭火系统减压阀设置方式，参见表 1-265。

减压孔板作为一种减压部件，可辅助减压阀使用。

20.6.7 自动喷水灭火系统水泵接合器

自动喷水灭火系统管网上应设置水泵接合器，通信建筑自动喷水灭火系统消防水泵接合器数量，参见表1-266。

自动喷水灭火系统水泵接合器宜设置在靠近消防水泵房的室外；常规做法是将多个$DN150$水泵接合器并联起来，由1根$DN150$供水管道接至系统供水泵组出水干管上，连接位置位于报警阀组前。

20.6.8 消防水箱设计

高位消防水箱、自动喷水灭火稳压装置设计参见消火栓系统相关内容。

20.6.9 自动喷水灭火系统压力计算

自动喷水灭火系统的设计工作压力，按公式（1-68）计算。

自动喷水灭火给水泵扬程通常按照自动喷水灭火系统的设计工作压力值确定。

自动喷水灭火给水系统压力管道水压强度试验的试验压力（$H_{试验}$）的基准指标，参见表1-267。

20.7 灭火器系统

通信建筑应配置灭火器，并应符合现行国家标准《建筑灭火器配置设计规范》GB 50140的规定。

20.7.1 灭火器配置场所火灾种类

通信建筑灭火器配置场所的火灾种类，见表20-26。

灭火器配置场所的火灾种类表 表20-26

序号	火灾种类	灭火器配置场所
1	A类火灾（固体物质火灾）	通信建筑内绝大多数场所，如客户接待室、办公室、会议室、餐厅、宿舍、厨房、营业厅营业用房等
2	B类火灾（液体火灾或可熔化固体物质火灾）	通信建筑内附设车库
3	E类火灾（物体带电燃烧火灾）	通信建筑内通信机房、测量室、地下电（光）缆进线室、蓄电池室等；互联网数据中心用房客户区（客户操作室、监控室、测试室）、互联网设备区（核心设备机房、普通客户托管机房和VIP客户托管机房）、电源设备区（UPS室、柴油发电机房、高低压变配电室、变压器室等辅助生产用房）；客服呼叫中心座席区（网络节点机房）、生产配套用房（为交换网络设备提供电源保证的电力电池室、发电机房、高低压变配电室等）等；电视电话会议室控制室、传输室等；营业厅营业用房（控制室）和服务管理辅助用房（用户终端设备和票据等储存室）；发电机房、变配电房；通信基站机房

20.7.2 灭火器配置场所危险等级

通信建筑灭火器配置场所的危险等级分为严重危险级、中危险级和轻危险级3级，危险等级举例，见表20-27。

通信建筑灭火器配置场所的危险等级举例　　表20-27

危险等级	举例
严重危险级	城镇及以上的通信枢纽及其电信机房
	超高层通信建筑和一类高层通信建筑
	专用电子计算机房
	配建充电基础设施（充电桩）的车库区域
中危险级	城镇以下的通信枢纽及其电信机房
	二类高层通信建筑
	通信建筑的会议室、资料室
	设有集中空调、电子计算机、复印机等设备的办公室
	民用燃油、燃气锅炉房
	民用的油浸变压器室和高、低压配电室
	配建充电基础设施（充电桩）以外的车库区域
轻危险级	未设集中空调、电子计算机、复印机等设备的普通办公室

注：通信建筑室内强电间、弱电间；屋顶排烟机房内每个房间均应设置2具手提式磷酸铵盐干粉灭火器。

20.7.3 灭火器选择

通信建筑灭火器配置场所的火灾种类通常涉及A类、B类、E类火灾，通常配置灭火器时选择磷酸铵盐干粉灭火器。

对不宜用水扑救的下列广播电视设备部位和机房，应选用气体灭火器：

1）通信机房、测量室、地下电（光）缆进线室、蓄电池室等；

2）互联网数据中心客户区（客户操作室、监控室、测试室）、互联网设备区（核心设备机房、普通客户托管机房和VIP客户托管机房）、电源设备区（UPS室、柴油发电机房、高低压变配电室、变压器室等辅助生产用房）；

3）客服呼叫中心座席区（网络节点机房）、生产配套用房（为交换网络设备提供电源保证的电力电池室、发电机房、高低压变配电室等）等；

4）电视电话会议室控制室、传输室等；

5）营业厅营业用房（控制室）和服务管理辅助用房（用户终端设备和票据等储存室）；

6）发电机房、变配电房；

7）通信基站机房。

气体灭火器通常采用二氧化碳灭火器。

20.7.4 灭火器设置

通信建筑中设置的手提式灭火器，通常和室内消火栓同位置设置，放置于室内消火栓箱体下部。独立设置的手提式或推车式灭火器通常放置于所保护区域的公共走道、门口或房间内靠近公共通道出入口处。灭火器设置点应均衡布置。

设置在 A 类火灾场所的灭火器，其最大保护距离应符合表 1-274 的规定。

灭火器最大保护距离为灭火器与起火点之间最大的行走距离。通信建筑中的调度大厅、地下车库区域、建筑中大间套小间区域、房间中间隔着走道区域等场所，常需要增加灭火器配置点。地下车库区域增设的灭火器宜靠近相邻 2 个室内消火栓中间的位置，并宜沿车库墙体或柱子布置。

设置在 B 类火灾场所的灭火器，其最大保护距离应符合表 1-275 的规定。

通信建筑中 E 类火灾场所中的高低压配电间、弱电机房等场所，灭火器配置宜按 B 类火灾场所灭火器最大保护距离要求进行。面积较大的通信建筑变配电室，需要在变配电室内增设灭火器。

20.7.5　灭火器配置

A 类火灾场所灭火器的最低配置基准，应符合表 1-276 的规定。

通信建筑灭火器 A 类火灾场所配置基准可按照灭火器最低配置基准，即：严重危险级按照 3A；中危险级按照 2A；轻危险级按照 1A。

B 类火灾场所灭火器的最低配置基准，应符合表 1-277 的规定。

通信建筑灭火器 B 类火灾场所配置基准可按照灭火器最低配置基准，即：严重危险级按照 89B；中危险级按照 55B。

E 类火灾场所的灭火器最低配置基准不应低于该场所内 A 类（或 B 类）火灾的规定。

20.7.6　灭火器配置设计计算

通信建筑内每个灭火器设置点灭火器数量通常以 2～4 具为宜。

灭火器计算单元最小需配灭火级别，按公式（1-69）计算。

灭火器计算单元中每个灭火器设置点最小需配灭火级别，按公式（1-70）计算。

20.7.7　灭火器类型及规格

通信建筑灭火器配置设计中常用的灭火器类型及规格，见表 1-279。

20.8　气体灭火系统

20.8.1　气体灭火系统应用场所

通信建筑的下列部位应设置自动灭火系统，且宜采用气体灭火系统：

1）通信机房、测量室、地下电（光）缆进线室、蓄电池室等；

2）互联网数据中心客户区（客户操作室、监控室、测试室）、互联网设备区（核心设备机房、普通客户托管机房和 VIP 客户托管机房）、电源设备区（UPS 室、柴油发电机房、高低压变配电室、变压器室等辅助生产用房）；

3）客服呼叫中心座席区（网络节点机房）、生产配套用房（为交换网络设备提供电源保证的电力电池室、发电机房、高低压变配电室等）等；

4）电视电话会议室控制室、传输室等；

5）营业厅营业用房（控制室）和服务管理辅助用房（用户终端设备和票据等储存室）；

6）发电机房、变配电房；

7）通信基站机房。

目前通信建筑中最常用IG541混合气体灭火系统和七氟丙烷（HFC－227ea）气体灭火系统。

20.8.2 七氟丙烷气体灭火系统设计参数

七氟丙烷灭火剂主要技术性能参数，参见表1-281。

无管网七氟丙烷气体自动灭火装置技术参数、规格等，参见表1-282～表1-284。

通信建筑中采用七氟丙烷气体灭火保护时，各防护区设计灭火浓度，参见表3-70。

20.8.3 气体灭火设计用量计算

七氟丙烷气体灭火设置场所设计用量，按公式（1-71）计算。

七氟丙烷设计用量，按公式（2-28）计算；七氟丙烷设计容积，按公式（2-29）计算。

每个防护区内无管网七氟丙烷气体灭火装置的布置应做到均匀。

IG541混合气体灭火防护区灭火设计用量或惰化设计用量，按公式（1-74）计算。

IG541灭火剂气体在101kPa大气压和防护区最低环境温度下的质量体积，按公式（1-75）计算。

IG541混合气体灭火系统灭火剂储存量，应为防护区灭火设计用量及系统灭火剂剩余量之和，系统灭火剂剩余量按公式（1-76）计算。

20.8.4 IG541混合气体灭火系统管网计算

IG541混合气体灭火系统管道流量宜采用平均设计流量。

系统主干管、支管的平均设计流量，按公式（1-77）、公式（1-78）计算。

管道内径按公式（1-79）计算。

灭火剂释放时，管网应进行减压。减压装置宜采用减压孔板，宜设在系统的源头或干管入口处。减压孔板前的压力，按公式（1-80）计算；减压孔板后的压力，按公式（1-81）计算；减压孔板孔口面积，按公式（1-82）计算。

系统的阻力损失宜从减压孔板后算起，并按公式（1-83）计算。

IG541混合气体灭火系统的喷头工作压力的计算结果，应符合：一级充压（15.0MPa）系统，$P_c \geqslant 2.0$MPa（绝对压力）；二级充压（20.0MPa）系统，$P_c \geqslant 2.1$MPa（绝对压力）。

喷头等效孔口面积，按公式（1-84）计算。

20.8.5 防护区泄压口

气体灭火系统防护区应设置泄压口。七氟丙烷气体灭火系统防护区泄压口面积按系统设计规定计算，按公式（1-85）计算；IG541混合气体灭火系统防护区泄压口面积按系统设计规定计算，宜按公式（1-86）计算。

七氟丙烷气体灭火系统的泄压口应位于防护区净高的2/3以上。对于设置吊顶场所，泄压口通常设置在吊顶（梁）下，泄压口顶面紧贴吊顶（梁）或吊顶（梁）下100mm。

不同规格无管网七氟丙烷气体灭火装置与泄压口尺寸的对照表，参见表1-288。

防护区设置的泄压口，宜设在外墙上，无外墙时应设置在朝向公共建筑公共区域（走道）的内墙上。每个防护区根据需要可设置1个或多个泄压口。

20.9 高压细水雾灭火系统

通信建筑中不宜用水扑救的部位（即采用水扑救后会引起爆炸或重大财产损失的场所）可以采用高压细水雾灭火系统灭火。

通信建筑中适合采用高压细水雾灭火系统的场所包括：

1）通信机房、测量室、地下电（光）缆进线室、蓄电池室等；

2）互联网数据中心客户区（客户操作室、监控室、测试室）、互联网设备区（核心设备机房、普通客户托管机房和VIP客户托管机房）、电源设备区（UPS室、柴油发电机房、高低压变配电室、变压器室等辅助生产用房）；

3）客服呼叫中心座席区（网络节点机房）、生产配套用房（为交换网络设备提供电源保证的电力电池室、发电机房、高低压变配电室等）等；

4）电视电话会议室控制室、传输室等；

5）营业厅营业用房（控制室）和服务管理辅助用房（用户终端设备和票据等储存室）；

6）发电机房、变配电房；

7）通信基站机房。

通信建筑中当此类场所较少时，宜采用气体灭火系统；当此类场所较多时，可采用高压细水雾灭火系统，设计方法参见4.9节。

20.10 自动跟踪定位射流灭火系统

当通信建筑出入门厅、营业厅等场所为高大空间时，可设置自动跟踪定位射流灭火系统，设计方法参见4.10节。

20.11 中水系统

通信建筑建设中水设施，应结合建筑所在地区的不同特点，满足当地政府部门的有关规定。建筑面积大于30000m^{2}或回收水量大于100m^3/d的通信建筑，宜建设中水设施。

20.11.1 中水原水

1. 中水原水种类

通信建筑中水原水可选择的种类及选取顺序，见表 20-28。

通信建筑中水原水可选择的种类及选取顺序表　表 20-28

序号	中水原水种类	备注
1	通信建筑内公共卫生间的废水排水	最适宜
2	通信建筑内公共卫生间的盥洗废水排水	适宜
3	通信建筑空调循环冷却水系统排水	
4	通信建筑空调水系统冷凝水	
5	通信建筑附设厨房、食堂、餐厅废水排水	不适宜
6	通信建筑内公共卫生间的冲厕排水	最不适宜

2. 中水原水量

通信建筑中水原水量按公式（20-6）计算：

$$Q_Y = \Sigma \beta \cdot Q_{pj} \cdot b \tag{20-6}$$

式中 Q_Y——通信建筑中水原水量，m^3/d；

β——通信建筑按给水量计算排水量的折减系数，一般取 0.85～0.95；

Q_{pj}——通信建筑平均日生活给水量，按《节水标》中的节水用水定额（表 20-4）计算确定，m^3/d；

b——通信建筑分项给水百分率，应以实测资料为准，当无实测资料时，可按表 20-29 选取。

通信建筑分项给水百分率表　表 20-29

项目	冲厕	厨房	盥洗	总计
办公给水百分率（%）	60～66	—	40～34	100
职工食堂给水百分率（%）	6.7～5	93.3～95	—	100

通信建筑用作中水原水的水量宜为中水回用水量的 110%～115%。

3. 中水原水水质

通信建筑中水原水水质应以类似建筑的实测资料为准；当无实测资料时，通信建筑排水的污染物浓度可按表 20-30 确定。

通信建筑排水污染物浓度表　表 20-30

类别	项目	冲厕	厨房	盥洗	综合
办公	BOD_5浓度（mg/L）	260～340	—	90～110	195～260
	COD_{Cr}浓度（mg/L）	350～450	—	100～140	260～340
	SS浓度（mg/L）	260～340	—	90～110	195～260
职工食堂	BOD_5浓度（mg/L）	260～340	500～600	—	490～590
	COD_{Cr}浓度（mg/L）	350～450	900～1100	—	890～1075
	SS浓度（mg/L）	260～340	250～280	—	255～285

注：综合是对包括以上三项生活排水的统称。

20.11.2 中水利用与水质标准

1. 中水利用

通信建筑中水原水主要用于城市杂用水和景观环境用水等。

通信建筑中水利用率，可按公式（2-31）计算。

通信建筑中水利用率应不低于当地政府部门的中水利用率指标要求。

当通信建筑附近有可利用的市政再生水管道时，可直接接入使用。

2. 中水水质标准

通信建筑中水水质标准要求，参见表2-104。

20.11.3 中水系统

1. 中水系统形式

通信建筑中水通常采用中水原水系统与生活污水系统分流、生活给水与中水给水分供的完全分流系统。

2. 中水原水系统

通信建筑中水原水管道通常按重力流设计；当靠重力流不能直接接入时，可采取局部加压提升接入。

通信建筑原水系统原水收集率不应低于本建筑回收排水项目给水量的75%，可按公式（2-32）计算。

通信建筑若需要食堂、餐厅的含油脂污水作为中水原水时，在进入原水收集系统前应经过除油装置处理。

通信建筑中水原水应进行计量，可采用超声波流量计和沟槽流量计。

3. 中水处理系统

通信建筑中水处理系统设计处理能力，可按公式（2-33）计算。

4. 中水供水系统

建筑中水供水系统必须独立设置。建筑中水不得用作通信建筑生活饮用水水源。

通信建筑中水系统供水量，可按照表20-3中的用水定额及表20-29中规定的百分率计算确定。

通信建筑中水供水系统的设计秒流量和管道水力计算方法与生活给水系统一致，参见20.1.6节。

通信建筑中水供水系统的供水方式宜与生活给水系统一致，通常采用变频调速泵组供水方式，水泵的选择参见20.1.7节。

通信建筑中水供水系统的竖向分区宜与生活给水系统一致。当建筑周边有市政中水管网且管网流量压力均满足时，低区由市政中水管网直接供水；当建筑周边无市政中水管网时，低区由低区中水给水泵组自中水贮水池（箱）吸水后加压供水。

通信建筑中水供水管道宜采用塑料给水管、钢塑复合管或其他具有可靠防腐性能的给水管材，不得采用非镀锌钢管。

通信建筑中水贮存池（箱）设计要求，参见表2-105。

通信建筑中水供水系统应安装计量装置，具体设置要求参见表3-14。

中水供水管道应采取防止误接、误用、误饮的措施。

5. 水量平衡

中水系统设计应进行中水原水量和用水量平衡计算。

通信建筑中水用水量应根据不同用途用水量累加确定。

通信建筑最高日冲厕中水用水量按照表 20-3 中的最高日用水定额及表 20-29 中规定的百分率计算确定。最高日冲厕中水用水量，可按公式（20-7）计算：

$$Q_C = \Sigma q_L \cdot F \cdot N/1000 \tag{20-7}$$

式中 Q_C——通信建筑最高日冲厕中水用水量，m^3/d；

q_L——通信建筑给水用水定额，L/（人·d）；

F——冲厕用水占生活用水的比例，%，按表 20-29 取值；

N——使用人数，人。

通信建筑相关功能场所冲厕用水量定额及小时变化系数，见表 20-31。

通信建筑冲厕用水量定额及小时变化系数表 **表 20-31**

类别	建筑种类	冲厕用水量［L/(人·d)］	使用时间（h/d）	小时变化系数	备注
1	办公	20～30	8～10	1.5～1.2	—
2	职工食堂	5～10	12	1.5～1.2	工作人员按办公楼设计

中水系统原水调节池（箱）调节容积，可按公式（2-35）、公式（2-36）计算。

中水贮存池（箱）容积，可按公式（2-37）、公式（2-38）计算。

当中水供水系统采用水泵-水箱联合供水时，水箱调节容积不得小于中水系统最大小时用水量的 50%。

中水系统的总调节容积，包括原水调节池（箱）、中水处理工艺构筑物、中水贮存池（箱）及高位水箱等调节容积之和，不宜小于中水日处理量的 100%。

20.11.4 中水处理工艺与处理设施

1. 中水处理工艺

通信建筑通常采用的中水处理工艺，参见表 2-107。

2. 中水处理设施

通信建筑中水处理设施及设计要求，参见表 2-108。

20.11.5 中水处理站

通信建筑内的中水处理站设计要求，参见 2.11.5 节。

20.12 管道直饮水系统

20.12.1 水量、水压和水质

通信建筑管道直饮水最高日直饮水定额（q_d），可按 1.0～2.0L/(人·d) 采用，亦可根据用户要求确定。

直饮水专用水嘴额定流量宜为0.04～0.06L/s。

通信建筑直饮水专用水嘴最低工作压力不宜小于0.03MPa。

通信建筑管道直饮水系统用户端的水质应符合现行行业标准《饮用净水水质标准》CJ/T 94的规定。

20.12.2 水处理

通信建筑管道直饮水系统应对原水进行深度净化处理。

水处理工艺流程的选择应依据原水水质，经技术经济比较确定。处理后的出水应符合现行行业标准《饮用净水水质标准》CJ/T 94的规定。

深度净化处理应根据处理后的水质标准和原水水质进行选择，宜采用膜处理技术，参见表1-333。

不同的膜处理应相应配套预处理、后处理、膜的清洗和水处理消毒灭菌设施，参见表1-334。

深度净化处理系统排出的浓水宜回收利用。

20.12.3 系统设计

通信建筑管道直饮水系统必须独立设置，不得与市政或建筑供水系统直接相连。

通信建筑管道直饮水系统宜采取集中供水系统，一座建筑中宜设置一个供水系统。

通信建筑常见的管道直饮水系统供水方式，参见表1-335。

多层通信建筑管道直饮水供水竖向不分区；高层通信建筑管道直饮水供水应竖向分区，分区原则参见表1-336。

通信建筑管道直饮水系统类型，参见表1-337。

通信建筑管道直饮水系统设计应设循环管道，供、回水管网应设计为同程式。

通信建筑管道直饮水系统通常采用全日循环，亦可采用定时循环，供、配水系统中的直饮水停留时间不应超过12h。

通信建筑管道直饮水系统回水宜回流至净水箱或原水水箱。回流到净水箱时，应在消毒设施前接入。

管道直饮水系统不循环的支管长度不宜大于6m。

通信建筑管道直饮水系统管道敷设要求，参见表1-338。

通信建筑管道直饮水系统管材及附件设置要求，参见表1-339。

20.12.4 系统计算与设备选择

1. 系统计算

通信建筑管道直饮水系统最高日直饮水量，应按公式（20-8）计算：

$$Q_d = N \cdot q_d \tag{20-8}$$

式中 Q_d——通信建筑管道直饮水系统最高日饮水量，L/d；

N——通信建筑管道直饮水系统所服务的人数，人；

q_d——通信建筑最高日直饮水定额，L/(人·d)，取1.0～2.0L/(人·d)。

通信建筑的瞬时高峰用水量的计算应符合现行国家标准《建筑给水排水设计标准》

GB 50015 的规定。通信建筑瞬时高峰用水量，应按公式（1-94）计算。

通信建筑瞬时高峰用水时水嘴使用数量，应按公式（1-95）计算。

瞬时高峰用水时水嘴使用数量 m 的确定，应按表 1-340（当水嘴数量 $n\leqslant 12$ 个时）、表 1-341（当水嘴数量 $n>12$ 个时）选取。当 $np\geqslant 5$ 并且满足 $n(1-p)\geqslant 5$ 时，可按公式（1-96）简化计算。

水嘴使用概率应按公式（20-9）计算：

$$p=\alpha\cdot Q_{\mathrm{d}}/(1800\cdot n\cdot q_0)=0.27\cdot Q_{\mathrm{d}}/(1800\cdot n\cdot q_0) \tag{20-9}$$

式中 α——经验系数，通信建筑取 0.27。

定时循环时，循环流量可按公式（1-98）计算。

管道直饮水供、回水管道内水流速度宜符合表 1-342 的规定。

2. 设备选择

净水设备产水量可按公式（1-100）计算。

变频调速供水系统水泵设计流量应按公式（1-101）计算；水泵设计扬程应按公式（1-102）计算。

净水箱（槽）有效容积可按公式（1-103）计算；原水调节水箱（槽）容积可按公式（1-104）计算。

原水水箱（槽）的进水管管径宜按净水设备产水量设计，并应根据反洗要求确定水量。当进水管的供水能力满足预处理的流量和压力要求时，原水水箱（槽）可不设置。

20.12.5 净水机房

净水机房设计要求，参见表 1-343。

20.12.6 管道敷设与设备安装

管道直饮水管道敷设与设备安装设计要求，参见表 1-344。

20.13 给水排水抗震设计

通信建筑给水排水管道抗震设计，参见 4.11 节。

20.14 给水排水专业绿色建筑设计

通信建筑绿色设计，应根据通信建筑所在地相关规定要求执行。新建通信建筑应按照一星级或以上星级标准设计；政府投资或者以政府投资为主的通信建筑、建筑面积大于 20000m^2 的大型通信建筑宜按照绿色建筑二星级或以上星级标准设计。通信建筑二星级、三星级绿色建筑设计专篇，参见表 1-347。

第21章　邮政建筑给水排水设计

邮政建筑是办理邮政业务的公共建筑。

邮政建筑分类及组成，见表21-1。

邮政建筑分类及组成表　　**表21-1**

序号	分类	说明	组成
1	邮件处理中心	按邮件内部处理要求，对各类邮件进行接收、分拣（分类）、封装、发运等的邮政生产用房及其配套的生产辅助用房和生活用房	包括信函分拣车间、包裹分拣车间、印刷品分拣车间、报刊分发车间、邮件转运车间、生产调度室、供电室、计算机房、空邮袋库、业务档案库、海关用房，以及高低压变配电室、自备发电机房等生产辅助用房、生活辅助用房等
2	邮件转运站	邮路衔接点，承担邮件接转功能的转运站，包括航空、火车及汽车邮件转运站	包括邮件转运车间，高低压变配电室、自备发电机房等生产辅助用房和生活用房等
3	邮政汽运中心	承担邮车的停放、检查、维修、保养及总包邮件经转的场所	包括邮车的停放、检查、维修、保养及总包邮件经转等
4	邮政局建筑	承担顾客邮政服务的场所	包括营业厅（少数大城市邮局有夜间服务厅）、包裹库、出口包裹封发室、大宗邮件库、大宗邮件处理室、期刊库、报刊发行室、金库、会计室、投递室、开筒室、出口封发室、进口分发室、汇检室、稽查室，以及生产辅助用房和生活用房等

邮政建筑给水排水设计应符合现行国家标准《城市给水工程项目规范》GB 55026、《城乡排水工程项目规范》GB 55027、《建筑给水排水设计标准》GB 50015、《建筑防火通用规范》GB 55037、《消防设施通用规范》GB 55036、《建筑设计防火规范》GB 50016和《消防给水及消火栓系统技术规范》GB 50974等的规定。根据邮政建筑的功能设置，其给水排水设计涉及的现行行业标准为《办公建筑设计标准》JGJ/T 67。邮政建筑消防设计应执行现行行业标准《邮电建筑防火设计标准》YD 5002。邮政建筑若设置中水系统，其设计涉及的现行国家标准为《建筑中水设计标准》GB 50336。邮政建筑若设置管道直饮水系统，其设计涉及的现行行业标准为《建筑与小区管道直饮水系统技术规程》CJJ/T 110。

邮政建筑中的信函分拣车间、包裹分拣车间、印刷品分拣车间、报刊分发车间、邮件转运车间等邮政生产用房属于厂房。邮政生产厂房属于丙类厂房。

邮政建筑中的邮袋库等邮政生产用房属于仓库。邮政生产仓库属于丙类仓库。

邮政建筑中的厂房、仓库给水排水按照工业建筑相关规范标准设计。

21.1 生活给水系统

21.1.1 用水量标准

1. 生活用水量标准

《水标》中邮政建筑相关功能场所生活用水定额，见表21-2。

邮政建筑生活用水定额表 **表21-2**

序号	建筑物名称		单位	生活用水定额（L）		使用时数（h）	最高日小时变化系数 K_h
				最高日	平均日		
1	办公	坐班制办公	每人每班	30～50	25～40	8～10	1.5～1.2
2	餐饮业	职工食堂	每人每次	20～25	15～20	12～16	1.5～1.2
3	停车库地面冲洗水		每平方米每次	2～3	3～3	20～120	1.0

注：1. 除注明外，均不含员工生活用水，员工最高日用水定额为每人每班40～50L，平均日用水定额为每人每班30～45L；

2. 表中用水量标准为生活用水，包括生活用热水用水量和直饮水用量，也包括正常漏水量和间接用水量，如清洁用水在内；但不包括空调、采暖、水景绿化、场地和道路浇洒等用水；

3. 计算邮政建筑最高日最大时用水量时，某一类型生活用水定额、最高日小时变化系数（K_h）均为一个范围值时，生活用水定额取定额的最低值应对应选择最高日小时变化系数（K_h）的最大值；生活用水定额取定额的最高值应对应选择最高日小时变化系数（K_h）的最小值；生活用水定额取定额的中间值应对应选择最高日小时变化系数（K_h）的中间值（按内插法确定）。

《节水标》中邮政建筑相关功能场所平均日生活用水节水用水定额，见表21-3。

邮政建筑平均日生活用水节水用水定额表 **表21-3**

序号	建筑物名称		单位	节水用水定额
1	办公	坐班制办公	L/(人·班)	25～40
2	餐饮业	职工食堂	L/(人·次)	15～20
3	停车库地面冲洗用水		L/(m^2·次)	2～3

注：1. 除注明外均不含员工用水，员工用水定额每人每班30～45L；

2. 表中用水量包括热水用量在内，空调用水应另计；

3. 选择用水定额时，可依据当地气候条件、水资源状况等确定，缺水地区应选择低值；

4. 用水人数或单位数应以年平均值计算；

5. 每年用水天数应根据使用情况确定。

2. 绿化浇灌用水量标准

邮政建筑院区绿化浇灌最高日用水定额按浇灌面积1.0～3.0L/(m^2·d)计算，通常取2.0L/(m^2·d)，干旱地区可酌情增加。

3. 浇洒道路用水量标准

邮政建筑院区道路、广场浇洒最高日用水定额按浇洒面积2.0～3.0L/(m^2·d)计算，亦可参见表2-8。

4. 空调循环冷却水补水用水量标准

邮政建筑空调循环冷却水补充水量，按公式（1-3）计算，亦可由暖通空调专业提供。

5. 汽车冲洗用水量标准

汽车冲洗用水量标准按 10.0～15.0L/(辆·次) 考虑。

6. 供暖锅炉补充水量

供暖锅炉补充水量由暖通空调、热能动力专业提供。

7. 给水管网漏失水量和未预见水量

这两项水量之和按上述 6 项用水量（第 1 项至第 6 项）之和的 8%～12%计算，通常按 10%计。

最高日用水量（Q_d）应为上述 7 项用水量（第 1 项至第 7 项）之和。

最大时用水量（Q_{hmax}）可按公式（1-4）计算。

21.1.2 水质标准和防水质污染

1. 水质标准

邮政建筑生活给水系统的水质应符合现行国家标准《生活饮用水卫生标准》GB 5749 的规定。

2. 防水质污染

邮政建筑防止水质污染常见的具体措施，参见表 2-9。

21.1.3 给水系统和给水方式

1. 邮政建筑生活给水系统

典型的邮政建筑生活给水系统原理图，参见图 4-1。

2. 邮政建筑生活给水供水方式

邮政建筑生活给水供水方式，参见表 6-7。

3. 邮政建筑生活给水系统竖向分区

邮政建筑应根据建筑内功能的划分和当地供水部门的水量计费分类等因素，设置相应的生活给水系统，并应利用城镇给水管网的水压。

邮政建筑生活给水系统竖向分区应根据的原则，参见表 3-7。

邮政建筑生活给水系统竖向分区确定程序，参见表 6-8。

4. 邮政建筑生活给水系统形式

邮政建筑生活给水系统通常采用下行上给式，设备管道设置方法参见表 6-9。

21.1.4 管材及附件

1. 生活给水系统管材

邮政建筑生活给水系统给水管道应选用耐腐蚀、安装连接方便可靠、符合国家现行有关产品标准要求及饮用水卫生要求的管材，常用管材包括薄壁不锈钢管、薄壁铜管、PVC-C（氯化聚氯乙烯）冷水用管、钢塑复合管、内衬不锈钢复合钢管、铝塑复合管等。

邮政建筑设计选用管材、管道附件及设备等供水设施时应采取有效措施避免管网漏损。

2. 生活给水系统阀门

邮政建筑生活给水系统设置阀门的部位，参见表 4-7。

3. 生活给水系统止回阀

邮政建筑生活给水系统设置止回阀的部位，参见表 4-8。

4. 生活给水系统减压阀

邮政建筑配水横管静水压大于 0.20MPa 的楼层各分区内给水支管起端应设置减压阀，减压阀位置在阀门之后。

5. 生活给水系统水表

邮政建筑给水系统的引入管上应设置水表。水表宜设置在室内便于抄表位置；在夏热冬冷地区及严寒地区，当水表设置于室外时，应采取可靠的防冻胀破坏措施。

邮政建筑生活给水系统按分区域计量原则设置水表，生活给水系统设置水表的部位，参见表 3-14。

6. 生活给水系统其他附件

生活水箱的生活给水进水管上应设自动水位控制阀。

邮政建筑生活给水系统设置过滤器的部位，参见表 2-19。

邮政建筑内公共卫生间的洗手盆水嘴应采用非接触式或延时自闭式水嘴，通常采用感应式水嘴；小便斗、大便器应采用非手动开关。用水点非手动开关的型式，参见表 2-20。

21.1.5 给水管道布置及敷设

1. 室外生活给水系统布置与敷设

邮政建筑院区的室外生活给水管网应布置成环状管网，管径宜为 $DN150$。环状给水管网与市政给水管网的连接管不宜少于 2 条，引入管管径宜为 $DN150$、不宜小于 $DN100$。

邮政建筑院区室外生活给水管道与其他地下管线及乔木之间的最小净距，参照表 1-25规定。

2. 室内生活给水系统布置与敷设

邮政建筑室内生活给水管道通常布置成支状管网，单向供水，宜沿室内公共区域敷设。邮政建筑生活给水管道不应布置的场所，见表 21-4。

邮政建筑生活给水管道不应布置的场所表　　表 21-4

序号	生活给水管道不应布置的场所	具体房间
1	邮件处理中心	包括供电室、计算机房、业务档案库以及生产辅助电气类机房等
2	邮件转运站	包括生产辅助电气类机房等
3	邮政局建筑	包括金库及生产辅助电气类机房和生活电气类机房等

3. 室内给水管道防护

室内生活给水横干管、立管超过 50m 时，宜设伸缩补偿装置。

与人防工程功能无关的室内生活给水管道应避免穿越人防地下室，确需穿越时应在人防侧设置防护阀门，管道穿越处应设防护套管。

4. 生活给水管道保温

敷设在有可能结冻的房间、地下室及管井、管沟等处的给水管道应有防冻措施。

屋顶水箱间内生活给水管道均需做保温，所有给水横管及管井内的给水立管均做防结露保温。室内满足防冻要求的管道可不做防结露保温。

给水管道保温材料厚度确定，参见表1-30、表1-31。

21.1.6 生活给水系统给水管网计算

1. 邮政建筑院区室外生活给水管网

室外生活给水管网设计流量应按邮政建筑院区生活给水最大时用水量确定。院区给水引入管的设计流量应按最大时用水量确定；当引入管为2条时，应保证当其中一条发生故障时，其余的引入管可以提供不小于70%的流量。

邮政建筑院区室外生活给水管网管径宜采用*DN*150。

2. 邮政建筑室内生活给水管网

采用市政给水管网直接供水时，给水引入管设计流量（Q_1）应按直供区生活给水设计秒流量计；采用生活水箱+变频给水泵组供水时，给水引入管设计流量（Q_2）应按加压区生活水箱设计补水量计，设计补水量不得小于高区最高日平均时用水量，不宜大于最高日最大时用水量。

邮政建筑内生活给水设计秒流量应按公式（21-1）计算：

$$q_g = 0.2 \cdot \alpha \cdot (N_g)^{1/2} = 0.3 \cdot (N_g)^{1/2} \tag{21-1}$$

式中 q_g——计算管段的给水设计秒流量，L/s；

N_g——计算管段的卫生器具给水当量总数；

α——根据邮政建筑用途而定的系数，邮政建筑取1.5。

注：如计算值小于该管段上一个最大卫生器具给水额定流量时，应采用一个最大的卫生器具给水额定流量作为设计秒流量；如计算值大于该管段上按卫生器具给水额定流量累加所得流量值时，应按卫生器具给水额定流量累加所得流量值采用；有大便器延时自闭冲洗阀的给水管段，大便器延时自闭冲洗阀的给水当量均以0.5计，计算得到的q_g附加1.20L/s的流量后，为该管段的给水设计秒流量。

邮政建筑生活给水设计秒流量计算，可参照表6-10。

邮政建筑有自闭式冲洗阀时生活给水设计秒流量计算，可参照表1-33。

邮政建筑职工食堂厨房等生活给水管道的设计秒流量应按公式（21-2）计算：

$$q_g = \sum q_{g0} \cdot n_0 \cdot b_g \tag{21-2}$$

式中 q_g——邮政建筑计算管段的给水设计秒流量，L/s；

q_{g0}——邮政建筑同类型的一个卫生器具给水额定流量，L/s，可按表4-11采用；

n_0——邮政建筑同类型卫生器具数；

b_g——邮政建筑卫生器具的同时给水使用百分数：邮政建筑职工食堂的设备按表4-13选用。

3. 邮政建筑内卫生器具给水当量

邮政建筑内卫生器具应选用节水型器具，应采用符合现行行业标准《节水型生活用水器具》CJ/T 164规定的节水型卫生器具，宜选用用水效率等级不低于3级的用水器具。

邮政建筑常见卫生器具的给水额定流量、给水当量、连接给水管管径和最低工作压力按表 3-18 确定。

4. 邮政建筑内给水管管径

邮政建筑内给水供水管的管径，应根据该给水供水管段的设计秒流量、允许给水流速等查相关计算表格确定。生活给水管道内的给水流速，宜按表 1-38。

邮政建筑内公共卫生间的蹲便器个数与给水供水管管径的对照表，参见表 4-15。

整个生活给水系统生活给水立管、干管均按照其服务的给水设计秒流量确定其管段管径。

21.1.7 生活水泵和生活水泵房

邮政建筑给水设计应有可靠的水源和供水管道系统，当仅有一路城市引入管或供水不满足设计秒流量或压力要求时，应设置加压供水设备。

1. 生活水泵

邮政建筑生活给水加压水泵宜采用 3 台（2 用 1 备）配置模式，亦可采用 2 台（1 用 1 备）或 4 台（3 用 1 备）配置模式。

邮政建筑生活给水加压通常采用变频调速给水泵组，其设计流量应按其负责给水系统的最大设计秒流量确定，即 $Q=q_g$。设计时应统计该系统内各用水点卫生器具的生活给水当量数，经公式（21-1）、公式（21-2）计算或查表 6-10 得出设计流量值。

生活给水加压水泵的设计工作压力，按公式（1-10）计算。

2. 生活水泵房

邮政建筑二次加压给水的水泵房应为独立的房间，并应环境良好、便于维修和管理；不应毗邻生产辅助电气类机房、生活电气类机房、营业厅，不宜毗邻办公室；加压泵组及泵房应采取减振降噪措施。

邮政建筑生活水泵房的设置位置应根据其所供水服务的范围确定，见表 21-5。

邮政建筑生活水泵房位置确定及要求表 **表 21-5**

序号	水泵房位置	适用情况	设置要求
1	院区室外集中设置	院区室外有空间；常见于新建邮政建筑院区	宜与消防水泵房、消防水池、暖通冷热源机房、锅炉房等集中设置，宜靠近邮政建筑
2	建筑地下室楼层设置	院区室外无空间	宜设在地下一层或地下二层，不宜设在最低地下楼层；水泵房地面宜高出室外地面 200～300mm

各分区的生活给水泵组宜集中布置；生活水泵房内每套生活给水泵组宜设置在一个基础上。

21.1.8 生活贮水箱（池）

邮政建筑给水设计应有可靠的水源和供水管道系统，当仅有一路城市引入管或供水不满足设计秒流量或压力要求时，应设置生活贮水箱（池）。

邮政建筑水箱间应为独立的房间，不应毗邻生产辅助电气类机房、生活电气类机房、营业厅，不宜毗邻办公室。

水箱应设置消毒设备，并宜采用紫外线消毒方式。

1. 贮水容积

邮政建筑生活用水贮水箱（池）的有效容积计算时，其生活用水调节量应按进水量与用水量变化曲线经计算确定，当资料不足时，宜按最高日用水量的20%～25%确定，最大不得大于48h的用水量。有条件时可适当增加生活贮水箱（池）有效容积。

邮政建筑生活用水贮水设备宜采用贮水箱。

2. 生活水箱

邮政建筑生活水箱设计要求，参见表1-46。

3. 生活水箱相关管道、装置设置要求

邮政建筑生活水箱相关管道设施要求，参见表1-47。

生活水箱各水位指标确定方法及取值经验值，参见表1-48。

21.2 生活热水系统

21.2.1 热水系统类别

邮政建筑生活热水系统类别，参见表19-6。

21.2.2 生活热水系统热源

邮政建筑集中生活热水供应系统的热源，参见表2-34。

邮政建筑生活热水系统热源选用，参见表2-35。

邮政建筑生活热水系统常见热源组合形式，参见表19-7。

邮政建筑屋顶设置太阳能光伏发电系统时，系统产生的电能可用于屋顶热水箱内热水的加热，保证生活热水系统供水温度。

21.2.3 热水系统设计参数

1. 邮政建筑热水用水定额

按照《水标》，邮政建筑相关功能场所热水用水定额，见表21-6。

邮政建筑热水用水定额表 **表21-6**

序号	建筑物名称		单位	用水定额（L）		使用时数（h）	最高日小时变化系数 K_h
				最高日	平均日		
1	办公	坐班制办公	每人每班	5～10	4～8	8～10	1.5～1.2
2	餐饮业	职工食堂	每人每次	10～12	7～10	12～16	1.5～1.2

注：1. 表中所列用水定额均已包括在表21-2中；

2. 本表以60℃热水水温为计算温度，卫生器具的使用水温见表21-8；

3. 表中平均日用水定额仅用于计算太阳能热水系统集热器面积和计算节水用水量。

《节水标》中邮政建筑相关功能场所热水平均日节水用水定额，见表21-7。

邮政建筑热水平均日节水用水定额表　　表 21-7

序号	建筑物名称		单位	节水用水定额
1	办公	坐班制办公	L/(人·d)	5～10
2	餐饮业	职工食堂	L/(人·次)	7～10

注：热水温度按 60℃计。

邮政建筑所在地为较大城市、标准要求较高的，邮政建筑热水用水定额可以适当选用较高值；反之可选用较低值。

2. 邮政建筑卫生器具用水定额及水温

邮政建筑相关功能场所卫生器具的一次热水用水量、小时热水用水量和水温，可按表 21-8确定。

邮政建筑卫生器具一次热水用水量、小时热水用水量和水温表　　表 21-8

<table>
<tr><th>序号</th><th colspan="3">卫生器具名称</th><th>一次热水用水量（L）</th><th>小时热水用水量（L）</th><th>水温（℃）</th></tr>
<tr><td>1</td><td>办公</td><td colspan="2">洗手盆</td><td>—</td><td>50～100</td><td>35</td></tr>
<tr><td rowspan="3">2</td><td rowspan="3">餐饮业</td><td rowspan="2">洗脸盆</td><td>工作人员用</td><td>3</td><td>200</td><td rowspan="2">30</td></tr>
<tr><td>顾客用</td><td>—</td><td>120</td></tr>
<tr><td colspan="2">淋浴器</td><td>40</td><td>400</td><td>37～40</td></tr>
</table>

注：表中用水量均为使用水温时的用水量；一次热水用水量指使用一次的用水量，并非卫生器具开关一次的用水量，有些卫生器具使用一次可能需要开关几次。

3. 邮政建筑冷水计算温度

冷水的计算温度应以当地最冷月平均水温资料确定。当无水温资料时，按表 1-58 采用。

邮政建筑冷水计算温度宜按邮政建筑当地地面水温度确定，水温有取值范围时宜取低值。

4. 邮政建筑水加热设备供水温度

邮政建筑集中热水供应系统的水加热设备（包括热水锅炉、热水机组或水加热器等）的出水温度按表 1-59 采用。邮政建筑集中生活热水系统水加热设备的供水温度宜为 60～65℃，通常按 60℃计。

5. 邮政建筑生活热水水质

邮政建筑生活热水的水质指标，应符合现行国家标准《生活饮用水卫生标准》GB 5749 的要求。

21.2.4 热水系统设计指标

1. 邮政建筑热水设计小时耗热量

（1）全日供应热水设计小时耗热量

邮政建筑生活热水系统采用全日供应热水较为少见。

（2）定时供应热水设计小时耗热量

当邮政建筑生活热水系统采用定时供应热水的集中生活热水系统时，其设计小时耗热量可按公式（19-3）计算。

（3）不同使用要求用水部门热水设计小时耗热量

具有多个不同使用热水部门或具有多种热水使用形式的邮政建筑，当其热水由同一热水供应系统供应时，设计小时耗热量，可按同一时间内出现用水高峰的主要用水部门的设计小时耗热量加其他用水部门的平均小时耗热量计算。

2. 邮政建筑设计小时热水量

邮政建筑设计小时热水量，可按公式（19-4）计算。

3. 邮政建筑加热设备供热量

邮政建筑全日集中生活热水系统中，锅炉、水加热设备的设计小时供热量应根据日热水用量小时变化曲线、加热方式及锅炉、水加热设备的工作制度经积分曲线计算确定。

（1）容积式水加热器或贮热容积与其相当的水加热器、燃油（气）热水机组供热量

邮政建筑生活热水系统采用的容积式水加热器均应为导流型容积式水加热器，其设计小时供热量可按公式（19-5）计算。

在邮政建筑生活热水系统设计小时供热量计算时，通常取 $Q_g=Q_h$。

（2）半容积式水加热器或贮热容积与其相当的水加热器、燃油（气）热水机组供热量

邮政建筑生活热水系统亦常采用半容积式水加热器，此时半容积式水加热器设计小时供热量按设计小时耗热量计算，即取 $Q_g=Q_h$。

21.2.5 生活热水系统热水管网计算

1. 生活热水管网设计流量

（1）邮政建筑生活热水引入管设计流量

邮政建筑生活热水引入管设计流量应按该建筑相应生活热水供水系统总供水干管的设计秒流量确定。

（2）邮政建筑内生活热水设计秒流量

邮政建筑内生活热水设计秒流量应按公式（21-3）计算：

$$q_g = 0.2 \cdot \alpha \cdot (N_g)^{1/2} = 0.3 \cdot (N_g)^{1/2} \tag{21-3}$$

式中 q_g——计算管段的热水设计秒流量，L/s；

N_g——计算管段的卫生器具热水当量总数；

α——根据邮政建筑用途而定的系数，邮政建筑取1.5。

注：如计算值小于该管段上一个最大卫生器具热水额定流量时，应采用一个最大的卫生器具热水额定流量作为设计秒流量；如计算值大于该管段上按卫生器具热水额定流量累加所得流量值时，应按卫生器具热水额定流量累加所得流量值采用。

邮政建筑生活热水设计秒流量计算，可参照表6-24。

2. 邮政建筑内卫生器具热水当量

邮政建筑卫生器具的热水额定流量、热水当量、连接热水管管径和最低工作压力按表3-31确定。

3. 邮政建筑内热水管管径

邮政建筑内热水供水管的管径，应根据该热水供水管段的设计秒流量、允许热水流速等查相关计算表格确定。生活热水管道内的热水流速，宜按表1-66控制。

本区域热水回水干管管径根据该区域热水供水干管最大管径确定。热水回水管管径与热水供水管管径的对照，参见表3-33。

整个生活热水系统的生活热水供水立管、干管均按照其服务的热水设计秒流量确定其管段管径；生活热水回水立管、干管先按照其服务的热水设计秒流量确定出一个供水管管径值，再根据表 3-33 确定其管段回水管管径值。

21.2.6 生活热水机房（换热机房、换热站）

邮政建筑生活热水机房（换热机房、换热站）位置确定，参见表 19-11。

邮政建筑生活热水机房（换热机房、换热站）应为独立的房间，不应毗邻生产辅助电气类机房、生活电气类机房、营业厅，不宜毗邻办公室。

21.2.7 生活热水箱

邮政建筑生活热水箱设计要求，参见表 1-72。

生活热水箱各种水位，按表 1-74 确定。

邮政建筑生活热水箱间应为独立的房间，不应毗邻生产辅助电气类机房、生活电气类机房、营业厅，不宜毗邻办公室。

21.2.8 生活热水循环泵

1. 生活热水循环泵设置位置

当系统热源由高温热媒经院区热水机房（换热机房）内的各分区换热设备后向各分区供给热水时，各分区生活热水循环泵通常设在热水机房（换热机房）内。当系统热源由屋顶太阳能供水设备向各分区供给热水时，各分区生活热水循环泵通常设在本分区最低楼层或下面一层热水循环泵房内。

2. 生活热水循环泵设计流量

生活热水循环水泵的出水量，可按公式（19-7）计算。

邮政建筑热水系统循环流量可按循环管网总水容积的 2～4 倍计算。

设计中，生活热水循环泵的流量可按照所服务热水系统设计小时流量的 25%～30%确定。

3. 生活热水循环泵设计扬程

生活热水循环泵的扬程，可按公式（19-8）、公式（19-9）计算。

邮政建筑热水循环泵组通常每套设置 2 台，1 用 1 备，交替运行。

4. 太阳能集热循环泵

太阳能集热循环泵通常设置在屋顶生活热水箱间内，宜设置在太阳能设备供水管即从生活热水箱接出的管道上。集热循环泵流量，按公式（1-28）计算；集热循环泵扬程，按公式（1-29）、公式（1-30）计算。

邮政建筑集热循环泵组通常每套设置 2 台，1 用 1 备，交替运行。

21.2.9 热水系统管材、附件和管道敷设

1. 生活热水系统管材

邮政建筑生活热水系统热水管道常用的管材包括薄壁不锈钢管、PVC-C（氯化聚氯乙烯）热水用管、薄壁铜管、钢塑复合管（如 PSP 管）、铝塑复合管等，较少采用普通塑

料热水管。

2. 生活热水系统阀门

邮政建筑生活热水系统设置阀门的部位，参见表2-50。

3. 生活热水系统止回阀

邮政建筑生活热水系统设置止回阀的部位，参见表2-51。

4. 生活热水系统水表

邮政建筑生活热水系统按分区域原则设置热水表，热水表宜采用远传智能水表。

5. 热水系统排气装置、泄水装置

对于上行下给式热水系统，系统热水配水干管最高处及向上抬高管段应设置 *DN*25 自动排气阀、检修阀门；对于下行上给式热水系统，可利用最高热水配水点放气。

热水管道系统的最低处及向下凹的管段应设置泄水装置或利用最低热水配水点泄水。

6. 温度计、压力表

邮政建筑生活热水系统设置温度计的部位，参见表1-77；设置压力表的部位，参见表1-78。

7. 管道补偿装置

长度超过50m的热水横干管或立管均应设置波纹伸缩节，通常设置在该根管道上管径较小的管段处，靠近一端的管道固定支吊架。

8. 保温

生活热水系统中的热水锅炉、燃油（气）热水机组、水加热设备、贮热水箱（罐）、分（集）水器、热水输（配）水干（立）管、热水循环回水干（立）管均应做保温。

热水管道保温材料厚度确定，参见表1-79、表1-80。

21.3 排水系统

21.3.1 排水系统类别

邮政建筑排水系统分类，见表21-9。

排水系统分类表 **表21-9**

序号	分类标准	排水系统类别	邮政建筑应用情况	应用程度
1	建筑内场所使用功能	生活污水排水	邮政建筑公共卫生间污水排水	常用
2		生活废水排水	邮政建筑公共卫生间、盥洗间废水排水	
3		厨房废水排水	邮政建筑内附设厨房、食堂、餐厅污水排水	
4		设备机房废水排水	邮政建筑内附设水泵房（包括生活水泵房、消防水泵房）、空调机房、制冷机房、换热机房、锅炉房、热水机房、直饮水机房等机房废水排水	
5		车库废水排水	邮政建筑内附设车库内一般地面冲洗废水排水	
6		消防废水排水	邮政建筑内消防电梯井排水、自动喷水灭火系统试验排水、消火栓系统试验排水、消防水泵试验排水等废水排水	
7		绿化废水排水	邮政建筑室外绿化废水排水	

续表

序号	分类标准	排水系统类别	邮政建筑应用情况	应用程度
8	建筑内污、废水排水方式	重力排水方式	邮政建筑地上污废水排水	最常用
9		压力排水方式	邮政建筑地下室污废水排水	常用
10	污废水排水体制	污废合流排水系统		最常用
11		污废分流排水系统		常用
12	排水系统通气方式	设有通气管系排水系统	伸顶通气排水系统通常应用在多层邮政建筑卫生间排水，专用通气立管排水系统通常应用在高层邮政建筑卫生间排水。环形通气排水系统、器具通气排水系统通常应用在个别邮政建筑公共卫生间排水	最常用
13		特殊单立管排水系统		少用

邮政建筑室内污废水排水体制采用合流制，当有中水利用要求时，可采用分流制。

典型的邮政建筑排水系统原理图，参见图 4-2、图 4-3。

邮政建筑中的生活污水、厨房含油废水等均应经化粪池处理；生活废水、设备机房废水、消防废水、绿化废水等不需经过化粪池处理。厨房含油废水应经除油处理后再排入污水管道。

邮政建筑污废水与建筑雨水应雨污分流。

邮政建筑公共卫生间等生活粪便污水、生活废水等可合流排放，当有中水利用要求时，可采用分流排放。

邮政建筑的空调凝结水排水管不得与污废水管道系统直接连接，空调凝结水宜单独收集后回用于绿化、水景、冷却塔补水等。

21.3.2 卫生器具

1. 邮政建筑内卫生器具种类及设置场所

邮政建筑内卫生器具种类及设备场所，参见表 19-13。

2. 邮政建筑内卫生器具选用

邮政建筑卫生间卫生器具应符合表 19-14 的规定。

3. 公共卫生间排水设计要点

公共卫生间排水立管及通气立管通常敷设于专用管道井内；采用专用通气立管方式时，排水立管与通气立管采用结合管连接。管道井中排水立管与通气立管中心距最小值，参见表 1-91。

4. 邮政建筑内卫生器具排水配件穿越楼板留孔位置及尺寸

常见卫生器具排水配件穿越楼板留孔位置及尺寸，参见表 1-92。

5. 地漏

邮政建筑内公共卫生间、开水间、空调机房、新风机房等场所内应设置地漏。

邮政建筑地漏及其他水封高度要求不得小于 50mm，且不得大于 100mm。

邮政建筑地漏类型选用，参见表 2-57；地漏规格选用，参见表 2-58。

6. 水封装置

邮政建筑中采用排水沟排水的场所包括厨房、车库、泵房、设备机房等。当排水沟内废水直接排至室外时，沟与排水排出管之间应设置水封装置。卫生器具排水管段上不得重复设置水封装置。

21.3.3 排水系统水力计算

1. 邮政建筑最高日和最大时生活排水量

邮政建筑生活排水量宜按该建筑生活给水量的 85%～95%计算，通常按 90%。

2. 邮政建筑卫生器具排水技术参数

邮政建筑卫生器具的排水流量、排水当量、排水支管管径、排水坡度等基本参数的选定，参见表 3-39。

3. 邮政建筑排水设计秒流量

邮政建筑的生活排水管道设计秒流量，按公式（21-4）计算：

$$q_u = 0.12 \cdot \alpha \cdot (N_p)^{1/2} + q_{max} = 0.18 \cdot (N_p)^{1/2} + q_{max} \tag{21-4}$$

式中 q_u——计算管段排水设计秒流量，L/s；

N_p——计算管段的卫生器具排水当量总数；

α——根据建筑物用途而定的系数，邮政建筑通常取 1.5；

q_{max}——计算管段上最大一个卫生器具的排水流量，L/s。

计算时，如计算所得流量值大于该管段上按卫生器具排水流量累加值时，应按卫生器具排水流量累加值计。

邮政建筑 q_{max}=1.50L/s 和 q_{max}=2.00L/s 时排水设计秒流量计算数据，参见表 6-32。

邮政建筑职工食堂厨房等的生活排水管道设计秒流量，按公式（21-5）计算：

$$q_p = \Sigma q_0 \cdot n_0 \cdot b \tag{21-5}$$

式中 q_p——邮政建筑计算管段的排水设计秒流量，L/s；

q_0——邮政建筑同类型的一个卫生器具排水流量，L/s，可按表 3-39 采用；

n_0——邮政建筑同类型卫生器具数；

b——邮政建筑卫生器具的同时排水百分数：邮政建筑职工食堂的设备按表 4-13 选用。

注：当计算排水流量小于一个大便器排水流量时，应按一个大便器的排水流量计算。

4. 邮政建筑排水管道管径确定

邮政建筑排水铸铁管道最小坡度，按表 1-98 确定；胶圈密封连接排水塑料横管的坡度，按表 1-99 确定；建筑内排水管道最大设计充满度，参见表 1-100；排水管道自清流速，参见表 1-101。

排水横管水力计算按照公式（1-32）、公式（1-33）；排水铸铁管水力计算，参见表 1-102；排水塑料管水力计算，参见表 1-103。

不同管径下排水横管允许流量 Q_p，参见表 1-104。

邮政建筑排水系统中排水横干管常见管径为 *DN*100、*DN*150。*DN*100 排水横干管对应排水当量最大限值，参见表 1-105，*DN*150 排水横干管对应排水当量最大限值，参见表 1-106。

不同通气方式的排水立管最大设计排水能力，参见表 1-107～表 1-109。

邮政建筑各种排水管的推荐管径，参见表 2-60。

21.3.4 排水系统管材、附件和检查井

1. 邮政建筑排水管管材

邮政建筑室外排水管可采用埋地排水塑料管，包括硬聚氯乙烯管、聚乙烯管和玻璃纤维增强塑料夹砂管等。常用的室外排水管还有双壁加筋波纹排水管、双平壁钢塑复合缠绕排水管等。

邮政建筑室内排水管类型，参见表19-15。

2. 邮政建筑排水管附件

排水立管上检查口的设置位置，参见表1-113；检查口之间的最大距离，参见表1-114；检查口设置要求，参见表1-115。

清扫口的设置位置，参见表1-116；清扫口至室外检查井中心最大长度，参见表1-117；排水横管直线管段上清扫口之间的最大距离，参见表1-118。

塑料排水管道支吊架间距规定，参见表1-119。

3. 邮政建筑排水管道布置敷设

邮政建筑排水管道不应布置场所，见表21-10。

排水管道不应布置场所表 **表21-10**

序号	排水管道不应布置场所	具体要求
1	生活水泵房等设备机房	排水横管禁止在邮政建筑生活水箱箱体正上方敷设，生活水泵房其他区域不宜敷设排水管道；设在室内的消防水池（箱）应按此要求处理
2	厨房、餐厅	邮政建筑中厨房内的主副食操作间、烹调间、备餐间、加工间、粗加工、冷菜间、面点蒸煮间、食品储藏库（主食库、副食库）等房间的上方均不应敷设排水管道，排水立管不宜穿过上述房间；邮政建筑中的餐厅；邮政建筑中的厨房排水应独立设置，排水横管和立管均不得与卫生间污水排水管道连通。上述场所上方排水管不宜采用同层排水方式
3	邮件处理中心	包括供电室、计算机房、业务档案库以及生产辅助电气类机房等。排水管道不得敷设在此类房间内
4	邮件转运站	包括生产辅助电气类机房等。排水管道不得敷设在此类房间内
5	邮政局建筑	包括金库及生产辅助电气类机房和生活电气类机房等。排水管道不得敷设在此类房间内
6	结构变形缝、结构风道	原则上排水管道不得穿过结构变形缝；若条件限制必须穿越沉降缝时，则应预留沉降量并设置不锈钢软管柔性连接，必须穿越伸缩缝时，则应安装伸缩器
7	电梯机房、通风小室	

邮政建筑排水系统管道设计遵循原则，参见表2-63。

4. 邮政建筑间接排水

邮政建筑中的间接排水，参见表4-33。

邮政建筑未设置地下室时，排水排出管穿越有沉降可能的承重墙或基础时应预留洞口；设置地下室时，排水排出管穿越地下室外墙时应预留防水套管，宜采用柔性防水套管。

21.3.5 通气管系统

邮政建筑通气管设置要求，参见表19-17。

邮政建筑通气管可采用柔性接口机制排水铸铁管或塑料排水管，一般采用与邮政建筑排水管相同管材。在最冷月平均气温低于−13℃的地区，伸出屋面部分通气立管应采用柔性接口机制排水铸铁管。

通气立管的最小管径，参见表1-130。

21.3.6 特殊排水系统

邮政建筑生活水泵房、厨房、电气机房等场所的上方楼层不应有排水横支管明设管道等。若有必要在上述某些场所上方设置排水点且无法采取其他躲避措施时，该部位的排水应采用同层排水方式。

邮政建筑同层排水最常采用的是降板或局部降板法。

21.3.7 特殊场所排水

1. 邮政建筑化粪池

化粪池宜设置在接户管的下游端；位置宜选在院区最低处附近；外壁距建筑物外墙不宜小于5m；宜选用钢筋混凝土化粪池。

邮政建筑化粪池有效容积，按公式（4-21）～公式（4-24）计算。

邮政建筑可集中并联设置或根据院区布局分散并联布置2个或3个化粪池，多个化粪池的型号宜一致。

2. 邮政建筑食堂、餐厅含油废水处理

邮政建筑含油废水宜采用三级隔油处理流程，参见表1-141。

根据食堂用餐人数确定隔油设施处理水量，按公式（1-39）计算；根据食堂餐厅面积确定隔油设施处理水量，按公式（1-40）计算。

隔油池有效容积，按公式（1-41）计算。隔油池的类型，参见表1-142。

隔油提升一体化设备选型的主要技术参数为其所接纳的食堂、餐厅内厨房等器具含油污水排水流量。

3. 邮政建筑附设车库汽车洗车污水处理

汽车冲洗水量，参见表1-143。

隔油沉淀池有效容积，按公式（1-42）计算。隔油沉淀池类型，参见表1-144。

4. 邮政建筑设备机房排水

邮政建筑地下设备机房排水设施要求，参见表1-147。

5. 地下车库排水

邮政建筑地下车库应设置排水设施（排水沟和集水坑）。车库内排水沟设置要求，参见表1-150。

21.3.8 压力排水

1. 邮政建筑集水坑设置

邮政建筑地下室应设置集水坑。集水坑的设置要求，参见表 19-18。

通气管管径宜与排水管管径相同，可接至室外或向上接至建筑地上部分通气管系统。

2. 污水泵、污水提升装置选型

邮政建筑排水泵的流量方法确定，参见表 2-68；排水泵的扬程，按公式（1-44）计算。

21.3.9 室外排水系统

1. 邮政建筑室外排水管道布置

邮政建筑室外排水管道布置方法，参见表 2-69；与其他地下管线（构筑物）最小间距，参见表 1-154。

邮政建筑室外排水管道最小覆土深度不宜小于 0.5m；对于严寒地区、寒冷地区邮政建筑，室外排水管道最小覆土深度应超过当地冻土层深度。

2. 邮政建筑室外排水管道敷设

邮政建筑室外排水管道与生活给水管道交叉时，应敷设在生活给水管道下面。室外排水管道敷设发生冲突时，应遵循表 1-26 原则处理。

3. 邮政建筑室外排水管道水力计算

室外排水管道水力计算，按公式（1-45）、公式（1-46）。

邮政建筑室外排水管道的最小管径、最小设计坡度、最大设计充满度，参见表 1-155。

4. 邮政建筑室外排水管道管材

邮政建筑室外排水管道宜优先采用埋地塑料排水管，弹性橡胶圈密封柔性接口，小于 *DN*200 直壁管，可采用承插式粘接；可采用埋地铸铁排水管，橡胶圈柔性接口或水泥砂浆接口。

5. 邮政建筑室外排水检查井

邮政建筑室外排水检查井设置位置，参见表 1-156。

邮政建筑室外排水检查井宜优先选用玻璃钢排水检查井，其次是混凝土排水检查井，禁止采用砖砌排水检查井。室外排水管在排水检查井连接应采用管顶平接。

21.4 雨水系统

21.4.1 雨水系统分类

邮政建筑雨水系统分类，见表 21-11。

雨水系统分类表 **表 21-11**

序号	分类标准	雨水系统类别	邮政建筑应用情况	应用程度
1	屋面雨水设计流态	半有压流屋面雨水系统	邮政建筑中一般采用的是 87 型雨水斗系统	最常用
2		压力流屋面雨水系统（虹吸式雨水系统）	邮政建筑的屋面（通常为裙楼屋面）面积较大时，可考虑采用	少用
3		重力流屋面雨水系统		极少用

续表

序号	分类标准	雨水系统类别	邮政建筑应用情况	应用程度
4	雨水管道设置位置	内排水雨水系统	高层邮政建筑雨水系统应采用；多层邮政建筑雨水系统宜采用	最常用
5		外排水雨水系统	邮政建筑如果面积不大、建筑专业立面允许，可以采用	少用
6		混合式雨水系统		极少用
7	雨水出户横管室内部分是否存在自由水面	封闭系统		最常用
8		敞开系统		极少用
9	建筑屋面排水条件	天沟雨水排水系统		最常用
10		檐沟雨水排水系统		极少用
11		无沟雨水排水系统		极少用
12	压力提升雨水排水系统		邮政建筑地下车库出入口等处，雨水汇集就近排至集水坑时采用	常用

21.4.2　雨水量

1. 设计雨水流量

邮政建筑设计雨水流量，应按公式（1-47）计算。

2. 设计暴雨强度

设计暴雨强度应按邮政建筑所在地或相邻地区暴雨强度公式计算确定，见公式（1-48）。

我国部分城镇5min设计暴雨强度、小时降雨厚度，参见表1-158（设计重现期P=10年）。

3. 设计重现期

邮政建筑屋面雨水设计重现期：对于半有压流屋面雨水系统，通常取10年；对于压力流屋面雨水系统，通常取50年。

4. 设计降雨历时

邮政建筑屋面雨水排水管道设计降雨历时按照5min确定。

邮政建筑院区雨水排水管道设计降雨历时，按公式（1-49）计算。

5. 径流系数

邮政建筑屋面及院区地面的径流系数，参见表1-159。

6. 汇水面积

邮政建筑的雨水汇水面积计算原则，参见表1-160。

21.4.3　雨水系统

1. 雨水系统设计常规要求

邮政建筑雨水系统设置要求，参见表1-161。

邮政建筑雨水排水管道不应穿越的场所，见表21-12。

雨水排水管道不应穿越的场所表 表 21-12

序号	不应穿越的场所名称	具体房间名称
1	厨房、餐厅	邮政建筑中厨房内的主副食操作间、烹调间、备餐间、加工间、粗加工、冷菜间、面点蒸煮间、食品储藏库（主食库、副食库），餐厅
2	邮件处理中心	邮政建筑中供电室、计算机房、业务档案库以及生产辅助电气类机房等
3	邮件转运站	邮政建筑中生产辅助电气类机房等
4	邮政局建筑	邮政建筑中金库及生产辅助电气类机房和生活电气类机房等

注：邮政建筑雨水排水横管宜沿建筑内公共区域（内走道等）吊顶内敷设；雨水排水立管宜沿建筑内公共场所或辅助次要场所敷设。

2. 雨水斗设计

邮政建筑半有压流屋面雨水系统通常采用 87 型雨水斗或 79 型雨水斗，规格常用 $DN100$。

雨水斗设计排水负荷，参见表 1-163。

雨水斗下方区域宜为建筑顶层公共区域（如内走道）或辅助次要场所（如公共卫生间、库房等），不应为需要安静的场所。

雨水斗宜对雨水排水立管做对称布置；接有多斗悬吊管的立管顶端不得设置雨水斗；一个屋面上应设置不少于 2 个雨水斗。

3. 天沟、溢流设施、连接管、悬吊管、立管、埋地管、排出管设计

邮政建筑天沟、溢流设施、连接管、悬吊管、立管、埋地管、排出管设置要求，参见表 1-164。

4. 室内水泵提升雨水排水系统设计

地下室露天窗井内应设平箅式雨水口、无水封地漏作为雨水口，经雨水收集管接入集水池；地下车库出入口汽车坡道上应设雨水截水沟，经直埋雨水收集管接入集水池。

雨水提升泵通常采用潜水泵，宜采用 3 台，2 用 1 备。

5. 雨水管管材

邮政建筑雨水排水管管材，参见表 1-167。

21.4.4 雨水系统水力计算

1. 半有压流（87 型）屋面雨水系统水力计算

（1）雨水斗（87 型）

雨水斗设计流量，应按公式（1-50）计算。

对于单斗雨水系统，雨水斗设计流量不应超过表 1-168 数值；对于多斗雨水系统，雨水斗设计流量应根据表 1-169 取值，最远端雨水斗设计流量不得超过表 1-169 数值。

邮政建筑 87 型雨水斗口径常采用 $DN100$，其次是 $DN75$、$DN150$。

（2）雨水连接管

邮政建筑雨水连接管管径通常与雨水斗出水口直径相同，常采用 $DN100$，其次是 $DN150$。

（3）雨水悬吊管

邮政建筑雨水悬吊管管径，参见表 1-172。

(4) 雨水立管

连接2根及以上雨水悬吊管的雨水立管管径，按表1-173确定。

(5) 雨水排出管

邮政建筑雨水排出管管径确定，参见表1-174～表1-177。

(6) 雨水管道最小管径

邮政建筑雨水系统最小设计管径及雨水排水横管最小设计坡度，参见表1-178。

2. 压力流（虹吸式）屋面雨水系统水力计算

邮政建筑压力流（虹吸式）屋面雨水系统水力计算方法，参见1.4.4节。

3. 雨水提升系统水力计算

邮政建筑地下室车库坡道、窗井等场所设计雨水流量，按公式（1-54）计算；设计径流雨水总量，按公式（1-55）计算。

21.4.5 院区室外雨水系统设计

1. 雨水口

雨水口选型，参见表1-180；雨水口设置位置，参见表1-181；各类型雨水口的泄水流量，参见表1-182。

雨水口设计流量，按公式（1-56）计算。

2. 雨水口连接管

单箅雨水口连接管管径通常采用*DN*250。

3. 雨水检查井

院区内直线雨水管道上雨水检查井设置最大间距，参见表1-183。

院区雨水检查井常见规格通常采用*DN*1000圆形玻璃钢或钢筋混凝土雨水检查井。

4. 室外雨水管道布置

邮政建筑室外雨水管道布置方法，参见表1-184。

21.4.6 院区室外雨水利用

邮政建筑应根据所在地的自然条件、水资源情况及经济技术发展水平，合理设置雨水收集利用系统。雨水利用工程应符合现行国家标准《建筑与小区雨水控制及利用工程技术规范》GB 50400的有关规定。

雨水收集回用应进行水量平衡计算。邮政建筑院区雨水通常可用于景观用水、院区绿化用水、路面和地面冲洗用水、汽车冲洗用水、冲厕用水等。

21.5 消火栓系统

建筑高度大于50m或建筑高度24m以上部分任一楼层建筑面积大于1000m^{2}的高层邮政建筑属于一类高层民用建筑；建筑高度小于或等于50m且建筑高度24m以上部分任一楼层建筑面积小于或等于1000m^{2}的高层邮政建筑属于二类高层民用建筑。

21.5.1 消火栓系统设置场所

高层邮政建筑；建筑高度大于15m或建筑体积大于10000m^{3}的单、多层邮政建筑应设置室内消火栓系统。

21.5.2 消火栓系统设计参数

1. 邮政建筑室外消火栓设计流量

邮政建筑室外消火栓设计流量，不应小于表 21-13 的规定。

邮政建筑室外消火栓设计流量表（L/s） **表 21-13**

耐火等级	建筑物名称	建筑体积（m^3）			
		$V \leqslant 5000$	$5000 < V \leqslant 20000$	$20000 < V \leqslant 50000$	$V > 50000$
一、二级	单层及多层邮政建筑	15	25	30	40
	高层邮政建筑	—	25	30	40

注：1. 建筑体积指本建筑占据的空间数量，包括该建筑的地上空间体积数和地下空间体积数；
2. 地下车库室外消火栓系统设计流量小于建筑主体室外消火栓系统设计流量，邮政建筑室外消火栓系统设计流量按建筑主体室外消火栓系统设计流量确定；
3. 地下人防工程室外消火栓系统设计流量小于建筑主体室外消火栓系统设计流量，邮政建筑室外消火栓系统设计流量按建筑主体室外消火栓系统设计流量确定。

2. 邮政建筑室内消火栓设计流量

邮政建筑室内消火栓设计流量，不应小于表 21-14 的规定。

室内消火栓设计流量表 **表 21-14**

建筑物名称	高度 h（m）、体积 V（m^3）、火灾危险性	消火栓设计流量（L/s）	同时使用消防水枪数（支）	每根竖管最小流量（L/s）
单层及多层邮政建筑	$H > 15$ 或 $V > 10000$	15	3	10
二类高层邮政建筑（建筑高度小于或等于 50m 且建筑高度 24m 以上部分任一楼层建筑面积小于或等于 1000m^2 的高层邮政建筑）	$h \leqslant 50$	20	4	10
一类高层邮政建筑（建筑高度大于 50m 或建筑高度 24m 以上部分任一楼层建筑面积大于 1000m^2 的高层邮政建筑）	$h > 50$	40	8	15

注：1. 消防软管卷盘、轻便消防水龙，其消火栓设计流量可不计入室内消防给水设计流量；
2. 地下车库室内消火栓系统设计流量小于建筑主体室内消火栓系统设计流量，邮政建筑室内消火栓系统设计流量按建筑主体室内消火栓系统设计流量确定；
3. 地下人防工程室内消火栓系统设计流量小于建筑主体室内消火栓系统设计流量，邮政建筑室内消火栓系统设计流量按建筑主体室内消火栓系统设计流量确定。

3. 火灾延续时间

邮政建筑消火栓系统的火灾延续时间应按 2.0h 计算。

邮政建筑室内自动灭火系统的火灾延续时间，参见表 1-188。

4. 消防用水量

一座邮政建筑的消防用水量按室外消火栓系统用水量、室内消火栓系统用水量、室内自动喷水灭火系统用水量三者之和计算。

21.5.3 消防水源

1. 市政给水

当前国内城市市政给水管网能够满足邮政建筑直接消防供水条件的较少。

邮政建筑室外消防给水管网管径，按表4-40确定。

邮政建筑室外消防给水管网宜与室外生活给水管网分开敷设，且应布置成环状管网。

2. 消防水池

（1）邮政建筑消防水池有效储水容积

表21-15给出了常用典型邮政建筑消防水池有效储水容积的对照表。

邮政建筑火灾延续时间内消防水池储存消防用水量表 **表21-15**

单、多层邮政建筑体积 V（m³）	$V \leq 5000$	$5000 < V \leq 10000$	$10000 < V \leq 20000$	$20000 < V \leq 50000$	$V > 50000$
室外消火栓设计流量（L/s）	15	25		30	40
火灾延续时间（h）	2.0				
火灾延续时间内室外消防用水量（m³）	108.0	180.0		216.0	288.0
室内消火栓设计流量（L/s）	15（建筑高度大于15m时）		15		
火灾延续时间（h）	2.0				
火灾延续时间内室内消防用水量（m³）	108.0				
火灾延续时间内室内外消防用水量（m³）	216.0	288.0		324.0	396.0
消防水池储存室内外消火栓用水容积 V_1（m³）	216.0	288.0		324.0	396.0

高层邮政建筑体积 V（m³）	$5000 < V \leq 20000$	$20000 < V \leq 50000$	$V > 50000$	$5000 < V \leq 20000$	$20000 < V \leq 50000$	$V > 50000$
高层邮政建筑高度 h（m）	$h \leq 50$			$h > 50$		
室外消火栓设计流量（L/s）	25	30	40	25	30	40
火灾延续时间（h）	2.0					
火灾延续时间内室外消防用水量（m³）	180.0	216.0	288.0	180.0	216.0	288.0
室内消火栓设计流量（L/s）	20（二类高层）/30（一类高层）			40		
火灾延续时间（h）	2.0					
火灾延续时间内室内消防用水量（m³）	144.0/216.0			288.0		
火灾延续时间内室内外消防用水量（m³）	324.0/396.0	360.0/432.0	432.0/504.0	468.0	504.0	576.0
消防水池储存室内外消火栓用水容积 V_2（m³）	324.0/396.0	360.0/432.0	432.0/504.0	468.0	504.0	576.0

邮政建筑自动喷水灭火系统设计流量（L/s）	25	30	35	40
火灾延续时间（h）	1.0	1.0	1.0	1.0
火灾延续时间内自动喷水灭火用水量（m³）	90.0	108.0	126.0	144.0
消防水池储存自动喷水灭火用水容积 V_3（m³）	90.0	108.0	126.0	144.0

如上表所示，通常邮政建筑消防水池有效储水容积在306～720m³。

（2）邮政建筑消防水池位置

消防水池位置确定原则，参见表19-24。

消防水池的最低有效水位应高于消防水池吸水喇叭口不小于600mm，且应高于消防水泵的吸水管管顶。

邮政建筑消防水泵型式的选择与消防水池有一定的对应关系，参见表1-194。

邮政建筑储存室内外消防用水的消防水池与消防水泵房的位置关系，参见表1-195。

邮政建筑消防水池格（座）数与有效储水容积的对照关系，参见表1-196。

邮政建筑消防水池附件，参见表1-197。

邮政建筑消防水池各水位指标确定方法及取值经验值，参见表1-198。

3. 天然水源及其他水源

邮政建筑消防水源不宜采用天然水源。

21.5.4 消防水泵房

1. 消防水泵房选址

新建邮政建筑院区消防水泵房设置通常采取2个方案，参见表19-26。

改建、扩建邮政建筑院区消防水泵房设置方案，参见表1-200。

2. 建筑内部消防水泵房位置

邮政建筑消防水泵房若设置在建筑物内，应采取消声、隔声和减振等措施；不应毗邻生产辅助电气类机房、生活电气类机房、营业厅，不宜毗邻办公室。

3. 消防水泵机组的布置要求

相邻两个机组及机组至泵房墙壁间的净距要求，参见表1-201。

4. 消防水泵房采暖、排水等要求

严寒、寒冷地区消防水泵房，应设置供暖设施。

消防水泵房的泵房排水设施：在泵房内设置排水沟；地下消防水泵房内或邻近场所设集水坑，坑内设潜污泵。消防水泵房应采取防淹措施。

5. 消防水泵房管道设计

消防水泵配置数量与消防水系统设计流量的关系，参见表1-202。

邮政建筑消防水泵吸水管、出水管管径，参见表1-203；消防吸水总管管径应根据其连通服务的各种消防水泵设计流量之累加值进行确定，参见表1-205。

消防水泵吸水管布置应避免形成气囊。

消防水泵吸水口的淹没深度应满足消防水泵在最低水位运行安全的要求。

消防水泵吸水管、出水管上附件配置及要求，参见表1-206。

6. 消防水泵自动启动控制

消防水泵自动启动要求，参见表1-207；消防水泵自动启动方式，参见表1-208；流量开关性能、设置位置等，参见表1-209。

当消防稳压泵设置于高位消防水箱间内时，消防水泵启泵压力（P），按公式（1-58）确定；当消防稳压泵设置于低位消防水泵房内时，按公式（1-59）确定。

21.5.5 消防水箱

邮政建筑消防给水系统绝大多数属于临时高压系统，3层及以上单体总建筑面积大于10000m²的邮政建筑应设置高位消防水箱。

1. 消防水箱有效储水容积

邮政建筑高位消防水箱有效储水容积，见表21-16。

邮政建筑高位消防水箱有效储水容积表 **表21-16**

序号	建筑类别	消防水箱有效储水容积
1	建筑高度大于50m、小于或等于100m的高层邮政建筑	不应小于36m³，可按36m³
2	建筑高度24m以上部分任一楼层建筑面积大于1000m²的高层邮政建筑	
3	建筑高度大于100m的高层邮政建筑	不应小于50m³，可按50m³
4	建筑高度大于150m的高层邮政建筑	不应小于100m³，可按100m³
5	建筑高度小于或等于50m且建筑高度24m以上部分任一楼层建筑面积小于或等于1000m²的高层邮政建筑	不应小于18m³，可按18m³
6	多层邮政建筑	

2. 消防水箱设置位置

邮政建筑消防水箱设置位置应满足以下要求，见表21-17。

消防水箱设置位置要求表 **表21-17**

序号	消防水箱设置位置要求	备注
1	位于所在建筑的最高处	通常设在屋顶机房层消防水箱间内
2	应该独立设置	不与其他设备机房，如屋顶太阳能热水机房、热水箱间等合用
3	应避免对下方楼层房间的影响	其下方不应是电气类机房、弱电类机房、营业厅等，可以是库房、卫生间等辅助房间或公共区域
4	应高于设置室内消火栓系统、自动喷水灭火系统等系统的楼层	机房层设有库房等需要设置消防给水系统的场所，可采用其他非水基灭火系统，亦可将消防水箱间置于更高一层
5	不宜超出机房层高度过多、影响建筑效果	消防水箱间内配置消防稳压装置

3. 高位消防水箱尺寸

消防水箱宜为装配式方形水箱，其尺寸宜为1.0m或0.5m的倍数，推荐尺寸参见表1-212。

4. 高位消防水箱材质

常用材质为不锈钢板、热浸锌镀锌钢板、玻璃钢板、钢筋混凝土等，不锈钢板最常见。

5. 高位消防水箱配管

高位消防水箱配管及管径确定，参见表1-213。

6. 消防水箱水位

消防水箱各水位指标确定方法及取值经验值，参见表1-214。

7. 高位消防水箱布置

高位消防水箱四周净距要求，参见表 1-215。

8. 消防水箱防冻

消防水箱及相应管道保温材料及厚度，参见表 1-216。

21.5.6 消防稳压装置

1. 消防稳压泵

(1) 设计流量

消火栓稳压泵设计流量，参见表 1-217。

自动喷水灭火稳压泵设计流量，参见表 1-218；结合一只标准喷头的流量，自动喷水灭火稳压泵常规设计流量取 1.33L/s。

(2) 设计压力

当消防稳压泵设置于高位消防水箱间内时，稳压泵的启泵压力 P_1 可取 0.15～0.20MPa，停泵压力 P_2 可取 0.20～0.25MPa；当消防稳压泵设置于低位消防水泵房内时，P_1 按公式 (1-62) 确定，P_2 按公式 (1-63) 确定。

(3) 消防稳压泵选型

消火栓稳压泵设计流量为稳压泵流量确定依据。

消防稳压泵停泵压力 (P_2) 值附加 0.03～0.05MPa 后，为稳压泵扬程确定依据。

2. 气压水罐

消火栓稳压装置、自动喷水灭火稳压装置均采用 150L 有效储水容积气压水罐；合用消防稳压装置采用 300L 有效储水容积气压水罐。

3. 管道、阀门、附件等

消防稳压泵吸水管管径、出水管管径，参见表 1-219。每套消防稳压泵通常为 2 台，1 用 1 备。

21.5.7 消防水泵接合器

1. 设置范围

对于室内消火栓系统，6 层及以上的邮政建筑应设置消防水泵接合器。

邮政建筑消火栓系统消防水泵接合器配置，参见表 1-220。

邮政建筑自动喷水灭火系统等自动水灭火系统应分别设置消防水泵接合器。

2. 技术参数

邮政建筑消防水泵接合器数量，参见表 1-221。

3. 安装形式

邮政建筑消防水泵接合器安装形式选择，参见表 1-222。

4. 设置位置

同种水泵接合器不宜集中布置，不同种类、分区、功能的水泵接合器宜成组布置，且应设在室外便于消防车使用和接近的地方，且距室外消火栓或消防水池的距离不宜小于 15m，并不宜大于 40m，距人防工程出入口不宜小于 5m。水泵接合器应设有标明供水系统和供水区域的永久性标志。

21.5.8 消火栓系统给水形式

1. 室外消火栓给水系统

当市政给水管网不满足直接供给室外消火栓给水系统时，邮政建筑应采用临时高压室外消火栓给水系统，通常在消防水泵房内独立设置室外消火栓给水泵组、室外消火栓稳压装置。

邮政建筑室外消火栓给水泵组一般设置2台，1用1备，泵组设计流量为本建筑室外消防设计流量（15L/s、20L/s、25L/s、30L/s、40L/s），设计扬程应保证室外消火栓处的栓口压力（0.20～0.30MPa）。泵组出水管及吸水管管径，参见表1-223。

室外消火栓给水管网管径，参见表1-224，管网应环状布置，单独成环。

2. 室内消火栓给水系统

邮政建筑室内消火栓给水系统常采用临时高压消火栓给水系统。

3. 室内消火栓系统分区供水

邮政建筑室内消火栓系统竖向分区时，高区、低区消火栓给水管网均应在横向、竖向上连成环状。高区、低区消火栓供水横干管宜分别沿本区最高层和最底层顶板下敷设。

典型邮政建筑室内消火栓系统原理图，参见图4-4。

21.5.9 消火栓系统类型

1. 系统分类

邮政建筑的室外消火栓系统宜采用湿式消火栓系统。

2. 室外消火栓

严寒、寒冷等冬季结冰地区邮政建筑室外消火栓应采用干式消火栓；其他地区宜采用地上式消火栓。

建筑室外消火栓的数量应根据室外消火栓设计流量和保护半径经计算确定，保护半径不应大于150.0m，间距不应大于120.0m，每个室外消火栓的出流量宜按10～15 L/s计算。通常根据建筑物平面布局在建筑物四个角附近绿地设置室外消火栓，根据邻近两个消火栓之间距离合理增设消火栓。

3. 室内消火栓

邮政建筑的各区域各楼层均应布置室内消火栓予以保护；邮政建筑中不能采用自动喷水灭火系统保护的电气类机房或弱电类机房等场所亦应由室内消火栓保护。

室内消火栓的布置应满足同一平面有2支消防水枪的2股充实水柱同时达到任何部位。

邮政建筑宜采用带有消防软管卷盘的室内消火栓。

表21-18给出了邮政建筑室内消火栓的布置方法。

邮政建筑室内消火栓布置方法表 **表21-18**

序号	室内消火栓布置方法	注意事项
1	布置在楼梯间、前室等位置	楼梯间、前室的消火栓宜暗设并采取墙体保护措施；箱体及立管不应影响楼梯门、电梯门开启使用

续表

序号	室内消火栓布置方法	注意事项
2	布置在公共走道两侧，箱体开门朝向公共走道	应暗设；优先沿辅助房间（库房、卫生间等）的墙体安装；不应布置在电气类机房或弱电类机房的墙体
3	布置在集中区域内部公共空间内	可在朝向公共空间房间的外墙上暗设；应避免消火栓消防水带穿过多个房间门到达保护点
4	特殊区域如车库、入口门厅、营业厅等场所，应根据其平面布局布置	入口门厅处消火栓宜沿空间周边房间外墙布置；营业厅处消火栓宜沿大厅周边外墙布置，宜靠近厅进入口；车库内消火栓宜沿车行道布置，可沿柱子明设

注：1. 室内消火栓不应跨防火分区布置；
2. 室内消火栓应按其实际行走距离计算其布置间距，邮政建筑室内消火栓布置间距宜为 20.0～25.0m，不应小于 5.0m。

普通消火栓、减压稳压消火栓设置的楼层数，参见表 1-227。

21.5.10 消火栓给水管网

1. 室外消火栓给水管网

邮政建筑室外消火栓给水管网应采用环状给水管网。向室外消火栓给水管网供水的输水干管不应少于 2 条。

2. 室内消火栓给水管网

邮政建筑室内消火栓给水管网应采用环状给水管网，有 2 种主要管网型式，见表 21-19。室内消火栓给水管网在横向、竖向均宜连成环状。

室内消火栓给水管网主要管网型式表　　表 21-19

序号	管网型式特点	适用情形	具体部位	备注
型式 1	消防供水干管沿建筑最高处、最低处横向水平敷设，配水干管沿竖向垂直敷设，配水干管上连有消火栓	各楼层竖直上下层消火栓位置基本一致和横向连接管长度较小的区域	建筑内走道、楼梯间、电梯前室；办公室、餐厅等房间外墙	主要型式
型式 2	消防供水干管沿建筑竖向垂直敷设，配水干管沿每一层顶板下或吊顶内横向水平敷设，配水干管上连有消火栓	各楼层竖直上下层消火栓位置差别较大或横向连接管长度较大的区域；地下车库	建筑内走道、楼梯间、电梯前室；电气类机房或弱电类机房、营业厅、办公室、餐厅等房间外墙；车库；机房等	辅助型式

注：不能敷设消火栓给水管道的场所包括高低压配电室、网络机房、消防控制室等。

室内消火栓给水管网型式 1 参见图 1-13，型式 2 参见图 1-14。

邮政建筑室内消火栓给水管网的环状干管管径，参见表 1-229；室内消火栓竖管管径可按 $DN100$。

3. 系统阀门

室内消火栓系统阀门设置，参见表 1-230。

埋地管道的阀门宜采用带启闭刻度的球墨铸铁暗杆闸阀。室内架空管道的阀门宜采用蝶阀、明杆闸阀或带启闭刻度的暗杆闸阀等。

4. 系统给水管网管材

邮政建筑室外消火栓给水管绝大多数采用直埋敷设方式。埋地消火栓给水管道宜采用球墨铸铁管或钢丝网骨架塑料复合管给水管道。

邮政建筑室内消火栓给水管管材选择，参见表1-231。

薄壁不锈钢管（S11163）、镀锌镍碳钢管等新型优质管道，在邮政建筑室内消火栓系统中均得到更多的应用，未来会逐步替代传统钢管。

21.5.11 消火栓系统计算

1. 消火栓水泵选型计算

邮政建筑室内消火栓水泵流量与室内消火栓设计流量一致；消火栓水泵扬程，按公式（1-64）计算。根据消火栓水泵流量和扬程选择消火栓水泵。

2. 消火栓计算

室内消火栓的保护半径，按公式（1-65）计算；消火栓栓口处所需水压，按公式（1-66）计算。

多层邮政建筑消防水枪充实水柱应按10m计算。多层邮政建筑消火栓栓口动压不应小于0.25MPa。

高层邮政建筑消防水枪充实水柱应按13m计算。高层邮政建筑消火栓栓口动压不应小于0.35MPa。

3. 消火栓系统压力计算

消火栓系统的设计工作压力，按公式（1-67）计算。通常以设计工作压力确定消火栓水泵扬程。

21.6 自动喷水灭火系统

21.6.1 自动喷水灭火系统设置

邮政建筑相关场所自动喷水灭火系统设置要求，见表21-20。

邮政建筑相关场所自动喷水灭火系统设置要求表　　表21-20

序号	邮政建筑类型	自动喷水灭火系统设置要求
1	一类高层邮政建筑（建筑高度大于50m或建筑高度24m以上部分任一楼层建筑面积大于1000m²的高层邮政建筑）	建筑主楼、裙房、地下室、半地下室，除了不宜用水扑救的部位外的所有场所均设置
2	二类高层邮政建筑（建筑高度小于或等于50m且建筑高度24m以上部分任一楼层建筑面积小于或等于1000m²的高层邮政建筑）	建筑主楼、裙房及其地下室、半地下室中的活动用房、走道、办公室、可燃物品库房等，除了不宜用水扑救的部位外的所有场所均设置

续表

序号	邮政建筑类型	自动喷水灭火系统设置要求
3	单、多层邮政建筑	设有送回风道（管）系统的集中空气调节系统且总建筑面积大于3000m²的单、多层邮政建筑，除了不宜用水扑救的部位外的所有场所均设置。

注：邮政建筑附设的地下车库，应设置自动喷水灭火系统。

邮政建筑设置自动喷水灭火系统的具体场所包括营业厅、包裹库、出口包裹封发室、大宗邮件库、大宗邮件处理室、期刊库、报刊发行室、会计室、投递室、开筒室、出口封发室、进口分发室、汇检室、稽查室，以及非电气类或弱电类生产辅助用房和生活用房等。

高低压变配电室、弱电机房等电气类或弱电类机房为邮政建筑内不宜用水扑救的场所。

邮政建筑自动喷水灭火系统类型选择，参见表1-245。

典型邮政建筑自动喷水灭火系统原理图，参见图4-5。

邮政建筑中的地下车库火灾危险等级按中危险级Ⅱ级确定；其他场所火灾危险等级均按中危险级Ⅰ级确定。

21.6.2 自动喷水灭火系统设计基本参数

邮政建筑自动喷水灭火系统设计参数，按表1-246规定。

邮政建筑高大空间场所设置湿式自动喷水灭火系统设计参数，按表21-21规定。

高大空间场所湿式自动喷水灭火系统设计参数表 **表21-21**

适用场所	最大净空高度h（m）	喷水强度［L/(min·m²)］	作用面积（m²）	喷头间距S（m）
出入门厅、营业厅	$8<h\leqslant12$	12	160	$1.8\leqslant S\leqslant3.0$
	$12<h\leqslant18$	15		

注：当民用建筑高大空间场所的最大净空高度为$12\text{m}<h\leqslant18\text{m}$时，应采用非仓库型特殊应用喷头。

若邮政建筑地下室中附属的库房认定为堆垛储物仓库，其自动喷水灭火系统设计参数，按表1-247规定。

自动喷水灭火系统的持续喷水时间，应按火灾延续时间不小于1h确定。

21.6.3 洒水喷头

设置自动喷水灭火系统的邮政建筑内各场所的最大净空高度通常不大于8m。

邮政建筑自动喷水灭火系统喷头公称动作温度宜相比环境温度高30℃，参见表4-54。

邮政建筑自动喷水灭火系统喷头种类选择，见表21-22。

邮政建筑自动喷水灭火系统喷头种类选择表 **表21-22**

序号	火灾危险等级	设置场所	喷头种类
1	中危险级Ⅱ级	地下车库	直立型普通喷头

续表

序号	火灾危险等级	设置场所	喷头种类
2	中危险级Ⅰ级	邮政建筑内办公室、餐厅、厨房、营业厅等设有吊顶场所	吊顶型或下垂型普通或快速响应喷头
3		库房等无吊顶场所	直立型普通或快速响应喷头

每种型号的备用喷头数量按此种型号喷头数量总数的1%计算，并不得少于10只。

邮政建筑中自动喷水灭火系统直立型、下垂型喷头的布置间距，不应大于表1-250的规定，且不宜小于2.4m。

邮政建筑常用普通玻璃球闭式喷头规格型号，参见表1-252。

21.6.4 自动喷水灭火系统管道

1. 管材

邮政建筑自动喷水灭火系统给水管管材，参见表1-254。

薄壁不锈钢管（S11163）、氯化聚氯乙烯（PVC-C）管、镀锌镍碳钢管等新型优质管道，在邮政建筑自动喷水灭火系统中均得到更多的应用，未来会逐步替代传统钢管。

邮政建筑中，除汽车停车库外其他中危险级Ⅰ级对应场所自动喷水灭火系统公称直径≤*DN*80的配水管（支管）均可采用氯化聚氯乙烯（PVC-C）管材及管件。

2. 管径

邮政建筑自动喷水灭火系统的配水管道管径可根据表1-255中数据进行确定。

3. 管网敷设

邮政建筑自动喷水灭火系统配水干管宜沿邮政业务用房、生产辅助用房和生活用房的公共走廊敷设，走廊两侧房间内的配水支管就近连接到配水干管上。走廊内布置的喷头就近接至排水支管后再接至配水干管。单个喷头不应直接接至管径大于或等于*DN*100的配水干管。

邮政建筑自动喷水灭火系统配水管网布置步骤，参见表19-36。

自动喷水灭火系统每个喷头与配水支管连接的短立管管径通常采用25mm；末端试水装置或试水阀的连接管管径通常采用25mm。

21.6.5 水流指示器

除报警阀组控制的喷头只保护不超过防火分区面积的同层场所外，邮政建筑每个防火分区、每个楼层均应设水流指示器；当整个场所需要设置的喷头数不超过1个报警阀组控制的喷头数时，可不设置水流指示器；每个防火分区应设置一个水流指示器，位置可设在本防火分区系统配水管网的起始端，亦可集中设置于各个防火分区配水干管分叉处。

水流指示器上游端应设置信号阀，其型号规格，参见表1-257。

水流指示器与所在配水干管同管径，其型号规格，参见表1-258。

21.6.6 报警阀组

邮政建筑消防系统报警阀组主要采用湿式水力报警阀组，一定条件下采用预作用报警阀组。

邮政建筑自动喷水灭火系统报警阀组的数量取决于：整个建筑中设置喷头的总数量；每个防火分区内设置喷头的数量；每个报警阀组控制的喷头数。一个报警阀组控制的喷头数不宜超过 800 只，设计中可适当超过 800 只。

喷头均衡组合遵循的原则，参见表 1-259。

邮政建筑自动喷水灭火系统报警阀组通常设置在消防水泵房，设置位置方案，参见表 1-260。

报警阀组宜设在安全及易于操作的地点，报警阀距地面的高度宜为 1.2m；宜沿墙体集中布置，相邻报警阀组的间距不宜小于 1.5m，不应小于 1.2m；报警阀组处应设有排水设施，排水管径不应小于 *DN*100。

表 1-261 为常用湿式报警阀装置型号规格；表 1-262 为常见预作用报警阀装置型号规格；报警阀组压力开关主要技术参数，参见表 1-263；报警阀组前后管道设置，参见表 1-264。

邮政建筑自动喷水灭火系统减压阀设置方式，参见表 1-265。

减压孔板作为一种减压部件，可辅助减压阀使用。

21.6.7 自动喷水灭火系统水泵接合器

自动喷水灭火系统管网上应设置水泵接合器，邮政建筑自动喷水灭火系统消防水泵接合器数量，参见表 1-266。

自动喷水灭火系统水泵接合器宜设置在靠近消防水泵房的室外；常规做法是将多个 *DN*150 水泵接合器并联起来，由 1 根 *DN*150 供水管道接至系统供水泵组出水干管上，连接位置位于报警阀组前。

21.6.8 消防水箱设计

高位消防水箱、自动喷水灭火稳压装置设计参见消火栓系统相关内容。

21.6.9 自动喷水灭火系统压力计算

自动喷水灭火系统的设计工作压力，按公式（1-68）计算。

自动喷水灭火给水泵扬程通常按照自动喷水灭火系统的设计工作压力值确定。

自动喷水灭火给水系统压力管道水压强度试验的试验压力（$H_{试验}$）的基准指标，参见表 1-267。

21.7 灭火器系统

邮政建筑应配置灭火器，并应符合现行国家标准《建筑灭火器配置设计规范》GB 50140的规定。

21.7.1 灭火器配置场所火灾种类

邮政建筑灭火器配置场所的火灾种类，见表 21-23。

灭火器配置场所的火灾种类表 表 21-23

序号	火灾种类	灭火器配置场所
1	A类火灾（固体物质火灾）	邮政建筑内绝大多数场所，如办公室、餐厅、厨房、营业厅等
2	B类火灾（液体火灾或可熔化固体物质火灾）	邮政建筑内附设车库
3	E类火灾（物体带电燃烧火灾）	邮政建筑内高低压变配电室、弱电机房等电气类、弱电类机房

21.7.2 灭火器配置场所危险等级

邮政建筑灭火器配置场所的危险等级分为严重危险级、中危险级和轻危险级3级，危险等级举例，见表21-24。

邮政建筑灭火器配置场所的危险等级举例 表 21-24

危险等级	举例
严重危险级	城镇及以上的邮政信函和包裹分拣房、邮袋库
	超高层邮政建筑和一类高层邮政建筑
	配建充电基础设施（充电桩）的车库区域
中危险级	城镇以下的邮政信函和包裹分拣房、邮袋库
	二类高层邮政建筑
	设有集中空调、电子计算机、复印机等设备的办公室
	民用燃油、燃气锅炉房
	民用的油浸变压器室和高、低压配电室
	配建充电基础设施（充电桩）以外的车库区域
轻危险级	未设集中空调、电子计算机、复印机等设备的普通办公室

注：邮政建筑室内强电间、弱电间；屋顶排烟机房内每个房间均应设置2具手提式磷酸铵盐干粉灭火器。

21.7.3 灭火器选择

邮政建筑灭火器配置场所的火灾种类通常涉及A类、B类、E类火灾，通常配置灭火器时选择磷酸铵盐干粉灭火器。

21.7.4 灭火器设置

邮政建筑中设置的手提式灭火器，通常和室内消火栓同位置设置，放置于室内消火栓箱体下部。独立设置的手提式或推车式灭火器通常放置于所保护区域的公共走道、门口或房间内靠近公共通道出入口处。灭火器设置点应均衡布置。

设置在A类火灾场所的灭火器，其最大保护距离应符合表1-274的规定。

灭火器最大保护距离为灭火器与起火点之间最大的行走距离。邮政建筑中的营业厅、地下车库区域、建筑中大间套小间区域、房间中间隔着走道区域等场所，常需要增加灭火器配置点。地下车库区域增设的灭火器宜靠近相邻2个室内消火栓中间的位置，并宜沿车库墙体或柱子布置。

设置在B类火灾场所的灭火器，其最大保护距离应符合表1-275的规定。

邮政建筑中E类火灾场所中的高低压配电间、弱电机房等场所，灭火器配置宜按B类火灾场所灭火器最大保护距离要求进行。面积较大的邮政建筑变配电室，需要在变配电室内增设灭火器。

21.7.5 灭火器配置

A类火灾场所灭火器的最低配置基准，应符合表1-276的规定。

邮政建筑灭火器A类火灾场所配置基准可按照灭火器最低配置基准，即：严重危险级按照3A；中危险级按照2A；轻危险级按照1A。

B类火灾场所灭火器的最低配置基准，应符合表1-277的规定。

邮政建筑灭火器B类火灾场所配置基准可按照灭火器最低配置基准，即：严重危险级按照89B；中危险级按照55B。

E类火灾场所的灭火器最低配置基准不应低于该场所内A类（或B类）火灾的规定。

21.7.6 灭火器配置设计计算

邮政建筑内每个灭火器设置点灭火器数量通常以2～4具为宜。

灭火器计算单元最小需配灭火级别，按公式（1-69）计算。

灭火器计算单元中每个灭火器设置点最小需配灭火级别，按公式（1-70）计算。

21.7.7 灭火器类型及规格

邮政建筑灭火器配置设计中常用的灭火器类型及规格，参见表1-279。

21.8 气体灭火系统

21.8.1 气体灭火系统应用场所

邮政建筑的高低压变配电室、弱电机房等场所应设置自动灭火系统，且宜采用气体灭火系统。

目前邮政建筑中最常用七氟丙烷（HFC-227ea）气体灭火系统和IG541混合气体灭火系统。

21.8.2 七氟丙烷气体灭火系统设计参数

七氟丙烷灭火剂主要技术性能参数，参见表1-281。

无管网七氟丙烷气体自动灭火装置技术参数、规格等，参见表1-282～表1-284。

邮政建筑中采用七氟丙烷气体灭火保护时，各防护区设计灭火浓度，参见表3-70。

21.8.3 气体灭火设计用量计算

七氟丙烷气体灭火设置场所设计用量，按公式（1-71）计算。

七氟丙烷设计用量，按公式（2-28）计算；七氟丙烷设计容积，按公式（2-29）计算。

每个防护区内无管网七氟丙烷气体灭火装置的布置应做到均匀。

IG541混合气体灭火防护区灭火设计用量或惰化设计用量，按公式（1-74）计算。

IG541灭火剂气体在101kPa大气压和防护区最低环境温度下的质量体积，按公式（1-75)计算。

IG541混合气体灭火系统灭火剂储存量，应为防护区灭火设计用量及系统灭火剂剩余量之和，系统灭火剂剩余量按公式（1-76）计算。

21.8.4 IG541混合气体灭火系统管网计算

IG541混合气体灭火系统管道流量宜采用平均设计流量。

系统主干管、支管的平均设计流量，按公式（1-77)、公式（1-78）计算。

管道内径按公式（1-79）计算。

灭火剂释放时，管网应进行减压。减压装置宜采用减压孔板，宜设在系统的源头或干管入口处。减压孔板前的压力，按公式（1-80）计算；减压孔板后的压力，按公式（1-81)计算；减压孔板孔口面积，按公式（1-82）计算。

系统的阻力损失宜从减压孔板后算起，并按公式（1-83）计算。

IG541混合气体灭火系统的喷头工作压力的计算结果，应符合：一级充压（15.0MPa）系统，$P_c \geqslant 2.0$MPa（绝对压力)；二级充压（20.0MPa）系统，$P_c \geqslant 2.1$MPa（绝对压力)。

喷头等效孔口面积，按公式（1-84）计算。

21.8.5 防护区泄压口

气体灭火系统防护区应设置泄压口。七氟丙烷气体灭火系统防护区泄压口面积按系统设计规定计算，按公式（1-85）计算；IG541混合气体灭火系统防护区泄压口面积按系统设计规定计算，宜按公式（1-86）计算。

七氟丙烷气体灭火系统的泄压口应位于防护区净高的2/3以上。对于设置吊顶场所，泄压口通常设置在吊顶（梁）下，泄压口顶面紧贴吊顶（梁）或吊顶（梁）下100mm。

不同规格无管网七氟丙烷气体灭火装置与泄压口尺寸的对照表，参见表1-288。

防护区设置的泄压口，宜设在外墙上，无外墙时应设置在朝向公共建筑公共区域（走道）的内墙上。每个防护区根据需要可设置1个或多个泄压口。

21.9 高压细水雾灭火系统

邮政建筑中不宜用水扑救的部位（即采用水扑救后会引起爆炸或重大财产损失的场所）可以采用高压细水雾灭火系统灭火。

邮政建筑中适合采用高压细水雾灭火系统的场所包括高低压变配电室、弱电机房等场所。

邮政建筑中当此类场所较少时，宜采用气体灭火系统；当此类场所较多时，可采用高压细水雾灭火系统，设计方法参见4.9节。

21.10 自动跟踪定位射流灭火系统

当邮政建筑出入门厅、营业厅等场所为高大空间时，可设置自动跟踪定位射流灭火系统，设计方法参见 4.10 节。

21.11 中水系统

邮政建筑建设中水设施，应结合建筑所在地区的不同特点，满足当地政府部门的有关规定。建筑面积大于 30000m² 或回收水量大于 100m³/d 的邮政建筑，宜建设中水设施。

21.11.1 中水原水

1. 中水原水种类

邮政建筑中水原水可选择的种类及选取顺序，见表 21-25。

邮政建筑中水原水种类及选取顺序表 **表 21-25**

序号	中水原水种类	备注
1	邮政建筑内公共卫生间的废水排水	最适宜
2	邮政建筑内公共卫生间的盥洗废水排水	适宜
3	邮政建筑空调循环冷却水系统排水	
4	邮政建筑空调水系统冷凝水	
5	邮政建筑附设厨房、食堂、餐厅废水排水	不适宜
6	邮政建筑内公共卫生间的冲厕排水	最不适宜

2. 中水原水量

邮政建筑中水原水量按公式（21-6）计算：

$$Q_Y = \Sigma\beta \cdot Q_{pj} \cdot b \qquad (21\text{-}6)$$

式中 Q_Y——邮政建筑中水原水量，m³/d；

β——邮政建筑按给水量计算排水量的折减系数，一般取 0.85～0.95；

Q_{pj}——邮政建筑平均日生活给水量，按《节水标》中的节水用水定额（表 21-3）计算确定，m³/d；

b——邮政建筑分项给水百分率，应以实测资料为准，当无实测资料时，可按表 21-26选取。

邮政建筑分项给水百分率表 **表 21-26**

项目	冲厕	厨房	盥洗	总计
办公给水百分率（%）	60～66	—	40～34	100
职工食堂给水百分率（%）	6.7～5	93.3～95	—	100

邮政建筑用作中水原水的水量宜为中水回用水量的 110%～115%。

3. 中水原水水质

邮政建筑中水原水水质应以类似建筑的实测资料为准；当无实测资料时，邮政建筑排水的污染物浓度可按表21-27确定。

邮政建筑排水污染物浓度表　　表21-27

类别	项目	冲厕	厨房	盥洗	综合
办公	BOD_5浓度（mg/L）	260～340	—	90～110	195～260
	COD_{Cr}浓度（mg/L）	350～450	—	100～140	260～340
	SS浓度（mg/L）	260～340	—	90～110	195～260
职工食堂	BOD_5浓度（mg/L）	260～340	500～600	—	490～590
	COD_{Cr}浓度（mg/L）	350～450	900～1100	—	890～1075
	SS浓度（mg/L）	260～340	250～280	—	255～285

注：综合是对包括以上三项生活排水的统称。

21.11.2 中水利用与水质标准

1. 中水利用

邮政建筑中水原水主要用于城市杂用水和景观环境用水等。

邮政建筑中水利用率，可按公式（2-31）计算。

邮政建筑中水利用率应不低于当地政府部门的中水利用率指标要求。

当邮政建筑附近有可利用的市政再生水管道时，可直接接入使用。

2. 中水水质标准

邮政建筑中水水质标准要求，参见表2-104。

21.11.3 中水系统

1. 中水系统形式

邮政建筑中水通常采用中水原水系统与生活污水系统分流、生活给水与中水给水分供的完全分流系统。

2. 中水原水系统

邮政建筑中水原水管道通常按重力流设计；当靠重力流不能直接接入时，可采取局部加压提升接入。

邮政建筑原水系统原水收集率不应低于本建筑回收排水项目给水量的75%，可按公式（2-32）计算。

邮政建筑若需要食堂、餐厅的含油脂污水作为中水原水时，在进入原水收集系统前应经过除油装置处理。

邮政建筑中水原水应进行计量，可采用超声波流量计和沟槽流量计。

3. 中水处理系统

邮政建筑中水处理系统设计处理能力，可按公式（2-33）计算。

4. 中水供水系统

建筑中水供水系统必须独立设置。建筑中水不得用作邮政建筑生活饮用水水源。

邮政建筑中水系统供水量，可按照表 21-2 中的用水定额及表 21-26 中规定的百分率计算确定。

邮政建筑中水供水系统的设计秒流量和管道水力计算方法与生活给水系统一致，参见 21.1.6 节。

邮政建筑中水供水系统的供水方式宜与生活给水系统一致，通常采用变频调速泵组供水方式，水泵的选择参见 21.1.7 节。

邮政建筑中水供水系统的竖向分区宜与生活给水系统一致。当建筑周边有市政中水管网且管网流量压力均满足时，低区由市政中水管网直接供水；当建筑周边无市政中水管网时，低区由低区中水给水泵组自中水贮水池（箱）吸水后加压供水。

邮政建筑中水供水管道宜采用塑料给水管、钢塑复合管或其他具有可靠防腐性能的给水管材，不得采用非镀锌钢管。

邮政建筑中水贮存池（箱）设计要求，参见表 2-105。

邮政建筑中水供水系统应安装计量装置，具体设置要求参见表 3-14。

中水供水管道应采取防止误接、误用、误饮的措施。

5. 水量平衡

中水系统设计应进行中水原水量和用水量平衡计算。

邮政建筑中水用水量应根据不同用途用水量累加确定。

邮政建筑最高日冲厕中水用水量按照表 21-2 中的最高日用水定额及表 21-26 中规定的百分率计算确定。最高日冲厕中水用水量，可按公式（21-7）计算：

$$Q_C = \Sigma q_L \cdot F \cdot N/1000 \tag{21-7}$$

式中 Q_C——邮政建筑最高日冲厕中水用水量，m^3/d；

q_L——邮政建筑给水用水定额，L/(人·d)；

F——冲厕用水占生活用水的比例，%，按表 21-26 取值；

N——使用人数，人。

邮政建筑相关功能场所冲厕用水量定额及小时变化系数，见表 21-28。

邮政建筑冲厕用水量定额及小时变化系数表 **表 21-28**

类别	建筑种类	冲厕用水量［L/(人·d)］	使用时间（h/d）	小时变化系数	备注
1	办公	20～30	8～10	1.5～1.2	—
2	职工食堂	5～10	12	1.5～1.2	工作人员按办公楼设计

中水系统原水调节池（箱）调节容积，可按公式（2-35）、公式（2-36）计算。

中水贮存池（箱）容积，可按公式（2-37）、公式（2-38）计算。

当中水供水系统采用水泵-水箱联合供水时，水箱调节容积不得小于中水系统最大小时用水量的 50%。

中水系统的总调节容积，包括原水调节池（箱）、中水处理工艺构筑物、中水贮存池（箱）及高位水箱等调节容积之和，不宜小于中水日处理量的 100%。

21.11.4 中水处理工艺与处理设施

1. 中水处理工艺

邮政建筑通常采用的中水处理工艺，参见表2-107。

2. 中水处理设施

邮政建筑中水处理设施及设计要求，参见表2-108。

21.11.5 中水处理站

邮政建筑内的中水处理站设计要求，参见2.11.5节。

21.12 管道直饮水系统

21.12.1 水量、水压和水质

邮政建筑管道直饮水最高日直饮水定额（q_d），可按1.0～2.0L/(人·d) 采用，亦可根据用户要求确定。

直饮水专用水嘴额定流量宜为0.04～0.06L/s。

邮政建筑直饮水专用水嘴最低工作压力不宜小于0.03MPa。

邮政建筑管道直饮水系统用户端的水质应符合现行行业标准《饮用净水水质标准》CJ/T 94的规定。

21.12.2 水处理

邮政建筑管道直饮水系统应对原水进行深度净化处理。

水处理工艺流程的选择应依据原水水质，经技术经济比较确定。处理后的出水应符合现行行业标准《饮用净水水质标准》CJ/T 94的规定。

深度净化处理应根据处理后的水质标准和原水水质进行选择，宜采用膜处理技术，参见表1-333。

不同的膜处理应相应配套预处理、后处理、膜的清洗和水处理消毒灭菌设施，参见表1-334。

深度净化处理系统排出的浓水宜回收利用。

21.12.3 系统设计

邮政建筑管道直饮水系统必须独立设置，不得与市政或建筑供水系统直接相连。

邮政建筑管道直饮水系统宜采取集中供水系统，一座建筑中宜设置一个供水系统。

邮政建筑常见的管道直饮水系统供水方式，参见表1-335。

多层邮政建筑管道直饮水供水竖向不分区；高层邮政建筑管道直饮水供水应竖向分区，分区原则参见表1-336。

邮政建筑管道直饮水系统类型，参见表1-337。

邮政建筑管道直饮水系统设计应设循环管道，供、回水管网应设计为同程式。

邮政建筑管道直饮水系统通常采用全日循环，亦可采用定时循环，供、配水系统中的直饮水停留时间不应超过12h。

邮政建筑管道直饮水系统回水宜回流至净水箱或原水水箱。回流到净水箱时，应在消毒设施前接入。

直饮水系统不循环的支管长度不宜大于6m。

邮政建筑管道直饮水系统管道敷设要求，参见表1-338。

邮政建筑管道直饮水系统管材及附件设置要求，参见表1-339。

21.12.4 系统计算与设备选择

1. 系统计算

邮政建筑管道直饮水系统最高日直饮水量，应按公式（21-8）计算：

$$Q_d = N \cdot q_d \tag{21-8}$$

式中 Q_d——邮政建筑管道直饮水系统最高日饮水量，L/d；

N——邮政建筑管道直饮水系统所服务的人数，人；

q_d——邮政建筑最高日直饮水定额，L/(人·d)，取1.0～2.0L/(人·d)。

邮政建筑的瞬时高峰用水量的计算应符合现行国家标准《建筑给水排水设计标准》GB 50015的规定。邮政建筑瞬时高峰用水量，应按公式（1-94）计算。

邮政建筑瞬时高峰用水时水嘴使用数量，应按公式（1-95）计算。

瞬时高峰用水时水嘴使用数量m的确定，应按表1-340（当水嘴数量$n \leqslant 12$个时）、表1-341（当水嘴数量$n > 12$个时）选取。当$np \geqslant 5$并且满足$n(1-p) \geqslant 5$时，可按公式（1-96）简化计算。

水嘴使用概率应按公式（21-9）计算：

$$p = \alpha \cdot Q_d / (1800 \cdot n \cdot q_0) = 0.27 \cdot Q_d / (1800 \cdot n \cdot q_0) \tag{21-9}$$

式中 α——经验系数，邮政建筑取0.27。

定时循环时，循环流量可按公式（1-98）计算。

管道直饮水供、回水管道内水流速度宜符合表1-342的规定。

2. 设备选择

净水设备产水量可按公式（1-100）计算。

变频调速供水系统水泵设计流量应按公式（1-101）计算；水泵设计扬程应按公式（1-102）计算。

净水箱（槽）有效容积可按公式（1-103）计算；原水调节水箱（槽）容积可按公式（1-104）计算。

原水水箱（槽）的进水管管径宜按净水设备产水量设计，并应根据反洗要求确定水量。当进水管的供水能力满足预处理的流量和压力要求时，原水水箱（槽）可不设置。

21.12.5 净水机房

净水机房设计要求，参见表1-343。

21.12.6 管道敷设与设备安装

管道直饮水管道敷设与设备安装设计要求，参见表1-344。

21.13 给水排水抗震设计

邮政建筑给水排水管道抗震设计，参见4.11节。

21.14 给水排水专业绿色建筑设计

邮政建筑绿色设计，应根据邮政建筑所在地相关规定要求执行。新建邮政建筑应按照一星级或以上星级标准设计；政府投资或者以政府投资为主的邮政建筑、建筑面积大于20000m^2的大型邮政建筑宜按照绿色建筑二星级或以上星级标准设计。邮政建筑二星级、三星级绿色建筑设计专篇，参见表1-347。

第22章　财贸金融建筑给水排水设计

财贸金融建筑包括财政建筑、经贸建筑和金融建筑。本章节主要涉及金融建筑给水排水设计。

金融建筑是为银行业及其衍生品交易、证券交易、商品及期货交易、保险业等财政金融业务服务的公共建筑。金融设施是金融建筑物中直接服务于金融业务的各种设备及其场所，包括计算机房、电源室、专用空调设备、营业厅等。

金融建筑分级，见表22-1。

金融建筑分级表　　　　**表22-1**

分类	金融设施要求	范围
特级	运行失常时将产生下列情形之一的金融设施：①在全国或更大范围内造成金融秩序紊乱的；②给国民经济造成重大损失的；③在全国或更大范围内对公众生活造成严重影响的	中国人民银行以及我国的主要国有商业银行的核心金融建筑
一级	运行失常时将产生下列情形之一的金融设施：①在大范围内造成金融秩序紊乱的；②给国民经济造成较大损失的；③在大范围内对公众生活造成严重影响的	省（自治区、直辖市）级和地区级的金融建筑
二级	运行失常时将产生下列情形之一的金融设施：①在有限范围内造成金融秩序紊乱的金融设施；②给国民经济造成损失的金融设施；③在较小范围内对公众生活造成严重影响的金融设施	县级（含县级市）的金融建筑
三级	不属于特级、一级和二级的其他金融设施	其他金融建筑

金融建筑组成，见表22-2。

金融建筑组成表　　　　**表22-2**

序号	组成	说明
1	数据中心主机房	包括生产区：数据机房、计算机房等生产用房，辅助区：电源室、配电间、不间断电源装置（UPS）机房、数据监控中心等辅助生产用房，支持区：气体灭火设备机房、空调机房等配套用房
2	金融营业用房	包括银行、证券、期货、保险业营业厅（室）、营业柜台、理财室、与营业厅（室）相连通的库房、通道、办公室及相关用房等。分为现金、票据类作业区域，非作业区域，通道
3	金融交易用房	包括证券、期货、外汇交易所交易厅及相关用房等
4	客户服务中心	包括普通客户服务用房、VIP客户服务中心用房等
5	其他金融工作用房	包括信用卡作业区、培训部、自助银行等
6	金融保管用房	包括银行金库（包括中央银行货币发行库与主要存在于商业银行的现金业务库）及出、入库和日常性票币、金银处理作业区等
7	生产辅助设备用房	包括配变电所、应急发电机房、低压配电室、控制值班室、生产业务专用数据通信机房、无线网络机房、弱电机房、消防控制室、安防监控中心（室）、电话总机房、生活水泵房、消防水泵房、暖通空调冷热源机房等

财贸金融建筑给水排水设计应符合现行国家标准《城市给水工程项目规范》GB 55026、《城乡排水工程项目规范》GB 55027、《建筑给水排水设计标准》GB 50015、《建筑防火通用规范》GB 55037、《消防设施通用规范》GB 55036、《建筑设计防火规范》GB 50016和《消防给水及消火栓系统技术规范》GB 50974等的规定。根据财贸金融建筑的功能设置，其给水排水设计涉及的现行行业标准为《办公建筑设计标准》JGJ/T 67。财政金融建筑若设置中水系统，其设计涉及的现行国家标准为《建筑中水设计标准》GB 50336。财政金融建筑若设置管道直饮水系统，其设计涉及的现行行业标准为《建筑与小区管道直饮水系统技术规程》CJJ/T 110。

22.1 生活给水系统

22.1.1 用水量标准

1. 生活用水量标准

《水标》中财贸金融建筑相关功能场所生活用水定额，见表22-3。

财贸金融建筑生活用水定额表 **表22-3**

序号	建筑物名称		单位	生活用水定额（L）		使用时数（h）	最高日小时变化系数 K_h
				最高日	平均日		
1	办公	坐班制办公	每人每班	30～50	25～40	8～10	1.5～1.2
2	餐饮业	职工食堂	每人每次	20～25	15～20	12～16	1.5～1.2
3	停车库地面冲洗水		每平方米每次	2～3	3～3	20～120	1.0

注：1. 除注明外，均不含员工生活用水，员工最高日用水定额为每人每班40～50L，平均日用水定额为每人每班30～45L；
2. 表中用水量标准为生活用水，包括生活用热水用水量和直饮水用量，也包括正常漏水量和间接用水量，如清洁用水在内；但不包括空调、采暖、水景绿化、场地和道路浇洒等用水；
3. 计算财贸金融建筑最高日最大时用水量时，某一类型生活用水定额、最高日小时变化系数（K_h）均为一个范围值时，生活用水定额取定额的最低值应对应选择最高日小时变化系数（K_h）的最大值；生活用水定额取定额的最高值应对应选择最高日小时变化系数（K_h）的最小值；生活用水定额取定额的中间值应对应选择最高日小时变化系数（K_h）的中间值（按内插法确定）。

《节水标》中财贸金融建筑相关功能场所平均日生活用水节水用水定额，见表22-4。

财贸金融建筑平均日生活用水节水用水定额表 **表22-4**

序号	建筑物名称		单位	节水用水定额
1	办公	坐班制办公	L/(人·班)	25～40
2	餐饮业	职工食堂	L/(人·次)	15～20
3	停车库地面冲洗用水		L/(m^2·次)	2～3

注：1. 除注明外均不含员工用水，员工用水定额每人每班30～45L；
2. 表中用水量包括热水用量在内，空调用水应另计；
3. 选择用水定额时，可依据当地气候条件、水资源状况等确定，缺水地区应选择低值；
4. 用水人数或单位数应以年平均值计算；
5. 每年用水天数应根据使用情况确定。

2. 绿化浇灌用水量标准

财贸金融建筑院区绿化浇灌最高日用水定额按浇灌面积 1.0～3.0L/(m^2·d)计算，通常取 2.0L/(m^2·d)，干旱地区可酌情增加。

3. 浇洒道路用水量标准

财贸金融建筑院区道路、广场浇洒最高日用水定额按浇洒面积 2.0～3.0L/(m^2·d)计算，亦可参见表 2-8。

4. 空调循环冷却水补水用水量标准

财贸金融建筑空调循环冷却水补充水量，按公式（1-3）计算，亦可由暖通空调专业提供。

5. 汽车冲洗用水量标准

汽车冲洗用水量标准按 10.0～15.0L/(辆·次）考虑。

6. 供暖锅炉补充水量

供暖锅炉补充水量由暖通空调、热能动力专业提供。

7. 给水管网漏失水量和未预见水量

这两项水量之和按上述 6 项用水量（第 1 项至第 6 项）之和的 8%～12%计算，通常按 10%计。

最高日用水量（Q_d）应为上述 7 项用水量（第 1 项至第 7 项）之和。

最大时用水量（Q_{hmax}）可按公式（1-4）计算。

22.1.2 水质标准和防水质污染

1. 水质标准

财贸金融建筑生活给水系统的水质应符合现行国家标准《生活饮用水卫生标准》GB 5749 的规定。

2. 防水质污染

财贸金融建筑防止水质污染常见的具体措施，参见表 2-9。

22.1.3 给水系统和给水方式

1. 财贸金融建筑生活给水系统

典型的财贸金融建筑生活给水系统原理图，参见图 4-1。

2. 财贸金融建筑生活给水供水方式

财贸金融建筑生活给水供水方式，参见表 6-7。

3. 财贸金融建筑生活给水系统竖向分区

财贸金融建筑应根据建筑内功能的划分和当地供水部门的水量计费分类等因素，设置相应的生活给水系统，并应利用城镇给水管网的水压。

财贸金融建筑生活给水系统竖向分区应根据的原则，参见表 3-7。

财贸金融建筑生活给水系统竖向分区确定程序，参见表 6-8。

4. 财贸金融建筑生活给水系统形式

财贸金融建筑生活给水系统通常采用下行上给式，设备管道设置方法参见表 6-9。

22.1.4　管材及附件

1. 生活给水系统管材

财贸金融建筑生活给水系统给水管道应选用耐腐蚀、安装连接方便可靠、符合国家现行有关产品标准要求及饮用水卫生要求的管材，常用管材包括薄壁不锈钢管、薄壁铜管、PVC-C（氯化聚氯乙烯）冷水用管、钢塑复合管、内衬不锈钢复合钢管、铝塑复合管等。

财贸金融建筑设计选用管材、管道附件及设备等供水设施时应采取有效措施避免管网漏损。

2. 生活给水系统阀门

财贸金融建筑生活给水系统设置阀门的部位，参见表4-7。

3. 生活给水系统止回阀

财贸金融建筑生活给水系统设置止回阀的部位，参见表4-8。

4. 生活给水系统减压阀

财贸金融建筑配水横管静水压大于0.20MPa的楼层各分区内给水支管起端应设置减压阀，减压阀位置在阀门之后。

5. 生活给水系统水表

财贸金融建筑给水系统的引入管上应设置水表。水表宜设置在室内便于抄表位置；在夏热冬冷地区及严寒地区，当水表设置于室外时，应采取可靠的防冻胀破坏措施。

财贸金融建筑生活给水系统按分区域计量原则设置水表，生活给水系统设置水表的部位，参见表3-14。

6. 生活给水系统其他附件

生活水箱的生活给水进水管上应设自动水位控制阀。

财贸金融建筑生活给水系统设置过滤器的部位，参见表2-19。

财贸金融建筑内公共卫生间的洗手盆水嘴应采用非接触式或延时自闭式水嘴，通常采用感应式水嘴；小便斗、大便器应采用非手动开关。用水点非手动开关的型式，参见表2-20。

22.1.5　给水管道布置及敷设

1. 室外生活给水系统布置与敷设

财贸金融建筑院区的室外生活给水管网应布置成环状管网，管径宜为 *DN*150。环状给水管网与市政给水管网的连接管不宜少于2条，引入管管径宜为 *DN*150、不宜小于 *DN*100。

财贸金融建筑院区室外生活给水管道与其他地下管线及乔木之间的最小净距，参照表1-25规定。

2. 室内生活给水系统布置与敷设

财贸金融建筑室内生活给水管道通常布置成支状管网，单向供水，宜沿室内公共区域敷设。财贸金融建筑生活给水管道不应布置的场所，见表22-5。

财贸金融建筑生活给水管道不应布置的场所表　　表 22-5

序号	生活给水管道不应布置的场所	具体房间
1	数据中心主机房	包括生产区：数据机房、计算机房等生产用房，辅助区：电源室、配电间、不间断电源装置（UPS）机房、数据监控中心等辅助生产用房
2	金融保管用房	包括银行金库（包括中央银行货币发行库与主要存在于商业银行的现金业务库）等
3	生产辅助设备用房	包括配变电所、应急发电机房、低压配电室、控制值班室、生产业务专用数据通信机房、无线网络机房、弱电机房、消防控制室、安防监控中心（室）、电话总机房等

3. 室内给水管道防护

室内生活给水横干管、立管超过 50m 时，宜设伸缩补偿装置。

与人防工程功能无关的室内生活给水管道应避免穿越人防地下室，确需穿越时应在人防侧设置防护阀门，管道穿越处应设防护套管。

4. 生活给水管道保温

敷设在有可能结冻的房间、地下室及管井、管沟等处的给水管道应有防冻措施。

屋顶水箱间内生活给水管道均需做保温，所有给水横管及管井内的给水立管均做防结露保温。室内满足防冻要求的管道可不做防结露保温。

给水管道保温材料厚度确定，参见表 1-30、表 1-31。

22.1.6 生活给水系统给水管网计算

1. 财贸金融建筑院区室外生活给水管网

室外生活给水管网设计流量应按财贸金融建筑院区生活给水最大时用水量确定。院区给水引入管的设计流量应按最大时用水量确定；当引入管为 2 条时，应保证当其中一条发生故障时，其余的引入管可以提供不小于 70%的流量。

财贸金融建筑院区室外生活给水管网管径宜采用 $DN150$。

2. 财贸金融建筑室内生活给水管网

采用市政给水管网直接供水时，给水引入管设计流量（Q_1）应按直供区生活给水设计秒流量计；采用生活水箱＋变频给水泵组供水时，给水引入管设计流量（Q_2）应按加压区生活水箱设计补水量计，设计补水量不得小于高区最高日平均时用水量，不宜大于最高日最大时用水量。

财贸金融建筑内生活给水设计秒流量应按公式（22-1）计算：

$$q_g = 0.2 \cdot \alpha \cdot (N_g)^{1/2} = 0.3 \cdot (N_g)^{1/2} \tag{22-1}$$

式中 q_g——计算管段的给水设计秒流量，L/s；

N_g——计算管段的卫生器具给水当量总数；

α——根据财贸金融建筑用途而定的系数，财贸金融建筑取 1.5。

注：如计算值小于该管段上一个最大卫生器具给水额定流量时，应采用一个最大的卫生器具给水额定流量作为设计秒流量；如计算值大于该管段上按卫生器具给水额定流量累加所得流量值时，应按卫生器具给水额定流量累加所得流量值采用；有大便器延时自闭冲洗阀的给水管段，大便器延时自闭冲洗阀

的给水当量均以0.5计，计算得到的q_g附加1.20L/s的流量后，为该管段的给水设计秒流量。

财贸金融建筑生活给水设计秒流量计算，可参照表6-10。

财贸金融建筑有自闭式冲洗阀时生活给水设计秒流量计算，可参照表1-33。

财贸金融建筑职工食堂厨房等生活给水管道的设计秒流量应按公式（22-2）计算：

$$q_g = \sum q_{g0} \cdot n_0 \cdot b_g \tag{22-2}$$

式中 q_g——财贸金融建筑计算管段的给水设计秒流量，L/s；

q_{g0}——财贸金融建筑同类型的一个卫生器具给水额定流量，L/s，可按表4-11采用；

n_0——财贸金融建筑同类型卫生器具数；

b_g——财贸金融建筑卫生器具的同时给水使用百分数：财贸金融建筑职工食堂的设备按表4-13选用。

3. 财贸金融建筑内卫生器具给水当量

财贸金融建筑内卫生器具应选用节水型器具，应采用符合现行行业标准《节水型生活用水器具》CJ/T 164规定的节水型卫生器具，宜选用用水效率等级不低于3级的用水器具。

财贸金融建筑常见卫生器具的给水额定流量、给水当量、连接给水管管径和最低工作压力按表3-18确定。

4. 财贸金融建筑内给水管管径

财贸金融建筑内给水供水管的管径，应根据该给水供水管段的设计秒流量、允许给水流速等查相关计算表格确定。生活给水管道内的给水流速，宜按表1-38。

财贸金融建筑内公共卫生间的蹲便器个数与给水供水管管径的对照表，参见表4-15。

整个生活给水系统生活给水立管、干管均按照其服务的给水设计秒流量确定其管段管径。

22.1.7 生活水泵和生活水泵房

财贸金融建筑给水设计应有可靠的水源和供水管道系统，当仅有一路城市引入管或供水不满足设计秒流量或压力要求时，应设置加压供水设备。

1. 生活水泵

财贸金融建筑生活给水加压水泵宜采用3台（2用1备）配置模式，亦可采用2台（1用1备）或4台（3用1备）配置模式。

财贸金融建筑生活给水加压通常采用变频调速给水泵组，其设计流量应按其负责给水系统的最大设计秒流量确定，即$Q=q_g$。设计时应统计该系统内各用水点卫生器具的生活给水当量数，经公式（22-1）、公式（22-2）计算或查表6-10得出设计流量值。

生活给水加压水泵的设计工作压力，按公式（1-10）计算。

2. 生活水泵房

财贸金融建筑二次加压给水的水泵房应为独立的房间，并应环境良好、便于维修和管理；不应毗邻数据中心主机房（包括数据机房、计算机房、电源室、配电间、不间断电源装置机房、数据监控中心等）、营业厅、交易厅、银行金库、生产辅助电气类机房，不宜毗邻客户服务中心、办公室；加压泵组及泵房应采取减振降噪措施。

财贸金融建筑生活水泵房的设置位置应根据其所供水服务的范围确定，见表 22-6。

财贸金融建筑生活水泵房位置确定及要求表　　表 22-6

序号	水泵房位置	适用情况	设置要求
1	院区室外集中设置	院区室外有空间；常见于新建财贸金融建筑院区	宜与消防水泵房、消防水池、暖通冷热源机房、锅炉房等集中设置，宜靠近财贸金融建筑
2	建筑地下室楼层设置	院区室外无空间	宜设在地下一层或地下二层，不宜设在最低地下楼层；水泵房地面宜高出室外地面 200～300mm

各分区的生活给水泵组宜集中布置；生活水泵房内每套生活给水泵组宜设置在一个基础上。

22.1.8 生活贮水箱（池）

财贸金融建筑给水设计应有可靠的水源和供水管道系统，当仅有一路城市引入管或供水不满足设计秒流量或压力要求时，应设置生活贮水箱（池）。

财贸金融建筑水箱间应为独立的房间，不应毗邻数据中心主机房（包括数据机房、计算机房、电源室、配电间、不间断电源装置机房、数据监控中心等）、营业厅、交易厅、银行金库、生产辅助电气类机房，不宜毗邻客户服务中心、办公室。

水箱应设置消毒设备，并宜采用紫外线消毒方式。

1. 贮水容积

财贸金融建筑生活用水贮水箱（池）的有效容积计算时，其生活用水调节量应按进水量与用水量变化曲线经计算确定，当资料不足时，宜按最高日用水量的 20%～25%确定，最大不得大于 48h 的用水量。有条件时可适当增加生活贮水箱（池）有效容积。

财贸金融建筑生活用水贮水设备宜采用贮水箱。

2. 生活水箱

财贸金融建筑生活水箱设计要求，参见表 1-46。

3. 生活水箱相关管道、装置设置要求

财贸金融建筑生活水箱相关管道设施要求，参见表 1-47。

生活水箱各水位指标确定方法及取值经验值，参见表 1-48。

22.2 生活热水系统

22.2.1 热水系统类别

财贸金融建筑生活热水系统类别，参见表 19-6。

22.2.2 生活热水系统热源

财贸金融建筑集中生活热水供应系统的热源，参见表 2-34。

财贸金融建筑生活热水系统热源选用，参见表 2-35。

财贸金融建筑生活热水系统常见热源组合形式，参见表 19-7。

财贸金融建筑屋顶设置太阳能光伏发电系统时，系统产生的电能可用于屋顶热水箱内热水的加热，保证生活热水系统供水温度。

22.2.3 热水系统设计参数

1. 财贸金融建筑热水用水定额

按照《水标》，财贸金融建筑相关功能场所热水用水定额，见表 22-7。

财贸金融建筑热水用水定额表 **表 22-7**

序号	建筑物名称		单位	用水定额（L）		使用时数（h）	最高日小时变化系数 K_h
				最高日	平均日		
1	办公	坐班制办公	每人每班	5～10	4～8	8～10	1.5～1.2
2	餐饮业	职工食堂	每人每次	10～12	7～10	12～16	1.5～1.2

注：1. 表中所列用水定额均已包括在表 22-3 中；
2. 本表以 60℃热水水温为计算温度，卫生器具的使用水温见表 22-9；
3. 表中平均日用水定额仅用于计算太阳能热水系统集热器面积和计算节水用水量。

《节水标》中财贸金融建筑相关功能场所热水平均日节水用水定额，见表 22-8。

财贸金融建筑热水平均日节水用水定额表 **表 22-8**

序号	建筑物名称		单位	节水用水定额
1	办公	坐班制办公	L/(人·班)	5～10
2	餐饮业	职工食堂	L/（人·次）	7～10

注：热水温度按 60℃计。

财贸金融建筑所在地为较大城市、标准要求较高的，财贸金融建筑热水用水定额可以适当选用较高值；反之可选用较低值。

2. 财贸金融建筑卫生器具用水定额及水温

财贸金融建筑相关功能场所卫生器具的一次热水用水量、小时热水用水量和水温，可按表 22-9 确定。

财贸金融建筑卫生器具一次热水用水量、小时热水用水量和水温表 **表 22-9**

序号	卫生器具名称			一次热水用水（L）	小时热水用水（L）	水温（℃）
1	办公	洗手盆		—	50～100	35
2	餐饮业	洗脸盆	工作人员用	3	200	30
			顾客用	—	120	
		淋浴器		40	400	37～40

注：表中用水量均为使用水温时的用水量；一次热水用水量指使用一次的用水量，并非卫生器具开关一次的用水量，有些卫生器具使用一次可能需要开关几次。

3. 财贸金融建筑冷水计算温度

冷水的计算温度应以当地最冷月平均水温资料确定。当无水温资料时，按表 1-58 采用。

财贸金融建筑冷水计算温度宜按财贸金融建筑当地地面水温度确定，水温有取值范围时宜取低值。

4. 财贸金融建筑水加热设备供水温度

财贸金融建筑集中热水供应系统的水加热设备（包括热水锅炉、热水机组或水加热器等）的出水温度按表 1-59 采用。财贸金融建筑集中生活热水系统水加热设备的供水温度宜为 60～65℃，通常按 60℃计。

5. 财贸金融建筑生活热水水质

财贸金融建筑生活热水的水质指标，应符合现行国家标准《生活饮用水卫生标准》GB 5749 的要求。

22.2.4 热水系统设计指标

1. 财贸金融建筑热水设计小时耗热量

（1）全日供应热水设计小时耗热量

财贸金融建筑生活热水系统采用全日供应热水较为少见。

（2）定时供应热水设计小时耗热量

当财贸金融建筑生活热水系统采用定时供应热水的集中生活热水系统时，其设计小时耗热量可按公式（19-3）计算。

（3）不同使用要求用水部门热水设计小时耗热量

具有多个不同使用热水部门或具有多种热水使用形式的财贸金融建筑，当其热水由同一热水供应系统供应时，设计小时耗热量，可按同一时间内出现用水高峰的主要用水部门的设计小时耗热量加其他用水部门的平均小时耗热量计算。

2. 财贸金融建筑设计小时热水量

财贸金融建筑设计小时热水量，可按公式（19-4）计算。

3. 财贸金融建筑加热设备供热量

财贸金融建筑全日集中生活热水系统中，锅炉、水加热设备的设计小时供热量应根据日热水用量小时变化曲线、加热方式及锅炉、水加热设备的工作制度经积分曲线计算确定。

（1）容积式水加热器或贮热容积与其相当的水加热器、燃油（气）热水机组供热量

财贸金融建筑生活热水系统采用的容积式水加热器均应为导流型容积式水加热器，其设计小时供热量可按公式（19-5）计算。

在财贸金融建筑生活热水系统设计小时供热量计算时，通常取 $Q_g=Q_h$。

（2）半容积式水加热器或贮热容积与其相当的水加热器、燃油（气）热水机组供热量

财贸金融建筑生活热水系统亦常采用半容积式水加热器，此时半容积式水加热器设计小时供热量按设计小时耗热量计算，即取 $Q_g=Q_h$。

22.2.5 生活热水系统热水管网计算

1. 生活热水管网设计流量

（1）财贸金融建筑生活热水引入管设计流量

财贸金融建筑生活热水引入管设计流量应按该建筑相应生活热水供水系统总供水干管的设计秒流量确定。

（2）财贸金融建筑内生活热水设计秒流量

财贸金融建筑内生活热水设计秒流量应按公式（22-3）计算：

$$q_g = 0.2 \cdot \alpha \cdot (N_g)^{1/2} = 0.3 \cdot (N_g)^{1/2} \tag{22-3}$$

式中 q_g——计算管段的热水设计秒流量，L/s；

N_g——计算管段的卫生器具热水当量总数；

α——根据财贸金融建筑用途而定的系数，财贸金融建筑取 1.5。

注：如计算值小于该管段上一个最大卫生器具热水额定流量时，应采用一个最大的卫生器具热水额定流量作为设计秒流量；如计算值大于该管段上按卫生器具热水额定流量累加所得流量值时，应按卫生器具热水额定流量累加所得流量值采用。

财贸金融建筑生活热水设计秒流量计算，可参照表 6-24。

2. 财贸金融建筑内卫生器具热水当量

财贸金融建筑卫生器具的热水额定流量、热水当量、连接热水管管径和最低工作压力按表 3-31 确定。

3. 财贸金融建筑内热水管管径

财贸金融建筑内热水供水管的管径，应根据该热水供水管段的设计秒流量、允许热水流速等查相关计算表格确定。生活热水管道内的热水流速，宜按表 1-66 控制。

本区域热水回水干管管径根据该区域热水供水干管最大管径确定。热水回水管管径与热水供水管管径的对照，参见表 3-33。

整个生活热水系统的生活热水供水立管、干管均按照其服务的热水设计秒流量确定其管段管径；生活热水回水立管、干管先按照其服务的热水设计秒流量确定出一个供水管管径值，再根据表 3-33 确定其管段回水管管径值。

22.2.6 生活热水机房（换热机房、换热站）

财贸金融建筑生活热水机房（换热机房、换热站）位置确定，参见表 19-11。

财贸金融建筑生活热水机房（换热机房、换热站）应为独立的房间，不应毗邻数据中心主机房（包括数据机房、计算机房、电源室、配电间、不间断电源装置机房、数据监控中心等）、营业厅、交易厅、银行金库、生产辅助电气类机房，不宜毗邻客户服务中心、办公室。

22.2.7 生活热水箱

财贸金融建筑生活热水箱设计要求，参见表 1-72。

生活热水箱各种水位，按表 1-74 确定。

财贸金融建筑生活热水箱间应为独立的房间，不应毗邻数据中心主机房（包括数据机房、计算机房、电源室、配电间、不间断电源装置机房、数据监控中心等）、营业厅、交易厅、银行金库、生产辅助电气类机房，不宜毗邻客户服务中心、办公室。

22.2.8 生活热水循环泵

1. 生活热水循环泵设置位置

当系统热源由高温热媒经院区热水机房（换热机房）内的各分区换热设备后向各分区

供给热水时，各分区生活热水循环泵通常设在热水机房（换热机房）内。当系统热源由屋顶太阳能供水设备向各分区供给热水时，各分区生活热水循环泵通常设在本分区最低楼层或下面一层热水循环泵房内。

2. 生活热水循环泵设计流量

生活热水循环水泵的出水量，可按公式（19-7）计算。

财贸金融建筑热水系统循环流量可按循环管网总水容积的 2～4 倍计算。

设计中，生活热水循环泵的流量可按照所服务热水系统设计小时流量的 25%～30%确定。

3. 生活热水循环泵设计扬程

生活热水循环泵的扬程，可按公式（19-8）、公式（19-9）计算。

财贸金融建筑热水循环泵组通常每套设置 2 台，1 用 1 备，交替运行。

4. 太阳能集热循环泵

太阳能集热循环泵通常设置在屋顶生活热水箱间内，宜设置在太阳能设备供水管即从生活热水箱接出的管道上。集热循环泵流量，按公式（1-28）计算；集热循环泵扬程，按公式（1-29）、公式（1-30）计算。

财贸金融建筑集热循环泵组通常每套设置 2 台，1 用 1 备，交替运行。

22.2.9 热水系统管材、附件和管道敷设

1. 生活热水系统管材

财贸金融建筑生活热水系统热水管道常用的管材包括薄壁不锈钢管、PVC-C（氯化聚氯乙烯）热水用管、薄壁铜管、钢塑复合管（如 PSP 管）、铝塑复合管等，较少采用普通塑料热水管。

2. 生活热水系统阀门

财贸金融建筑生活热水系统设置阀门的部位，参见表 2-50。

3. 生活热水系统止回阀

财贸金融建筑生活热水系统设置止回阀的部位，参见表 2-51。

4. 生活热水系统水表

财贸金融建筑生活热水系统按分区域原则设置热水表，热水表宜采用远传智能水表。

5. 热水系统排气装置、泄水装置

对于上行下给式热水系统，系统热水配水干管最高处及向上抬高管段应设置 *DN*25 自动排气阀、检修阀门；对于下行上给式热水系统，可利用最高热水配水点放气。

热水管道系统的最低处及向下凹的管段应设置泄水装置或利用最低热水配水点泄水。

6. 温度计、压力表

财贸金融建筑生活热水系统设置温度计的部位，参见表 1-77；设置压力表的部位，参见表 1-78。

7. 管道补偿装置

长度超过 50m 的热水横干管或立管均应设置波纹伸缩节，通常设置在该根管道上管径较小的管段处，靠近一端的管道固定支吊架。

8. 保温

生活热水系统中的热水锅炉、燃油（气）热水机组、水加热设备、贮热水箱（罐）、分（集）水器、热水输（配）水干（立）管、热水循环回水干（立）管均应做保温。

热水管道保温材料厚度确定，参见表1-79、表1-80。

22.3 排水系统

22.3.1 排水系统类别

财贸金融建筑排水系统分类，见表22-10。

排水系统分类表 **表22-10**

<table>
<tr><th>序号</th><th>分类标准</th><th>排水系统类别</th><th>财贸金融建筑应用情况</th><th>应用程度</th></tr>
<tr><td>1</td><td rowspan="7">建筑内场所使用功能</td><td>生活污水排水</td><td>财贸金融建筑公共卫生间污水排水</td><td rowspan="7">常用</td></tr>
<tr><td>2</td><td>生活废水排水</td><td>财贸金融建筑公共卫生间、盥洗间废水排水</td></tr>
<tr><td>3</td><td>厨房废水排水</td><td>财贸金融建筑内附设厨房、食堂、餐厅污水排水</td></tr>
<tr><td>4</td><td>设备机房废水排水</td><td>财贸金融建筑内附设水泵房（包括生活水泵房、消防水泵房）、空调机房、制冷机房、换热机房、锅炉房、热水机房、直饮水机房等机房废水排水</td></tr>
<tr><td>5</td><td>车库废水排水</td><td>财贸金融建筑内附设车库内一般地面冲洗废水排水</td></tr>
<tr><td>6</td><td>消防废水排水</td><td>财贸金融建筑内消防电梯井排水、自动喷水灭火系统试验排水、消火栓系统试验排水、消防水泵试验排水等废水排水</td></tr>
<tr><td>7</td><td>绿化废水排水</td><td>财贸金融建筑室外绿化废水排水</td></tr>
<tr><td>8</td><td rowspan="2">建筑内污废水排水方式</td><td>重力排水方式</td><td>财贸金融建筑地上污废水排水</td><td>最常用</td></tr>
<tr><td>9</td><td>压力排水方式</td><td>财贸金融建筑地下室污废水排水</td><td>常用</td></tr>
<tr><td>10</td><td rowspan="2">污废水排水体制</td><td>污废合流排水系统</td><td></td><td>最常用</td></tr>
<tr><td>11</td><td>污废分流排水系统</td><td></td><td>常用</td></tr>
<tr><td>12</td><td rowspan="2">排水系统通气方式</td><td>设有通气管系排水系统</td><td>伸顶通气排水系统通常应用在多层财贸金融建筑卫生间排水，专用通气立管排水系统通常应用在高层财贸金融建筑卫生间排水。环形通气排水系统、器具通气排水系统通常应用在个别财贸金融建筑公共卫生间排水</td><td>最常用</td></tr>
<tr><td>13</td><td>特殊单立管排水系统</td><td></td><td>少用</td></tr>
</table>

财贸金融建筑室内污废水排水体制采用合流制，当有中水利用要求时，可采用分流制。

典型的财贸金融建筑排水系统原理图，参见图4-2、图4-3。

财贸金融建筑中的生活污水、厨房含油废水等均应经化粪池处理；生活废水、设备机房废水、消防废水、绿化废水等不需经过化粪池处理。厨房含油废水应经除油处理后再排入污水管道。

财贸金融建筑污废水与建筑雨水应雨污分流。

财贸金融建筑公共卫生间等生活粪便污水、生活废水等可合流排放，当有中水利用要求时，可采用分流排放。

财贸金融建筑的空调凝结水排水管不得与污废水管道系统直接连接，空调凝结水宜单独收集后回用于绿化、水景、冷却塔补水等。

22.3.2 卫生器具

1. 财贸金融建筑内卫生器具种类及设置场所

财贸金融建筑内卫生器具种类及设置场所，参见表 19-13。

2. 财贸金融建筑内卫生器具选用

财贸金融建筑卫生间卫生器具应符合表 19-14 的规定。

3. 公共卫生间排水设计要点

公共卫生间排水立管及通气立管通常敷设于专用管道井内；采用专用通气立管方式时，排水立管与通气立管采用结合管连接。管道井中排水立管与通气立管中心距最小值，参见表 1-91。

4. 财贸金融建筑内卫生器具排水配件穿越楼板留孔位置及尺寸

常见卫生器具排水配件穿越楼板留孔位置及尺寸，参见表 1-92。

5. 地漏

财贸金融建筑内公共卫生间、开水间、空调机房、新风机房等场所内应设置地漏。

财贸金融建筑地漏及其他水封高度要求不得小于 50mm，且不得大于 100mm。

财贸金融建筑地漏类型选用，参见表 2-57；地漏规格选用，参见表 2-58。

6. 水封装置

财贸金融建筑中采用排水沟排水的场所包括厨房、车库、泵房、设备机房等。当排水沟内废水直接排至室外时，沟与排水排出管之间应设置水封装置。卫生器具排水管段上不得重复设置水封装置。

22.3.3 排水系统水力计算

1. 财贸金融建筑最高日和最大时生活排水量

财贸金融建筑生活排水量宜按该建筑生活给水量的 85%～95%计算，通常按 90%。

2. 财贸金融建筑卫生器具排水技术参数

财贸金融建筑卫生器具的排水流量、排水当量、排水支管管径、排水坡度等基本参数的选定，参见表 3-39。

3. 财贸金融建筑排水设计秒流量

财贸金融建筑的生活排水管道设计秒流量，按公式（22-4）计算：

$$q_u = 0.12 \cdot \alpha \cdot (N_p)^{1/2} + q_{max} = 0.18 \cdot (N_p)^{1/2} + q_{max} \tag{22-4}$$

式中 q_u——计算管段排水设计秒流量，L/s；

N_p——计算管段的卫生器具排水当量总数；

α——根据建筑物用途而定的系数，财贸金融建筑通常取 1.5；

q_{max}——计算管段上最大一个卫生器具的排水流量，L/s。

计算时，如计算所得流量值大于该管段上按卫生器具排水流量累加值时，应按卫生器具排水流量累加值计。

财贸金融建筑 $q_{max}=1.50$L/s 和 $q_{max}=2.00$L/s 时排水设计秒流量计算数据，参见表 6-32。

财贸金融建筑职工食堂厨房等的生活排水管道设计秒流量，按公式（22-5）计算：

$$q_p=\Sigma q_0 \cdot n_0 \cdot b \tag{22-5}$$

式中 q_p——财贸金融建筑计算管段的排水设计秒流量，L/s；

q_0——财贸金融建筑同类型的一个卫生器具排水流量，L/s，可按表 3-39 采用；

n_0——财贸金融建筑同类型卫生器具数；

b——财贸金融建筑卫生器具的同时排水百分数：财贸金融建筑职工食堂的设备按表 4-13 选用。

注：当计算排水流量小于一个大便器排水流量时，应按一个大便器的排水流量计算。

4. 财贸金融建筑排水管道管径确定

财贸金融建筑排水铸铁管道最小坡度，按表 1-98 确定；胶圈密封连接排水塑料横管的坡度，按表 1-99 确定；建筑内排水管道最大设计充满度，参见表 1-100；排水管道自清流速，参见表 1-101。

排水横管水力计算按照公式（1-32）、公式（1-33）；排水铸铁管水力计算，参见表 1-102；排水塑料管水力计算，参见表 1-103。

不同管径下排水横管允许流量 Q_p，参见表 1-104。

财贸金融建筑排水系统中排水横干管常见管径为 $DN100$、$DN150$。$DN100$ 排水横干管对应排水当量最大限值，参见表 1-105，$DN150$ 排水横干管对应排水当量最大限值，参见表 1-106。

不同通气方式的排水立管最大设计排水能力，参见表 1-107～表 1-109。

财贸金融建筑各种排水管的推荐管径，参见表 2-60。

22.3.4 排水系统管材、附件和检查井

1. 财贸金融建筑排水管管材

财贸金融建筑室外排水管可采用埋地排水塑料管，包括硬聚氯乙烯管、聚乙烯管和玻璃纤维增强塑料夹砂管等。常用的室外排水管还有双壁加筋波纹排水管、双平壁钢塑复合缠绕排水管等。

财贸金融建筑室内排水管类型，参见表 19-15。

2. 财贸金融建筑排水管附件

排水立管上检查口的设置位置，参见表 1-113；检查口之间的最大距离，参见表 1-114；检查口设置要求，参见表 1-115。

清扫口的设置位置，参见表 1-116；清扫口至室外检查井中心最大长度，参见表 1-117；排水横管直线管段上清扫口之间的最大距离，参见表 1-118。

塑料排水管道支吊架间距规定，参见表 1-119。

3. 财贸金融建筑排水管道布置敷设

财贸金融建筑排水管道不应布置场所，见表 22-11。

排水管道不应布置场所表 表 22-11

序号	排水管道不应布置场所	具体要求
1	生活水泵房等设备机房	排水横管禁止在财贸金融建筑生活水箱箱体正上方敷设，生活水泵房其他区域不宜敷设排水管道；设在室内的消防水池（箱）应按此要求处理
2	厨房、餐厅	财贸金融建筑中厨房内的主副食操作间、烹调间、备餐间、加工间、粗加工、冷菜间、面点蒸煮间、食品储藏库（主食库、副食库）等房间的上方均不应敷设排水管道，排水立管不宜穿过上述房间；财贸金融建筑中的餐厅；财贸金融建筑中的厨房排水应独立设置，排水横管和立管均不得与卫生间污水排水管道连通。上述场所上方排水管不宜采用同层排水方式
3	数据中心主机房	财贸金融建筑中的主机房生产区：数据机房、计算机房等生产用房，辅助区：电源室、配电间、不间断电源装置（UPS）机房、数据监控中心等辅助生产用房不应敷设排水管道，排水立管不应穿过上述房间
4	金融保管用房	财贸金融建筑中的银行金库（包括中央银行货币发行库与主要存在于商业银行的现金业务库）和日常性票币、金银处理作业区等场所不应敷设排水管道
5	生产辅助设备用房	财贸金融建筑中的配变电所、应急发电机房、低压配电室、控制值班室、生产业务专用数据通信机房、无线网络机房、弱电机房、消防控制室、安防监控中心（室）、电话总机房等场所不应敷设排水管道
6	结构变形缝、结构风道	原则上排水管道不得穿过结构变形缝；若条件限制必须穿越沉降缝时，则应预留沉降量并设置不锈钢软管柔性连接，必须穿越伸缩缝时，则应安装伸缩器
7	电梯机房、通风小室	

注：财贸金融建筑中的营业厅（室）、交易厅、营业柜台、理财室、办公室、客户服务中心、自助银行等场所不宜敷设排水管道。

财贸金融建筑排水系统管道设计遵循原则，参见表 2-63。

4. 财贸金融建筑间接排水

财贸金融建筑中的间接排水，参见表 4-33。

财贸金融建筑未设置地下室时，排水排出管穿越有沉降可能的承重墙或基础时应预留洞口；设置地下室时，排水排出管穿越地下室外墙时应预留防水套管，宜采用柔性防水套管。

22.3.5 通气管系统

财贸金融建筑通气管设置要求，参见表 19-17。

财贸金融建筑通气管可采用柔性接口机制排水铸铁管或塑料排水管，一般采用与财贸金融建筑排水管相同管材。在最冷月平均气温低于－13℃的地区，伸出屋面部分通气立管应采用柔性接口机制排水铸铁管。

通气立管的最小管径，参见表 1-130。

22.3.6 特殊排水系统

财贸金融建筑生活水泵房、厨房、电气机房等场所的上方楼层不应有排水横支管明设管道等。若有必要在上述某些场所上方设置排水点且无法采取其他躲避措施时，该部位的排水应采用同层排水方式。

财贸金融建筑同层排水最常采用的是降板或局部降板法。

22.3.7 特殊场所排水

1. 财贸金融建筑化粪池

化粪池宜设置在接户管的下游端；位置宜选在院区最低处附近；外壁距建筑物外墙不宜小于 5m；宜选用钢筋混凝土化粪池。

财贸金融建筑化粪池有效容积，按公式（4-21）～公式（4-24）计算。

财贸金融建筑可集中并联设置或根据院区布局分散并联布置 2 个或 3 个化粪池，多个化粪池的型号宜一致。

2. 财贸金融建筑食堂、餐厅含油废水处理

财贸金融建筑含油废水宜采用三级隔油处理流程，参见表 1-141。

根据食堂用餐人数确定隔油设施处理水量，按公式（1-39）计算；根据食堂餐厅面积确定隔油设施处理水量，按公式（1-40）计算。

隔油池有效容积，按公式（1-41）计算。隔油池的类型，参见表 1-142。

隔油提升一体化设备选型的主要技术参数为其所接纳的食堂、餐厅内厨房等器具含油污水排水流量。

3. 财贸金融建筑附设车库汽车洗车污水处理

汽车冲洗水量，参见表 1-143。

隔油沉淀池有效容积，按公式（1-42）计算。隔油沉淀池类型，参见表 1-144。

4. 财贸金融建筑设备机房排水

财贸金融建筑地下设备机房排水设施要求，参见表 1-147。

5. 地下车库排水

财贸金融建筑地下车库应设置排水设施（排水沟和集水坑）。车库内排水沟设置要求，参见表 1-150。

22.3.8 压力排水

1. 财贸金融建筑集水坑设置

财贸金融建筑地下室应设置集水坑。集水坑的设置要求，参见表 19-18。

通气管管径宜与排水管管径相同，可接至室外或向上接至建筑地上部分通气管系统。

2. 污水泵、污水提升装置选型

财贸金融建筑排水泵的流量方法确定，参见表 2-68；排水泵的扬程，按公式（1-44）计算。

22.3.9 室外排水系统

1. 财贸金融建筑室外排水管道布置

财贸金融建筑室外排水管道布置方法，参见表 2-69；与其他地下管线（构筑物）最小间距，参见表 1-154。

财贸金融建筑室外排水管道最小覆土深度不宜小于 0.5m；对于严寒地区、寒冷地区财贸金融建筑，室外排水管道最小覆土深度应超过当地冻土层深度。

2. 财贸金融建筑室外排水管道敷设

财贸金融建筑室外排水管道与生活给水管道交叉时，应敷设在生活给水管道下面。室外排水管道敷设发生冲突时，应遵循表 1-26 原则处理。

3. 财贸金融建筑室外排水管道水力计算

室外排水管道水力计算，按公式（1-45）、公式（1-46）。

财贸金融建筑室外排水管道的最小管径、最小设计坡度、最大设计充满度，参见表 1-155。

4. 财贸金融建筑室外排水管道管材

财贸金融建筑室外排水管道宜优先采用埋地塑料排水管，弹性橡胶圈密封柔性接口，小于 *DN*200 直壁管，可采用承插式粘接；可采用埋地铸铁排水管，橡胶圈柔性接口或水泥砂浆接口。

5. 财贸金融建筑室外排水检查井

财贸金融建筑室外排水检查井设置位置，参见表 1-156。

财贸金融建筑室外排水检查井宜优先选用玻璃钢排水检查井，其次是混凝土排水检查井，禁止采用砖砌排水检查井。室外排水管在排水检查井连接应采用管顶平接。

22.4 雨水系统

22.4.1 雨水系统分类

财贸金融建筑雨水系统分类，见表 22-12。

雨水系统分类表 **表 22-12**

序号	分类标准	雨水系统类别	财贸金融建筑应用情况	应用程度
1	屋面雨水设计流态	半有压流屋面雨水系统	财贸金融建筑中一般采用的是 87 型雨水斗系统	最常用
2		压力流屋面雨水系统（虹吸式雨水系统）	财贸金融建筑的屋面（通常为裙楼屋面）面积较大时，可考虑采用	少用
3		重力流屋面雨水系统		极少用
4	雨水管道设置位置	内排水雨水系统	高层财贸金融建筑雨水系统应采用；多层财贸金融建筑雨水系统宜采用	最常用
5		外排水雨水系统	财贸金融建筑如果面积不大、建筑专业立面允许，可以采用	少用
6		混合式雨水系统		极少用

续表

序号	分类标准	雨水系统类别	财贸金融建筑应用情况	应用程度
7	雨水出户横管室内部分是否存在自由水面	封闭系统		最常用
8		敞开系统		极少用
9	建筑屋面排水条件	天沟雨水排水系统		最常用
10		檐沟雨水排水系统		极少用
11		无沟雨水排水系统		极少用
12	压力提升雨水排水系统		财贸金融建筑地下车库出入口等处，雨水汇集就近排至集水坑时采用	常用

22.4.2 雨水量

1. 设计雨水流量

财贸金融建筑设计雨水流量，应按公式（1-47）计算。

2. 设计暴雨强度

设计暴雨强度应按财贸金融建筑所在地或相邻地区暴雨强度公式计算确定，见公式（1-48）。

我国部分城镇5min设计暴雨强度、小时降雨厚度，参见表1-158（设计重现期$P=10$年）。

3. 设计重现期

财贸金融建筑屋面雨水设计重现期：对于半有压流屋面雨水系统，通常取10年；对于压力流屋面雨水系统，通常取50年。

4. 设计降雨历时

财贸金融建筑屋面雨水排水管道设计降雨历时按照5min确定。

财贸金融建筑院区雨水排水管道设计降雨历时，按公式（1-49）计算。

5. 径流系数

财贸金融建筑屋面及院区地面的径流系数，参见表1-159。

6. 汇水面积

财贸金融建筑的雨水汇水面积计算原则，参见表1-160。

22.4.3 雨水系统

1. 雨水系统设计常规要求

财贸金融建筑雨水系统设置要求，参见表1-161。

财贸金融建筑雨水排水管道不应穿越的场所，见表22-13。

雨水排水管道不应穿越的场所表　　表22-13

序号	不应穿越的场所名称	具体房间名称
1	厨房、餐厅	财贸金融建筑中厨房内的主副食操作间、烹调间、备餐间、加工间、粗加工、冷菜间、面点蒸煮间、食品储藏库（主食库、副食库），餐厅

续表

序号	不应穿越的场所名称	具体房间名称
2	数据中心主机房	财贸金融建筑中的主机房生产区：数据机房、计算机房等生产用房，辅助区：电源室、配电间、不间断电源装置（UPS）机房、数据监控中心等辅助生产用房
3	金融保管用房	财贸金融建筑中的银行金库（包括中央银行货币发行库与主要存在于商业银行的现金业务库）和日常性票币、金银处理作业区等场所
4	生产辅助设备用房	财贸金融建筑中的配变电所、应急发电机房、低压配电室、控制值班室、生产业务专用数据通信机房、无线网络机房、弱电机房、消防控制室、安防监控中心（室）、电话总机房等场所

注：1. 财贸金融建筑中的营业厅（室）、交易厅、营业柜台、理财室、办公室、客户服务中心、自助银行等场所不宜敷设雨水管道；

2. 财贸金融建筑雨水排水横管宜沿建筑内公共区域（内走道等）吊顶内敷设；雨水排水立管宜沿建筑内公共场所或辅助次要场所敷设。

2. 雨水斗设计

财贸金融建筑半有压流屋面雨水系统通常采用 87 型雨水斗或 79 型雨水斗，规格常用 $DN100$。

雨水斗设计排水负荷，参见表 1-163。

雨水斗下方区域宜为建筑顶层公共区域（如内走道）或辅助次要场所（如公共卫生间、库房等），不应为需要安静的场所。

雨水斗宜对雨水排水立管做对称布置；接有多斗悬吊管的立管顶端不得设置雨水斗；一个屋面上应设置不少于 2 个雨水斗。

3. 天沟、溢流设施、连接管、悬吊管、立管、埋地管、排出管设计

财贸金融建筑天沟、溢流设施、连接管、悬吊管、立管、埋地管、排出管设置要求，参见表 1-164。

4. 室内水泵提升雨水排水系统设计

地下室露天窗井内应设平箅式雨水口、无水封地漏作为雨水口，经雨水收集管接入集水池；地下车库出入口汽车坡道上应设雨水截水沟，经直埋雨水收集管接入集水池。

雨水提升泵通常采用潜水泵，宜采用 3 台，2 用 1 备。

5. 雨水管管材

财贸金融建筑雨水排水管管材，参见表 1-167。

22.4.4 雨水系统水力计算

1. 半有压流（87 型）屋面雨水系统水力计算

（1）雨水斗（87 型）

雨水斗设计流量，应按公式（1-50）计算。

对于单斗雨水系统，雨水斗设计流量不应超过表 1-168 数值；对于多斗雨水系统，雨水斗设计流量应根据表 1-169 取值，最远端雨水斗设计流量不得超过表 1-169 数值。

财贸金融建筑 87 型雨水斗口径常采用 $DN100$，其次是 $DN75$、$DN150$。

（2）雨水连接管

财贸金融建筑雨水连接管管径通常与雨水斗出水口直径相同，常采用 *DN*100，其次是 *DN*150。

(3) 雨水悬吊管

财贸金融建筑雨水悬吊管管径，参见表 1-172。

(4) 雨水立管

连接 2 根及以上雨水悬吊管的雨水立管管径，按表 1-173 确定。

(5) 雨水排出管

财贸金融建筑雨水排出管管径确定，参见表 1-174～表 1-177。

(6) 雨水管道最小管径

财贸金融建筑雨水系统最小设计管径及雨水排水横管最小设计坡度，参见表 1-178。

2. 压力流（虹吸式）屋面雨水系统水力计算

财贸金融建筑压力流（虹吸式）屋面雨水系统水力计算方法，参见 1.4.4 节。

3. 雨水提升系统水力计算

财贸金融建筑地下室车库坡道、窗井等场所设计雨水流量，按公式（1-54）计算；设计径流雨水总量，按公式（1-55）计算。

22.4.5 院区室外雨水系统设计

1. 雨水口

雨水口选型，参见表 1-180；雨水口设置位置，参见表 1-181；各类型雨水口的泄水流量，参见表 1-182。

雨水口设计流量，按公式（1-56）计算。

2. 雨水口连接管

单箅雨水口连接管管径通常采用 *DN*250。

3. 雨水检查井

院区内直线雨水管道上雨水检查井设置最大间距，参见表 1-183。

院区雨水检查井常见规格通常采用 *DN*1000 圆形玻璃钢或钢筋混凝土雨水检查井。

4. 室外雨水管道布置

财贸金融建筑室外雨水管道布置方法，参见表 1-184。

22.4.6 院区室外雨水利用

财贸金融建筑应根据所在地的自然条件、水资源情况及经济技术发展水平，合理设置雨水收集利用系统。雨水利用工程应符合现行国家标准《建筑与小区雨水控制及利用工程技术规范》GB 50400 的有关规定。

雨水收集回用应进行水量平衡计算。财贸金融建筑院区雨水通常可用于景观用水、院区绿化用水、路面和地面冲洗用水、汽车冲洗用水、冲厕用水等。

22.5 消火栓系统

建筑高度大于 50m 或建筑高度 24m 以上部分任一楼层建筑面积大于 1000m^{2}或省级及

以上的高层财贸金融建筑属于一类高层民用建筑；建筑高度小于或等于 50m、建筑高度 24m 以上部分任一楼层建筑面积小于或等于 1000m² 且省级以下的高层财贸金融建筑属于二类高层民用建筑。

22.5.1 消火栓系统设置场所

高层财贸金融建筑；建筑高度大于 15m 或建筑体积大于 10000m³ 的单、多层财贸金融建筑应设置室内消火栓系统。

22.5.2 消火栓系统设计参数

1. 财贸金融建筑室外消火栓设计流量

财贸金融建筑室外消火栓设计流量，不应小于表 22-14 的规定。

财贸金融建筑室外消火栓设计流量表（L/s） **表 22-14**

耐火等级	建筑物名称	建筑体积（m³）			
		$V \leqslant 5000$	$5000 < V \leqslant 20000$	$20000 < V \leqslant 50000$	$V > 50000$
一、二级	单层及多层财贸金融建筑	15	25	30	40
	高层财贸金融建筑	—	25	30	40

注：1. 建筑体积指本建筑占据的空间数量，包括该建筑的地上空间体积数和地下空间体积数；
2. 地下车库室外消火栓系统设计流量小于建筑主体室外消火栓系统设计流量，财贸金融建筑室外消火栓系统设计流量按建筑主体室外消火栓系统设计流量确定；
3. 地下人防工程室外消火栓系统设计流量小于建筑主体室外消火栓系统设计流量，财贸金融建筑室外消火栓系统设计流量按建筑主体室外消火栓系统设计流量确定。

2. 财贸金融建筑室内消火栓设计流量

财贸金融建筑室内消火栓设计流量，不应小于表 22-15 的规定。

财贸金融建筑室内消火栓设计流量表 **表 22-15**

建筑物名称	高度 h（m）、体积 V（m³）、火灾危险性	消火栓设计流量（L/s）	同时使用消防水枪数（支）	每根竖管最小流量（L/s）
单层及多层财贸金融建筑	$H > 15$ 或 $V > 10000$	15	3	10
二类高层财贸金融建筑（建筑高度小于或等于 50m 且建筑高度 24m 以上部分任一楼层建筑面积小于或等于 1000m² 且省级以下的高层财贸金融建筑）	$h \leqslant 50$	20	4	10
一类高层财贸金融建筑（建筑高度大于 50m 或建筑高度 24m 以上部分任一楼层建筑面积大于 1000m² 或省级及以上的高层财贸金融建筑）	$h > 50$	40	8	15

注：1. 消防软管卷盘、轻便消防水龙，其消火栓设计流量可不计入室内消防给水设计流量；
2. 地下车库室内消火栓系统设计流量小于建筑主体室内消火栓系统设计流量，财贸金融建筑室内消火栓系统设计流量按建筑主体室内消火栓系统设计流量确定；
3. 地下人防工程室内消火栓系统设计流量小于建筑主体室内消火栓系统设计流量，财贸金融建筑室内消火栓系统设计流量按建筑主体室内消火栓系统设计流量确定。

3. 火灾延续时间

建筑高度大于50m的财贸金融建筑消火栓系统的火灾延续时间应按3.0h计算；建筑高度小于或等于50m的财贸金融建筑消火栓系统的火灾延续时间应按2.0h计算。

财贸金融建筑室内自动灭火系统的火灾延续时间，参见表1-188。

4. 消防用水量

一座财贸金融建筑的消防用水量按室外消火栓系统用水量、室内消火栓系统用水量、室内自动喷水灭火系统用水量三者之和计算。

22.5.3 消防水源

1. 市政给水

当前国内城市市政给水管网能够满足财贸金融建筑直接消防供水条件的较少。

财贸金融建筑室外消防给水管网管径，按表4-40确定。

财贸金融建筑室外消防给水管网宜与室外生活给水管网分开敷设，且应布置成环状管网。

2. 消防水池

（1）财贸金融建筑消防水池有效储水容积

表22-16给出了常用典型财贸金融建筑消防水池有效储水容积的对照表。

财贸金融建筑火灾延续时间内消防水池储存消防用水量表 **表22-16**

单、多层财贸金融建筑体积 V（m³）	$V\leq5000$	$5000<V\leq10000$	$10000<V\leq20000$	$20000<V\leq50000$	$V>50000$
室外消火栓设计流量（L/s）	15	25		30	40
火灾延续时间（h）	2.0				
火灾延续时间内室外消防用水量（m³）	108.0	180.0		216.0	288.0
室内消火栓设计流量（L/s）	15（建筑高度大于15m时）		15		
火灾延续时间（h）	2.0				
火灾延续时间内室内消防用水量（m³）	108.0				
火灾延续时间内室内外消防用水量（m³）	216.0	288.0		324.0	396.0
消防水池储存室内外消火栓用水容积 V_1（m³）	216.0	288.0		324.0	396.0

高层财贸金融建筑体积 V（m³）	$5000<V\leq20000$	$20000<V\leq50000$	$V>50000$	$5000<V\leq20000$	$20000<V\leq50000$	$V>50000$
高层财贸金融建筑高度 h（m）	$h\leq50$			$h>50$		
室外消火栓设计流量（L/s）	25	30	40	25	30	40
火灾延续时间（h）	2.0					
火灾延续时间内室外消防用水量（m³）	180.0	216.0	288.0	180.0	216.0	288.0
室内消火栓设计流量（L/s）	20（二类高层）/30（一类高层）			40		
火灾延续时间（h）	2.0					
火灾延续时间内室内消防用水量（m³）	144.0/226.0			288.0		
火灾延续时间内室内外消防用水量（m³）	324.0/396.0	360.0/432.0	432.0/504.0	468.0	504.0	576.0
消防水池储存室内外消火栓用水容积 V_2（m³）	324.0/396.0	360.0/432.0	432.0/504.0	468.0	504.0	576.0

续表

财贸金融建筑自动喷水灭火系统设计流量（L/s）	25	30	35	40
火灾延续时间（h）	1.0	1.0	1.0	1.0
火灾延续时间内自动喷水灭火用水量（m^3）	90.0	108.0	126.0	144.0
消防水池储存自动喷水灭火用水容积 V_3（m^3）	90.0	108.0	126.0	144.0

如上表所示，通常财贸金融建筑消防水池有效储水容积在 306～720m^3。

（2）财贸金融建筑消防水池位置

消防水池位置确定原则，参见表 19-24。

财贸金融建筑消防水池、消防水泵房与院区空间关系，参见表 19-25。

消防水池的最低有效水位应高于消防水池吸水喇叭口不小于 600mm，且应高于消防水泵的吸水管管顶。

财贸金融建筑消防水泵型式的选择与消防水池有一定的对应关系，参见表 1-194。

财贸金融建筑储存室内外消防用水的消防水池与消防水泵房的位置关系，参见表 1-195。

财贸金融建筑消防水池格（座）数与有效储水容积的对照关系，参见表 1-196。

财贸金融建筑消防水池附件，参见表 1-197。

财贸金融建筑消防水池各水位指标确定方法及取值经验值，参见表 1-198。

3. 天然水源及其他水源

财贸金融建筑消防水源不宜采用天然水源。

22.5.4 消防水泵房

1. 消防水泵房选址

新建财贸金融建筑院区消防水泵房设置通常采取 2 个方案，参见表 19-26。

改建、扩建财贸金融建筑院区消防水泵房设置方案，参见表 1-200。

2. 建筑内部消防水泵房位置

财贸金融建筑消防水泵房若设置在建筑物内，应采取消声、隔声和减振等措施；不应毗邻数据中心主机房（包括数据机房、计算机房、电源室、配电间、不间断电源装置机房、数据监控中心等）、营业厅、交易厅、银行金库、生产辅助电气类机房，不宜毗邻客户服务中心、办公室。

3. 消防水泵机组的布置要求

相邻两个机组及机组至泵房墙壁间的净距要求，参见表 1-201。

4. 消防水泵房采暖、排水等要求

严寒、寒冷地区消防水泵房，应设置供暖设施。

消防水泵房的泵房排水设施：在泵房内设置排水沟；地下消防水泵房内或邻近场所设集水坑，坑内设潜污泵。消防水泵房应采取防淹措施。

5. 消防水泵房管道设计

消防水泵配置数量与消防水系统设计流量的关系，参见表 1-202。

财贸金融建筑消防水泵吸水管、出水管管径，参见表1-203；消防吸水总管管径应根据其连通服务的各种消防水泵设计流量之累加值进行确定，参见表1-205。

消防水泵吸水管布置应避免形成气囊。

消防水泵吸水口的淹没深度应满足消防水泵在最低水位运行安全的要求。

消防水泵吸水管、出水管上附件配置及要求，参见表1-206。

6. 消防水泵自动启动控制

消防水泵自动启动要求，参见表1-207；消防水泵自动启动方式，参见表1-208；流量开关性能、设置位置等，参见表1-209。

当消防稳压泵设置于高位消防水箱间内时，消防水泵启泵压力（P），按公式（1-58）确定；当消防稳压泵设置于低位消防水泵房内时，按公式（1-59）确定。

22.5.5 消防水箱

财贸金融建筑消防给水系统绝大多数属于临时高压系统，3层及以上单体总建筑面积大于10000m^{2}的财贸金融建筑应设置高位消防水箱。

1. 消防水箱有效储水容积

财贸金融建筑高位消防水箱有效储水容积，见表22-17。

财贸金融建筑高位消防水箱有效储水容积表 **表22-17**

序号	建筑类别	消防水箱有效储水容积
1	建筑高度大于50m、小于或等于100m的高层财贸金融建筑	不应小于36m^3，可按36m^3
2	建筑高度24m以上部分任一楼层建筑面积大于1000m^{2}或省级及以上的高层财贸金融建筑	
3	建筑高度大于100m的高层财贸金融建筑	不应小于50m^3，可按50m^3
4	建筑高度大于150m的高层财贸金融建筑	不应小于100m^3，可按100m^3
5	建筑高度小于或等于50m且建筑高度24m以上部分任一楼层建筑面积小于或等于1000m^{2}且省级以下的高层财贸金融建筑	不应小于18m^3，可按18m^3
6	多层财贸金融建筑	

2. 消防水箱设置位置

财贸金融建筑消防水箱设置位置应满足以下要求，见表22-18。

消防水箱设置位置要求表 **表22-18**

序号	消防水箱设置位置要求	备注
1	位于所在建筑的最高处	通常设在屋顶机房层消防水箱间内
2	应该独立设置	不与其他设备机房，如屋顶太阳能热水机房、热水箱间等合用
3	应避免对下方楼层房间的影响	其下方不应是数据中心主机房（包括数据机房、计算机房、电源室、配电间、不间断电源装置机房、数据监控中心等）、营业厅、交易厅、银行金库、生产辅助电气类机房等场所，不宜是客户服务中心、办公室等场所，可以是库房、卫生间等辅助房间或公共区域

续表

序号	消防水箱设置位置要求	备注
4	应高于设置室内消火栓系统、自动喷水灭火系统等系统的楼层	机房层设有库房等需要设置消防给水系统的场所，可采用其他非水基灭火系统，亦可将消防水箱间置于更高一层
5	不宜超出机房层高度过多、影响建筑效果	消防水箱间内配置消防稳压装置

3. 高位消防水箱尺寸

消防水箱宜为装配式方形水箱，其尺寸宜为 1.0m 或 0.5m 的倍数，推荐尺寸参见表 1-212。

4. 高位消防水箱材质

常用材质为不锈钢板、热浸锌镀锌钢板、玻璃钢板、钢筋混凝土等，不锈钢板最常见。

5. 高位消防水箱配管

高位消防水箱配管及管径确定，参见表 1-213。

6. 消防水箱水位

消防水箱各水位指标确定方法及取值经验值，参见表 1-214。

7. 高位消防水箱布置

高位消防水箱四周净距要求，参见表 1-215。

8. 消防水箱防冻

消防水箱及相应管道保温材料及厚度，参见表 1-216。

22.5.6 消防稳压装置

1. 消防稳压泵

(1) 设计流量

消火栓稳压泵设计流量，参见表 1-217。

自动喷水灭火稳压泵设计流量，参见表 1-218；结合一只标准喷头的流量，自动喷水灭火稳压泵常规设计流量取 1.33L/s。

(2) 设计压力

当消防稳压泵设置于高位消防水箱间内时，稳压泵的启泵压力 P_1 可取 0.15～0.20MPa，停泵压力 P_2 可取 0.20～0.25MPa；当消防稳压泵设置于低位消防水泵房内时，P_1 按公式 (1-62) 确定，P_2 按公式 (1-63) 确定。

(3) 消防稳压泵选型

消火栓稳压泵设计流量为稳压泵流量确定依据。

消防稳压泵停泵压力 (P_2) 值附加 0.03～0.05MPa 后，为稳压泵扬程确定依据。

2. 气压水罐

消火栓稳压装置、自动喷水灭火稳压装置均采用 150L 有效储水容积气压水罐；合用消防稳压装置采用 300L 有效储水容积气压水罐。

3. 管道、阀门、附件等

消防稳压泵吸水管管径、出水管管径，参见表 1-219。每套消防稳压泵通常为 2 台，1

用1备。

22.5.7 消防水泵接合器

1. 设置范围

对于室内消火栓系统，6层及以上的财贸金融建筑应设置消防水泵接合器。

财贸金融建筑消火栓系统消防水泵接合器配置，参见表1-220。

财贸金融建筑自动喷水灭火系统等自动水灭火系统应分别设置消防水泵接合器。

2. 技术参数

财贸金融建筑消防水泵接合器数量，参见表1-221。

3. 安装形式

财贸金融建筑消防水泵接合器安装形式选择，参见表1-222。

4. 设置位置

同种水泵接合器不宜集中布置，不同种类、分区、功能的水泵接合器宜成组布置，且应设在室外便于消防车使用和接近的地方，且距室外消火栓或消防水池的距离不宜小于15m，并不宜大于40m，距人防工程出入口不宜小于5m。水泵接合器应设有标明供水系统和供水区域的永久性标志。

22.5.8 消火栓系统给水形式

1. 室外消火栓给水系统

当市政给水管网不满足直接供给室外消火栓给水系统时，财贸金融建筑应采用临时高压室外消火栓给水系统，通常在消防水泵房内独立设置室外消火栓给水泵组、室外消火栓稳压装置。

财贸金融建筑室外消火栓给水泵组一般设置2台，1用1备，泵组设计流量为本建筑室外消防设计流量（15L/s、20L/s、25L/s、30L/s、40L/s），设计扬程应保证室外消火栓处的栓口压力（0.20～0.30MPa）。泵组出水管及吸水管管径，参见表1-223。

室外消火栓给水管网管径，参见表1-224，管网应环状布置，单独成环。

2. 室内消火栓给水系统

财贸金融建筑室内消火栓给水系统常采用临时高压消火栓给水系统。

3. 室内消火栓系统分区供水

财贸金融建筑室内消火栓系统竖向分区时，高区、低区消火栓给水管网均应在横向、竖向上连成环状。高区、低区消火栓供水横干管宜分别沿本区最高层和最底层顶板下敷设。

典型财贸金融建筑室内消火栓系统原理图，参见图4-4。

22.5.9 消火栓系统类型

1. 系统分类

财贸金融建筑的室外消火栓系统宜采用湿式消火栓系统。

2. 室外消火栓

严寒、寒冷等冬季结冰地区财贸金融建筑室外消火栓应采用干式消火栓；其他地区宜采用地上式消火栓。

建筑室外消火栓的数量应根据室外消火栓设计流量和保护半径经计算确定，保护半径不应大于150.0m，间距不应大于120.0m，每个室外消火栓的出流量宜按10～15 L/s计算。通常根据建筑物平面布局在建筑物四个角附近绿地设置室外消火栓，根据邻近两个消火栓之间距离合理增设消火栓。

3. 室内消火栓

财贸金融建筑的各区域各楼层均应布置室内消火栓予以保护；财贸金融建筑中不能采用自动喷水灭火系统保护的数据中心主机房（包括数据机房、计算机房、电源室、配电间、不间断电源装置机房、数据监控中心等）、银行金库、生产辅助电气类机房等场所亦应由室内消火栓保护。

室内消火栓的布置应满足同一平面有2支消防水枪的2股充实水柱同时达到任何部位。

财贸金融建筑宜采用带有消防软管卷盘的室内消火栓。

表22-19给出了财贸金融建筑室内消火栓的布置方法。

财贸金融建筑室内消火栓布置方法表　　　　表22-19

序号	室内消火栓布置方法	注意事项
1	布置在楼梯间、前室等位置	楼梯间、前室的消火栓宜暗设并采取墙体保护措施；箱体及立管不应影响楼梯门、电梯门开启使用
2	布置在公共走道两侧，箱体开门朝向公共走道	应暗设；优先沿辅助房间（库房、卫生间等）的墙体安装；不应布置在数据中心主机房（包括数据机房、计算机房、电源室、配电间、不间断电源装置机房、数据监控中心等）、银行金库、生产辅助电气类机房的墙体
3	布置在集中区域内部公共空间内	可在朝向公共空间房间的外墙上暗设；应避免消火栓消防水带穿过多个房间门到达保护点
4	特殊区域如车库、入口门厅、营业厅、交易厅等场所，应根据其平面布局布置	入口门厅处消火栓宜沿空间周边房间外墙布置；营业厅、交易厅处消火栓宜沿大厅周边外墙布置，宜靠近厅进入口；车库内消火栓宜沿车行道布置，可沿柱子明设

注：1. 室内消火栓不应跨防火分区布置；
2. 室内消火栓应按其实际行走距离计算其布置间距，财贸金融建筑室内消火栓布置间距宜为20.0～25.0m，不应小于5.0m。

普通消火栓、减压稳压消火栓设置的楼层数，参见表1-227。

22.5.10 消火栓给水管网

1. 室外消火栓给水管网

财贸金融建筑室外消火栓给水管网应采用环状给水管网。向室外消火栓给水管网供水的输水干管不应少于2条。

2. 室内消火栓给水管网

财贸金融建筑室内消火栓给水管网应采用环状给水管网，有2种主要管网型式，见表22-20。室内消火栓给水管网在横向、竖向均宜连成环状。

室内消火栓给水管网主要管网型式表 表 22-20

序号	管网型式特点	适用情形	具体部位	备注
型式 1	消防供水干管沿建筑最高处、最低处横向水平敷设，配水干管沿竖向垂直敷设，配水干管上连有消火栓	各楼层竖直上下层消火栓位置基本一致和横向连接管长度较小的区域	建筑内走道、楼梯间、电梯前室；办公室、餐厅等房间外墙	主要型式
型式 2	消防供水干管沿建筑竖向垂直敷设，配水干管沿每一层顶板下或吊顶内横向水平敷设，配水干管上连有消火栓	各楼层竖直上下层消火栓位置差别较大或横向连接管长度较大的区域；地下车库	建筑内走道、楼梯间、电梯前室；数据中心主机房（包括数据机房、计算机房、电源室、配电间、不间断电源装置机房、数据监控中心等）、银行金库、生产辅助电气类机房或弱电类机房、营业厅、交易厅、办公室、餐厅等房间外墙；车库；机房等	辅助型式

注：不能敷设消火栓给水管道的场所包括高低压配电室、网络机房、消防控制室等。

室内消火栓给水管网型式1参见图1-13，型式2参见图1-14。

财贸金融建筑室内消火栓给水管网的环状干管管径，参见表1-229；室内消火栓竖管管径可按 $DN100$。

3. 系统阀门

室内消火栓系统阀门设置，参见表1-230。

埋地管道的阀门宜采用带启闭刻度的球墨铸铁暗杆闸阀。室内架空管道的阀门宜采用蝶阀、明杆闸阀或带启闭刻度的暗杆闸阀等。

4. 系统给水管网管材

财贸金融建筑室外消火栓给水管绝大多数采用直埋敷设方式。埋地消火栓给水管道宜采用球墨铸铁管或钢丝网骨架塑料复合管给水管道。

财贸金融建筑室内消火栓给水管管材选择，参见表1-231。

薄壁不锈钢管（S11163）、镀锌镍碳钢管等新型优质管道，在财贸金融建筑室内消火栓系统中均得到更多的应用，未来会逐步替代传统钢管。

22.5.11 消火栓系统计算

1. 消火栓水泵选型计算

财贸金融建筑室内消火栓水泵流量与室内消火栓设计流量一致；消火栓水泵扬程，按公式（1-64）计算。根据消火栓水泵流量和扬程选择消火栓水泵。

2. 消火栓计算

室内消火栓的保护半径，按公式（1-65）计算；消火栓栓口处所需水压，按公式（1-66）计算。

多层财贸金融建筑消防水枪充实水柱应按10m计算。多层财贸金融建筑消火栓栓口动压不应小于0.25MPa。

高层财贸金融建筑消防水枪充实水柱应按13m计算。高层财贸金融建筑消火栓栓口动压不应小于 0.35MPa。

3. 消火栓系统压力计算

消火栓系统的设计工作压力，按公式（1-67）计算。通常以设计工作压力确定消火栓水泵扬程。

22.6 自动喷水灭火系统

22.6.1 自动喷水灭火系统设置

财贸金融建筑相关场所自动喷水灭火系统设置要求，见表 22-21。

财贸金融建筑相关场所自动喷水灭火系统设置要求表 **表 22-21**

序号	财贸金融建筑类型	自动喷水灭火系统设置要求
1	一类高层财贸金融建筑（建筑高度大于 50m 或建筑高度 24m 以上部分任一楼层建筑面积大于 1000m^2 或省级及以上的高层财贸金融建筑）	建筑主楼、裙房、地下室、半地下室，除了不宜用水扑救的部位外的所有场所均设置
2	二类高层财贸金融建筑（建筑高度小于或等于 50m 且建筑高度 24m 以上部分任一楼层建筑面积小于或等于 1000m^2 且省级以下的高层财贸金融建筑）	建筑主楼、裙房及其地下室、半地下室中的活动用房、走道、办公室、可燃物品库房等，除了不宜用水扑救的部位外的所有场所均设置
3	单、多层财贸金融建筑	设有送回风道（管）系统的集中空气调节系统且总建筑面积大于 3000m^2 的单、多层财贸金融建筑，除了不宜用水扑救的部位外的所有场所均设置

注：财贸金融建筑附设的地下车库，应设置自动喷水灭火系统。

财贸金融建筑若根据规范规定设置自动喷水灭火系统，其设置的具体场所见表 22-22。

设置自动喷水灭火系统的具体场所表 **表 22-22**

序号	设置自动喷水灭火系统的区域	具体场所
1	数据中心主机房	包括气体灭火设备机房、空调机房等配套用房
2	金融营业用房	包括银行、证券、期货、保险业非高大空间营业厅（室）、营业柜台、理财室、与营业厅（室）相连通的库房、通道、办公室及相关用房等
3	金融交易用房	包括证券、期货、外汇交易所非高大空间交易厅及非电气类或弱电类机房相关用房等
4	客户服务中心	包括普通客户服务用房、VIP 客户服务中心用房等
5	其他金融工作用房	包括信用卡作业区、培训部、自助银行等
6	金融保管用房	包括出、入库和日常性票币、金银处理作业区等
7	生产辅助设备用房	包括生活水泵房、消防水泵房、暖通空调冷热源机房等

表22-23为财贸金融建筑内不宜用水扑救的场所。

不宜用水扑救的场所一览表 **表22-23**

序号	不宜用水扑救的场所	自动灭火措施
1	数据中心主机房：数据机房、计算机房、电源室、配电间、不间断电源装置（UPS）机房、数据监控中心等	气体灭火系统
2	金融保管用房：银行金库（包括中央银行货币发行库与主要存在于商业银行的现金业务库）	
3	生产辅助设备用房：配变电所、应急发电机房、低压配电室、控制值班室、生产业务专用数据通信机房、无线网络机房、弱电机房、安防监控中心（室）、电话总机房等	气体灭火系统或高压细水雾灭火系统
4	生产辅助设备用房：消防控制室	不设置

财贸金融建筑自动喷水灭火系统类型选择，参见表1-245。

典型财贸金融建筑自动喷水灭火系统原理图，参见图4-5。

财贸金融建筑中的地下车库火灾危险等级按中危险级Ⅱ级确定；其他场所火灾危险等级均按中危险级Ⅰ级确定。

22.6.2 自动喷水灭火系统设计基本参数

财贸金融建筑自动喷水灭火系统设计参数，按表1-246规定。

财贸金融建筑高大空间场所设置湿式自动喷水灭火系统设计参数，按表22-24规定。

高大空间场所湿式自动喷水灭火系统设计参数表 **表22-24**

适用场所	最大净空高度 h（m）	喷水强度［L/(min·m^2)］	作用面积（m^2）	喷头间距 S（m）
出入门厅、大堂、营业厅、交易厅	8<h≤12	12	160	1.8≤S≤3.0
	12<h≤18	15		

注：当民用建筑高大空间场所的最大净空高度为12m<h≤18m时，应采用非仓库型特殊应用喷头。

若财贸金融建筑地下室中附属的库房认定为堆垛储物仓库，其自动喷水灭火系统设计参数，按表1-247规定。

自动喷水灭火系统的持续喷水时间，应按火灾延续时间不小于1h确定。

22.6.3 洒水喷头

设置自动喷水灭火系统的财贸金融建筑内各场所的最大净空高度通常不大于8m。

财贸金融建筑自动喷水灭火系统喷头公称动作温度宜相比环境温度高30℃，参见表4-54。

财贸金融建筑自动喷水灭火系统喷头种类选择，见表22-25。

财贸金融建筑自动喷水灭火系统喷头种类选择表 **表22-25**

序号	火灾危险等级	设置场所	喷头种类
1	中危险级Ⅱ级	地下车库	直立型普通喷头
2	中危险级Ⅰ级	财贸金融建筑内非高大空间营业厅、非高大空间交易厅、办公室、餐厅、厨房等设有吊顶场所	吊顶型或下垂型普通或快速响应喷头
3		库房等无吊顶场所	直立型普通或快速响应喷头

每种型号的备用喷头数量按此种型号喷头数量总数的1%计算，并不得少于10只。

财贸金融建筑中自动喷水灭火系统直立型、下垂型喷头的布置间距，不应大于表1-250的规定，且不宜小于2.4m。

财贸金融建筑常用普通玻璃球闭式喷头规格型号，参见表1-252。

22.6.4 自动喷水灭火系统管道

1. 管材

财贸金融建筑自动喷水灭火系统给水管管材，参见表1-254。

薄壁不锈钢管（S11163）、氯化聚氯乙烯（PVC-C）管、镀锌镍碳钢管等新型优质管道，在财贸金融建筑自动喷水灭火系统中均得到更多的应用，未来会逐步替代传统钢管。

财贸金融建筑中，除汽车停车库外其他中危险级Ⅰ级对应场所自动喷水灭火系统公称直径≤*DN*80的配水管（支管）均可采用氯化聚氯乙烯（PVC-C）管材及管件。

2. 管径

财贸金融建筑自动喷水灭火系统的配水管道管径可根据表1-255中数据进行确定。

3. 管网敷设

财贸金融建筑自动喷水灭火系统配水干管宜沿数据中心主机房、金融营业用房、金融交易用房、客户服务中心、其他金融工作用房、金融保管用房和生产辅助设备用房的公共空间或公共走廊敷设，空间或走廊两侧房间内的配水支管就近连接到配水干管上。走廊内布置的喷头就近接至排水支管后再接至配水干管。单个喷头不应直接接至管径大于或等于*DN*100的配水干管。

财贸金融建筑自动喷水灭火系统配水管网布置步骤，参见表19-36。

自动喷水灭火系统每个喷头与配水支管连接的短立管管径通常采用25mm；末端试水装置或试水阀的连接管管径通常采用25mm。

22.6.5 水流指示器

除报警阀组控制的喷头只保护不超过防火分区面积的同层场所外，财贸金融建筑每个防火分区、每个楼层均应设水流指示器；当整个场所需要设置的喷头数不超过1个报警阀组控制的喷头数时，可不设置水流指示器；每个防火分区应设置一个水流指示器，位置可设在本防火分区系统配水管网的起始端，亦可集中设置于各个防火分区配水干管分叉处。

水流指示器上游端应设置信号阀，其型号规格，参见表1-257。

水流指示器与所在配水干管同管径，其型号规格，参见表1-258。

22.6.6 报警阀组

财贸金融建筑消防系统报警阀组主要采用湿式水力报警阀组，一定条件下采用预作用报警阀组。

财贸金融建筑自动喷水灭火系统报警阀组的数量取决于：整个建筑中设置喷头的总数量；每个防火分区内设置喷头的数量；每个报警阀组控制的喷头数。一个报警阀组控制的喷头数不宜超过800只，设计中可适当超过800只。

喷头均衡组合遵循的原则，参见表1-259。

财贸金融建筑自动喷水灭火系统报警阀组通常设置在消防水泵房，设置位置方案，参见表1-260。

报警阀组宜设在安全及易于操作的地点，报警阀距地面的高度宜为1.2m；宜沿墙体集中布置，相邻报警阀组的间距不宜小于1.5m，不应小于1.2m；报警阀组处应设有排水设施，排水管径不应小于*DN*100。

表1-261为常用湿式报警阀装置型号规格；表1-262为常见预作用报警阀装置型号规格；报警阀组压力开关主要技术参数，参见表1-263；报警阀组前后管道设置，参见表1-264。

财贸金融建筑自动喷水灭火系统减压阀设置方式，参见表1-265。

减压孔板作为一种减压部件，可辅助减压阀使用。

22.6.7 自动喷水灭火系统水泵接合器

自动喷水灭火系统管网上应设置水泵接合器，财贸金融建筑自动喷水灭火系统消防水泵接合器数量，参见表1-266。

自动喷水灭火系统水泵接合器宜设置在靠近消防水泵房的室外；常规做法是将多个*DN*150水泵接合器并联起来，由1根*DN*150供水管道接至系统供水泵组出水干管上，连接位置位于报警阀组前。

22.6.8 消防水箱设计

高位消防水箱、自动喷水灭火稳压装置设计参见消火栓系统相关内容。

22.6.9 自动喷水灭火系统压力计算

自动喷水灭火系统的设计工作压力，按公式（1-68）计算。

自动喷水灭火给水泵扬程通常按照自动喷水灭火系统的设计工作压力值确定。

自动喷水灭火给水系统压力管道水压强度试验的试验压力（$H_{试验}$）的基准指标，参见表1-267。

22.7 灭火器系统

财贸金融建筑应配置灭火器，并应符合现行国家标准《建筑灭火器配置设计规范》GB 50140的规定。

22.7.1 灭火器配置场所火灾种类

财贸金融建筑灭火器配置场所的火灾种类，见表22-26。

灭火器配置场所的火灾种类表 表22-26

序号	火灾种类	灭火器配置场所
1	A类火灾（固体物质火灾）	财贸金融建筑内绝大多数场所，如营业厅、交易厅、办公室、餐厅、厨房等

续表

序号	火灾种类	灭火器配置场所
2	B类火灾（液体火灾或可熔化固体物质火灾）	财贸金融建筑内附设车库
3	E类火灾（物体带电燃烧火灾）	财贸金融建筑内数据中心主机房数据机房、计算机房、电源室、配电间、不间断电源装置（UPS）机房、数据监控中心等，配变电所、应急发电机房、低压配电室、控制值班室、生产业务专用数据通信机房、无线网络机房、弱电机房、消防控制室、安防监控中心（室）、电话总机房等生产辅助电气类、弱电类机房

22.7.2 灭火器配置场所危险等级

财贸金融建筑灭火器配置场所的危险等级分为严重危险级、中危险级和轻危险级 3 级，危险等级举例，见表 22-27。

财贸金融建筑灭火器配置场所的危险等级举例 **表 22-27**

危险等级	举例
严重危险级	省级及以上的财贸金融建筑及其数据中心主机房
	银行金库
	超高层财贸金融建筑和一类高层财贸金融建筑
	专用电子计算机房
	配建充电基础设施（充电桩）的车库区域
中危险级	省级以下的财贸金融建筑及其数据中心主机房
	二类高层财贸金融建筑
	通信建筑的会议室、资料室
	设有集中空调、电子计算机、复印机等设备的办公室
	民用燃油、燃气锅炉房
	民用的油浸变压器室和高、低压配电室
	配建充电基础设施（充电桩）以外的车库区域
轻危险级	未设集中空调、电子计算机、复印机等设备的普通办公室

注：财贸金融建筑室内强电间、弱电间；屋顶排烟机房内每个房间均应设置 2 具手提式磷酸铵盐干粉灭火器。

22.7.3 灭火器选择

财贸金融建筑灭火器配置场所的火灾种类通常涉及 A 类、B 类、E 类火灾，通常配置灭火器时选择磷酸铵盐干粉灭火器。

22.7.4 灭火器设置

财贸金融建筑中设置的手提式灭火器，通常和室内消火栓同位置设置，放置于室内消火栓箱体下部。独立设置的手提式或推车式灭火器通常放置于所保护区域的公共走道、门口或房间内靠近公共通道出入口处。灭火器设置点应均衡布置。

设置在A类火灾场所的灭火器，其最大保护距离应符合表1-274的规定。

灭火器最大保护距离为灭火器与起火点之间最大的行走距离。财贸金融建筑中的营业厅、地下车库区域、建筑中大间套小间区域、房间中间隔着走道区域等场所，常需要增加灭火器配置点。地下车库区域增设的灭火器宜靠近相邻2个室内消火栓中间的位置，并宜沿车库墙体或柱子布置。

设置在B类火灾场所的灭火器，其最大保护距离应符合表1-275的规定。

财贸金融建筑中E类火灾场所中的高低压配电间、弱电机房等场所，灭火器配置宜按B类火灾场所灭火器最大保护距离要求进行。面积较大的财贸金融建筑变配电室，需要在变配电室内增设灭火器。

22.7.5 灭火器配置

A类火灾场所灭火器的最低配置基准，应符合表1-276的规定。

财贸金融建筑灭火器A类火灾场所配置基准可按照灭火器最低配置基准，即：严重危险级按照3A；中危险级按照2A；轻危险级按照1A。

B类火灾场所灭火器的最低配置基准，应符合表1-277的规定。

财贸金融建筑灭火器B类火灾场所配置基准可按照灭火器最低配置基准，即：严重危险级按照89B；中危险级按照55B。

E类火灾场所的灭火器最低配置基准不应低于该场所内A类（或B类）火灾的规定。

22.7.6 灭火器配置设计计算

财贸金融建筑内每个灭火器设置点灭火器数量通常以2～4具为宜。

灭火器计算单元最小需配灭火级别，按公式（1-69）计算。

灭火器计算单元中每个灭火器设置点最小需配灭火级别，按公式（1-70）计算。

22.7.7 灭火器类型及规格

财贸金融建筑灭火器配置设计中常用的灭火器类型及规格，参见表1-279。

22.8 气体灭火系统

22.8.1 气体灭火系统应用场所

特级金融设施的数据中心主机房应采用气体灭火系统，严禁采用水介质灭火系统（包括水喷淋系统、预作用水喷淋系统、水喷雾系统、预作用水喷雾系统、高压细水雾系统、预作用高压细水雾系统以及其他以水为灭火介质的系统）。

一级及以下金融设施的数据中心主机房宜采用气体灭火系统。

特级、一级金融设施中的纸币和票据类库房内应采用气体灭火系统；二级金融设施中的纸币和票据类库房内宜设气体灭火系统。

财贸金融建筑的高低压变配电室、弱电机房等场所应设置自动灭火系统，且宜采用气体灭火系统。

目前财贸金融建筑中最常用IG541混合气体灭火系统和七氟丙烷（HFC-227ea）气体灭火系统。

22.8.2 七氟丙烷气体灭火系统设计参数

七氟丙烷灭火剂主要技术性能参数，参见表1-281。

无管网七氟丙烷气体自动灭火装置技术参数、规格等，参见表1-282～表1-284。

财贸金融建筑中采用七氟丙烷气体灭火保护时，各防护区设计灭火浓度，参见表3-70。

22.8.3 气体灭火设计用量计算

七氟丙烷气体灭火设置场所设计用量，按公式（1-71）计算。

七氟丙烷设计用量，按公式（2-28）计算；七氟丙烷设计容积，按公式（2-29）计算。

每个防护区内无管网七氟丙烷气体灭火装置的布置应做到均匀。

IG541混合气体灭火防护区灭火设计用量或惰化设计用量，按公式（1-74）计算。

IG541灭火剂气体在101kPa大气压和防护区最低环境温度下的质量体积，按公式（1-75）计算。

IG541混合气体灭火系统灭火剂储存量，应为防护区灭火设计用量及系统灭火剂剩余量之和，系统灭火剂剩余量按公式（1-76）计算。

22.8.4 IG541混合气体灭火系统管网计算

IG541混合气体灭火系统管道流量宜采用平均设计流量。

系统主干管、支管的平均设计流量，按公式（1-77）、公式（1-78）计算。

管道内径按公式（1-79）计算。

灭火剂释放时，管网应进行减压。减压装置宜采用减压孔板，宜设在系统的源头或干管入口处。减压孔板前的压力，按公式（1-80）计算；减压孔板后的压力，按公式（1-81）计算；减压孔板孔口面积，按公式（1-82）计算。

系统的阻力损失宜从减压孔板后算起，并按公式（1-83）计算。

IG541混合气体灭火系统的喷头工作压力的计算结果，应符合：一级充压（15.0MPa）系统，$P_c \geqslant 2.0$MPa（绝对压力）；二级充压（20.0MPa）系统，$P_c \geqslant 2.1$MPa（绝对压力）。

喷头等效孔口面积，按公式（1-84）计算。

22.8.5 防护区泄压口

气体灭火系统防护区应设置泄压口。七氟丙烷气体灭火系统防护区泄压口面积按系统设计规定计算，按公式（1-85）计算；IG541混合气体灭火系统防护区泄压口面积按系统设计规定计算，宜按公式（1-86）计算。

七氟丙烷气体灭火系统的泄压口应位于防护区净高的2/3以上。对于设置吊顶场所，泄压口通常设置在吊顶（梁）下，泄压口顶面紧贴吊顶（梁）或吊顶（梁）下100mm。

不同规格无管网七氟丙烷气体灭火装置与泄压口尺寸的对照表，参见表1-288。

防护区设置的泄压口，宜设在外墙上，无外墙时应设置在朝向公共建筑公共区域（走道）的内墙上。每个防护区根据需要可设置1个或多个泄压口。

22.9 高压细水雾灭火系统

财贸金融建筑中不宜用水扑救的部位（即采用水扑救后会引起爆炸或重大财产损失的场所）可以采用高压细水雾灭火系统灭火。

财贸金融建筑中适合采用高压细水雾灭火系统的场所包括高低压变配电室、弱电机房等场所。

财贸金融建筑中当此类场所较少时，宜采用气体灭火系统；当此类场所较多时，可采用高压细水雾灭火系统，设计方法参见4.9节。

22.10 自动跟踪定位射流灭火系统

当财贸金融建筑出入门厅、大堂、营业厅、交易厅及其他大空间公共场所为高大空间时，可设置自动跟踪定位射流灭火系统，设计方法参见4.10节。

22.11 中水系统

财贸金融建筑建设中水设施，应结合建筑所在地区的不同特点，满足当地政府部门的有关规定。建筑面积大于30000m^2或回收水量大于100m^3/d的财贸金融建筑，宜建设中水设施。

22.11.1 中水原水

1. 中水原水种类

财贸金融建筑中水原水可选择的种类及选取顺序，见表22-28。

财贸金融建筑中水原水可选择的种类及选取顺序表　　表22-28

序号	中水原水种类	备注
1	财贸金融建筑内公共卫生间的废水排水	最适宜
2	财贸金融建筑内公共卫生间的盥洗废水排水	适宜
3	财贸金融建筑空调循环冷却水系统排水	
4	财贸金融建筑空调水系统冷凝水	
5	财贸金融建筑附设厨房、食堂、餐厅废水排水	不适宜
6	财贸金融建筑内公共卫生间的冲厕排水	最不适宜

2. 中水原水量

财贸金融建筑中水原水量按公式（22-6）计算：

$$Q_Y = \Sigma \beta \cdot Q_{pj} \cdot b \tag{22-6}$$

式中 Q_Y——财贸金融建筑中水原水量，m^3/d；

β——财贸金融建筑按给水量计算排水量的折减系数，一般取 0.85～0.95；

Q_{pj}——财贸金融建筑平均日生活给水量，按《节水标》中的节水用水定额(表 22-4)计算确定，m^3/d；

b——财贸金融建筑分项给水百分率，应以实测资料为准，当无实测资料时，可按表 22-29 选取。

财贸金融建筑分项给水百分率表 表 22-29

项目	冲厕	厨房	盥洗	总计
办公给水百分率（%）	60～66	—	40～34	100
职工食堂给水百分率（%）	6.7～5	93.3～95	—	100

财贸金融建筑用作中水原水的水量宜为中水回用水量的 110%～115%。

3. 中水原水水质

财贸金融建筑中水原水水质应以类似建筑的实测资料为准；当无实测资料时，财贸金融建筑排水的污染物浓度可按表 22-30 确定。

财贸金融建筑排水污染物浓度表 表 22-30

类别	项目	冲厕	厨房	盥洗	综合
办公	BOD_5浓度（mg/L）	260～340	—	90～110	195～260
	COD_{Cr}浓度（mg/L）	350～450	—	100～140	260～340
	SS 浓度（mg/L）	260～340	—	90～110	195～260
职工食堂	BOD_5浓度（mg/L）	260～340	500～600	—	490～590
	COD_{Cr}浓度（mg/L）	350～450	900～1100	—	890～1075
	SS 浓度（mg/L）	260～340	250～280	—	255～285

注：综合是对包括以上三项生活排水的统称。

22.11.2 中水利用与水质标准

1. 中水利用

财贸金融建筑中水原水主要用于城市杂用水和景观环境用水等。

财贸金融建筑中水利用率，可按公式（2-31）计算。

财贸金融建筑中水利用率应不低于当地政府部门的中水利用率指标要求。

当财贸金融建筑附近有可利用的市政再生水管道时，可直接接入使用。

2. 中水水质标准

财贸金融建筑中水水质标准要求，参见表 2-104。

22.11.3 中水系统

1. 中水系统形式

财贸金融建筑中水通常采用中水原水系统与生活污水系统分流、生活给水与中水给水分供的完全分流系统。

2. 中水原水系统

财贸金融建筑中水原水管道通常按重力流设计；当靠重力流不能直接接入时，可采取局部加压提升接入。

财贸金融建筑原水系统原水收集率不应低于本建筑回收排水项目给水量的 75%，可按公式（2-32）计算。

财贸金融建筑若需要食堂、餐厅的含油脂污水作为中水原水时，在进入原水收集系统前应经过除油装置处理。

财贸金融建筑中水原水应进行计量，可采用超声波流量计和沟槽流量计。

3. 中水处理系统

财贸金融建筑中水处理系统设计处理能力，可按公式（2-33）计算。

4. 中水供水系统

建筑中水供水系统必须独立设置。建筑中水不得用作财贸金融建筑生活饮用水水源。

财贸金融建筑中水系统供水量，可按照表 22-3 中的用水定额及表 22-29 中规定的百分率计算确定。

财贸金融建筑中水供水系统的设计秒流量和管道水力计算方法与生活给水系统一致，参见 22.1.6 节。

财贸金融建筑中水供水系统的供水方式宜与生活给水系统一致，通常采用变频调速泵组供水方式，水泵的选择参见 22.1.7 节。

财贸金融建筑中水供水系统的竖向分区宜与生活给水系统一致。当建筑周边有市政中水管网且管网流量压力均满足时，低区由市政中水管网直接供水；当建筑周边无市政中水管网时，低区由低区中水给水泵组自中水贮水池（箱）吸水后加压供水。

财贸金融建筑中水供水管道宜采用塑料给水管、钢塑复合管或其他具有可靠防腐性能的给水管材，不得采用非镀锌钢管。

财贸金融建筑中水贮存池（箱）设计要求，参见表 2-105。

财贸金融建筑中水供水系统应安装计量装置，具体设置要求参见表 3-14。

中水供水管道应采取防止误接、误用、误饮的措施。

5. 水量平衡

中水系统设计应进行中水原水量和用水量平衡计算。

财贸金融建筑中水用水量应根据不同用途用水量累加确定。

财贸金融建筑最高日冲厕中水用水量按照表 22-3 中的最高日用水定额及表 22-29 中规定的百分率计算确定。最高日冲厕中水用水量，可按公式（22-7）计算：

$$Q_C = \Sigma q_L \cdot F \cdot N/1000 \tag{22-7}$$

式中 Q_C——财贸金融建筑最高日冲厕中水用水量，m^3/d；

q_L——财贸金融建筑给水用水定额，L/(人·d)；

F——冲厕用水占生活用水的比例，%，按表 22-29 取值；

N——使用人数，人。

财贸金融建筑相关功能场所冲厕用水量定额及小时变化系数，见表 22-31。

财贸金融建筑冲厕用水量定额及小时变化系数表 表 22-31

类别	建筑种类	冲厕用水量［L/(人·d)］	使用时间（h/d）	小时变化系数	备注
1	办公	20～30	8～10	1.5～1.2	—
2	职工食堂	5～10	12	1.5～1.2	工作人员按办公楼设计

中水系统原水调节池（箱）调节容积，可按公式（2-35）、公式（2-36）计算。

中水贮存池（箱）容积，可按公式（2-37）、公式（2-38）计算。

当中水供水系统采用水泵-水箱联合供水时，水箱调节容积不得小于中水系统最大小时用水量的50%。

中水系统的总调节容积，包括原水调节池（箱）、中水处理工艺构筑物、中水贮存池（箱）及高位水箱等调节容积之和，不宜小于中水日处理量的100%。

22.11.4 中水处理工艺与处理设施

1. 中水处理工艺

财贸金融建筑通常采用的中水处理工艺，参见表2-107。

2. 中水处理设施

财贸金融建筑中水处理设施及设计要求，参见表2-108。

22.11.5 中水处理站

财贸金融建筑内的中水处理站设计要求，参见2.11.5节。

22.12 管道直饮水系统

22.12.1 水量、水压和水质

财贸金融建筑管道直饮水最高日直饮水定额（q_d），可按1.0～2.0L/(人·d）采用，亦可根据用户要求确定。

直饮水专用水嘴额定流量宜为0.04～0.06L/s。

财贸金融建筑直饮水专用水嘴最低工作压力不宜小于0.03MPa。

财贸金融建筑管道直饮水系统用户端的水质应符合现行行业标准《饮用净水水质标准》CJ/T 94的规定。

22.12.2 水处理

财贸金融建筑管道直饮水系统应对原水进行深度净化处理。

水处理工艺流程的选择应依据原水水质，经技术经济比较确定。处理后的出水应符合现行行业标准《饮用净水水质标准》CJ/T 94的规定。

深度净化处理应根据处理后的水质标准和原水水质进行选择，宜采用膜处理技术，参见表1-333。

不同的膜处理应相应配套预处理、后处理、膜的清洗和水处理消毒灭菌设施，参见

表1-334。

深度净化处理系统排出的浓水宜回收利用。

22.12.3　系统设计

财贸金融建筑管道直饮水系统必须独立设置，不得与市政或建筑供水系统直接相连。

财贸金融建筑管道直饮水系统宜采取集中供水系统，一座建筑中宜设置一个供水系统。

财贸金融建筑常见的管道直饮水系统供水方式，参见表1-335。

多层财贸金融建筑管道直饮水供水竖向不分区；高层财贸金融建筑管道直饮水供水应竖向分区，分区原则参见表1-336。

财贸金融建筑管道直饮水系统类型，参见表1-337。

财贸金融建筑管道直饮水系统设计应设循环管道，供、回水管网应设计为同程式。

财贸金融建筑管道直饮水系统通常采用全日循环，亦可采用定时循环，供、配水系统中的直饮水停留时间不应超过12h。

财贸金融建筑管道直饮水系统回水宜回流至净水箱或原水水箱。回流到净水箱时，应在消毒设施前接入。

直饮水系统不循环的支管长度不宜大于6m。

财贸金融建筑管道直饮水系统管道敷设要求，参见表1-338。

财贸金融建筑管道直饮水系统管材及附件设置要求，参见表1-339。

22.12.4　系统计算与设备选择

1. 系统计算

财贸金融建筑管道直饮水系统最高日直饮水量，应按公式（22-8）计算：

$$Q_d = N \cdot q_d \tag{22-8}$$

式中　Q_d——财贸金融建筑管道直饮水系统最高日饮水量，L/d；

N——财贸金融建筑管道直饮水系统所服务的人数，人；

q_d——财贸金融建筑最高日直饮水定额，L/(人·d)，取1.0～2.0L/(人·d)。

财贸金融建筑的瞬时高峰用水量的计算应符合现行国家标准《建筑给水排水设计标准》GB 50015的规定。财贸金融建筑瞬时高峰用水量，应按公式（1-94）计算。

财贸金融建筑瞬时高峰用水时水嘴使用数量，应按公式（1-95）计算。

瞬时高峰用水时水嘴使用数量 m 的确定，应按表1-340（当水嘴数量 $n \leqslant 12$ 个时）、表1-341（当水嘴数量 $n > 12$ 个时）选取。当 $np \geqslant 5$ 并且满足 $n(1-p) \geqslant 5$ 时，可按公式（1-96）简化计算。

水嘴使用概率应按公式（22-9）计算：

$$p = \alpha \cdot Q_d/(1800 \cdot n \cdot q_0) = 0.27 \cdot Q_d/(1800 \cdot n \cdot q_0) \tag{22-9}$$

式中　α——经验系数，财贸金融建筑取0.27。

定时循环时，循环流量可按公式（1-98）计算。

管道直饮水供、回水管道内水流速度宜符合表1-342的规定。

2. 设备选择

净水设备产水量可按公式（1-100）计算。

变频调速供水系统水泵设计流量应按公式（1-101）计算；水泵设计扬程应按公式（1-102)计算。

净水箱（槽）有效容积可按公式（1-103）计算；原水调节水箱（槽）容积可按公式（1-104)计算。

原水水箱（槽）的进水管管径宜按净水设备产水量设计，并应根据反洗要求确定水量。当进水管的供水能力满足预处理的流量和压力要求时，原水水箱（槽）可不设置。

22.12.5 净水机房

净水机房设计要求，参见表 1-343。

22.12.6 管道敷设与设备安装

管道直饮水管道敷设与设备安装设计要求，参见表 1-344。

22.13 给水排水抗震设计

财贸金融建筑给水排水管道抗震设计，参见 4.11 节。

22.14 给水排水专业绿色建筑设计

财贸金融建筑绿色设计，应根据财贸金融建筑所在地相关规定要求执行。新建财贸金融建筑应按照一星级或以上星级标准设计；政府投资或者以政府投资为主的财贸金融建筑、建筑面积大于 20000m^{2}的大型财贸金融建筑宜按照绿色建筑二星级或以上星级标准设计。财贸金融建筑二星级、三星级绿色建筑设计专篇，参见表 1-347。

第23章　看守所建筑给水排水设计

看守所建筑是在依法羁押犯罪嫌疑人、被告人和留所服刑罪犯（以上统称被羁押人）的刑事羁押机关场所内设置的公共建筑。

看守所建筑组成，见表23-1。

看守所建筑组成表　　**表23-1**

序号	功能区	房间组成	备注
1	监区	包括监室、储藏室、医务用房、图书室、活动室、公共浴室、理发室、教育培训室、值班室、管教室、谈话室（含驻所检察官使用的谈话室）、心理咨询室、监控指挥中心（监控室）及其设备室、电教室、备勤宿舍等	小法庭应设置在接待会见区或办公区内，并相对独立；备勤宿舍应在监区、生活保障区分别设置，并满足封闭管理状态下的工作需要，宜按单人间设置
2	办案区	包括羁押受理用房、讯问室（含特殊讯问室及其指挥室）、律师会见室、辨认室、违禁物品保管室、AB门执勤用房等	
3	接待会见区	包括管理室、会见室（含集中会见室和视频会见室）、候见室、小法庭、法律援助工作区、生活用品供应室及物品暂存室等	
4	办公区	包括办公室、文印室、资料室、档案室、会议室、阅览室、荣誉室、警用装备室以及驻所检察官使用的办公室、监控室等	
5	生活保障区	包括被羁押人伙房、洗衣房和备勤宿舍、食堂、健身房、文娱室等其他用房	
6	武警营区	按照武警部队营房建设相关标准执行	

看守所建筑给水排水设计应符合现行国家标准《城市给水工程项目规范》GB 55026、《城乡排水工程项目规范》GB 55027、《建筑给水排水设计标准》GB 50015、《建筑防火通用规范》GB 55037、《消防设施通用规范》GB 55036、《建筑设计防火规范》GB 50016和《消防给水及消火栓系统技术规范》GB 50974等的规定。根据看守所建筑的功能设置，其给水排水设计涉及的现行国家标准为《看守所建筑设计标准》GB 51400。看守所建筑医务用房给水排水设计应按国家标准《综合医院建筑设计标准》GB 51039相关规定执行。看守所建筑若设置中水系统，其设计涉及的现行国家标准为《建筑中水设计标准》GB 50336。看守所建筑若设置管道直饮水系统，其设计涉及的现行行业标准为《建筑与小区管道直饮水系统技术规程》CJJ/T 110。

23.1　生活给水系统

23.1.1　用水量标准

1. 生活用水量标准

《水标》中看守所建筑相关功能场所生活用水定额，见表23-2。

看守所建筑生活用水定额表 **表 23-2**

序号	建筑物名称		单位	生活用水定额（L）		使用时数（h）	最高日小时变化系数 K_h
				最高日	平均日		
1	备勤宿舍	居室内设卫生间	每人每日	150～200	130～160	24	3.0～2.5
2	监舍	设公用盥洗卫生间		100～150	90～120	24 或定时供应	6.0～3.0
3	办公	坐班制办公	每人每班	30～50	25～40	8～10	1.5～1.2
4	餐饮	职工食堂、被羁押人伙房	每人每次	20～25	15～20	12～16	1.5～1.2
5	公共浴室	淋浴	每人每次	100	70～90	12	2.0～1.5
6	理发室		每人每次	40～100	35～80	12	2.0～1.5
7	洗衣房		每千克干衣	40～80	40～80	8	1.5～1.2
8	健身房		每人每次	30～50	25～40	8～12	1.5～1.2

注：1. 除注明外，均不含员工生活用水，员工最高日用水定额为每人每班 40～200L，平均日用水定额为每人每班 30～45L；

2. 表中用水量标准为生活用水，包括生活用热水用水量和直饮水用量，也包括正常漏水量和间接用水量，如清洁用水在内；但不包括空调、采暖、水景绿化、场地和道路浇洒等用水；

3. 计算看守所建筑最高日最大时用水量时，某一类型生活用水定额、最高日小时变化系数（K_h）均为一个范围值时，生活用水定额取定额的最低值应对应选择最高日小时变化系数（K_h）的最大值；生活用水定额取定额的最高值应对应选择最高日小时变化系数（K_h）的最小值；生活用水定额取定额的中间值应对应选择最高日小时变化系数（K_h）的中间值（按内插法确定）。

《节水标》中看守所建筑相关功能场所平均日生活用水节水用水定额，见表 23-3。

看守所建筑平均日生活用水节水用水定额表 **表 23-3**

序号	建筑物名称		单位	节水用水定额
1	备勤宿舍	居室内设卫生间	L/(人·d)	130～160
2	监舍	设公用盥洗卫生间		90～120
3	办公	坐班制办公	L/(人·班)	25～40
4	餐饮	职工食堂、被羁押人伙房	L/(人·次)	15～20
5	公共浴室	淋浴	L/(人·次)	70～90
6	理发室		L/(人·次)	35～80
7	洗衣房		L/kg 干衣	40～80
8	健身房		L/(人·次)	25～40

注：1. 除注明外均不含员工用水，员工用水定额每人每班 30～45L；

2. 表中用水量包括热水用量在内，空调用水应另计；

3. 选择用水定额时，可依据当地气候条件、水资源状况等确定，缺水地区应选择低值；

4. 用水人数或单位数应以年平均值计算；

5. 每年用水天数应根据使用情况确定。

2. 绿化浇灌用水量标准

看守所建筑院区绿化浇灌最高日用水定额按浇灌面积 1.0～3.0L/(m^2·d) 计算，通常取 2.0L/（m^2·d)，干旱地区可酌情增加。

3. 浇洒道路用水量标准

看守所建筑院区道路、广场浇洒最高日用水定额按浇洒面积 2.0～3.0L/(m^2·d) 计算，亦可参见表 2-8。

4. 空调循环冷却水补水用水量标准

看守所建筑空调循环冷却水补充水量，按公式（1-3）计算，亦可由暖通空调专业提供。

5. 供暖锅炉补充水量

供暖锅炉补充水量由暖通空调、热能动力专业提供。

6. 给水管网漏失水量和未预见水量

这两项水量之和按上述 5 项用水量（第 1 项至第 5 项）之和的 8%～12%计算，通常按 10%计。

最高日用水量（Q_d）应为上述 6 项用水量（第 1 项至第 6 项）之和。

最大时用水量（Q_{hmax}）可按公式（1-4）计算。

23.1.2 水质标准和防水质污染

1. 水质标准

看守所生活、生产系统供水水质应符合现行国家标准《生活饮用水卫生标准》GB 5749 的要求。

看守所建筑设置集中的管道饮水系统时，应符合现行国家标准《生活饮用水卫生标准》GB 5749 的规定。设置直饮水系统的，应符合现行行业标准《建筑与小区管道直饮水系统技术规程》CJJ/T 110 和《饮用净水水质标准》CJ/T 94 的有关规定。

2. 防水质污染

看守所建筑生活储水设施首选不锈钢生活水箱，避免采用生活水池，箱体独立设置在生活水泵房内，生活水箱上方应禁止污水排水管敷设，即其上方不应有卫生间、盥洗室等场所。

23.1.3 给水系统和给水方式

1. 看守所建筑生活给水系统

典型的看守所备勤宿舍、武警营房宿舍生活给水系统原理图，参见图 3-1、图 3-2。典型的其他看守所建筑生活给水系统原理图，参见图 4-1。

2. 看守所建筑生活给水供水方式

看守所建筑生活给水供水方式，见表 23-4。

看守所建筑生活给水供水方式表 **表 23-4**

序号	供水方式	适用范围	备注
1	生活水箱加变频生活给水泵组联合供水	市政给水管网直供区之外的其他竖向分区，即加压区	推荐采用
2	市政给水管网直接供水	市政给水管网压力满足的最低竖向分区	
3	管网叠加供水	市政给水管网流量、压力稳定；最小保证压力较高；看守所建筑当地市政供水部门允许采用	可以采用

3. 看守所建筑生活给水系统竖向分区

看守所建筑应根据建筑内功能的划分和当地供水部门的水量计费分类等因素，设置相应的生活给水系统，并应利用城镇给水管网的水压。

看守所建筑生活给水系统竖向分区应根据的原则，参见表 3-7。

看守所建筑生活给水系统竖向分区确定程序，见表 23-5。

生活给水系统竖向分区确定程序表 **表 23-5**

序号	竖向分区确定程序	备注
1	根据看守所建筑院区接入市政给水管网的最小工作压力确定由市政给水管网直接供水的楼层	
2	根据市政给水直供楼层以上楼层的竖向建筑高度合理确定分区的个数及分区范围	高层看守所建筑生活给水竖向分区楼层数宜为 6～8 层（竖向高度 30m 左右），不宜多于 10 层
3	根据需要加压供水的总楼层数，合理调整需要加压的各竖向分区，使其高度基本一致	各竖向分区涉及楼层数宜基本相同

4. 看守所建筑生活给水系统形式

看守所建筑生活给水系统通常采用下行上给式，设备管道设置方法见表 23-6。

生活给水系统设备管道设置方法表 **表 23-6**

序号	设备管道名称	设备管道设置方法
1	生活水箱及各分区供水泵组	设置在建筑地下室或院区生活水泵房
2	各分区给水总干管	自各分区给水泵组接出，沿下部楼层吊顶内或顶板下横向敷设接至各区域水管井
3	各分区给水总立管	设置在各区域水管井内，自各分区给水总干管接出，竖向敷设接至各区域最下部楼层
4	各分区给水横干管	设置在各区域最下部楼层吊顶内或顶板下，自各分区给水总立管接出，横向敷设接至本区域各用水场所（看守所建筑卫生间等）水管井
5	分区内给水立管	分别自本区域给水横干管接出，沿水管井向上敷设，每个竖向水管井设置 1 根给水立管
6	给水支管	自分区内各个水管井内给水立管接出，接至每层各用水场所用水点，通常 1 个卫生间等用水场所设置 1 根给水支管；给水支管在水管井内沿水流方向依次设置阀门、减压阀（若需要的话）；水管井内给水支管宜设置在距地 1.0～1.2m 的高度，向上接至卫生间吊顶内敷设至该卫生间各用水卫生器具

23.1.4 管材及附件

1. 生活给水系统管材

看守所建筑生活给水系统给水管道应选用耐腐蚀、安装连接方便可靠、符合国家现行有关产品标准要求及饮用水卫生要求的管材，常用管材包括薄壁不锈钢管、薄壁铜管、PVC-C（氯化聚氯乙烯）冷水用管、钢塑复合管、内衬不锈钢复合钢管、铝塑复合管等。

2. 生活给水系统阀门

看守所建筑生活给水系统设置阀门的部位，参见表4-7。

看守所建筑的给水管道上的各种阀门，宜装设在便于检修和便于操作的位置。

3. 生活给水系统止回阀

看守所建筑生活给水系统设置止回阀的部位，参见表4-8。

4. 生活给水系统减压阀

看守所建筑配水横管静水压大于0.20MPa的楼层各分区内给水支管起端应设置减压阀，减压阀位置在阀门之后。

5. 生活给水系统水表

看守所建筑给水系统的引入管上应设置水表。水表宜设置在室内便于抄表位置；在夏热冬冷地区及严寒地区，当水表设置于室外时，应采取可靠的防冻胀破坏措施。

看守所建筑生活给水系统按分区域计量原则设置水表，生活给水系统设置水表的部位，参见表3-14。

6. 生活给水系统其他附件

生活水箱的生活给水进水管上应设自动水位控制阀。

看守所建筑生活给水系统设置过滤器的部位，参见表2-19。

看守所建筑内公共卫生间的洗手盆水嘴应采用非接触式或延时自闭式水嘴，通常采用感应式水嘴；小便斗、大便器应采用非手动开关。用水点非手动开关的型式，参见表2-20。

23.1.5　给水管道布置及敷设

1. 室外生活给水系统布置与敷设

看守所建筑院区的室外生活给水管网应布置成环状管网，管径宜为*DN*150。环状给水管网与市政给水管网的连接管不宜少于2条，引入管管径宜为*DN*150、不宜小于*DN*100。

看守所建筑院区室外生活给水管道与其他地下管线及乔木之间的最小净距，参照表1-25规定。

2. 室内生活给水系统布置与敷设

看守所建筑室内生活给水管道通常布置成支状管网，单向供水，宜沿室内公共区域敷设。看守所建筑生活给水管道不应布置的场所，参见表2-21。

看守所监区内的所有给水管道宜暗敷，当不能满足要求时，应采取防护措施，外露的管道及出水口应采用不易拆卸的非金属制品。

设备竖向给水管线不应设置在监室和室外活动场内；当不能避免时，应设置专用管道井，管道井的检修门或检修口不应设置在监室和室外活动场内，并有安全的防护锁闭设施，检修门或检修口应选用金属材料。设备间应设带有锁闭装置的金属检修口或检修门。

3. 室内给水管道防护

室内生活给水横干管、立管超过50m时，宜设伸缩补偿装置。

4. 生活给水管道保温

敷设在有可能结冻的房间、地下室及管井、管沟等处的给水管道应有防冻措施。

屋顶水箱间内生活给水管道均需做保温，所有给水横管及管井内的给水立管均做防结露保温。室内满足防冻要求的管道可不做防结露保温。

在严寒和寒冷地区，非供暖看守所建筑内的给水管道应采取防冻措施。

给水管道保温材料厚度确定，参见表 1-30、表 1-31。

23.1.6 生活给水系统给水管网计算

1. 看守所院区室外生活给水管网

室外生活给水管网设计流量应按看守所建筑院区生活给水最大时用水量确定。院区给水引入管的设计流量应按最大时用水量确定；当引入管为 2 条时，应保证当其中一条发生故障时，其余的引入管可以提供不小于 70%的流量。

看守所建筑院区室外生活给水管网管径宜采用 $DN150$。

2. 看守所建筑室内生活给水管网

采用市政给水管网直接供水时，给水引入管设计流量（Q_1）应按直供区生活给水设计秒流量计；采用生活水箱＋变频给水泵组供水时，给水引入管设计流量（Q_2）应按加压区生活水箱设计补水量计，设计补水量不得小于高区最高日平均时用水量，不宜大于最高日最大时用水量。

看守所备勤宿舍、武警营区宿舍生活给水设计秒流量应按公式（23-1）计算：

$$q_g = 0.2 \cdot \alpha \cdot (N_g)^{1/2} = 0.5 \cdot (N_g)^{1/2} \quad (23\text{-}1)$$

式中 q_g——计算管段的给水设计秒流量，L/s；

N_g——计算管段的卫生器具给水当量总数；

α——根据备勤宿舍、武警营区宿舍用途而定的系数，取 2.5。

注：如计算值小于该管段上一个最大卫生器具给水额定流量时，应采用一个最大的卫生器具给水额定流量作为设计秒流量；如计算值大于该管段上按卫生器具给水额定流量累加所得流量值时，应按卫生器具给水额定流量累加所得流量值采用；有大便器延时自闭冲洗阀的给水管段，大便器延时自闭冲洗阀的给水当量均以 0.5 计，计算得到的 q_g附加 1.20L/s 的流量后，为该管段的给水设计秒流量。

看守所备勤宿舍、武警营区宿舍生活给水设计秒流量计算，可参照表 23-7。

看守所备勤宿舍、武警营区宿舍生活给水设计秒流量计算表（L/s）　表 23-7

卫生器具给水当量数 N_g	看守所备勤宿舍、武警营区宿舍 α=2.5	卫生器具给水当量数 N_g	看守所备勤宿舍、武警营区宿舍 α=2.5	卫生器具给水当量数 N_g	看守所备勤宿舍、武警营区宿舍 α=2.5	卫生器具给水当量数 N_g	看守所备勤宿舍、武警营区宿舍 α=2.5	卫生器具给水当量数 N_g	看守所备勤宿舍、武警营区宿舍 α=2.5
1	0.50	8	1.41	15	1.94	24	2.45	38	3.08
2	0.71	9	1.50	16	2.00	26	2.55	40	3.16
3	0.87	10	1.58	17	2.06	28	2.65	42	3.24
4	1.00	11	1.66	18	2.12	30	2.74	44	3.32
5	1.12	12	1.73	19	2.18	32	2.83	46	3.39
6	1.22	13	1.80	20	2.24	34	2.92	48	3.46
7	1.32	14	1.87	22	2.35	36	3.00	50	3.54

续表

卫生器具给水当量数 N_g	看守所备勤宿舍、武警营区宿舍 $\alpha=2.5$	卫生器具给水当量数 N_g	看守所备勤宿舍、武警营区宿舍 $\alpha=2.5$	卫生器具给水当量数 N_g	看守所备勤宿舍、武警营区宿舍 $\alpha=2.5$	卫生器具给水当量数 N_g	看守所备勤宿舍、武警营区宿舍 $\alpha=2.5$	卫生器具给水当量数 N_g	看守所备勤宿舍、武警营区宿舍 $\alpha=2.5$
52	3.61	115	5.36	250	7.91	385	9.81	700	13.23
54	3.67	120	5.48	255	7.98	390	9.87	750	13.69
56	3.74	125	5.59	260	8.06	395	9.94	800	14.14
58	3.81	130	5.70	265	8.14	400	10.00	850	14.58
60	3.87	135	5.81	270	8.22	405	10.06	900	15.00
62	3.94	140	5.92	275	8.29	410	10.12	950	15.41
64	4.00	145	6.02	280	8.37	415	10.19	1000	15.81
66	4.06	150	6.12	285	8.44	420	10.25	1050	16.20
68	4.12	155	6.22	290	8.51	425	10.31	1100	16.58
70	4.18	160	6.32	295	8.59	430	10.37	1150	16.96
72	4.24	165	6.42	300	8.66	435	10.43	1200	17.32
74	4.30	170	6.52	305	8.73	440	10.49	1250	17.68
76	4.36	175	6.61	310	8.80	445	10.55	1300	18.03
78	4.42	180	6.71	315	8.87	450	10.61	1350	18.37
80	4.47	185	6.80	320	8.94	455	10.67	1400	18.71
82	4.53	190	6.89	325	9.01	460	10.72	1450	19.04
84	4.58	195	6.98	330	9.08	465	10.78	1500	19.36
86	4.64	200	7.07	335	9.15	470	10.84	1550	19.69
88	4.69	205	7.16	340	9.22	475	10.90	1600	20.00
90	4.74	210	7.25	345	9.29	480	10.95	1650	20.31
92	4.80	215	7.33	350	9.35	485	11.01	1700	20.62
94	4.85	220	7.42	355	9.42	490	11.07	1750	20.92
96	4.90	225	7.50	360	9.49	495	11.12	1800	21.21
98	4.95	230	7.58	365	9.55	500	11.18	1850	21.51
100	5.00	235	7.66	370	9.62	550	11.73	1900	21.79
105	5.12	240	7.75	375	9.68	600	12.25	1950	22.08
110	5.24	245	7.83	380	9.75	650	12.75	2000	22.36

看守所建筑有自闭式冲洗阀时生活给水设计秒流量计算，可参照表1-33。

看守所监区被羁押人区域生活给水系统的计算应根据看守所管理的要求，按同时使用百分数计算秒流量，保证供水的水量及水压要求。

看守所监区被羁押人区域卫生间、盥洗、公共浴室，职工食堂厨房，被羁押人伙房厨房等场所生活给水管道的设计秒流量应按公式（23-2）计算：

$$q_g = \sum q_{g0} \cdot n_0 \cdot b_g \tag{23-2}$$

式中 q_g——看守所建筑计算管段的给水设计秒流量，L/s；

q_{g0}——看守所建筑同类型的一个卫生器具给水额定流量，L/s，可按表4-11采用；

n_0——看守所建筑同类型卫生器具数；

b_g——看守所建筑卫生器具的同时给水使用百分数：看守所监区被羁押人区域被羁押人同时使用百分数应根据看守所规定的要求确定，公共浴室内的淋浴器和洗脸盆按表3-16选用；职工食堂、被羁押人伙房的设备按表4-13选用。

3. 看守所建筑内卫生器具给水当量

看守所建筑卫生器具和配件应采用节水型产品。管道、阀门和配件应采用不易锈蚀的材质。

看守所建筑应采用符合现行行业标准《节水型生活用水器具》CJ/T 164规定的节水型卫生器具，宜选用用水效率等级不低于3级的用水器具。

看守所建筑常见卫生器具的给水额定流量、给水当量、连接给水管管径和最低工作压力按表3-18确定。

4. 看守所建筑内给水管管径

看守所建筑内给水供水管的管径，应根据该给水供水管段的设计秒流量、允许给水流速等查相关计算表格确定。生活给水管道内的给水流速，宜按表1-38。

看守所备勤宿舍设坐便器居室内设卫生间个数与供给相应数量给水供水管管径的对照表，参见表3-19。

看守所备勤宿舍设蹲便器居室内设卫生间个数与供给相应数量给水供水管管径的对照表，参见表3-20。

看守所其他建筑内公共卫生间的蹲便器个数与给水供水管管径的对照表，参见表4-15。

整个生活给水系统生活给水立管、干管均按照其服务的给水设计秒流量确定其管段管径。

23.1.7 生活水泵和生活水泵房

看守所建筑给水设计应有可靠的水源和供水管道系统，当仅有一路城市引入管或供水不满足设计秒流量或压力要求时，应设置加压供水设备。

1. 生活水泵

看守所建筑生活给水加压水泵宜采用2台（1用1备）配置模式，亦可采用3台（2用1备）配置模式。

看守所建筑生活给水加压通常采用变频调速给水泵组，其设计流量应按其负责给水系统的最大设计秒流量确定，即$Q=q_g$。设计时应统计该系统内各用水点卫生器具的生活给水当量数，经公式（23-1）、公式（23-2）计算或查表23-7得出设计流量值。

生活给水加压水泵的设计工作压力，按公式（1-10）计算。

看守所建筑加压水泵应选用低噪声节能型产品。

2. 生活水泵房

看守所建筑二次加压给水的水泵房应设置在监区之外，应为独立的房间，并应环境良好、便于维修和管理；不应毗邻民警生活用房、监控指挥中心、电教室和录音录像编辑制作的房间，不宜毗邻办公室、会议室；加压泵组及泵房应采取减振降噪措施。

看守所建筑生活水泵房的设置位置应根据其所供水服务的范围确定，见表23-8。

看守所建筑生活水泵房位置确定及要求表 表23-8

序号	水泵房位置	适用情况	设置要求
1	院区室外集中设置	院区室外有空间；常见于新建看守所建筑院区	宜与消防水泵房、消防水池、暖通冷热源机房、锅炉房等集中设置，应设置在监区之外，宜靠近看守所建筑
2	监区之外看守所建筑地下室楼层设置	院区室外无空间	宜设在地下一层或地下二层，不宜设在最低地下楼层；水泵房地面宜高出室外地面200～300mm

各分区的生活给水泵组宜集中布置；生活水泵房内每套生活给水泵组宜设置在一个基础上。

23.1.8 生活贮水箱（池）

看守所建筑给水设计应有可靠的水源和供水管道系统，当仅有一路城市引入管或供水不满足设计秒流量或压力要求时，应设置生活贮水箱（池）。

看守所建筑水箱间应为独立的房间，不应毗邻民警生活用房、监控指挥中心、电教室和录音录像编辑制作的房间，不宜毗邻办公室、会议室。

水箱应设置消毒设备，并宜采用紫外线消毒方式。

1. 贮水容积

看守所建筑生活用水贮水箱（池）的有效容积计算时，其生活用水调节量应按进水量与用水量变化曲线经计算确定，当资料不足时，宜按最高日用水量的20%～25%确定，最大不得大于48h的用水量。有条件时可适当增加生活贮水箱（池）有效容积。

看守所建筑生活用水贮水设备宜采用贮水箱。

2. 生活水箱

看守所建筑生活水箱设计要求，参见表1-46。

3. 生活水箱相关管道、装置设置要求

看守所建筑生活水箱相关管道设施要求，参见表1-47。

生活水箱各水位指标确定方法及取值经验值，参见表1-48。

23.2 生活热水系统

23.2.1 热水系统类别

看守所建筑生活热水系统类别，见表23-9。

生活热水系统类别表 表23-9

序号	分类标准	热水系统类别	看守所建筑应用情况	应用程度
1	供应范围	集中生活热水系统	看守所备勤宿舍备勤人员洗浴生活热水系统；武警营区宿舍武警战士洗浴生活热水系统；监区被羁押人公共洗浴生活热水系统；职工食堂厨房生活热水系统；被羁押人伙房厨房生活热水系统	最常用

续表

序号	分类标准	热水系统类别	看守所建筑应用情况	应用程度
2	供应范围	局部（分散）生活热水系统	看守所监区、办公区工作人员洗浴生活热水系统；生活保障区健身房洗浴生活热水系统	常用
3		区域生活热水系统	整个看守所院区生活热水系统	不常用
4	热水管网循环方式	热水干管立管支管循环生活热水系统		极少用
5		热水干管立管循环生活热水系统	看守所备勤宿舍备勤人员洗浴生活热水系统；武警营区宿舍武警战士洗浴生活热水系统；监区被羁押人公共洗浴生活热水系统	最常用
6		热水干管循环生活热水系统	看守所职工食堂厨房生活热水系统；被羁押人伙房厨房生活热水系统	常用
7		不循环生活热水系统	各局部（分散）生活热水系统	常用
8	热水管网循环水泵运行方式	全日循环生活热水系统	看守所备勤宿舍备勤人员洗浴生活热水系统；武警营区宿舍武警战士洗浴生活热水系统	最常用
9		定时循环生活热水系统	看守所监区被羁押人公共洗浴生活热水系统；职工食堂厨房生活热水系统；被羁押人伙房厨房生活热水系统	常用
10	热水管网循环动力方式	强制循环生活热水系统	看守所备勤宿舍备勤人员洗浴生活热水系统；武警营区宿舍武警战士洗浴生活热水系统；监区被羁押人公共洗浴生活热水系统；职工食堂厨房生活热水系统；被羁押人伙房厨房生活热水系统	最常用
11		自然循环生活热水系统		极少用
12	是否敞开形式	闭式生活热水系统	看守所备勤宿舍备勤人员洗浴生活热水系统；武警营区宿舍武警战士洗浴生活热水系统；监区被羁押人公共洗浴生活热水系统；职工食堂厨房生活热水系统；被羁押人伙房厨房生活热水系统	最常用
13		开式生活热水系统		极少用
14	热水管网布置型式	下供下回式生活热水系统	热源位于建筑底部，即由锅炉房提供热媒（高温蒸汽或高温热水），经汽水或水水换热器提供热水热源等的生活热水系统	常用
15		上供上回式生活热水系统	热源位于建筑顶部，即由屋顶太阳能热水设备及（或）空气能热泵热水设备提供热水热源等的生活热水系统	常用
16		上供下回式生活热水系统		较少用
17		分层上供上回式生活热水系统		较少用

续表

序号	分类标准	热水系统类别	看守所建筑应用情况	应用程度
18	热水管路距离	同程式生活热水系统	看守所备勤宿舍备勤人员洗浴生活热水系统；武警营区宿舍武警战士洗浴生活热水系统；监区被羁押人公共洗浴生活热水协调；职工食堂厨房生活热水系统；被羁押人伙房厨房生活热水系统	目前最常用
19		异程式生活热水系统	看守所监区、办公区工作人员洗浴生活热水系统；生活保障区健身房洗浴生活热水系统	越来越常用
20	热水系统分区方式	加热器集中设置生活热水系统	看守所院区内各个建筑生活热水系统距离较近、规模相差不大或为同一建筑内不同竖向分区系统时的生活热水系统	最常用
21		加热器分散设置生活热水系统	看守所院区各个建筑生活热水系统距离较远、规模相差较大时的生活热水系统	较常用
22		加热器分布设置生活热水系统	不受看守所院区建筑距离、规模限制时的生活热水系统	较少用

典型的看守所备勤宿舍、武警营房宿舍生活热水系统原理图，参见图3-3～图3-6。

23.2.2 生活热水系统热源

看守所建筑集中生活热水供应系统的热源，参见表2-34。

看守所建筑生活热水系统热源选用，参见表2-35。

看守所建筑生活热水系统常见热源组合形式，见表23-10。

生活热水系统常见热源组合形式表　　表23-10

序号	热源组合形式名称	主要热源	辅助热源	适用范围
1	热水锅炉+太阳能组合	院区内设置燃气（油）锅炉房，锅炉房内高温热水锅炉提供热媒（通常为80℃/60℃高温热水），经建筑内热水机房（换热机房）内的水水换热器换热后为系统提供60℃/50℃低温热水	建筑屋顶设置太阳能热水机房（房间内设置储热水箱或储热罐、生活热水供水泵组、生活热水循环泵组、太阳能集热循环泵组等），屋顶布置太阳能集热板及太阳能供水、回水管道，太阳能热水供水设备为系统提供60℃/50℃高温热水	该组合方式适用于我国北方、西北等寒冷或严寒地区看守所建筑生活热水系统
2	太阳能+空气源热能组合	建筑屋顶设置热水机房（设置储热水箱或储热罐、生活热水供水泵组、生活热水循环泵组、太阳能集热循环泵组、空气能热泵循环泵组等），屋顶布置太阳能集热板及太阳能供水、回水管道。太阳能供水设备为系统提供60℃/50℃高温热水	建筑屋顶设置热水机房，屋顶布置空气能热泵热水机组及空气能供水、回水管道。空气源热泵热水机组为系统提供60℃/50℃高温热水	该组合方式适用于我国南部或中部地区看守所建筑生活热水系统

看守所建筑屋顶设置太阳能光伏发电系统时，系统产生的电能可用于屋顶热水箱内热水的加热，保证生活热水系统供水温度。

23.2.3 热水系统设计参数

1. 看守所建筑热水用水定额

按照《水标》，看守所建筑相关功能场所热水用水定额，见表 23-11。

看守所建筑热水用水定额表 **表 23-11**

序号	建筑物名称		单位	用水定额（L）		使用时数（h）	最高日小时变化系数 K_h
				最高日	平均日		
1	备勤宿舍	居室内设卫生间	每人每日	70～100	40～55	24	3.0～2.5
2	监舍	设公用盥洗卫生间		40～80	35～45	24 或定时供应	6.0～3.0
3	办公	坐班制办公	每人每班	5～10	4～8	8～10	1.5～1.2
4	餐饮	职工食堂、被羁押人伙房	每人每次	10～12	7～10	12～16	1.5～1.2
5	公共浴室	淋浴	每人每次	40～60	35～40	12	2.0～1.5
6	理发室		每人每次	20～45	20～35	12	2.0～1.5
7	洗衣房		每千克干衣	15～30	15～30	8	1.5～1.2
8	健身房		每人每次	15～25	10～20	8～12	1.5～1.2

注：1. 表中所列用水定额均已包括在表 23-2 中；
2. 本表以 60℃热水水温为计算温度，卫生器具的使用水温见表 23-13；
3. 表中平均日用水定额仅用于计算太阳能热水系统集热器面积和计算节水用水量。

《节水标》中看守所建筑相关功能场所热水平均日节水用水定额，见表 23-12。

看守所建筑热水平均日节水用水定额表 **表 23-12**

序号	建筑物名称		单位	节水用水定额
1	备勤宿舍	居室内设卫生间	L/(人·d)	40～55
2	监舍	设公用盥洗卫生间		35～45
3	办公	坐班制办公	L/(人·班)	5～10
4	餐饮	职工食堂、被羁押人伙房	L/(人·次)	7～10
5	公共浴室	淋浴	L/(人·次)	35～40
6	理发室		L/(人·次)	20～35
7	洗衣房		L/kg 干衣	15～30
8	健身房		L/(人·次)	10～20

注：热水温度按 60℃计。

看守所建筑所在地为较大城市、标准要求较高的，看守所建筑热水用水定额可以适当选用较高值；反之可选用较低值。

2. 看守所建筑卫生器具用水定额及水温

看守所建筑相关功能场所卫生器具的一次热水用水量、小时热水用水量和水温，可按表 23-13 确定。

看守所建筑卫生器具一次热水用水量、小时热水用水量和水温表　　表 23-13

序号	卫生器具名称			一次热水用水量（L）	小时热水用水量（L）	水温（℃）
1	备勤宿舍	淋浴器		70～100	210～300	37～40
		盥洗槽水嘴		3～5	50～80	30
2	监舍	淋浴器		—	450	37～40
3	办公楼	洗手盆		3～5	50～100	35
4	餐饮业	洗脸盆	工作人员用	3	200	30
			顾客用	—	120	
		淋浴器		40	400	37～40
5	公共浴室	淋浴器		—	450	37～40
6	理发室	洗脸盆		—	35	35
7	健身房	淋浴器		70～100	210～300	37～40

注：表中用水量均为使用水温时的用水量；一次热水用水量指使用一次的用水量，并非卫生器具开关一次的用水量，有些卫生器具使用一次可能需要开关几次。

看守所供应集中热水的部位应保证热水供水系统配水点的供水温度不低于45℃且不高于60℃。

3. 看守所建筑冷水计算温度

冷水的计算温度应以当地最冷月平均水温资料确定。当无水温资料时，按表1-58采用。

看守所建筑冷水计算温度宜按看守所建筑当地地面水温度确定，水温有取值范围时宜取低值。

4. 看守所建筑水加热设备供水温度

看守所建筑集中热水供应系统的水加热设备（包括热水锅炉、热水机组或水加热器等）的出水温度按表1-59采用。看守所建筑集中生活热水系统水加热设备的供水温度宜为60～65℃，通常按60℃计。

5. 看守所建筑生活热水水质

看守所建筑生活热水的水质指标，应符合现行国家标准《生活饮用水卫生标准》GB 5749的要求。

23.2.4 热水系统设计指标

1. 看守所建筑热水设计小时耗热量

（1）全日供应热水设计小时耗热量

看守所备勤宿舍备勤人员、武警营区宿舍武警战士洗浴生活热水系统通常采用全日供应热水。

当看守所建筑生活热水系统采用全日供应热水的集中生活热水系统时，其设计小时耗热量应按公式（23-3）计算：

$$Q_h = K_h \cdot m \cdot q_r \cdot C \cdot (t_{r1} - t_l) \cdot \rho_r \cdot C_\gamma / T \tag{23-3}$$

式中　Q_h——看守所建筑生活热水设计小时耗热量，kJ/h；

K_h——看守所建筑生活热水小时变化系数，可按表23-14经内插法计算采用；

看守所建筑生活热水小时变化系数表 **表 23-14**

建筑类别	热水用水定额 q_r [L/(人·d)]		使用人数 m（人）	热水小时变化系数 K_h
	最高日	平均日		
备勤宿舍、武警营区宿舍（居室内设卫生间）	70～100	40～55	150≤m≤1200	4.80～3.20

注：K_h应根据热水用水定额高低、使用人数多少取值，当热水用水定额高、使用人数多时取低值，反之取高值。使用人数小于下限值（150人）时，K_h取上限值（4.80）；使用人数大于上限值（1200人）时，K_h取下限值（3.20）；使用人数位于下限值与上限值之间（150～1200人）时，K_h取值在上限值与下限值之间（4.80～3.20），采用内插法计算求得。

m——看守所建筑设计人数，人；

q_r——看守所建筑生活热水用水定额，L/(人·d)，按看守所建筑热水最高日用水定额表(表23-14)选用；

C——水的比热，kJ/(kg·℃)，C=4.187kJ/(kg·℃)；

t_{r1}——热水计算温度,℃ ，计算时 t_{r1} 宜取65℃；

t_1——冷水计算温度,℃，计算时通常按表1-58选用；

ρ_r——热水密度，kg/L，通常取1.0kg/L；

C_γ——热水供应系统的热损失系数，C_γ=1.10～1.15；

T——看守所建筑每日使用时间，h，取24h。

将 C、t_{r1}、ρ_r、C_γ、T 等参数代入后为公式(23-4)：

$$Q_h = 0.201 \cdot K_h \cdot m \cdot q_r \cdot (65 - t_1) \tag{23-4}$$

（2）定时供应热水设计小时耗热量

看守所监区被羁押人公共洗浴，职工食堂厨房、被羁押人伙房厨房生活热水系统通常采用定时供应热水。

当看守所建筑生活热水系统采用定时供应热水的集中生活热水系统时，其设计小时耗热量应按公式(23-5)计算：

$$Q_h - \Sigma q_h \cdot C \cdot (t_{r2} - t_1) \cdot \rho_r \cdot n_0 \cdot b_g \cdot C_\gamma \tag{23-5}$$

式中 Q_h——看守所建筑生活热水设计小时耗热量，kJ/h；

q_h——看守所建筑卫生器具生活热水的小时用水定额，L/h，可按表23-13采用，计算时通常取小时热水用水量的上限值；

C——水的比热，kJ/(kg·℃)，C=4.187kJ/(kg·℃)；

t_{r2}——热水计算温度,℃，计算时按表23-13选用；

t_1——冷水计算温度,℃；

ρ_r——热水密度，kg/L，通常取1.0kg/L；

n_0——看守所建筑同类型卫生器具数；

b_g——看守所建筑卫生器具的同时使用百分数；

C_γ——热水供应系统的热损失系数，C_γ=1.10～1.15。

（3）不同使用要求用水部门热水设计小时耗热量

具有多个不同使用热水部门或具有多种热水使用形式的看守所建筑，当其热水由同一热水供应系统供应时，设计小时耗热量，可按同一时间内出现用水高峰的主要用水部门的设计小时耗热量加其他用水部门的平均小时耗热量计算。

2. 看守所建筑设计小时热水量

看守所建筑设计小时热水量，按公式（23-6）计算：

$$q_{rh} = Q_h / [(t_{r3} - t_l) \cdot C \cdot \rho_r \cdot C_\gamma] \quad (23\text{-}6)$$

式中 q_{rh}——看守所建筑生活热水设计小时热水量，L/h；

Q_h——看守所建筑生活热水设计小时耗热量，kJ/h；

t_{r3}——设计热水温度，℃，计算时 t_{r3} 取值与 t_{r1} 一致即可；

t_l——冷水计算温度，℃；

C——水的比热，kJ/(kg·℃)，C=4.187kJ/(kg·℃)；

ρ_r——热水密度，kg/L，通常取1.0kg/L；

C_γ——热水供应系统的热损失系数，C_γ=1.10～1.15。

3. 看守所建筑加热设备供热量

看守所建筑全日集中生活热水系统中，锅炉、水加热设备的设计小时供热量应根据日热水用量小时变化曲线、加热方式及锅炉、水加热设备的工作制度经积分曲线计算确定。

（1）容积式水加热器或贮热容积与其相当的水加热器、燃油（气）热水机组供热量

看守所建筑生活热水系统采用的容积式水加热器均应为导流型容积式水加热器，其设计小时供热量可按公式（23-7）计算：

$$Q_g = Q_h - (\eta \cdot V_r / T_1) \cdot (t_{r3} - t_l) \cdot C \cdot \rho_r \quad (23\text{-}7)$$

式中 Q_g——看守所建筑导流型容积式水加热器的设计小时供热量，kJ/h；

Q_h——看守所建筑设计小时耗热量，kJ/h；

η——导流型容积式水加热器有效贮热容积系数，取0.8～0.9；

V_r——导流型容积式水加热器总贮热容积，L；

T_1——看守所建筑设计小时耗热量持续时间，h，定时集中热水供应系统 T_1 等于定时供水的时间；当 Q_g 计算值小于平均小时耗热量时，Q_g 应取平均小时耗热量；

t_{r3}——设计热水温度，℃，按导流型容积式水加热器出水温度或贮水温度计算，通常取65℃；

t_l——冷水温度，℃；

C——水的比热，kJ/(kg·℃)，C=4.187kJ/(kg·℃)；

ρ_r——热水密度，kg/L，通常取1.0kg/L。

在看守所建筑生活热水系统设计小时供热量计算时，通常取 $Q_g = Q_h$。

（2）半容积式水加热器或贮热容积与其相当的水加热器、燃油（气）热水机组供热量

看守所建筑生活热水系统亦常采用半容积式水加热器，此时半容积式水加热器设计小时供热量按设计小时耗热量计算，即取 $Q_g = Q_h$。

23.2.5 生活热水系统热水管网计算

1. 生活热水管网设计流量

（1）看守所建筑生活热水引入管设计流量

看守所建筑生活热水引入管设计流量应按该建筑相应生活热水供水系统总供水干管的设计秒流量确定。

（2）看守所建筑内生活热水设计秒流量

看守所备勤宿舍、武警营区宿舍生活热水设计秒流量应按公式（23-8）计算：

$$q_g = 0.2 \cdot \alpha \cdot (N_g)^{1/2} = 0.5 \cdot (N_g)^{1/2} \tag{23-8}$$

式中 q_g——计算管段的热水设计秒流量，L/s；

N_g——计算管段的卫生器具热水当量总数；

α——根据备勤宿舍、武警营区宿舍用途而定的系数，取2.5。

注：如计算值小于该管段上一个最大卫生器具热水额定流量时，应采用一个最大的卫生器具热水额定流量作为设计秒流量；如计算值大于该管段上按卫生器具热水额定流量累加所得流量值时，应按卫生器具热水额定流量累加所得流量值采用。

看守所备勤宿舍、武警营区宿舍生活热水设计秒流量计算，可参照表23-15。

看守所备勤宿舍、武警营区宿舍生活热水设计秒流量计算表（L/s） 表23-15

卫生器具热水当量数 N_g	看守所备勤宿舍、武警营区宿舍 $\alpha=2.5$	卫生器具热水当量数 N_g	看守所备勤宿舍、武警营区宿舍 $\alpha=2.5$	卫生器具热水当量数 N_g	看守所备勤宿舍、武警营区宿舍 $\alpha=2.5$	卫生器具热水当量数 N_g	看守所备勤宿舍、武警营区宿舍 $\alpha=2.5$	卫生器具热水当量数 N_g	看守所备勤宿舍、武警营区宿舍 $\alpha=2.5$
1	0.50	50	3.54	145	6.02	315	8.87	485	11.01
2	0.71	52	3.61	150	6.12	320	8.94	490	11.07
3	0.87	54	3.67	155	6.22	325	9.01	495	11.12
4	1.00	56	3.74	160	6.32	330	9.08	500	11.18
5	1.12	58	3.81	165	6.42	335	9.15	550	11.73
6	1.22	60	3.87	170	6.52	340	9.22	600	12.25
7	1.32	62	3.94	175	6.61	345	9.29	650	12.75
8	1.41	64	4.00	180	6.71	350	9.35	700	13.23
9	1.50	66	4.06	185	6.80	355	9.42	750	13.69
10	1.58	68	4.12	190	6.89	360	9.49	800	14.14
11	1.66	70	4.18	195	6.98	365	9.55	850	14.58
12	1.73	72	4.24	200	7.07	370	9.62	900	15.00
13	1.80	74	4.30	205	7.16	375	9.68	950	15.41
14	1.87	76	4.36	210	7.25	380	9.75	1000	15.81
15	1.94	78	4.42	215	7.33	385	9.81	1050	16.20
16	2.00	80	4.47	220	7.42	390	9.87	1100	16.58
17	2.06	82	4.53	225	7.50	395	9.94	1150	16.96
18	2.12	84	4.58	230	7.58	400	10.00	1200	17.32
19	2.18	86	4.64	235	7.66	405	10.06	1250	17.68
20	2.24	88	4.69	240	7.75	410	10.12	1300	18.03
22	2.35	90	4.74	245	7.83	415	10.19	1350	18.37
24	2.45	92	4.80	250	7.91	420	10.25	1400	18.71
26	2.55	94	4.85	255	7.98	425	10.31	1450	19.04
28	2.65	96	4.90	260	8.06	430	10.37	1500	19.36
30	2.74	98	4.95	265	8.14	435	10.43	1550	19.69
32	2.83	100	5.00	270	8.22	440	10.49	1600	20.00
34	2.92	105	5.12	275	8.29	445	10.55	1650	20.31
36	3.00	110	5.24	280	8.37	450	10.61	1700	20.62
38	3.08	115	5.36	285	8.44	455	10.67	1750	20.92
40	3.16	120	5.48	290	8.51	460	10.72	1800	21.21
42	3.24	125	5.59	295	8.59	465	10.78	1850	21.51
44	3.32	130	5.70	300	8.66	470	10.84	1900	21.79
46	3.39	135	5.81	305	8.73	475	10.90	1950	22.08
48	3.46	140	5.92	310	8.80	480	10.95	2000	22.36

看守所监区被羁押人区域生活热水系统的计算应根据看守所管理的要求，按同时使用百分数计算秒流量，保证供水的水量及水压要求。

看守所监区被羁押人区域公共浴室，职工食堂厨房，被羁押人伙房厨房等场所生活热水管道的设计秒流量应按公式（23-9）计算：

$$q_{g} = \sum q_{g0} \cdot n_{0} \cdot b_{g} \tag{23-9}$$

式中 q_{g}——看守所建筑计算管段的热水设计秒流量，L/s；

q_{g0}——看守所建筑同类型的一个卫生器具热水额定流量，L/s；

n_{0}——看守所建筑同类型卫生器具数；

b_{g}——看守所建筑卫生器具的同时热水使用百分数：看守所监区被羁押人区域被羁押人同时使用百分数应根据看守所规定的要求确定，公共浴室内的淋浴器和洗脸盆按表 3-16 选用；职工食堂、被羁押人伙房的设备按表 4-13 选用。

2. 看守所建筑内卫生器具热水当量

看守所建筑卫生器具的热水额定流量、热水当量、连接热水管管径和最低工作压力按表 3-31 确定。

3. 看守所建筑内热水管管径

看守所建筑内热水供水管的管径，应根据该热水供水管段的设计秒流量、允许热水流速等查相关计算表格确定。生活热水管道内的热水流速，宜按表 1-66 控制。

本区域热水回水干管管径根据该区域热水供水干管最大管径确定。热水回水管管径与热水供水管管径的对照，参见表 3-33。

整个生活热水系统的生活热水供水立管、干管均按照其服务的热水设计秒流量确定其管段管径；生活热水回水立管、干管先按照其服务的热水设计秒流量确定出一个供水管管径值，再根据表 3-33 确定其管段回水管管径值。

23.2.6 生活热水机房（换热机房、换热站）

看守所建筑生活热水机房（换热机房、换热站）位置确定，见表 23-16。

看守所建筑生活热水机房（换热机房、换热站）位置确定表 **表 23-16**

<table>
<tr><th>序号</th><th>生活热水机房（换热机房、换热站）位置</th><th>生活热水系统热源情况</th><th>生活热水机房（换热机房、换热站）内设施</th><th>适用范围</th></tr>
<tr><td>1</td><td>院区室外独立设置（非监区）</td><td rowspan="2">院区锅炉房热水（蒸汽）锅炉提供热媒，经换热后提供第 1 热源；太阳能设备或空气能热泵设备提供第 2 热源</td><td rowspan="2">常用设施：水（汽）水换热器（加热器）、热水循环泵组</td><td>新建、改建看守所建筑；设有锅炉房</td></tr>
<tr><td>2</td><td>非监区单体建筑室内地下室</td><td>新建看守所建筑；设有锅炉房</td></tr>
<tr><td>3</td><td>非监区单体建筑屋顶</td><td>太阳能设备或（和）空气能热泵设备提供热源；必要情况下燃气热水设备提供第 2 热源</td><td>热水箱、热水循环泵组、集热循环泵组、空气能热泵循环泵组</td><td>新建、改建看守所建筑；屋顶设有热源热水设备</td></tr>
</table>

看守所建筑生活热水机房（换热机房、换热站）应为独立的房间，不应毗邻民警生活用房、监控指挥中心、电教室和录音录像编辑制作的房间，不宜毗邻办公室、会议室。

23.2.7 生活热水箱

看守所建筑生活热水箱设计要求，参见表 1-72。

生活热水箱各种水位，按表 1-74 确定。

看守所建筑生活热水箱间应为独立的房间，不应毗邻民警生活用房、监控指挥中心、电教室和录音录像编辑制作的房间，不宜毗邻办公室、会议室。

23.2.8 生活热水循环泵

1. 生活热水循环泵设置位置

当系统热源由高温热媒经院区热水机房（换热机房）内的各分区换热设备后向各分区供给热水时，各分区生活热水循环泵通常设在热水机房（换热机房）内。当系统热源由屋顶太阳能供水设备向各分区供给热水时，各分区生活热水循环泵通常设在本分区最低楼层或下面一层热水循环泵房内。

2. 生活热水循环泵设计流量

生活热水循环水泵的出水量，按公式（23-10）计算：

$$q_{xh} = K_x \cdot q_x \tag{23-10}$$

式中 q_{xh}——看守所建筑热水循环水泵流量，L/h；

K_x——看守所建筑相应循环措施的附加系数，可取 1.5～2.5；

q_x——看守所建筑全日供应热水的循环流量，L/h。

当看守所建筑热水系统采用定时供水时，热水循环流量可按循环管网总水容积的 2～4 倍计算。

设计中，生活热水循环泵的流量可按照所服务热水系统设计小时流量的 25%～30% 确定。

3. 生活热水循环泵设计扬程

生活热水循环泵的扬程，按公式（23-11）计算：

$$H_b = h_p + h_x \tag{23-11}$$

式中 H_b——看守所建筑热水循环泵的扬程，mH_2O；

h_p——看守所建筑热水循环水量通过热水配水管网的水头损失，mH_2O；

h_x——看守所建筑热水循环水量通过热水回水管网的水头损失，mH_2O。

生活热水循环泵的扬程，简便计算按公式（23-12）计算：

$$H_b \approx 1.1 \cdot R \cdot (L_1 + L_2) \tag{23-12}$$

式中 H_b——看守所建筑热水循环泵的扬程，mH_2O；

R——热水管网单位长度的水头损失，mH_2O/m，可按 0.010～0.015mH_2O/m；

L_1——自水加热器至热水管网最不利点的供水管管长，m；

L_2——自热水管网最不利点至水加热器的回水管管长，m。

看守所建筑热水循环泵组通常每套设置 2 台，1 用 1 备，交替运行。

4. 太阳能集热循环泵

太阳能集热循环泵通常设置在屋顶生活热水箱间内，宜设置在太阳能设备供水管即从生活热水箱接出的管道上。集热循环泵流量，按公式（1-28）计算；集热循环泵扬程，按公式（1-29）、公式（1-30）计算。

看守所建筑集热循环泵组通常每套设置2台，1用1备，交替运行。

23.2.9 热水系统管材、附件和管道敷设

看守所监区内的所有热水管道宜暗敷，当不能满足要求时，应采取防护措施，外露的管道及出水口应采用不易拆卸的非金属制品。

设备竖向热水管线不应设置在监室和室外活动场内；当不能避免时，应设置专用管道井，管道井的检修门或检修口不应设置在监室和室外活动场内，并有安全的防护锁闭设施，检修门或检修口应选用金属材料。设备间应设带有锁闭装置的金属检修口或检修门。

1. 生活热水系统管材

看守所建筑生活热水系统热水管道常用的管材包括薄壁不锈钢管、PVC-C（氯化聚氯乙烯）热水用管、薄壁铜管、钢塑复合管（如PSP管）、铝塑复合管等，较少采用普通塑料热水管。

2. 生活热水系统阀门

看守所建筑生活热水系统设置阀门的部位，参见表2-50。

3. 生活热水系统止回阀

看守所建筑生活热水系统设置止回阀的部位，参见表2-51。

4. 生活热水系统水表

看守所建筑生活热水系统按分区域原则设置热水表，热水表宜采用远传智能水表。

5. 热水系统排气装置、泄水装置

对于上行下给式热水系统，系统热水配水干管最高处及向上抬高管段应设置 $DN25$ 自动排气阀、检修阀门；对于下行上给式热水系统，可利用最高热水配水点放气。

热水管道系统的最低处及向下凹的管段应设置泄水装置或利用最低热水配水点泄水。

6. 温度计、压力表

看守所建筑生活热水系统设置温度计的部位，参见表1-77；设置压力表的部位，参见表1-78。

7. 管道补偿装置

长度超过50m的热水横干管或立管均应设置波纹伸缩节，通常设置在该根管道上管径较小的管段处，靠近一端的管道固定支吊架。

8. 保温

生活热水系统中的热水锅炉、燃油（气）热水机组、水加热设备、贮热水箱（罐）、分（集）水器、热水输（配）水干（立）管、热水循环回水干（立）管均应做保温。

热水管道保温材料厚度确定，参见表1-79、表1-80。

23.3 排水系统

23.3.1 排水系统类别

看守所建筑排水系统分类，见表23-17。

排水系统分类表 **表 23-17**

序号	分类标准	排水系统类别	看守所建筑应用情况	应用程度
1	建筑内场所使用功能	生活污水排水	看守所备勤宿舍卫生间污水排水；武警营区宿舍卫生间污水排水；监区被羁押人卫生间污水排水	常用
2		生活废水排水	看守所备勤宿舍卫生间废水排水；武警营区宿舍卫生间废水排水；监区被羁押人卫生间废水排水	
3		厨房废水排水	看守所职工食堂、被羁押人伙房厨房、餐厅污水排水	
4		设备机房废水排水	看守所建筑内附设水泵房（包括生活水泵房、消防水泵房）、空调机房、制冷机房、换热机房、锅炉房、热水机房、直饮水机房等机房废水排水	
5		消防废水排水	看守所建筑内消防电梯井排水、自动喷水灭火系统试验排水、消火栓系统试验排水、消防水泵试验排水等废水排水	
6		绿化废水排水	看守所建筑室外绿化废水排水	
7	建筑内污、废水排水方式	重力排水方式	看守所建筑地上污废水排水	最常用
8		压力排水方式	看守所建筑地下室污废水排水	常用
9	污废水排水体制	污废合流排水系统		最常用
10		污废分流排水系统		常用
11	排水系统通气方式	设有通气管系排水系统	伸顶通气排水系统通常在看守所建筑卫生间排水，专用通气立管排水系统较少应用在看守所建筑卫生间排水	最常用
12		特殊单立管排水系统	可应用在看守所备勤宿舍、武警营区宿舍卫生间排水	少用

看守所建筑室内污废水排水体制采用合流制，当有中水利用要求时，可采用分流制。

典型的看守所备勤宿舍、武警营房宿舍排水系统原理图，参见图3-7、图3-8。典型的其他看守所建筑排水系统原理图，参见图4-2、图4-3。

看守所建筑中的生活污水、厨房含油废水等均应经化粪池处理；生活废水、设备机房废水、消防废水、绿化废水等不需经过化粪池处理。厨房含油废水应经除油处理后再排入污水管道。看守所建筑的医务用房应设置医务污水、污物的处理设施。看守所建筑当使用专用餐车送饭时，应设有专用餐车存放空间，并宜配置专用餐车的清洗和消毒设施。

看守所建筑污废水与建筑雨水应雨污分流。

看守所建筑公共卫生间等生活粪便污水、生活废水等可合流排放，当有中水利用要求时，可采用分流排放。

看守所建筑的空调凝结水排水管不得与污废水管道系统直接连接，空调凝结水宜单独收集后回用于绿化、水景、冷却塔补水等。

23.3.2 卫生器具

1. 看守所建筑内卫生器具种类及设置场所

看守所建筑内卫生器具种类及设置场所，见表23-18。

看守所建筑内卫生器具种类及设置场所表 **表23-18**

序号	卫生器具名称	主要设置场所
1	坐便器	看守所建筑残疾人卫生间；备勤宿舍卫生间
2	蹲便器	看守所建筑监室卫生间；其他区域公共卫生间
3	淋浴器	看守所建筑备勤宿舍卫生间；监室卫生间、公共浴室
4	洗脸盆	看守所建筑备勤宿舍卫生间；监室卫生间；其他区域公共卫生间
5	台板洗脸盆	看守所建筑备勤宿舍卫生间；其他区域公共卫生间
6	小便器	看守所建筑公共卫生间
7	拖布池	看守所建筑其他区域公共卫生间
8	盥洗槽	看守所建筑监室卫生间
9	洗菜池	看守所建筑职工食堂、被羁押人伙房厨房
10	厨房洗涤槽	看守所建筑职工食堂、被羁押人伙房厨房

注：监室卫生间大便器、水槽宜采用不锈钢等坚固、易清理的材料，不锈钢水槽应做防噪处理；普通监室卫生间开关阀门、淋浴头应做防悬挂处理。

2. 看守所建筑内卫生器具选用

看守所建筑卫生间卫生器具应符合表23-19的规定。

看守所建筑卫生器具选用表 **表23-19**

<table>
<tr><th>序号</th><th>卫生器具种类</th><th>卫生器具使用场所</th><th>卫生器具选型</th></tr>
<tr><td>1</td><td rowspan="2">大便器</td><td>看守所建筑对噪声有特殊要求的卫生间</td><td>旋涡虹吸式连体型大便器</td></tr>
<tr><td>2</td><td rowspan="3">看守所建筑公共卫生间</td><td>脚踏式自闭式冲洗阀冲洗的坐式或蹲式大便器</td></tr>
<tr><td>3</td><td>小便器</td><td>红外感应自动冲洗小便器</td></tr>
<tr><td>4</td><td>洗手盆</td><td>龙头应采用感应型水嘴</td></tr>
</table>

3. 公共卫生间排水设计要点

公共卫生间排水立管及通气立管通常敷设于专用管道井内；采用专用通气立管方式时，排水立管与通气立管采用结合管连接。管道井中排水立管与通气立管中心距最小值，参见表1-91。

4. 看守所建筑内卫生器具排水配件穿越楼板留孔位置及尺寸

常见卫生器具排水配件穿越楼板留孔位置及尺寸，参见表1-92。

5. 地漏

看守所建筑内公共卫生间、公共浴室、空调机房、新风机房等场所内应设置地漏。

看守所建筑地漏及其他水封高度要求不得小于50mm，且不得大于100mm。

看守所建筑地漏类型选用，参见表2-57；地漏规格选用，参见表2-58。

6. 水封装置

看守所建筑中采用排水沟排水的场所包括厨房、泵房、设备机房等。当排水沟内废水直接排至室外时，沟与排水排出管之间应设置水封装置。卫生器具排水管段上不得重复设置水封装置。

23.3.3 排水系统水力计算

1. 看守所建筑最高日和最大时生活排水量

看守所建筑生活排水量宜按该建筑生活给水量的85%～95%计算，通常按90%。

2. 看守所建筑卫生器具排水技术参数

看守所建筑卫生器具的排水流量、排水当量、排水支管管径、排水坡度等基本参数的选定，参见表3-39。

3. 看守所建筑排水设计秒流量

看守所建筑的生活排水管道设计秒流量，按公式（23-13）计算：

$$q_u = 0.12 \cdot \alpha \cdot (N_p)^{1/2} + q_{max} = 0.18 \cdot (N_p)^{1/2} + q_{max} \quad (23\text{-}13)$$

式中 q_u——计算管段排水设计秒流量，L/s；

N_p——计算管段的卫生器具排水当量总数；

α——根据建筑物用途而定的系数，看守所建筑通常取1.5；

q_{max}——计算管段上最大一个卫生器具的排水流量，L/s。

计算时，如计算所得流量值大于该管段上按卫生器具排水流量累加值时，应按卫生器具排水流量累加值计。

看守所建筑 $q_{max}=1.50$L/s 和 $q_{max}=2.00$L/s 时排水设计秒流量计算数据，参见表1-97。

看守所建筑职工食堂厨房等的生活排水管道设计秒流量，按公式（23-14）计算：

$$q_p = \Sigma q_0 \cdot n_0 \cdot b \quad (23\text{-}14)$$

式中 q_p——看守所建筑计算管段的排水设计秒流量，L/s；

q_0——看守所建筑同类型的一个卫生器具排水流量，L/s，可按表3-39采用；

n_0——看守所建筑同类型卫生器具数；

b——看守所建筑卫生器具的同时排水百分数：监舍公共浴室内的淋浴器和洗脸盆按表3-16选用，职工食堂、被羁押人伙房、餐厅的设备按表3-17选用。

注：当计算排水流量小于一个大便器排水流量时，应按一个大便器的排水流量计算。

4. 看守所建筑排水管道管径确定

看守所建筑排水铸铁管道最小坡度，按表1-98确定；胶圈密封连接排水塑料横管的坡度，按表1-99确定；建筑内排水管道最大设计充满度，参见表1-100；排水管道自清流速，参见表1-101。

排水横管水力计算按照公式（1-32）、公式（1-33）；排水铸铁管水力计算，参见表1-102；排水塑料管水力计算，参见表1-103。

不同管径下排水横管允许流量 Q_p，参见表1-104。

看守所建筑排水系统中排水横干管常见管径为 $DN100$、$DN150$。$DN100$ 排水横干管对应排水当量最大限值，参见表1-105，$DN150$ 排水横干管对应排水当量最大限值，参见表1-106。

不同通气方式的排水立管最大设计排水能力，参见表1-107～表1-109。

看守所建筑各种排水管的推荐管径，参见表2-60。

23.3.4 排水系统管材、附件和检查井

1. 看守所建筑排水管管材

看守所建筑室外排水管可采用埋地排水塑料管，包括硬聚氯乙烯管、聚乙烯管和玻璃纤维增强塑料夹砂管等。常用的室外排水管还有双壁加筋波纹排水管、双平壁钢塑复合缠绕排水管等。

看守所建筑室内排水管类型，见表23-20。

室内排水管类型表 **表23-20**

序号	排水管类型	排水管设置要求
1	玻纤增强聚丙烯（FRPP）排水管	
2	柔性接口机制铸铁排水管	宜采用柔性接口机制排水铸铁管，连接方式有法兰压盖式承插柔性连接和无承口卡箍式连接
3	硬聚氯乙烯（PVC-U）排水管	采用胶水（胶粘剂）粘接连接
4	看守所建筑压力排水管	可采用焊接钢管、钢塑复合管、镀锌钢管

2. 看守所建筑排水管附件

排水立管上检查口的设置位置，参见表1-113；检查口之间的最大距离，参见表1-114；检查口设置要求，参见表1-115。

清扫口的设置位置，参见表1-116；清扫口至室外检查井中心最大长度，参见表1-117；排水横管直线管段上清扫口之间的最大距离，参见表1-118。

塑料排水管道支吊架间距规定，参见表1-119。

3. 看守所建筑排水管道布置敷设

看守所建筑卫生间、厕所、浴室、盥洗室不应设置于伙房、食堂、监室及电气设备用房的直接上层。

看守所建筑排水管道不应布置场所，见表23-21。

排水管道不应布置场所表 **表23-21**

序号	排水管道不应布置场所	具体要求
1	生活水泵房等设备机房	排水横管禁止在看守所建筑生活水箱箱体正上方敷设，生活水泵房其他区域不宜敷设排水管道；设在室内的消防水池（箱）应按此要求处理

续表

序号	排水管道不应布置场所	具体要求
2	伙房、食堂厨房、餐厅	看守所建筑中厨房内的主副食操作间、烹调间、备餐间、加工间、粗加工、冷菜间、面点蒸煮间、食品储藏库（主食库、副食库）等房间的上方均不应敷设排水管道，排水立管不宜穿过上述房间；看守所建筑中的餐厅；看守所建筑中的厨房排水应独立设置，排水横管和立管均不得与卫生间污水排水管道连通。上述场所上方排水管不宜采用同层排水方式
3	监区	看守所建筑中的监室、指挥中心（监控室）及其设备室、备勤宿舍居室。排水管道不得敷设在此类场所或房间内
4	办公区	排水管道不应敷设在会议室、接待室、资料室、档案室以及其他有安静要求的办公用房的顶板下方，当不能避免时应采用低噪声管材并采取防渗漏和隔声措施
5	电气机房	看守所建筑中的电气机房包括高压配电室、低压配电室（包括其值班室）、柴油发电机房（包括储油间）、智能化机房、弱电机房、UPS 间、消防控制室等，排水管道不得敷设在此类电气机房内
6	结构变形缝、结构风道	原则上排水管道不得穿过结构变形缝；若条件限制必须穿越沉降缝时，则应预留沉降量并设置不锈钢软管柔性连接，必须穿越伸缩缝时，则应安装伸缩器
7	电梯机房、通风小室	

看守所建筑排水系统管道设计遵循原则，参见表 2-63。

看守所监区内的所有排水管道宜暗敷，当不能满足要求时，应采取防护措施，外露的管道及出水口应采用不易拆卸的非金属制品。

设备竖向排水管线不应设置在监室和室外活动场内；当不能避免时，应设置专用管道井，管道井的检修门或检修口不应设置在监室和室外活动场内，并有安全的防护锁闭设施，检修门或检修口应选用金属材料。设备间应设带有锁闭装置的金属检修口或检修门。

4. 看守所建筑间接排水

看守所建筑中的间接排水，参见表 4-33。

看守所建筑未设置地下室时，排水排出管穿越有沉降可能的承重墙或基础时应预留洞口；设置地下室时，排水排出管穿越地下室外墙时应预留防水套管，宜采用柔性防水套管。

23.3.5 通气管系统

看守所建筑通气管设置要求，见表 23-22。

看守所建筑通气管设置要求表 **表 23-22**

序号	通气管名称	设置位置	设置要求	管径确定
1	伸顶通气管	设置场所涉及看守所建筑尤其是多层看守所建筑所有区域	高出非上人屋面不得小于300mm，但必须大于最大积雪厚度，常采用 800～1000mm；高出上人屋面不得小于 2000mm，常采用2000mm。顶端应装设风帽或网罩：在冬季室外温度高于－15℃的地区，顶端可装网形铅丝球；低于－15℃的地区，顶端应装伞形通气帽	应与排水立管管径相同。但在最冷月平均气温低于－13℃的地区，应在室内平顶或吊顶以下 0.3m 处将管径放大一级，若采用塑料管材时其最小管径不宜小于 110mm

续表

序号	通气管名称	设置位置	设置要求	管径确定
2	专用通气管	看守所建筑公共卫生间排水可采用专用通气方式	看守所建筑公共卫生间的排水立管和专用通气立管并排设置在卫生间附设管道井内；未设管道井时，该2种立管并列设置，并应后期装修包敷暗设，专用通气立管宜靠内侧敷设、排水立管宜靠外侧敷设	通常与其排水立管管径相同
3	汇合通气管	看守所建筑中多根通气立管或多根排水立管顶端通气部分上方楼层存在特殊区域（如伙房、食堂、监室及电气设备用房等）不允许每根立管穿越向上接至屋顶时，需在本层顶板下或吊顶内汇集后接至屋顶		汇合通气管的断面积应为最大一根通气管的断面积加其余通气管断面之和的0.25倍
4	主（副）通气立管	通常设置在看守所建筑内的公共卫生间		通常与其排水立管管径相同
5	结合通气管			通常与其连接的通气立管管径相同
6	环形通气管	连接4个及4个以上卫生器具（包括大便器）且横支管的长度大于12m的排水横支管；连接20个及20个以上大便器的污水横支管；设有器具通气管；特殊单立管偏置	和排水横支管、主（副）通气立管连接的要求：在排水横支管上设环形通气管时，应在其最始端的两个卫生器具之间接出，并应在排水支管中心线以上与排水支管呈垂直或45°连接；环形通气管应在卫生器具上边缘以上不小于0.15m处按不小于0.01的上升坡度与通气立管相连	常用管径为*DN*40（对应*DN*75排水管）、*DN*50（对应*DN*100排水管）

看守所建筑通气管可采用柔性接口机制排水铸铁管或塑料排水管，一般采用与看守所建筑排水管相同管材。在最冷月平均气温低于−13℃的地区，伸出屋面部分通气立管应采用柔性接口机制排水铸铁管。

通气立管的最小管径，参见表1-130。

23.3.6　特殊排水系统

看守所建筑生活水泵房、伙房、食堂、监室及电气设备用房等场所的上方楼层不应有排水横支管明设管道等。若有必要在上述某些场所上方设置排水点且无法采取其他躲避措施时，该部位的排水应采用同层排水方式。

看守所建筑同层排水最常采用的是降板或局部降板法。

23.3.7 特殊场所排水

1. 看守所建筑化粪池

化粪池宜设置在接户管的下游端；位置宜选在院区最低处附近；外壁距建筑物外墙不宜小于 5m；宜选用钢筋混凝土化粪池。

看守所建筑化粪池有效容积，按公式（2-25）～公式（2-28)计算。

看守所建筑可集中并联设置或根据院区布局分散并联布置 2 个或 3 个化粪池，多个化粪池的型号宜一致。

2. 看守所建筑职工食堂、被羁押人伙房、餐厅含油废水处理

看守所建筑含油废水宜采用三级隔油处理流程，参见表 1-141。

根据食堂用餐人数确定隔油设施处理水量，按公式（1-39）计算；根据食堂餐厅面积确定隔油设施处理水量，按公式（1-40）计算。

隔油池有效容积，按公式（1-41）计算。隔油池的类型，参见表 1-142。

隔油提升一体化设备选型的主要技术参数为其所接纳的食堂、餐厅内厨房等器具含油污水排水流量。

3. 看守所建筑设备机房排水

看守所建筑地下设备机房排水设施要求，参见表 1-147。

23.3.8 压力排水

1. 看守所建筑集水坑设置

看守所建筑地下室应设置集水坑。集水坑的设置要求，见表 23-23。

集水坑设置要求表 **表 23-23**

序号	集水坑服务场所	集水坑设置要求	集水坑尺寸
1	看守所建筑地下室卫生间	宜设在地下室最底层靠近卫生间的附属区域（如库房等）或公共空间，禁止设在有人员经常活动的场所；宜集中收纳多个卫生间污水	应根据污水提升装置的规格要求确定
2	看守所建筑地下室食堂、餐厅等	应设置在食堂、餐厅、厨房邻近位置，不宜设在细加工间和烹炒间等房间内	应根据污水隔油提升一体化装置的规格要求确定
3	看守所建筑地下生活水泵房、消防水泵房、热水机房		1500mm×1500mm×1500mm

通气管管径宜与排水管管径相同，可接至室外或向上接至建筑地上部分通气管系统。

2. 污水泵、污水提升装置选型

看守所建筑排水泵的流量方法确定，参见表 2-68；排水泵的扬程，按公式（1-44）计算。

23.3.9 室外排水系统

1. 看守所建筑室外排水管道布置

看守所建筑室外排水管道布置方法，参见表2-69；与其他地下管线（构筑物）最小间距，参见表1-154。

看守所建筑室外排水管道最小覆土深度不宜小于0.5m；对于严寒地区、寒冷地区看守所建筑，室外排水管道最小覆土深度应超过当地冻土层深度。

2. 看守所建筑室外排水管道敷设

看守所内穿越监区围墙的单根排水管道直径不应大于250mm。

看守所建筑室外排水管道与生活给水管道交叉时，应敷设在生活给水管道下面。室外排水管道敷设发生冲突时，应遵循表1-26原则处理。

3. 看守所建筑室外排水管道水力计算

室外排水管道水力计算，按公式（1-45）、公式（1-46）。

看守所建筑室外排水管道的最小管径、最小设计坡度、最大设计充满度，参见表1-155。

4. 看守所建筑室外排水管道管材

看守所建筑室外排水管道宜优先采用埋地塑料排水管，弹性橡胶圈密封柔性接口，小于*DN*200直壁管，可采用承插式粘接；可采用埋地铸铁排水管，橡胶圈柔性接口或水泥砂浆接口。

5. 室外排水检查井

看守所建筑室外排水检查井设置位置，参见表1-156。

看守所监区内所有水设施的检查井盖应设防护装置。

看守所建筑室外排水检查井宜优先选用玻璃钢排水检查井，其次是混凝土排水检查井，禁止采用砖砌排水检查井。室外排水管在排水检查井连接应采用管顶平接。

23.4 雨水系统

23.4.1 雨水系统分类

看守所建筑雨水系统分类，见表23-24。

雨水系统分类表 表23-24

序号	分类标准	雨水系统类别	看守所建筑应用情况	应用程度
1	屋面雨水设计流态	半有压流屋面雨水系统	看守所建筑中一般采用的是87型雨水斗系统	最常用
2		压力流屋面雨水系统（虹吸式雨水系统）	看守所建筑的屋面（通常为裙楼屋面）面积较大时，可考虑采用	少用
3		重力流屋面雨水系统		极少用

续表

序号	分类标准	雨水系统类别	看守所建筑应用情况	应用程度
4	雨水管道设置位置	内排水雨水系统	高层看守所建筑雨水系统应采用；多层看守所建筑雨水系统不宜采用；监区雨水系统不应采用	常用
5		外排水雨水系统	看守所建筑如果面积不大、建筑专业立面允许，可以采用；监区雨水系统应采用	最常用
6		混合式雨水系统		极少用
7	雨水出户横管室内部分是否存在自由水面	封闭系统		最常用
8		敞开系统		极少用
9	建筑屋面排水条件	天沟雨水排水系统		最常用
10		檐沟雨水排水系统		极少用
11		无沟雨水排水系统		极少用

23.4.2 雨水量

1. 设计雨水流量

看守所建筑设计雨水流量，应按公式（1-47）计算。

2. 设计暴雨强度

设计暴雨强度应按看守所建筑所在地或相邻地区暴雨强度公式计算确定，见公式（1-48）。

我国部分城镇5min设计暴雨强度、小时降雨厚度，参见表1-158（设计重现期P=10年）。

3. 设计重现期

看守所建筑屋面雨水设计重现期：对于半有压流屋面雨水系统，通常取10年；对于压力流屋面雨水系统，通常取50年。

4. 设计降雨历时

看守所建筑屋面雨水排水管道设计降雨历时按照5min确定。

看守所建筑院区雨水排水管道设计降雨历时，按公式（1-49）计算。

5. 径流系数

看守所建筑屋面及院区地面的径流系数，参见表1-159。

6. 汇水面积

看守所建筑的雨水汇水面积计算原则，参见表1-160。

23.4.3 雨水系统

1. 雨水系统设计常规要求

看守所建筑雨水系统设置要求，参见表1-161。

看守所建筑雨水排水管道不应穿越的场所，见表23-25。

雨水排水管道不应穿越的场所表 表23-25

序号	雨水排水管道不应穿越的场所名称	具体房间名称
1	厨房、餐厅	厨房内的主副食操作间、烹调间、备餐间、加工间、粗加工、冷菜间、面点蒸煮间、食品储藏库（主食库、副食库），餐厅
2	监区	监室、指挥中心（监控室）及其设备室、备勤宿舍居室
3	办公区	会议室、接待室、资料室、档案室以及其他有安静要求的办公用房
4	电气机房	高压配电室、低压配电室（包括其值班室）、柴油发电机房（包括储油间）、智能化机房、弱电机房、UPS间、消防控制室等

注：看守所建筑雨水排水横管宜沿建筑内公共区域（内走道等）吊顶内敷设；雨水排水立管宜沿建筑内公共场所或辅助次要场所敷设。

2. 雨水斗设计

看守所建筑半有压流屋面雨水系统通常采用87型雨水斗或79型雨水斗，规格常用*DN*100。

雨水斗设计排水负荷，参见表1-163。

雨水斗下方区域宜为建筑顶层公共区域（如内走道）或辅助次要场所（如公共卫生间、库房等），不应为需要安静的场所。

雨水斗宜对雨水排水立管做对称布置；接有多斗悬吊管的立管顶端不得设置雨水斗；一个屋面上应设置不少于2个雨水斗。

3. 天沟、溢流设施、连接管、悬吊管、立管、埋地管、排出管设计

看守所建筑天沟、溢流设施、连接管、悬吊管、立管、埋地管、排出管设置要求，参见表1-164。

4. 室内水泵提升雨水排水系统设计

地下室露天窗井内应设平箅式雨水口、无水封地漏作为雨水口，经雨水收集管接入集水池；地下车库出入口汽车坡道上应设雨水截水沟，经直埋雨水收集管接入集水池。

雨水提升泵通常采用潜水泵，宜采用3台，2用1备。

5. 雨水管管材

看守所建筑雨水排水管管材，参见表1-167。

23.4.4 雨水系统水力计算

1. 半有压流（87型）屋面雨水系统水力计算

（1）雨水斗（87型）

雨水斗设计流量，应按公式（1-50）计算。

对于单斗雨水系统，雨水斗设计流量不应超过表1-168数值；对于多斗雨水系统，雨水斗设计流量应根据表1-169取值，最远端雨水斗设计流量不得超过表1-169数值。

看守所建筑87型雨水斗口径常采用*DN*100，其次是*DN*75、*DN*150。

（2）雨水连接管

看守所建筑雨水连接管管径通常与雨水斗出水口直径相同，常采用*DN*100，其次是*DN*150。

(3) 雨水悬吊管

看守所建筑雨水悬吊管管径，参见表 1-172。

(4) 雨水立管

当看守所建筑外置雨水管时，应采用半圆形截面雨水管或设置有效的防攀爬措施。

设备竖向雨水管线不应设置在监室和室外活动场内；当不能避免时，应设置专用管道井，管道井的检修门或检修口不应设置在监室和室外活动场内，并有安全的防护锁闭设施，检修门或检修口应选用金属材料。设备间应设带有锁闭装置的金属检修口或检修门。

连接 2 根及以上雨水悬吊管的雨水立管管径，按表 1-173 确定。

(5) 雨水排出管

看守所建筑雨水排出管管径确定，参见表 1-174～表 1-177。

(6) 雨水管道最小管径

看守所建筑雨水系统最小设计管径及雨水排水横管最小设计坡度，参见表 1-178。

2. 压力流（虹吸式）屋面雨水系统水力计算

看守所建筑压力流（虹吸式）屋面雨水系统水力计算方法，参见 1.4.4 节。

3. 雨水提升系统水力计算

看守所建筑地下室车库坡道、窗井等场所设计雨水流量，按公式（1-54）计算；设计径流雨水总量，按公式（1-55）计算。

23.4.5 院区室外雨水系统设计

看守所建筑院区雨水系统宜采用管道排水形式，与污水系统应分流排放。

1. 雨水口

雨水口选型，参见表 1-180；雨水口设置位置，参见表 1-181；各类型雨水口的泄水流量，参见表 1-182。

雨水口设计流量，按公式（1-56）计算。

2. 雨水口连接管

单箅雨水口连接管管径通常采用 *DN*250。

3. 雨水检查井

院区内直线雨水管道上雨水检查井设置最大间距，参见表 1-183。

院区雨水检查井常见规格通常采用 *DN*1000 圆形玻璃钢或钢筋混凝土雨水检查井。

4. 室外雨水管道布置

看守所建筑室外雨水管道布置方法，参见表 1-184。

23.4.6 院区室外雨水利用

看守所建筑应根据所在地的自然条件、水资源情况及经济技术发展水平，合理设置雨水收集利用系统。雨水利用工程应符合现行国家标准《建筑与小区雨水控制及利用工程技术规范》GB 50400 的有关规定。

雨水收集回用应进行水量平衡计算。看守所建筑院区雨水通常可用于景观用水、院区绿化用水、路面和地面冲洗用水、汽车冲洗用水、冲厕用水等。看守所监室内不应使用中水等回用水。

23.5 消火栓系统

建筑高度大于 50m 的高层看守所建筑属于一类高层民用建筑；建筑高度小于或等于 50m 的高层看守所建筑属于二类高层民用建筑。

23.5.1 消火栓系统设置场所

高层看守所建筑；建筑高度大于 15m 或建筑体积大于 10000m^3 的单、多层看守所建筑均必须设置室内消火栓系统。

23.5.2 消火栓系统设计参数

1. 看守所建筑室外消火栓设计流量

看守所建筑室外消火栓设计流量，不应小于表 23-26 的规定。

看守所建筑室外消火栓设计流量表（L/s）　　表 23-26

耐火等级	建筑物名称	建筑体积（m^3）					
		$V \leqslant 1500$	$1500 < V \leqslant 3000$	$3000 < V \leqslant 5000$	$5000 < V \leqslant 20000$	$20000 < V \leqslant 50000$	$V > 50000$
一、二级	单层及多层看守所建筑	15			25	30	40
	高层看守所建筑	—			25	30	40

注：建筑体积指本建筑占据的空间数量，包括该建筑的地上空间体积数和地下空间体积数。

2. 看守所建筑室内消火栓设计流量

看守所建筑室内消火栓设计流量，不应小于表 23-27 的规定。

看守所建筑室内消火栓设计流量表　　表 23-27

建筑物名称	高度 h（m）、体积 V（m^3）、火灾危险性	消火栓设计流量（L/s）	同时使用消防水枪数（支）	每根竖管最小流量（L/s）
单层及多层看守所建筑	$h > 15$m 或 $V > 10000$	15	3	10
二类高层看守所建筑（建筑高度小于或等于 50m 的看守所建筑）	$h \leqslant 50$	20	4	10
一类高层看守所建筑（建筑高度大于 50m 看守所建筑）	$H > 50$	40	8	15

注：消防软管卷盘、轻便消防水龙，其消火栓设计流量可不计入室内消防给水设计流量。

3. 火灾延续时间

看守所建筑消火栓系统的火灾延续时间应按 2.0h 计算。

看守所建筑室内自动灭火系统的火灾延续时间，参见表 1-188。

4. 消防用水量

一座看守所建筑的消防用水量按室外消火栓系统用水量、室内消火栓系统用水量、室内自动喷水灭火系统用水量三者之和计算。

23.5.3 消防水源

1. 市政给水

当前国内城市市政给水管网能够满足看守所建筑直接消防供水条件的较少。

看守所建筑室外消防给水管网管径，按表4-40确定。

看守所建筑室外消防给水管网宜与室外生活给水管网分开敷设，且应布置成环状管网。

2. 消防水池

(1) 看守所建筑消防水池有效储水容积

表23-28给出了常用典型看守所建筑消防水池有效储水容积的对照表。

看守所建筑火灾延续时间内消防水池储存消防用水量表　　表23-28

单、多层看守所建筑体积 V（m³）	1500＜V≤5000	5000＜V≤10000	10000＜V≤20000	20000＜V≤50000	V＞50000
室外消火栓设计流量（L/s）	15	25		30	40
火灾延续时间（h）	2.0				
火灾延续时间内室外消防用水量（m³）	108.0	180.0		216.0	288.0
室内消火栓设计流量（L/s）	15（建筑高度大于15m）		15		
火灾延续时间（h）	2.0				
火灾延续时间内室内消防用水量（m³）	108.0				
火灾延续时间内室内外消防用水量（m³）	216.0	288.0		324.0	396.0
消防水池储存室内外消火栓用水容积 V_1（m³）	216.0	288.0		324.0	396.0

高层看守所建筑体积 V（m³）	5000＜V≤20000	20000＜V≤50000	V＞50000	5000＜V≤20000	20000＜V≤50000	V＞50000
高层看守所建筑高度 h（m）	h≤50			h＞50		
室外消火栓设计流量（L/s）	25	30	40	25	30	40
火灾延续时间（h）	2.0					
火灾延续时间内室外消防用水量（m³）	180.0	216.0	288.0	180.0	216.0	288.0
室内消火栓设计流量（L/s）	20			40		
火灾延续时间（h）	2.0					
火灾延续时间内室内消防用水量（m³）	144.0			288.0		
火灾延续时间内室内外消防用水量（m³）	324.0	360.0	432.0	468.0	504.0	576.0
消防水池储存室内外消火栓用水容积 V_2（m³）	324.0	360.0	432.0	468.0	504.0	576.0

续表

看守所建筑自动喷水灭火系统设计流量（L/s）	25	30	35	40
火灾延续时间（h）	1.0	1.0	1.0	1.0
火灾延续时间内自动喷水灭火用水量（m^3）	90.0	108.0	126.0	144.0
消防水池储存自动喷水灭火用水容积 V_3（m^3）	90.0	108.0	126.0	144.0

如上表所示，通常看守所建筑消防水池有效储水容积在306～720m^3。

（2）看守所建筑消防水池位置

消防水池位置确定原则，见表23-29。

消防水池位置确定原则表　　表23-29

序号	消防水池位置确定原则
1	消防水池应毗邻或靠近消防水泵房
2	消防水池与消防水泵房的标高关系满足消防水泵自灌吸水要求
3	应结合看守所建筑院区建筑布局条件，应设置在看守所监区之外
4	消防水池应满足与消防车间的距离关系
5	消防水池应满足与建筑物围护结构的位置关系

看守所建筑消防水池、消防水泵房与看守所院区空间关系，参见表23-30。

消防水池、消防水泵房与院区空间关系表　　表23-30

序号	看守所建筑院区室外空间情况	消防水池位置	消防水泵房位置	备注
1	有充足空间	室外院区内	建筑地下室	常见于新建看守所建筑项目
2	室外空间狭小或不合适	非监区建筑地下室	非监区建筑地下室	常见于改建、扩建看守所建筑项目

消防水池的最低有效水位应高于消防水池吸水喇叭口不小于600mm，且应高于消防水泵的吸水管管顶。

看守所建筑消防水泵型式的选择与消防水池有一定的对应关系，参见表1-194。

看守所建筑储存室内外消防用水的消防水池与消防水泵房的位置关系，参见表1-195。

看守所建筑消防水池格（座）数与有效储水容积的对照关系，参见表1-196。

看守所建筑消防水池附件，参见表1-197。

看守所建筑消防水池各水位指标确定方法及取值经验值，参见表1-198。

3. 天然水源及其他水源

看守所建筑消防水源不宜采用天然水源。

23.5.4　消防水泵房

1. 消防水泵房选址

新建看守所建筑院区消防水泵房设置通常采取以下2个方案，见表23-31。

新建看守所建筑院区消防水泵房设置方案对比表　　表 23-31

方案编号	消防水泵房位置	优点	缺点	适用条件
方案 1	院区内室外（非监区）	设备集中，控制便利，对办公活动等功能用房环境影响小；消防水泵集中设置，距离消防水池很近，泵组吸水管线很短等	距院区内看守所建筑较远，管线较长，水头损失较大，消防水箱距泵房较远等	适用于看守所建筑院区室外空间较大的情形。宜与生活水泵房、锅炉房、变配电室集中设置且在监区之外。在新建看守所建筑院区中，应优先采用此方案
方案 2	院区内非监区看守所建筑地下室内	设备较为集中，控制较为便利，距离建筑消防水系统距离较近，消防水箱距泵房位置较近等	占用看守所建筑空间，对备勤宿舍、办公活动等用房环境有一些影响	适用于看守所建筑院区室外空间较小的情形。在新建看守所建筑院区中，可替代方案 1

改建、扩建办公院区消防水泵房设置方案，参见表 1-200。

2. 建筑内部消防水泵房位置

看守所建筑消防水泵房若设置在建筑物内，应采取消声、隔声和减振等措施；不应毗邻民警生活用房、监控指挥中心、电教室和录音录像编辑制作的房间，不宜毗邻办公室、会议室。

3. 消防水泵机组的布置要求

相邻两个机组及机组至泵房墙壁间的净距要求，参见表 1-201。

4. 消防水泵房采暖、排水等要求

严寒、寒冷地区消防水泵房，应设置供暖设施。

消防水泵房的泵房排水设施：在泵房内设置排水沟；地下消防水泵房内或邻近场所设集水坑，坑内设潜污泵。消防水泵房应采取防淹措施。

5. 消防水泵房管道设计

消防水泵配置数量与消防水系统设计流量的关系，参见表 1-202。

看守所建筑消防水泵吸水管、出水管管径，参见表 1-203；消防吸水总管管径应根据其连通服务的各种消防水泵设计流量之累加值进行确定，参见表 1-205。

消防水泵吸水管布置应避免形成气囊。

消防水泵吸水口的淹没深度应满足消防水泵在最低水位运行安全的要求。

消防水泵吸水管、出水管上附件配置及要求，参见表 1-206。

6. 消防水泵自动启动控制

消防水泵自动启动要求，参见表 1-207；消防水泵自动启动方式，参见表 1-208；流量开关性能、设置位置等，参见表 1-209。

当消防稳压泵设置于高位消防水箱间内时，消防水泵启泵压力（P），按公式（1-58）确定；当消防稳压泵设置于低位消防水泵房内时，按公式（1-59）确定。

23.5.5 消防水箱

看守所建筑消防给水系统绝大多数属于临时高压系统，3 层及以上单体总建筑面积大于10000m²的看守所建筑应设置高位消防水箱。

1. 消防水箱有效储水容积

看守所建筑高位消防水箱有效储水容积，见表23-32。

看守所建筑高位消防水箱有效储水容积表 **表23-32**

序号	建筑类别	消防水箱有效储水容积
1	建筑高度大于50m的高层看守所建筑	不应小于36m³，可按36m³
2	建筑高度小于或等于50m的高层看守所建筑	不应小于18m³，可按18m³
3	多层看守所建筑	

2. 消防水箱设置位置

看守所建筑消防水箱设置位置应满足以下要求，见表23-33。

消防水箱设置位置要求表 **表23-33**

序号	消防水箱设置位置要求	备注
1	位于所在建筑的最高处	通常设在非监区看守所建筑屋顶机房层消防水箱间内
2	应该独立设置	不与其他设备机房，如屋顶太阳能热水机房、热水箱间等合用
3	应避免对下方楼层房间的影响	其下方不应是备勤宿舍居室、监控指挥中心、监控室、弱电用房、办公室、会议室、档案室等，可以是库房、卫生间等辅助房间或公共区域
4	应高于设置室内消火栓系统、自动喷水灭火系统等系统的楼层	机房层设有活动室、库房等需要设置消防给水系统的场所，可采用其他非水基灭火系统，亦可将消防水箱间置于更高一层
5	不宜超出机房层高度过多、影响建筑效果	消防水箱间内配置消防稳压装置

3. 高位消防水箱尺寸

消防水箱宜为装配式方形水箱，其尺寸宜为1.0m或0.5m的倍数，推荐尺寸参见表1-212。

4. 高位消防水箱材质

常用材质为不锈钢板、热浸锌镀锌钢板、玻璃钢板、钢筋混凝土等，不锈钢板最常见。

5. 高位消防水箱配管

高位消防水箱配管及管径确定，参见表1-213。

6. 消防水箱水位

消防水箱各水位指标确定方法及取值经验值，参见表1-214。

7. 高位消防水箱布置

高位消防水箱四周净距要求，参见表1-215。

8. 消防水箱防冻

消防水箱及相应管道保温材料及厚度，参见表1-216。

23.5.6 消防稳压装置

1. 消防稳压泵

(1) 设计流量

消火栓稳压泵设计流量，参见表1-217。

自动喷水灭火稳压泵设计流量，参见表1-218；结合一只标准喷头的流量，自动喷水灭火稳压泵常规设计流量取1.33L/s。

(2) 设计压力

当消防稳压泵设置于高位消防水箱间内时，稳压泵的启泵压力 P_1 可取0.15～0.20MPa，停泵压力 P_2 可取0.20～0.25MPa；当消防稳压泵设置于低位消防水泵房内时，P_1 按公式（1-62）确定，P_2 按公式（1-63）确定。

(3) 消防稳压泵选型

消火栓稳压泵设计流量为稳压泵流量确定依据。

消防稳压泵停泵压力（P_2）值附加0.03～0.05MPa后，为稳压泵扬程确定依据。

2. 气压水罐

消火栓稳压装置、自动喷水灭火稳压装置均采用150L有效储水容积气压水罐；合用消防稳压装置采用300L有效储水容积气压水罐。

3. 管道、阀门、附件等

消防稳压泵吸水管管径、出水管管径，参见表1-219。每套消防稳压泵通常为2台，1用1备。

23.5.7 消防水泵接合器

1. 设置范围

对于室内消火栓系统，6层及以上的看守所建筑应设置消防水泵接合器。

看守所建筑消火栓系统消防水泵接合器配置，参见表1-220。

看守所建筑自动喷水灭火系统等自动水灭火系统应分别设置消防水泵接合器。

2. 技术参数

看守所建筑消防水泵接合器数量，参见表1-221。

3. 安装形式

看守所建筑消防水泵接合器安装形式选择，参见表1-222。

4. 设置位置

同种水泵接合器不宜集中布置，不同种类、分区、功能的水泵接合器宜成组布置，且应设在室外便于消防车使用和接近的地方，且距室外消火栓或消防水池的距离不宜小于15m，并不宜大于40m，距人防工程出入口不宜小于5m。水泵接合器应设有标明供水系统和供水区域的永久性标志。

23.5.8 消火栓系统给水形式

1. 室外消火栓给水系统

当市政给水管网不满足直接供给室外消火栓给水系统时，看守所建筑应采用临时高压室外消火栓给水系统，通常在消防水泵房内独立设置室外消火栓给水泵组、室外消火栓稳压装置。

看守所建筑室外消火栓给水泵组一般设置2台，1用1备，泵组设计流量为本建筑室外消防设计流量（15L/s、20L/s、25L/s、30L/s、40L/s），设计扬程应保证室外消火栓处的栓口压力（0.20～0.30MPa）。泵组出水管及吸水管管径，参见表1-223。

室外消火栓给水管网管径，参见表1-224，管网应环状布置，单独成环。

2. 室内消火栓给水系统

看守所建筑室内消火栓给水系统常采用临时高压消火栓给水系统。

3. 室内消火栓系统分区供水

看守所建筑室内消火栓系统通常不分区，消火栓给水管网应在横向、竖向上连成环状。消火栓供水横干管宜沿最高层和最底层顶板下敷设。

典型的看守所备勤宿舍、武警营房宿舍室内消火栓系统原理图，参见图3-9。典型的其他看守所建筑室内消火栓系统原理图，参见图4-4。

23.5.9 消火栓系统类型

1. 系统分类

看守所建筑的室外消火栓系统宜采用湿式消火栓系统。

2. 室外消火栓

严寒、寒冷等冬季结冰地区看守所建筑室外消火栓应采用干式消火栓；其他地区宜采用地上式消火栓。

建筑室外消火栓的数量应根据室外消火栓设计流量和保护半径经计算确定，保护半径不应大于150.0m，间距不应大于120.0m，每个室外消火栓的出流量宜按10～15 L/s计算。通常根据建筑物平面布局在建筑物四个角附近绿地设置室外消火栓，根据邻近两个消火栓之间距离合理增设消火栓。

3. 室内消火栓

看守所建筑的各区域各楼层均应布置室内消火栓予以保护；看守所建筑中不能采用自动喷水灭火系统保护的高低压配电室、智能化用房、弱电机房等场所亦应由室内消火栓保护。

室内消火栓的布置应满足同一平面有2支消防水枪的2股充实水柱同时达到任何部位。

看守所建筑内设置的室内消火栓箱应设置消防软管卷盘。

看守所监区的管理巡视通道内，不宜设置消火栓和设备间。当不能满足要求时，可在管理巡视通道设置柜体，放入不带消防水龙的消火栓口。消防主管道和栓口嵌入墙体，栓口垂直向外，便于接驳，柜体面应设具有锁闭装置的封闭金属面板。消防水龙应放置在警察用房中。

表23-34给出了看守所建筑室内消火栓的布置方法。

看守所建筑室内消火栓布置方法表 **表23-34**

序号	室内消火栓布置方法	注意事项
1	布置在楼梯间、前室等位置	楼梯间、前室的消火栓宜暗设并采取墙体保护措施；箱体及立管不应影响楼梯门、电梯门开启使用

续表

序号	室内消火栓布置方法	注意事项
2	布置在公共走道两侧，箱体开门朝向公共走道	应暗设；优先沿辅助房间（库房、卫生间等）的墙体安装
3	布置在集中区域内部公共空间内	可在朝向公共空间房间的外墙上暗设；应避免消火栓消防水带穿过多个房间门到达保护点

注：1. 室内消火栓不应跨防火分区布置；

2. 室内消火栓应按其实际行走距离计算其布置间距，看守所建筑室内消火栓布置间距宜为 20.0～25.0m，不应小于 5.0m。

普通消火栓、减压稳压消火栓设置的楼层数，参见表 1-227。

23.5.10 消火栓给水管网

1. 室外消火栓给水管网

看守所建筑室外消火栓给水管网应采用环状给水管网。向室外消火栓给水管网供水的输水干管不应少于 2 条。

2. 室内消火栓给水管网

看守所建筑室内消火栓给水管网应采用环状给水管网，管网型式见表 23-35。室内消火栓给水管网在横向、竖向均宜连成环状。

室内消火栓给水管网主要管网型式表　　表 23-35

管网型式特点	适用情形	具体部位
消防供水干管沿建筑最高处、最低处横向水平敷设，配水干管沿竖向垂直敷设，配水干管上连有消火栓	各楼层竖直上下层消火栓位置基本一致和横向连接管长度较小的区域	建筑内走道、楼梯间、电梯前室；备勤宿舍、监区用房、办案用房、接待会见用房、办公用房、生活保障用房等房间外墙

注：不能敷设消火栓给水管道的场所包括高低压配电室、弱电机房、消防控制室等。

室内消火栓给水管网型式参见图 1-13。

看守所建筑室内消火栓给水管网的环状干管管径，参见表 1-229；室内消火栓竖管管径可按 $DN100$。

3. 系统阀门

室内消火栓系统阀门设置，参见表 1-230。

埋地管道的阀门宜采用带启闭刻度的球墨铸铁暗杆闸阀。室内架空管道的阀门宜采用蝶阀、明杆闸阀或带启闭刻度的暗杆闸阀等。

4. 系统给水管网管材

看守所建筑室外消火栓给水管绝大多数采用直埋敷设方式。埋地消火栓给水管道宜采用球墨铸铁管或钢丝网骨架塑料复合管给水管道。

看守所建筑室内消火栓给水管管材选择，参见表 1-231。

薄壁不锈钢管（S11163）、镀锌镍碳钢管等新型优质管道，在看守所建筑室内消火栓系统中均得到更多的应用，未来会逐步替代传统钢管。

23.5.11 消火栓系统计算

1. 消火栓水泵选型计算

看守所建筑室内消火栓水泵流量与室内消火栓设计流量一致；消火栓水泵扬程，按公式（1-64）计算。根据消火栓水泵流量和扬程选择消火栓水泵。

2. 消火栓计算

室内消火栓的保护半径，按公式（1-65）计算；消火栓栓口处所需水压，按公式（1-66）计算。

多层看守所建筑消防水枪充实水柱应按10m计算。多层看守所建筑消火栓栓口动压不应小于0.25MPa。

高层看守所建筑消防水枪充实水柱应按13m计算。高层看守所建筑消火栓栓口动压不应小于0.35MPa。

3. 消火栓系统压力计算

消火栓系统的设计工作压力，按公式（1-67）计算。通常以设计工作压力确定消火栓水泵扬程。

23.6 自动喷水灭火系统

23.6.1 自动喷水灭火系统设置

看守所建筑相关场所自动喷水灭火系统设置要求，见表23-36。

看守所建筑相关场所自动喷水灭火系统设置要求表 **表23-36**

序号	看守所建筑类型	自动喷水灭火系统设置要求
1	一类高层看守所建筑（建筑高度大于50m的看守所建筑）	建筑主楼、裙房、地下室、半地下室，除了不宜用水扑救的部位外的所有场所均设置
2	二类高层看守所建筑（建筑高度小于或等于50m的看守所建筑）	建筑主楼、裙房及其地下室、半地下室中的活动用房、走道、办公室、可燃物品库房等，除了不宜用水扑救的部位外的所有场所均设置
3	单、多层看守所建筑	设有送回风道（管）系统的集中空气调节系统且总建筑面积大于3000m^{2}的单、多层看守所建筑，除了不宜用水扑救的部位外的所有场所均设置

看守所建筑若根据规范规定设置自动喷水灭火系统，其设置的具体场所见表23-37。

设置自动喷水灭火系统的具体场所表 **表23-37**

序号	设置自动喷水灭火系统的区域	具体场所
1	监区	包括储藏室、医务用房、图书室、活动室、公共浴室、理发室、教育培训室、值班室、管教室、谈话室（含驻所检察官使用的谈话室）、心理咨询室、电教室、备勤宿舍等

续表

序号	设置自动喷水灭火系统的区域	具体场所
2	办案区	包括羁押受理用房、讯问室（含特殊讯问室及其指挥室）、律师会见室、辨认室、违禁物品保管室、AB门执勤用房等
3	接待会见区	包括管理室、会见室（含集中会见室和视频会见室）、候见室、小法庭、法律援助工作区、生活用品供应室及物品暂存室等
4	办公区	包括办公室、文印室、资料室、会议室、阅览室、荣誉室、警用装备室以及驻所检察官使用的办公室等
5	生活保障区	包括被羁押人伙房、洗衣房和备勤宿舍、食堂、健身房、文娱室等其他用房
6	武警营区	包括相关武警职能用房、生活用房

表 23-38 为看守所建筑内不宜用水扑救的场所。

不宜用水扑救的场所一览表　　表 23-38

序号	不宜用水扑救的场所	自动灭火措施
1	监区：监室、监控指挥中心（监控室）及其设备室等	气体灭火系统或高压细水雾灭火系统
2	办公区：档案室、监控室等	
3	电气类房间：高压配电室、低压配电室、弱电机房、智能化机房、UPS 室等	
4	电气类房间：消防控制室	不设置

看守所建筑自动喷水灭火系统类型选择，参见表 1-245。

典型的看守所备勤宿舍、武警营房宿舍自动喷水灭火系统原理图，参见图 3-10。典型的其他看守所建筑自动喷水灭火系统原理图，参见图 4-5。

看守所建筑火灾危险等级按中危险级Ⅰ级确定。

23.6.2 自动喷水灭火系统设计基本参数

看守所建筑自动喷水灭火系统设计参数，按表 1-246 规定。

若看守所建筑地下室中附属的库房认定为堆垛储物仓库，其自动喷水灭火系统设计参数，按表 1-247 规定。

自动喷水灭火系统的持续喷水时间，应按火灾延续时间不小于 1h 确定。

23.6.3 洒水喷头

设置自动喷水灭火系统的看守所建筑内各场所的最大净空高度通常不大于 8m。

看守所建筑自动喷水灭火系统喷头公称动作温度宜相比环境温度高 30℃，参见表 4-54。

看守所建筑自动喷水灭火系统喷头种类选择，见表 23-39。

看守所建筑自动喷水灭火系统喷头种类选择表　　表 23-39

序号	火灾危险等级	设置场所	喷头种类
1	中危险级Ⅰ级	看守所建筑内备勤宿舍、办案用房、接待会见用房、办公用房、餐厅、厨房等设有吊顶场所	吊顶型或下垂型普通或快速响应喷头
2		监区监室、库房等无吊顶场所	直立型普通或快速响应喷头

注：基于看守所建筑火灾特点和重要性，看守所建筑中危险级Ⅰ级对应监区自动喷水灭火系统洒水喷头宜全部采用快速响应喷头。

每种型号的备用喷头数量按此种型号喷头数量总数的1%计算，并不得少于10只。

看守所建筑中自动喷水灭火系统直立型、下垂型喷头的布置间距，不应大于表1-250的规定，且不宜小于2.4m。

看守所建筑常用普通玻璃球闭式喷头规格型号，参见表1-252。

23.6.4 自动喷水灭火系统管道

1. 管材

看守所建筑自动喷水灭火系统给水管管材，参见表1-254。

薄壁不锈钢管（S11163）、氯化聚氯乙烯（PVC-C）管、镀锌镍碳钢管等新型优质管道，在看守所建筑自动喷水灭火系统中均得到更多的应用，未来会逐步替代传统钢管。

看守所建筑中所有中危险级Ⅰ级对应场所自动喷水灭火系统公称直径≤*DN*80的配水管（支管）均可采用氯化聚氯乙烯（PVC-C）管材及管件。

2. 管径

看守所建筑自动喷水灭火系统的配水管道管径可根据表1-255中数据进行确定。

3. 管网敷设

看守所建筑自动喷水灭火系统配水干管宜沿监区用房、办案用房、接待会见用房、办公用房、生活保障用房和武警营房的公共走廊敷设，走廊两侧房间内的配水支管就近连接到配水干管上。走廊内布置的喷头就近接至排水支管后再接至配水干管。单个喷头不应直接接至管径大于或等于*DN*100的配水干管。

看守所建筑自动喷水灭火系统配水管网布置步骤，见表23-40。

自动喷水灭火系统配水管网布置步骤表　　表23-40

序号	配水管网布置步骤
步骤1	根据看守所建筑的防火性能确定自动喷水灭火系统配水管网的布置范围
步骤2	在每个防火分区内应确定该区域自动喷水灭火系统配水主干管或主立管的位置或方向
步骤3	自接入点接入后，可确定主要配水管的敷设位置和方向
步骤4	自末端房间内的自动喷水灭火系统配水支管就近向配水管连接
步骤5	每个楼层每个防火分区内配水管网布置均按步骤1～步骤4进行

自动喷水灭火系统每个喷头与配水支管连接的短立管管径通常采用25mm；末端试水装置或试水阀的连接管管径通常采用25mm。

23.6.5 水流指示器

除报警阀组控制的喷头只保护不超过防火分区面积的同层场所外，看守所建筑每个防火分区、每个楼层均应设水流指示器；当整个场所需要设置的喷头数不超过1个报警阀组控制的喷头数时，可不设置水流指示器；每个防火分区应设置一个水流指示器，位置可设在本防火分区系统配水管网的起始端，亦可集中设置于各个防火分区配水干管分叉处。

水流指示器上游端应设置信号阀，其型号规格，参见表1-257。

水流指示器与所在配水干管同管径，其型号规格，参见表1-258。

23.6.6 报警阀组

看守所建筑消防系统报警阀组主要采用湿式水力报警阀组，一定条件下采用预作用报警阀组。

看守所建筑自动喷水灭火系统报警阀组的数量取决于：整个建筑中设置喷头的总数量；每个防火分区内设置喷头的数量；每个报警阀组控制的喷头数。一个报警阀组控制的喷头数不宜超过 800 只，设计中可适当超过 800 只。

喷头均衡组合遵循的原则，参见表 1-259。

看守所建筑自动喷水灭火系统报警阀组通常设置在消防水泵房，设置位置方案，参见表 1-260。

报警阀组宜设在安全及易于操作的地点，报警阀距地面的高度宜为 1.2m；宜沿墙体集中布置，相邻报警阀组的间距不宜小于 1.5m，不应小于 1.2m；报警阀组处应设有排水设施，排水管径不应小于 *DN*100。

表 1-261 为常用湿式报警阀装置型号规格；表 1-262 为常见预作用报警阀装置型号规格；报警阀组压力开关主要技术参数，参见表 1-263；报警阀组前后管道设置，参见表 1-264。

看守所建筑自动喷水灭火系统减压阀设置方式，参见表 1-265。

减压孔板作为一种减压部件，可辅助减压阀使用。

23.6.7 自动喷水灭火系统水泵接合器

自动喷水灭火系统管网上应设置水泵接合器，看守所建筑自动喷水灭火系统消防水泵接合器数量，参见表 1-266。

自动喷水灭火系统水泵接合器宜设置在靠近消防水泵房的室外；常规做法是将多个 *DN*150 水泵接合器并联起来，由 1 根 *DN*150 供水管道接至系统供水泵组出水干管上，连接位置位于报警阀组前。

23.6.8 消防水箱设计

高位消防水箱、自动喷水灭火稳压装置设计参见消火栓系统相关内容。

23.6.9 自动喷水灭火系统压力计算

自动喷水灭火系统的设计工作压力，按公式（1-68）计算。

自动喷水灭火给水泵扬程通常按照自动喷水灭火系统的设计工作压力值确定。

自动喷水灭火给水系统压力管道水压强度试验的试验压力（$H_{试验}$）的基准指标，参见表 1-267。

23.7 灭火器系统

看守所建筑应配置灭火器，并应按现行国家标准《建筑灭火器配置设计规范》GB 50140 的有关规定配置灭火器。

23.7.1 灭火器配置场所火灾种类

看守所建筑灭火器配置场所的火灾种类，见表23-41。

灭火器配置场所的火灾种类表 表23-41

序号	火灾种类	灭火器配置场所
1	A类火灾（固体物质火灾）	看守所建筑内绝大多数场所，如备勤宿舍、监区监舍、办公室等
2	E类火灾（物体带电燃烧火灾）	监控指挥中心、监控室、变配电室、弱电机房、智能化机房、不间断电源（UPS）室等

23.7.2 灭火器配置场所危险等级

看守所建筑灭火器配置场所的危险等级分为严重危险级、中危险级和轻危险级3级，危险等级举例，见表23-42。

看守所建筑灭火器配置场所的危险等级举例 表23-42

危险等级	举例
严重危险级	住宿床位在100张及以上的备勤宿舍
	监区监舍
中危险级	住宿床位在100张以下的备勤宿舍
	设有集中空调、电子计算机、复印机等设备的办公室
	民用燃油、燃气锅炉房
	民用的油浸变压器室和高、低压配电室
轻危险级	未设集中空调、电子计算机、复印机等设备的普通办公室

注：看守所建筑室内强电间、弱电间；屋顶排烟机房内每个房间均应设置2具手提式磷酸铵盐干粉灭火器。

23.7.3 灭火器选择

看守所建筑灭火器配置场所的火灾种类通常涉及A类、E类火灾，通常配置灭火器时选择磷酸铵盐干粉灭火器。

23.7.4 灭火器设置

看守所建筑灭火器应摆放在警察用房中或被羁押人不易接触到的地方。

设置在A类火灾场所的灭火器，其最大保护距离应符合表1-274的规定。

灭火器最大保护距离为灭火器与起火点之间最大的行走距离。看守所建筑中大间套小间区域、房间中间隔着走道区域等场所，常需要增加灭火器配置点。

看守所建筑中E类火灾场所中的高低压配电间、网络机房等场所，灭火器配置宜按B类火灾场所灭火器最大保护距离要求进行。面积较大的看守所建筑变配电室，需要在变配电室内增设灭火器。

23.7.5 灭火器配置

A类火灾场所灭火器的最低配置基准，应符合表1-276的规定。

看守所建筑灭火器 A 类火灾场所配置基准可按照灭火器最低配置基准，即：严重危险级按照 3A；中危险级按照 2A；轻危险级按照 1A。

E 类火灾场所的灭火器最低配置基准不应低于该场所内 A 类火灾的规定。

23.7.6 灭火器配置设计计算

看守所建筑内每个灭火器设置点灭火器数量通常以 2～4 具为宜。

灭火器计算单元最小需配灭火级别，按公式（1-69）计算。

灭火器计算单元中每个灭火器设置点最小需配灭火级别，按公式（1-70）计算。

23.7.7 灭火器类型及规格

看守所建筑灭火器配置设计中常用的灭火器类型及规格，参见表 1-279。

23.8 气体灭火系统

23.8.1 气体灭火系统应用场所

看守所建筑中监控指挥中心、监控室、变配电室、弱电机房、智能化机房、不间断电源（UPS）室等场所应设置自动灭火系统，且宜采用气体灭火系统。

目前看守所建筑中最常用 IG541 混合气体灭火系统和七氟丙烷（HFC-227ea）气体灭火系统。

23.8.2 七氟丙烷气体灭火系统设计参数

七氟丙烷灭火剂主要技术性能参数，参见表 1-281。

无管网七氟丙烷气体自动灭火装置技术参数、规格等，参见表 1-282～表 1-284。

看守所建筑中采用七氟丙烷气体灭火保护时，各防护区设计灭火浓度，参见表 3-70。

23.8.3 气体灭火设计用量计算

七氟丙烷气体灭火设置场所设计用量，按公式（1-71）计算。

七氟丙烷设计用量，按公式（2-28）计算；七氟丙烷设计容积，按公式（2-29）计算。

每个防护区内无管网七氟丙烷气体灭火装置的布置应做到均匀。

IG541 混合气体灭火防护区灭火设计用量或惰化设计用量，按公式（1-74）计算。

IG541 灭火剂气体在 101kPa 大气压和防护区最低环境温度下的质量体积，按公式（1-75）计算。

IG541 混合气体灭火系统灭火剂储存量，应为防护区灭火设计用量及系统灭火剂剩余量之和，系统灭火剂剩余量按公式（1-76）计算。

23.8.4 IG541 混合气体灭火系统管网计算

IG541 混合气体灭火系统管道流量宜采用平均设计流量。

系统主干管、支管的平均设计流量，按公式（1-77）、公式（1-78）计算。

管道内径按公式（1-79）计算。

灭火剂释放时，管网应进行减压。减压装置宜采用减压孔板，宜设在系统的源头或干管入口处。减压孔板前的压力，按公式（1-80）计算；减压孔板后的压力，按公式（1-81）计算；减压孔板孔口面积，按公式（1-82）计算。

系统的阻力损失宜从减压孔板后算起，并按公式（1-83）计算。

IG541混合气体灭火系统的喷头工作压力的计算结果，应符合：一级充压（15.0MPa）系统，$P_c \geqslant 2.0$MPa（绝对压力）；二级充压（20.0MPa）系统，$P_c \geqslant 2.1$MPa（绝对压力）。

喷头等效孔口面积，按公式（1-84）计算。

23.8.5 防护区泄压口

气体灭火系统防护区应设置泄压口。七氟丙烷气体灭火系统防护区泄压口面积按系统设计规定计算，按公式（1-85）计算；IG541混合气体灭火系统防护区泄压口面积按系统设计规定计算，宜按公式（1-86）计算。

七氟丙烷气体灭火系统的泄压口应位于防护区净高的2/3以上。对于设置吊顶场所，泄压口通常设置在吊顶（梁）下，泄压口顶面紧贴吊顶（梁）或吊顶（梁）下100mm。

不同规格无管网七氟丙烷气体灭火装置与泄压口尺寸的对照表，参见表1-288。

防护区设置的泄压口，宜设在外墙上，无外墙时应设置在朝向公共建筑公共区域（走道）的内墙上。每个防护区根据需要可设置1个或多个泄压口。

23.9 中水系统

看守所建筑建设中水设施，应结合建筑所在地区的不同特点，满足当地政府部门的有关规定。建筑面积大于30000m^{2}或回收水量大于100m^3/d的看守所建筑，宜建设中水设施。

23.9.1 中水原水

1. 中水原水种类

看守所建筑中水原水可选择的种类及选取顺序，见表23-43。

看守所建筑中水原水可选择的种类及选取顺序表　　表23-43

序号	中水原水种类	备注
1	看守所备勤宿舍卫生间的废水排水；武警营区宿舍卫生间的废水排水；监区被羁押人卫生间的废水排水	最适宜
2	看守所建筑内公共卫生间的盥洗废水排水	适宜
3	看守所建筑附设职工食堂、被羁押人伙房厨房、餐厅废水排水	不适宜
4	看守所备勤宿舍卫生间的冲厕排水；武警营区宿舍卫生间的冲厕排水；监区被羁押人卫生间的冲厕排水	最不适宜

2. 中水原水量

看守所建筑中水原水量按公式（23-15）计算：

$$Q_Y = \Sigma \beta \cdot Q_{pj} \cdot b \tag{23-15}$$

式中 Q_Y——看守所建筑中水原水量，m^3/d；

β——看守所建筑按给水量计算排水量的折减系数，一般取0.85～0.95；

Q_{pj}——看守所建筑平均日生活给水量，按《节水标》中的节水用水定额（表23-3）计算确定，m^3/d；

b——看守所建筑分项给水百分率，应以实测资料为准，当无实测资料时，可按表23-44选取。

看守所建筑分项给水百分率表　　表23-44

项目	冲厕	厨房	沐浴	盥洗	洗衣	总计
备勤、武警宿舍给水百分率（%）	30	—	40～42	12.5～14	12.5～14	100
办公给水百分率（%）	60～66	—	—	40～34	—	100
公共浴室给水百分率（%）	2～5	—	—	98～95	—	100
职工食堂、被羁押人伙房给水百分率（%）	6.7～5	93.3～95	—	—	—	100

看守所建筑用作中水原水的水量宜为中水回用水量的110%～115%。

3. 中水原水水质

看守所建筑中水原水水质应以类似建筑的实测资料为准；当无实测资料时，看守所建筑排水的污染物浓度可按表23-45确定。

看守所建筑排水污染物浓度表　　表23-45

类别	项目	冲厕	厨房	盥洗	综合
办公	BOD_5浓度（mg/L）	260～340	—	90～110	195～260
	COD_{Cr}浓度（mg/L）	350～450	—	100～140	260～340
	SS浓度（mg/L）	260～340	—	90～110	195～260
公共浴室	BOD_5浓度（mg/L）	260～340	—	45～55	—
	COD_{Cr}浓度（mg/L）	350～450	—	110～120	—
	SS浓度（mg/L）	260～340	—	35～55	—
职工食堂、被羁押人伙房	BOD_5浓度（mg/L）	260～340	500～600	—	490～590
	COD_{Cr}浓度（mg/L）	350～450	900～1100	—	890～1075
	SS浓度（mg/L）	260～340	250～280	—	255～285

注：综合是对包括以上三项生活排水的统称。

23.9.2 中水利用与水质标准

1. 中水利用

看守所建筑中水原水主要用于城市杂用水和景观环境用水等。

看守所建筑中水利用率，可按公式（2-31）计算。

看守所建筑中水利用率应不低于当地政府部门的中水利用率指标要求。

当看守所建筑附近有可利用的市政再生水管道时，可直接接入使用。

2. 中水水质标准

看守所建筑中水水质标准要求，参见表2-104。

23.9.3 中水系统

1. 中水系统形式

看守所建筑中水通常采用中水原水系统与生活污水系统分流、生活给水与中水给水分供的完全分流系统。

2. 中水原水系统

看守所建筑中水原水管道通常按重力流设计；当靠重力流不能直接接入时，可采取局部加压提升接入。

看守所建筑原水系统原水收集率不应低于本建筑回收排水项目给水量的75%，可按公式（2-32）计算。

看守所建筑若需要食堂、餐厅的含油脂污水作为中水原水时，在进入原水收集系统前应经过除油装置处理。

看守所建筑中水原水应进行计量，可采用超声波流量计和沟槽流量计。

3. 中水处理系统

看守所建筑中水处理系统设计处理能力，可按公式（2-33）计算。

4. 中水供水系统

建筑中水供水系统必须独立设置。建筑中水不得用作看守所建筑生活饮用水水源。

看守所建筑中水系统供水量，可按照表23-2中的用水定额及表23-44中规定的百分率计算确定。

看守所建筑中水供水系统的设计秒流量和管道水力计算方法与生活给水系统一致，参见23.1.6节。

看守所建筑中水供水系统的供水方式宜与生活给水系统一致，通常采用变频调速泵组供水方式，水泵的选择参见23.1.7节。

看守所建筑中水供水系统的竖向分区宜与生活给水系统一致。当建筑周边有市政中水管网且管网流量压力均满足时，低区由市政中水管网直接供水；当建筑周边无市政中水管网时，低区由低区中水给水泵组自中水贮水池（箱）吸水后加压供水。

看守所建筑中水供水管道宜采用塑料给水管、钢塑复合管或其他具有可靠防腐性能的给水管材，不得采用非镀锌钢管。

看守所建筑中水贮存池（箱）设计要求，参见表2-105。

看守所建筑中水供水系统应安装计量装置，具体设置要求参见表3-14。

中水供水管道应采取防止误接、误用、误饮的措施。

5. 水量平衡

中水系统设计应进行中水原水量和用水量平衡计算。

看守所建筑中水用水量应根据不同用途用水量累加确定。

看守所建筑最高日冲厕中水用水量按照表23-2中的最高日用水定额及表23-44中规

定的百分率计算确定。最高日冲厕中水用水量，可按公式（23-16）计算：

$$Q_C = \sum q_L \cdot F \cdot N/1000 \tag{23-16}$$

式中 Q_C——看守所建筑最高日冲厕中水用水量，m^3/d；

q_L——看守所建筑给水用水定额，L/(人·d)；

F——冲厕用水占生活用水的比例，%，按表 23-44 取值；

N——使用人数，人。

看守所建筑相关功能场所冲厕用水量定额及小时变化系数，见表 23-46。

看守所建筑冲厕用水量定额及小时变化系数表 **表 23-46**

类别	建筑种类	冲厕用水量［L/(人·d)］	使用时间（h/d）	小时变化系数	备注
1	备勤、武警宿舍	20～40	24	2.5～2.0	有住宿
2	办公	20～30	8～10	1.5～1.2	—
3	职工食堂、被羁押人伙房	5～10	12	1.5～1.2	工作人员按办公楼设计

中水系统原水调节池（箱）调节容积，可按公式（2-35）、公式（2-36）计算。

中水贮存池（箱）容积，可按公式（2-37）、公式（2-38）计算。

当中水供水系统采用水泵-水箱联合供水时，水箱调节容积不得小于中水系统最大小时用水量的 50%。

中水系统的总调节容积，包括原水调节池（箱）、中水处理工艺构筑物、中水贮存池（箱）及高位水箱等调节容积之和，不宜小于中水日处理量的 100%。

23.9.4 中水处理工艺与处理设施

1. 中水处理工艺

看守所建筑通常采用的中水处理工艺，参见表 2-107。

2. 中水处理设施

看守所建筑中水处理设施及设计要求，参见表 2-108。

23.9.5 中水处理站

看守所建筑内的中水处理站设计要求，参见 2.11.5 节。

23.10 管道直饮水系统

看守所备勤宿舍、武警营房宿舍管道直饮水系统设计，参见 3.12 节；看守所建筑办公区管道直饮水系统设计，参见 6.12 节。

23.11 给水排水抗震设计

看守所建筑给水排水管道抗震设计，参见 4.11 节。

23.12 给水排水专业绿色建筑设计

看守所建筑绿色设计，应根据看守所建筑所在地相关规定要求执行。新建看守所建筑应按照一星级或以上星级标准设计；建筑面积大于20000m^{2}的大型看守所建筑宜按照绿色建筑二星级或以上星级标准设计。看守所建筑二星级、三星级绿色建筑设计专篇，参见表1-347。

第 24 章　殡仪馆建筑给水排水设计

殡仪馆建筑是提供遗体接运、处理、悼念、火化等部分或全部殡仪服务的公共建筑。殡仪馆建筑组成，见表 24-1。

殡仪馆建筑组成表　　表 24-1

序号	功能区	房间组成
1	业务区	包括服务厅、接待室、休息室、咨询室、业务洽谈室、收款室、丧葬用品室、销售室、宣传展示区、小卖部和卫生间等
2	悼念区	包括告别厅、音响室、医务室、设备用房、守灵用房（包括客厅、灵堂、休息室等）等
3	遗体处理区	包括遗体接送间、遗体处理用房（包括清洗间、遗体更衣间、防腐间、消毒间、整容间、化妆间等，工作人员休息间、更衣间、淋浴间、卫生间等，备品间、设备用房等）、遗体冷藏用房（包括遗体冷藏室、冷冻室、解冻室、控制室、柴油发电机房、通风机房等）、解剖室（包括专业人员更衣室、工作间、盥洗室、卫生间等），设备用房和推尸车库等
4	火化区	包括停尸间、火化间、工具间、骨灰整理间、设备用房；火化职工更衣室、休息室、淋浴室、卫生间等；丧属候灰厅、骨灰领取厅、观化厅或（廊）等
5	骨灰寄存区	包括骨灰安放间等
6	行政办公区	包括工作人员办公室、卫生间等
7	后勤服务区	包括生活水泵房、消防水泵房、暖通机房、变配电室、弱电机房等

殡仪馆建筑给水排水设计应符合现行国家标准《城市给水工程项目规范》GB 55026、《城乡排水工程项目规范》GB 55027、《建筑给水排水设计标准》GB 50015、《建筑防火通用规范》GB 55037、《消防设施通用规范》GB 55036、《建筑设计防火规范》GB 50016 和《消防给水及消火栓系统技术规范》GB 50974 等的规定。根据殡仪馆建筑的功能设置，其给水排水设计涉及的现行行业标准为《殡仪馆建筑设计规范》JGJ 124。殡仪馆建筑若设置中水系统，其设计涉及的现行国家标准为《建筑中水设计标准》GB 50336。殡仪馆建筑若设置管道直饮水系统，其设计涉及的现行行业标准为《建筑与小区管道直饮水系统技术规程》CJJ/T 110。

24.1　生活给水系统

24.1.1　用水量标准

1. 生活用水量标准

殡仪馆建筑相关功能场所生活用水定额，见表 24-2。

殡仪馆建筑生活用水定额表 表24-2

序号	用水房间名称	单位	生活用水定额（最高日）(L)	小时变化系数
1	业务区和火化区用房	每人每班	60（其中热水30）	2.0～2.5
2	职工食堂	每人每班	15	1.5～2.0
3	办公用房	每人每班	60	2.0～2.5
4	浴池	每人每次	170（其中热水110）	2.0
5	办公区（饮用水）	每人每班	2	1.5
6	殡仪区（饮用水）	每人每次	0.3	1.0

注：上述生活用水量中，热水水温为60℃；饮水水温为100℃。

2. 绿化浇灌用水量标准

殡仪馆建筑院区绿化浇灌最高日用水定额按浇灌面积1.0～3.0L/(m^2·d）计算，通常取2.0L/(m^2·d)，干旱地区可酌情增加。

3. 浇洒道路用水量标准

殡仪馆建筑院区道路、广场浇洒最高日用水定额按浇洒面积2.0～3.0L/(m^2·d）计算，亦可参见表2-8。

4. 空调循环冷却水补水用水量标准

殡仪馆建筑空调循环冷却水补充水量，按公式（1-3）计算，亦可由暖通空调专业提供。

5. 供暖锅炉补充水量

供暖锅炉补充水量由暖通空调、热能动力专业提供。

6. 给水管网漏失水量和未预见水量

这两项水量之和按上述5项用水量（第1项至第5项）之和的8%～12%计算，通常按10%计。

最高日用水量（Q_d）应为上述6项用水量（第1项至第6项）之和。

最大时用水量（Q_{hmax}）可按公式（1-4）计算。

24.1.2 水质标准和防水质污染

1. 水质标准

殡仪馆建筑给水的水质应符合现行国家标准《生活饮用水卫生标准》GB 5749的规定。

2. 防水质污染

殡仪馆建筑生活给水系统水源接自市政给水管网时，给水引入管上应设置倒流防止器。

殡仪馆建筑遗体处理区、火化区的生活给水应独立设置，接入上述区域的生活给水干管上应设置止回阀等防回流装置。

殡仪馆建筑生活给水采用加压供水时，其生活储水设施首选不锈钢生活水箱，避免采用生活水池，箱体独立设置在生活水泵房内，生活水箱上方应禁止污水排水管敷设，即其上方不应有卫生间、盥洗室等场所。

24.1.3 给水系统和给水方式

1. 殡仪馆建筑生活给水系统

典型的殡仪馆建筑生活给水系统原理图，参见图4-1。

2. 殡仪馆建筑生活给水供水方式

殡仪馆建筑通常为单、多层建筑，其生活给水供水方式，见表 24-3。

殡仪馆建筑生活给水供水方式表 表 24-3

序号	供水方式	适用范围
1	市政给水管网直接供水	市政给水管网压力满足建筑最低工作压力要求
2	生活水箱加变频生活给水泵组联合供水	市政给水管网压力不满足建筑最低工作压力要求时的加压区
3		建筑周边无市政给水管网，院区供水采用自备水源时的整个院区建筑用水区域

3. 殡仪馆建筑生活给水系统竖向分区

殡仪馆建筑通常为单、多层建筑，其生活给水系统竖向分区应根据的原则，参见表 3-7。

殡仪馆建筑生活给水系统竖向分区确定程序，见表 24-4。

生活给水系统竖向分区确定程序表 表 24-4

序号	竖向分区确定程序
1	落实殡仪馆建筑院区周边市政给水管网设置情况：若设有市政给水管网，应落实其最小保障供水压力；若未有市政给水管网，应落实其自备水源设置情况
2	根据市政给水管网的最小保障供水压力确定由市政给水管网直接供水的楼层：若最小保障供水压力大于或等于建筑生活给水系统设计工作压力，则建筑生活给水系统竖向为 1 个区；若最小保障供水压力小于建筑生活给水系统设计工作压力，则建筑生活给水系统竖向为市政直供区和加压供水区 2 个区
3	当院区供水采用自备水源时，整个殡仪馆建筑生活给水系统竖向为 1 个区域，即为加压供水区

4. 殡仪馆建筑生活给水系统形式

殡仪馆建筑生活给水系统通常采用下行上给式。

24.1.4 管材及附件

1. 生活给水系统管材

殡仪馆建筑生活给水系统给水管道应选用耐腐蚀、安装连接方便可靠、符合国家现行有关产品标准要求及饮用水卫生要求的管材，常用管材包括薄壁不锈钢管、薄壁铜管、PVC-C（氯化聚氯乙烯）冷水用管、钢塑复合管、内衬不锈钢复合钢管、铝塑复合管等。

2. 生活给水系统阀门

殡仪馆建筑生活给水系统设置阀门的部位，参见表 4-7。

殡仪馆建筑的给水管道上的各种阀门，宜装设在便于检修和便于操作的位置。

3. 生活给水系统止回阀

殡仪馆建筑生活给水系统设置止回阀的部位，参见表 4-8。

接入殡仪馆建筑遗体处理区、火化区的生活给水干管上应设置止回阀等防回流装置。

4. 生活给水系统减压阀

殡仪馆建筑配水横管静水压大于 0.20MPa 的楼层各分区内给水支管起端应设置减压阀，减压阀位置在阀门之后。

5. 生活给水系统水表

殡仪馆建筑给水系统的引入管上应设置水表。水表宜设置在室内便于抄表位置；在夏热冬冷地区及严寒地区，当水表设置于室外时，应采取可靠的防冻胀破坏措施。

殡仪馆建筑生活给水系统按业务区、悼念区、遗体处理区、火化区、骨灰寄存区、行政办公区、后勤服务区分区域计量原则设置水表，生活给水系统设置水表的部位，参见表3-14。

6. 生活给水系统其他附件

生活水箱的生活给水进水管上应设自动水位控制阀。

殡仪馆建筑生活给水系统设置过滤器的部位，参见表2-19。

殡仪馆建筑内公共卫生间的洗手盆水嘴应采用非接触式或延时自闭式水嘴，通常采用感应式水嘴；小便斗、大便器应采用非手动开关。用水点非手动开关的型式，参见表2-20。

遗体处理用房和火化间的洗涤池均应采用非手动开关，并应防止污水外溅。

24.1.5 给水管道布置及敷设

1. 室外生活给水系统布置与敷设

殡仪馆建筑院区的室外生活给水管网应布置成环状管网，管径宜为$DN150$。环状给水管网与市政给水管网的连接管不宜少于2条，引入管管径宜为$DN150$、不宜小于$DN100$。

殡仪馆建筑院区室外生活给水管道与其他地下管线及乔木之间的最小净距，参照表1-25规定。

2. 室内生活给水系统布置与敷设

殡仪馆建筑室内生活给水管道通常布置成支状管网，单向供水，宜沿室内公共区域敷设。殡仪馆建筑生活给水管道不应布置的场所，参见表2-21。

殡仪馆内各用房的生活给水管线宜集中隐蔽、暗设。

3. 室内给水管道防护

室内生活给水横干管、立管超过50m时，宜设伸缩补偿装置。

4. 生活给水管道保温

敷设在有可能结冻的房间及管井、管沟等处的给水管道应有防冻措施。

屋顶水箱间内生活给水管道均需做保温，所有给水横管及管井内的给水立管均做防结露保温。室内满足防冻要求的管道可不做防结露保温。

在严寒和寒冷地区，非供暖殡仪馆建筑内的给水管道应采取防冻措施。

给水管道保温材料厚度确定，参见表1-30、表1-31。

24.1.6 生活给水系统给水管网计算

1. 看守所院区室外生活给水管网

室外生活给水管网设计流量应按殡仪馆建筑院区生活给水最大时用水量确定。院区给水引入管的设计流量应按最大时用水量确定；当引入管为2条时，应保证当其中一条发生故障时，其余的引入管可以提供不小于70%的流量。

殡仪馆建筑院区室外生活给水管网管径宜采用$DN100$。

2. 殡仪馆建筑室内生活给水管网

采用市政给水管网直接供水时，给水引入管设计流量（Q_1）应按直供区生活给水设计秒流量计；采用生活水箱＋变频给水泵组供水时，给水引入管设计流量（Q_2）应按加压区生活水箱设计补水量计，设计补水量不得小于高区最高日平均时用水量，不宜大于最高日最大时用水量。

殡仪馆建筑生活给水设计秒流量应按公式（24-1）计算：

$$q_g = 0.2 \cdot \alpha \cdot (N_g)^{1/2} = 0.3 \cdot (N_g)^{1/2} \tag{24-1}$$

式中 q_g——计算管段的给水设计秒流量，L/s；

N_g——计算管段的卫生器具给水当量总数；

α——根据殡仪馆建筑用途而定的系数，取 1.5。

注：如计算值小于该管段上一个最大卫生器具给水额定流量时，应采用一个最大的卫生器具给水额定流量作为设计秒流量；如计算值大于该管段上按卫生器具给水额定流量累加所得流量值时，应按卫生器具给水额定流量累加所得流量值采用；有大便器延时自闭冲洗阀的给水管段，大便器延时自闭冲洗阀的给水当量均以 0.5 计，计算得到的 q_g附加 1.20L/s 的流量后，为该管段的给水设计秒流量。

殡仪馆建筑生活给水设计秒流量计算，可参照表 24-5。

殡仪馆建筑生活给水设计秒流量计算表（L/s） **表 24-5**

卫生器具给水当量数 N_g	殡仪馆建筑 $\alpha=1.5$	卫生器具给水当量数 N_g	殡仪馆建筑 $\alpha=1.5$	卫生器具给水当量数 N_g	殡仪馆建筑 $\alpha=1.5$	卫生器具给水当量数 N_g	殡仪馆建筑 $\alpha=1.5$	卫生器具给水当量数 N_g	殡仪馆建筑 $\alpha=1.5$
1	0.30	50	2.12	145	3.61	315	5.32	485	6.61
2	0.42	52	2.16	150	3.67	320	5.37	490	6.64
3	0.52	54	2.20	155	3.73	325	5.41	495	6.67
4	0.60	56	2.24	160	3.79	330	5.45	500	6.71
5	0.67	58	2.28	165	3.85	335	5.49	550	7.04
6	0.73	60	2.32	170	3.91	340	5.53	600	7.35
7	0.79	62	2.36	175	3.97	345	5.57	650	7.65
8	0.85	64	2.40	180	4.02	350	5.61	700	7.94
9	0.90	66	2.44	185	4.08	355	5.65	750	8.22
10	0.95	68	2.47	190	4.14	360	5.69	800	8.49
11	0.99	70	2.51	195	4.19	365	5.73	850	8.75
12	1.04	72	2.55	200	4.24	370	5.77	900	9.00
13	1.08	74	2.58	205	4.30	375	5.81	950	9.25
14	1.12	76	2.62	210	4.35	380	5.85	1000	9.49
15	1.16	78	2.65	215	4.40	385	5.89	1050	9.72
16	1.20	80	2.68	220	4.45	390	5.92	1100	9.95
17	1.24	82	2.72	225	4.50	395	5.96	1150	10.17
18	1.27	84	2.75	230	4.55	400	6.00	1200	10.39
19	1.31	86	2.78	235	4.60	405	6.04	1250	10.61
20	1.34	88	2.81	240	4.65	410	6.07	1300	10.82
22	1.41	90	2.85	245	4.70	415	6.11	1350	11.02
24	1.47	92	2.88	250	4.74	420	6.15	1400	11.22
26	1.53	94	2.91	255	4.79	425	6.18	1450	11.42
28	1.59	96	2.94	260	4.84	430	6.22	1500	11.62
30	1.64	98	2.97	265	4.88	435	6.26	1550	11.81
32	1.70	100	3.00	270	4.93	440	6.29	1600	12.00
34	1.75	105	3.07	275	4.97	445	6.33	1650	12.19
36	1.80	110	3.15	280	5.02	450	6.36	1700	12.37
38	1.85	115	3.22	285	5.06	455	6.40	1750	12.55
40	1.90	120	3.29	290	5.11	460	6.43	1800	12.73
42	1.94	125	3.35	295	5.15	465	6.47	1850	12.90
44	1.99	130	3.42	300	5.20	470	6.50	1900	13.08
46	2.03	135	3.49	305	5.24	475	6.54	1950	13.25
48	2.08	140	3.55	310	5.28	480	6.57	2000	13.42

殡仪馆建筑有自闭式冲洗阀时生活给水设计秒流量计算，可参照表 1-33。

殡仪馆建筑职工公共浴室，职工食堂厨房等场所生活给水管道的设计秒流量应按公式（24-2)计算：

$$q_g = \sum q_{g0} \cdot n_0 \cdot b_g \tag{24-2}$$

式中 q_g——殡仪馆建筑计算管段的给水设计秒流量，L/s；

q_{g0}——殡仪馆建筑同类型的一个卫生器具给水额定流量，L/s，可按表 4-11 采用；

n_0——殡仪馆建筑同类型卫生器具数；

b_g——殡仪馆建筑卫生器具的同时给水使用百分数：殡仪馆建筑职工公共浴室内的淋浴器和洗脸盆按表 4-12 选用；职工食堂的设备按表 4-13 选用。

3. 殡仪馆建筑内卫生器具给水当量

殡仪馆建筑卫生器具和配件应采用节水型产品，应采用符合现行行业标准《节水型生活用水器具》CJ/T 164 规定的节水型卫生器具，宜选用用水效率等级不低于 3 级的用水器具。

殡仪馆建筑常见卫生器具的给水额定流量、给水当量、连接给水管管径和最低工作压力按表 3-18 确定。

4. 殡仪馆建筑内给水管管径

殡仪馆建筑内给水供水管的管径，应根据该给水供水管段的设计秒流量、允许给水流速等查相关计算表格确定。生活给水管道内的给水流速，宜按表 1-38。

整个生活给水系统生活给水立管、干管均按照其服务的给水设计秒流量确定其管段管径。

24.1.7 生活水泵和生活水泵房

殡仪馆建筑给水设计应有可靠的水源和供水管道系统，当仅有一路城市引入管或供水不满足设计秒流量或压力要求时，应设置加压供水设备。

1. 生活水泵

殡仪馆建筑生活给水加压水泵宜采用 2 台（1 用 1 备）配置模式。

殡仪馆建筑生活给水加压通常采用变频调速给水泵组，其设计流量应按其负责给水系统的最大设计秒流量确定，即 $Q=q_g$。设计时应统计该系统内各用水点卫生器具的生活给水当量数，经公式（24-1)、公式（24-2）计算或查表 24-5 得出设计流量值。

生活给水加压水泵的设计工作压力，按公式（1-10）计算。

殡仪馆建筑加压水泵应选用低噪声节能型产品。

2. 生活水泵房

殡仪馆建筑二次加压给水的水泵房应为独立的房间，并应环境良好、便于维修和管理；不应毗邻悼念区、遗体处理区、火化区，不宜毗邻业务区；加压泵组及泵房应采取减振降噪措施。

殡仪馆建筑生活水泵房的设置位置应根据其所供水服务的范围确定，见表 24-6。

殡仪馆建筑生活水泵房位置确定及要求表　　表 24-6

序号	水泵房位置	适用情况	设置要求
1	院区室外集中设置	院区室外有空间；常见于新建殡仪馆建筑院区	宜与消防水泵房、消防水池、暖通冷热源机房、锅炉房等集中设置，宜靠近殡仪馆建筑

续表

序号	水泵房位置	适用情况	设置要求
2	建筑地下室楼层设置	院区室外无空间	宜设在地下一层；水泵房地面宜高出室外地面200～300mm

生活给水泵组宜集中布置，宜设置在一个基础上。

24.1.8 生活贮水箱（池）

殡仪馆建筑给水设计应有可靠的水源和供水管道系统，当仅有一路城市引入管或供水不满足设计秒流量或压力要求时，应设置生活贮水箱（池）。

殡仪馆建筑水箱间通常设置在生活水泵房内。

水箱应设置消毒设备，并宜采用紫外线消毒方式。

1. 贮水容积

殡仪馆建筑生活用水贮水箱（池）的有效容积计算时，其生活用水调节量应按进水量与用水量变化曲线经计算确定，当资料不足时，宜按最高日用水量的20%～25%确定，最大不得大于48h的用水量。有条件时可适当增加生活贮水箱（池）有效容积。

殡仪馆建筑生活用水贮水设备宜采用贮水箱。

2. 生活水箱

殡仪馆建筑生活水箱设计要求，参见表1-46。

3. 生活水箱相关管道、装置设置要求

殡仪馆建筑生活水箱相关管道设施要求，参见表1-47。

生活水箱各水位指标确定方法及取值经验值，参见表1-48。

24.2 生活热水系统

24.2.1 热水系统类别

殡仪馆建筑生活热水系统类别，见表24-7。

殡仪馆建筑生活热水系统类别表　　表24-7

序号	分类标准	热水系统类别	殡仪馆建筑应用情况	应用程度
1	供应范围	集中生活热水系统	职工食堂厨房生活热水系统；职工公共浴室洗浴生活热水系统	最常用
2		局部（分散）生活热水系统	业务区、遗体处理区和火化区工作人员洗浴生活热水系统	常用
3	热水管网循环方式	热水干管立管循环生活热水系统	职工公共浴室洗浴生活热水系统	常用
4		热水干管循环生活热水系统	职工食堂厨房生活热水系统	最常用
5		不循环生活热水系统	业务区、遗体处理区和火化区工作人员洗浴生活热水系统	常用

续表

序号	分类标准	热水系统类别	殡仪馆建筑应用情况	应用程度
6	热水管网循环水泵运行方式	全日循环生活热水系统	业务区、遗体处理区和火化区工作人员洗浴生活热水系统	常用
7		定时循环生活热水系统	职工食堂厨房生活热水系统；职工公共浴室洗浴生活热水系统	最常用
8	热水管网循环动力方式	强制循环生活热水系统	职工食堂厨房生活热水系统；职工公共浴室洗浴生活热水系统；业务区、遗体处理区和火化区工作人员洗浴生活热水系统	最常用
9		自然循环生活热水系统		极少用
10	是否敞开形式	闭式生活热水系统	职工食堂厨房生活热水系统；职工公共浴室洗浴生活热水系统；业务区、遗体处理区和火化区工作人员洗浴生活热水系统	最常用
11		开式生活热水系统		极少用
12	热水管网布置型式	下供下回式生活热水系统	热源位于建筑底部，即由锅炉房提供热媒(高温蒸汽或高温热水)，经汽水或水水换热器提供热水热源等的生活热水系统	常用
13		上供上回式生活热水系统	热源位于建筑顶部，即由屋顶太阳能热水设备及（或）空气能热泵热水设备提供热水热源等的生活热水系统	常用
14		上供下回式生活热水系统		较少用
15	热水管路距离	同程式生活热水系统	职工食堂厨房生活热水系统；职工公共浴室洗浴生活热水系统	最常用
16		异程式生活热水系统	业务区、遗体处理区和火化区工作人员洗浴生活热水系统	常用
17	热水系统分区方式	加热器集中设置生活热水系统	殡仪馆院区内各个建筑生活热水系统距离较近、规模相差不大或为同一建筑内不同竖向分区系统时的生活热水系统	常用
18		加热器分散设置生活热水系统	殡仪馆院区各个建筑生活热水系统距离较远、规模相差较大时的生活热水系统	常用

24.2.2　生活热水系统热源

殡仪馆建筑集中生活热水供应系统的热源，参见表2-34。

殡仪馆建筑生活热水系统热源选用，参见表2-35。

殡仪馆建筑生活热水系统常见热源组合形式，见表24-8。

生活热水系统常见热源组合形式表 **表 24-8**

序号	热源组合形式名称	主要热源	辅助热源	适用范围
1	热水锅炉＋太阳能组合	院区内设置燃气（油）锅炉房，锅炉房内高温热水锅炉提供热媒（通常为80℃/60℃高温热水），经建筑内热水机房（换热机房）内的水水换热器换热后为系统提供60℃/50℃低温热水	建筑屋顶设置太阳能热水机房（房间内设置储热水箱或储热罐、生活热水供水泵组、生活热水循环泵组、太阳能集热循环泵组等），屋顶布置太阳能集热板及太阳能供水、回水管道，太阳能热水供水设备为系统提供60℃/50℃高温热水	该组合方式适用于我国北方、西北等寒冷或严寒地区殡仪馆建筑生活热水系统
2	太阳能＋空气源热能组合	建筑屋顶设置热水机房（设置储热水箱或储热罐、生活热水供水泵组、生活热水循环泵组、太阳能集热循环泵组、空气能热泵循环泵组等），屋顶布置太阳能集热板及太阳能供水、回水管道。太阳能供水设备为系统提供60℃/50℃高温热水	建筑屋顶设置热水机房，屋顶布置空气能热泵热水机组及空气能供水、回水管道。空气源热泵热水机组为系统提供60℃/50℃高温热水	该组合方式适用于我国南部或中部地区殡仪馆建筑生活热水系统

殡仪馆建筑屋顶设置太阳能光伏发电系统时，系统产生的电能可用于屋顶热水箱内热水的加热，保证生活热水系统供水温度。

24.2.3 热水系统设计参数

1. 殡仪馆建筑热水用水定额

殡仪馆建筑相关功能场所热水用水定额，见表 24-2。

2. 殡仪馆建筑卫生器具用水定额及水温

殡仪馆建筑相关功能场所卫生器具的一次热水用水量、小时热水用水量和水温，可按表 24-9 确定。

殡仪馆建筑卫生器具一次热水用水量、小时热水用水量和水温表 **表 24-9**

序号	卫生器具名称			一次热水用水量（L）	小时热水用水量（L）	水温（℃）
1	办公楼	洗手盆		3～5	50～100	35
2	食堂	洗脸盆	工作人员用	3	60	30
			顾客用	—	120	
		淋浴器		40	400	37～40
3	公共浴室	淋浴器		—	450	37～40

注：表中用水量均为使用水温时的用水量；一次热水用水量指使用一次的用水量，并非卫生器具开关一次的用水量，有些卫生器具使用一次可能需要开关几次。

3. 殡仪馆建筑冷水计算温度

冷水的计算温度应以当地最冷月平均水温资料确定。当无水温资料时，按表 1-58 采用。

殡仪馆建筑冷水计算温度宜按殡仪馆建筑当地地面水温度确定，水温有取值范围时宜取低值。

4. 殡仪馆建筑水加热设备供水温度

殡仪馆建筑集中热水供应系统的水加热设备（包括热水锅炉、热水机组或水加热器等）的出水温度按表1-59采用。殡仪馆建筑集中生活热水系统水加热设备的供水温度宜为60～65℃，通常按60℃计。

5. 殡仪馆建筑生活热水水质

殡仪馆建筑生活热水的水质指标，应符合现行国家标准《生活饮用水卫生标准》GB 5749的要求。

24.2.4 热水系统设计指标

1. 殡仪馆建筑热水设计小时耗热量

(1) 全日供应热水设计小时耗热量

殡仪馆建筑集中生活热水系统极少采用全日供应热水。

(2) 定时供应热水设计小时耗热量

殡仪馆建筑职工公共浴室、职工食堂厨房生活热水系统通常采用定时供应热水。

当殡仪馆建筑生活热水系统采用定时供应热水的集中生活热水系统时，其设计小时耗热量应按公式（24-3）计算：

$$Q_h = \sum q_h \cdot C \cdot (t_{r2} - t_l) \cdot \rho_r \cdot n_0 \cdot b_g \cdot C_\gamma \tag{24-3}$$

式中，Q_h——殡仪馆建筑生活热水设计小时耗热量，kJ/h；

q_h——殡仪馆建筑卫生器具生活热水的小时用水定额，L/h，可按表24-9采用；

C——水的比热，kJ/(kg·℃)，C=4.187kJ/(kg·℃)；

t_{r2}——热水计算温度，℃，计算时可按表24-9选用；

t_l——冷水计算温度，℃；

ρ_r——热水密度，kg/L，通常取1.0kg/L；

n_0——殡仪馆建筑同类型卫生器具数；

b_g——殡仪馆建筑卫生器具的同时使用百分数；

C_γ——热水供应系统的热损失系数，C_γ=1.10～1.15。

(3) 不同使用要求用水部门热水设计小时耗热量

具有多个不同使用热水部门或具有多种热水使用形式的殡仪馆建筑，当其热水由同一热水供应系统供应时，设计小时耗热量，可按同一时间内出现用水高峰的主要用水部门的设计小时耗热量加其他用水部门的平均小时耗热量计算。

2. 殡仪馆建筑设计小时热水量

殡仪馆建筑设计小时热水量，按公式（24-4）计算：

$$q_{rh} = Q_h / [(t_{r3} - t_l) \cdot C \cdot \rho_r \cdot C_\gamma] \tag{24-4}$$

式中 q_{rh}——殡仪馆建筑生活热水设计小时热水量，L/h；

Q_h——殡仪馆建筑生活热水设计小时耗热量，kJ/h；

t_{r3}——设计热水温度，℃，计算时t_{r3}取值与t_{r1}一致即可；

t_l——冷水计算温度，℃；

C——水的比热，kJ/(kg·℃)，C=4.187kJ/(kg·℃)；

ρ_r——热水密度，kg/L，通常取1.0kg/L；

C_γ——热水供应系统的热损失系数，$C_\gamma=1.10\sim1.15$。

3. 殡仪馆建筑加热设备供热量

殡仪馆建筑全日集中生活热水系统中，锅炉、水加热设备的设计小时供热量应根据日热水用量小时变化曲线、加热方式及锅炉、水加热设备的工作制度经积分曲线计算确定。

（1）容积式水加热器或贮热容积与其相当的水加热器、燃油（气）热水机组供热量

殡仪馆建筑生活热水系统采用的容积式水加热器均应为导流型容积式水加热器，其设计小时供热量可按公式（24-5）计算：

$$Q_g = Q_h - (\eta \cdot V_r / T_1) \cdot (t_{r3} - t_l) \cdot C \cdot \rho_r \tag{24-5}$$

式中 Q_g——殡仪馆建筑导流型容积式水加热器的设计小时供热量，kJ/h；

Q_h——殡仪馆建筑设计小时耗热量，kJ/h；

η——导流型容积式水加热器有效贮热容积系数，取0.8～0.9；

V_r——导流型容积式水加热器总贮热容积，L；

T_1——殡仪馆建筑设计小时耗热量持续时间，h，定时集中热水供应系统T_1等于定时供水的时间；当Q_g计算值小于平均小时耗热量时，Q_g应取平均小时耗热量；

t_{r3}——设计热水温度，℃，按导流型容积式水加热器出水温度或贮水温度计算，通常取65℃；

t_l——冷水温度，℃；

C——水的比热，kJ/(kg·℃)，$C=4.187$kJ/(kg·℃)；

ρ_r——热水密度，kg/L，通常取1.0kg/L。

在殡仪馆建筑生活热水系统设计小时供热量计算时，通常取$Q_g=Q_h$。

（2）半容积式水加热器或贮热容积与其相当的水加热器、燃油（气）热水机组供热量

殡仪馆建筑生活热水系统亦常采用半容积式水加热器，此时半容积式水加热器设计小时供热量按设计小时耗热量计算，即取$Q_g=Q_h$。

24.2.5 生活热水系统热水管网计算

1. 生活热水管网设计流量

（1）殡仪馆建筑生活热水引入管设计流量

殡仪馆建筑生活热水引入管设计流量应按该建筑相应生活热水供水系统总供水干管的设计秒流量确定。

（2）殡仪馆建筑内生活热水设计秒流量

殡仪馆建筑生活热水设计秒流量应按公式（24-6）计算：

$$q_g = 0.2 \cdot \alpha \cdot (N_g)^{1/2} = 0.3 \cdot (N_g)^{1/2} \tag{24-6}$$

式中 q_g——计算管段的热水设计秒流量，L/s；

N_g——计算管段的卫生器具热水当量总数；

α——根据殡仪馆建筑用途而定的系数，取1.5。

注：如计算值小于该管段上一个最大卫生器具热水额定流量时，应采用一个最大的卫生器具热水额定流量作为设计秒流量；如计算值大于该管段上按卫生器具热水额定流量累加所得流量值时，应按卫生

器具热水额定流量累加所得流量值采用。

殡仪馆建筑生活热水设计秒流量计算，可参照表24-10。

殡仪馆建筑生活热水设计秒流量计算表（L/s） **表24-10**

卫生器具热水当量数 N_g	殡仪馆建筑 $\alpha=1.5$	卫生器具热水当量数 N_g	殡仪馆建筑 $\alpha=1.5$	卫生器具热水当量数 N_g	殡仪馆建筑 $\alpha=1.5$	卫生器具热水当量数 N_g	殡仪馆建筑 $\alpha=1.5$	卫生器具热水当量数 N_g	殡仪馆建筑 $\alpha=1.5$
1	0.30	50	2.12	145	3.61	315	5.32	485	6.61
2	0.42	52	2.16	150	3.67	320	5.37	490	6.64
3	0.52	54	2.20	155	3.73	325	5.41	495	6.67
4	0.60	56	2.24	160	3.79	330	5.45	500	6.71
5	0.67	58	2.28	165	3.85	335	5.49	550	7.04
6	0.73	60	2.32	170	3.91	340	5.53	600	7.35
7	0.79	62	2.36	175	3.97	345	5.57	650	7.65
8	0.85	64	2.40	180	4.02	350	5.61	700	7.94
9	0.90	66	2.44	185	4.08	355	5.65	750	8.22
10	0.95	68	2.47	190	4.14	360	5.69	800	8.49
11	0.99	70	2.51	195	4.19	365	5.73	850	8.75
12	1.04	72	2.55	200	4.24	370	5.77	900	9.00
13	1.08	74	2.58	205	4.30	375	5.81	950	9.25
14	1.12	76	2.62	210	4.35	380	5.85	1000	9.49
15	1.16	78	2.65	215	4.40	385	5.89	1050	9.72
16	1.20	80	2.68	220	4.45	390	5.92	1100	9.95
17	1.24	82	2.72	225	4.50	395	5.96	1150	10.17
18	1.27	84	2.75	230	4.55	400	6.00	1200	10.39
19	1.31	86	2.78	235	4.60	405	6.04	1250	10.61
20	1.34	88	2.81	240	4.65	410	6.07	1300	10.82
22	1.41	90	2.85	245	4.70	415	6.11	1350	11.02
24	1.47	92	2.88	250	4.74	420	6.15	1400	11.22
26	1.53	94	2.91	255	4.79	425	6.18	1450	11.42
28	1.59	96	2.94	260	4.84	430	6.22	1500	11.62
30	1.64	98	2.97	265	4.88	435	6.26	1550	11.81
32	1.70	100	3.00	270	4.93	440	6.29	1600	12.00
34	1.75	105	3.07	275	4.97	445	6.33	1650	12.19
36	1.80	110	3.15	280	5.02	450	6.36	1700	12.37
38	1.85	115	3.22	285	5.06	455	6.40	1750	12.55
40	1.90	120	3.29	290	5.11	460	6.43	1800	12.73
42	1.94	125	3.35	295	5.15	465	6.47	1850	12.90
44	1.99	130	3.42	300	5.20	470	6.50	1900	13.08
46	2.03	135	3.49	305	5.24	475	6.54	1950	13.25
48	2.08	140	3.55	310	5.28	480	6.57	2000	13.42

殡仪馆职工公共浴室、职工食堂厨房等场所生活热水管道的设计秒流量应按公式（24-7)计算：

$$q_g = \sum q_{g0} \cdot n_0 \cdot b_g \tag{24-7}$$

式中 q_g——殡仪馆建筑计算管段的热水设计秒流量，L/s；

q_{g0}——殡仪馆建筑同类型的一个卫生器具热水额定流量，L/s；

n_0——殡仪馆建筑同类型卫生器具数；

b_g——殡仪馆建筑卫生器具的同时热水使用百分数：殡仪馆职工公共浴室内的淋浴器和洗脸盆按表3-16选用；职工食堂的设备按表4-13选用。

2. 殡仪馆建筑内卫生器具热水当量

殡仪馆建筑卫生器具的热水额定流量、热水当量、连接热水管管径和最低工作压力按表3-31确定。

3. 殡仪馆建筑内热水管管径

殡仪馆建筑内热水供水管的管径，应根据该热水供水管段的设计秒流量、允许热水流速等查相关计算表格确定。生活热水管道内的热水流速，宜按表1-66控制。

本区域热水回水干管管径根据该区域热水供水干管最大管径确定。热水回水管管径与热水供水管管径的对照，参见表3-33。

整个生活热水系统的生活热水供水立管、干管均按照其服务的热水设计秒流量确定其管段管径；生活热水回水立管、干管先按照其服务的热水设计秒流量确定出一个供水管管径值，再根据表3-33确定其管段回水管管径值。

24.2.6 生活热水机房（换热机房、换热站）

殡仪馆建筑生活热水机房（换热机房、换热站）位置确定，见表24-11。

殡仪馆建筑生活热水机房（换热机房、换热站）位置确定表　　表24-11

<table>
<tr><th>序号</th><th>生活热水机房（换热机房、换热站）位置</th><th>生活热水系统热源情况</th><th>生活热水机房（换热机房、换热站）内设施</th><th>适用范围</th></tr>
<tr><td>1</td><td>院区室外独立设置（非火化区）</td><td rowspan="2">院区锅炉房热水（蒸汽）锅炉提供热媒，经换热后提供第1热源；太阳能设备或空气能热泵设备提供第2热源</td><td rowspan="2">常用设施：水（汽）水换热器（加热器）、热水循环泵组</td><td>新建、改建殡仪馆建筑；设有锅炉房</td></tr>
<tr><td>2</td><td>非火化区单体建筑室内地下室</td><td>新建殡仪馆建筑；设有锅炉房</td></tr>
<tr><td>3</td><td>非火化区单体建筑屋顶</td><td>太阳能设备或（和）空气能热泵设备提供热源；必要情况下燃气热水设备提供第2热源</td><td>热水箱、热水循环泵组、集热循环泵组、空气能热泵循环泵组</td><td>新建、改建殡仪馆建筑；屋顶设有热源热水设备</td></tr>
</table>

殡仪馆建筑生活热水机房（换热机房、换热站）应为独立的房间，不应毗邻悼念区、遗体处理区、火化区，不宜毗邻业务区。

24.2.7 生活热水箱

殡仪馆建筑生活热水箱设计要求，参见表1-72。

生活热水箱各种水位，按表1-74确定。

殡仪馆建筑生活热水箱间应为独立的房间，不应毗邻悼念区、遗体处理区、火化区，不宜毗邻业务区。

24.2.8 生活热水循环泵

1. 生活热水循环泵设置位置

当系统热源由高温热媒经院区热水机房（换热机房）内的各分区换热设备后向各分区供给热水时，各分区生活热水循环泵通常设在热水机房（换热机房）内。当系统热源由屋顶太阳能供水设备向各分区供给热水时，各分区生活热水循环泵通常设在本分区最低楼层或下面一层热水循环泵房内。

2. 生活热水循环泵设计流量

生活热水循环水泵的出水量，按公式（24-8）计算：

$$q_{xh} = K_x \cdot q_x \tag{24-8}$$

式中 q_{xh}——殡仪馆建筑热水循环水泵流量，L/h；

K_x——殡仪馆建筑相应循环措施的附加系数，可取1.5～2.5；

q_x——殡仪馆建筑热水的循环流量，L/h，当殡仪馆建筑热水系统采用定时供水时，热水循环流量可按循环管网总水容积的2～4倍计算。

设计中，生活热水循环泵的流量可按照所服务热水系统设计小时流量的25%～30%确定。

3. 生活热水循环泵设计扬程

生活热水循环泵的扬程，按公式（24-9）计算：

$$H_b = h_p + h_x \tag{24-9}$$

式中 H_b——殡仪馆建筑热水循环泵的扬程，mH_2O；

h_p——殡仪馆建筑热水循环水量通过热水配水管网的水头损失，mH_2O；

h_x——殡仪馆建筑热水循环水量通过热水回水管网的水头损失，mH_2O。

生活热水循环泵的扬程，简便计算按公式（24-10）计算：

$$H_b \approx 1.1 \cdot R \cdot (L_1 + L_2) \tag{24-10}$$

式中 H_b——殡仪馆建筑热水循环泵的扬程，mH_2O；

R——热水管网单位长度的水头损失，mH_2O/m，可按0.010～0.015mH_2O/m；

L_1——自水加热器至热水管网最不利点的供水管管长，m；

L_2——自热水管网最不利点至水加热器的回水管管长，m。

殡仪馆建筑热水循环泵组通常每套设置2台，1用1备，交替运行。

4. 太阳能集热循环泵

太阳能集热循环泵通常设置在屋顶生活热水箱间内，宜设置在太阳能设备供水管即从生活热水箱接出的管道上。集热循环泵流量，按公式（1-28）计算；集热循环泵扬程，按公式（1-29）、公式（1-30）计算。

殡仪馆建筑集热循环泵组通常每套设置2台，1用1备，交替运行。

24.2.9 热水系统管材、附件和管道敷设

1. 生活热水系统管材

殡仪馆建筑生活热水系统热水管道常用的管材包括薄壁不锈钢管、PVC-C（氯化聚氯乙烯）热水用管、薄壁铜管、钢塑复合管（如PSP管）、铝塑复合管等，较少采用普通塑料热水管。

2. 生活热水系统阀门

殡仪馆建筑生活热水系统设置阀门的部位，参见表2-50。

3. 生活热水系统止回阀

殡仪馆建筑生活热水系统设置止回阀的部位，参见表2-51。

4. 生活热水系统水表

殡仪馆建筑生活热水系统按分区域原则设置热水表，热水表宜采用远传智能水表。

5. 热水系统排气装置、泄水装置

对于上行下给式热水系统，系统热水配水干管最高处及向上抬高管段应设置*DN*25自动排气阀、检修阀门；对于下行上给式热水系统，可利用最高热水配水点放气。

热水管道系统的最低处及向下凹的管段应设置泄水装置或利用最低热水配水点泄水。

6. 温度计、压力表

殡仪馆建筑生活热水系统设置温度计的部位，参见表1-77；设置压力表的部位，参见表1-78。

7. 管道补偿装置

长度超过50m的热水横干管或立管均应设置波纹伸缩节，通常设置在该根管道上管径较小的管段处，靠近一端的管道固定支吊架。

8. 保温

生活热水系统中的热水锅炉、燃油（气）热水机组、水加热设备、贮热水箱（罐）、分（集）水器、热水输（配）水干（立）管、热水循环回水干（立）管均应做保温。

热水管道保温材料厚度确定，参见表1-79、表1-80。

9. 其他

殡仪馆内各用房的生活热水管线宜集中隐蔽、暗设。

24.3 排水系统

24.3.1 排水系统类别

殡仪馆建筑排水系统分类，见表24-12。

殡仪馆建筑排水系统分类表 表24-12

<table>
<tr><th>序号</th><th>分类标准</th><th>排水系统类别</th><th>殡仪馆建筑应用情况</th><th>应用程度</th></tr>
<tr><td>1</td><td rowspan="6">建筑内场所使用功能</td><td>生活污水排水</td><td>殡仪馆建筑公共卫生间污水排水</td><td rowspan="6">常用</td></tr>
<tr><td>2</td><td>生活废水排水</td><td>殡仪馆建筑公共卫生间废水排水；职工公共浴室废水排水；业务区、遗体处理区和火化区工作人员洗浴废水排水</td></tr>
<tr><td>3</td><td>厨房废水排水</td><td>殡仪馆职工食堂厨房、餐厅污水排水</td></tr>
<tr><td>4</td><td>设备机房废水排水</td><td>殡仪馆建筑内附设水泵房（包括生活水泵房、消防水泵房）、空调机房、制冷机房、换热机房、锅炉房、热水机房等机房废水排水</td></tr>
<tr><td>5</td><td>消防废水排水</td><td>殡仪馆建筑内自动喷水灭火系统试验排水、消火栓系统试验排水、消防水泵试验排水等废水排水</td></tr>
<tr><td>6</td><td>绿化废水排水</td><td>殡仪馆建筑室外绿化废水排水</td></tr>
<tr><td>7</td><td rowspan="2">建筑内污、废水排水方式</td><td>重力排水方式</td><td>殡仪馆建筑地上污废水排水</td><td>最常用</td></tr>
<tr><td>8</td><td>压力排水方式</td><td>殡仪馆建筑地下室污废水排水</td><td>常用</td></tr>
<tr><td>9</td><td rowspan="2">污废水排水体制</td><td>污废合流排水系统</td><td></td><td>最常用</td></tr>
<tr><td>10</td><td>污废分流排水系统</td><td></td><td>常用</td></tr>
<tr><td>11</td><td>排水系统通气方式</td><td>设有通气管系排水系统</td><td>伸顶通气排水系统通常应用在殡仪馆建筑卫生间排水</td><td>最常用</td></tr>
</table>

殡仪馆建筑室内污废水排水体制采用合流制，当有中水利用要求时，可采用分流制。

典型的殡仪馆建筑排水系统原理图，参见图4-2、图4-3。

殡仪馆建筑中的生活污水、厨房含油废水等均应经化粪池处理；生活废水、设备机房废水、消防废水、绿化废水等不需经过化粪池处理。厨房含油废水应经除油处理后再排入污水管道。

殡仪馆建筑中遗体处理用房应设排水设施。遗体处理用房和火化间等的污水排放应符合现行国家标准《医疗机构水污染物排放标准》GB 18466和现行行业标准《医院污水处理工程技术规范》HJ 2029的规定。

殡仪馆建筑污废水与建筑雨水应雨污分流。

殡仪馆建筑公共卫生间等生活粪便污水、生活废水等可合流排放，当有中水利用要求时，可采用分流排放。

殡仪馆建筑的空调凝结水排水管不得与污废水管道系统直接连接，空调凝结水宜单独收集后回用于绿化、水景、冷却塔补水等。

24.3.2 卫生器具

1. 殡仪馆建筑内卫生器具种类及设置场所

殡仪馆建筑内卫生器具种类及设置场所，见表24-13。

殡仪馆建筑内卫生器具种类及设置场所表　　表 24-13

序号	卫生器具名称	主要设置场所
1	坐便器	殡仪馆建筑残疾人卫生间
2	蹲便器	殡仪馆建筑公共卫生间
3	淋浴器	殡仪馆建筑职工公共浴室；业务区、遗体处理区和火化区工作人员淋浴间
4	洗脸盆	殡仪馆建筑公共卫生间；职工公共浴室；业务区、遗体处理区和火化区工作人员淋浴间
5	台板洗脸盆	
6	小便器	殡仪馆建筑公共卫生间
7	拖布池	
8	盥洗槽	
9	洗菜池	殡仪馆建筑职工食堂厨房
10	厨房洗涤槽	殡仪馆建筑职工食堂厨房

2. 殡仪馆建筑内卫生器具选用

殡仪馆建筑卫生间卫生器具应符合表 24-14 的规定。

殡仪馆建筑卫生器具选用表　　表 24-14

序号	卫生器具种类	卫生器具使用场所	卫生器具选型
1	大便器	殡仪馆建筑公共卫生间	脚踏式自闭式冲洗阀冲洗的坐式或蹲式大便器
2	小便器		红外感应自动冲洗小便器
3	洗手盆		龙头应采用感应型水嘴

3. 公共卫生间排水设计要点

公共卫生间排水立管通常敷设于专用管道井内。

4. 殡仪馆建筑内卫生器具排水配件穿越楼板留孔位置及尺寸

常见卫生器具排水配件穿越楼板留孔位置及尺寸，参见表 1-92。

5. 地漏

殡仪馆建筑内公共卫生间、公共浴室、遗体处理用房和火化间、空调机房、新风机房等场所内应设置地漏。

殡仪馆建筑地漏及其他水封高度要求不得小于 50mm，且不得大于 100mm。

殡仪馆建筑地漏类型选用，参见表 2-57；地漏规格选用，参见表 2-58。

6. 水封装置

殡仪馆建筑中采用排水沟排水的场所包括厨房、公共浴室、泵房、设备机房等。当排水沟内废水直接排至室外时，沟与排水排出管之间应设置水封装置。卫生器具排水管段上不得重复设置水封装置。

24.3.3 排水系统水力计算

1. 殡仪馆建筑最高日和最大时生活排水量

殡仪馆建筑生活排水量宜按该建筑生活给水量的 85%～95%计算，通常按 90%。

2. 殡仪馆建筑卫生器具排水技术参数

殡仪馆建筑卫生器具的排水流量、排水当量、排水支管管径、排水坡度等基本参数的选定，参见表3-39。

3. 殡仪馆建筑排水设计秒流量

殡仪馆建筑的生活排水管道设计秒流量，按公式（24-11）计算：

$$q_u = 0.12 \cdot \alpha \cdot (N_p)^{1/2} + q_{max} = 0.3 \cdot (N_p)^{1/2} + q_{max} \quad (24\text{-}11)$$

式中 q_u——计算管段排水设计秒流量，L/s；

N_p——计算管段的卫生器具排水当量总数；

α——根据建筑物用途而定的系数，取2.0～2.5，通常取2.5；

q_{max}——计算管段上最大一个卫生器具的排水流量，L/s。

计算时，如计算所得流量值大于该管段上按卫生器具排水流量累加值时，应按卫生器具排水流量累加值计。

殡仪馆建筑 $q_{max}=1.50$L/s 和 $q_{max}=2.00$L/s 时排水设计秒流量计算数据，参见表7-24。

殡仪馆建筑职工食堂厨房等的生活排水管道设计秒流量，按公式（24-12）计算：

$$q_p = \Sigma q_0 \cdot n_0 \cdot b \quad (24\text{-}12)$$

式中 q_p——殡仪馆建筑计算管段的排水设计秒流量，L/s；

q_0——殡仪馆建筑同类型的一个卫生器具排水流量，L/s，可按表3-39采用；

n_0——殡仪馆建筑同类型卫生器具数；

b——殡仪馆建筑卫生器具的同时排水百分数：职工公共浴室内的淋浴器和洗脸盆按表3-16选用，职工食堂的设备按表3-17选用。

注：当计算排水流量小于一个大便器排水流量时，应按一个大便器的排水流量计算。

4. 殡仪馆建筑排水管道管径确定

殡仪馆建筑排水铸铁管道最小坡度，按表1-98确定；胶圈密封连接排水塑料横管的坡度，按表1-99确定；建筑内排水管道最大设计充满度，参见表1-100；排水管道自清流速，参见表1-101。

排水横管水力计算按照公式（1-32）、公式（1-33）；排水铸铁管水力计算，参见表1-102；排水塑料管水力计算，参见表1-103。

不同管径下排水横管允许流量 Q_p，参见表1-104。

殡仪馆建筑排水系统中排水横干管常见管径为 *DN*100、*DN*150。*DN*100 排水横干管对应排水当量最大限值，参见表1-105，*DN*150 排水横干管对应排水当量最大限值，参见表1-106。

不同通气方式的排水立管最大设计排水能力，参见表1-107～表1-109。

殡仪馆建筑各种排水管的推荐管径，参见表2-60。

24.3.4 排水系统管材、附件和检查井

1. 殡仪馆建筑排水管管材

殡仪馆建筑室外排水管可采用埋地排水塑料管，包括硬聚氯乙烯管、聚乙烯管和玻璃纤维增强塑料夹砂管等。常用的室外排水管还有双壁加筋波纹排水管、双平壁钢塑复合缠绕排水管等。遗体处理用房和火化间应采用防腐蚀排水管道，排水管内径不应小于75mm。

殡仪馆建筑室内排水管类型，见表24-15。

室内排水管类型表 表24-15

序号	排水管类型	排水管设置要求
1	柔性接口机制铸铁排水管	宜采用柔性接口机制排水铸铁管，连接方式有法兰压盖式承插柔性连接和无承口卡箍式连接
2	硬聚氯乙烯（PVC-U）排水管	采用胶水（胶粘剂）粘接连接
3	殡仪馆建筑压力排水管	可采用焊接钢管、钢塑复合管、镀锌钢管

2. 殡仪馆建筑排水管附件

排水立管上检查口的设置位置，参见表1-113；检查口之间的最大距离，参见表1-114；检查口设置要求，参见表1-115。

清扫口的设置位置，参见表1-116；清扫口至室外检查井中心最大长度，参见表1-117；排水横管直线管段上清扫口之间的最大距离，参见表1-118。

塑料排水管道支吊架间距规定，参见表1-119。

3. 殡仪馆建筑排水管道布置敷设

殡仪馆建筑排水管道不应布置场所，见表24-16。

排水管道不应布置场所表 表24-16

序号	排水管道不应布置场所	具体要求
1	生活水泵房等设备机房	排水横管禁止在殡仪馆建筑生活水箱箱体正上方敷设，生活水泵房其他区域不宜敷设排水管道；设在室内的消防水池（箱）应按此要求处理
2	职工食堂厨房、职工餐厅	殡仪馆建筑中厨房内的主副食操作间、烹调间、备餐间、加工间、粗加工、冷菜间、面点蒸煮间、食品储藏库（主食库、副食库）等房间的上方均不应敷设排水管道，排水立管不宜穿过上述房间；殡仪馆建筑中的职工餐厅；殡仪馆建筑中的厨房排水应独立设置，排水横管和立管均不得与卫生间污水排水管道连通。上述场所上方排水管不宜采用同层排水方式
3	业务区	殡仪馆建筑中的接待室、休息室等。排水管道不得敷设在此类场所或房间内
4	悼念区	殡仪馆建筑中的告别厅、音响室、守灵用房（包括客厅、灵堂、休息室等）等。排水管道不得敷设在此类场所或房间内
5	遗体处理区	殡仪馆建筑中的遗体接送间、遗体处理用房（包括清洗间、遗体更衣间、防腐间、消毒间、整容间、化妆间等，工作人员休息间）、遗体冷藏用房（包括遗体冷藏室、冷冻室、解冻室、控制室、柴油发电机房等）、解剖室等。排水管道不得敷设在此类场所或房间内
6	火化区	殡仪馆建筑中的停尸间；火化职工休息室等。排水管道不得敷设在此类场所或房间内
7	骨灰寄存区	殡仪馆建筑中的骨灰安放间等。排水管道不得敷设在此类房间内
8	电气机房	殡仪馆建筑中的高压配电室、低压配电室（包括其值班室）、柴油发电机房（包括储油间）、弱电机房、UPS间、消防控制室等，排水管道不得敷设在此类电气机房内
9	结构变形缝、结构风道	原则上排水管道不得穿过结构变形缝；若条件限制必须穿越沉降缝时，则应预留沉降量并设置不锈钢软管柔性连接，必须穿越伸缩缝时，则应安装伸缩器
10	电梯机房	

殡仪馆建筑排水系统管道设计遵循原则，参见表2-63。

殡仪馆内各用房的排水管线宜集中隐蔽、暗设。

4. 殡仪馆建筑间接排水

殡仪馆建筑中的间接排水，参见表4-33。

殡仪馆建筑未设置地下室时，排水排出管穿越有沉降可能的承重墙或基础时应预留洞口；设置地下室时，排水排出管穿越地下室外墙时应预留防水套管，宜采用柔性防水套管。

24.3.5 通气管系统

殡仪馆建筑通气管设置要求，见表24-17。

殡仪馆建筑通气管设置要求表　　表24-17

序号	通气管名称	设置位置	设置要求	管径确定
1	伸顶通气管	设置场所涉及殡仪馆建筑尤其是多层殡仪馆建筑所有区域	高出非上人屋面不得小于300mm，但必须大于最大积雪厚度，常采用800～1000mm；高出上人屋面不得小于2000mm，常采用2000mm。顶端应装设风帽或网罩：在冬季室外温度高于−15℃的地区，顶端可装网形铅丝球；低于−15℃的地区，顶端应装伞形通气帽	应与排水立管管径相同。但在最冷月平均气温低于−13℃的地区，应在室内平顶或吊顶以下0.3m处将管径放大一级，若采用塑料管材时其最小管径不宜小于110mm
2	环形通气管	连接4个及4个以上卫生器具（包括大便器）且横支管的长度大于12m的排水横支管；连接6个及6个以上大便器的污水横支管	和排水横支管、主（副）通气立管连接的要求：在排水横支管上设环形通气管时，应在其最始端的两个卫生器具之间接出，并应在排水支管中心线以上与排水支管呈垂直或45°连接；环形通气管应在卫生器具上边缘以上不小于0.15m处按不小于0.01的上升坡度与通气立管相连	常用管径为*DN*40（对应*DN*75排水管）、*DN*50（对应*DN*100排水管）

殡仪馆建筑通气管可采用柔性接口机制排水铸铁管或塑料排水管，一般采用与殡仪馆建筑排水管相同管材。在最冷月平均气温低于−13℃的地区，伸出屋面部分通气立管应采用柔性接口机制排水铸铁管。

通气立管的最小管径，参见表1-130。

24.3.6 特殊排水系统

殡仪馆建筑生活水泵房、食堂及电气设备用房等场所的上方楼层不应有排水横支管明设管道等。若有必要在上述某些场所上方设置排水点且无法采取其他躲避措施时，该部位的排水应采用同层排水方式。

殡仪馆建筑同层排水最常采用的是降板或局部降板法。

24.3.7 特殊场所排水

1. 殡仪馆建筑化粪池

化粪池宜设置在接户管的下游端；位置宜选在院区最低处附近；外壁距建筑物外墙不

宜小于 5m；宜选用钢筋混凝土化粪池。

殡仪馆建筑化粪池有效容积，按公式（4-21）～公式（4-24）计算。

殡仪馆建筑可集中并联设置或根据院区布局分散并联布置 2 个或 3 个化粪池，多个化粪池的型号宜一致。

2. 殡仪馆建筑职工食堂、餐厅含油废水处理

殡仪馆建筑含油废水宜采用三级隔油处理流程，参见表 1-141。

根据食堂用餐人数确定隔油设施处理水量，按公式（1-39）计算；根据食堂餐厅面积确定隔油设施处理水量，按公式（1-40）计算。

隔油池有效容积，按公式（1-41）计算。隔油池的类型，参见表 1-142。

隔油提升一体化设备选型的主要技术参数为其所接纳的食堂、餐厅内厨房等器具含油污水排水流量。

3. 殡仪馆建筑设备机房排水

殡仪馆建筑地下设备机房排水设施要求，参见表 1-147。

24.3.8 压力排水

1. 殡仪馆建筑集水坑设置

殡仪馆建筑地下室应设置集水坑。集水坑的设置要求，见表 24-18。

集水坑设置要求表 **表 24-18**

序号	集水坑服务场所	集水坑设置要求	集水坑尺寸
1	殡仪馆建筑地下室卫生间	宜设在地下室最底层靠近卫生间的附属区域（如库房等）或公共空间，禁止设在有人员经常活动的场所	应根据污水提升装置的规格要求确定
2	殡仪馆建筑地下生活水泵房、消防水泵房、热水机房		1500mm×1500mm×1500mm

通气管管径宜与排水管管径相同，可接至室外或向上接至建筑地上部分通气管系统。

2. 污水泵、污水提升装置选型

殡仪馆建筑排水泵的流量方法确定，参见表 2-68；排水泵的扬程，按公式（1-44）计算。

24.3.9 室外排水系统

1. 殡仪馆建筑室外排水管道布置

殡仪馆建筑室外排水管道布置方法，参见表 2-69；与其他地下管线（构筑物）最小间距，参见表 1-154。

殡仪馆建筑室外排水管道最小覆土深度不宜小于 0.5m；对于严寒地区、寒冷地区殡仪馆建筑，室外排水管道最小覆土深度应超过当地冻土层深度。

2. 殡仪馆建筑室外排水管道敷设

殡仪馆建筑室外排水管道与生活给水管道交叉时，应敷设在生活给水管道下面。室外排水管道敷设发生冲突时，应遵循表 1-26 原则处理。

3. 殡仪馆建筑室外排水管道水力计算

室外排水管道水力计算，按公式（1-45）、公式（1-46）。

殡仪馆建筑室外排水管道的最小管径、最小设计坡度、最大设计充满度，参见表1-155。

4. 殡仪馆建筑室外排水管道管材

殡仪馆建筑室外排水管道宜优先采用埋地塑料排水管，弹性橡胶圈密封柔性接口，小于 *DN*200 直壁管，可采用承插式粘接；可采用埋地铸铁排水管，橡胶圈柔性接口或水泥砂浆接口。

5. 室外排水检查井

殡仪馆建筑室外排水检查井设置位置，参见表1-156。

殡仪馆建筑室外排水检查井宜优先选用玻璃钢排水检查井，其次是混凝土排水检查井，禁止采用砖砌排水检查井。室外排水管在排水检查井连接应采用管顶平接。

24.4 雨水系统

24.4.1 雨水系统分类

殡仪馆建筑雨水系统分类，见表24-19。

雨水系统分类表 **表24-19**

<table>
<tr><th>序号</th><th>分类标准</th><th>雨水系统类别</th><th>殡仪馆建筑应用情况</th><th>应用程度</th></tr>
<tr><td>1</td><td rowspan="3">屋面雨水设计流态</td><td>半有压流屋面雨水系统</td><td>殡仪馆建筑中一般采用的是87型雨水斗系统</td><td>最常用</td></tr>
<tr><td>2</td><td>压力流屋面雨水系统（虹吸式雨水系统）</td><td>殡仪馆建筑的屋面面积较大时，可考虑采用</td><td>少用</td></tr>
<tr><td>3</td><td>重力流屋面雨水系统</td><td></td><td>极少用</td></tr>
<tr><td>4</td><td rowspan="3">雨水管道设置位置</td><td>内排水雨水系统</td><td>殡仪馆建筑雨水系统可采用</td><td>常用</td></tr>
<tr><td>5</td><td>外排水雨水系统</td><td>殡仪馆建筑雨水系统通常采用</td><td>最常用</td></tr>
<tr><td>6</td><td>混合式雨水系统</td><td></td><td>极少用</td></tr>
<tr><td>7</td><td rowspan="2">雨水出户横管室内部分是否存在自由水面</td><td>封闭系统</td><td></td><td>最常用</td></tr>
<tr><td>8</td><td>敞开系统</td><td></td><td>极少用</td></tr>
<tr><td>9</td><td rowspan="3">建筑屋面排水条件</td><td>天沟雨水排水系统</td><td></td><td>最常用</td></tr>
<tr><td>10</td><td>檐沟雨水排水系统</td><td></td><td>极少用</td></tr>
<tr><td>11</td><td>无沟雨水排水系统</td><td></td><td>极少用</td></tr>
</table>

24.4.2 雨水量

1. 设计雨水流量

殡仪馆建筑设计雨水流量，应按公式（1-47）计算。

2. 设计暴雨强度

设计暴雨强度应按殡仪馆建筑所在地或相邻地区暴雨强度公式计算确定，见公式（1-48）。

我国部分城镇5min设计暴雨强度、小时降雨厚度，参见表1-158（设计重现期P=10年）。

3. 设计重现期

殡仪馆建筑屋面雨水设计重现期：对于半有压流屋面雨水系统，通常取10年；对于压力流屋面雨水系统，通常取50年。

4. 设计降雨历时

殡仪馆建筑屋面雨水排水管道设计降雨历时按照5min确定。

殡仪馆建筑院区雨水排水管道设计降雨历时，按公式（1-49）计算。

5. 径流系数

殡仪馆建筑屋面及院区地面的径流系数，参见表1-159。

6. 汇水面积

殡仪馆建筑的雨水汇水面积计算原则，参见表1-160。

24.4.3 雨水系统

1. 雨水系统设计常规要求

殡仪馆建筑雨水系统设置要求，参见表1-161。

2. 天沟、溢流设施设计

殡仪馆建筑天沟、溢流设施设置要求，参见表1-164。

3. 雨水管管材

殡仪馆建筑雨水排水管管材，参见表1-167。

24.4.4 雨水系统水力计算

1. 半有压流（87型）屋面雨水系统水力计算

（1）雨水斗（87型）

雨水斗设计流量，应按公式（1-50）计算。

对于单斗雨水系统，雨水斗设计流量不应超过表1-168数值；对于多斗雨水系统，雨水斗设计流量应根据表1-169取值，最远端雨水斗设计流量不得超过表1-169数值。

殡仪馆建筑87型雨水斗口径常采用DN100，其次是DN75、DN150。

（2）雨水连接管

殡仪馆建筑雨水连接管管径通常与雨水斗出水口直径相同，常采用DN100，其次是DN150。

（3）雨水悬吊管

殡仪馆建筑雨水悬吊管管径，参见表1-172。

（4）雨水立管

连接2根及以上雨水悬吊管的雨水立管管径，按表1-173确定。

（5）雨水排出管

殡仪馆建筑雨水排出管管径确定，参见表1-174～表1-177。

(6) 雨水管道最小管径

殡仪馆建筑雨水系统最小设计管径及雨水排水横管最小设计坡度，参见表1-178。

2. 压力流（虹吸式）屋面雨水系统水力计算

殡仪馆建筑压力流（虹吸式）屋面雨水系统水力计算方法，参见1.4.4节。

24.4.5 院区室外雨水系统设计

殡仪馆建筑院区雨水系统宜采用管道排水形式，与污水系统应分流排放。

1. 雨水口

雨水口选型，参见表1-180；雨水口设置位置，参见表1-181；各类型雨水口的泄水流量，参见表1-182。

雨水口设计流量，按公式（1-56）计算。

2. 雨水口连接管

单箅雨水口连接管管径通常采用 $DN250$。

3. 雨水检查井

院区内直线雨水管道上雨水检查井设置最大间距，参见表1-183。

院区雨水检查井常见规格通常采用 $DN1000$ 圆形玻璃钢或钢筋混凝土雨水检查井。

4. 室外雨水管道布置

殡仪馆建筑室外雨水管道布置方法，参见表1-184。

24.4.6 院区室外雨水利用

殡仪馆建筑应根据所在地的自然条件、水资源情况及经济技术发展水平，合理设置雨水收集利用系统。雨水利用工程应符合现行国家标准《建筑与小区雨水控制及利用工程技术规范》GB 50400 的有关规定。

雨水收集回用应进行水量平衡计算。殡仪馆建筑院区雨水通常可用于景观用水、院区绿化用水、路面和地面冲洗用水、冲厕用水等。殡仪馆绿地及厕所应设置中水系统。殡仪馆绿地应设洒水栓。

24.5 消火栓系统

24.5.1 消火栓系统设置场所

殡仪馆建筑通常为单、多层建筑。建筑高度大于15m或建筑体积大于10000m^3的单、多层殡仪馆建筑应设置室内消火栓系统。

24.5.2 消火栓系统设计参数

1. 殡仪馆建筑室外消火栓设计流量

殡仪馆建筑室外消火栓设计流量，不应小于表24-20的规定。

殡仪馆建筑室外消火栓设计流量表（L/s）　　表 24-20

耐火等级	建筑物名称	建筑体积（m^3）			
		V≤5000	5000<V≤20000	20000<V≤50000	V>50000
一、二级	单层及多层殡仪馆建筑	15	25	30	40

注：建筑体积指本建筑占据的空间数量，包括该建筑的地上空间体积数和地下空间体积数。

2. 殡仪馆建筑室内消火栓设计流量

殡仪馆建筑室内消火栓设计流量，不应小于表 24-21 的规定。

殡仪馆建筑室内消火栓设计流量表　　表 24-21

建筑物名称	高度 h（m）、体积 V（m^3）、火灾危险性	消火栓设计流量（L/s）	同时使用消防水枪数（支）	每根竖管最小流量（L/s）
单层及多层殡仪馆建筑	h>15m 或 V>10000	15	3	10

注：消防软管卷盘、轻便消防水龙，其消火栓设计流量可不计入室内消防给水设计流量。

3. 火灾延续时间

殡仪馆建筑消火栓系统的火灾延续时间应按 2.0h 计算。

殡仪馆建筑室内自动灭火系统的火灾延续时间，参见表 1-188。

4. 消防用水量

一座殡仪馆建筑的消防用水量按室外消火栓系统用水量、室内消火栓系统用水量、室内自动喷水灭火系统用水量三者之和计算。

24.5.3 消防水源

1. 市政给水

当前国内城市市政给水管网能够满足殡仪馆建筑直接消防供水条件的较少。

殡仪馆建筑室外消防给水管网管径，按表 4-40 确定。

殡仪馆建筑室外消防给水管网宜与室外生活给水管网分开敷设，且应布置成环状管网。

2. 消防水池

（1）殡仪馆建筑消防水池有效储水容积

表 24-22 给出了常用典型殡仪馆建筑消防水池有效储水容积的对照表。

殡仪馆建筑火灾延续时间内消防水池储存消防用水量表　　表 24-22

<table>
<tr><td>单、多层殡仪馆建筑体积 V（m^3）</td><td>V≤5000</td><td>5000<V≤10000</td><td>10000<V≤20000</td><td>20000<V≤50000</td><td>V>50000</td></tr>
<tr><td>室外消火栓设计流量（L/s）</td><td>15</td><td colspan="2">25</td><td>30</td><td>40</td></tr>
<tr><td>火灾延续时间（h）</td><td colspan="5">2.0</td></tr>
<tr><td>火灾延续时间内室外消防用水量（m^3）</td><td>108.0</td><td colspan="2">180.0</td><td>216.0</td><td>288.0</td></tr>
<tr><td>室内消火栓设计流量（L/s）</td><td colspan="2">15（建筑高度大于 15m）</td><td colspan="3">15</td></tr>
<tr><td>火灾延续时间（h）</td><td colspan="5">2.0</td></tr>
</table>

续表

单、多层殡仪馆建筑体积V（m^3）	$V\leqslant5000$	$5000<V\leqslant10000$	$10000<V\leqslant20000$	$20000<V\leqslant50000$	$V>50000$
火灾延续时间内室内消防用水量（m^3）	108.0				
火灾延续时间内室内外消防用水量（m^3）	216.0	288.0		324.0	396.0
消防水池储存室内外消火栓用水容积V_1（m^3）	216.0	288.0		324.0	396.0

殡仪馆建筑自动喷水灭火系统设计流量（L/s）	25	30	35	40
火灾延续时间（h）	1.0	1.0	1.0	1.0
火灾延续时间内自动喷水灭火用水量（m^3）	90.0	108.0	126.0	144.0
消防水池储存自动喷水灭火用水容积V_2（m^3）	90.0	108.0	126.0	144.0

如上表所示，通常殡仪馆建筑消防水池有效储水容积在306～540m^3。

（2）殡仪馆建筑消防水池位置

消防水池位置确定原则，见表24-23。

消防水池位置确定原则表　　表24-23

序号	消防水池位置确定原则
1	消防水池应毗邻或靠近消防水泵房
2	消防水池与消防水泵房的标高关系满足消防水泵自灌吸水要求
3	应结合殡仪馆建筑院区建筑布局条件，应设置在火化区之外
4	消防水池应满足与消防车间的距离关系
5	消防水池应满足与建筑物围护结构的位置关系

殡仪馆建筑消防水池、消防水泵房与院区空间关系，参见表24-24。

消防水池、消防水泵房与院区空间关系表　　表24-24

序号	殡仪馆建筑院区室外空间情况	消防水池位置	消防水泵房位置	备注
1	有充足空间	室外院区内	建筑地下室	常见于新建殡仪馆建筑
2	室外空间狭小或不合适	非火化区建筑地下室	非火化区建筑地下室	常见于改建、扩建殡仪馆建筑

消防水池的最低有效水位应高于消防水池吸水喇叭口不小于600mm，且应高于消防水泵的吸水管管顶。

殡仪馆建筑消防水泵型式的选择与消防水池有一定的对应关系，参见表1-194。

殡仪馆建筑储存室内外消防用水的消防水池与消防水泵房的位置关系，参见表1-195。

殡仪馆建筑消防水池格（座）数与有效储水容积的对照关系，参见表 1-196。

殡仪馆建筑消防水池附件，参见表 1-197。

殡仪馆建筑消防水池各水位指标确定方法及取值经验值，参见表 1-198。

3. 天然水源及其他水源

殡仪馆建筑消防水源不宜采用天然水源。

24.5.4 消防水泵房

1. 消防水泵房选址

新建殡仪馆建筑院区消防水泵房设置通常采取以下 2 个方案，见表 24-25。

新建殡仪馆建筑院区消防水泵房设置方案对比表 **表 24-25**

方案编号	消防水泵房位置	优点	缺点	适用条件
方案 1	院区内室外（非火化区）	设备集中，控制便利，对室内用房环境影响小；消防水泵集中设置，距离消防水池很近，泵组吸水管线很短等	距院区内殡仪馆建筑较远，管线较长，水头损失较大，消防水箱距泵房较远等	适用于殡仪馆建筑院区室外空间较大的情形。宜与生活水泵房、锅炉房、变配电室集中设置且在火化区之外。在新建殡仪馆建筑院区中，应优先采用此方案
方案 2	院区内非火化区殡仪馆建筑地下室内	设备较为集中，控制较为便利，距离建筑消防水系统距离较近，消防水箱距泵房位置较近等	占用殡仪馆建筑空间，对室内用房环境有一些影响	适用于殡仪馆建筑院区室外空间较小的情形。在新建殡仪馆建筑院区中，可替代方案 1

改建、扩建办公院区消防水泵房设置方案，参见表 1-200。

2. 建筑内部消防水泵房位置

殡仪馆建筑消防水泵房若设置在建筑物内，应采取消声、隔声和减振等措施；不应毗邻悼念区、遗体处理区、火化区，不宜毗邻业务区。

3. 消防水泵机组的布置要求

相邻两个机组及机组至泵房墙壁间的净距要求，参见表 1-201。

4. 消防水泵房采暖、排水等要求

严寒、寒冷地区消防水泵房，应设置供暖设施。

消防水泵房的泵房排水设施：在泵房内设置排水沟；地下消防水泵房内或邻近场所设集水坑，坑内设潜污泵。消防水泵房应采取防淹措施。

5. 消防水泵房管道设计

消防水泵配置数量与消防水系统设计流量的关系，参见表 1-202。

殡仪馆建筑消防水泵吸水管、出水管管径，参见表 1-203；消防吸水总管管径应根据其连通服务的各种消防水泵设计流量之累加值进行确定，参见表 1-205。

消防水泵吸水管布置应避免形成气囊。

消防水泵吸水口的淹没深度应满足消防水泵在最低水位运行安全的要求。

消防水泵吸水管、出水管上附件配置及要求，参见表 1-206。

6. 消防水泵自动启动控制

消防水泵自动启动要求，参见表1-207；消防水泵自动启动方式，参见表1-208；流量开关性能、设置位置等，参见表1-209。

当消防稳压泵设置于高位消防水箱间内时，消防水泵启泵压力（P），按公式（1-58）确定；当消防稳压泵设置于低位消防水泵房内时，按公式（1-59）确定。

24.5.5 消防水箱

殡仪馆建筑消防给水系统绝大多数属于临时高压系统，3层及以上单体总建筑面积大于10000m^{2}的殡仪馆建筑应设置高位消防水箱。

1. 消防水箱有效储水容积

多层殡仪馆建筑高位消防水箱有效储水容积不应小于18m^3，可按18m^3。

2. 消防水箱设置位置

殡仪馆建筑消防水箱设置位置应满足以下要求，见表24-26。

消防水箱设置位置要求表 **表24-26**

序号	消防水箱设置位置要求	备注
1	位于所在建筑的最高处	通常设在非火化区殡仪馆建筑屋顶机房层消防水箱间内
2	应该独立设置	不与其他设备机房，如屋顶太阳能热水机房、热水箱间等合用
3	应避免对下方楼层房间的影响	其下方不应是悼念区、遗体处理区、弱电用房、办公室、档案室等，可以是库房、卫生间等辅助房间或公共区域
4	不宜超出机房层高度过多、影响建筑效果	消防水箱间内配置消防稳压装置

3. 高位消防水箱尺寸

消防水箱宜为装配式方形水箱，其尺寸宜为1.0m或0.5m的倍数，推荐尺寸参见表1-212。

4. 高位消防水箱材质

常用材质为不锈钢板、热浸锌镀锌钢板、玻璃钢板、钢筋混凝土等，不锈钢板最常见。

5. 高位消防水箱配管

高位消防水箱配管及管径确定，参见表1-213。

6. 消防水箱水位

消防水箱各水位指标确定方法及取值经验值，参见表1-214。

7. 高位消防水箱布置

高位消防水箱四周净距要求，参见表1-215。

8. 消防水箱防冻

消防水箱及相应管道保温材料及厚度，参见表1-216。

24.5.6 消防稳压装置

1. 消防稳压泵

（1）设计流量

消火栓稳压泵设计流量，参见表1-217。

自动喷水灭火稳压泵设计流量，参见表 1-218；结合一只标准喷头的流量，自动喷水灭火稳压泵常规设计流量取 1.33L/s。

(2) 设计压力

当消防稳压泵设置于高位消防水箱间内时，稳压泵的启泵压力 P_1 可取 0.15～0.20MPa，停泵压力 P_2 可取 0.20～0.25MPa；当消防稳压泵设置于低位消防水泵房内时，P_1 按公式（1-62）确定，P_2 按公式（1-63）确定。

(3) 消防稳压泵选型

消火栓稳压泵设计流量为稳压泵流量确定依据。

消防稳压泵停泵压力（P_2）值附加 0.03～0.05MPa 后，为稳压泵扬程确定依据。

2. 气压水罐

消火栓稳压装置、自动喷水灭火稳压装置均采用 150L 有效储水容积气压水罐；合用消防稳压装置采用 300L 有效储水容积气压水罐。

3. 管道、阀门、附件等

消防稳压泵吸水管管径、出水管管径，参见表 1-219。每套消防稳压泵通常为 2 台，1 用 1 备。

24.5.7 消防水泵接合器

对于室内消火栓系统，6 层及以上的殡仪馆建筑应设置消防水泵接合器。通常殡仪馆建筑低于 6 层，其室内消火栓系统不设置消防水泵接合器。

殡仪馆建筑自动喷水灭火系统等自动水灭火系统应设置消防水泵接合器。

24.5.8 消火栓系统给水形式

1. 室外消火栓给水系统

当市政给水管网不满足直接供给室外消火栓给水系统时，殡仪馆建筑应采用临时高压室外消火栓给水系统，通常在消防水泵房内独立设置室外消火栓给水泵组、室外消火栓稳压装置。

殡仪馆建筑室外消火栓给水泵组一般设置 2 台，1 用 1 备，泵组设计流量为本建筑室外消防设计流量（15L/s、20L/s、25L/s、30L/s、40L/s），设计扬程应保证室外消火栓处的栓口压力（0.20～0.30MPa）。泵组出水管及吸水管管径，参见表 1-223。

室外消火栓给水管网管径，参见表 1-224，管网应环状布置，单独成环。

2. 室内消火栓给水系统

殡仪馆建筑室内消火栓给水系统常采用临时高压消火栓给水系统。

3. 室内消火栓系统分区供水

殡仪馆建筑通常为多层建筑，其室内消火栓系统不分区，消火栓给水管网应在横向、竖向上连成环状。消火栓供水横干管宜沿最高层和最底层顶板下敷设。

典型殡仪馆建筑室内消火栓系统原理图，参见图 4-4。

24.5.9 消火栓系统类型

1. 系统分类

殡仪馆建筑的室外消火栓系统宜采用湿式消火栓系统。

2. 室外消火栓

严寒、寒冷等冬季结冰地区殡仪馆建筑室外消火栓应采用干式消火栓；其他地区宜采用地上式消火栓。

建筑室外消火栓的数量应根据室外消火栓设计流量和保护半径经计算确定，保护半径不应大于150.0m，间距不应大于120.0m，每个室外消火栓的出流量宜按10～15 L/s计算。通常根据建筑物平面布局在建筑物四个角附近绿地设置室外消火栓，根据邻近两个消火栓之间距离合理增设消火栓。

3. 室内消火栓

殡仪馆建筑的各区域各楼层均应布置室内消火栓予以保护；殡仪馆建筑中的高低压配电室、弱电机房等场所亦应由室内消火栓保护。

室内消火栓的布置应满足同一平面有2支消防水枪的2股充实水柱同时达到任何部位。

殡仪馆建筑中悼念用房应设消防水龙、水喉等设施。

表24-27给出了殡仪馆建筑室内消火栓的布置方法。

殡仪馆建筑室内消火栓布置方法表 **表24-27**

序号	室内消火栓布置方法	注意事项
1	布置在楼梯间、前室等位置	楼梯间、前室的消火栓宜暗设并采取墙体保护措施；箱体及立管不应影响楼梯门、电梯门开启使用
2	布置在公共走道两侧，箱体开门朝向公共走道	应暗设；优先沿辅助房间（库房、卫生间等）的墙体安装
3	布置在集中区域内部公共空间内	可在朝向公共空间房间的外墙上暗设；应避免消火栓消防水带穿过多个房间门到达保护点

注：1. 室内消火栓不应跨防火分区布置；

2. 室内消火栓应按其实际行走距离计算其布置间距，殡仪馆建筑室内消火栓布置间距宜为20.0～25.0m，不应小于5.0m。

普通消火栓、减压稳压消火栓设置的楼层数，参见表1-227。

24.5.10 消火栓给水管网

1. 室外消火栓给水管网

殡仪馆建筑室外消火栓给水管网应采用环状给水管网。向室外消火栓给水管网供水的输水干管不应少于2条。

2. 室内消火栓给水管网

殡仪馆建筑室内消火栓给水管网应采用环状给水管网，管网型式见表24-28。室内消火栓给水管网在横向、竖向均宜连成环状。

室内消火栓给水管网主要管网型式表　　表 24-28

管网型式特点	适用情形	具体部位
消防供水干管沿建筑最高处、最低处横向水平敷设，配水干管沿竖向垂直敷设，配水干管上连有消火栓	各楼层竖直上下层消火栓位置基本一致和横向连接管长度较小的区域	建筑内走道、楼梯间、电梯前室；业务用房、悼念用房、遗体处理用房、行政办公用房、后勤服务用房等房间外墙

注：不能敷设消火栓给水管道的场所包括：骨灰寄存用房；高低压配电室、弱电机房、消防控制室等。

室内消火栓给水管网型式参见图 1-13。

殡仪馆内室内消火栓给水管线宜集中隐蔽、暗设。

殡仪馆建筑室内消火栓给水管网的环状干管管径，参见表 1-229；室内消火栓竖管管径可按 $DN100$。

3. 系统阀门

室内消火栓系统阀门设置，参见表 1-230。

埋地管道的阀门宜采用带启闭刻度的球墨铸铁暗杆闸阀。室内架空管道的阀门宜采用蝶阀、明杆闸阀或带启闭刻度的暗杆闸阀等。

4. 系统给水管网管材

殡仪馆建筑室外消火栓给水管绝大多数采用直埋敷设方式。埋地消火栓给水管道宜采用球墨铸铁管或钢丝网骨架塑料复合管给水管道。

殡仪馆建筑室内消火栓给水管管材选择，参见表 1-231。

薄壁不锈钢管（S11163）、镀锌镍碳钢管等新型优质管道，在殡仪馆建筑室内消火栓系统中均得到更多的应用，未来会逐步替代传统钢管。

24.5.11　消火栓系统计算

1. 消火栓水泵选型计算

殡仪馆建筑室内消火栓水泵流量与室内消火栓设计流量一致；消火栓水泵扬程，按公式（1-64）计算。根据消火栓水泵流量和扬程选择消火栓水泵。

2. 消火栓计算

室内消火栓的保护半径，按公式（1-65）计算；消火栓栓口处所需水压，按公式（1-66）计算。

殡仪馆建筑消防水枪充实水柱应按 10m 计算。殡仪馆建筑消火栓栓口动压不应小于 0.25MPa。

3. 消火栓系统压力计算

消火栓系统的设计工作压力，按公式（1-67）计算。通常以设计工作压力确定消火栓水泵扬程。

24.6　自动喷水灭火系统

24.6.1　自动喷水灭火系统设置

殡仪馆建筑相关场所自动喷水灭火系统设置要求，见表 24-29。

殡仪馆建筑相关场所自动喷水灭火系统设置要求表　　表 24-29

殡仪馆建筑类型	自动喷水灭火系统设置要求
单、多层殡仪馆建筑	设有送回风道（管）系统的集中空气调节系统且总建筑面积大于 3000m^2 的单、多层殡仪馆建筑，除了不宜用水扑救的部位外的所有场所均设置

殡仪馆建筑若根据规范规定设置自动喷水灭火系统，其设置的具体场所见表 24-30。

设置自动喷水灭火系统的具体场所表　　表 24-30

序号	设置自动喷水灭火系统的区域	具体场所
1	业务区	包括服务厅、接待室、休息室、咨询室、业务洽谈室、收款室、丧葬用品室、销售室、宣传展示区、小卖部和卫生间等
2	悼念区	包括非高大空间告别厅、音响室、医务室、设备用房、守灵用房（包括客厅、灵堂、休息室等）等
3	遗体处理区	包括遗体接送间、遗体处理用房（包括清洗间、遗体更衣间、防腐间、消毒间、整容间、化妆间等，工作人员休息间、更衣间、淋浴间、卫生间等，备品间、设备用房等）、遗体冷藏用房（包括遗体冷藏室、冷冻室、解冻室、通风机房等）、解剖室（包括专业人员更衣室、工作间、盥洗室、卫生间等），设备用房和推尸车库等
4	行政办公区	包括工作人员办公室、卫生间等
5	后勤服务区	包括生活水泵房、消防水泵房、暖通机房等

表 24-31 为殡仪馆建筑内不宜用水扑救的场所。

不宜用水扑救的场所一览表　　表 24-31

序号	不宜用水扑救的场所	自动灭火措施
1	骨灰寄存区：骨灰安放间等	气体灭火系统或高压细水雾灭火系统
2	行政办公区：档案室等	
3	电气类房间：高压配电室、低压配电室、弱电机房、UPS 室等	
4	电气类房间：消防控制室	不设置

殡仪馆建筑自动喷水灭火系统类型选择，参见表 1-245。

典型殡仪馆建筑自动喷水灭火系统原理图，参见图 4-5。

殡仪馆建筑火灾危险等级按中危险级Ⅰ级确定。

24.6.2　自动喷水灭火系统设计基本参数

殡仪馆建筑自动喷水灭火系统设计参数，按表 1-246 规定。

自动喷水灭火系统的持续喷水时间，应按火灾延续时间不小于 1h 确定。

24.6.3　洒水喷头

设置自动喷水灭火系统的殡仪馆建筑内各场所的最大净空高度通常不大于 8m。

殡仪馆建筑自动喷水灭火系统喷头公称动作温度宜相比环境温度高 30℃，参见表 4-54。

殡仪馆建筑自动喷水灭火系统喷头种类选择，见表 24-32。

殡仪馆建筑自动喷水灭火系统喷头种类选择表 表 24-32

<table>
<tr><th>序号</th><th>火灾危险等级</th><th>设置场所</th><th>喷头种类</th></tr>
<tr><td>1</td><td rowspan="2">中危险级Ⅰ级</td><td>殡仪馆建筑内业务用房、悼念用房、遗体处理用房、行政办公用房等设有吊顶场所</td><td>吊顶型或下垂型普通或快速响应喷头</td></tr>
<tr><td>2</td><td>设备机房、库房等无吊顶场所</td><td>直立型普通或快速响应喷头</td></tr>
</table>

每种型号的备用喷头数量按此种型号喷头数量总数的 1%计算，并不得少于 10 只。

殡仪馆建筑中自动喷水灭火系统直立型、下垂型喷头的布置间距，不应大于表 1-250 的规定，且不宜小于 2.4m。

殡仪馆建筑常用普通玻璃球闭式喷头规格型号，参见表 1-252。

24.6.4 自动喷水灭火系统管道

1. 管材

殡仪馆建筑自动喷水灭火系统给水管管材，参见表 1-254。

薄壁不锈钢管（S11163）、氯化聚氯乙烯（PVC-C）管、镀锌镍碳钢管等新型优质管道，在殡仪馆建筑自动喷水灭火系统中均得到更多的应用，未来会逐步替代传统钢管。

殡仪馆建筑中所有中危险级Ⅰ级对应场所自动喷水灭火系统公称直径≤*DN*80 的配水管（支管）均可采用氯化聚氯乙烯（PVC-C）管材及管件。

2. 管径

殡仪馆建筑自动喷水灭火系统的配水管道管径可根据表 1-255 中数据进行确定。

3. 管网敷设

殡仪馆建筑自动喷水灭火系统配水干管宜沿业务用房、悼念用房、遗体处理用房、行政办公用房和后勤服务用房的公共走廊敷设，走廊两侧房间内的配水支管就近连接到配水干管上。走廊内布置的喷头就近接至排水支管后再接至配水干管。单个喷头不应直接接至管径大于或等于 *DN*100 的配水干管。

殡仪馆建筑自动喷水灭火系统配水管网布置步骤，见表 24-33。

自动喷水灭火系统配水管网布置步骤表 表 24-33

序号	配水管网布置步骤
步骤 1	根据殡仪馆建筑的防火性能确定自动喷水灭火系统配水管网的布置范围
步骤 2	在每个防火分区内应确定该区域自动喷水灭火系统配水主干管或主立管的位置或方向
步骤 3	自接入点接入后，可确定主要配水管的敷设位置和方向
步骤 4	自末端房间内的自动喷水灭火系统配水支管就近向配水管连接
步骤 5	每个楼层每个防火分区内配水管网布置均按步骤 1～步骤 4 进行

殡仪馆内自动喷水灭火给水管线宜集中隐蔽、暗设。

自动喷水灭火系统每个喷头与配水支管连接的短立管管径通常采用 25mm；末端试水装置或试水阀的连接管管径通常采用 25mm。

24.6.5 水流指示器

除报警阀组控制的喷头只保护不超过防火分区面积的同层场所外，殡仪馆建筑每个防火分区、每个楼层均应设水流指示器；当整个场所需要设置的喷头数不超过1个报警阀组控制的喷头数时，可不设置水流指示器；每个防火分区应设置一个水流指示器，位置可设在本防火分区系统配水管网的起始端，亦可集中设置于各个防火分区配水干管分叉处。

水流指示器上游端应设置信号阀，其型号规格，参见表1-257。

水流指示器与所在配水干管同管径，其型号规格，参见表1-258。

24.6.6 报警阀组

殡仪馆建筑消防系统报警阀组主要采用湿式水力报警阀组，一定条件下采用预作用报警阀组。

殡仪馆建筑自动喷水灭火系统报警阀组的数量取决于：整个建筑中设置喷头的总数量；每个防火分区内设置喷头的数量；每个报警阀组控制的喷头数。一个报警阀组控制的喷头数不宜超过800只，设计中可适当超过800只。

喷头均衡组合遵循的原则，参见表1-259。

殡仪馆建筑自动喷水灭火系统报警阀组通常设置在消防水泵房，设置位置方案，参见表1-260。

报警阀组宜设在安全及易于操作的地点，报警阀距地面的高度宜为1.2m；宜沿墙体集中布置，相邻报警阀组的间距不宜小于1.5m，不应小于1.2m；报警阀组处应设有排水设施，排水管径不应小于$DN100$。

表1-261为常用湿式报警阀装置型号规格；表1-262为常见预作用报警阀装置型号规格；报警阀组压力开关主要技术参数，参见表1-263；报警阀组前后管道设置，参见表1-264。

殡仪馆建筑自动喷水灭火系统减压阀设置方式，参见表1-265。

减压孔板作为一种减压部件，可辅助减压阀使用。

24.6.7 自动喷水灭火系统水泵接合器

自动喷水灭火系统管网上应设置水泵接合器，殡仪馆建筑自动喷水灭火系统消防水泵接合器数量，参见表1-266。

自动喷水灭火系统水泵接合器宜设置在靠近消防水泵房的室外；常规做法是将多个$DN150$水泵接合器并联起来，由1根$DN150$供水管道接至系统供水泵组出水干管上，连接位置位于报警阀组前。

24.6.8 消防水箱设计

高位消防水箱、自动喷水灭火稳压装置设计参见消火栓系统相关内容。

24.6.9 自动喷水灭火系统压力计算

自动喷水灭火系统的设计工作压力，按公式（1-68）计算。

自动喷水灭火给水泵扬程通常按照自动喷水灭火系统的设计工作压力值确定。

自动喷水灭火给水系统压力管道水压强度试验的试验压力（$H_{试验}$）的基准指标，参见表1-267。

24.7 灭火器系统

殡仪馆建筑应配置灭火器，灭火器设置应符合现行国家标准《建筑灭火器配置设计规范》GB 50140的规定。

24.7.1 灭火器配置场所火灾种类

殡仪馆建筑灭火器配置场所的火灾种类，见表24-34。

灭火器配置场所的火灾种类表 表24-34

序号	火灾种类	灭火器配置场所
1	A类火灾（固体物质火灾）	殡仪馆建筑内绝大多数场所，如业务用房、悼念用房、遗体处理用房、骨灰寄存用房、行政办公用房等
2	E类火灾（物体带电燃烧火灾）	变配电室、弱电机房、不间断电源（UPS）室等

24.7.2 灭火器配置场所危险等级

殡仪馆建筑灭火器配置场所的危险等级分为严重危险级、中危险级和轻危险级3级，危险等级举例，见表24-35。

殡仪馆建筑灭火器配置场所的危险等级举例 表24-35

危险等级	举例
中危险级	设有集中空调、电子计算机、复印机等设备的办公室
	民用燃油、燃气锅炉房
	民用的油浸变压器室和高、低压配电室
轻危险级	未设集中空调、电子计算机、复印机等设备的普通办公室

注：殡仪馆建筑室内强电间、弱电间；屋顶排烟机房内每个房间均应设置2具手提式磷酸铵盐干粉灭火器。

24.7.3 灭火器选择

殡仪馆建筑灭火器配置场所的火灾种类通常涉及A类、E类火灾，通常配置灭火器时选择磷酸铵盐干粉灭火器。

24.7.4 灭火器设置

设置在A类火灾场所的灭火器，其最大保护距离应符合表1-274的规定。

灭火器最大保护距离为灭火器与起火点之间最大的行走距离。殡仪馆建筑中大间套小间区域、房间中间隔着走道区域等场所，常需要增加灭火器配置点。

殡仪馆建筑中E类火灾场所中的高低压配电间、网络机房等场所，灭火器配置宜按B类火灾场所灭火器最大保护距离要求进行。面积较大的殡仪馆建筑变配电室，需要在变配电室内增设灭火器。

24.7.5 灭火器配置

A类火灾场所灭火器的最低配置基准，应符合表1-276的规定。

殡仪馆建筑灭火器A类火灾场所配置基准可按照灭火器最低配置基准，即：严重危险级按照3A；中危险级按照2A；轻危险级按照1A。

E类火灾场所的灭火器最低配置基准不应低于该场所内A类火灾的规定。

24.7.6 灭火器配置设计计算

殡仪馆建筑内每个灭火器设置点灭火器数量通常以2～4具为宜。

灭火器计算单元最小需配灭火级别，按公式（1-69）计算。

灭火器计算单元中每个灭火器设置点最小需配灭火级别，按公式（1-70）计算。

24.7.7 灭火器类型及规格

殡仪馆建筑灭火器配置设计中常用的灭火器类型及规格，见表1-279。

24.8 气体灭火系统

24.8.1 气体灭火系统应用场所

殡仪馆骨灰存放间严禁采用水灭火设施，应设气体或干粉灭火设施装置，并设火灾监测器。

殡仪馆建筑中变配电室、弱电机房、不间断电源（UPS）室等场所应设置自动灭火系统，且宜采用气体灭火系统。

目前殡仪馆建筑中最常用七氟丙烷（HFC-227ea）气体灭火系统和IG541混合气体灭火系统。

24.8.2 七氟丙烷气体灭火系统设计参数

七氟丙烷灭火剂主要技术性能参数，参见表1-281。

无管网七氟丙烷气体自动灭火装置技术参数、规格等，参见表1-282～表1-284。

殡仪馆建筑中采用七氟丙烷气体灭火保护时，各防护区设计灭火浓度，参见表3-70。

24.8.3 气体灭火设计用量计算

七氟丙烷气体灭火设置场所设计用量，按公式（1-71）计算。

七氟丙烷设计用量，按公式（2-28）计算；七氟丙烷设计容积，按公式（2-29）计算。

每个防护区内无管网七氟丙烷气体灭火装置的布置应做到均匀。

IG541混合气体灭火防护区灭火设计用量或惰化设计用量，按公式（1-74）计算。

IG541灭火剂气体在101kPa大气压和防护区最低环境温度下的质量体积，按公式（1-75）计算。

IG541混合气体灭火系统灭火剂储存量，应为防护区灭火设计用量及系统灭火剂剩余量之和，系统灭火剂剩余量按公式（1-76）计算。

24.8.4 IG541混合气体灭火系统管网计算

IG541混合气体灭火系统管道流量宜采用平均设计流量。

系统主干管、支管的平均设计流量，按公式（1-77）、公式（1-78）计算。

管道内径按公式（1-79）计算。

灭火剂释放时，管网应进行减压。减压装置宜采用减压孔板，宜设在系统的源头或干管入口处。减压孔板前的压力，按公式（1-80）计算；减压孔板后的压力，按公式（1-81）计算；减压孔板孔口面积，按公式（1-82）计算。

系统的阻力损失宜从减压孔板后算起，并按公式（1-83）计算。

IG541混合气体灭火系统的喷头工作压力的计算结果，应符合：一级充压（15.0MPa）系统，$P_c \geqslant 2.0$MPa（绝对压力）；二级充压（20.0MPa）系统，$P_c \geqslant 2.1$MPa（绝对压力）。

喷头等效孔口面积，按公式（1-84）计算。

24.8.5 防护区泄压口

气体灭火系统防护区应设置泄压口。七氟丙烷气体灭火系统防护区泄压口面积按系统设计规定计算，按公式（1-85）计算；IG541混合气体灭火系统防护区泄压口面积按系统设计规定计算，宜按公式（1-86）计算。

七氟丙烷气体灭火系统的泄压口应位于防护区净高的2/3以上。对于设置吊顶场所，泄压口通常设置在吊顶（梁）下，泄压口顶面紧贴吊顶（梁）或吊顶（梁）下100mm。

不同规格无管网七氟丙烷气体灭火装置与泄压口尺寸的对照表，参见表1-288。

防护区设置的泄压口，宜设在外墙上，无外墙时应设置在朝向公共建筑公共区域（走道）的内墙上。每个防护区根据需要可设置1个或多个泄压口。

24.9 中水系统

殡仪馆建筑建设中水设施，应结合建筑所在地区的不同特点，满足当地政府部门的有关规定。建筑面积大于30000m^{2}或回收水量大于100m^3/d的殡仪馆建筑，宜建设中水设施。

24.9.1 中水原水

1. 中水原水种类

殡仪馆建筑中水原水可选择的种类及选取顺序，见表24-36。

殡仪馆建筑中水原水可选择的种类及选取顺序表　　表24-36

序号	中水原水种类	备注
1	殡仪馆建筑内职工公共浴室的废水排水；业务区、遗体处理区和火化区工作人员洗浴的废水排水；公共卫生间的废水排水	最适宜

续表

序号	中水原水种类	备注
2	殡仪馆建筑内公共卫生间的盥洗废水排水	适宜
3	殡仪馆建筑附设职工食堂厨房、餐厅废水排水	不适宜
4	殡仪馆建筑内公共卫生间的冲厕排水	最不适宜

2. 中水原水量

殡仪馆建筑中水原水量按公式（24-13）计算：

$$Q_Y = \Sigma \beta \cdot Q_{pj} \cdot b \tag{24-13}$$

式中 Q_Y——殡仪馆建筑中水原水量，m^3/d；

β——殡仪馆建筑按给水量计算排水量的折减系数，一般取0.85～0.95；

Q_{pj}——殡仪馆建筑平均日生活给水量，m^3/d；

b——殡仪馆建筑分项给水百分率，应以实测资料为准，当无实测资料时，可按表24-37选取。

殡仪馆建筑分项给水百分率表 **表24-37**

项目	冲厕	厨房	沐浴	盥洗	总计
办公给水百分率（%）	60～66	—	—	40～34	100
职工公共浴室给水百分率（%）	2～5	—	—	98～95	100
职工食堂给水百分率（%）	6.7～5	93.3～95	—	—	100

殡仪馆建筑用作中水原水的水量宜为中水回用水量的110%～115%。

3. 中水原水水质

殡仪馆建筑中水原水水质应以类似建筑的实测资料为准；当无实测资料时，殡仪馆建筑排水的污染物浓度可按表24-38确定。

殡仪馆建筑排水污染物浓度表 **表24-38**

类别	项目	冲厕	厨房	盥洗	综合
办公	BOD_5浓度（mg/L）	260～340	—	90～110	195～260
	COD_{Cr}浓度（mg/L）	350～450	—	100～140	260～340
	SS浓度（mg/L）	260～340	—	90～110	195～260
职工公共浴室	BOD_5浓度（mg/L）	260～340	—	45～55	—
	COD_{Cr}浓度（mg/L）	350～450	—	110～120	—
	SS浓度（mg/L）	260～340	—	35～55	—
职工食堂	BOD_5浓度（mg/L）	260～340	500～600	—	490～590
	COD_{Cr}浓度（mg/L）	350～450	900～1100	—	890～1075
	SS浓度（mg/L）	260～340	250～280	—	255～285

注：综合是对包括以上三项生活排水的统称。

24.9.2 中水利用与水质标准

1. 中水利用

殡仪馆建筑中水原水主要用于城市杂用水和景观环境用水等。

殡仪馆建筑中水利用率，可按公式（2-31）计算。

殡仪馆建筑中水利用率应不低于当地政府部门的中水利用率指标要求。

当殡仪馆建筑附近有可利用的市政再生水管道时，可直接接入使用。

2. 中水水质标准

殡仪馆建筑中水水质标准要求，参见表 2-104。

24.9.3 中水系统

1. 中水系统形式

殡仪馆建筑中水通常采用中水原水系统与生活污水系统分流、生活给水与中水给水分供的完全分流系统。

2. 中水原水系统

殡仪馆建筑中水原水管道通常按重力流设计；当靠重力流不能直接接入时，可采取局部加压提升接入。

殡仪馆建筑原水系统原水收集率不应低于本建筑回收排水项目给水量的 75%，可按公式（2-32）计算。

殡仪馆建筑若需要食堂、餐厅的含油脂污水作为中水原水时，在进入原水收集系统前应经过除油装置处理。

殡仪馆建筑中水原水应进行计量，可采用超声波流量计和沟槽流量计。

3. 中水处理系统

殡仪馆建筑中水处理系统设计处理能力，可按公式（2-33）计算。

4. 中水供水系统

建筑中水供水系统必须独立设置。建筑中水不得用作殡仪馆建筑生活饮用水水源。

殡仪馆建筑中水系统供水量，可按照表 24-2 中的用水定额及表 24-37 中规定的百分率计算确定。

殡仪馆建筑中水供水系统的设计秒流量和管道水力计算方法与生活给水系统一致，参见 24.1.6 节。

殡仪馆建筑中水供水系统的供水方式宜与生活给水系统一致，通常采用变频调速泵组供水方式，水泵的选择参见 24.1.7 节。

殡仪馆建筑中水供水系统的竖向分区宜与生活给水系统一致。当建筑周边有市政中水管网且管网流量压力均满足时，低区由市政中水管网直接供水；当建筑周边无市政中水管网时，低区由低区中水给水泵组自中水贮水池（箱）吸水后加压供水。

殡仪馆建筑中水供水管道宜采用塑料给水管、钢塑复合管或其他具有可靠防腐性能的给水管材，不得采用非镀锌钢管。

殡仪馆建筑中水贮存池（箱）设计要求，参见表 2-105。

殡仪馆建筑中水供水系统应安装计量装置，具体设置要求参见表 3-14。

中水供水管道应采取防止误接、误用、误饮的措施。

5. 水量平衡

中水系统设计应进行中水原水量和用水量平衡计算。

殡仪馆建筑中水用水量应根据不同用途用水量累加确定。

殡仪馆建筑最高日冲厕中水用水量按照表24-2中的最高日用水定额及表24-37中规定的百分率计算确定。最高日冲厕中水用水量，可按公式（24-14）计算：

$$Q_C = \Sigma q_L \cdot F \cdot N/1000 \tag{24-14}$$

式中 Q_C——殡仪馆建筑最高日冲厕中水用水量，m^3/d；

q_L——殡仪馆建筑给水用水定额，L/(人·d)；

F——冲厕用水占生活用水的比例，%，按表24-37取值；

N——使用人数，人。

殡仪馆建筑相关功能场所冲厕用水量定额及小时变化系数，见表24-39。

殡仪馆建筑冲厕用水量定额及小时变化系数表 **表24-39**

类别	建筑种类	冲厕用水量［L/(人·d)］	使用时间（h/d）	小时变化系数	备注
1	办公	20～30	8～10	1.5～1.2	—
2	职工食堂	5～10	12	1.5～1.2	工作人员按办公楼设计

中水系统原水调节池（箱）调节容积，可按公式（2-35）、公式（2-36）计算。

中水贮存池（箱）容积，可按公式（2-37）、公式（2-38）计算。

当中水供水系统采用水泵-水箱联合供水时，水箱调节容积不得小于中水系统最大小时用水量的50%。

中水系统的总调节容积，包括原水调节池（箱）、中水处理工艺构筑物、中水贮存池（箱）及高位水箱等调节容积之和，不宜小于中水日处理量的100%。

24.9.4 中水处理工艺与处理设施

1. 中水处理工艺

殡仪馆建筑通常采用的中水处理工艺，参见表2-107。

2. 中水处理设施

殡仪馆建筑中水处理设施及设计要求，参见表2-108。

24.9.5 中水处理站

殡仪馆建筑内的中水处理站设计要求，参见2.11.5节。

24.10 管道直饮水系统

殡仪馆建筑行政办公区管道直饮水系统设计，参见6.12节。

24.11 给水排水抗震设计

殡仪馆建筑给水排水管道抗震设计，参见4.11节。

24.12 给水排水专业绿色建筑设计

殡仪馆建筑绿色设计，应根据殡仪馆建筑所在地相关规定要求执行。新建殡仪馆建筑应按照一星级或以上星级标准设计；建筑面积大于 20000m^2的大型殡仪馆建筑宜按照绿色建筑二星级或以上星级标准设计。殡仪馆建筑二星级、三星级绿色建筑设计专篇，参见表 1-347。

第 25 章　综合建筑给水排水设计

综合建筑是具有 2 种及 2 种以上不同功能组合的公共建筑，通常称为综合楼。当同一建筑内，有多种用途的房间或场所时，为同一功能服务的配套用房，属于统一使用功能。集门诊、医技、病房等医疗功能为一体的医疗建筑不属于综合建筑。

综合建筑通常体现为旅馆、商业、办公、饮食、影院等不同功能的组合。总建筑面积大于 10 万 m^2，集购物、旅店、展览、餐饮、文娱、交通枢纽等两种或两种以上功能于一体的超大城市综合体属于综合建筑。

本章以商业综合体为例论述综合建筑给水排水设计。

商业综合体包括旅馆、公寓、商店、办公、饮食、电影院、歌舞娱乐放映游艺、运动健身等建筑功能。

综合建筑给水排水设计应符合现行国家标准《城市给水工程项目规范》GB 55026、《城乡排水工程项目规范》GB 55027、《建筑给水排水设计标准》GB 50015、《建筑防火通用规范》GB 55037、《消防设施通用规范》GB 55036、《建筑设计防火规范》GB 50016 和《消防给水及消火栓系统技术规范》GB 50974 等的规定。综合建筑若设置中水系统，其设计涉及的现行国家标准为《建筑中水设计标准》GB 50336。综合建筑若设置管道直饮水系统，其设计涉及的现行行业标准为《建筑与小区管道直饮水系统技术规程》CJJ/T 110。

25.1　生活给水系统

25.1.1　用水量标准

1. 生活用水量标准

综合建筑内各相关功能场所生活用水定额，参见本书有关生活给水系统章节。

以商业综合体为例，《水标》中商业综合体相关功能场所生活用水定额，见表 25-1。

商业综合体生活用水定额表　　表 25-1

序号	建筑物名称		单位	生活用水定额（L）		使用时数（h）	最高日小时变化系数 K_h
				最高日	平均日		
1	宾馆	旅客	每床位每日	250～400	220～320	24	2.5～2.0
		员工	每人每日	80～100	70～80	8～10	2.5～2.0
2	酒店式公寓		每人每日	200～300	180～240	24	2.5～2.0
3	商场	员工及顾客	每平方米营业厅面积每日	5～8	4～6	12	1.5～1.2

续表

序号	建筑物名称		单位	生活用水定额（L）		使用时数（h）	最高日小时变化系数 K_h
				最高日	平均日		
4	办公楼（写字楼）	坐班制办公	每人每班	30～50	25～40	8～10	1.5～1.2
		公寓式办公	每人每日	130～300	120～250	10～24	2.5～1.8
		酒店式办公		250～400	220～320	24	2.0
5	餐饮业	中餐酒楼	每顾客每次	40～60	35～50	10～12	1.5～1.2
		快餐店		20～25	15～20	12～16	
		酒吧、咖啡馆、茶座、卡拉OK房		5～15	5～10	8～18	
6	电影院	观众	每观众每场	3～5	3～5	3	1.5～1.2
		演职员	每人每场	40	35	4～6	2.5～2.0
7	健身中心		每人每次	30～50	25～40	8～12	1.5～1.2
8	停车库地面冲洗水		每平方米每次	2～3	2～3	6～8	1.0

注：1. 除注明外，均不含员工生活用水，员工最高日用水定额为每人每班40～50L，平均日用水定额为每人每班30～45L；
2. 表中用水量标准为生活用水，包括生活用热水用水量和直饮水用量，也包括正常漏水量和间接用水量，如清洁用水在内；但不包括空调、采暖、水景绿化、场地和道路浇洒等用水；
3. 计算综合建筑最高日最大时用水量时，某一类型生活用水定额、最高日小时变化系数（K_h）均为一个范围值时，生活用水定额取定额的最低值应对应选择最高日小时变化系数（K_h）的最大值；生活用水定额取定额的最高值应对应选择最高日小时变化系数（K_h）的最小值；生活用水定额取定额的中间值应对应选择最高日小时变化系数（K_h）的中间值（按内插法确定）。

《节水标》中商业综合体相关功能场所平均日生活用水节水用水定额，见表25-2。

商业综合体平均日生活用水节水用水定额表 **表25-2**

序号	建筑物名称		单位	节水用水定额
1	宾馆	旅客	L/(床位·d)	220～320
		员工	L/(人·d)	70～80
2	酒店式公寓		L/(人·d)	180～240
3	商场	员工及顾客	L/(m^2营业厅面积·d)	4～6
4	办公楼	坐班制办公	L/(人·班)	25～40
		公寓式办公	L/(人·日)	110～240
		酒店式办公		220～320
5	餐饮业	中餐酒楼	L/(人·次)	35～50
		快餐店		15～20
		酒吧、咖啡馆、茶座、卡拉OK房		5～10
6	电影院	顾客	L/(顾客·场)	3～5
7	健身中心		L/(人·次)	25～40
8	停车库地面冲洗水		L/(m^2·次)	2～3

注：1. 除注明外均不含员工用水，员工用水定额每人每班30～45L；
2. 表中用水量包括热水用量在内，空调用水应另计；
3. 选择用水定额时，可依据当地气候条件、水资源状况等确定，缺水地区应选择低值；
4. 用水人数或单位数应以年平均值计算；
5. 每年用水天数应根据使用情况确定。

2. 绿化浇灌用水量标准

综合建筑院区绿化浇灌最高日用水定额按浇灌面积1.0～3.0L/(m^2·d) 计算，通常取2.0L/(m^2·d)，干旱地区可酌情增加。

3. 浇洒道路用水量标准

综合建筑院区道路、广场浇洒最高日用水定额按浇洒面积2.0～3.0L/(m^2·d) 计算，亦可参见表2-8。

4. 空调循环冷却水补水用水量标准

综合建筑空调循环冷却水补充水量，按公式（1-3）计算，亦可由暖通空调专业提供。

5. 汽车冲洗用水量标准

汽车冲洗用水量标准按10.0～15.0L/（辆·次）考虑。

6. 供暖锅炉补充水量

供暖锅炉补充水量由暖通空调、热能动力专业提供。

7. 给水管网漏失水量和未预见水量

这两项水量之和按上述6项用水量（第1项至第6项）之和的8%～12%计算，通常按10%计。

最高日用水量（Q_d）应为上述7项用水量（第1项至第7项）之和。

最大时用水量（Q_{hmax}）可按公式（1-4）计算。

25.1.2 水质标准和防水质污染

1. 水质标准

综合建筑生活给水系统的水质应符合现行国家标准《生活饮用水卫生标准》GB 5749的规定。

2. 防水质污染

综合建筑防止水质污染常见的具体措施，参见表2-9。

25.1.3 给水系统和给水方式

1. 综合建筑生活给水系统

典型的综合建筑生活给水系统原理图，根据其不同建筑功能场所参见本书其他章节。以商业综合体为例，宾馆、酒店式公寓、酒店式办公、公寓式办公等场所的生活给水系统原理图，参见图2-1、图2-2；商场、坐班制办公、电影院等场所的生活给水系统原理图，参见图4-1。

2. 综合建筑生活给水供水方式

综合建筑生活给水供水方式，参见表6-7。

3. 综合建筑生活给水系统竖向分区

综合建筑应根据建筑内功能的划分和当地供水部门的水量计费分类等因素，设置相应的生活给水系统，并应利用城镇给水管网的水压。

综合建筑生活给水系统竖向分区应根据的原则，参见表3-7。

综合建筑生活给水系统竖向分区确定程序，参见表6-8。

4. 综合建筑生活给水系统形式

综合建筑生活给水系统通常采用下行上给式，设备管道设置方法参见表6-9。

25.1.4 管材及附件

综合建筑生活给水系统给水管道应选用耐腐蚀、安装连接方便可靠、符合国家现行有关产品标准要求及饮用水卫生要求的管材，常用管材包括薄壁不锈钢管、薄壁铜管、PVC-C（氯化聚氯乙烯）冷水用管、钢塑复合管、内衬不锈钢复合钢管、铝塑复合管等。

单一建筑的综合建筑生活给水系统管材宜统一。

由多座建筑组成的综合建筑可根据建筑功能要求采用不同的生活给水系统管材。

综合建筑生活给水系统阀门、止回阀、减压阀、水表和其他附件等的设计要求，参见相应建筑功能的有关章节。

由多座建筑组成的综合建筑中，每座建筑生活给水系统均应根据其建筑功能设置水表。

25.1.5 给水管道布置及敷设

1. 室外生活给水系统布置与敷设

综合建筑院区的室外生活给水管网应布置成环状管网，管径宜为$DN150$。环状给水管网与市政给水管网的连接管不宜少于2条，引入管管径宜为$DN150$、不宜小于$DN100$。

综合建筑院区室外生活给水管道与其他地下管线及乔木之间的最小净距，参照表1-25规定。

2. 室内生活给水系统布置与敷设

综合建筑室内生活给水管道通常布置成支状管网，单向供水，宜沿室内公共区域敷设。以商业综合体为例，其生活给水管道不应布置的场所，见表25-3。

商业综合体生活给水管道不应布置的场所表 **表25-3**

序号	不应布置场所
1	电气机房包括高压配电室、低压配电室（包括其值班室）、柴油发电机房（包括储油间）、智能化系统机房（计算机房、网络中心机房、弱电机房）、UPS机房、消防控制室等
2	生活水泵房、消防水泵房等场所配电柜上方
3	电梯机房、烟道、风道、电梯井内、排水沟等
4	商场橱窗、壁柜、木装修等设施；办公楼、写字楼重要的资料室、档案室和重要的办公用房
5	橱窗、壁柜等
6	伸缩缝、沉降缝、变形缝等

注：生活给水管道在穿越防火卷帘时宜绕行。

3. 室内给水管道防护

室内生活给水横干管、立管超过50m时，宜设伸缩补偿装置。

与人防工程功能无关的室内生活给水管道应避免穿越人防地下室，确需穿越时应在人防侧设置防护阀门，管道穿越处应设防护套管。

4. 生活给水管道保温

敷设在有可能结冻的房间、地下室及管井、管沟等处的给水管道应有防冻措施。

屋顶水箱间内生活给水管道均需做保温，所有给水横管及管井内的给水立管均做防结露保温。室内满足防冻要求的管道可不做防结露保温。

给水管道保温材料厚度确定，参见表1-30、表1-31。

25.1.6 生活给水系统给水管网计算

1. 综合建筑院区室外生活给水管网

室外生活给水管网设计流量应按综合建筑院区生活给水最大时用水量确定。院区给水引入管的设计流量应按最大时用水量确定；当引入管为2条时，应保证当其中一条发生故障时，其余的引入管可以提供不小于70%的流量。

综合建筑院区室外生活给水管网管径宜采用 $DN150$。

2. 综合建筑室内生活给水管网

采用市政给水管网直接供水时，给水引入管设计流量（q_1）应按直供区生活给水设计秒流量计；采用生活水箱+变频给水泵组供水时，给水引入管设计流量（q_2）应按加压区生活水箱设计补水量计，设计补水量不得小于高区最高日平均时用水量，不宜大于最高日最大时用水量。

综合建筑内生活给水设计秒流量应按公式（25-1）计算：

$$q_g = 0.2 \cdot \alpha \cdot (N_g)^{1/2} \tag{25-1}$$

式中 q_g——计算管段的给水设计秒流量，L/s；

N_g——计算管段的卫生器具给水当量总数；

α——根据综合建筑用途而定的系数，按加权平均法计算。

注：如计算值小于该管段上一个最大卫生器具给水额定流量时，应采用一个最大的卫生器具给水额定流量作为设计秒流量；如计算值大于该管段上按卫生器具给水额定流量累加所得流量值时，应按卫生器具给水额定流量累加所得流量值采用；有大便器延时自闭冲洗阀的给水管段，大便器延时自闭冲洗阀的给水当量均以0.5计，计算得到的 q_g 附加1.20L/s的流量后，为该管段的给水设计秒流量。

以商业综合体为例，其各功能场所的生活给水设计秒流量计算，见表25-4。

商业综合体生活给水设计秒流量计算表 **表25-4**

序号	建筑物名称		生活给水设计秒流量计算公式	选用参照表号
1	宾馆		$q_g=0.5\cdot(N_g)^{1/2}$	表2-22
2	酒店式公寓		$q_g=0.44\cdot(N_g)^{1/2}$	表2-22
3	商场	商场	$q_g=0.3\cdot(N_g)^{1/2}$	表7-9
		书店	$q_g=0.34\cdot(N_g)^{1/2}$	表7-9

续表

序号	建筑物名称		生活给水设计秒流量计算公式	选用参照表号
4	办公楼（写字楼）	坐班制办公	$q_g=0.3\cdot(N_g)^{1/2}$	表 6-10
		公寓式办公	$q_g=0.44\cdot(N_g)^{1/2}$	表 2-22
		酒店式办公	$q_g=0.5\cdot(N_g)^{1/2}$	表 2-22
5	餐饮业		$q_g=\Sigma q_{g0}\cdot n_0\cdot b_g$	
6	电影院		$q_g=0.6\cdot(N_g)^{1/2}$	表 9-10
7	健身中心		$q_g=0.6\cdot(N_g)^{1/2}$	表 9-10

综合建筑有自闭式冲洗阀时生活给水设计秒流量计算，可参照表 1-33。

3. 综合建筑内卫生器具给水当量

综合建筑内卫生器具应选用节水型器具，应采用符合现行行业标准《节水型生活用水器具》CJ/T 164 规定的节水型卫生器具，宜选用用水效率等级不低于 3 级的用水器具。

综合建筑常见卫生器具的给水额定流量、给水当量、连接给水管管径和最低工作压力按表 3-18 确定。

4. 综合建筑内给水管管径

综合建筑内给水供水管的管径，应根据该给水供水管段的设计秒流量、允许给水流速等查相关计算表格确定。生活给水管道内的给水流速，宜参照表 1-38。

综合建筑内公共卫生间的蹲便器个数与给水供水管管径的对照表，参见表 4-15。

整个生活给水系统生活给水立管、干管均按照其服务的给水设计秒流量确定其管段管径。

25.1.7 生活水泵和生活水泵房

综合建筑给水设计应有可靠的水源和供水管道系统，当仅有一路城市引入管或供水不满足设计秒流量或压力要求时，应设置加压供水设备。

1. 生活水泵

综合建筑生活给水加压水泵宜采用 3 台（2 用 1 备）配置模式，亦可采用 2 台（1 用 1 备）或 4 台（3 用 1 备）配置模式。

综合建筑生活给水加压通常采用变频调速给水泵组，其设计流量应按其负责给水系统的最大设计秒流量确定，即 $Q=q_g$。设计时应统计该系统内各用水点卫生器具的生活给水当量数，根据表 25-4 计算得出设计流量值。

生活给水加压水泵的设计工作压力，按公式（1-10）计算。

2. 生活水泵房

综合建筑二次加压给水的水泵房应为独立的房间，并应环境良好、便于维修和管理；商业综合体生活水泵房不应（宜）毗邻的场所，见表 25-5；加压泵组及泵房应采取减振降噪措施。

商业综合体生活水泵房不应（宜）毗邻的场所一览表 **表 25-5**

序号	建筑物名称		生活水泵房不应（宜）毗邻的场所
1	宾馆		客房和其他需要安静的房间
2	酒店式公寓		客房卧室和其他需要安静的房间
3	商场	商场	
		书店	阅览区和其他需要安静的房间
4	办公楼（写字楼）	坐班制办公	办公用房和会议室等
		公寓式办公	客房卧室、办公室和会议室等
		酒店式办公	客房、办公室和会议室等
5	餐饮业		餐厅等
6	电影院		电影放映厅等
7	健身中心		健身区等
8	公共区域		高压配电室、低压配电室（包括其值班室）、柴油发电机房（包括储油间）、智能化系统机房（计算机房、网络中心机房、弱电机房）、UPS机房、消防控制室等电气机房；生活水泵房、消防水泵房等场所配电柜上方等

综合建筑生活水泵房的设置位置应根据其所供水服务的范围确定，见表25-6。

综合建筑生活水泵房位置确定及要求表 **表 25-6**

序号	水泵房位置	适用情况	设置要求
1	院区室外集中设置	院区室外有空间；常见于新建综合建筑院区	宜与消防水泵房、消防水池、暖通冷热源机房、锅炉房等集中设置，宜靠近综合建筑或生活用水量最大的建筑
2	建筑地下室楼层设置	院区室外无空间	宜设在地下一层或地下二层，不宜设在最低地下楼层；水泵房地面宜高出室外地面200～300mm；常设置于地下车库非人防区域；商业综合体生活水泵房宜靠近高层宾馆、高层办公楼等生活用水量较大、建筑高度较大的建筑

当商业综合体等综合建筑的体量很大、占地面积很大时，可根据建筑的布局设置2个或以上生活水泵房。分期建设的综合建筑，宜分期设置生活水泵房，当一期工程生活水泵房位置靠近二期工程时，可在一期生活水泵房内预留二期工程生活给水泵组、生活水箱等供水设备的空间；当二期工程生活用水量较大时，一期生活水泵房内生活给水设备不宜同时考虑满足二期工程的生活给水要求。

生活水泵房内各分区的生活给水泵组宜集中布置；生活水泵房内每套生活给水泵组宜设置在一个基础上。

25.1.8 生活贮水箱（池）

综合建筑给水设计应有可靠的水源和供水管道系统，当仅有一路城市引入管或供水不满足设计秒流量或压力要求时，应设置生活贮水箱（池）。

综合建筑水箱间应为独立的房间，不应（宜）毗邻的场所，参见表25-5。

水箱应设置消毒设备，并宜采用紫外线消毒方式。

1. 贮水容积

综合建筑生活用水贮水箱（池）的有效容积计算时，其生活用水调节量应按进水量与用水量变化曲线经计算确定，当资料不足时，宜按最高日用水量的20%～25%确定，最大不得大于48h的用水量。有条件时可适当增加生活贮水箱（池）有效容积。

综合建筑生活用水贮水设备宜采用贮水箱。

2. 生活水箱

综合建筑生活水箱设计要求，参见表1-46。

3. 生活水箱相关管道、装置设置要求

综合建筑生活水箱相关管道设施要求，参见表1-47。

生活水箱各水位指标确定方法及取值经验值，参见表1-48。

25.2 生活热水系统

25.2.1 热水系统类别

综合建筑生活热水系统类别根据建筑各相关功能场所生活热水需求确定，商业综合体生活热水系统类别，见表25-7。

生活热水系统分类表 表25-7

序号	分类标准	热水系统类别	商业综合体应用情况	应用程度
1	供应范围	集中生活热水系统	宾馆客房区客房卫生间旅客洗浴生活热水系统；酒店式公寓居住区卫生间居住人员洗浴生活热水系统；酒店式办公楼办公区卫生间办公人员洗浴生活热水系统；公寓式办公楼办公区卫生间办公人员洗浴生活热水系统；宾馆、商场餐饮业厨房生活热水系统；健身中心健身人员洗浴生活热水系统	最常用
2		局部（分散）生活热水系统	宾馆员工洗浴生活热水系统；坐班制办公楼办公区办公人员洗浴生活热水系统	较常用
3		区域生活热水系统	整个商业综合体院区生活热水系统	不常用
4		分布式生活热水系统	宾馆客房区客房卫生间旅客洗浴生活热水系统；酒店式公寓居住区卫生间居住人员洗浴生活热水系统；酒店式办公楼办公区卫生间办公人员洗浴生活热水系统；公寓式办公楼办公区卫生间办公人员洗浴生活热水系统	越来越常用
5	热水管网循环方式	热水干管立管支管循环生活热水系统	中高档宾馆客房区客房卫生间旅客洗浴生活热水系统	最常用
6		热水干管立管循环生活热水系统	中低档宾馆客房区客房卫生间旅客洗浴生活热水系统；酒店式公寓居住区卫生间居住人员洗浴生活热水系统；酒店式办公楼办公区卫生间办公人员洗浴生活热水系统；公寓式办公楼办公区卫生间办公人员洗浴生活热水系统	常用
7		热水干管循环生活热水系统	宾馆、商场餐饮业厨房生活热水系统；健身中心健身人员洗浴生活热水系统	不常用
8		不循环生活热水系统	宾馆员工洗浴生活热水系统；坐班制办公楼办公区办公人员洗浴生活热水系统	较常用

续表

序号	分类标准	热水系统类别	商业综合体应用情况	应用程度
9	热水管网循环水泵运行方式	全日循环生活热水系统	宾馆客房区客房卫生间旅客洗浴生活热水系统；酒店式公寓居住区卫生间居住人员洗浴生活热水系统；酒店式办公楼办公区卫生间办公人员洗浴生活热水系统；公寓式办公楼办公区卫生间办公人员洗浴生活热水系统	最常用
10		定时循环生活热水系统	宾馆、商场餐饮业厨房生活热水系统；健身中心健身人员洗浴生活热水系统；宾馆员工洗浴生活热水系统；坐班制办公楼办公区办公人员洗浴生活热水系统	常用
11	热水管网循环动力方式	强制循环生活热水系统		最常用
12		自然循环生活热水系统		极少用
13	是否敞开形式	闭式生活热水系统		最常用
14		开式生活热水系统		极少用
15	热水管网布置型式	下供下回式生活热水系统	热源位于建筑底部，即由锅炉房提供热媒（高温蒸汽或高温热水），经汽水或水水换热器提供热水热源等的生活热水系统	最常用
16		上供上回式生活热水系统	热源位于建筑顶部，即由屋顶太阳能热水设备及（或）空气能热泵热水设备提供热水热源等的生活热水系统	常用
17		上供下回式生活热水系统		较少用
18		分层上供上回式生活热水系统		较少用
19	热水管路距离	同程式生活热水系统		目前最常用
20		异程式生活热水系统		越来越常用
21	热水系统分区方式	加热器集中设置生活热水系统	商业综合体院区内各个建筑生活热水系统距离较近、规模相差不大或为同一建筑内不同竖向分区系统时的生活热水系统	常用
22		加热器分散设置生活热水系统	商业综合体院区各个建筑生活热水系统距离较远、规模相差较大时的生活热水系统	最常用
23		加热器分布设置生活热水系统	不受商业综合体院区建筑距离、规模限制时的生活热水系统	较少用

典型的综合建筑生活热水系统原理图，根据其不同建筑功能场所参见本书其他章节。以商业综合体为例，宾馆、酒店式公寓、酒店式办公、公寓式办公等场所的生活热水系统原理图，参见图 2-3～图 2-6。

25.2.2 生活热水系统热源

综合建筑集中生活热水供应系统的热源，参见表 2-34。

综合建筑生活热水系统热源选用，参见表 2-35。

综合建筑生活热水系统常见热源组合形式，参见表 19-7。

综合建筑屋顶设置太阳能光伏发电系统时，系统产生的电能可用于屋顶热水箱内热水的加热，保证生活热水系统供水温度。

25.2.3 热水系统设计参数

1. 综合建筑热水用水定额

综合建筑内各相关功能场所热水用水定额，参见本书前述生活热水系统章节。

以商业综合体为例，《水标》中商业综合体相关功能场所热水用水定额，见表 25-8。

商业综合体热水用水定额表 **表 25-8**

序号	建筑物名称		单位	用水定额（L）		使用时数（h）	最高日小时变化系数 K_h
				最高日	平均日		
1	宾馆	旅客	每床位每日	120～160	110～140	24	2.5～2.0
		员工	每人每日	40～50	35～40	8～10	2.5～2.0
2	酒店式公寓		每人每日	80～100	65～80	24	2.5～2.0
3	办公楼（写字楼）	坐班制办公	每人每班	30～50	25～40	8～10	1.5～1.2
		公寓式办公	每人每日	130～300	120～250	10～24	2.5～1.8
		酒店式办公		250～400	220～320	24	2.0
4	餐饮业	中餐酒楼	每顾客每次	15～20	8～12	10～12	1.5～1.2
		快餐店		10～12	7～10	12～16	
		酒吧、咖啡馆、茶座、卡拉 OK 房		3～8	3～5	8～18	
5	健身中心		每人每次	15～25	10～20	8～12	1.5～1.2

注：1. 表中所列用水定额均已包括在表 25-1 中；
2. 本表以 60℃热水水温为计算温度，卫生器具的使用水温见表 25-10；
3. 表中平均日用水定额仅用于计算太阳能热水系统集热器面积和计算节水用水量。

《节水标》中商业综合体相关功能场所热水平均日节水用水定额，见表 25-9。

商业综合体热水平均日节水用水定额表 **表 25-9**

序号	建筑物名称		单位	节水用水定额
1	宾馆	旅客	L/(床位・d)	110～140
		员工	L/(人・d)	35～40
2	酒店式公寓		L/(人・d)	65～80
3	办公楼(写字楼)	坐班制办公	L/(人・班)	5～10
		公寓式办公	L/(人・日)	50～80
		酒店式办公		110～140

续表

<table>
<tr><th>序号</th><th colspan="2">建筑物名称</th><th>单位</th><th>节水用水定额</th></tr>
<tr><td rowspan="3">4</td><td rowspan="3">餐饮业</td><td>中餐酒楼</td><td rowspan="3">L/（人・次）</td><td>15～25</td></tr>
<tr><td>快餐店</td><td>7～10</td></tr>
<tr><td>酒吧、咖啡馆、茶座、卡拉OK房</td><td>3～5</td></tr>
</table>

注：热水温度按60℃计。

综合建筑所在地为较大城市、标准要求较高的，综合建筑热水用水定额可以适当选用较高值；反之可选用较低值。

2. 综合建筑卫生器具用水定额及水温

以商业综合体为例，其相关功能场所卫生器具的一次热水用水量、小时热水用水量和水温，可按表25-10确定。

综合建筑卫生器具一次热水用水量、小时热水用水量和水温表　　表25-10

<table>
<tr><th>序号</th><th colspan="3">卫生器具名称</th><th>一次热水用水（L）</th><th>小时热水用水（L）</th><th>水温（℃）</th></tr>
<tr><td rowspan="5">1</td><td rowspan="5">宾馆、酒店式公寓、公寓式办公楼（写字楼）、酒店式办公楼（写字楼）</td><td colspan="2">带有淋浴器的浴盆</td><td>150</td><td>300</td><td rowspan="2">40</td></tr>
<tr><td colspan="2">无淋浴器的浴盆</td><td>125</td><td>250</td></tr>
<tr><td colspan="2">淋浴器</td><td>70～100</td><td>140～200</td><td>37～40</td></tr>
<tr><td colspan="2">洗脸盆、盥洗槽水嘴</td><td>3</td><td>30</td><td>30</td></tr>
<tr><td colspan="2">洗涤盆（池）</td><td>—</td><td>180</td><td>50</td></tr>
<tr><td>2</td><td>坐班制办公楼（写字楼）</td><td colspan="2">洗手盆</td><td>—</td><td>50～100</td><td>35</td></tr>
<tr><td rowspan="3">3</td><td rowspan="3">餐饮业</td><td rowspan="2">洗脸盆</td><td>工作人员用</td><td>3</td><td>200</td><td rowspan="2">30</td></tr>
<tr><td>顾客用</td><td>—</td><td>120</td></tr>
<tr><td colspan="2">淋浴器</td><td>40</td><td>400</td><td>37～40</td></tr>
<tr><td>4</td><td>健身中心</td><td colspan="2">淋浴器</td><td>30</td><td>300</td><td>35</td></tr>
</table>

注：表中用水量均为使用水温时的用水量；一次热水用水量指使用一次的用水量，并非卫生器具开关一次的用水量，有些卫生器具使用一次可能需要开关几次。

3. 综合建筑冷水计算温度

冷水的计算温度应以当地最冷月平均水温资料确定。当无水温资料时，按表1-58采用。

综合建筑冷水计算温度宜按综合建筑当地地面水温度确定，水温有取值范围时宜取低值。

4. 综合建筑水加热设备供水温度

综合建筑集中热水供应系统的水加热设备（包括热水锅炉、热水机组或水加热器等）的出水温度按表1-59采用。综合建筑集中生活热水系统水加热设备的供水温度宜为60～65℃，通常按60℃计。

5. 综合建筑生活热水水质

综合建筑生活热水的水质指标，应符合现行国家标准《生活饮用水卫生标准》GB 5749的要求。

25.2.4 热水系统设计指标

1. 综合建筑热水设计小时耗热量

（1）全日供应热水设计小时耗热量

以商业综合体为例，宾馆客房区客房卫生间旅客洗浴生活热水系统、酒店式公寓居住区卫生间居住人员洗浴生活热水系统、酒店式办公楼办公区卫生间办公人员洗浴生活热水系统和公寓式办公楼办公区卫生间办公人员洗浴生活热水系统采用全日供应热水系统。

商业综合体全日供应生活热水系统设计小时耗热量应按公式（25-2）计算：

$$Q_h = K_h \cdot m \cdot q_r \cdot C \cdot (t_{r1} - t_l) \cdot \rho_r \cdot C_\gamma / T \tag{25-2}$$

式中 Q_h——商业综合体全日供应生活热水设计小时耗热量，kJ/h；

K_h——商业综合体生活热水小时变化系数，可按表 25-11 经内插法计算采用；

商业综合体生活热水小时变化系数表 **表 25-11**

建筑类别	热水用水定额 q_r [L/人(床)·d]	使用人（床）数 m	热水小时变化系数 K_h
宾馆、酒店式办公楼（写字楼）	60～100	150≤m≤1200	3.33～2.60
酒店式公寓、公寓式办公楼（写字楼）	80～100		4.00～2.58

注：K_h应根据热水用水定额高低、使用人（床）数多少取值，当热水用水定额高、使用人（床）数多时取低值，反之取高值。使用人（床）数小于下限值［150 人(床)］时，K_h取上限值；使用人（床）数大于上限值［1200 人（床)］时，K_h取下限值；使用人（床）数位于下限值与上限值之间［150～1200 人(床)］时，K_h取值在上限值与下限值之间，采用内插法计算求得。

m——商业综合体设计床位数，床；

q_r——商业综合体生活热水用水定额，L/(床·d)，按商业综合体热水最高日用水定额表（表 25-11）选用；

C——水的比热，kJ/(kg·℃)，C=4.187kJ/(kg·℃)；

t_{r1}——热水计算温度,℃ ，计算时 t_{r1} 宜取 65℃；

t_l——冷水计算温度,℃，计算时通常按表 1-58 选用；

ρ_r——热水密度，kg/L，通常取 1.0kg/L；

C_γ——热水供应系统的热损失系数，C_γ=1.10～1.15；

T——商业综合体每日使用时间，h，取 24h。

将 C、t_{r1}、ρ_r、C_γ、T 等参数代入后为公式（25-3）：

$$Q_h = 0.201 \cdot K_h \cdot m \cdot q_r \cdot (65 - t_l) \tag{25-3}$$

（2）定时供应热水设计小时耗热量

当商业综合体生活热水系统采用定时供应热水的集中生活热水系统时，其设计小时耗热量应按公式（25-4）计算：

$$Q_h = \Sigma q_h \cdot C \cdot (t_{r2} - t_l) \cdot \rho_r \cdot n_0 \cdot b_g \cdot C_\gamma \tag{25-4}$$

式中 Q_h——商业综合体生活热水设计小时耗热量，kJ/h；

q_h——商业综合体卫生器具生活热水的小时用水定额，L/h，可按表 25-10 采用，计算时通常取小时热水用水量的上限值；

C——水的比热，kJ/(kg·℃)，C=4.187kJ/(kg·℃)；

t_{r2}——热水计算温度,℃，计算时按表25-10选用；

t_l——冷水计算温度,℃；

ρ_r——热水密度，kg/L，通常取1.0kg/L；

n_0——商业综合体同类型卫生器具数；

b_g——商业综合体卫生器具的同时使用百分数；

C_γ——热水供应系统的热损失系数，C_γ=1.10～1.15。

(3) 不同使用要求用水部门热水设计小时耗热量

具有多个不同使用热水部门或具有多种热水使用形式的综合建筑，当其热水由同一热水供应系统供应时，设计小时耗热量，可按同一时间内出现用水高峰的主要用水部门的设计小时耗热量加其他用水部门的平均小时耗热量计算。

2. 综合建筑设计小时热水量

以商业综合体为例，其设计小时热水量，按公式(25-5)计算：

$$q_{rh} = Q_h / [(t_{r3} - t_l) \cdot C \cdot \rho_r \cdot C_\gamma] \tag{25-5}$$

式中 q_{rh}——商业综合体生活热水设计小时热水量，L/h；

Q_h——商业综合体生活热水设计小时耗热量，kJ/h；

t_{r3}——设计热水温度,℃，计算时t_{r3}取值与t_{r1}一致即可；

t_l——冷水计算温度,℃；

C——水的比热，kJ/(kg·℃)，C=4.187kJ/(kg·℃)；

ρ_r——热水密度，kg/L，通常取1.0kg/L；

C_γ——热水供应系统的热损失系数，C_γ=1.10～1.15。

3. 综合建筑加热设备供热量

综合建筑全日集中生活热水系统中，锅炉、水加热设备的设计小时供热量应根据日热水用量小时变化曲线、加热方式及锅炉、水加热设备的工作制度经积分曲线计算确定。

(1) 容积式水加热器或贮热容积与其相当的水加热器、燃油(气)热水机组供热量

综合建筑生活热水系统采用的容积式水加热器均应为导流型容积式水加热器，其设计小时供热量可按公式(19-5)计算。

在综合建筑生活热水系统设计小时供热量计算时，通常取Q_g=Q_h。

(2) 半容积式水加热器或贮热容积与其相当的水加热器、燃油(气)热水机组供热量

综合建筑生活热水系统亦常采用半容积式水加热器，此时半容积式水加热器设计小时供热量按设计小时耗热量计算，即取Q_g=Q_h。

25.2.5 生活热水系统热水管网计算

1. 生活热水管网设计流量

(1) 综合建筑生活热水引入管设计流量

综合建筑生活热水引入管设计流量应按该建筑相应生活热水供水系统总供水干管的设计秒流量确定。

(2) 综合建筑内生活热水设计秒流量

综合建筑内生活热水设计秒流量应按公式（25-6）计算：

$$q_g = 0.2 \cdot \alpha \cdot (N_g)^{1/2} \tag{25-6}$$

式中 q_g——计算管段的热水设计秒流量，L/s；

N_g——计算管段的卫生器具热水当量总数；

α——根据综合建筑用途而定的系数，按加权平均法计算。

注：如计算值小于该管段上一个最大卫生器具热水额定流量时，应采用一个最大的卫生器具热水额定流量作为设计秒流量；如计算值大于该管段上按卫生器具热水额定流量累加所得流量值时，应按卫生器具热水额定流量累加所得流量值采用。

以商业综合体为例，其各功能场所的生活热水设计秒流量计算，见表 25-12。

商业综合体生活热水设计秒流量计算表 **表 25-12**

序号	建筑物名称		生活热水设计秒流量计算公式	选用参照表号
1	宾馆		$q_g=0.5 \cdot (N_g)^{1/2}$	表 2-43
2	酒店式公寓		$q_g=0.44 \cdot (N_g)^{1/2}$	表 2-43
3	办公楼（写字楼）	坐班制办公	$q_g=0.3 \cdot (N_g)^{1/2}$	表 6-24
		公寓式办公	$q_g=0.44 \cdot (N_g)^{1/2}$	表 2-43
		酒店式办公	$q_g=0.5 \cdot (N_g)^{1/2}$	表 2-43
4	餐饮业		$q_g=\sum q_{g0} \cdot n_0 \cdot b_g$	
5	电影院		$q_g=0.3 \cdot (N_g)^{1/2}$	表 9-16
6	健身中心		$q_g=0.6 \cdot (N_g)^{1/2}$	表 9-16

2. 综合建筑内卫生器具热水当量

综合建筑卫生器具的热水额定流量、热水当量、连接热水管管径和最低工作压力按表 2-44、表 3-31 确定。

3. 综合建筑内热水管管径

综合建筑内热水供水管的管径，应根据该热水供水管段的设计秒流量、允许热水流速等查相关计算表格确定。生活热水管道内的热水流速，宜按表 1-66 控制。

本区域热水回水干管管径根据该区域热水供水干管最大管径确定。热水回水管管径与热水供水管管径的对照，参见表 2-48。

整个生活热水系统的生活热水供水立管、干管均按照其服务的热水设计秒流量确定其管段管径；生活热水回水立管、干管先按照其服务的热水设计秒流量确定出一个供水管管径值，再根据表 2-48 确定其管段回水管管径值。

25.2.6 生活热水机房（换热机房、换热站）

单一建筑的综合建筑生活热水机房（换热机房、换热站）位置确定，参见表 2-49。

由多座建筑组成的综合建筑生活热水机房（换热机房、换热站）位置确定，以商业综合体为例，见表 25-13。

商业综合体生活热水机房（换热机房、换热站）位置确定表　　　　表 25-13

<table>
<tr><th>序号</th><th>生活热水机房（换热机房、换热站）位置</th><th>生活热水系统热源情况</th><th>生活热水机房（换热机房、换热站）内设施</th><th>适用范围</th></tr>
<tr><td>1</td><td>院区室外独立设置</td><td>院区锅炉房热水（蒸汽）锅炉提供热媒，经换热后提供第 1 热源；院区动力中心提供其他热媒或热源；太阳能设备或空气能热泵设备提供第 2 热源</td><td rowspan="2">常用设施：水（汽）水换热器（加热器）、热水循环泵组；少用设施：热水箱、热水供水泵组</td><td>新建商业综合体院区；新建、改建商业综合体建筑；设有锅炉房或动力中心</td></tr>
<tr><td>2</td><td>设有集中供应生活热水系统的单体建筑室内地下室</td><td>院区锅炉房（动力中心）提供热媒，经换热后提供第 1 热源；太阳能设备或空气能热泵设备提供第 2 热源</td><td>新建商业综合体院区；新建商业综合体建筑；设有锅炉房或动力中心</td></tr>
<tr><td>3</td><td>设有集中供应生活热水系统的单体建筑屋顶</td><td>太阳能设备或（和）空气能热泵设备提供热源；必要情况下燃气热水设备提供第 2 热源</td><td>热水箱、热水循环泵组、集热循环泵组、空气能热泵循环泵组；采用双热水箱时，设置水箱循环泵组</td><td>新建、改建商业综合体建筑；屋顶设有热源热水设备</td></tr>
</table>

当商业综合体等综合建筑的体量很大、占地面积很大时，可根据建筑的布局设置 2 个或以上生活热水机房。分期建设的综合建筑，宜分期设置生活热水机房，当一期工程生活热水机房位置靠近二期工程时，可在一期生活热水机房内预留二期工程生活热水设备的空间；当二期工程生活热水量较大时，一期生活热水机房内生活热水设备不宜同时考虑满足二期工程的生活热水要求。

综合建筑生活热水机房（换热机房、换热站）应为独立的房间，不应（宜）毗邻的场所参见表 25-5。

25. 2. 7 生活热水箱

综合建筑生活热水箱设计要求，参见表 1-72。

生活热水箱各种水位，按表 1-74 确定。

综合建筑生活热水箱间应为独立的房间，不应（宜）毗邻的场所参见表 25-5。

25. 2. 8 生活热水循环泵

1. 生活热水循环泵设置位置

当系统热源由高温热媒经院区热水机房（换热机房）内的各分区换热设备后向各分区供给热水时，各分区生活热水循环泵通常设在热水机房（换热机房）内。当系统热源由屋顶太阳能供水设备向各分区供给热水时，各分区生活热水循环泵通常设在本分区最低楼层或下面一层热水循环泵房内。

2. 生活热水循环泵设计流量

生活热水循环水泵的出水量，可按公式（2-19）、公式（2-20）计算。

3. 生活热水循环泵设计扬程

生活热水循环泵的扬程，可按公式（2-21）、公式（2-22）计算。

4. 太阳能集热循环泵

太阳能集热循环泵流量，按公式（1-28）计算；集热循环泵扬程，按公式（1-29）、公式（1-30）计算。

25.2.9 热水系统管材、附件和管道敷设

综合建筑生活热水系统热水管道常用的管材包括薄壁不锈钢管、PVC-C（氯化聚氯乙烯）热水用管、薄壁铜管、钢塑复合管（如 PSP 管）、铝塑复合管等，较少采用普通塑料热水管。

单一建筑的综合建筑生活热水系统管材宜统一。

由多座建筑组成的综合建筑可根据建筑功能要求采用不同的生活热水系统管材。

综合建筑生活热水系统阀门、止回阀、水表、排气装置、泄水装置、温度计、压力表、管道补偿装置、保温等的设计要求，参见相应建筑功能的有关章节。

25.3 排水系统

25.3.1 排水系统类别

综合建筑排水系统分类，以商业综合体为例，见表 25-14。

排水系统分类表 表 25-14

序号	分类标准	排水系统类别	商业综合体应用情况	应用程度
1	建筑内场所使用功能	生活污水排水	宾馆客房区客房卫生间污水排水；酒店式公寓居住区卫生间污水排水；酒店式办公楼办公区卫生间污水排水；公寓式办公楼办公区卫生间污水排水；坐班制办公楼、商场、电影院、健身中心等场所公共卫生间污水排水	常用
2		生活废水排水	宾馆客房区客房卫生间洗浴废水排水；酒店式公寓居住区卫生间洗浴废水排水；酒店式办公楼办公区卫生间洗浴废水排水；公寓式办公楼办公区卫生间洗浴废水排水；坐班制办公楼、商场、电影院、健身中心等场所公共卫生间盥洗废水排水	
3		厨房废水排水	商业综合体内附设餐饮厨房、餐厅污水排水	
4		设备机房废水排水	商业综合体内附设水泵房（生活水泵房、消防水泵房）、空调机房、制冷机房、换热机房、锅炉房、热水机房等机房废水排水	
5		车库废水排水	商业综合体内附设车库内一般地面冲洗废水排水	
6		消防废水排水	商业综合体内消防电梯井排水、自动喷水灭火系统试验排水、消火栓系统试验排水、消防水泵试验排水等废水排水	
7		绿化废水排水	商业综合体室外绿化废水排水	

续表

序号	分类标准	排水系统类别	商业综合体应用情况	应用程度
8	建筑内污、废水排水方式	重力排水方式	商业综合体地上污废水排水	最常用
9		压力排水方式	商业综合体地下室污废水排水	常用
10	污废水排水体制	污废合流排水系统		最常用
11		污废分流排水系统		常用
12	排水系统通气方式	设有通气管系排水系统	伸顶通气排水系统通常应用在商业综合体多层区域卫生间排水，专用通气立管排水系统通常应用在商业综合体高层区域卫生间排水。环形通气排水系统、器具通气排水系统通常应用在个别商业综合体公共卫生间排水	最常用
13		特殊单立管排水系统		少用

综合建筑室内污废水排水体制采用合流制，当有中水利用要求时，可采用分流制。

典型的综合建筑排水系统原理图，根据其不同建筑功能场所参见本书其他章节。以商业综合体为例，宾馆、酒店式公寓、酒店式办公、公寓式办公等场所的排水系统原理图，参见图2-7、图2-8；商场、坐班制办公、电影院等场所的排水系统原理图，参见图4-2、图4-3。

综合建筑中的生活污水、厨房含油废水等均应经化粪池处理；生活废水、设备机房废水、消防废水、绿化废水等不需经过化粪池处理。厨房含油废水应经除油处理后再排入污水管道。

综合建筑污废水与建筑雨水应雨污分流。

综合建筑公共卫生间等生活粪便污水、生活废水等可合流排放，当有中水利用要求时，可采用分流排放。

综合建筑的空调凝结水排水管不得与污废水管道系统直接连接，空调凝结水宜单独收集后回用于绿化、水景、冷却塔补水等。

25.3.2 卫生器具

1. 综合建筑内卫生器具种类及设置场所

综合建筑内卫生器具种类及设置场所，参见表2-54、表6-30、表7-22、表9-19、表10-13。

2. 综合建筑内卫生器具选用

综合建筑卫生间卫生器具应符合表2-56、表6-31、表7-23、表9-20的规定。

3. 公共卫生间排水设计要点

公共卫生间排水立管及通气立管通常敷设于专用管道井内；采用专用通气立管方式时，排水立管与通气立管采用结合管连接。管道井中排水立管与通气立管中心距最小值，参见表1-91。

4. 综合建筑内卫生器具排水配件穿越楼板留孔位置及尺寸

常见卫生器具排水配件穿越楼板留孔位置及尺寸，参见表1-92。

5. 地漏

综合建筑内公共卫生间、开水间、空调机房、新风机房等场所内应设置地漏。

综合建筑地漏及其他水封高度要求不得小于50mm，且不得大于100mm。

综合建筑地漏类型选用，参见表2-57；地漏规格选用，参见表2-58。

6. 水封装置

综合建筑中采用排水沟排水的场所包括厨房、车库、泵房、设备机房等。当排水沟内废水直接排至室外时，沟与排水排出管之间应设置水封装置。卫生器具排水管段上不得重复设置水封装置。

25.3.3 排水系统水力计算

1. 综合建筑最高日和最大时生活排水量

综合建筑生活排水量宜按该单体建筑生活给水量或多座建筑生活给水量之和的85%～95%计算，通常按90%。

2. 综合建筑卫生器具排水技术参数

综合建筑卫生器具的排水流量、排水当量、排水支管管径、排水坡度等基本参数的选定，参见表2-59、表3-39。

3. 综合建筑排水设计秒流量

综合建筑的生活排水管道设计秒流量，按公式（25-7）计算：

$$q_u = 0.12 \cdot \alpha \cdot (N_p)^{1/2} + q_{max} \tag{25-7}$$

式中 q_u——计算管段排水设计秒流量，L/s；

N_p——计算管段的卫生器具排水当量总数；

α——根据建筑物用途而定的系数，以商业综合体为例，宾馆、酒店式公寓、公寓式办公楼、酒店式办公楼的卫生间通常取1.5，商场、坐班制办公楼、电影院、健身中心的公共卫生间取2.0～2.5，通常取2.5；

q_{max}——计算管段上最大一个卫生器具的排水流量，L/s。

计算时，如计算所得流量值大于该管段上按卫生器具排水流量累加值时，应按卫生器具排水流量累加值计。

综合建筑q_{max}=1.50L/s和q_{max}=2.00L/s时排水设计秒流量计算数据，根据不同建筑功能参见相关表格。以商业综合体为例，其q_{max}=1.50L/s和q_{max}=2.00L/s时排水设计秒流量计算数据，宾馆、酒店式公寓、公寓式办公楼、酒店式办公楼参见表1-97，商场、坐班制办公楼、电影院、健身中心参见表7-24。

综合建筑内餐饮场所厨房等的生活排水管道设计秒流量，按公式（25-8）计算：

$$q_p = \sum q_0 \cdot n_0 \cdot b \tag{25-8}$$

式中 q_p——综合建筑计算管段的排水设计秒流量，L/s；

q_0——综合建筑同类型的一个卫生器具排水流量，L/s；

n_0——综合建筑同类型卫生器具数；

b——综合建筑卫生器具的同时排水百分数：综合建筑内餐饮场所厨房的设备按表4-13选用。

注：当计算排水流量小于一个大便器排水流量时，应按一个大便器的排水流量计算。

4. 综合建筑排水管道管径确定

综合建筑排水铸铁管道最小坡度，按表1-98确定；胶圈密封连接排水塑料横管的坡度，按表1-99确定；建筑内排水管道最大设计充满度，参见表1-100；排水管道自清流速，参见表1-101。

排水横管水力计算按照公式（1-32）、公式（1-33）；排水铸铁管水力计算，参见表1-102；排水塑料管水力计算，参见表1-103。

不同管径下排水横管允许流量 Q_p，参见表1-104。

综合建筑排水系统中排水横干管常见管径为 *DN*100、*DN*150。*DN*100 排水横干管对应排水当量最大限值，参见表1-105，*DN*150 排水横干管对应排水当量最大限值，参见表1-106。

不同通气方式的排水立管最大设计排水能力，参见表1-107～表1-109。

综合建筑各种排水管的推荐管径，参见表2-60。

25.3.4 排水系统管材、附件和检查井

1. 综合建筑排水管管材

综合建筑室外排水管可采用埋地排水塑料管，包括硬聚氯乙烯管、聚乙烯管和玻璃纤维增强塑料夹砂管等。常用的室外排水管还有双壁加筋波纹排水管、双平壁钢塑复合缠绕排水管等。

单一建筑的综合建筑排水系统管材宜统一。

由多座建筑组成的综合建筑可根据建筑功能要求采用不同的排水系统管材。

综合建筑室内排水管类型，参见表2-61。

2. 综合建筑排水管附件

排水立管上检查口的设置位置，参见表1-113；检查口之间的最大距离，参见表1-114；检查口设置要求，参见表1-115。

清扫口的设置位置，参见表1-116；清扫口至室外检查井中心最大长度，参见表1-117；排水横管直线管段上清扫口之间的最大距离，参见表1-118。

塑料排水管道支吊架间距规定，参见表1-119。

3. 综合建筑排水管道布置敷设

综合建筑排水管道不应布置场所，应根据不同建筑功能参见相关章节表格。以商业综合体为例，其排水管道不应布置场所，见表25-15。

排水管道不应布置场所表 **表25-15**

序号	排水管道不应布置场所	具体要求
1	生活水泵房等设备机房	排水横管禁止在商业综合体生活水箱箱体正上方敷设，生活水泵房其他区域不宜敷设排水管道；设在室内的消防水池（箱）应按此要求处理
2	厨房、餐厅	商业综合体中餐饮场所厨房内的主副食操作间、烹调间、备餐间、加工间、粗加工、冷菜间、面点蒸煮间、食品储藏库（主食库、副食库）等房间的上方均不应敷设排水管道，排水立管不宜穿过上述房间；商业综合体中的餐厅；商业综合体中的厨房排水应独立设置，排水横管和立管均不得与卫生间污水排水管道连通。上述场所上方排水管不宜采用同层排水方式
3	电气机房	商业综合体中的电气机房包括高压配电室、低压配电室（包括其值班室）、柴油发电机房（包括储油间）、网络机房、弱电机房、UPS机房、消防控制室等，排水管道不得敷设在此类电气机房内

续表

序号	排水管道不应布置场所	具体要求
4	有安静要求办公用房	排水管道不应敷设在会议室、接待室以及其他有安静要求的办公用房的顶板下方，当不能避免时应采用低噪声管材并采取防渗漏和隔声措施
5	重要办公用房	排水管道不应穿越重要的资料室、档案室和重要的办公用房
6	观众厅	电影院中的观众座席和疏散走道等
7	放映机房	电影院中的放映、还音、倒片、配电等设备或设施机房
8	结构变形缝、结构风道	原则上排水管道不得穿过结构变形缝；若条件限制必须穿越沉降缝时，则应预留沉降量并设置不锈钢软管柔性连接，必须穿越伸缩缝时，则应安装伸缩器
9	电梯机房、通风小室	

注：商业综合体中的营业厅、健身房、办公室等场所不宜敷设排水管道。

综合建筑排水系统管道设计遵循原则，参见表2-63。

4. 综合建筑间接排水

综合建筑中的间接排水，参见表4-33。

综合建筑未设置地下室时，排水排出管穿越有沉降可能的承重墙或基础时应预留洞口；设置地下室时，排水排出管穿越地下室外墙时应预留防水套管，宜采用柔性防水套管。

25.3.5 通气管系统

综合建筑通气管设置要求，应根据不同建筑功能参见相关章节表格。以商业综合体为例，参见表2-66、表6-35、表7-27、表9-22、表10-15。

综合建筑通气管可采用柔性接口机制排水铸铁管或塑料排水管，一般采用与综合建筑排水管相同管材。在最冷月平均气温低于−13℃的地区，伸出屋面部分通气立管应采用柔性接口机制排水铸铁管。

通气立管的最小管径，参见表1-130。

25.3.6 特殊排水系统

综合建筑生活水泵房、厨房、电气机房等场所的上方楼层不应有排水横支管明设管道等。若有必要在上述某些场所上方设置排水点且无法采取其他躲避措施时，该部位的排水应采用同层排水方式。

综合建筑同层排水最常采用的是降板或局部降板法。

25.3.7 特殊场所排水

1. 综合建筑化粪池

化粪池宜设置在接户管的下游端；位置宜选在院区最低处附近；外壁距建筑物外墙不宜小于5m；宜选用钢筋混凝土化粪池。

综合建筑化粪池有效容积，根据其建筑功能参见相关章节化粪池有效容积计算公式。

综合建筑可集中并联设置或根据院区布局分散并联布置2个或3个化粪池，多个化粪池的型号宜一致。综合建筑分期建设时，宜分期设置本期工程的化粪池。

2. 综合建筑餐饮场所厨房、餐厅含油废水处理

综合建筑含油废水宜采用三级隔油处理流程，参见表1-141。

根据餐饮场所用餐人数确定隔油设施处理水量，按公式（1-39）计算；根据餐饮场所餐厅面积确定隔油设施处理水量，按公式（1-40）计算。

隔油池有效容积，按公式（1-41）计算。隔油池的类型，参见表1-142。

隔油提升一体化设备选型的主要技术参数为其所接纳的餐饮场所厨房等器具含油污水排水流量。

3. 综合建筑附设车库汽车洗车污水处理

汽车冲洗水量，参见表1-143。

隔油沉淀池有效容积，按公式（1-42）计算。隔油沉淀池类型，参见表1-144。

4. 综合建筑设备机房排水

综合建筑地下设备机房排水设施要求，参见表1-147。

5. 地下车库排水

综合建筑地下车库应设置排水设施（排水沟和集水坑）。车库内排水沟设置要求，参见表1-150。

25.3.8 压力排水

1. 综合建筑集水坑设置

综合建筑地下室应设置集水坑。集水坑的设置要求，参见表7-28。

通气管管径宜与排水管管径相同，可接至室外或向上接至建筑地上部分通气管系统。

2. 污水泵、污水提升装置选型

综合建筑排水泵的流量方法确定，参见表2-68；排水泵的扬程，按公式（1-44）计算。

25.3.9 室外排水系统

1. 综合建筑室外排水管道布置

综合建筑室外排水管道布置方法，参见表2-69；与其他地下管线（构筑物）最小间距，参见表1-154。

综合建筑室外排水管道最小覆土深度不宜小于0.5m；对于严寒地区、寒冷地区综合建筑，室外排水管道最小覆土深度应超过当地冻土层深度。

2. 综合建筑室外排水管道敷设

综合建筑室外排水管道与生活给水管道交叉时，应敷设在生活给水管道下面。室外排水管道敷设发生冲突时，应遵循表1-26原则处理。

3. 综合建筑室外排水管道水力计算

室外排水管道水力计算，按公式（1-45）、公式（1-46）。

综合建筑室外排水管道的最小管径、最小设计坡度、最大设计充满度，参见表1-155。

4. 综合建筑室外排水管道管材

综合建筑室外排水管道宜优先采用埋地塑料排水管，弹性橡胶圈密封柔性接口，小于 *DN*200 直壁管，可采用承插式粘接；可采用埋地铸铁排水管，橡胶圈柔性接口或水泥砂浆接口。

5. 综合建筑室外排水检查井

综合建筑室外排水检查井设置位置，参见表 1-156。

综合建筑室外排水检查井宜优先选用玻璃钢排水检查井，其次是混凝土排水检查井，禁止采用砖砌排水检查井。室外排水管在排水检查井连接应采用管顶平接。

25.4 雨水系统

25.4.1 雨水系统分类

综合建筑雨水系统分类，见表 25-16。

雨水系统分类表 **表 25-16**

序号	分类标准	雨水系统类别	综合建筑应用情况	应用程度
1	屋面雨水设计流态	半有压流屋面雨水系统	综合建筑中一般采用的是 87 型雨水斗系统	最常用
2		压力流屋面雨水系统（虹吸式雨水系统）	综合建筑的屋面（通常为裙楼屋面）面积较大时，可考虑采用	少用
3		重力流屋面雨水系统		极少用
4	雨水管道设置位置	内排水雨水系统	高层综合建筑雨水系统应采用；多层综合建筑雨水系统宜采用	最常用
5		外排水雨水系统	综合建筑如果面积不大、建筑专业立面允许，可以采用	少用
6		混合式雨水系统		极少用
7	雨水出户横管室内部分是否存在自由水面	封闭系统		最常用
8		敞开系统		极少用
9	建筑屋面排水条件	天沟雨水排水系统		最常用
10		檐沟雨水排水系统		极少用
11		无沟雨水排水系统		极少用
12	压力提升雨水排水系统		综合建筑地下车库出入口等处，雨水汇集就近排至集水坑时采用	常用

25.4.2 雨水量

1. 设计雨水流量

综合建筑设计雨水流量，应按公式（1-47）计算。

2. 设计暴雨强度

设计暴雨强度应按综合建筑所在地或相邻地区暴雨强度公式计算确定，见公式（1-48）。

我国部分城镇5min设计暴雨强度、小时降雨厚度，参见表1-158（设计重现期$P=10$年）。

3. 设计重现期

综合建筑屋面雨水设计重现期：对于半有压流屋面雨水系统，通常取10年；对于压力流屋面雨水系统，通常取50年。

4. 设计降雨历时

综合建筑屋面雨水排水管道设计降雨历时按照5min确定。

综合建筑院区雨水排水管道设计降雨历时，按公式（1-49）计算。

5. 径流系数

综合建筑屋面及院区地面的径流系数，参见表1-159。

6. 汇水面积

综合建筑的雨水汇水面积计算原则，参见表1-160。

25.4.3 雨水系统

1. 雨水系统设计常规要求

综合建筑雨水系统设置要求，参见表1-161。

综合建筑雨水排水管道不应布置场所，应根据不同建筑功能参见相关章节表格。以商业综合体为例，其雨水排水管道不应布置场所，见表25-17。

雨水排水管道不应布置的场所表 **表25-17**

序号	排水管道不应布置场所	具体要求
1	厨房、餐厅	商业综合体中餐饮场所厨房内的主副食操作间、烹调间、备餐间、加工间、粗加工、冷菜间、面点蒸煮间、食品储藏库（主食库、副食库），餐厅
2	电气机房	商业综合体中的电气机房包括高压配电室、低压配电室（包括其值班室）、柴油发电机房（包括储油间）、网络机房、弱电机房、UPS机房、消防控制室等
3	有安静要求办公用房	商业综合体中的会议室、接待室以及其他有安静要求的办公用房
4	重要办公用房	商业综合体中的重要的资料室、档案室和重要的办公用房
5	观众厅	电影院中的观众座席和疏散走道等
6	放映机房	电影院中的放映、还音、倒片、配电等设备或设施机房

注：1. 商业综合体中的营业厅、健身房、办公室等场所不宜敷设雨水管道；
2. 商业综合体雨水排水横管宜沿建筑内公共区域（内走道等）吊顶内敷设；雨水排水立管宜沿建筑内公共场所或辅助次要场所敷设。

2. 雨水斗设计

综合建筑半有压流屋面雨水系统通常采用87型雨水斗或79型雨水斗，规格常用$DN100$。

雨水斗设计排水负荷，参见表1-163。

雨水斗宜对雨水排水立管做对称布置；接有多斗悬吊管的立管顶端不得设置雨水斗；一个屋面上应设置不少于2个雨水斗。

3. 天沟、溢流设施、连接管、悬吊管、立管、埋地管、排出管设计

综合建筑天沟、溢流设施、连接管、悬吊管、立管、埋地管、排出管设置要求，参见表1-164。

4. 室内水泵提升雨水排水系统设计

地下室露天窗井内应设平箅式雨水口、无水封地漏作为雨水口，经雨水收集管接入集水池；地下车库出入口汽车坡道上应设雨水截水沟，经直埋雨水收集管接入集水池。

雨水提升泵通常采用潜水泵，宜采用3台，2用1备。

5. 雨水管管材

综合建筑雨水排水管管材，参见表1-167。

25.4.4 雨水系统水力计算

1. 半有压流（87型）屋面雨水系统水力计算

（1）雨水斗（87型）

雨水斗设计流量，应按公式（1-50）计算。

对于单斗雨水系统，雨水斗设计流量不应超过表1-168数值；对于多斗雨水系统，雨水斗设计流量应根据表1-169取值，最远端雨水斗设计流量不得超过表1-169数值。

综合建筑87型雨水斗口径常采用*DN*100，其次是*DN*75、*DN*150。

（2）雨水连接管

综合建筑雨水连接管管径通常与雨水斗出水口直径相同，常采用*DN*100，其次是*DN*150。

（3）雨水悬吊管

综合建筑雨水悬吊管管径，参见表1-172。

（4）雨水立管

连接2根及以上雨水悬吊管的雨水立管管径，按表1-173确定。

（5）雨水排出管

综合建筑雨水排出管管径确定，参见表1-174～表1-177。

（6）雨水管道最小管径

综合建筑雨水系统最小设计管径及雨水排水横管最小设计坡度，参见表1-178。

2. 压力流（虹吸式）屋面雨水系统水力计算

综合建筑压力流（虹吸式）屋面雨水系统水力计算方法，参见1.4.4节。

3. 雨水提升系统水力计算

综合建筑地下室车库坡道、窗井等场所设计雨水流量，按公式（1-54）计算；设计径流雨水总量，按公式（1-55）计算。

25.4.5 院区室外雨水系统设计

1. 雨水口

雨水口选型，参见表1-180；雨水口设置位置，参见表1-181；各类型雨水口的泄水流量，参见表1-182。

雨水口设计流量，按公式（1-56）计算。

2. 雨水口连接管

单箅雨水口连接管管径通常采用*DN*250。

3. 雨水检查井

院区内直线雨水管道上雨水检查井设置最大间距，参见表1-183。

院区雨水检查井常见规格通常采用 $DN1000$ 圆形玻璃钢或钢筋混凝土雨水检查井。

4. 室外雨水管道布置

综合建筑室外雨水管道布置方法，参见表1-184。

25.4.6 院区室外雨水利用

综合建筑应根据所在地的自然条件、水资源情况及经济技术发展水平，合理设置雨水收集利用系统。雨水利用工程应符合现行国家标准《建筑与小区雨水控制及利用工程技术规范》GB 50400的有关规定。

雨水收集回用应进行水量平衡计算。综合建筑院区雨水通常可用于景观用水、院区绿化用水、路面和地面冲洗用水、汽车冲洗用水、冲厕用水等。

25.5 消火栓系统

建筑高度大于50m或建筑高度24m以上部分任一楼层建筑面积大于1000m²的商店、展览、电信、邮政、财贸金融建筑和其他多种功能组合或商业营业场所的建筑面积超过15000m²的高层综合建筑属于一类高层民用建筑；建筑高度小于或等于50m且建筑高度24m以上部分任一楼层建筑面积小于或等于1000m²的商店、展览、电信、邮政、财贸金融建筑和其他多种功能组合且商业营业场所的建筑面积小于或等于15000m²的高层综合建筑属于二类高层民用建筑。

综合建筑内附设的歌舞娱乐放映游艺场所属于公共娱乐场所和人员密集场所。

25.5.1 消火栓系统设置场所

高层综合建筑；建筑高度大于15m或建筑体积大于10000m³的单、多层综合建筑应设置室内消火栓系统。

25.5.2 消火栓系统设计参数

1. 综合建筑室外消火栓设计流量

综合建筑室外消火栓设计流量，不应小于表25-18的规定。

综合建筑室外消火栓设计流量表（L/s）　　表25-18

耐火等级	建筑物名称	建筑体积（m³）			
		$V\leqslant5000$	$5000<V\leqslant20000$	$20000<V\leqslant50000$	$V>50000$
一、二级	单层及多层综合建筑	15	25	30	40
	高层综合建筑	—	25	30	40

注：1. 建筑体积指本建筑占据的空间数量，包括该建筑的地上空间体积数和地下空间体积数；

2. 地下车库室外消火栓系统设计流量小于建筑主体室外消火栓系统设计流量，综合建筑室外消火栓系统设计流量按建筑主体室外消火栓系统设计流量确定；

3. 地下人防工程室外消火栓系统设计流量小于建筑主体室外消火栓系统设计流量，综合建筑室外消火栓系统设计流量按建筑主体室外消火栓系统设计流量确定。

2. 综合建筑室内消火栓设计流量

综合建筑室内消火栓设计流量，不应小于表25-19的规定。

综合建筑室内消火栓设计流量表 **表25-19**

建筑物名称	高度 h（m）、体积 V（m³）、火灾危险性	消火栓设计流量（L/s）	同时使用消防水枪数（支）	每根竖管最小流量（L/s）
单层及多层综合建筑	H>15或V>10000	15	3	10
二类高层综合建筑（建筑高度小于或等于50m且建筑高度24m以上部分任一楼层建筑面积小于或等于1000m²的商店、展览、电信、邮政、财贸金融建筑和其他多种功能组合且商业营业场所的建筑面积小于或等于15000m²的高层综合建筑）	h≤50	20	4	10
一类高层综合建筑（建筑高度大于50m或建筑高度24m以上部分任一楼层建筑面积大于1000m²的商店、展览、电信、邮政、财贸金融建筑和其他多种功能组合或商业营业场所的建筑面积超过15000m²的高层综合建筑）	h>50	40	8	15

注：1. 消防软管卷盘、轻便消防水龙，其消火栓设计流量可不计入室内消防给水设计流量；
2. 地下车库室内消火栓系统设计流量小于建筑主体室内消火栓系统设计流量，综合建筑室内消火栓系统设计流量按建筑主体室内消火栓系统设计流量确定；
3. 地下人防工程室内消火栓系统设计流量小于建筑主体室内消火栓系统设计流量，综合建筑室内消火栓系统设计流量按建筑主体室内消火栓系统设计流量确定。

3. 火灾延续时间

高层综合建筑消火栓系统的火灾延续时间应按3.0h计算；单、多层综合建筑消火栓系统的火灾延续时间应按2.0h计算。

综合建筑室内自动灭火系统的火灾延续时间，参见表1-188。

4. 消防用水量

一座综合建筑的消防用水量按室外消火栓系统用水量、室内消火栓系统用水量、室内自动喷水灭火系统用水量三者之和计算。

25.5.3 消防水源

1. 市政给水

当前国内城市市政给水管网能够满足综合建筑直接消防供水条件的较少。

综合建筑室外消防给水管网管径，按表4-40确定。

综合建筑室外消防给水管网宜与室外生活给水管网分开敷设，且应布置成环状管网。

2. 消防水池

（1）综合建筑消防水池有效储水容积

表25-20给出了常用典型综合建筑消防水池有效储水容积的对照表。

综合建筑火灾延续时间内消防水池储存消防用水量表　　　表 25-20

单、多层综合建筑体积 V（m^3）	$V \leqslant 5000$	$5000 < V \leqslant 10000$	$10000 < V \leqslant 20000$	$20000 < V \leqslant 50000$	$V > 50000$
室外消火栓设计流量（L/s）	15	25		30	40
火灾延续时间（h）	2.0				
火灾延续时间内室外消防用水量（m^3）	108.0	180.0		216.0	288.0
室内消火栓设计流量（L/s）	15（建筑高度大于15m时）		15		
火灾延续时间（h）	2.0				
火灾延续时间内室内消防用水量（m^3）	108.0				
火灾延续时间内室内外消防用水量（m^3）	216.0	288.0		324.0	396.0
消防水池储存室内外消火栓用水容积 V_1（m^3）	216.0	288.0		324.0	396.0

高层综合建筑体积 V（m^3）	$5000 < V \leqslant 20000$	$20000 < V \leqslant 50000$	$V > 50000$	$5000 < V \leqslant 20000$	$20000 < V \leqslant 50000$	$V > 50000$
高层综合建筑高度 h（m）	$h \leqslant 50$			$h > 50$		
室外消火栓设计流量（L/s）	25	30	40	25	30	40
火灾延续时间（h）	3.0					
火灾延续时间内室外消防用水量（m^3）	270.0	324.0	432.0	270.0	324.0	432.0
室内消火栓设计流量（L/s）	20（二类高层）/30（一类高层）			40		
火灾延续时间（h）	3.0					
火灾延续时间内室内消防用水量（m^3）	216.0/324.0			432.0		
火灾延续时间内室内外消防用水量（m^3）	486.0/654.0	540.0/648.0	648.0/756.0	702.0	756.0	864.0
消防水池储存室内外消火栓用水容积 V_2（m^3）	486.0/654.0	540.0/648.0	648.0/756.0	702.0	756.0	864.0

综合建筑自动喷水灭火系统设计流量（L/s）	25	30	35	40
火灾延续时间（h）	1.0	1.0	1.0	1.0
火灾延续时间内自动喷水灭火用水量（m^3）	90.0	108.0	126.0	144.0
消防水池储存自动喷水灭火用水容积 V_3（m^3）	90.0	108.0	126.0	144.0

如上表所示，通常综合建筑消防水池有效储水容积在306～1008m^3。

(2) 综合建筑消防水池位置

综合建筑消防水池位置确定原则，参见表2-77。

综合建筑消防水池、消防水泵房与院区空间关系，参见表2-78。

消防水池的最低有效水位应高于消防水池吸水喇叭口不小于600mm，且应高于消防水泵的吸水管管顶。

综合建筑消防水泵型式的选择与消防水池有一定的对应关系，参见表1-194。

综合建筑储存室内外消防用水的消防水池与消防水泵房的位置关系，参见表1-195。

综合建筑消防水池格（座）数与有效储水容积的对照关系，参见表1-196。

综合建筑消防水池附件，参见表1-197。

综合建筑消防水池各水位指标确定方法及取值经验值，参见表1-198。

3. 天然水源及其他水源

综合建筑消防水源不宜采用天然水源。

25.5.4 消防水泵房

1. 消防水泵房选址

新建综合建筑院区消防水泵房设置通常采取2个方案，参见表2-79。

改建、扩建综合建筑院区消防水泵房设置方案，参见表1-200。

2. 建筑内部消防水泵房位置

综合建筑消防水泵房若设置在建筑物内，应采取消声、隔声和减振等措施；商业综合体生活水泵房不应（宜）毗邻的场所，见表25-5。

3. 消防水泵机组的布置要求

相邻两个机组及机组至泵房墙壁间的净距要求，参见表1-201。

4. 消防水泵房采暖、排水等要求

严寒、寒冷地区消防水泵房，应设置供暖设施。

消防水泵房的泵房排水设施：在泵房内设置排水沟；地下消防水泵房内或邻近场所设集水坑，坑内设潜污泵。消防水泵房应采取防淹措施。

5. 消防水泵房管道设计

消防水泵配置数量与消防水系统设计流量的关系，参见表1-202。

综合建筑消防水泵吸水管、出水管管径，见表1-203；消防吸水总管管径应根据其连通服务的各种消防水泵设计流量之累加值进行确定，参见表1-205。

消防水泵吸水管布置应避免形成气囊。

消防水泵吸水口的淹没深度应满足消防水泵在最低水位运行安全的要求。

消防水泵吸水管、出水管上附件配置及要求，参见表1-206。

6. 消防水泵自动启动控制

消防水泵自动启动要求，参见表1-207；消防水泵自动启动方式，参见表1-208；流量开关性能、设置位置等，参见表1-209。

当消防稳压泵设置于高位消防水箱间内时，消防水泵启泵压力（P），按公式（1-58）确定；当消防稳压泵设置于低位消防水泵房内时，按公式（1-59）确定。

25.5.5 消防水箱

综合建筑消防给水系统绝大多数属于临时高压系统，3层及以上单体总建筑面积大于10000m²的综合建筑应设置高位消防水箱。

1. 消防水箱有效储水容积

综合建筑高位消防水箱有效储水容积，见表25-21。

综合建筑高位消防水箱有效储水容积表 **表25-21**

序号	建筑类别	消防水箱有效储水容积
1	建筑高度大于50m、小于或等于100m的高层综合建筑	不应小于36m³，可按36m³
2	建筑高度24m以上部分任一楼层建筑面积大于1000m²的商店、展览、电信、邮政、财贸金融建筑和其他多种功能组合或商业营业场所的建筑面积超过15000m²的高层综合建筑	
3	建筑高度大于100m的高层综合建筑	不应小于50m³，可按50m³
4	建筑高度大于150m的高层综合建筑	不应小于100m³，可按100m³
5	建筑高度小于或等于50m且建筑高度24m以上部分任一楼层建筑面积小于或等于1000m²的商店、展览、电信、邮政、财贸金融建筑和其他多种功能组合且商业营业场所的建筑面积小于或等于15000m²的高层综合建筑；多层综合建筑	不应小于18m³，可按18m³

2. 消防水箱设置位置

综合建筑消防水箱设置位置应满足以下要求，见表25-22。

消防水箱设置位置要求表 **表25-22**

序号	消防水箱设置位置要求	备注
1	位于所在建筑或多座地上建筑的最高处	通常设在屋顶机房层消防水箱间内
2	应该独立设置	不与其他设备机房，如屋顶太阳能热水机房、热水箱间等合用
3	应避免对下方楼层房间的影响	其下方不应是宾馆客房、酒店式公寓居住用房、公寓式办公楼居住用房、酒店式办公楼居住用房、餐厅、办公室、会议室等主要功能房间，可以是库房、盥洗间、卫生间等辅助房间或公共区域
4	应高于设置室内消火栓系统、自动喷水灭火系统等系统的楼层	机房层设有活动室、库房等需要设置消防给水系统的场所，可采用其他非水基灭火系统，亦可将消防水箱间置于更高一层
5	不宜超出机房层高度过多、影响建筑效果	消防水箱间内配置消防稳压装置

3. 高位消防水箱尺寸

消防水箱宜为装配式方形水箱，其尺寸宜为1.0m或0.5m的倍数，推荐尺寸参见表1-212。

4. 高位消防水箱材质

常用材质为不锈钢板、热浸锌镀锌钢板、玻璃钢板、钢筋混凝土等，不锈钢板最常见。

5. 高位消防水箱配管

高位消防水箱配管及管径确定，参见表1-213。

6. 消防水箱水位

消防水箱各水位指标确定方法及取值经验值，参见表1-214。

7. 高位消防水箱布置

高位消防水箱四周净距要求，参见表1-215。

8. 消防水箱防冻

消防水箱及相应管道保温材料及厚度，参见表1-216。

25.5.6 消防稳压装置

1. 消防稳压泵

(1) 设计流量

消火栓稳压泵设计流量，参见表1-217。

自动喷水灭火稳压泵设计流量，参见表1-218；结合一只标准喷头的流量，自动喷水灭火稳压泵常规设计流量取1.33L/s。

(2) 设计压力

当消防稳压泵设置于高位消防水箱间内时，稳压泵的启泵压力 P_1 可取 0.15～0.20MPa，停泵压力 P_2 可取 0.20～0.25MPa；当消防稳压泵设置于低位消防水泵房内时，P_1 按公式（1-62）确定，P_2 按公式（1-63）确定。

(3) 消防稳压泵选型

消火栓稳压泵设计流量为稳压泵流量确定依据。

消防稳压泵停泵压力（P_2）值附加0.03～0.05MPa后，为稳压泵扬程确定依据。

2. 气压水罐

消火栓稳压装置、自动喷水灭火稳压装置均采用150L有效储水容积气压水罐；合用消防稳压装置采用300L有效储水容积气压水罐。

3. 管道、阀门、附件等

消防稳压泵吸水管管径、出水管管径，参见表1-219。每套消防稳压泵通常为2台，1用1备。

25.5.7 消防水泵接合器

1. 设置范围

对于室内消火栓系统，6层及以上的综合建筑应设置消防水泵接合器。

综合建筑消火栓系统消防水泵接合器配置，参见表1-220。

综合建筑自动喷水灭火系统等自动水灭火系统应分别设置消防水泵接合器。

2. 技术参数

综合建筑消防水泵接合器数量，参见表1-221。

3. 安装形式

综合建筑消防水泵接合器安装形式选择，参见表1-222。

4. 设置位置

同种水泵接合器不宜集中布置，不同种类、分区、功能的水泵接合器宜成组布置，且应设在室外便于消防车使用和接近的地方，且距室外消火栓或消防水池的距离不宜小于15m，并不宜大于40m，距人防工程出入口不宜小于5m。水泵接合器应设有标明供水系统和供水区域的永久性标志。

由多座地上建筑组成的商业综合体等综合建筑的每座地上建筑周边均宜设置消防水泵接合器。

25.5.8 消火栓系统给水形式

1. 室外消火栓给水系统

当市政给水管网不满足直接供给室外消火栓给水系统时，综合建筑应采用临时高压室外消火栓给水系统，通常在消防水泵房内独立设置室外消火栓给水泵组、室外消火栓稳压装置。

综合建筑室外消火栓给水泵组一般设置2台，1用1备，泵组设计流量为本建筑室外消防设计流量（15L/s、20L/s、25L/s、30L/s、40L/s），设计扬程应保证室外消火栓处的栓口压力（0.20～0.30MPa）。泵组出水管及吸水管管径，参见表1-223。

室外消火栓给水管网管径，参见表1-224，管网应环状布置，单独成环。

2. 室内消火栓给水系统

综合建筑室内消火栓给水系统常采用临时高压消火栓给水系统。

3. 室内消火栓系统分区供水

综合建筑室内消火栓系统竖向分区时，高区、低区消火栓给水管网均应在横向、竖向上连成环状。高区、低区消火栓供水横干管宜分别沿本区最高层和最底层顶板下敷设。

由多座地上建筑组成的商业综合体等综合建筑室内消火栓系统应结合各座建筑的建筑高度等参数合理竖向分区：建筑高度较低的建筑竖向宜为1个区（低区）；建筑高度较高的建筑竖向宜为2个区（低区和高区）；2个低区的高度宜一致。

典型的综合建筑室内消火栓系统原理图，根据其不同建筑功能场所参见本书其他章节。以商业综合体为例，宾馆、酒店式公寓、酒店式办公、公寓式办公等场所的室内消火栓系统原理图，参见图2-9；商场、坐班制办公、电影院等场所的室内消火栓系统原理图，参见图4-4。

25.5.9 消火栓系统类型

1. 系统分类

综合建筑的室外消火栓系统宜采用湿式消火栓系统。

2. 室外消火栓

严寒、寒冷等冬季结冰地区综合建筑室外消火栓应采用干式消火栓；其他地区宜采用地上式消火栓。

建筑室外消火栓的数量应根据室外消火栓设计流量和保护半径经计算确定，保护半径不应大于150.0m，间距不应大于120.0m，每个室外消火栓的出流量宜按10～15 L/s计算。通常根据建筑物平面布局在建筑物四个角附近绿地设置室外消火栓，根据邻近两个消火栓之间距离合理增设消火栓。

3. 室内消火栓

综合建筑的各区域各楼层均应布置室内消火栓予以保护；综合建筑中不能采用自动喷水灭火系统保护的电气类、弱电类机房等场所亦应由室内消火栓保护。

室内消火栓的布置应满足同一平面有 2 支消防水枪的 2 股充实水柱同时达到任何部位。

综合建筑宜采用带有消防软管卷盘的室内消火栓。

综合建筑室内消火栓的布置方法，参见其相应建筑功能场所相关章节内容。如商业综合体室内消火栓的布置方法，参见表 2-82、表 6-47、表 7-39、表 9-32、表 10-23 等。

普通消火栓、减压稳压消火栓设置的楼层数，参见表 1-227。

25.5.10 消火栓给水管网

1. 室外消火栓给水管网

综合建筑室外消火栓给水管网应采用环状给水管网。向室外消火栓给水管网供水的输水干管不应少于 2 条。

2. 室内消火栓给水管网

综合建筑室内消火栓给水管网应采用环状给水管网，有 2 种主要管网型式，参见表 2-83。室内消火栓给水管网在横向、竖向均宜连成环状。

商业综合体室内消火栓给水管网的主要管网型式，参见表 2-83、表 6-48、表 7-40、表 9-33、表 10-24 等。

室内消火栓给水管网型式 1 参见图 1-13，型式 2 参见图 1-14。

综合建筑室内消火栓给水管网的环状干管管径，参见表 1-229；室内消火栓竖管管径可按 DN100。

3. 系统阀门

室内消火栓系统阀门设置，参见表 1-230。

埋地管道的阀门宜采用带启闭刻度的球墨铸铁暗杆闸阀。室内架空管道的阀门宜采用蝶阀、明杆闸阀或带启闭刻度的暗杆闸阀等。

4. 系统给水管网管材

综合建筑室外消火栓给水管绝大多数采用直埋敷设方式。埋地消火栓给水管道宜采用球墨铸铁管或钢丝网骨架塑料复合管给水管道。

综合建筑室内消火栓给水管管材选择，参见表 1-231。

薄壁不锈钢管（S11163）、镀锌镍碳钢管等新型优质管道，在综合建筑室内消火栓系统中均得到更多的应用，未来会逐步替代传统钢管。

25.5.11 消火栓系统计算

1. 消火栓水泵选型计算

综合建筑室内消火栓水泵流量与室内消火栓设计流量一致；消火栓水泵扬程，按公式（1-64）计算。根据消火栓水泵流量和扬程选择消火栓水泵。

2. 消火栓计算

室内消火栓的保护半径，按公式（1-65）计算；消火栓栓口处所需水压，按公式（1-66)计算。

多层综合建筑消防水枪充实水柱应按 10m 计算。多层综合建筑消火栓栓口动压不应小于 0.25MPa。

高层综合建筑消防水枪充实水柱应按 13m 计算。高层综合建筑消火栓栓口动压不应小于 0.35MPa。

3. 消火栓系统压力计算

消火栓系统的设计工作压力，按公式（1-67）计算。通常以设计工作压力确定消火栓水泵扬程。

25.6 自动喷水灭火系统

25.6.1 自动喷水灭火系统设置

综合建筑相关场所自动喷水灭火系统设置要求，见表 25-23。

综合建筑相关场所自动喷水灭火系统设置要求表 **表 25-23**

序号	综合建筑类型	自动喷水灭火系统设置要求
1	一类高层综合建筑（建筑高度大于 50m 或建筑高度 24m 以上部分任一楼层建筑面积大于 1000m² 的商店、展览、电信、邮政、财贸金融建筑和其他多种功能组合或商业营业场所的建筑面积超过 15000m² 的高层综合建筑）	建筑主楼、裙房、地下室、半地下室，除了不宜用水扑救的部位外的所有场所均设置
2	二类高层综合建筑（建筑高度小于或等于 50m 且建筑高度 24m 以上部分任一楼层建筑面积小于或等于 1000m² 的商店、展览、电信、邮政、财贸金融建筑和其他多种功能组合且商业营业场所的建筑面积小于或等于 15000m² 的高层综合建筑）	建筑主楼、裙房及其地下室、半地下室中的活动用房、走道、办公室、可燃物品库房等，除了不宜用水扑救的部位外的所有场所均设置
3	单、多层综合建筑	设有送回风道（管）系统的集中空气调节系统且总建筑面积大于 3000m² 的单、多层综合建筑，除了不宜用水扑救的部位外的所有场所均设置

注：1. 综合建筑附设的地下车库，应设置自动喷水灭火系统；

2. 设置在地下或半地下、多层综合建筑的地上第四层及以上楼层、高层综合建筑内的歌舞娱乐放映游艺场所，设置在多层综合建筑第一层至第三层且楼层建筑面积大于 300m² 的地上歌舞娱乐放映游艺场所应设置自动喷水灭火系统。

综合建筑若根据规范规定设置自动喷水灭火系统，其设置的具体场所参见其相应建筑功能场所对应相关章节内容。如商业综合体设置自动喷水灭火系统的具体场所，参见表 2-85、表 6-50、表 7-42、表 9-35、表 10-25 等。

综合建筑内不宜用水扑救的场所，参见其相应建筑功能场所对应相关章节内容。如商业综合体内不宜用水扑救的场所，参见表 2-86、表 6-51、表 7-43、表 9-37、表 10-26等。

综合建筑自动喷水灭火系统类型选择，参见表 1-245。

典型的综合建筑自动喷水灭火系统原理图，根据其不同建筑功能场所参见本书其他章节。以商业综合体为例，宾馆、酒店式公寓、酒店式办公、公寓式办公等场所的自动喷水灭火系统原理图，参见图 2-10；商场、坐班制办公、电影院等场所的自动喷水灭火系统原理图，参见图 4-5。

综合建筑中的地下车库火灾危险等级按中危险级Ⅱ级确定；其他场所火灾危险等级均按中危险级Ⅰ级确定。

25.6.2 自动喷水灭火系统设计基本参数

综合建筑自动喷水灭火系统设计参数，按表 1-246 规定。

综合建筑高大空间场所设置湿式自动喷水灭火系统设计参数，按表 25-24 规定。

高大空间场所湿式自动喷水灭火系统设计参数表　　表 25-24

适用场所	最大净空高度 h（m）	喷水强度［L/(min·m²)］	作用面积（m²）	喷头间距 S（m）
出入门厅、大堂、中庭	8<h≤12	12	160	1.8≤S≤3.0
	12<h≤18	15		

注：当民用建筑高大空间场所的最大净空高度为 12m<h≤18m 时，应采用非仓库型特殊应用喷头。

若综合建筑地下室中附属的库房认定为堆垛储物仓库，其自动喷水灭火系统设计参数，按表 1-247 规定。

自动喷水灭火系统的持续喷水时间，应按火灾延续时间不小于 1h 确定。

25.6.3 洒水喷头

设置自动喷水灭火系统的综合建筑内各场所的最大净空高度通常不大于 8m。

综合建筑自动喷水灭火系统喷头公称动作温度宜相比环境温度高 30℃，参见表 4-54。

综合建筑自动喷水灭火系统喷头种类选择，见表 25-25。

综合建筑自动喷水灭火系统喷头种类选择表　　表 25-25

序号	火灾危险等级	设置场所	喷头种类
1	中危险级Ⅱ级	地下车库	直立型普通喷头
2	中危险级Ⅰ级	综合建筑内客房、公寓、商场、办公室、餐厅、厨房等设有吊顶场所	吊顶型或下垂型普通或快速响应喷头
3		库房等无吊顶场所	直立型普通或快速响应喷头

每种型号的备用喷头数量按此种型号喷头数量总数的 1%计算，并不得少于 10 只。

综合建筑中自动喷水灭火系统直立型、下垂型喷头的布置间距，不应大于表 1-250 的规定，且不宜小于 2.4m。

综合建筑常用普通玻璃球闭式喷头规格型号，参见表 1-252。

25.6.4 自动喷水灭火系统管道

1. 管材

综合建筑自动喷水灭火系统给水管管材，参见表 1-254。

薄壁不锈钢管（S11163）、氯化聚氯乙烯（PVC-C）管、镀锌镍碳钢管等新型优质管道，在综合建筑自动喷水灭火系统中均得到更多的应用，未来会逐步替代传统钢管。

综合建筑中，除汽车停车库外其他中危险级Ⅰ级对应场所自动喷水灭火系统公称直径≤*DN*80的配水管（支管）均可采用氯化聚氯乙烯（PVC-C）管材及管件。

2. 管径

综合建筑自动喷水灭火系统的配水管道管径可根据表1-255中数据进行确定。

3. 管网敷设

以商业综合体为例，其自动喷水灭火系统配水干管宜沿宾馆客房区、酒店式公寓居住区、办公楼办公区、商场、餐饮区、健身区等的公共空间或公共走廊敷设，空间或走廊两侧房间内的配水支管就近连接到配水干管上。走廊内布置的喷头就近接至排水支管后再接至配水干管。单个喷头不应直接接至管径大于或等于*DN*100的配水干管。

综合建筑自动喷水灭火系统配水管网布置步骤，参见表2-92。

自动喷水灭火系统每个喷头与配水支管连接的短立管管径通常采用25mm；末端试水装置或试水阀的连接管管径通常采用25mm。

25.6.5 水流指示器

除报警阀组控制的喷头只保护不超过防火分区面积的同层场所外，综合建筑每个防火分区、每个楼层均应设水流指示器；当整个场所需要设置的喷头数不超过1个报警阀组控制的喷头数时，可不设置水流指示器；每个防火分区应设置一个水流指示器，位置可设在本防火分区系统配水管网的起始端，亦可集中设置于各个防火分区配水干管分叉处。

水流指示器上游端应设置信号阀，其型号规格，参见表1-257。

水流指示器与所在配水干管同管径，其型号规格，参见表1-258。

25.6.6 报警阀组

综合建筑消防系统报警阀组主要采用湿式水力报警阀组，一定条件下采用预作用报警阀组。

综合建筑自动喷水灭火系统报警阀组的数量取决于：整个建筑中设置喷头的总数量；每个防火分区内设置喷头的数量；每个报警阀组控制的喷头数。一个报警阀组控制的喷头数不宜超过800只，设计中可适当超过800只。

喷头均衡组合遵循的原则，参见表1-259。

综合建筑自动喷水灭火系统报警阀组通常设置在消防水泵房，设置位置方案，参见表1-260。

报警阀组宜设在安全及易于操作的地点，报警阀距地面的高度宜为1.2m；宜沿墙体集中布置，相邻报警阀组的间距不宜小于1.5m，不应小于1.2m；报警阀组处应设有排水设施，排水管径不应小于*DN*100。

表1-261为常用湿式报警阀装置型号规格；表1-262为常见预作用报警阀装置型号规格；报警阀组压力开关主要技术参数，参见表1-263；报警阀组前后管道设置，参见表1-264。

综合建筑自动喷水灭火系统减压阀设置方式，参见表1-265。

减压孔板作为一种减压部件，可辅助减压阀使用。

25.6.7 自动喷水灭火系统水泵接合器

自动喷水灭火系统管网上应设置水泵接合器，综合建筑自动喷水灭火系统消防水泵接合器数量，参见表 1-266。

自动喷水灭火系统水泵接合器宜设置在靠近消防水泵房的室外；常规做法是将多个 *DN*150 水泵接合器并联起来，由 1 根 *DN*150 供水管道接至系统供水泵组出水干管上，连接位置位于报警阀组前。

25.6.8 消防水箱设计

高位消防水箱、自动喷水灭火稳压装置设计参见消火栓系统相关内容。

25.6.9 自动喷水灭火系统压力计算

自动喷水灭火系统的设计工作压力，按公式（1-68）计算。

自动喷水灭火给水泵扬程通常按照自动喷水灭火系统的设计工作压力值确定。

自动喷水灭火给水系统压力管道水压强度试验的试验压力（$H_{试验}$）的基准指标，参见表 1-267。

25.7 灭火器系统

综合建筑应配置灭火器，并应符合现行国家标准《建筑灭火器配置设计规范》GB 50140 的规定。

25.7.1 灭火器配置场所火灾种类

综合建筑灭火器配置场所的火灾种类，见表 25-26。

灭火器配置场所的火灾种类表 表 25-26

序号	火灾种类	灭火器配置场所
1	A 类火灾（固体物质火灾）	综合建筑内绝大多数场所，如客房、公寓、商场、办公室、餐厅、厨房等
2	B 类火灾（液体火灾或可熔化固体物质火灾）	综合建筑内附设车库
3	E 类火灾（物体带电燃烧火灾）	综合建筑内附设电气房间，如发电机房、变压器室、高压配电间、低压配电间、网络机房、电子计算机房、弱电机房等

25.7.2 灭火器配置场所危险等级

综合建筑灭火器配置场所的危险等级分为严重危险级、中危险级和轻危险级 3 级，危险等级举例，参见相应建筑功能的有关章节表格。以商业综合体为例，其灭火器配置场所的危险等级举例，参见表 2-94、表 6-57、表 7-50、表 9-48、表 10-32 等。

25.7.3 灭火器选择

综合建筑灭火器配置场所的火灾种类通常涉及 A 类、B 类、E 类火灾，通常配置灭火器时选择磷酸铵盐干粉灭火器。

25.7.4 灭火器设置

综合建筑中设置的手提式灭火器，通常和室内消火栓同位置设置，放置于室内消火栓箱体下部。独立设置的手提式或推车式灭火器通常放置于所保护区域的公共走道、门口或房间内靠近公共通道出入口处。灭火器设置点应均衡布置。

设置在A类火灾场所的灭火器，其最大保护距离应符合表1-274的规定。

灭火器最大保护距离为灭火器与起火点之间最大的行走距离。综合建筑中的营业厅、地下车库区域、建筑中大间套小间区域、房间中间隔着走道区域等场所，常需要增加灭火器配置点。地下车库区域增设的灭火器宜靠近相邻2个室内消火栓中间的位置，并宜沿车库墙体或柱子布置。

设置在B类火灾场所的灭火器，其最大保护距离应符合表1-275的规定。

综合建筑中E类火灾场所中的高低压配电间、弱电机房等场所，灭火器配置宜按B类火灾场所灭火器最大保护距离要求进行。面积较大的综合建筑变配电室，需要在变配电室内增设灭火器。

25.7.5 灭火器配置

A类火灾场所灭火器的最低配置基准，应符合表1-276的规定。

综合建筑灭火器A类火灾场所配置基准可按照灭火器最低配置基准，即：严重危险级按照3A；中危险级按照2A；轻危险级按照1A。

B类火灾场所灭火器的最低配置基准，应符合表1-277的规定。

综合建筑灭火器B类火灾场所配置基准可按照灭火器最低配置基准，即：严重危险级按照89B；中危险级按照55B。

E类火灾场所的灭火器最低配置基准不应低于该场所内A类（或B类）火灾的规定。

25.7.6 灭火器配置设计计算

综合建筑内每个灭火器设置点灭火器数量通常以2～4具为宜。

灭火器计算单元最小需配灭火级别，按公式（1-69）计算。

灭火器计算单元中每个灭火器设置点最小需配灭火级别，按公式（1-70）计算。

25.7.7 灭火器类型及规格

综合建筑灭火器配置设计中常用的灭火器类型及规格，参见表1-279。

25.8 气体灭火系统

25.8.1 气体灭火系统应用场所

综合建筑中适合采用气体灭火系统的场所应根据各建筑功能场所的性质确定，通常包括高压配电室（间）、低压配电室（间）、网络机房、网络中心、信息中心、灾备机房、应急响应中心、BA控制室、电子计算机房、UPS间等电气设备房间。

目前综合建筑中最常用七氟丙烷（HFC-227ea）气体灭火系统和IG541混合气体灭火系统。

25.8.2 七氟丙烷气体灭火系统设计参数

七氟丙烷灭火剂主要技术性能参数，参见表1-281。

无管网七氟丙烷气体自动灭火装置技术参数、规格等，参见表1-282～表1-284。

综合建筑中采用七氟丙烷气体灭火保护时，各防护区设计灭火浓度，参见表3-70。

25.8.3 气体灭火设计用量计算

七氟丙烷气体灭火设置场所设计用量，按公式（1-71）计算。

七氟丙烷设计用量，按公式（2-28）计算；七氟丙烷设计容积，按公式（2-29）计算。

每个防护区内无管网七氟丙烷气体灭火装置的布置应做到均匀。

IG541混合气体灭火防护区灭火设计用量或惰化设计用量，按公式（1-74）计算。

IG541灭火剂气体在101kPa大气压和防护区最低环境温度下的质量体积，按公式（1-75）计算。

IG541混合气体灭火系统灭火剂储存量，应为防护区灭火设计用量及系统灭火剂剩余量之和，系统灭火剂剩余量按公式（1-76）计算。

25.8.4 IG541混合气体灭火系统管网计算

IG541混合气体灭火系统管道流量宜采用平均设计流量。

系统主干管、支管的平均设计流量，按公式（1-77）、公式（1-78）计算。

管道内径按公式（1-79）计算。

灭火剂释放时，管网应进行减压。减压装置宜采用减压孔板，宜设在系统的源头或干管入口处。减压孔板前的压力，按公式（1-80）计算；减压孔板后的压力，按公式（1-81）计算；减压孔板孔口面积，按公式（1-82）计算。

系统的阻力损失宜从减压孔板后算起，并按公式（1-83）计算。

IG541混合气体灭火系统的喷头工作压力的计算结果，应符合：一级充压（15.0MPa）系统，$P_c \geqslant 2.0$MPa（绝对压力）；二级充压（20.0MPa）系统，$P_c \geqslant 2.1$MPa（绝对压力）。

喷头等效孔口面积，按公式（1-84）计算。

25.8.5 防护区泄压口

气体灭火系统防护区应设置泄压口。七氟丙烷气体灭火系统防护区泄压口面积按系统设计规定计算，按公式（1-85）计算；IG541混合气体灭火系统防护区泄压口面积按系统设计规定计算，宜按公式（1-86）计算。

七氟丙烷气体灭火系统的泄压口应位于防护区净高的2/3以上。对于设置吊顶场所，泄压口通常设置在吊顶（梁）下，泄压口顶面紧贴吊顶（梁）或吊顶（梁）下100mm。

不同规格无管网七氟丙烷气体灭火装置与泄压口尺寸的对照表，参见表1-288。

防护区设置的泄压口，宜设在外墙上，无外墙时应设置在朝向公共建筑公共区域（走道）的内墙上。每个防护区根据需要可设置1个或多个泄压口。

25.9 高压细水雾灭火系统

综合建筑中不宜用水扑救的部位（即采用水扑救后会引起爆炸或重大财产损失的场所）可以采用高压细水雾灭火系统灭火。

综合建筑中适合采用高压细水雾灭火系统的场所应根据各建筑功能场所的性质确定，通常包括高压配电室（间）、低压配电室（间）、网络机房、网络中心、信息中心、灾备机房、应急响应中心、BA控制室、电子计算机房、UPS间等电气设备房间。

综合建筑中当此类场所较少时，宜采用气体灭火系统；当此类场所较多时，可采用高压细水雾灭火系统，设计方法参见4.9节。

25.10 自动跟踪定位射流灭火系统

当综合建筑出入门厅、大堂、中庭及其他大空间公共场所为高大空间时，可设置自动跟踪定位射流灭火系统，设计方法参见4.10节。

25.11 中水系统

综合建筑建设中水设施，应结合建筑所在地区的不同特点，满足当地政府部门的有关规定。建筑面积大于20000m^2或回收水量大于100m^3/d的综合建筑，宜建设中水设施。

25.11.1 中水原水

1. 中水原水种类

以商业综合体为例，综合建筑中水原水可选择的种类及选取顺序，见表25-27。

商业综合体中水原水可选择的种类及选取顺序表　　表25-27

序号	中水原水种类	备注
1	宾馆客房区客房卫生间洗浴的废水排水；酒店式公寓居住区卫生间洗浴的废水排水；酒店式办公楼办公区卫生间洗浴的废水排水；公寓式办公楼办公区卫生间洗浴的废水排水；公共卫生间的废水排水	最适宜
2	坐班制办公楼、商场、电影院、健身中心等场所公共卫生间的盥洗废水排水	适宜
3	商业综合体空调循环冷却水系统排水	
4	商业综合体空调水系统冷凝水	
5	商业综合体内附设餐饮厨房、餐厅废水排水	不适宜
6	宾馆客房区客房卫生间的冲厕排水；酒店式公寓居住区卫生间的冲厕排水；酒店式办公楼办公区卫生间的冲厕排水；公寓式办公楼办公区卫生间的冲厕排水；公共卫生间的冲厕排水	最不适宜

2. 中水原水量

以商业综合体为例，综合建筑中水原水量按公式（25-9）计算：

$$Q_Y = \Sigma \beta \cdot Q_{pj} \cdot b \tag{25-9}$$

式中 Q_Y——商业综合体中水原水量，m^3/d；

β——商业综合体按给水量计算排水量的折减系数，一般取 0.85～0.95；

Q_{pj}——商业综合体平均日生活给水量，按《节水标》中的节水用水定额（表 25-2）计算确定，m^3/d；

b——商业综合体分项给水百分率，应以实测资料为准，当无实测资料时，可按表 25-28 选取。

商业综合体分项给水百分率表 **表 25-28**

项目	冲厕	厨房	沐浴	盥洗	洗衣	总计
宾馆、饭店给水百分率（%）	10～14	12.5～14	50～40	12.5～14	15～18	100
办公楼给水百分率（%）	60～66	—	—	40～34	—	100
餐饮场所给水百分率（%）	6.7～5	93.3～95	—	—	—	100

注：沐浴包括盆浴和淋浴。

综合建筑用作中水原水的水量宜为中水回用水量的 110%～115%。

3. 中水原水水质

综合建筑中水原水水质应以类似建筑的实测资料为准；当无实测资料时，以商业综合体为例，综合建筑排水的污染浓度可按表 25-29 确定。

商业综合体排水污染物浓度表 **表 25-29**

建筑种类	项目	冲厕	厨房	沐浴	盥洗	洗衣	综合
宾馆、饭店	BOD_5浓度（mg/L）	250～300	400～550	40～50	50～60	180～220	140～175
	COD_{Cr}浓度（mg/L）	700～1000	800～1100	100～110	80～100	270～330	295～380
	SS 浓度（mg/L）	300～400	180～220	30～50	80～100	50～60	95～120
办公楼	BOD_5浓度（mg/L）	260～340	—	—	90～110	—	195～260
	COD_{Cr}浓度（mg/L）	350～450	—	—	100～140	—	260～340
	SS 浓度（mg/L）	260～340	—	—	90～110	—	195～260
餐饮场所	BOD_5浓度（mg/L）	260～340	500～600	—	—	—	490～590
	COD_{Cr}浓度（mg/L）	350～450	900～1100	—	—	—	890～1075
	SS 浓度（mg/L）	260～340	250～280	—	—	—	255～285

注：综合是对包括以上五项生活排水的统称。

25.11.2 中水利用与水质标准

1. 中水利用

综合建筑中水原水主要用于城市杂用水和景观环境用水等。

综合建筑中水利用率，可按公式（2-31）计算。

综合建筑中水利用率应不低于当地政府部门的中水利用率指标要求。

当综合建筑附近有可利用的市政再生水管道时，可直接接入使用。

2. 中水水质标准

综合建筑中水水质标准要求，参见表 2-104。

25.11.3　中水系统

1. 中水系统形式

综合建筑中水通常采用中水原水系统与生活污水系统分流、生活给水与中水给水分供的完全分流系统。

2. 中水原水系统

综合建筑中水原水管道通常按重力流设计；当靠重力流不能直接接入时，可采取局部加压提升接入。

综合建筑原水系统原水收集率不应低于本建筑回收排水项目给水量的 75%，可按公式（2-32）计算。

综合建筑若需要食堂、餐厅的含油脂污水作为中水原水室，在进入原水收集系统前应经过除油装置处理。

综合建筑中水原水应进行计量，可采用超声波流量计和沟槽流量计。

3. 中水处理系统

综合建筑中水处理系统设计处理能力，可按公式（2-33）计算。

4. 中水供水系统

建筑中水供水系统必须独立设置。建筑中水不得用作综合建筑生活饮用水水源。

以商业综合体为例，综合建筑中水系统供水量可按照表 25-1 中的用水定额及表 25-28 中规定的百分率计算确定。

综合建筑中水供水系统的设计秒流量和管道水力计算方法与生活给水系统一致，参见 25.1.6 节。

综合建筑中水供水系统的供水方式宜与生活给水系统一致，通常采用变频调速泵组供水方式，水泵的选择等见 25.1.7 节。

综合建筑中水供水系统的竖向分区宜与生活给水系统一致。当建筑周边有市政中水管网且管网流量压力均满足时，低区由市政中水管网直接供水；当建筑周边无市政中水管网时，低区由低区中水给水泵组自中水贮水池（箱）吸水后加压供水。

综合建筑中水供水管道宜采用塑料给水管、钢塑复合管或其他具有可靠防腐性能的给水管材，不得采用非镀锌钢管。

综合建筑中水贮存池（箱）设计要求，参见表 2-105。

综合建筑中水供水系统应安装计量装置，具体设置要求参见表 3-14。

中水供水管道应采取防止误接、误用、误饮的措施。

5. 水量平衡

中水系统设计应进行中水原水量和用水量平衡计算。

综合建筑中水用水量应根据不同用途用水量累加确定。

以商业综合体为例，综合建筑最高日冲厕中水用水量按照表 25-1 中的最高日用水定额及表 25-28 中规定的百分率计算确定。最高日冲厕中水用水量，可按公式（25-10）

计算：

$$Q_C = \Sigma q_L \cdot F \cdot N/1000 \quad (25\text{-}10)$$

式中 Q_C——商业综合体最高日冲厕中水用水量，m^3/d；

q_L——商业综合体给水用水定额，L/(人·d)；

F——冲厕用水占生活用水的比例,%，按表 25-28 取值；

N——使用人数，人。

以商业综合体为例，综合建筑相关功能场所冲厕用水量定额及小时变化系数，见表 25-30。

商业综合体冲厕用水量定额及小时变化系数表 **表 25-30**

类别	建筑种类	冲厕用水量 [L(人·d)]	使用时间 (h/d)	小时变化系数	备注
1	宾馆	20～40	24	2.5～2.0	客房部
2	商场	1～3	12	1.5～1.2	工作人员按办公楼设计
3	办公	20～30	8～10	1.5～1.2	—
4	营业性餐饮、酒吧场所	5～10	12	1.5～1.2	工作人员按办公楼设计
5	电影院	3～5	3	1.5～1.2	工作人员按办公楼设计
6	健身中心	1～2	4	1.5～1.2	工作人员按办公楼设计

中水系统原水调节池（箱）调节容积，可按公式（2-35）、公式（2-36）计算。

中水贮存池（箱）容积，可按公式（2-37）、公式（2-38）计算。

当中水供水系统采用水泵一水箱联合供水时，水箱调节容积不得小于中水系统最大小时用水量的 50%。

中水系统的总调节容积，包括原水调节池（箱）、中水处理工艺构筑物、中水贮存池（箱）及高位水箱等调节容积之和，不宜小于中水日处理量的 100%。

25.11.4 中水处理工艺与处理设施

1. 中水处理工艺

综合建筑通常采用的中水处理工艺，参见表 2-107。

2. 中水处理设施

综合建筑中水处理设施及设计要求，参见表 2-108。

25.11.5 中水处理站

综合建筑内的中水处理站设计要求，参见 2.11.5 节。

25.12 管道直饮水系统

25.12.1 水量、水压和水质

综合建筑管道直饮水最高日直饮水定额（q_d），应根据其包括的各种建筑功能场所，

参见相应章节有关指标，亦可根据用户要求确定。以商业综合体为例，旅馆、酒店式公寓管道直饮水系统设计，参见2.12节；办公楼（写字楼）管道直饮水系统设计，参见6.12节；电影院管道直饮水系统设计，参见18.12节；健身中心管道直饮水系统设计，参见10.12节。

直饮水专用水嘴额定流量宜为0.04～0.06L/s。

综合建筑直饮水专用水嘴最低工作压力不宜小于0.03MPa。

综合建筑管道直饮水系统用户端的水质应符合现行行业标准《饮用净水水质标准》CJ/T 94的规定。

25.12.2 水处理

综合建筑管道直饮水系统应对原水进行深度净化处理。

水处理工艺流程的选择应依据原水水质，经技术经济比较确定。处理后的出水应符合现行行业标准《饮用净水水质标准》CJ/T 94的规定。

深度净化处理应根据处理后的水质标准和原水水质进行选择，宜采用膜处理技术，参见表1-333。

不同的膜处理应相应配套预处理、后处理、膜的清洗和水处理消毒灭菌设施，参见表1-334。

深度净化处理系统排出的浓水宜回收利用。

25.12.3 系统设计

综合建筑管道直饮水系统必须独立设置，不得与市政或建筑供水系统直接相连。

综合建筑管道直饮水系统宜采取集中供水系统，一座建筑中宜设置一个供水系统。

综合建筑常见的管道直饮水系统供水方式，参见表1-335。

多层综合建筑管道直饮水供水竖向不分区；高层综合建筑管道直饮水供水应竖向分区，分区原则参见表1-336。

综合建筑管道直饮水系统类型，参见表1-337。

综合建筑管道直饮水系统设计应设循环管道，供、回水管网应设计为同程式。

综合建筑管道直饮水系统通常采用全日循环，亦可采用定时循环，供、配水系统中的直饮水停留时间不应超过12h。

综合建筑管道直饮水系统回水宜回流至净水箱或原水水箱。回流到净水箱时，应在消毒设施前接入。

直饮水系统不循环的支管长度不宜大于6m。

综合建筑管道直饮水系统管道敷设要求，参见表1-338。

综合建筑管道直饮水系统管材及附件设置要求，参见表1-339。

25.12.4 系统计算与设备选择

1. 系统计算

综合建筑管道直饮水系统最高日直饮水量，应按公式（25-11）计算：

$$Q_{d} = \Sigma N \cdot q_{d} \tag{25-11}$$

式中 Q_d——综合建筑管道直饮水系统最高日饮水量，L/d；

N——综合建筑各种建筑功能场所管道直饮水系统所服务的床位（人）数，床（人）；

q_d——综合建筑各种建筑功能场所最高日直饮水定额，L/(床·d) 或 L/(人·d)。

综合建筑瞬时高峰用水量，应按公式（1-94）计算。

综合建筑瞬时高峰用水时水嘴使用数量，应按公式（1-95）计算。

瞬时高峰用水时水嘴使用数量 m 的确定，应按表 1-340（当水嘴数量 $n \leqslant 12$ 个时）、表 1-341（当水嘴数量 $n > 12$ 个时）选取。当 $np \geqslant 5$ 并且满足 $n(1-p) \geqslant 5$ 时，可按公式（1-96)简化计算。

水嘴使用概率应按公式（25-12）计算：

$$p = \alpha \cdot Q_d / (1800 \cdot n \cdot q_0) = 0.15 \cdot Q_d / (1800 \cdot n \cdot q_0) \quad (25\text{-}12)$$

式中 α——经验系数，以商业综合体为例，办公楼、电影院取 0.27，体育场馆取 0.45，旅馆取 0.15。

定时循环时，循环流量可按公式（1-98）计算。

管道直饮水供、回水管道内水流速度宜符合表 1-342 的规定。

2. 设备选择

净水设备产水量可按公式（1-100）计算。

变频调速供水系统水泵设计流量应按公式（1-101）计算；水泵设计扬程应按公式（1-102)计算。

净水箱（槽）有效容积可按公式（1-103）计算；原水调节水箱（槽）容积可按公式（1-104)计算。

原水水箱（槽）的进水管管径宜按净水设备产水量设计，并应根据反洗要求确定水量。当进水管的供水能力满足预处理的流量和压力要求时，原水水箱（槽）可不设置。

25.12.5 净水机房

净水机房设计要求，参见表 1-343。

25.12.6 管道敷设与设备安装

管道直饮水管道敷设与设备安装设计要求，参见表 1-344。

25.13 给水排水抗震设计

综合建筑给水排水管道抗震设计，参见 4.11 节。

25.14 给水排水专业绿色建筑设计

综合建筑绿色设计，应根据综合建筑所在地相关规定要求执行。新建综合建筑应按照一星级或以上星级标准设计政府投资或者以政府投资为主的综合建筑、建筑面积大于 20000m^2 的大型综合建筑宜按照绿色建筑二星级或以上星级标准设计。综合建筑二星级、三星级绿色建筑设计专篇，参见表 1-347。

第 26 章　超高层公共建筑给水排水设计

超高层公共建筑指建筑楼层数大于 40 层，建筑高度大于 100m 的公共建筑物。

超高层公共建筑通常由地下车库区、人防工程区、商业区、办公区以及酒店区等组成。

超高层建筑给水排水设计应符合现行国家标准《城市给水工程项目规范》GB 55026、《城乡排水工程项目规范》GB 55027、《建筑给水排水设计标准》GB 50015、《建筑防火通用规范》GB 55037、《消防设施通用规范》GB 55036、《建筑设计防火规范》GB 50016 和《消防给水及消火栓系统技术规范》GB 50974 等的规定。超高层公共建筑若设置中水系统，其设计涉及的现行国家标准为《建筑中水设计标准》GB 50336。超高层公共建筑若设置管道直饮水系统，其设计涉及的现行行业标准为《建筑与小区管道直饮水系统技术规程》CJJ/T 110。

当建筑物高度超过 250m 时，建筑给水排水系统设计除应符合相关规范标准的规定外，尚应进行专题研究、论证。

26.1　生活给水系统

26.1.1　用水量标准

1. 生活用水量标准

超高层公共建筑内各相关功能场所生活用水定额、平均日生活用水节水用水定额，参见本书前述生活给水系统章节。

2. 绿化浇灌用水量标准

超高层公共建筑院区绿化浇灌最高日用水定额按浇灌面积 1.0～3.0L/(m^2·d) 计算，通常取 2.0L/(m^2·d)，干旱地区可酌情增加。

3. 浇洒道路用水量标准

超高层公共建筑院区道路、广场浇洒最高日用水定额按浇洒面积 2.0～3.0L/(m^2·d) 计算，亦可参见表 2-8。

4. 空调循环冷却水补水用水量标准

超高层公共建筑空调循环冷却水补充水量，按公式（1-3）计算，亦可由暖通空调专业提供。

5. 汽车冲洗用水量标准

汽车冲洗用水量标准按 10.0～15.0L/(辆·次) 考虑。

6. 供暖锅炉补充水量

供暖锅炉补充水量由暖通空调、热能动力专业提供。

7. 给水管网漏失水量和未预见水量

这两项水量之和按上述 6 项用水量（第 1 项至第 6 项）之和的 8%～12%计算，通常按 10%计。

最高日用水量（Q_d）应为上述 7 项用水量（第 1 项至第 7 项）之和。

最大时用水量（Q_{hmax}）可按公式（1-4）计算。

26.1.2 水质标准和防水质污染

1. 水质标准

超高层公共建筑生活给水系统的水质应符合现行国家标准《生活饮用水卫生标准》GB 5749 的规定。

2. 防水质污染

超高层公共建筑防止水质污染常见的具体措施，参见表 2-9。

26.1.3 给水系统和给水方式

1. 超高层公共建筑生活给水系统

典型的超高层公共建筑生活给水系统原理图，见图 26-1。

2. 超高层公共建筑生活给水供水方式

建筑高度超过 100m 的建筑，宜采用垂直串联供水方式。

超高层公共建筑生活给水供水方式，见表 26-1。

超高层公共建筑生活给水供水方式表　　表 26-1

<table>
<tr><th>序号</th><th colspan="3">供水方式</th><th>具体说明</th><th>备注</th></tr>
<tr><td>1</td><td colspan="3">市政给水管网直接供水</td><td>生活给水系统应充分利用市政给水管网压力。应根据院区周边市政给水管网的最低保证供水压力，确定市政给水管网直接供水的楼层数</td><td>最常采用</td></tr>
<tr><td>2</td><td rowspan="3">各竖向分区均采用变频给水设备加压供水</td><td rowspan="2">泵组串联叠压供水</td><td>高区变频转输给水泵组和低区变频供水泵组合用</td><td>地下室生活水泵房设置变频供水设备，向低区生活给水管网供水，同时向高区接力泵组转输，高区变频转输给水泵组和低区变频供水泵组合用，转输给水管接自低区供水管网</td><td rowspan="2">较少采用</td></tr>
<tr><td>3</td><td>高区变频转输给水泵组和低区变频供水泵组分开设置</td><td>地下室生活水泵房设置低区专用变频供水设备，向低区生活给水管网供水，同时设置高区专用变频转输给水泵组向高区接力泵组（或管网叠压供水设备）转输，高区变频转输给水泵组和低区变频供水泵组分开设置</td></tr>
<tr><td>4</td><td colspan="2">串联中间水箱加压供水</td><td>对于建筑上部竖向分区，当地下室生活水泵房内设置的给水泵组无法满足供水高度要求时，在地下生活水泵房内设置高区专用变频转输给水泵组向避难层中间水箱转输，避难层设置变频加压给水泵组向高区生活给水管网供水</td><td>可采用</td></tr>
</table>

续表

序号	供水方式	具体说明	备注
5	重力供水与加压系统联合供水	工频转输给水泵组提升高度范围（通常大于50m，间隔不小于1个避难层）内，其上部区域采用重力供水，下部区域采用下级变频给水设备供水。重力供水范围和加压供水范围应结合建筑功能场所设置确定，顶部避难层以上可采用变频给水设备供水	常采用
6	重力为主供水	最低加压竖向分区采用单独的变频泵组加压供水；其他上部加压竖向分区采用设置中间水箱及屋面高位生活水箱重力供水，最高加压竖向分区最上部几层采用加压供水；中间水箱宜在每个避难层及屋面均设置，亦可按间隔一个避难层设置	最常采用

注：1. 当受避难层或屋面可利用面积较小等条件限制无法设置中间水箱或无法保证中间水箱有效储水容积时，可组合选择相应的给水系统形式；
2. 当超高层公共建筑内存在不同功能用水单位时，应根据业主或物业管理要求，选择合理的给水系统形式。如建筑内存在办公功能和旅馆（酒店）功能时，此2种功能区域的生活给水系统（包括转输水箱、转输水泵、变频给水设备、生活给水管网等）应分开设置；
3. 当超高层公共建筑内设有集中生活热水供应系统时，水箱及设备位置应考虑生活热水系统相关设备设置情况，便于管道连接及保证生活热水系统正常循环，生活给水系统竖向分区与生活热水系统应一致；
4. 当超高层公共建筑设有裙房时，裙房通常采用独立的变频给水设备供水。

3. 超高层公共建筑生活给水系统竖向分区

超高层公共建筑应根据建筑内功能的划分和当地供水部门的水量计费分类等因素，设置相应的生活给水系统，并应利用城镇给水管网的水压。

超高层公共建筑生活给水系统竖向分区应根据的原则，见表26-2。

超高层公共建筑生活给水系统竖向分区原则表　　表26-2

序号	生活给水系统竖向分区原则
1	卫生器具给水配件承受的最大工作压力，不得大于0.6MPa
2	当生活给水系统分区供水时，各分区静水压力不宜大于0.45MPa；当设集中热水系统时，分区静水压力不宜大于0.55MPa
3	给水管网的压力高于本表以上2款规定的压力时，应设置减压阀，减压阀的配置应符合下列规定：减压阀的减压比不宜大于3∶1，并应避开气蚀区；阀后配水件处的最大压力应按减压阀失效情况下进行校核，其压力不应大于配水件产品标准规定的公称压力的1.5倍；当减压阀串联使用时，应按照其中一个失效情况下计算阀后最高压力
4	生活给水系统用水点处供水压力不宜大于0.2MPa，并满足卫生器具工作压力的要求

超高层公共建筑生活给水系统竖向分区确定程序，见表26-3。

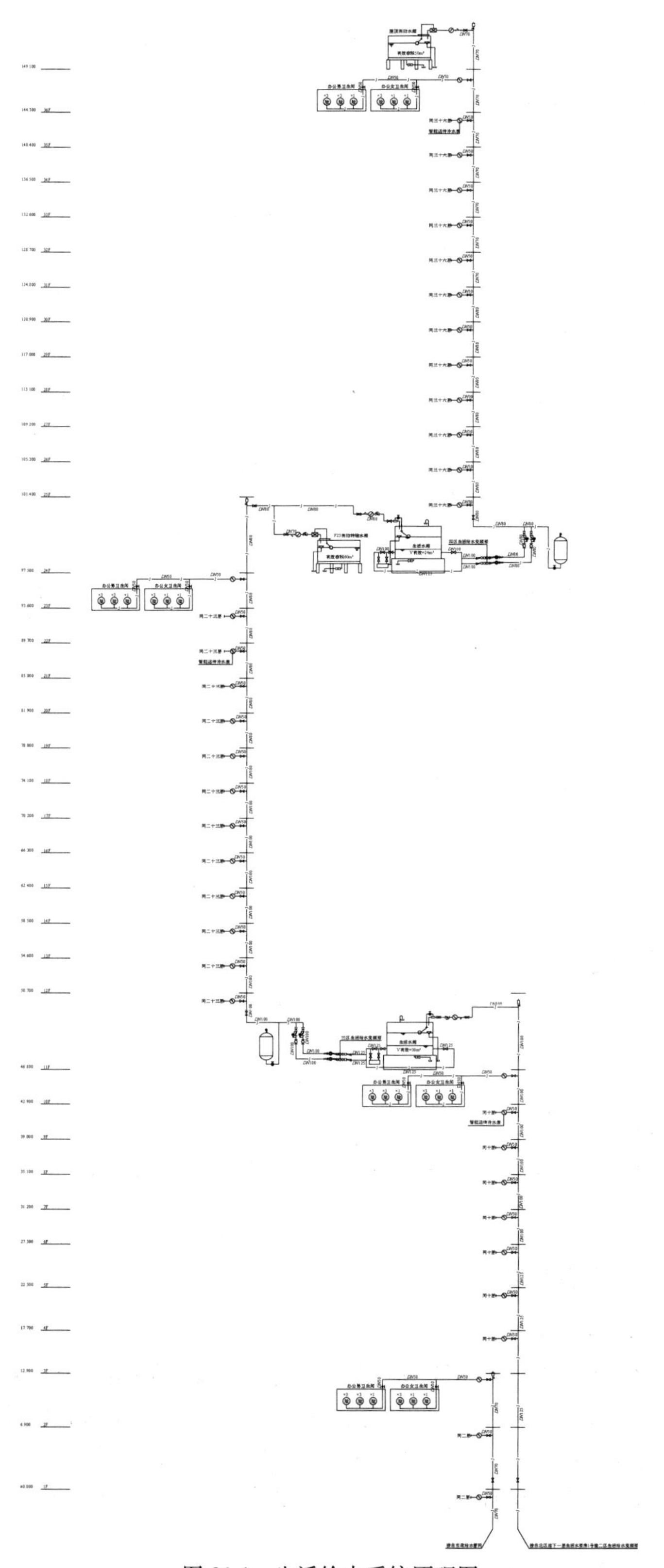

图 26-1 生活给水系统原理图

生活给水系统竖向分区确定程序表　　**表 26-3**

序号	竖向分区确定程序	备注
1	根据超高层公共建筑院区接入市政给水管网的最小工作压力确定由市政给水管网直接供水的楼层	
2	根据超高层公共建筑的建筑功能场所竖向区域设置，结合避难层（设备层）的设置，合理确定竖向分区的大分区	
3	根据竖向分区大分区的竖向建筑高度合理确定分区的个数及分区范围	超高层公共建筑生活给水竖向分区楼层数宜为12～15层（竖向高度60m左右），不宜多于16层
4	根据需要加压供水的总楼层数，合理调整需要加压的各竖向分区，使其高度基本一致	各竖向分区涉及楼层数宜基本相同

注：每个竖向分区内，当用水点动压超过0.2MPa时应设置楼层给水减压阀或支管减压阀，且应保证给水配件或用水点处静水压力不超过0.45MPa。

4. 超高层公共建筑生活给水系统形式

超高层公共建筑生活给水系统采用重力供水时，采用上行下给式；采用变频加压供水时，采用下行上给式。

26.1.4　管材及附件

超高层公共建筑生活给水系统给水管道应选用耐腐蚀、安装连接方便可靠、符合国家现行有关产品标准要求及饮用水卫生要求的管材，常用管材包括薄壁不锈钢管、薄壁铜管、PVC-C（氯化聚氯乙烯）冷水用管、钢塑复合管、内衬不锈钢复合钢管、铝塑复合管等。

单一建筑的超高层公共建筑生活给水系统管材宜统一。

由多座建筑组成的超高层公共建筑可根据建筑功能要求采用不同的生活给水系统管材。

超高层公共建筑生活给水系统阀门、止回阀、减压阀、水表和其他附件等的设计要求，参见相应建筑功能的有关章节。

由多座建筑组成的超高层公共建筑中，每座建筑生活给水系统均应根据其建筑功能设置水表。

26.1.5　给水管道布置及敷设

1. 室外生活给水系统布置与敷设

超高层公共建筑室外绿化给水系统通常会采用雨水集蓄回用系统，采用生物处理方法及沉砂处理方法，对屋面雨水、室外地面雨水进行处理，使水质达到室外绿化给水要求。

超高层公共建筑院区的室外生活给水管网应布置成环状管网，管径宜为$DN150$。环状给水管网与市政给水管网的连接管不宜少于2条，引入管管径宜为$DN150$、不宜小于$DN100$。

超高层公共建筑院区室外生活给水管道与其他地下管线及乔木之间的最小净距，参照

表 1-25 规定。

2. 室内生活给水系统布置与敷设

超高层公共建筑室内生活给水管道通常布置成支状管网，单向供水，宜沿室内公共区域敷设。常见的超高层公共建筑生活给水管道不应布置的场所，见表 26-4。

常见的超高层公共建筑生活给水管道不应布置的场所表　　表 26-4

序号	不应布置场所
1	电气机房包括高压配电室、低压配电室（包括其值班室）、柴油发电机房（包括储油间）、智能化系统机房（计算机房、网络中心机房、弱电机房）、UPS 机房、消防控制室等
2	生活水泵房、消防水泵房等场所配电柜上方
3	电梯机房、烟道、风道、电梯井内、排水沟等
4	商场橱窗、壁柜、木装修等设施；办公楼、写字楼重要的资料室、档案室和重要的办公用房
5	橱窗、壁柜等
6	伸缩缝、沉降缝、变形缝等

注：生活给水管道在穿越防火卷帘时宜绕行。

3. 室内给水管道防护

室内生活给水横干管、立管超过 50m 时，宜设伸缩补偿装置。

与人防工程功能无关的室内生活给水管道应避免穿越人防地下室，确需穿越时应在人防侧设置防护阀门，管道穿越处应设防护套管。

4. 生活给水管道保温

敷设在有可能结冻的房间、地下室及管井、管沟等处的给水管道应有防冻措施。

屋顶水箱间内生活给水管道均需做保温，所有给水横管及管井内的给水立管均做防结露保温。室内满足防冻要求的管道可不做防结露保温。

给水管道保温材料厚度确定，参见表 1-30、表 1-31。

26.1.6 生活给水系统给水管网计算

1. 超高层公共建筑院区室外生活给水管网

室外生活给水管网设计流量应按超高层公共建筑院区生活给水最大时用水量确定。院区给水引入管的设计流量应按最大时用水量确定；当引入管为 2 条时，应保证当其中一条发生故障时，其余的引入管可以提供不小于 70%的流量。

超高层公共建筑院区室外生活给水管网管径宜采用 $DN150$。

2. 超高层公共建筑室内生活给水管网

采用市政给水管网直接供水时，给水引入管设计流量（Q_1）应按直供区生活给水设计秒流量计；采用生活水箱＋变频给水泵组供水时，给水引入管设计流量（Q_2）应按加压区生活水箱设计补水量计，设计补水量不得小于高区最高日平均时用水量，不宜大于最高日最大时用水量。

常见的超高层公共建筑各建筑功能场所的生活给水设计秒流量计算，见表 26-5。

常见的超高层公共建筑生活给水设计秒流量计算表 **表 26-5**

序号	建筑功能场所名称		生活给水设计秒流量计算公式	选用参照表号
1	宾馆		$q_g=0.5\cdot(N_g)^{1/2}$	表 2-22
2	酒店式公寓		$q_g=0.44\cdot(N_g)^{1/2}$	表 2-22
3	商场	商场	$q_g=0.3\cdot(N_g)^{1/2}$	表 7-9
		书店	$q_g=0.34\cdot(N_g)^{1/2}$	表 7-9
4	办公楼（写字楼）	坐班制办公	$q_g=0.3\cdot(N_g)^{1/2}$	表 6-10
		公寓式办公	$q_g=0.44\cdot(N_g)^{1/2}$	表 2-22
		酒店式办公	$q_g=0.5\cdot(N_g)^{1/2}$	表 2-22
5	餐饮业		$q_g=\Sigma q_{g0}\cdot n_0\cdot b_g$	
6	电影院		$q_g=0.6\cdot(N_g)^{1/2}$	表 9-10
7	健身中心		$q_g=0.6\cdot(N_g)^{1/2}$	表 9-10

超高层公共建筑有自闭式冲洗阀时生活给水设计秒流量计算，可参照表 1-33。

3. 超高层公共建筑内卫生器具给水当量

超高层公共建筑内卫生器具应选用节水型器具，应采用符合现行行业标准《节水型生活用水器具》CJ/T 164 规定的节水型卫生器具，宜选用用水效率等级不低于 3 级的用水器具。

超高层公共建筑常见卫生器具的给水额定流量、给水当量、连接给水管管径和最低工作压力按表 3-18 确定。

4. 超高层公共建筑内给水管管径

超高层公共建筑内给水供水管的管径，应根据该给水供水管段的设计秒流量、允许给水流速等查相关计算表格确定。生活给水管道内的给水流速，宜参照表 1-38。

超高层公共建筑内公共卫生间的蹲便器个数与给水供水管管径的对照表，参见表 4-15。

整个生活给水系统生活给水立管、干管均按照其服务的给水设计秒流量确定其管段管径。

26.1.7 生活水泵和生活水泵房

超高层公共建筑给水设计应有可靠的水源和供水管道系统，当仅有一路城市引入管或供水不满足设计秒流量或压力要求时，应设置加压供水设备。

1. 生活水泵

超高层公共建筑生活给水加压水泵宜采用 3 台（2 用 1 备）配置模式，亦可采用 2 台（1 用 1 备）或 4 台（3 用 1 备）配置模式。

超高层公共建筑生活给水加压通常采用变频调速给水泵组，其设计流量应按其负责给水系统的最大设计秒流量确定，即 $Q=q_g$。设计时应统计该系统内各用水点卫生器具的生活给水当量数，根据表 26-5 计算得出设计流量值。

生活给水加压水泵的设计工作压力，按公式（1-10）计算。

2. 生活水泵房

超高层公共建筑二次加压给水的水泵房应为独立的房间，并应环境良好、便于维修和管理；超高层公共建筑生活水泵房不应（宜）毗邻的场所，参见表 26-6；加压泵组及泵房应采取减振降噪措施。超高层建筑水泵运行噪声控制可采用 2 种方式，见表 26-7。

超高层公共建筑生活水泵房不应（宜）毗邻的场所一览表　　　　表 26-6

序号	建筑功能场所名称		生活水泵房不应（宜）毗邻的场所
1	宾馆		客房和其他需要安静的房间
2	酒店式公寓		客房卧室和其他需要安静的房间
3	商场	商场	
		书店	阅览区和其他需要安静的房间
4	办公楼（写字楼）	坐班制办公	办公用房和会议室等
		公寓式办公	客房卧室、办公室和会议室等
		酒店式办公	客房、办公室和会议室等
5	餐饮业		餐厅等
6	电影院		电影放映厅等
7	健身中心		健身区等
8	公共区域		高压配电室、低压配电室（包括其值班室）、柴油发电机房（包括储油间）、智能化系统机房（计算机房、网络中心机房、弱电机房）、UPS 机房、消防控制室等电气机房；生活水泵房、消防水泵房等场所配电柜上方等

超高层公共建筑消防水泵运行噪声控制方式表　　　　表 26-7

序号	控制方式	注意事项
1	降低水泵的启动频率	适当增加传输水箱的有效贮水容积，可按照最高上限确定水箱容积
2	将传统工频传输水泵调整为管中泵，传输水泵安装在传输水箱内	传输水箱应设置消毒设备，并应定期对传输水箱进行清洗，保证用水水质

超高层公共建筑生活水泵房的设置位置应根据其所供水服务的范围确定，见表 26-8。

超高层公共建筑生活水泵房位置确定及要求表　　　　表 26-8

序号	水泵房位置	适用情况	设置要求
1	院区室外集中设置	院区室外有空间；常见于新建超高层公共建筑院区	宜与消防水泵房、消防水池、暖通冷热源机房、锅炉房等集中设置，宜靠近超高层公共建筑或生活用水量最大的建筑
2	建筑地下室楼层设置	院区室外无空间	宜设在地下一层或地下二层，不宜设在最低地下楼层；水泵房地面宜高出室外地面 200～300mm；常设置于地下车库非人防区域；生活水泵房宜靠近宾馆等生活用水量较大、建筑高度较大的建筑

多座超高层公共建筑宜每座建筑独立设置生活水泵房。

生活水泵房内各分区的生活给水泵组宜集中布置；生活水泵房内每套生活给水泵组宜设置在一个基础上。

26.1.8 生活贮水箱（池）

超高层公共建筑给水设计应有可靠的水源和供水管道系统，当仅有一路城市引入管或供水不满足设计秒流量或压力要求时，应设置生活贮水箱（池）。

超高层公共建筑水箱间应为独立的房间，不应（宜）毗邻的场所，参见表26-6。

水箱应设置消毒设备，并宜采用紫外线消毒方式。

1. 贮水容积

超高层公共建筑生活用水贮水箱（池）的有效容积计算时，其生活用水调节量应按进水量与用水量变化曲线经计算确定，当资料不足时，宜按最高日用水量的20%～25%确定，最大不得大于48h的用水量。有条件时可适当增加生活贮水箱（池）有效容积。

超高层公共建筑生活用水贮水设备宜采用贮水箱。

生活用水中间水箱调节容积应按水箱供水部分和转输部分水量之和确定：供水水量的调节容积，不宜小于供水服务区域楼层最大时用水量的50%。转输水量的调节容积，应按提升水泵3～5min的流量确定；当中间水箱无生活供水部分调节容积时，转输水量的调节容积宜按提升水泵5～10min的流量确定。

2. 生活水箱、中间水箱

超高层公共建筑生活水箱、中间水箱设计要求，参见表1-46。

3. 生活水箱、中间水箱相关管道、装置设置要求

超高层公共建筑生活水箱、中间水箱相关管道设施要求，参见表1-47。

生活水箱、中间水箱各水位指标确定方法及取值经验值，参见表1-48。

26.2 生活热水系统

26.2.1 热水系统类别

超高层公共建筑生活热水系统类别根据建筑各相关功能场所生活热水需求确定，常见的超高层公共建筑生活热水系统类别，见表26-9。

生活热水系统分类表 表26-9

序号	分类标准	热水系统类别	超高层公共建筑应用情况	应用程度
1	供应范围	集中生活热水系统	宾馆客房区客房卫生间旅客洗浴生活热水系统；酒店式公寓居住区卫生间居住人员洗浴生活热水系统；酒店式办公楼办公区卫生间办公人员洗浴生活热水系统；公寓式办公楼办公区卫生间办公人员洗浴生活热水系统；宾馆、商场餐饮业厨房生活热水系统；健身中心健身人员洗浴生活热水系统	最常用
2		局部（分散）生活热水系统	宾馆员工洗浴生活热水系统；坐班制办公楼办公区办公人员洗浴生活热水系统	较常用
3		区域生活热水系统	整个超高层公共建筑院区生活热水系统	不常用
4		分布式生活热水系统	宾馆客房区客房卫生间旅客洗浴生活热水系统；酒店式公寓居住区卫生间居住人员洗浴生活热水系统；酒店式办公楼办公区卫生间办公人员洗浴生活热水系统；公寓式办公楼办公区卫生间办公人员洗浴生活热水系统	越来越常用

续表

序号	分类标准	热水系统类别	超高层公共建筑应用情况	应用程度
5	热水管网循环方式	热水干管立管支管循环生活热水系统	中高档宾馆客房区客房卫生间旅客洗浴生活热水系统	最常用
6		热水干管立管循环生活热水系统	中低档宾馆客房区客房卫生间旅客洗浴生活热水系统；酒店式公寓居住区卫生间居住人员洗浴生活热水系统；酒店式办公楼办公区卫生间办公人员洗浴生活热水系统；公寓式办公楼办公区卫生间办公人员洗浴生活热水系统	常用
7		热水干管循环生活热水系统	宾馆、商场餐饮业厨房生活热水系统；健身中心健身人员洗浴生活热水系统	不常用
8		不循环生活热水系统	宾馆员工洗浴生活热水系统；坐班制办公楼办公区办公人员洗浴生活热水系统	较常用
9	热水管网循环水泵运行方式	全日循环生活热水系统	宾馆客房区客房卫生间旅客洗浴生活热水系统；酒店式公寓居住区卫生间居住人员洗浴生活热水系统；酒店式办公楼办公区卫生间办公人员洗浴生活热水系统；公寓式办公楼办公区卫生间办公人员洗浴生活热水系统	最常用
10		定时循环生活热水系统	宾馆、商场餐饮业厨房生活热水系统；健身中心健身人员洗浴生活热水系统；宾馆员工洗浴生活热水系统；坐班制办公楼办公区办公人员洗浴生活热水系统	常用
11	热水管网循环动力方式	强制循环生活热水系统		最常用
12		自然循环生活热水系统		极少用
13	是否敞开形式	闭式生活热水系统		最常用
14		开式生活热水系统		极少用
15	热水管网布置型式	下供下回式生活热水系统	热源位于建筑底部，即由锅炉房提供热媒（高温蒸汽或高温热水），经汽水或水水换热器提供热水热源等的生活热水系统	最常用
16		上供上回式生活热水系统	热源位于建筑顶部，即由屋顶太阳能热水设备及（或）空气能热泵热水设备提供热水热源等的生活热水系统	常用
17		上供下回式生活热水系统		较少用
18		分层上供上回式生活热水系统		较少用
19	热水管路距离	同程式生活热水系统		目前最常用
20		异程式生活热水系统		越来越常用

续表

序号	分类标准	热水系统类别	超高层公共建筑应用情况	应用程度
21	热水系统分区方式	加热器集中设置生活热水系统	超高层公共建筑院区内各个建筑生活热水系统距离较近、规模相差不大或为同一建筑内不同竖向分区系统时的生活热水系统	常用
22		加热器分散设置生活热水系统	超高层公共建筑院区各个建筑生活热水系统距离较远、规模相差较大时的生活热水系统	最常用
23		加热器分布设置生活热水系统	不受超高层公共建筑院区建筑距离、规模限制的生活热水系统	较少用

26.2.2 生活热水系统热源

超高层公共建筑集中生活热水供应系统的热源，参见表2-34。

超高层公共建筑生活热水系统热源选用，参见表2-35。

超高层公共建筑生活热水系统常见热源组合形式，参见表19-7。

超高层公共建筑屋顶设置太阳能光伏发电系统时，系统产生的电能可用于屋顶热水箱内热水的加热，保证生活热水系统供水温度。

26.2.3 热水系统设计参数

1. 超高层公共建筑热水用水定额

超高层公共建筑内各相关功能场所热水用水定额、热水平均日节水用水定额，参见本书前述生活热水系统章节。

超高层公共建筑所在地为较大城市、标准要求较高的，超高层公共建筑热水用水定额可以适当选用较高值；反之可选用较低值。

2. 超高层公共建筑卫生器具用水定额及水温

常见的超高层公共建筑相关功能场所卫生器具的一次热水用水量、小时热水用水量和水温，可按表25-10确定。

3. 超高层公共建筑冷水计算温度

冷水的计算温度应以当地最冷月平均水温资料确定。当无水温资料时，按表1-58采用。

超高层公共建筑冷水计算温度宜按超高层公共建筑当地地面水温度确定，水温有取值范围时宜取低值。

4. 超高层公共建筑水加热设备供水温度

超高层公共建筑集中热水供应系统的水加热设备（包括热水锅炉、热水机组或水加热器等）的出水温度按表1-59采用。超高层公共建筑集中生活热水系统水加热设备的供水温度宜为60～65℃，通常按60℃计。

5. 超高层公共建筑生活热水水质

超高层公共建筑生活热水的水质指标，应符合现行国家标准《生活饮用水卫生标准》GB 5749的要求。

26.2.4 热水系统设计指标

1. 超高层公共建筑热水设计小时耗热量

(1) 全日供应热水设计小时耗热量

常见的超高层公共建筑中宾馆客房区客房卫生间旅客洗浴生活热水系统、酒店式公寓居住区卫生间居住人员洗浴生活热水系统、酒店式办公楼办公区卫生间办公人员洗浴生活热水系统和公寓式办公楼办公区卫生间办公人员洗浴生活热水系统采用全日供应热水系统。

超高层公共建筑全日供应生活热水系统设计小时耗热量应按公式(26-1)计算:

$$Q_h = K_h \cdot m \cdot q_r \cdot C \cdot (t_{r1} - t_l) \cdot \rho_r \cdot C_\gamma / T \tag{26-1}$$

式中 Q_h——超高层公共建筑全日供应生活热水设计小时耗热量,kJ/h;

K_h——超高层公共建筑生活热水小时变化系数,可按表 26-10 经内插法计算采用;

超高层公共建筑生活热水小时变化系数表 **表 26-10**

建筑类别	热水用水定额 q_r [L/人(床)·d]	使用人(床)数 m	热水小时变化系数 K_h
宾馆、酒店式办公楼(写字楼)	60~100	$150 \leqslant m \leqslant 1200$	3.33~2.60
酒店式公寓、公寓式办公楼(写字楼)	80~100		4.00~2.58

注:K_h应根据热水用水定额高低、使用人(床)数多少取值,当热水用水定额高、使用人(床)数多时取低值,反之取高值。使用人(床)数小于下限值[150 人(床)]时,K_h取上限值;使用人(床)数大于下限值[1200 人(床)]时,K_h取上限值;使用人(床)数位于下限值与上限值之间[150~1200 人(床)]时,K_h取值在上限值与下限值之间,采用内插法计算求得。

m——超高层公共建筑设计床位数,床;

q_r——超高层公共建筑生活热水用水定额,L/(床·d),按表 26-10 选用;

C——水的比热,kJ/(kg·℃),C=4.187kJ/(kg·℃);

t_{r1}——热水计算温度,℃ ,计算时 t_{r1} 宜取 65℃;

t_l——冷水计算温度,℃,计算时通常按表 1-58 选用;

ρ_r——热水密度,kg/L,通常取 1.0kg/L;

C_γ——热水供应系统的热损失系数,C_γ=1.10~1.15;

T——超高层公共建筑每日使用时间,h,取 24h。

将 C、t_{r1}、ρ_r、C_γ、T 等参数代入后为公式(26-2):

$$Q_h = 0.201 \cdot K_h \cdot m \cdot q_r \cdot (65 - t_l) \tag{26-2}$$

(2) 定时供应热水设计小时耗热量

当超高层公共建筑生活热水系统采用定时供应热水的集中生活热水系统时,其设计小时耗热量应按公式(26-3)计算:

$$Q_h = \sum q_h \cdot C \cdot (t_{r2} - t_l) \cdot \rho_r \cdot n_0 \cdot b_g \cdot C_\gamma \tag{26-3}$$

式中 Q_h——超高层公共建筑生活热水设计小时耗热量,kJ/h;

q_h——超高层公共建筑卫生器具生活热水的小时用水定额,L/h,可按表 25-10 采用,计算时通常取小时热水用水量的上限值;

C——水的比热,kJ/(kg·℃),C=4.187kJ/(kg·℃);

t_{r2}——热水计算温度,℃，计算时可按表25-10选用；

t_l——冷水计算温度,℃；

ρ_r——热水密度，kg/L，通常取1.0kg/L；

n_0——超高层公共建筑同类型卫生器具数；

b_g——超高层公共建筑卫生器具的同时使用百分数；

C_γ——热水供应系统的热损失系数，C_γ=1.10～1.15。

(3) 不同使用要求用水部门热水设计小时耗热量

具有多个不同使用热水部门或具有多种热水使用形式的超高层公共建筑，当其热水由同一热水供应系统供应时，设计小时耗热量，可按同一时间内出现用水高峰的主要用水部门的设计小时耗热量加其他用水部门的平均小时耗热量计算。

2. 超高层公共建筑设计小时热水量

超高层公共建筑设计小时热水量，按公式（26-4）计算：

$$q_{rh} = Q_h / [(t_{r3} - t_l) \cdot C \cdot \rho_r \cdot C_\gamma] \tag{26-4}$$

式中 q_{rh}——超高层公共建筑生活热水设计小时热水量，L/h；

Q_h——超高层公共建筑生活热水设计小时耗热量，kJ/h；

t_{r3}——设计热水温度,℃，计算时t_{r3}取值与t_{r1}一致即可；

t_l——冷水计算温度,℃；

C——水的比热，kJ/(kg·℃)，C=4.187kJ/(kg·℃)；

ρ_r——热水密度，kg/L，通常取1.0kg/L；

C_γ——热水供应系统的热损失系数，C_γ=1.10～1.15。

3. 超高层公共建筑加热设备供热量

超高层公共建筑全日集中生活热水系统中，锅炉、水加热设备的设计小时供热量应根据日热水用量小时变化曲线、加热方式及锅炉、水加热设备的工作制度经积分曲线计算确定。

(1) 容积式水加热器或贮热容积与其相当的水加热器、燃油（气）热水机组供热量

超高层公共建筑生活热水系统采用的容积式水加热器均应为导流型容积式水加热器，其设计小时供热量可按公式（19-5）计算。

在超高层公共建筑生活热水系统设计小时供热量计算时，通常取$Q_g=Q_h$。

(2) 半容积式水加热器或贮热容积与其相当的水加热器、燃油（气）热水机组供热量

超高层公共建筑生活热水系统亦常采用半容积式水加热器，此时半容积式水加热器设计小时供热量按设计小时耗热量计算，即取$Q_g=Q_h$。

26.2.5 生活热水系统热水管网计算

1. 生活热水管网设计流量

(1) 超高层公共建筑生活热水引入管设计流量

超高层公共建筑生活热水引入管设计流量应按该建筑相应生活热水供水系统总供水干管的设计秒流量确定。

(2) 超高层公共建筑内生活热水设计秒流量

常见的超高层公共建筑各功能场所的生活热水设计秒流量计算，见表26-11。

超高层公共建筑生活热水设计秒流量计算表 表 26-11

序号	建筑物名称		生活热水设计秒流量计算公式	选用参照表号
1	宾馆		$q_g=0.5\cdot(N_g)^{1/2}$	表 2-43
2	酒店式公寓		$q_g=0.44\cdot(N_g)^{1/2}$	表 2-43
3	办公楼（写字楼）	坐班制办公	$q_g=0.3\cdot(N_g)^{1/2}$	表 6-24
		公寓式办公	$q_g=0.44\cdot(N_g)^{1/2}$	表 2-43
		酒店式办公	$q_g=0.5\cdot(N_g)^{1/2}$	表 2-43
4	餐饮业		$q_g=\sum q_{g0}\cdot n_0\cdot b_g$	
5	电影院		$q_g=0.3\cdot(N_g)^{1/2}$	表 9-16
6	健身中心		$q_g=0.6\cdot(N_g)^{1/2}$	表 9-16

2. 超高层公共建筑内卫生器具热水当量

超高层公共建筑卫生器具的热水额定流量、热水当量、连接热水管管径和最低工作压力，可按表 2-44、表 3-31 确定。

3. 超高层公共建筑内热水管管径

超高层公共建筑内热水供水管的管径，应根据该热水供水管段的设计秒流量、允许热水流速等查相关计算表格确定。生活热水管道内的热水流速，宜按表 1-66 控制。

本区域热水回水干管管径根据该区域热水供水干管最大管径确定。热水回水管管径与热水供水管管径的对照，参见表 2-48。

整个生活热水系统的生活热水供水立管、干管均按照其服务的热水设计秒流量确定其管段管径；生活热水回水立管、干管先按照其服务的热水设计秒流量确定出一个供水管管径值，再根据表 2-48 确定其管段回水管管径值。

26.2.6 生活热水机房（换热机房、换热站）

单一建筑的超高层公共建筑生活热水机房（换热机房、换热站）位置确定，参见表 2-49。

由多座建筑组成的超高层公共建筑生活热水机房（换热机房、换热站）位置确定，见表 26-12。

超高层公共建筑生活热水机房（换热机房、换热站）位置确定表 表 26-12

序号	生活热水机房（换热机房、换热站）位置	生活热水系统热源情况	生活热水机房（换热机房、换热站）内设施	适用范围
1	院区室外独立设置	院区锅炉房热水（蒸汽）锅炉提供热媒，经换热后提供第 1 热源；院区动力中心提供其他热媒或热源；太阳能设备或空气能热泵设备提供第 2 热源	常用设施：水（汽）水换热器（加热器）、热水循环泵组；少用设施：热水箱、热水供水泵组	新建超高层公共建筑院区；新建、改建超高层公共建筑；设有锅炉房或动力中心
2	设有集中供应生活热水系统的单体建筑室内地下室	院区锅炉房（动力中心）提供热媒，经换热后提供第 1 热源；太阳能设备或空气能热泵设备提供第 2 热源		新建超高层公共建筑院区；新建超高层公共建筑；设有锅炉房或动力中心

续表

序号	生活热水机房（换热机房、换热站）位置	生活热水系统热源情况	生活热水机房（换热机房、换热站）内设施	适用范围
3	设有集中供应生活热水系统的单体建筑屋顶	太阳能设备或（和）空气能热泵设备提供热源；必要情况下燃气热水设备提供第2热源	热水箱、热水循环泵组、集热循环泵组、空气能热泵循环泵组；采用双热水箱时，设置水箱循环泵组	新建、改建超高层公共建筑；屋顶设有热源热水设备

当超高层公共建筑的体量很大、占地面积很大时，可根据建筑的布局设置2个或以上生活热水机房。分期建设的超高层公共建筑，宜分期设置生活热水机房，当一期工程生活热水机房位置靠近二期工程时，可在一期生活热水机房内预留二期工程生活热水设备的空间；当二期工程生活热水量较大时，一期生活热水机房内生活热水设备不宜同时考虑满足二期工程的生活热水要求。

超高层公共建筑生活热水机房（换热机房、换热站）应为独立的房间，不应（宜）毗邻的场所参见表26-6。

26.2.7 生活热水箱

超高层公共建筑生活热水箱设计要求，参见表1-72。

生活热水箱各种水位，按表1-74确定。

超高层公共建筑生活热水箱间应为独立的房间，不应（宜）毗邻的场所参见表26-6。

26.2.8 生活热水循环泵

1. 生活热水循环泵设置位置

当系统热源由高温热媒经院区热水机房（换热机房）内的各分区换热设备后向各分区供给热水时，各分区生活热水循环泵通常设在热水机房（换热机房）内。当系统热源由屋顶太阳能供水设备向各分区供给热水时，各分区生活热水循环泵通常设在本分区最低楼层或下面一层热水循环泵房内。

2. 生活热水循环泵设计流量

生活热水循环水泵的出水量，可按公式（2-19）、公式（2-20）计算。

3. 生活热水循环泵设计扬程

生活热水循环泵的扬程，可按公式（2-21）、公式（2-22）计算。

4. 太阳能集热循环泵

太阳能集热循环泵流量，按公式（1-28）计算；集热循环泵扬程，按公式（1-29）、公式（1-30）计算。

26.2.9 热水系统管材、附件和管道敷设

超高层公共建筑生活热水系统热水管道常用的管材包括薄壁不锈钢管、PVC-C（氯化聚氯乙烯）热水用管、薄壁铜管、钢塑复合管（如PSP管）、铝塑复合管等，较少采用普通塑料热水管。

单一建筑的超高层公共建筑生活热水系统管材宜统一。

由多座建筑组成的超高层公共建筑可根据建筑功能要求采用不同的生活热水系统管材。

超高层公共建筑生活热水系统阀门、止回阀、水表、排气装置、泄水装置、温度计、压力表、管道补偿装置、保温等的设计要求，参见相应建筑功能的有关章节。

26.3 排水系统

26.3.1 排水系统类别

常见的超高层公共建筑排水系统分类，见表26-13。

排水系统分类表 表26-13

序号	分类标准	排水系统类别	超高层公共建筑应用情况	应用程度
1	建筑内场所使用功能	生活污水排水	宾馆客房区客房卫生间污水排水；酒店式公寓居住区卫生间污水排水；酒店式办公楼办公区卫生间污水排水；公寓式办公楼办公区卫生间污水排水；坐班制办公楼、商场、电影院、健身中心等场所公共卫生间污水排水	常用
2		生活废水排水	宾馆客房区客房卫生间洗浴废水排水；酒店式公寓居住区卫生间洗浴废水排水；酒店式办公楼办公区卫生间洗浴废水排水；公寓式办公楼办公区卫生间洗浴废水排水；坐班制办公楼、商场、电影院、健身中心等场所公共卫生间盥洗废水排水	
3		厨房废水排水	超高层公共建筑内附设餐饮厨房、餐厅污水排水	
4		设备机房废水排水	超高层公共建筑内附设水泵房（生活水泵房、消防水泵房）、空调机房、制冷机房、换热机房、锅炉房、热水机房等机房废水排水	
5		车库废水排水	超高层公共建筑内附设车库内一般地面冲洗废水排水	
6		消防废水排水	超高层公共建筑内消防电梯井排水、自动喷水灭火系统试验排水、消火栓系统试验排水、消防水泵试验排水等废水排水	
7		绿化废水排水	超高层公共建筑室外绿化废水排水	
8	建筑内污、废水排水方式	重力排水方式	超高层公共建筑地上污废水排水	最常用
9		压力排水方式	超高层公共建筑地下室污废水排水	常用
10	污废水排水体制	污废合流排水系统		最常用
11		污废分流排水系统		常用
12	排水系统通气方式	设有通气管系排水系统	伸顶通气排水系统通常应用在超高层公共建筑多层裙房区域卫生间排水，专用通气立管排水系统通常应用在超高层公共建筑高层区域卫生间排水。环形通气排水系统、器具通气排水系统通常应用在个别超高层公共建筑公共卫生间排水	最常用
13		特殊单立管排水系统		少用

超高层公共建筑排水系统，应考虑生活排水系统的排水体制、合理分区和系统消能措施等。

超高层公共建筑室内污废水排水体制采用合流制，当有中水利用要求时，采用分流制。

典型的超高层公共建筑排水系统原理图，见图 26-2。

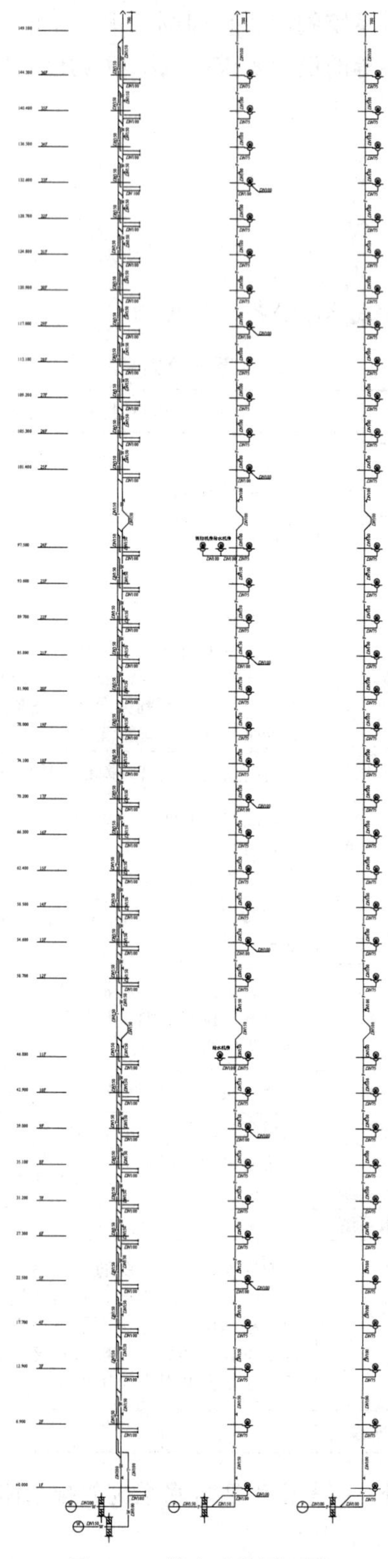

图 26-2 排水系统原理图

超高层公共建筑中的生活污水、厨房含油废水等均应经化粪池处理；生活废水、设备机房废水、消防废水、绿化废水等不需经过化粪池处理。厨房含油废水应经除油处理后再排入污水管道。

超高层公共建筑污废水与建筑雨水应雨污分流。

超高层公共建筑公共卫生间等生活粪便污水、生活废水等可合流排放，当有中水利用要求时，可采用分流排放。

超高层公共建筑的空调凝结水排水管不得与污废水管道系统直接连接，空调凝结水宜单独收集后回用于绿化、水景、冷却塔补水等。

当超高层公共建筑高层主楼内设置有宾馆、酒店、公寓、办公等不同建筑功能时，其排水系统宜按不同功能采用分区排水系统。当采用分区排水系统时，每个分区的高度宜不超过 100～150m（通常涉及 2～3 个建筑功能分区）。

26.3.2 卫生器具

1. 超高层公共建筑内卫生器具种类及设置场所

超高层公共建筑内卫生器具种类及设置场所，参见表 2-54、表 6-30、表 7-22、表 9-19、表 10-13。

2. 超高层公共建筑内卫生器具选用

超高层公共建筑卫生间卫生器具应符合表 2-56、表 6-31、表 7-23、表 9-20 的规定。

3. 公共卫生间排水设计要点

公共卫生间排水立管及通气立管通常敷设于专用管道井内；采用专用通气立管方式时，排水立管与通气立管采用结合管连接。管道井中排水立管与通气立管中心距最小值，参见表 1-91。

4. 超高层公共建筑内卫生器具排水配件穿越楼板留孔位置及尺寸

常见卫生器具排水配件穿越楼板留孔位置及尺寸，参见表 1-92。

5. 地漏

超高层公共建筑内公共卫生间、开水间、空调机房、新风机房等场所内应设置地漏。

超高层公共建筑地漏及其他水封高度要求不得小于 50mm，且不得大于 100mm。

超高层公共建筑地漏类型选用，参见表 2-57；地漏规格选用，参见表 2-58。

6. 水封装置

超高层公共建筑中采用排水沟排水的场所包括厨房、车库、泵房、设备机房等。当排水沟内废水直接排至室外时，沟与排水排出管之间应设置水封装置。卫生器具排水管段上不得重复设置水封装置。

26.3.3 排水系统水力计算

1. 超高层公共建筑最高日和最大时生活排水量

超高层公共建筑生活排水量宜按该单体建筑生活给水量或多座建筑生活给水量之和的 85%～95%计算，通常按 90%。

2. 超高层公共建筑卫生器具排水技术参数

超高层公共建筑卫生器具的排水流量、排水当量、排水支管管径、排水坡度等基本参数的选定，参见表 2-59、表 3-39。

3. 超高层公共建筑排水设计秒流量

超高层公共建筑的生活排水管道设计秒流量，按公式（26-5）计算：

$$q_u = 0.12 \cdot \alpha \cdot (N_p)^{1/2} + q_{max} \tag{26-5}$$

式中 q_u——计算管段排水设计秒流量，L/s；

N_p——计算管段的卫生器具排水当量总数；

α——根据建筑物用途而定的系数，以常见的超高层公共建筑为例，宾馆、酒店式公寓、公寓式办公楼、酒店式办公楼的卫生间通常取 1.5，商场、坐班制办公楼、电影院、健身中心的公共卫生间取 2.0～2.5，通常取 2.5；

q_{max}——计算管段上最大一个卫生器具的排水流量，L/s。

计算时，如计算所得流量值大于该管段上按卫生器具排水流量累加值时，应按卫生器具排水流量累加值计。

超高层公共建筑 q_{max} = 1.50L/s 和 q_{max} = 2.00L/s 时排水设计秒流量计算数据，根据不同建筑功能参见相关表格。以常见的超高层公共建筑为例，q_{max} = 1.50L/s 和 q_{max} = 2.00L/s 时排水设计秒流量计算数据，宾馆、酒店式公寓、公寓制办公楼、酒店式办公楼参见表 1-97，商场、坐班制办公楼、电影院、健身中心参见表 7-24。

超高层公共建筑内餐饮场所厨房等的生活排水管道设计秒流量，按公式（26-6）计算：

$$q_p = \sum q_0 \cdot n_0 \cdot b \tag{26-6}$$

式中 q_p——超高层公共建筑计算管段的排水设计秒流量，L/s；

q_0——超高层公共建筑同类型的一个卫生器具排水流量，L/s；

n_0——超高层公共建筑同类型卫生器具数；

b——超高层公共建筑卫生器具的同时排水百分数：超高层公共建筑内餐饮场所厨房的设备按表 4-13 选用。

注：当计算排水流量小于一个大便器排水流量时，应按一个大便器的排水流量计算。

4. 超高层公共建筑排水管道管径确定

超高层公共建筑排水铸铁管道最小坡度，按表 1-98 确定；胶圈密封连接排水塑料横管的坡度，按表 1-99 确定；建筑内排水管道最大设计充满度，参见表 1-100；排水管道自清流速，参见表 1-101。

排水横管水力计算按照公式（1-32）、公式（1-33）；排水铸铁管水力计算，参见表 1-102；排水塑料管水力计算，参见表 1-103。

不同管径下排水横管允许流量 Q_p，参见表 1-104。

超高层公共建筑排水系统中排水横干管常见管径为 *DN*100、*DN*150。*DN*100 排水横干管对应排水当量最大限值，参见表 1-105，*DN*150 排水横干管对应排水当量最大限值，参见表 1-106。

不同通气方式的排水立管最大设计排水能力，参见表 1-107～表 1-109。

超高层公共建筑排水系统可通过设置器具通气管提高排水立管的排水能力。

超高层公共建筑各种排水管的推荐管径，参见表 2-60。

26.3.4 排水系统管材、附件和检查井

1. 超高层公共建筑排水管管材

超高层公共建筑室外排水管可采用埋地排水塑料管，包括硬聚氯乙烯管、聚乙烯管和玻璃纤维增强塑料夹砂管等。常用的室外排水管还有双壁加筋波纹排水管、双平壁钢塑复合缠绕排水管等。

单一建筑的超高层公共建筑排水系统管材宜统一。

由多座建筑组成的超高层公共建筑可根据建筑功能要求采用不同的排水系统管材。

超高层公共建筑高层主楼生活排水管道应选用符合使用特点和防火要求的机制柔性接口铸铁排水管等金属排水管；裙房生活排水管道可选用塑料管或金属管材，如 HDPE 管、机制柔性接口铸铁排水管等。

2. 超高层公共建筑排水管附件

排水立管上检查口的设置位置，参见表 1-113；检查口之间的最大距离，参见表 1-114；检查口设置要求，参见表 1-115。

清扫口的设置位置，参见表 1-116；清扫口至室外检查井中心最大长度，参见表 1-117；排水横管直线管段上清扫口之间的最大距离，参见表 1-118。

塑料排水管道支吊架间距规定，参见表 1-119。

3. 超高层公共建筑排水管道布置敷设

超高层公共建筑排水管道不应布置场所，应根据不同建筑功能参见相关章节表格。常见的超高层公共建筑排水管道不应布置场所，见表 26-14。

排水管道不应布置场所表　　表 26-14

序号	排水管道不应布置场所	具体要求
1	生活水泵房等设备机房	排水横管禁止在超高层公共建筑生活水箱箱体正上方敷设，生活水泵房其他区域不宜敷设排水管道；设在室内的消防水池（箱）应按此要求处理
2	厨房、餐厅	超高层公共建筑中餐饮场所厨房内的主副食操作间、烹调间、备餐间、加工间、粗加工、冷菜间、面点蒸煮间、食品储藏库（主食库、副食库）等房间的上方均不应敷设排水管道，排水立管不宜穿过上述房间；超高层公共建筑中的餐厅；超高层公共建筑中的厨房排水应独立设置，排水横管和立管均不得与卫生间污水排水管道连通。上述场所上方排水管不宜采用同层排水方式
3	电气机房	超高层公共建筑中的电气机房包括高压配电室、低压配电室（包括其值班室）、柴油发电机房（包括储油间）、网络机房、弱电机房、UPS 机房、消防控制室等，排水管道不得敷设在此类电气机房内
4	有安静要求办公用房	排水管道不应敷设在会议室、接待室以及其他有安静要求的办公用房的顶板下方，当不能避免时应采用低噪声管材并采取防渗漏和隔声措施
5	重要办公用房	排水管道不应穿越重要的资料室、档案室和重要的办公用房
6	观众厅	电影院中的观众座席和疏散走道等
7	放映机房	电影院中的放映、还音、倒片、配电等设备或设施机房

续表

序号	排水管道不应布置场所	具体要求
8	结构变形缝、结构风道	原则上排水管道不得穿过结构变形缝；若条件限制必须穿越沉降缝时，则应预留沉降量并设置不锈钢软管柔性连接，必须穿越伸缩缝时，则应安装伸缩器
9	电梯机房、通风小室	

注：超高层公共建筑中的营业厅、健身房、办公室等场所不宜敷设排水管道。

超高层公共建筑排水系统管道设计遵循原则，参见表2-63。

4. 超高层公共建筑间接排水

超高层公共建筑中的间接排水，参见表4-33。

超高层公共建筑排水排出管穿越地下室外墙时应预留防水套管，宜采用柔性防水套管。

5. 超高层公共建筑排水消能措施

超高层公共建筑高层主楼生活排水系统应采取消能措施，消能部件包括加强型直通旋流器、苏维托管件、立管横管转向和乙字弯等。当高层主楼中间楼层设有中水回用系统时，可利用中水原水水箱兼作减压水箱。

6. 超高层公共建筑排水溢流设施

超高层公共建筑溢流设施包括溢流口和溢流管道系统。

当建筑高度超过300m的超高层公共建筑采用溢流口溢流时，可利用幕墙构造设计，使溢流口沿建筑四边布置。溢流口的下底标高一般设在集水沟顶面以上至少100mm。

建筑高度250～300m的超高层公共建筑，当雨水溢流可能会对建筑周边地面产生不良影响时，可采用溢流管道系统。溢流管道系统应独立设置；亦可对半有压流雨水系统直接按不低于50年重现期设计。

26.3.5 通气管系统

超高层公共建筑各分区排水系统排水立管汇合后的排水总立管，宜设置专用通气总立管，且排水总立管与专用通气总立管宜采用结合通气管每层连接；各分区排水系统顶层通气立管汇合后的汇合通气总立管，宜单独伸出屋顶，不宜与其他分区排水系统的汇合通气总立管合用。

超高层公共建筑通气管设置要求，应根据不同建筑功能参见相关章节表格。常见的超高层公共建筑通气管设置要求，参见表2-66、表6-35、表7-27、表9-22、表10－15。

超高层公共建筑通气管可采用柔性接口机制排水铸铁管或塑料排水管，一般采用与超高层公共建筑排水管相同管材。在最冷月平均气温低于－13℃的地区，伸出屋面部分通气立管应采用柔性接口机制排水铸铁管。

通气立管的最小管径，参见表1-130。

26.3.6 特殊排水系统

超高层公共建筑生活水泵房、厨房、电气机房等场所的上方楼层不应有排水横支管明设管道等。若有必要在上述某些场所上方设置排水点且无法采取其他躲避措施时，该部位的排水应采用同层排水方式。

超高层公共建筑同层排水最常采用的是降板或局部降板法。

26.3.7 特殊场所排水

1. 超高层公共建筑化粪池

化粪池宜设置在接户管的下游端；位置宜选在院区最低处附近；外壁距建筑物外墙不宜小于 5m；宜选用钢筋混凝土化粪池。

超高层公共建筑化粪池有效容积，根据其建筑功能参见相关章节化粪池有效容积计算公式。

超高层公共建筑可集中并联设置或根据院区布局分散并联布置 2 个或 3 个化粪池，多个化粪池的型号宜一致。超高层公共建筑分期建设时，宜分期设置本期工程的化粪池。

2. 超高层公共建筑餐饮场所厨房、餐厅含油废水处理

超高层公共建筑含油废水宜采用三级隔油处理流程，参见表 1-141。

根据餐饮场所用餐人数确定隔油设施处理水量，按公式（1-39）计算；根据餐饮场所餐厅面积确定隔油设施处理水量，按公式（1-40）计算。

隔油池有效容积，按公式（1-41）计算。隔油池的类型，参见表 1-142。

隔油提升一体化设备选型的主要技术参数为其所接纳的餐饮场所厨房等器具含油污水排水流量。

当超高层公共建筑高层塔楼区域设有餐饮功能用房时，隔油机房宜就近设置于高层塔楼区域的设备层。

3. 超高层公共建筑附设车库汽车洗车污水处理

汽车冲洗水量，参见表 1-143。

隔油沉淀池有效容积，按公式（1-42）计算。隔油沉淀池类型，参见表 1-144。

4. 超高层公共建筑设备机房排水

超高层公共建筑地下设备机房排水设施要求，参见表 1-147。

5. 地下车库排水

超高层公共建筑地下车库应设置排水设施（排水沟和集水坑）。车库内排水沟设置要求，参见表 1-150。

6. 设备层消防转输水箱间排水

超高层公共建筑设备层消防转输水箱间溢流管管径设计时宜按转输管进水流量设计。消防转输水箱溢流管、泄水管和报警阀压力试验排水管等均宜设置独立排水管，并接至下一区消防转输水箱或地下室消防水池。消防转输水箱间可设置排水地漏排除水箱间地面积水。

26.3.8 压力排水

1. 超高层公共建筑集水坑设置

超高层公共建筑地下室应设置集水坑。集水坑的设置要求，参见表 7-28。

通气管管径宜与排水管管径相同，可接至室外或向上接至建筑地上部分通气管系统。

2. 污水泵、污水提升装置选型

超高层公共建筑排水泵的流量方法确定，参见表2-68；排水泵的扬程，按公式（1-44)计算。

26.3.9 室外排水系统

1. 超高层公共建筑室外排水管道布置

超高层公共建筑室外排水管道布置方法，参见表2-69；与其他地下管线（构筑物）最小间距，参见表1-154。

超高层公共建筑室外排水管道最小覆土深度不宜小于0.5m；对于严寒地区、寒冷地区超高层公共建筑，室外排水管道最小覆土深度应超过当地冻土层深度。

2. 超高层公共建筑室外排水管道敷设

超高层公共建筑室外排水管道与生活给水管道交叉时，应敷设在生活给水管道下面。室外排水管道敷设发生冲突时，应遵循表1-26原则处理。

3. 超高层公共建筑室外排水管道水力计算

室外排水管道水力计算，按公式（1-45)、公式（1-46)。

超高层公共建筑室外排水管道的最小管径、最小设计坡度、最大设计充满度，参见表1-155。

4. 超高层公共建筑室外排水管道管材

超高层公共建筑室外排水管道宜优先采用埋地塑料排水管，弹性橡胶圈密封柔性接口，小于*DN*200直壁管，可采用承插式粘接；可采用埋地铸铁排水管，橡胶圈柔性接口或水泥砂浆接口。

5. 超高层公共建筑室外排水检查井

超高层公共建筑室外排水检查井设置位置，参见表1-156。

超高层公共建筑室外排水检查井宜优先选用玻璃钢排水检查井，其次是混凝土排水检查井，禁止采用砖砌排水检查井。室外排水管在排水检查井连接应采用管顶平接。

26.4 雨水系统

26.4.1 雨水系统分类

超高层公共建筑雨水系统分类，见表26-15。

雨水系统分类表 表26-15

序号	分类标准	雨水系统类别	超高层公共建筑应用情况	应用程度
1	屋面雨水设计流态	半有压流屋面雨水系统	超高层公共建筑中一般采用的是87型雨水斗系统	最常用
2		压力流屋面雨水系统（虹吸式雨水系统）	超高层公共建筑的屋面（通常为裙楼屋面）面积较大时，可考虑采用	少用
3		重力流屋面雨水系统		极少用

续表

序号	分类标准	雨水系统类别	超高层公共建筑应用情况	应用程度
4	雨水管道设置位置	内排水雨水系统	高层超高层公共建筑雨水系统应采用；多层超高层公共建筑雨水系统宜采用	最常用
5		外排水雨水系统	超高层公共建筑如果面积不大、建筑专业立面允许，可以采用	少用
6		混合式雨水系统		极少用
7	雨水出户横管室内部分是否存在自由水面	封闭系统		最常用
8		敞开系统		极少用
9	建筑屋面排水条件	天沟雨水排水系统		最常用
10		檐沟雨水排水系统		极少用
11		无沟雨水排水系统		极少用
12	压力提升雨水排水系统		超高层公共建筑地下车库出入口等处，雨水汇集就近排至集水坑时采用	常用

超高层公共建筑高层主楼屋面雨水应采用半有压流雨水排水系统。采用半有压流雨水排水系统，应充分考虑超重现期雨水进入室内雨水排水系统（形成满流或局部满管流）的应对措施；应设置溢流设施。

超高层公共建筑裙楼屋面雨水采用半有压流雨水排水系统时，若管材选用塑料管，应要求其能承受满水试验所需要的正压，还要求其耐负压能力不小于－80kPa。

超高层公共建筑裙楼屋面雨水采用压力流雨水排水系统时，应设置溢流设施（溢流口或溢流管道系统，溢流管道系统可采用虹吸式雨水系统或 87 型雨水系统）。

典型的超高层公共建筑雨水系统原理图，见图 26-3。

26.4.2 雨水量

1. 设计雨水流量

超高层公共建筑设计雨水流量，应按公式（1-47）计算。

2. 设计暴雨强度

设计暴雨强度应按超高层公共建筑所在地或相邻地区暴雨强度公式计算确定，见公式（1-48）。

我国部分城镇 5min 设计暴雨强度、小时降雨厚度，参见表 1-158（设计重现期 P=10 年）。

3. 设计重现期

超高层公共建筑屋面雨水采用半有压流雨水排水系统时，应设置溢流设施，雨水排水系统的设计重现期不应低于 10 年，且排水系统加溢流设施的总排水能力不应小于 50 年。

超高层公共建筑屋面雨水采用压力流雨水排水系统时，设计重现期不宜大于 10 年。压力流雨水排水系统加溢流设施的总排水能力应不小于 50 年设计重现期。

4. 设计降雨历时

超高层公共建筑屋面雨水排水管道设计降雨历时按照 5min 确定。

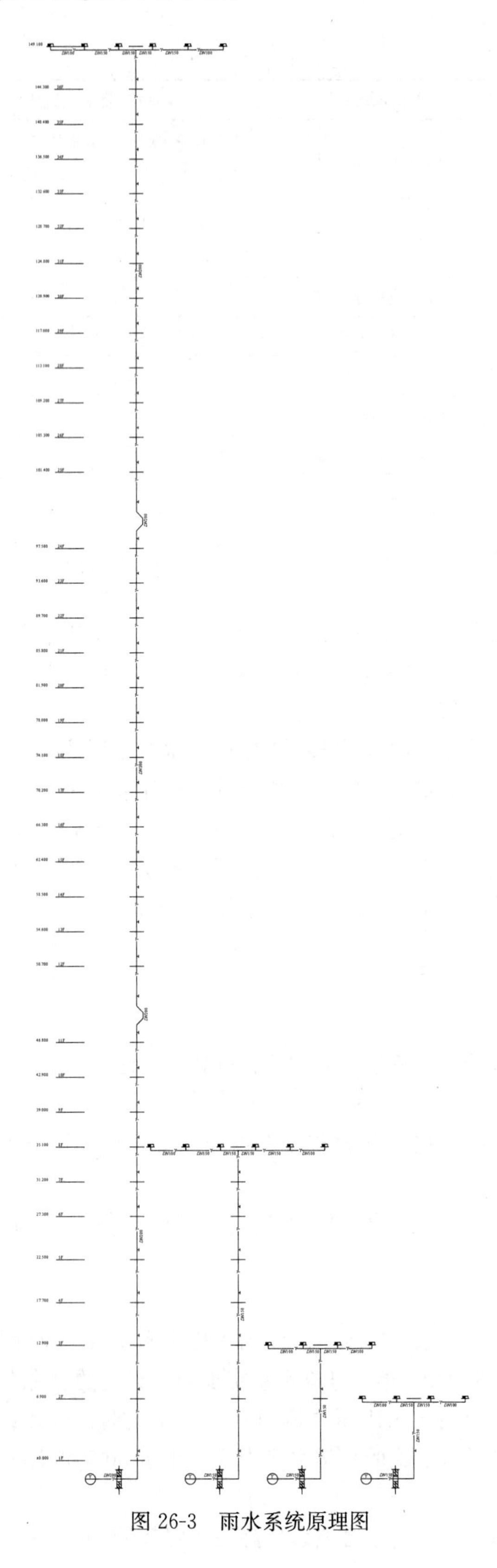

图 26-3 雨水系统原理图

超高层公共建筑院区雨水排水管道设计降雨历时，按公式（1-49）计算。

5. 径流系数

超高层公共建筑屋面及院区地面的径流系数，参见表 1-159。

6. 汇水面积

超高层公共建筑的雨水汇水面积计算原则，参见表 1-160。

26.4.3 雨水系统

1. 雨水系统设计常规要求

超高层公共建筑雨水系统设置要求，参见表 1-161。

超高层公共建筑雨水排水管道不应布置场所，应根据不同建筑功能参见相关章节表格。常见的超高层公共建筑雨水排水管道不应布置场所，见表 26-16。

雨水排水管道不应布置的场所表 表 26-16

序号	排水管道不应布置场所	具体要求
1	厨房、餐厅	超高层公共建筑中餐饮场所厨房内的主副食操作间、烹调间、备餐间、加工间、粗加工、冷菜间、面点蒸煮间、食品储藏库（主食库、副食库），餐厅
2	电气机房	超高层公共建筑中的电气机房包括高压配电室、低压配电室（包括其值班室）、柴油发电机房（包括储油间）、网络机房、弱电机房、UPS 机房、消防控制室等
3	有安静要求的办公用房	超高层公共建筑中的会议室、接待室以及其他有安静要求的办公用房
4	重要办公用房	超高层公共建筑中的重要的资料室、档案室和重要的办公用房
5	观众厅	电影院中的观众座席和疏散走道等
6	放映机房	电影院中的放映、还音、倒片、配电等设备或设施机房

注：1. 超高层公共建筑中的营业厅、健身房、办公室等场所不宜敷设雨水管道；
2. 超高层公共建筑雨水排水横管宜沿建筑内公共区域（内走道等）吊顶内敷设；雨水排水立管宜沿建筑内公共场所或辅助次要场所敷设。

2. 雨水斗设计

超高层公共建筑半有压流屋面雨水系统通常采用 87 型雨水斗或 79 型雨水斗，规格常用 $DN100$。

雨水斗设计排水负荷，参见表 1-163。

雨水斗宜对雨水排水立管做对称布置；接有多斗悬吊管的立管顶端不得设置雨水斗；一个屋面上应设置不少于 2 个雨水斗。

3. 天沟、溢流设施、连接管、悬吊管、立管、埋地管、排出管设计

超高层公共建筑天沟、溢流设施、连接管、悬吊管、立管、埋地管、排出管设置要求，参见表 1-164。

4. 室内水泵提升雨水排水系统设计

地下室露天窗井内应设平箅式雨水口、无水封地漏作为雨水口，经雨水收集管接入集水池；地下车库出入口汽车坡道上应设雨水截水沟，经直埋雨水收集管接入集水池。

雨水提升泵通常采用潜水泵，宜采用 3 台，2 用 1 备。

5. 雨水管管材

超高层公共建筑高层主楼雨水排水管管材选用时应考虑半有压流雨水系统的承压能力，应选用耐压能力较高的铸铁管、不锈钢管、无缝钢管、内衬塑镀锌钢管等金属管材。

超高层公共建筑高层主楼屋面雨水排水系统管道宜选用金属管材或金属复合管材，并应对雨水排水立管底部管道和管件进行加强处理。雨水排水管可选用球墨铸铁管、不锈钢管（下部采用加厚不锈钢管）、涂塑钢管（不得采用衬塑钢管）和无缝热浸镀锌钢管等。

超高层公共建筑裙楼屋面雨水排水系统管道，宜选用 HDPE 管、不锈钢管、涂塑钢管、镀锌钢管和柔性接口铸铁排水管。

用于同一雨水排水系统的管材和管件，宜选用相同材质，并应符合现行国家和行业标准《低压流体输送用焊接钢管》GB/T 3091、《流体输送用不锈钢焊接钢管》GB/T 12771、《排水用柔性接口铸铁管、管件及附件》GB/T 12772、《建筑屋面雨水排水铸铁管、管件及附件》GB/T 37357、《给水涂塑复合钢管》CJ/T 120 等的规定。

超高层公共建筑高层主楼屋面雨水排水系统管材，球墨铸铁管宜采用机械式柔性承插连接；不锈钢管宜采用沟槽式连接或带惰性气体保护氩弧焊连接；涂塑钢管宜采用沟槽式或法兰式连接；无缝钢管宜采用沟槽式连接。

超高层公共建筑裙楼屋面雨水排水系统管材，HDPE 管采用热熔焊接连接或电熔管箍连接；不锈钢管采用焊接连接；压力流系统负压区除外的涂塑钢管采用沟槽式或法兰连接；镀锌钢管采用螺纹或沟槽式连接。

6. 超高层公共建筑雨水排水消能措施

超高层公共建筑高层主楼室内雨水排水系统应采取消能措施，见表 26-17。

雨水排水管道系统消能措施表 **表 26-17**

序号	消能措施	具体说明
1	立管采用横向转折、设置门型弯	建筑高度 250～300m 的超高层公共建筑，高层主楼雨水立管可采用横向转折或门型弯消能。半有压流系统当有控制超重现期雨水进入管道内的措施时，可能在这两种消能管件处产生水跃，引起管道振动和噪声，应采取有效措施。半有压流系统若无控制超重现期雨水进入管道系统的措施时，可能不足以抵消立管高差产生的重力势能
2	设置雨水减压水箱	当超高层公共建筑的建筑高度超过 300m 时，宜采用减压水箱消能。当采用减压水箱与雨水收集回用水箱相结合时，既可解决雨水系统消能，又可依靠在超高层公共建筑中间楼层设置的雨水收集利用设施，将在高位收集的雨水供低区楼层再利用，减少水泵提升能耗
3	出户排水管设置消能井	超高层公共建筑高层主楼屋面雨水排水系统出户管部位应设置消能井，裙房屋面雨水系统当采用压力流雨水系统且过渡段长度小于 3m 或流速大于 1.8m/s 时亦应设置消能井，消能井宜采用带排气功能的钢筋混凝土井。当消能井接有多根雨水排水管道时，消能井的规格应经计算确定

26.4.4 雨水系统水力计算

1. 半有压流（87 型）屋面雨水系统水力计算

（1）雨水斗（87 型）

雨水斗设计流量，应按公式（1-50）计算。

对于单斗雨水系统，雨水斗设计流量不应超过表 1-168 数值；对于多斗雨水系统，雨水斗设计流量应根据表 1-169 取值，最远端雨水斗设计流量不得超过表 1-169 数值。

超高层公共建筑 87 型雨水斗口径常采用 *DN*100，其次是 *DN*75、*DN*150。

（2）雨水连接管

超高层公共建筑雨水连接管管径通常与雨水斗出水口直径相同，常采用 *DN*100，其次是 *DN*150。

（3）雨水悬吊管

超高层公共建筑雨水悬吊管管径，参见表 1-172。

（4）雨水立管

连接 2 根及以上雨水悬吊管的雨水立管管径，按表 1-173 确定。

（5）雨水排出管

超高层公共建筑雨水排出管管径确定，参见表 1-174～表 1-177。

（6）雨水管道最小管径

超高层公共建筑雨水系统最小设计管径及雨水排水横管最小设计坡度，参见表 1-178。

2. 压力流（虹吸式）屋面雨水系统水力计算

超高层公共建筑压力流（虹吸式）屋面雨水系统水力计算方法，参见 1.4.4 节。

3. 雨水提升系统水力计算

超高层公共建筑地下室车库坡道、窗井等场所设计雨水流量，按公式（1-54）计算；设计径流雨水总量，按公式（1-55）计算。

26.4.5 院区室外雨水系统设计

1. 雨水口

雨水口选型，参见表 1-180；雨水口设置位置，参见表 1-181；各类型雨水口的泄水流量，参见表 1-182。

雨水口设计流量，按公式（1-56）计算。

2. 雨水口连接管

单箅雨水口连接管管径通常采用 *DN*250。

3. 雨水检查井

院区内直线雨水管道上雨水检查井设置最大间距，参见表 1-183。

院区雨水检查井常见规格通常采用 *DN*1000 圆形玻璃钢或钢筋混凝土雨水检查井。

4. 室外雨水管道布置

超高层公共建筑室外雨水管道布置方法，参见表 1-184。

26.4.6 院区室外雨水利用

超高层公共建筑应根据所在地的自然条件、水资源情况及经济技术发展水平，合理设置雨水收集利用系统。雨水利用工程应符合现行国家标准《建筑与小区雨水控制及利用工程技术规范》GB 50400 的有关规定。

雨水收集回用应进行水量平衡计算。超高层公共建筑院区雨水通常可用于景观用水、院区绿化用水、路面和地面冲洗用水、汽车冲洗用水、冲厕用水等。

26.5 消火栓系统

超高层公共建筑属于一类高层民用建筑。

建筑高度大于250m的建筑，除应符合相关消防规范标准的要求外，尚应结合实际情况采取更加严格的防火措施，其防火设计应提交国家消防主管部门组织专题研究、论证。

超高层公共建筑内附设的歌舞娱乐放映游艺场所属于公共娱乐场所和人员密集场所。

26.5.1 消火栓系统设置场所

超高层公共建筑应设置室内消火栓系统。

26.5.2 消火栓系统设计参数

1. 超高层公共建筑室外消火栓设计流量

超高层公共建筑室外消火栓设计流量，不应小于表26-18的规定，通常取40L/s。

超高层公共建筑室外消火栓设计流量表（L/s）　　表26-18

耐火等级	建筑物名称	建筑体积（m^3）	
		$20000<V\leqslant50000$	$V>50000$
一级	超高层公共建筑	30	40

注：1. 建筑体积指本建筑占据的空间数量，包括该建筑的地上空间体积数和地下空间体积数；

2. 地下车库室外消火栓系统设计流量小于建筑主体室外消火栓系统设计流量，超高层公共建筑室外消火栓系统设计流量按建筑主体室外消火栓系统设计流量确定；

3. 地下人防工程室外消火栓系统设计流量小于建筑主体室外消火栓系统设计流量，超高层公共建筑室外消火栓系统设计流量按建筑主体室外消火栓系统设计流量确定。

2. 超高层公共建筑室内消火栓设计流量

超高层公共建筑室内消火栓设计流量，不应小于表26-19的规定，通常取40L/s。

超高层公共建筑室内消火栓设计流量表　　表26-19

建筑物名称	高度h（m）、体积V（m^3）、火灾危险性	消火栓设计流量（L/s）	同时使用消防水枪数（支）	每根竖管最小流量（L/s）
超高层公共建筑	$h>100$	40	8	15

注：1. 消防软管卷盘、轻便消防水龙，其消火栓设计流量可不计入室内消防给水设计流量；

2. 地下车库室内消火栓系统设计流量小于建筑主体室内消火栓系统设计流量，超高层公共建筑室内消火栓系统设计流量按建筑主体室内消火栓系统设计流量确定；

3. 地下人防工程室内消火栓系统设计流量小于建筑主体室内消火栓系统设计流量，超高层公共建筑室内消火栓系统设计流量按建筑主体室内消火栓系统设计流量确定。

3. 火灾延续时间

超高层公共建筑消火栓系统的火灾延续时间应按3.0h计算。

超高层公共建筑室内自动灭火系统的火灾延续时间，参见表1-188。

4. 消防用水量

一座超高层公共建筑的消防用水量按室外消火栓系统用水量、室内消火栓系统用水量、室内自动喷水灭火系统用水量三者之和计算。

26.5.3 消防水源

1. 市政给水

当前国内城市市政给水管网能够满足超高层公共建筑直接消防供水条件的较少。

室外市政给水管网应设置不少于两条引入管向消防给水系统供水；当地块内设有可靠的天然水源时，宜设置消防车取水口作为补充水源并应设确保安全取水的设施。

超高层公共建筑室外消防给水管网管径，按表 4-40 确定。

超高层公共建筑室外消防给水管网应与室外生活给水管网分开敷设，且应布置成环状管网。

2. 消防水池

建筑高度大于 250m 的超高层公共建筑室内消防给水系统应采用高位消防水池和地面（地下）消防水池供水。高位消防水池、地面（地下）消防水池的有效容积应分别满足火灾延续时间内的全部消防用水量。高位消防水池与减压水箱之间以及减压水箱之间的高差不应大于 200m。

（1）超高层公共建筑消防水池有效储水容积

表 26-20 给出了常用典型超高层公共建筑消防水池有效储水容积的对照表。

超高层公共建筑火灾延续时间内消防水池储存消防用水量表　　表 26-20

超高层公共建筑体积 V（m^3）	$20000<V\leqslant 50000$	$V>50000$
超高层公共建筑高度 h（m）	$h>100$	
室外消火栓设计流量（L/s）	30	40
火灾延续时间（h）	3	
火灾延续时间内室外消防用水量（m^3）	324.0	432.0
室内消火栓设计流量（L/s）	40	
火灾延续时间（h）	3	
火灾延续时间内室内消防用水量（m^3）	432.0	
火灾延续时间内室内外消防用水量（m^3）	756.0	864.0
消防水池储存室内外消火栓用水容积 V_1（m^3）	756.0	864.0

超高层公共建筑自动喷水灭火系统设计流量（L/s）	30	40	50
火灾延续时间（h）	1.0	1.0	1.0
火灾延续时间内自动喷水灭火用水量（m^3）	108.0	144.0	180.0
消防水池储存自动喷水灭火用水容积 V_2（m^3）	108.0	144.0	180.0

如上表所示，通常超高层公共建筑储存室内外消防用水量的消防水池有效储水容积为 864～1044m^3；储存室内消防用水量的消防水池有效储水容积为 540～612m^3。

（2）超高层公共建筑消防水池位置

临时高压系统的超高层公共建筑消防水池位置确定原则，参见表 2-77。常高压系统的超高层公共建筑消防水池设置在建筑物屋顶。

临时高压系统的超高层公共建筑消防水池、消防水泵房与院区空间关系，参见表2-78。

临时高压系统的消防水池的最低有效水位应高于消防水池吸水喇叭口不小于600mm，且应高于消防水泵的吸水管管顶。

临时高压系统的超高层公共建筑消防水泵型式的选择与消防水池有一定的对应关系，参见表1-194。

临时高压系统的超高层公共建筑储存室内外消防用水的消防水池与消防水泵房的位置关系，参见表1-195。

超高层公共建筑消防水池补水时间不应超过48h。

超高层公共建筑消防水池的总有效储水容积大于500m^{3}时，应设两座（格）能独立使用的消防水池。

超高层公共建筑消防水池附件，参见表1-197。

超高层公共建筑消防水池各水位指标确定方法及取值经验值，参见表1-198。

3. 天然水源及其他水源

超高层公共建筑消防水源不宜采用天然水源。

26.5.4 消防水泵房

1. 消防水泵房选址

新建超高层公共建筑院区消防水泵房设置通常采取2个方案，参见表2-79。

改建、扩建超高层公共建筑院区消防水泵房设置方案，参见表1-200。

2. 建筑内部消防水泵房位置

超高层公共建筑消防水泵房若设置在建筑物内，应采取消声、隔声和减振等措施；超高层公共建筑生活水泵房不应（宜）毗邻的场所，见表26-6。

3. 消防水泵机组的布置要求

相邻两个机组及机组至泵房墙壁间的净距要求，参见表1-201。

4. 消防水泵房采暖、排水等要求

严寒、寒冷地区消防水泵房，应设置供暖设施。

消防水泵房的泵房排水设施：在泵房内设置排水沟；地下消防水泵房内或邻近场所设集水坑，坑内设潜污泵。消防水泵房应采取防淹措施。

5. 消防水泵房管道设计

消防水泵配置数量与消防水系统设计流量的关系，参见表1-202。

超高层公共建筑消防水泵吸水管、出水管管径，见表1-203；消防吸水总管管径应根据其连通服务的各种消防水泵设计流量之累加值进行确定，参见表1-205。

消防水泵吸水管布置应避免形成气囊。

消防水泵吸水口的淹没深度应满足消防水泵在最低水位运行安全的要求。

消防水泵及转输泵应设置泵组流量和压力测试装置。

消防水泵及转输泵出水管应设置水锤消除措施。

当采用减压阀减压分区供水时，每一供水分区应设不少于两个减压阀组，每个减压阀组应设置备用减压阀；分区减压阀前后应设置电接点压力表，当减压阀损坏时，消防控制柜或控制盘应能显示压力报警信号。

消防水泵吸水管、出水管上附件配置及要求，参见表1-206。

6. 消防水泵自动启动控制

消防水泵自动启动要求，参见表1-207；消防水泵自动启动方式，参见表1-208；流量开关性能、设置位置等，参见表1-209。

当消防稳压泵设置于高位消防水箱间内时，消防水泵启泵压力（P），按公式（1-58）确定；当消防稳压泵设置于低位消防水泵房内时，按公式（1-59）确定。

当采用消防水泵直接串联时，应校核系统工作压力，并应在串联消防水泵出水管上设置减压型倒流防止器；消防水泵从低区到高区应能依次启动，启泵次序：从转输水箱吸水的供水泵先启动，转输泵后启动。

建筑高度大于150m的超高层公共建筑消防水泵及转输泵应采取不少于两种不同原理的启泵方式。

26.5.5 消防水箱

超高层公共建筑消防给水系统采用临时高压系统时，应设置高位消防水箱。

1. 消防水箱有效储水容积

临时高压消防给水系统的高位消防水箱的有效容积应满足初期火灾消防用水量的要求，超高层公共建筑高位消防水箱有效容积不应小于50m³，当建筑高度大于150m时，不应小于100m³。

2. 消防水箱设置位置

超高层公共建筑消防水箱设置位置应满足以下要求，见表26-21。

消防水箱设置位置要求表　　表26-21

序号	消防水箱设置位置要求	备注
1	位于所在建筑或多座地上建筑的最高处	通常设在屋顶机房层消防水箱间内
2	应该独立设置	不与其他设备机房，如屋顶太阳能热水机房、热水箱间等合用
3	应避免对下方楼层房间的影响	其下方不应是宾馆客房、酒店式公寓居住用房、公寓式办公楼居住用房、酒店式办公楼居住用房、餐厅、办公室、会议室等主要功能房间，可以是库房、盥洗间、卫生间等辅助房间或公共区域
4	应高于设置室内消火栓系统、自动喷水灭火系统等系统的楼层	机房层设有活动室、库房等需要设置消防给水系统的场所，可采用其他非水基灭火系统，亦可将消防水箱间置于更高一层
5	不宜超出机房层高度过多、影响建筑效果	消防水箱间内配置消防稳压装置

3. 高位消防水箱尺寸

消防水箱宜为装配式方形水箱，其尺寸宜为1.0m或0.5m的倍数，推荐尺寸参见表1-212。

4. 高位消防水箱材质

常用材质为不锈钢板、热浸锌镀锌钢板、玻璃钢板、钢筋混凝土等，不锈钢板最常见。

5. 高位消防水箱配管

高位消防水箱配管及管径确定，参见表1-213。

6. 消防水箱水位

消防水箱各水位指标确定方法及取值经验值，参见表1-214。

7. 高位消防水箱布置

高位消防水箱四周净距要求，参见表1-215。

8. 消防水箱防冻

消防水箱及相应管道保温材料及厚度，参见表1-216。

26.5.6 转输水箱

超高层公共建筑采用消防水泵串联分区供水时，宜采用消防水泵转输水箱串联供水方式。

当消防水泵转输水箱串联时，转输水箱的有效储水容积不应小于60m^3，转输水箱可以作为高位消防水箱，转输水箱兼做高位消防水箱时，有效储水容积仍可按60m^3。

转输水箱应设置补水管，不可用转输管兼做补水管。

串联转输水箱的溢流管宜连接到消防水池，不同楼层的转输水箱，其溢流管宜直接连接至底部消防水池。串联转输水箱溢流管的排水能力应按转输的消火栓系统设计流量与自动喷水灭火系统设计流量之和计算。

当溢流排水量较大时，宜采用间接排水方式，可在转输水箱附近设置一座1.0m×1.0m×0.5m(h)的集水箱，在集水箱底部设2个*DN*150的87雨水斗（单斗排水能力26～36L/s），用1根*DN*200（75～90L/s）或1根*DN*250（135～155L/s）排水管接至底部的消防水池。

传输水箱、减压水箱合用的中间消防水箱容积确定应根据水箱液位设置、火灾延续时间内重力供水管供水能力、转输泵联动控制方式等综合确定。当中间转输水箱同时承担上区转输泵的吸水池和本区消防给水屋顶水箱作用时，消防设计用水量按照消火栓系统和自动喷水灭火系统总和计算，有效容积按15～30min（宜按30min）消防设计用水量确定。当减压水箱兼做转输水箱时，水箱容积应按转输水箱有效容积与减压水箱有效容积叠加计算。

26.5.7 消防稳压装置

1. 消防稳压泵

（1）设计流量

消火栓稳压泵设计流量，参见表1-217。

自动喷水灭火稳压泵设计流量，参见表1-218；结合一只标准喷头的流量，自动喷水灭火稳压泵常规设计流量取1.33L/s。

（2）设计压力

当消防稳压泵设置于高位消防水箱间内时，稳压泵的启泵压力P_1可取0.15～0.20MPa，停泵压力P_2可取0.20～0.25MPa；当消防稳压泵设置于低位消防水泵房内时，P_1按公式（1-62）确定，P_2按公式（1-63）确定。

(3) 消防稳压泵选型

消火栓稳压泵设计流量为稳压泵流量确定依据。

消防稳压泵停泵压力（P_2）值附加 0.03～0.05MPa 后，为稳压泵扬程确定依据。

2. 气压水罐

消火栓稳压装置、自动喷水灭火稳压装置均采用 150L 有效储水容积气压水罐；合用消防稳压装置采用 300L 有效储水容积气压水罐。

3. 管道、阀门、附件等

消防稳压泵吸水管管径、出水管管径，参见表 1-219。每套消防稳压泵通常为 2 台，1 用 1 备。

26.5.8 消防水泵接合器

1. 设置范围

超高层公共建筑室内消火栓系统、自动喷水灭火系统等自动水灭火系统均应设置消防水泵接合器。

超高层公共建筑消火栓系统消防水泵接合器配置，参见表 1-220。

超高层公共建筑消防给水采用竖向分区供水，在消防车供水压力范围内的分区，应分别设置水泵接合器；当建筑高度超过消防车供水高度时，消防给水应在设备层（避难层）等方便操作的地点设置手抬泵或移动泵接力供水的吸水和加压接口，通常接自转输水管。

2. 技术参数

超高层公共建筑消防水泵接合器数量，参见表 1-221。

3. 安装形式

超高层公共建筑消防水泵接合器安装形式选择，参见表 1-222。

4. 设置位置

同种水泵接合器不宜集中布置，不同种类、分区、功能的水泵接合器宜成组布置，且应设在室外便于消防车使用和接近的地方，且距室外消火栓或消防水池的距离不宜小于 15m，并不宜大于 40m，距人防工程出入口不宜小于 5m。水泵接合器应设有标明供水系统和供水区域的永久性标志。

由多座地上建筑组成的超高层公共建筑，每座地上建筑周边均宜设置消防水泵接合器。

26.5.9 消火栓系统给水形式

1. 室外消火栓给水系统

当市政给水管网不满足直接供给室外消火栓给水系统时，超高层公共建筑应采用临时高压室外消火栓给水系统，通常在消防水泵房内独立设置室外消火栓给水泵组、室外消火栓稳压装置。

超高层公共建筑室外消火栓给水泵组一般设置 2 台，1 用 1 备，泵组设计流量为本建筑室外消防设计流量（30 L/s、40 L/s），设计扬程应保证室外消火栓处的栓口压力（0.20～0.30MPa）。泵组出水管及吸水管管径，参见表 1-223。

室外消火栓给水管网管径，参见表 1-224，管网应环状布置，单独成环。

2. 室内消火栓给水系统

超高层公共建筑室内消火栓给水系统常采用临时高压消火栓给水系统。

3. 室内消火栓系统分区供水

超高层公共建筑室内消防给水系统的供水通常分为3种类型，见表26-22。

超高层建筑室内消防给水系统供水类型表 **表26-22**

序号	名称	具体说明	优缺点	适用情形
1	并联供水方式	在超高层建筑中根据消防给水系统竖向分区分别设置各分区消防给水泵组	消防给水系统设备集中设置于建筑底部地下室，节省避难层面积，可减少噪声影响；但是消防水泵扬程较大，管道承压能力要求较高	当消防给水系统的系统工作压力不大于2.40MPa，且能满足消防车的供水高度时可以采用并联消防给水系统
		在超高层建筑中设置1套消防给水泵组，接至低区的消防给水干管上设置减压阀组		
2	串联供水方式	在超高层建筑不同竖向分区中，设置独立的消防水泵，利用上下级消防水泵的控制措施，实现消防水泵向超高层建筑的消防给水管网供水	消防水泵供水压力较低，可保障消防给水管网安全，降低发电机组压力，降低超高层建筑设备投资成本；但是消防给水系统较复杂，工作程序较多	当消防给水系统的系统工作压力不大于2.40MPa时，宜采用串联消防给水系统；当系统工作压力大于2.40MPa时，应采用串联消防给水系统
3	重力供水方式	将消防水池设置在超高层建筑楼顶，实现消防水泵向超高层建筑的消防给水管网供水	消防给水系统的安全性最高，可有效避免火灾发生造成机械故障、延迟消防救援时间情况；但是增高对超高层建筑的荷载要求	一般适用于250m以上的超高层建筑

超高层公共建筑室内消防给水系统的供水方式，见表26-23。

超高层公共建筑室内消防给水系统供水方式一览表 **表26-23**

序号	消防给水系统类型	供水方式	方式说明	优缺点	系统控制	注意事项
1	临时高压系统	消防水泵直接串联供水	各竖向分区采用独立的转输泵组、消防泵组供水，低区消防给水泵组不兼做高区转输泵组。水泵直接串联供水时，串联级数不宜超过2级。消防泵组为工频泵，直接串联时可在转输水泵出水管设置减压型倒流防止器。应在各竖向分区设置高位消防水箱，在每级消防泵组出水管上设置泄压阀，上下级消防泵组连锁启动的时间间隔不应大于20s，且应先启动下部消防泵，后启动上部消防泵	初期投资小，运营成本低，设备占地面积小；系统供水压力不稳定，运行可靠性一般，水泵的联动要求高，设备维护要求高，对设备可靠性要求高	高区串联消火栓泵组由低区转输泵组运行信号连锁控制：高区着火时，低区转输泵组启动完成后，延时（延时由高区消防给水泵组控制箱完成）连锁高区消火栓泵组启动（自动喷水灭火泵组控制类同）；高区着火时，由设于高区消火栓泵组出水干管上的低压压力开关及设于屋顶的流量开关信号控制转输泵组的启动，转输泵组运行信号连锁高区消火栓泵组启动；消火栓泵组由低区消火栓泵组出水管上的低压压力开关和设于高位消防水箱出水管上的流量开关信号控制启动	应校核系统供水压力，并应在串联消防水泵出水管上设置减压型倒流防止器； 应严格复核管道公称压力等级

续表

序号	消防给水系统类型	供水方式	方式说明	优缺点	系统控制	注意事项
2	临时高压系统	消防水泵、转输水箱串联供水	在地下楼层设置消防水池、低区消防泵组和转输泵组，最上部竖向分区仅设供水泵组，以下每个竖向分区设置供水泵组及转输泵组，屋顶设置消防水箱和稳压装置。地下楼层消防水池储存一次火灾的消防用水量，由消防转输泵组供水至中间转输水箱；当楼层中间转输水箱兼做高位消防水箱时，可向本区消防水泵及管网供水，可通过转输泵组往上一级转输水箱转输，还可为下区消防管网稳压；消防转输泵组应独立设置（不应和供水泵组合用），且不应少于2台；室内消火栓系统和自动喷水灭火系统的转输泵组应分别设置，但备用泵可以兼用（1台消火栓转输泵＋1台自动喷水灭火转输泵＋1台备用泵），转输给水管不应少于两条；转输水箱应设专用补水管，不可用转输管兼做补水管；接入转输水箱的转输水管设置液压水位控制阀，下部转输水泵设置泄压阀	为串联供水规范推荐方式；相对于直接串联供水，对水泵、管材、阀门要求相对较低，系统安全性更高，对上下级水泵的联动控制要求降低；增加转输水箱，占地面积更大，造价更高，管路系统更为复杂；相对于常高压系统，其初期投资小，运行成本较低，占地面积小，系统供水压力不稳定，运行可靠性一般，某一级转输出现故障，其上区域无法供水，转输泵不能关闭，上级水箱的溢流可能造成溢水事故，设备维护相对较复杂，不如常高压系统控制简便	由消火栓泵组出水干管上的低压压力开关及相应区域的流量开关信号启动消火栓泵组；消火栓泵组启动完成后，由其运行信号连锁启动下一级转输泵组，下级转输泵组逐级延时连锁启动；自动喷水灭火系统控制类同，转输水箱设置超低报警液位；本级消防转输泵组接收上区域消火栓泵组运行信号，连锁本级转输泵组延时启动；转输泵组启动信号连锁下一级转输泵组延时启动	通常转输泵组可按2用1备配置，出水管汇合后设置2根转输水管接至转输水箱，每根转输水管按100%转输流量设计；转输水箱溢流设施排水能力应满足转输水量；转输泵组的扬程应保证水箱的正常进水

续表

序号	消防给水系统类型	供水方式	方式说明	优缺点	系统控制	注意事项
3	常高压系统	转输水箱、减压水箱分设的高压消防供水	通常建筑顶部区域采用临时高压给水系统，设置消防泵组；其余区域不设直接向消防给水管网供水的消防泵组，由消防转输泵组逐级转输至屋顶消防水池，屋顶消防水池储存室内消防一次灭火用水量，通过中间减压水箱逐级减压向各消防供水分区供水； 高位消防水池与减压水箱之间以及减压水箱之间的高差不应大于200m，减压水箱进水管上可设置电动阀（接至消防控制中心远程遥控）及电磁先导水力控制阀（其上电磁阀由水箱液位控制），减压水箱的平时补水宜由生活给水系统供给，减压水箱出水管可接至下部消防给水分区供水，亦可接至下部减压水箱，水箱进水管上可根据需要设置减压阀（阀后压力可设为0.1MPa）；转输水箱转输级数宜尽量少；减压水箱宜分为2格，总有效容积不应小于18m³，宜取10min消防设计流量，水箱每格取5min消防设计流量	转输水箱和减压水箱分开设置，逻辑关系清楚，运行可靠性高，某一级转输出现故障，系统供水不受影响，系统供水稳定；初期投资大，运营成本高、占地面积大，联动控制较复杂，设备维护相对较复杂，减压系统某一级出现故障时其下部系统不能工作，系统的可靠性按从上至下的顺序逐级降低	屋顶高位消防水池储存100%一次灭火用水量时：建筑顶部区域设置临时高压消防给水泵组，其余区域为常高压消防给水系统，由屋顶消防水池供水；消火栓和自动喷水灭火系统合用转输给水设施（每组消防转输水泵均为2用1备），发生火灾时，消防转输泵组受上一级转输水箱（建筑物顶层为屋顶消防水池）的水位信号控制，低水位时启动1台转输水泵，次低水位时启动2台转输水泵；屋顶高位消防水池储水量不满足一次灭火消防用水量时：建筑顶部区域设置临时高压消防给水泵，其余区域消防给水系统由屋顶消防水池重力流供水；消火栓和自动喷水灭火系统合用转输给水设施（每组消防转输水泵均为2用1备），发生火灾时，消防连锁触发信号（压力开关、流量开关等）首先启动最上一级向屋顶消防水池供水的消防转输泵组，再由该泵组连锁以下各级转输泵组逐级启动，将消防水逐级提升至屋顶消防水池。消火栓系统和自动喷水灭火系统的连锁触发信号与各级转输泵组的2台工作泵相对应，当仅有1个系统的连锁触发信号动作时，只启动1台转输水泵；当2个系统信号均动作时，各级转输泵组的第2台工作泵均连锁启动	屋顶高位消防水池有效容积应满足火灾延续时间内所需消防用水量，确有困难且发生火灾时补水可靠，其总有效容积不应小于室内消防用水量的50%，对于建筑高度大于250m的超高层公共建筑，高位消防水池储水量不应折减；减压水箱的进水水源必须从上部水箱引来，不得从上部管网引来，水位控制阀（导阀上的电磁阀）及进水管电动阀的开启情况应在消防控制中心显示

续表

序号	消防给水系统类型	供水方式	方式说明	优缺点	系统控制	注意事项
4	常高压系统	转输水箱、减压水箱合用的高压消防供水	将转输水箱与减压水箱合并设置为中间消防水箱，中间消防水箱同时承担转输水箱与减压水箱的各项功能：在火灾延续时间内，中间消防水箱既作为向下部供水的减压水箱，又作为上级转输泵组的吸水池。中间消防水箱容积的确定需综合水箱液位设置、火灾延续时间内重力供水管供水能力、转输泵联动控制方式等权衡考虑	相对于转输水箱、减压水箱分设的情况，可更好分开储存消防用水量，供水环节少，可靠性高。但联动控制较困难，难实现合用水箱进出流量平衡	屋顶高位消防水池储存100%室内消防一次灭火用水量时：当建筑顶部临时高压消防区域发生火灾，流量开关/压力开关连锁启动临时高压消防泵组供水，当高位消防水池水位下降至低水位时，即启动下一级转输泵组第1台泵供水，下降至次低水位时，启动下一级转输泵组的第2台泵供水，中间水箱均通过低水位及次低水位控制下一级转输泵组的启动；中间消防水箱设置2组液位信号装置（超声波和电极式），中间水箱消防时进水宜优先启动下级转输泵组给水，其次是上级水箱补水（水箱低水位控制第1台转输泵启动，次低水位控制第2台转输泵启动，次低水位下300mm左右水位时，开启接自上级水箱进水管上的电磁先导水力控制阀实现进水）	

注：1. 屋顶高位消防水池补水可靠应满足：设置可靠的消防补水设备，有可靠的消防电源，总消防水池容积满足规范要求，不少于2条转输水管且每条的输水能力不小于100%转输水管；
2. 减压水箱溢流管直径不应小于进水管直径的2倍，当进水管直径为*DN*200时，溢流管直径不应小于*DN*400；溢流管间接排入集水箱，当采用87型雨水斗排水时，不同设备层的集水箱不应汇合；减压水箱溢流排水宜接入消防水池。

超高层公共建筑室内消防给水系统供水方式与建筑高度有一定的对应关系，见表26-24。

超高层公共建筑室内消防给水系统供水方式与建筑高度对应关系表　　表26-24

序号	建筑高度 h	消防给水系统类型	消防给水系统供水方式	优缺点	注意事项
1	100m＜h≤130m	临时高压系统	采用消防水泵直接供水		
2	130m＜h≤200m	临时高压系统	宜优先采用设置消防水泵、转输水箱串联供水；不宜采用消防水泵直接串联供水	与常高压消防系统相比，楼层内及屋顶水箱无需储备一次灭火消防用水量，占用面积小，布置灵活，经济性高，系统简单；但控制较差，可靠性较低	转输水箱兼做高位消防水箱时，其平时补水由生活给水提供；补水措施可靠时，当供水分区总高度超过100m，消防水箱有效容积可不按100m³

续表

序号	建筑高度 h	消防给水系统类型	消防给水系统供水方式	优缺点	注意事项
3	200m<h≤250m	有条件时，宜采用常高压系统；亦可采用临时高压系统	常高压系统：宜采用转输水箱、减压水箱分设的高压消防供水；临时高压系统：可采用消防水泵、转输水箱串联供水		转输水箱兼做高位消防水箱时，其平时补水由生活给水提供；补水措施可靠时，当供水分区总高度超过 100m，消防水箱有效容积可不按 100m^3
4	h>250m	常高压系统	宜采用转输水箱、减压水箱分设的高压消防供水；可采用转输水箱、减压水箱合用的高压消防供水		室内消防给水系统应采用高位消防水池和地面（地下）消防水池供水；高位消防水池、地面（地下）消防水池的有效容积应分别满足火灾延续时间内的全部消防用水量：高位消防水池可仅储存室内消防用水量，室外消防用水可采用低压消防给水系统，当不满足低压供水条件时，可在地下室设置室外用消防水池；对于仅裙房设置的固定消防炮、自动跟踪定位射流灭火、中庭大流量自动喷水灭火等消防给水系统，可将此部分消防用水储存在地下消防水池，由地下消防水池及消防泵组供给，屋顶高位消防水池可仅储存上部室内消火栓系统、自动喷水灭火系统等消防给水系统用水量

典型超高层公共建筑室内消火栓系统原理图，见图 26-4。

26.5.10 消火栓系统类型

1. 系统分类

超高层公共建筑的室外消火栓系统宜采用湿式消火栓系统。

2. 室外消火栓

严寒、寒冷等冬季结冰地区超高层公共建筑室外消火栓应采用干式消火栓；其他地区宜采用地上式消火栓。严寒地区，应在消防车道附近适当位置增设消防水鹤。

建筑室外消火栓的数量应根据室外消火栓设计流量和保护半径经计算确定，保护半径不应大于 150.0m，间距不应大于 120.0m，每个室外消火栓的出流量宜按 10～15 L/s 计算。通常根据建筑物平面布局在建筑物四个角附近绿地设置室外消火栓，根据邻近两个消火栓之间距离合理增设消火栓。

超高层公共建筑消防扑救面一侧的室外消火栓数量不应小于 2 个，且室外消火栓与消

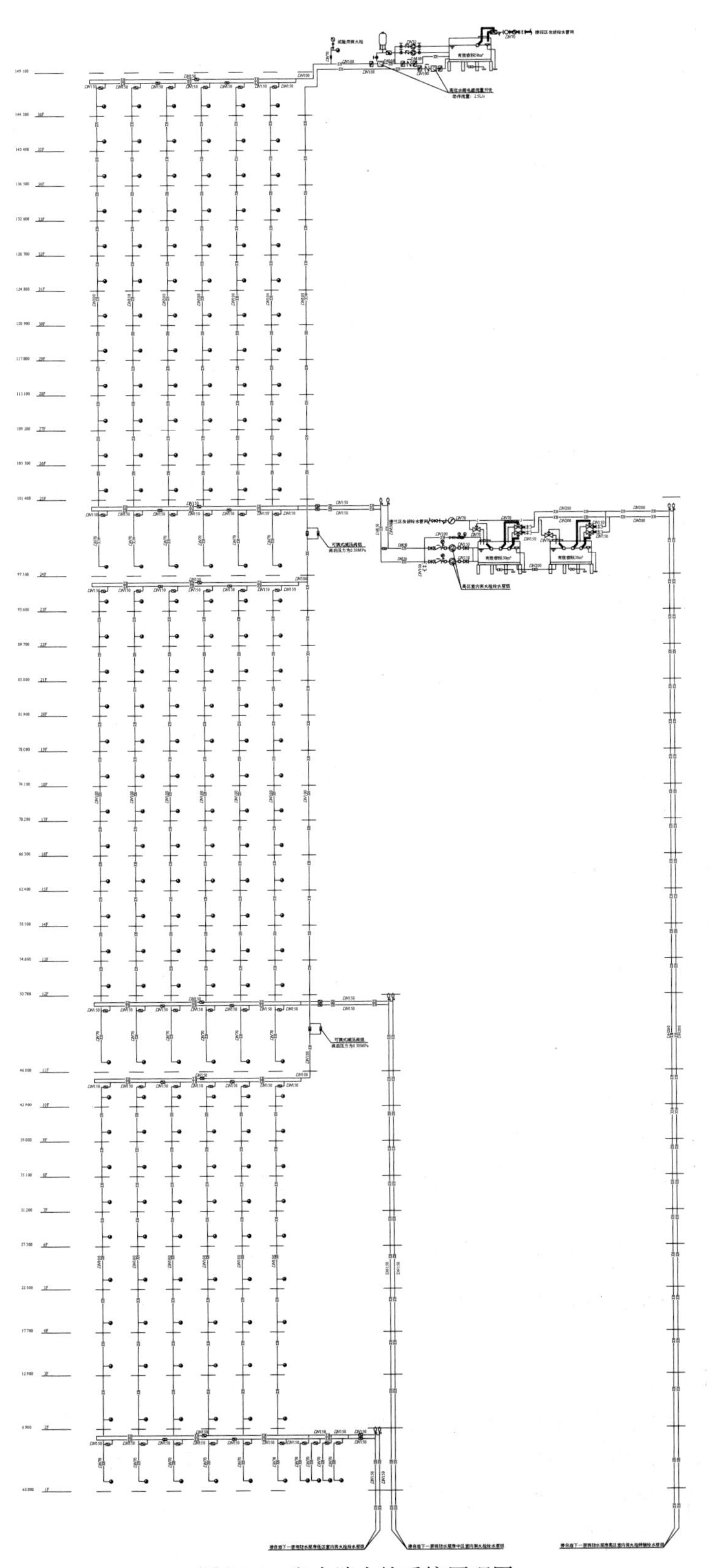

图 26-4 室内消火栓系统原理图

防水泵接合器的距离不应小于15m，并不应大于40m。

3. 室内消火栓

超高层公共建筑的各区域各楼层均应布置室内消火栓予以保护；超高层公共建筑中不能采用自动喷水灭火系统保护的电气类、弱电类机房等场所亦应由室内消火栓保护。

室内消火栓的布置应满足同一平面有2支消防水枪的2股充实水柱同时达到任何部位。

建筑高度大于100m的建筑应设置消防软管卷盘或轻便消防水龙。

超高层公共建筑宜采用带有消防软管卷盘的室内消火栓。

建筑高度大于100m的公共建筑应设避难层（间）：避难层可兼做设备层，设备管道宜集中布置，其中的易燃、可燃液体或气体管道应集中布置；避难层（间）应设置消火栓和消防软管卷盘。

建筑高度大于100m且标准层面积大于2000m^{2}的公共建筑，宜在屋顶设置直升机停机坪。屋顶设有直升机停机坪的建筑，应在停机坪出入口处或非电气设备机房处设置消火栓，且距停机坪机位边缘的距离不应小于5m（安全距离）。

超高层公共建筑室内消火栓的布置方法，参见其相应建筑功能场所相关章节内容。如超高层公共建筑室内消火栓的布置方法，参见表2-82、表6-47、表7-39、表9-32、表10-23等。

普通消火栓、减压稳压消火栓设置的楼层数，参见表1-227。

建筑高度大于250m的超高层公共建筑，应在楼梯间前室和设置室内消火栓的消防电梯前室通向走道的墙体下部设置直径130mm的消防水带穿越孔。消防水带穿越孔平时应处于封闭状态，并应在前室一侧设置明显标志。

26.5.11 消火栓给水管网

1. 室外消火栓给水管网

通常情况下，超高层公共建筑室外环状消防给水管网应至少有2条引入管接自院区周边市政给水管网。

2. 室内消火栓给水管网

超高层公共建筑室内消火栓给水管网应采用环状给水管网，有2种主要管网型式，参见表2-83。每个竖向分区的室内消火栓给水管网在横向、竖向均宜连成环状。

超高层公共建筑室内消火栓给水管网的主要管网型式，参见表2-83、表6-48、表7-40、表9-33、表10-24等。

室内消火栓给水管网型式1参见图1-13，型式2参见图1-14。

超高层公共建筑室内消火栓给水管网的环状干管管径，参见表1-229；室内消火栓竖管管径可按DN100。

3. 系统阀门

室内消火栓系统阀门设置，参见表1-230。

埋地管道的阀门宜采用带启闭刻度的球墨铸铁暗杆闸阀。室内架空管道的阀门宜采用蝶阀、明杆闸阀或带启闭刻度的暗杆闸阀等。

4. 系统给水管网管材

超高层公共建筑室外消火栓给水管绝大多数采用直埋敷设方式。埋地消火栓给水管道宜采用球墨铸铁管或钢丝网骨架塑料复合管给水管道。

超高层公共建筑室内消火栓给水管管材选择，参见表 1-231。

薄壁不锈钢管（S11163）、镀锌镍碳钢管等新型优质管道，在超高层公共建筑室内消火栓系统中均得到更多的应用，未来会逐步替代传统钢管。

26.5.12 消火栓系统计算

1. 消火栓水泵选型计算

超高层公共建筑室内消火栓水泵流量与室内消火栓设计流量一致；消火栓水泵扬程，按公式（1-64）计算。根据消火栓水泵流量和扬程选择消火栓水泵。

2. 消火栓计算

室内消火栓的保护半径，按公式（1-65）计算；消火栓栓口处所需水压，按公式（1-66)计算。

超高层公共建筑消防水枪充实水柱应按 13m 计算。超高层公共建筑消火栓栓口动压不应小于 0.35MPa。

3. 消火栓系统压力计算

消火栓系统的设计工作压力，按公式（1-67）计算。通常以设计工作压力确定消火栓水泵扬程。

26.6 自动喷水灭火系统

26.6.1 自动喷水灭火系统设置

超高层公共建筑相关场所自动喷水灭火系统设置要求，见表 26-25。

超高层公共建筑相关场所自动喷水灭火系统设置要求表　　表 26-25

建筑类型	自动喷水灭火系统设置要求
超高层公共建筑	建筑主楼、裙房、地下室、半地下室，除了不宜用水扑救的部位外的所有场所均设置

注：1. 超高层公共建筑附设的地下车库，应设置自动喷水灭火系统；
2. 超高层公共建筑电梯机房、电缆井内应设置自动灭火系统；
3. 设置在地下或半地下、超高层公共建筑内的歌舞娱乐放映游艺场所应设置自动喷水灭火系统。

超高层公共建筑若根据规范规定设置自动喷水灭火系统，其设置的具体场所参见其相应建筑功能场所对应相关章节内容。常见的超高层公共建筑内设置自动喷水灭火系统的具体场所，参见表 2-85、表 6-50、表 7-42、表 9-35、表 10-25 等。

超高层公共建筑主体内厨房烹饪操作间的排油烟罩及烹饪部位应设置自动灭火装置。

超高层公共建筑内不宜用水扑救的场所，参见其相应建筑功能场所对应相关章节内容。常见的超高层公共建筑内不宜用水扑救的场所，参见表 2-86、表 6-51、表 7-43、表 9-37、表 10-26 等。

超高层公共建筑自动喷水灭火系统类型选择，参见表 1-245。

典型超高层公共建筑自动喷水灭火系统原理图，见图 26-5。

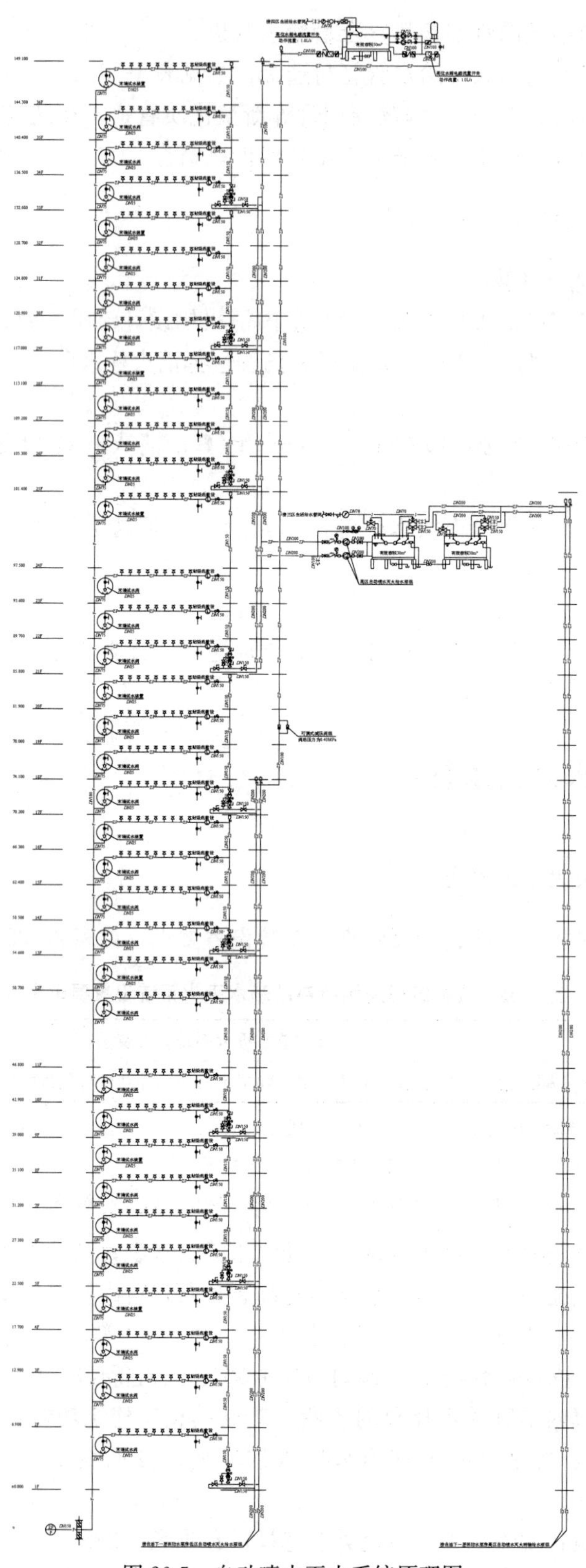

图 26-5　自动喷水灭火系统原理图

超高层公共建筑中的地下车库火灾危险等级按中危险级Ⅱ级确定；建筑高度小于或等于 250m 的超高层公共建筑中的其他场所火灾危险等级应按不低于中危险级Ⅰ级确定，宜按中危险级Ⅱ级确定；建筑高度大于 250m 的超高层公共建筑中的其他场所火灾危险等级应按不低于中危险级Ⅱ级确定。

26.6.2 自动喷水灭火系统设计基本参数

超高层公共建筑自动喷水灭火系统设计参数，按表 1-246 规定。

超高层公共建筑高大空间场所设置湿式自动喷水灭火系统设计参数，按表 26-26 规定。

高大空间场所湿式自动喷水灭火系统设计参数表　　表 26-26

适用场所	最大净空高度 h（m）	喷水强度［L/(min·m^2)］	作用面积（m^2）	喷头间距 S（m）
出入门厅、大堂、中庭	$8<h\leqslant12$	12	160	$1.8\leqslant S\leqslant3.0$
	$12<h\leqslant18$	15		

注：当民用建筑高大空间场所的最大净空高度为 $12m<h\leqslant18m$ 时，应采用非仓库型特殊应用喷头。

若超高层公共建筑地下室中附属的库房认定为堆垛储物仓库，其自动喷水灭火系统设计参数，按表 1-247 规定。

自动喷水灭火系统的持续喷水时间，应按火灾延续时间不小于 1h 确定。

26.6.3 洒水喷头

设置自动喷水灭火系统的超高层公共建筑内各场所的最大净空高度通常不大于 8m。

超高层公共建筑自动喷水灭火系统喷头公称动作温度宜相比环境温度高 30℃，参见表 4-54。

超高层公共建筑自动喷水灭火系统喷头种类选择，见表 26-27。

超高层公共建筑自动喷水灭火系统喷头种类选择表　　表 26-27

序号	火灾危险等级	设置场所	喷头种类
1	中危险级Ⅱ级	地下车库	直立型普通喷头
2	中危险级Ⅰ级或Ⅱ级	超高层公共建筑内客房、商场、办公室、餐厅、厨房等有吊顶场所	吊顶型（下垂型）普通或快速响应喷头
3		库房等无吊顶场所	直立型普通或快速响应喷头

注：建筑高度小于或等于 250m 的超高层公共建筑宜采用快速响应洒水喷头；建筑高度大于 250m 的超高层公共建筑应采用快速响应洒水喷头。

建筑高度大于 250m 的超高层公共建筑不应采用隐蔽式洒水喷头。

每种型号的备用喷头数量按此种型号喷头数量总数的 1%计算，并不得少于 10 只。

超高层公共建筑中自动喷水灭火系统直立型、下垂型喷头的布置间距，不应大于表 1-250的规定，且不宜小于 2.4m。

当建筑高度大于 250m 的超高层公共建筑外墙采用玻璃幕墙时，喷头与玻璃幕墙的水平距离不应大于 1m。

超高层公共建筑常用普通玻璃球闭式喷头规格型号，参见表 1-252。

26.6.4 自动喷水灭火系统管道

1. 管材

超高层公共建筑自动喷水灭火系统给水管管材，参见表 1-254。

薄壁不锈钢管（S11163）、氯化聚氯乙烯（PVC-C）管、镀锌镍碳钢管等新型优质管道，在超高层公共建筑自动喷水灭火系统中均得到更多的应用，未来会逐步替代传统钢管。

超高层公共建筑中，除汽车停车库、建筑高度大于 250m 的超高层公共建筑中的其他场所、按中危险级Ⅱ级设计的建筑高度小于或等于 250m 的超高层公共建筑中的其他场所外，其他中危险级Ⅰ级对应场所自动喷水灭火系统公称直径≤*DN*80 的配水管（支管）均可采用氯化聚氯乙烯（PVC-C）管材及管件。

2. 管径

超高层公共建筑自动喷水灭火系统的配水管道管径可根据表 1-255 中数据进行确定。

3. 管网敷设

以常见的超高层公共建筑为例，其自动喷水灭火系统配水干管宜沿宾馆客房区、酒店式公寓居住区、办公楼办公区、商场、餐饮区、健身区等的公共空间或公共走廊敷设，空间或走廊两侧房间内的配水支管就近连接到配水干管上。走廊内布置的喷头就近接至排水支管后再接至配水干管。单个喷头不应直接接至管径大于或等于 *DN*100 的配水干管。

超高层公共建筑自动喷水灭火系统配水管网布置步骤，参见表 2-92。

自动喷水灭火系统每个喷头与配水支管连接的短立管管径通常采用 25mm；末端试水装置或试水阀的连接管管径通常采用 25mm。

26.6.5 水流指示器

除报警阀组控制的喷头只保护不超过防火分区面积的同层场所外，超高层公共建筑每个防火分区、每个楼层均应设水流指示器；当整个场所需要设置的喷头数不超过 1 个报警阀组控制的喷头数时，可不设置水流指示器；每个防火分区应设置一个水流指示器，位置可设在本防火分区系统配水管网的起始端，亦可集中设置于各个防火分区配水干管分叉处。

水流指示器上游端应设置信号阀，其型号规格，参见表 1-257。

水流指示器与所在配水干管同管径，其型号规格，参见表 1-258。

26.6.6 报警阀组

超高层公共建筑消防系统报警阀组主要采用湿式水力报警阀组，一定条件下采用预作用报警阀组。

超高层公共建筑自动喷水灭火系统报警阀组的数量取决于：整个建筑中设置喷头的总数量；每个防火分区内设置喷头的数量；每个报警阀组控制的喷头数。一个报警阀组控制的喷头数不宜超过 800 只，设计中可适当超过 800 只。

喷头均衡组合遵循的原则，参见表 1-259。

超高层公共建筑自动喷水灭火系统报警阀组通常设置在消防水泵房、报警阀间或水管井内，设置位置方案，参见表 1-260。

报警阀组宜设在安全及易于操作的地点，报警阀距地面的高度宜为 1.2m；宜沿墙体集中布置，相邻报警阀组的间距不宜小于 1.5m，不应小于 1.2m；报警阀组处应设有排水设施，排水管径不应小于 *DN*100。

表 1-261 为常用湿式报警阀装置型号规格；表 1-262 为常见预作用报警阀装置型号规格；报警阀组压力开关主要技术参数，参见表 1-263；报警阀组前后管道设置，参见表 1-264。

超高层公共建筑自动喷水灭火系统减压阀设置方式，参见表 1-265。

减压孔板作为一种减压部件，可辅助减压阀使用。

26.6.7 自动喷水灭火系统水泵接合器

自动喷水灭火系统管网上应设置水泵接合器，超高层公共建筑自动喷水灭火系统消防水泵接合器数量，参见表 1-266。

自动喷水灭火系统水泵接合器宜设置在靠近消防水泵房的室外；常规做法是将多个 *DN*150 水泵接合器并联起来，由 1 根 *DN*150 供水管道接至系统供水泵组出水干管上，连接位置位于报警阀组前。

26.6.8 消防水箱设计

高位消防水箱、自动喷水灭火稳压装置设计参见消火栓系统相关内容。

26.6.9 自动喷水灭火系统给水形式

超高层公共建筑室内自动喷水灭火系统的给水形式，参见 26.5.9 节。

26.6.10 自动喷水灭火系统压力计算

自动喷水灭火系统的设计工作压力，按公式（1-68）计算。

自动喷水灭火给水泵扬程通常按照自动喷水灭火系统的设计工作压力值确定。

自动喷水灭火给水系统压力管道水压强度试验的试验压力（$H_{试验}$）的基准指标，参见表 1-267。

26.7 灭火器系统

超高层公共建筑应配置灭火器，并应符合现行国家标准《建筑灭火器配置设计规范》GB 50140 的规定。

26.7.1 灭火器配置场所火灾种类

超高层公共建筑灭火器配置场所的火灾种类，见表 26-28。

超高层公共建筑灭火器配置场所的火灾种类表　　表 26-28

序号	火灾种类	灭火器配置场所
1	A 类火灾（固体物质火灾）	超高层公共建筑内绝大多数场所，如客房、公寓、商场、办公室、餐厅、厨房等
2	B 类火灾（液体火灾或可熔化固体物质火灾）	超高层公共建筑内附设车库
3	E 类火灾（物体带电燃烧火灾）	超高层公共建筑内附设电气房间，如发电机房、变压器室、高压配电间、低压配电间、网络机房、电子计算机房、弱电机房等

26.7.2　灭火器配置场所危险等级

超高层公共建筑灭火器配置场所的危险等级为严重危险级，危险等级举例，参见相应建筑功能的有关章节表格。常见的超高层公共建筑灭火器配置场所的危险等级举例，参见表 2-94、表 6-57、表 7-50、表 9-48、表 10-32 等。

26.7.3　灭火器选择

超高层公共建筑灭火器配置场所的火灾种类通常涉及 A 类、B 类、E 类火灾，通常配置灭火器时选择磷酸铵盐干粉灭火器。

26.7.4　灭火器设置

超高层公共建筑中设置的手提式灭火器，通常和室内消火栓同位置设置，放置于室内消火栓箱体下部。独立设置的手提式或推车式灭火器通常放置于所保护区域的公共走道、门口或房间内靠近公共通道出入口处。灭火器设置点应均衡布置。

设置在 A 类火灾场所的灭火器，其最大保护距离应符合表 1-274 的规定。

灭火器最大保护距离为灭火器与起火点之间最大的行走距离。超高层公共建筑中的营业厅、地下车库区域、建筑中大间套小间区域、房间中间隔着走道区域等场所，常需要增加灭火器配置点。地下车库区域增设的灭火器宜靠近相邻 2 个室内消火栓中间的位置，并宜沿车库墙体或柱子布置。

设置在 B 类火灾场所的灭火器，其最大保护距离应符合表 1-275 的规定。

超高层公共建筑中 E 类火灾场所中的高低压配电间、弱电机房等场所，灭火器配置宜按 B 类火灾场所灭火器最大保护距离要求进行。面积较大的超高层公共建筑变配电室，需要在变配电室内增设灭火器。

26.7.5　灭火器配置

A 类火灾场所灭火器的最低配置基准，应符合表 1-276 的规定。

超高层公共建筑灭火器 A 类火灾场所配置基准可按照灭火器最低配置基准，即：严重危险级按照 3A；中危险级按照 2A；轻危险级按照 1A。

B 类火灾场所灭火器的最低配置基准，应符合表 1-277 的规定。

超高层公共建筑灭火器 B 类火灾场所配置基准可按照灭火器最低配置基准，即：严重危险级按照 89B；中危险级按照 55B。

E 类火灾场所的灭火器最低配置基准不应低于该场所内 A 类（或 B 类）火灾的规定。

26.7.6 灭火器配置设计计算

超高层公共建筑内每个灭火器设置点灭火器数量通常以 2～4 具为宜。

灭火器计算单元最小需配灭火级别，按公式（1-69）计算。

灭火器计算单元中每个灭火器设置点最小需配灭火级别，按公式（1-70）计算。

26.7.7 灭火器类型及规格

超高层公共建筑灭火器配置设计中常用的灭火器类型及规格，参见表 1-279。

26.8 气体灭火系统

26.8.1 气体灭火系统应用场所

超高层公共建筑中适合采用气体灭火系统的场所应根据各建筑功能场所的性质确定，通常包括高压配电室（间）、低压配电室（间）、网络机房、网络中心、信息中心、灾备机房、应急响应中心、BA 控制室、电子计算机房、UPS 间等电气设备房间。

目前超高层公共建筑中最常用 IG541 混合气体灭火系统和七氟丙烷（HFC-227ea）气体灭火系统。

26.8.2 七氟丙烷气体灭火系统设计参数

七氟丙烷灭火剂主要技术性能参数，参见表 1-281。

无管网七氟丙烷气体自动灭火装置技术参数、规格等，参见表 1-282～表 1-284。

超高层公共建筑中采用七氟丙烷气体灭火保护时，各防护区设计灭火浓度，参见表 3-70。

26.8.3 气体灭火设计用量计算

七氟丙烷气体灭火设置场所设计用量，按公式（1-71）计算。

七氟丙烷设计用量，按公式（2-28）计算；七氟丙烷设计容积，按公式（2-29）计算。

每个防护区内无管网七氟丙烷气体灭火装置的布置应做到均匀。

IG541 混合气体灭火防护区灭火设计用量或惰化设计用量，按公式（1-74）计算。

IG541 灭火剂气体在 101kPa 大气压和防护区最低环境温度下的质量体积，按公式（1-75）计算。

IG541 混合气体灭火系统灭火剂储存量，应为防护区灭火设计用量及系统灭火剂剩余量之和，系统灭火剂剩余量按公式（1-76）计算。

26.8.4 IG541 混合气体灭火系统管网计算

IG541 混合气体灭火系统管道流量宜采用平均设计流量。

系统主干管、支管的平均设计流量，按公式（1-77）、公式（1-78）计算。

管道内径按公式（1-79）计算。

灭火剂释放时，管网应进行减压。减压装置宜采用减压孔板，宜设在系统的源头或干管入口处。减压孔板前的压力，按公式（1-80）计算；减压孔板后的压力，按公式（1-81）计算；减压孔板孔口面积，按公式（1-82）计算。

系统的阻力损失宜从减压孔板后算起，并按公式（1-83）计算。

IG541混合气体灭火系统的喷头工作压力的计算结果，应符合：一级充压（15.0MPa）系统，$P_c \geqslant 2.0$MPa（绝对压力）；二级充压（20.0MPa）系统，$P_c \geqslant 2.1$MPa（绝对压力）。

喷头等效孔口面积，按公式（1-84）计算。

26.8.5 防护区泄压口

气体灭火系统防护区应设置泄压口。七氟丙烷气体灭火系统防护区泄压口面积按系统设计规定计算，按公式（1-85）计算；IG541混合气体灭火系统防护区泄压口面积按系统设计规定计算，宜按公式（1-86）计算。

七氟丙烷气体灭火系统的泄压口应位于防护区净高的2/3以上。对于设置吊顶场所，泄压口通常设置在吊顶（梁）下，泄压口顶面紧贴吊顶（梁）或吊顶（梁）下100mm。

不同规格无管网七氟丙烷气体灭火装置与泄压口尺寸的对照表，参见表1-288。

防护区设置的泄压口，宜设在外墙上，无外墙时应设置在朝向公共建筑公共区域（走道）的内墙上。每个防护区根据需要可设置1个或多个泄压口。

26.9 高压细水雾灭火系统

超高层公共建筑中不宜用水扑救的部位（即采用水扑救后会引起爆炸或重大财产损失的场所）可以采用高压细水雾灭火系统灭火。

超高层公共建筑中适合采用高压细水雾灭火系统的场所应根据各建筑功能场所的性质确定，通常包括高压配电室（间）、低压配电室（间）、网络机房、网络中心、信息中心、灾备机房、应急响应中心、BA控制室、电子计算机房、UPS间等电气设备房间。

超高层公共建筑中当此类场所较少时，宜采用气体灭火系统；当此类场所较多时，可采用高压细水雾灭火系统，设计方法参见4.9节。

26.10 自动跟踪定位射流灭火系统

当超高层公共建筑出入门厅、大堂、中庭及其他大空间公共场所为高大空间时，可设置自动跟踪定位射流灭火系统，设计方法参见4.10节。

26.11 中水系统

超高层公共建筑建设中水设施，应结合建筑所在地区的不同特点，满足当地政府部门的有关规定。建筑面积大于 $20000m^2$ 或回收水量大于 $100m^3/d$ 的超高层公共建筑，宜建设中水设施。

超高层公共建筑设置中水系统时，根据建筑物内的功能分区和建筑性质，可收集高区废水在设备层中水机房处理后供给低区冲厕及浇洒等用水。

26.11.1 中水原水

1. 中水原水种类

常见的超高层公共建筑中水原水可选择的种类及选取顺序，见表 26-29。

超高层公共建筑中水原水可选择的种类及选取顺序表 **表 26-29**

序号	中水原水种类	备注
1	宾馆客房区客房卫生间洗浴的废水排水；酒店式公寓居住区卫生间洗浴的废水排水；酒店式办公楼办公区卫生间洗浴的废水排水；公寓式办公楼办公区卫生间洗浴的废水排水；公共卫生间的废水排水	最适宜
2	坐班制办公楼、商场、电影院、健身中心等场所公共卫生间的盥洗废水排水	适宜
3	超高层公共建筑空调循环冷却水系统排水	
4	超高层公共建筑空调水系统冷凝水	
5	超高层公共建筑内附设餐饮厨房、餐厅废水排水	不适宜
6	宾馆客房区客房卫生间的冲厕排水；酒店式公寓居住区卫生间的冲厕排水；酒店式办公楼办公区卫生间的冲厕排水；公寓式办公楼办公区卫生间的冲厕排水；公共卫生间的冲厕排水	最不适宜

2. 中水原水量

以超高层公共建筑为例，超高层公共建筑中水原水量按公式（26-7）计算：

$$Q_Y = \Sigma \beta \cdot Q_{pj} \cdot b \tag{26-7}$$

式中 Q_Y——超高层公共建筑中水原水量，m^3/d；

β——超高层公共建筑按给水量计算排水量的折减系数，一般取 0.85～0.95；

Q_{pj}——超高层公共建筑平均日生活给水量，按《节水标》中的节水用水定额计算确定，m^3/d；

b——超高层公共建筑分项给水百分率，应以实测资料为准，当无实测资料时，可按表 26-30 选取。

超高层公共建筑分项给水百分率表 **表 26-30**

项目	冲厕	厨房	沐浴	盥洗	洗衣	总计
宾馆、饭店给水百分率（%）	10～14	12.5～14	50～40	12.5～14	15～18	100
办公楼给水百分率（%）	60～66	—	—	40～34	—	100
餐饮场所给水百分率（%）	6.7～5	93.3～95	—	—	—	100

注：沐浴包括盆浴和淋浴。

超高层公共建筑用作中水原水的水量宜为中水回用水量的 110%～115%。

3. 中水原水水质

超高层公共建筑中水原水水质应以类似建筑的实测资料为准；当无实测资料时，常见的超高层公共建筑排水的污染浓度可按表26-31确定。

超高层公共建筑排水污染物浓度表 **表26-31**

建筑种类	项目	冲厕	厨房	沐浴	盥洗	洗衣	综合
宾馆、饭店	BOD_5浓度（mg/L）	250～300	400～550	40～50	50～60	180～220	140～175
	COD_{Cr}浓度（mg/L）	700～1000	800～1100	100～110	80～100	270～330	295～380
	SS浓度（mg/L）	300～400	180～220	30～50	80～100	50～60	95～120
办公楼	BOD_5浓度（mg/L）	260～340	—	—	90～110	—	195～260
	COD_{Cr}浓度（mg/L）	350～450	—	—	100～140	—	260～340
	SS浓度（mg/L）	260～340	—	—	90～110	—	195～260
餐饮场所	BOD_5浓度（mg/L）	260～340	500～600	—	—	—	490～590
	COD_{Cr}浓度（mg/L）	350～450	900～1100	—	—	—	890～1075
	SS浓度（mg/L）	260～340	250～280	—	—	—	255～285

注：综合是对包括以上五项生活排水的统称。

26.11.2 中水利用与水质标准

1. 中水利用

超高层公共建筑中水原水主要用于城市杂用水和景观环境用水等。

超高层公共建筑中水利用率，可按公式（2-31）计算。

超高层公共建筑中水利用率应不低于当地政府部门的中水利用率指标要求。

当超高层公共建筑附近有可利用的市政再生水管道时，可直接接入使用。

2. 中水水质标准

超高层公共建筑中水水质标准要求，参见表2-104。

26.11.3 中水系统

1. 中水系统形式

超高层公共建筑中水通常采用中水原水系统与生活污水系统分流、生活给水与中水给水分供的完全分流系统。

2. 中水原水系统

超高层公共建筑中水原水管道通常按重力流设计；当靠重力流不能直接接入时，可采取局部加压提升接入。

超高层公共建筑原水系统原水收集率不应低于本建筑回收排水项目给水量的75%，可按公式（2-32）计算。

超高层公共建筑若需要食堂、餐厅的含油脂污水作为中水原水时，在进入原水收集系统前应经过除油装置处理。

超高层公共建筑中水原水应进行计量，可采用超声波流量计和沟槽流量计。

3. 中水处理系统

超高层公共建筑中水处理系统设计处理能力，可按公式（2-33）计算。

4. 中水供水系统

建筑中水供水系统必须独立设置。建筑中水不得用作超高层公共建筑生活饮用水水源。

常见的超高层公共建筑中水系统供水量可按照不同建筑功能场所对应的最高日用水定额及表 26-30 中规定的百分率计算确定。

超高层公共建筑中水供水系统的设计秒流量和管道水力计算方法与生活给水系统一致，参见 26.1.6 节。

超高层公共建筑中水供水系统的供水方式宜与生活给水系统一致，通常采用变频调速泵组供水方式，水泵的选择参见 26.1.7 节。

超高层公共建筑中水供水系统的竖向分区宜与生活给水系统一致。当建筑周边有市政中水管网且管网流量压力均满足时，低区由市政中水管网直接供水；当建筑周边无市政中水管网时，低区由低区中水给水泵组自中水贮水池（箱）吸水后加压供水。

超高层公共建筑中水供水管道宜采用塑料给水管、钢塑复合管或其他具有可靠防腐性能的给水管材，不得采用非镀锌钢管。

超高层公共建筑中水贮存池（箱）设计要求，参见表 2-105。

超高层公共建筑中水供水系统应安装计量装置，具体设置要求参见表 3-14。

中水供水管道应采取防止误接、误用、误饮的措施。

5. 水量平衡

中水系统设计应进行中水原水量和用水量平衡计算。

超高层公共建筑中水用水量应根据不同用途用水量累加确定。

常见的超高层公共建筑最高日冲厕中水用水量可按照不同建筑功能场所对应的最高日用水定额及表 26-30 中规定的百分率计算确定。最高日冲厕中水用水量，可按公式（26-8)计算：

$$Q_C = \Sigma q_L \cdot F \cdot N/1000 \qquad (26\text{-}8)$$

式中 Q_C——超高层公共建筑最高日冲厕中水用水量，m^3/d；

q_L——超高层公共建筑给水用水定额，L/(人・d)；

F——冲厕用水占生活用水的比例，%，按表 26-30 取值；

N——使用人数，人。

常见的超高层公共建筑相关功能场所冲厕用水量定额及小时变化系数，见表 26-32。

超高层公共建筑冲厕用水量定额及小时变化系数表　　表 26-32

类别	建筑种类	冲厕用水量 [L/(人・d)]	使用时间 (h/d)	小时变化系数	备注
1	宾馆	20～40	24	2.5～2.0	客房部
2	商场	1～3	12	1.5～1.2	工作人员按办公楼设计
3	办公	20～30	8～10	1.5～1.2	—
4	营业性餐饮、酒吧场所	5～10	12	1.5～1.2	工作人员按办公楼设计
5	电影院	3～5	3	1.5～1.2	工作人员按办公楼设计
6	健身中心	1～2	4	1.5～1.2	工作人员按办公楼设计

中水系统原水调节池（箱）调节容积，可按公式（2-35）、公式（2-36）计算。

中水贮存池（箱）容积，可按公式（2-37）、公式（2-38）计算。

当中水供水系统采用水泵-水箱联合供水时，水箱调节容积不得小于中水系统最大小时用水量的50%。

中水系统的总调节容积，包括原水调节池（箱）、中水处理工艺构筑物、中水贮存池（箱）及高位水箱等调节容积之和，不宜小于中水日处理量的100%。

26.11.4 中水处理工艺与处理设施

1. 中水处理工艺

超高层公共建筑通常采用的中水处理工艺，参见表2-107。

2. 中水处理设施

超高层公共建筑中水处理设施及设计要求，参见表2-108。

26.11.5 中水处理站

超高层公共建筑内的中水处理站设计要求，参见2.11.5节。

26.12 管道直饮水系统

26.12.1 水量、水压和水质

超高层公共建筑管道直饮水最高日直饮水定额（q_d），应根据其包括的各种建筑功能场所，参见相应章节有关指标，亦可根据用户要求确定。以常见的超高层公共建筑为例，旅馆、酒店式公寓管道直饮水系统设计，参见2.12节；办公楼（写字楼）管道直饮水系统设计，参见6.12节；电影院管道直饮水系统设计，参见18.12节；健身中心管道直饮水系统设计，参见10.12节。

直饮水专用水嘴额定流量宜为0.04～0.06L/s。

超高层公共建筑直饮水专用水嘴最低工作压力不宜小于0.03MPa。

超高层公共建筑管道直饮水系统用户端的水质应符合现行行业标准《饮用净水水质标准》CJ/T 94的规定。

26.12.2 水处理

超高层公共建筑管道直饮水系统应对原水进行深度净化处理。

水处理工艺流程的选择应依据原水水质，经技术经济比较确定。处理后的出水应符合现行行业标准《饮用净水水质标准》CJ/T 94的规定。

深度净化处理应根据处理后的水质标准和原水水质进行选择，宜采用膜处理技术，参见表1-333。

不同的膜处理应相应配套预处理、后处理、膜的清洗和水处理消毒灭菌设施，参见表1-334。

深度净化处理系统排出的浓水宜回收利用。

26.12.3 系统设计

超高层公共建筑管道直饮水系统必须独立设置，不得与市政或建筑供水系统直接相连。

超高层公共建筑管道直饮水系统宜采取集中供水系统，一座建筑中宜设置一个供水系统。

超高层公共建筑常见的管道直饮水系统供水方式，参见表 1-335。

超高层公共建筑管道直饮水供水应竖向分区，分区原则参见表 1-336。

超高层公共建筑管道直饮水系统类型，参见表 1-337。

超高层公共建筑管道直饮水系统设计应设循环管道，供、回水管网应设计为同程式。

超高层公共建筑管道直饮水系统通常采用全日循环，亦可采用定时循环，供、配水系统中的直饮水停留时间不应超过 12h。

超高层公共建筑管道直饮水系统回水宜回流至净水箱或原水水箱。回流到净水箱时，应在消毒设施前接入。

直饮水系统不循环的支管长度不宜大于 6m。

超高层公共建筑管道直饮水系统管道敷设要求，参见表 1-338。

超高层公共建筑管道直饮水系统管材及附件设置要求，参见表 1-339。

26.12.4 系统计算与设备选择

1. 系统计算

超高层公共建筑管道直饮水系统最高日直饮水量，应按公式（26-9）计算：

$$Q_d = \Sigma N \cdot q_d \tag{26-9}$$

式中 Q_d——超高层公共建筑管道直饮水系统最高日饮水量，L/d；

N——超高层公共建筑各种建筑功能场所管道直饮水系统所服务的床位（人）数，床（人）；

q_d——超高层公共建筑各种建筑功能场所最高日直饮水定额，L/(床·d)或 L/(人·d)。

超高层公共建筑瞬时高峰用水量，应按公式（1-94）计算。

超高层公共建筑瞬时高峰用水时水嘴使用数量，应按公式（1-95）计算。

瞬时高峰用水时水嘴使用数量 m 的确定，应按表 1-340（当水嘴数量 $n \leqslant 12$ 个时）、表 1-341（当水嘴数量 $n > 12$ 个时）选取。当 $np \geqslant 5$ 并且满足 $n(1-p) \geqslant 5$ 时，可按公式（1-96)简化计算。

水嘴使用概率应按公式（26-10）计算：

$$p = \alpha \cdot Q_d/(1800 \cdot n \cdot q_0) = 0.15 \cdot Q_d/(1800 \cdot n \cdot q_0) \tag{26-10}$$

式中 α——经验系数，以常见的超高层公共建筑为例，办公楼、电影院取 0.27，体育场馆取 0.45，旅馆取 0.15。

定时循环时，循环流量可按公式（1-98）计算。

管道直饮水供、回水管道内水流速度宜符合表 1-342 的规定。

2. 设备选择

净水设备产水量可按公式（1-100）计算。

变频调速供水系统水泵设计流量应按公式（1-101）计算；水泵设计扬程应按公式（1-102)计算。

净水箱（槽）有效容积可按公式（1-103）计算；原水调节水箱（槽）容积可按公式（1-104)计算。

原水水箱（槽）的进水管管径宜按净水设备产水量设计，并应根据反洗要求确定水量。当进水管的供水能力满足预处理的流量和压力要求时，原水水箱（槽）可不设置。

26.12.5 净水机房

净水机房设计要求，参见表1-343。

26.12.6 管道敷设与设备安装

管道直饮水管道敷设与设备安装设计要求，参见表1-344。

26.13 给水排水抗震设计

超高层公共建筑给水排水管道抗震设计，参见4-11节。

26.14 给水排水专业绿色建筑设计

超高层公共建筑绿色设计，应根据公共建筑所在地相关规定要求执行。新建超高层公共建筑应按照绿色建筑二星级或以上星级标准设计，宜按照绿色建筑三星级标准设计。超高层公共建筑二星级、三星级绿色建筑设计专篇，参见表1-347。

第 27 章　公共建筑给水排水新技术应用

27.1　分布式生活热水系统

分布式生活热水系统是指根据建筑生活热水使用特点，将整个生活热水系统分成多个小的区域生活热水系统，每个区域生活热水系统均包括 1 个区域生活热水换热单元及生活热水供水管网、回水管网；各个区域的生活热水换热单元均由整个建筑热媒机房提供热媒（通常是高温热水），热媒机房与各个区域生活热水换热单元之间通过热媒供水管、回水管连接，系统换热分散在各个区域进行。

27.1.1　系统组成

分布式生活热水系统通常包括热媒板式换热器、热媒水箱、热媒供水泵组、热媒供（回）水管、区域换热机组、区域热水供（回）水管等。分布式生活热水系统组成，见表 27-1。

分布式生活热水系统组成表　　表 27-1

序号	板块名称	具体说明
1	热媒板块	大型分布式生活热水系统：由院区锅炉房（供热中心）提供高温一次热媒（高温蒸汽或高温热水），通过板式换热器换热后变为二次热媒（高温热水），储存在热媒水水箱（罐），通过二次热媒水供水泵组将二次热媒（高温热水）输送至各区域换热机组处，热媒板块主要设备通常设置在公共建筑地下室（宜设在地下一层，不宜超过地下二层）热媒水机房；板式换热器与热媒水水箱（罐）间的二次热媒水回水管上设置第一热媒水循环泵组；当屋顶太阳能供水设备提供辅助热媒时，屋顶太阳能集热板加热产生的高温热水储存在太阳能热水箱（罐），由辅助热媒供水管接至地下室热媒水机房，通过板式换热器换热后储存在热媒水水箱（罐），辅助热媒回水管通过设置在热媒水机房内的太阳能热水循环泵组回到屋顶太阳能热水箱（罐），板式换热器与热媒水水箱（罐）间的辅助热媒水回水管上设置第二热媒水循环泵组。中小型分布式生活热水系统：可以不设置热媒水水箱（罐），热媒供（回）水管直接接自院区锅炉房（供热中心）高温一次热媒（高温蒸汽或高温热水），通过板式换热器换热后变为二次热媒（高温热水），直接将二次热媒（高温热水）输送至各区域换热机组处
2	换热板块	将本区域生活给水通过本区域换热机组与二次热媒（高温热水）换热后变为 60℃/50℃低温热水后供给本区域生活热水管网；区域换热机组通常设置在各区域的管道井或辅助房间（库房、新风机房等）内，区域换热机组负责本区域生活热水的换热，为本区域提供生活热水热源；区域的划分通常根据负责系统的规模大小，按照不同建筑物、不同楼层、不同病房护理单元 3 个层次确定；每个区域生活给水干管接至区域换热机组，管上按照水流方向依次应设置阀门、止回阀；每个区域二次热媒供水干管接至区域换热机组，管上应设置阀门；每个区域二次热媒回水干管接自区域换热机组，管上按照水流方向依次应设置生活热水多功能阀、阀门
3	供回水板块	包括各区域生活热水供水管网、回水管网及接至各热水用水点的热水供水支管；每个区域生活热水供水干管接自区域换热机组，管上按照水流方向依次应设置阀门、热水表；每个区域生活热水回水干管接至区域换热机组，管上按照水流方向依次应设置止回阀、热水泵、阀门；当每个区域供水管分成 2 个或 2 个以上分支时，宜在各分支热水回水管上设置生活热水多功能阀

系统各板块、设备、泵组、管道、阀门等设置，见图 27-1～图 27-4。

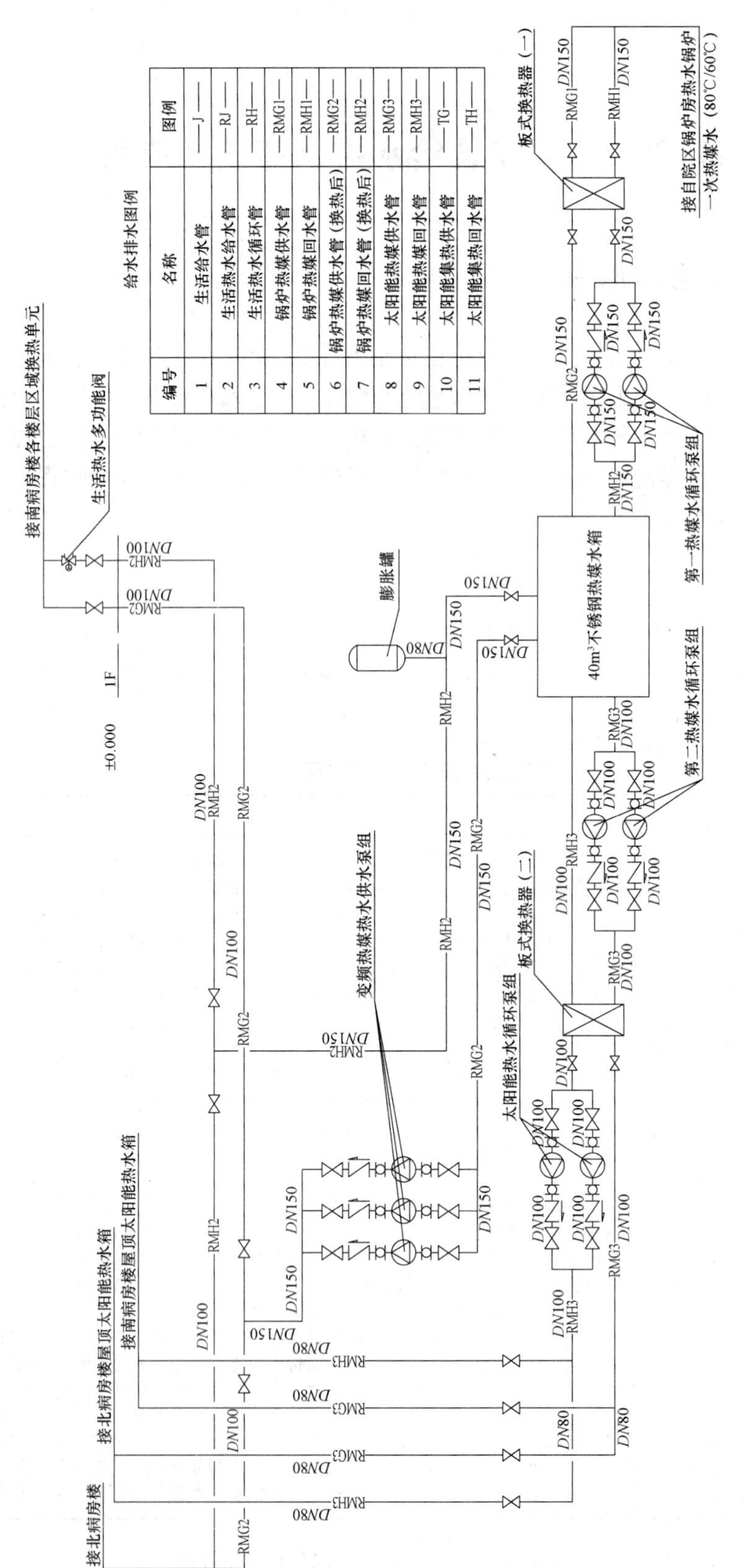

图 27-1　生活热媒水系统原理图

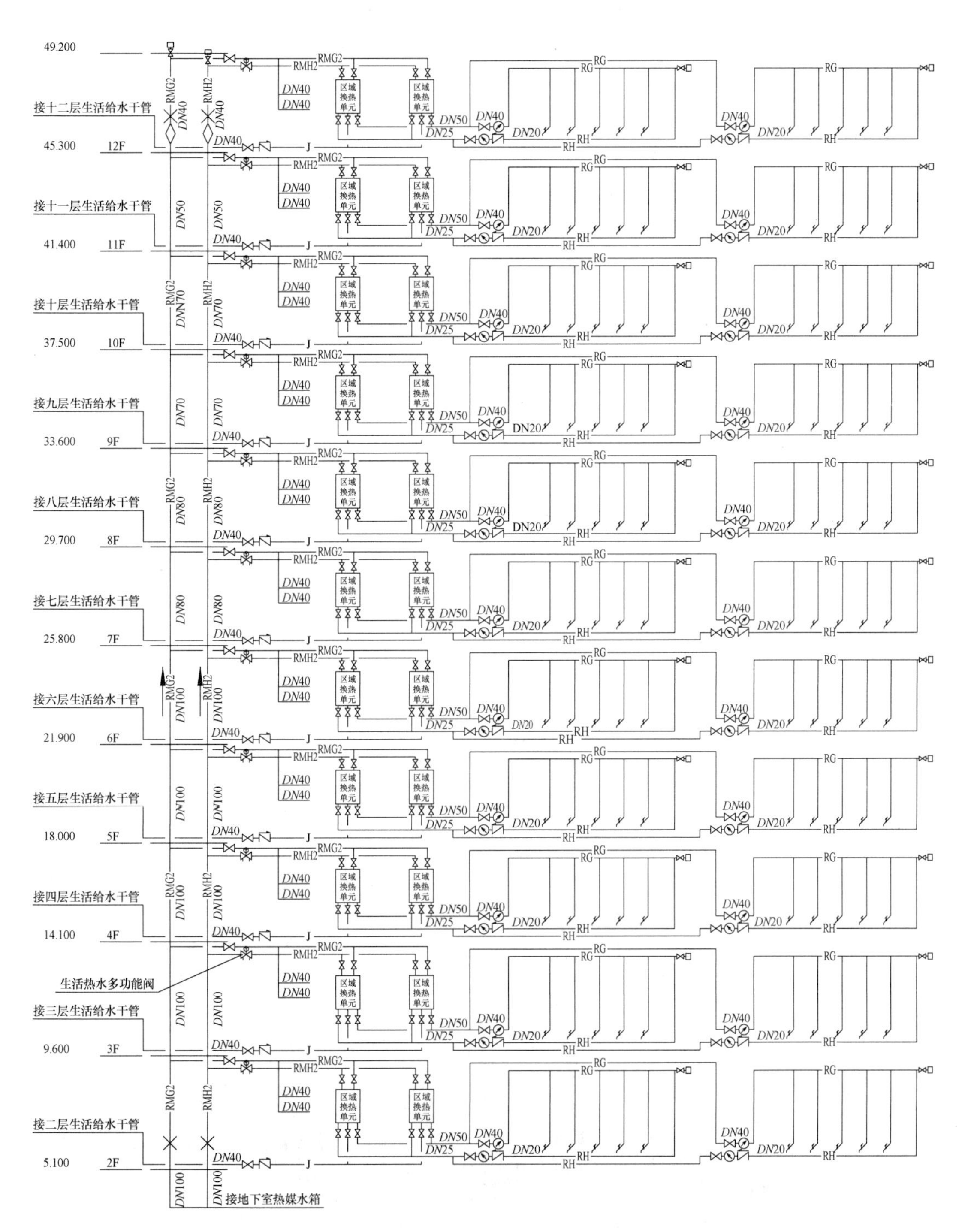

图 27-2 分布式生活热水系统原理图一

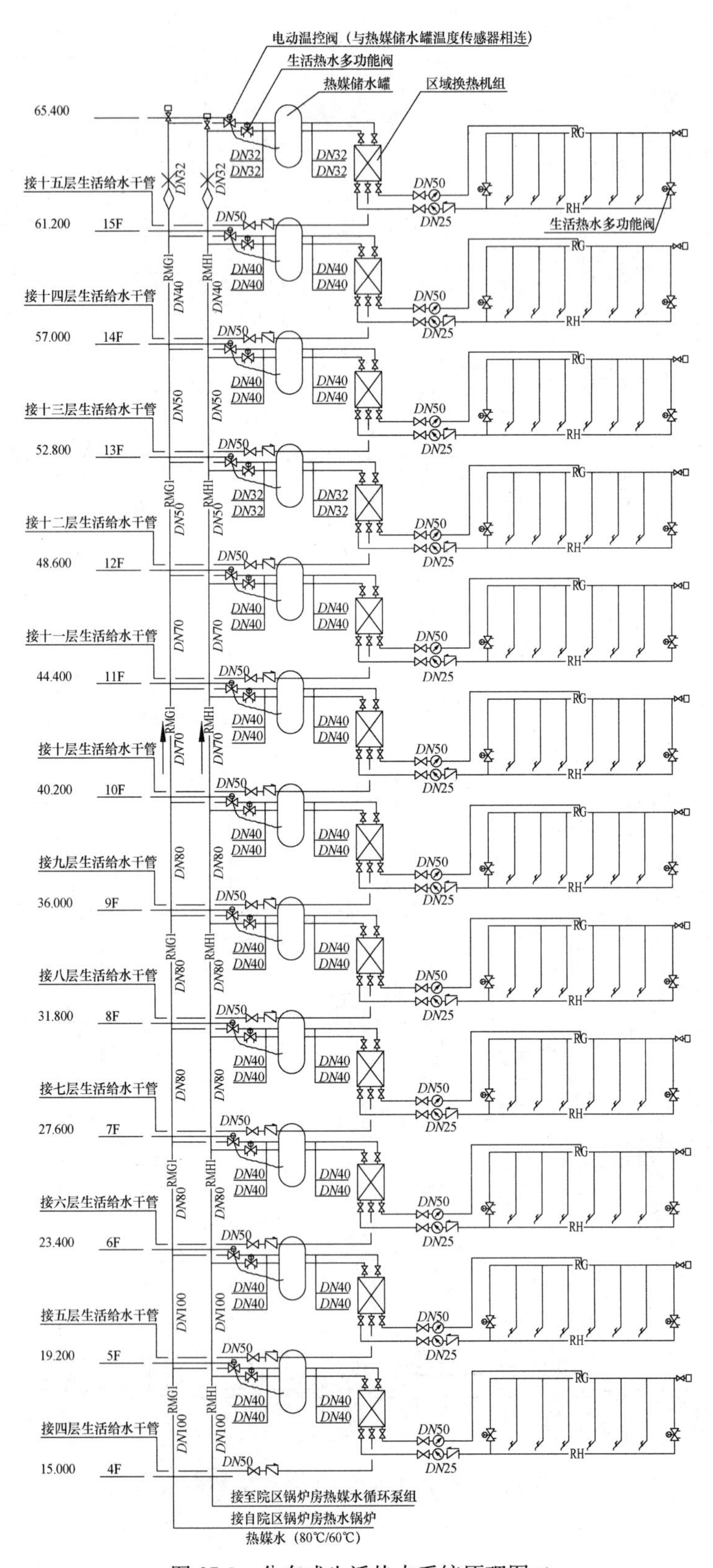

图27-3　分布式生活热水系统原理图二

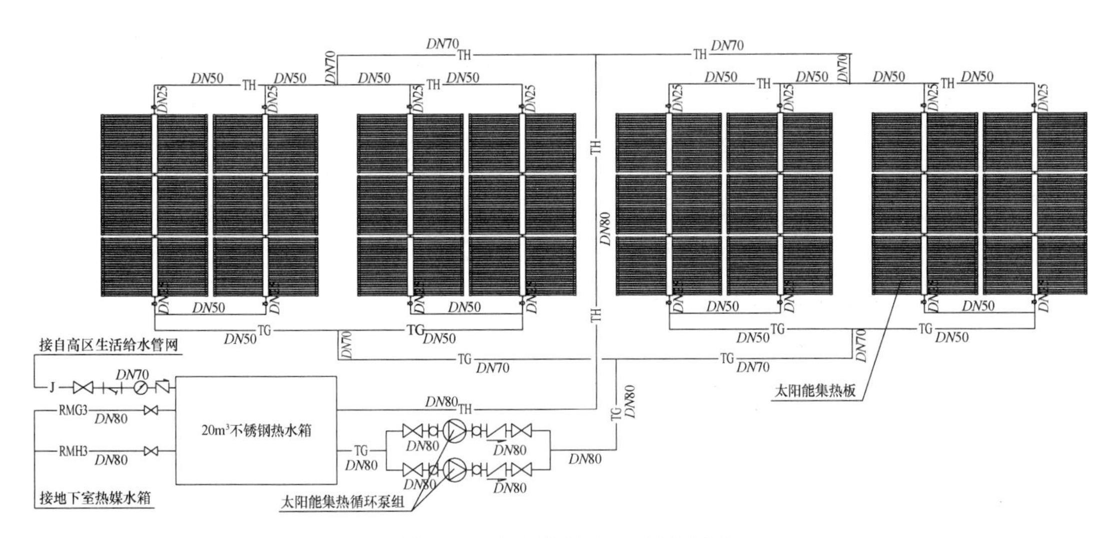

图 27-4 太阳能热水系统原理图

27.1.2 系统特点优点

分布式生活热水系统各个区域系统之间是并联运行，可独立控制，相对独立运行、互不影响；每个区域系统冷水、热水压力平衡。

分布式生活热水系统可减少热水机房面积，减少生活热水供水管、回水管数量，使生活热水系统更安全可靠、更独立、更灵活、更节能，有利于热水计量。当生活热水系统异程运行时，可减少热水回水管长度。

27.1.3 系统适用条件

分布式生活热水系统适用于公共建筑具备高温热媒条件的情况，即公共建筑院区设有燃气（油）锅炉房或其他类似条件。当具备太阳能热水或空气源热能热水时，可采用分布式生活热水系统。

27.1.4 水力计算

1. 热水设计秒流量

热水计算管段热水设计秒流量，按公式（27-1）计算：

$$q_g = 0.2 \cdot \alpha \cdot (N_g)^{1/2} \tag{27-1}$$

式中 q_g——热水设计秒流量，L/s；

α——根据公共建筑用途而定的系数，参见相关章节；

N_g——热水计算管段热水当量数。

2. 热水供水管、回水管管径

热水供水管的管径，应根据该热水计算管段的设计秒流量、允许热水流速等计算确定。具体计算方法可根据公共建筑用途，参见相关章节。

3. 热水设计小时耗热量

各分布区域热水设计小时耗热量具体计算方法可根据公共建筑用途，参见相关章节。

4. 热水设计小时热水量

各分布区域热水设计小时热水量，按公式（27-2）计算：

$$q_{rh1} = Q_h/[(t_{r1} - t_1) \cdot C \cdot \rho_r] \tag{27-2}$$

式中　q_{rh1}——公共建筑生活热水设计小时热水量，L/h；

Q_h——公共建筑生活热水设计小时耗热量，kJ/h；

t_{r1}——热水计算温度,℃，取65℃；

t_1——冷水计算温度,℃，取4℃；

C——水的比热，kJ/(kg・℃)，C=4.187kJ/(kg・℃)；

ρ_r——热水密度，kg/L，取1.0 kg/L。

5. 热媒设计小时热水量

各分布区域热媒热水设计小时热水量，按公式（27-3）计算：

$$q_{rh2} = Q_h/[(t_{r2} - t_1) \cdot C \cdot \rho_r] \tag{27-3}$$

式中　q_{rh2}——公共建筑生活热媒热水设计小时热水量，L/h；

Q_h——公共建筑生活热水设计小时耗热量，kJ/h；

t_{r2}——热水计算温度,℃，此热水温度为第二热媒水供水温度，即热媒热水箱出水温度；

t_1——冷水计算温度,℃，此冷水温度为第二热媒水回水与冷水供水混合后水温，可按冷水供水水温计，即t_1取4℃；

C——水的比热，kJ/(kg・℃)，C=4.187kJ/(kg・℃)；

ρ_r——热水密度，kg/L，取1.0kg/L。

6. 热媒热水干管管径

热媒热水供（回）水干管管径应根据该管段负责区域热媒热水的设计流量、热媒热水流速等计算确定。

7. 区域换热机组选型

根据各区域热媒热水设计小时热水量数据确定区域换热机组的型号。

27.1.5　设备选型

1. 热媒热水供水泵组

公共建筑热媒热水供水泵组宜采用变频热水供水泵组，可采用3台（2用1备）或2台（1用1备）配备模式。

热媒供水泵组的供水流量（Q_1），按照热媒热水干管水力计算得到的数据确定。

热媒供水泵组的设计压力应保证热媒供水系统最不利处（通常是最高、最远区域换热机组处）所需压力，按公式（27-4）计算：

$$h_1 = h_1 + h_2 + \sum h \tag{27-4}$$

其中　h_1——最不利处与热媒供水泵组吸水管处的高差，mH_2O；

h_2 ——最不利处最小压力水头，mH_2O；

$\sum h$ ——最不利处与热媒供水泵组之间的水头损失，mH_2O。

根据热媒供水流量（Q_1）、热媒供水压力（H_1）选择合适的热媒热水供水泵组。

2. 第一热媒水循环泵组

第一热媒水指公共建筑锅炉房内热水锅炉高温热水（80℃/60℃）经板式换热器（一）供给热媒热水箱的热媒水。

第一热媒水循环流量为院区锅炉房内热水锅炉高温热水经板式换热器（一）与热媒热水箱之间的循环流量。第一热媒水循环流量（Q_2）可按照热媒水供水流量（Q_1）1.1 倍确定。

第一热媒水循环泵组的设计压力应保证锅炉高温热水在热水机房板式换热器（一）与热媒热水箱之间正常循环，该压力值用于克服水箱与板式换热器（一）进出管道间高差、管道水力损失及热量损失。

3. 第二热媒水循环泵组

第二热媒水循环流量（Q_3）为太阳能热媒水经板式换热器（二）与热媒热水箱之间的循环流量，可按太阳能热水循环流量确定。

第二热媒水循环压力（H_3）应保证太阳能高温水在地下一层热水机房板式换热器（二）与热媒热水箱之间正常循环，该压力值用于克服水箱与板式换热器（二）进出管道间高差、管道水力损失及热量损失。

4. 太阳能集热循环泵组

太阳能集热循环流量（Q_4）可按每组屋顶太阳能集热器的循环流量乘以太阳能集热器的数量（组）。

太阳能集热循环压力（H_4）应保证太阳能低温水自生活热水箱循环经过太阳能集热器加热后回到生活热水箱，该压力值用于克服水箱与太阳能集热器间管道水力损失及热量损失。

5. 热媒热水箱

热媒热水箱宜储存 1～20min 生活热水（75℃）为宜，大系统取低值，小系统取高值。

6. 区域换热机组

区域换热机组连接 5 种管线：热媒供水管、热媒回水管、热水供水管、热水回水管、冷水供水管。

区域换热机组具体参数，见表 27-2。

区域换热机组型号参数表 **表 27-2**

序号	名称	型号	额定流量 (L/min)	计算流量 (L/min)	设备尺寸 $H\times L\times D$ (mm)	空间尺寸 $H\times L$ (mm)	备注
1	区域换热机组 A	Regumaq XZ30	30	25	860×500×270	1060×600	不带循环泵
2	区域换热机组 B	Regumaq X80	80	70	875×660×300	1175×948	自带循环泵

区域换热机组的接管管径及接管位置，见表 27-3。

区域换热机组接管管径及接管位置表　　表 27-3

序号	名称	型号	热媒供水管管径 DN (mm)	热媒回水管管径 DN (mm)	热水供水管管径 DN (mm)	热水回水管管径 DN (mm)	冷水供水管管径 DN (mm)
1	区域换热机组 A	Regumaq XZ30	25 设备上部	25 设备上部	25 设备下部	25 设备下部	25 设备下部
2	区域换热机组 B	Regumaq X80	40 设备上部	40 设备上部	40 设备下部	25 设备右部	40 设备下部

根据各区域热媒热水设计小时热水量，结合区域换热机组的计算流量确定区域换热机组的型号。

27.2 异程式生活热水循环系统

27.2.1 生活热水循环系统类别

根据不同的热水管路距离差别，公共建筑集中供应生活热水循环系统主要分为同程式生活热水循环系统、异程式生活热水循环系统 2 种，见表 27-4。

同程式与异程式生活热水系统对比一览表　　表 27-4

序号	名称	具体说明	应用情况
1	同程式生活热水循环系统	热水系统各热水管路（包括供水管路、回水管路）的距离长度相同或相差不大；水力、热力条件较好，可以保证整个系统的平衡和使用效果	最常用
2	异程式生活热水循环系统	热水系统各热水管路（包括供水管路、回水管路）的距离长度不同或相差较大；可通过生活热水多功能阀等措施解决生活热水的水力平衡和热量平衡问题	目前较少采用，但有广大发展前景

在采用生活热水温控循环阀等措施后，公共建筑集中供应生活热水循环系统可以且宜采用异程式生活热水系统。生活热水系统异程运行，可以大大缩短热水回水管敷设长度，提高热水循环效率，节省管道占用空间，具有较大技术经济优势。

异程式生活热水循环系统在医院建筑、旅馆建筑、宿舍建筑、疗养院建筑、老年人照料设施建筑等公共建筑中将得到更大运用，未来会取代同程式生活热水循环系统的主流地位。

典型的医院建筑异程式生活热水系统原理图，见图 27-5。典型的旅馆建筑异程式生活热水系统原理图，见图 27-6～图 27-9。宿舍建筑、疗养院建筑、老年人照料设施建筑异程式生活热水系统原理图，见图 27-6～图 27-9。

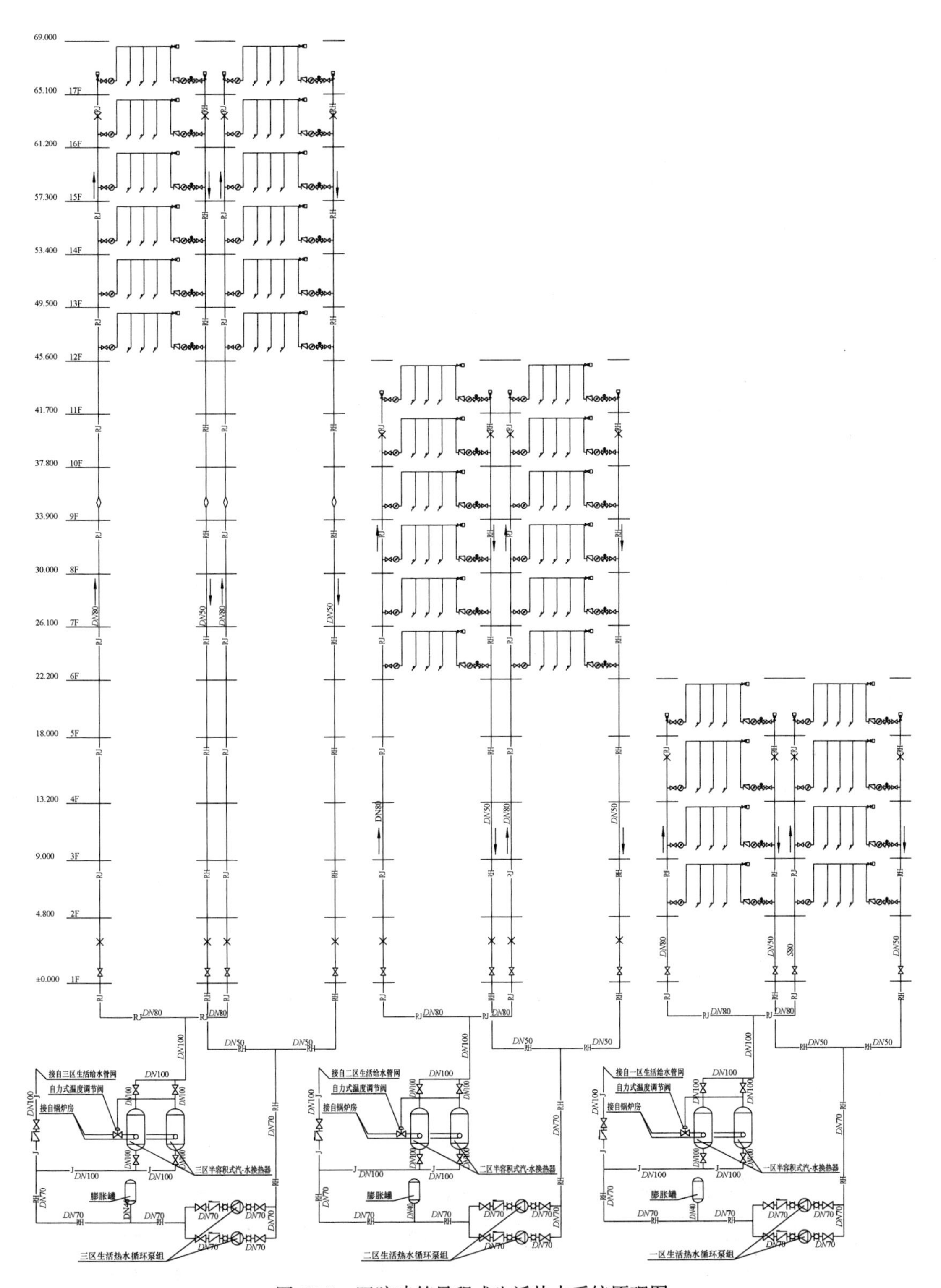

图 27-5 医院建筑异程式生活热水系统原理图

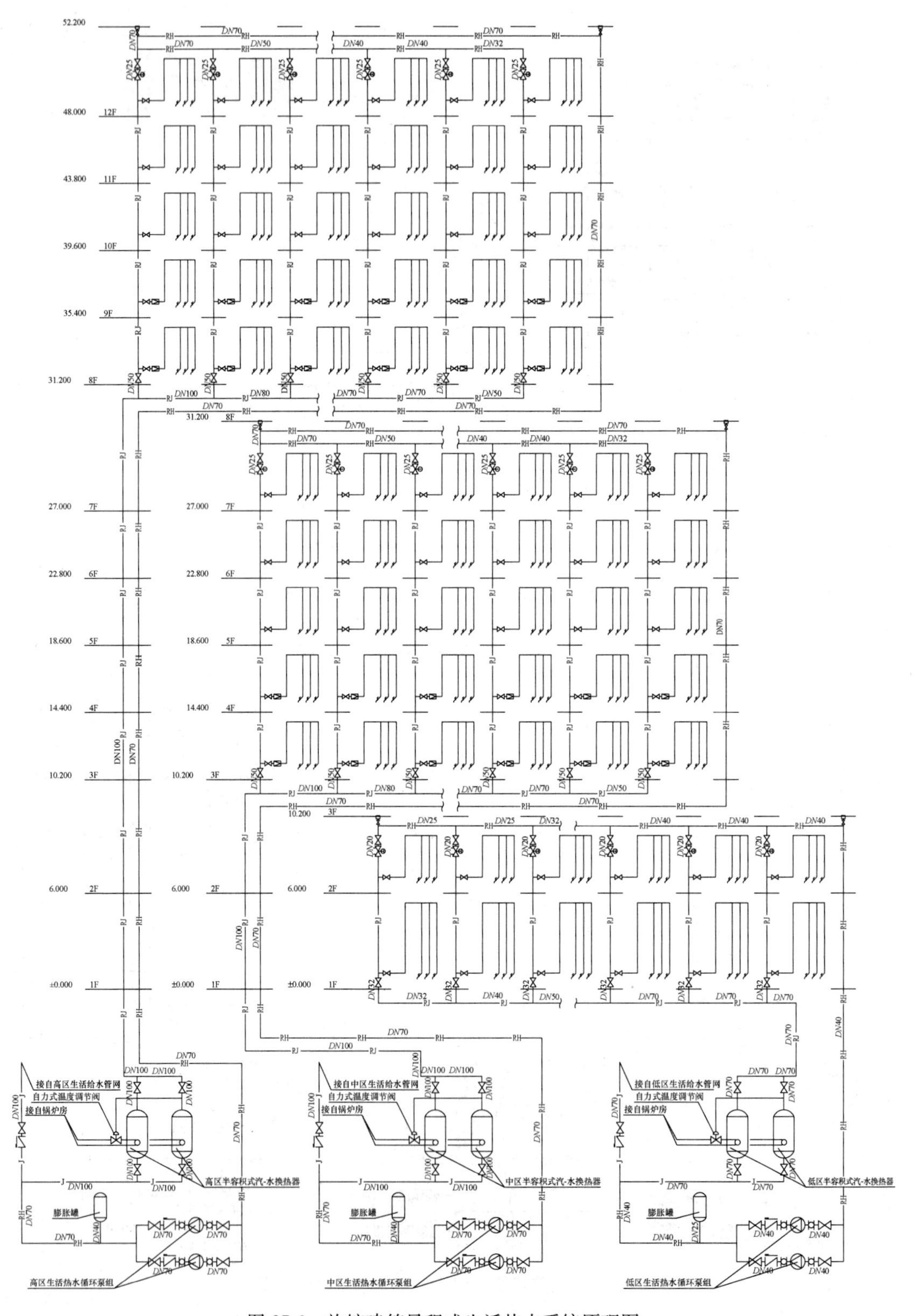

图 27-6　旅馆建筑异程式生活热水系统原理图一

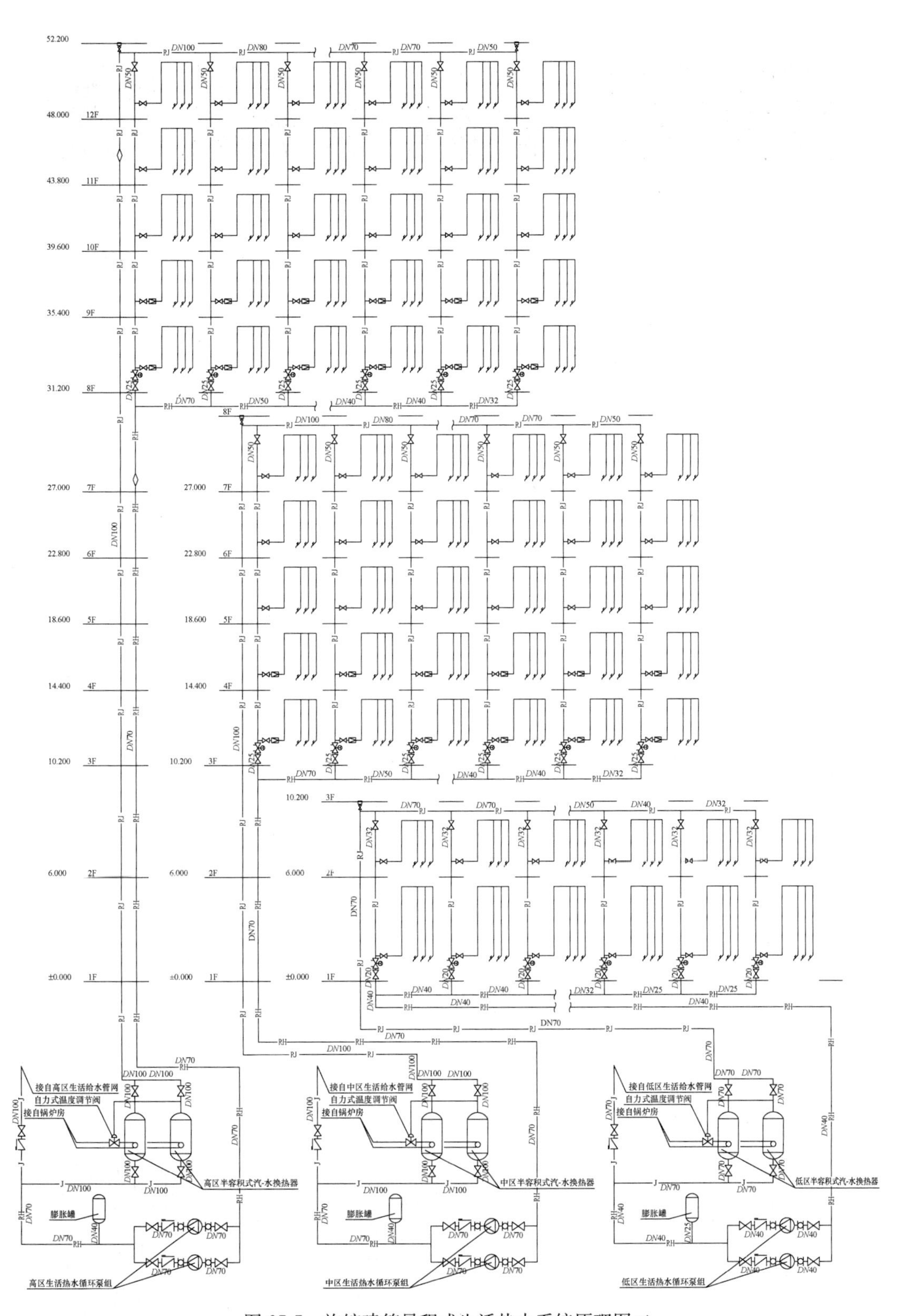

图 27-7 旅馆建筑异程式生活热水系统原理图二

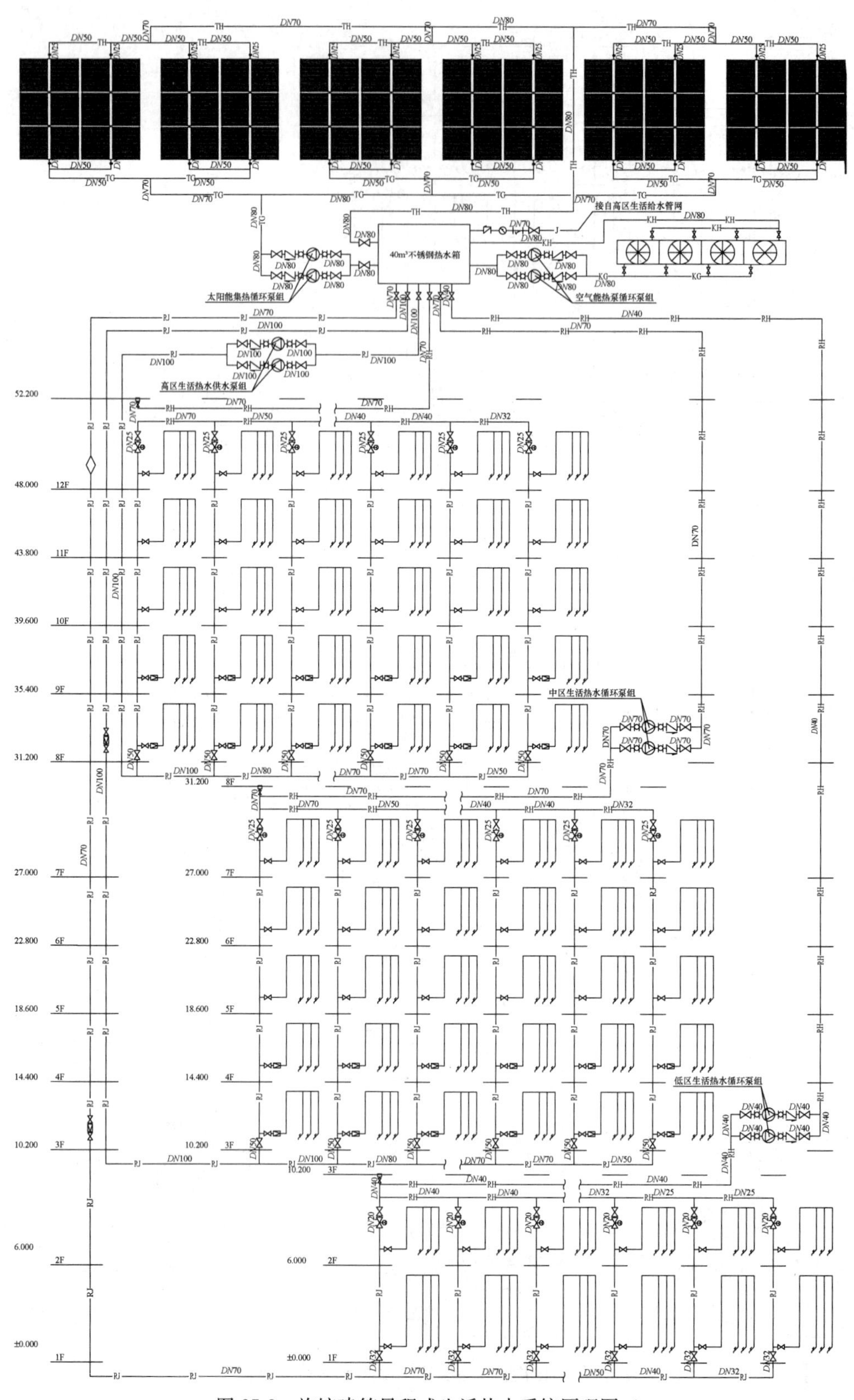

图 27-8 旅馆建筑异程式生活热水系统原理图三

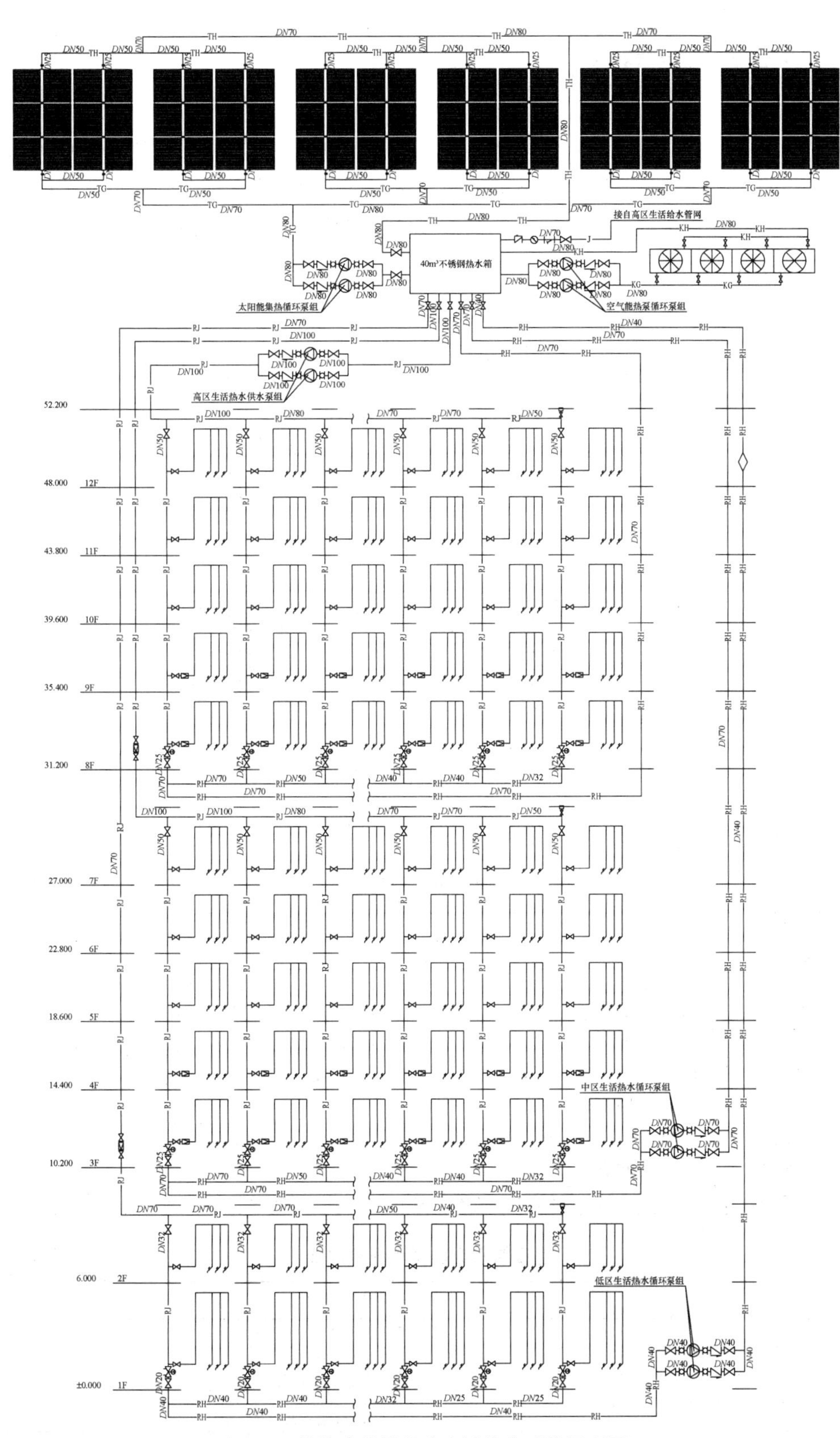

图 27-9 旅馆建筑异程式生活热水系统原理图四

27.2.2 生活热水温控循环阀

1. 产品介绍

生活热水温控循环阀是一种多功能阀，其功能类似于暖通系统常用的平衡阀产品，通过流量控制自动控制温度，当循环温度达到设定值时，阀门将自动关到最小，保持一个最小开度，在保证循环水温度达标的基础上，实现了循环管路流量平衡的节能运行。

2. 产品构造（图 27-10）

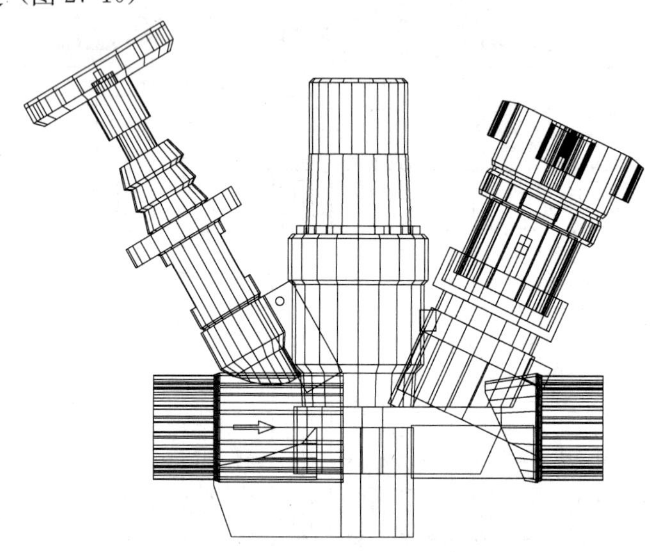

图 27-10 生活热水温控循环阀产品构造图

3. 产品技术性能及参数（表 27-5、表 27-6）

生活热水温控循环阀技术性能表 **表 27-5**

序号	项目	技术性能说明
1	温度控制	推荐设定范围：55～60℃；最大控制范围 40～65℃，控制精度±1℃
2	自力式热力消毒功能	支持热力消毒，当温度超过设定温度 6℃时阀门自动增加至杀菌流量，当温度到达 73℃时阀门自动降低至最小流量；阀门保证最好的生活热水循环系统热力消毒效果
3	管道流量调节限制功能	预设定最大流量；可通过限制近端管路的流量，确保一定的循环水温度，保证系统循环效果；在大幅温度下降情况下保证循环管的水力平衡；自动适应水力条件的改变以保证最佳工况；阀门装配有排水阀用于系统检修
4	管道温度监控功能	通过温度计或传感元件可监控管道温度；可通过保护帽保证温度设定不被无关人员篡改；设定温度可直读
5	健康卫生性能	温度控制器不接触流体；所有接触流体部分均为非黄铜材质；青铜阀体；EPDM O 型圈

生活热水温控循环阀参数表 **表 27-6**

序号	主要参数
1	规格：*DN*15、*DN*20、*DN*25、*DN*32
2	最高工作温度：90℃
3	最大工作压力：1.6MPa
4	密封材质：EPDM
5	出厂设定温度：57℃

4. 生活热水温控循环阀控制原理（图 27-11）

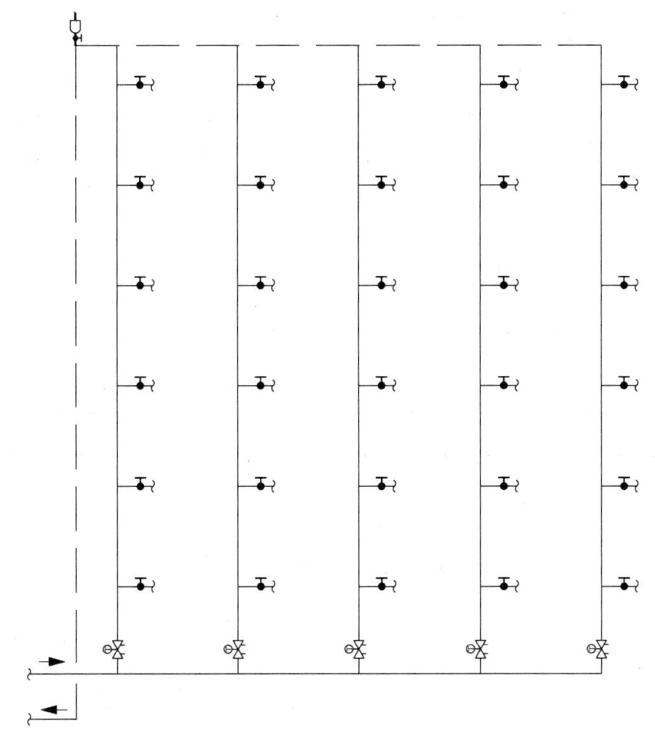

控制原理图一

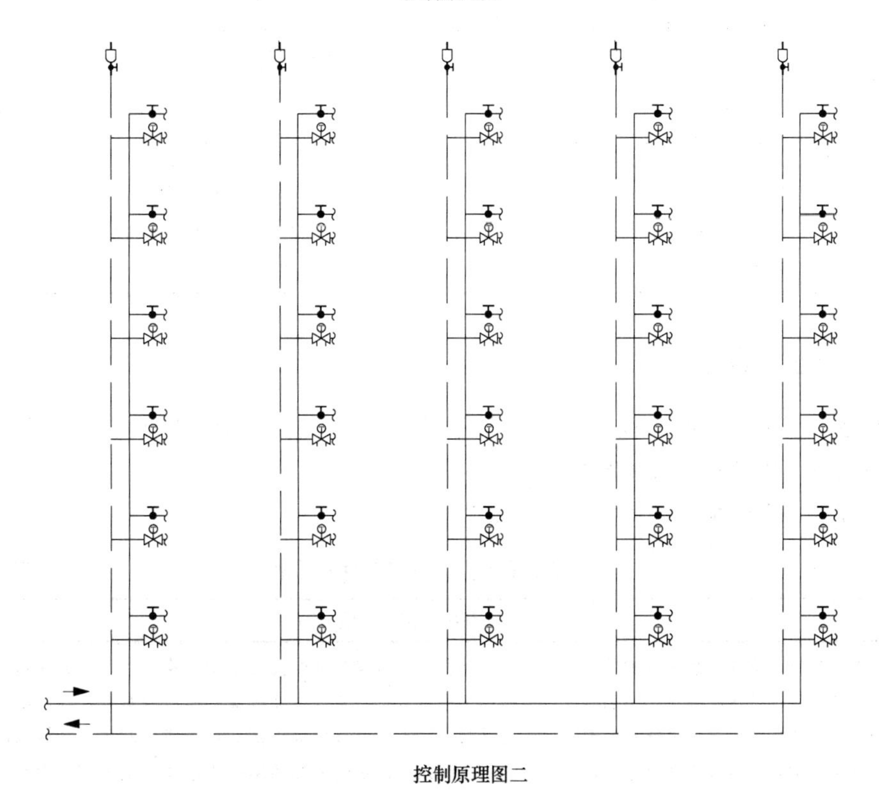

控制原理图二

图 27-11 生活热水温控循环阀控制原理图

27.3 高压细水雾灭火系统

高压细水雾灭火系统由高压细水雾泵组、高压细水雾喷头、区域控制阀组、不锈钢管道以及火灾报警控制系统等组成。高压细水雾灭火系统基于高效冷却、快速窒息的特性，具有优秀的灭火性能。

27.3.1 与气体灭火系统比较

高压细水雾灭火系统与七氟丙烷（HFC-227ea）气体灭火系统的比较，见表27-7。

高压细水雾灭火系统与七氟丙烷（HFC-227ea）气体灭火系统比较表　　表27-7

比较项目	高压细水雾灭火系统	七氟丙烷（HFC-227ea）气体灭火系统
灭A、B类和电气类火灾的有效性	可以高效、快速、持续灭火并有效防止复燃，对密封性及空间温度均无要求，可开门、开窗灭火，更能承受一定的通风，可有效抑制深位火灾	可以有效灭火，但灭火的不确定性因素较多。最大的问题在于空间密闭条件被破坏时的灭火失效率较高，另外对于电气深位火灾，复燃的概率较高
有无毒性	环保，无毒，可以降低火灾现场的烟尘、CO_2和CO含量	热态下产生HF物质，具有腐蚀性、毒性
对空间环境及结构要求	对防火区无密闭要求，一个消防项目只需一个高压泵站，节省机房空间面积，可靠性高	防火区须密闭和设计泄压口，超过8个防火分区就要另设一套钢瓶系统。对钢瓶间有避光和通风要求。一个大的消防项目往往需要多个钢瓶间
对人员安全性要求	有除烟和除CO的能力，喷放时，对人员没有危险，且有保护作用，无需预警，不需要人员疏散	气体在对人员喷放时，可造成人员窒息死亡，喷放前人员须撤离现场
灭火有效性	灭火成功率达100%	气体灭火成功率仅在40%左右
安装维护	定期更换水箱内的水即可，60年的寿命；维护成本低	定期更换气体，价格昂贵；高压气瓶，10年失效

27.3.2 系统技术经济性

公共建筑中不宜用水扑救的部位（即采用水扑救后会引起爆炸或重大财产损失的场所）均可采用高压细水雾灭火系统灭火。

高压细水雾灭火系统的经济性，见表27-8。

高压细水雾灭火系统经济性一览表　　表27-8

序号	系统经济性说明
1	在高压细水雾灭火系统保护的对象中，医院建筑医技机房中的医技设备均价格昂贵，公共建筑中的柴油发电机房、高低压配电室等中的电气设备均属于重点设备。基于大部分雾滴能快速蒸发，高压细水雾的喷放对于以上贵重设备、设施等的水渍损失极其微小，不会对设备的正常运行造成不利影响，可以确保这些设备在火灾扑灭后快速恢复运行，不因火灾而影响以上机房的继续使用；这是高压细水雾灭火系统经济性的最大体现

续表

序号	系统经济性说明
2	高压细水雾灭火系统中造价较高的是高压细水雾泵组，其他部分相对其他灭火系统来说在造价上相差不大；一般对于一个公共建筑单体来说，高压细水雾泵组是1套，如果末端保护区域越多，则高压细水雾泵组的造价在系统中的比重越小，整个系统的经济性就越好
3	高压细水雾泵组占用空间小，通常设置在消防泵房内，不需要特别的安全存储条件，可以节约大量成本
4	高压细水雾灭火系统的用水量很小，仅为自动喷水灭火系统的10%，因此系统所用水管道、管接件管径均很小，降低了系统管材造价
5	高压细水雾单个喷头的保护面积为普通自动喷水灭火喷头的2.5倍，可以节约一定数量的喷头和接管管材
6	高压细水雾灭火系统的管材与水的总质量相当于自动喷水灭火系统的15%，管径较小的管材可人工弯曲，节省管件，易于安装，施工周期可节约70%
7	高压细水雾灭火系统的维护成本较低

27.3.3 系统应用趋势探讨

1. 逐步替代气体灭火系统

七氟丙烷等传统氢氟烃类灭火剂具有明显的温室效应，在今后会限制使用直至停止使用。

高压细水雾灭火系统与各类气体灭火系统的宏观比较，见表27-9。

高压细水雾灭火系统与气体灭火系统宏观比较一览表 **表27-9**

类别	CO_2	FM200	IG-541	全氟己酮	高压细水雾
灭A、B类和电气火灾的有效性	可以有效灭火，但灭火的不确定性因素较多。最大的问题在于空间密闭条件被破坏情况下的灭火失效率较高。另外对于电气深位火灾，复燃的概率较高				可以有效灭火，更能承受一定的自然或主动通风，可有效抑制深位火复燃
有无毒性	人体致命浓度20%，灭火的最低浓度34%	热态下产生FH物质，具有腐蚀性，有毒	主要由少量CO_2和惰性气体组成，其中NOAE L=43%，LOAE L=52%	无毒，易挥发，与水会发生反应产生酸性物质	无毒，且可以降低火灾场所的烟尘、CO_2和CO含量
对环境的影响	有影响	有影响	有很少影响	无影响	无影响
对设备的影响	影响较小	灭火时产生的FH，具有腐蚀性	无影响	1230属酮类物质，极易吸收空气中的水分，并与水发生裂解反应，产生酸性物质	影响很小，通过采用可靠工艺，影响会降到最低
灭火的可持续性和浸湿作用	灭火介质受限，不能保证持续灭火，对燃烧物没有浸湿作用，对于很多可能出现复燃的固体深位火灾无法确保可靠灭火；一般气体喷放时间为60s；灭火的设计浓度在34%～50%，施放后浓度保持时间取决于空间的密闭性				水源易获取，可重复启动持续灭火，对燃烧物有较强的浸湿作用。系统基本储水量$3m^3$，由市政给水管网补水，持续时间不少于600s

续表

<table>
<tr><th>类别</th><th>CO_2</th><th>FM200</th><th>IG-541</th><th>全氟己酮</th><th>高压细水雾</th></tr>
<tr><td rowspan="2">灭火的二次效应</td><td>二次损失很小</td><td>腐蚀性物质将造成二次损失</td><td>无二次损失</td><td>与水发生裂解反应产生酸性物质对设备造成二次损失</td><td rowspan="2">用水量极小，水渍损失易控制；可再用，通过市政补水可以长时间控制灭火或降温</td></tr>
<tr><td colspan="4">包括备用灭火介质在内，气体一旦喷放，不可再用，不便于针对复燃或蔓延火灾的扑救</td></tr>
<tr><td>吸热、辐射热阻隔及除烟性能</td><td>有很小的冷却作用，无辐射热阻隔及除烟性能</td><td colspan="3">无吸热、辐射热阻隔及除烟性能</td><td>具有强的吸热、辐射热阻隔及除烟性能</td></tr>
<tr><td>人员疏散的计划及时间要求</td><td>必须及时疏散</td><td>冷态时人体可接触，应及时疏散</td><td colspan="2">可短时处于释放空间内，但也应及时疏散</td><td>有除烟和 CO 的能力，有疏散冗余时间，人可处于细水雾喷放空间内</td></tr>
<tr><td>配套工程成本、维护使用成本</td><td colspan="4">必须有配套工程保证空间密闭条件，成本高</td><td>对空间密闭条件要求低，成本较低</td></tr>
</table>

注：1. 按照现行国家标准《气体灭火系统设计规范》GB 50370 要求：超过 8 个保护区，必须设置 100%的备用量；

2. 美国 FM 的研究表明气体灭火系统应用于汽轮机房时，灭火失效率高达 49%，其中 37%是由于灭火介质从门、窗等孔洞泄漏所致。细水雾可以在房间有开口的情况下灭火，不影响灭火效果。

综上分析，在进行充分技术经济性分析后，公共建筑中可采用高压细水雾灭火系统代替气体灭火系统灭火。

2. 逐步替代自动喷水灭火系统

高压细水雾灭火系统与自动喷水灭火系统的技术性能比较，见表 27-10。

高压细水雾灭火系统与自动喷水灭火系统技术性能比较一览表　　表 27-10

<table>
<tr><th>序号</th><th>对比项目</th><th>高压细水雾灭火系统</th><th>自动喷水灭火系统</th></tr>
<tr><td>1</td><td>防灾反恐性能</td><td>高压细水雾在降低环境温度、隔离热辐射的同时，通过雾滴吸附沉降作用降低烟雾浓度，减少烟气毒性，有利于人员逃生和疏散救援；高压细水雾具有优异的抑爆和洗消性能，有效防止和降低爆炸和毒气泄漏的危害</td><td>无</td></tr>
<tr><td>2</td><td>灭火性能</td><td>冷却与窒息双重灭火作用；灭火快速有效</td><td>依靠水的冷却、浸湿作用灭火，灭火速度慢，起到控制火势作用</td></tr>
<tr><td>3</td><td>用水量</td><td colspan="2">高压细水雾灭火系统用水量仅为自动喷水灭火系统的 10%</td></tr>
<tr><td>4</td><td>管材</td><td>高压管道管径在 $DN10$～$DN40$；采用奥氏体不锈钢管道，使用寿命长（综合使用可达 50 年以上），不易腐蚀</td><td>干管管径 $DN150$、$DN100$，支管管径 $DN25$～$DN80$，镀锌钢管，使用寿命短（10 年），易腐蚀</td></tr>
<tr><td>5</td><td>占用空间</td><td>泵组构造精巧，一体化设计占地面积小，仅需 20～30m^2（含不锈钢水箱占地）</td><td>泵组体积庞大，所需检修空间大，消防水池占地大，一般泵房超过 300～350m^2（含消防水池占地）</td></tr>
</table>

续表

序号	对比项目	高压细水雾灭火系统	自动喷水灭火系统
6	施工安装	管道小，可实现全部工厂化预制，易于整体管路综合	管道粗大笨重，需特殊考虑安装空间和支撑要求
7	维护保养	泵组水自润滑，免维护；主要管道和喷头均为不锈钢材质，使用寿命长，质量可靠，少维保	定期对水泵进行全面维护，管道为镀锌钢管，易腐蚀，需要定期检测、更换
8	配套工程	无	需要额外考虑给水和排水工程

高压细水雾灭火系统的技术经济及适用性优势，见表 27-11。

高压细水雾灭火系统技术经济及适用性优势一览表　　表 27-11

序号	高压细水雾灭火系统技术经济及适用性优势说明
1	高压细水雾技术可使用于有人场所，其灭火介质的喷放不会导致人员窒息，从而在有人场所的应用具备极大优势
2	高压细水雾灭火系统具有良好的洗刷烟气效果，其吸附微小粉尘颗粒从而凝聚成大颗粒落至地面，并且给高温烟气进行降温，从而有效辅助人员逃生
3	高压细水雾灭火系统喷放时用水量极小，短时间内不会产生大量水渍在地面残留，可有效保障人员逃生环境，导致人员滑倒以及踩踏事故发生的可能性极小；系统喷放时会产生洗刷烟气的效果
4	在房间门口及重要走道等区域的高压细水雾幕可有效洗刷烟气和隔绝热辐射，从而有效阻隔烟气及热量扩散
5	高压细水雾喷枪射程达 12～15m，且其灭火效果好，可操作性强，可有效避免人员不能操作消火栓的问题，保障灭火人员与火源点的安全距离
6	由于高压细水雾管道采用不锈钢材质，其耐腐蚀性极高，使用寿命可达 30～50 年，系统免维护，其维保成本极低

综上分析，在进行充分技术经济性分析后，公共建筑中可在整个建筑或局部场所采用高压细水雾灭火系统代替自动喷水灭火系统灭火。

27.4 真空排水技术

27.4.1 应用背景

新型高大空间、长跨度或大型地下建筑采用重力排水方式时出现的问题，见表 27-12。

新型高大空间、长跨度或大型地下建筑采用重力排水方式时出现问题一览表　　表 27-12

序号	采用重力排水方式时出现的问题
1	排水管道坡降影响室内层高，进而妨碍空间利用及影响装饰效果
2	提升污水带来的土建结构成本增加
3	排水管道管径逐级放大使得流速降低造成杂质淤积、堵塞

续表

序号	采用重力排水方式时出现的问题
4	建筑结构梁柱、各专业管线等限制排水管道走向
5	排水管道管材及施工质量缺陷引发滴漏带来的卫生安全问题
6	建筑地下人防空间利用要求不允许开洞，无法布置重力流排水管路
7	建筑地下空间重力流容易造成排气不畅、臭味弥漫、蚊蝇细菌滋生等问题
8	对现有建筑进行改造，重力流存在不易扩展、施工困难、投资高、周期长等问题

27.4.2 系统介绍

真空排水系统是由真空泵在密闭的排水管网中形成真空条件，通过各收集提升器中的真空隔膜阀，利用真空负压产生的压差来实现污水流向污水罐，最后排至市政污水管网或污水处理设备。真空排水系统属于压力流排水系统，有别于传统重力排水系统和压力（正压）排水系统。

真空排水系统主要由真空机组、真空管路、真空便器、真空提升器等部分组成。

与传统排水系统相比，室内真空排水系统以其独特的环保、节水性能，具有系统密闭性好、排水管道敷设方式灵活、施工方便快捷等显著优点。

可优先采用室内真空排水系统的场所，见表27-13。

可优先采用室内真空排水系统的场所一览表　　表27-13

序号	室内真空排水系统应用场所
1	重力排水有困难或无法重力排水的场所
2	需要设置独立密闭、隔离防护的排水系统
3	集中处理低辐射污水的医院或医疗场所
4	业态变换频繁，管道布置变化大，无法满足重力流坡度，或对管道布置走向有严格限定的商业场所

27.4.3 与传统排水系统对比

室内真空排水系统与传统重力排水系统的对比，见表27-14。

室内真空排水系统与传统重力排水系统对比一览表　　表27-14

序号	对比项目	传统重力排水系统	室内真空排水系统
1	设计	受水力坡度的限制，污水提升困难，或需要提升泵和构筑物；进行同层排水设计时设计不便	靠真空抽吸，不受重力影响，可任意提升污水；可按需布置排水管线，灵活多变
2	管径	管径大、耗资巨大且需要大规模开挖；流速慢、易结垢；管线铺设占用空间大，不能随意绕开障碍物；管沟挖掘深，施工周期长、难度大、费用高	真空管径小，通常在50～200mm，可采用PVC或PE材质，造价低廉；流速快，具有自我冲洗能力，不易结垢；管路铺设灵活，走向不受地形限制，可轻易绕开障碍；埋深浅，施工土方小，施工简单、经济

续表

序号	对比项目	传统重力排水系统	室内真空排水系统
3	安装维修	安装复杂、工程量大、出现泄漏不易察觉	安装相对工程量小，维修更简单，管道处在真空状态，不存在输送介质泄露情况
4	臭气问题	管网系统是半敞开式，密封性差，臭气外逸，滋生蚊蝇	管网内为负压且全封闭，臭气不会外逸
5	现有建筑改造	施工困难、投资高、工期长	易扩展，容易施工，成本低、工期短，方便商业餐饮的并铺、分铺，业态调整等现实需要

室内真空排水系统与传统排水系统相比具有优势，见表 27-15。

室内真空排水系统与传统排水系统相比的优势一览表　　表 27-15

序号	室内真空排水系统与传统排水系统相比的优势
1	系统耗水量显著降低
2	无需连续坡度，废水可从上方绕过障碍物水平输送，为系统布局提供了极好灵活性
3	真空收集系统管道直径较小，可显著节省空间
4	真空马桶能有效去除异味和飞沫，更舒适、更卫生
5	管道破裂会导致空气泄漏到管道中而不是污水泄漏出，不存在废水从系统泄漏的风险
6	建筑改造、地下安装、商店改造或历史建筑翻新更加容易且更具有成本效益
7	真空收集系统提供出色的设计灵活性，不需要在地下设置多个收集点提升泵站
8	真空收集系统可以节省空间、水，以及降低质量

27.4.4　室内真空排水系统设计

1. 真空泵站

真空泵站宜布置在真空排水系统的负荷中心位置，并应布置在最低排水点的同层或以下标高位置。公共建筑真空泵站不应布置的场所，见表 27-16。

公共建筑真空泵站不应布置的场所一览表　　表 27-16

序号	场所名称	相关区域、用房具体说明
1	人流量密集区域	医院建筑病房区、门诊区；旅馆建筑客房区；宿舍建筑居住区；学校建筑教学区；托幼建筑生活区；办公建筑办公区；商店建筑营业区；展览建筑展览区、业务区；剧场建筑、电影院建筑观众厅；体育建筑室内比赛场地、看台区；交通客运站建筑候乘厅、站务用房；铁路旅客车站建筑集散厅、候车区；机场旅客航站楼出发区、候机区；科研建筑实验区、办公区；饮食建筑用餐区域；疗养院建筑疗养区、理疗区；老年人照料设施建筑老年人生活区域；广播电影电视建筑工艺用房、办公区；电力调度建筑通信区、办公区；通信建筑营业区、办公区；邮政建筑营业区、办公区；财贸金融建筑营业区、交易区、办公区等
2	居住用房的上层、下层和毗邻	医院建筑病房、旅馆建筑客房、宿舍建筑宿舍、酒店式办公建筑居住房间、公寓式办公建筑居住房间、疗养院建筑疗养用房、老年人照料设施建筑老年人居住房间等
3	生活饮用水箱、生活水泵房、生活热水机房、变配电室等毗邻和上层	

真空泵站的单根真空主管长度要求和适用场所，见表27-17。

真空泵站单根真空主管长度要求和适用场所一览表 **表27-17**

真空泵站配置	单根真空主管长度要求	适用场所
无真空罐	不宜大于300m	同层排水且单级提升高度不大于3m的场所
配备真空罐	不宜大于3000m	单级提升高度不大于6m的场所

真空罐内的负压值应维持在－0.07～－0.05MPa，罐体应能承受－0.09MPa的负压。

真空泵组应低噪声、高效。单台真空泵的功率不宜大于15kW，且排气量不宜大于630m^3/h。

2. 真空界面单元

真空地漏应设置前置隔污装置。用于含油、含渣污水排放的真空界面单元，应设置隔油、除渣设备。

真空坐（蹲）便器每次冲洗的水量不应大于1.5L，真空小便器每次冲洗的水量不应大于0.5L。

真空隔油器适用于配备真空罐的真空泵站，与真空泵站设于同一机房内。

3. 室内真空排水系统管道

室内真空排水系统管道的设计要求，见表27-18。

室内真空排水系统管道设计要求一览表 **表27-18**

序号	项目	设计要求
1	管道管径	根据使用场所实际排水量计算确定，管道内气体与污水、废水的混合物流速应按1～7m/s
2	管道敷设	宜采用输送集水弯形式；相邻输送集水弯间距宜≤25m，且集水弯间管路坡度应≥0.2%
3	主管各管段累计高度	当未配备真空罐时，不宜大于2.5m；当配备真空罐时，不宜大于5m
4	检查口（清扫口）	应在水平主横管的最低点设置；相邻的检查口（清扫口）间距宜为25～35m
5	通气管	当配备真空罐时应设置；管径不宜小于100mm，管控设置通气帽；通气横管坡度应≥0.5%
6	管材和管件	压力等级标准应≥1.0MPa；耐负压能力应≥－0.09MPa；应耐蚀、耐磨；可采用工业级PVC-U管（粘接、法兰连接）、PVC-C管（粘接、法兰连接）、HDPE管（电熔连接、法兰连接）、不锈钢管（焊接连接、法兰连接）

4. 系统设计要求

终端压力排水管可直接与室外重力、压力和真空排水系统相连接。

真空排水系统主管管径应根据主管管道总流量的最大值确定。

排放厨房含油废水和排放生活污水、废水的真空排水管道，在真空隔油器前应分开设置。

27.4.5 室内真空排水系统计算和选型

1. 液体（污水、废水）流量

液体（污水、废水）流量应按公式（27-5）计算：

$$Q_{ww} = K \cdot (\sum q_w)^{1/2} \tag{27-5}$$

式中 Q_{ww}——污水、废水流量，L/s；

K——根据公共建筑类型而定的修正系数，$(L/s)^{1/2}$，可按表 27-19 采用；

室内真空排水系统管道设计要求一览表 **表 27-19**

使用频率	公共建筑类型	$K[(L/s)^{1/2}]$
间歇性	办公室、图书馆	0.5
频繁	非寄宿制学校、宾馆、监狱	0.7
高负载	公共淋浴间、洗衣房	1.0
特殊	餐厅、医院、运动场/体育馆、寄宿制学校、集中洗漱的培训中心、会展中心、演唱会场馆、机场和火车站等公共厕所	1.2～1.5

q_w——单个末端排水设备水流量，L/s，可按表 27-20 采用。

q_w取值表 **表 27-20**

序号	卫生器具名称		室内真空排水系统排水流量（L/s）
1	洗涤盆、污水盆（池）		0.30
2	餐厅、厨房洗菜盆（池）	单格洗涤盆（池）	0.30
		双格洗涤盆（池）	0.60
3	盥洗槽（每个水嘴）		0.30
4	洗手盆		0.30
5	洗脸盆		0.30
6	浴盆		0.50
7	淋浴器		0.30
8	大便器	冲洗水箱	不适用
		自闭式冲洗阀	不适用
		无水箱	0.60
9	医用倒便器	无水箱	0.30
10	小便器	自闭式冲洗阀	0.30
		感应式冲洗阀	0.30
11	大便槽	≤4 个蹲位	不适用
		>4 个蹲位	不适用
12	小便槽（每 m 长）	自动冲洗水箱	0.50
13	化验盆（无塞）		0.30
14	净身器		0.30
15	饮水器		0.30
16	家用洗衣机		0.50
17	洗碟机		0.50
18	洗碗机		0.50
19	地漏		0.50

注：Q_{ww}的计算是假设在没有安装任何真空界面单元时，污水、废水直接通过末端排水设备接入真空管网时的最大水流量。

Q_{ww}的最终值取公式（27-5）计算得出的末端排水设备水流量（L/s）和连接到管路中的单个最大排水量末端设备的水流量（L/s）两个值中的较大值。

2. 气体（空气）流量

气体（空气）流量应按公式（27-6）计算：

$$Q_{wa}=K\cdot(\sum q_a)^{1/2} \tag{27-6}$$

式中 Q_{wa}——实际压力下的气体流量，L/s，实际压力通常为50kPa；

K——根据公共建筑类型而定的修正系数，$(L/s)^{1/2}$，可按表27-19采用；

q_a——在实际压力下单个真空界面单元动作产生的瞬时气流量（异于峰值流），L/s，应由真空界面单元制造商提供，当无制造商相关数据时，可按表27-21采用。

q_a取值表 **表27-21**

序号	卫生器具名称	q_a (L/s)
1	真空地漏（6L），浴盆，淋浴器	38
2	洗涤盆，污水盆，洗菜盆，盥洗盆，小便器，小便槽，化验盆，净身器，饮水机，洗衣机，洗碟机，洗碗机	44
3	真空大便器，医用倒便器，大便槽	50

Q_{wa}的最终值取公式（27-6）计算得出的末端排水设备动作产生的气流量（L/s）和连接到管路中的单个最大气流量末端设备所能产生的气流量（L/s）两个值中的较大值。

3. 系统总流量

系统总流量应按公式（27-7）计算：

$$Q_w=Q_{ww}+Q_{wa} \tag{27-7}$$

式中 Q_w——实际压力下的系统总流量，L/s。

4. 真空负荷

真空负荷应按公式（27-8）计算：

$$Q_{vp}=3.6\cdot\alpha\cdot Q_w \tag{27-8}$$

式中 Q_{vp}——实际压力下的真空泵额定抽气量，m^3/h；

α——泄漏及安全系数，取1.0～1.5。

5. 真空泵数量

真空泵数量应按公式（27-9）计算：

$$N\geqslant Q_{vp}/Q_{v0}+1 \tag{27-9}$$

式中 N——真空泵数量；

Q_{v0}——实际压力下的单台真空泵额定抽气量，m^3/h。

6. 真空泵有效容积

真空泵有效容积应按公式（27-10）计算：

$$V_t=2\cdot\alpha\cdot Q_{ph}/N_{dp} \tag{27-10}$$

式中 V_t——真空泵的有效容积，m^3；

α——泄漏及安全系数，取1.0～1.5；

Q_{ph}——高峰时段污水、废水流量计算值，m³/h，可按给水流量峰值的85%～95%作为计算依据；

N_{dp}——设备制造商给出的排水泵每小时启动次数，次/h。

7. 主管道水流量和气流量

主管道水流量和气流量应按公式（27-11）、公式（27-12）计算：

$$Q_{wp} = K \cdot (\sum q_w)^{1/2} \quad (27\text{-}11)$$

式中 Q_{wp}——相应管道内的污水、废水流量，m³/h；

K——根据公共建筑类型而定的修正系数，$(L/s)^{1/2}$，可按表27-19采用；

q_w——单个末端排水设备水流量，L/s，可按表27-20采用。

注：Q_{wp}的计算是假设在没有安装任何真空界面单元时，污水、废水直接通过末端排水设备接入真空管网时的最大水流量。

Q_{wp} 的最终值取公式（27-11）计算得出的末端排水设备水流量（L/s）和连接到管路中的单个最大排水量末端设备的水流量（L/s）两个值中的较大值。

$$Q_{ap} = K \cdot (\sum q_a)^{1/2} \quad (27\text{-}12)$$

式中 Q_{ap}——实际压力下的相应管道的气体流量，L/s；

K——根据公共建筑类型而定的修正系数，$(L/s)^{1/2}$，可按表27-19采用；

q_a——在实际压力下单个真空界面单元动作产生的瞬时气流量（异于峰值流），L/s，应由真空界面单元制造商提供，当无制造商相关数据时，可按表27-21采用。

Q_{ap} 的最终值取公式（27-12）计算得出的末端排水设备动作产生的气流量（L/s）和连接到管路中的单个最大气流量末端设备所能产生的气流量（L/s）两个值中的较大值。

27.4.6 室内真空排水系统排水泵选型

1. 排水泵流量

排水泵的流量应按公式（27-13）计算：

$$Q_{dp} = Q_{ph}/(N_{dp} \cdot T_d) \quad (27\text{-}13)$$

式中 Q_{dp}——排水泵的流量，m³/h；

Q_{ph}——高峰时段污水、废水流量计算值，m³/h，可按给水流量峰值的85%～95%作为计算依据；

N_{dp}——设备制造商给出的排水泵每小时启动次数，次/h。

T_d——收集罐的排水时间，可根据泵制造商的技术参数设置（每小时开启次数）。

2. 排水泵扬程

排水泵的扬程应按公式（27-14）～公式（27-17）计算：

$$H_p = H_f + H_l + H_v + H_e \quad (27\text{-}14)$$

$$H_l = h_d — h_{te} \quad (27\text{-}15)$$

$$H_v = (P_a — P_v)/(\rho \cdot g) \quad (27\text{-}16)$$

$$H_f = \sum[(r \cdot v^2/(2 \cdot g)] + \sum[(f \cdot L \cdot v^2/(2 \cdot g \cdot D)] \quad (27\text{-}17)$$

式中 H_p——排水泵的扬程，m；

H_f——排水泵后管道内的摩擦阻力损失，m；

H_l——排水泵后离地提升水头，m；

H_v——由真空产生的压差，kPa，是排水时系统内设置的真空压力值，宜为50kPa；

H_e——排水口富余水头，m，宜为 2m；

ρ——水密度，1000kg/m^3；

g——重力加速度，9.8m/s^2；

L——管长，m；

D——管径，m；

f——达西函数中雷诺数和管道粗糙度有关的摩擦因子；

r——由管配件制造商定义的配件损失系数；

v——管道内水流速度，m/s；

h_d——排出口离参照面的高度，m；

h_{te}——真空罐内液面离参照面的高度，m；

P_v——从收集罐里测量的管道系统内的负压值，Pa；

P_a——标准大气压力，Pa。

27.4.7 室外真空排水系统

室外真空排水系统利用水面两侧的空气压力差，使水由压力大的地方向压力小的地方流动，达到排水作用。与传统重力排水系统相比，真空排水系统不但能有效节约用水、保护水资源环境，而且具有管网不受地形限制、安装方便、不易堵塞、管径相对较小、经济性能好等优点。

1. 系统组成

室外真空排水系统由便器、收集箱、真空管网、真空泵站等组成，具有可采用重力卫生洁具、需专用阀门井、需布置特殊管道等技术特征（表 27-22）。

室外真空排水系统组成一览表 **表 27-22**

序号	系统组件	具体说明
1	便器	采用真空便器，亦可采用重力卫生洁具
2	收集箱	由污水收集室、真空阀、控制器、感应管、箱体等组成
3	真空管网	由真空主管、真空支管、真空户管组成。通过真空户管、真空支管、真空主管，将所有的真空终端（收集箱或真空便器）连接起来，利用真空抽吸的方式，将多个用户的生活污水（灰水、黑水）以“气水固”混合物的形式输送至真空工作站
4	真空泵站	含有真空罐、真空泵、污水泵等设备

2. 系统类型

根据厕所类型和收集方式，可将室外真空排水系统分为室内重力排污—室外真空源分离污水收集系统、室内重力排污—室外真空源混合污水收集系统、室内真空厕所—室外真空源分离污水收集系统、室内真空厕所—室外真空源混合污水收集系统 4 种类型。

3. 系统特点

真空排水系统具有节水、隔臭、无渗漏、收集率高、密闭性好等优点，排水管道具有管径小、埋深浅、能爬坡、防冻防堵、管道铺设灵活，不需要设置检查井，受外部环境限制程度低，不影响周围环境，施工方便快捷、周期短、土建费用低等特点。

4. 与传统重力排水系统对比

室外真空排水系统与传统重力排水系统的对比，见表 27-23。

室外真空排水系统与传统重力排水系统对比一览表　　表 27-23

序号	对比项目	传统重力排水系统	室内真空排水系统	真空排水系统优势
1	节水性	耗水量大，每次冲厕用水量为6～8 L	每次冲厕用水量为 0.5～1.0 L	节水效果显著
2	环境污染	污水收集率低，50%～80%；易发生污水渗漏、臭气逸散	污水收集率接近 100%；负压全封闭系统，无臭气无污水泄漏	没有二次污染
3	管网施工	管道管径大于 200mm；管道一般埋设在冰冻线以下，土建开挖量大，开挖埋设管道施工对道路破坏较大，对居民生活影响较大；管道最小设计坡度为 0.2%，长距离输送要求有提升站工期长，地形较复杂时，工程实施较困难	支管管径小于 100mm，主管管径大多低于 200mm。管道可埋设在冰冻线以上，土建开挖量小，对道路破坏较小，对居民生活影响小；管道坡度为 0.2%，不需要提升站工期短，管道铺设灵活，遇障碍物可轻松绕开	在地形、地势、地貌、地质较为复杂的情况下，能极大地降低管网投资建设成本
4	管网堵塞	容易淤积、堵塞、结垢等，冬天易结冰	高速排水，无堵塞，冬天不结冰	减少堵塞的危险，减少维修费用
5	动力源	在管网提升站、中水处理站、污水处理厂需大量电能	除真空泵站外无需用电	耗能小
6	系统运维与监管	管网堵塞、渗漏难监控，需定期冲洗清掏疏通管道，防止堵塞管道，污水提升站需专人管理	系统远程智慧监控，可立即排查泄漏点，真空站需专人管理，维护工作量小	易于监控，管理人员少
7	污水处理回用	黑水和灰水混合处理，污水量大，收集率低，处理费用高，存在污泥问题	污水量低，黑水和灰水源分离，将灰水低能耗制备再生水，黑水可采用堆肥、厌氧发酵就地资源化处理和利用	节水效果显著，污水资源化利用潜力高，可实现粪污资源化循环利用，促进可持续发展

5. 系统适合应用领域（表 27-24）

室外真空排水系统适合应用领域一览表　　表 27-24

序号	适合应用领域
1	地下水位高或地质条件差的地区
2	地形平坦或起伏多的地区
3	开挖深掘困难地区
4	穿越山谷、河川的地区
5	局部低洼地区

续表

序号	适合应用领域
6	度假村等季节性地区
7	地下构筑物多、管网密集、施工难度高、赔偿费用高的地区
8	人文景观与自然保护区等其他生态敏感地区
9	人口密度低、建筑物稀少的地区
10	资金不足，特别需要分期逐步完善下水管网的地区
11	水资源缺乏，需要污水资源化利用地区
12	丘陵地区

6. 不同应用场景下系统优势（表 27-25）

不同应用场景下室外真空排水系统优势一览表　　表 27-25

序号	应用场景	系统优势
1	分散点农村污水收集	建设成本低、周期短，管道灵活，克服复杂地势环境，适合农村分散点的污水收集
2	传统古村落、历史遗迹	管径小，可爬坡、建筑破坏小，易于施工、无渗漏，防止地下水污染
3	地下水位高、水源保护区域	管道密闭，防止地下水涌入，同时防止污水渗出，污染地下水源
4	临河、河道截污工程	管径小，可爬坡、易于施工、成本低、对环境美观度影响小
5	老城区开挖困难区域	管径小，可绕行、易于施工，解决管道建设难题
6	黑灰分离污水资源化利用	建设两套真空管路对黑水和灰水分开收集；黑水浓度高，可以进行堆肥资源化利用；灰水轻度污染，处理成本低，可以中水回用进行绿化、灌溉等

27.4.8 室外真空排水系统设计

1. 真空泵站

真空泵站宜布置在真空排水系统中心或地势低的位置，与周围建筑物的距离不应小于 25m，与生活给水泵房、水源、水池的距离不应小于 10m，当达不到要求时，应采取有效防污染措施。

单个真空泵站的真空主管长度不宜大于 4km。

真空罐内的负压值应维持在－0.07～－0.06MPa，罐体应能承受－0.095MPa 的负压。

真空泵组应低噪声、高效。单台真空泵的功率不宜大于 15kW，且排气量不宜大于 $630m^3/h$。

污水泵组应低噪声，宜采用干式安装离心排水泵，应能在负压状态（－0.07～－0.06MPa）下工作。

2. 室外真空排水系统管道

室外真空排水系统管道的设计要求，见表 27-26。

室外真空排水系统管道设计要求一览表 表 27-26

序号	项目	设计要求
1	管道布置	宜敷设于绿地或人行道路下，覆土深度不宜小于 0.70m；当必须敷设于车行道路下或软土地基时，应采取加固措施；应敷设于土壤冰冻线以下
2	管道敷设	管道应每隔一定距离设提升弯和检查管，提升弯之间水平距离不应小于 6m，且不应大于 100m。宜采用锯齿型敷设方式，两个相邻锯齿型提升弯间的管道坡度应大于或等于 0.2%；管道连续爬坡时应采用袋型真空管路的敷设方式，并在 45°上升段前设“U”型弯
3	主管爬坡累计高度	不宜大于 5m
4	管材和管件	应符合国家现行有关标准；应耐蚀、耐磨；公称压力不应小于 1.0MPa。当采用硬聚氯乙烯（PVC-U）管材时，应选用管系列 S8 的管道及管件，宜粘接连接；当采用高密度聚乙烯（HDPE）管材时，应选用管系列 S5 的管道及管件，应采用电热熔管件焊接连接。真空排水管线应在接入主管处的分支管段节点的上游管段上、直线管道长度大于 400m 处设检修阀

3. 收集箱

收集箱应靠近污水排出点或污水检查井，其间距不宜大于 3m，不宜设置在有车辆、行人经过的地方。

当排水量小于或等于 4L/s 时，宜采用单个真空阀的收集箱；当排水量大于 4L/s 时，宜采用两个真空阀的收集箱。

真空箱应采用定型产品，箱体可用聚乙烯（PE）材料制成。

27.4.9 室外真空排水系统计算

真空排水系统排水定额和小时变化系数应按现行国家标准《室外排水设计标准》GB 50014、《建筑给水排水设计标准》GB 50015 以及相关标准的规定确定。生活排水量可按当地统计的每人最大时平均秒流量资料进行计算；当缺少污水量统计资料时，可按 0.0067L/(人·s) 进行计算。

真空排水系统内的平均气水比（*AWR*），应按表 27-27 选用。

真空排水主管平均气水比（*AWR*）估算表 表 27-27

主管长度（m）	沿主管长度的人员密度（人/m）			
	<0.05	0.10	0.20	>0.50
500	3.5～7.0	3.0～6.0	2.5～5.0	2.0～5.0
1000	4.0～8.0	3.5～7.0	3.0～6.0	2.5～5.0
1500	5.0～9.0	4.0～8.0	3.5～7.0	3.0～6.0
2000	6.0～10.0	5.0～9.0	4.0～8.0	3.5～7.0
3000	7.0～12.0	6.0～10.0	5.0～9.0	4.0～8.0
4000	8.0～15.0	7.0～12.0	6.0～10.0	5.0～9.0

注：主管平均气水比应根据沿主管长度服务人员密度确定，上坡宜取上限、下坡宜取下限，中间值可用内插法求得。

真空排水主管管径不应小于65mm，计算管段的管径应按表27-28选用。

真空排水主管管径估算表 **表27-28**

上游管道气水比平均值	主管公称尺寸（mm）						
	*DN*65	*DN*80	*DN*100	*DN*125	*DN*150	*DN*200	*DN*250
	上游服务区人员数量（人）						
2	0～110	0～350	250～600	350～900	500～1400	750～2100	1100～3000
4	0～65	0～200	135～340	200～500	300～800	400～1200	600～1650
6	0～45	0～140	95～240	140～350	200～550	300～820	400～1150
8	0～35	0～105	75～185	105～270	150～425	220～625	300～850
10	0～30	0～85	60～150	85～220	120～340	175～500	250～700
12	0～25	0～75	50～125	75～180	100～290	150～425	200～600

注：上游管道气水比平均值为加权平均值。

管道公称尺寸：采用锯齿型敷设方式时，不宜小于100mm；采用袋型敷设方式时，不宜大于100mm。

27.4.10 室外真空排水系统设备选型

1. 空气量

空气量应按公式（27-18）计算：

$$q_A = q_w \cdot AWR \tag{27-18}$$

式中 q_A——最大小时空气量（在标准状况下，20℃，1个标准大气压下），m^3/h；

q_w——最大小时污水流量，m^3/h；

AWR——平均气水比。

2. 真空泵

真空泵组最大小时吸入气体总体积，应按公式（27-19）计算：

$$q_{Amax} = q_A \cdot \alpha \cdot P_u / [(P_{max} + P_{min})/2] \tag{27-19}$$

式中 q_{Amax}——真空泵组最大小时吸入气体总体积，m^3/h；

P_u——环境气压，kPa；

P_{max}——真空罐内最大的绝对压力，kPa；

P_{min}——真空罐内最小的绝对压力，kPa；

α——安全系数，取1.2～1.5。

真空泵数量应按公式（27-20）计算：

$$n_A \geqslant q_{Amax} / q_{Ap} + 1 \tag{27-20}$$

式中 n_A——真空泵数量；

q_{Ap}——单台真空泵最大小时吸入气体总体积，m^3/h，根据真空泵资料选择。

3. 真空罐

真空罐中最小气体体积应按公式（27-21）计算：

$$V_A = 0.25 \cdot q_{Ap} \cdot 1/2 \cdot (P_{max} + P_{min})/[(P_{max} - P_{min}) \cdot (n_A - 1) \cdot f] \quad (27\text{-}21)$$

式中 V_A——真空罐最小气体体积，m^3；

q_{Ap}——单台真空泵最大小时吸入气体总体积，m^3/h；

P_{max}——真空罐内最大的绝对压力，kPa；

P_{min}——真空罐内最小的绝对压力，kPa；

n_A——真空泵数量；

f——污水泵在1h内的最大开启次数，不大于12次/h。

真空罐中最小储水体积应按公式（27-22）计算：

$$V_W = 0.25 \cdot q_{Wp}/f \quad (27\text{-}22)$$

式中 V_W——真空罐最小储水体积，m^3；

q_{Wp}——单台污水泵的排水量，m^3/h。

真空罐总容积应按公式（27-23）计算：

$$V = V_W + V_A \quad (27\text{-}23)$$

式中 V——真空罐总容积，m^3。

4. 污水泵

污水泵组流量应按系统最大小时污水量确定，并应大于排入真空罐的污水流量。单台污水泵排水量和污水泵数量，应按公式（27-24）计算：

$$q_{Wp} \geqslant q_w/(n_w - 1) \quad (27\text{-}24)$$

式中 q_{Wp}——单台污水泵的排水量，m^3/h；

q_w——最大小时污水流量，m^3/h；

n_W——排水泵数量。

污水泵扬程应按公式（27-25）计算：

$$H_p = H_1 + H_2 + H_3 + H_4 + H_5 \quad (27\text{-}25)$$

式中 H_p——污水泵扬程，m；

H_1——污水泵水头损失，m；

H_2——污水泵排水管道沿程水头损失和局部水头损失，m；

H_3——真空罐最低液位与污水排放口的高程差，m；

H_4——需要克服系统的负压阻力，m，即真空罐内的最大负压值；

H_5——流出水头，m，可按2～3m。

27.5 医院建筑医疗污水处理膜工艺

医院建筑医疗污水处理膜工艺是医院污水处理工艺中的新型工艺，相对于传统工艺具有许多优点，在新建和改建、扩建污水处理站中均可灵活采用。

27.5.1 膜工艺流程示意图

医院建筑医疗污水处理膜工艺流程示意图，见图27-12。

27.5.2　膜工艺介绍

医院建筑医疗污水经污水排水管网收集后进入化粪池系统进行预处理后进入格栅集水井设施。

格栅集水池污水由动力装置提升进入调节池进行混合，通过调节池内设置的水下搅拌装置对污水进行均质搅拌，确保污水混合均匀。

均质调节后的污水提升进入水解池，进行初步生化处理。水解系统将污水中的有机小颗粒物质和大分子长链有机物进行初步降解后，分子量较小的有机物质在好氧处理阶段可以降解得更加充分，提高污水的可生化性。经过水解处理的污水进入 PEIER—MBR 池进一步处理。

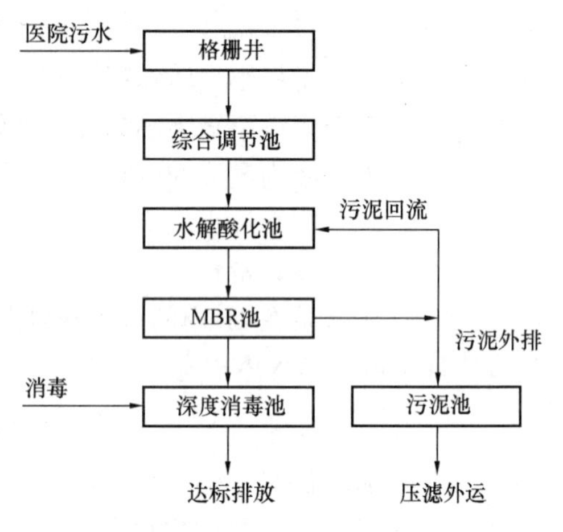

图 27-12　医院建筑医疗污水处理膜工艺流程示意图

PEIER—MBR 系统是活性污泥法和膜过滤系统的组合，可大大提高硝化反硝化系统的污泥浓度，由传统工艺污泥浓度的 1500～3000mg/L，提高到 8000～12000mg/L，将单位容积对污水的处理能力提高了 2～3 倍，大大提高了系统对氨氮和有机污染物的处理能力。硝化系统中的泥水混合物通过膜分离的出水中悬浮物的浓度能够达到 3mg/L 以下，将传统工艺中沉淀系统和过滤系统节省掉。

PEIER—MBR 系统缩短了工艺链，可保证工艺出水的稳定性，节省占地，降低土建投资费用。系统中投加专门的硝化菌种，缩短硝化工艺段的驯化周期，确保硝化工艺段氨氮的氧化效果。

27.5.3　MBR 工艺特点

MBR 工艺是以活性污泥法为主的处理工艺，是生化和膜分离结合的一种膜生物反应器，可通过提高活性污泥浓度，增加菌群数量和种类，改善生化系统中生物相的功能和效率，对于提高出水水质具有独特的作用。

MBR 原理图，见图 27-13；MBR 工作过程图，见图 27-14。

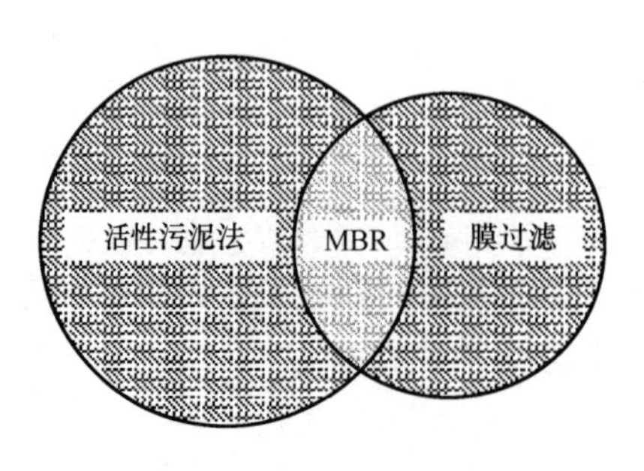

图 27-13　MBR 原理图

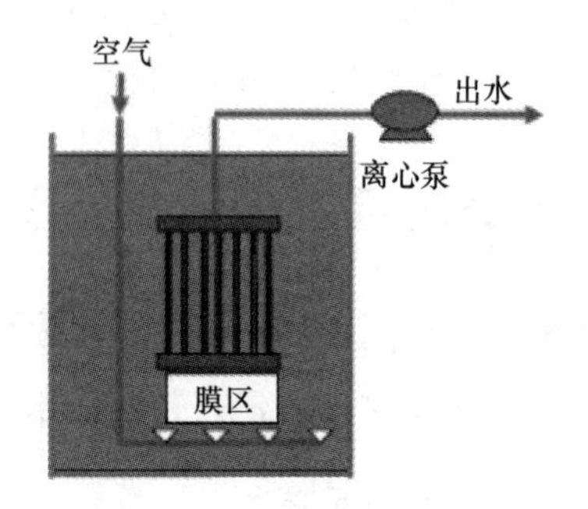

图 27-14　MBR 工作过程图

27.5.4 MBR 工艺优势

MBR 工艺优势，见表 27-29。

MBR 工艺优势一览表 **表 27-29**

序号	MBR 工艺优势
1	处理水质优良、出水稳定、SS<3mg/L、同时可截留水中的细菌和大肠杆菌
2	由于污泥泥龄长，可大大提高难降解有机物的去除率
3	可在高容积负荷、低污泥负荷、长泥龄条件下运行，产生剩余污泥量少，降低污泥处理设施费用
4	设备高度集成，自动化程度高、易于维护管理
5	采用最新品种膜—平板膜
6	浸没放置，膜组件稳定置放于反应池（MBR 膜池）
7	低压（抽吸或重力）出水，系统工作压力小，电耗低
8	气液两相流扰动
9	长时间稳定运行
10	膜不易污染、膜清洗频率低、清洗操作方便；膜片可单张更换

27.5.5 MBR 平板膜

MBR 平板膜的性能优势，见表 27-30。

MBR 平板膜性能优势一览表 **表 27-30**

序号	MBR 平板膜性能优势
1	MBR 平板膜工艺系统中，PEIER（B）型平板膜专门针对市政废水处理研发
2	PEIER（B）平片膜材质采用 PVDF，亲水性好、抗污染能力强、耐化学清洗效果好，平均膜孔径 0.11～0.12μm，由平片膜组成的标准膜组件，置于 MBR 膜池中，通过平片膜孔径小的特点，对水中的细菌等微生物和悬浮物进行截留，使得 MBR 膜组件产水清澈透明，出水悬浮物≤3mg/L
3	PEIER（B）膜组件设置在膜池，能耐受和保持活性污泥浓度范围（MLSS：5000～15000mg/L），充分保持缓慢增殖微生物菌群数量和种类，发挥对难降解的有机污染物的进一步降解功能和效果，并通过活性污泥回流到生化系统，提高反硝化效率，为有效处理氨氮提供高污泥浓度的保障
4	PEIER（B）膜组件采用抽吸泵负压抽吸产水。随着运行时间的延长，膜面会结聚污染物和生长微生物，导致膜面的跨膜压差上升，产水通量下降，为了防止平片膜发生污堵，通过设置曝气管进行膜面冲刷，同时提供微生物生长繁殖所需氧气、MBR 膜池中短程反硝化所需的氧气及污泥消化所需氧气。PEIER（B）膜组件采用延进气方向变孔径和变孔间距的特制曝气膜管，提高膜组件中每片膜面的冲刷效果。由此维持膜池溶氧量大于或等于 3mg/L
5	平板膜的运行跨膜压差为－30～－3kPa，当运行跨膜压差超过－30kPa 或产水量下降 15%时进行化学清洗，化学清洗采用在线自流静压注入，注入量为 5L/片，针对有机物污染采用 0.5%次氯酸钠/0.1%氢氧化钠溶液的混合液、针对结垢型污染采用 0.5%草酸溶液，药液浸泡时间 4～5h

MBR 处理完成后的污水进入消毒池，经消毒后达标排放。污水排放执行《医疗机构水污染物排放标准》GB 18466—2005 中表 2 的排放标准。

27.6 同层排水系统

27.6.1 排水系统形式分类

公共建筑污废水排水系统通常分为隔层排水和同层排水2种形式，同层排水又分为大降板排水、小降板排水和零降板排水。相对于同层排水，隔层排水存在噪声、漏水、异味、卫生死角等缺点，降板填充层排水存在漏水、异味、卫生死角等缺点。

27.6.2 同层排水系统组成

同层排水系统包括室内排水管道、隐蔽式安装系统、专用卫浴器具、同层排水专用地漏和存水弯。

27.6.3 同层排水系统优势

同层排水系统相对于其他传统排水系统的优势，见表27-31。

同层排水系统优势一览表 表27-31

序号	优势项目	具体说明
1	卫浴层高	有效增加卫生间层高和收纳空间。节省空间：壁挂式马桶相对传统连体和分体马桶占地面积少，假墙可作为储物空间；节省层高：同层排水系统比传统系统吊顶后层高多0.2～0.3m
2	空间布局	布局灵活，满足个性化需求
3	清洁卫生	易清洁，杜绝卫生死角
4	排水噪声	创造宁静的私密空间：HDPE管材能大幅降低通过固体传播的噪声；墙前安装，假墙可有效隔离卫生间内噪声；管道不穿过楼板，可防止噪声对楼下住户产生干扰
5	空气质量	杜绝卫生间异味：HDPE管道系统不泄漏；水封合格的同层排水地漏，有效防止排水负压，防止管道内异味回流
6	使用寿命	可靠耐久，无渗漏，寿命超50年：含炭黑粒子，可抗紫外线；HDPE管材管件有韧性，抗冲击性好，在降板内敷设，降低了管道热胀冷缩和机械破坏造成的渗漏概率，也解决了管壁上冷凝水滴水问题； HDPE管材管件热熔或电熔连接，比胶粘或承插连接更可靠，从而极大降低漏水隐患
7	私密空间	保护专属私人空间：同层排水系统维修清通方便，产权明晰，符合以人为本的发展理念

27.6.4 同层排水系统管材比较

同层排水系统采用的HDPE管道与PVC-U管道相比，其优势见表27-32。

HDPE管道与PVC-U管道对比一览表 表27-32

序号	对比项目	高密度聚乙烯（HDPE）	硬聚氯乙烯（PVC-U）
1	抗冲击性	是PVC的8倍	抗冲击性差
2	耐化学腐蚀性	耐多种化学试剂，可用于实验室排水	耐化学腐蚀性弱

续表

序号	对比项目	高密度聚乙烯（HDPE）	硬聚氯乙烯（PVC-U）
3	连接密封性	热熔或电熔连接，零渗漏	胶水粘接，易渗漏
4	温度适应性	从－40℃至短时95℃	从5℃至60℃
5	抗老化性	含炭黑粒子，可抗紫外线，使用寿命长达70年	使用寿命最多15年
6	管径范围	管径从32mm到315mm不等	常用管径110mm/75mm/50mm
7	管材密度	密度在0.94～0.96g/cm^3，比水小	密度为1.4g/cm^3
8	可预制性	可实现预制安装	无法预制安装
9	排水能力	配件齐全，适用于不同安装位置，确保排水通畅；排水特殊配件保证高效排水	不同位置使用相同排水配件，无特殊排水配件，排水能力差
10	管壁光滑度	内壁光滑粗糙度仅为0.004～0.007mm	内壁光滑粗糙度为0.014mm
11	噪声	HDPE管材是高弹性模量的材料，能够降低排水管道中噪声	壁面受水流冲击易引起振动产生较大噪声

HDPE管道与其他管道比较，见表27-33。

HDPE管道与其他管道对比一览表 **表27-33**

序号	对比项目	高密度聚乙烯（HDPE）	PVC-U螺旋消音管	柔性铸铁管
1	使用寿命	＞70年，和建筑物同寿命	短，抗老化性差	较长
2	连接方式	热熔连接可靠性非常高，杜绝漏水的可能	粘接和密封圈连接在垫层内，长时间受混凝土挤压，易漏水	卡箍和法兰承插式连接存在密封圈老化后产生漏水的风险
3	噪声	小	噪声大	小
4	每平方米建筑面积造价（含安装）	23～26元	12～15元	25～30元
5	施工周期	可预制，施工周期短，安装费用低	不可预制，施工周期较短，安装费用较低	不可预制，施工周期长，安装费用高
6	使用温度	－40～60℃，冬季结冰不会破裂	受高温影响大	冬季要考虑防冻
7	抗冲击性	抗冲击性好，可以使用在高层中	抗冲击性差，高层底部不能使用	抗冲击性好，可以使用在高层中

27.6.5 同层排水系统经济特点

同层排水系统的经济特点，见表27-34。

同层排水系统经济特点一览表　　表 27-34

序号	项目	具体说明
1	综合总造价	HDPE 管价格比 PVC-U 管高 50%～100%，与铸铁管相当；HDPE 管施工费用为材料费的 20%～30%，铸铁管施工费用与材料费相当；HDPE 管综合总造价比铸铁管低 20%～30%
2	性价比	采用同层排水技术，大大减少排水系统立管、支管及配件数量，材料较少，施工周期短，性价比高
3	建筑价值	目前同层排水系统价格同传统隔层排水相比均略有提升，为 10%～30%；但同层排水系统的优点可以增加建筑溢价，提升建筑品质和价值

27.7　大平板太阳能热水系统

27.7.1　大平板集热器介绍

大平板集热器的技术参数，见表 27-35。

大平板集热器技术参数一览表　　表 27-35

序号	项目	技术参数
1	总面积	15.02m^2
2	采光面积	13.95m^2
3	整机尺寸	5960mm×2520mm×166mm
4	整机质量	307kg
5	盖板材料	单面减反膜超白玻璃
6	盖板层数	单层 3.2mm
7	吸热体材料	铝，0.4mm，德国 Almeco 进口蓝膜
8	集热器内部容水量	11.82L
9	设计压力	1.0MPa
10	试验压力	1.6MPa
11	接口	kF 接头，*DN*40（ISO 2861-2013）
12	出水温度	最高可达 90℃

27.7.2　与其他产品对比

大平板集热器与小平板、横插管模块的综合比较，见表 27-36。

大平板集热器与小平板集热器、横插管模块综合比较一览表　　表 27-36

项目	大平板集热器（蓝膜）	小平板集热器（蓝膜）	横插管模块
性能参数	总面积：15.02m^2 截距效率：0.85 热损系数 3.5W/(m^2·℃)	总面积：2m^2 截距效率：0.75 热损系数：4.4W/(m^2·℃)	总面积：6.5m^2 截距效率：0.73 热损系数：2.5W/(m^2·℃)

续表

项目	大平板集热器（蓝膜）	小平板集热器（蓝膜）	横插管模块
年平均系统效率（55℃）	50%（北京）	36%（北京）	44%（北京）
集热器数量（10t）	7（总面积 $105m^2$）	70（总面积 $140m^2$）	20（总面积 $130m^2$）
设备费用（含配件）	431 元/m^2	480 元/m^2	395 元/m^2
运输费用（集热器）	22 元/m^2	9 元/m^2	11 元/m^2
安装费用（集热场）	19 元/m^2	30 元/m^2	35 元/m^2
总费用（集热场）	4.95 万元	7.26 万元	5.73 万元

从上表对比显示，大平板集热器性价比最高。

27.7.3 大平板集热器优势（表 27-37）

大平板集热器优势一览表　　表 27-37

序号	优势项目	具体说明
1	结构	采用非等程设计；两个管头，减少连接点；同侧进出方便串联
2	尺寸	尺寸 5960mm×2520mm×166mm，为现行国家标准《平板型太阳能集热器》GB/T 6424 推荐大平板唯一尺寸
3	安装	安装方便；可以多次紧固；无需扳手等工具；主管无扭曲受力
4	运输	节省运输费用，高效大平板集热器根据集装箱和中型货车尺寸考量设计，运输集装箱（40HC）可装载 24 台，1 台中型货车装载 12 台，不浪费空间
5	效率截距	基于集热器采光面积的效率截距达到 0.918
6	效率	在平均辐照 620W、进出口温度 45℃/78℃、环境温度 10℃情况下，大平板集热器的效率（58%）远高于小平板的效率（34%）
7	采光面积	在相同热量的情况下，小平板集热器铺设的采光面积约是大平板集热器的 1.7 倍
8	成木	在相同热量的情况下，小平板集热器成本约是大平板集热器成本的 1.2 倍
9	占地面积	高效大平板集热器屋面利用率高，节约占地面积比率可达 93%
10	荷载要求	高效大平板集热器比全玻璃真空管集热器轻 50%

大平板集热器与工程小平板集热器的综合比较，见表 27-38。

大平板集热器与工程小平板集热器综合比较一览表　　表 27-38

序号	项目	工程小平板集热器（蓝膜，8 流道）	大平板集热器	备注
1	轮廓面积	$2m^2$	$15m^2$	
2	采光面积	$1.86m^2$	$13.95m^2$	
3	空晒温度	150℃	200℃以上	
4	效率截距	0.75	0.918	基于进出口
5	热损	4.1	3.266	二阶
6	工作压力	0.6MPa	1.0MPa	
7	蓝膜	吸收：0.93；发射：0.05～0.06	吸收：0.95；发射：0.033	
8	玻璃	透射比：0.91	透射比：0.94	

续表

序号	项目	工程小平板集热器（蓝膜，8流道）	大平板集热器	备注
9	系统	非标	标准化安装	
10	施工	人工	机械化	
11	占地	占地面积较多	占地面积少	相同热量下，减少42%以上
12	连接	并联（6～8块）	串联（15块）	
13	接口	螺纹接口，对接精度高，旋合不方便，漏液风险高	KF40接口，软管连接，精度低，漏液风险低	
14	土地	平整度要求高	平整度要求较低	
15	管网	多	少	
16	周期	施工周期长，成本较高	施工周期较短、成本较低	
17	调试	水力平衡困难	水力平衡简单	
18	运维	问题多	问题少	

27.8 空气能级联承压热水系统

27.8.1 系统优势

空气能级联承压热水系统相对于传统开式空气能热泵热水系统，在舒适性、灵活性、经济性、安全性上具有明显优势，见表27-39。

空气能级联承压热水系统与开式空气能热泵热水系统对比一览表　　表27-39

对比项目	空气能级联承压热水系统	开式空气能热泵热水系统
温度	分舱储水：冷水热水不混合，保证水温恒定	单一水箱：补水时冷水热水直接混合，温度不恒定
压力	冷热同源：保证冷水热水压力一致	单独增压：热水供应需要单独增压、水压不稳定
速度	安装速度：水箱为成品，直接连接管道。 供水速度：小范围循环可实现安装后1h内供水	安装速度：需要现场焊接水箱。 供水速度：需加热整箱水才可使用
水质	闭式系统：不与环境直接接触，避免二次污染	开式系统：与环境直接接触，易发生二次污染
载荷	布置灵活：系统可集中布置，也可分散布置	荷载集中：对建筑承重要求较高
工艺	承压水箱：标准化程度高，质量更可靠	拼接水箱：现场焊接，质量与工人水平相关
热损失	承压水箱：一体式无死角发泡保温	拼接水箱：块与块拼接且与环境直接接触，热损失大

空气能级联承压热水系统与其他能源热水系统对比，见表27-40。

空气能级联承压热水系统与其他能源热水系统对比一览表　　表 27-40

系统类型	系统优势	系统劣势
空气能级联承压热水系统	系统稳定、运行成本低、占地面积小、对承重要求低等	单套系统供水量略小
太阳能空气能组合系统	安全环保清洁，综合节能效果好	初期安装成本较高，后期故障维护点多
太阳能系统	节能环保，运行费用低	需有较大向阳的安装场地，辅助加热不节能，冬季需考虑防冻
锅炉系统	结构紧凑，初投资低	不节能、不环保，不够安全，需专人看管，后期运维费用高

27.8.2 系统组成

空气能级联承压热水系统由空气能热泵主机、搪瓷承压加热水箱、搪瓷承压水箱、加热循环水泵、集热循环水泵、热水管路、控制系统等组成。

27.8.3 系统原理

空气能级联承压热水系统的运行原理，见表 27-41。

空气能级联承压热水系统运行原理一览表　　表 27-41

运行阶段	运行过程说明
加热过程	加热水箱水温 T_J＜用户设定温度－设定温差，空气源热泵进行制热，与加热水箱进行循环
储热过程	加热装置与储热水箱进行循环，相当于恒温出水的加热过程。启动：加热水箱水温 T_J＞用户设定温度－集热启动温差 1，且加热水箱水温 T_J－末级储热水箱水温 T_4＞设定集热温差 2；停止：加热水箱水温 T_J＜用户设定温度－集热停止温差
用热过程	当不满足系统集热循环条件，集热泵不运行时用水；加热水箱与储热水箱断开连接，加热水箱不参与用水过程，热水全部来自于储热水箱
	满足储热条件集热泵运行时，自来水通过集热循环管路进入加热水箱，储热水箱处于“短路”状态，热水全部由加热水箱提供，由于加热水箱容积较小，储热水箱温度降低至设定温度后，集热循环停止，热水继续由储热水箱提供
	空气源热泵与加热水箱间循环加热；加热水箱与储热水箱断开连接，加热水箱不参与用水过程，热水全部来自于储热水箱

27.8.4 系统配置

空气能级联承压热水系统的配置，见表 27-42。

空气能级联承压热水系统配置表　　表 27-42

机型	实际供水量（L）	
	环境温度（－12℃）	环境温度（7℃）
DKFXRS-050	23.12	32.42

续表

<table>
<tr><th colspan="5" rowspan="2">机型</th><th colspan="2">实际供水量（L）</th></tr>
<tr><th>环境温度（−12℃）</th><th>环境温度（7℃）</th></tr>
<tr><td rowspan="14">储热量（L）</td><td rowspan="2">1+5</td><td rowspan="2">3000</td><td rowspan="14">电加热功率（kW）</td><td>14.4</td><td>4600</td><td>5000</td></tr>
<tr><td>28.8</td><td>5200</td><td>5600</td></tr>
<tr><td rowspan="2">1+6</td><td rowspan="2">3500</td><td>14.4</td><td>5100</td><td>5500</td></tr>
<tr><td>28.8</td><td>5700</td><td>6100</td></tr>
<tr><td rowspan="2">1+7</td><td rowspan="2">4000</td><td>14.4</td><td>5600</td><td>6000</td></tr>
<tr><td>28.8</td><td>6200</td><td>6600</td></tr>
<tr><td rowspan="2">1+8</td><td rowspan="2">4500</td><td>14.4</td><td>6100</td><td>6500</td></tr>
<tr><td>28.8</td><td>6700</td><td>7100</td></tr>
<tr><td rowspan="2">1+9</td><td rowspan="2">5000</td><td>14.4</td><td>6600</td><td>7000</td></tr>
<tr><td>28.8</td><td>7200</td><td>7600</td></tr>
<tr><td rowspan="2">1+10</td><td rowspan="2">5500</td><td>14.4</td><td>7100</td><td>7500</td></tr>
<tr><td>28.8</td><td>7700</td><td>8100</td></tr>
<tr><td rowspan="2">1+11</td><td rowspan="2">6000</td><td>14.4</td><td>7600</td><td>8000</td></tr>
<tr><td>28.8</td><td>8200</td><td>8600</td></tr>
</table>

空气能级联承压热水系统的设备选型，见表27-43、表27-44。

空气能级联承压热水系统设备选型表一　　表27-43

<table>
<tr><th rowspan="3">区域</th><th rowspan="3">客房（间）</th><th colspan="3">选型一</th><th colspan="3">选型二</th></tr>
<tr><th>热泵</th><th>加热水箱</th><th>储热水箱</th><th>热泵</th><th>加热水箱</th><th>储热水箱</th></tr>
<tr><th>DKFXRS-050</th><th>500L-14kW</th><th>500L</th><th>DKFXRS-050</th><th>500L-28kW</th><th>500L</th></tr>
<tr><td rowspan="7">北京、天津、山西、河北、山东大部分地区</td><td>≤43</td><td>1</td><td>1</td><td>3</td><td>1</td><td>1</td><td>2</td></tr>
<tr><td>44～49</td><td>1</td><td>1</td><td>4</td><td>1</td><td>1</td><td>3</td></tr>
<tr><td>50～56</td><td>1</td><td>1</td><td>6</td><td>1</td><td>1</td><td>4</td></tr>
<tr><td>57～62</td><td>1</td><td>1</td><td>7</td><td>1</td><td>1</td><td>5</td></tr>
<tr><td>63～68</td><td>1</td><td>1</td><td>8</td><td>1</td><td>1</td><td>6</td></tr>
<tr><td>69～75</td><td>1</td><td>1</td><td>10</td><td>1</td><td>1</td><td>8</td></tr>
<tr><td>76～81</td><td>1</td><td>1</td><td>11</td><td>1</td><td>1</td><td>9</td></tr>
<tr><td rowspan="6">河南、山东（青岛、烟台、威海、日照、枣庄）</td><td>≤49</td><td>1</td><td>1</td><td>4</td><td>1</td><td>1</td><td>2</td></tr>
<tr><td>50～56</td><td>1</td><td>1</td><td>5</td><td>1</td><td>1</td><td>4</td></tr>
<tr><td>57～62</td><td>1</td><td>1</td><td>7</td><td>1</td><td>1</td><td>5</td></tr>
<tr><td>63～68</td><td>1</td><td>1</td><td>8</td><td>1</td><td>1</td><td>6</td></tr>
<tr><td>69～75</td><td>1</td><td>1</td><td>9</td><td>1</td><td>1</td><td>8</td></tr>
<tr><td>76～81</td><td>1</td><td>1</td><td>10</td><td>1</td><td>1</td><td>9</td></tr>
</table>

续表

区域	客房（间）	选型一			选型二		
		热泵	加热水箱	储热水箱	热泵	加热水箱	储热水箱
		DKFXRS-050	500L-14kW	500L	DKFXRS-050	500L-28kW	500L
广东、海南、福建（厦门、漳州、泉州）、广西（北海、钦州、防城港）	≤56	1	1	4	1	1	2
	57～62	1	1	5	1	1	3
	63～68	1	1	6	1	1	5
	69～75	1	1	8	1	1	6
	76～81	1	1	9	1	1	7
上海、浙江、江苏、安徽、湖北、湖南、江西、四川、重庆、云南、贵州	≤49	1	1	3	1	1	2
	50～56	1	1	5	1	1	3
	57～62	1	1	6	1	1	4
	63～68	1	1	7	1	1	6
	69～75	1	1	9	1	1	7
	76～81	1	1	10	1	1	8
福建大部分地区、广西大部分地区、温州	≤56	1	1	4	1	1	3
	57～62	1	1	6	1	1	4
	63～68	1	1	7	1	1	5
	69～75	1	1	8	1	1	6
	76～81	1	1	9	1	1	8

注：1. 上述快速选型结果基于热水系统设计水温为55℃，高峰期用水持续时间4h，宾馆客房的热水用水定额为120L/d，房间数和床位数的比例为1∶1.5进行计算，床位数比例增大需重新校核，酒店热水系统最少需配置1个储热水箱；

2. 单台机组每增加5～7个房间，增加1台储热水箱，上限不超过上表中各地区单台机组所能带的最大房间数所对应的储热水箱数量，最多不超过11台；

3. 当选择多台机组时，储热水箱数量应可被机组数整除，考虑到水系统的水力平衡需在计算结果上增加1～2台储热水箱，加热水箱的台数需与主机台数一致。

空气能级联承压热水系统设备选型表二 **表27-44**

适用地区	主机型号	主机台数	水箱个数	最低平均环境温度时最大供水量（m^3）	病房（床）	门诊病人（人次）	医护人员（人班）	后勤职工（人次）	职工浴室（人次）	食堂（人次）	洗衣（kg）
乌鲁木齐	超低温承压空气能热泵热水机组	1	1+5	5	15～50	330～500	50～75	330～500	75～125	500～700	150～250
长春				5.5	17～55	360～550	55～85	360～550	80～135	550～750	165～275
沈阳				6	18～60	400～600	60～90	400～600	90～150	600～840	180～300
兰州				6.5	20～65	430～650	65～95	430～650	95～160	650～910	195～325

续表

适用地区	主机型号	主机台数	水箱个数	最低平均环境温度时最大供水量（m^3）	病房（床）	门诊病人（人次）	医护人员（人班）	后勤职工（人次）	职工浴室（人次）	食堂（人次）	洗衣（kg）
北京	超低温承压空气能热泵热水机组	1	1+5	7	21～70	460～700	70～105	460～700	105～175	700～980	210～350
郑州				7.5	23～75	500～750	75～110	500～750	110～185	750～1050	225～375
合肥				8	24～80	530～800	80～120	530～800	120～200	800～1120	240～400
南京				8.5	26～85	560～850	85～125	560～850	125～210	850～1190	255～425
上海				9	27～90	600～900	90～135	600～900	135～225	900～1260	270～450
杭州	低温承压空气能热泵热水机组	1	1+5	7.5	23～75	500～750	75～110	500～750	110～185	750～1050	225～375
福州				8	24～80	530～800	80～120	530～800	120～200	800～1120	240～400
广州				8.5	26～85	560～850	85～125	560～850	125～210	850～1190	255～425
海口				9	27～90	600～900	90～135	600～900	135～225	900～1260	270～450

注：系统配置均由1台主机、1个加热水箱和5个承压水箱组成。

27.8.5　设备参数

空气能级联承压热水系统的设备参数，见表27-45、表27-46。

空气能级联承压热水系统设备参数表一　　表27-45

型号	DKFXRS-050/IITR2N1B1	电源	380V/3N/50Hz
常温名义制热量20℃/15℃	46	常温名义制热输入电流/功率（A/kW）	19.1/10.4
低温名义制热量－12℃/－14℃	36	低温名义制热输入电流/功率（A/kW）	16.7/9.6
常温名义制热COP（W/W）	4.42	低温名义制热COP_h（W/W）	3.75
常温名义产水量（m^3/h）	0.986	最大运行电流/最大功率（A/kW）	31.5/16.77
额定水流量（m^3/h）	8	防触电保护类别	I类
进出水管尺寸	圆柱外螺纹*DN*40	防水等级	IPX4
机组总质量（kg）	450	制冷剂及充注量（A/kg）	R410/6.3
外形尺寸（mm）	1250×1076×1870	水侧压损（kPa）	80
噪声（dB）	65	水路设计压力（MPa）	0.55
热交换器允许工作过压（MPa）	4.4	适用环境温度范围（℃）	－30～43
高低压侧允许工作过压（MPa）	4.4	排/吸气侧允许工作过压（MPa）	4.4/2.5

空气能级联承压热水系统设备参数表二 表 27-46

加热水箱参数		储热水箱参数	
额定容量（L）	500	额定容量（L）	500
额定压力（MPa）	0.8	额定压力（MPa）	0.8
电加热功率（kW）	14.4/28.8	—	—
防水等级	IPX4	防水等级	IPX4
水箱尺寸（mm）	ϕ710×1865	水箱尺寸（mm）	ϕ710×1865

27.9 无动力太阳能热水系统

27.9.1 系统介绍

无动力集中热水系统（太阳能蓄能站）是将太阳能的集热、储热、换热在一台设备内自然实现的太阳能系统。

该过程中不使用其他常规动力驱动，将阳光辐射能量储藏到热水箱中，并通过管网冷水自身压力完成一次热水到二次热水的热量交换。

27.9.2 系统优势

无动力太阳能热水系统相对于常规太阳能热水系统具有明显优势，见表 27-47。

无动力太阳能热水系统优势一览表 表 27-47

序号	系统优势说明
1	无动力太阳能为紧凑式太阳能热水器，集热为自然对流方式，无温差循环环节，节省管路损失，集热效率可提高 20%，效率高达 60%，不使用常规动力驱动，不需要集热循环泵，运行安静无噪声，自身能耗低，不需要复杂的控制系统
2	开式集热，闭式换热，承压用水，开式集热系统安全无隐患，用水承压，不释放自来水本身的压力，水压源于自来水压力，冷热水压力同源，压力恒定，无需热水增压泵
3	热量即用即换，即换即热，水质无污染，可达到冷水水质标准；集热器与辅热为串联连接，热水缺多少热量，辅热补充多少，可做到即补即用，无需大量储存，可最少限度的利用辅助热源，真正做到与常规能源互补
4	集热器水箱模块化、装配式，承重分散，安装承重无需特殊处理，建筑成本低

27.9.3 与传统系统对比

无动力太阳能热水系统与一次集热一次使用开式系统、二次闭式换热系统等传统系统对比，见表 27-48。

无动力太阳能热水系统与传统热水系统对比一览表 表27-48

对比项目	一次集热一次使用开式系统	二次闭式换热系统	无动力太阳能热水系统
经济性	直接费用低，间接费用高	直接、间接费用均高	直接费用高，间接费用低
稳定性	系统复杂，稳定性差	系统复杂，闭式集热稳定性差	系统简单，开式集热稳定性好
维护保养	需定期维护保养	需定期维护保养	基本不需维护保养
系统效率	效率低，系统效率在40%以下	效率低，系统效率在40%以下	效率高且稳定在50%左右
水质	不合格，水质无法保证	水质一般，热水有滞留区	水质好，即用即换
噪声污染	有噪声污染	有噪声污染	无噪声污染
建筑适配性	需集中荷载，适配性差	需集中荷载，适配性差	模块装配式，适配性强
运行费用	水泵驱动，占太阳能节能量的8%左右	多组水泵、散热风机、防冻液等，占太阳能节能量的20%以上	自然集热、换热、用热，零运行费用

27.10 梯级升温空气源热泵系统

27.10.1 系统特点

梯级升温空气源热泵系统核心设备由空气源热泵和整体撬装机组组成，具有下列特点：装配式，预生产，稳定性高；美观，占地面积小；所有设备配置设备舱，更安全。

27.10.2 系统功能

梯级升温空气源热泵系统与无动力太阳能热水系统耦合，可实现下列功能：智能梯级储热；智能梯级加热；梯级用热；反向加热。整个系统中各个区域的热水温度范围，见表27-49。

梯级升温空气源热泵与无动力太阳能耦合热水系统各区域热水温度范围表 表27-49

区域名称	热水温度范围（℃）
太阳能一级加热区	5～60
太阳能二级加热区	30～60
撬装机组恒温加热区	50～60

27.10.3 系统优势

梯级升温空气源热泵系统具有下列优势：梯级储能；精准控制；柔性供水；可大大减少辅助热源配置；太阳能热利用率提高20%以上。

27.10.4 空气源热泵梯级升温机组

空气源热泵梯级升温机组的特点，见表27-50。

空气源热泵梯级升温机组特点一览表 表 27-50

序号	机组特点
1	与大多数常用生活热水箱不同，机组结构能二次隔断冷媒污染，即使有冷媒泄漏，仅会污染储能水，不会污染生活用水
2	储能水箱并不是直接储存生活热水，而是储存由热泵所捕获的能量，内置强大的生活热水盘管，无需储存生活热水，避免热水菌团二次污染、无滞留区
3	CO_2 \ 410A \ R22 可选，水温可达 65～85℃，符合高标准热水要求
4	供水、加热不混水，双向梯级升温，热水利用率和热泵 COP 值高
5	可选装 60°相变储能材料，储热量更高
6	$2m^3$、$5m^3$装配式撬装机组，稳定性高
7	热媒水换热，永不结垢

27.11 物联网消防给水系统

27.11.1 系统概念

物联网消防给水系统是从硬件和软件两方面出发，在水力机械、控制系统、产品质量、生产测试、系统设计、系统调试、日常维护、消防监督和技术服务等多环节、多角度提出的消防给水系统整体解决方案。物联网消防给水系统可彻底解决常规建设模式固有分散、采购兼容性差、故障点多、责任归属不清晰、监控时效滞后、维保水平不高等各类严重影响消防给水系统安全可靠性的突出问题，全面、切实提高了消防给水系统安全可靠性和灭火效能。

27.11.2 系统组成

物联网消防给水系统主要包括消防给水专用机组、专用稳压泵组、智能末端试水系统（包括智能末端试水装置、智能末端试水阀和智能末端主机等组件）、消防水泵性能自动测试装置及物联网消防专用的水位、压力、流量等系统感知组件，软件包括消防专用数据云平台及移动终端实时监控系统等。

27.11.3 执行标准

物联网消防给水系统主要执行下列标准：《消防给水及消火栓系统技术规范》GB 50974—2014 、《自动喷水灭火系统设计规范》GB 50084—2017、《火灾自动报警系统设计规范》GB 50116—2013、《消防泵》GB 6245—2006、《消防联动控制系统》GB 16806—2006 和《固定消防给水设备　第 3 部分：消防增压稳压给水设备》GB 27898.3—2011 等。

27.11.4 功能特点

物联网消防给水系统的主要功能特点，见表 27-51。

物联网消防给水系统主要功能特点一览表　　表 27-51

序号	功能特点说明	
1	消防泵的流量功率曲线具有最大功率拐点，在流量扬程曲线上任何一点运行时不会存在过载的风险，其密封方式和材料在零流量或低流量长期运行时不会存在过热的风险	
2	消防泵控制柜设置了机械应急启动、自动控制、消防联动、就地/远程手动控制、物联网消防远程实时监控等功能，其防护等级不低于IP55，在自动控制中设置了自动低频、工频、末端等巡检试验及消防泵性能参数自动测试功能	机械应急启动不受控制柜手/自动状态的影响，在控制系统故障或失效、电压下降、接触器电磁线圈烧毁、控制柜柜门变形时，均能安全可靠地接通消防泵电动机的供电回路，消防泵在机械应急启动时为工频全压启动
		自动低频、工频巡检可按人工设定的周期自动对消防泵进行逐台低转速和全转速巡检，自动末端试验可按人工设定的周期自动对人工指定的智能末端试水装置和智能末端试水阀进行试验并采集、记录、上传实时运行数据，在接收到压力开关、流量开关、消防联动、就地手动、远程手动等启泵信号时，自动低频、工频巡检和自动末端试验自动退出
		物联网消防远程实时监控可采集、记录、显示、上传各项实时运行信息
3	智能末端试水系统由智能末端试水装置、智能末端试水阀、试验消火栓智能试水装置、智能消火栓压力监测装置、主机、物联网消防通信专用模组、电源和通信电缆等组成	系统具有自动试验、手动试验、紧急停止、故障报警等功能，可采集、记录、上传系统中每台智能末端试水装置和智能末端试水阀的压力、流量、手/自动状态、故障等实时运行数据
		末端主机可与专用机组中的消防泵控制柜进行控制指令、数据信息的实时交互，并能向火灾自动报警系统反馈信号及接收、执行其消防联动信号
		当末端主机出现故障时，所有处于自动状态的智能末端试水装置和智能末端试水阀可自动关闭；当任一个处于自动状态的智能末端试水装置或智能末端试水阀出现通信故障时，该智能末端试水装置或智能末端试水阀可自动关闭
		智能末端试水装置和智能末端试水阀的管阀组件采用不锈钢 SUS304 材料
4	软件部分	消防专用数据云平台及移动终端实时监控系统可根据自动采集、上传、记录的各项实时运行信息自动对物联网消防给水系统进行安全评估，并可通过移动终端监控系统自动为建设方、使用方、维护方等各相关方提供实时故障的专业分析意见、系统故障率等关键决策依据

27.11.5 应用领域

物联网消防给水系统在建筑领域尤其是高层建筑、大型公共建筑中具有重要作用。基于消防物联网系统可以实时监测各种火灾状况，并根据实时数据反馈至相关部门，从而有效地控制火灾发生，智能物联网消防给水系统已经逐渐应用于各行各业。

27.11.6 智慧物联网消防成套机组

1. 与传统消防水泵房设备对比（表 27-52）

智慧物联网消防成套机组与传统消防水泵房设备对比一览表　　表 27-52

序号	对比项目	智慧物联网消防成套机组	传统消防水泵房设备
1	智慧消防物联网云平台	AIRIOT 专业物联网平台具备物联功能后期维护可无人值守，一键测试整个系统，节省后期维保费用，提高设备使用寿命，全生命周期内降低设备成本	无（需人员经常巡视，无法及时发现故障和记录故障信息等）
2	责任主体	系统责任主体明确，在时效性、安全性、可靠性上有了显著的提升，能够实时监控、记录、存储消防运行数据，真正做到有据可查，降低了消防安全责任人的法律风险	施工方、水泵、控制柜等多方参与很难明确责任主体，容易发生互相推诿问题
3	智慧消防物联网专用传感器仪表	系统自身配套压力开关、流量开关、流量监测、消防水池液位监测等外围感知设备，并对其进行 24h 全方面监控，提高项目消防安全管理的水平和效率	无
4	评奖加分	在新建工程积极推广应用消防给水成套机组新技术，可以提高工程质量增加工程科技含量，有效地提高了工作效率、降低了人力消耗、减少环境污染、缩短工期、提高效益	无
5	执行标准	最新标准：GB 27898—2011、19S204-1（图集）	标准较老：GB 6245—2006、GB 16806—2006
6	使用寿命	设备一体化，模块化，设备强度耐压等级大大提升，使用寿命更长	寿命一般
7	机组性能	优于传统泵组的五大性能优势：实时状态监测模块；异常预警模块；超限报警模块；历史数据查询模块；数据分析模块。数字孪生系统：系统内置服务器，与成套机组形成一套内部局域网系统，在无外网信号的情况下可正常工作（自成网络）；功能包含 3D 全景展示、视频监控、资产管理、数据分析、数据展示、巡检报表等	启泵、停泵、故障、巡检
8	整体性能	整体设备符合设计要求	水泵、控制柜单方面符合要求
9	可靠性	成套设备，出厂前整体测试整体联动，无第三方施工	采购设备到现场，由第三方现场施工无工艺保证，无检测设备
10	设备形式	专用物联网消防控制柜（含机械应急启动装置、自动低频巡检、自动工频巡检、水泵控制、双电源切换等功能）与消防泵组、吸水阀组、出水阀组、超压泄水阀组等高度集成化一套完整的智慧消防物联网一体化机组。控制柜防护等级为 IP55。机组控制柜有防止被水淹没的措施，内设温度湿度监测，自动除湿功能保证电气环境更加可靠。外设紧急开启装置，当火情发生时，能够快速启动消防设备，提高规模效率，有效控制火势，确保人员安全	水泵、控制柜、阀门、管路由消防施工单位分散运输，现场组装

续表

序号	对比项目	智慧物联网消防成套机组	传统消防水泵房设备
11	水系统	工厂预制模块管道密封和强度显著提高，经得起时间考验，无现场施工，更环保	现场进行切割、焊接等施工，产生现场垃圾，环保无法保证
12	电系统	按照设备整体最高负载点选择电气容量，过载能力更强	按照消防泵电机容量选择，过载能力一般
13	三维立体建模	根据现场实际情况，量身定制机组结构，并绘制3D效果图。和家庭装修一样提前预制泵房效果。使得泵房布局更专业，更准确	无

2. 机组原理

物联网消防成套机组的原理，见图27-15。

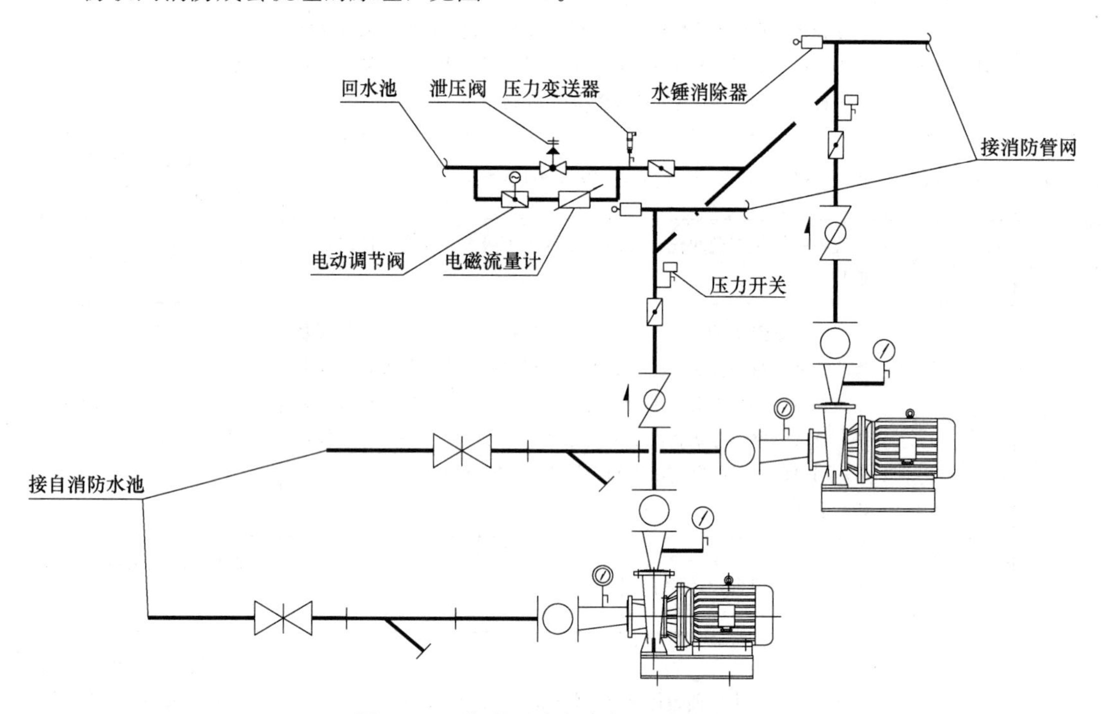

图27-15　物联网消防成套机组原理图

3. 平面剖面图

物联网消防成套机组的平面尺寸，见图27-16。物联网消防成套机组的剖面，见图27-17。

27.11.7　系统附件

1. 消火栓系统附件

试验消火栓试水装置和消火栓压力监测装置的安装，见图27-18。

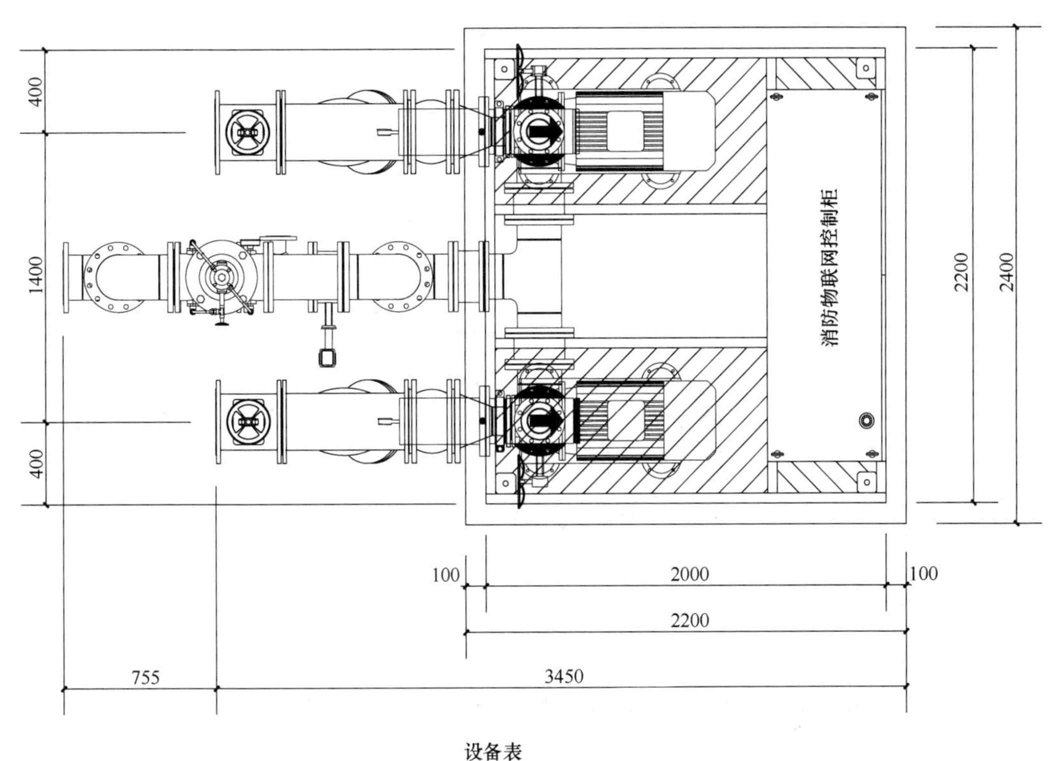

设备表

机组型号	ZY10.9/40-150-RKL2WY
水泵参数	H=109m　Q=40L/s　N=75kW

图 27-16　物联网消防成套机组平面尺寸图

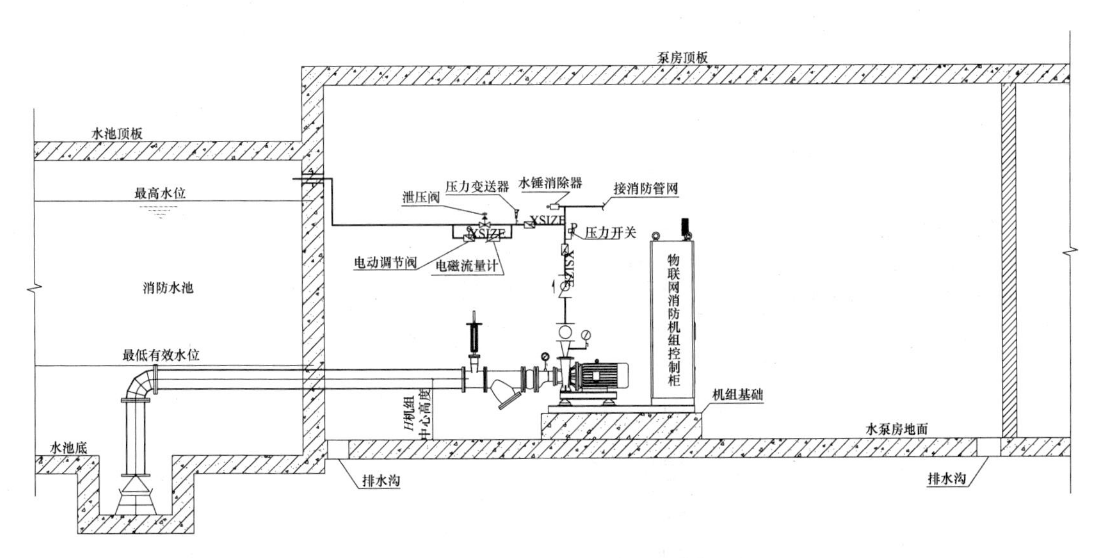

图 27-17　物联网消防成套机组剖面图

2. 自动喷水灭火系统附件

智能末端试水装置和智能末端试水阀装置的安装，见图 27-19。

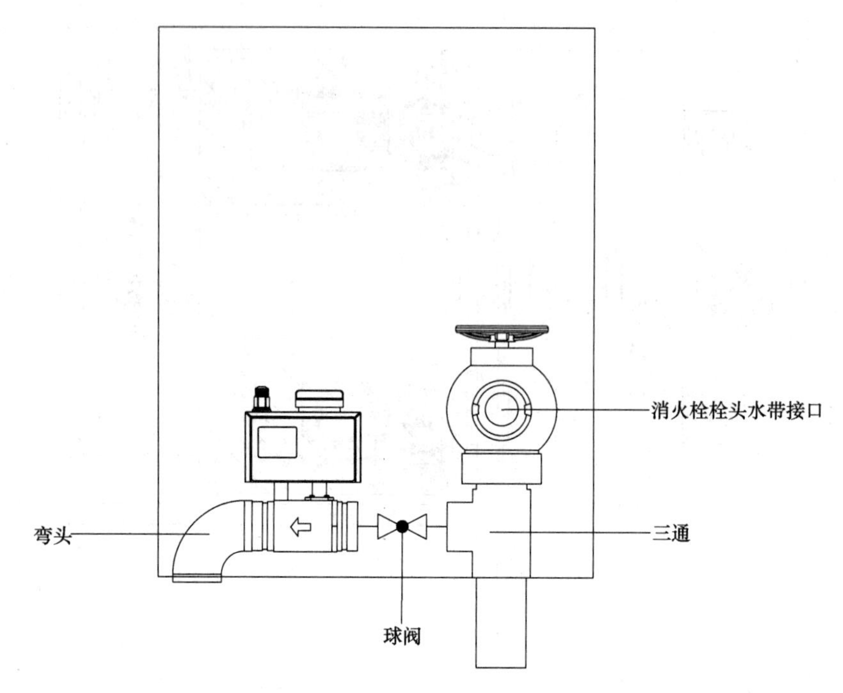

图 27-18 试验消火栓试水装置和消火栓压力监测装置安装大样图

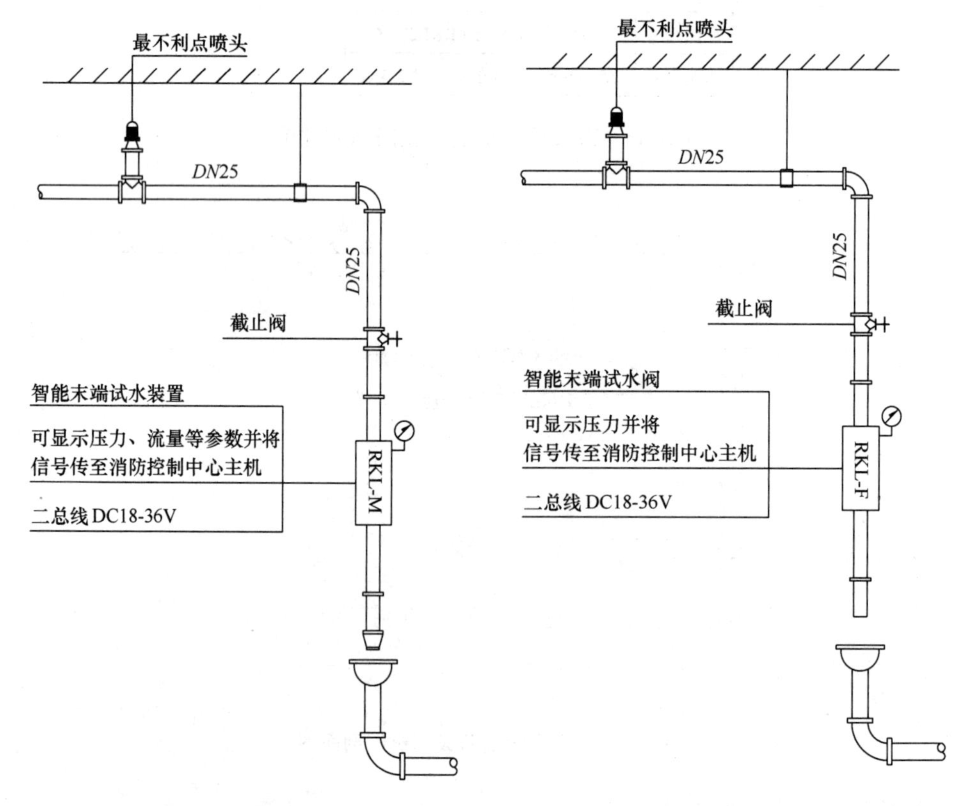

图 27-19 智能末端试水装置和智能末端试水阀装置垂直安装大样图

程控式调压装置的安装，见图 27-20。

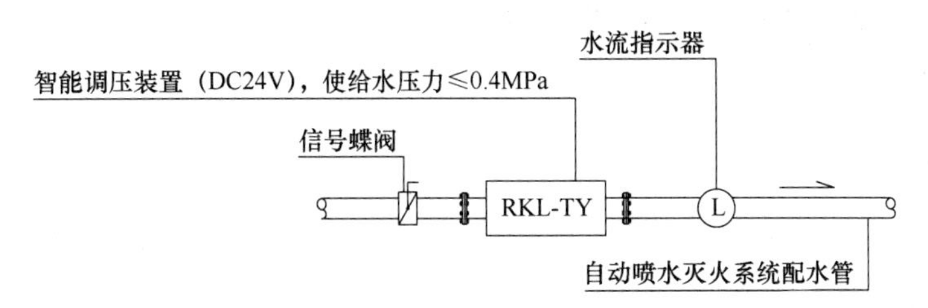

图 27-20 程控式调压装置安装大样图

27.11.8 系统控制

自动巡检物联网消防系统控制，见图 27-21。

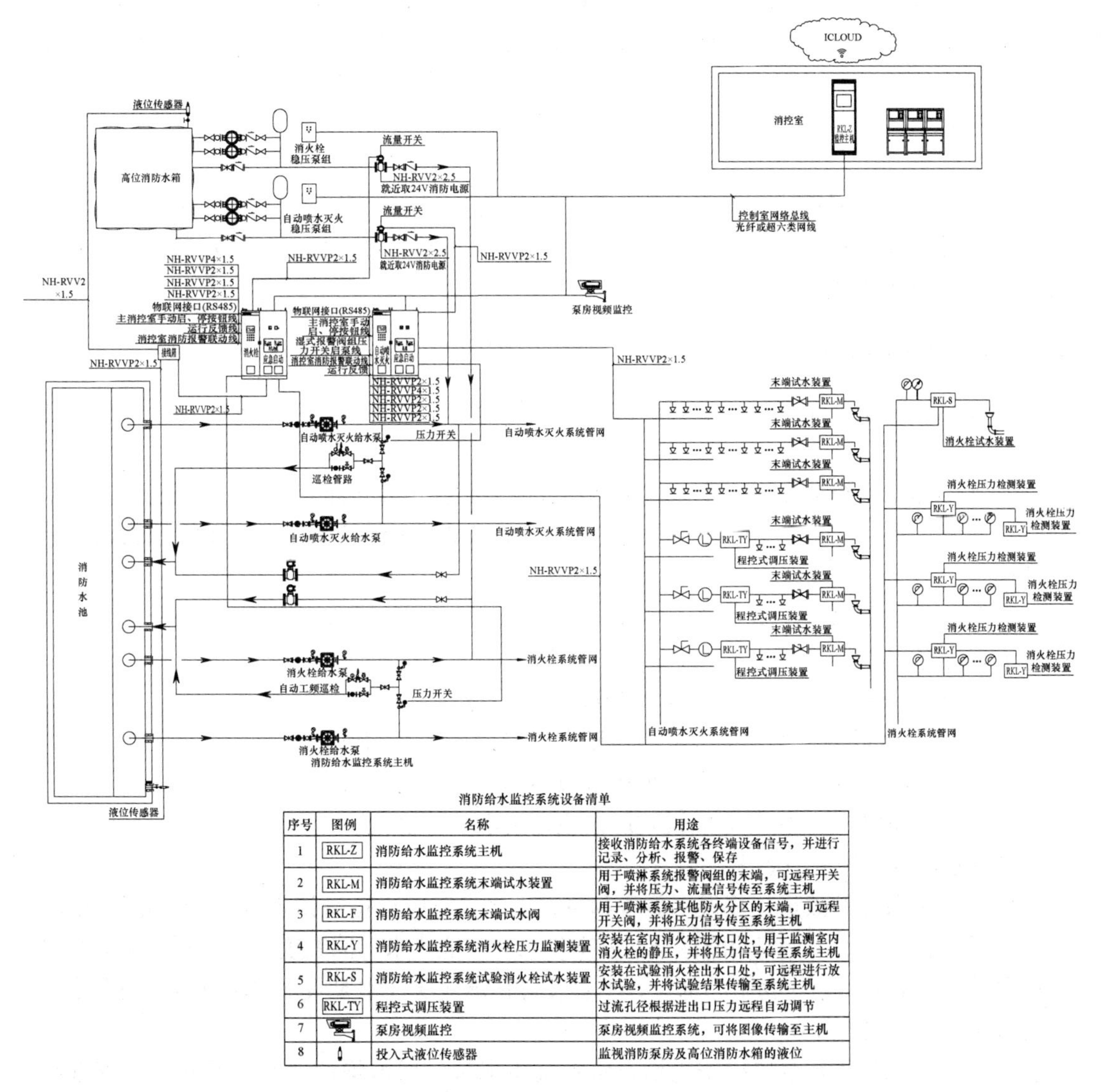

消防给水监控系统设备清单

序号	图例	名称	用途
1	RKL-Z	消防给水监控系统主机	接收消防给水系统各终端设备信号，并进行记录、分析、报警、保存
2	RKL-M	消防给水监控系统末端试水装置	用于喷淋系统报警阀组的末端，可远程开关阀，并将压力、流量信号传至系统主机
3	RKL-F	消防给水监控系统末端试水阀	用于喷淋系统其他防火分区的末端，可远程开关阀，并将压力信号传至系统主机
4	RKL-Y	消防给水监控系统消火栓压力监测装置	安装在室内消火栓进水口处，用于监测室内消火栓的静压，并将压力信号传至系统主机
5	RKL-S	消防给水监控系统试验消火栓试水装置	安装在试验消火栓出水口处，可远程进行放水试验，并将试验结果传输至系统主机
6	RKL-TY	程控式调压装置	过流孔径根据进出口压力远程自动调节
7		泵房视频监控	泵房视频监控系统，可将图像传输至主机
8		投入式液位传感器	监测消防泵房及高位消防水箱的液位

图 27-21 自动巡检物联网消防系统示意图

27.12 公共建筑给水排水节能设计

27.12.1 一般要求

1. 公共建筑有生活热水供应时，生活热水系统应采取保证用水点处冷水、热水供水压力平衡和稳定的技术措施。

2. 生活给水系统应设置计量装置。计量装置应根据建筑功能、用水部门和管理要求等因素设置，并应符合现行国家标准《民用建筑节水设计标准》GB 50555 的有关规定。

3. 生活热水系统热源侧应设置计量装置。有计量要求的水加热机房、换热站室、医疗建筑病房护理单元等场所，应设置相应的热计量装置。

4. 给水泵应根据给水管网水力计算结果选型，并保证设计工况下水泵效率处在高效区。给水泵的效率不应低于现行国家标准《清水离心泵能效限定值及节能评价值》GB 19762 的节能评价值。

5. 采用集中空调的建筑可利用冷却水对热水系统进行预热，其冷却塔节水节能设计应符合本标准的有关规定。

6. 卫生器具和用水洁具应采用节水型，卫生器具用水效率等级不应低于2级，并应符合现行国家标准《节水型卫生洁具》GB/T 31436 和现行行业标准《节水型生活用水器具》CJ/T 164 的有关规定。

27.12.2 给水排水系统

1. 生活给水系统应充分利用城镇市政供水管网的水压直接供水。室外给水管网应布置成环状。

2. 生活给水系统的加压供水方式及竖向分区应结合市政供水条件、建筑物使用功能、建筑物高度、使用要求、材料设备性能、安全供水要求、用水系统特点、维护管理等因素综合确定。

3. 城镇市政供水管网供水压力不能满足供水要求的生活给水系统应竖向分区，并应符合下列规定：

1）给水入户管压力不应大于0.35MPa；

2）各分区最低卫生器具配水点静水压力不应大于0.45MPa；

3）各加压供水分区宜分别设置加压水泵，不宜采用减压阀分区；

4）各分区内低层超压部分应设减压设施，用水点处供水压力不应大于0.20MPa，且应满足用水器具工作压力要求。

4. 生活水泵房的数量、规模、位置和泵组供水水压应根据城镇供水条件、建筑规模、建筑高度、建筑分布、使用功能标准、安全供水和节能要求等因素确定。生活水泵房宜设置在生活用水量大的建筑物中心部位，不宜设置在最底层；水泵吸水水箱宜减少与用水点之间的高差，且宜设置在高位。

5. 生活给水加压水泵应根据生活给水系统用水量、用水均匀性及管网水力计算选择和配置。水泵的 Q-H 特性曲线应选择随流量增大扬程逐渐下降的曲线，并应在其高效区内运行。

6. 室外地面以上的生活污水、废水宜采用重力流直接排入室外污水管网。

7. 公共浴室、洗衣房、温泉等排水温度较高且排水量较大的废水，其热能宜回收利用。

27.12.3 生活热水系统

1. 新建公共建筑应根据功能要求设置生活热水供应系统。设置集中生活热水供应系统且用水点集中的公共建筑，应当安装太阳能热水系统。当采用集中生活热水供应系统时，其热源应符合下列规定：

1）应优先采用余热、废热、太阳能、地源热泵、空气源热泵、海水源热泵；

2）采用太阳能提供生活热水供应系统热源时，应作为主要热源；

3）除有其他用蒸汽要求外，不应采用燃气或燃油蒸汽锅炉制备蒸汽，通过热交换后提供生活热水供应系统热源；

4）当有其他热源可利用时，不应采用直接容积式电加热设备提供生活热水供应系统热源；

5）当最高日生活热水量大于 $5m^3/d$ 时，除电力供给侧鼓励用电，且利用低谷电加热的情况外，不应采用直接电加热设备提供生活热水供应系统热源。

2. 采用太阳能提供生活热水供应系统热源时，应根据建筑功能、安装条件、热水用水规律、使用者要求等因素，按下列规定设计：

1）日均用热水量宜按照现行国家标准《民用建筑太阳能热水系统应用技术标准》GB 50364选取；

2）太阳能热水系统热损比 μ 大于 0.6 的，不宜采用集中热水供应系统；

3）采用分散辅热的，辅热热源应靠近用水点；

4）宜采用定时循环方式；

5）太阳能系统集热效率 η_r 不应小于 42%。

3. 采用燃气热水器或供暖炉作为太阳能辅助热源提供生活热水供应系统热源时，其热效率应满足表 27-53 的要求。

燃气热水器或供暖炉热效率要求表 **表 27-53**

类型	热效率值 η（%）	
	η_1	η_2
燃气热水器	98	94
燃气供暖炉	96	92

注：η_1 为燃气热水器或供暖炉额定热负荷和部分热负荷（热水状态为 50%的额定热负荷）下两个热效率值中的较大值，η_2 为较小值。

4. 采用燃气锅炉作为太阳能辅助热源提供生活热水供应系统热源时，锅炉额定工况下热效率不应低于 94%。

5. 采用空气源热泵热水机组作为太阳能辅助热源提供生活热水供应系统热源时，应符合现行国家标准《低环境温度空气源热泵（冷水）机组》GB/T 25127、《空气源单元式空调（热泵）热水机组》GB/T 29031 及《空气源多联式空调（热泵）热水机组》JB/T 11966 的有关规定。热泵热水机组在名义制热工况和规定条件下，性能系数（COP）不应低于表 27-54 的规定，并应有保证水质的有效措施。

热泵热水机组性能系数（COP）（W/W）表 **表 27-54**

<table>
<tr><th>制热量（kW）</th><th colspan="2">热水机组型式</th><th>普通型</th><th>低温型</th></tr>
<tr><td rowspan="2">$H<10$</td><td colspan="2">一次加热式、循环加热式</td><td>4.40</td><td>3.60</td></tr>
<tr><td colspan="2">静态加热式</td><td>4.00</td><td>—</td></tr>
<tr><td rowspan="3">$H\geqslant 10$</td><td colspan="2">一次加热式</td><td>4.40</td><td>3.70</td></tr>
<tr><td rowspan="2">循环加热</td><td>不提供水泵</td><td>4.40</td><td>3.70</td></tr>
<tr><td>提供水泵</td><td>4.30</td><td>3.60</td></tr>
</table>

6. 当采用地源热泵热水机组作为太阳能辅助热源提供生活热水供应系统热源时，应符合现行国家标准《水（地）源热泵机组》GB/T 19409、《地源热泵系统工程技术规范》GB 50366 的有关规定。

7. 水加热机房、热交换机房应独立设置，宜设置在热水用水量大的建筑物中心部位，不宜设置在最底层。设有区域集中热水供应系统时，水加热机房、热交换机房宜布置在热水供水区域的中心位置，其热水循环管网的服务半径不应大于 300m。

8. 仅洗手盆供应热水、管网输送距离较远、热水用水量较小且用水点分散布置时，应采用局部热水供应系统。

9. 设有全日集中热水供应系统的较大型公共浴室、洗衣房、厨房等耗热量较大且用水时段固定的用水场所，宜设置独立的热水管网。

10. 最高日生活热水量大于 $5m^3/d$ 的集中热水供应系统或定时供应热水的用户，应设置独立的热水循环系统。

11. 集中生活热水供应系统应采用机械循环，热水配水点出水温度达到不低于 46℃的时间不应大于 10s，对卫生器具出口水温有严格要求时，应采取保证支管热水温度的措施。集中生活热水供应系统热水表后不循环的热水供水支管长度不宜超过 8m。

12. 集中生活热水加热器的设计出水温度宜为 55～60℃，不应大于 70℃。

13. 集中生活热水加热设备的选择和设计，应符合下列规定：

1）被加热水侧阻力不宜大于 0.01MPa；

2）热效率高，换热效果好，无死角；

3）热媒管应设置自动温控装置。

14. 生活热水供、回水管道，水加热器，贮水箱（罐）等均应保温，保温层厚度应按现行国家标准《设备及管道绝热设计导则》GB/T 8175 中经济厚度计算方法确定。

15. 室外保温直埋管道不应埋设在冰冻线以上。

16. 集中热水供应系统的监测和控制，应符合下列规定：

1）应监测热水系统热水耗量和总供热量；

2）应监测设备运行状态及故障报警；

3）应监测每日用水量和供水、回水温度；

4）对于大于或等于 3 台机组的工程，应采用机组群控方式。

第 28 章　公共建筑给水排水设备材料应用

28.1　装配式玻璃钢检查井

装配式玻璃钢检查井指使用片状玻璃钢模塑复合材料（SMC），经高温高压模塑压制工艺制造，构成的用于埋地排水管道的连接、清通、检查的井状构筑物。通常在工厂内装配式组装完成，运至工地与相应管道直接连接。

28.1.1　检查井构成

装配式玻璃钢检查井由井座、井筒、盖座、井盖（防坠箅子）和检查井配件构成。

28.1.2　与混凝土检查井对比

装配式玻璃钢检查井与混凝土检查井性能费用对比，见表 28-1。

装配式玻璃钢检查井与混凝土检查井性能费用对比表　　表 28-1

对比项目		装配式玻璃钢检查井	混凝土检查井
性能	材质	玻璃钢；抗老化、耐腐蚀、轻便、易安装，受天气气候因素影响较低，寿命可达 50 年	混凝土；质量管控力度小，易老化、易腐蚀，5 年后强度降低，自然粉化
	生产工艺	经高温高压（150℃，8000kN）模具成型，整体性好，理化性能优异，量化生产	自制混凝土预制组装而成，密实度差，组装接触部位易断裂，易错位
	与管材连接方式	橡胶圈或热缩套柔性连接，密封性好，施工速度快	现场凿孔，采用自拌水泥砂浆刚性连接，结合性差，易脱落渗漏
	密封性	井体一体成型，密封性好，无渗漏	井体拼装而成，密封性差，易渗漏，容易造成地下水污染
	排水能力	内壁光滑，耐腐蚀，检查井有导流槽，不易堵塞，排水效果佳	易吸水，井壁粗糙，易挂物，内阻大，排水效果差，2 年后效果下降显著
	维护疏通	不用下人，采用高压喷水疏通设备即可疏通，简单快捷，维护成本低	井体大易淤积，清理复杂，经常堵塞，维护成本高，需下人清理，管道内含有害气体，容易造成人身安全事故
施工费	开挖	约 15 元/m	约 27 元/m
	基础	约 28 元/座（中砂垫层）	约 73 元/座（C20 混凝土垫层）
	安装费	35 元/座（轻便易安装，3 人 1d 可安装 30 座）	200 元/座（机械吊装，5 人 1d 可安装 10 座）

28.1.3　产品部件

装配式玻璃钢检查井各部件，见表 28-2。

装配式玻璃钢检查井各部件一览表 **表 28-2**

序号	部件名称	型号	连接支管（mm）	井座高度（mm）	备注
装配式玻璃钢检查井					
1	SMC玻璃钢井座	490×660(450)	DN200	井座内底至上口高度280；外底至上口330	起始井、直通井、跌水井：当检查井管底埋深≤1.5m时，宜选用“Φ400井筒调节段”安装；当检查井管底埋深>1.5m时，须选用“Φ400转Φ600扩口井筒”“Φ600井筒调节段”安装
2		550×700(450)	DN200～DN300	井座内底至上口高度380；外底至上口430	
3		600×800(450)	DN200～DN300	井座内底至上口高度580；外底至上口740	直通井，主要用于3根及以上出户管同时接井
4		680×680(450)	DN200	井座内底至上口高度280；外底至上口330	90°井、三通井、四通井、跌水井：当检查井管底埋深≤1.5m时，宜选用“Φ400井筒调节段”安装；当检查井管底埋深>1.5m时，须选用“Φ400转Φ600扩口井筒”“Φ600井筒调节段”安装
5		720×720(450)	DN200～DN300	井座内底至上口高度380；外底至上口430	
6		830×830(550)	DN200～DN400	井座内底至上口高度480；外底至上口550	起始井、直通井、三通井、四通井、90°井、跌水井：采用Φ600井筒
7		850×850	DN200～DN600	井座内底至上口高度800；外底至上口940	起始井、直通井、三通井、四通井、90°井、跌水井：采用Φ600井筒。与管径500～600mm的管道连接时采用胶圈或热缩套
8		1200×1200	DN200～DN800	井座内底至上口高度1200；外底至上口1360	起始井、直通井、三通井、四通井、90°井、跌水井：采用Φ600井筒。与管径500～600mm的管道连接时采用热缩套
9	SMC玻璃钢雨水口	300×400	160～200	井底至上口高度500	主要用于院区绿化、景观区收水
10		400×600	160～300	井底至上口高度650	主要用于院区主道路收水
11	SMC玻璃钢跌水井	490×660(450)	最大主管DN200	最小跌水高度350	最大跌水支管DN200
12		550×700(450)	最大主管DN300	最小跌水高度450	最大跌水支管DN300
13		600×800(450)	最大主管DN300	最小跌水高度600	最大跌水支管DN300
14		680×680(450)	最大主管DN200	最小跌水高度350	最大跌水支管DN200
15		720×720(450)	最大主管DN300	最小跌水高度450	最大跌水支管DN300
16		830×830(550)	最大主管DN400	最小跌水高度600	最大跌水支管DN400
17		850×850	最大主管DN600	最小跌水高度1000	最大跌水支管DN500
18		1200×1200	最大主管DN800	最小跌水高度1300	最大跌水支管DN500
19	SMC玻璃钢跌水井	Φ600	水封管径≤200	水封高度可调	主要用于有危害气体、可燃气体排放口处，如实验室周边
20		Φ1000	水封管径≤400		

续表

序号	部件名称	型号	连接支管(mm)	井座高度(mm)	备注
21	SMC玻璃钢阀门井	300×400	最大管径 *DN*32	井体高度 500	手阀井(绿化用水)
22		400×600	最大管径 *DN*65	井体高度 650	手阀井(绿化用水)
23		600×800	最大管径 *DN*100	井体高度 680	单阀井(绿化用水)
24		750×1000	最大管径 *DN*100	埋深以现场为准	阀门+伸缩器(生活用水)
25		900×1200	最大管径 *DN*150		
26	SMC玻璃钢水表井	400×600	出入管≤*DN*25	井体高度 650	1块表(锁闭阀或表前阀、水表、表后阀)
27		600×800	进管 *DN*40,出管 *DN*15～*DN*20	井体高度 680	2～3块表(锁闭阀或表前阀、水表、表后阀)
28		750×750	进管 *DN*50,出管 *DN*15～*DN*20	每段 300,埋深以现场为准	4块表(锁闭阀或表前阀、水表、表后阀)
29		750×1000		埋深以现场为准	6块表(锁闭阀或表前阀、水表、表后阀)
30		900×1200			8块表(锁闭阀或表前阀、水表、表后阀)
31		1050×1200			12块表(锁闭阀或表前阀、水表、表后阀)
检查井配件					
32	SMC玻璃钢井筒	*Φ*400×50		内径 400mm,外径 412mm	模数生产,主要用于施工现场检查井接高微调;管径≤300mm,且埋深≤1.5m
33		*Φ*400×200			模数生产,主要用于施工现场检查井接高;管径≤300mm,且埋深≤1.5m
34		*Φ*400×300			
35		*Φ*600×50		内径 600mm,外径 612mm	模数生产,主要用于施工现场检查井接高微调;管径≥400mm
36		*Φ*600×200			模数生产,主要用于施工现场检查井接高;管径≥400mm
37		*Φ*600×300			
38		*Φ*400 三通		高度 400	最大接管管径 *DN*300,主要用于跌水井,与汇合盘配合使用,出户管、支管接驳
39		*Φ*600 三通		高度 500	最大接管管径 *DN*400,主要用于跌水井,与汇合盘配合使用,出户管、支管接驳
40	SMC玻璃钢扩口接头	400转600		高度 100	主要用于管径≤*DN*300,埋深≥1.5m的检查井

续表

序号	部件名称	型号	连接支管(mm)	井座高度(mm)	备注
41	SMC玻璃钢汇合盘	500×400		外径610mm，宽100mm	主要用于管径 *DN*400 的结构壁管、波纹管
42		400×300		外径468mm，宽100mm	主要用于管径 *DN*300 的结构壁管、波纹管
43		300×200		外径348mm，宽100mm	主要用于管径 *DN*200 的结构壁管、波纹管
44		200×160		外径233mm，宽100mm	主要用于管径 *DN*150 的 PVC 管、球墨铸铁管
45		300×(160/110)		外径348mm，宽100mm	主要用于管径 *DN*150、*DN*100 的 PVC 管、球墨铸铁管
46	SMC玻璃钢转换接头	*DN*200			主要用于结构壁管、六棱管
47		*DN*300			
48		*DN*400			
49	SMC玻璃钢防坠箅子	Φ400			用于 Φ400 井筒，承重300kg
50		Φ600			用于 Φ600 井筒，承重300kg
51	SMC玻璃钢侧板	850×500			主要用于拼装850mm检查井座
52		850×600			
53		850实心			
54		1200×500			主要用于支撑 Φ400 井筒
55		1200×600			
56		1200×800			
57		1200护板			
58	SMC玻璃钢井筒承台	Φ400			主要用于拼装850mm检查井座
59	SMC玻璃钢井底	850			主要用于拼装850mm检查井座
60		1200			主要用于拼装1200mm检查井座
61	SMC玻璃钢承插口	*DN*200			主要用于检查井座与管道连接
62		*DN*300			
63		*DN*400			
64		*DN*500			
65		*DN*600			
66		*DN*800			
67	45°弯头	*DN*200			与490mm×660mm或680mm×680mm检查井搭配使用
68		*DN*300			与550mm×700mm或720mm×720mm检查井搭配使用

续表

序号	部件名称	型号	连接支管(mm)	井座高度(mm)	备注
69	45°弯头	*DN*400			与 830mm×830mm 检查井搭配使用
70		*DN*500			与 850mm×850mm 检查井搭配使用
71		*DN*600			
72	内衬转换接头	200			主要用于结构壁管、混凝土管，内承插使用
73		300			
74		400			
75		500			
76		600			
77	对接接头	*DN*200			主要用于结构壁管、钢带螺旋管、波纹管
78		*DN*300			
79		*DN*400			
80		*DN*500			
81		*DN*600			
82	Y 型接头	200×160×160			与 300mm×200mm 汇合盘搭配使用，主要用于多根出户管接驳
83	Z 型接头	160×160			主要用于出户管接驳
84	出户管胶圈	Φ75			主要用于井筒接驳出户管时密封
85		Φ110			
86		Φ160			
87		Φ200			
88	波纹管胶圈	*DN*200			主要用于波纹管与检查井柔性连接(国标管)
89		*DN*300			
90		*DN*400			
91		*DN*500			
92		*DN*600			
93		*DN*800			
94	多峰胶圈	*DN*200			主要用于铸铁管、混凝土管、玻璃钢管、中空壁管
95		*DN*300			
96		*DN*400			
97		*DN*500			
98		*DN*600			
99	开孔器	Φ75			主要用于井筒、收水井壁现场开孔，出户管接驳开孔
100		Φ110			
101		Φ160			
102		Φ200			

续表

序号	部件名称	型号	连接支管(mm)	井座高度(mm)	备注
103	热缩套/热缩带	DN200 (L=150mm)			主要用于结构壁管、水泥管、玻璃钢管与检查井连接
104		DN300 (L=200mm)			
105		DN400 (L=200mm)			
106		DN500 (L=300mm)			
107		DN600 (L=300mm)			
108		DN800 (L=400mm)			
109	截污筐	450×750			主要与450mm×750mm雨水箅子搭配使用，拦截树叶、砖块等垃圾进入雨水口内
110		400×600			主要与400mm×600mm收水井搭配使用，拦截树叶、砖块等垃圾进入雨水口内
111	结构胶				主要用于汇合盘与井体的连接
112	胶粘剂				主要用于井筒粘接

装配式玻璃钢检查井产品规格型号，见表28-3。

装配式玻璃钢检查井产品规格型号表 **表28-3**

序号	排水管道最大直径DN(mm)	井座尺寸(mm)
1	200	490×660(450)/680×680(450)
2	300	550×700(450)/720×720(450)
3	400	830×830(550)
4	500	850×850
5	600	850×850
6	800	1200×1200

SMC玻璃钢井盖、雨水箅子、地沟箅子规格型号，见表28-4。

SMC玻璃钢井盖、雨水箅子、地沟箅子规格型号一览表 **表28-4**

序号	名称	型号	静荷载(T)	过车荷载(T)	井座最大尺寸(mm)	净开口尺寸(mm)	备注
井盖							
1	SMC玻璃钢井盖	Φ700(A15)	0.5	—	Φ700×50	Φ650	
2		Φ700(A15)防坠	0.5	—	Φ790×90	Φ600	

续表

序号	名称	型号	静荷载（T）	过车荷载（T）	井座最大尺寸（mm）	净开口尺寸（mm）	备注
3	SMC玻璃钢井盖	Φ700(B125)A防坠	12.5	40	Φ790×90	Φ600	
4		Φ700(B125)B防坠	5	20	Φ790×90	Φ600	
5		Φ700(C250)A防坠	25	70	Φ790×90	Φ600	
6		Φ700(C250)B防坠	20	50	Φ850×100	Φ600	
7		Φ700(D400)防坠	40	100	Φ850×100	Φ600	
8		Φ610(A15)	1	—	—	—	Φ600井筒专用
9		Φ600(C250)	25	60	Φ700×86	Φ550	
10		Φ600(D400)	40	100	Φ700×86	Φ550	
11		Φ410(A15)	1	—	—	—	Φ400井筒专用
12		Φ450(A15)	2	—	Φ480×80	Φ390	
13		Φ450(B125)	12.5	40	Φ480×50	Φ390	
14		Φ700(A15)植草	1	—	Φ785×45	Φ650	盆深100mm
15		Φ600(A15)植草	1	—	—	—	盆深130mm
16		Φ450(A15)植草	1	—	Φ480×50	Φ390	盆深150mm
17		300×400(B125)	5	20	355×455×45	265×365	
18		450×750(B125)	5	20	520×820×65	390×690	
19		450×750(C250)	20	60	520×820×65	390×690	
20		500×500(B125)	5	30	570×570×70	Φ460	
21		430×430(A15)	1	—	500×500×35	400×400	
22		630×630(A15)	1	—	700×700×45	600×600	
23		450×600(B125)	15	50	720×570×60	550×400	
24		400×600(B125)	15	50	510×710×65	345×545	
25		650×750(B125)	10	40	760×860×65	600×700	
26		800×800(A15)	2	—	870×870×80	750×750	
27		600×700(A15)地上	1	—	880×800×60	600×700	井盖尺寸：750mm×820mm×60mm
28		500×620(A15)地上	1	—	670×750×65	500×620	井盖尺寸：730mm×650mm×80mm
29	SMC玻璃钢仿真井盖	500×500(B125)	5	30	570×570×70	Φ460	
30		750×750(B125)	15	40	810×810×80	700×700	
31		600×600(B125)	15	40	660×660×80	550×550	
32	SMC玻璃钢连续井盖	630×300(B125)	10	30	700×380×55	580×250	不带连接件
33		630×400(B125)	10	30	700×480×55	580×350	不带连接件
34	SMC玻璃钢落水井盖	Φ700(B125)防坠	10	40	Φ790×90	Φ600	

续表

序号	名称	型号	静荷载（T）	过车荷载（T）	井座最大尺寸（mm）	净开口尺寸（mm）	备注
雨水箅子							
35	SMC玻璃钢箅子	300×400(B125)	5	20	450×550×45	265×365	
36		350×500(B125)	10	30	385×538×60	310×460	
37		400×600(C250)	10	40	510×710×65	345×545	
38		400×600(D400)	16	70	510×710×65	345×545	
39		450×750(B125)	10	30	520×820×65	390×690	
40		450×750(C250)	18	60	520×820×65	390×690	
41		450×750(D400)	28	100	520×820×65	390×690	
42	SMC玻璃钢截污箅子	400×600(C250)	10	40	510×710×65	345×545	
43		400×600(D400)	16	70	510×710×65	345×545	
44		450×750(B125)	10	30	520×820×65	390×690	
45		450×750(C250)	18	60	520×820×65	390×690	
46		450×750(D400)	28	100	520×820×65	390×690	
地沟箅子							
47	SMC玻璃钢地沟箅子	300×400×30	5	20			主要用于排水沟
48		350×500×40	10	30			
49		500×500×40	10	30			
50		400×600×40	10	30			
51		400×600×40	25	70			
52		450×750×40	10	30			
53		450×750×40	20	60			
54		450×750×40	40	100			

28.1.4　与管道连接方式

装配式玻璃钢检查井与各种排水管道连接方式，见表28-5。

装配式玻璃钢检查井与各种排水管道连接方式表　　表28-5

序号	排水管道种类	检查井与排水管道连接方式
1	HDPE中空壁缠绕管	多峰橡胶圈柔性连接
2	玻璃钢管	多峰橡胶圈柔性连接
3	混凝土管	内承插接头柔性连接
4	HDPE双壁波纹管	胶圈柔性连接
5	HDPE六棱管、钢带复合管等	胶圈柔性连接或热缩带热缩连接；需增加转换接头

28.1.5 应用范围

装配式玻璃钢检查井主要应用于医院、学校、商业综合体等所有公共建筑排水工程中，管道外径不大于 800mm、埋设深度不大于 6m、连续排入水温不大于 50℃的室外污水、废水、雨水排水管网；院区雨水污水改造项目。

28.1.6 玻璃钢化粪池与隔油池

SMC 玻璃钢化粪池与隔油池规格型号，见表 28-6。

SMC 玻璃钢化粪池与隔油池规格型号表 **表 28-6**

<table>
<tr><th>序号</th><th>名称</th><th>型号</th><th>产品外形尺寸（mm）</th><th>基础最小尺寸（mm）</th><th>备注</th></tr>
<tr><td>1</td><td rowspan="13">玻璃钢化粪池</td><td>ZH-1-2m³</td><td>Φ1200×1800</td><td>1600×2200</td><td rowspan="13">主要用于医院、学校、大型商场等公共建筑污水管网；容积可根据要求调整定做</td></tr>
<tr><td>2</td><td>ZH-2-4m³</td><td>Φ1500×2400</td><td>1900×2800</td></tr>
<tr><td>3</td><td>ZH-4-6m³</td><td>Φ1800×2600</td><td>2200×3000</td></tr>
<tr><td>4</td><td>ZH-4-9m³</td><td>Φ2000×3200</td><td>2400×3600</td></tr>
<tr><td>5</td><td>ZH-5-12m³</td><td>Φ2200×3200</td><td>2600×2200</td></tr>
<tr><td>6</td><td>ZH-6-16m³</td><td>Φ2400×3600</td><td>2800×4000</td></tr>
<tr><td>7</td><td>ZH-7-20m³</td><td>Φ2400×4500</td><td>2800×4900</td></tr>
<tr><td>8</td><td>ZH-8-25m³</td><td>Φ2500×5500</td><td>2900×5900</td></tr>
<tr><td>9</td><td>ZH-9-30m³</td><td>Φ2500×6200</td><td>2900×6600</td></tr>
<tr><td>10</td><td>ZH-10-40m³</td><td>Φ2800×6500</td><td>3200×6900</td></tr>
<tr><td>11</td><td>ZH-11-50m³</td><td>Φ2800×8200</td><td>3200×8600</td></tr>
<tr><td>12</td><td>ZH-12-75m³</td><td>Φ3000×10700</td><td>3400×11100</td></tr>
<tr><td>13</td><td>ZH-13-100m³</td><td>Φ3000×14400</td><td>3400×14800</td></tr>
<tr><td>14</td><td rowspan="6">玻璃钢隔油池</td><td>YJGY-1-1.5m³</td><td>Φ1200×1450</td><td>1600×1700</td><td rowspan="6">主要用于餐饮废水处理、汽车洗车废水处理等油水分离工程</td></tr>
<tr><td>15</td><td>YJCY-2-2m³</td><td>Φ1200×1800</td><td>1600×2200</td></tr>
<tr><td>16</td><td>YJGY-3-3m³</td><td>Φ1400×2200</td><td>1800×2600</td></tr>
<tr><td>17</td><td>YJGY-4-4m³</td><td>Φ1500×2400</td><td>1900×2800</td></tr>
<tr><td>18</td><td>YJGY-5-5m³</td><td>Φ1800×2000</td><td>2200×2400</td></tr>
<tr><td>19</td><td>YJGY-6-6m³</td><td>Φ1800×2600</td><td>2200×3000</td></tr>
</table>

28.2 高品质直饮水系统

28.2.1 系统概念

高品质直饮水指原水经过预处理与深度净化处理达到标准后，通过专门供水管道供给人们可直接饮用的高品质水。

高品质直饮水水源水质要求：以来自公共供水系统的水为源水时，其水质应符合《生活饮用水卫生标准》GB 5749—2022 的规定；以来自非公共供水系统的地表水或地下水为生产用源水时，其水质应符合《生活饮用水卫生标准》GB 5749—2022对生活饮用水水源的卫生要求。

高品质直饮水的水质标准，见表28-7。

高品质直饮水水质标准一览表 **表28-7**

<table>
<tr><th>序号</th><th>指标</th><th>高品质直饮水水质标准</th><th>生活饮用水水质标准</th><th>净水水质标准</th></tr>
<tr><td>1</td><td>铅（mg/L）</td><td>0.005</td><td>0.01</td><td></td></tr>
<tr><td>2</td><td>砷（mg/L）</td><td>0.005</td><td>0.01</td><td></td></tr>
<tr><td>3</td><td>汞（mg/L）</td><td>0.0001</td><td>0.001</td><td></td></tr>
<tr><td>4</td><td>镉（mg/L）</td><td>0.001</td><td>0.005</td><td></td></tr>
<tr><td>5</td><td>镍（mg/L）</td><td>0.008</td><td>0.02</td><td></td></tr>
<tr><td>6</td><td>三氯甲烷（mg/L）</td><td>0.01</td><td>0.06</td><td></td></tr>
<tr><td>7</td><td>四氯化碳（mg/L）</td><td>0.001</td><td>0.002</td><td></td></tr>
<tr><td>8</td><td>亚硝酸盐（mg/L）</td><td>0.005</td><td>0.07</td><td></td></tr>
<tr><td>9</td><td>氰化物（mg/L）</td><td>0.01</td><td>0.05</td><td></td></tr>
<tr><td>10</td><td>四氯乙烯（mg/L）</td><td>0.01</td><td>0.04</td><td></td></tr>
<tr><td>11</td><td>三氯乙烯（mg/L）</td><td>0.025</td><td>0.02</td><td></td></tr>
<tr><td>12</td><td>甲醛（mg/L）</td><td>0.06</td><td>0.9</td><td></td></tr>
<tr><td>13</td><td>1,1-二氯乙烯（mg/L）</td><td>0.015</td><td>0.03</td><td></td></tr>
<tr><td>14</td><td>1,2-二氯乙烯（mg/L）</td><td>0.025</td><td>0.05</td><td></td></tr>
<tr><td>15</td><td>1,2-二氯乙烷（mg/L）</td><td>0.003</td><td>0.03</td><td></td></tr>
<tr><td>16</td><td>1,1,1-三氯乙烯（mg/L）</td><td>0.005</td><td>—</td><td></td></tr>
<tr><td>17</td><td>甲苯（mg/L）</td><td>0.1</td><td>0.7</td><td></td></tr>
<tr><td>18</td><td>阴离子合成洗涤剂（mg/L）</td><td>0.15</td><td>0.3</td><td></td></tr>
<tr><td>19</td><td>氟化物（mg/L）</td><td>0.8</td><td>1.0</td><td></td></tr>
<tr><td>20</td><td>铝（mg/L）</td><td>0.1</td><td>0.2</td><td></td></tr>
<tr><td>21</td><td>总α放射性（B_q/L）</td><td>0.1</td><td>0.5</td><td></td></tr>
<tr><td>22</td><td>总β放射性（B_q/L）</td><td>0.5</td><td>1.0</td><td></td></tr>
<tr><td>23</td><td>增加总铬限值（mg/L）</td><td colspan="2">0.05</td><td></td></tr>
<tr><td>24</td><td>余氯（mg/L）</td><td colspan="2">≤0.05</td><td></td></tr>
<tr><td>25</td><td>总有机碳TOC（mg/L）</td><td>1</td><td>—</td><td>—</td></tr>
<tr><td>26</td><td>溶解性总固体（mg/L）</td><td>50～200</td><td>1000</td><td>500</td></tr>
<tr><td>27</td><td>总硬度（mg/L）</td><td>25～100</td><td>450</td><td>300</td></tr>
<tr><td>28</td><td>大肠杆菌（CFU/mL）</td><td colspan="2" rowspan="4">不得检出</td><td></td></tr>
<tr><td>29</td><td>粪链球菌（CFU/250mL）</td><td></td></tr>
<tr><td>30</td><td>铜绿假单胞菌（CFU/250mL）</td><td></td></tr>
<tr><td>31</td><td>产气荚膜梭菌（CFU/50mL）</td><td></td></tr>
</table>

28.2.2 高品质直饮水智慧化泵房

高品质直饮水智慧化泵房是为了满足建筑楼宇供水水质、水量、水压和供水安全的要求，按照标准化要求设置，可容纳增压、净化、控制、安全、环境、保障等标准化功能设备、设施的场所。

高品质直饮水智慧化泵房组成，见表28-8。

高品质直饮水智慧化泵房组成表 表28-8

序号	名称	说明
1	增压系统	高品质直饮水供水泵房根据不同的储存、增压方式，完成管网二次加压供水功能所设置的设备、设施
2	净水系统	高品质直饮水供水泵房根据国家生活饮用水相关标准及直饮水相关标准，完成水体过滤、净化所设置的设备、设施系统组合
3	控制系统	高品质直饮水供水泵房根据控制要求，完成泵房内水泵机组变频控制、数据采集、状态信号显示、设备自动保护及远程控制等功能所设置的软件、硬件设备、设施系统组合
4	安全防范系统	高品质直饮水供水泵房根据供水安全要求，完成门禁管理（非法闯入声光报警、视频监控对讲）、设备状态监控、故障处置等功能所设置的软件、硬件设备、设施系统组合
5	环境系统	高品质直饮水供水泵房根据工程建设及管理要求，按照土建、装修、管道布置敷设、控振降噪、排水、通风、标识等标准所设置的设备、设施系统组合
6	保障系统	高品质直饮水供水泵房根据供水水量、水质、电力及应急保障需求所设置的设备、设施系统组合

1. 增压系统

增压系统包括水泵机组、配套电机、机组管路与配件、稳压补偿器、气压罐、水箱及附属设施等，应按照增压方式及设计条件，计算高品质直饮水供水竖向分区个数、用水点数量、水泵扬程、流量等相关参数，合理匹配。

增压系统按照增压方式可分为水箱变频增压、管网叠压（无负压）、增设设备加高位水箱等。

水泵机组技术要求：根据设计条件，通过管网水力计算，合理配置水泵机组；水泵机组应设置备用泵，备用泵的供水能力不应小于最大一台运行水泵的供水能力，水泵应自动切换交替运行，电机额定功率在11kW及以下的水泵应采用成套水泵机组；水泵效率应保证在设计工况下处于高效区，应符合现行国家标准中水泵节能评价值的要求；水泵机组应采取减振降噪措施；水泵应采用自灌式吸水。

净水箱应采用SUS316、SUS304或更高等级不锈钢材质；水箱的总有效储水容积大于$4m^3$时，配备自清洗设施，实现360°自清洗。

2. 净化系统

净化系统包括活性炭过滤器、自清洗陶瓷膜组件、碟片膜超滤组件、圆柱形水箱、高压泵组、富氧设备、纳滤或反渗透膜组、消毒设备、营养矿化、反冲洗及循环回水系统等。应按照净化方式及设计条件，根据不同应用场景、用户数量、使用量计算进水量、出水量、过滤系数、膜组数量、水箱尺寸及泵组控制逻辑等相关参数，合理匹配。

净化系统按照净化方式和需求可分为活性炭过滤、精密过滤、自清洗陶瓷膜过滤、碟片式超滤膜过滤、纳滤膜过滤、反渗透膜过滤、紫外线消毒、臭氧消毒等。

高品质直饮水系统工艺流程为：活性炭过滤器→自清洁陶瓷膜过滤器→碟片膜过滤器→中间水箱→高压泵组→反渗透系统→饮用水净水箱→紫外线消毒→营养矿化滤芯→用户管网→循环回水管网→回水碟片膜过滤器→饮用水净水箱。

28.2.3 集成式高品质直饮水设备

集成式高品质直饮水设备是一套将直饮水工艺设备、控制设备、检测设备集成在一起的整体设备，具有 3 个相对独立的功能分区，见表 28-9。

高品质直饮水成套设备功能分区表 表 28-9

序号	功能分区名称	具体功能说明
1	预处理区	系统中设有自清洁陶瓷微滤过滤器、碟片超滤膜过滤器，结合石墨烯活性炭过滤技术，达到去除胶体、铁锈、异味、有机污染物、消毒副产物、细菌和病毒等有害物质的目的，具有维护便捷、费用低、使用寿命长的优点
2	深度处理区	根据水源水质选择加压泵组和纳滤或反渗透膜相结合浓水回收技术、自控错流冲洗技术、营养矿化溶氧技术等，去除有害成分、拥有有益微量元素、使出水更加安全健康
3	储水消毒与加压供水区	圆柱型、可视化、全封闭、真空抑制无菌净水罐，结合微泡臭氧消毒及出水紫外线消毒，24h 全变频加压供水设备系统，4～6h 回水超滤过滤系统，确保直饮水安全、健康，做到随需饮用

注：表中 3 个设备功能区由自控、检测、人机界面、存储播放、展示宣传、预警标识等多项功能集合于设备壳体。

集成式高品质管道直饮水净水设备选型参数，见表 28-10。

集成式高品质管道直饮水净水设备选型参数表 表 28-10

产水量 (m^3/h)	活性炭罐规格 (mm)	自清洁陶瓷过滤器规格 (mm)	碟片膜过滤器（回水）规格 (mm)	中间水箱规格 (mm)	高压泵技术参数（流量 Q、扬程 H、功率 N）	纳滤 (RO) 膜型号	净水箱规格 (mm)	臭氧消毒器	紫外线消毒器功率 (W)	设备尺寸长(mm)×宽(mm)×高(mm)
0.25	Φ250×1200	Φ154×770	Φ125×1000	Φ300×1200	$Q=1m^3/h$ $H=100mH_2O$ $N=1.1kW$	4040×1	Φ600×1400	企业自产臭氧消毒设备	80	2000×1000×2000
0.5	Φ300×1400	Φ270×770	Φ125×1000	Φ300×1200	$Q=1m^3/h$ $H=100mH_2O$ $N=1.1kW$	4040×2	Φ800×1600		80	2000×1000×2000
1.0	Φ300×1400	Φ270×770	Φ200×1000	Φ500×1400	$Q=2m^3/h$ $H=120mH_2O$ $N=2.2kW$	4040×4	Φ800×1600		80	2000×1000×2000
1.5	Φ500×1600	Φ270×770	Φ200×1000	Φ800×1600	$Q=3m^3/h$ $H=120mH_2O$ $N=2.2kW$	4040×6	Φ1000×1800		120	3000×1500×2000
2.0	Φ500×1600	Φ270×770（2组）	Φ200×1000	Φ800×1600	$Q=4m^3/h$ $H=120mH_2O$ $N=3.0kW$	8040×2	Φ1200×2000		120	4000×2000×2000

28.2.4 集成式高品质直饮水设备性能要求

集成式高品质直饮水设备性能要求，见表28-11。

集成式高品质直饮水设备性能要求表 表28-11

序号	性能要求项目	具体说明
1	卫生要求	设备中过流部件材质的卫生要求应符合《生活饮用水输配水设备及防护材料的安全性评价标准》GB/T 17219的规定；所使用化学处理剂应符合《饮用水化学处理剂卫生安全性评价》GB/T 17218的规定
2	供水水质	供水水质应满足《饮用净水水质标准》CJ/T 94的要求
3	供水能力	供水流量和供水压力应满足设计水量和水压的要求
4	恒压性能	稳定运行时恒压精度不应低于0.01MPa
5	强度及密封性	设备在1.5倍工作压力且不低于0.6MPa压力下，保持10min，应无变形或损坏，在1.1倍工作压力下，保压30min，应无渗漏
6	连续运行	设备在其额定流量及额定压力工况下应能连续正常运行；设备连续运转24h时，不应产生影响正常运行的故障
7	抗干扰能力	设备在设计负荷的用电装置干扰下，应稳定、正常工作
8	噪声	常规设备，正常运行的噪声应符合《泵的噪声测量与评价方法》GB/T 29529—2013中B级规定；低噪声设备，应比常规设备噪声规定值低6dB（A）以上；静音设备时，应比常规设备噪声规定值低12dB（A）以上

28.2.5 集成式高品质直饮水设备运行监测及保护

集成式高品质直饮水设备运行监测及保护要求，见表28-12。

集成式高品质直饮水设备运行监测及保护要求表 表28-12

序号	运行监测及保护项目	具体要求
1	仪表与传感器	仪表与传感器配置应符合下列规定：设备进、出水管路上应设置指针式压力表，表盘公称直径不宜小于100mm，出水管路压力表宜选用电接点压力表（兼做控制仪表），压力测量仪表应符合《一般压力表》GB/T 1226的规定，计量性能应满足《弹性元件式一般压力表、压力真空表和真空表检定规程》JJG 52的要求；设备进、出水管路上应设置压力传感器，准确度等级不宜低于0.5级，采用4～20mA标准信号传感器，压力传感器的计量性能应满足《压力传感器（静态）检定规程》JJG 860的要求；设备应具有电力参数检测功能，检测参数包括各泵电流、电压、功率等，检测精度不宜低于2.5级；设备应设置流量传感器，或可在控制系统中通过软件计算监测供水流量；液位传感器的准确度等级不应低于1.0级，宜采用4～20mA标准信号传感器，液位计的计量性能应满足《液位计检定规程》JJG 971的要求；对出水压力应具有冗余压力监测功能；对各类传感器的检测信号应做实时记录并分析，传感器故障时，应有对应报警信号和故障分析
2	水质在线监测系统	设备的水质在线监测系统应实时监测原水和直饮水的温度、浑浊度、pH等水质指标

续表

序号	运行监测及保护项目	具体要求
3	电气保护	电气控制设备应符合《电气控制设备》GB/T 3797的规定；设备应具有对电源的过压、欠压、缺相、对异常的过流、短路故障进行报警及自动保护功能，对可恢复的故障应能手动或自动消除，恢复正常运行
4	泵机保护	水泵与电机的监测、报警、保护功能应符合下列规定：应充分利用各类监测信息，对平时泵机运行参数的偏差做预警、报警；对各种原因造成的泵机过载（超电流）应有报警保护措施；对各种原因造成的电机过热（超温）应有报警保护措施；泵机故障保护时，备用泵应在2s内自动启动；连续运行的设备应采取变频休眠、定时换泵等措施，避免零流量连续运行造成的高温现象
5	管路保护	设备管路的预警报警保护功能应符合下列规定：应采取2种原理以上的压力监测措施，超压时设备宜减泵或降频运行；当超压不能有效控制时，设备应报警并自动停机；超压消除后，应自动恢复正常运行；对部分变频拖动的设备，宜设置适当规格的超压泄压阀，泄压阀动作时应有报警信号；应设置水淹传感器，事故时应报警、停泵
6	噪声、振动报警	宜设置噪声、振动传感器，设备的噪声、振动监测异常时应预警报警，严重时应及时停泵

28.3 消防给水系统管道

28.3.1 镀锌镍碳钢管

镀锌镍碳钢管以Q355B碳钢管作为基材，采用了镀锌镍金属覆膜工艺，结合成熟的双卡压和凸管抱箍连接方式，大大提升产品的安全性和稳定性。

耐腐蚀碳钢管指的是通过对钢板进行表面处理或选择耐腐蚀不锈钢材料制作，具有较强的抵抗周围介质腐蚀破坏能力的管道。

电镀锌镍工艺指采用电镀的方式将锌、镍2种金属电沉积在相关基体表面，形成一种锌镍合金镀层。Zn-Ni合金一般是指以锌为基础含有少量镍（10%～15%）的合金，其具有优异的耐腐蚀性。此工艺可起到防止金属氧化（如锈蚀），提高耐磨性、导电性、反光性及增进美观等作用。

28.3.2 镀锌镍碳钢管特性

镀锌镍碳钢管具有优良的特性，见表28-13。

镀锌镍碳钢管特性表　　表28-13

序号	特性	具体说明
1	耐腐蚀性	同等盐雾环境检测下，采用先进的电镀Zn-Ni金属覆膜工艺，比传统的冷镀锌、热镀锌更耐腐蚀，长达1000h盐雾测试无腐蚀，远超传统镀锌产品的140h，其耐腐蚀性为镀锌产品的5～10倍；镀锌镍碳钢管使用寿命长达40年以上

续表

序号	特性	具体说明
2	氢脆性低、镀层结合力强	锌镍镀层有适度的空隙，利于去氢，镀层本身氢脆敏感性也小，易于提高管道的塑性和强度。对 65Mn70＃钢丝做电镀实验，控制镀层厚度为 6μm，按照《金属材料 线材 反复弯曲试验方法》GB/T 238 要求进行反复弯曲，直至钢丝断裂，未发现镀层起皮、脱落现象；再按照《金属材料 线材 缠绕试验方法》GB 2976—2020 的要求进行缠绕试验，镀层也无开裂起皮现象，锌镍镀层与基体有很好的结合力
3	较高的硬度和热力学稳定性	较高的硬度可有效避免镀锌镍碳钢管道因为外力所导致的划伤。锌镍合金镀层（含镍 13%）属于 Y 相（金属间化合物），具有最高的热力学稳定性，另外锌镍镀层熔点较高（750～800℃）耐热性好，可广泛应用于热力传输
4	便捷的管道连接方式	双卡压技术成熟，双卡压连接抗震、抗压、无泄漏，其稳定性、可靠性极佳。抱箍式接头可快速安装、可拆卸；凸环连接，可严密贴合内径；可重复使用，模块化设计可方便变动

28.3.3 镀锌镍碳钢管规格

镀锌镍碳钢管规格，见表 28-14。

镀锌镍碳钢管规格表　　表 28-14

公称直径	*DN*20	*DN*25	*DN*32	*DN*40	*DN*50	*DN*65	*DN*80	*DN*100	*DN*125	*DN*150	*DN*200
外径（mm）	22	28	35	42	54	76.1	88.9	108	133	159	219
壁厚（mm）	1.5	1.5	1.5	1.5	1.5	2.0	2.0	2.0	2.5	3.0	3.0

28.3.4 与热浸锌镀锌钢管比较

镀锌镍碳钢管与热浸锌镀锌钢管相比有许多优势，见表 28-15。

镀锌镍碳钢管与热浸锌镀锌钢管比较表　　表 28-15

序号	对比项目	具体说明
1	管道强度	镀锌镍碳钢管材质 Q355B 比热浸锌镀锌钢管材质 Q235 强度更高
2	管道壁厚	镀锌镍碳钢管比热浸锌镀锌钢管壁厚小 1.3～3.5mm
3	经济性	镀锌镍碳钢管比热浸锌镀锌钢管材料用量少，造价较低
4	耐腐蚀性	镀锌镍碳钢管耐腐蚀性远高于热浸锌镀锌钢管，且镀锌镍管镀层 270g/m^2，厚度 37.5μm，低于热浸镀锌镀层的 65μm，但中性盐雾测试可达到 1000h 以上，远远优于热浸锌镀锌钢管
5	节能环保型	镀锌镍碳钢管比热浸锌镀锌钢管更节能，对环境影响更低
6	安装	镀锌镍碳钢管比热浸锌镀锌钢管安装成本更低，对安装人员要求较低，施工难度更低，安装时间更短

28.4 玻纤增强聚丙烯（FRPP）排水管

28.4.1 管材

FRPP管材（玻纤增强聚丙烯管）采用经偶联剂处理的玻璃纤维改性聚丙烯材料生产。将纤维状材料加入到聚丙烯（PP）中，可显著提高PP材料的抗冲击性能、拉伸强度和耐高温性能，其维卡软化温度达到147℃，可连续排放100℃的液体。

FRPP材料卫生无毒，耐酸碱（pH2～pH12），耐腐蚀，特别是对医院、实验室等受化学品和药物污染的废水具有高度的耐受性能；本材料可有效吸收噪声，尤其适合于公共建筑；本材料耐高温，能够安全排放温度为100℃的废水；本材料耐高压，适用于高层建筑排水；本材料可回收利用，属于绿色环保材料。基于上述特质，FRPP管材在国内外公共建筑中被广泛应用。

28.4.2 性能优势

FRPP管材（玻纤增强聚丙烯管）的性能，见表28-16。

FRPP管材性能一览表 **表28-16**

序号	性能	具体说明
1	长久的使用寿命	在额定温度、压力状况下，FRPP管材可安全使用50年以上
2	可靠的连接和抗震性能	YT-FRPP法兰式连接抗拉拔能力≥400kg，柔性承插法兰锁紧，加之管道本身所具有的超强韧性，系统不会由于土壤移动或载荷的作用而断开断裂
3	精准的安装尺寸	完全的机械式连接，即时调整，尺寸零误差
4	减小振动和噪声	管材密度达到1478kg/m³，具有精良的隔声性能，可显著淘汰由液体流动引起的振动和噪声
5	防冻裂	FRPP质料弹性精良使得管材和管件截面可随着冻胀的液体一起膨胀而不会胀裂
6	卓越的耐腐蚀性能	FRPP管材能耐大多数化学物品的腐蚀，可承受pH范围在2～12的高浓度酸和碱的腐蚀
7	卓越的连接密封性能	YT-FRPP管道系统水密性测试，系统承压能力达到0.6MPa
8	较高的刚度	FRPP管材环刚度SR≥4，在现有塑料排水管材中较高，使FRPP管材不易变形
9	耐热保温节能、防结露	FRPP管材可连续排放100℃的液体，该产品的导热系数仅为铸铁管的1/200，故有较好的保温性能；同时由于FRPP质料为不良热导体，可淘汰结露征象
10	良好的抗磨性能	运送矿砂泥浆时，FRPP管耐磨性是钢管的4倍以上；用于建筑，可长期保持优质漂亮的外观
11	可靠的连接性能	FRPP管道系统采用机械式连接，“O”型密封圈加锁紧环，操作简单，安全可靠
12	良好的施工性能	FRPP管材质轻，工艺简单，施工方便，工程综合造价低

FRPP管材（玻纤增强聚丙烯管）在公共建筑中广泛应用可以产生的优势，见表28-17。

FRPP 管材优势一览表 **表 28-17**

序号	优势
1	增强建筑室内空间的声学舒适性，尤其是医院病房、宾馆客房等场所
2	实验室区域耐化学废水排放、耐高温废水排放
3	材料密度、壁厚的组合和系统设计
4	系统寿命长，性能可靠
5	全新静音管道系统，结构优化设计，安装更便捷，比铸铁质量轻，减少安装时间和成本，且材料成本低于铸铁管
6	可根据设计灵活使用空间
7	抗冲击能力是传统 PVC-U 管道的 20 倍，已有多项超过 180m 公共建筑使用的案例
8	节省竖井空间，因为需要较少或不需要额外的隔热层，井壁可以用更简单的材料建造
9	产品直径范围最大包括 200mm，适用于任何场所；标准的塑料管道直径，可直接与 PVC、PE 等管道系统直接连接

28.4.3 连接方式

FRPP 管材（玻纤增强聚丙烯管）采用法兰式连接，其特点和优点是：安装快捷方便，可单人操作；与传统管道相比，节省综合费用 40%以上；现场无需辅助机械，具有非常高的安装尺寸精度。YT-FRPP 法兰式承插连接管道系统为装配式建筑首选产品。

法兰式承插连接机构由插口（管材）、法兰压盖、锁紧环、密封胶圈、承口（管件）组成。紧螺栓的同时，法兰压盖挤压锁紧环，锁紧环在管件的锥形承口内，沿径向抱紧管材，保证系统连接的安全性；锁紧环沿轴向下移的同时压迫密封胶圈，“O”形胶圈受挤压沿径向扩张，保证连接处的密封性能。

法兰式管道系统的安装步骤：将法兰片套入管材的一端（注上下面）→再套入锁紧环、橡胶密封圈→将管材插入管件承口内→对称均匀的锁紧螺栓，安装完成→对那些位于墙角、不易操作的位置，使用软轴，可轻松方便的紧固螺栓。

28.4.4 与铸铁管对比

FRPP 管与铸铁管对比，见表 28-18。

FRPP 管与铸铁管对比表 **表 28-18**

对比项目	铸铁管	FRPP 管
寿命	管材切口处易腐蚀、生锈，腐蚀程度未知，20～30 年	抗老化，氧化诱导测试，理论寿命 50 年
耐酸碱	酸碱与金属易发生化学反应而加速腐蚀	分子结构稳定不易分解，耐酸碱腐蚀（pH2～pH12）
耐高温	高温容易破坏防锈涂层，易内壁生锈腐蚀	维卡软化温度 147℃，耐高温 95℃热水连续排放
抗磨		耐磨性是钢管的 4 倍以上
安装效率	管道质量大，需多人安装，效率低	单人作业，现场无需辅助设备，安装速度相比铸铁管提升 3 倍以上

续表

对比项目	铸铁管	FRPP管
安装成本	质量大，多人作业，取费高	按照国内大部分地区的习惯，取费仅为铸铁管的60%左右
材料成本	较高	低于铸铁管
噪声	48dB(A)/2L	45dB(A)/2L
环保	不可回收再利用	可回收再利用

28.5 PVC-C管道

28.5.1 技术性能

PVC-C管道技术性能，见表28-19。

PVC-C管道技术性能一览表　　表28-19

序号	技术性能	具体说明
1	阻燃性能	PVC-C管道氯含量高，氧指数可达到60%，阻燃性好。在大气中难燃，骤然温度为482℃，燃烧时不产生滴落，抗火灾蔓延，发烟量小
2	耐温性能	PVC-C管道热变形温度105℃，长期使用高温可达95℃，比PVC管道高20～30℃；PVC-C管道低温脆化温度较低，可在零下20℃低温时正常安装使用
3	静液压强度	与PP-R、HDPE、LDPE、PEX管材相比，同等规格的PVC-C管道静液压强度更高，在相同使用条件下，PVC-C管道管壁更薄
4	抑菌性能	PVC-C管道氯含量高，对细菌和藻类的繁殖有抑制作用，不易滋生细菌。测试表明其细菌增长率为PEX管道的1/60，铜管的1/10，钢管的1/4
5	耐腐蚀性	PVC-C管道对酸、碱、盐均有较强的抗腐蚀能力；PVC-C管道的透氧率很低，PVC-C管道内的金属元件不会因氧化而导致腐蚀
6	机械强度	PVC-C管道机械强度高，具有良好的拉伸强度和耐疲劳性能，能够承受较大的压力和冲击负载
7	使用寿命	PVC-C管道具有优异的耐老化和抗紫外线性能，工程安全系数高，管道使用寿命可达50年以上
8	施工费用	PVC-C管道施工使用胶粘剂即可连接，安装便捷，施工费用低，使用免维护，性价比更高

28.5.2 与其他管道对比

PVC-C管道与镀锌钢管的对比，见表28-20；与不锈钢管、铜管的对比，见表28-21；与塑料管道的对比，见表28-22。

消防给水系统中 PVC-C 管道与镀锌钢管对比表 **表 28-20**

序号	对比项目	镀锌钢管	PVC-C 消防管道
1	产品标准	GB/T 3091	性能满足 GB/T 5135
2	施工周期	比较长	为钢管工期的 1/2～1/5
3	使用寿命	15～20 年	50 年，与建筑设计寿命相同
4	后期维护	后期维护频繁，维修成本高	使用免维护
5	耐腐蚀性	金属腐蚀严重，质量难以保证	无腐蚀问题
6	结垢情况	使用 1 年后，结垢明显	无结垢
7	水力性能	水力摩阻较大，耗能较大	水力摩阻较小，耗能较小
8	火场性能	锈蚀脱落易造成喷头堵塞，带来严重消防安全隐患	无堵塞，喷水顺畅，能够及时控火、灭火，耐火性能更好
9	施工质量	施工工艺复杂，工人素质要求高，质量不易保证	施工工艺简单，工人技能要求低，施工质量稳定
10	施工安全	钢管质量大，施工劳动强度大，电动工具多，施工安全隐患较大	管道质量仅为钢管 1/6，现场无动火，无电动工具，施工安全
11	施工环境	现场机具繁多，噪声大，施工环境差	现场整洁，扰动小，无噪声
12	环保性能	炼钢污染较大，国家限制镀锌工艺	环保材料，清洁生产，循环使用
13	综合造价	人力成本过高，造价很难控制	大量节约人力，造价比例合理稳定

生活给水热水系统 PVC-C 管道与不锈钢管、铜管特点对比表 **表 28-21**

序号	对比项目	PVC-C 管	不锈钢管	铜管
1	抗腐蚀性	极佳，适合不同水质	较佳，表面钝化形成铬氧化膜，适合多种水质	较差，易受低 pH 及侵蚀性水质腐蚀。易发生溃腐蚀、点腐蚀，不适合输送热水
2	水质纯净度	极佳，符合国内相关标准，可用于纯水系统	佳，金属元素析出量低于国际有关饮用水规定要求	易受腐蚀，积垢及焊接料造成金属及杂质污染，易产生有毒氯化铜
3	导电性	低，不会产生电解腐蚀	高，管外壁易遭受电解腐蚀	高，管外壁易遭受电解腐蚀
4	管壁平滑度	绝对粗糙度系数为 0.0015，内表面光滑不会积垢，降低传输压损且抑制细菌滋生	绝对粗糙度系数为 0.015，内表面较光滑	绝对粗糙度系数为 0.01，初始表面较光滑，但随着使用时间增加，腐蚀加剧，内表面逐渐粗糙，造成积垢
5	热传导性	导热系数低，热损失率低	高，约为 PVC-C 的 150 倍，须保温以免管道内流体温度损失	高，约为 PVC-C 的 2300 倍，必须保温以免管道内流体温度损失
6	水锤效应	不明显，能有效消除振动及噪声	明显，振动及噪声造成使用者困扰及结构体破坏	明显，振动及噪声造成使用者困扰及结构体破坏

续表

序号	对比项目	PVC-C管	不锈钢管	铜管
7	施工方法	简易切割，冷溶连接，迅速方便，省人工30%以上	金属切管设备，现常用卡压连接，需要外部电源，耗时且费工	金属切管设备，现常用卡压连接，需要外部电源，耗时且费工
8	接头配件	高强度设计接头配件，坚固耐用，管路整体耐震性佳	卡压连接止水环或密封环受流体冷热循环影响，寿命衰减明显、弹性降低导致漏水风险大	卡压连接止水环或密封环受流体冷热循环影响，寿命衰减明显、弹性降低导致漏水风险加大。焊接连接质量不易控制，焊料与铜膨胀系数不同，易产生渗漏
9	维修性及费用	问题少，施工快速方便，维护费用低	问题多，施工缓慢，需要专人维护，费用高	施工缓慢，需要专人维护，费用高
10	初期成本	适中	高，304薄壁不锈钢材料成本高出PVC-C约20%，综合成本高出约40%	高，铜管成本高出不锈钢管1倍多

PVC-C管道与其他塑料管道特点对比表　　表28-22

序号	材质	环应力MPa（70℃热水工况）	耐温	抑菌性能	抗氯腐蚀	导热系数W/(m·k)	连接方式	明设	其他
1	PVC-C	4.16	−20～95℃	极佳	极佳	0.14，保温性能极佳	冷溶连接不缩径，具有更好通水性能	佳	设计使用50年，与建筑物同寿命
2	PB	5.04	−20～70℃	一般	差	0.22	热熔连接，易冷焊或缩径，有烫伤风险，受人为因素影响大	不适合	理论表现优异，但受外力损伤后，耐温耐压能力迅速衰减，存在安全隐患
3	PPR	2.13	−10～70℃	一般	差	0.25	热熔连接，易冷焊或缩径，有烫伤风险，受人为因素影响大	一般	低温易脆裂，高温承压弱
4	稳态PPR	2.52	−10～70℃	一般	差	0.25	热熔连接需要剥去外保护层和铝层，存在和普通PPR相同的风险	一般	承压能力以管件承压能力为准
5	PERT 2型	3.72	−40～70℃	一般	差	0.4	热熔连接，易冷焊或缩径，有烫伤风险，受人为因素影响大	不适合	高温承压能力弱，国内应用较少

续表

序号	材质	环应力 MPa（70℃热水工况）	耐温	抑菌性能	抗氯腐蚀	导热系数 W/(m·k)	连接方式	明设	其他
6	稳态 PERT	3.24	−40～70℃	一般	差	0.4	热熔连接需要剥去外保护层和铝层，存在和普通 PERT 相同的风险	一般	承压能力以管件承压能力为准
7	PEX	3.54	−40～70℃	一般	差	0.35	冷胀或机械连接，需要操作空间，受人为因素影响大	不适合	工艺复杂，交联度不易控制，主要用于采暖领域

28.5.3 管道规格型号

PVC-C 管道规格型号，见表 28-23。

PVC-C 管道规格型号一览表 **表 28-23**

产品名称	规格型号（mm）
PVC-C 冷热水管道	*dn*20、*dn*25、*dn*32、*dn*40、*dn*50、*dn*63、*dn*75、*dn*90、*dn*110、*dn*125、*dn*140、*dn*160、*dn*225、*dn*280
PVC-C 消防给水管道	*DN*25、*DN*32、*DN*40、*DN*50、*DN*65、*DN*80

28.5.4 产品优势

PVC-C 管道产品在各方面的优势，见表 28-24。

PVC-C 管道产品优势一览表 **表 28-24**

序号	产品优势	具体说明
1	优异的耐热性能	使用温度范围广泛，可以在高温环境下保持稳定的机械性能，在 95℃以上的环境保持不变形，并具备足够的强度，适用于需要承受高温的场合
2	极强的耐腐蚀性	能够抵御酸、碱、盐和氧化剂等腐蚀性介质的侵蚀，可以在腐蚀性较强的环境中长期使用
3	高强度和良好的韧性	能够承受较大的压力和拉伸力，适用于各种需要承受压力的场合
4	良好的阻燃性能	燃烧温度较高，离开火源后自行熄灭，为使用安全提供了有力保障
5	较低的导热性能	有利于输送冷热水时减少热量损失，从而达到节能目的
6	质量小、安装简便	通过多种方式连接，如冷溶连接、螺纹连接、法兰连接，施工灵活
7	绿色环保	制造过程中使用的原料可回收，且在使用过程中不会产生有害物质，对环境友好

PVC-C 管道以其出色的耐热性、耐腐蚀性、高强度、良好的韧性、阻燃性、低热传导性能以及环保性能，在各类管道应用中具有显著技术优势。

28.5.5 产品应用范围和领域

PVC-C管材是一种安全、稳定、可靠的消防给水系统材料，成为具有严格消防要求的塑料产品的首选，适用于自动喷水灭火系统。

PVC-C管道作为冷热水用管道，广泛用于民用建筑生活冷热水系统、消火栓管道系统、水处理及自来水输配水管道、建筑排污废水排水（低温、高温）系统。

28.6 环卡密封式连接不锈钢管道

28.6.1 环卡密封式连接不锈钢管道技术参数

环卡密封式连接是指结合薄壁金属管特殊构造，适合弹性密封段和填充密封段的环卡密封式管件，在以往传统挤压连接的外端上增加一道环状式填充式密封挤压而成，同时具有管道弹性密封和填充式密封的特点。

环卡密封式连接不锈钢管道的材料牌号、技术参数及适用场景，见表28-25。

环卡密封式连接不锈钢管道材料牌号、技术参数及适用场景表　　表28-25

类别	数字代号	牌号	额定工作压力	工作温度	适用场景	
					pH	含氯量mg/L（ppm）
奥氏体不锈钢	S30408	06Cr19Ni10	液体≤2.5MPa 燃气≤0.4MPa 负压≤0.1MPa	气体－40～80℃ 流体0～100℃	6.5～8.5	≤200
	S30403	022Cr19Ni10			6.5～8.5	≤200
	S31608	06Cr17Ni12Mo2			6.5～8.5	≤1000
	S31603	022Cr17Ni12Mo2			6.5～8.5	≤1000
铁素体不锈钢	S11163	022Cr11Ti			5.0～9.5	≤1500
	S11862	019Cr18MoTi			5.0～9.5	≤1500
	S11873	022Cr18NbTi			5.0～9.5	≤1500

28.6.2 环卡密封式连接不锈钢管道技术性能

环卡密封式连接不锈钢管道的技术性能，见表28-26。

环卡密封式连接不锈钢管道技术性能表　　表28-26

序号	技术性能	具体说明
1	耐腐蚀性能	环卡密封式连接不锈钢管道，管道表面覆有一层薄而致密的富铬氧化膜，具有良好的抗腐蚀性能
2	高强度和耐温性能	环卡密封式不锈钢管道具有出色的耐强度和耐温性能，能够承受较大的内压和温度变化；其工作压力可达2.5MPa，试验压力可达3.75MPa，不锈钢管道环卡密封式连接的抗拉强度约是环压连接的1.5倍，是双卡压连接的4.0倍；其独特连接方式、双重密封性，材料的延展性、韧性使管道系统的耐压、耐震及抗冲击性能更为显著，不易发生破裂和变形，亦不会因温度变化而导致性能下降或损坏

续表

序号	技术性能	具体说明
3	适用口径广，节省投资、安装方便	环卡密封式连接适合口径广，范围涵盖 *DN*15～*DN*400，避免了 *DN*100 以上只能更换卡箍、法兰、焊接等其他连接方式的不足，节省了造价；电动操作，安装省力快捷，加快了施工进度，与普通钢管螺纹（焊接、法兰、沟槽）连接相比可有效节省安装成本 70%以上

28.6.3 环卡密封式连接管道安装

环卡密封式连接不锈钢管道的安装步骤，见表 28-27 和图 28-1。

环卡密封式连接不锈钢管道安装步骤表　　表 28-27

序号	安装步骤
1	选择与管件对应的液压专用工具；且检查压接组件无杂物保持清洁
2	将去除好毛刺的管材端口插入管件承口并至承插段的底端，用划线笔沿管件端口边缘在管材上划线
3	将填充密封圈套在管材上，插入承口底端，使管材深度标记与填充密封段对齐，再把填充密封圈推入管件与管材之间的间隙内
4	压接操作：采用环卡密封式专用工具，将管件突出圆弧部分放入专用工具组件凹槽中，组件 B 面方向放置填充密封圈侧。确保安装无误且销钉插入到位方可按下液压泵按钮开关，直至组件上下模接触合拢到位

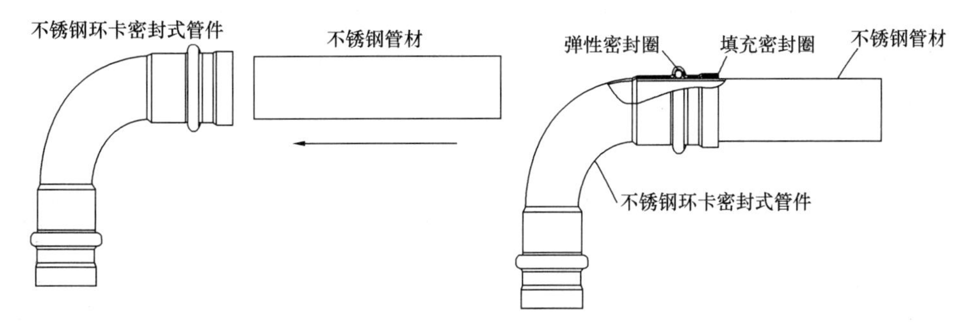

图 28-1　环卡密封式连接不锈钢管道安装步骤示意图

环卡密封式连接不锈钢管道的压接检查步骤，见表 28-28。

环卡密封式连接不锈钢管道压接检查步骤表　　表 28-28

序号	压接检查步骤
1	压接结束后 360°检查管件外围压痕是否均匀且无出现凹陷或者明显突兀
2	管件填充密封段端口与管材结合应紧密无间隙
3	填充密封段与管材压接合缝挤压出密封圈的多余部分能自然断掉或轻松去除
4	如压接不到位，应及时检查油泵打压压力及组件状况，以便避免不当操作
5	当与转换螺纹接头压接连接时，应在锁紧螺母后再进行压接

环卡密封式连接不锈钢管道的专用压接工具，见表 28-29。

环卡密封式连接不锈钢管道专用压接工具表 表 28-29

序号	专用压接工具
1	手动压接工具：无需电源即可压接，适合于压接 *DN*15～*DN*100 规格环卡密封式管件
2	电动油泵（220V）：携带轻便，适合于压接 *DN*15～*DN*150 规格环卡密封式管件
3	电动油泵（380V）：泵阀稳重，超高油压，适合于压接 *DN*15～*DN*400 规格环卡密封式管件
4	压接工具匹配组件

28.6.4 与其他管道对比

不同管材热膨胀性能和保温性能比较，见表 28-30。

不同管材热膨胀性能和保温性能比较一览表 表 28-30

管材	不锈钢管	铜管	碳钢管	复合管	塑料管
热膨胀系数（10^{-6}/K）（0～100℃）	16	17.6	11.6	26	80～180
热导率 [W/(m·K)]（100℃）	15	340	60	由内壁材料决定	0.05

从上表可见，不锈钢管热膨胀系数与铜管差不多，是钢管的 1.5 倍，复合管是不锈钢管的 1.5 倍，故不锈钢管具有热胀冷缩缓慢的特点。塑料管膨胀系数过大是其致命弱点，不适合作热水管，在环境温度变化的条件下，塑料管易发生渗漏等安全隐患，尤其在隐蔽工程中危害更大。复合管存在两种材料膨胀系数不一致的问题，两种材料连接处易发生开裂，造成水管爆裂。不锈钢管的热导率是铜管的 1/25，是钢管的 1/4，比铜管的保温性能好得多。

不同管材的综合比较，见表 28-31。

不同管材的综合比较一览表 表 28-31

管材	不锈钢管	镀锌钢管	涂塑钢管	PVC-C 管
连接类型	环卡密封式	螺纹、法兰	卡压、法兰	粘接
沿程压力损失（*i*）比	1.00	1.62	0.87	0.87
施工周期	短	长	长	短
施工周期	短	长	长	短
施工质量	好	一般	一般	较好
后期维护	少	多	多	少
最高允许环境温度	无限制	无限制	无限制	66℃
耐腐蚀性	好	差	差	好
细菌积累	无	严重	有	有
热膨胀	小	小	涂塑层大	大
消防喷头畅通性	好	差	差	好
火灾损坏危险性	无	小	小	大
NFPA 规定使用场所	无限制	无限制	*DN*100 以下	*DN*65 以内的轻灾害区
光线破坏易感度	低	低	低	对 UV 敏感

续表

管材	不锈钢管	镀锌钢管	涂塑钢管	PVC-C管
熔点变形最高温度	1082℃	1427℃	改性后95℃	95℃
使用寿命	70～100年	10～15年	15～20年	25～30年
综合性价比	好	差	差	较好

不锈钢管道系统连接方式的比较，见表28-32。

不锈钢管道系统连接方式的比较一览表 **表28-32**

连接类型	单卡压式	双卡压式	环压式	环卡密封式
压接形式	六边型单边压接	六边型双边压接	腔体双边压接	腔体式三边压接
密封圈形状	线密封	线密封	面密封	线密封+面密封
密封机理	弹性密封	弹性密封	填充式密封	弹性+填充式密封
抗拉拔强度（*DN*25）N	—	4160	12235	19785
适合管径（*DN*）	≤100	≤100	≤150	≤400
适合压力（压强）	≤1.6MPa	≤1.6MPa	≤2.5MPa	≤2.5MPa

高层公共建筑供水系统的系统工作压力一般大于1.0MPa，对管材承压及连接方式要求较高。不锈钢管环卡密封式连接使用压力可达2.5MPa，试验压力超过3.75MPa，不锈钢的环卡密封式连接，具有超强的密封及抗拉拔力，连接方式牢固、可靠，特别适合高层公共建筑消防及暖通供水的输送。

不锈钢表面薄而坚固的氧化膜使得不锈钢管道系统比其他碳钢管道更具有优异的耐腐蚀性以及耐冲蚀性能。其系统能够经受很高的流速，即使流速大于40m/s，仍然保持极低的腐蚀速率，避免了因腐蚀导致的管道系统生锈、漏水、污染水质、堵塞消防喷淋头、危害公众健康、安全，以及资源浪费等问题发生。

28.6.5 管道规格

不锈钢管道规格，见表28-33。

不锈钢管道规格一览表 **表28-33**

不锈钢管材规格					
公称尺寸*DN*	钢管外径*D*	钢管公称壁厚*S*		壁厚公差	覆塑型
		Ⅰ型	Ⅱ型		
15	16.0	0.6	0.8	±10%*S*	○
20	20.0	0.7	1.0		○
25	25.4	0.8	1.0		○
32	32.0	1.0	1.2		○
40	40.0	1.0	1.2		○
50	50.8	1.0	1.2		○
65	76.1	1.5	2.0		○
80	88.9	1.5	2.0		○

续表

不锈钢管材规格					
公称尺寸 DN	钢管外径 D	钢管公称壁厚 S		壁厚公差	覆塑型
		Ⅰ型	Ⅱ型		
100	101.6	1.5	2.0	±10%S	○
125	133.0	2.0	2.5		×
150	159.0	2.0	2.5		×
200	219	2.5	3.0		×
250	273.1	3.0	3.5		×
300	323.9	3.0	3.5		×
350	355.6	3.0	4.0		×
400	406.4	3.0	4.0		×
不锈钢环卡密封式管件规格					
DN15～DN400					

注：其中奥氏体不锈钢管厚度采用Ⅰ或Ⅱ系，铁素体不锈钢管厚度采用Ⅱ系。

28.6.6 竞争优势

环卡密封式不锈钢管道的竞争优势，见表28-34。

不锈钢管道竞争优势一览表 **表28-34**

序号	竞争优势	具体说明
1	运用范围广	环卡密封式不锈钢管道的口径（DN15～DN400），几乎涵盖了目前常用的管道规格，广泛应用于饮用净水、生活饮用水、冷水、热水、暖通、消防用水、工业工艺管道、医用气体、压缩空气，中水管道系统，燃气管道、重力雨水、压力排水、虹吸排水等管道系统
2	可靠的连接方式	管道同时采用弹性密封和填充式密封双重密封的环卡连接方式，使管道系统安全性更高，不易渗漏，节约水资源的同时提高了管道抗冲击、抗拉拔、抗振动能力，避免了同一类系统更换不同连接方式的弊端，大口径管道上无需采购卡箍、法兰等配件，也无需焊接，更有效地降低了工程造价
3	节能减排	第四代环卡密封式连接方式所使用的材料厚度比卡压薄（如DN100口径厚度为1.5mm，而卡压为2.0mm），但工作压力可达到2.5MPa（卡压为1.6MPa）；与镀锌钢管相比相同项目可节约50%左右的钢材量，资源消耗相应减少一半；管道可优越的流通性和较好的保温性能，减少输水中的能耗和热能损失，运行能耗低，节约能源
4	环保、卫生	不锈钢属绿色环保材料，不锈钢管道内壁光洁，不结垢，可保持水质纯净，对人体健康没有任何影响，符合《绿色建筑评价标准》GB/T 50378的要求
5	易于安装和维护	环卡密封式不锈钢管道安装更简单可靠。对施工人员的技能素质要求不高，配有专用工具，安装只需将密封圈套在管材上插入管件，然后用专业工具进行压制，压制时工具模块自行找位，到位后自行卸压，操作全过程“傻瓜化”能有效地保证施工的质量，管道可低精度安装，对提高工程安装的质量和效率具有积极作用
6	安装成本低	环卡密封式不锈钢管件的安装成本仅仅为镀锌管的1/3，焊接钢管的1/4。与普通钢管螺纹（焊接、法兰、沟槽）连接相比可有效节省安装成本70%以上；不锈钢管道的表面光滑、不易结垢，可以减少管道内的阻力和压力损失，降低维护和清洁的难度；有效降低运行和维护成本

续表

序号	竞争优势	具体说明
7	使用寿命长	不锈钢管道经久耐用，可以在复杂环境中保持长期稳定的使用性能；不锈钢管材使用寿命比较长，最短至少70年，与建筑物同寿命；寿命周期内正常不需要维护，综合使用成本低；寿命周期成本低，不锈钢管道具优异的耐腐蚀性能，几乎不需要维护，避免了管道更换的费用和麻烦，运行费用低，不锈钢材料可100%再循环生产利用，不会造成环境污染，绿色环保，经济性十分显著

28.6.7 应用范围

环卡密封式不锈钢管道具有优良的卫生指标、耐温范围广、刚度好、强度高、耐腐蚀、质量小等优点，广泛运用于冷热水、排水（压力排水、虹吸排水、重力雨水）、消防、暖通、天然气的输送以及在农业、化工、石油、食品加工、工业制造、计算机芯片、清洁能源等行业的各种中性流体的输送。

28.7 真空排水系统设备设施

28.7.1 真空排水系统设备

真空机组分为标准真空机组、地埋式系列机组、多罐真空机组、隔油真空机组、隔油除渣真空机组、项目定制真空机组等类型。

真空机组由真空泵、真空罐、汽水分离器、排污泵、控制柜等组成。

真空机组所有与故障有关的部件均采用备用机制：真空泵互备互用；污水泵互备互用；液位传感器采用气控和电极两套互相弥补不足的形式。

1. VACS系列真空机组（表28-35）

VACS系列真空机组规格型号一览表 **表28-35**

序号	项目	说明
1	设备型号	VACS系列
2	控制方式	PLC自动控制
3	供电参数	AC380，20kW/h或30kW/h
4	设备材质	304不锈钢
5	设备容积	$0.6m^3$、$1m^3$、$2m^3$、$3m^3$、$4m^3$、$5m^3$、$10m^3$
6	真空泵组	2台，单台最大吸气量80^3/h，最大真空度−0.098MPa
7	排污泵组	2台，单台流量：$25m^3$/h，扬程28m
8	进口尺寸	Φ100
9	出口尺寸	Φ100
10	设备质量	1900kg

2. 隔渣油水分离真空机组

全自动油水分离真空机组，是在真空机组基础上增加油水分离功能，是集真空污水收集、除渣隔油、电加热恒温、污水自动强排等功能于一体的新型隔油真空排水设备，可彻底解决隔油无效果、油脂收集难异味大、成本高、无法达标等问题，适用于超市、酒店、饭店、食堂、小吃等公共建筑餐饮区域。

3. 机械真空污水提升器（表28-36）

机械真空污水提升器规格型号一览表　　表28-36

序号	项目	说明
1	设备型号	VACLift-JX-WS
2	控制方式	纯机械控制
3	设备材质	ABS或PVC-C一次成型
4	设备容积	30L
5	设备尺寸	557.5mm×300mm×925mm
6	排水流量	5L/s
7	进口尺寸	Φ110
8	出口尺寸	Φ63
9	设备质量	3.3kg

4. 集装箱式地埋真空机组

地埋式真空机组，具有设计紧凑，占地面积小，整体安装方便的特点。可以埋于地下后进行回填，不占用地面空间。适用于需要快速施工和减少占地面积的场景。

5. 预制地埋式真空机组

真空机组为真空排水系统核心设备，主要用于产生真空以及排污，并完成对各个收集终端的管理和控制。设备采用整体设计，集成度高，安装方便、占地面积小，真空机组所有与故障有关的部件均采用备用机制，设备稳定、可靠性好。

预制地埋式真空机组，具有设计紧凑，占地面积小，整体安装方便等特点；可以埋于地下后进行回填，不占用地面空间；适用于需要快速施工和减少占地面积的场景。

地埋式真空机组真空罐位置低，能够降低真空系统能源消耗，也有利于降温和保温。

6. VACS双罐真空机组

双罐真空机组，可以对灰水和黑水分别收集，做到黑灰分离。

7. 室外双管路双机械阀真空提升井（表28-37）

室外双管路双机械阀真空提升井规格型号一览表　　表28-37

序号	项目	说明
1	设备型号	VACLift-JX-WS
2	控制方式	纯机械控制
3	设备材质	ABS或PVC-U
4	设备容积	36L
5	设备尺寸	Φ710×1130
6	排水流量	5L/s
7	进口尺寸	Φ110
8	出口尺寸	Φ63
9	设备质量	30kg

8. 大流量真空提升井（表 28-38）

大流量真空提升井规格型号一览表 表 28-38

序号	项目	说明
1	设备型号	VACLift-JX-TSJ
2	控制方式	纯机械控制
3	设备材质	ABS 或 PVC-U
4	设备容积	55L
5	设备尺寸	Φ1010×1870
6	排水流量	25L/s
7	进口尺寸	Φ110
8	出口尺寸	Φ100
9	设备质量	30kg

9. 智慧室外真空收集井（表 28-39）

智慧室外真空收集井规格型号一览表 表 28-39

序号	项目	说明
1	设备型号	VACLift-JX-TSJ
2	控制方式	纯机械控制
3	设备材质	PE
4	设备容积	55L
5	设备尺寸	Φ730×1336
6	排水流量	25L/s
7	进口尺寸	Φ110
8	出口尺寸	*De*63
9	设备质量	30kg

10. 双管路双机械阀壁挂式提升器（表 28-40）

双管路双机械阀壁挂式提升器规格型号一览表 表 28-40

序号	项目	说明
1	设备型号	VACLift-JX-TSJ
2	控制方式	纯机械控制
3	设备材质	不锈钢
4	设备容积	20L
5	设备尺寸	600mm×200mm×1000mm
6	排水流量	5L/s
7	进口尺寸	Φ110
8	出口尺寸	Φ63
9	设备质量	15kg

28.7.2 密闭提升泵站

凸轮泵式密闭污水提升泵站是将排污泵和集水箱、控制装置，以及相关的管件阀门组成了一整套系统，用于提升和输送低于下水道或者远离市政管网的废、污水。它的工作原理与传统集水井相同：废、污水通过整套设备的入口自流进入集水箱，到达设备的启动水位后，设备自动启动，将污水提升排放到市政管网。

密闭提升泵站与潜水集水坑的对比，见表28-41。

密闭提升泵站与潜水集水坑对比一览表　　　表28-41

对比指标		密闭提升泵站	潜水集水坑
类型		干式排污泵	潜水泵
流量	稳定性	恒定	不恒定，随管路情况变化而变换
	范围（m^3/h）	0～1400	普通单级泵：1.5～2500；双吸离心泵：20～8000；大型离心泵：10000～36000
扬程（出口压力）	特点	扬程与泵本身及转速无关，只取决于管路特性；对应一定流量可达到不同的扬程，由管路系统确定	扬程与泵水力设计及转速有关；对应一定流量，只能达到一定的扬程
	范围（m）	0～150	0～150（单级）；0～1200（多级）
效率（性能）	特点	与参数无关，但在出口压力增大时因内泄漏增加而有所下降；只与泵的制造精度有关	在设计点最高，偏离越远，效率越低；主要与泵的水力设计有关，低比转速（小流量，高扬程）时效率较低
	范围	70%～95%	40%～80%
转速（r/min）		0～750	0～3000
自吸性		最大自吸9m	普通离心泵无；自吸式离心泵可以，但因为气液分离室影响，介质在泵内流动性能不好，泵效率一般较低
输送介质特性	含固率	无限制，颗粒最大直径150mm	<150mg/L，颗粒直径小于2mm
	黏度（cp）	0～500000	很低黏度
	腐蚀性	转子材质可选耐腐性极强的PTFE材质	普通离心泵不可以
	温度（℃）	－240	普通离心泵：－20～120；锅炉给水泵：0～160
	主要输送介质	清水、生活污水、工业污水污泥、油类、化工介质、食品原料	清水或类似于清水介质
对介质的影响		低脉动、低剪切，对介质几乎无影响	由于靠叶轮的高速旋转产生离心力来输送介质，对介质的破坏性较大
运行状况		噪声低，振动小	相比凸轮泵较大

密闭提升泵站型号参数，见表28-42。

密闭提升泵站型号参数表 表 28-42

型号	流量（m^3/h）	扬程（m）	容积（L）
MB65-450-S（L、H）	20	15～120	450
MB65-750-S（L、H）	20	20～120	750
MB65-900-S（L、H）	20	25～120	900
MB80-450-S（L、H）	30	20～120	450
MB80-750-S（L、H）	30	25～120	750
MB80-900-S（L、H）	30	30～120	900
MB65-450-2-S（L、H）	20	15～120	900
MB65-600-2-S（L、H）	20	20～120	1200
MB65-750-2-S（L、H）	20	25～120	1500
MB80-450-2-S（L、H）	30	20～120	900
MB80-600-2-S（L、H）	30	25～120	1200
MB80-750-2-S（L、H）	30	30～120	1500

注：MB 型密闭提升泵站型号意义，以 MB65-450-2-S（L、H）为例，MB：密闭提升泵站；65：泵进出口口径，*DN*65；450：单个水箱容积，450L；2：双水箱；S：泵在集水箱上面；L：泵在集水箱两边；H：泵在集水箱后面。

28.7.3 气压排水装置

气压排水装置是利用负压原理将积水坑内部积水抽吸至干，再通过正气压差将吸回的废水排出至排水沟或就近基井；主要由集水罐、过滤式吸水探头、电气控制及相关管路组成。气压排水装置的产品特色，见表 28-43。

气压排水装置产品特色表 表 28-43

序号	产品特色	具体说明
1	安装简单	不需要增加集水坑，可将液位传感器放置于各排水区间明沟最低处，即可实现抽吸
2	备用机制	双液位传感器，启停不会失灵
3	可控性强	无需人员值守，自带远程控制程序可时时对各设备抽吸点进行远程监控
4	效率高	低液位控制可以排干基坑内部积水，无残留
5	效果好	抽吸见底，最低液位仅需要 50mm

28.8 e-PSP 钢塑复合压力管

28.8.1 特点及性能优势（表 28-44）

e-PSP 钢塑复合压力管特点及性能优势一览表 表 28-44

序号	特点及性能优势
1	耐高温能力强，长期使用温度为 80℃，瞬间排放使用温度为 95℃
2	管材塑料层与钢层高低温剥离强度高，可到达 200N/25mm 以上，远优于行业标准

续表

序号	特点及性能优势
3	线膨胀系数小，为 1.2×10^{-5}mm/(mm·℃)，与钢管一样，明设不变形
4	承压能力高，不会随温度变化而改变
5	导热系数低，保温隔热性能好，约为钢管的1/100，接近塑料管道导热系数，热传导慢，长距离输送热损失小
6	智能电磁感应双热熔熔接，先预装后焊接，实现模块化安装，大大降低人工成本，缩短工期

28.8.2 应用领域

e-PSP钢塑复合压力管广泛应用在生活用冷热水、集中供暖、中央空调、管道井、消防埋地、化工、海水淡化等领域。

28.9 建筑排水用改性丙烯酸共聚聚氯乙烯（AGR+）管

28.9.1 特点及性能优势（表28-45）

建筑排水用改性丙烯酸共聚聚氯乙烯（AGR+）管特点及性能优势一览表　表28-45

序号	特点及性能优势
1	排水流量大，压力稳定，不破坏水封，有效阻止病毒侵入室内
2	独特螺旋状管道附壁流，有效降低水与空气，水与管壁碰撞产生的噪声
3	一管排水排气两用，*dn*110规格排水能力10.5L/s，远优于普通螺旋管、特殊单立管、双立管系统
4	采用AGR+合金树脂，具有优异低温冲击性能，远优于机制铸铁管、普通PVC-U管材等
5	采用AGR+合金树脂，刚性好，线膨胀系数低，不变形
6	耐正负压：−0.1～2.0MPa
7	胶溶连接和柔性承插连接，简单、快捷、可靠，节地节材，安装成本低
8	具有良好的抗震性
9	耐酸耐碱性能好，可排放pH2～pH12的强酸或强碱液体
10	具有优异的阻燃性，可达到V0级

28.9.2 应用领域

建筑排水用改性丙烯酸共聚聚氯乙烯（AGR+）管广泛应用在重力排水、特殊单立管、虹吸雨水、高层雨水、同层排水以及化工厂、电厂液体排放等领域。

28.10 薄壁不锈钢管

28.10.1 管材与规格

公共建筑生活给水、生活热水、管道直饮水等系统用薄壁不锈钢管材质宜采用

S30408（冷水、管道直饮水）、S31603（热水）。薄壁不锈钢管工作压力为1.6MPa。

公共建筑采用薄壁不锈钢管时，执行国家标准《不锈钢卡压式管件组件　第2部分：连接用薄壁不锈钢管》GB/T 19228.2—2011。

为降低运输成本，提高输水效率，宜采用GB/T 19228.2—2011中Ⅱ系列薄壁不锈钢水管。GB/T 19228.2—2011中Ⅱ系列薄壁不锈钢水管规格，见表28-46。

GB/T 19228.2—2011中Ⅱ系列薄壁不锈钢水管规格一览表　　　表28-46

公称直径	*DN*15	*DN*20	*DN*25	*DN*32	*DN*40	*DN*50	*DN*65	*DN*80	*DN*100
外径×壁厚（mm）	Φ15.9×0.8	Φ22.2×1.0	Φ28.6×1.0	Φ34×1.2	Φ42.7×1.2	Φ48.6×1.2	Φ76.1×2.0	Φ88.9×2.0	Φ108×2.0

28.10.2　双卡压式

薄壁不锈钢管连接方式可采用双卡压连接或承插焊接连接。

薄壁不锈钢管暗敷时，应覆塑后缠绕橡塑海绵保温，外用铝箔纸包缠。

28.10.3　双密封多卡式

薄壁不锈钢管现有的卡压式连接管件主要有单卡压式（M型）和双卡压式（V型）2种型式。双密封多卡式连接技术（VV型）是针对现有不锈钢管卡压式连接形式的新一代技术升级产品，提高了薄壁不锈钢管连接的安全可靠性。

1. VV型双密封多卡式连接结构

不锈钢双密封多卡式管件承口部有2道环状U形槽，内装有2个O型密封圈，管件与管道压接变形位置有3处，大大增加了抗拉拔力，是普通卡压式连接的3倍。将不锈钢管插入管件承口至定位位置，采用专用卡压工具，将管件2个凸环放入卡钳口的2个凹槽内，对每个凸环两侧同时进行挤压，使2个密封圈同时受挤压，使2道U形槽内部缩径后形成双道密封作用，管件和管材的3道卡压部位同时收缩变形（剖面成六角或三瓣弧形形状），起定位固定作用，从而实现不锈钢管道连接。双道密封完全杜绝单道密封的渗水现象，三道卡压部位增加了固定作用，大大提高管材和管件之间的拉拔力。

2. 双密封圈结构

橡胶密封圈选材和抗老化是决定卡压式不锈钢管道系统寿命的关键节点。

作为目前水系统最佳橡胶密封圈材料的三元乙丙橡胶具有以下特点：适应温度范围宽（－20～120℃）、强度较高、抗高温及水蒸气性能好、高耐寒性、抗腐蚀性能好、卫生性好。

VV型双密封多卡式管件双密封圈设计解决了水温度变化疲劳老化和氧化老化2个问题。双密封圈和不锈钢管路系统基本同寿命，可大大增加不锈钢管道系统实际使用寿命。

3. VV型双密封多卡式连接结构优点（表28-47）

VV型双密封多卡式连接结构优点一览表　　　表28-47

序号	连接结构优点
1	结合了单卡压式（M型）和双卡压式（V型）安装简便的优点
2	增加了管件承口长度，加强了不锈钢管与管件连接后的抗拉拔力

续表

序号	连接结构优点
3	改进了单密封圈密封性能不足及橡胶材料寿命不长的弱点，将单个密封圈改进为两个密封圈大大增加了连接可靠性、安全性，起到双保险作用，延长了管道系统寿命
4	不锈钢管与管件连接部位压接槽有 3 处位置，消除了单卡压连接结构管与管件连接部位不能碰撞的隐患，大大增加了连接部位抗拉拔力
5	经耐压、气密、拉拔和负压等各项试验的数据表明，连接强度、密封性能较其他连接方式具有明显优势
6	适用范围更广，除明设、暗敷外，在管道井、嵌墙等复杂场合具有特殊优势

双密封多卡式连接不锈钢管道的安装示意，见图 28-2。

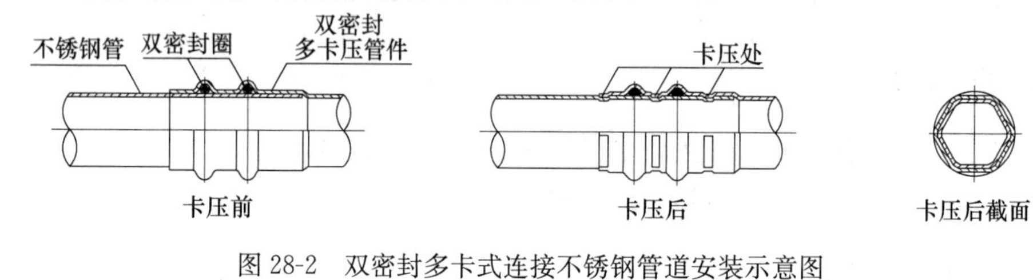

图 28-2　双密封多卡式连接不锈钢管道安装示意图

28.11　智慧型装配式箱泵一体化给水泵站

28.11.1　与传统混凝土泵站比较

目前在供水系统中仍以混凝土水池为主。混凝土水池加泵房在实际工程运用中存在施工周期长、蜂窝麻面易渗漏、自重大结构处理难、不节能、占地面积及空间大、造价高等缺点，特别当平时管理不到位或不重视时很难保证供水设备系统时刻处于正常状态，一旦发生火灾或停水将会造成很大的生命及财产损失。基于国家“碳达峰、碳中和”要求，结合推行装配式建筑绿色环保的基础，采用钢板螺栓连接工艺拼装组合形成的一体化泵站就凸显出明显优势。装配式箱泵一体化给水泵站与混凝土泵站详细比较见表 28-48。

装配式箱泵一体化给水泵站与混凝土泵站比较一览表　　表 28-48

序号	对比项目	混凝土泵站	装配式箱泵一体化给水泵站
1	施工难度及工期	从开挖到混凝土凝固期满需 3～4 个月；在冬季时由于气温低，浇筑凝结时间长，强度低，不易施工且人工成本高	基础做好后，设备 15d 左右安装完工，整个工期在 30d 左右（不受季节影响），节约混凝土、人工、工期、水、电等
2	泵房空间	有地下室院区：过多占用地下室空间，减少地下室更有价值利用率；院区建设或改造：地面需建设泵房，占用空间，增加成本；需要报规划面积	节省地下室空间，多余空间可作为地下停车场用，提高利用价值；院区建设或改造，地面无需建设泵房，减少用地同时减少造价；设备属于构筑物，不需要报规，不占用规划面积

续表

序号	对比项目	混凝土泵站	装配式箱泵一体化给水泵站
3	设备造价	以有效贮水容积 432m³ 为例，水池材料与人工造价在 156 万元左右	同等有效贮水容积装配式消防一体化泵站，水箱材料费、人工费、安装、调试、运费等价格 90 万元，基础造价 38 万元，比混凝土造价低 28 万元
4	维修及定期清理	混凝土水池一般不会定期维护及清理。若需清理，混凝土水池极易生长绿毛、青苔，严重时需用钢刷清理，水池维修费及清理费用比一体化泵站高 2 万元/年	每年比传统混凝土水池节省 2 万元的维护清理费用（不锈钢材质，不易滋生藻类）。水箱内部可设置自动清洗装置，定期维护清理，方便快捷
5	售价比	当主体功能发生改变，水池容积需要增加或者安装位置需要变迁时，原水池将作废，需重新建设，不可二次利用	当主体功能发生改变，水池容积需要增加或者安装位置需要变迁时，可进行二次拆卸组装，重复利用，积极响应低碳高效目标
6	性能及控制系统	无智慧控制系统，水泵长期待机，不能正常巡检运转，容易发生泵锈死或漏水而造成电机烧损	装配式一体化泵站将水池、泵房、给水设备、控制系统等设施的配置功能和要求全部融合在一体。控制系统采用以太网和无线 3G/4G 传输两种方式通过智能手机、电脑、监控云台（消防控制中心），可实现监控、监测、监视、对讲的功能
7	施工难度	地下室水池距墙两侧建池时，主墙的防水防腐等级需提高；建池时应提前预埋钢管，开孔多，难度大，易渗漏	装配式一体化泵站采用全螺栓安装制作，只要经过简单培训即可上岗安装。开孔部位均在工厂预开孔，现场连接方便快捷
8	产品标准化	混凝土泵站内涉及建筑、给水排水、结构、暖通等多个专业，实际安装过程中需要多专业配合施工，中间环节多，易发生扯皮	产品以设备定性，以《装配式箱泵一体化消防给水泵站技术规程》T/CECS 623—2019 技术规程和《装配式箱泵一体化消防给水泵站选用及安装——MX 智慧型泵站》18CS01 标准图集作为支撑，设计完成后由专业厂家一次性施工并配合验收，中间环节少，业主省心
9	售后服务	泵站发生问题时，多方扯皮，售后服务相应速度慢	泵站发生问题时，专业厂家售后人员 24h 内到现场，一站解决泵站问题

28.11.2 装配式箱泵一体化给水泵站介绍

装配式箱泵一体化给水泵站参照现行相关规范及相应标准，加入智能化控制管理功能，在满足设计要求、保证工程质量的前提下可有效解决用地紧张、施工周期长的问题，尤其是对于应急项目，更能为项目早日运行作出贡献，具有良好的经济效益和社会效益，同时可促进给水设备、设施的进一步技术更新，达到节约成本、推进给水排水行业节能降耗可持续发展的目的。

28.11.3 装配式箱泵一体化给水泵站设计说明

智慧型装配式箱泵一体化给水泵站适用于新建、改建、扩建项目中有供水需求的场景。智慧型装配式箱泵一体化给水泵站适用于 8 度及以下抗震设防烈度地区；用于 9 度及以上抗震设防烈度、湿陷性黄土、膨胀土、可液化土、软土、不均匀土、有侵蚀性地下水、有高压缩性土层、永久冻土等特殊地区时，应按国家和地方现行有关标准规定进行处理。

28.11.4 装配式箱泵一体化给水泵站型号标记说明

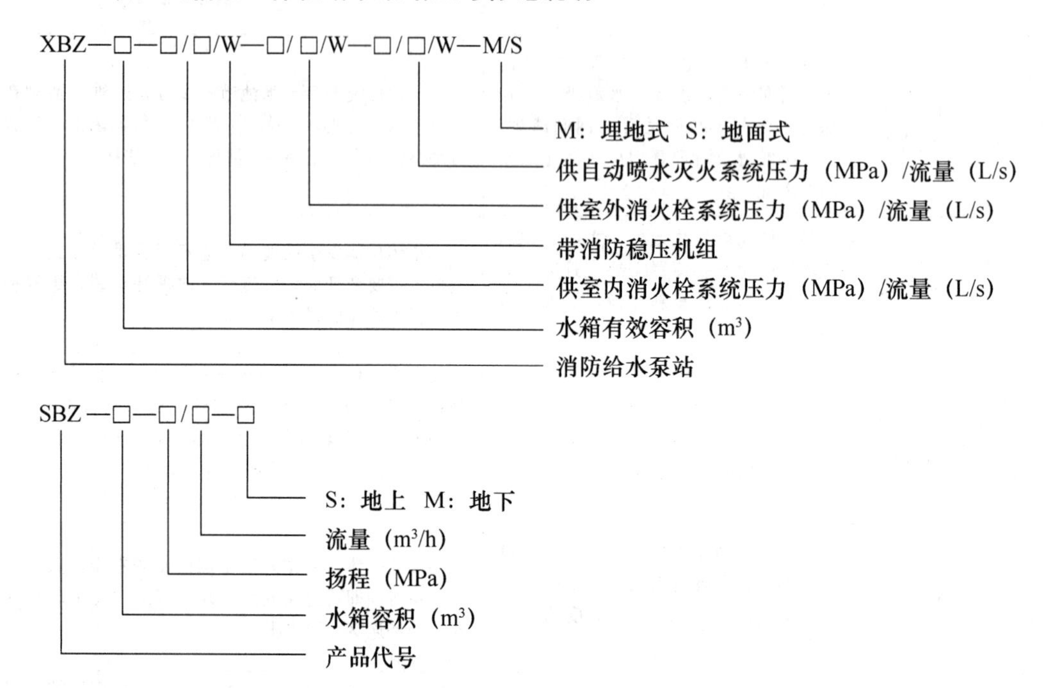

XBZ-108-0.70/15-S

型号示意：装配式箱泵一体化给水泵站，有效容积 108m^3，室内消火栓系统压力 0.70MPa，室内消火栓系统流量 15L/s，地上式；

XBZ-180-0.70/25/W-M

型号示意：装配式箱泵一体化给水泵站，有效容积 180m^3，室内消火栓系统压力 0.70MPa，室内消火栓系统流量 25L/s，带消防稳压机组，埋地式；

SBZ-100-0.50/10-M

型号示意：装配式箱泵一体化生活给水泵站，有效容积 100m^3，系统压力 0.50MPa，系统流量 10m^3/h，埋地式。

28.11.5 装配式箱泵一体化给水泵站组成

1. 简介

装配式箱泵一体化给水泵站为成套供应的产品，由装配式一体化箱体和给水成套机组 2 部分组成，装配式一体化箱体采用工厂预制的双向弧肋型超刚度 SW 大模块箱板在现场采用螺栓拼接装配成整体结构，箱体内安装给水成套机组、连接管道与附件、附属设施等。

泵站按设置位置不同分为地面式消防泵站和埋地式消防泵站 2 种形式。

泵站设备集成度高、搭配灵活、适应性强、经济合理、施工便捷、安全可靠、节能环保，可实现就地拆除，材料再利用，属于构筑物设施。

2. 装配式一体化箱体

水箱和泵房围护结构由双向弧肋型超刚度 SW 大模块箱板采用螺栓拼接装配而成。箱板可采用热镀锌钢板、不锈钢板以及热镀锌钢板与不锈钢板组成的复合钢板，复合钢板之间采用绝缘膜隔离。模块箱板有 500mm×1000mm、1000mm×1000mm、2000m×1000m、2500mm×1000mm、3150mm×1000mm 等规格。组装用的螺栓和螺母与接触部分的箱板同材质。模块箱板之间夹衬橡胶密封垫片，材质为三元乙丙橡胶（EPDM）或硅橡胶。

双向弧肋型超刚度 SW 大模块箱板刚性大，强度高。地面式泵站的水箱内部无横向拉杆，仅设置竖向立柱；埋地式泵站的水箱内部采用由支撑立柱、顶部横梁、四周围梁构成的整体式框架结构进行支撑。

泵房内部设置门式钢架结构支撑，无落地支撑。地面式泵房的门式钢架结构支撑由四周支撑立柱、顶部横向和纵向横梁构成，均采用槽钢制作，螺栓连接；埋地式泵房的门式钢架结构支撑由四周支撑立柱、顶部四周横梁、纵向横梁构成，四周支撑立柱采用方管，钢构件之间采用专用支撑件和热浸镀锌螺栓进行可拆卸连接。结构承重构件焊接部位采用热浸镀锌处理。

3. 附属设施

水箱检修孔设在水箱顶板上，位置靠近水箱进水管遥控浮球阀，并使遥控浮球阀的浮球及进水口设置在检修孔空间内。检修孔内置光束感应器，其感应状态可与控制柜、管理平台通信。当未通过授权关闭报警系统，检修孔被非法开启时，控制柜发出声光报警信号，并与管理平台联动报警。

地面式泵房的检修门开在泵房的侧壁上，检修门的尺寸不小于 2000mm×2000mm，材质为碳钢或不锈钢。

埋地式泵房顶部检修口设置智能液压检修仓，检修仓盖板在电动伸缩结构作用下可在检修口上方翻转，翻转盖板机构密封性能好，有效避免泵房内设备被水蚀或风蚀。检修口处设置装配式热镀锌转角楼梯，并带有扶手。

泵房顶板上设置不少于 2 个通风管，并配置机械通风装置，保证泵房换气次数不小于 6 次/h。地面式泵房通风管口分别高出泵房顶板 300mm、800mm，埋地式泵房通风管口距覆土表面高度应根据工程设计要求确定。

埋地式泵房集水坑内设置潜水排污泵，数量不少于 2 台，1 用 1 备。

泵房内配置型号 MFZ/ABC4A 灭火器 2 个，带灭火器箱。

28.11.6 装配式箱泵一体化给水泵站布置

地面式泵站宜独立设置在建筑物外或设置在建筑物室内地面上。供消防车取水的地面式消防泵站宜设置在消防车道附近或消防车取水口设置在消防车道附近。

埋地式泵站宜设置在绿化带、人行道或非机动车道下面，地面上应进行标识。埋地式泵站设置处有地下水时，应进行泵站抗浮设计。

埋地式泵站的覆土厚度应根据当地最大冻土深度、抗浮要求进行计算确定，宜为 500～2000mm。

28.11.7 装配式箱泵一体化给水泵站结构设计

室外地面式泵站基础宜采用整体基础底板和支墩条形基础，埋地式泵站宜采用筏板式基础，基础设计应满足结构强度和抗浮要求。

对于 8 度及 8 度以下抗震设防烈度地区，地面式泵站箱体四周应设限位器固定，支墩条形基础应设钢筋与结构底板或楼板固定。泵站抗震设计应符合现行国家标准《建筑与市政工程抗震通用规范》GB 55002、《建筑机电工程抗震设计规范》GB 50981 的有关规定。

泵站基础的尺寸、配筋应经结构专业人员计算后确定。基础应采用强度等级不低于 C30、抗渗等级不低于 P6 的抗渗混凝土浇筑，垫层应采用强度等级不低于 C15 混凝土浇筑。

埋地式泵站的水泵吸水槽、集水坑采用钢筋混凝土结构，并应与泵站钢筋混凝土筏板基础整体浇筑。

28.11.8 装配式箱泵一体化给水泵站配电和智能监控系统设计

泵站的负荷等级及供电电源应符合现行国家标准《供配电系统设计规范》GB 50052 的有关规定。

供配电及导线选择应符合现行国家标准《建筑设计防火规范》GB 50016、《火灾自动报警系统设计规范》GB 50116 的有关规定。

泵站设置地区的海拔高度超过 1000m 时，应对电气系统进行参数修正。

泵站应由同一厂家或供货商提供智能监控系统、数据平台、移动监控系统等软件服务。

传输层应采用安全、可靠、先进的传输方式和通信协议，宜采用有线传输网络。

应用平台应预留各类对外数据接口，供应用层各后台或使用方读取相关数据。

28.11.9 装配式箱泵一体化给水泵站保温、供暖与通风设计

地面式泵站设置在严寒或寒冷地区时，泵房内应设置供暖设施，宜采用电供暖，室内温度不应低于 10℃，当无人值守时，不应低于 5℃。水箱外壁应采取保温防冻措施，可采用电伴热缠绕＋橡塑保温板外包彩钢板。

埋地式泵站设置在严寒或寒冷地区时，水箱宜埋设在土壤冰冻线以下。土壤冰冻线以上的水箱外壁应采取保温防冻措施。

埋地式泵站的泵房宜采用机械通风，泵房的通风宜按 6 次/h 设计。在环境潮湿条件下，泵房内应设置除湿设备。

泵站保温、防冻和防结露由设计确定。其做法可向生产厂家咨询或参见现行国家建筑标准设计图集《管道和设备保温、防结露及电伴热》16S401。

28.11.10 装配式箱泵一体化给水泵站施工安装

埋地式泵站的筏板式基础和室外地面式泵站的整体基础底板应在天然地基上施工，原状土的地基承载力特征值不应小于 100kPa。当天然地基承载力不能满足要求或遇不良地基情况时，应按相关标准规定进行地基处理。

除地面式泵站底板水箱吸水槽模块允许在工厂焊接成形并补做热镀锌防腐外，其余大模块箱板必须在现场组装，不应焊接。埋地式泵站泵房的门式钢架结构、装配式热镀锌转角楼梯等应在现场进行螺栓拼装，不应焊接。

埋地式泵站的大模块箱板与筏板式基础间应采用专用固定方式，即通过箱板固定、基础槽填充和防腐三步骤完成。

泵房内的成套机组应采用整体撬装，前期在工厂预制成型，整体运输，施工时只需与预埋吸水管或预制吸水管连接，方便快捷。

埋地式泵站覆土前宜采用环氧煤沥青喷涂或滚涂 2～3 遍，地面式消防泵站宜采用保温或隔热措施。

28.11.11 装配式箱泵一体化给水泵站选型

装配式箱泵一体化给水泵站选型，见附表 B-1、附表 B-2。

28.12 模块式智能换热机组 Regumaq

28.12.1 产品介绍

模块式智能换热机组是一个带有智能化电子控制设备，能实时制取新鲜热水的换热产品。采用此设备可实现生活热水无需储存，同时能稳定供应的供热水方式。

模块式智能换热机组工作原理为根据生活热水侧（二次侧）的出水温度和需求流量，实时调动热媒侧（一次侧）的供给，内部换热组件瞬时加热冷水，为用水末端提供高效、稳定的热水量，保证了生活热水的干净卫生，即用即热。

模块化智能换热机组既可采用集中布置，也可采用分布式的布置方式。通过多台并联的方式可满足大体量、多热水点项目的需求。模块化智能换热机组系统图，见图 28-3。

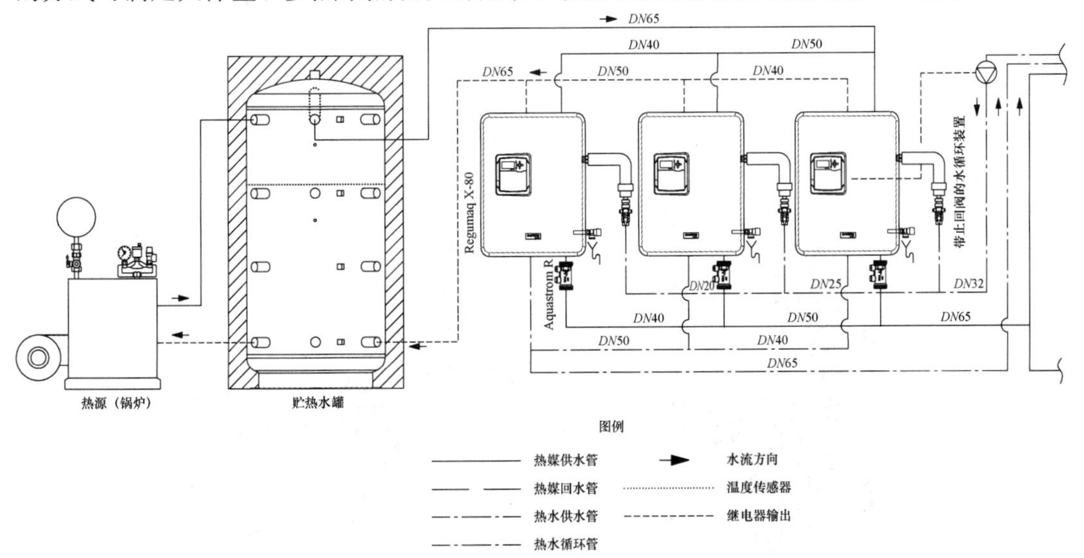

图 28-3 模块式智能换热机组系统图

28.12.2 产品组成

模块化智能换热机组外形尺寸，见图28-4。

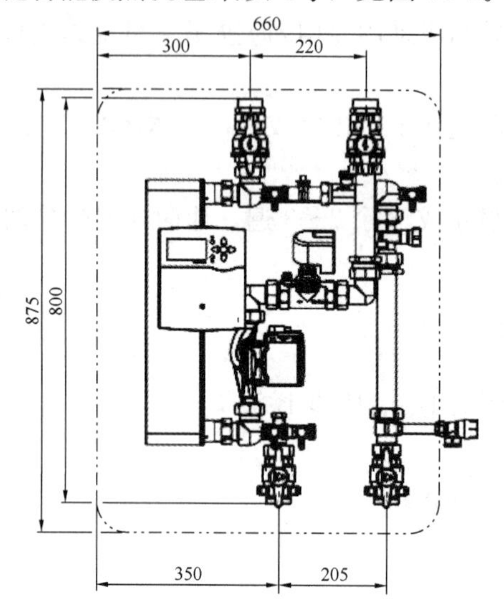

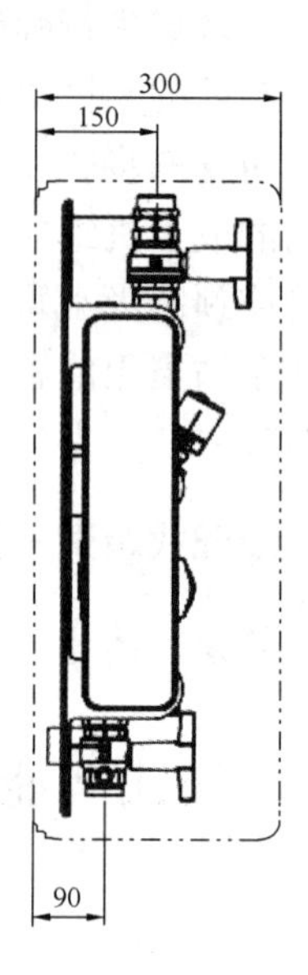

图28-4 模块式智能换热机组外形尺寸图

模块化智能换热机组内部组成，见图28-5。

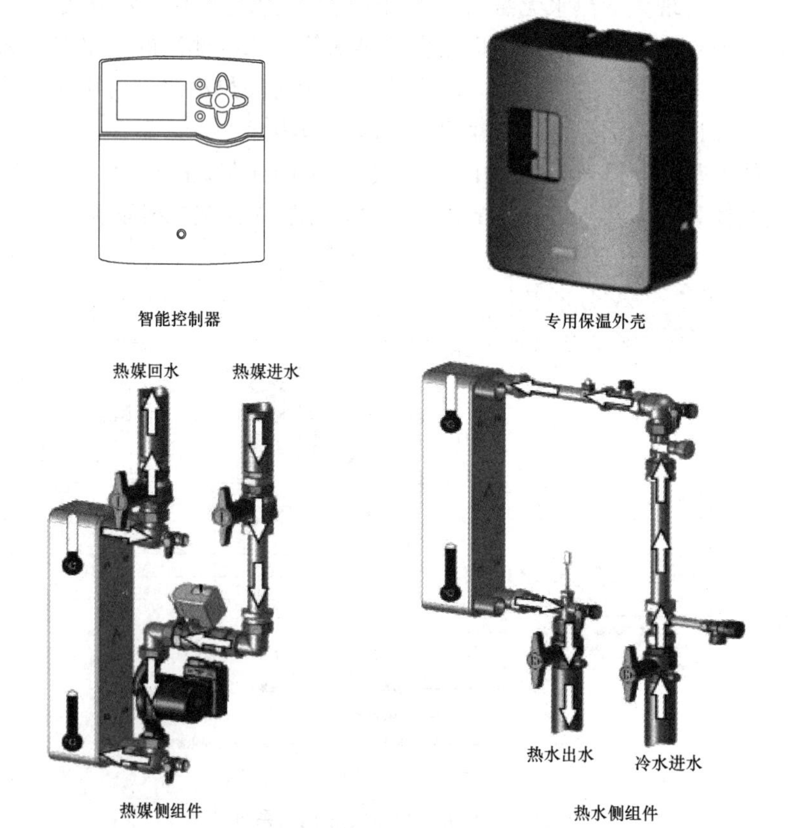

图28-5 模块式智能换热机组内部组成图

28.12.3 产品功能

模块化智能换热机组功能，见表 28-49。

模块化智能换热机组功能一览表 表 28-49

序号	机组功能
1	采用模块式智能换热机组物理分隔一次、二次水系统，在热源与智能换热机组间的一次侧设置热媒水贮罐作为热源的一部分向二次侧提供热量
2	二次侧水直接取自建筑内冷水系统，即用即热，二次侧不存水，干净卫生
3	二次侧水系统根据建筑布局一般采用异程式全循环系统，通过温控循环阀等控制阀件，保证了各点的循环温度，没有死水区，不用水时，在温控循环阀作用下，保持最低循环流量，维持供水管路水温
4	系统的核心设备为模块式智能化换热机组，其可根据二次侧的用水量变化，采用水泵变频供水，按需供热
5	产品装配电子控制器，只在用户需要的情况下换热，“即开即热”；需连接缓冲蓄热水罐；依据生活热水侧流量和温度，智能调节热媒侧流量
6	板式换热器符合规范的欧洲压力设备标准（PED）

模块化智能换热机组主要参数，见表 28-50。

模块化智能换热机组主要参数表 表 28-50

序号	主要参数
1	最大工作压力：1MPa
2	最高工作温度：95℃
3	阀门材质：黄铜/防脱锌黄铜/青铜
4	密封材质：EPDM
5	保温材质：EPP
6	管道材质：不锈钢
7	板式换热器材质：不锈钢/钎焊铜

模块化智能换热机组产水量，见表 28-51。

模块式智能换热机组 Regumaq X80 产水量（L/min） 表 28-51

热水温度（℃）	热媒温度（℃）									
	45	50	55	60	65	70	75	80	85	90
45	40	58	72	88	100	112	124	136	148	156
50	—	38	56	68	80	92	104	114	124	132
55	—	—	37	55	65	76	86	96	104	112
60	—	—	—	36	52	62	72	82	90	98

28.12.4 产品适用范围

模块化智能换热机组用于集中热水供应系统及局部热水供应系统。

28.12.5 应用案例

1. 工程案例一（集中式热水供应系统）

（1）工程概况

某学校宿舍地上共13层，采用集中热水供应方式，热媒采用项目所在园区能源中心供应的不间断80℃高温热水、60℃回水。宿舍内热水点共320个，其中洗脸盆用水点128个，淋浴器用水点192个，生活热水采用集中供应系统，全天24h不间断供应，竖向共设2个区，一层～六层为低区，七层～十三层为高区。热水供应温度55℃，回水温度50℃，冷水计算温度10℃。

（2）热水供应系统方案选择

本工程结合项目定位，并兼顾系统简单、施工便利、降低运维成本等各方面因素比对后，确定采用模块式智能换热机组为热水系统供应新鲜热水。

（3）设计小时耗热量计算

低区生活热水设计小时耗热量，根据公式（28-1）计算：

$$Q_h = K_h \cdot m \cdot q_r \cdot C \cdot (t_r - t_1) \cdot \rho_r \cdot C_r / T \tag{28-1}$$

式中 Q_h——生活热水设计小时耗热量，kJ/h；

K_h——小时变化系数，取4.0；

m——低区用水计算人数，人，为132人；

q_r——热水用水定额，L/(人·d)，取80L/(人·d)；

C——水的比热，kJ/(kg·℃)，C=4.187kJ/(kg·℃)；

t_r——热水温度,℃，取60℃；

t_1——冷水温度,℃，取10℃；

ρ_r——热水密度，kg/L，取0.9832kg/L；

C_r——热损失系统，取1.1；

T——每日使用时间，h，取24h。

经计算，低区热水设计小时耗热量：Q_h=397195.6kJ/h =110.3kW。

根据公式（28-1）及高区用水计算人数为150人，经计算，高区热水设计小时耗热量：Q_h=451358.6kJ/h=125.4kW。

（4）模块式智能换热机组选型

生活热水设计秒流量按公式（28-2）计算：

$$q_g = 2.5 \cdot (Ng)^{1/2} \tag{28-2}$$

式中 q_g——热水设计秒流量，L/s；

N_g——热水计算管段热水当量数。

低区洗脸盆用水点60个，淋浴器用水点90个，N_g=75，计算得 q_g=4.33L/s=259.81L/min。

按表28-51中模块式智能换热机组 Regumaq X80 产水量，在贮热水箱水温为65℃，使用热水温度为55℃条件下，单台机组产水量为65L/min。

低区生活热水供应系统需要模块式智能换热机组 Regumaq X80 台数为：N=259.81/65=3.99，即需要机组4台满足该系统的热水需求。

高区洗脸盆用水点 68 个，淋浴器用水点 102 个，$N_g=85$，计算得 $q_g=4.61$L/s=276.59L/min，模块式智能换热机组 Regumaq X80 台数为：$N=276.59/65=4.2$，即需要机组 5 台满足该系统的热水需求。

（5）贮热水罐选型

采用模块化智能换热机组，供水侧设置贮热水罐，贮热容积按≥25min（半容积式水加热器）计，按 90%考虑贮热水罐的有效容积。贮热水罐的有效容积，按公式（28-3）计算：

$$V = 1.1 \cdot (0.86 \cdot S \cdot Q_h) / (t_{mj} - t_{mh}) \tag{28-3}$$

式中 V——贮水容积，m^3；

S——贮热时间，h，按 25/60=0.417h 取值；

Q_h——设计小时耗热量，kW；

t_{mj}——贮热水罐到模块化智能换热机组出水温度，即热媒进入机组热水温度，℃，此工程取 65℃；

t_{mh}——模块化智能换热机组到贮热水罐回水温度，即热媒从机组回到贮热水箱的热水温度，℃，通过查询机组参数，见表 28-52，在 $t_{mj}=65$℃，热水出水温度为 55℃情况下，$t_{mh}=24$℃。

模块式智能换热机组 Regumaq X80 热媒回水温度表 **表 28-52**

热水温度（℃）	热媒回水温度（℃）							
	55	60	65	70	75	80	85	90
55	32	27	24	22.6	21	20.2	19.4	18.7

经计算得出，低区贮热水罐 $V=1.06m^3$，高区贮热水罐 $V=1.21m^3$。

分别选用 2 台 1.0m^3的贮热水罐，实际有效贮热容积为 1.0×2.0×0.9=1.8m^3，且一台检修时，另一台贮水容积为 1.0/1.21=82.6%>60%，满足要求。

故低区、高区各设 2 台 1.0m^3的贮热水罐。

本工程生活热水供应系统机房原理图，见图 28-6。

2. 工程案例二（机房集中布置系统）

（1）工程概况

重庆市某酒店项目，共 69 间客房需提供集中生活热水，每间客房设置 2 个床位，客房卫生间内设置淋浴器、洗脸盆、浴缸，其中 24 间大浴缸为 1.3～1.5m^3的容量，此类客房用水定额取 800L/d（55℃），45 间小浴缸为 600L 左右的容量，此类客房用水定额取 500 L/d（55℃），详见表 28-53。

各客房配置一览表 **表 28-53**

序号	客房数（个）	用水定额 L/d（55℃）	每间客房床位数（个）	热水用水器具
1	24	800	2	淋浴器、洗脸盆、浴缸
2	45	500	2	淋浴器、洗脸盆、浴缸

（2）改造方案

系统已设置 2 台半容积式热交换器，单台换热面积为 8m^2，单台容积为 1.5m^3，系统

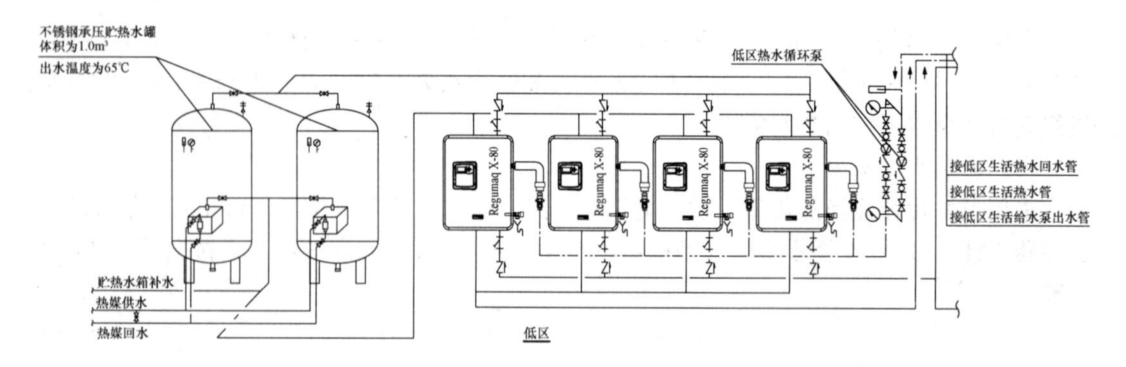

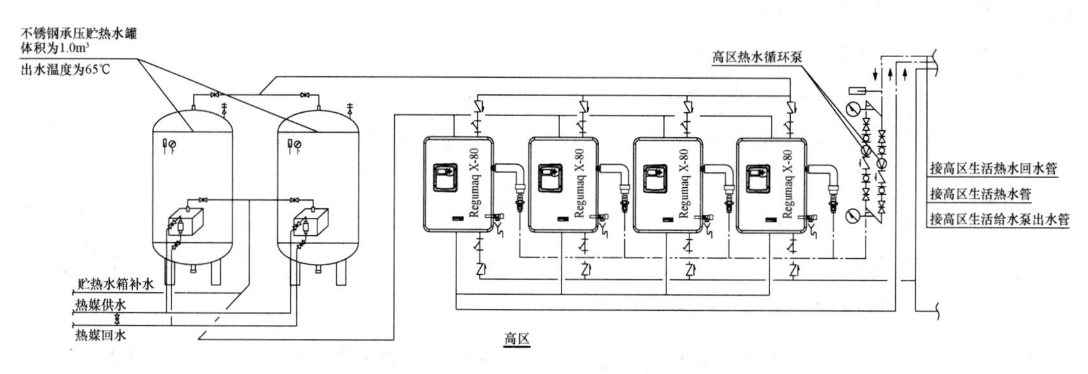

图 28-6 生活热水供应系统机房原理图

缓冲容积为 3m³，改造前集中热水供应在高峰用水时段部分房间热水量不足。

本工程改造方案的选择，既要满足最不利情况使用需求，又要做到系统简单、施工便利、对原有功能影响小，通过技术经济性分析，采用 Regumaq 机组补充热水量的方案。

（3）设计小时耗热量［公式（28-4）］

$$Q_h = K_h \cdot m \cdot q_r \cdot C \cdot (t_r - t_1) \cdot \rho_r \cdot C_\gamma / T \quad (28\text{-}4)$$

式中 Q_h——设计小时耗热量，kJ/h；

m——用水计算单位数，人数或者床数，取 $m=69\times2=138$ 人；

q_r——热水用水定额，L/(人·d) 或 L/(床·d)，根据公式 $C\cdot M\cdot\Delta t$，大浴缸客房用水定额在 60℃时为 800×(55-7)/(60-7)＝724.5L/d，小浴缸客房用水定额在 60℃时为 500×(55-7)/(60-7)＝452.8L/d，最高日最大时用水定额 q_r=(724.5×24+452.8×45)/69/2＝273.65L/d（因浴缸容量较大，故按照实际平均的用水定额考虑）；

t_r——热水温度,℃，取 60℃；

C——水的比热，kJ/(kg·℃)，C=4.187kJ/(kg·℃)；

t_1——冷水温度,℃，取 7℃；

ρ_r——热水密度，kg/L，取 1.0kg/L；

T——每日使用时间，h，取 24h；

C_γ——热水供应系统的热损失系数，取 1.10；

K_h——小时变化系数，取 2.60。

经计算，Q_h=2.6×138×273.65×4.187×(60−7)×1.0×1.10/24=998638kJ/h。

（4）半容积式换热器的设计小时供热量 Q_g

根据运行情况初步判断，此半容积式换热器标称参数与实际不符，其供热能力不能满足项目高峰时刻用热水需求，为保险起见，在系统改造时将其视为无储热容积的板式换热器进行供热量计算。

$$Q_g = K \cdot F \cdot (t_{供} - t_{回}) \tag{28-5}$$

式中 Q_g——半容积式换热器的设计小时供热量，kJ/h；

K——传热系数，W/(m^2·℃)，取 800W/(m^2·℃)；

F——换热面积，m^2，取 F=8×2=16m^2；

$t_{供}$——热媒供水温度,℃，取 65℃；

$t_{回}$——回水温度,℃，取 50℃。

经计算，Q_g=800×16×(65−50)×0.8=153600W=552960kJ/h。

（5）需要 Regumaq 机组提供的热水量 $Q_{g机组}$

$$Q_{g机组} = Q_h - Q_g = 998638 - 552960 = 445678\text{kJ/h}$$

根据公式（28-4），反推 m 机组=445678/998638×138=62 人，Regumaq 机组提供热水的房间为 62/2=31 间。

（6）模块式智能换热机组选型

生活热水设计秒流量按公式（28-6）计算：

$$q_{g机组} = 0.5 \cdot (N_g)^{1/2} \tag{28-6}$$

式中 $q_{g机组}$——热水设计秒流量，L/s；

N_g——热水计算管段热水当量数。

31 间客房洗脸盆用水点 31 个，浴缸用水点 31 个，淋浴器用水点 31 个，N_g=62，计算得 $q_{g机组}$=3.9L/s=234L/min。按表 28-51 中模块式智能换热机组 Regumaq X80 产水量，在贮热水箱水温为 65℃，使用热水温度为 55℃条件下，得出单台机组产水量为 65L/min。故 31 间客房热水供应系统需要模块式智能换热机组 Regumaq X80 台数为：N=234/65=3.6，即需要机组 4 台满足该 31 间客房的热水需求。

（7）贮热水罐选型

采用模块化智能换热机组，供水侧设置贮热水罐，贮热容积按≥30min（半容积式水加热器）计，按 90%考虑贮热水罐的有效体积。贮热水罐的有效容积，按公式（28-7）计算：

$$V = 1.1 \cdot (0.86 \cdot S \cdot Q_h) / (t_{mj} - t_{mh}) \tag{28-7}$$

式中 V——贮水容积，m^3；

S——贮热时间，h，按 30/60=0.5h 取值；

Q_h——设计小时耗热量，kW；

t_{mj}——贮热水罐到模块化智能换热机组出水温度，即热媒进入机组热水温度,℃，此工程取 65℃；

t_{mh}——模块化智能换热机组到贮热水罐回水温度，即热媒从机组回到贮热水箱的热水温度,℃，通过查询机组参数，见表 28-52，在 t_{mj}=65℃，热水出水温度为 55℃情况下，t_{mh}=24℃。

经计算得出，贮热水罐 V=1.43m^3。选用 1 台 2.0m^{3}的贮热水罐，实际有效贮热容积为 2.0×0.9=1.8m³。

(8) 模块式智能换热机组集中布置系统图

本工程模块式智能换热机组集中布置系统图，见图 28-7。

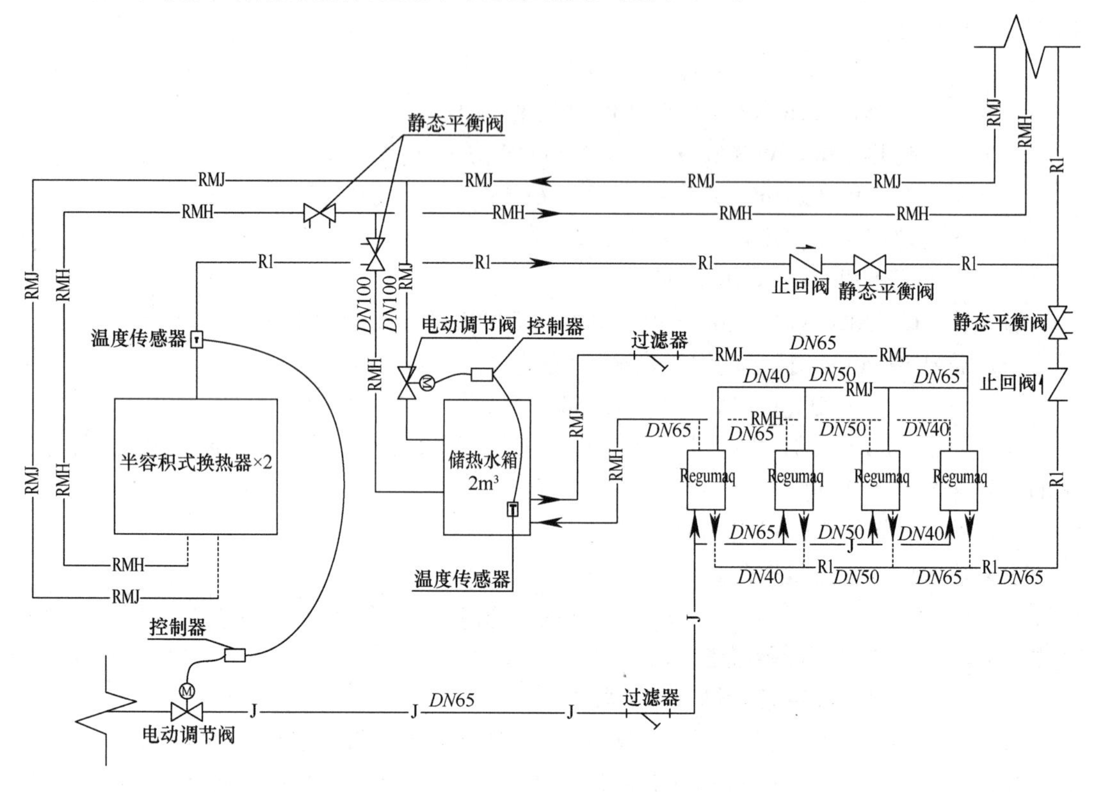

图 28-7 模块式智能换热机组集中布置系统图

(9) 系统控制逻辑方案

系统控制逻辑方案，见表 28-54。

系统控制逻辑方案一览表 **表 28-54**

序号	具体说明
方案一	水箱处电动调节阀工作模式：采集储热水箱底部的热水温度，低于 65℃打开，达到 65℃关闭
	酒店旺季用水高峰期（如晚上 8 时到次日 1 时），定时运行 Regumaq 机组。自来水给水管上的电动调节阀保持常开，用水前 1h 提前打开水箱处的电动调节阀，让阀门进入水箱温度采集工作模式。确保储水箱中热水温度达到 65℃
	其余使用期间，水箱处电动调节阀保持在工作模式。通过在半容积式换热器出水管设置温度传感器加控制器，监测半容积式换热器出水管温度，与设定温度（可取 54℃，建议现场调试）进行对比。当低于设定温度时，联动控制 Regumaq 机组自来水给水管上的电动调节阀开启，运行 Regumaq 机组；达到设定温度时，控制电动调节阀关闭，停止运行 Regumaq 机组
方案二	水箱处电动调节阀工作模式：采集储热水箱底部的热水温度，低于 65℃打开，达到 65℃关闭
	全年采用同种模式，水箱处电动调节阀保持在工作模式。通过在半容积式换热器出水管设置温度传感器加控制器，监测半容积式换热器出水管温度，与设定温度（可取 54℃，建议现场调试）进行对比。当低于设定温度时，联动控制 Requmaq 机组自来水给水管上的电动调节阀开启，运行 Requmaq 机组；达到设定温度时，控制电动调节阀关闭，停止运行 Regumaq 机组

28.13 管道排水装置

28.13.1 管道排水装置应用现状

公共建筑在较长时间中断使用饮用水系统，会造成饮用水的停滞和腐化，为确保饮用水的卫生，需要对整个冷热水管道进行排水。公共建筑集中供应生活热水系统常规来说不配备自动排水装置，只能通过打开一个或多个用水点进行整个系统的冷水及热水的排水工作。手动排水与自动排水的对比，见表28-55。

手动排水与自动排水对比一览表 **表28-55**

序号	名称	具体说明	应用情况
1	手动排水	手动打开系统不确定最末端用水点，进行不定量冷热水排水操作	最常用
2	自动排水	冷热水管道流量可以通过管径和长度精确计算，节约排水量	目前较少采用，但有广阔发展前景

由于手动排水的点位、水量、时间等不确定因素，无法确保排水工作的有效性和节能性。而在采用自动排水装置措施后，可以节约排水量，提高排水效率，节约人工成本，具有较大技术经济优势。

自动排水装置系统在医院建筑、旅馆建筑、体育建筑、疗养院建筑等公共建筑中将得到广泛运用。

28.13.2 智能排水装置

智能排水装置是一种自动排水设备，其排水模式见表28-56。

智能排水装置排水模式选择（可同时设定） **表28-56**

序号	项目	模式说明
1	定量排水	根据计算系统冷热水量，进行精确的冷热水量排水
2	定期排水	可设定每周一～周日的任一组合（如仅周一、周三或仅周一或每天）
3	定时长排水	可设定排水时长，如20min、30min
4	定时间点排水	可设定每次排水的时间点，如上午8时开始，上午10时结束
5	定间隔排水	可设定间隔时期，如每隔2h排水一次
6	定温度排水	根据温度边界条件自动开启排水

智能排水装置通过智能控制器，根据用户特点，个性化定制排水计划，确保整个冷热水系统的无菌、健康。

智能排水装置应包含电子控制器、排水立管、流量传感器、流量控制器、操作显示面板等。智能排水装置最高运行压力：1.0MPa；最高运行温度：70℃（瞬时可达80℃）；排水能力：12L/min；电源：220V；阀门和配件：黄铜；密封件：EPDM、PTFE。

28. 13. 3　智能排水装置示意图（图 28-8、图 28-9）

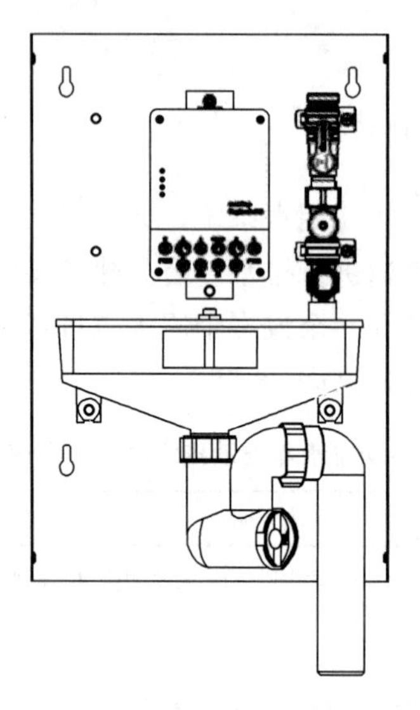

图 28-8　智能排水装置大样图

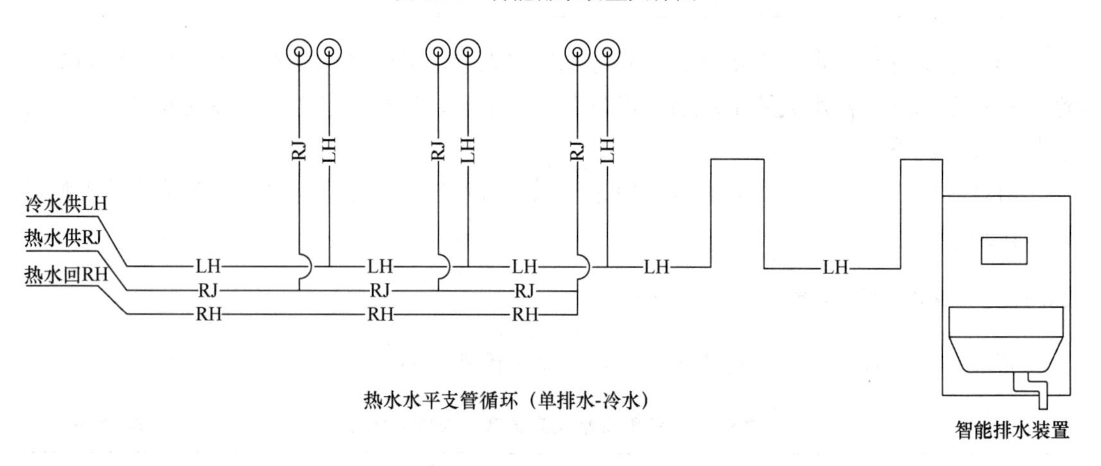

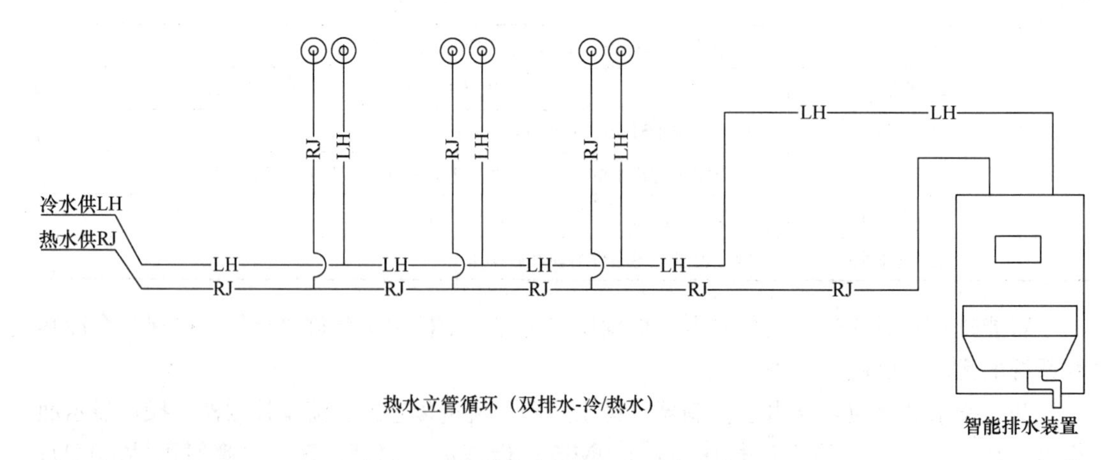

图 28-9　智能排水装置系统连接示意图

28.14 增强不锈钢管（内衬不锈钢复合钢管）

28.14.1 管道介绍

增强不锈钢管（内衬不锈钢复合钢管）是不锈钢管与碳钢管的复合管道。该种管道由薄壁不锈钢管装配到价格低廉的碳钢管（或镀锌钢管）内，通过新技术、新工艺将不锈钢管扩径或碳钢管缩径的方法，使两层材料紧密贴合成型。

增强不锈钢管（内衬不锈钢复合钢管）的薄壁不锈钢内衬管仅用于将碳钢基管与输送的介质隔离，本身不承受流体压力，外面的碳钢管作为复合管的承压组件。根据承压要求可采用不同壁厚的碳钢钢管，常见的耐压等级有 1.6MPa、2.5MPa 2 种，也可采用更高级的碳钢管，适应更高压力的管道需求。

28.14.2 管道特性与优点

增强不锈钢管（内衬不锈钢复合钢管）既保留了不锈钢管耐腐蚀性能高、卫生条件好、内壁光滑、水流阻力小、无微生物滋生的特点，又增加了碳钢管承压高、刚性好、耐冲击、抗共振、性价比高的优势；同时克服了普通碳钢管、镀锌钢管内壁粗糙、易结垢、耐蚀性能差和薄壁不锈钢强度低、对环境要求苛刻等不足的特性特点。

增强不锈钢管（内衬不锈钢复合钢管）兼具不锈钢管和碳钢管的特性，其优点见表 28-57。

内衬不锈钢复合钢管优点一览表　　表 28-57

序号	优点	具体说明
1	安全卫生	与水接触为不锈钢，降低管道结垢可能性，减少微生物滋生，提高管道耐腐蚀性，绿色环保，有效防止水质二次污染，输送水符合现行国家标准《生活饮用水卫生标准》GB 5749 的要求
2	强度高	外层碳钢层具有较强的抗挤压、抗共振性，极大降低水管受到外力冲击而产生泄漏的可能性，避免因渗漏而产生水资源的浪费
3	稳定性好	在－40～350℃范围内，不锈钢层与外保护层同步膨胀收缩
4	性价比优	一次投入，使用寿命长，几乎零维护
5	可靠性高	不锈钢管的内壁仅与成分稳定的输送介质接触，不锈钢管的外壁永久是碳钢钢管的内壁。因不锈钢管的内外壁始终在恒定服役环境，使不锈钢的应用更加稳定，可以最大限度地发挥耐腐蚀及卫生性能，提高管道的可靠性和使用寿命

28.14.3 管道规格

增强不锈钢管（内衬不锈钢复合钢管）的规格，见表 28-58。

增强不锈钢管规格一览表 **表28-58**

公称尺寸 DN	钢管外径 D (mm)			最小公称总壁厚 T (mm)		长度 L (mm)		复层不锈钢最小公称厚度 δ (mm)
	Ⅰ系列	Ⅱ系列	允许偏差	尺寸	允许偏差	尺寸	允许偏差	
15	21.3	—	±1%	2.80	±10%	6000	+20 −0	0.30
20	26.9	—		2.80				0.30
25	33.7	—		3.20				0.30
32	42.4	—		3.50				0.30
40	48.3	45		3.50				0.40
50	60.3	57		3.80				0.40
65	76.1	73		4.00				0.40
80	88.9	89		4.00				0.40
100	114.3	108		4.00				0.50
125	139.7	133		4.00				0.50
150	168.3 165.1	159		4.50				0.70
200	219.1	219	±0.75%	5.00				0.70
250	273.0	273		5.00				0.90
300	323.9	325		6.00				0.90
350	355.6	377	±1%	6.00		6000～12000	±500	1.20
400	406.4	426		7.00				1.20
450	457.0	480		8.00				1.20
500	508.0	530		8.00				1.20
600	610.0	630	±1%或±10两者取较小值	8.00	±10%	6000～12000	±500	1.20
700	711.0	720		10.00				1.50
800	813.0	820		10.00				1.50
900	914.0	920		10.00				1.50
1000	1016.0	1020		10.00				1.50
1200	1219.0	1220		11.00				2.00
1400	1422.0	1420		12.50				2.00
1600	1626.0	1620		14.00				2.00

注：当采用焊接连接时，复层不锈钢壁厚不应小于0.5mm，宜不小于1.0mm。

28.14.4 管道执行标准

增强不锈钢管（内衬不锈钢复合钢管）设计或订货时，不仅需要确定增强不锈钢管（内衬不锈钢复合钢管）的执行标准，还需要确定内、外层钢管的执行标准和材料牌号。

外层钢管采用焊接钢管或无缝钢管。焊接钢管应符合现行国家标准《低压流体输送用焊接钢管》GB/T 3091的要求或其他国家标准或行业标准的要求；无缝钢管应符合现行国家标准《输送流体用无缝钢管》GB/T 8163 的要求或其他国家标准或行业标准的要求。钢管的外表面可以采用热镀锌、外覆塑、涂塑等防腐层或三油两布、3PE 外防腐。

内衬管采用 S30408 或 S31608 或 S31603 薄壁不锈钢管时，应符合现行国家标准《流体输送用不锈钢焊接钢管》GB/T 12771 的要求或其他国家标准或行业标准的要求。

增强不锈钢管（内衬不锈钢复合钢管）应符合现行国家标准《流体输送用不锈钢复合钢管》GB/T 32958、《流体输送用双金属复合耐腐蚀钢管》GB/T 31940 或现行行业标准《内衬不锈钢复合钢管》CJ/T 192 的要求。

28.14.5 系统承压能力

增强不锈钢管（内衬不锈钢复合钢管）的系统承压能力，见表 28-59。

管道系统承压能力表 **表 28-59**

品种		许用压力（MPa）
基管为符合现行国家标准《低压流体输送用焊接钢管》GB/T 3091 的电阻焊、高频焊焊管的增强不锈钢管		1.6
基管为符合现行国家标准《低压流体输送用焊接钢管》GB/T 3091 的电熔焊管，牌号为 Q235B 的增强不锈钢管		2.5
基管为符合现行国家标准《输送流体用无缝钢管》GB/T 8163，牌号为 20、Q355 的增强不锈钢管		4.0
基管为符合现行国家标准《石油天然气工业　管线输送系统用钢管》GB/T 9711 的电阻焊管的增强不锈钢管		4.0
基管为符合现行国家标准《石油天然气工业　管线输送系统用钢管》GB/T 9711 的电熔焊管、无缝钢管的增强不锈钢管		10.0
基坯管件符合现行国家标准《可锻铸铁管路连接件》GB/T 3287 的要求		2.0
外螺纹管件符合现行国家标准《低压不锈钢螺纹管件》GB/T 26120 的要求		2.0
基坯管件符合现行国家标准《锻制承插焊和螺纹管件》GB/T 14383 的要求		5.0
沟槽式管接头	公称尺寸不大于 *DN*300	2.5
	公称尺寸不小于 *DN*350	1.6
基坯法兰符合现行国家标准《钢制管法兰　第 1 部分：PN 系列》GB/T 9124.1 的要求		16.0
基坯法兰符合现行行业标准《钢制管法兰（PN 系列）》HG/T 20592 的要求		16.0
管件符合现行团体标准《不锈钢复合钢制对焊管件》T/CECS 10120 的要求		5.0
管件符合现行国家标准《钢制对焊管件　类型与参数》GB/T 12459 和《钢制对焊管件　技术规范》GB/T 13401 的要求		16.0

28.14.6 管道连接与安装

增强不锈钢管（内衬不锈钢复合钢管）的连接方式，与镀锌钢管及钢塑复合管相同。安装时，根据使用环境及管径大小选择合适的连接方式。可供选择的连接方式有螺纹丝扣连接（*DN*15～*DN*100）、沟槽卡箍连接（*DN*50～*DN*300）、法兰连接（*DN*50～*DN*600）

和焊接连接，最可靠的连接方式为法兰连接和焊接连接。

在引入管、进户管、支管接出部位，与阀门、水表、水嘴等的连接处，应采用螺纹或法兰等可拆卸连接方式。

增强不锈钢管（内衬不锈钢复合钢管）埋地敷设时防腐措施可与碳钢钢管相同。

28.14.7　不锈钢复合管件规格

内衬不锈钢内螺纹的复合管件的端口截面如图 28-10 所示，端口尺寸见表 28-60。

内衬不锈钢可锻铸铁螺纹连接复合管件规格尺寸一览表　　表 28-60

公称尺寸 DN	螺纹尺寸代号	所连接钢管公称外径 (mm)	内通径 d (mm)	复层不锈钢壁厚 t (mm)	端口密封圈距管件端口距离 L (mm)
15	½	21.3	≥12	≥0.25	≥4.0
20	¾	26.9	≥17	≥0.25	≥4.0
25	1	33.7	≥22	≥0.25	≥6.0
32	1¼	42.4	≥30	≥0.25	≥6.0
40	1½	48.3	≥35	≥0.35	≥6.0
50	2	60.3	≥45	≥0.35	≥6.0
65	2½	76.1	≥52	≥0.35	≥6.0
80	3	88.9	≥65	≥0.35	≥6.0
100	4	114.3	≥89	≥0.40	≥10.0

内衬不锈钢沟槽式复合管件的沟槽端口截面如图 28-11 所示，端口尺寸见表 28-61。

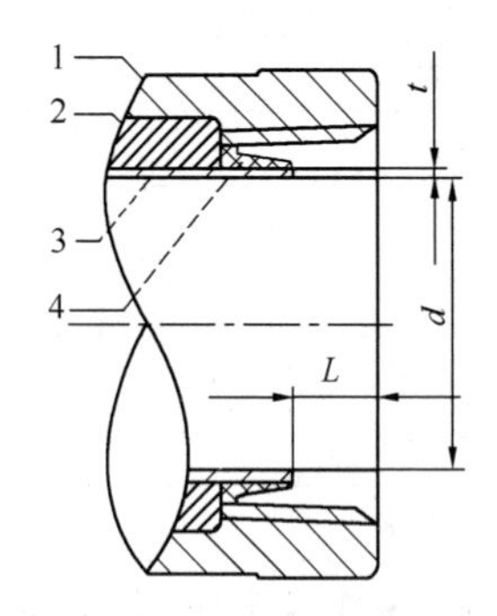

1-可锻铸铁管件；2-固定层；
3-复层不锈钢；4-端口密封圈
d-内通径；t-复层不锈钢壁厚；
L-端口密封圈距管件端口距离

图 28-10　复合管件的内螺纹端口截面示意图

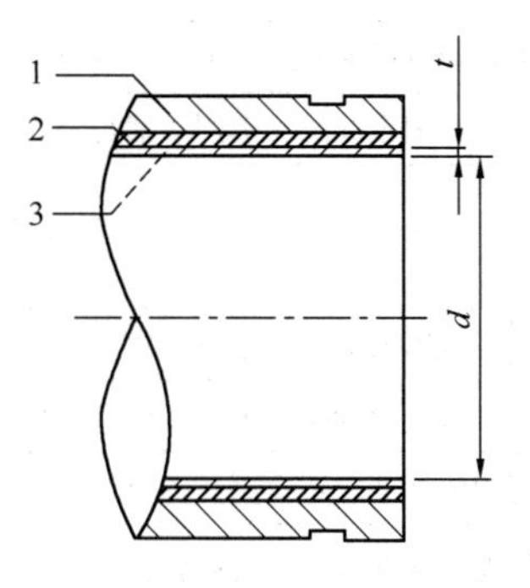

1-外基坯沟槽式管件；2-固定层
（固定层根据生产工艺可取消）；
3-复层不锈钢
d-内通径；t-复层不锈钢壁厚

图 28-11　复合管件的沟槽端口截面示意图

内衬不锈钢沟槽式连接复合管件规格尺寸一览表　　表 28-61

公称尺寸 *DN*	所连接钢管公称外径（mm）	内通径 *d*（mm）	复层不锈钢壁厚 *t*（mm）
20	26.9	≥17	≥0.25
25	33.7	≥22	≥0.25
32	42.4	≥30	≥0.25
40	48.8	≥35	≥0.35
50	60.3	≥45	≥0.35
65	76.1	≥52	≥0.35
80	88.9	≥65	≥0.35
100	114.3	≥89	≥0.40
125	139.7	≥113	≥0.50
150	165.1	≥139	≥0.50
200	219.1	≥188	≥0.50
250	273.0	≥258	≥0.70
300	323.9	≥308	≥0.80

内衬不锈钢管与平焊法兰或平焊环法兰的焊接接头端口截面如图 28-12 所示，端口尺寸见表 28-62。

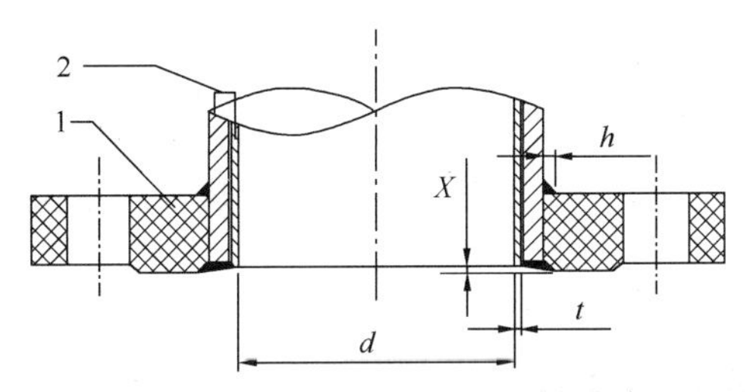

1-平焊法兰或平焊环；2-内衬（覆）不锈钢复合钢管
d-内通径；*h*-焊缝高度；*X*-密封焊缝距密封面距离；*t*-复层壁厚

图 28-12　法兰焊接接头端口截面示意图

内衬不锈钢法兰连接复合管件规格尺寸一览表　　表 28-62

公称尺寸 *DN*	所连接钢管公称外径（mm）		内通径 *d*（mm）	焊缝高度 *h*（mm）	密封焊缝距密封面距离 *X*（mm）	复层壁厚 *t*（mm）
	Ⅰ系列	Ⅱ系列				
15	21.3	—	≥12	≤3.0	≤1.0	≥0.25
20	26.9	—	≥17	≤3.0	≤1.0	≥0.25
25	33.7	—	≥22	≤4.5	≤1.0	≥0.25
32	42.4	—	≥30	≤4.5	≤1.0	≥0.25
40	48.3	45	≥35	≤4.5	≤1.0	≥0.35
50	60.3	57	≥45	≤4.5	≤1.0	≥0.35

续表

公称尺寸 DN	所连接钢管公称外径 (mm)		内通径 d (mm)	焊缝高度 h (mm)	密封焊缝距密封面距离 X (mm)	复层壁厚 t (mm)
	Ⅰ系列	Ⅱ系列				
65	76.1	73	≥52	≤4.5	≤1.0	≥0.35
80	88.9	89	≥65	≤5.5	≤1.0	≥0.35
100	114.3	108	≥89	≤5.5	≤1.0	≥0.40
125	139.7	133	≥113	≤5.5	≤1.0	≥0.50
150	165.1	159	≥139	≤6.5	≤1.0	≥0.50
200	219.1	219	≥188	≤6.5	≤1.0	≥0.50
250	273.0	273	≥258	≤7.0	≤1.0	≥0.80
300	323.9	325	≥308	≤8.0	≤1.0	≥0.80
350	355.6	377	≥345	≤10.0	≤1.0	≥1.00
400	406.4	426	≥390	≤12.0	≤1.0	≥1.00
450	457.0	480	≥432	≤12.0	≤1.0	≥1.00
500	508.0	530	≥483	≤14.0	≤1.0	≥1.00
600	610.0	630	≥585	≤14.0	≤1.0	≥1.00

28.14.8 管道适用范围

增强不锈钢管（内衬不锈钢复合钢管）适用于建筑给水排水、工业给水排水、市政给水排水、消防给水排水及暖通管道工程等管道系统；也可用于输送燃气、空气、油和蒸汽等流体的管道工程。

28.15 空气源热泵热水机组

28.15.1 常温空气源热泵热水机组

常温空气源热泵热水机组的型号规格，见表28-63。

常温空气源热泵热水机组型号规格一览表　　表28-63

产品型号	KFXRS-019/ⅡTR3N3A1	KFXRS-038/ⅡTR3N3A1
名义制热量（kW）	15	30
名义产水量（L/h）	325	650
电流（A）	9	15.8
循环水流量（m^3/h）	3	6
噪声［dB（A）］	≤65	≤65
出水温度（℃）	75	75
电源	380V/3N-50Hz	380V/3N-50Hz

续表

产品型号	KFXRS-019/ⅡTR3N3A1	KFXRS-038/ⅡTR3N3A1
防触电保护类别	Ⅰ类	Ⅰ类
使用环境温度（℃）	−7～43	−7～43
产品尺寸（mm）	752×691×950	1410×748×950

28.15.2 低温空气源热泵热水机组

低温空气源热泵热水机组的型号规格，见表28-64。

低温空气源热泵热水机组型号规格一览表　　表28-64

产品型号		KFD-100XTR3N1A1	KFD-135XTR3N1A1	KF-200XTR3SN1A1	KFXRS-010TR3SN1A1	KFXRS-019/ⅡTR2N1E1	KFXRS-038/ⅡTR2N1D1	KFXRS-050/ⅡTR2N1B1	KFXRS-100/ⅡTR2N1B1	KFXRS-120/ⅡTR2N1B1
制热量（kW）		4.6	6.5	10.5	10.6	19.1	38.2	49	95	105
制热功率（kW）		1.12	1.58	2.53	2.55	4.18	8.36	10.76	21.1	23.8
名义产水量（L/h）		100	135	225	228	410	820	1050	2000	2250
能效比（W/W）		4.12	4.12	4.15	4.15	4.57	4.57	4.55	4.5	4.41
颜色		深灰砂	深灰砂	深灰砂	深灰砂	深灰砂	深灰砂	深灰砂	深灰砂	深灰砂
使用环境温度（℃）		−15～43	−15～43	−15～43	−15～43	−15～43	−15～43	−15～43	−15～43	−15～43
电源		220V-50Hz		380V/3N-50Hz						
电流（A）		—	—	4.85	4.9	8.3	16.6	23.87	37.9	46.5
最大功率（kW）		3.2	4	3.85	3.85	7.4	14.8	17.5	31.5	31.5
最大电流（A）		16.2	20	7.7	7.7	13.67	27.34	36	53.9	53.9
额定水流量（m^3/h）		内置循环泵	内置循环泵	2.5	2	3.3	6.6	8.5	18	18
进、出水管径		*DN*20内螺纹	*DN*20内螺纹	*DN*20内螺纹	*DN*20内螺纹	*DN*25内螺纹	*DN*32内螺纹	*DN*40内螺纹	*DN*50内螺纹	*DN*50内螺纹
外形尺寸（mm）	长	936	1011	986	650	752	1410	1250	2198	2198
	宽	385	420	420	650	691	748	1076	1096	1096
	高	549	614	800	860	950	950	1870	2176	2176
机组质量（kg）		54	70	80	90	160	258	450	700	750
噪声［dB（A）］		55	55	55	60	60	64	64	70	68
制冷剂		R410A	R410A	R410A	R410A	R410A	R410A	R410A	R410A	R410A
制冷剂充填量（kg）		1.2	1.35	1.5	1.35	2.9	2*2.9	2*4.0	15	17

注：1. 名义制热工况：环境干/湿球温度20℃/15℃，进出口温度15℃/55℃；
2. 执行标准：《商业或工业用及类似用途的热泵热水机》GB/T 21362；
3. 能效标准：《热泵热水机（器）能效限定值及能效等级》GB 29541。

28.15.3 超低温空气源热泵热水机组

1. 产品技术

超低温空气源热泵热水机组的产品技术，见表28-65。

超低温空气源热泵热水机组产品技术表 **表28-65**

序号	名称	具体说明
1	气液双喷三阀联控技术	由盖世系统（GEST OS）提供模糊算法支持的三阀互联微控技术，配合压缩机采用喷气增焓、喷液冷却技术，增加20%冷媒循环量，一方面使机器运行温度范围达到−36～46℃超宽范围，另一方面使用一台压缩机，实现双级压缩功能，克服超低温环境制热效果差的问题，−36℃也可强劲制热
2	固变耦合能效增强技术	电磁阀固定开关扩大调节范围、电子膨胀阀精细调节实现精确耦合，固变耦合实现机组在全工况下的精确调节，在盖世系统（GEST OS）的算法加持下，通过固变耦合联动控制，实现系统更高效的运行
3	S. P. D精智化霜技术	通过盖世系统（GEST OS）算法支持实现2min智能化精准除霜。根据机组运行参数和负荷变化，结合外界环境温、湿度，即时判断结霜发生程度，提前预判并介入除霜，从而降低出现厚霜或霜冰等严重结霜频率，减少除霜次数，避免无霜除霜；同时通过三倍流技术快速除霜，有效减少每次除霜耗能和时长；退出除霜后通过智能控制，用最快速度将系统调节到除霜前的最佳工作状态，提升系统整体效能

2. 型号规格

超低温空气源热泵热水机组的型号规格，见表28-66、表28-67。

超低温空气源热泵热水机组型号规格一览表一 **表28-66**

产品型号	DKFXRS-042TR1PSN1A1	DKFXRS-082TR1PSN1A1
常温制热量（kW）	42	82
常温制热功率（kW）	9.3	18.1
常温名义COP（W/W）	4.52	4.53
常温名义产水量（L/h）	900	1760
低温制热量（kW）	34	62
低温制热功率（kW）	8.4	15.2
低温名义COP（W/W）	4.05	4.08
低温名义产水量（L/h）	640	1160
颜色	深灰砂	深灰砂
使用环境温度（℃）	−36～46	−36～46
电源	380V/3N-50Hz	380V/3N-50Hz
电流（A）	20.3	39.6
最大功率（kW）	12.8	25.6
最大电流（A）	26	52
额定水流量（m^3/h）	7.3	14.1
进出水管径	*DN*40外螺纹	*DN*65内螺纹

续表

产品型号		DKFXRS-042TR1PSN1A1	DKFXRS-082TR1PSN1A1
外形尺寸（mm）	长	1127	1825
	宽	427	1036
	高	1560	1218
机组质量（kg）		215	550
噪声［dB（A）］		42～61	42～64
制冷剂		R410A	R410A
制冷剂充填量（kg）		7.5	6.3*2

注：1. 常温制热工况：环境干/湿球温度 20℃/15℃，进出口温度 15℃/55℃；

2. 低温制热工况：环境干/湿球温度 7℃/6℃，进出口温度 9℃/55℃；

3. 执行标准：《商业或工业用及类似用途的热泵热水机》GB/T 21362；

4. 能效标准：《热泵热水机（器）能效限定值及能效等级》GB 29541。

超低温空气源热泵热水机组型号规格一览表二　　表 28-67

产品型号		DKFXRS-017/TR3SD1	DKFXRS-050/Ⅱ TR2N1B1	DKFXRS-100/Ⅱ TR2N1B1	DKFXRS-200/Ⅱ TR2N1C1
常温制热量（kW）（20/15℃）		19.5	46	96	194
常温制热功率（kW）		4.68	10.4	21.6	44
常温名义 COP（W/W）		4.17	4.42	4.44	4.41
常温名义产水量（L/h）		420	986	2060	4160
低温制热量（kW）（7/6℃）		—	36	76	152
低温制热功率（kW）		—	9.6	20.3	40.8
低温名义 COP（W/W）		—	3.75	3.74	3.73
低温名义产水量（L/h）		—	—	—	—
颜色		白色	深灰砂	深灰砂	深灰砂
使用环境温度（℃）		−25～43	−30～43	−30～43	−30～43
电源		380V/3N-50Hz	380V/3N-50Hz	380V/3N-50Hz	380V/3N-50Hz
电流（A）		12	19.1	39.6	79.5
最大功率（kW）		7.0	16.77	36.5	77.8
最大电流（A）		15	31.5	68.1	137.5
额定水流量（m^3/h）		2.5	8.0	16.5	33.5
进出水管径		*DN*25 外螺纹	*DN*40 外螺纹	*DN*50 外螺纹	*DN*80 法兰盘
外形尺寸（mm）	长	1000	1250	2198	2260
	宽	375	1076	1096	1160
	高	1335	1870	2176	2320

续表

产品型号	DKFXRS-017/TR3SD1	DKFXRS-050/ⅡTR2N1B1	DKFXRS-100/ⅡTR2N1B1	DKFXRS-200/ⅡTR2N1C1
机组质量（kg）	125	450	800	1100
噪声［dB（A）］	60	64	68	70
制冷剂	R22	R410A	R410A	R410A
制冷剂充填量（kg）	3.5	6.3	15	2＊11

注：1. 常温制热工况：环境干/湿球温度 20℃/15℃，进出口温度 15℃/55℃；
2. 低温制热工况：环境干/湿球温度 7℃/6℃，进出口温度 9℃/55℃；
3. 执行标准：《商业或工业用及类似用途的热泵热水机》GB/T 21362；
4. 能效标准：《热泵热水机（器）能效限定值及能效等级》GB 29541。

28.16 生活给水设备

28.16.1 ZBD 无负压多用途给水设备

1. 用途

该无负压设备适用于以下场所：新建、改建或扩建的办公楼、住宅楼、居住区及其配套设施的生活用水；宾馆、高档会所、各类商场、超市等场所的生活用水；工矿企业的生产、生活用水；各类传统二次供水方式的改造工程；各种循环水系统。

2. 型号说明

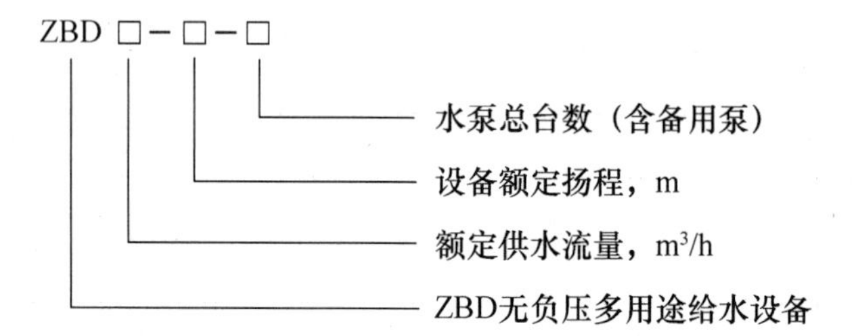

型号示例：

例 1：无负压多用途给水设备，设备额定供水流量为 20m³/h，扬程为 60m，配用 2 台水泵，其型号表示为：ZBD 20-60-2；

例 2：无负压多用途给水设备，设备额定供水流量为 150m³/h，扬程为 80m，配用 3 台水泵，其型号表示为：ZBD 150-80-3。

3. 适用技术参数（表 28-68）

ZBD 无负压多用途给水设备适用技术参数表　　表 28-68

序号	技术参数	主要技术范围
1	流量范围	0～1000mm³/h
2	压力范围	0～2.5MPa
3	配用功率	≤75kW
4	压力调节精度	≤0.01MPa

续表

序号	技术参数	主要技术范围
5	环境温度	0～40℃
6	相对湿度	90%以下（电控部分）
7	电源	AC380V×(1±10%)，50Hz±2Hz

4. 技术参数

ZBD 设备结构组成，见图 28-13。

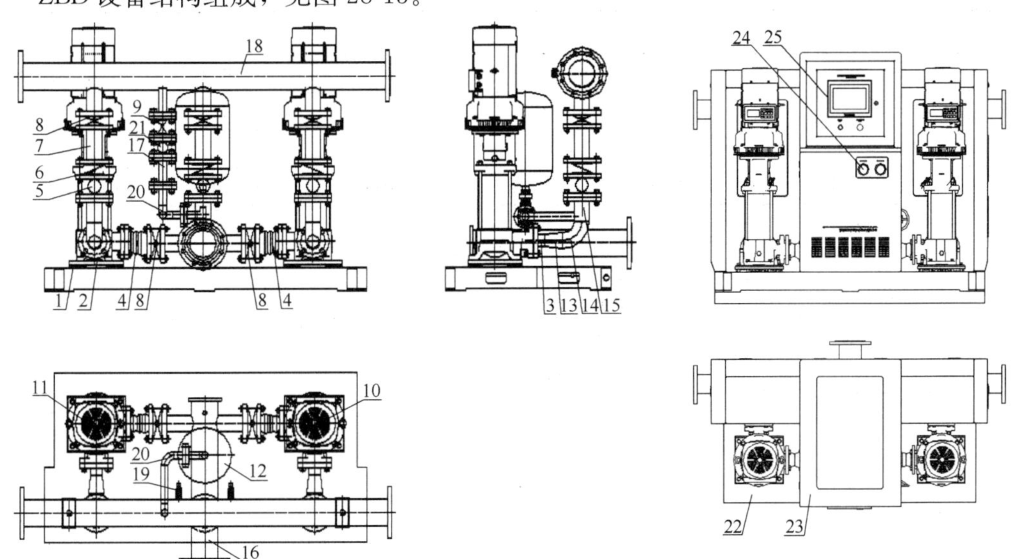

图 28-13 ZBD 设备结构组成-管件、壳体组装图

1 -减振垫；2 -水泵底座垫板；3 -钢管；4 -橡胶偏心异径接头；5 -可曲挠橡胶接头；6 -不锈钢止回阀；7 -调整管；8 -蝶阀；9 -法兰式铜闸阀；10 -变频水泵（R）；11 -变频水泵（L）；12 -气压罐；13 -同心变径；14 - 90°弯头（长半径）；15 -钢管；16 -进水总管；17 -调整管；18 -出水总管；19 -表接丝头；20 - 90°弯头（长半径）；21 -可曲挠橡胶接头；22 -设备底座；23 -设备壳体；24 -面板式压力表；25 -触摸屏

ZBD 无负压多用途给水设备技术参数，见附表 C-1、附表 C-2。

28.16.2 WWG 无负压管网增压稳流给水设备

1. 用途

该无负压设备适用于新建、扩建或改建的民用和工业建筑及小区的市政供水管网的二次加压给水。

2. 型号说明

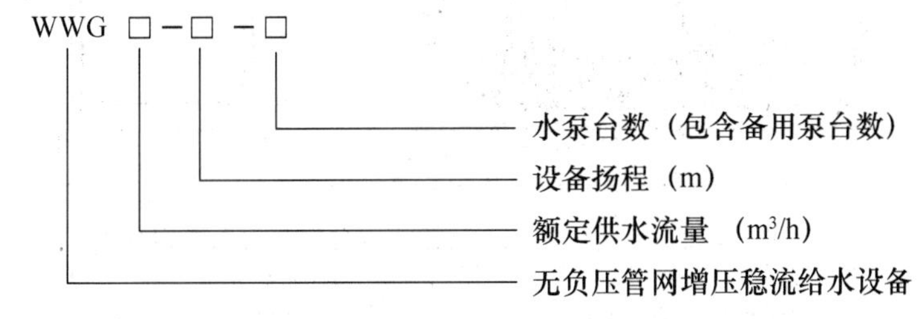

型号示例：

例1：无负压管网增压稳流给水设备，额定供水流量为30m³/h，设备扬程为35m，配用2台水泵，其型号表示为：WWG30-35-2；

例2：无负压管网增压稳流给水设备，额定供水流量为135m³/h，设备扬程为100m，配用3台水泵，其型号表示为：WWG135-100-3。

3. 适用技术参数（表28-69）

WWG无负压管网增压稳流给水设备适用技术参数表　　表28-69

序号	技术参数	主要技术范围	备注
1	供水流量范围	0～10000m³/h	根据工程情况和要求确定
2	供水压力范围	0～2.5MPa	
3	控制电机容量（单台）	≤550kW	
4	控制方式	出口恒压变流量；出口变压变流量（控制点恒压）	可根据工程情况和用户要求设置
5	调节方式	数字（或模拟）、PID、PI调节	
6	运行方式	多台交互并联（或单泵变频）运行	
7	显示内容	频率、电压、电流、设定压力、故障	
8	操作方式	变频、工频自动或手动	
9	压力控制误差	±0.01MPa	
10	噪声	<75dB（A声级）	不得大于水泵的规定值
11	通信	GPRS、485、422、232、UBS、PS接口	
12	防护等级（柜体）	不低于IP30	符合《外壳防护等级》GB/T 4208的规定
13	环境温度	4～40℃	
14	空气相对湿度	<95%（20℃），无结露	

4. 技术参数

WWG无负压管网增压稳流给水设备安装，见图28-14、图28-15。WWG无负压管网增压稳流给水设备性能参数，见附表C-3、附表C-4。

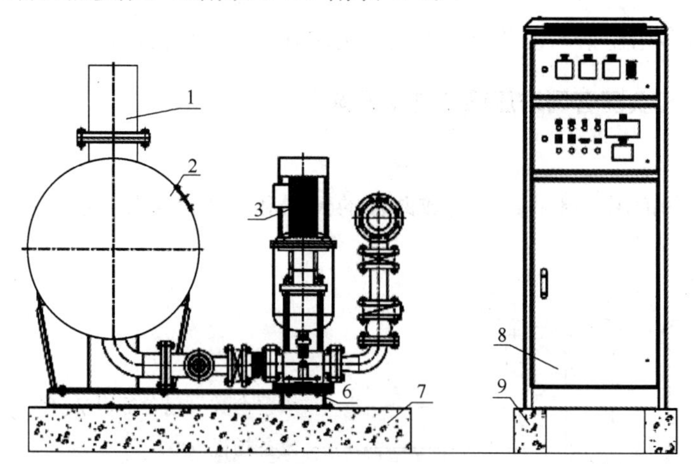

图28-14 WWG无负压管网增压稳流给水设备（二台泵）组装图（一）
1-真空抑制器；2-稳流补偿器；3-水泵；4-压力控制器；5-压力传感器；
6-设备底座；7-设备基础（C30）；8-控制柜；9-控制柜基础（C30）

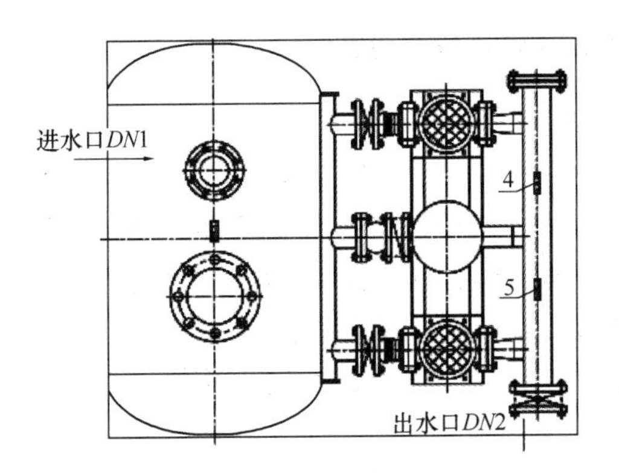

图 28-14 WWG 无负压管网增压稳流给水设备（二台泵）组装图（二）

1-真空抑制器；2-稳流补偿器；3-水泵；4-压力控制器；5-压力传感器；6-设备底部；7-设备基础（C30）；8-控制柜；9-控制柜基础（C30）

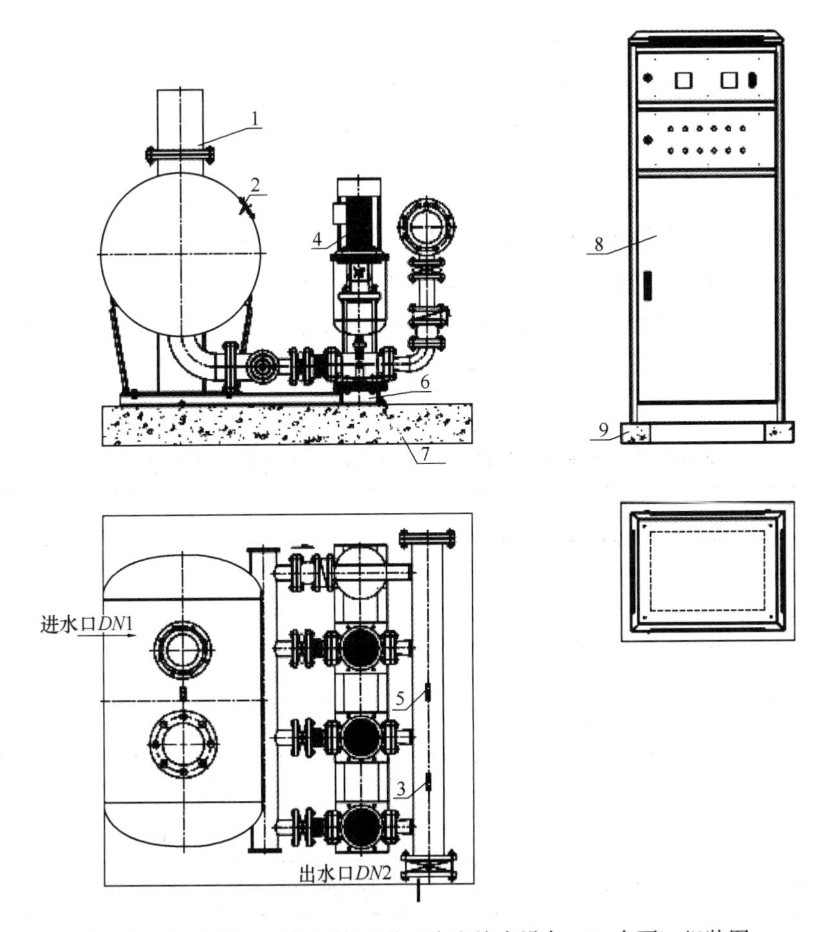

图 28-15 WWG 无负压管网增压稳流给水设备（三台泵）组装图

1-真空抑制器；2-稳流补偿器；3-压力控制器；4-水泵；5-压力传感器；6-设备底部；7-设备基础（C30）；8-控制柜；9-控制柜基础（C30）

28.16.3 WWG(Ⅱ)-B 无负压管网增压稳流给水设备

1. 用途

该无负压管网增压稳流给水设备适用于以下情况：任何自来水压力不足地区的加压供水；新建的住宅小区或办公楼等生活用水；低层自来水压力不能满足要求的消防用水；改造原有的气压供水设备；必须建水池的，可以采用无负压设备与水池共用的供水方式，进一步节能；自来水厂的大型供水中间加压泵站；工矿企业的生产、生活用水等；各种循环水系统；要求供水质量高、水压稳定的医院、高档酒店、写字楼等用水场合。

2. 型号说明

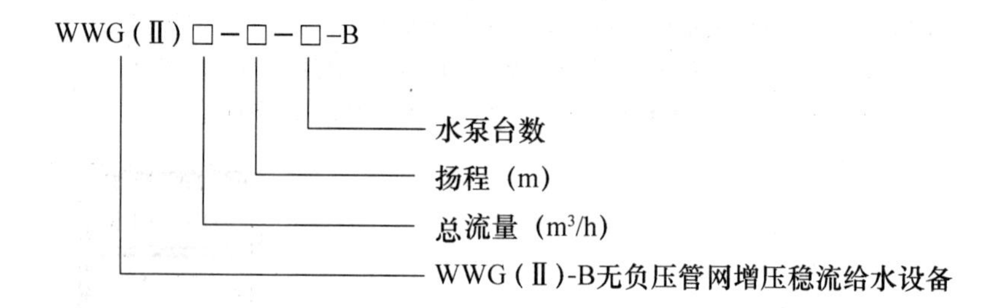

型号示例：

例 1：WWG(Ⅱ)-B 无负压管网增压稳流给水设备，设备额定供水流量为 $20m^3/h$，扬程为 60m，配用 2 台智能变速泵，其型号表示为：WWG(Ⅱ)20-60-2-B；

例 2：WWG(Ⅱ)-B 无负压管网增压稳流给水设备，设备额定供水流量为 $150m^3/h$，扬程为 80m，配用 3 台智能变速泵，其型号表示为：WWG(Ⅱ)150-80-3-B。

3. 适用技术参数（表 28-70）

WWG(Ⅱ)-B 无负压管网增压稳流给水设备适用技术参数表　　表 28-70

序号	技术参数	主要技术范围
1	流量范围	$0\sim1000m^3/h$
2	压力范围	0～2.5MPa
3	配用功率	≤90kW
4	压力调节精度	≤0.01MPa
5	环境温度	0～40℃
6	相对湿度	90%以下（电控部分）
7	电源	AC380V×(1±10%)，50Hz±2Hz
8	稳流补偿器	$0.35\sim5.0m^3$

4. 技术参数

WWG(Ⅱ)-B 无负压管网增压稳流给水设备结构组成，见图 28-16。WWG(Ⅱ)-B 无负压管网增压稳流给水设备性能参数，见附表 C-5、附表 C-6。

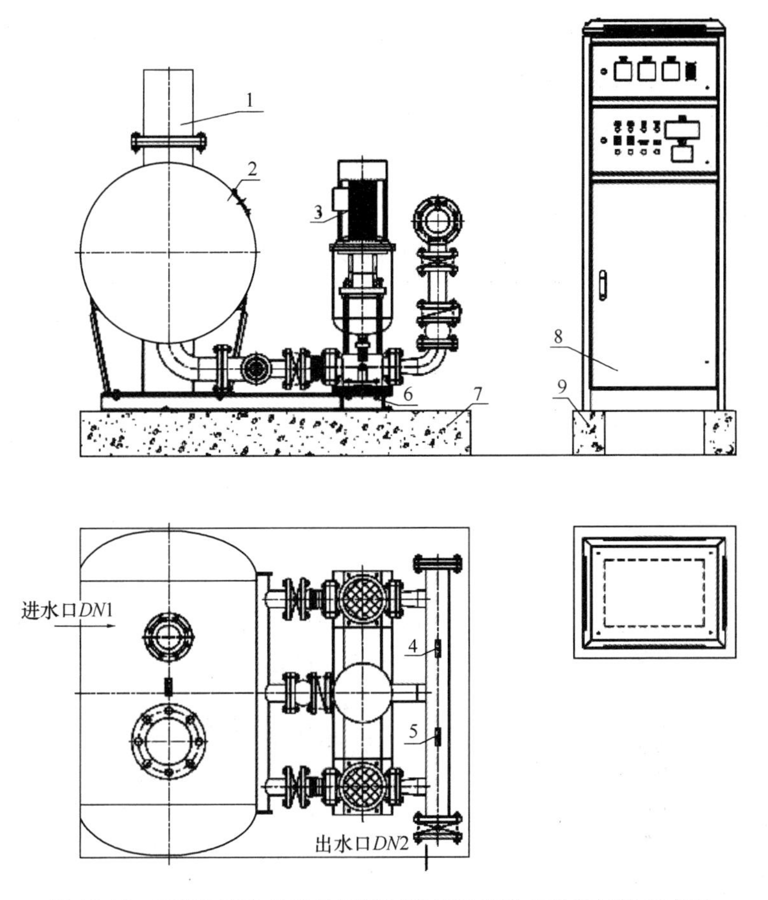

图 28-16 WWG(Ⅱ)-B无负压管网增压稳流给水设备结构组成图

1-真空抑制器；2-稳流补偿器；3-水泵；4-压力控制器；5-压力传感器；6-设备底座；7-设备基础（C30）；8-控制柜；9-控制柜基础（C30）

28.16.4 SLBW-P无负压智能变速泵给水设备

1. 用途

该无负压设备适用于以下场所：适用于任何自来水压力不足地区的加压供水；新建的住宅小区或办公楼等生活用水；低层自来水压力不能满足要求的消防用水；工矿企业的生产、生活用水等；各类传统二次供水方式的改造工程；各种循环水系统。

2. 型号说明

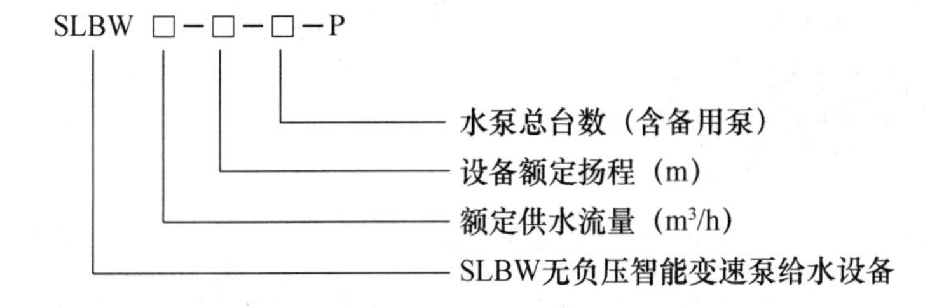

型号示例：

例1：无负压智能变速泵给水设备，设备额定供水流量为10m³/h，额定扬程为40m，配用2台水泵，其型号表示为：SLBW10-40-2-P；

例2：无负压智能变速泵给水设备，设备额定供水流量为90m³/h，额定扬程为69m，配用3台水泵，其型号表示为：SLBW90-69-3-P。

3. 适用技术参数（表28-71）

SLBW-P无负压智能变速泵给水设备适用技术参数表　　表28-71

序号	技术参数	主要技术范围
1	流量范围	0～1000m³/h
2	压力范围	0～2.5MPa
3	配用功率	≤75kW
4	压力调节精度	≤0.01MPa
5	环境温度	0～40℃
6	相对湿度	90%以下（电控部分）
7	电源	AC380V×(1±10%)，50Hz±2Hz

4. 技术参数

SLBW-P无负压智能变速泵给水设备结构组成，见图28-17、图28-18。SLBW-P无负压智能变速泵给水设备性能参数，见附表C-7、附表C-8。

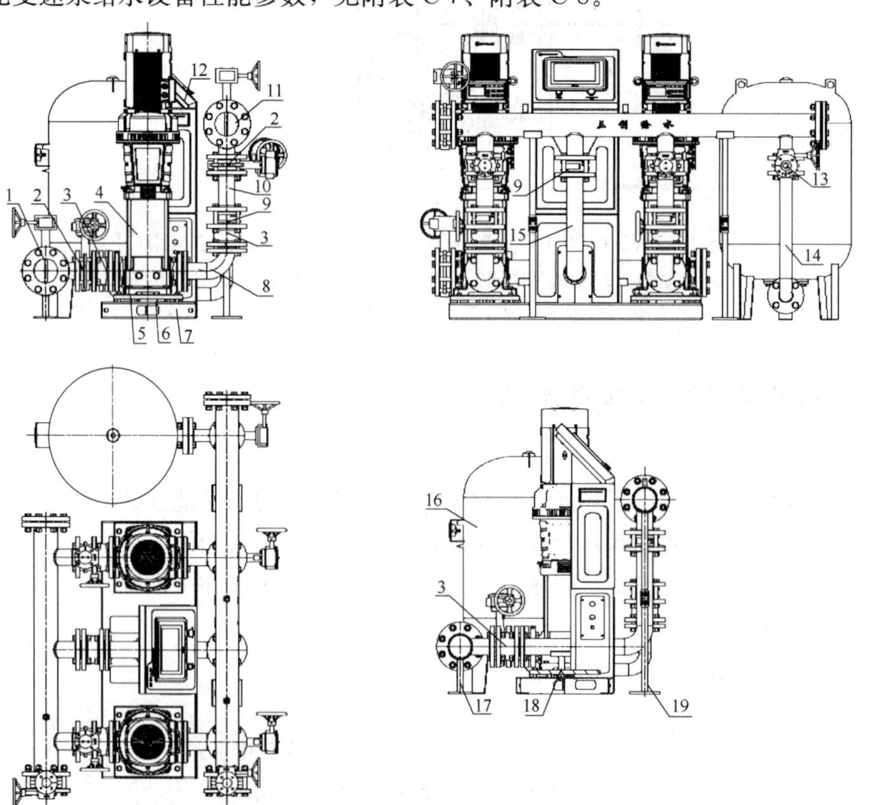

图28-17　SLBW-P无负压智能变速泵给水设备（二台泵）结构组成图

1-进水总管；2-蝶阀；3-可曲挠橡胶接头；4-无吸程水泵；5-底座垫板；6-减振垫；7-设备底座；8-水泵出水管；9-不锈钢止回阀；10-调整管；11-出水总管；12-控制柜；13-蝶阀；14-钢管；15-钢管；16-气压罐；17-进水支撑；18-旁通支撑；19-出水支撑

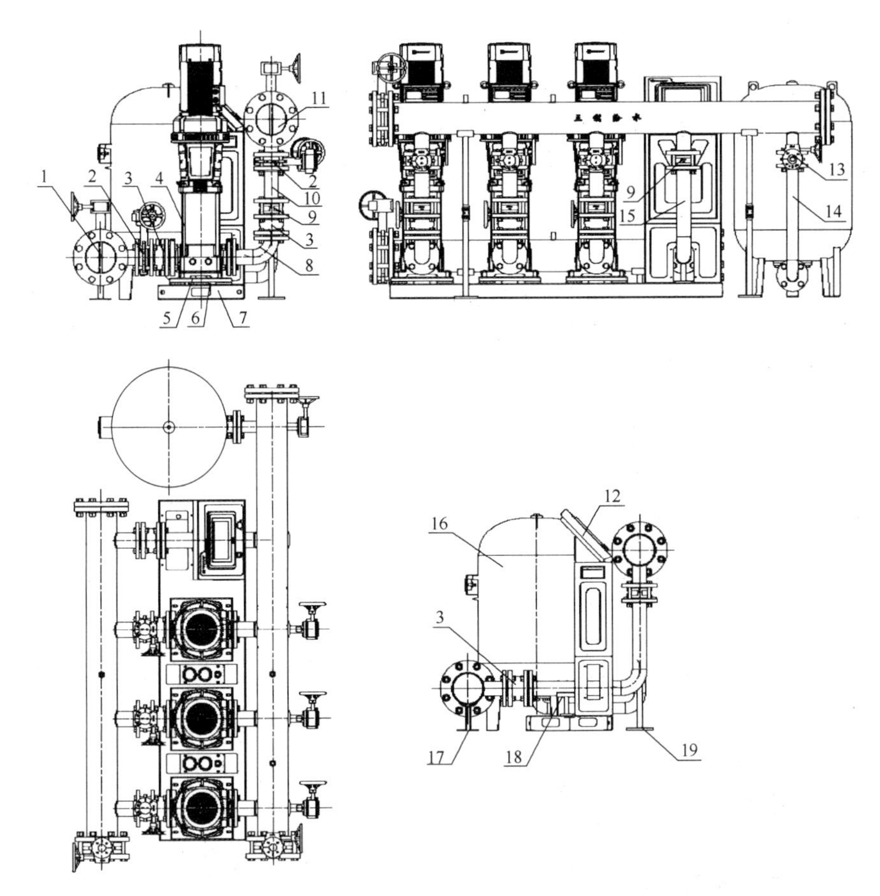

图 28-18 SLBW-P 无负压智能变速泵给水设备（三台泵）结构组成图

1-进水总管；2-蝶阀；3-可曲挠橡胶接头；4-无吸程水泵；5-底座垫板；6-减振垫；7-设备底座；8-水泵出水管；9-不锈钢止回阀；10-调整管；11-出水总管；12-控制柜；13-蝶阀；14-钢管；15-钢管；16-气压罐；17-进水支撑；18-旁通支撑；19-出水支撑

28.16.5 ZHG 智能户外无负压给水设备

1. 用途

该无负压设备适用于以下无泵房的户外场所：新建、改建或扩建的办公楼、住宅楼、居住区及其配套设施的生活用水；宾馆、高档会所、各类商场、超市等场所的生活用水；工矿企业的生产、生活用水；各类传统二次供水方式的改造工程；各种循环水系统。

2. 型号说明

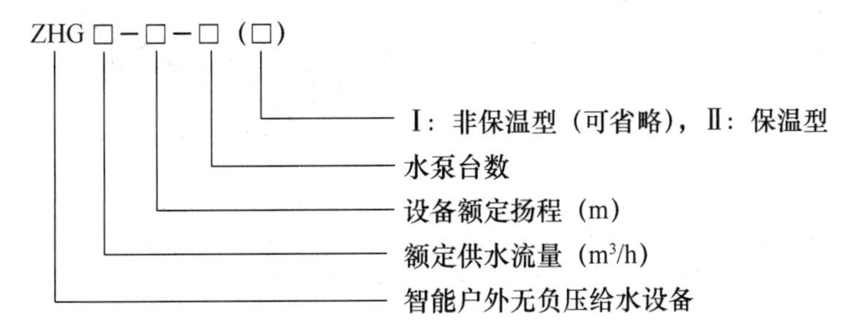

型号示例：

例 1：智能户外无负压给水设备，设备额定供水流量为 20m³/h，额定扬程为 50m，配用 2 台水泵，其型号表示为：ZHG20-50-2；

例 2：智能户外无负压给水设备，设备额定供水流量为 90m³/h，额定扬程为 60m，配用 3 台水泵，其型号表示为：ZHG90-60-3。

3. 适用技术参数（表 28-72）

ZHG 智能户外无负压给水设备适用技术参数表 **表 28-72**

序号	技术参数	主要技术范围
1	流量范围	0～300m³/h
2	压力范围	0～2.5MPa
3	配用功率	≤22kW
4	压力调节精度	≤0.01MPa
5	环境温度	−30～40℃
6	相对湿度	90%以下（电控部分）
7	电源	AC380V×(1±10%)，50Hz±2Hz

4. 技术参数

ZHG 智能户外无负压给水设备结构组成，见图 28-19。ZHG 智能户外无负压给水设备性能参数，见附表 C-9、附表 C-10。

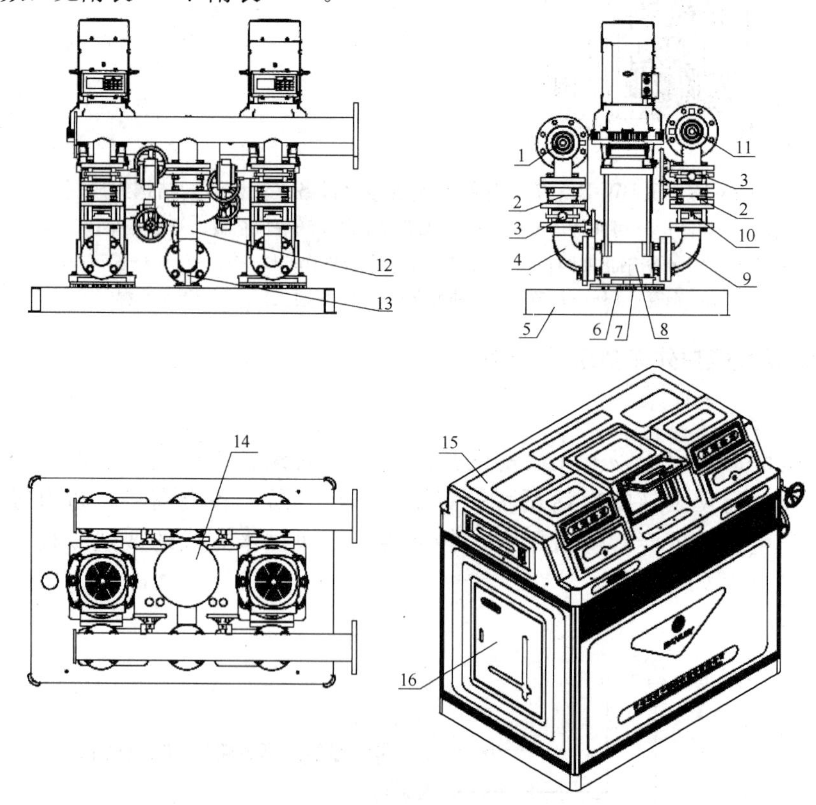

图 28-19 ZHG 智能户外无负压给水设备结构组成图

1-进水总管；2-可曲挠橡胶接头；3-蝶阀；4-水泵进水管；5-设备底座；6-减振垫；7-底座垫板；8-无吸程水泵；9-水泵出水管；10-不锈钢止回阀；11-出水总管；12-旁通管；13-旁通支撑；14-气压罐；15-户外壳体；16-控制柜

28.16.6 BTG、BTG-B微机控制变频调速给水设备

1. 用途

该给水设备适用于普通住宅楼、商住楼、居民小区的生活给水；高层建筑、高级宾馆饭店等的生活给水；综合楼、写字楼、俱乐部等建筑物的生活给水；各种类型的自来水厂及给水加压泵站；生活小区、高层建筑等的热水供应系统等。

2. 型号说明

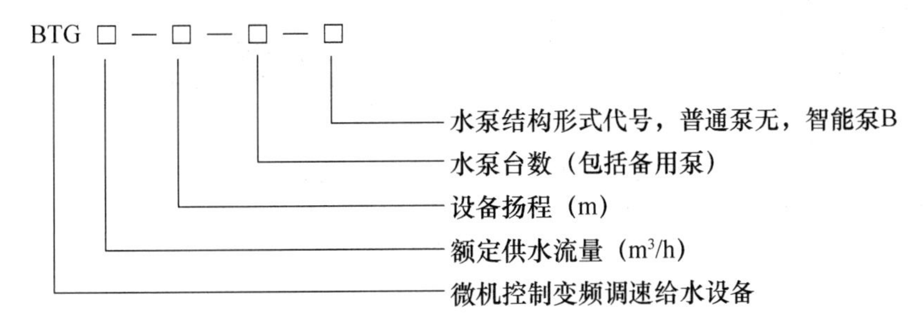

型号示例：

例1：微机控制变频调速给水设备，额定供水流量为30m³/h，设备扬程为35m，配用2台水泵，立式多级离心泵结构，其型号表示为：BTG30-35-2；

例2：微机控制变频调速给水设备，额定供水流量为30m³/h，设备扬程为35m，配用2台水泵，智能立式多级变速泵结构，其型号表示为：BTG30-35-2-B。

3. 适用技术参数（表28-73）

BTG、BTG-B微机控制变频调速给水设备适用技术参数表 表28-73

序号	技术参数	主要技术范围
1	流量范围	0～10000m³/h
2	压力范围	0～2.5MPa
3	配用功率	≤550kW
4	压力调节精度	≤0.01MPa
5	环境温度	0～40℃
6	相对湿度	90%以下（电控部分）
7	电源	AC380V×(1±10%)，50Hz±2Hz

4. 技术参数

BTG微机控制变频调速给水设备结构组成，见图28-20；BTG-B微机控制变频调速给水设备结构组成，见图28-21。BTG、BTG-B微机控制变频调速给水设备性能参数，见附表C-11、附表C-12、附表C-13、附表C-14。

28.16.7 ZSGB智能双驱高频变速泵

1. 用途

该设备适用于以下场所：水厂、加压泵站的增压和常规水输送；动力站、工厂中的冷却水和生产用水输送；消防系统加压；热水和冷水循环加压；水景及泳池加压；排水系统加压等。

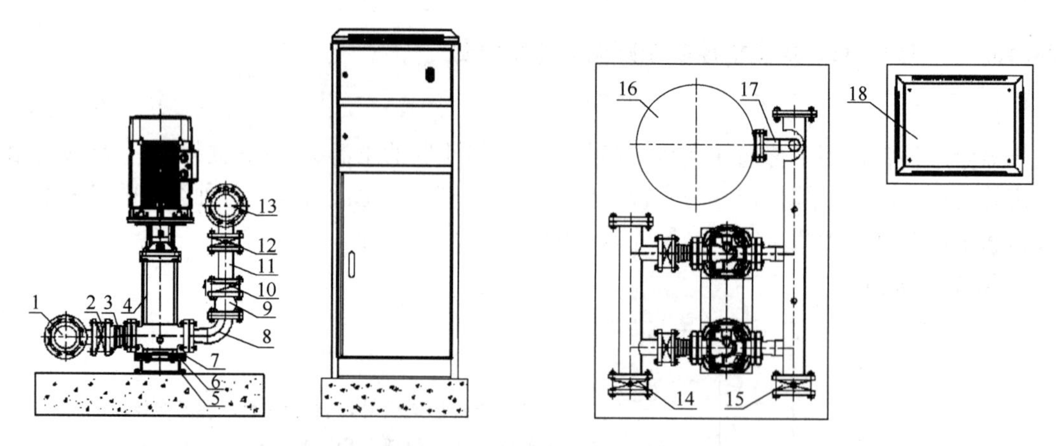

图 28-20　BTG 微机控制变频调速给水设备结构组成图

1-进水总管；2-蝶阀；3-橡胶偏心异径接头；4-立式多级离心泵；5-设备底座；6-减振垫；7-底座垫板；8-水泵出水管；9-可曲挠橡胶接头；10-不锈钢止回阀；11-调整管；12-蝶阀；13-出水总管；14-进水蝶阀；15-出水蝶阀；16-气压罐；17-气压罐弯管；18-控制柜

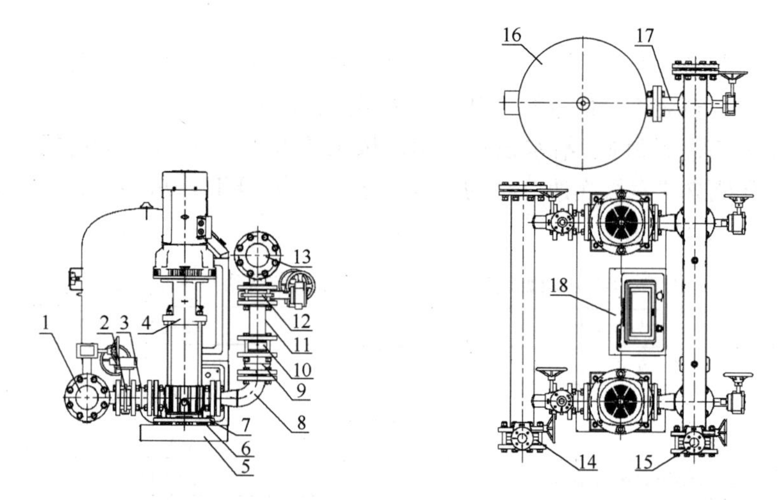

图 28-21　BTG-B 微机控制变频调速给水设备结构组成图

1-进水总管；2-蝶阀；3-橡胶偏心异径接头/可曲挠橡胶接头；4-智能立式多级离心泵；5-设备底座；6-减振垫；7-底座垫板；8-水泵出水管；9-可曲挠橡胶接头；10-不锈钢止回阀；11-调整管；12-蝶阀；13-出水总管；14-进水蝶阀；15-出水蝶阀；16-气压罐；17-气压罐弯管；18-智能控制柜

2. 型号说明

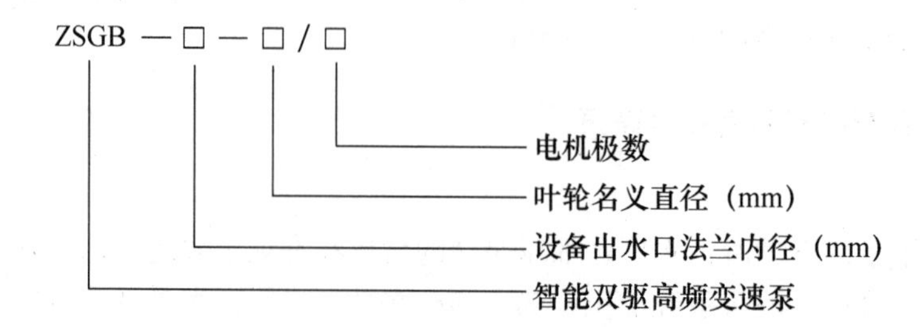

型号示例：

例 1：智能双驱高频变速泵，设备出水口法兰内径 125mm，叶轮名义直径为 290mm，4 极电机，其型号表示为：ZSGB-125-290/4；

例 2：智能双驱高频变速泵，设备出水口法兰内径 300mm，叶轮名义直径为 490mm，4 极电机，其型号表示为：ZSGB-300-490/4。

3. 适用技术参数（表 28-74）

ZSGB 智能双驱高频变速泵适用技术参数表　　表 28-74

序号	技术参数	主要技术范围
1	流量范围	70～20000m^3/h
2	扬程	5～200m
3	环境温度	0～40℃
4	贮存温度	−25～70℃
5	额定电压	380V±10%　660V±10%
6	频率	0～200Hz
7	内置电机	高频电机
8	绝缘等级	H 级
9	防护等级	IP55
10	冷却方式	水冷

4. 技术参数

ZSGB 智能双驱高频变速泵结构组成，见图 28-22。ZSGB 智能双驱高频变速泵性能参数，见附表 C-15。

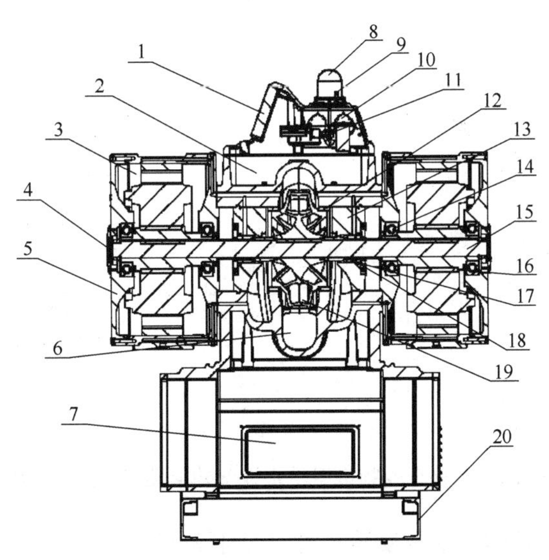

图 28-22　ZSGB 智能双驱高频变速泵结构组成图

1-显示屏；2-泵盖；3-电机腔；4-旋转视镜；5-电机前端盖；6-变速泵腔体；7-智能控制系统；8-运行指示灯；9-LORA 发射器；10-压力/温度表；11-微电脑控制器；12-耐磨环；13-密封室；14-轴承；15-泵轴；16-轴承；17-机械密封；18-密封压盖；19-叶轮；20-底座

28.16.8 全变频恒压供水设备

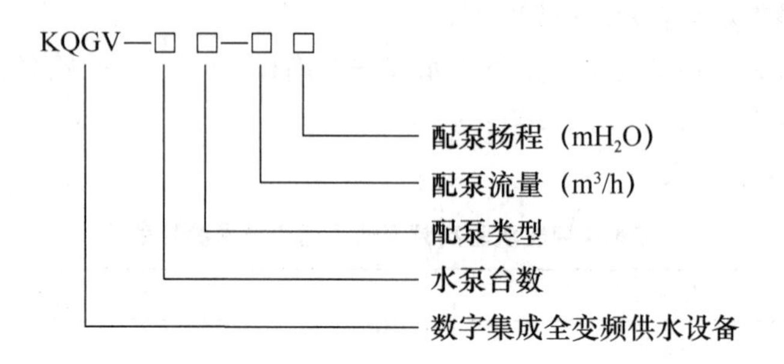

全变频恒压供水设备的性能参数，见附表 C-16。

KQGV 系列全变频恒压供水设备外形及安装图，见图 28-23～图 28-25。

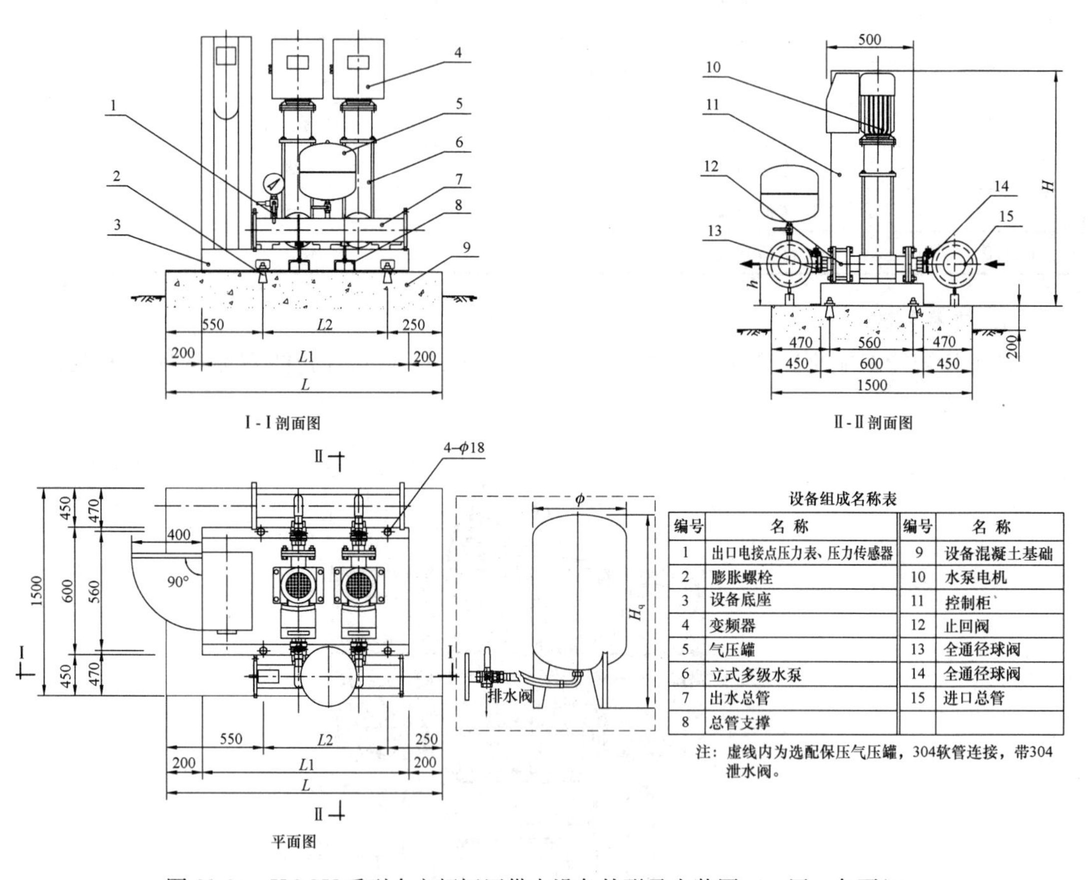

设备组成名称表

编号	名 称	编号	名 称
1	出口电接点压力表、压力传感器	9	设备混凝土基础
2	膨胀螺栓	10	水泵电机
3	设备底座	11	控制柜
4	变频器	12	止回阀
5	气压罐	13	全通径球阀
6	立式多级水泵	14	全通径球阀
7	出水总管	15	进口总管
8	总管支撑		

注：虚线内为选配保压气压罐，304软管连接，带304泄水阀。

图 28-23 KQGV 系列全变频恒压供水设备外形及安装图（一用一备泵组）

全变频恒压供水设备的外形及安装尺寸，见附表 C-17。

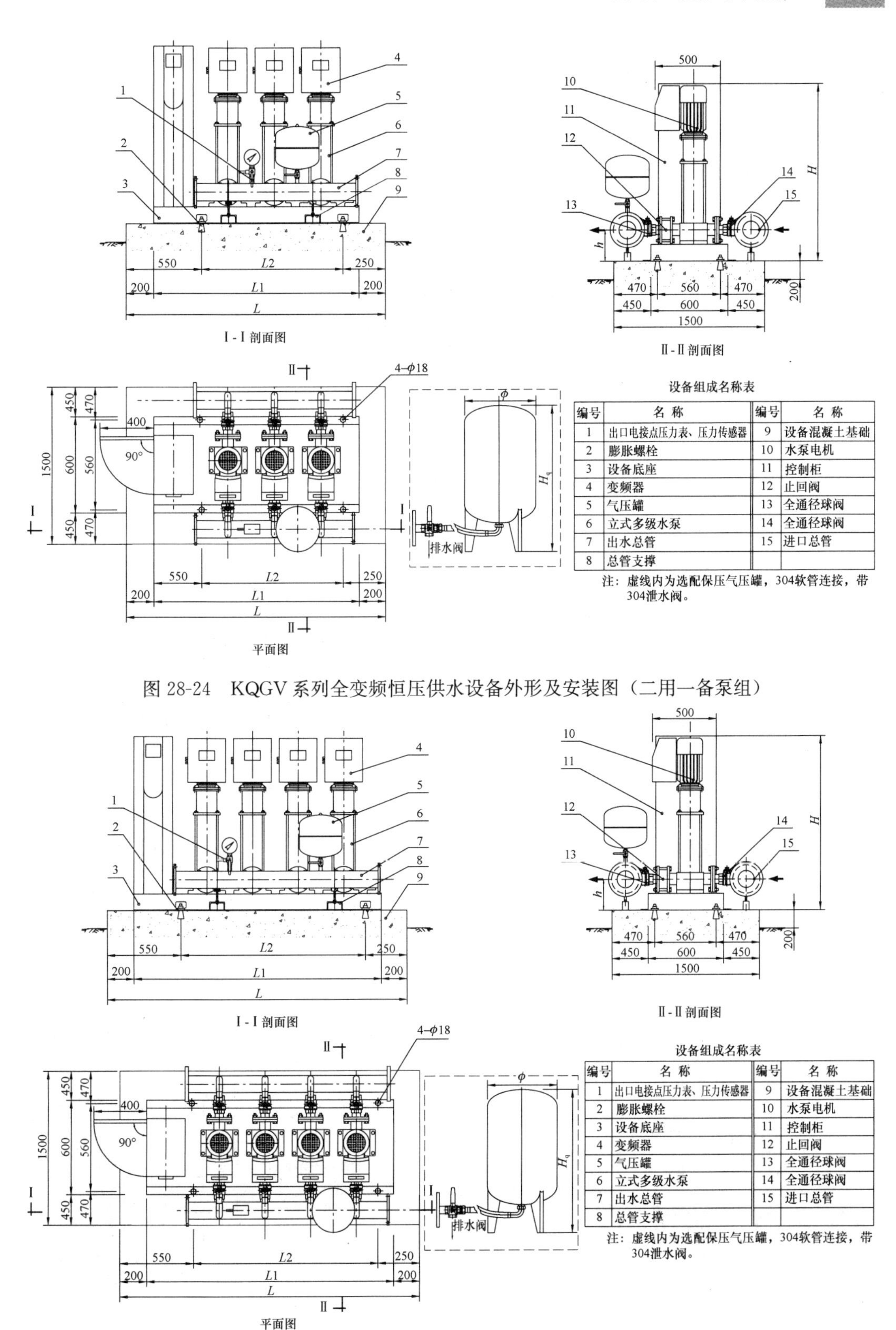

设备组成名称表

编号	名 称	编号	名 称
1	出口电接点压力表、压力传感器	9	设备混凝土基础
2	膨胀螺栓	10	水泵电机
3	设备底座	11	控制柜
4	变频器	12	止回阀
5	气压罐	13	全通径球阀
6	立式多级水泵	14	全通径球阀
7	出水总管	15	进口总管
8	总管支撑		

注：虚线内为选配保压气压罐，304软管连接，带304泄水阀。

图 28-24　KQGV系列全变频恒压供水设备外形及安装图（二用一备泵组）

设备组成名称表

编号	名 称	编号	名 称
1	出口电接点压力表、压力传感器	9	设备混凝土基础
2	膨胀螺栓	10	水泵电机
3	设备底座	11	控制柜
4	变频器	12	止回阀
5	气压罐	13	全通径球阀
6	立式多级水泵	14	全通径球阀
7	出水总管	15	进口总管
8	总管支撑		

注：虚线内为选配保压气压罐，304软管连接，带304泄水阀。

图 28-25　KQGV系列全变频恒压供水设备外形及安装图（三用一备泵组）

28.17 消防给水设备

28.17.1 物联网消防机组

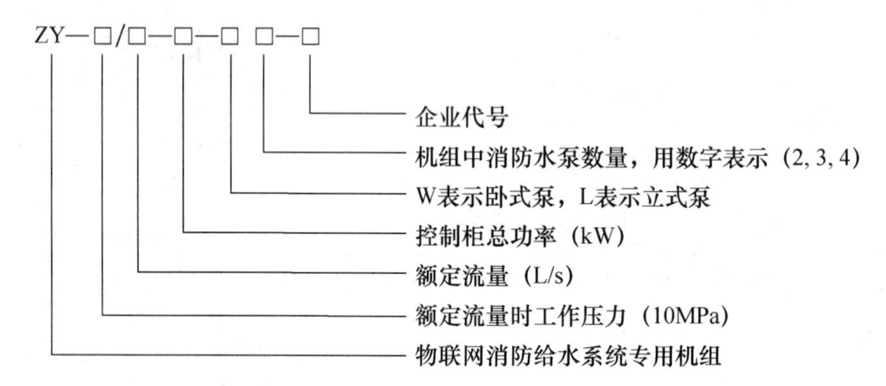

物联网消防机组的性能参数，见附表 D-1。

物联网消防机组外形及安装图，见图 28-26、图 28-27。

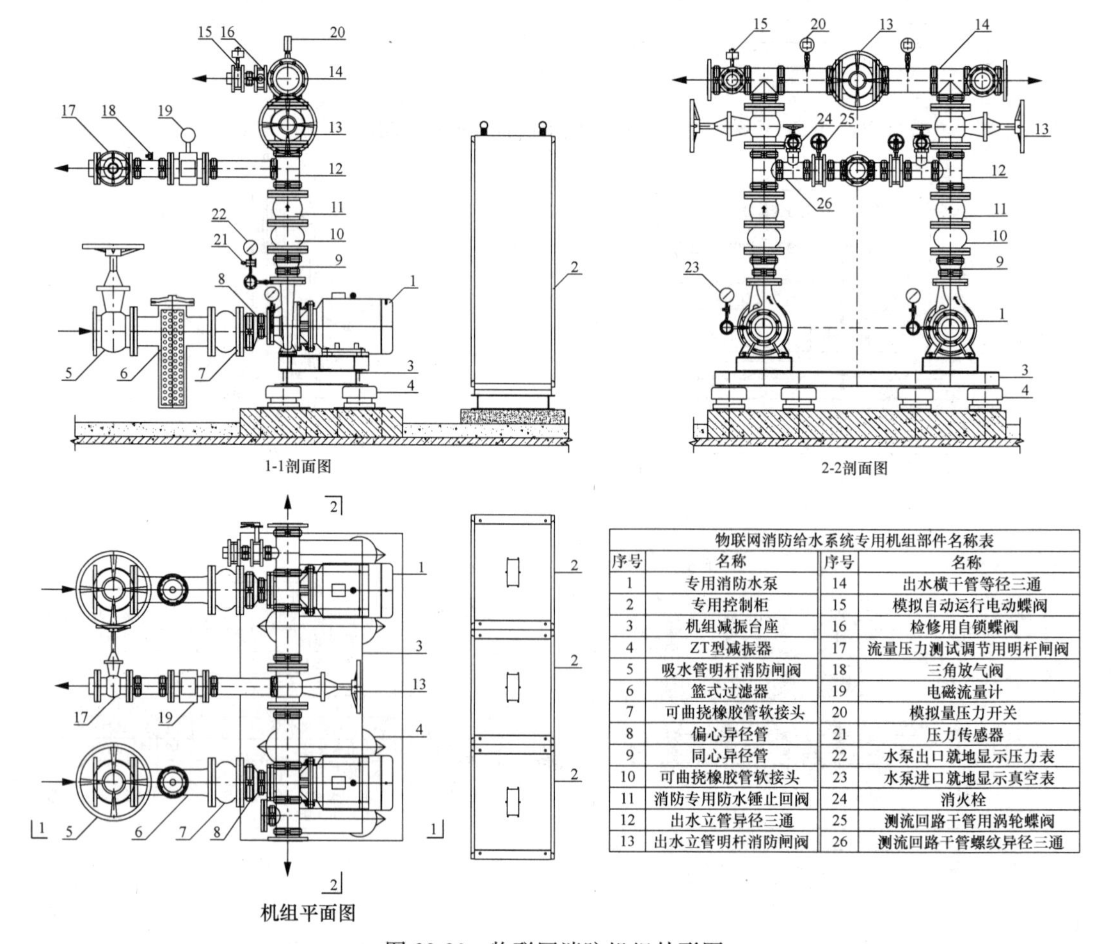

物联网消防给水系统专用机组部件名称表

序号	名称	序号	名称
1	专用消防水泵	14	出水横干管等径三通
2	专用控制柜	15	模拟自动运行电动蝶阀
3	机组减振台座	16	检修用自锁蝶阀
4	ZT型减振器	17	流量压力测试调节用明杆闸阀
5	吸水管明杆消防闸阀	18	三角放气阀
6	篮式过滤器	19	电磁流量计
7	可曲挠橡胶管软接头	20	模拟量压力开关
8	偏心异径管	21	压力传感器
9	同心异径管	22	水泵出口就地显示压力表
10	可曲挠橡胶管软接头	23	水泵进口就地显示真空表
11	消防专用防水锤止回阀	24	消火栓
12	出水立管异径三通	25	测流回路干管用涡轮蝶阀
13	出水立管明杆消防闸阀	26	测流回路干管螺纹异径三通

图 28-26 物联网消防机组外形图

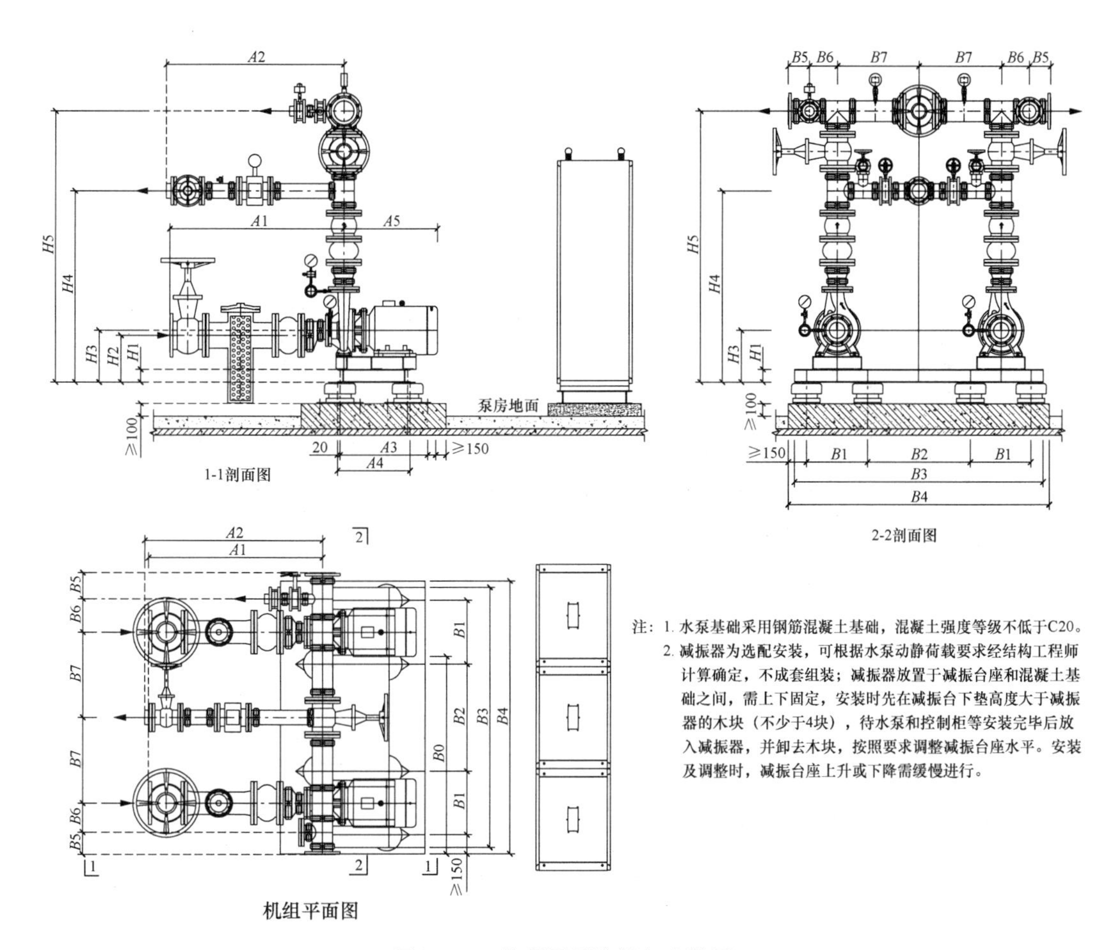

图 28-27　物联网消防机组安装图

物联网消防机组的安装尺寸，见附表 D-2、附表 D-3。

28.17.2　消防给水稳压设备

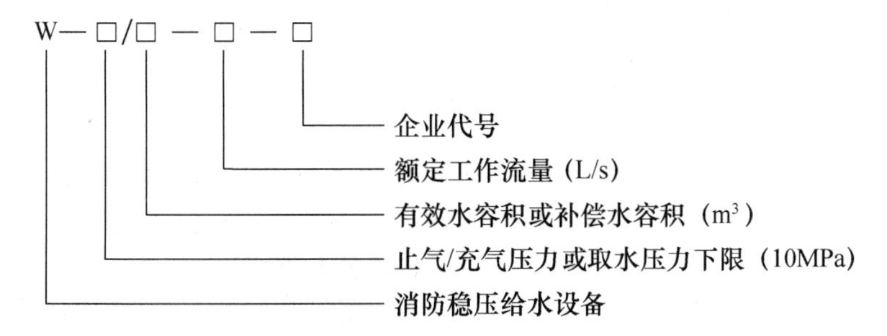

消防给水稳压设备的性能参数，见附表 D-4。

消防给水稳压设备外形及安装图，见图 28-28、图 28-29。

消防给水稳压设备的安装尺寸，见附表 D-5、附表 D-6。

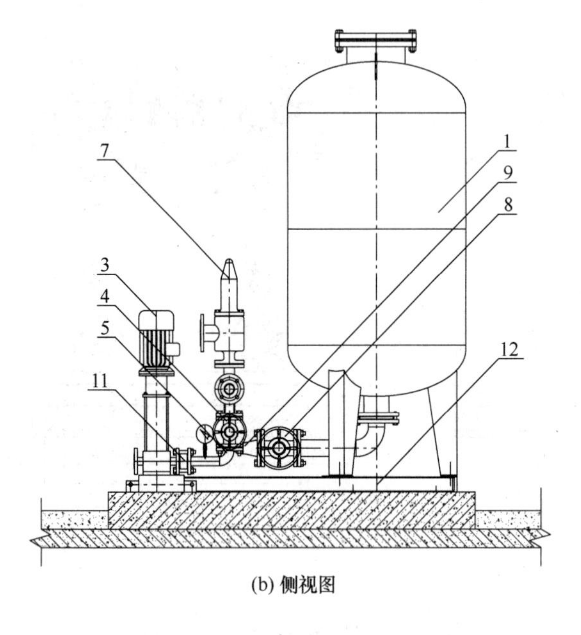

(b) 侧视图

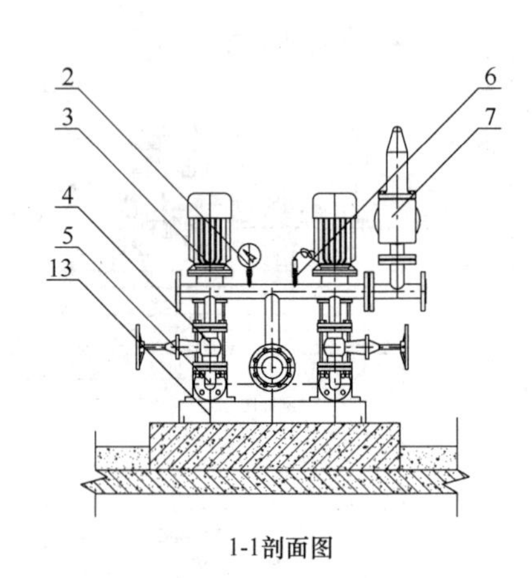

1-1剖面图

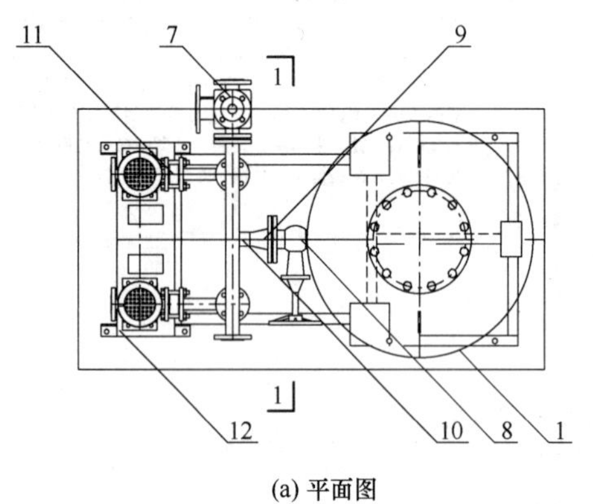

(a) 平面图

设备主要部件表		
序号	名称	数量
1	隔膜气压水罐	1
2	压力表	3
3	稳压泵	2
4	泵出口明杆闸阀	2
5	泵出口弯头	2
6	传感器	1
7	安全阀	1
8	气压罐出口明杆闸阀	1
9	变径管	1
10	气压罐出口弯头	1
11	止回阀	2
12	槽钢底座	1

图 28-28 消防给水稳压设备外形图

28.17.3 智慧物联网消防给水机组

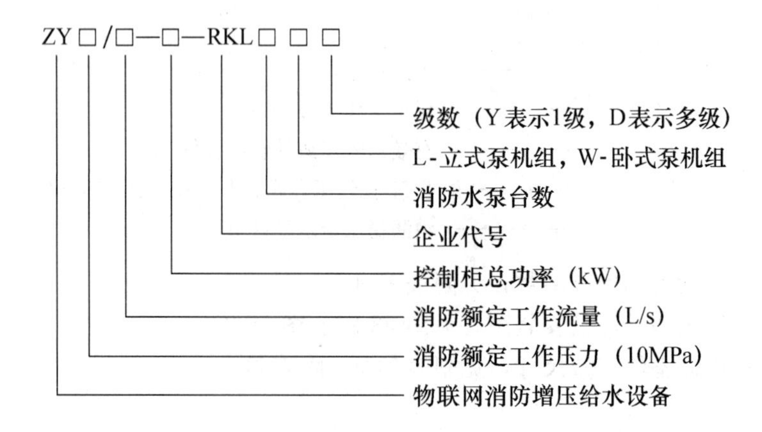

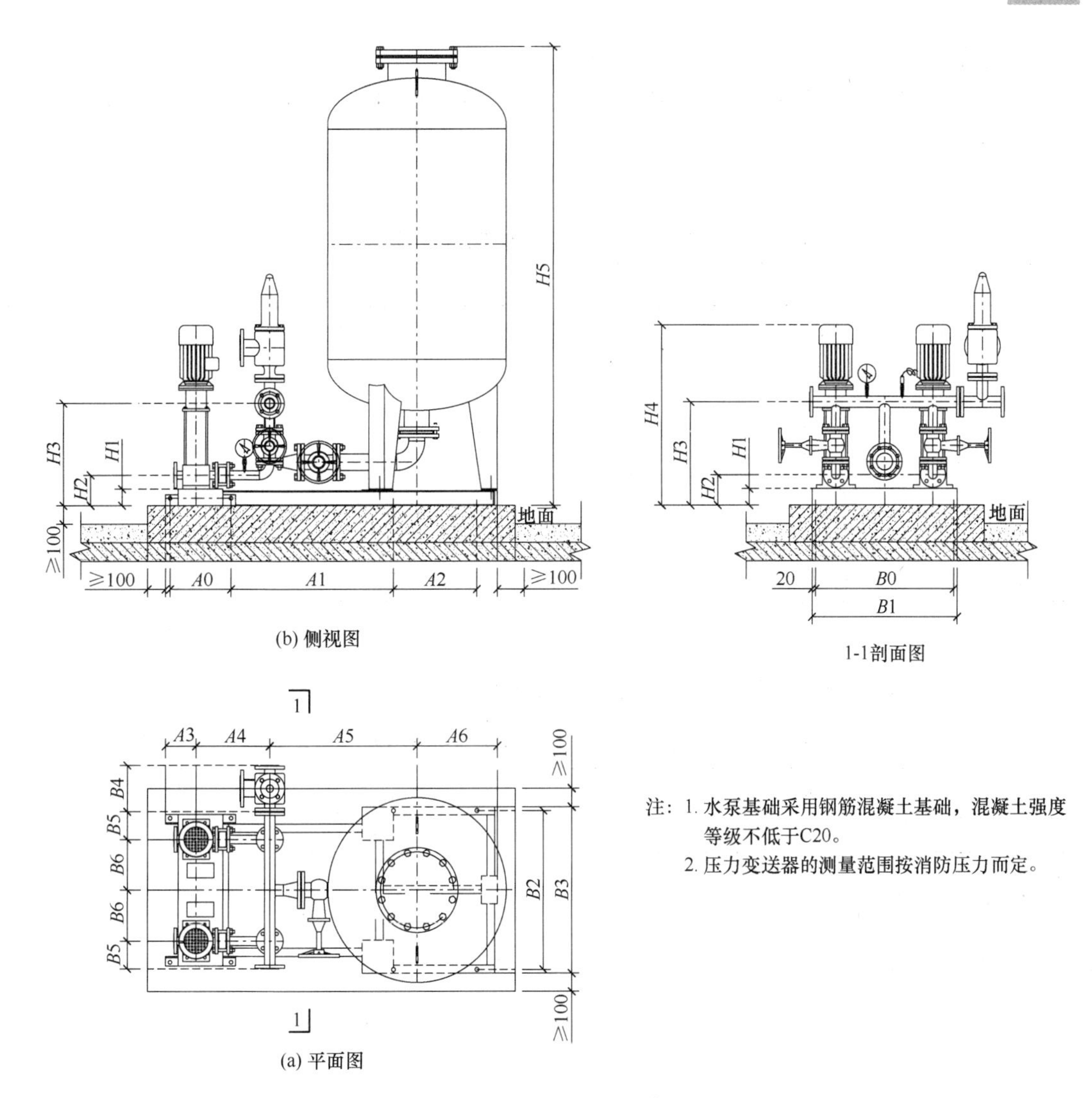

图 28-29 消防给水稳压设备安装图

智慧物联网消防给水机组的性能参数，见附表 D-7。

28.18 ZYG 直饮水分质给水设备

28.18.1 反渗透设备

1. 型号说明

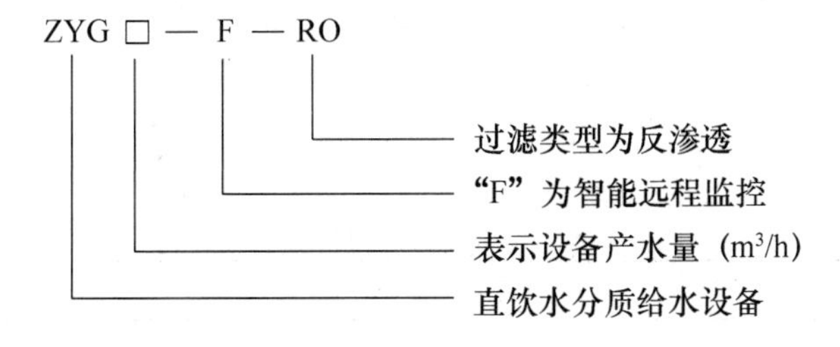

型号示例：

设备型号 ZYG1.0-F-RO，代表直饮水分质给水设备，产水量为 1.0m³/h，设备为反渗透设备。

2. 适用技术参数（表 28-75）

ZYG 直饮水分质给水设备（反渗透）适用技术参数表　　　　表 28-75

序号	技术参数	主要技术范围
1	回收率	50%～80%
2	脱盐率	97%～99%
3	产水量	0.25～20m³/h
4	工作温度	5～45℃
5	配用功率	0.37～90kW
6	电源	AC220×(1±10%) V/AC380×(1±10%)V
7	高压泵压力	低压进水≥0.1MPa，高压进水 0.9～1.5MPa

3. 技术参数

ZYG 直饮水分质给水设备（反渗透）性能参数，见表 28-76。

ZYG 直饮水分质给水设备（反渗透）技术参数一览表　　　　表 28-76

设备型号	产水量 (m³/h)	主机台数 (台)	脱盐率 (%)	回收率 (%)	功率 (kW)	参考户数
ZYG0.25-F-RO	0.25	1	96～99	56	0.55	150
ZYG0.5-F-RO	0.5	1	96～99	56	1.0	250
ZYG0.75-F-RO	0.75	1	96～99	56	1.5	400
ZYG1.0-F-RO	1.0	1	96～99	56	2.2	530
ZYG1.5-F-RO	1.5	1	96～99	56	2.2	800
ZYG2.0-F-RO	2.0	1	96～99	75	3	1100
ZYG2.5-F-RO	2.5	1	96～99	75	4	1400
ZYG3.0-F-RO	3.0	1	96～99	75	3	1600
ZYG3.5-F-RO	3.5	1	96～99	75	3	1850
ZYG4.0-F-RO	4.0	1	96～99	75	5.5	2100
ZYG4.5-F-RO	4.5	1	96～99	75	5.5	2390
ZYG5.0-F-RO	5.0	1	96～99	75	5.5	2650
ZYG6.0-F-RO	6.0	1	96～99	80	9.5	3180
ZYG7.0-F-RO	7.0	1	96～99	80	10	3710
ZYG8.0-F-RO	8.0	1	96～99	80	11	4240
ZYG9.0-F-RO	9.0	1	96～99	80	11	4770
ZYG10-F-RO	10	1	96～99	80	11	5300
ZYG11-F-RO	11	1	96～99	80	12	5830
ZYG12-F-RO	12	1	96～99	80	15	6360

续表

设备型号	产水量 (m^3/h)	主机台数 (台)	脱盐率 (%)	回收率 (%)	功率 (kW)	参考户数
ZYG13-F-RO	13	1	96～99	80	18	6890
ZYG14-F-RO	14	1	96～99	80	20	7420
ZYG15-F-RO	15	1	96～99	80	22	8000
ZYG16-F-RO	16	1	96～99	80	23	8480
ZYG17-F-RO	17	1	96～99	80	25	9010
ZYG18-F-RO	18	1	96～99	80	26	9540
ZYG19-F-RO	19	1	96～99	80	28	10100
ZYG20-F-RO	20	1	96～99	80	30	10600

28.18.2 纳滤设备

1. 型号说明

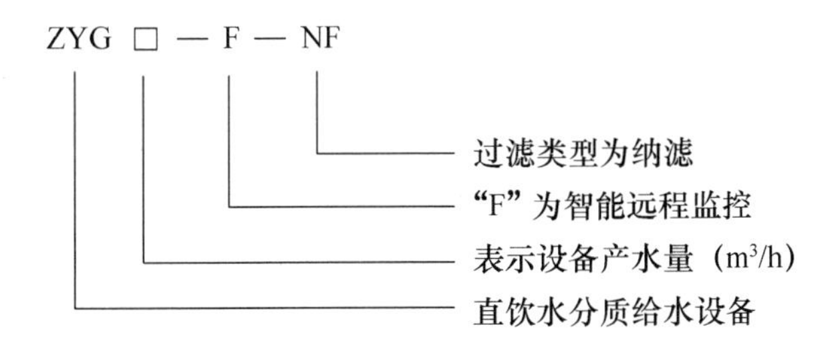

型号示例：

设备型号 ZYG1.0-F-NF，代表直饮水分质给水设备，产水量为 1.0m^3/h，设备为纳滤设备。

2. 适用技术参数（表 28-77）

ZYG 直饮水分质给水设备（纳滤）适用技术参数表　　表 28-77

序号	技术参数	主要技术范围
1	回收率	50%～80%
2	脱盐率	一价盐 30%～50%，二价盐 95%～98%
3	产水量	0.25～20m^3/h
4	工作温度	5～45℃
5	配用功率	0.37～90kW
6	电源	AC220×(1±10%) V/AC380×(1±10%)V
7	高压泵压力	低压进水≥0.1MPa，高压进水 0.7～1.1MPa

3. 技术参数

ZYG 直饮水分质给水设备（纳滤）性能参数，见表 28-78。

ZYG 直饮水分质给水设备（纳滤）技术参数一览表 表 28-78

设备型号	产水量（m³/h）	主机台数（台）	脱盐率（%）		回收率（%）	功率（kW）	参考户数
			一价盐	二价盐			
ZYG0.25-F-NF	0.25	1	30～50	95～98	56	0.55	150
ZYG0.5-F-NF	0.5	1	30～50	95～98	56	1.0	250
ZYG0.75-F-NF	0.75	1	30～50	95～98	56	1.5	400
ZYG1.0-F-NF	1.0	1	30～50	95～98	56	2.2	530
ZYG1.5-F-NF	1.5	1	30～50	95～98	56	2.2	800
ZYG2.0-F-NF	2.0	1	30～50	95～98	75	3	1100
ZYG2.5-F-NF	2.5	1	30～50	95～98	75	4	1400
ZYG3.0-F-NF	3.0	1	30～50	95～98	75	3	1600
ZYG3.5-F-NF	3.5	1	30～50	95～98	75	3	1850
ZYG4.0-F-NF	4.0	1	30～50	95～98	75	5.5	2100
ZYG4.5-F-NF	4.5	1	30～50	95～98	75	5.5	2390
ZYG5.0-F-NF	5.0	1	30～50	95～98	75	5.5	2650
ZYG6.0-F-NF	6.0	1	30～50	95～98	80	9.5	3180
ZYG7.0-F-NF	7.0	1	30～50	95～98	80	10	3710
ZYG8.0-F-NF	8.0	1	30～50	95～98	80	11	4240
ZYG9.0-F-NF	9.0	1	30～50	95～98	80	11	4770
ZYG10-F-NF	10	1	30～50	95～98	80	11	5300
ZYG11-F-NF	11	1	30～50	95～98	80	12	5830
ZYG12-F-NF	12	1	30～50	95～98	80	15	6360
ZYG13-F-NF	13	1	30～50	95～98	80	18	6890
ZYG14-F-NF	14	1	30～50	95～98	80	20	7420
ZYG15-F-NF	15	1	30～50	95～98	80	22	8000
ZYG16-F-NF	16	1	30～50	95～98	80	23	8480
ZYG17-F-NF	17	1	30～50	95～98	80	25	9010
ZYG18-F-NF	18	1	30～50	95～98	85	26	9540
ZYG19-F-NF	19	1	30～50	95～98	85	28	10100
ZYG20-F-NF	20	1	30～50	95～98	85	30	10600

28.19 医疗废水处理设备

28.19.1 技术参数

KQWT 医疗废水处理设备的技术参数，见表 28-79。

KQWT 医疗废水处理设备技术参数一览表 **表 28-79**

<table>
<tr><th>序号</th><th>技术参数名称</th><th colspan="5">技术参数要求</th></tr>
<tr><td>1</td><td>污水来源</td><td colspan="5">综合性医院生活污水、传染病医院生活污水、经过预处理后的医疗药剂废水</td></tr>
<tr><td>2</td><td>污染物主要指标</td><td>COD_{Cr}（mg/L）</td><td>BOD_5（mg/L）</td><td>SS（mg/L）</td><td>氨氮（mg/L）</td><td>粪大肠菌群（个/L）</td></tr>
<tr><td>3</td><td>污染物浓度范围</td><td>150～300</td><td>80～150</td><td>40～120</td><td>10～50</td><td>$1\times10^6\sim1.6\times10^8$</td></tr>
<tr><td>4</td><td>执行标准</td><td colspan="5">传染病区废水执行《医疗机构水污染物排放标准》GB 18466—2005 表 1 传染病、结核病医疗机构水污染物排放限值；非传染病区废水执行《医疗机构水污染物排放标准》GB 18466—2005 表 2 综合医疗机构和其他医疗机构水污染物排放限值</td></tr>
</table>

28.19.2 产品型号

KQWT 医疗废水处理设备的产品型号，见表 28-80。

KQWT 医疗废水处理设备型号一览表 **表 28-80**

<table>
<tr><th>序号</th><th>型号</th><th>处理水量（m^3/d）</th><th>设备占地面积（m^2）</th><th>装机功率（kW）</th><th>排放标准</th></tr>
<tr><td>1</td><td>KQWT-Y-100</td><td>100</td><td>150</td><td>9.7</td><td rowspan="5">《医疗机构水污染物排放标准》GB 18466—2005 表 1 或表 2 排放标准</td></tr>
<tr><td>2</td><td>KQWT-Y-200</td><td>200</td><td>220</td><td>14.5</td></tr>
<tr><td>3</td><td>KQWT-Y-300</td><td>300</td><td>280</td><td>22.0</td></tr>
<tr><td>4</td><td>KQWT-Y-500</td><td>500</td><td>560</td><td>41.5</td></tr>
<tr><td>5</td><td>KQWT-Y-1000</td><td>1000</td><td>700</td><td>55.5</td></tr>
</table>

注：设备占地面积仅供参考。

附录A　给水排水消防施工图设计说明（示例）

给水排水设计说明

1　工程概况

1.1　本工程为×××医院×××项目，地上建筑面积 108500m²，地下建筑面积 16300m²，总建筑面积 124800m²，地下 2 层，地上 23 层，建筑高度 96.65m。本工程规划总床位数 900 张。

1.2　本工程院区现有 1 路进水管自院区西侧×××路市政给水管网（管径为 *DN*200，市政最低水压 0.20MPa）接入，工程建成前增加 1 路进水管自院区西侧×××路市政给水管网（管径为 *DN*200，市政最低水压 0.20MPa）接入，供水保证率满足国家规范。本工程最高日用水量为 647.9m³/d。本工程院区西北角已建有一座污水处理站，处理水量（2500m³/d）能够满足本工程建成后整个院区污水处理要求，污水排至院区西侧×××路市政污水管网。院区内雨水有组织排放，本工程雨水结合济南市海绵城市要求，排至院区西南侧雨水集蓄回用装置，溢流部分排至院区西侧×××路市政雨水管网。

1.3　消防车正常情况下到达本工程所需时间约为 5min。本工程院区一期工程地下一层已建有 1 座消防水泵房（水泵房内设有室外消火栓给水泵组、室内消火栓给水泵组、自动喷水灭火给水泵各 1 套，每套 2 台，1 用 1 备），消防水池（有效储水容积为 485m³，其中消防有效储水容积为 360m³），一期工程屋顶已设置消防水箱（有效储水容积为 18m³）。经复核，该已建消防设施无法满足本工程消防要求。本工程在地下二层新建 1 座消防水泵房，水泵房内设有室外消火栓给水泵组、室内消火栓给水泵组、自动喷水灭火给水泵各 1 套，每套 2 台，1 用 1 备。本工程室内西北侧地下新建 1 座（分为 2 格）消防水池，紧靠消防水泵房，消防有效储水容积为 1008m³，储存火灾延续时间内室内消防用水量。本工程屋顶消防水箱间内新建 1 座消防水箱（消防有效储水容积为 36m³）。

1.4　本工程各建筑功能如下。地下二层：地下停车、加速机房、辅助机房、电梯厅、控制室、体模室、CT 模拟定位机、MR 模拟定位机、超声定位室、放射物理室、人防等；地下一层：地下停车、设备机房、电梯厅等；一层：内科抢救区、外科抢救区、心脏复苏室、急诊手术室、心电室、CT、DSA、超声、急症 ICU 等；二层：护士站、DSA 机房、操作间、内镜室、洗镜室等；三层：诊室、控制室、PET/CT、ECT、治疗室、护士站、药房等；四层：手术室、麻醉室、无菌库、库房、护士站、ICU 大厅等；五层：手术室、麻醉室、无菌库、库房、护士站、心外 ICU 大厅等；六层：手术室净化机房、更衣室、浴室、办公室、库房、收血、发血、实验等；七层：护士站、透析大厅等；八层：护士站、配药室、治疗室、ICU 大厅等；九层：护士站、配药室、治疗室、ICU 大厅等；十层至二十三层：电梯厅、病房、护士站、配药室、抢救室、治疗室等；屋顶机房层：电梯机房、设备机房。

2 设计依据

2.1 《建筑给水排水与节水通用规范》GB 55020—2021

2.2 《建筑给水排水设计标准》GB 50015—2019

2.3 《综合医院建筑设计标准》GB 51039—2014

2.4 《建筑防火通用规范》GB 55037—2022

2.5 《建筑设计防火规范》GB 50016—2014（2018年版）

2.6 《消防设施通用规范》GB 55036—2022

2.7 《消防给水及消火栓系统技术规范》GB 50974—2014

2.8 《自动喷水灭火系统设计规范》GB 50084—2017

2.9 《建筑灭火器配置设计规范》GB 50140—2005

2.10 《气体灭火系统设计规范》GB 50370—2005

2.11 《细水雾灭火系统技术规范》GB 50898—2013

2.12 《自动跟踪定位射流灭火系统技术标准》GB 51427—2021

2.13 《室外给水设计标准》GB 50013—2018

2.14 《室外排水设计标准》GB 50014—2021

2.15 《医院污水处理设计规范》CECS 07—2004

2.16 《医院污水处理工程技术规范》HJ 2029—2013

2.17 《医疗机构水污染物排放标准》GB 18466—2005

2.18 《医院洁净手术部建筑技术规范》GB 50333—2013

2.19 《车库建筑设计规范》JGJ 100—2015

2.20 《汽车库、修车库、停车场设计防火规范》GB 50067—2014

2.21 《建筑与市政工程抗震通用规范》GB 55002—2021

2.22 《建筑机电工程抗震设计规范》GB 50981—2014

2.23 《建筑给水排水及采暖工程施工质量验收规范》GB 50242—2002

2.24 《自动喷水灭火系统施工及验收规范》GB 50261—2017

2.25 《民用建筑绿色设计规范》JGJ/T 229—2010

2.26 《绿色建筑评价标准》GB/T 50378—2019

2.27 《绿色医院建筑评价标准》GB/T 51153—2015

2.28 《二次供水工程技术规程》CJJ 140—2010

2.29 《二次供水设施卫生规范》GB 17051—1997

2.30 《公共建筑节能设计标准》GB 50189—2015

2.31 《建筑节能与可再生能源利用通用规范》GB 55015—2021

2.32 《城市给水工程项目规范》GB 55026—2022、《城乡排水工程项目规范》GB 55027—2022

2.33 《建筑屋面雨水排水系统技术规程》CJJ 142—2014

2.34 《民用建筑太阳能热水系统应用技术标准》GB 50364—2018

2.35 《绿色建筑评价标准》DB 37/T 5097—2021

2.36 《绿色建筑设计标准》DB 37/T 5043—2021

2.37 《公共建筑节能设计标准》DB 37/5155—2019

2.38 《山东省建设工程消防设计审查验收技术指南》（消防给水与灭火设施）

2.39 建设单位提供医院院区和医院周围市政道路给水排水管网现状、经批准的初步设计文件、设计要求

2.40 建筑专业提供的作业图及相关专业提供的设计资料

3 设计内容与范围

3.1 本建筑室内外生活给水系统、生活热水系统、污水系统、雨水系统、开水系统、室内外消火栓给水系统、自动喷水灭火系统、灭火器配置、七氟丙烷气体灭火系统、自动跟踪定位射流灭火系统、直饮水系统、医疗用水系统等。

3.2 本工程医用气体由医用气体专业厂家另行设计。本工程人防由人防专业设计单位另行设计。本工程医疗用水由医疗用水专业厂家另行设计。

4 生活给水系统

4.1 生活用水水源来自市政给水管网，消防用水水源来自市政给水管网加消防水池。生活饮用水的水质应符合现行国家标准《生活饮用水卫生标准》GB 5749 的规定。

4.2 生活冷水用水标准及用水量，见表 4.2。

生活冷水用水标准及用水量 **表 4.2**

序号	用水名称	数量	用水定额	用水量		备注
				最高日（m^3/d）	最大时（m^3/h）	
1	病房	900床	300L/(床·天)	270.0	27.0	K_h=2.4，24h计
2	医务人员	1350人	200L/(人·天)	270.0	50.6	K_h=1.5，8h计
3	门诊	600人	15L/(人·天)	9.0	0.9	K_h=1.2，12h计
4	餐厅	2000人	20L/(人·天)	40.0	3.8	K_h=1.5，16h计
5	未预见水量			58.9	8.2	10%
6	合计			647.9	90.5	

4.3 给水系统

4.3.1 室外给水。在本工程室外设置 *DN*150 环状生活给水管网，与院区现有室外生活给水管网连通。生活给水管网有 2 路进水管分别自院区西侧奥体中路市政给水管网接入。生活给水管网上设适量的绿化洒水栓（洒水栓前的给水管道上设置真空破坏器）。给水引入管上设水表及低阻力倒流防止器（阻力为 0.03MPa），入户管阀门之后设软接头。

4.3.2 室内给水。本工程室内生活给水系统竖向分为 4 个区，具体信息详见表 4.3.2。

室内生活给水系统竖向分区 **表 4.3.2**

序号	竖向分区	楼层	设计秒流量（L/s）	设计工作压力（MPa）	供水方式	减压楼层
1	J1	−2F～−1F	3.4	0.15	市政给水管网直供	—
2	J2	1F～6F	10.7	0.60	J2 区变频供水设备供水	1F～3F
3	J3	7F～14F	14.8	0.90	J3 区变频供水设备供水	7F～11F
4	J4	15F～23F	16.8	1.20	J4 区变频供水设备供水	15F～20F

J1区由市政给水管网直接供水；J2区由本工程地下一层生活水泵房内J2区变频供水设备供水；J3区由本工程地下一层生活水泵房内J3区变频供水设备供水；J4区由本工程地下一层生活水泵房内J4区变频供水设备供水。减压楼层设置支管减压阀，阀后压力为0.20MPa。各区生活给水系统均采用下行上给式，分层敷设。

4.3.3 本工程给水病房区实行分科室（护理单元）计量设计；其他区域实行分楼层计量设计。

4.3.4 以下场所的用水点均采用感应式开关，并采取措施防止污水外溅：公共卫生间的洗手盆、小便斗；护士站、治疗室、中心（消毒）供应室、监护病房等房间的洗手盆；产房、手术刷手池、无菌室、血液病房和烧伤病房等房间的洗手盆；诊室、检验科等房间的洗手盆；有无菌要求或防止院内感染场所的卫生器具。公共卫生间大便器采用脚踏式开关。诊室、办公室、公共场所的洗手盆水嘴采用延时自闭式水嘴。

4.3.5 给水引入管上设置水表，阻力损失<0.0245MPa。

4.3.6 生活给水管道系统上接至空调机房、水处理间、水中分娩室、洗澡抚触室、污物处置间、医疗废物存放间、纯水制作间等给水管道上应设置倒流防止器。

4.3.7 生活给水管道系统上接至水箱间、冷热源机房、空气源热泵热水系统、预留机房、水处理间等时，应设置止回阀。

4.3.8 洁净手术部、病理区、实验室内给水管与卫生器具及设备的连接必须有空气隔断，严禁直接连接。

4.3.9 冷却塔集水池的补水管道出口与溢流水位之间的空气间隙，当小于出口管径2.5倍时，在其补水管上设置真空破坏器。生活饮用水管道的配水件出水口高出承接用水容器溢流边缘的最小空气间隙，不得小于出水口直径的2.5倍或150mm。

4.3.10 生活饮用水给水系统不得因管道、设施产生回流而受污染。

4.3.11 洁净手术部内，管道均应暗设，并采取防结露措施；管道穿越墙壁、楼板时应加套管。给水管与卫生器具及设备的连接必须有空气隔断，严禁直接相连。洁净手术部内的盥洗设备应同时设置冷热水系统；刷手用水宜进行除菌处理。

4.3.12 儿科门诊及病房内卫生器具的尺寸及安装高度均应符合儿童的需要。

4.3.13 给水管道必须采用管材相适应的管件。生活给水系统所涉及的材料必须达到以饮用水卫生标准。

4.3.14 系统调试后必须对供水设备、管道进行冲洗和消毒。

4.3.15 二次供水水质应符合现行国家标准《生活饮用水卫生标准》GB 5749的有关规定，涉水产品应符合现行国家标准《生活饮用水输配水设备及防护材料的安全性评价标准》GB/T 17219的有关规定，生活水池（箱）必须定期清洗消毒，每半年不得少于一次，并应同时对水质进行检测。

4.3.16 室外绿化灌溉采取喷灌和微灌方式，并设置雨天关闭装置和土壤湿度感应器。道路浇洒采用节水高压水枪。

4.3.17 生活饮用水管道配水至卫生器具、用水设备等严禁采用非专用冲洗阀与大便器（槽）、小便斗（槽）直接连接。

4.3.18 生活给水泵房管路设置水锤消除器。

4.3.19 生活饮用水水箱间、给水泵房应设置入侵报警系统等技防、物防安全防范和监控措施。

4.3.20　生活给水水箱应设置水位控制和溢流报警装置。

4.3.21　生活给水泵的效率不应低于现行国家标准《清水离心泵能效限定值及节能评价值》GB 19762 规定的节能评价值。

5　生活热水系统

5.1　水源：生活热水水源由生活给水管网提供。生活热水的原水水质应符合现行国家标准《生活饮用水卫生标准》GB 5749 的有关规定。

5.2　热源：根据业主要求，本工程采用太阳能加锅炉房供热的方式。本工程主要热源为屋顶太阳能设备产生的60℃热水，辅助热源为院区东北角已建锅炉房3台3T/h燃气蒸汽锅炉产生的高压蒸汽减压后的低压蒸汽（0.5MPa，160℃）经本工程地下一层热水机房内设置的各分区半容积式汽水换热器换热后产生的60℃热水。

5.3　生活热水用水标准及用水量，见表5.3。

生活热水用水标准及用水量　　**表5.3**

序号	用水名称	数量	用水定额	用水量		备注
				最高日（m^3/d）	最大时（m^3/h）	
1	病房	900床	120L/(床·天)	108.0	11.8	K_h=2.62，24h计
2	医务人员	1350人	80L/(人·天)	108.0	27.0	K_h=2.0，8h计
3	未预见水量			21.6	3.9	10%
4	合计			237.6	42.7	

5.4　热水系统。本工程室内生活热水系统竖向分为4个区，具体信息详见表5.4。

室内生活热水系统竖向分区　　**表5.4**

序号	竖向分区	楼层	设计小时热水量（m^3/h）	设计小时耗热量（10^6kJ/h）	设计秒流量（L/s）	设计工作压力（MPa）
1	RJ1	−2F～−1F	1.9	0.5	1.7	0.15
2	RJ2	1F～6F	13.4	3.6	5.0	0.60
3	RJ3	7F～14F	29.3	7.9	9.7	0.90
4	RJ4	15F～23F	46.6	12.6	12.1	1.20

RJ1区由本工程地下一层热水机房RJ1区半容积式汽水换热器提供60℃热水；RJ2区由本工程地下一层热水机房RJ2区半容积式汽水换热器提供60℃热水；RJ3区由本工程屋顶太阳能热水设备和地下一层换热机房RJ3区半容积式汽水换热器提供60℃热水；RJ4区由本工程屋顶太阳能热水设备和地下一层换热机房RJ4区半容积式汽水换热器提供60℃热水。

5.5　本工程各区生活热水系统均采用下供下回异程式，均为干管、立管异程循环。每层生活热水系统均采用热水管异程循环，生活热水回水管上均设置止回阀和热水温控平衡阀。生活热水系统一层至三层、七层至十一层、十五层至二十层设置支管减压阀，阀后压力为0.20MPa。

5.6 根据业主要求，本工程集中生活热水系统采用全日制供水体制。本工程生活洗浴热水采用智能卡控制方式。

5.7 普通病房淋浴及面盆采用混合阀。

5.8 本工程各分区生活热水系统均独立设置热水循环泵2台，1用1备，均设在地下一层热水机房内。热水配水点出水温度达到最低出水温度的出水时间不应大于10s，生活热水系统任何用水点打开用水开关后宜在5～10s内出热水。

5.9 手术部集中刷手池、洗婴池等均设恒温恒压阀，以确保出水水温稳定，恒温恒压阀型号为YK7030—200P或HS15—JTD。手术部集中刷手池龙头应采用恒温供水，且末端温度可调节，供水温度宜为30～35℃。洗婴池龙头的供水应防止烫伤或冻伤且应采用恒温供水，末端温度可调节，供水温度宜为35～40℃。

5.10 每个电加热开水器、电热水器外部均必须设置防护箱体，仅可由医护人员开启后使用。

5.11 电热水器必须带有保证使用安全的装置。

5.12 密闭的水加热器的进水管上设止回阀。

5.13 本工程热水实行分科室、分楼层计量设计。

5.14 本工程太阳能热水系统设置在本建筑水箱间、屋顶，由屋顶太阳能集热设备、生活热水箱制备、储存，用于本工程RJ3区、RJ4区生活热水系统的主要热源。RJ3区设置热媒水循环泵2台，1用1备，设在地下一层热水机房内。RJ4区设置热媒水供水泵2台，1用1备，设在地下一层热水机房内。

太阳能集热系统形式为强制循环间接系统。每个区域太阳能集热系统均设有1个不锈钢生活热水水箱和1套太阳能集热循环泵组（2台，1用1备），均设在各区域屋顶热水箱间内。

本工程太阳能集热器采用真空管集热器，总集热面积为504m^2。

本工程太阳能热水系统由太阳能专业公司进行深化设计。

5.15 当淋浴或浴缸用水点采用冷、热混合水温控装置时，使用水点处出水温度在任何时间均不大于49℃。

5.16 淋浴和浴盆设备的热水管道采取防烫伤措施。

5.17 当冷水、热水供水压差超过0.02MPa时，设置平衡阀。

5.18 集中热水供应系统的水加热设备，其出水温度不高于70℃，配水点热水的出水温度不低于46℃。

5.19 生活热水系统设置银离子消毒器：银离子消毒器功率均为36W，220V，可定时启动，银离子消毒器启动时需启动热水循环泵；银离子消毒器设置故障、银片更换报警，当银离子消毒器出现故障或需要更换银片时自动报警。

5.20 热水管道系统有补偿管道热胀冷缩的措施；热水系统设置防止热水系统超温、超压的安全装置，保证系统功能的阀件应灵敏可靠。

5.21 当采用低温型循环加热式（不提供水泵）空气源热泵热水机组制备生活热水时，热泵热水机在名义制热工况和规定条件下，性能参数（COP）不低于3.70。

5.22 太阳能系统做到全年综合利用，为建筑物供生活热水。

5.23 太阳能建筑一体化应用系统的设计与建筑设计同步完成。

5.24 太阳能系统与构件及其安装安全，符合下列规定：满足结构、电气及防火安全的要求；由太阳能集热器构成的围护结构构件，满足相应围护结构构件的安全性及功能性要求；安装太阳能系统的建筑，设置安装和运行维护的安全防护措施，以及防止太阳能集热器损坏后部件坠落伤人的安全防护设施。

5.25 太阳能系统对下列参数进行监测和计量：太阳能热利用系统的辅助热源供热量、集热系统进出口水温、集热系统循环水流量、太阳总辐射量，以及太阳能热水系统的供热水温度、供热水量。

5.26 太阳能热利用系统采取防冻、防结露、防过热、防热水渗漏、防雷、防雹、抗风、抗震和保证电气安全等技术措施。

5.27 防止太阳能集热系统过热的安全阀安装在泄压时排出的高温蒸汽和水不会危及周围人员的安全的位置上，并配备相应的设施；其设定的开启压力，与系统可耐受的最高工作温度对应的饱和蒸汽压力相一致。

5.28 太阳能热利用系统中的太阳能集热器设计使用寿命高于15年。

5.29 太阳能热水系统的集热效率（η）不低于42%。

5.30 空气源热泵系统采取防冻措施：主机分布式布置，换热器及风扇放置在室外，压缩机、膨胀阀、冷凝器以及输配水系统等放置于室内。

6 排水系统

6.1 室内排水系统采用污废合流制。本建筑病房区域设专用通气管系统，其他区域采用伸顶通气管系统。病房层污废水在九层顶板下汇集后集中排至室外；二层至八层污废水单独排至室外；一层污废水单独排至室外。地下一层、地下二层污废水接至地下二层集水坑由污水提升泵或污水提升设备提升排出，消防电梯底排水均由污水提升泵提升排出，污水提升泵、污水提升设备均自动控制。

6.2 本工程污废水排水量为647.9m^3/d，其中需经污水处理站处理的污废水排水量为647.9m^3/d。

6.3 院区已建污水处理站位于本工程院区西北角，处理能力能容纳本工程污水、废水水量。污水处理站采用生物接触氧化→混凝→沉淀→过滤→消毒工艺，使其出水达到排放标准。医疗排水需经污水处理设施处理合格后方可排放。

6.4 本工程不含有放射性物质的污水、废水经室外化粪池处理后直接排至院区污水处理站；餐饮含油污水经隔油处理后排放至院区污水处理站；含有放射性物质的污水、废水单独排至室外经衰变处理达标后经室外化粪池处理后直接排至院区污水处理站，放射性污水的排放应符合现行国家标准《电离辐射防护与辐射源安全基本标准》GB 18871的有关规定；含有传染病病菌、病毒类的污水，就地处理后经室外化粪池处理后直接排至院区污水处理站。本工程污水、废水经处理达标合格后排至院区西侧×××路市政污水管网。

6.5 下列场所应采用独立的排水系统或间接排放，并应符合下列要求：中心（消毒）供应室的消毒凝结水等，应单独收集并设置降温池或降温井；分析化验采用的有腐蚀性的化学试剂宜单独收集，并应综合处理后再排入院区污水管道或回收利用；其他医疗设备或设施的排水管道应采用间接排水。下列构筑物和设备的排水管与生活排水管道系统应采取间接排水的方式：生活饮用水贮水箱（池）的泄水管和溢流管；开水器、热水器排水；非传染病医疗灭菌消毒设备的排水；传染病医疗消毒设备的排水应单独收集、处理；蒸发式冷却器、空调设备冷凝水的排水；贮存食品或饮料的冷藏库房的地面排水和冷风机溶霜水盘的排水。

6.6 放射性污水的排放应符合现行国家标准《电离辐射防护与辐射源安全基本标准》GB 18871 的有关规定。

6.7 上至屋面的排水通气管四周应有良好的通风，严重传染病区宜将通气管中废气集中收集进行处理。

6.8 呼吸道发热门（急）诊内应设独立卫生间，排水管及通气管不宜与其他区域的管道连接，排水管应单独排出。

6.9 设置在室内地下室的生活污水集水池，池盖应密封，且应设通气管。

6.10 公共餐饮厨房含有油脂的废水应单独排至隔油设施，室内的隔油设施应设置通气管道。

7 雨水系统

7.1 本工程雨水按照济南市暴雨强度公式：$q=1421.481\times(1+0.9321\lg P)/(t+7.347)^{0.617}$。本工程屋面降雨重现期按 10 年计，5min 暴雨强度为 109L/(s·hm^2)，降雨厚度为 95mm/h。

7.2 屋面女儿墙设置溢流口，尺寸 350mm×50mm(h)，口底高出屋面 150mm，雨水排水工程与溢流设施的总排水能力不小于 50 年重现期雨水量。

7.3 屋面雨水采用重力流内排水系统，屋顶设 87 型雨水斗，规格 *DN*100，由立管接至地下室后排至室外雨水管网。室外雨水管网接至院区西南侧雨水集蓄回用装置，溢流部分排至院区西侧×××路市政雨水管网。

7.4 屋面雨水排水系统的管道、附配件以及连接接口应能耐受屋面灌水高度产生的正压。虹吸式雨水斗屋面雨水系统、87 型雨水斗屋面雨水系统和有超标雨水汇入的屋面雨水系统，其管道、附配件以及连接接口应能耐受系统在运行期间产生的负压。

7.5 非传统水源管道应采取下列防止误接、误用、误饮的措施：管网中所有组件和附属设施的显著位置应设置非传统水源的耐久标识，埋地、暗敷管道应设置连续耐久标识；管道取水接口处应设置“禁止饮用”的耐久标识；公共场所及绿化用水的取水口应设置采用专用工具才能打开的装置。

7.6 传染病医院的雨水、含有重金属污染和化学污染等地表污染严重的场地雨水不得回用。

7.7 根据雨水收集回用的用途，当有细菌学指标要求时，必须消毒后再利用。

8 开水系统

8.1 病人、医务人员、工作人员按 3L/(人·班) 计，病房区的每个护理单元各设电开水器（70L，9kW）1 台。

8.2 每个电加热开水器外部均设置防护箱体，仅可由医护人员开启后使用。

8.3 自来水进电加热开水器前设置过滤器和止回阀。

9 消防系统

本工程消防系统设计施工说明详见给水排水专业消防设计专篇。

10 节能（水）与环保

10.1 本设计所选用卫生洁具及用水设施均为节水节能型（表 10.1）。

表10.1

卫生器具	水嘴	小便器	淋浴器	坐便器	大便器冲洗阀
冲洗水量/流量	0.125(L/s)	3.0L	0.12(L/s)	双档，大/小档5.0/3.5L	5.0L

10.2 本工程给水、热水实行计量设计。建筑给水引入管装入户水表。病房区域给水、热水按护理单元单独计量，其他区域给水、热水按层、按区域单独计量。

10.3 所有污水均进化粪池预处理，病区污废水均经医院污水处理站处理达标后排入市政污水管道。

10.4 生活给水泵组均采用变频供水泵组。

10.5 绿化浇灌采用喷灌和微灌等高效节水措施。

10.6 洗手盆龙头均用感应式，蹲便器冲洗阀均用脚踏式，除卫生间地漏均用可开式密闭地漏。

10.7 生活热水管道均保温，减少热量损失。

11 绿色建筑设计

本工程绿色建筑设计详见二星级绿色建筑（公共建筑）设计专篇。

12 抗震设计

12.1 管材选用

本楼管材选择按现行国家标准《建筑给水排水设计标准》GB 50015及《消防给水及消火栓系统技术规范》GB 50974执行，管材选用详见本说明“管材及连接”章节，能够满足《建筑机电工程抗震设计规范》GB 50981—2014的规定。

12.2 管道的布置与敷设

12.2.1 给水排水立管直线长度大于50m时，宜采取抗震措施。室内给水、热水及消防管道管径≥*DN*65的水平管道，当其采用吊架、支架或托架固定时，应按照《建筑机电工程抗震设计规范》GB 50981—2014第8章的要求设置抗震支承。室内自喷系统和气体灭火系统等消防系统还应按相关施工及验收规范的要求设置防晃支架；管段设置抗震支架与防晃支架重合处，可只设抗震支承。

12.2.2 管道穿过抗震缝、沉降缝时宜靠近建筑物的下部穿越，且应在抗震缝、沉降缝两边各装一个柔性管接头或在通过抗震缝处安装门形弯头或设置伸缩节。

12.2.3 管道穿过内墙或楼板时，应设置套管；套管与管道间的缝隙，应采用柔性防火材料封堵。

12.2.4 给水排水管道穿越地下室外墙时，应设防水套管。

12.3 室内设备、设施的选型、布置与固定

12.3.1 生活、消防用水箱均采用方形水箱，低位水箱、消防水池及相应的泵房均布置在地下室或底层。

消防水箱、水泵房均靠近建筑物的中心部位设置，并保证设备有足够的检修空间。

12.3.2 运行时不产生振动的给水水箱、水加热器等设备、设施应与主体结构牢固连接，与其连接的管道应采用金属管道；生活、消防水箱（池）的配水管、水泵吸水管应设软管接头。

12.3.3 给水泵等设备应设防震基础，且应在基础四周设限位器固定。

12.4 室外给水排水的抗震设计应满足《建筑机电工程抗震设计规范》GB 50981—2014第4.2节及现行国家标准《室外给水排水和燃气热力工程抗震设计规范》GB 50032的有关规定。

13 管材

13.1 生活给水管、生活热水管

13.1.1 生活给水管、生活热水管均采用S30408薄壁不锈钢管，采用承插压合式连接或其他满足规范要求的连接方式。密封胶采用厌氧胶。管材标准按照《流体输送用不锈钢焊接管》GB/T 12771执行；管件按照《薄壁不锈钢承插压合式管件》CJ/T 463执行；厌氧胶按照《工程机械　厌氧胶、硅橡胶及预涂干膜胶　应用技术规范》JB/T 7311执行。管道工作压力为1.2MPa。

13.1.2 薄壁不锈钢管道系统的管材、管件必须采用同一厂家，且必须为原板材。

13.1.3 薄壁不锈钢管道与管件不得与水泥砂浆、混凝土直接接触。嵌墙管道、埋地管道及需要橡塑保温材料保温的管道均应采用覆塑薄壁不锈钢管或在外缠绕两层聚乙烯胶带以及玻璃纤维塑胶布防腐（缠绕边需重叠1/3～2/3），不可留有空隙，必须密实。外涂两层船用沥青漆或环氧树脂。

13.2 排水管道

13.2.1 生活污废水排水立管采用超静音HDPE单叶片内螺旋管，排气立管及横支管均采用HDPE复合静音管，均采用压盖式柔性承插连接。污水立管底部选用大曲率半径弯头。雨水管采用HDPE单层管材，热熔承插不锈钢衬套连接。底部出户管及横干管HDPE管热熔承插不锈钢衬套连接。执行现行行业标准《建筑排水用高密度聚乙烯（HDPE）管材及管件》CJ/T 250 。

13.2.2 与潜水排污泵连接的管道，均采用焊接钢管，焊接连接。管道工作压力为1.0MPa。

13.2.3 开水器、开水炉排污排水管道采用机制铸铁管，承插柔性连接。

13.3 消火栓给水系统管道低区采用内外壁热浸镀锌加厚钢管，高区采用内外壁热浸镀锌无缝钢管，管径≤*DN*50采用螺纹连接；管径＞*DN*50采用沟槽连接件（卡箍）连接。管道工作压力为2.5MPa。

13.4 自动喷水灭火给水系统管道低区采用内外壁热浸镀锌加厚钢管，高区采用内外壁热浸镀锌无缝钢管，管径≤*DN*50采用螺纹连接；管径＞*DN*50采用沟槽连接件（卡箍）连接。管道工作压力2.5MPa。

13.5 水箱溢水管、泄水管均采用内外壁热镀锌钢管，法兰连接。

14 阀门及附件

14.1 阀门

14.1.1 生活给水管、生活热水管：*DN*≤50mm采用不锈钢截止阀或球阀；*DN*＞50mm采用不锈钢闸阀或蝶阀，工作压力与管道工作压力一致。

14.1.2 消防给水管上采用蝶阀、明杆闸阀或带启闭刻度的暗杆闸阀，工作压力为2.5MPa；阀门采用不锈钢阀门。消防阀门的设置应便于安装维修和操作，且安装空间应能满足阀门完全启闭的要求，并应作出标志；消防阀门应经常处于开启状态，并应有明显的启闭标志。

14.1.3 压力排水管上的阀门采用铜芯球墨铸铁外壳闸阀，工作压力1.0MPa。

14.2 止回阀

止回阀均采用快速止回阀。排水水泵出水管上安装旋启式（水平管上）或升降式（立管上）止回阀。止回阀的工作压力与同位置的阀门一致。

14.3 减压阀

14.3.1 减压阀均采用减压稳压阀。高位消防水箱重力流出水管上选用低阻力止回阀。

14.3.2 减压阀的进口处应设置过滤器，过滤器的孔网直径不宜小于4～5目/cm^2，过流面积不应小于管道截面积的4倍。过滤器和减压阀前后应设压力表，压力表的表盘直径不应小于100mm，最大量程宜为设计压力的2倍。过滤器前和减压阀后应设置控制阀门；减压阀后应设置压力试验排水阀；减压阀应设置流量检测测试接口或流量计。

14.3.3 比例式减压阀宜垂直安装，可调式减压阀宜水平安装；垂直安装的减压阀，水流方向宜向下。

14.3.4 减压阀和控制阀门宜有保护或锁定调节配件的装置；接减压阀的管段不宜有气堵、气阻。

14.4 防护阀门

14.4.1 给水排水、消防管道穿越人防需在人防防护墙的内侧和防护单元隔墙的两侧设防护阀门。自动喷水灭火给水管道穿越人防时，应设置带信号装置的防护阀门。

14.4.2 防护阀门应采用阀芯为不锈钢或铜材质的闸阀或者截止阀，防护阀门的公称压力不应小于1.0MPa，并应同时满足平时使用压力等级的要求。

14.4.3 人防围护结构内侧距离阀门的近端面不大于200mm，阀门应有明显的启闭标志。

14.4.4 消防阀门必须有“公安部消防产品合格评定中心”出具的CCCF认证。

14.5 附件

14.5.1 地漏采用带过滤网的无水封地漏加存水弯，材质采用铝合金或铜，箅子均为镀铬制品，空调机房、需要排放冲洗地面、冲洗废水的医疗用房等用可开启式密封地漏。水封装置的水封深度不得小于50mm，严禁采用钟罩式结构地漏及采用机械活瓣替代水封。公共浴室、淋浴间等处地漏采用网框式地漏，如本体构造内无水封，应在排水口以下加设存水弯。用于手术室、急救抢救室等房间的地漏应采用可开启的密封地漏。地漏水封高度不得小于50mm，且不得大于100mm。当地漏附近有洗手盆时，宜采用洗手盆排水给地漏水封补水。卫生器具排水管段上不得重复设置水封。本工程坐便器均自带水封，蹲便器均另设水封。厨房排水预留管受水口应设置水封装置。室内生活废水排水沟与室外生活污水管道连接处应设水封装置。

14.5.2 地面清扫口采用铜制品，清扫口表面与地面平。

14.5.3 屋面采用87型雨水斗。

14.5.4 全部给水配件均采用节水型产品，不得采用淘汰产品。

15 其他

未尽事宜按照国家和山东省现行有关规范、标准及标准图集的要求执行。

给水排水消防施工说明

1 基本规定

1.1 本说明和设计图纸具有同等效力均应执行。如有疑问请有关单位及时提出，并以设计院解释为准。

1.2 修改施工图纸及说明必须有设计单位的设计更改通知单或技术认可签证。

1.3 《建筑给水排水及采暖工程施工质量验收规范》GB 50242—2002

1.4 《消防给水及消火栓系统技术规范》GB 50974—2014

1.5 《自动喷水灭火系统施工及验收规范》GB 50261—2017

1.6 《风机、压缩机、泵安装工程施工及验收规范》GB 50275—2010

1.7 《建筑节能工程施工质量验收标准》GB 50411—2019

1.8 施工单位除严格执行上述现行规范、标准外，尚应有效履行国务院《建设工程质量管理条例》及《建设工程安全生产管理条例》有关内容。

1.9 本设计文件未经施工图审查不可实施。

1.10 建设工程竣工验收时，必须具有设计单位签署的质量合格文件。

1.11 图中尺寸单位：管道长度和标高以m计，其余均以mm计。

2 卫生洁具

2.1 本工程所用卫生洁具均采用陶瓷制品，颜色由业主和装修设计确定。

2.2 低水箱坐式大便器水箱容积为5L/3.5L。

2.3 卫生洁具给水及排水五金配件应采用与卫生洁具配套的节水型。

2.4 构造内无水封的卫生器具，必须在其排水口以下设存水弯，存水弯的水封高度不得小于50mm。

2.5 大便器宜选用冲洗效果好、污物不易黏附在便槽内且回流少的器具。

3 管道敷设

3.1 所有管道横干管均设于吊顶内。

3.2 给水立管穿楼板时，应设套管。安装在楼板内的套管，其顶部应高出装饰地面20mm；安装在卫生间、淋浴间的套管，其顶部高出装饰地面50mm，底部与楼板底面相平。套管与管道之间缝隙应用阻燃密实材料和防水油膏填实，端面光滑。消防给水管穿过墙体或楼板应加设套管，套管长度不应小于墙体厚度，或应高出楼面或地面50mm；套管与管道间隙应采用不燃材料填塞，管道接口不应位于套管内。

3.3 排水管穿楼板应预留孔洞，管道安装完后将孔洞严密捣实，立管周围应设高出楼板面设计标高10～20mm的阻水圈。管径大于或等于*DN*100的排水立管穿楼板处应设阻火圈。

3.4 给水排水管道不应穿越无菌室；当必须穿越时，应采取防漏措施。

3.5 用于收集具有严重传染病病毒的排水管，在穿越的地方应用不收缩、不燃烧、不起尘材料密封。

3.6 上至屋面的排水通气管四周应有良好的通风，严重传染病区通气管中废气应集中收集处理。

3.7 管道穿钢筋混凝土墙和楼板时，应根据图中所注管道标高、位置配合土建工种预留孔洞或预埋套管。管道穿地下室外墙，应预留刚性防水套管，套管管径比管道大一到二号。套管与管道间的缝隙，应采用柔性防火材料封堵。

3.8 建筑物给水引入管和排水出户管穿越地下室外墙时，应设防水套管。穿越基础时，基础与管道间应留有一定空隙，并宜在管道穿越地下室外墙或基础处的室外部位设置波纹管伸缩节。

3.9 给水管、消防给水管，均按0.002的坡度坡向立管或泄水装置；通气管以0.01的上升坡度坡向通气立管；排水管道除图中注明者外，均按下表中的坡度安装：

管径（mm）	*DN*50	*DN*75	*DN*100	*DN*150	*DN*200	*DN*300
污水管	0.035	0.025	0.02	0.01	0.008	—
雨水管	—	—	0.02	0.01	0.008	0.006

3.10 管道支架或管卡应固定在楼板上或承重结构上。钢管水平安装支架间距，按《建筑给水排水及采暖工程施工质量验收规范》GB 50242—2002的规定施工；铜管管道支架间距，按《建筑给水铜管管道工程技术规程》DBJ/T 01-67—2002的规定施工；立管每层装一管卡，安装高度为距地面1.5m；排水管上的吊钩或卡箍应固定在承重结构上，固定件间距横管不得大于2m，立管不得大于3m。层高小于或等于4m，立管中部可安装一个固定件。水泵房内采用减震吊架及支架。

3.11 自动喷水灭火给水管道的吊架与喷头之间的距离应不小于300mm，距末端喷头距离不大于750mm，吊架应位于相邻喷头间的管段上，当喷头间距不大于3.6m时，可设一个，小于1.8m允许隔段设置。

3.12 排水立管检查口距地面或楼板面1.00m。消火栓栓口距地面或楼板面1.10m。

3.13 不锈钢管与阀门、水嘴等连接应采用转换接头。污水横管与横管的连接，不得采用正三通和正四通污水立管偏置时，应采用乙字管或2个45°弯头。污水立管与横管及排出管连接时采用2个45°弯头，且立管底部弯管处应设支墩。自动喷水灭火系统管道变径时，应采用异径管连接，不得采用补芯。

3.14 阀门安装时应将手柄留在易于操作处。暗设在管井、吊顶内的管道，凡设阀门及检查口处均应设检修门，检修门做法详见建施图。

3.15 除吊顶型喷头及吊顶下安装的喷头外，直立型、下垂型标准喷头，其溅水盘与顶板的距离，不应小于75mm，不应大于150mm。当在梁或其他障碍物底面下方时不应大于300mm；在梁间时，不应大于550mm。溅水盘与底面的垂直距离，在密肋梁板或梁等障碍物下方时不应小于25mm，不应大于100mm。

3.16 自动喷水灭火系统水平安装的管道坡度为0.002，并应坡向泄水阀。

3.17 自动喷水灭火系统连接喷头的短立管管径均为*DN*25。

3.18 自动喷水灭火系统末端试水装置试水接头出水口的流量系数为80。

3.19 自动喷水灭火系统试验装置处应设置专用排水设施，末端试水装置处的排水立管管径为*DN*100；报警阀处的排水立管管径为*DN*100；减压阀处的压力试验排水管道直径为*DN*150。

3.20 净空高度大于800mm的闷顶和技术夹层内有可燃物时，应设置喷头。

3.21 当梁、通风管道、成排布置的管道、桥架等障碍物的宽度大于1.2m时，其下方应增设喷头；采用早期抑制快速响应喷头和特殊应用喷头的场所，当障碍物宽度大于0.6m时，其下方应增设喷头。

3.22 喷头安装应在系统试压、冲洗合格后进行。

3.23 建筑物的生活水箱、消防水箱的配水管、水泵吸水管应设软管接头。

3.24 生活热水管供水管、回水管干管长度超过50m时应设置波纹伸缩节。

3.25 连接4个及4个以上卫生器具且横支管长度大于12m的排水横支管；连接6个及6个以上大便器的污水横支管均设置环形通气管。

3.26 室内设自动喷水灭火系统建筑外墙上、下层开口之间的实体墙高度不应小于0.8m。当上下层之间设置实体墙确有困难时，可设置防火玻璃墙，高层建筑的防火玻璃墙的耐火完整性不应低于1.00h，多层建筑的防火玻璃墙的耐火完整性不应低于0.50h。外窗的耐火完整性不应低于防火玻璃墙的耐火完整性要求。

3.27 （半）暗设在防火墙上的消火栓箱，其背面应采用实体墙封堵，耐火极限应满足《建筑设计防火规范》GB 50016—2014（2018年版）表5.1.2的规定。

3.28 穿过防火墙处的管道保温材料，应采用不燃材料。消防给水管穿过墙体或楼板时，其套管与管道的间隙应采用不燃材料填塞。其他部位的保温材料及其外保护层的耐火等级应选用难燃B1级。保温材料的外保护层保温材料的外保护层耐火等级应与保温材料一致。

4 设备基础

4.1 水泵、设备等基础螺栓孔位置，以到货的实际尺寸为准。

4.2 给水泵等设备应设防振基础，且应在基础周围设限位器固定，限位器应经计算确定。

5 水压试压

5.1 生活给水管试验压力为：J4区1.60MPa，J3区1.35MPa，J2区0.90MPa，J1区0.60MPa；生活热水管试验压力为：RJ4区1.60MPa，RJ3区1.35MPa，RJ2区0.90MPa，RJ1区0.60MPa，试压方法应按《建筑给水排水及采暖工程施工质量验收规范》GB 50242—2002的规定执行。

5.2 消火栓给水管道试验压力为2.45MPa，试压方法应按照《消防给水及消火栓系统技术规范》GB 50974—2014第12.4条。

5.3 自动喷水管道的试验压力为2.50MPa，试压方法应按《自动喷水灭火系统施工及验收规范》GB 50261—2017的规定执行。

5.4 消防给水及消火栓系统管网安装完毕后，应对其进行强度试验、冲洗和严密性试验。

5.5 隐蔽或埋地污水管在隐蔽前需做灌水试验，其他应做通水试验。做法详按《建筑给水排水及采暖工程施工质量验收规范》GB 50242—2002的规定执行。

5.6 室内雨水管注水至最上部雨水斗，持续1h后以液面不下降为合格。

5.7 污水及雨水的立管、横干管，还应按《建筑给水排水及采暖工程施工质量验收规范》GB 50242—2002的要求做通球试验。

5.8 钢板水箱满水试验，应按《矩形给水箱》12S101中的要求进行；钢筋混凝土水池满水试验24h，渗漏率应小于1/1000，具体应按《给水排水构筑物工程施工及验收规范》GB 50141—2008中要求执行。

5.9 压力排水管道按排水泵扬程的2倍进行水压试验，保持30min，无渗漏为合格。

5.10 水压试验的试验压力表应位于系统或试验部分的最低部位。

5.11 室内消火栓系统安装完后应取屋顶试验消火栓和一层二处消火栓做试射试验，达到设计要求则为合格。

6 管道和设备保温

6.1 生活热水管道、屋顶水箱间所有管道、消防水箱及地下一层车库各进出口处消防管道均需做保温；所有给水横管及管井内的给水立管、吊顶内的排水管道、雨水管道，均做防结露。室内满足防冻要求的管道可不保温。

6.2 需要保温的管道均采用柔性泡沫橡塑保温材料，厚度为：≤*DN*50，40mm；*DN*70～*DN*125，45mm；*DN*150～*DN*300，50mm。需要防结露的管道均采用柔性泡沫橡塑保温材料，厚度为32mm。生活热水箱、消防水箱保温采用离心玻璃棉管壳保温板，厚度为50mm。

6.3 柔性泡沫橡塑保温材料应符合国家标准《建筑材料及制品燃烧性能分级》GB 8624—2012 B1级防火标准。

6.4 保温应在完成试压合格及除锈防腐处理后进行。

7 防腐及油漆

7.1 给水、排水、中水、雨水回用及海水利用管道应有不同的标识，并应符合下列规定：给水管道应为蓝色环；热水供水管道应为黄色环、热水回水管道应为棕色环；中水管道、雨水回用和海水利用管道应为淡绿色环；排水管道应为黄棕色环。

7.2 在涂刷底漆前，应清除表面灰尘、污垢、锈斑、焊渣等物。涂刷油漆厚度应均匀，不得有脱皮、起泡、流淌和漏涂现象。

7.3 溢、泄水管外壁刷蓝色调和漆二道。

7.4 压力排水管外壁刷灰色调和漆二道。

7.5 消火栓管刷樟丹二道，红色调和漆二道。自动喷水管刷樟丹二道，红色黄环调和漆二道。消火栓管、自动喷水管均应标明管道名称和水流方向标识。

7.6 保温管道：进行保温后，外壳再刷防火漆二道。

7.7 管道支架除锈后刷樟丹二道，灰色调和漆二道。但铜管、不锈钢管应在管道与支架之间加设橡胶垫隔绝。

7.8 埋地消防金属钢管采用加强级防腐，做法应为四油三布。

8 管道冲洗

8.1 给水管道在系统运行前须用水冲洗和消毒，要求以不小于1.5m/s的流速进行冲洗，并符合《建筑给水排水及采暖工程施工质量验收规范》GB 50242—2002中4.2.3条的规定。

8.2 生活水箱在使用前应冲洗和消毒。

8.3 雨水管和排水管冲洗以管道通畅为合格。

8.4 室内消防给水系统及自动喷水系统在与室外给水管连接前，必须将室外给水管冲洗干净，其冲洗强度应达到消防时最大设计流量。

8.5 室内消火栓系统在交付使用前，必须冲洗干净，其冲洗强度应达到消防时的最大设计流量。

8.6 自动喷水灭火系统应按照《自动喷水灭火系统施工及验收规范》GB 50261—2017 有关要求进行冲洗。

9 其他

9.1 图中所注尺寸除管长、标高以 m 计外，其余以 mm 计。

9.2 本图所注管道标高，给水、消防等压力管道为管道中心标高，污水、雨水、溢水、泄水管等重力流管道为管内底标高。

9.3 本设计施工说明与图纸具有同等效力，二者有矛盾时，业主及施工单位应及时提出，并以设计单位解释为准。

9.4 施工中应与土建公司和其他专业公司密切合作，合理安排施工进度，及时预留孔洞及预埋套管，以防碰撞和返工。如有矛盾总的原则是：小管让大管、有压管让无压管等。污水管道、合流管道与生活给水管道相交时，应敷设在生活给水管道的下面。

9.5 自动喷水灭火系统应设泄水阀和排污口。

9.6 消防系统管网安装完毕在试压、冲洗合格后应进行严密性试验。

9.7 所有给水排水、消防管道在穿越防火卷帘时应绕行。

9.8 穿越人民防空地下室围护结构的给水排水管道应采取防护密闭措施。

9.9 生活水泵房、消防水泵房、热水机房、消防水箱间内各泵组均应采取减振降噪措施。

9.10 室外检查井、阀门井井盖应采用密封井盖，应有防盗、防坠落措施。检查井、阀门井井盖上应具有属性标识。位于车行道的检查井、阀门井，应采用具有足够承载力和稳定性良好的井盖与井座。

9.11 室内暗设消火栓应在土建预留洞口内安装。

9.12 消防给水及消火栓系统的施工必须由具有相应等级资质的施工队伍承担。系统竣工后，必须进行工程验收，验收应由建设单位组织质检、设计、施工、监理参加，验收不合格不应投入使用。

9.13 建筑物内的生活水泵房、消防水泵房、热水机房、消防水箱间、热水水箱间等采用下列减振防噪措施：选用低噪声水泵机组；吸水管和出水管上设置橡胶软接头等减振装置；水泵机组的基础设置减振垫等减振装置；管道支架、吊架和管道穿墙、楼板处采取防止固体传声措施。

9.14 场地及其下面的建筑结构、管道和暗沟等，应能承受重型消防车的压力。

9.15 本工程空调冷凝水应集中收集，并应排入污水处理站处理。

9.16 根据现行相关规定，本设计文件中给水排水设备、材料均相应标注规格、型号。业主单位实际选择设备、材料时，只要所选设备、材料规格、性能参数满足本设计文件相关技术要求，均可应用于本工程。

9.17 空气源热泵热水机组的安装位置，应符合下列规定：应确保进风与排风通畅，且避免短路；应避免受污浊气流对室外机组的影响；噪声和排出热气流应符合周围环境要求；应便于对室外机的换热器进行清扫和维修；室外机组应有防积雪措施；应设置安装、维护及防止坠落伤人的安全防护设施。

9.18 太阳能系统的施工安装不得破坏建筑物的结构、屋面、地面防水层和附属设施，不得削弱建筑物在寿命期内承受荷载的能力。

9.19 太阳能集热器的安装方位角和倾角应对照设计要求进行核查，安装误差应在±3°以内。

9.20 太阳能集热系统停止运行时，应采取有效措施防止太阳能集热系统过热。

9.21 太阳能集热系统检查和维护，应符合下列规定：太阳能集热系统冬季运行前，应检查防冻措施；并应在暴雨，台风等灾害性气候到来之前进行防护检查及过后的检查维修；雷雨季节到来之前应对太阳能集热系统防雷设施的安全性进行检查；每年应对集热器检查至少一次，集热器表面应保持清洁。

9.22 未尽事宜按照国家和山东省现行有关规范、标准及标准图集的要求执行。

给水排水专业消防设计专篇

1 工程概况

本工程为×××医院×××项目，位于济南市×××路以北、×××路以东。本工程地下2层，地上23层，总建筑面积124800m^2，其中地上总建筑面积108500m^2，地下总建筑面积16300m^2，建筑高度为96.65m。本工程为一类高层建筑，建筑耐火等级为一级。

2 设计依据

2.1 《建筑设计防火规范》GB 50016—2014（2018年版）

2.2 《消防给水及消火栓系统技术规范》GB 50974—2014

2.3 《自动喷水灭火系统设计规范》GB 50084—2017

2.4 《气体灭火系统设计规范》GB 50370—2005

2.5 《建筑灭火器配置设计规范》GB 50140—2005

2.6 《自动跟踪定位射流灭火系统技术标准》GB 51427—2021

2.7 《建筑给水排水及采暖工程施工质量验收规范》GB 50242—2002

2.8 《自动喷水灭火系统施工及验收规范》GB 50261—2017

2.9 《山东省建设工程消防设计审查验收技术指南（消防给水与灭火设施）》

2.10 《山东省建筑工程消防设计部分非强制性条文适用指引》

3 消防水源

3.1 消防水源形式

本工程周边市政道路上有1路市政给水管网，市政给水管网能连续供水；市政给水厂有1条输水干管向市政给水管网输水；市政给水管网为环状管网；管径为*DN*150；最低供水压力为0.20MPa；有2条引入管向消防给水系统供水。

本工程室外用消防水池设置位置在本工程地下一层，水池有效贮水容积为288m^3，储存火灾延续时间内室外消防用水量，水池为1座。室内用消防水池设置位置在本工程地下二层，水池的有效贮水容积为432m^3，储存火灾延续时间内室内用消防用水量，水池为1座。消防水池为独立设置，未与其他用水共用。

两座消防水池均采用2路消防给水，均能连续补水，水池的进水管均为2条，管径均为*DN*100。

室外用消防水池储存室外消防用水，设置取水口，吸水高度为4.00m，与消防水泵房距离为5.0m，吸水口连接管为*DN*400。

室外用消防水池的出水管管径为*DN*250，室内用消防水池的出水管管径为*DN*300，均能保证消防水池有效容积被全部利用；消防水池均设置就地水位显示装置，并在消防控制中心或值班室等地点设置显示消防水池水位的装置，同时有最高和最低报警水位。

消防水池设置溢流水管和排水设施，并采用间接排水。

本工程所在地区为寒冷地区，消防水池位于室内地下，不需要采用防冻措施。

3.2 消防用水总量

本工程消防用水总量，见表3.2。

消防用水总量 **表 3.2**

序号	消防系统名称	消防设计流量（L/s）	火灾延续时间（h）	一次消防用水量（m^3）	消防水池容积（m^3）	建筑分类	建筑高度 h（m）、层数、体积 V（m^3）
1	室外消火栓系统	40	2	288	288	一类高层公共建筑	$>50000m^3$
2	室内消火栓系统	40	2	288	288		96.65m
3	自动喷水灭火系统	40	1	144	144		
4	自动跟踪定位射流灭火系统	20	1	72	72		

4 供水设施

4.1 消防水泵

4.1.1 消防水泵选型

本工程消防给水泵组规格型号，见表 4.1.1。

消防给水泵组规格型号 **表 4.1.1**

序号	消防水泵名称	型号	流量（L/s）	扬程（mH_2O）	电机功率（kW）	单位	数量	备注	设置位置
1	室外消火栓给水泵组	XBD5/40-125-200	40	50	37	台	2	1用1备	消防水泵房
2	室内消火栓给水泵组	XBD16/40-125-200	40	160	110	台	2	1用1备	
3	自动喷水灭火给水泵组	XBD16/40-125-200	40	160	110	台	2	1用1备	

4.1.2 本工程消防水泵性能满足消防给水系统所需流量和压力要求；消防水泵所配驱动器的功率满足水泵流量扬程性能曲线上任何一点运行所需功率要求；消防水泵电动机均为干式安装。

4.1.3 本工程消防水泵外壳为球墨铸铁，叶轮为青铜。

4.1.4 本工程消防水泵采取自灌式吸水。消防水池最低有效水位与消防水泵位置关系满足自灌式吸水。

4.2 消防水箱

4.2.1 设置位置

本工程高位消防水箱设置在本工程建筑屋顶消防水箱间内，该建筑为院区内建筑高度最大的建筑。消防水箱最低有效水位为97.2m，高于水灭火设施最不利点处的静水压力值为0.016MPa。

4.2.2 有效容积

本工程高位消防水箱容积为62.5m^3，有效容积为36m^3。消防水箱为独立设置，未与其他用水共用。

4.2.3 本工程高位消防水箱设置在屋顶消防水箱间内，未露天设置。

4.2.4 本工程高位消防水箱间通风良好，采取冬季防冻措施，环境温度不低于5℃。

4.2.5 消防水箱设置就地水位显示装置，并在消防控制中心或值班室等地点设置显示消防水箱水位的装置，同时有最高和最低报警水位。

4.2.6 消防水箱设置溢流水管和排水设施，并采用间接排水。

4.3 稳压泵

本工程消防稳压泵组设计流量不小于消防给水系统管网的正常泄漏量和系统自动启动流量；设计压力满足系统自动启动和管网充满水的要求。本工程消防稳压泵组规格型号，见表4.3。

消防稳压泵组规格型号 表4.3

序号	消防稳压水泵名称	型号	流量（L/s）	扬程（mH_2O）	电机功率（kW）	单位	数量	备注	设置位置
1	室外消火栓稳压泵组	25LGW3-10×3	1.33	30	1.1	台	2	1用1备	消防水泵房
2	室内消火栓稳压泵组	25LGW3-10×3	1.33	30	1.1	台	2	1用1备	消防水箱间
3	自动喷水灭火稳压泵组	25LGW3-10×3	1.33	30	1.1	台	2	1用1备	

4.4 水泵接合器

本工程室内消火栓系统水泵接合器设置数量为6个（其中，低区3个，高区3个），每个给水流量为15L/s。水泵接合器设置在本建筑室外便于消防车使用的地方，并在每座建筑附近就近设置，距离室外消火栓的距离为22m，距离消防水池的距离为18m。

本工程自动喷水灭火系统水泵接合器设置数量为3个，每个给水流量为15L/s。水泵接合器设置在本建筑室外便于消防车使用的地方，距离室外消火栓的距离为26m，距离消防水池的距离为16m。

4.5 消防水泵房

4.5.1 消防水泵房设置位置

本工程消防水泵房设置在本建筑地下二层，泵房室内地面与室外进出口地坪高差不大于10m。

4.5.2 消防水泵房环境温度

严寒、寒冷等冬季结冰地区消防水泵房供暖温度不低于10℃，当无人值守时不低于5℃。

4.5.3 消防水泵房防淹措施

本工程消防水泵房室内地面标高比本层室外地面标高高300mm，设有排水沟、集水坑等防水淹没的技术措施。

4.5.4 控制与操作

消防水泵控制柜在平时应使消防水泵处于自动启泵状态。

消防水泵不应设置自动停泵的控制功能，停泵应由具有管理权限的工作人员根据火灾扑救情况确定。

消防水泵应确保从接到启泵信号到水泵正常运转的自动启动时间不应大于2min。

消防水泵应由消防水泵出水干管上设置的压力开关、高位消防水箱出水管上的流量开关，或报警阀压力开关等的开关信号直接自动启动消防水泵。消防水泵房内的压力开关宜引入消防水泵控制柜内。

消防水泵应能手动启停和自动启动。

稳压泵应由气压水罐上设置的稳压泵自动启停泵压力开关或压力变送器控制。

消防控制柜应设置专用线路连接的手动直接启泵按钮；消防控制柜应能显示消防水泵和稳压泵的运行状态；消防控制柜应能显示消防水池、高位消防水箱等的高水位、低水位报警信号，以及正常水位。

消防水泵、稳压泵应设置就地强制启停泵按钮，并应有保护装置。消防水泵控制柜设置在专用消防水泵控制室时，其防护等级不应低于IP30；与消防水泵设置在同一空间时，其防护等级不应低于IP55。

消防水泵控制柜应设置机械应急启泵功能，并应保证在控制柜内的控制线路发生故障时由有管理权限的人员在紧急时启动消防水泵。机械应急启动时，应确保消防水泵在报警后5.0min内正常工作。

5 室外消防给水及室外消火栓系统

5.1 室外消防用水量

本工程室外消防给水系统采用临时高压消防给水系统。

本工程室外消火栓设计流量为40L/s，室外消火栓火灾延续时间为2h，室外消火栓用水量为288m^3。

5.2 室外消火栓给水管网

在本工程室外设置于环状消防给水管网，管网上设地上式消火栓，供消防车取水及向水泵接合器供水。有2条引入管分别接自本工程地下消防水泵房内室外消火栓给水泵组出水管。室外消火栓给水管采用钢丝网骨架塑料复合管给水管道，电熔连接。

本工程室外消火栓系统的设计工作压力为0.50MPa，系统工作压力为0.65MPa。

5.3 室外消火栓

本工程室外消火栓给水管网上设置有6个室外消火栓。室外消火栓为地上式消火栓，型号为SQS150。每个室外消火栓的出流量为10L/s；室外消火栓保护半径为120m，不超过150m；室外消火栓的间距为80m，不大于120m。

本工程室外消火栓沿建筑周围均匀布置，建筑消防扑救面一侧的室外消火栓数量为2个。

本工程室外消火栓设有明显的永久性标志。

6 室内消火栓系统

6.1 室内消火栓用水量

本工程室内消火栓设计流量为40L/s，室内消火栓火灾延续时间为2h，室内消火栓用水量为288m^3。

6.2 室内消火栓给水管网

6.2.1 本工程室内消火栓给水管网为环状管网，竖向均连成环状，横向在顶层、九层、八层、一层、地下楼层连成环状。本工程室内消火栓系统竖向分为2个区：低区为地下二层至八层，高区为九层至二十三层。

6.2.2 室内消火栓系统由本工程消防水泵房内的室内消火栓给水泵组供水，有2路引入管接自室内消火栓给水泵组出水管，管径均为*DN*150。

本工程室内消火栓系统的设计工作压力为低区1.00MPa，高区1.60MPa，系统工作压力为低区1.30MPa，高区2.10MPa。

本工程室内消火栓系统给水管道采用热浸镀锌无缝钢管，沟槽连接件连接。

6.2.3 本工程室内消火栓竖管管径为*DN*100。

6.2.4 本工程室内消火栓系统环状给水管网检修时保证检修管道时可关闭不相邻的2根竖管；每根竖管与供水横干管相接处均设置阀门。

6.2.5 本工程消火栓给水泵组由消防水泵房内消火栓给水泵组出水管上的压力开关、屋顶消防水箱间内消防水箱出水管上流量开关（启动流量为2.5L/s）、消防值班室启泵按钮直接启动。

6.3 室内消火栓

6.3.1 本工程各楼层均设置室内消火栓。室内消火栓的设置位置满足火灾扑救要求，设置位置为楼梯间及其休息平台和前室、走道、消防电梯前室等明显易于取用，以及便于火灾扑救的位置。

6.3.2 室内消火栓的布置满足同一平面有2支消防水枪的2股充实水柱同时到达任何部位的要求。

6.3.3 室内消火栓的布置间距不大于30.0m。

6.3.4 本工程室内消火栓选用SN65型室内消火栓（19mm水枪，*L*=25m水龙带）（五层至八层、十八层至二十三层）；动压超过0.5MPa的消火栓选用SNW65型室内减压稳压消火栓（19mm水枪，*L*=25m水龙带）（地下二层至四层，九层至十七层）。

6.4 系统技术参数

6.4.1 本工程室内消火栓系统为湿式消火栓系统，设计工作压力为低区1.00MPa，高区1.60MPa，系统工作压力为低区1.30MPa，高区2.10MPa，试验工作压力为低区1.70MPa，高区2.50MPa。

6.4.2 本工程室内消火栓栓口压力为0.35MPa，消防水枪充实水柱为13mH_2O。

6.5 消防排水

6.5.1 本工程消防水泵房、设有消防给水系统的地下室、消防电梯的井底、仓库均设置消防排水措施。消防电梯的井底排水泵集水井的有效容量为3.8m^3；排水泵的排水量为16.7L/s。

6.5.2 本工程消防给水系统试验装置处均设置专用排水设施，消火栓给水系统减压阀处的压力试验排水管道管径为*DN*100。

7 自动喷水灭火系统

7.1 系统设计参数

本工程地下车库按中危险Ⅱ级设计，设计喷水强度为8L/(min·m^2)，作用面积160m^2；其他场所按中危险Ⅰ级设计，设计喷水强度为6L/(min·m^2)，作用面积160m^2。本工程自动喷水灭火系统设计用水量为50L/s。

本工程自动喷水给水灭火系统设计工作压力为1.60MPa，系统工作压力为2.10MPa，系统试验压力为2.50MPa。

7.2 喷头

本工程地下车库喷头均采用普通喷头；其他场所设有吊顶的部位设置吊顶式快速响应喷头；无吊顶房间设置直立型快速响应喷头，在厨房操作间的排油烟罩、烹饪部位、排油烟道内设置自动灭火装置，使用燃气时应在燃气管道上设置与自动灭火装置联动的自动切断装置。喷头公称动作温度为：厨房灶间为93℃，其他场所为68℃。最不利点处喷头工作压力为0.10MPa，喷头流量系数（K）为80。

7.3 系统组件

本工程设置6套预作用报警阀、18套湿式报警阀。报警阀承压不低于2.50MPa。湿式报警阀设置在消防水泵房、报警阀间内，水力警铃设在消防水泵房、报警阀间墙外，报警阀前的管道为环状管网。

本工程每个防火分区均设置1个信号阀和1个水流指示器。

本工程自动喷水灭火系统在屋顶消防水箱间消防水箱出水管上设置的流量开关启动流量为1.5L/s。

本工程每个报警阀组控制的最不利点洒水喷头处设置末端试水装置，其他防火分区、楼层均设置直径为25mm的试水阀。

7.4 系统管网

本工程自动喷水灭火系统采用临时高压系统。从消防水泵房内自动喷水灭火给水泵组出水管上接出2条给水管，经本工程消防水泵房、报警阀间内的预作用/湿式报警阀组，接至自动喷水灭火系统管网。

本工程均采用湿式自动喷水灭火系统。

本工程自动喷水灭火系统给水管采用热浸镀锌无缝钢管，当管径小于或等于DN50时采用螺纹连接，当管径大于DN50时采用沟槽连接件连接。

7.5 操作控制

本工程湿式自动喷水灭火系统由自动喷水灭火给水泵组出水干管上设置的压力开关、高位消防水箱出水管上的流量开关和报警阀组压力开关直接自动启动消防水泵。

本工程预作用自动喷水灭火系统由火灾自动报警系统、自动喷水灭火给水泵组出水干管上设置的压力开关、高位消防水箱出水管上的流量开关和报警阀组压力开关实现直接自动启动消防水泵。

7.6 消防排水

本工程自动喷水灭火系统试验装置处设置专用排水设施。系统末端试水装置处的排水立管管径为DN75；报警阀处的排水立管管径为DN100；减压阀处的压力试验排水管道管径为DN100。

8 气体灭火系统

8.1 防护区技术参数

本工程七氟丙烷灭火系统设置有11个防护区，防护区技术参数详见表8.1。

防护区技术参数 **表8.1**

防护区编号	名称	位置	保护面积(m^2)	保护容积(m^3)	泄压口面积(m^2)	灭火（惰化）设计用量（kg）	灭火剂储存量（kg）
1	控制室1	地下二层	36.4	185.6	0.04	122	120
2	控制室2	地下二层	18.1	92.3	0.02	61	60
3	终端服务器室	地下二层	27.9	195.3	0.04	128	120

续表

防护区编号	名称	位置	保护面积（m^2）	保护容积（m^3）	泄压口面积（m^2）	灭火（惰化）设计用量（kg）	灭火剂储存量（kg）
4	弱电进线间	地下一层	61.5	295.2	0.06	195	180
5	值班室	地下一层	36.6	175.7	0.04	116	120
6	低压变配电室	地下一层	621.3	2920.1	0.72	2102	2160
7	高压配电室	地下一层	98.9	464.8	0.12	335	360
8	UPS间1	地下一层	11.0	56.1	0.02	37	60
9	汇集机房	九层	99.2	396.8	0.08	262	240
10	BA控制室	九层	80.7	322.8	0.08	213	240
11	UPS间2	二十三层	15.7	62.8	0.02	42	60

本工程防护区围护结构及门窗的耐火极限均不低于0.5h；吊顶的耐火极限不低于0.25h。本工程防护区围护结构承受内压的允许压强不低于1200Pa。

本工程防护区均设置泄压口，泄压口均位于防护区净高的2/3以上。喷放灭火剂前，防护区内除泄压口外的开口应能自行关闭。

8.2 操作控制与安全

本工程气体灭火系统的电源符合国家现行有关消防技术标准的规定；采用气动力源时，可保证系统操作和控制需要的压力和气量。

本工程管网灭火系统设置自动控制、手动控制和机械应急操作三种启动方式。本工程预制灭火系统设置自动控制和手动控制两种启动方式。

本工程气体灭火系统采用自动控制启动方式时，应有不大于30s的可控延迟喷射；对于平时无人工作的防护区，可设置为无延迟的喷射。同一防护区内的预制灭火系统装置多于1台时，必须能同时启动，其动作响应时差不得大于2s。

气体灭火系统的操作与控制，应包括对开口封闭装置、通风机械和防火阀等设备的联动操作与控制。

本工程气体灭火系统防护区应有保证人员在30s内疏散完毕的通道和出口。防护区的门应向疏散方向开启，并能自行关闭；用于疏散的门必须能从防护区内打开。

灭火后的防护区应通风换气，地下防护区和无窗或设固定窗扇的地上防护区，应设置机械排风装置，排风口宜设在防护区的下部并应直通室外。通信机房、电子计算机房等场所的通风换气次数应不少于每小时5次。

防护区内设置的预制灭火系统的充压压力不应大于2.5MPa。

9 灭火器系统

9.1 火灾种类

本工程地下车库火灾为B类火灾；厨房火灾为B类火灾；变配电室等电气用房火灾为E类火灾；其他场所火灾为A类火灾。

9.2 危险等级

本工程带充电桩地下车库火灾为严重危险级；不带充电桩地下车库火灾为中危险级；厨房火灾为严重危险级；变配电室等电气用房火灾为中危险级；其他场所火灾为严重危

险级。

9.3 灭火器种类

本工程灭火器选用手提式磷酸铵盐干粉灭火器。

9.4 灭火级别

本工程地下车库最低灭火级别为55B；厨房最低灭火级别为89B；变配电室等电气用房最低灭火级别为2A；其他场所最低灭火级别为3A。

9.5 最大保护距离

本工程地下车库最大保护距离为12m；厨房最大保护距离为9m；变配电室等电气用房最大保护距离为12m；其他场所最大保护距离为15m。

9.6 灭火器布置

本工程每一消火栓箱处设2具手提式磷酸铵盐干粉灭火器，规格为MF/ABC5。手提式灭火器宜设置在灭火器箱内，顶部离地面高度不应大于1.5m，底部离地面高度不宜小于0.08m。灭火器箱不得上锁。

本工程超出灭火器最大保护距离的场所应补充设置灭火器，以满足设计要求。

在本工程强电间、弱电间、机房层电梯机房等场所每个房间内各设2具手提式磷酸铵盐干粉灭火器。计算机房、消防控制室、配电室等场所每个房间内设2具手提式二氧化碳灭火器。

10 自动跟踪定位射流灭火系统

10.1 本工程一层至三层间共享大厅设置2套自动跟踪定位射流灭火装置。

10.2 自动跟踪定位射流灭火装置主要由水泵、水流指示器、电磁阀、灭火装置组成，灭火装置与探测器一体设计，当装置探测器探测到火灾信号后发出指令联动，打开相应的电磁阀，驱动消防泵进行灭火，并打开声光报警。系统设自动和手动两种控制。

10.3 本系统设计用水量为20L/s，设计工作压力为0.95MPa，系统工作压力为1.25MPa。

10.4 系统采用临时高压系统。自地下二层消防水泵房内自动喷水灭火给水泵组出水管上接出一条给水管至自动跟踪定位射流灭火装置系统管网。

附录B 装配式箱泵一体化给水泵站

附表B-1 装配式箱泵一体化智慧消防泵站选型一览表

序号	泵站型号	有效容积 (m^3)	泵房尺寸 $L_b \times W_b \times H$ (m)	水箱尺寸 $L_x \times W_x \times H$ (m)	配置水泵型号	额定流量 (L/s)	压力 (MPa)	功率 (kW)	总功率 (kW)
1	XBZ-108-0.80/15/W-M	108	5×8×3.15	5×8×3.15	XBD8.0/15G-MX	15	0.80	22	36.5
2	XBZ-180-0.70/25/W-M	180	5×8×3.15	9×8×3.15	XBD7.0/25G-MX	25	0.70	37	51.5
3	XBZ-180-0.60/15/W-0.60/20-M	180	5×10×3.15	7×10×3.15	XBD6.0/15G-MX	15	0.60	15	51.5
					XBD6.0/20G-MX	20	0.60	22	
4	XBZ-180-0.40/15/W-0.90/20/W-M	180	5×12×3.15	6×12×3.15	XBD4.0/15G-MX	15	0.40	11	72
					XBD9.0/20G-MX	20	0.90	45	
5	XBZ-216-0.60/30/W-M	216	5×8×3.15	10×8×3.15	XBD6.0/30G-MX	30	0.60	30	44.5
6	XBZ-216-1.10/15/W-0.85/30/W-M	216	5×12×3.15	7×12×3.15	XBD11.0/15G-MX	15	1.10	30	91
					XBD8.5/30G-MX	30	0.85	45	
7	XBZ-252-0.40/15/W-0.50/40-M	252	5×10×3.15	10×10×3.15	XBD4.0/15G-MX	15	0.40	11	70.5
					XBD5.0/40G-MX	40	0.50	45	
8	XBZ-252-0.50/15/W-0.60/40/W-M	252	5×12×3.15	8×12×3.15	XBD5.0/15G-MX	15	0.50	15	76
					XBD6.0/40G-MX	40	0.60	45	
9	XBZ-288-0.60/40/W-M	288	5×8×3.15	14×8×3.15	XBD6.0/40G-MX	40	0.60	45	59.5
10	XBZ-288-0.90/30/W-1.00/20-M	288	5×11×3.15	10×11×3.15	XBD9.0/30G-MX	30	0.90	55	114.5
					XBD11.0/20G-MX	20	1.00	45	
11	XBZ-324-0.50/45/W-M	324	5×8×3.15	15×8×3.15	XBD5.0/45G-MX	45	0.50	45	59.5
12	XBZ-324-0.60/30/W-0.70/30-M	324	5×10×3.15	12×10×3.15	XBD6.0/30G-MX	30	0.60	30	89.5
					XBD7.5/30G-MX	30	0.70	45	
13	XBZ-324-0.45/30/W-0.50/30/W-M	324	5×12×3.15	10×12×3.15	XBD4.5/30G-MX	30	0.45	15	61
					XBD5.0/30G-MX	30	0.50	30	
14	XBZ-396-0.60/55/W-M	396	5×8×3.15	18×8×3.15	XBD6.0/55G-MX	55	0.60	45	59.5

续表

序号	泵站型号	有效容积(m^3)	泵房尺寸 $L_b \times W_b \times H$(m)	水箱尺寸 $L_x \times W_x \times H$(m)	配置水泵型号	额定流量(L/s)	压力(MPa)	功率(kW)	总功率(kW)
15	XBZ-396-0.40/15-0.60/25-0.80/30/W-M	396	5×12×3.15	12×12×3.15	XBD4.0/15G-MX	15	0.40	11	100.5
					XBD6.0/25G-MX	25	0.60	30	
					XBD8.0/30G-MX	30	0.80	45	
16	XBZ-432-0.80/60/W-M	432	6×9×3.15	18×9×3.15	XBD8.0/60G-MX	60	0.80	90	104.5
17	XBZ-432-0.50/40/W-0.60/40/W-M	432	7×12×3.15	14×12×3.15	XBD5.0/40G-MX	40	0.50	45	106
					XBD6.0/40G-MX	40	0.60	45	
18	XBZ-432-0.65/15-0.60/30-0.75/30/W-M	432	5×12×3.15	14×12×3.15	XBD6.5/15G-MX	15	0.65	15	104.5
					XBD6.0/30G-MX	30	0.60	30	
					XBD7.5/30G-MX	30	0.75	45	
19	XBZ-432-0.50/15/W-0.50/30/W-0.60/30/W-M	432	5×16×3.15	10×16×3.15	XBD5.0/15G-MX	15	0.50	15	92.5
					XBD5.0/30G-MX	30	0.50	30	
					XBD6.0/30G-MX	30	0.60	30	
20	XBZ-540-0.70/25/W-0.80/50/W-M	540	7×14×3.15	15×14×3.15	XBD7.0/25G-MX	25	0.70	37	128
					XBD8.0/50G-MX	50	0.80	75	
21	XBZ-540-0.70/20-0.50/30-0.80/40/W-M	540	7×14×3.15	15×14×3.15	XBD7.0/20G-MX	20	0.70	30	129.5
					XBD5.0/30G-MX	30	0.50	30	
					XBD8.0/40G-MX	40	0.80	55	
22	XBZ-540-0.50/20/W-0.60/30/W-0.70/40/W-M	540	7×18×3.15	11×18×3.15	XBD5.3/20G-MX	20	0.50	22	124.5
					XBD6.0/30G-MX	30	0.60	30	
					XBD7.0/40G-MX	40	0.70	55	
23	XBZ-666-0.50/40-0.60/40/W-0.70/25-M	666	7×14×3.15	18×14×3.15	XBD5.0/40G-MX	40	0.50	45	141.5
					XBD6.0/40G-MX	40	0.60	45	
					XBD7.0/25G-MX	25	0.70	37	
24	XBZ-720-0.60/40-0.50/35/W-0.80/50-M	720	7×14×3.15	19×14×3.15	XBD6.0/40G-MX	40	0.60	45	171.5
					XBD5.0/35G-MX	35	0.50	37	
					XBD8.0/50G-MX	50	0.80	75	
25	XBZ-1296-0.60/40-0.80/45/W-1.10/50-M	1296	7×16×3.15	15×16×3.15+15×16×3.15	XBD6.0/40G-MX	40	0.60	45	204.5
					XBD8.0/45G-MX	45	0.80	55	
					XBD11.0/50G-MX	50	1.10	90	

注：1. 泵站型号不限于此表，其他型号可根据项目现场的扬程、流量、场地面积等需求另行设计供应；

2. 每个型号机组配置2台水泵，1用1备；

3. 泵站型号中W为一套稳压机组，每套稳压泵组配置2台稳压泵，1用1备，稳压泵的流量、扬程根据设计需求而定。

附表 B-2 装配式箱泵一体化生活给水泵站选型一览表（埋地型）

序号	型号	泵站总尺寸 长×宽×高 (mm)	泵房尺寸 长×宽×高 (mm)	水箱有效容积 (m³)	流量 (m^3/h)	额定压力 (MPa)	变频泵组 型号	变频泵组 功率×台数	控制柜型号	运行方式
1						0.16	MS8-20-2	0.75×2	LSK-0.75/2-QB	
2						0.25	MS8-20	1.1×2	LSK-1.1/2-QB	
3						0.34	MS8-30-1	1.5×2	LSK-1.5/2-QB	
4						0.38	MS8-30	2.2×2	LSK-2.2/2-QB	
5						0.51	MS8-40	2.2×2	LSK-2.2/2-QB	
6						0.64	MS8-50	3×2	LSK-3/2-QB	
7						0.67	MS8-60-2	3×2	LSK-3/2-QB	
8						0.77	MS8-60	4×2	LSK-4/2-QB	
9						0.90	MS8-70	4×2	LSK-4/2-QB	
10	SBZ-20-□/10-M	5000×4000×3000	3000×4000×3000	20	10	1.03	MS8-80	4×2	LSK-4/2-QB	1用1备
11						1.16	MS8-90	5.5×2	LSK-5.5/2-QB	
12						1.28	MS8-100	5.5×2	LSK-5.5/2-QB	
13						1.36	MS8-110-1	5.5×2	LSK-5.5/2-QB	
14						1.41	MS8-110	7.5×2	LSK-7.5/2-QB	
15						1.54	MS8-120	7.5×2	LSK-7.5/2-QB	
16						1.67	MS8-130	7.5×2	LSK-7.5/2-QB	
17						1.71	MS8-140-1	7.5×2	LSK-7.5/2-QB	
18						1.80	MS8-140	11×2	LSK-11/2-QB	
19						1.93	MS8-150	11×2	LSK-11/2-QB	
20						0.22	MS16-20-2	2.2×2	LSK-2.2/2-QB	
21						0.32	MS16-20	3×2	LSK-3/2-QB	
22						0.48	MS16-30	4×2	LSK-4/2-QB	
23						0.63	MS16-40	5.5×2	LSK-5.5/2-QB	
24						0.70	MS16-50-2	5.5×2	LSK-5.5/2-QB	
25	SBZ-30-□/16-M	6000×4000×3000	3000×4000×3000	30	16	0.79	MS16-50	7.5×2	LSK-7.5/2-QB	1用1备
26						0.95	MS16-60	7.5×2	LSK-7.5/2-QB	
27						1.10	MS16-70	11×2	LSK-11/2-QB	
28						1.26	MS16-80	11×2	LSK-11/2-QB	
29						1.42	MS16-90	11×2	LSK-11/2-QB	
30						1.58	MS16-100	15×2	LSK-15/2-QB	
31						1.73	MS16-110	15×2	LSK-15/2-QB	

续表

序号	型号	泵站总尺寸长×宽×高(mm)	泵房尺寸长×宽×高(mm)	水箱有效容积(m^3)	流量(m^3/h)	额定压力(MPa)	变频泵组		控制柜型号	运行方式
							型号	功率×台数		
32	SBZ-50-□/24-M	7000×5000×3000	3000×5000×3000	50	24	0.20	MS12-20-2	1.5×3	LSK-1.5/3-QB	2用1备
33						0.30	MS12-20	2.2×3	LSK-2.2/3-QB	
34						0.45	MS12-30	3×3	LSK-3/3-QB	
35						0.50	MS12-40-2	3×3	LSK-3/3-QB	
36						0.60	MS12-40	4×3	LSK-4/3-QB	
37						0.75	MS12-50	5.5×3	LSK-5.5/3-QB	
38						0.90	MS12-60	5.5×3	LSK-5.5/3-QB	
39						1.05	MS12-70	7.5×3	LSK-7.5/3-QB	
40						1.20	MS12-80	7.5×3	LSK-7.5/3-QB	
41						1.35	MS12-90	11×3	LSK-11/3-QB	
42						1.50	MS12-100	11×3	LSK-11/3-QB	
43						1.65	MS12-110	11×3	LSK-11/3-QB	
44						1.80	MS12-120	11×3	LSK-11/3-QB	
45	SBZ-62-□/30-M	8000×5000×3000	3000×5000×3000	62	30	0.16	MS15-10	1.5×3	LSK-1.5/3-QB	2用1备
46						0.22	MS15-20-2	2.2×3	LSK-2.2/3-QB	
47						0.32	MS15-20	3×3	LSK-3/3-QB	
48						0.48	MS15-30	4×3	LSK-4/3-QB	
49						0.58	MS15-40-1	4×3	LSK-4/3-QB	
50						0.64	MS15-40	5.5×3	LSK-5.5/3-QB	
51						0.80	MS15-50	5.5×3	LSK-5.5/3-QB	
52						0.96	MS15-60	7.5×3	LSK-7.5/3-QB	
53						1.06	MS15-70-1	7.5×3	LSK-7.5/3-QB	
54						1.12	MS15-70	11×3	LSK-11/3-QB	
55						1.28	MS15-80	11×3	LSK-11/3-QB	
56						1.44	MS15-90	11×3	LSK-11/3-QB	
57						1.60	MS15-100	11×3	LSK-11/3-QB	
58						1.76	MS15-110	15×3	LSK-15/3-QB	
59						1.92	MS15-120	15×3	LSK-15/3-QB	
60	SBZ-75-□/40-M	9000×5000×2000	3000×5000×3000	75	40	0.15	MS20-10	1.5×3	LSK-1.5/3-QB	2用1备
61						0.23	MS20-20-2	2.2×3	LSK-2.2/3-QB	
62						0.32	MS20-20	4×3	LSK-4/3-QB	
63						0.48	MS20-30	5.5×3	LSK-5.5/3-QB	
64						0.58	MS20-40-1	5.5×3	LSK-5.5/3-QB	
65						0.64	MS20-40	7.5×3	LSK-7.5/3-QB	

续表

序号	型号	泵站总尺寸 长×宽×高 (mm)	泵房尺寸 长×宽×高 (mm)	水箱有效容积 (m^3)	流量 (m^3/h)	额定压力 (MPa)	变频泵组 型号	变频泵组 功率×台数	控制柜型号	运行方式
66	SBZ-75-□/40-M	9000×5000×2000	3000×5000×3000	75	40	0.80	MS20-50	7.5×3	LSK-7.5/3-QB	2用1备
67						0.95	MS20-60	11×3	LSK-11/3-QB	
68						1.11	MS20-70	11×3	LSK-11/3-QB	
69						1.18	MS20-80-2	11×3	LSK-11/3-QB	
70						1.27	MS20-80	15×3	LSK-15/3-QB	
71						1.43	MS20-90	15×3	LSK-15/3-QB	
72						1.59	MS20-100	15×3	LSK-15/3-QB	
73						1.67	MS20-110-2	15×3	LSK-15/3-QB	
74						1.75	MS20-110	18.5×3	LSK-18.5/3-QB	
75	SBZ-90-□/64-M	10000×6000×3000	4000×6000×3000	90	64	0.19	MS32-10	3×3	LSK-3/3-QB	2用1备
76						0.27	MS32-20-2	4×3	LSK-4/3-QB	
77						0.38	MS32-20	5.5×3	LSK-5.5/3-QB	
78						0.46	MS32-30-2	7.5×3	LSK-7.5/3-QB	
79						0.57	MS32-30	11×3	LSK-11/3-QB	
80						0.65	MS32-40-2	11×3	LSK-11/3-QB	
81						0.77	MS32-40	11×3	LSK-11/3-QB	
82						0.84	MS32-50-2	15×3	LSK-15/3-QB	
83						0.96	MS32-50	15×3	LSK-15/3-QB	
84						1.04	MS32-60-2	15×3	LSK-15/3-QB	
85						1.15	MS32-60	18.5×3	LSK-18.5/3-QB	
86						1.23	MS32-70-2	18.5×3	LSK-18.5/3-QB	
87						1.34	MS32-70	18.5×3	LSK-18.5/3-QB	
88						1.42	MS32-80-2	22×3	LSK-22/3-QB	
89						1.53	MS32-80	22×3	LSK-22/3-QB	
90						1.61	MS32-90-2	22×3	LSK-22/3-QB	
91						1.72	MS32-90	30×3	LSK-30/3-QB	
92						1.80	MS32-100-2	30×3	LSK-30/3-QB	
93	SBZ-120-□/90-M	12000×6000×3000	4000×6000×3000	120	90	0.19	MS45-10-1	4×3	LSK-4/3-QB	2用1备
94						0.23	MS45-10	5.5×3	LSK-5.5/3-QB	
95						0.39	MS45-20-2	7.5×3	LSK-7.5/3-QB	
96						0.48	MS45-20	11×3	LSK-11/3-QB	
97						0.63	MS45-30-2	11×3	LSK-11/3-QB	
98						0.71	MS45-30	15×3	LSK-15/3-QB	
99						0.87	MS45-40-2	18.5×3	LSK-18.5/3-QB	

续表

序号	型号	泵站总尺寸长×宽×高(mm)	泵房尺寸长×宽×高(mm)	水箱有效容积(m^3)	流量(m^3/h)	额定压力(MPa)	变频泵组		控制柜型号	运行方式
							型号	功率×台数		
100	SBZ-120-□/90-M	12000×6000×3000	4000×6000×3000	120	90	0.95	MS45-40	18.5×3	LSK-18.5/3-QB	2用1备
101						1.10	MS45-50-2	18.5×3	LSK-18.5/3-QB	
102						1.19	MS45-50	22×3	LSK-22/3-QB	
103						1.34	MS45-60-2	30×3	LSK-30/3-QB	
104						1.43	MS45-60	30×3	LSK-30/3-QB	
105						1.58	MS45-70-2	30×3	LSK-30/3-QB	
106						1.66	MS45-70	30×3	LSK-30/3-QB	
107						1.82	MS45-80-2	37×3	LSK-37/3-QB	
108	SBZ-175-□/135-M	14000×7000×3000	4000×7000×3000	175	135	0.19	MS45-10-1	4×4	LSK-4/4-QB	3用1备
109						0.23	MS45-10	5.5×4	LSK-5.5/4-QB	
110						0.39	MS45-20-2	7.5×4	LSK-7.5/4-QB	
111						0.48	MS45-20	11×4	LSK-11/4-QB	
112						0.63	MS45-30-2	11×4	LSK-11/4-QB	
113						0.71	MS45-30	15×4	LSK-15/4-QB	
114						0.87	MS45-40-2	18.5×4	LSK-18.5/4-QB	
115						0.95	MS45-40	18.5×4	LSK-18.5/4-QB	
116						1.10	MS45-50-2	18.5×4	LSK-18.5/4-QB	
117						1.19	MS45-50	22×4	LSK-22/4-QB	
118						1.34	MS45-60-2	30×4	LSK-30/4-QB	
119						1.43	MS45-60	30×4	LSK-30/4-QB	
120						1.58	MS45-70-2	30×4	LSK-30/4-QB	
121						1.66	MS45-70	30×4	LSK-30/4-QB	
122						1.82	MS45-80-2	37×4	LSK-37/4-QB	
123	SBZ-290-□/180-M	18000×9000×3000	5000×9000×3000	290	180	0.21	MS64-10-1	5.5×4	LSK-5.5/4-QB	3用1备
124						0.28	MS64-10	7.5×4	LSK-7.5/4-QB	
125						0.43	MS64-20-2	11×4	LSK-11/4-QB	
126						0.55	MS64-20	15×4	LSK-15/4-QB	
127						0.71	MS64-30-2	18.5×4	LSK-18.5/4-QB	
128						0.83	MS64-30	22×4	LSK-22/4-QB	
129						0.98	MS64-40-2	30×4	LSK-30/4-QB	
130						1.10	MS64-40	30×4	LSK-30/4-QB	
131						1.26	MS64-50-2	37×4	LSK-37/4-QB	
132						1.38	MS64-50	37×4	LSK-37/4-QB	
133						1.53	MS64-60-2	45×4	LSK-45/4-QB	
134						1.65	MS64-60	45×4	LSK-45/4-QB	
135						1.81	MS64-70-2	55×4	LSK-45/4-QB	

续表

序号	型号	泵站总尺寸 长×宽×高 (mm)	泵房尺寸 长×宽×高 (mm)	水箱有效容积 (m^3)	流量 (m^3/h)	额定压力 (MPa)	变频泵组 型号	变频泵组 功率×台数	控制柜型号	运行方式
136	SBZ-420-□/300-M	18000×12000×3000	9000×5000×3000	420	300	0.22	MS100-10	7.5×4	LSK-7.5/4-QB	3用1备
137						0.28	MS100-20-2	11×4	LSK-11/4-QB	
138						0.43	MS100-20	15×4	LSK-15/4-QB	
139						0.52	MS100-30-2	18.5×4	LSK-18.5/4-QB	
140						0.65	MS100-30	22×4	LSK-22/4-QB	
141						0.71	MS100-40-2	30×4	LSK-30/4-QB	
142						0.87	MS100-40	30×4	LSK-30/4-QB	
143						0.93	MS100-50-2	37×4	LSK-37/4-QB	
144						1.09	MS100-50	37×4	LSK-37/4-QB	
145						1.15	MS100-60-2	45×4	LSK-45/4-QB	
146						1.32	MS100-60	45×4	LSK-45/4-QB	
147						1.37	MS100-70-2	55×4	LSK-55/4-QB	
148						1.56	MS100-70	55×4	LSK-55/4-QB	

注：此选型表仅列举了埋地型泵站部分型号，有地上型泵站选型要求及技术问题请咨询专业厂家。

附录C 生活给水设备技术资料

附表 C-1 ZBD无负压多用途给水设备（二台泵）技术参数一览表

序号	参考户数	设备型号	流量 (m^3/h)	扬程 (m)	进/出水管径 DN_1/DN_2 (mm)	外形尺寸 长×宽 (mm)	推荐水泵		
							型号	台数	功率 (kW)
1	15	ZBD8.5-10-2	8.5	10	65/65	1535×791	SLB5-2	2	0.37
		ZBD8.5-21-2		21			SLB5-4		0.55
		ZBD8.5-28-2		28			SLB5-5		0.75
		ZBD8.5-39-2		39			SLB5-7		1.1
		ZBD8.5-50-2		50			SLB5-9		1.5
		ZBD8.5-57-2		57			SLB5-10		1.5
		ZBD8.5-64-2		64			SLB5-11		2.2
		ZBD8.5-70-2		70			SLB5-12		2.2
		ZBD8.5-76-2		76			SLB5-13		2.2
		ZBD8.5-81-2		81			SLB5-14		2.2
		ZBD8.5-87-2		87			SLB5-15		2.2
		ZBD8.5-93-2		93			SLB5-16		2.2
		ZBD8.5-107-2		107			SLB5-18		3.0
		ZBD8.5-118-2		118			SLB5-20		3.0
		ZBD8.5-132-2		132			SLB5-22		4.0
		ZBD8.5-143-2		143			SLB5-24		4.0
		ZBD8.5-155-2		155			SLB5-26		4.0
2	20	ZBD10-20-2	10	20	65/65	1535×791	SLB5-4	2	0.55
		ZBD10-25-2		25			SLB5-5		0.75
		ZBD10-32-2		32			SLB5-6		1.1
		ZBD10-36-2		36			SLB5-7		1.1
		ZBD10-42-2		42			SLB5-8		1.1
		ZBD10-48-2		48			SLB5-9		1.5
		ZBD10-55-2		55			SLB5-10		1.5
		ZBD10-60-2		60			SLB5-11		2.2
		ZBD10-66-2		66			SLB5-12		2.2
		ZBD10-72-2		72			SLB5-13		2.2
		ZBD10-76-2		76			SLB5-14		2.2
		ZBD10-82-2		82			SLB5-15		2.2

续表

序号	参考户数	设备型号	流量 (m^3/h)	扬程 (m)	进/出水管径 DN_1/DN_2 (mm)	外形尺寸 长×宽 (mm)	推荐水泵		
							型号	台数	功率 (kW)
2	20	ZBD10-87-2	10	87	65/65	1535×791	SLB5-16	2	2.2
		ZBD10-100-2		100			SLB5-18		3.0
		ZBD10-110-2		110			SLB5-20		3.0
		ZBD10-125-2		125			SLB5-22		4.0
		ZBD10-135-2		135			SLB5-24		4.0
		ZBD10-146-2		146			SLB5-26		4.0
3	30	ZBD13-20-2	13	20	65/65	1535×791	SLB5-5	2	0.75
		ZBD13-25-2		25			SLB5-6		1.1
		ZBD13-29-2		29			SLB5-7		1.1
		ZBD13-33-2		33			SLB5-8		1.1
		ZBD13-40-2		40			SLB5-9		1.5
		ZBD13-44-2		44			SLB5-10		1.5
		ZBD13-50-2		50			SLB5-11		2.2
		ZBD13-55-2		55			SLB5-12		2.2
		ZBD13-60-2		60			SLB5-13		2.2
		ZBD13-64-2		64			SLB5-14		2.2
		ZBD13-68-2		68			SLB5-15		2.2
		ZBD13-72-2		72			SLB5-16		2.2
		ZBD13-85-2		85			SLB5-18		3.0
		ZBD13-92-2		92			SLB5-20		3.0
		ZBD13-106-2		106			SLB5-22		4.0
		ZBD13-113-2		113			SLB5-24		4.0
		ZBD13-123-2		123			SLB5-26		4.0
		ZBD13-137-2		137			SLB5-29		4.0
		ZBD13-154-2		154			SLB5-32		5.5
4	40	ZBD15-18-2	15	18	80/80	1535×791	SLB10-2	2	0.75
		ZBD15-28-2		28			SLB10-3		1.1
		ZBD15-37-2		37			SLB10-4		1.5
		ZBD15-47-2		47			SLB10-5		2.2
		ZBD15-56-2		56			SLB10-6		2.2
		ZBD15-68-2		68			SLB10-7		3.0
		ZBD15-77-2		77			SLB10-8		3.0
		ZBD15-85-2		85			SLB10-9		3.0
		ZBD15-95-2		95			SLB10-10		4.0

续表

序号	参考户数	设备型号	流量（m^3/h）	扬程（m）	进/出水管径 DN_1/DN_2（mm）	外形尺寸长×宽（mm）	推荐水泵		
							型号	台数	功率（kW）
4	40	ZBD15-112-2	15	112	80/80	1535×791	SLB10-12	2	4.0
		ZBD15-132-2		132			SLB10-14		5.5
		ZBD15-150-2		150			SLB10-16		5.5
5	50	ZBD18-25-2	18	25	80/80	1535×791	SLB10-3	2	1.1
		ZBD18-34-2		34			SLB10-4		1.5
		ZBD18-43-2		43			SLB10-5		2.2
		ZBD18-51-2		51			SLB10-6		2.2
		ZBD18-69-2		69			SLB10-8		3.0
		ZBD18-78-2		78			SLB10-9		3.0
		ZBD18-88-2		88			SLB10-10		4.0
		ZBD18-105-2		105			SLB10-12		4.0
		ZBD18-122-2		122			SLB10-14		5.5
		ZBD18-140-2		140			SLB10-16		5.5
		ZBD18-160-2		160			SLB10-18		7.5
		ZBD18-177-2		177			SLB10-20		7.5
6	75	ZBD21-22-2	21	22	80/80	1535×791	SLB10-3	2	1.1
		ZBD21-30-2		30			SLB10-4		1.5
		ZBD21-39-2		39			SLB10-5		2.2
		ZBD21-47-2		47			SLB10-6		2.2
		ZBD21-62-2		62			SLB10-8		3.0
		ZBD21-70-2		70			SLB10-9		3.0
		ZBD21-92-2		92			SLB10-12		4.0
		ZBD21-110-2		110			SLB10-14		5.5
		ZBD21-125-2		125			SLB10-16		5.5
		ZBD21-145-2		145			SLB10-18		7.5
		ZBD21-160-2		160			SLB10-20		7.5
		ZBD21-172-2		172			SLB10-22		7.5
7	100	ZBD24-26-2	24	26	100/100	1640×820	SLB15-2	2	2.2
		ZBD24-38-2		38			SLB15-3		3.0
		ZBD24-51-2		51			SLB15-4		4.0
		ZBD24-64-2		64			SLB15-5		4.0
		ZBD24-77-2		77			SLB15-6		5.5
		ZBD24-90-2		90			SLB15-7		5.5
		ZBD24-102-2		102			SLB15-8		7.5

续表

序号	参考户数	设备型号	流量(m^3/h)	扬程(m)	进/出水管径 DN_1/DN_2 (mm)	外形尺寸长×宽(mm)	推荐水泵		
							型号	台数	功率(kW)
7	100	ZBD24-115-2	24	115	100/100	1640×820	SLB15-9	2	7.5
		ZBD24-130-2		130			SLB15-10		11
		ZBD24-155-2		155			SLB15-12		11
		ZBD24-180-2		180			SLB15-14		11
8	125	ZBD28-24-2	28	24	100/100	1640×820	SLB15-2	2	2.2
		ZBD28-36-2		36			SLB15-3		3.0
		ZBD28-49-2		49			SLB15-4		4.0
		ZBD28-61-2		61			SLB15-5		4.0
		ZBD28-73-2		73			SLB15-6		5.5
		ZBD28-85-2		85			SLB15-7		5.5
		ZBD28-98-2		98			SLB15-8		7.5
		ZBD28-110-2		110			SLB15-9		7.5
		ZBD28-125-2		125			SLB15-10		11
		ZBD28-150-2		150			SLB15-12		11
		ZBD28-172-2		172			SLB15-14		11
9	150	ZBD30-23-2	30	23	100/100	1640×820	SLB15-2	2	2.2
		ZBD30-35-2		35			SLB15-3		3.0
		ZBD30-48-2		48			SLB15-4		4.0
		ZBD30-60-2		60			SLB15-5		4.0
		ZBD30-75-2		75			SLB15-6		5.5
		ZBD30-85-2		85			SLB15-7		5.5
		ZBD30-96-2		96			SLB15-8		7.5
		ZBD30-108-2		108			SLB15-9		7.5
		ZBD30-121-2		121			SLB15-10		11
		ZBD30-145-2		145			SLB15-12		11
		ZBD30-167-2		167			SLB15-14		11
10	175	ZBD32-22-2	32	22	100/100	1640×820	SLB15-2	2	2.2
		ZBD32-34-2		34			SLB15-3		3.0
		ZBD32-47-2		47			SLB15-4		4.0
		ZBD32-58-2		58			SLB15-5		4.0
		ZBD32-69-2		69			SLB15-6		5.5
		ZBD32-80-2		80			SLB15-7		5.5
		ZBD32-93-2		93			SLB15-8		7.5
		ZBD32-104-2		104			SLB15-9		7.5

续表

序号	参考户数	设备型号	流量 (m^3/h)	扬程 (m)	进/出水管径 DN_1/DN_2 (mm)	外形尺寸长×宽 (mm)	推荐水泵		
							型号	台数	功率 (kW)
10	175	ZBD32-118-2	32	118	100/100	1640×820	SLB15-10	2	11
		ZBD32-140-2		140			SLB15-12		11
		ZBD32-163-2		163			SLB15-14		11
11	200	ZBD34-21-2	34	21	100/100	1640×820	SLB15-2	2	2.2
		ZBD34-33-2		33			SLB15-3		3.0
		ZBD34-44-2		44			SLB15-4		4.0
		ZBD34-55-2		55			SLB15-5		4.0
		ZBD34-66-2		66			SLB15-6		5.5
		ZBD34-78-2		78			SLB15-7		5.5
		ZBD34-90-2		90			SLB15-8		7.5
		ZBD34-100-2		100			SLB15-9		7.5
		ZBD34-113-2		113			SLB15-10		11
		ZBD34-136-2		136			SLB15-12		11
		ZBD34-157-2		157			SLB15-14		11
12	225	ZBD36-20-2	36	20	100/100	1640×820	SLB15-2	2	2.2
		ZBD36-31-2		31			SLB15-3		3.0
		ZBD36-42-2		42			SLB15-4		4.0
		ZBD36-53-2		53			SLB15-5		4.0
		ZBD36-63-2		63			SLB15-6		5.5
		ZBD36-75-2		75			SLB15-7		5.5
		ZBD36-86-2		86			SLB15-8		7.5
		ZBD36-96-2		96			SLB15-9		7.5
		ZBD36-109-2		109			SLB15-10		11
		ZBD36-131-2		131			SLB15-12		11
		ZBD36-151-2		151			SLB15-14		11
13	250	ZBD39-20-2	39	20	100/100	1640×820	SLB15-2	2	2.2
		ZBD39-28-2		28			SLB15-3		3.0
		ZBD39-40-2		40			SLB15-4		4.0
		ZBD39-49-2		49			SLB15-5		4.0
		ZBD39-60-2		60			SLB15-6		5.5
		ZBD39-72-2		72			SLB15-7		5.5
		ZBD39-81-2		81			SLB15-8		7.5
		ZBD39-90-2		90			SLB15-9		7.5
		ZBD39-102-2		102			SLB15-10		11

续表

序号	参考户数	设备型号	流量 (m^3/h)	扬程 (m)	进/出水管径 DN_1/DN_2 (mm)	外形尺寸 长×宽 (mm)	推荐水泵		
							型号	台数	功率 (kW)
13	250	ZBD39-122-2	39	122	100/100	1640×820	SLB15-12	2	11
		ZBD39-141-2		141			SLB15-14		11
		ZBD39-173-2		173			SLB15-17		15
14	275	ZBD42-22-2	42	22	100/100	1640×820	SLB20-2	2	2.2
		ZBD42-35-2		35			SLB20-3		4.0
		ZBD42-47-2		47			SLB20-4		5.5
		ZBD42-58-2		58			SLB20-5		5.5
		ZBD42-70-2		70			SLB20-6		7.5
		ZBD42-82-2		82			SLB20-7		7.5
		ZBD42-94-2		94			SLB20-8		11
		ZBD42-118-2		118			SLB20-10		11
		ZBD42-143-2		143			SLB20-12		15
		ZBD42-165-2		165			SLB20-14		15
15	300	ZBD46-20-2	46	20	100/100	1640×820	SLB20-2	2	2.2
		ZBD46-32-2		32			SLB20-3		4.0
		ZBD46-43-2		43			SLB20-4		5.5
		ZBD46-54-2		54			SLB20-5		5.5
		ZBD46-65-2		65			SLB20-6		7.5
		ZBD46-76-2		76			SLB20-7		7.5
		ZBD46-90-2		90			SLB20-8		11
		ZBD46-110-2		110			SLB20-10		11
		ZBD46-132-2		132			SLB20-12		15
		ZBD46-154-2		154			SLB20-14		15
16	350	ZBD48-17-2	48	17	150/150	1700×845	SLB32-1	2	2.2
		ZBD48-25-2		25			SLB32-2-2		3.0
		ZBD48-32-2		32			SLB32-2		4.0
		ZBD48-44-2		44			SLB32-3-2		5.5
		ZBD48-61-2		61			SLB32-4-2		7.5
		ZBD48-80-2		80			SLB32-5-2		11
		ZBD48-97-2		97			SLB32-6-2		11
		ZBD48-102-2		102			SLB32-6		11
		ZBD48-114-2		114			SLB32-7-2		15
		ZBD48-120-2		120			SLB32-7		15
		ZBD48-130-2		130			SLB32-8-2		15

续表

序号	参考户数	设备型号	流量 (m^3/h)	扬程 (m)	进/出水管径 DN_1/DN_2 (mm)	外形尺寸长×宽 (mm)	推荐水泵		
							型号	台数	功率 (kW)
16	350	ZBD48-136-2	48	136	150/150	1700×845	SLB32-8	2	15
		ZBD48-155-2		155			SLB32-9		18.5
		ZBD48-166-2		166			SLB32-10-2		18.5
17	400	ZBD53-26-2	53	26	150/150	1700×845	SLB32-2-2	2	3.0
		ZBD53-32-2		32			SLB32-2		4.0
		ZBD53-42-2		42			SLB32-3-2		5.5
		ZBD53-58-2		58			SLB32-4-2		7.5
		ZBD53-77-2		77			SLB32-5-2		11
		ZBD53-91-2		91			SLB32-6-2		11
		ZBD53-98-2		98			SLB32-6		11
		ZBD53-110-2		110			SLB32-7-2		15
		ZBD53-115-2		115			SLB32-7		15
		ZBD53-125-2		125			SLB32-8-2		15
		ZBD53-130-2		130			SLB32-8		15
		ZBD53-142-2		142			SLB32-9-2		18.5
		ZBD53-148-2		148			SLB32-9		18.5
		ZBD53-158-2		158			SLB32-10-2		18.5
		ZBD53-164-2		164			SLB32-10		18.5
18	450	ZBD58-23-2	58	23	150/150	1700×845	SLB32-2-2	2	3.0
		ZBD58-30-2		30			SLB32-2		4.0
		ZBD58-38-2		38			SLB32-3-2		5.5
		ZBD58-54-2		54			SLB32-4-2		7.5
		ZBD58-70-2		70			SLB32-5-2		11
		ZBD58-90-2		90			SLB32-6		11
		ZBD58-102-2		102			SLB32-7-2		15
		ZBD58-110-2		110			SLB32-7		15
		ZBD58-118-2		118			SLB32-8-2		15
		ZBD58-124-2		124			SLB32-8		15
		ZBD58-135-2		135			SLB32-9-2		18.5
		ZBD58-141-2		141			SLB32-9		18.5
		ZBD58-150-2		150			SLB32-10-2		18.5
		ZBD58-156-2		156			SLB32-10		18.5

续表

序号	参考户数	设备型号	流量 (m^3/h)	扬程 (m)	进/出水管径 DN_1/DN_2 (mm)	外形尺寸 长×宽 (mm)	推荐水泵		
							型号	台数	功率 (kW)
19	500	ZBD63-21-2	63	21	150/150	1700×845	SLB32-2-2	2	3.0
		ZBD63-28-2		28			SLB32-2		4.0
		ZBD63-37-2		37			SLB32-3-2		5.5
		ZBD63-51-2		51			SLB32-4-2		7.5
		ZBD63-68-2		68			SLB32-5-2		11
		ZBD63-81-2		81			SLB32-6-2		11
		ZBD63-97-2		97			SLB32-7-2		15
		ZBD63-116-2		116			SLB32-8		15
		ZBD63-126-2		126			SLB32-9-2		18.5
		ZBD63-133-2		133			SLB32-9		18.5
		ZBD63-140-2		140			SLB32-10-2		18.5
		ZBD63-147-2		147			SLB32-10		18.5
20	600	ZBD72-24-2	72	24	150/150	1700×845	SLB32-2	2	4.0
		ZBD72-30-2		30			SLB32-3-2		5.5
		ZBD72-42-2		42			SLB32-4-2		7.5
		ZBD72-57-2		57			SLB32-5-2		11
		ZBD72-69-2		69			SLB32-6-2		11
		ZBD72-81-2		81			SLB32-7-2		15
		ZBD72-95-2		95			SLB32-8-2		15
		ZBD72-100-2		100			SLB32-8		15
		ZBD72-108-2		108			SLB32-9-2		18.5
		ZBD72-115-2		115			SLB32-9		18.5
		ZBD72-120-2		120			SLB32-10-2		18.5
		ZBD72-127-2		127			SLB32-10		18.5
21	700	ZBD80-16-2	80	16	150/150	1800×893	SLB45-1-1	2	3.0
		ZBD80-20-2		20			SLB45-1		4.0
		ZBD80-36-2		36			SLB45-2-2		5.5
		ZBD80-41-2		41			SLB45-2		7.5
		ZBD80-58-2		58			SLB45-3-2		11
		ZBD80-64-2		64			SLB45-3		11
		ZBD80-79-2		79			SLB45-4-2		15
		ZBD80-87-2		87			SLB45-4		15
		ZBD80-100-2		100			SLB45-5-2		18.5
		ZBD80-108-2		108			SLB45-5		18.5
		ZBD80-130-2		130			SLB45-6		22

续表

序号	参考户数	设备型号	流量 (m^3/h)	扬程 (m)	进/出水管径 DN_1/DN_2 (mm)	外形尺寸长×宽 (mm)	推荐水泵		
							型号	台数	功率 (kW)
22	800	ZBD90-19-2	90	19	150/150	1800×893	SLB45-1	2	4.0
		ZBD90-31-2		31			SLB45-2-2		5.5
		ZBD90-39-2		39			SLB45-2		7.5
		ZBD90-52-2		52			SLB45-3-2		11
		ZBD90-72-2		72			SLB45-4-2		15
		ZBD90-92-2		92			SLB45-5-2		18.5
		ZBD90-100-2		100			SLB45-5		18.5
		ZBD90-120-2		120			SLB45-6		22
23	900	ZBD98-17-2	98	17	150/150	1800×893	SLB45-1	2	4.0
		ZBD98-28-2		28			SLB45-2-2		5.5
		ZBD98-37-2		37			SLB45-2		7.5
		ZBD98-48-2		48			SLB45-3-2		11
		ZBD98-55-2		55			SLB45-3		11
		ZBD98-67-2		67			SLB45-4-2		15
		ZBD98-83-2		83			SLB45-5-2		18.5
		ZBD98-92-2		92			SLB45-5		18.5
		ZBD98-105-2		105			SLB45-6-2		22
		ZBD98-113-2		113			SLB45-6		22
24	1000	ZBD107-24-2	107	24	150/150	1800×893	SLB45-2-2	2	5.5
		ZBD107-32-2		32			SLB45-2		7.5
		ZBD107-42-2		42			SLB45-3-2		11
		ZBD107-49-2		49			SLB45-3		11
		ZBD107-60-2		60			SLB45-4-2		15
		ZBD107-66-2		66			SLB45-4		15
		ZBD107-78-2		78			SLB45-5-2		18.5
		ZBD107-86-2		86			SLB45-5		18.5
		ZBD107-95-2		95			SLB45-6-2		22
25	1250	ZBD133-20-2	133	20	200/200	2126×1040	SLB64-1	2	5.5
		ZBD133-28-2		28			SLB64-2-2		7.5
		ZBD133-37-2		37			SLB64-2-1		11
		ZBD133-43-2		43			SLB64-2		11
		ZBD133-52-2		52			SLB64-3-2		15
		ZBD133-59-2		59			SLB64-3-1		15
		ZBD133-65-2		65			SLB64-3		18.5
		ZBD133-73-2		73			SLB64-4-2		18.5

续表

序号	参考户数	设备型号	流量 (m^3/h)	扬程 (m)	进/出水管径 DN_1/DN_2 (mm)	外形尺寸 长×宽 (mm)	推荐水泵		
							型号	台数	功率 (kW)
26	1500	ZBD154-22-2	154	22	200/200	2126×1040	SLB90-1	2	7.5
		ZBD154-34-2		34			SLB90-2-2		11
		ZBD154-48-2		48			SLB90-2		15
		ZBD154-60-2		60			SLB90-3-2		18.5
		ZBD154-72-2		72			SLB90-3		22
		ZBD154-87-2		87			SLB90-4-2		30
		ZBD154-98-2		98			SLB90-4		30
27	1750	ZBD175-21-2	175	21	200/200	2126×1040	SLB90-1	2	7.5
		ZBD175-32-2		32			SLB90-2-2		11
		ZBD175-43-2		43			SLB90-2		15
		ZBD175-54-2		54			SLB90-3-2		18.5
		ZBD175-67-2		67			SLB90-3		22
		ZBD175-78-2		78			SLB90-4-2		30
		ZBD175-91-2		91			SLB90-4		30
28	2000	ZBD195-26-2	195	26	200/200	2126×1040	SLB90-2-2	2	11
		ZBD195-40-2		40			SLB90-2		15
		ZBD195-47-2		47			SLB90-3-2		18.5
		ZBD195-60-2		60			SLB90-3		22
		ZBD195-69-2		69			SLB90-4-2		30
		ZBD195-82-2		82			SLB90-4		30
		ZBD195-90-2		90			SLB90-5-2		37

注：表中所列举的设备型号仅为常用的定型设备型号，当选用表中所列举的流量和扬程范围外的设备需与生产厂家联系。

附表 C-2　ZBD 无负压多用途给水设备（三台泵）技术参数一览表

序号	参考户数	设备型号	流量 (m^3/h)	扬程 (m)	进/出水管径 DN_1/DN_2 (mm)	外形尺寸 长×宽 (mm)	推荐水泵		
							型号	台数	功率 (kW)
1	500	ZBD63-22-3	63	22	150/150	1690×1246	SLB20-2	3	2.2
		ZBD63-36-3		36			SLB20-3		4.0
		ZBD63-47-3		47			SLB20-4		5.5
		ZBD63-58-3		58			SLB20-5		5.5
		ZBD63-72-3		72			SLB20-6		7.5
		ZBD63-82-3		82			SLB20-7		7.5

续表

序号	参考户数	设备型号	流量 (m^3/h)	扬程 (m)	进/出水管径 DN_1/DN_2 (mm)	外形尺寸 长×宽 (mm)	推荐水泵		
							型号	台数	功率 (kW)
1	500	ZBD63-95-3	63	95	150/150	1690×1246	SLB20-8	3	11
		ZBD63-118-3		118			SLB20-10		11
		ZBD63-143-3		143			SLB20-12		15
		ZBD63-165-3		165			SLB20-14		15
2	600	ZBD72-15-3	72	15	150/150	1755×1371	SLB32-1	3	2.2
		ZBD72-27-3		27			SLB32-2-2		3.0
		ZBD72-32-3		32			SLB32-2		4.0
		ZBD72-44-3		44			SLB32-3-2		5.5
		ZBD72-61-3		61			SLB32-4-2		7.5
		ZBD72-80-3		80			SLB32-5-2		11
		ZBD72-97-3		97			SLB32-6-2		11
		ZBD72-120-3		120			SLB32-7		15
		ZBD72-136-3		136			SLB32-8		15
		ZBD72-155-3		155			SLB32-9		18.5
		ZBD72-165-3		165			SLB32-10-2		18.5
3	700	ZBD80-24-3	80	24	150/150	1755×1371	SLB32-2-2	3	3.0
		ZBD80-30-3		30			SLB32-2		4.0
		ZBD80-41-3		41			SLB32-3-2		5.5
		ZBD80-57-3		57			SLB32-4-2		7.5
		ZBD80-76-3		76			SLB32-5-2		11
		ZBD80-90-3		90			SLB32-6-2		11
		ZBD80-108-3		108			SLB32-7-2		15
		ZBD80-130-3		130			SLB32-8		15
		ZBD80-142-3		142			SLB32-9-2		18.5
		ZBD80-163-3		163			SLB32-10		18.5
4	800	ZBD90-22-3	90	22	150/150	1755×1371	SLB32-2-2	3	3.0
		ZBD90-29-3		29			SLB32-2		4.0
		ZBD90-38-3		38			SLB32-3-2		5.5
		ZBD90-52-3		52			SLB32-4-2		7.5
		ZBD90-68-3		68			SLB32-5-2		11
		ZBD90-83-3		83			SLB32-6-2		11
		ZBD90-100-3		100			SLB32-7-2		15
		ZBD90-120-3		120			SLB32-8		15
		ZBD90-138-3		138			SLB32-9		18.5
		ZBD90-153-3		153			SLB32-10		18.5

续表

序号	参考户数	设备型号	流量 (m^3/h)	扬程 (m)	进/出水管径 DN_1/DN_2 (mm)	外形尺寸 长×宽 (mm)	推荐水泵		
							型号	台数	功率 (kW)
5	900	ZBD98-20-3	98	20	150/150	1755×1371	SLB32-2-2	3	3.0
		ZBD98-27-3		27			SLB32-2		4.0
		ZBD98-34-3		34			SLB32-3-2		5.5
		ZBD98-49-3		49			SLB32-4-2		7.5
		ZBD98-65-3		65			SLB32-5-2		11
		ZBD98-70-3		70			SLB32-5		11
		ZBD98-92-3		92			SLB32-7-2		15
		ZBD98-99-3		99			SLB32-7		15
		ZBD98-112-3		112			SLB32-8		15
		ZBD98-128-3		128			SLB32-9		18.5
		ZBD98-142-3		142			SLB32-10		18.5
6	1000	ZBD107-21-3	107	21	200/200	1869×1420	SLB45-1	3	4.0
		ZBD107-38-3		38			SLB45-2-2		5.5
		ZBD107-43-3		43			SLB45-2		7.5
		ZBD107-59-3		59			SLB45-3-2		11
		ZBD107-69-3		69			SLB45-3		11
		ZBD107-83-3		83			SLB45-4-2		15
		ZBD107-90-3		90			SLB45-4		15
		ZBD107-106-3		106			SLB45-5-2		18.5
		ZBD107-114-3		114			SLB45-5		18.5
7	1250	ZBD132-20-3	132	20	200/200	1869×1420	SLB45-1	3	4.0
		ZBD132-32-3		32			SLB45-2-2		5.5
		ZBD132-40-3		40			SLB45-2		7.5
		ZBD132-52-3		52			SLB45-3-2		11
		ZBD132-72-3		72			SLB45-4-2		15
		ZBD132-93-3		93			SLB45-5-2		18.5
		ZBD132-101-3		101			SLB45-5		18.5
8	1500	ZBD154-24-3	154	24	200/200	2040×1500	SLB64-1	3	5.5
		ZBD154-33-3		33			SLB64-2-2		7.5
		ZBD154-42-3		42			SLB64-2-1		11
		ZBD154-49-3		49			SLB64-2		11
		ZBD154-60-3		60			SLB64-3-2		15
		ZBD154-68-3		68			SLB64-3-1		15
		ZBD154-75-3		75			SLB64-3		18.5

续表

序号	参考户数	设备型号	流量 (m^3/h)	扬程 (m)	进/出水管径 DN_1/DN_2 (mm)	外形尺寸 长×宽 (mm)	推荐水泵		
							型号	台数	功率 (kW)
9	1750	ZBD175-22-3	175	22	200/200	2040×1500	SLB64-1	3	5.5
		ZBD175-32-3		32			SLB64-2-2		7.5
		ZBD175-40-3		40			SLB64-2-1		11
		ZBD175-48-3		48			SLB64-2		11
		ZBD175-58-3		58			SLB64-3-2		15
		ZBD175-63-3		63			SLB64-3-1		15
		ZBD175-70-3		70			SLB64-3		18.5
10	2000	ZBD195-20-3	195	20	200/200	2040×1500	SLB64-1	3	5.5
		ZBD195-28-3		28			SLB64-2-2		7.5
		ZBD195-37-3		37			SLB64-2-1		11
		ZBD195-45-3		45			SLB64-2		11
		ZBD195-52-3		52			SLB64-3-2		15
		ZBD195-59-3		59			SLB64-3-1		15
		ZBD195-68-3		68			SLB64-3		18.5
		ZBD195-90-3		90			SLB64-4		22
11	2250	ZBD216-23-3	216	23	200/200	2040×1500	SLB90-1	3	7.5
		ZBD216-38-3		38			SLB90-2-2		11
		ZBD216-49-3		49			SLB90-2		15
		ZBD216-62-3		62			SLB90-3-2		18.5
		ZBD216-75-3		75			SLB90-3		22
		ZBD216-90-3		90			SLB90-4-2		30
		ZBD216-101-3		101			SLB90-4		30
12	2500	ZBD235-22-3	235	22	200/200	2040×1500	SLB90-1	3	7.5
		ZBD235-35-3		35			SLB90-2-2		11
		ZBD235-47-3		47			SLB90-2		15
		ZBD235-60-3		60			SLB90-3-2		18.5
		ZBD235-72-3		72			SLB90-3		22
		ZBD235-86-3		86			SLB90-4-2		30
		ZBD235-97-3		97			SLB90-4		30

续表

序号	参考户数	设备型号	流量 (m^3/h)	扬程 (m)	进/出水管径 DN_1/DN_2 (mm)	外形尺寸 长×宽 (mm)	推荐水泵		
							型号	台数	功率 (kW)
13	2750	ZBD255-21-3	255	21	200/200	2040×1500	SLB90-1	3	7.5
		ZBD255-32-3		32			SLB90-2-2		11
		ZBD255-45-3		45			SLB90-2		15
		ZBD255-56-3		56			SLB90-3-2		18.5
		ZBD255-68-3		68			SLB90-3		22
		ZBD255-80-3		80			SLB90-4-2		30
		ZBD255-92-3		92			SLB90-4		30
14	3000	ZBD275-20-3	275	20	200/200	2040×1500	SLB90-1	3	7.5
		ZBD275-29-3		29			SLB90-2-2		11
		ZBD275-42-3		42			SLB90-2		15
		ZBD275-51-3		51			SLB90-3-2		18.5
		ZBD275-65-3		65			SLB90-3		22
		ZBD275-75-3		75			SLB90-4-2		30
		ZBD275-88-3		88			SLB90-4		30

注：表中所列举的设备型号仅为常用的定型设备型号，当选用表中所列举的流量和扬程范围外的设备需与生产厂家联系。

附表C-3 WWG无负压管网增压稳流给水设备（二台泵）技术参数一览表

序号	设备型号	额定流量 (m^3/h)	额定扬程 (m)	进/出水管径 DN_1/DN_2 (mm)	推荐水泵			稳流补偿器		控制柜型号
					型号	电机功率 (kW)	台数	规格型号	外形尺寸 $\Phi\times L$ (mm)	
1	WWG10-9-2	10	9	65～100/65～100	SL5-2	0.37	2	CYQ60×130	600×1300	DKG160
2	WWG10-20-2		20		SL5-4	0.55				
3	WWG10-25-2		25		SL5-5	0.75				
4	WWG10-36-2		36		SL5-7	1.1				
5	WWG10-41-2		41		SL5-8	1.1				
6	WWG10-54-2		54		SL5-10	1.5				
7	WWG10-61-2		61		SL5-11	2.2				
8	WWG10-66-2		66		SL5-12	2.2				
9	WWG10-77-2		77		SL5-14	2.2				
10	WWG10-88-2		88		SL5-16	2.2				
11	WWG10-100-2		100		SL5-18	3.0				

续表

序号	设备型号	额定流量 (m^3/h)	额定扬程 (m)	进/出水管径 DN_1/DN_2 (mm)	推荐水泵			稳流补偿器		控制柜型号
					型号	电机功率 (kW)	台数	规格型号	外形尺寸 $\Phi\times L$ (mm)	
12	WWG20-15-2	20	15	65～100/65～100	SL10-2	0.75	2	CYQ60×130	600×1300	DKG160
13	WWG20-23-2		23		SL10-3	1.1				
14	WWG20-32-2		32		SL10-4	1.5				
15	WWG20-48-2		48		SL10-6	2.2				
16	WWG20-57-2		57		SL10-7	3.0				
17	WWG20-72-2		72		SL10-9	3.0				
18	WWG20-82-2		82		SL10-10	4.0				
19	WWG20-97-2		97		SL10-12	4.0				
20	WWG20-114-2		114		SL10-14	5.5				
21	WWG30-23-2	30	23	80～150/80～150	SL15-2	2.2	2	CYQ60×130	600×1300	DKG160
22	WWG30-35-2		35		SL15-3	3.0				
23	WWG30-59-2		59		SL15-5	4.0				
24	WWG30-83-2		83		SL15-7	5.5				
25	WWG30-96-2		96		SL15-8	7.5				
26	WWG30-107-2		107		SL15-9	7.5				
27	WWG40-23-2	40	23	80～150/80～150	SL20-2	2.2	2	CYQ60×130	600×1300	DKG160
28	WWG40-48-2		48		SL20-4	5.5				
29	WWG40-60-2	40	60	80～150/80～150	SL20-5	5.5	2	CYQ80×150	800×1470	DKG160
30	WWG40-84-2		84		SL20-7	7.5				
31	WWG40-98-2		98		SL20-8	11				
32	WWG40-122-2		122		SL20-10	11				
33	WWG64-21-2	64	21	100～200/100～200	SL32-2-2	3.0	2	CYQ80×150	800×1470	DKG160
34	WWG64-35-2		35		SL32-3-2	5.5				
35	WWG64-50-2		50		SL32-4-2	7.5				
36	WWG64-56-2		56		SL32-4	7.5				
37	WWG64-72-2		72		SL32-5	11				
38	WWG64-79-2		79		SL32-6-2	11				
39	WWG64-85-2		85		SL32-6	11				
40	WWG64-94-2		94		SL32-7-2	15				
41	WWG64-100-2		100		SL32-7	15				
42	WWG64-108-2		108		SL32-8-2	15				
43	WWG64-115-2		115		SL32-8	15				

续表

序号	设备型号	额定流量(m³/h)	额定扬程(m)	进/出水管径 DN_1/DN_2 (mm)	推荐水泵			稳流补偿器		控制柜型号
					型号	电机功率(kW)	台数	规格型号	外形尺寸 $\Phi \times L$ (mm)	
44	WWG90-15-2	90	15	125～200/125～200	SL45-1-1	3.0	2	CYQ80×150	800×1470	DKG160
45	WWG90-30-2		30		SL45-2-2	5.5				
46	WWG90-39-2		39		SL45-2	7.5				
47	WWG90-59-2		59		SL45-3	11				
48	WWG90-82-2		82		SL45-4	15				
49	WWG90-100-2		100		SL45-5	18.5				
50	WWG90-113-2		113		SL45-6-2	22				
51	WWG90-121-2		121		SL45-6	22				
52	WWG128-15-2	128	15	125～250/150～250	SL64-1-1	4.0	2	CYQ100×200	1000×2000	DKG160
53	WWG128-29-2		29		SL64-2-2	7.5				
54	WWG128-37-2		37		SL64-2-1	11				
55	WWG128-53-2		53		SL64-3-2	15				
56	WWG128-60-2		60		SL64-3-1	15				
57	WWG128-68-2		68		SL64-3	18.5				
58	WWG128-75-2		75		SL64-4-2	18.5				
59	WWG128-84-2		84		SL64-4-1	22				
60	WWG128-91-2		91		SL64-4	22				
61	WWG180-14-2	180	14	125～250/150～250	SL90-1-1	5.5	2	CYQ100×200	1000×2000	DKG160
62	WWG180-20-2		20		SL90-1	7.5				
63	WWG180-30-2		30		SL90-2-2	11				
64	WWG180-42-2		42		SL90-2	15				
65	WWG180-52-2		52		SL90-3-2	18.5				DKG180
66	WWG180-65-2		65		SL90-3	22				

注：表中所列举的设备型号仅为常用的定型设备型号，当选用表中所列举的流量和扬程范围外的设备需与生产厂家联系。

附表C-4 WWG无负压管网增压稳流给水设备（三台泵）技术参数一览表

序号	设备型号	额定流量(m³/h)	额定扬程(m)	进/出水管径 DN_1/DN_2 (mm)	推荐水泵			稳流补偿器		控制柜型号
					型号	电机功率(kW)	台数	规格型号	外形尺寸 $\Phi \times L$ (mm)	
1	WWG45-23-3	45	23	100～150/100～150	SL15-2	2.2	3	CYQ80×150	800×1470	DKG180
2	WWG45-48-3		48		SL15-4	4.0				
3	WWG45-72-3		72		SL15-6	5.5				
4	WWG45-83-3		83		SL15-7	5.5				
5	WWG45-96-3		96		SL15-8	7.5				
6	WWG45-107-3		107		SL15-9	7.5				

续表

序号	设备型号	额定流量 (m^3/h)	额定扬程 (m)	进/出水管径 DN_1/DN_2 (mm)	推荐水泵			稳流补偿器		控制柜型号
					型号	电机功率 (kW)	台数	规格型号	外形尺寸 $\Phi \times L$ (mm)	
7	WWG60-23-3	60	23	100～150/100～150	SL20-2	2.2	3	CYQ80×150	800×1470	DKG180
8	WWG60-60-3		60		SL20-5	5.5				
9	WWG60-72-3		72		SL20-6	7.5				
10	WWG60-84-3		84		SL20-7	7.5				
11	WWG60-98-3		98		SL20-8	11				
12	WWG60-122-3		122		SL20-10	11				
13	WWG96-21-3	96	21	125～250/125～200	SL32-3-2	3.0	3	CYQ100×200	1000×2000	DKG180
14	WWG96-35-3		35		SL32-3-2	5.5				
15	WWG96-42-3		42		SL32-2	5.5				
16	WWG96-50-3		50		SL32-4-2	7.5				
17	WWG96-56-3		56		SL32-4	7.5				
18	WWG96-65-3		65		SL32-5-2	11				
19	WWG96-72-3		72		SL32-5	11				
20	WWG96-79-3		79		SL32-6-2	11				
21	WWG96-85-3	96	85	125～150/125～200	SL32-6	11	3	CYQ100×D200	1000×2000	DKG180
22	WWG96-100-3		100		SL32-7	15				
23	WWG96-108-3		108		SL32-8-2	15				
24	WWG96-115-3		115		SL32-8	15				
25	WWG135-15-3	135	15	125～150/150～250	SL45-1-1	3.0	3	CYQ100×200	1000×2000	DKG180
26	WWG135-30-3		30		SL45-2-2	5.5				
27	WWG135-39-3		39		SL45-2	7.5				
28	WWG135-59-3		59		SL45-3	11				
29	WWG135-72-3		72		SL45-4-2	15				
30	WWG135-93-3		93		SL45-5-2	18.5				
31	WWG135-100-3		100		SL45-5	18.5				
32	WWG135-113-3		113		SL45-6-2	22				
33	WWG192-14-3	192	14	125～150/150～250	SL64-1-1	4.0	3	CYQ100×200	1000×2000	DKG180
34	WWG192-29-3		29		SL64-2-2	7.5				
35	WWG192-44-3		44		SL64-2	11				
36	WWG192-60-3		60		SL64-3-1	15				
37	WWG192-68-3		68		SL64-3	18.5				
38	WWG192-84-3		84		SL64-4-1	22				

续表

序号	设备型号	额定流量(m^3/h)	额定扬程(m)	进/出水管径 DN_1/DN_2 (mm)	推荐水泵			稳流补偿器		控制柜型号
					型号	电机功率(kW)	台数	规格型号	外形尺寸 $\Phi \times L$ (mm)	
39	WWG270-15-3	270	15	125～250/150～250	SL90-1-1	5.5	3	CYQ100×200	1000×2000	DKG180
40	WWG270-42-3		42		SL90-2	15				
41	WWG270-52-3		52		SL90-3-2	18.5				
42	WWG270-65-3		65		SL90-3	22				

注：表中所列举的设备型号仅为常用的定型设备型号，当选用表中所列举的流量和扬程范围外的设备需与生产厂家联系。

附表 C-5　WWG（Ⅱ）-B 无负压管网增压稳流给水设备（二台泵）技术参数一览表

序号	参考户数	设备型号	流量(m^3/h)	扬程(m)	推荐水泵			稳流补偿器 $\Phi \times L$ (cm)
					型号	台数	功率（kW）	
1	15	WWG(Ⅱ)8.5-10-2-B	8.5	10	SLB5-2	2	0.37	CYQ60×130
		WWG(Ⅱ)8.5-21-2-B		21	SLB5-4		0.55	
		WWG(Ⅱ)8.5-28-2-B		28	SLB5-5		0.75	
		WWG(Ⅱ)8.5-39-2-B		39	SLB5-7		1.1	
		WWG(Ⅱ)8.5-57-2-B		57	SLB5-10		1.5	
		WWG(Ⅱ)8.5-64-2-B		64	SLB5-11		2.2	
		WWG(Ⅱ)8.5-76-2-B		76	SLB5-13		2.2	
		WWG(Ⅱ)8.5-93-2-B		93	SLB5-16		2.2	
		WWG(Ⅱ)8.5-107-2-B		107	SLB5-18		3.0	
		WWG(Ⅱ)8.5-118-2-B		118	SLB5-20		3.0	
		WWG(Ⅱ)8.5-132-2-B		132	SLB5-22		4.0	
		WWG(Ⅱ)8.5-155-2-B		155	SLB5-26		4.0	
		WWG(Ⅱ)8.5-192-2-B		192	SLB5-32		5.5	
2	20	WWG(Ⅱ)10-20-2-B	10	20	SLB5-4	2	0.55	CYQ60×130
		WWG(Ⅱ)10-25-2-B		25	SLB5-5		0.75	
		WWG(Ⅱ)10-42-2-B		42	SLB5-8		1.1	
		WWG(Ⅱ)10-55-2-B		55	SLB5-10		1.5	
		WWG(Ⅱ)10-66-2-B		66	SLB5-12		2.2	
		WWG(Ⅱ)10-76-2-B		76	SLB5-14		2.2	
		WWG(Ⅱ)10-87-2-B		87	SLB5-16		2.2	
		WWG(Ⅱ)10-110-2-B		110	SLB5-20		3.0	
		WWG(Ⅱ)10-135-2-B		135	SLB5-24		4.0	
		WWG(Ⅱ)10-162-2-B		162	SLB5-29		4.0	
		WWG(Ⅱ)10-181-2-B		181	SLB5-32		5.5	

续表

序号	参考户数	设备型号	流量 (m³/h)	扬程 (m)	推荐水泵 型号	台数	功率 (kW)	稳流补偿器 $\Phi \times L$ (cm)
3	30	WWG(Ⅱ)13-20-2-B	13	20	SLB5-5	2	0.75	CYQ60×130
		WWG(Ⅱ)13-33-2-B		33	SLB5-8		1.1	
		WWG(Ⅱ)13-44-2-B		44	SLB5-10		1.5	
		WWG(Ⅱ)13-55-2-B		55	SLB5-12		2.2	
		WWG(Ⅱ)13-64-2-B		64	SLB5-14		2.2	
		WWG(Ⅱ)13-72-2-B		72	SLB5-16		2.2	
		WWG(Ⅱ)13-85-2-B		85	SLB5-18		3.0	
		WWG(Ⅱ)13-92-2-B		92	SLB5-20		3.0	
		WWG(Ⅱ)13-106-2-B		106	SLB5-22		4.0	
		WWG(Ⅱ)13-113-2-B		113	SLB5-24		4.0	
		WWG(Ⅱ)13-123-2-B		123	SLB5-26		4.0	
		WWG(Ⅱ)13-137-2-B		137	SLB5-29		4.0	
		WWG(Ⅱ)13-154-2-B		154	SLB5-32		5.5	
		WWG(Ⅱ)13-173-2-B		173	SLB5-36		5.5	
4	40	WWG(Ⅱ)15-37-2-B	15	37	SLB10-4	2	1.5	CYQ60×130
		WWG(Ⅱ)15-47-2-B		47	SLB10-5		2.2	
		WWG(Ⅱ)15-56-2-B		56	SLB10-6		2.2	
		WWG(Ⅱ)15-77-2-B		77	SLB10-8		3.0	
		WWG(Ⅱ)15-85-2-B		85	SLB10-9		3.0	
		WWG(Ⅱ)15-95-2-B		95	SLB10-10		4.0	
		WWG(Ⅱ)15-112-2-B		112	SLB10-12		4.0	
		WWG(Ⅱ)15-132-2-B		132	SLB10-14		5.5	
		WWG(Ⅱ)15-150-2-B		150	SLB10-16		5.5	
		WWG(Ⅱ)15-173-2-B		173	SLB10-18		7.5	
		WWG(Ⅱ)15-192-2-B		192	SLB10-20		7.5	
5	50	WWG(Ⅱ)18-25-2-B	18	25	SLB10-3	2	1.1	CYQ60×130
		WWG(Ⅱ)18-34-2-B		34	SLB10-4		1.5	
		WWG(Ⅱ)18-51-2-B		51	SLB10-6		2.2	
		WWG(Ⅱ)18-69-2-B		69	SLB10-8		3.0	
		WWG(Ⅱ)18-88-2-B		88	SLB10-10		4.0	
		WWG(Ⅱ)18-105-2-B		105	SLB10-12		4.0	
		WWG(Ⅱ)18-122-2-B		122	SLB10-14		5.5	
		WWG(Ⅱ)18-140-2-B		140	SLB10-16		5.5	
		WWG(Ⅱ)18-160-2-B		160	SLB10-18		7.5	
		WWG(Ⅱ)18-177-2-B		177	SLB10-20		7.5	

续表

序号	参考户数	设备型号	流量 (m³/h)	扬程 (m)	推荐水泵			稳流补偿器 $\Phi \times L$ (cm)
					型号	台数	功率 (kW)	
6	75	WWG(Ⅱ)21-22-2-B	21	22	SLB10-3	2	1.1	CYQ60×130
		WWG(Ⅱ)21-30-2-B		30	SLB10-4		1.5	
		WWG(Ⅱ)21-47-2-B		47	SLB10-6		2.2	
		WWG(Ⅱ)21-62-2-B		62	SLB10-8		3.0	
		WWG(Ⅱ)21-92-2-B		92	SLB10-12		4.0	
		WWG(Ⅱ)21-110-2-B		110	SLB10-14		5.5	
		WWG(Ⅱ)21-125-2-B		125	SLB10-16		5.5	
		WWG(Ⅱ)21-145-2-B		145	SLB10-18		7.5	
		WWG(Ⅱ)21-160-2-B		160	SLB10-20		7.5	
7	100	WWG(Ⅱ)24-26-2-B	24	26	SLB15-2	2	2.2	CYQ60×130
		WWG(Ⅱ)24-51-2-B		51	SLB15-4		4.0	
		WWG(Ⅱ)24-64-2-B		64	SLB15-5		4.0	
		WWG(Ⅱ)24-77-2-B		77	SLB15-6		5.5	CYQ80×150
		WWG(Ⅱ)24-90-2-B		90	SLB15-7		5.5	
		WWG(Ⅱ)24-102-2-B		102	SLB15-8		7.5	
		WWG(Ⅱ)24-115-2-B		115	SLB15-9		7.5	
		WWG(Ⅱ)24-130-2-B		130	SLB15-10		11	
		WWG(Ⅱ)24-155-2-B		155	SLB15-12		11	
		WWG(Ⅱ)24-180-2-B		180	SLB15-14		11	
8	125	WWG(Ⅱ)28-24-2-B	28	24	SLB15-2	2	2.2	CYQ60×130
		WWG(Ⅱ)28-36-2-B		36	SLB15-3		3.0	
		WWG(Ⅱ)28-49-2-B		49	SLB15-4		4.0	
		WWG(Ⅱ)28-61-2-B		61	SLB15-5		4.0	
		WWG(Ⅱ)28-73-2-B		73	SLB15-6		5.5	CYQ80×150
		WWG(Ⅱ)28-85-2-B		85	SLB15-7		5.5	
		WWG(Ⅱ)28-98-2-B		98	SLB15-8		7.5	
		WWG(Ⅱ)28-110-2-B		110	SLB15-9		7.5	
		WWG(Ⅱ)28-125-2-B		125	SLB15-10		11	
		WWG(Ⅱ)28-150-2-B		150	SLB15-12		11	
		WWG(Ⅱ)28-172-2-B		172	SLB15-14		11	
9	150	WWG(Ⅱ)30-23-2-B	30	23	SLB15-2	2	2.2	CYQ60×130
		WWG(Ⅱ)30-35-2-B		35	SLB15-3		3.0	
		WWG(Ⅱ)30-48-2-B		48	SLB15-4		4.0	
		WWG(Ⅱ)30-60-2-B		60	SLB15-5		4.0	

续表

序号	参考户数	设备型号	流量 (m^3/h)	扬程 (m)	推荐水泵			稳流补偿器 $\Phi \times L$ (cm)
					型号	台数	功率 (kW)	
9	150	WWG(Ⅱ)30-75-2-B	30	75	SLB15-6	2	5.5	CYQ80×150
		WWG(Ⅱ)30-96-2-B		96	SLB15-8		7.5	
		WWG(Ⅱ)30-108-2-B		108	SLB15-9		7.5	
		WWG(Ⅱ)30-121-2-B		121	SLB15-10		11	
		WWG(Ⅱ)30-145-2-B		145	SLB15-12		11	
		WWG(Ⅱ)30-167-2-B		167	SLB15-14		11	
10	175	WWG(Ⅱ)32-22-2-B	32	22	SLB15-2	2	2.2	CYQ60×130
		WWG(Ⅱ)32-34-2-B		34	SLB15-3		3.0	
		WWG(Ⅱ)32-47-2-B		47	SLB15-4		4.0	
		WWG(Ⅱ)32-58-2-B		58	SLB15-5		4.0	
		WWG(Ⅱ)32-69-2-B		69	SLB15-6		5.5	CYQ80×150
		WWG(Ⅱ)32-93-2-B		93	SLB15-8		7.5	
		WWG(Ⅱ)32-118-2-B		118	SLB15-10		11	
		WWG(Ⅱ)32-140-2-B		140	SLB15-12		11	
		WWG(Ⅱ)32-163-2-B		163	SLB15-14		11	
11	200	WWG(Ⅱ)34-21-2-B	34	21	SLB15-2	2	2.2	CYQ60×130
		WWG(Ⅱ)34-33-2-B		33	SLB15-3		3.0	
		WWG(Ⅱ)34-44-2-B		44	SLB15-4		4.0	
		WWG(Ⅱ)34-55-2-B		55	SLB15-5		4.0	
		WWG(Ⅱ)34-66-2-B		66	SLB15-6		5.5	CYQ80×150
		WWG(Ⅱ)34-78-2-B		78	SLB15-7		5.5	
		WWG(Ⅱ)34-100-2-B		100	SLB15-9		7.5	
		WWG(Ⅱ)34-157-2-B		157	SLB15-14		11	
		WWG(Ⅱ)34-192-2-B		192	SLB15-17		15	
12	225	WWG(Ⅱ)36-20-2-B	36	20	SLB15-2	2	2.2	CYQ60×130
		WWG(Ⅱ)36-31-2-B		31	SLB15-3		3.0	
		WWG(Ⅱ)36-42-2-B		42	SLB15-4		4.0	
		WWG(Ⅱ)36-53-2-B		53	SLB15-5		4.0	
		WWG(Ⅱ)36-63-2-B		63	SLB15-6		5.5	CYQ80×150
		WWG(Ⅱ)36-86-2-B		86	SLB15-8		7.5	
		WWG(Ⅱ)36-96-2-B		96	SLB15-9		7.5	
		WWG(Ⅱ)36-131-2-B		131	SLB15-12		11	
		WWG(Ⅱ)36-151-2-B		151	SLB15-14		11	
		WWG(Ⅱ)36-185-2-B		185	SLB15-17		15	

续表

序号	参考户数	设备型号	流量 (m^3/h)	扬程 (m)	推荐水泵			稳流补偿器 $\Phi \times L$ (cm)
					型号	台数	功率 (kW)	
13	250	WWG(Ⅱ)39-20-2-B	39	20	SLB15-2	2	2.2	CYQ60×130
		WWG(Ⅱ)39-28-2-B		28	SLB15-3		3.0	
		WWG(Ⅱ)39-40-2-B		40	SLB15-4		4.0	
		WWG(Ⅱ)39-49-2-B		49	SLB15-5		4.0	
		WWG(Ⅱ)39-60-2-B		60	SLB15-6		5.5	CYQ80×150
		WWG(Ⅱ)39-72-2-B		72	SLB15-7		5.5	
		WWG(Ⅱ)39-90-2-B		90	SLB15-9		7.5	
		WWG(Ⅱ)39-102-2-B		102	SLB15-10		11	
		WWG(Ⅱ)39-141-2-B		141	SLB15-14		11	
		WWG(Ⅱ)39-173-2-B		173	SLB15-17		15	
14	275	WWG(Ⅱ)42-22-2-B	42	22	SLB20-2	2	2.2	CYQ60×130
		WWG(Ⅱ)42-35-2-B		35	SLB20-3		4.0	
		WWG(Ⅱ)42-47-2-B		47	SLB20-4		5.5	
		WWG(Ⅱ)42-58-2-B		58	SLB20-5		5.5	CYQ80×150
		WWG(Ⅱ)42-82-2-B		82	SLB20-7		7.5	
		WWG(Ⅱ)42-118-2-B		118	SLB20-10		11	
		WWG(Ⅱ)42-142-2-B		142	SLB20-12		15	
		WWG(Ⅱ)42-165-2-B		165	SLB20-14		15	
15	300	WWG(Ⅱ)46-20-2-B	46	20	SLB20-2	2	2.2	CYQ60×130
		WWG(Ⅱ)46-32-2-B		32	SLB20-3		4.0	
		WWG(Ⅱ)46-43-2-B		43	SLB20-4		5.5	
		WWG(Ⅱ)46-54-2-B		54	SLB20-5		5.5	CYQ80×150
		WWG(Ⅱ)46-65-2-B		65	SLB20-6		7.5	
		WWG(Ⅱ)46-90-2-B		90	SLB20-8		11	
		WWG(Ⅱ)46-132-2-B		132	SLB20-12		15	
		WWG(Ⅱ)46-154-2-B		154	SLB20-14		15	
		WWG(Ⅱ)46-188-2-B		188	SLB20-17		18.5	
16	350	WWG(Ⅱ)48-17-2-B	48	17	SLB32-1	2	2.2	CYQ80×150
		WWG(Ⅱ)48-25-2-B		25	SLB32-2-2		3.0	
		WWG(Ⅱ)48-32-2-B		32	SLB32-2		4.0	
		WWG(Ⅱ)48-44-2-B		44	SLB32-3-2		5.5	
		WWG(Ⅱ)48-61-2-B		61	SLB32-4-2		7.5	
		WWG(Ⅱ)48-97-2-B		97	SLB32-6-2		11	
		WWG(Ⅱ)48-102-2-B		102	SLB32-6		11	
		WWG(Ⅱ)48-120-2-B		120	SLB32-7		15	

续表

序号	参考户数	设备型号	流量 (m^3/h)	扬程 (m)	推荐水泵			稳流补偿器 Φ×L (cm)
					型号	台数	功率 (kW)	
16	350	WWG(Ⅱ)48-136-2-B	48	136	SLB32-8	2	15	CYQ80×150
		WWG(Ⅱ)48-155-2-B		155	SLB32-9		18.5	
		WWG(Ⅱ)48-171-2-B		171	SLB32-10		18.5	
		WWG(Ⅱ)48-184-2-B		184	SLB32-11-2		22	
		WWG(Ⅱ)48-190-2-B		190	SLB32-11		22	
17	400	WWG(Ⅱ)53-26-2-B	53	26	SLB32-2-2	2	3.0	CYQ80×150
		WWG(Ⅱ)53-32-2-B		32	SLB32-2		4.0	
		WWG(Ⅱ)53-42-2-B		42	SLB32-3-2		5.5	
		WWG(Ⅱ)53-58-2-B		58	SLB32-4-2		7.5	
		WWG(Ⅱ)53-77-2-B		77	SLB32-5-2		11	
		WWG(Ⅱ)53-91-2-B		91	SLB32-6-2		11	
		WWG(Ⅱ)53-98-2-B		98	SLB32-6		11	
		WWG(Ⅱ)53-110-2-B		110	SLB32-7-2		15	
		WWG(Ⅱ)53-115-2-B		115	SLB32-7		15	
		WWG(Ⅱ)53-125-2-B		125	SLB32-8-2		15	
		WWG(Ⅱ)53-130-2-B		130	SLB32-8		15	
		WWG(Ⅱ)53-142-2-B		142	SLB32-9-2		18.5	
		WWG(Ⅱ)53-148-2-B		148	SLB32-9		18.5	
		WWG(Ⅱ)53-158-2-B		158	SLB32-10-2		18.5	
		WWG(Ⅱ)53-164-2-B		164	SLB32-10		18.5	
		WWG(Ⅱ)53-176-2-B		176	SLB32-11-2		22	
		WWG(Ⅱ)53-182-2-B		182	SLB32-11		22	
		WWG(Ⅱ)53-192-2-B		192	SLB32-12-2		22	
		WWG(Ⅱ)53-198-2-B		198	SLB32-12		22	
18	450	WWG(Ⅱ)58-23-2-B	58	23	SLB32-2-2	2	3.0	CYQ80×150
		WWG(Ⅱ)58-30-2-B		30	SLB32-2		4.0	
		WWG(Ⅱ)58-38-2-B		38	SLB32-3-2		5.5	
		WWG(Ⅱ)58-54-2-B		54	SLB32-4-2		7.5	
		WWG(Ⅱ)58-70-2-B		70	SLB32-5-2		11	
		WWG(Ⅱ)58-90-2-B		90	SLB32-6		11	
		WWG(Ⅱ)58-102-2-B		102	SLB32-7-2		15	
		WWG(Ⅱ)58-110-2-B		110	SLB32-7		15	
		WWG(Ⅱ)58-118-2-B		118	SLB32-8-2		15	
		WWG(Ⅱ)58-124-2-B		124	SLB32-8		15	
		WWG(Ⅱ)58-135-2-B		135	SLB32-9-2		18.5	

续表

序号	参考户数	设备型号	流量 (m^3/h)	扬程 (m)	推荐水泵			稳流补偿器 $\Phi \times L$ (cm)
					型号	台数	功率 (kW)	
18	450	WWG(Ⅱ)58-141-2-B	58	141	SLB32-9	2	18.5	CYQ80×150
		WWG(Ⅱ)58-150-2-B		150	SLB32-10-2		18.5	
		WWG(Ⅱ)58-156-2-B		156	SLB32-10		18.5	
		WWG(Ⅱ)58-167-2-B		167	SLB32-11-2		22	
		WWG(Ⅱ)58-173-2-B		173	SLB32-11		22	
		WWG(Ⅱ)58-182-2-B		182	SLB32-12-2		22	
		WWG(Ⅱ)58-189-2-B		189	SLB32-12		22	
19	500	WWG(Ⅱ)63-21-2-B	63	21	SLB32-2-2	2	3.0	CYQ80×150
		WWG(Ⅱ)63-28-2-B		28	SLB32-2		4.0	
		WWG(Ⅱ)63-37-2-B		37	SLB32-3-2		5.5	
		WWG(Ⅱ)63-51-2-B		51	SLB32-4-2		7.5	
		WWG(Ⅱ)63-68-2-B		68	SLB32-5-2		11	
		WWG(Ⅱ)63-81-2-B		81	SLB32-6-2		11	
		WWG(Ⅱ)63-97-2-B		97	SLB32-7-2		15	
		WWG(Ⅱ)63-116-2-B		116	SLB32-8		15	
		WWG(Ⅱ)63-126-2-B		126	SLB32-9-2		18.5	
		WWG(Ⅱ)63-133-2-B		133	SLB32-9		18.5	
		WWG(Ⅱ)63-140-2-B		140	SLB32-10-2		18.5	
		WWG(Ⅱ)63-147-2-B		147	SLB32-10		18.5	
		WWG(Ⅱ)63-156-2-B		156	SLB32-11-2		22	
		WWG(Ⅱ)63-163-2-B		163	SLB32-11		22	
		WWG(Ⅱ)63-171-2-B		171	SLB32-12-2		22	
		WWG(Ⅱ)63-178-2-B		178	SLB32-12		22	
		WWG(Ⅱ)63-189-2-B		189	SLB32-13-2		30	
		WWG(Ⅱ)63-196-2-B		196	SLB32-13		30	
20	600	WWG(Ⅱ)72-24-2-B	72	24	SLB32-2	2	4.0	CYQ80×150
		WWG(Ⅱ)72-30-2-B		30	SLB32-3-2		5.5	
		WWG(Ⅱ)72-42-2-B		42	SLB32-4-2		7.5	
		WWG(Ⅱ)72-57-2-B		57	SLB32-5-2		11	
		WWG(Ⅱ)72-69-2-B		69	SLB32-6-2		11	
		WWG(Ⅱ)72-81-2-B		81	SLB32-7-2		15	
		WWG(Ⅱ)72-95-2-B		95	SLB32-8-2		15	
		WWG(Ⅱ)72-100-2-B		100	SLB32-8		15	
		WWG(Ⅱ)72-108-2-B		108	SLB32-9-2		18.5	
		WWG(Ⅱ)72-115-2-B		115	SLB32-9		18.5	

续表

序号	参考户数	设备型号	流量 (m^3/h)	扬程 (m)	推荐水泵			稳流补偿器 $\Phi \times L$ (cm)
					型号	台数	功率（kW）	
20	600	WWG(Ⅱ)72-120-2-B	72	120	SLB32-10-2	2	18.5	CYQ80×150
		WWG(Ⅱ)72-127-2-B		127	SLB32-10		18.5	
		WWG(Ⅱ)72-134-2-B		134	SLB32-11-2		22	
		WWG(Ⅱ)72-141-2-B		141	SLB32-11		22	
		WWG(Ⅱ)72-146-2-B		146	SLB32-12-2		22	
		WWG(Ⅱ)72-154-2-B		154	SLB32-12		22	
		WWG(Ⅱ)72-163-2-B		163	SLB32-13-2		30	
		WWG(Ⅱ)72-170-2-B		170	SLB32-13		30	
		WWG(Ⅱ)72-176-2-B		176	SLB32-14-2		30	
		WWG(Ⅱ)72-182-2-B		182	SLB32-14		30	
21	700	WWG(Ⅱ)80-16-2-B	80	16	SLB45-1-1	2	3.0	CYQ80×150
		WWG(Ⅱ)80-20-2-B		20	SLB45-1		4.0	
		WWG(Ⅱ)80-36-2-B		36	SLB45-2-2		5.5	
		WWG(Ⅱ)80-41-2-B		41	SLB45-2		7.5	
		WWG(Ⅱ)80-58-2-B		58	SLB45-3-2		11	
		WWG(Ⅱ)80-64-2-B		64	SLB45-3		11	
		WWG(Ⅱ)80-79-2-B		79	SLB45-4-2		15	
		WWG(Ⅱ)80-87-2-B		87	SLB45-4		15	
		WWG(Ⅱ)80-100-2-B		100	SLB45-5-2		18.5	
		WWG(Ⅱ)80-108-2-B		108	SLB45-5		18.5	
		WWG(Ⅱ)80-130-2-B		130	SLB45-6		22	
		WWG(Ⅱ)80-154-2-B		154	SLB45-7		30	
		WWG(Ⅱ)80-168-2-B		168	SLB45-8-2		30	
		WWG(Ⅱ)80-176-2-B		176	SLB45-8		30	
		WWG(Ⅱ)80-190-2-B		190	SLB45-9-2		30	
22	800	WWG(Ⅱ)90-19-2-B	90	19	SLB45-1	2	4.0	CYQ80×150
		WWG(Ⅱ)90-31-2-B		31	SLB45-2-2		5.5	
		WWG(Ⅱ)90-39-2-B		39	SLB45-2		7.5	
		WWG(Ⅱ)90-52-2-B		52	SLB45-3-2		11	
		WWG(Ⅱ)90-72-2-B		72	SLB45-4-2		15	
		WWG(Ⅱ)90-92-2-B		92	SLB45-5-2		18.5	
		WWG(Ⅱ)90-100-2-B		100	SLB45-5		18.5	
		WWG(Ⅱ)90-120-2-B		120	SLB45-6		22	
		WWG(Ⅱ)90-144-2-B		144	SLB45-7		30	
		WWG(Ⅱ)90-156-2-B		156	SLB45-8-2		30	
		WWG(Ⅱ)90-164-2-B		164	SLB45-8		30	
		WWG(Ⅱ)90-176-2-B		176	SLB45-9		30	

续表

序号	参考户数	设备型号	流量 (m^3/h)	扬程 (m)	推荐水泵			稳流补偿器 $\Phi \times L$ (cm)
					型号	台数	功率 (kW)	
23	900	WWG(Ⅱ)98-17-2-B	98	17	SLB45-1	2	4.0	CYQ80×150
		WWG(Ⅱ)98-28-2-B		28	SLB45-2-2		5.5	
		WWG(Ⅱ)98-37-2-B		37	SLB45-2		7.5	
		WWG(Ⅱ)98-48-2-B		48	SLB45-3-2		11	
		WWG(Ⅱ)98-55-2-B		55	SLB45-3		11	
		WWG(Ⅱ)98-67-2-B		67	SLB45-4-2		15	
		WWG(Ⅱ)98-83-2-B		83	SLB45-5-2		18.5	
		WWG(Ⅱ)98-92-2-B		92	SLB45-5		18.5	
		WWG(Ⅱ)98-105-2-B		105	SLB45-6-2		22	
		WWG(Ⅱ)98-113-2-B		113	SLB45-6		22	
		WWG(Ⅱ)98-126-2-B		126	SLB45-7-2		30	
		WWG(Ⅱ)98-134-2-B		134	SLB45-7		30	
		WWG(Ⅱ)98-145-2-B		145	SLB45-8-2		30	
		WWG(Ⅱ)98-153-2-B		153	SLB45-8		30	
		WWG(Ⅱ)98-163-2-B		163	SLB45-9-2		30	
24	1000	WWG(Ⅱ)107-24-2-B	107	24	SLB45-2-2	2	5.5	CYQ80×150
		WWG(Ⅱ)107-32-2-B		32	SLB45-2		7.5	
		WWG(Ⅱ)107-42-2-B		42	SLB45-3-2		11	
		WWG(Ⅱ)107-49-2-B		49	SLB45-3		11	
		WWG(Ⅱ)107-60-2-B		60	SLB45-4-2		15	
		WWG(Ⅱ)107-66 2 B		66	SLB45-4		15	
		WWG(Ⅱ)107-78-2-B		78	SLB45-5-2		18.5	
		WWG(Ⅱ)107-86-2-B		86	SLB45-5		18.5	
		WWG(Ⅱ)107-95-2-B		95	SLB45-6-2		22	
		WWG(Ⅱ)107-102-2-B		102	SLB45-6		22	
		WWG(Ⅱ)107-113-2-B		113	SLB45-7-2		30	
		WWG(Ⅱ)107-122-2-B		122	SLB45-7		30	
		WWG(Ⅱ)107-130-2-B		130	SLB45-8-2		30	
		WWG(Ⅱ)107-138-2-B		138	SLB45-8		30	
		WWG(Ⅱ)107-147-2-B		147	SLB45-9-2		30	
25	1250	WWG(Ⅱ)133-20-2-B	133	20	SLB64-1	2	5.5	CYQ100×200
		WWG(Ⅱ)133-28-2-B		28	SLB64-2-2		7.5	
		WWG(Ⅱ)133-37-2-B		37	SLB64-2-1		11	
		WWG(Ⅱ)133-43-2-B		43	SLB64-2		11	
		WWG(Ⅱ)133-52-2-B		52	SLB64-3-2		15	

续表

序号	参考户数	设备型号	流量 (m^3/h)	扬程 (m)	推荐水泵			稳流补偿器 $\Phi \times L$ (cm)
					型号	台数	功率（kW）	
25	1250	WWG(Ⅱ)133-59-2-B	133	59	SLB64-3-1	2	15	CYQ100×200
		WWG(Ⅱ)133-65-2-B		65	SLB64-3		18.5	
		WWG(Ⅱ)133-73-2-B		73	SLB64-4-2		18.5	
		WWG(Ⅱ)133-81-2-B		81	SLB64-4-1		22	
		WWG(Ⅱ)133-88-2-B		88	SLB64-4		22	
		WWG(Ⅱ)133-98-2-B		98	SLB64-5-2		30	
		WWG(Ⅱ)133-106-2-B		106	SLB64-5-1		30	
		WWG(Ⅱ)133-113-2-B		113	SLB64-5		30	
		WWG(Ⅱ)133-120-2-B		120	SLB64-6-2		30	
26	1500	WWG(Ⅱ)154-22-2-B	154	22	SLB90-1	2	7.5	CYQ100×200
		WWG(Ⅱ)154-34-2-B		34	SLB90-2-2		11	
		WWG(Ⅱ)154-48-2-B		48	SLB90-2		15	
		WWG(Ⅱ)154-60-2-B		60	SLB90-3-2		18.5	
		WWG(Ⅱ)154-72-2-B		72	SLB90-3		22	
		WWG(Ⅱ)154-87-2-B		87	SLB90-4-2		30	
		WWG(Ⅱ)154-98-2-B		98	SLB90-4		30	
27	1750	WWG(Ⅱ)175-21-2-B	175	21	SLB90-1	2	7.5	CYQ100×200
		WWG(Ⅱ)175-32-2-B		32	SLB90-2-2		11	
		WWG(Ⅱ)175-43-2-B		43	SLB90-2		15	
		WWG(Ⅱ)175-54-2-B		54	SLB90-3-2		18.5	
		WWG(Ⅱ)175-67-2-B		67	SLB90-3		22	
		WWG(Ⅱ)175-78-2-B		78	SLB90-4-2		30	
		WWG(Ⅱ)175-91-2-B		91	SLB90-4		30	
28	2000	WWG(Ⅱ)195-26-2-B	195	26	SLB90-2-2	2	11	CYQ100×200
		WWG(Ⅱ)195-40-2-B		40	SLB90-2		15	
		WWG(Ⅱ)195-47-2-B		47	SLB90-3-2		18.5	
		WWG(Ⅱ)195-60-2-B		60	SLB90-3		22	
		WWG(Ⅱ)195-69-2-B		69	SLB90-4-2		30	
		WWG(Ⅱ)195-82-2-B		82	SLB90-4		30	

注：表中所列举的设备型号仅为常用的定型设备型号，当选用表中所列举的流量和扬程范围外的设备需与生产厂家联系。

附表 C-6 WWG(Ⅱ)-B 无负压管网增压稳流给水设备（三台泵）技术参数一览表

序号	参考户数	设备型号	流量（m^3/h）	扬程（m）	推荐水泵			稳流补偿器 $\Phi \times L$（cm）
					型号	台数	功率（kW）	
1	500	WWG(Ⅱ)63-22-3-B	63	22	SLB20-2	3	2.2	CYQ80×150
		WWG(Ⅱ)63-36-3-B		36	SLB20-3		4.0	
		WWG(Ⅱ)63-47-3-B		47	SLB20-4		5.5	
		WWG(Ⅱ)63-58-3-B		58	SLB20-5		5.5	
		WWG(Ⅱ)63-72-3-B		72	SLB20-6		7.5	
		WWG(Ⅱ)63-82-3-B		82	SLB20-7		7.5	
		WWG(Ⅱ)63-95-3-B		95	SLB20-8		11	
		WWG(Ⅱ)63-118-3-B		118	SLB20-10		11	
		WWG(Ⅱ)63-143-3-B		143	SLB20-12		15	
		WWG(Ⅱ)63-165-3-B		165	SLB20-14		15	
2	600	WWG(Ⅱ)72-15-3-B	72	15	SLB32-1	3	2.2	CYQ100×200
		WWG(Ⅱ)72-27-3-B		27	SLB32-2-2		3.0	
		WWG(Ⅱ)72-32-3-B		32	SLB32-2		4.0	
		WWG(Ⅱ)72-44-3-B		44	SLB32-3-2		5.5	
		WWG(Ⅱ)72-61-3-B		61	SLB32-4-2		7.5	
		WWG(Ⅱ)72-80-3-B		80	SLB32-5-2		11	
		WWG(Ⅱ)72-97-3-B		97	SLB32-6-2		11	
		WWG(Ⅱ)72-120-3-B		120	SLB32-7		15	
		WWG(Ⅱ)72-136-3-B		136	SLB32-8		15	
		WWG(Ⅱ)72-155-3-B		155	SLB32-9		18.5	
		WWG(Ⅱ)72-165-3-B		165	SLB32-10-2		18.5	
		WWG(Ⅱ)72-171-3-B		171	SLB32-10		18.5	
		WWG(Ⅱ)72-184-3-B		184	SLB32-11-2		22	
		WWG(Ⅱ)72-190-3-B		190	SLB32-11		22	
3	700	WWG(Ⅱ)80-24-3-B	80	24	SLB32-2-2	3	3.0	CYQ100×200
		WWG(Ⅱ)80-30-3-B		30	SLB32-2		4.0	
		WWG(Ⅱ)80-41-3-B		41	SLB32-3-2		5.5	
		WWG(Ⅱ)80-57-3-B		57	SLB32-4-2		7.5	
		WWG(Ⅱ)80-76-3-B		76	SLB32-5-2		11	
		WWG(Ⅱ)80-90-3-B		90	SLB32-6-2		11	
		WWG(Ⅱ)80-108-3-B		108	SLB32-7-2		15	
		WWG(Ⅱ)80-130-3-B		130	SLB32-8		15	
		WWG(Ⅱ)80-142-3-B		142	SLB32-9-2		18.5	
		WWG(Ⅱ)80-163-3-B		163	SLB32-10		18.5	

续表

序号	参考户数	设备型号	流量 (m³/h)	扬程 (m)	推荐水泵			稳流补偿器 $\Phi \times L$ (cm)
					型号	台数	功率 (kW)	
3	700	WWG(Ⅱ)80-175-3-B	80	175	SLB32-11-2	3	22	CYQ100×200
		WWG(Ⅱ)80-181-3-B		181	SLB32-11		22	
		WWG(Ⅱ)80-191-3-B		191	SLB32-12-2		22	
		WWG(Ⅱ)80-197-3-B		197	SLB32-12		22	
4	800	WWG(Ⅱ)90-22-3-B	90	22	SLB32-2-2	3	3.0	CYQ100×200
		WWG(Ⅱ)90-29-3-B		29	SLB32-2		4.0	
		WWG(Ⅱ)90-38-3-B		38	SLB32-3-2		5.5	
		WWG(Ⅱ)90-52-3-B		52	SLB32-4-2		7.5	
		WWG(Ⅱ)90-68-3-B		68	SLB32-5-2		11	
		WWG(Ⅱ)90-83-3-B		83	SLB32-6-2		11	
		WWG(Ⅱ)90-100-3-B		100	SLB32-7-2		15	
		WWG(Ⅱ)90-120-3-B		120	SLB32-8		15	
		WWG(Ⅱ)90-138-3-B		138	SLB32-9		18.5	
		WWG(Ⅱ)90-153-3-B		153	SLB32-10		18.5	
		WWG(Ⅱ)90-163-3-B		163	SLB32-11-2		22	
		WWG(Ⅱ)90-169-3-B		169	SLB32-11		22	
		WWG(Ⅱ)90-177-3-B		177	SLB32-12-2		22	
		WWG(Ⅱ)90-184-3-B		184	SLB32-12		22	
		WWG(Ⅱ)90-197-3-B		197	SLB32-13-2		30	
5	900	WWG(Ⅱ)98-20-3-B	98	20	SLB32-2-2	3	3.0	CYQ100×200
		WWG(Ⅱ)98-27-3-B		27	SLB32-2		4.0	
		WWG(Ⅱ)98-34-3-B		34	SLB32-3-2		5.5	
		WWG(Ⅱ)98-49-3-B		49	SLB32-4-2		7.5	
		WWG(Ⅱ)98-65-3-B		65	SLB32-5-2		11	
		WWG(Ⅱ)98-70-3-B		70	SLB32-5		11	
		WWG(Ⅱ)98-92-3-B		92	SLB32-7-2		15	
		WWG(Ⅱ)98-99-3-B		99	SLB32-7		15	
		WWG(Ⅱ)98-112-3-B		112	SLB32-8		15	
		WWG(Ⅱ)98-128-3-B		128	SLB32-9		18.5	
		WWG(Ⅱ)98-142-3-B		142	SLB32-10		18.5	
		WWG(Ⅱ)98-151-3-B		151	SLB32-11-2		22	
		WWG(Ⅱ)98-157-3-B		157	SLB32-11		22	
		WWG(Ⅱ)98-165-3-B		165	SLB32-12-2		22	
		WWG(Ⅱ)98-172-3-B		172	SLB32-12		22	
		WWG(Ⅱ)98-183-3-B		183	SLB32-13-2		30	
		WWG(Ⅱ)98-190-3-B		190	SLB32-13		30	
		WWG(Ⅱ)98-197-3-B		197	SLB32-14-2		30	

续表

序号	参考户数	设备型号	流量 (m³/h)	扬程 (m)	推荐水泵			稳流补偿器 Φ×L (cm)
					型号	台数	功率（kW）	
6	1000	WWG(Ⅱ)107-21-3-B	107	21	SLB45-1	3	4.0	CYQ100×200
		WWG(Ⅱ)107-38-3-B		38	SLB45-2-2		5.5	
		WWG(Ⅱ)107-43-3-B		43	SLB45-2		7.5	
		WWG(Ⅱ)107-59-3-B		59	SLB45-3-2		11	
		WWG(Ⅱ)107-69-3-B		69	SLB45-3		11	
		WWG(Ⅱ)107-83-3-B		83	SLB45-4-2		15	
		WWG(Ⅱ)107-90-3-B		90	SLB45-4		15	
		WWG(Ⅱ)107-106-3-B		106	SLB45-5-2		18.5	
		WWG(Ⅱ)107-114-3-B		114	SLB45-5		18.5	
		WWG(Ⅱ)107-130-3-B		130	SLB45-6-2		22	
		WWG(Ⅱ)107-137-3-B		137	SLB45-6		22	
		WWG(Ⅱ)107-155-3-B		155	SLB45-7-2		30	
		WWG(Ⅱ)107-162-3-B		162	SLB45-7		30	
		WWG(Ⅱ)107-177-3-B		177	SLB45-8-2		30	
		WWG(Ⅱ)107-185-3-B		185	SLB45-8		30	
7	1250	WWG(Ⅱ)132-20-3-B	132	20	SLB45-1	3	4.0	CYQ100×200
		WWG(Ⅱ)132-32-3-B		32	SLB45-2-2		5.5	
		WWG(Ⅱ)132-40-3-B		40	SLB45-2		7.5	
		WWG(Ⅱ)132-52-3-B		52	SLB45-3-2		11	
		WWG(Ⅱ)132-72-3-B		72	SLB45-4-2		15	
		WWG(Ⅱ)132-93-3-B		93	SLB45-5-2		18.5	
		WWG(Ⅱ)132-101-3-B		101	SLB45-5		18.5	
		WWG(Ⅱ)132-115-3-B		115	SLB45-6-2		22	
		WWG(Ⅱ)132-123-3-B		123	SLB45-6		22	
		WWG(Ⅱ)132-138-3-B		138	SLB45-7-2		30	
		WWG(Ⅱ)132-146-3-B		146	SLB45-7		30	
		WWG(Ⅱ)132-158-3-B		158	SLB45-8-2		30	
		WWG(Ⅱ)132-166-3-B		166	SLB45-8		30	
		WWG(Ⅱ)132-178-3-B		178	SLB45-9		30	
8	1500	WWG(Ⅱ)154-24-3-B	154	24	SLB64-1	3	5.5	CYQ100×200
		WWG(Ⅱ)154-33-3-B		33	SLB64-2-2		7.5	
		WWG(Ⅱ)154-42-3-B		42	SLB64-2-1		11	
		WWG(Ⅱ)154-49-3-B		49	SLB64-2		11	
		WWG(Ⅱ)154-60-3-B		60	SLB64-3-2		15	
		WWG(Ⅱ)154-68-3-B		68	SLB64-3-1		15	

续表

序号	参考户数	设备型号	流量 (m^3/h)	扬程 (m)	推荐水泵			稳流补偿器 $\Phi\times L$ (cm)
					型号	台数	功率（kW）	
8	1500	WWG(Ⅱ)154-75-3-B	154	75	SLB64-3	3	18.5	CYQ100×200
		WWG(Ⅱ)154-85-3-B		85	SLB64-4-2		18.5	
		WWG(Ⅱ)154-93-3-B		93	SLB64-4-1		22	
		WWG(Ⅱ)154-100-3-B		100	SLB64-4		22	
		WWG(Ⅱ)154-114-3-B		114	SLB64-5-2		30	
		WWG(Ⅱ)154-121-3-B		121	SLB64-5-1		30	
		WWG(Ⅱ)154-128-3-B		128	SLB64-5		30	
		WWG(Ⅱ)154-139-3-B		139	SLB64-6-2		30	
9	1750	WWG(Ⅱ)175-22-3-B	175	22	SLB64-1	3	5.5	CYQ100×200
		WWG(Ⅱ)175-32-3-B		32	SLB64-2-2		7.5	
		WWG(Ⅱ)175-40-3-B		40	SLB64-2-1		11	
		WWG(Ⅱ)175-48-3-B		48	SLB64-2		11	
		WWG(Ⅱ)175-58-3-B		58	SLB64-3-2		15	
		WWG(Ⅱ)175-63-3-B		63	SLB64-3-1		15	
		WWG(Ⅱ)175-70-3-B		70	SLB64-3		18.5	
		WWG(Ⅱ)175-80-3-B		80	SLB64-4-2		18.5	
		WWG(Ⅱ)175-88-3-B		88	SLB64-4-1		22	
		WWG(Ⅱ)175-95-3-B		95	SLB64-4		22	
		WWG(Ⅱ)175-107-3-B		107	SLB64-5-2		30	
		WWG(Ⅱ)175-114-3-B		114	SLB64-5-1		30	
		WWG(Ⅱ)175-122-3-B		122	SLB64-5		30	
		WWG(Ⅱ)175-131-3-B		131	SLB64-6-2		30	
10	2000	WWG(Ⅱ)195-20-3-B	195	20	SLB64-1	3	5.5	CYQ100×200
		WWG(Ⅱ)195-28-3-B		28	SLB64-2-2		7.5	
		WWG(Ⅱ)195-37-3-B		37	SLB64-2-1		11	
		WWG(Ⅱ)195-45-3-B		45	SLB64-2		11	
		WWG(Ⅱ)195-52-3-B		52	SLB64-3-2		15	
		WWG(Ⅱ)195-59-3-B		59	SLB64-3-1		15	
		WWG(Ⅱ)195-68-3-B		68	SLB64-3		18.5	
		WWG(Ⅱ)195-74-3-B		74	SLB64-4-2		18.5	
		WWG(Ⅱ)195-83-3-B		83	SLB64-4-1		22	
		WWG(Ⅱ)195-90-3-B		90	SLB64-4		22	
		WWG(Ⅱ)195-100-3-B		100	SLB64-5-2		30	
		WWG(Ⅱ)195-107-3-B		107	SLB64-5-1		30	
		WWG(Ⅱ)195-115-3-B		115	SLB64-5		30	
		WWG(Ⅱ)195-123-3-B		123	SLB64-6-2		30	

续表

序号	参考户数	设备型号	流量 (m^3/h)	扬程 (m)	推荐水泵			稳流补偿器 Φ×L (cm)
					型号	台数	功率（kW）	
11	2250	WWG(Ⅱ)216-23-3-B	216	23	SLB90-1	3	7.5	CYQ100×200
		WWG(Ⅱ)216-38-3-B		38	SLB90-2-2		11	
		WWG(Ⅱ)216-49-3-B		49	SLB90-2		15	
		WWG(Ⅱ)216-62-3-B		62	SLB90-3-2		18.5	
		WWG(Ⅱ)216-75-3-B		75	SLB90-3		22	
		WWG(Ⅱ)216-90-3-B		90	SLB90-4-2		30	
		WWG(Ⅱ)216-101-3-B		101	SLB90-4		30	
12	2500	WWG(Ⅱ)235-22-3-B	235	22	SLB90-1	3	7.5	CYQ100×200
		WWG(Ⅱ)235-35-3-B		35	SLB90-2-2		11	
		WWG(Ⅱ)235-47-3-B		47	SLB90-2		15	
		WWG(Ⅱ)235-60-3-B		60	SLB90-3-2		18.5	
		WWG(Ⅱ)235-72-3-B		72	SLB90-3		22	
		WWG(Ⅱ)235-86-3-B		86	SLB90-4-2		30	
		WWG(Ⅱ)235-97-3-B		97	SLB90-4		30	
13	2750	WWG(Ⅱ)255-21-3-B	255	21	SLB90-1	3	7.5	CYQ100×200
		WWG(Ⅱ)255-32-3-B		32	SLB90-2-2		11	
		WWG(Ⅱ)255-45-3-B		45	SLB90-2		15	
		WWG(Ⅱ)255-56-3-B		56	SLB90-3-2		18.5	
		WWG(Ⅱ)255-68-3-B		68	SLB90-3		22	
		WWG(Ⅱ)255-80-3-B		80	SLB90-4-2		30	
		WWG(Ⅱ)255-92-3-B		92	SLB90-4		30	
14	3000	WWG(Ⅱ)275-20-3-B	275	20	SLB90-1	3	7.5	CYQ100×200
		WWG(Ⅱ)275-29-3-B		29	SLB90-2-2		11	
		WWG(Ⅱ)275-42-3-B		42	SLB90-2		15	
		WWG(Ⅱ)275-51-3-B		51	SLB90-3-2		18.5	
		WWG(Ⅱ)275-65-3-B		65	SLB90-3		22	
		WWG(Ⅱ)275-75-3-B		75	SLB90-4-2		30	
		WWG(Ⅱ)275-88-3-B		88	SLB90-4		30	

注：表中所列举的设备型号仅为常用的定型设备型号，当选用表中所列举的流量和扬程范围外的设备需与生产厂家联系。

附表 C-7 SLBW-P 无负压智能变速泵给水设备（二台泵）技术参数一览表

序号	参考户数	设备型号	流量 (m^3/h)	扬程 (m)	进/出水管径 DN_1/DN_2 (mm)	外形尺寸 长×宽 (mm)	推荐水泵		
							型号	台数	功率 (kW)
1	15	SLBW8.5-10-2-P	8.5	10	65/65	1670×970	SLBW5-2	2	0.37
		SLBW8.5-21-2-P		21			SLBW5-4		0.55
		SLBW8.5-28-2-P		28			SLBW5-5		0.75
		SLBW8.5-39-2-P		39			SLBW5-7		1.1
		SLBW8.5-50-2-P		50			SLBW5-9		1.5
		SLBW8.5-57-2-P		57			SLBW5-10		1.5
		SLBW8.5-64-2-P		64			SLBW5-11		2.2
		SLBW8.5-70-2-P		70			SLBW5-12		2.2
		SLBW8.5-76-2-P		76			SLBW5-13		2.2
		SLBW8.5-81-2-P		81			SLBW5-14		2.2
		SLBW8.5-87-2-P		87			SLBW5-15		2.2
		SLBW8.5-93-2-P		93			SLBW5-16		2.2
		SLBW8.5-107-2-P		107			SLBW5-18		3.0
		SLBW8.5-118-2-P		118			SLBW5-20		3.0
		SLBW8.5-132-2-P		132			SLBW5-22		4.0
		SLBW8.5-143-2-P		143			SLBW5-24		4.0
		SLBW8.5-155-2-P		155			SLBW5-26		4.0
2	20	SLBW10-20-2-P	10	20	65/65	1670×970	SLBW5-4	2	0.55
		SLBW10-25-2-P		25			SLBW5-5		0.75
		SLBW10-32-2-P		32			SLBW5-6		1.1
		SLBW10-36-2-P		36			SLBW5-7		1.1
		SLBW10-42-2-P		42			SLBW5-8		1.1
		SLBW10-48-2-P		48			SLBW5-9		1.5
		SLBW10-55-2-P		55			SLBW5-10		1.5
		SLBW10-60-2-P		60			SLBW5-11		2.2
		SLBW10-66-2-P		66			SLBW5-12		2.2
		SLBW10-72-2-P		72			SLBW5-13		2.2
		SLBW10-76-2-P		76			SLBW5-14		2.2
		SLBW10-82-2-P		82			SLBW5-15		2.2
		SLBW10-87-2-P		87			SLBW5-16		2.2
		SLBW10-100-2-P		100			SLBW5-18		3.0
		SLBW10-110-2-P		110			SLBW5-20		3.0
		SLBW10-125-2-P		125			SLBW5-22		4.0
		SLBW10-135-2-P		135			SLBW5-24		4.0
		SLBW10-146-2-P		146			SLBW5-26		4.0

续表

序号	参考户数	设备型号	流量 (m^3/h)	扬程 (m)	进/出水管径 DN_1/DN_2 (mm)	外形尺寸 长×宽 (mm)	推荐水泵		
							型号	台数	功率 (kW)
3	30	SLBW13-20-2-P	13	20	65/65	1670×970	SLBW5-5	2	0.75
		SLBW13-25-2-P		25			SLBW5-6		1.1
		SLBW13-29-2-P		29			SLBW5-7		1.1
		SLBW13-33-2-P		33			SLBW5-8		1.1
		SLBW13-40-2-P		40			SLBW5-9		1.5
		SLBW13-44-2-P		44			SLBW5-10		1.5
		SLBW13-50-2-P		50			SLBW5-11		2.2
		SLBW13-55-2-P		55			SLBW5-12		2.2
		SLBW13-60-2-P		60			SLBW5-13		2.2
		SLBW13-64-2-P		64			SLBW5-14		2.2
		SLBW13-68-2-P		68			SLBW5-15		2.2
		SLBW13-72-2-P		72			SLBW5-16		2.2
		SLBW13-85-2-P		85			SLBW5-18		3.0
		SLBW13-92-2-P		92			SLBW5-20		3.0
		SLBW13-106-2-P		106			SLBW5-22		4.0
		SLBW13-113-2-P		113			SLBW5-24		4.0
		SLBW13-123-2-P		123			SLBW5-26		4.0
		SLBW13-137-2-P		137			SLBW5-29		4.0
		SLBW13-154-2-P		154			SLBW5-32		5.5
4	40	SLBW15-18-2-P	15	18	*DN*80/*DN*80	1670×1030	SLBW10-2	2	0.75
		SLBW15-28-2-P		28			SLBW10-3		1.1
		SLBW15-37-2-P		37			SLBW10-4		1.5
		SLBW15-47-2-P		47			SLBW10-5		2.2
		SLBW15-56-2-P		56			SLBW10-6		2.2
		SLBW15-68-2-P		68			SLBW10-7		3.0
		SLBW15-77-2-P		77			SLBW10-8		3.0
		SLBW15-85-2-P		85			SLBW10-9		3.0
		SLBW15-95-2-P		95			SLBW10-10		4.0
		SLBW15-112-2-P		112			SLBW10-12		4.0
		SLBW15-132-2-P		132			SLBW10-14		5.5
		SLBW15-150-2-P		150			SLBW10-16		5.5
5	50	SLBW18-25-2-P	18	25	*DN*80/*DN*80	1670×1030	SLBW10-3	2	1.1
		SLBW18-34-2-P		34			SLBW10-4		1.5
		SLBW18-43-2-P		43			SLBW10-5		2.2

续表

序号	参考户数	设备型号	流量 (m^3/h)	扬程 (m)	进/出水管径 DN_1/DN_2 (mm)	外形尺寸 长×宽 (mm)	推荐水泵		
							型号	台数	功率 (kW)
5	50	SLBW18-51-2-P	18	51	DN80/DN80	1670×1030	SLBW10-6	2	2.2
		SLBW18-69-2-P		69			SLBW10-8		3.0
		SLBW18-78-2-P		78			SLBW10-9		3.0
		SLBW18-88-2-P		88			SLBW10-10		4.0
		SLBW18-105-2-P		105			SLBW10-12		4.0
		SLBW18-122-2-P		122			SLBW10-14		5.5
		SLBW18-140-2-P		140			SLBW10-16		5.5
		SLBW18-160-2-P		160			SLBW10-18		7.5
		SLBW18-177-2-P		177			SLBW10-20		7.5
6	75	SLBW21-22-2-P	21	22	DN80/DN80	1670×1030	SLBW10-3	2	1.1
		SLBW21-30-2-P		30			SLBW10-4		1.5
		SLBW21-39-2-P		39			SLBW10-5		2.2
		SLBW21-47-2-P		47			SLBW10-6		2.2
		SLBW21-62-2-P		62			SLBW10-8		3.0
		SLBW21-70-2-P		70			SLBW10-9		3.0
		SLBW21-92-2-P		92			SLBW10-12		4.0
		SLBW21-110-2-P		110			SLBW10-14		5.5
		SLBW21-125-2-P		125			SLBW10-16		5.5
		SLBW21-145-2-P		145			SLBW10-18		7.5
		SLBW21-160-2-P		160			SLBW10-20		7.5
		SLBW21-172-2-P		172			SLBW10-22		7.5
7	100	SLBW24-26-2-P	24	26	100/100	1910×1030	SLBW15-2	2	2.2
		SLBW24-38-2-P		38			SLBW15-3		3.0
		SLBW24-51-2-P		51			SLBW15-4		4.0
		SLBW24-64-2-P		64			SLBW15-5		4.0
		SLBW24-77-2-P		77			SLBW15-6		5.5
		SLBW24-90-2-P		90			SLBW15-7		5.5
		SLBW24-102-2-P		102			SLBW15-8		7.5
		SLBW24-115-2-P		115			SLBW15-9		7.5
		SLBW24-130-2-P		130			SLBW15-10		11
		SLBW24-155-2-P		155			SLBW15-12		11
		SLBW24-180-2-P		180			SLBW15-14		11
8	125	SLBW28-24-2-P	28	24	100/100	1910×1030	SLBW15-2	2	11
		SLBW28-36-2-P		36			SLBW15-3		11

续表

序号	参考户数	设备型号	流量(m^3/h)	扬程(m)	进/出水管径 DN_1/DN_2(mm)	外形尺寸 长×宽(mm)	推荐水泵		
							型号	台数	功率(kW)
8	125	SLBW28-49-2-P	28	49	100/100	1910×1030	SLBW15-4	2	4.0
8	125	SLBW28-61-2-P	28	61	100/100	1910×1030	SLBW15-5	2	4.0
8	125	SLBW28-73-2-P	28	73	100/100	1910×1030	SLBW15-6	2	5.5
8	125	SLBW28-85-2-P	28	85	100/100	1910×1030	SLBW15-7	2	5.5
8	125	SLBW28-98-2-P	28	98	100/100	1910×1030	SLBW15-8	2	7.5
8	125	SLBW28-110-2-P	28	110	100/100	1910×1030	SLBW15-9	2	7.5
8	125	SLBW28-125-2-P	28	125	100/100	1910×1030	SLBW15-10	2	11
8	125	SLBW28-150-2-P	28	150	100/100	1910×1030	SLBW15-12	2	11
8	125	SLBW28-172-2-P	28	172	100/100	1910×1030	SLBW15-14	2	11
9	150	SLBW30-23-2-P	30	23	100/100	1910×1030	SLBW15-2	2	2.2
9	150	SLBW30-35-2-P	30	35	100/100	1910×1030	SLBW15-3	2	3.0
9	150	SLBW30-48-2-P	30	48	100/100	1910×1030	SLBW15-4	2	4.0
9	150	SLBW30-60-2-P	30	60	100/100	1910×1030	SLBW15-5	2	4.0
9	150	SLBW30-75-2-P	30	75	100/100	1910×1030	SLBW15-6	2	5.5
9	150	SLBW30-85-2-P	30	85	100/100	1910×1030	SLBW15-7	2	5.5
9	150	SLBW30-96-2-P	30	96	100/100	1910×1030	SLBW15-8	2	7.5
9	150	SLBW30-108-2-P	30	108	100/100	1910×1030	SLBW15-9	2	7.5
9	150	SLBW30-121-2-P	30	121	100/100	1910×1030	SLBW15-10	2	11
9	150	SLBW30-145-2-P	30	145	100/100	1910×1030	SLBW15-12	2	11
9	150	SLBW30-167-2-P	30	167	100/100	1910×1030	SLBW15-14	2	11
10	175	SLBW32-22-2-P	32	22	100/100	1910×1030	SLBW15-2	2	2.2
10	175	SLBW32-34-2-P	32	34	100/100	1910×1030	SLBW15-3	2	3.0
10	175	SLBW32-47-2-P	32	47	100/100	1910×1030	SLBW15-4	2	4.0
10	175	SLBW32-58-2-P	32	58	100/100	1910×1030	SLBW15-5	2	4.0
10	175	SLBW32-69-2-P	32	69	100/100	1910×1030	SLBW15-6	2	5.5
10	175	SLBW32-80-2-P	32	80	100/100	1910×1030	SLBW15-7	2	5.5
10	175	SLBW32-93-2-P	32	93	100/100	1910×1030	SLBW15-8	2	7.5
10	175	SLBW32-104-2-P	32	104	100/100	1910×1030	SLBW15-9	2	7.5
10	175	SLBW32-118-2-P	32	118	100/100	1910×1030	SLBW15-10	2	11
10	175	SLBW32-140-2-P	32	140	100/100	1910×1030	SLBW15-12	2	11
10	175	SLBW32-163-2-P	32	163	100/100	1910×1030	SLBW15-14	2	11
11	200	SLBW34-21-2-P	34	21	100/100	1910×1030	SLBW15-2	2	2.2
11	200	SLBW34-33-2-P	34	33	100/100	1910×1030	SLBW15-3	2	3.0
11	200	SLBW34-44-2-P	34	44	100/100	1910×1030	SLBW15-4	2	4.0

续表

序号	参考户数	设备型号	流量 (m^3/h)	扬程 (m)	进/出水管径 DN_1/DN_2 (mm)	外形尺寸 长×宽 (mm)	推荐水泵		
							型号	台数	功率 (kW)
11	200	SLBW34-55-2-P	34	55	100/100	1910×1030	SLBW15-5	2	4.0
		SLBW34-66-2-P		66			SLBW15-6		5.5
		SLBW34-78-2-P		78			SLBW15-7		5.5
		SLBW34-90-2-P		90			SLBW15-8		7.5
		SLBW34-100-2-P		100			SLBW15-9		7.5
		SLBW34-113-2-P		113			SLBW15-10		11
		SLBW34-136-2-P		136			SLBW15-12		11
		SLBW34-157-2-P		157			SLBW15-14		11
12	225	SLBW36-20-2-P	36	20	100/100	1910×1030	SLBW15-2	2	2.2
		SLBW36-31-2-P		31			SLBW15-3		3.0
		SLBW36-42-2-P		42			SLBW15-4		4.0
		SLBW36-53-2-P		53			SLBW15-5		4.0
		SLBW36-63-2-P		63			SLBW15-6		5.5
		SLBW36-75-2-P		75			SLBW15-7		5.5
		SLBW36-86-2-P		86			SLBW15-8		7.5
		SLBW36-96-2-P		96			SLBW15-9		7.5
		SLBW36-109-2-P		109			SLBW15-10		11
		SLBW36-131-2-P		131			SLBW15-12		11
		SLBW36-151-2-P		151			SLBW15-14		11
13	250	SLBW39-20-2-P	39	20	100/100	1910×1030	SLBW15-2	2	2.2
		SLBW39-28-2-P		28			SLBW15-3		3.0
		SLBW39-40-2-P		40			SLBW15-4		4.0
		SLBW39-49-2-P		49			SLBW15-5		4.0
		SLBW39-60-2-P		60			SLBW15-6		5.5
		SLBW39-72-2-P		72			SLBW15-7		5.5
		SLBW39-81-2-P		81			SLBW15-8		7.5
		SLBW39-90-2-P		90			SLBW15-9		7.5
		SLBW39-102-2-P		102			SLBW15-10		11
		SLBW39-122-2-P		122			SLBW15-12		11
		SLBW39-141-2-P		141			SLBW15-14		11
		SLBW39-173-2-P		173			SLBW15-17		15
14	275	SLBW42-22-2-P	42	22	100/100	1910×1030	SLBW20-2	2	2.2
		SLBW42-35-2-P		35			SLBW20-3		4.0
		SLBW42-47-2-P		47			SLBW20-4		5.5

续表

序号	参考户数	设备型号	流量 (m^3/h)	扬程 (m)	进/出水管径 DN_1/DN_2 (mm)	外形尺寸 长×宽 (mm)	推荐水泵		
							型号	台数	功率 (kW)
14	275	SLBW42-58-2-P	42	58	100/100	1910×1030	SLBW20-5	2	5.5
		SLBW42-70-2-P		70			SLBW20-6		7.5
		SLBW42-82-2-P		82			SLBW20-7		7.5
		SLBW42-94-2-P		94			SLBW20-8		11
		SLBW42-118-2-P		118			SLBW20-10		11
		SLBW42-143-2-P		143			SLBW20-12		15
		SLBW42-165-2-P		165			SLBW20-14		15
15	300	SLBW46-20-2-P	46	20	100/100	1910×1030	SLBW20-2	2	2.2
		SLBW46-32-2-P		32			SLBW20-3		4.0
		SLBW46-43-2-P		43			SLBW20-4		5.5
		SLBW46-54-2-P		54			SLBW20-5		5.5
		SLBW46-65-2-P		65			SLBW20-6		7.5
		SLBW46-76-2-P		76			SLBW20-7		7.5
		SLBW46-90-2-P		90			SLBW20-8		11
		SLBW46-110-2-P		110			SLBW20-10		11
		SLBW46-132-2-P		132			SLBW20-12		15
		SLBW46-154-2-P		154			SLBW20-14		15
16	350	SLBW48-17-2-P	48	17	150/150	1910×1250	SLBW32-1	2	2.2
		SLBW48-25-2-P		25			SLBW32-2-2		3.0
		SLBW48-32-2-P		32			SLBW32-2		4.0
		SLBW48-44-2-P		44			SLBW32-3-2		5.5
		SLBW48-61-2-P		61			SLBW32-4-2		7.5
		SLBW48-80-2-P		80			SLBW32-5-2		11
		SLBW48-97-2-P		97			SLBW32-6-2		11
		SLBW48-102-2-P		102			SLBW32-6		11
		SLBW48-114-2-P		114			SLBW32-7-2		15
		SLBW48-120-2-P		120			SLBW32-7		15
		SLBW48-130-2-P		130			SLBW32-8-2		15
		SLBW48-136-2-P		136			SLBW32-8		15
		SLBW48-155-2-P		155			SLBW32-9		18.5
		SLBW48-166-2-P		166			SLBW32-10-2		18.5
17	400	SLBW53-26-2-P	53	26	150/150	1910×1250	SLBW32-2-2	2	3.0
		SLBW53-32-2-P		32			SLBW32-2		4.0
		SLBW53-42-2-P		42			SLBW32-3-2		5.5

续表

序号	参考户数	设备型号	流量 (m^3/h)	扬程 (m)	进/出水管径 DN_1/DN_2 (mm)	外形尺寸 长×宽 (mm)	推荐水泵		
							型号	台数	功率 (kW)
17	400	SLBW53-58-2-P	53	58	150/150	1910×1250	SLBW32-4-2	2	7.5
		SLBW53-77-2-P		77			SLBW32-5-2		11
		SLBW53-91-2-P		91			SLBW32-6-2		11
		SLBW53-98-2-P		98			SLBW32-6		11
		SLBW53-110-2-P		110			SLBW32-7-2		15
		SLBW53-115-2-P		115			SLBW32-7		15
		SLBW53-125-2-P		125			SLBW32-8-2		15
		SLBW53-130-2-P		130			SLBW32-8		15
		SLBW53-142-2-P		142			SLBW32-9-2		18.5
		SLBW53-148-2-P		148			SLBW32-9		18.5
		SLBW53-158-2-P		158			SLBW32-10-2		18.5
		SLBW53-164-2-P		164			SLBW32-10		18.5
18	450	SLBW58-23-2-P	58	23	150/150	1910×1250	SLBW32-2-2	2	3.0
		SLBW58-30-2-P		30			SLBW32-2		4.0
		SLBW58-38-2-P		38			SLBW32-3-2		5.5
		SLBW58-54-2-P		54			SLBW32-4-2		7.5
		SLBW58-70-2-P		70			SLBW32-5-2		11
		SLBW58-90-2-P		90			SLBW32-6		11
		SLBW58-102-2-P		102			SLBW32-7-2		15
		SLBW58-110-2-P		110			SLBW32-7		15
		SLBW58-118-2-P		118			SLBW32-8-2		15
		SLBW58-124-2-P		124			SLBW32-8		15
		SLBW58-135-2-P		135			SLBW32-9-2		18.5
		SLBW58-141-2-P		141			SLBW32-9		18.5
		SLBW58-150-2-P		150			SLBW32-10-2		18.5
		SLBW58-156-2-P		156			SLBW32-10		18.5
19	500	SLBW63-21-2-P	63	21	150/150	1910×1250	SLBW32-2-2	2	3.0
		SLBW63-28-2-P		28			SLBW32-2		4.0
		SLBW63-37-2-P		37			SLBW32-3-2		5.5
		SLBW63-51-2-P		51			SLBW32-4-2		7.5
		SLBW63-68-2-P		68			SLBW32-5-2		11
		SLBW63-81-2-P		81			SLBW32-6-2		11
		SLBW63-97-2-P		97			SLBW32-7-2		15
		SLBW63-116-2-P		116			SLBW32-8		15

续表

序号	参考户数	设备型号	流量 (m^3/h)	扬程 (m)	进/出水管径 DN_1/DN_2 (mm)	外形尺寸 长×宽 (mm)	推荐水泵		
							型号	台数	功率 (kW)
19	500	SLBW63-126-2-P	63	126	150/150	1910×1250	SLBW32-9-2	2	18.5
		SLBW63-133-2-P		133			SLBW32-9		18.5
		SLBW63-140-2-P		140			SLBW32-10-2		18.5
		SLBW63-147-2-P		147			SLBW32-10		18.5
20	600	SLBW72-24-2-P	72	24	150/150	1910×1250	SLBW32-2	2	4.0
		SLBW72-30-2-P		30			SLBW32-3-2		5.5
		SLBW72-42-2-P		42			SLBW32-4-2		7.5
		SLBW72-57-2-P		57			SLBW32-5-2		11
		SLBW72-69-2-P		69			SLBW32-6-2		11
		SLBW72-81-2-P		81			SLBW32-7-2		15
		SLBW72-95-2-P		95			SLBW32-8-2		15
		SLBW72-100-2-P		100			SLBW32-8		15
		SLBW72-108-2-P		108			SLBW32-9-2		18.5
		SLBW72-115-2-P		115			SLBW32-9		18.5
		SLBW72-120-2-P		120			SLBW32-10-2		18.5
		SLBW72-127-2-P		127			SLBW32-10		18.5
21	700	SLBW80-16-2-P	80	16	150/150	1920×1350	SLBW45-1-1	2	3.0
		SLBW80-20-2-P		20			SLBW45-1		4.0
		SLBW80-36-2-P		36			SLBW45-2-2		5.5
		SLBW80-41-2-P		41			SLBW45-2		7.5
		SLBW80-58-2-P		58			SLBW45-3-2		11
		SLBW80-64-2-P		64			SLBW45-3		11
		SLBW80-79-2-P		79			SLBW45-4-2		15
		SLBW80-87-2-P		87			SLBW45-4		15
		SLBW80-100-2-P		100			SLBW45-5-2		18.5
		SLBW80-108-2-P		108			SLBW45-5		18.5
		SLBW80-130-2-P		130			SLBW45-6		22
22	800	SLBW90-19-2-P	90	19	150/150	1920×1350	SLBW45-1	2	4.0
		SLBW90-31-2-P		31			SLBW45-2-2		5.5
		SLBW90-39-2-P		39			SLBW45-2		7.5
		SLBW90-52-2-P		52			SLBW45-3-2		11
		SLBW90-72-2-P		72			SLBW45-4-2		15
		SLBW90-92-2-P		92			SLBW45-5-2		18.5
		SLBW90-100-2-P		100			SLBW45-5		18.5
		SLBW90-120-2-P		120			SLBW45-6		22

续表

序号	参考户数	设备型号	流量(m^3/h)	扬程(m)	进/出水管径DN_1/DN_2(mm)	外形尺寸长×宽(mm)	推荐水泵		
							型号	台数	功率(kW)
23	900	SLBW98-17-2-P	98	17	150/150	1920×1350	SLBW45-1	2	4.0
		SLBW98-28-2-P		28			SLBW45-2-2		5.5
		SLBW98-37-2-P		37			SLBW45-2		7.5
		SLBW98-48-2-P		48			SLBW45-3-2		11
		SLBW98-55-2-P		55			SLBW45-3		11
		SLBW98-67-2-P		67			SLBW45-4-2		15
		SLBW98-83-2-P		83			SLBW45-5-2		18.5
		SLBW98-92-2-P		92			SLBW45-5		18.5
		SLBW98-105-2-P		105			SLBW45-6-2		22
		SLBW98-113-2-P		113			SLBW45-6		22
24	1000	SLBW107-24-2-P	107	24	150/150	1920×1350	SLBW45-2-2	2	5.5
		SLBW107-32-2-P		32			SLBW45-2		7.5
		SLBW107-42-2-P		42			SLBW45-3-2		11
		SLBW107-49-2-P		49			SLBW45-3		11
		SLBW107-60-2-P		60			SLBW45-4-2		15
		SLBW107-66-2-P		66			SLBW45-4		15
		SLBW107-78-2-P		78			SLBW45-5-2		18.5
		SLBW107-86-2-P		86			SLBW45-5		18.5
		SLBW107-95-2-P		95			SLBW45-6-2		22
25	1250	SLBW133-20-2-P	133	20	200/200	2000×1480	SLBW64-1	2	5.5
		SLBW133-28-2-P		28			SLBW64-2-2		7.5
		SLBW133-37-2-P		37			SLBW64-2-1		11
		SLBW133-43-2-P		43			SLBW64-2		11
		SLBW133-52-2-P		52			SLBW64-3-2		15
		SLBW133-59-2-P		59			SLBW64-3-1		15
		SLBW133-65-2-P		65			SLBW64-3		18.5
		SLBW133-73-2-P		73			SLBW64-4-2		18.5
26	1500	SLBW154-22-2-P	154	22	200/200	2000×1480	SLBW90-1	2	7.5
		SLBW154-34-2-P		34			SLBW90-2-2		11
		SLBW154-48-2-P		48			SLBW90-2		15
		SLBW154-60-2-P		60			SLBW90-3-2		18.5
		SLBW154-72-2-P		72			SLBW90-3		22
		SLBW154-87-2-P		87			SLBW90-4-2		30
		SLBW154-98-2-P		98			SLBW90-4		30

续表

序号	参考户数	设备型号	流量 (m^3/h)	扬程 (m)	进/出水管径 DN_1/DN_2 (mm)	外形尺寸 长×宽 (mm)	推荐水泵		
							型号	台数	功率 (kW)
27	1750	SLBW175-21-2-P	175	21	200/200	2000×1480	SLBW90-1	2	7.5
		SLBW175-32-2-P		32			SLBW90-2-2		11
		SLBW175-43-2-P		43			SLBW90-2		15
		SLBW175-54-2-P		54			SLBW90-3-2		18.5
		SLBW175-67-2-P		67			SLBW90-3		22
		SLBW175-78-2-P		78			SLBW90-4-2		30
		SLBW175-91-2-P		91			SLBW90-4		30
28	2000	SLBW195-26-2-P	195	26	200/200	2000×1480	SLBW90-2-2	2	11
		SLBW195-40-2-P		40			SLBW90-2		15
		SLBW195-47-2-P		47			SLBW90-3-2		18.5
		SLBW195-60-2-P		60			SLBW90-3		22
		SLBW195-69-2-P		69			SLBW90-4-2		30
		SLBW195-82-2-P		82			SLBW90-4		30
		SLBW195-90-2-P		90			SLBW90-5-2		37

注：表中所列举的设备型号仅为常用的定型设备型号，当选用表中所列举的流量和扬程范围外的设备需与生产厂家联系。

附表 C-8 SLBW-P 无负压智能变速泵给水设备（三台泵）技术参数一览表

序号	参考户数	设备型号	流量 (m^3/h)	扬程 (m)	进/出水管径 DN_1/DN_2 (mm)	外形尺寸 长×宽 (mm)	推荐水泵		
							型号	台数	功率 (kW)
1	500	SLBW63-22-3-P	63	22	150/150	2400×1180	SLBW20-2	3	2.2
		SLBW63-36-3-P		36			SLBW20-3		4.0
		SLBW63-47-3-P		47			SLBW20-4		5.5
		SLBW63-58-3-P		58			SLBW20-5		5.5
		SLBW63-72-3-P		72			SLBW20-6		7.5
		SLBW63-82-3-P		82			SLBW20-7		7.5
		SLBW63-95-3-P		95			SLBW20-8		11
		SLBW63-118-3-P		118			SLBW20-10		11
		SLBW63-143-3-P		143			SLBW20-12		15
		SLBW63-165-3-P		165			SLBW20-14		15
2	600	SLBW72-15-3-P	72	15	200/200	2400×1260	SLBW32-1	3	2.2
		SLBW72-27-3-P		27			SLBW32-2-2		3.0
		SLBW72-32-3-P		32			SLBW32-2		4.0
		SLBW72-44-3-P		44			SLBW32-3-2		5.5

续表

序号	参考户数	设备型号	流量 (m^3/h)	扬程 (m)	进/出水管径 DN_1/DN_2 (mm)	外形尺寸 长×宽 (mm)	推荐水泵		
							型号	台数	功率 (kW)
2	600	SLBW72-61-3-P	72	61	200/200	2400×1260	SLBW32-4-2	3	7.5
		SLBW72-80-3-P		80			SLBW32-5-2		11
		SLBW72-97-3-P		97			SLBW32-6-2		11
		SLBW72-120-3-P		120			SLBW32-7		15
		SLBW72-136-3-P		136			SLBW32-8		15
		SLBW72-155-3-P		155			SLBW32-9		18.5
		SLBW72-165-3-P		165			SLBW32-10-2		18.5
3	700	SLBW80-24-3-P	80	24	200/200	2400×1260	SLBW32-2-2	3	3.0
		SLBW80-30-3-P		30			SLBW32-2		4.0
		SLBW80-41-3-P		41			SLBW32-3-2		5.5
		SLBW80-57-3-P		57			SLBW32-4-2		7.5
		SLBW80-76-3-P		76			SLBW32-5-2		11
		SLBW80-90-3-P		90			SLBW32-6-2		11
		SLBW80-108-3-P		108			SLBW32-7-2		15
		SLBW80-130-3-P		130			SLBW32-8		15
		SLBW80-142-3-P		142			SLBW32-9-2		18.5
		SLBW80-163-3-P		163			SLBW32-10		18.5
4	800	SLBW90-22-3-P	90	22	200/200	2400×1260	SLBW32-2-2	3	3.0
		SLBW90-29-3-P		29			SLBW32-2		4.0
		SLBW90-38-3-P		38			SLBW32-3-2		5.5
		SLBW90-52-3-P		52			SLBW32-4-2		7.5
		SLBW90-68-3-P		68			SLBW32-5-2		11
		SLBW90-83-3-P		83			SLBW32-6-2		11
		SLBW90-100-3-P		100			SLBW32-7-2		15
		SLBW90-120-3-P		120			SLBW32-8		15
		SLBW90-138-3-P		138			SLBW32-9		18.5
		SLBW90-153-3-P		153			SLBW32-10		18.5
5	900	SLBW98-20-3-P	98	20	200/200	2400×1260	SLBW32-2-2	3	3.0
		SLBW98-27-3-P		27			SLBW32-2		4.0
		SLBW98-34-3-P		34			SLBW32-3-2		5.5
		SLBW98-49-3-P		49			SLBW32-4-2		7.5
		SLBW98-65-3-P		65			SLBW32-5-2		11
		SLBW98-70-3-P		70			SLBW32-5		11
		SLBW98-92-3-P		92			SLBW32-7-2		15

续表

序号	参考户数	设备型号	流量 (m³/h)	扬程 (m)	进/出水管径 DN_1/DN_2 (mm)	外形尺寸 长×宽 (mm)	推荐水泵		
							型号	台数	功率 (kW)
5	900	SLBW98-99-3-P	98	99	200/200	2400×1260	SLBW32-7	3	15
		SLBW98-112-3-P		112			SLBW32-8		15
		SLBW98-128-3-P		128			SLBW32-9		18.5
		SLBW98-142-3-P		142			SLBW32-10		18.5
6	1000	SLBW107-21-3-P	107	21	200/200	2400×1260	SLBW45-1	3	4.0
		SLBW107-38-3-P		38			SLBW45-2-2		5.5
		SLBW107-43-3-P		43			SLBW45-2		7.5
		SLBW107-59-3-P		59			SLBW45-3-2		11
		SLBW107-69-3-P		69			SLBW45-3		11
		SLBW107-83-3-P		83			SLBW45-4-2		15
		SLBW107-90-3-P		90			SLBW45-4		15
		SLBW107-106-3-P		106			SLBW45-5-2		18.5
		SLBW107-114-3-P		114			SLBW45-5		18.5
7	1250	SLBW132-20-3-P	132	20	200/200	2480×1440	SLBW45-1	3	4.0
		SLBW132-32-3-P		32			SLBW45-2-2		5.5
		SLBW132-40-3-P		40			SLBW45-2		7.5
		SLBW132-52-3-P		52			SLBW45-3-2		11
		SLBW132-72-3-P		72			SLBW45-4-2		15
		SLBW132-93-3-P		93			SLBW45-5-2		18.5
		SLBW132-101-3-P		101			SLBW45-5		18.5
8	1500	SLBW154-24-3-P	154	24	200/200	2480×1480	SLBW64-1	3	5.5
		SLBW154-33-3-P		33			SLBW64-2-2		7.5
		SLBW154-42-3-P		42			SLBW64-2-1		11
		SLBW154-49-3-P		49			SLBW64-2		11
		SLBW154-60-3-P		60			SLBW64-3-2		15
		SLBW154-68-3-P		68			SLBW64-3-1		15
		SLBW154-75-3-P		75			SLBW64-3		18.5
9	1750	SLBW175-22-3-P	175	22	200/200	2480×1480	SLBW64-1	3	5.5
		SLBW175-32-3-P		32			SLBW64-2-2		7.5
		SLBW175-40-3-P		40			SLBW64-2-1		11
		SLBW175-48-3-P		48			SLBW64-2		11
		SLBW175-58-3-P		58			SLBW64-3-2		15
		SLBW175-63-3-P		63			SLBW64-3-1		15
		SLBW175-70-3-P		70			SLBW64-3		18.5

续表

序号	参考户数	设备型号	流量 (m^3/h)	扬程 (m)	进/出水管径 DN_1/DN_2 (mm)	外形尺寸 长×宽 (mm)	推荐水泵		
							型号	台数	功率 (kW)
10	2000	SLBW195-20-3-P	195	20	200/200	2480×1480	SLBW64-1	3	5.5
		SLBW195-28-3-P		28			SLBW64-2-2		7.5
		SLBW195-37-3-P		37			SLBW64-2-1		11
		SLBW195-45-3-P		45			SLBW64-2		11
		SLBW195-52-3-P		52			SLBW64-3-2		15
		SLBW195-59-3-P		59			SLBW64-3-1		15
		SLBW195-68-3-P		68			SLBW64-3		18.5
		SLBW195-90-3-P		90			SLBW64-4		22
11	2250	SLBW216-23-3-P	216	23	200/200	2480×1480	SLBW90-1	3	7.5
		SLBW216-38-3-P		38			SLBW90-2-2		11
		SLBW216-49-3-P		49			SLBW90-2		15
		SLBW216-62-3-P		62			SLBW90-3-2		18.5
		SLBW216-75-3-P		75			SLBW90-3		22
		SLBW216-90-3-P		90			SLBW90-4-2		30
		SLBW216-101-3-P		101			SLBW90-4		30
12	2500	SLBW235-22-3-P	235	22	200/200	2480×1480	SLBW90-1	3	7.5
		SLBW235-35-3-P		35			SLBW90-2-2		11
		SLBW235-47-3-P		47			SLBW90-2		15
		SLBW235-60-3-P		60			SLBW90-3-2		18.5
		SLBW235-72-3-P		72			SLBW90-3		22
		SLBW235-86-3-P		86			SLBW90-4-2		30
		SLBW235-97-3-P		97			SLBW90-4		30
13	2750	SLBW255-21-3-P	255	21	200/200	2480×1480	SLBW90-1	3	7.5
		SLBW255-32-3-P		32			SLBW90-2-2		11
		SLBW255-45-3-P		45			SLBW90-2		15
		SLBW255-56-3-P		56			SLBW90-3-2		18.5
		SLBW255-68-3-P		68			SLBW90-3		22
		SLBW255-80-3-P		80			SLBW90-4-2		30
		SLBW255-92-3-P		92			SLBW90-4		30
14	3000	SLBW275-20-3-P	275	20	200/200	2480×1480	SLBW90-1	3	7.5
		SLBW275-29-3-P		29			SLBW90-2-2		11
		SLBW275-42-3-P		42			SLBW90-2		15
		SLBW275-51-3-P		51			SLBW90-3-2		18.5
		SLBW275-65-3-P		65			SLBW90-3		22
		SLBW275-75-3-P		75			SLBW90-4-2		30
		SLBW275-88-3-P		88			SLBW90-4		30

注：表中所列举的设备型号仅为常用的定型设备型号，当选用表中所列举的流量和扬程范围外的设备需与生产厂家联系。

附表 C-9 ZHG 智能户外无负压给水设备（二台泵）技术参数一览表

序号	参考户数	设备型号	流量 (m^3/h)	扬程 (m)	进/出水管径 DN_1/DN_2 (mm)	外形尺寸 长×宽 (mm)	推荐水泵		
							型号	台数	功率 (kW)
1	15	ZHG8.5-10-2	8.5	10	65/65	1280×840	SLBW5-2	2	0.37
		ZHG8.5-21-2		21			SLBW5-4		0.55
		ZHG8.5-28-2		28			SLBW5-5		0.75
		ZHG8.5-39-2		39			SLBW5-7		1.1
		ZHG8.5-50-2		50			SLBW5-9		1.5
		ZHG8.5-57-2		57			SLBW5-10		1.5
		ZHG8.5-64-2		64			SLBW5-11		2.2
		ZHG8.5-70-2		70			SLBW5-12		2.2
		ZHG8.5-76-2		76			SLBW5-13		2.2
		ZHG8.5-81-2		81			SLBW5-14		2.2
		ZHG8.5-87-2		87			SLBW5-15		2.2
		ZHG8.5-93-2		93			SLBW5-16		2.2
		ZHG8.5-107-2		107			SLBW5-18		3.0
		ZHG8.5-118-2		118			SLBW5-20		3.0
		ZHG8.5-132-2		132			SLBW5-22		4.0
		ZHG8.5-143-2		143			SLBW5-24		4.0
		ZHG8.5-155-2		155			SLBW5-26		4.0
2	20	ZHG10-20-2	10	20	65/65	1280×840	SLBW5-4	2	0.55
		ZHG10-25-2		25			SLBW5-5		0.75
		ZHG10-32-2		32			SLBW5-6		1.1
		ZHG10-36-2		36			SLBW5-7		1.1
		ZHG10-42-2		42			SLBW5-8		1.1
		ZHG10-48-2		48			SLBW5-9		1.5
		ZHG10-55-2		55			SLBW5-10		1.5
		ZHG10-60-2		60			SLBW5-11		2.2
		ZHG10-66-2		66			SLBW5-12		2.2
		ZHG10-72-2		72			SLBW5-13		2.2
		ZHG10-76-2		76			SLBW5-14		2.2
		ZHG10-82-2		82			SLBW5-15		2.2
		ZHG10-87-2		87			SLBW5-16		2.2
		ZHG10-100-2		100			SLBW5-18		3.0
		ZHG10-110-2		110			SLBW5-20		3.0
		ZHG10-125-2		125			SLBW5-22		4.0
		ZHG10-135-2		135			SLBW5-24		4.0
		ZHG10-146-2		146			SLBW5-26		4.0

续表

序号	参考户数	设备型号	流量 (m^3/h)	扬程 (m)	进/出水管径 DN_1/DN_2 (mm)	外形尺寸 长×宽 (mm)	推荐水泵		
							型号	台数	功率 (kW)
3	30	ZHG13-20-2	13	20	65/65	1280×840	SLBW5-5	2	0.75
		ZHG13-25-2		25			SLBW5-6		1.1
		ZHG13-29-2		29			SLBW5-7		1.1
		ZHG13-33-2		33			SLBW5-8		1.1
		ZHG13-40-2		40			SLBW5-9		1.5
		ZHG13-44-2		44			SLBW5-10		1.5
		ZHG13-50-2		50			SLBW5-11		2.2
		ZHG13-55-2		55			SLBW5-12		2.2
		ZHG13-60-2		60			SLBW5-13		2.2
		ZHG13-64-2		64			SLBW5-14		2.2
		ZHG13-68-2		68			SLBW5-15		2.2
		ZHG13-72-2		72			SLBW5-16		2.2
		ZHG13-85-2		85			SLBW5-18		3.0
		ZHG13-92-2		92			SLBW5-20		3.0
		ZHG13-106-2		106			SLBW5-22		4.0
		ZHG13-113-2		113			SLBW5-24		4.0
		ZHG13-123-2		123			SLBW5-26		4.0
		ZHG13-137-2		137			SLBW5-29		4.0
4	40	ZHG15-18-2	15	18	100/100	1280×840	SLBW10-2	2	0.75
		ZHG15-28-2		28			SLBW10-3		1.1
		ZHG15-37-2		37			SLBW10-4		1.5
		ZHG15-47-2		47			SLBW10-5		2.2
		ZHG15-56-2		56			SLBW10-6		2.2
		ZHG15-68-2		68			SLBW10-7		3.0
		ZHG15-77-2		77			SLBW10-8		3.0
		ZHG15-85-2		85			SLBW10-9		3.0
		ZHG15-95-2		95			SLBW10-10		4.0
		ZHG15-112-2		112			SLBW10-12		4.0
		ZHG15-132-2		132			SLBW10-14		5.5
5	50	ZHG18-25-2	18	25	100/100	1280×840	SLBW10-3	2	1.1
		ZHG18-34-2		34			SLBW10-4		1.5
		ZHG18-43-2		43			SLBW10-5		2.2
		ZHG18-51-2		51			SLBW10-6		2.2
		ZHG18-69-2		69			SLBW10-8		3.0

续表

序号	参考户数	设备型号	流量 (m^3/h)	扬程 (m)	进/出水管径 DN_1/DN_2 (mm)	外形尺寸 长×宽 (mm)	推荐水泵		
							型号	台数	功率 (kW)
5	50	ZHG18-78-2	18	78	100/100	1280×840	SLBW10-9	2	3.0
		ZHG18-88-2		88			SLBW10-10		4.0
		ZHG18-105-2		105			SLBW10-12		4.0
		ZHG18-122-2		122			SLBW10-14		5.5
		ZHG18-140-2		140			SLBW10-16		5.5
6	75	ZHG21-22-2	21	22	100/100	1280×840	SLBW10-3	2	1.1
		ZHG21-30-2		30			SLBW10-4		1.5
		ZHG21-39-2		39			SLBW10-5		2.2
		ZHG21-47-2		47			SLBW10-6		2.2
		ZHG21-62-2		62			SLBW10-8		3.0
		ZHG21-70-2		70			SLBW10-9		3.0
		ZHG21-92-2		92			SLBW10-12		4.0
		ZHG21-110-2		110			SLBW10-14		5.5
		ZHG21-125-2		125			SLBW10-16		5.5
7	100	ZHG24-26-2	24	26	100/100	1280×840	SLBW15-2	2	2.2
		ZHG24-38-2		38			SLBW15-3		3.0
		ZHG24-51-2		51			SLBW15-4		4.0
		ZHG24-64-2		64			SLBW15-5		4.0
		ZHG24-77-2		77			SLBW15-6		5.5
		ZHG24-90-2		90			SLBW15-7		5.5
		ZHG24-102-2		102			SLBW15-8		7.5
		ZHG24-115-2		115			SLBW15-9		7.5
8	125	ZHG28-24-2	28	24	100/100	1280×840	SLBW15-2	2	2.2
		ZHG28-36-2		36			SLBW15-3		3.0
		ZHG28-49-2		49			SLBW15-4		4.0
		ZHG28-61-2		61			SLBW15-5		4.0
		ZHG28-73-2		73			SLBW15-6		5.5
		ZHG28-85-2		85			SLBW15-7		5.5
		ZHG28-98-2		98			SLBW15-8		7.5
		ZHG28-110-2		110			SLBW15-9		7.5
9	150	ZHG30-23-2	30	23	100/100	1280×840	SLBW15-2	2	2.2
		ZHG30-35-2		35			SLBW15-3		3.0
		ZHG30-48-2		48			SLBW15-4		4.0
		ZHG30-60-2		60			SLBW15-5		4.0

续表

序号	参考户数	设备型号	流量 (m^3/h)	扬程 (m)	进/出水管径 DN_1/DN_2 (mm)	外形尺寸 长×宽 (mm)	推荐水泵		
							型号	台数	功率 (kW)
9	150	ZHG30-75-2	30	75	100/100	1280×840	SLBW15-6	2	5.5
		ZHG30-85-2		85			SLBW15-7		5.5
		ZHG30-96-2		96			SLBW15-8		7.5
		ZHG30-108-2		108			SLBW15-9		7.5
10	175	ZHG32-22-2	32	22	100/100	1280×840	SLBW15-2	2	2.2
		ZHG32-34-2		34			SLBW15-3		3.0
		ZHG32-47-2		47			SLBW15-4		4.0
		ZHG32-58-2		58			SLBW15-5		4.0
		ZHG32-69-2		69			SLBW15-6		5.5
		ZHG32-80-2		80			SLBW15-7		5.5
		ZHG32-93-2		93			SLBW15-8		7.5
		ZHG32-104-2		104			SLBW15-9		7.5
11	200	ZHG34-21-2	34	21	100/100	1280×840	SLBW15-2	2	2.2
		ZHG34-33-2		33			SLBW15-3		3.0
		ZHG34-44-2		44			SLBW15-4		4.0
		ZHG34-55-2		55			SLBW15-5		4.0
		ZHG34-66-2		66			SLBW15-6		5.5
		ZHG34-78-2		78			SLBW15-7		5.5
		ZHG34-90-2		90			SLBW15-8		7.5
		ZHG34-100-2		100			SLBW15-9		7.5
12	225	ZHG36-20-2	36	20	100/100	1280×840	SLBW15-2	2	2.2
		ZHG36-31-2		31			SLBW15-3		3.0
		ZHG36-42-2		42			SLBW15-4		4.0
		ZHG36-53-2		53			SLBW15-5		4.0
		ZHG36-63-2		63			SLBW15-6		5.5
		ZHG36-75-2		75			SLBW15-7		5.5
		ZHG36-86-2		86			SLBW15-8		7.5
		ZHG36-96-2		96			SLBW15-9		7.5
		ZHG36-109-2		109			SLBW15-10		11
13	250	ZHG39-20-2	39	20	100/100	1280×840	SLBW15-2	2	2.2
		ZHG39-28-2		28			SLBW15-3		3.0
		ZHG39-40-2		40			SLBW15-4		4.0
		ZHG39-49-2		49			SLBW15-5		4.0
		ZHG39-60-2		60			SLBW15-6		5.5

续表

序号	参考户数	设备型号	流量 (m^3/h)	扬程 (m)	进/出水管径 DN_1/DN_2 (mm)	外形尺寸 长×宽 (mm)	推荐水泵		
							型号	台数	功率 (kW)
13	250	ZHG39-72-2	39	72	100/100	1280×840	SLBW15-7	2	5.5
		ZHG39-81-2		81			SLBW15-8		7.5
		ZHG39-90-2		90			SLBW15-9		7.5
		ZHG39-102-2		102			SLBW15-10		11
14	275	ZHG42-22-2	42	22	100/100	1280×840	SLBW20-2	2	2.2
		ZHG42-35-2		35			SLBW20-3		4.0
		ZHG42-47-2		47			SLBW20-4		5.5
		ZHG42-58-2		58			SLBW20-5		5.5
		ZHG42-70-2		70			SLBW20-6		7.5
		ZHG42-82-2		82			SLBW20-7		7.5
		ZHG42-94-2		94			SLBW20-8		11
		ZHG42-118-2		118			SLBW20-10		11
15	300	ZHG46-20-2	46	20	100/100	1280×840	SLBW20-2	2	2.2
		ZHG46-32-2		32			SLBW20-3		4.0
		ZHG46-43-2		43			SLBW20-4		5.5
		ZHG46-54-2		54			SLBW20-5		5.5
		ZHG46-65-2		65			SLBW20-6		7.5
		ZHG46-76-2		76			SLBW20-7		7.5
		ZHG46-90-2		90			SLBW20-8		11
		ZHG46-110-2		110			SLBW20-10		11
16	350	ZHG48-17-2	48	17	150/150	1910×1250	SLBW32-1	2	2.2
		ZHG48-25-2		25			SLBW32-2-2		3.0
		ZHG48-32-2		32			SLBW32-2		4.0
		ZHG48-44-2		44			SLBW32-3-2		5.5
		ZHG48-61-2		61			SLBW32-4-2		7.5
		ZHG48-80-2		80			SLBW32-5-2		11
		ZHG48-97-2		97			SLBW32-6-2		11
		ZHG48-102-2		102			SLBW32-6		11
17	400	ZHG53-26-2	53	26	150/150	1320×980	SLBW32-2-2	2	3.0
		ZHG53-32-2		32			SLBW32-2		4.0
		ZHG53-42-2		42			SLBW32-3-2		5.5
		ZHG53-58-2		58			SLBW32-4-2		7.5
		ZHG53-77-2		77			SLBW32-5-2		11
		ZHG53-91-2		91			SLBW32-6-2		11

续表

序号	参考户数	设备型号	流量 (m^3/h)	扬程 (m)	进/出水管径 DN_1/DN_2 (mm)	外形尺寸 长×宽 (mm)	推荐水泵		
							型号	台数	功率 (kW)
17	400	ZHG53-98-2	53	98	150/150	1320×980	SLBW32-6	2	11
		ZHG53-110-2		110			SLBW32-7-2		15
		ZHG53-115-2		115			SLBW32-7		15
		ZHG53-125-2		125			SLBW32-8-2		15
		ZHG53-130-2		130			SLBW32-8		15
18	450	ZHG58-23-2	58	23	150/150	1320×980	SLBW32-2-2	2	3.0
		ZHG58-30-2		30			SLBW32-2		4.0
		ZHG58-38-2		38			SLBW32-3-2		5.5
		ZHG58-54-2		54			SLBW32-4-2		7.5
		ZHG58-70-2		70			SLBW32-5-2		11
		ZHG58-90-2		90			SLBW32-6		11
		ZHG58-102-2		102			SLBW32-7-2		15
		ZHG58-110-2		110			SLBW32-7		15
		ZHG58-118-2		118			SLBW32-8-2		15
		ZHG58-124-2		124			SLBW32-8		15
19	500	ZHG63-21-2	63	21	150/150	1320×980	SLBW32-2-2	2	3.0
		ZHG63-28-2		28			SLBW32-2		4.0
		ZHG63-37-2		37			SLBW32-3-2		5.5
		ZHG63-51-2		51			SLBW32-4-2		7.5
		ZHG63-68-2		68			SLBW32-5-2		11
		ZHG63-81-2		81			SLBW32-6-2		11
		ZHG63-97-2		97			SLBW32-7-2		15
		ZHG63-116-2		116			SLBW32-8		15
20	600	ZHG72-24-2	72	24	150/150	1320×980	SLBW32-2	2	4.0
		ZHG72-30-2		30			SLBW32-3-2		5.5
		ZHG72-42-2		42			SLBW32-4-2		7.5
		ZHG72-57-2		57			SLBW32-5-2		11
		ZHG72-69-2		69			SLBW32-6-2		11
		ZHG72-81-2		81			SLBW32-7-2		15
		ZHG72-95-2		95			SLBW32-8-2		15
		ZHG72-100-2		100			SLBW32-8		15
21	700	ZHG80-16-2	80	16	150/150	1460×1120	SLBW45-1-1	2	3.0
		ZHG80-20-2		20			SLBW45-1		4.0
		ZHG80-36-2		36			SLBW45-2-2		5.5

续表

序号	参考户数	设备型号	流量 (m^3/h)	扬程 (m)	进/出水管径 DN_1/DN_2 (mm)	外形尺寸 长×宽 (mm)	推荐水泵		
							型号	台数	功率 (kW)
21	700	ZHG80-41-2	80	41	150/150	1460×1120	SLBW45-2	2	7.5
		ZHG80-58-2		58			SLBW45-3-2		11
		ZHG80-64-2		64			SLBW45-3		11
		ZHG80-79-2		79			SLBW45-4-2		15
		ZHG80-87-2		87			SLBW45-4		15
22	800	ZHG90-19-2	90	19	150/150	1460×1120	SLBW45-1	2	4.0
		ZHG90-31-2		31			SLBW45-2-2		5.5
		ZHG90-39-2		39			SLBW45-2		7.5
		ZHG90-52-2		52			SLBW45-3-2		11
		ZHG90-72-2		72			SLBW45-4-2		15
23	900	ZHG98-17-2	98	17	150/150	1460×1120	SLBW45-1	2	4.0
		ZHG98-28-2		28			SLBW45-2-2		5.5
		ZHG98-37-2		37			SLBW45-2		7.5
		ZHG98-48-2		48			SLBW45-3-2		11
		ZHG98-55-2		55			SLBW45-3		11
		ZHG98-67-2		67			SLBW45-4-2		15
24	1000	ZHG107-24-2	107	24	150/150	1460×1120	SLBW45-2-2	2	5.5
		ZHG107-32-2		32			SLBW45-2		7.5
		ZHG107-42-2		42			SLBW45-3-2		11
		ZHG107-49-2		49			SLBW45-3		11
		ZHG107-60-2		60			SLBW45-4-2		15
		ZHG107-66-2		66			SLBW45-4		15
25	1250	ZHG133-20-2	133	20	200/200	1560×1300	SLBW64-1	2	5.5
		ZHG133-28-2		28			SLBW64-2-2		7.5
		ZHG133-37-2		37			SLBW64-2-1		11
		ZHG133-43-2		43			SLBW64-2		11
		ZHG133-52-2		52			SLBW64-3-2		15
		ZHG133-59-2		59			SLBW64-3-1		15
		ZHG133-65-2		65			SLBW64-3		18.5
		ZHG133-73-2		73			SLBW64-4-2		18.5
26	1500	ZHG154-22-2	154	22	200/200	1560×1300	SLBW90-1	2	7.5
		ZHG154-34-2		34			SLBW90-2-2		11
		ZHG154-48-2		48			SLBW90-2		15
		ZHG154-60-2		60			SLBW90-3-2		18.5

续表

序号	参考户数	设备型号	流量 (m^3/h)	扬程 (m)	进/出水管径 DN_1/DN_2 (mm)	外形尺寸 长×宽 (mm)	推荐水泵		
							型号	台数	功率 (kW)
27	1750	ZHG175-21-2	175	21	200/200	1560×1300	SLBW90-1	2	7.5
		ZHG175-32-2		32			SLBW90-2-2		11
		ZHG175-43-2		43			SLBW90-2		15
		ZHG175-54-2		54			SLBW90-3-2		18.5
28	2000	ZHG195-26-2	195	26	200/200	1560×1300	SLBW90-2-2	2	11
		ZHG195-40-2		40			SLBW90-2		15
		ZHG195-47-2		47			SLBW90-3-2		18.5
		ZHG195-60-2		60			SLBW90-3		22

注：1. 表中所列举的设备型号仅为常用的定型设备型号，当选用表中所列举的流量和扬程范围外的设备需与生产厂家联系；

2. 表中所列举的设备型号外形尺寸为不保温结构尺寸，保温结构尺寸长和宽各加200mm。

附表C-10 ZHG智能户外无负压给水设备（三台泵）技术参数一览表

序号	参考户数	设备型号	流量 (m^3/h)	扬程 (m)	进/出水管径 DN_1/DN_2 (mm)	外形尺寸 长×宽 (mm)	推荐水泵		
							型号	台数	功率 (kW)
1	500	ZHG63-22-3	63	22	150/150	1720×840	SLBW20-2	3	2.2
		ZHG63-36-3		36			SLBW20-3		4.0
		ZHG63-47-3		47			SLBW20-4		5.5
		ZHG63-58-3		58			SLBW20-5		5.5
		ZHG63-72-3		72			SLBW20-6		7.5
		ZHG63-82-3		82			SLBW20-7		7.5
		ZHG63-95-3		95			SLBW20-8		11
		ZHG63-118-3		118			SLBW20-10		11
2	600	ZHG72-15-3	72	15	200/200	1750×980	SLBW32-1	3	2.2
		ZHG72-27-3		27			SLBW32-2-2		3.0
		ZHG72-32-3		32			SLBW32-2		4.0
		ZHG72-44-3		44			SLBW32-3-2		5.5
		ZHG72-61-3		61			SLBW32-4-2		7.5
		ZHG72-80-3		80			SLBW32-5-2		11
		ZHG72-97-3		97			SLBW32-6-2		11
3	700	ZHG80-24-3	80	24	200/200	1750×980	SLBW32-2-2	3	3.0
		ZHG80-30-3		30			SLBW32-2		4.0
		ZHG80-41-3		41			SLBW32-3-2		5.5
		ZHG80-57-3		57			SLBW32-4-2		7.5

续表

序号	参考户数	设备型号	流量 (m^3/h)	扬程 (m)	进/出水管径 DN_1/DN_2 (mm)	外形尺寸 长×宽 (mm)	推荐水泵		
							型号	台数	功率 (kW)
3	700	ZHG80-76-3	80	76	200/200	1750×980	SLBW32-5-2	3	11
		ZHG80-90-3		90			SLBW32-6-2		11
		ZHG80-108-3		108			SLBW32-7-2		15
		ZHG80-130-3		130			SLBW32-8		15
4	800	ZHG90-22-3	90	22	200/200	1750×980	SLBW32-2-2	3	3.0
		ZHG90-29-3		29			SLBW32-2		4.0
		ZHG90-38-3		38			SLBW32-3-2		5.5
		ZHG90-52-3		52			SLBW32-4-2		7.5
		ZHG90-68-3		68			SLBW32-5-2		11
		ZHG90-83-3		83			SLBW32-6-2		11
		ZHG90-100-3		100			SLBW32-7-2		15
		ZHG90-120-3		120			SLBW32-8		15
5	900	ZHG98-20-3	98	20	200/200	1750×980	SLBW32-2-2	3	3.0
		ZHG98-27-3		27			SLBW32-2		4.0
		ZHG98-34-3		34			SLBW32-3-2		5.5
		ZHG98-49-3		49			SLBW32-4-2		7.5
		ZHG98-65-3		65			SLBW32-5-2		11
		ZHG98-70-3		70			SLBW32-5		11
		ZHG98-92-3		92			SLBW32-7-2		15
		ZHG98-99-3		99			SLBW32-7		15
		ZHG98-112-3		112			SLBW32-8		15
6	1000	ZHG107-21-3	107	21	200/200	1860×1180	SLBW45-1	3	4.0
		ZHG107-38-3		38			SLBW45-2-2		5.5
		ZHG107-43-3		43			SLBW45-2		7.5
		ZHG107-59-3		59			SLBW45-3-2		11
		ZHG107-69-3		69			SLBW45-3		11
		ZHG107-83-3		83			SLBW45-4-2		15
		ZHG107-90-3		90			SLBW45-4		15
		ZHG107-106-3		106			SLBW45-5-2		18.5
		ZHG107-114-3		114			SLBW45-5		18.5
7	1250	ZHG132-20-3	132	20	200/200	1860×1180	SLBW45-1	3	4.0
		ZHG132-32-3		32			SLBW45-2-2		5.5
		ZHG132-40-3		40			SLBW45-2		7.5
		ZHG132-52-3		52			SLBW45-3-2		11

续表

序号	参考户数	设备型号	流量 (m^3/h)	扬程 (m)	进/出水管径 DN_1/DN_2 (mm)	外形尺寸 长×宽 (mm)	推荐水泵		
							型号	台数	功率 (kW)
7	1250	ZHG132-72-3	132	72	200/200	1860×1180	SLBW45-4-2	3	15
		ZHG132-93-3		93			SLBW45-5-2		18.5
		ZHG132-101-3		101			SLBW45-5		18.5
8	1500	ZHG154-24-3	154	24	200/200	1900×1300	SLBW64-1	3	5.5
		ZHG154-33-3		33			SLBW64-2-2		7.5
		ZHG154-42-3		42			SLBW64-2-1		11
		ZHG154-49-3		49			SLBW64-2		11
		ZHG154-60-3		60			SLBW64-3-2		15
		ZHG154-68-3		68			SLBW64-3-1		15
		ZHG154-75-3		75			SLBW64-3		18.5
9	1750	ZHG175-22-3	175	22	200/200	1900×1300	SLBW64-1	3	5.5
		ZHG175-32-3		32			SLBW64-2-2		7.5
		ZHG175-40-3		40			SLBW64-2-1		11
		ZHG175-48-3		48			SLBW64-2		11
		ZHG175-58-3		58			SLBW64-3-2		15
		ZHG175-63-3		63			SLBW64-3-1		15
		ZHG175-70-3		70			SLBW64-3		18.5
10	2000	ZHG195-20-3	195	20	200/200	1900×1300	SLBW64-1	3	5.5
		ZHG195-28-3		28			SLBW64-2-2		7.5
		ZHG195-37-3		37			SLBW64-2-1		11
		ZHG195-45-3		45			SLBW64-2		11
		ZHG195-52-3		52			SLBW64-3-2		15
		ZHG195-59-3		59			SLBW64-3-1		15
		ZHG195-68-3		68			SLBW64-3		18.5
11	2250	ZHG216-23-3	216	23	200/200	1900×1300	SLBW90-1	3	7.5
		ZHG216-38-3		38			SLBW90-2-2		11
		ZHG216-49-3		49			SLBW90-2		15
		ZHG216-62-3		62			SLBW90-3-2		18.5
		ZHG216-75-3		75			SLBW90-3		22
12	2500	ZHG235-22-3	235	22	200/200	1900×1300	SLBW90-1	3	7.5
		ZHG235-35-3		35			SLBW90-2-2		11
		ZHG235-47-3		47			SLBW90-2		15
		ZHG235-60-3		60			SLBW90-3-2		18.5
		ZHG235-72-3		72			SLBW90-3		22

续表

序号	参考户数	设备型号	流量 (m^3/h)	扬程 (m)	进/出水管径 DN_1/DN_2 (mm)	外形尺寸 长×宽 (mm)	推荐水泵		
							型号	台数	功率 (kW)
13	2750	ZHG255-21-3	255	21	200/200	1900×1300	SLBW90-1	3	7.5
		ZHG255-32-3		32			SLBW90-2-2		11
		ZHG255-45-3		45			SLBW90-2		15
		ZHG255-56-3		56			SLBW90-3-2		18.5
		ZHG255-68-3		68			SLBW90-3		22
14	3000	ZHG275-20-3	275	20	200/200	1900×1300	SLBW90-1	3	7.5
		ZHG275-29-3		29			SLBW90-2-2		11
		ZHG275-42-3		42			SLBW90-2		15
		ZHG275-51-3		51			SLBW90-3-2		18.5
		ZHG275-65-3		65			SLBW90-3		22

注：1. 表中所列举的设备型号仅为常用的定型设备型号，当选用表中所列举的流量和扬程范围外的设备需与生产厂家联系；

2. 表中所列举的设备型号外形尺寸为不保温结构尺寸，保温结构尺寸长和宽各加200mm。

附表C-11　BTG微机控制变频调速给水设备（二台泵）技术参数一览表

序号	参考户数	设备型号	流量 (m^3/h)	扬程 (m)	推荐水泵			气压罐容积 (L)	控制柜
					型号	功率 (kW)	台数		
1	50	BTG18-25-2	18	25	SL10-3	1.1	2	100	DKG160
		BTG18-34-2		34	SL10-4	1.5			
		BTG18-43-2		43	SL10-5	2.2			
		BTG18-52-2		52	SL10-6	2.2			
		BTG18-70-2		70	SL10-8	3.0			
2	100	BTG24-25-2	24	25	SL15-2	2.2	2	200	DKG160
		BTG24-38-2		38	SL15-3	3.0			
		BTG24-51-2		51	SL15-4	4.0			
		BTG24-64-2		64	SL15-5	4.0			
		BTG24-77-2		77	SL15-6	5.5			
		BTG24-90-2		90	SL15-7	5.5			
		BTG24-103-2		103	SL15-8	7.5			
		BTG24-115-2		115	SL15-9	7.5			
		BTG24-130-2		130	SL15-10	11			
		BTG24-155-2		155	SL15-12	11			
		BTG24-185-2		185	SL15-14	11			

续表

序号	参考户数	设备型号	流量 (m^3/h)	扬程 (m)	推荐水泵			气压罐容积（L）	控制柜
					型号	功率（kW）	台数		
3	200	BTG34-22-2	34	22	SL15-2	2.2	2	200	DKG160
		BTG34-33-2		33	SL15-3	3.0			
		BTG34-44-2		44	SL15-4	4.0			
		BTG34-55-2		55	SL15-5	4.0			
		BTG34-67-2		67	SL15-6	5.5			
		BTG34-77-2		77	SL15-7	5.5			
		BTG34-90-2		90	SL15-8	7.5			
		BTG34-100-2		100	SL15-9	7.5			
		BTG34-112-2		112	SL15-10	11			
		BTG34-135-2		135	SL15-12	11			
		BTG34-157-2		157	SL15-14	11			
4	300	BTG46-20-2	46	20	SL20-2	2.2	2	200	DKG160
		BTG46-32-2		32	SL20-3	4.0			
		BTG46-43-2		43	SL20-4	5.5			
		BTG46-54-2		54	SL20-5	5.5			
		BTG46-65-2		65	SL20-6	7.5			
		BTG46-76-2		76	SL20-7	7.5			
		BTG46-90-2		90	SL20-8	11			
		BTG46-110-2		110	SL20-10	11			
		BTG46-130-2		130	SL20-12	15			
		BTG46-153-2		153	SL20-14	15			
5	400	BTG53-26-2	53	26	SL32-2-2	3.0	2	200	DKG160
		BTG53-32-2		32	SL32-2	4.0			
		BTG53-42-2		42	SL32-3-2	5.5			
		BTG53-58-2		58	SL32-4-2	7.5			
		BTG53-76-2		76	SL32-5-2	11			
		BTG53-91-2		91	SL32-6-2	11			
		BTG53-109-2		109	SL32-7-2	15			
		BTG53-130-2		130	SL32-8	15			
		BTG53-148-2		148	SL32-9	18.5			DKG180
		BTG53-163-2		163	SL32-10	18.5			
		BTG53-180-2		180	SL32-11	22			
		BTG53-192-2		192	SL32-12	22			

续表

序号	参考户数	设备型号	流量(m³/h)	扬程(m)	推荐水泵			气压罐容积(L)	控制柜
					型号	功率(kW)	台数		
6	600	BTG72-24-2	72	24	SL32-2	4.0	2	200	DKG160
		BTG72-30-2		30	SL32-3-2	5.5			
		BTG72-42-2		42	SL32-4-2	7.5			
		BTG72-56-2		56	SL32-5-2	11			
		BTG72-68-2		68	SL32-6-2	11			
		BTG72-81-2		81	SL32-7-2	15			
		BTG72-94-2		94	SL32-8-2	15			
		BTG72-100-2		100	SL32-8	15			
		BTG72-115-2		115	SL32-9	18.5			DKG180
		BTG72-128-2		128	SL32-10	18.5			
		BTG72-140-2		140	SL32-11	22			
		BTG72-152-2		152	SL32-12	22			
		BTG72-170-2		170	SL32-13	30			
7	800	BTG90-19-2	90	19	SL45-1	4.0	2	200	DKG160
		BTG90-31-2		31	SL45-2-2	5.5			
		BTG90-39-2		39	SL45-2	7.5			
		BTG90-52-2		52	SL45-3-2	11			
		BTG90-72-2		72	SL45-4-2	15			
		BTG90-92-2		92	SL45-5-2	18.5			DKG180
		BTG90-100-2		100	SL45-5	18.5			
		BTG90-121-2		121	SL45-6	22			
		BTG90-143-2		143	SL45-7	30			
		BTG90-163-2		163	SL45-8	30			
		BTG90-185-2		185	SL45-9	37			
		BTG90-204-2		204	SL45-10	37			
8	1000	BTG107-23-2	107	23	SL45-2-2	5.5	2	200	DKG160
		BTG107-32-2		32	SL45-2	7.5			
		BTG107-42-2		42	SL45-3-2	11			
		BTG107-59-2		59	SL45-4-2	15			
		BTG107-76-2		76	SL45-5-2	18.5			DKG180
		BTG107-84-2		84	SL45-5	18.5			
		BTG107-94-2		94	SL45-6-2	22			
		BTG107-120-2		120	SL45-7	30			
		BTG107-134-2		134	SL45-8	30			
		BTG107-153-2		153	SL45-9	37			
		BTG107-170-2		170	SL45-10	37			
		BTG107-190-2		190	SL45-11	45			DKG200

续表

序号	参考户数	设备型号	流量(m^3/h)	扬程(m)	推荐水泵			气压罐容积(L)	控制柜
					型号	功率(kW)	台数		
9	1500	BTG154-22-2	154	22	SL90-1	7.5	2	300	DKG160
		BTG154-36-2		36	SL90-2-2	11			
		BTG154-47-2		47	SL90-2	15			
		BTG154-60-2		60	SL90-3-2	18.5			DKG180
		BTG154-72-2		72	SL90-3	22			
		BTG154-87-2		87	SL90-4-2	30			
		BTG154-98-2		98	SL90-4	30			
		BTG154-111-2		111	SL90-5-2	37			
		BTG154-122-2		122	SL90-5	37			
		BTG154-137-2		137	SL90-6-2	45			DKG200
		BTG154-149-2		149	SL90-6	45			
10	2000	BTG195-26-2	195	26	SL90-2-2	11	2	300	DKG160
		BTG195-39-2		39	SL90-2	15			
		BTG195-46-2		46	SL90-3-2	18.5			DKG180
		BTG195-60-2		60	SL90-3	22			
		BTG195-69-2		69	SL90-4-2	30			
		BTG195-82-2		82	SL90-4	30			
		BTG195-90-2		90	SL90-5-2	37			
		BTG195-102-2		102	SL90-5	37			
		BTG195-111-2		111	SL90-6-2	45			DKG200
		BTG195-126-2		126	SL90-6	45			

注：表中所列举的设备型号仅为常用的定型设备型号，当选用表中所列举的流量和扬程范围外的设备需与生产厂家联系。

附表 C-12 BTG 微机控制变频调速给水设备（三台泵）技术参数一览表

序号	参考户数	设备型号	流量(m^3/h)	扬程(m)	推荐水泵			气压罐容积(L)	控制柜
					型号	功率(kW)	台数		
1	500	BTG63-22-3	63	22	SL20-2	2.2	3	200	DKG180
		BTG63-34-3		34	SL20-3	4.0			
		BTG63-47-3		47	SL20-4	5.5			
		BTG63-58-3		58	SL20-5	5.5			
		BTG63-70-3		70	SL20-6	7.5			
		BTG63-82-3		82	SL20-7	7.5			
		BTG63-95-3		95	SL20-8	11			
		BTG63-115-3		115	SL20-10	11			
		BTG63-141-3		141	SL20-12	15			
		BTG63-166-3		166	SL20-14	15			

续表

序号	参考户数	设备型号	流量 (m³/h)	扬程 (m)	推荐水泵			气压罐容积 (L)	控制柜
					型号	功率 (kW)	台数		
2	800	BTG90-22-3	90	22	SL32-2-2	3.0	3	200	DKG180
		BTG90-29-3		29	SL32-2	4.0			
		BTG90-38-3		38	SL32-3-2	5.5			
		BTG90-53-3		53	SL32-4-2	7.5			
		BTG90-70-3		70	SL32-5-2	11			
		BTG90-84-3		84	SL32-6-2	11			
		BTG90-100-3		100	SL32-7-2	15			
		BTG90-120-3		120	SL32-8	15			
		BTG90-138-3		138	SL32-9	18.5			
		BTG90-151-3		151	SL32-10	18.5			
		BTG90-170-3		170	SL32-11	22			
		BTG90-185-3		185	SL32-12	22			
		BTG90-198-3		198	SL32-13-2	30			
3	1000	BTG107-24-3	107	24	SL32-2	4.0	3	200	DKG180
		BTG107-30-3		30	SL32-3-2	5.5			
		BTG107-42-3		42	SL32-4-2	7.5			
		BTG107-56-3		56	SL32-5-2	11			
		BTG107-68-3		68	SL32-6-2	11			
		BTG107-81-3		81	SL32-7-2	15			
		BTG107-94-3		94	SL32-8-2	15			
		BTG107-100-3		100	SL32-8	15			
		BTG107-115-3		115	SL32-9	18.5			
		BTG107-126-3		126	SL32-10	18.5			
		BTG107-140-3		140	SL32-11	22			
		BTG107-151-3		151	SL32-12	22			
		BTG107-170-3		170	SL32-13	30			
4	1500	BTG154-23-3	154	23	SL64-1	5.5	3	300	DKG180
		BTG154-35-3		35	SL64-2-2	7.5			
		BTG154-42-3		42	SL64-2-1	11			
		BTG154-49-3		49	SL64-2	11			
		BTG154-60-3		60	SL64-3-2	15			
		BTG154-67-3		67	SL64-3-1	15			
		BTG154-75-3		75	SL64-3	18.5			
		BTG154-101-3		101	SL64-4	22			
		BTG154-113-3		113	SL64-5-2	30			

续表

序号	参考户数	设备型号	流量 (m^3/h)	扬程 (m)	推荐水泵			气压罐容积（L）	控制柜
					型号	功率（kW）	台数		
4	1500	BTG154-129-3	154	129	SL64-5	30	3	300	DKG180
		BTG154-139-3		139	SL64-6-2	30			
		BTG154-155-3		155	SL64-6	37			DKG200
		BTG154-170-3		170	SL64-7-1	37			
		BTG154-185-3		185	SL64-7	45			DKG180 ×2
5	2000	BTG195-20-3	195	20	SL64-1	5.5	3	300	DKG180
		BTG195-28-3		28	SL64-2-2	7.5			
		BTG195-37-3		37	SL64-2-1	11			
		BTG195-44-3		44	SL64-2	11			
		BTG195-52-3		52	SL64-3-2	15			
		BTG195-59-3		59	SL64-3-1	15			
		BTG195-67-3		67	SL64-3	18.5			
		BTG195-90-3		90	SL64-4	22			
		BTG195-100-3		100	SL64-5-2	30			
		BTG195-113-3		113	SL64-5	30			
		BTG195-137-3		137	SL64-6	37			DKG200
		BTG195-153-3		153	SL64-7-1	37			
		BTG195-164-3		164	SL64-7	45			DKG180 ×2
6	2500	BTG235-22-3	235	22	SL90-1	7.5	3	300	DKG180
		BTG235-35-3		35	SL90-2-2	11			
		BTG235-47-3		47	SL90-2	15			
		BTG235-59-3		59	SL90-3-2	18.5			
		BTG235-72-3		72	SL90-3	22			
		BTG235-86-3		86	SL90-4-2	30			
		BTG235-97-3		97	SL90-4	30			
		BTG235-110-3		110	SL90-5-2	37			DKG200
		BTG235-122-3		122	SL90-5	37			
		BTG235-135-3		135	SL90-6-2	45			DKG180 ×2
		BTG235-149-3		149	SL90-6	45			
7	3000	BTG275-20-3	275	20	SL90-1	7.5	3	300	DKG180
		BTG275-29-3		29	SL90-2-2	11			
		BTG275-42-3		42	SL90-2	15			

续表

序号	参考户数	设备型号	流量（m³/h）	扬程（m）	推荐水泵			气压罐容积（L）	控制柜
					型号	功率（kW）	台数		
7	3000	BTG275-51-3	275	51	SL90-3-2	18.5	3	300	DKG180
		BTG275-64-3		64	SL90-3	22			
		BTG275-75-3		75	SL90-4-2	30			
		BTG275-88-3		88	SL90-4	30			
		BTG275-98-3		98	SL90-5-2	37			DKG200
		BTG275-110-3		110	SL90-5	37			
		BTG275-121-3		121	SL90-6-2	45			DKG180×2
		BTG275-133-3		133	SL90-6	45			

注：表中所列举的设备型号仅为常用的定型设备型号，当选用表中所列举的流量和扬程范围外的设备需与生产厂家联系。

附表 C-13　BTG-B 微机控制变频调速给水设备（二台泵）技术参数一览表

序号	参考户数	设备型号	流量（m³/h）	扬程（m）	推荐水泵			气压罐容积（L）
					型号	功率（kW）	台数	
1	15	BTG8.5-10-2-B	8.5	10	SLB5-2	0.37	2	100
		BTG8.5-21-2-B		21	SLB5-4	0.55		
		BTG8.5-28-2-B		28	SLB5-5	0.75		
		BTG8.5-39-2-B		39	SLB5-7	1.1		
		BTG8.5-50-2-B		50	SLB5-9	1.5		
		BTG8.5-57-2-B		57	SLB5-10	1.5		
		BTG8.5-64-2-B		64	SLB5-11	2.2		
		BTG8.5-70-2-B		70	SLB5-12	2.2		
		BTG8.5-76-2-B		76	SLB5-13	2.2		
		BTG8.5-81-2-B		81	SLB5-14	2.2		
		BTG8.5-87-2-B		87	SLB5-15	2.2		
		BTG8.5-93-2-B		93	SLB5-16	2.2		
		BTG8.5-107-2-B		107	SLB5-18	3.0		
		BTG8.5-118-2-B		118	SLB5-20	3.0		
		BTG8.5-132-2-B		132	SLB5-22	4.0		
		BTG8.5-143-2-B		143	SLB5-24	4.0		
		BTG8.5-155-2-B		155	SLB5-26	4.0		
		BTG8.5-172-2-B		172	SLB5-29	4.0		
		BTG8.5-192-2-B		192	SLB5-32	5.5		
2	20	BTG10-20-2-B	10	20	SLB5-4	0.55	2	100
		BTG10-25-2-B		25	SLB5-5	0.75		
		BTG10-32-2-B		32	SLB5-6	1.1		

续表

序号	参考户数	设备型号	流量 (m^3/h)	扬程 (m)	推荐水泵			气压罐容积 (L)
					型号	功率（kW）	台数	
2	20	BTG10-36-2-B	10	36	SLB5-7	1.1	2	100
		BTG10-42-2-B		42	SLB5-8	1.1		
		BTG10-48-2-B		48	SLB5-9	1.5		
		BTG10-55-2-B		55	SLB5-10	1.5		
		BTG10-60-2-B		60	SLB5-11	2.2		
		BTG10-66-2-B		66	SLB5-12	2.2		
		BTG10-72-2-B		72	SLB5-13	2.2		
		BTG10-76-2-B		76	SLB5-14	2.2		
		BTG10-82-2-B		82	SLB5-15	2.2		
		BTG10-87-2-B		87	SLB5-16	2.2		
		BTG10-100-2-B		100	SLB5-18	3.0		
		BTG10-110-2-B		110	SLB5-20	3.0		
		BTG10-125-2-B		125	SLB5-22	4.0		
		BTG10-135-2-B		135	SLB5-24	4.0		
		BTG10-146-2-B		146	SLB5-26	4.0		
		BTG10-162-2-B		162	SLB5-29	4.0		
		BTG10-181-2-B		181	SLB5-32	5.5		
3	30	BTG13-20-2-B	13	20	SLB5-5	0.75	2	100
		BTG13-25-2-B		25	SLB5-6	1.1		
		BTG13-29-2-B		29	SLB5-7	1.1		
		BTG13-33-2-B		33	SLB5-8	1.1		
		BTG13-40-2-B		40	SLB5-9	1.5		
		BTG13-44-2-B		44	SLB5-10	1.5		
		BTG13-50-2-B		50	SLB5-11	2.2		
		BTG13-55-2-B		55	SLB5-12	2.2		
		BTG13-60-2-B		60	SLB5-13	2.2		
		BTG13-64-2-B		64	SLB5-14	2.2		
		BTG13-68-2-B		68	SLB5-15	2.2		
		BTG13-72-2-B		72	SLB5-16	2.2		
		BTG13-85-2-B		85	SLB5-18	3.0		
		BTG13-92-2-B		92	SLB5-20	3.0		
		BTG13-106-2-B		106	SLB5-22	4.0		
		BTG13-113-2-B		113	SLB5-24	4.0		
		BTG13-123-2-B		123	SLB5-26	4.0		
		BTG13-137-2-B		137	SLB5-29	4.0		
		BTG13-154-2-B		154	SLB5-32	5.5		
		BTG13-173-2-B		173	SLB5-36	5.5		

续表

序号	参考户数	设备型号	流量(m³/h)	扬程(m)	推荐水泵			气压罐容积(L)
					型号	功率(kW)	台数	
4	40	BTG15-18-2-B	15	18	SLB10-2	0.75	2	100
		BTG15-28-2-B		28	SLB10-3	1.1		
		BTG15-37-2-B		37	SLB10-4	1.5		
		BTG15-47-2-B		47	SLB10-5	2.2		
		BTG15-56-2-B		56	SLB10-6	2.2		
		BTG15-68-2-B		68	SLB10-7	3.0		
		BTG15-77-2-B		77	SLB10-8	3.0		
		BTG15-85-2-B		85	SLB10-9	3.0		
		BTG15-95-2-B		95	SLB10-10	4.0		
		BTG15-112-2-B		112	SLB10-12	4.0		
		BTG15-132-2-B		132	SLB10-14	5.5		
		BTG15-150-2-B		150	SLB10-16	5.5		
		BTG15-173-2-B		173	SLB10-18	7.5		
		BTG15-192-2-B		192	SLB10-20	7.5		
5	50	BTG18-25-2-B	18	25	SLB10-3	1.1	2	100
		BTG18-34-2-B		34	SLB10-4	1.5		
		BTG18-43-2-B		43	SLB10-5	2.2		
		BTG18-51-2-B		51	SLB10-6	2.2		
		BTG18-69-2-B		69	SLB10-8	3.0		
		BTG18-78-2-B		78	SLB10-9	3.0		
		BTG18-88-2-B		88	SLB10-10	4.0		
		BTG18-105-2-B		105	SLB10-12	4.0		
		BTG18-122-2-B		122	SLB10-14	5.5		
		BTG18-140-2-B		140	SLB10-16	5.5		
		BTG18-160-2-B		160	SLB10-18	7.5		
		BTG18-177-2-B		177	SLB10-20	7.5		
6	75	BTG21-22-2-B	21	22	SLB10-3	1.1	2	100
		BTG21-30-2-B		30	SLB10-4	1.5		
		BTG21-39-2-B		39	SLB10-5	2.2		
		BTG21-47-2-B		47	SLB10-6	2.2		
		BTG21-62-2-B		62	SLB10-8	3.0		
		BTG21-70-2-B		70	SLB10-9	3.0		
		BTG21-92-2-B		92	SLB10-12	4.0		
		BTG21-110-2-B		110	SLB10-14	5.5		
		BTG21-125-2-B		125	SLB10-16	5.5		
		BTG21-145-2-B		145	SLB10-18	7.5		
		BTG21-160-2-B		160	SLB10-20	7.5		

续表

序号	参考户数	设备型号	流量 (m^3/h)	扬程 (m)	推荐水泵			气压罐容积 (L)
					型号	功率 (kW)	台数	
7	100	BTG24-26-2-B	24	26	SLB15-2	2.2	2	200
		BTG24-38-2-B		38	SLB15-3	3.0		
		BTG24-51-2-B		51	SLB15-4	4.0		
		BTG24-64-2-B		64	SLB15-5	4.0		
		BTG24-77-2-B		77	SLB15-6	5.5		
		BTG24-90-2-B		90	SLB15-7	5.5		
		BTG24-102-2-B		102	SLB15-8	7.5		
		BTG24-115-2-B		115	SLB15-9	7.5		
		BTG24-130-2-B		130	SLB15-10	11		
		BTG24-155-2-B		155	SLB15-12	11		
		BTG24-180-2-B		180	SLB15-14	11		
8	125	BTG28-24-2-B	28	24	SLB15-2	2.2	2	200
		BTG28-36-2-B		36	SLB15-3	3.0		
		BTG28-49-2-B		49	SLB15-4	4.0		
		BTG28-61-2-B		61	SLB15-5	4.0		
		BTG28-73-2-B		73	SLB15-6	5.5		
		BTG28-85-2-B		85	SLB15-7	5.5		
		BTG28-98-2-B		98	SLB15-8	7.5		
		BTG28-110-2-B		110	SLB15-9	7.5		
		BTG28-125-2-B		125	SLB15-10	11		
		BTG28-150-2-B		150	SLB15-12	11		
		BTG28-172-2-B		172	SLB15-14	11		
9	150	BTG30-23-2-B	30	23	SLB15-2	2.2	2	200
		BTG30-35-2-B		35	SLB15-3	3.0		
		BTG30-48-2-B		48	SLB15-4	4.0		
		BTG30-60-2-B		60	SLB15-5	4.0		
		BTG30-75-2-B		75	SLB15-6	5.5		
		BTG30-85-2-B		85	SLB15-7	5.5		
		BTG30-96-2-B		96	SLB15-8	7.5		
		BTG30-108-2-B		108	SLB15-9	7.5		
		BTG30-121-2-B		121	SLB15-10	11		
		BTG30-145-2-B		145	SLB15-12	11		
		BTG30-167-2-B		167	SLB15-14	11		

续表

序号	参考户数	设备型号	流量 (m³/h)	扬程 (m)	推荐水泵			气压罐容积 (L)
					型号	功率 (kW)	台数	
10	175	BTG32-22-2-B	32	22	SLB15-2	2.2	2	200
		BTG32-34-2-B		34	SLB15-3	3.0		
		BTG32-47-2-B		47	SLB15-4	4.0		
		BTG32-58-2-B		58	SLB15-5	4.0		
		BTG32-69-2-B		69	SLB15-6	5.5		
		BTG32-80-2-B		80	SLB15-7	5.5		
		BTG32-93-2-B		93	SLB15-8	7.5		
		BTG32-104-2-B		104	SLB15-9	7.5		
		BTG32-118-2-B		118	SLB15-10	11		
		BTG32-140-2-B		140	SLB15-12	11		
		BTG32-163-2-B		163	SLB15-14	11		
11	200	BTG34-21-2-B	34	21	SLB15-2	2.2	2	200
		BTG34-33-2-B		33	SLB15-3	3.0		
		BTG34-44-2-B		44	SLB15-4	4.0		
		BTG34-55-2-B		55	SLB15-5	4.0		
		BTG34-66-2-B		66	SLB15-6	5.5		
		BTG34-78-2-B		78	SLB15-7	5.5		
		BTG34-90-2-B		90	SLB15-8	7.5		
		BTG34-100-2-B		100	SLB15-9	7.5		
		BTG34-113-2-B		113	SLB15-10	11		
		BTG34-136-2-B		136	SLB15-12	11		
		BTG34-157-2-B		157	SLB15-14	11		
		BTG34-192-2-B		192	SLB15-17	15		
12	225	BTG36-20-2-B	36	20	SLB15-2	2.2	2	200
		BTG36-31-2-B		31	SLB15-3	3.0		
		BTG36-42-2-B		42	SLB15-4	4.0		
		BTG36-53-2-B		53	SLB15-5	4.0		
		BTG36-63-2-B		63	SLB15-6	5.5		
		BTG36-75-2-B		75	SLB15-7	5.5		
		BTG36-86-2-B		86	SLB15-8	7.5		
		BTG36-96-2-B		96	SLB15-9	7.5		
		BTG36-109-2-B		109	SLB15-10	11		
		BTG36-131-2-B		131	SLB15-12	11		
		BTG36-151-2-B		151	SLB15-14	11		
		BTG36-185-2-B		185	SLB15-17	15		

续表

序号	参考户数	设备型号	流量 (m^3/h)	扬程 (m)	推荐水泵			气压罐容积 (L)
					型号	功率（kW）	台数	
13	250	BTG39-20-2-B	39	20	SLB15-2	2.2	2	200
		BTG39-28-2-B		28	SLB15-3	3.0		
		BTG39-40-2-B		40	SLB15-4	4.0		
		BTG39-49-2-B		49	SLB15-5	4.0		
		BTG39-60-2-B		60	SLB15-6	5.5		
		BTG39-72-2-B		72	SLB15-7	5.5		
		BTG39-81-2-B		81	SLB15-8	7.5		
		BTG39-90-2-B		90	SLB15-9	7.5		
		BTG39-102-2-B		102	SLB15-10	11		
		BTG39-122-2-B		122	SLB15-12	11		
		BTG39-141-2-B		141	SLB15-14	11		
		BTG39-173-2-B		173	SLB15-17	15		
14	275	BTG42-22-2-B	42	22	SLB20-2	2.2	2	200
		BTG42-35-2-B		35	SLB20-3	4.0		
		BTG42-47-2-B		47	SLB20-4	5.5		
		BTG42-58-2-B		58	SLB20-5	5.5		
		BTG42-70-2-B		70	SLB20-6	7.5		
		BTG42-82-2-B		82	SLB20-7	7.5		
		BTG42-94-2-B		94	SLB20-8	11		
		BTG42-118-2-B		118	SLB20-10	11		
		BTG42-143-2-B		143	SLB20-12	15		
		BTG42-165-2-B		165	SLB20-14	15		
15	300	BTG46-20-2-B	46	20	SLB20-2	2.2	2	200
		BTG46-32-2-B		32	SLB20-3	4.0		
		BTG46-43-2-B		43	SLB20-4	5.5		
		BTG46-54-2-B		54	SLB20-5	5.5		
		BTG46-65-2-B		65	SLB20-6	7.5		
		BTG46-76-2-B		76	SLB20-7	7.5		
		BTG46-90-2-B		90	SLB20-8	11		
		BTG46-110-2-B		110	SLB20-10	11		
		BTG46-132-2-B		132	SLB20-12	15		
		BTG46-154-2-B		154	SLB20-14	15		
		BTG46-188-2-B		188	SLB20-17	18.5		

续表

序号	参考户数	设备型号	流量 (m³/h)	扬程 (m)	推荐水泵			气压罐容积 (L)
					型号	功率（kW）	台数	
16	350	BTG48-17-2-B	48	17	SLB32-1	2.2	2	200
		BTG48-25-2-B		25	SLB32-2-2	3.0		
		BTG48-32-2-B		32	SLB32-2	4.0		
		BTG48-44-2-B		44	SLB32-3-2	5.5		
		BTG48-61-2-B		61	SLB32-4-2	7.5		
		BTG48-80-2-B		80	SLB32-5-2	11		
		BTG48-97-2-B		97	SLB32-6-2	11		
		BTG48-102-2-B		102	SLB32-6	11		
		BTG48-114-2-B		114	SLB32-7-2	15		
		BTG48-120-2-B		120	SLB32-7	15		
		BTG48-130-2-B		130	SLB32-8-2	15		
		BTG48-136-2-B		136	SLB32-8	15		
		BTG48-155-2-B		155	SLB32-9	18.5		
		BTG48-166-2-B		166	SLB32-10-2	18.5		
		BTG48-171-2-B		171	SLB32-10	18.5		
		BTG48-184-2-B		184	SLB32-11-2	22		
		BTG48-190-2-B		190	SLB32-11	22		
17	400	BTG53-26-2-B	53	26	SLB32-2-2	3.0	2	200
		BTG53-32-2-B		32	SLB32-2	4.0		
		BTG53-42-2-B		42	SLB32-3-2	5.5		
		BTG53-58-2-B		58	SLB32-4-2	7.5		
		BTG53-77-2-B		77	SLB32-5-2	11		
		BTG53-91-2-B		91	SLB32-6-2	11		
		BTG53-98-2-B		98	SLB32-6	11		
		BTG53-110-2-B		110	SLB32-7-2	15		
		BTG53-115-2-B		115	SLB32-7	15		
		BTG53-125-2-B		125	SLB32-8-2	15		
		BTG53-130-2-B		130	SLB32-8	15		
		BTG53-142-2-B		142	SLB32-9-2	18.5		
		BTG53-148-2-B		148	SLB32-9	18.5		
		BTG53-158-2-B		158	SLB32-10-2	18.5		
		BTG53-164-2-B		164	SLB32-10	18.5		
		BTG53-176-2-B		176	SLB32-11-2	22		
		BTG53-182-2-B		182	SLB32-11	22		
		BTG53-192-2-B		192	SLB32-12-2	22		
		BTG53-198-2-B		198	SLB32-12	22		

续表

序号	参考户数	设备型号	流量 (m^3/h)	扬程 (m)	推荐水泵			气压罐容积 (L)
					型号	功率（kW）	台数	
18	450	BTG58-23-2-B	58	23	SLB32-2-2	3.0	2	200
		BTG58-30-2-B		30	SLB32-2	4.0		
		BTG58-38-2-B		38	SLB32-3-2	5.5		
		BTG58-54-2-B		54	SLB32-4-2	7.5		
		BTG58-70-2-B		70	SLB32-5-2	11		
		BTG58-90-2-B		90	SLB32-6	11		
		BTG58-102-2-B		102	SLB32-7-2	15		
		BTG58-110-2-B		110	SLB32-7	15		
		BTG58-118-2-B		118	SLB32-8-2	15		
		BTG58-124-2-B		124	SLB32-8	15		
		BTG58-135-2-B		135	SLB32-9-2	18.5		
		BTG58-141-2-B		141	SLB32-9	18.5		
		BTG58-150-2-B		150	SLB32-10-2	18.5		
		BTG58-156-2-B		156	SLB32-10	18.5		
		BTG58-167-2-B		167	SLB32-11-2	22		
		BTG58-173-2-B		173	SLB32-11	22		
		BTG58-182-2-B		182	SLB32-12-2	22		
		BTG58-189-2-B		189	SLB32-12	22		
19	500	BTG63-21-2-B	63	21	SLB32-2-2	3.0	2	200
		BTG63-28-2-B		28	SLB32-2	4.0		
		BTG63-37-2-B		37	SLB32-3-2	5.5		
		BTG63-51-2-B		51	SLB32-4-2	7.5		
		BTG63-68-2-B		68	SLB32-5-2	11		
		BTG63-81-2-B		81	SLB32-6-2	11		
		BTG63-97-2-B		97	SLB32-7-2	15		
		BTG63-116-2-B		116	SLB32-8	15		
		BTG63-126-2-B		126	SLB32-9-2	18.5		
		BTG63-133-2-B		133	SLB32-9	18.5		
		BTG63-140-2-B		140	SLB32-10-2	18.5		
		BTG63-147-2-B		147	SLB32-10	18.5		
		BTG63-156-2-B		156	SLB32-11-2	22		
		BTG63-163-2-B		163	SLB32-11	22		
		BTG63-171-2-B		171	SLB32-12-2	22		
		BTG63-178-2-B		178	SLB32-12	22		
		BTG63-189-2-B		189	SLB32-13-2	30		
		BTG63-196-2-B		196	SLB32-13	30		

续表

序号	参考户数	设备型号	流量(m³/h)	扬程(m)	推荐水泵			气压罐容积(L)
					型号	功率（kW）	台数	
20	600	BTG72-24-2-B	72	24	SLB32-2	4.0	2	200
		BTG72-30-2-B		30	SLB32-3-2	5.5		
		BTG72-42-2-B		42	SLB32-4-2	7.5		
		BTG72-57-2-B		57	SLB32-5-2	11		
		BTG72-69-2-B		69	SLB32-6-2	11		
		BTG72-81-2-B		81	SLB32-7-2	15		
		BTG72-95-2-B		95	SLB32-8-2	15		
		BTG72-100-2-B		100	SLB32-8	15		
		BTG72-108-2-B		108	SLB32-9-2	18.5		
		BTG72-115-2-B		115	SLB32-9	18.5		
		BTG72-120-2-B		120	SLB32-10-2	18.5		
		BTG72-127-2-B		127	SLB32-10	18.5		
		BTG72-134-2-B		134	SLB32-11-2	22		
		BTG72-141-2-B		141	SLB32-11	22		
		BTG72-146-2-B		146	SLB32-12-2	22		
		BTG72-154-2-B		154	SLB32-12	22		
		BTG72-163-2-B		163	SLB32-13-2	30		
		BTG72-170-2-B		170	SLB32-13	30		
		BTG72-176-2-B		176	SLB32-14-2	30		
		BTG72-182-2-B		182	SLB32-14	30		
21	700	BTG80-16-2-B	80	16	SLB45-1-1	3.0	2	200
		BTG80-20-2-B		20	SLB45-1	4.0		
		BTG80-36-2-B		36	SLB45-2-2	5.5		
		BTG80-41-2-B		41	SLB45-2	7.5		
		BTG80-58-2-B		58	SLB45-3-2	11		
		BTG80-64-2-B		64	SLB45-3	11		
		BTG80-79-2-B		79	SLB45-4-2	15		
		BTG80-87-2-B		87	SLB45-4	15		
		BTG80-100-2-B		100	SLB45-5-2	18.5		
		BTG80-108-2-B		108	SLB45-5	18.5		
		BTG80-130-2-B		130	SLB45-6	22		
		BTG80-147-2-B		147	SLB45-7-2	30		
		BTG80-154-2-B		154	SLB45-7	30		
		BTG80-168-2-B		168	SLB45-8-2	30		
		BTG80-176-2-B		176	SLB45-8	30		
		BTG80-190-2-B		190	SLB45-9-2	30		

续表

序号	参考户数	设备型号	流量 (m³/h)	扬程 (m)	推荐水泵			气压罐容积 (L)
					型号	功率 (kW)	台数	
22	800	BTG90-19-2-B	90	19	SLB45-1	4.0	2	200
		BTG90-31-2-B		31	SLB45-2-2	5.5		
		BTG90-39-2-B		39	SLB45-2	7.5		
		BTG90-52-2-B		52	SLB45-3-2	11		
		BTG90-72-2-B		72	SLB45-4-2	15		
		BTG90-92-2-B		92	SLB45-5-2	18.5		
		BTG90-100-2-B		100	SLB45-5	18.5		
		BTG90-120-2-B		120	SLB45-6	22		
		BTG90-136-2-B		136	SLB45-7-2	30		
		BTG90-144-2-B		144	SLB45-7	30		
		BTG90-156-2-B		156	SLB45-8-2	30		
		BTG90-164-2-B		164	SLB45-8	30		
		BTG90-176-2-B		176	SLB45-9-2	30		
23	900	BTG98-17-2-B	98	17	SLB45-1	4.0	2	200
		BTG98-28-2-B		28	SLB45-2-2	5.5		
		BTG98-37-2-B		37	SLB45-2	7.5		
		BTG98-48-2-B		48	SLB45-3-2	11		
		BTG98-55-2-B		55	SLB45-3	11		
		BTG98-67-2-B		67	SLB45-4-2	15		
		BTG98-83-2-B		83	SLB45-5-2	18.5		
		BTG98-92-2-B		92	SLB45-5	18.5		
		BTG98-105-2-B		105	SLB45-6-2	22		
		BTG98-113-2-B		113	SLB45-6	22		
		BTG98-126-2-B		126	SLB45-7-2	30		
		BTG98-134-2-B		134	SLB45-7	30		
		BTG98-145-2-B		145	SLB45-8-2	30		
		BTG98-153-2-B		153	SLB45-8	30		
		BTG98-163-2-B		163	SLB45-9-2	30		
24	1000	BTG107-24-2-B	107	24	SLB45-2-2	5.5	2	200
		BTG107-32-2-B		32	SLB45-2	7.5		
		BTG107-42-2-B		42	SLB45-3-2	11		
		BTG107-49-2-B		49	SLB45-3	11		
		BTG107-60-2-B		60	SLB45-4-2	15		
		BTG107-66-2-B		66	SLB45-4	15		
		BTG107-78-2-B		78	SLB45-5-2	18.5		

续表

序号	参考户数	设备型号	流量 (m^3/h)	扬程 (m)	推荐水泵			气压罐容积 (L)
					型号	功率（kW）	台数	
24	1000	BTG107-86-2-B	107	86	SLB45-5	18.5	2	200
		BTG107-95-2-B		95	SLB45-6-2	22		
		BTG107-102-2-B		102	SLB45-6	22		
		BTG107-113-2-B		113	SLB45-7-2	30		
		BTG107-122-2-B		122	SLB45-7	30		
		BTG107-130-2-B		130	SLB45-8-2	30		
		BTG107-138-2-B		138	SLB45-8	30		
		BTG107-147-2-B		147	SLB45-9-2	30		
25	1250	BTG133-20-2-B	133	20	SLB64-1	5.5	2	300
		BTG133-28-2-B		28	SLB64-2-2	7.5		
		BTG133-37-2-B		37	SLB64-2-1	11		
		BTG133-43-2-B		43	SLB64-2	11		
		BTG133-52-2-B		52	SLB64-3-2	15		
		BTG133-59-2-B		59	SLB64-3-1	15		
		BTG133-65-2-B		65	SLB64-3	18.5		
		BTG133-73-2-B		73	SLB64-4-2	18.5		
		BTG133-81-2-B		81	SLB64-4-1	22		
		BTG133-88-2-B		88	SLB64-4	22		
		BTG133-98-2-B		98	SLB64-5-2	30		
		BTG133-106-2-B		106	SLB64-5-1	30		
		BTG133-113-2-B		113	SLB64-5	30		
		BTG133-120-2-B		120	SLB64-6-2	30		
26	1500	BTG154-22-2-B	154	22	SLB90-1	7.5	2	300
		BTG154-34-2-B		34	SLB90-2-2	11		
		BTG154-48-2-B		48	SLB90-2	15		
		BTG154-60-2-B		60	SLB90-3-2	18.5		
		BTG154-72-2-B		72	SLB90-3	22		
		BTG154-87-2-B		87	SLB90-4-2	30		
		BTG154-98-2-B		98	SLB90-4	30		
27	1750	BTG175-21-2-B	175	21	SLB90-1	7.5	2	300
		BTG175-32-2-B		32	SLB90-2-2	11		
		BTG175-43-2-B		43	SLB90-2	15		
		BTG175-54-2-B		54	SLB90-3-2	18.5		
		BTG175-67-2-B		67	SLB90-3	22		
		BTG175-78-2-B		78	SLB90-4-2	30		
		BTG175-91-2-B		91	SLB90-4	30		

续表

序号	参考户数	设备型号	流量 (m^3/h)	扬程 (m)	推荐水泵			气压罐容积 (L)
					型号	功率 (kW)	台数	
28	2000	BTG195-26-2-B	195	26	SLB90-2-2	11	2	300
		BTG195-40-2-B		40	SLB90-2	15		
		BTG195-47-2-B		47	SLB90-3-2	18.5		
		BTG195-60-2-B		60	SLB90-3	22		
		BTG195-69-2-B		69	SLB90-4-2	30		
		BTG195-82-2-B		82	SLB90-4	30		

注：表中所列举的设备型号仅为常用的定型设备型号，当选用表中所列举的流量和扬程范围外的设备需与生产厂家联系。

附表 C-14 BTG-B 微机控制变频调速给水设备（三台泵）技术参数一览表

序号	参考户数	设备型号	流量 (m^3/h)	扬程 (m)	推荐水泵			气压罐容积 (L)
					型号	功率 (kW)	台数	
1	500	BTG63-22-3-B	63	22	SLB20-2	2.2	3	200
		BTG63-36-3-B		36	SLB20-3	4.0		
		BTG63-47-3-B		47	SLB20-4	5.5		
		BTG63-58-3-B		58	SLB20-5	5.5		
		BTG63-72-3-B		72	SLB20-6	7.5		
		BTG63-82-3-B		82	SLB20-7	7.5		
		BTG63-95-3-B		95	SLB20-8	11		
		BTG63-118-3-B		118	SLB20-10	11		
		BTG63-143-3-B		143	SLB20-12	15		
		BTG63-165-3-B		165	SLB20-14	15		
2	600	BTG72-15-3-B	72	15	SLB32-1	2.2	3	200
		BTG72-27-3-B		27	SLB32-2-2	3.0		
		BTG72-32-3-B		32	SLB32-2	4.0		
		BTG72-44-3-B		44	SLB32-3-2	5.5		
		BTG72-61-3-B		61	SLB32-4-2	7.5		
		BTG72-80-3-B		80	SLB32-5-2	11		
		BTG72-97-3-B		97	SLB32-6-2	11		
		BTG72-120-3-B		120	SLB32-7	15		
		BTG72-136-3-B		136	SLB32-8	15		
		BTG72-155-3-B		155	SLB32-9	18.5		
		BTG72-165-3-B		165	SLB32-10-2	18.5		
		BTG72-171-3-B		171	SLB32-10	18.5		
		BTG72-184-3-B		184	SLB32-11-2	22		
		BTG72-190-3-B		190	SLB32-11	22		

续表

序号	参考户数	设备型号	流量 (m^3/h)	扬程 (m)	推荐水泵			气压罐容积 (L)
					型号	功率 (kW)	台数	
3	700	BTG80-24-3-B	80	24	SLB32-2-2	3.0	3	200
		BTG80-30-3-B		30	SLB32-2	4.0		
		BTG80-41-3-B		41	SLB32-3-2	5.5		
		BTG80-57-3-B		57	SLB32-4-2	7.5		
		BTG80-76-3-B		76	SLB32-5-2	11		
		BTG80-90-3-B		90	SLB32-6-2	11		
		BTG80-108-3-B		108	SLB32-7-2	15		
		BTG80-130-3-B		130	SLB32-8	15		
		BTG80-142-3-B		142	SLB32-9-2	18.5		
		BTG80-163-3-B		163	SLB32-10	18.5		
		BTG80-175-3-B		175	SLB32-11-2	22		
		BTG80-181-3-B		181	SLB32-11	22		
		BTG80-191-3-B		191	SLB32-12-2	22		
		BTG80-197-3-B		197	SLB32-12	22		
4	800	BTG90-22-3-B	90	22	SLB32-2-2	3.0	3	200
		BTG90-29-3-B		29	SLB32-2	4.0		
		BTG90-38-3-B		38	SLB32-3-2	5.5		
		BTG90-52-3-B		52	SLB32-4-2	7.5		
		BTG90-68-3-B		68	SLB32-5-2	11		
		BTG90-83-3-B		83	SLB32-6-2	11		
		BTG90-100-3-B		100	SLB32-7-2	15		
		BTG90-120-3-B		120	SLB32-8	15		
		BTG90-138 3-B		138	SLB32-9	18.5		
		BTG90-153-3-B		153	SLB32-10	18.5		
		BTG90-163-3-B		163	SLB32-11-2	22		
		BTG90-169-3-B		169	SLB32-11	22		
		BTG90-177-3-B		177	SLB32-12-2	22		
		BTG90-184-3-B		184	SLB32-12	22		
		BTG90-197-3-B		197	SLB32-13-2	30		
5	900	BTG98-20-3-B	98	20	SLB32-2-2	3.0	3	200
		BTG98-27-3-B		27	SLB32-2	4.0		
		BTG98-34-3-B		34	SLB32-3-2	5.5		
		BTG98-49-3-B		49	SLB32-4-2	7.5		
		BTG98-65-3-B		65	SLB32-5-2	11		
		BTG98-70-3-B		70	SLB32-5	11		

续表

序号	参考户数	设备型号	流量 (m³/h)	扬程 (m)	推荐水泵			气压罐容积 (L)
					型号	功率（kW）	台数	
5	900	BTG98-92-3-B	98	92	SLB32-7-2	15	3	200
		BTG98-99-3-B		99	SLB32-7	15		
		BTG98-112-3-B		112	SLB32-8	15		
		BTG98-128-3-B		128	SLB32-9	18.5		
		BTG98-142-3-B		142	SLB32-10	18.5		
		BTG98-151-3-B		151	SLB32-11-2	22		
		BTG98-157-3-B		157	SLB32-11	22		
		BTG98-165-3-B		165	SLB32-12-2	22		
		BTG98-172-3-B		172	SLB32-12	22		
		BTG98-183-3-B		183	SLB32-13-2	30		
		BTG98-190-3-B		190	SLB32-13	30		
		BTG98-197-3-B		197	SLB32-14-2	30		
6	1000	BTG107-21-3-B	107	21	SLB45-1	4.0	3	300
		BTG107-38-3-B		38	SLB45-2-2	5.5		
		BTG107-43-3-B		43	SLB45-2	7.5		
		BTG107-59-3-B		59	SLB45-3-2	11		
		BTG107-69-3-B		69	SLB45-3	11		
		BTG107-83-3-B		83	SLB45-4-2	15		
		BTG107-90-3-B		90	SLB45-4	15		
		BTG107-106-3-B		106	SLB45-5-2	18.5		
		BTG107-114-3-B		114	SLB45-5	18.5		
		BTG107-130-3-B		130	SLB45-6-2	22		
		BTG107-137-3-B		137	SLB45-6	22		
		BTG107-155-3-B		155	SLB45-7-2	30		
		BTG107-162-3-B		162	SLB45-7	30		
		BTG107-177-3-B		177	SLB45-8-2	30		
		BTG107-185-3-B		185	SLB45-8	30		
7	1250	BTG132-20-3-B	132	20	SLB45-1	4.0	3	300
		BTG132-32-3-B		32	SLB45-2-2	5.5		
		BTG132-40-3-B		40	SLB45-2	7.5		
		BTG132-52-3-B		52	SLB45-3-2	11		
		BTG132-72-3-B		72	SLB45-4-2	15		
		BTG132-93-3-B		93	SLB45-5-2	18.5		
		BTG132-101-3-B		101	SLB45-5	18.5		
		BTG132-115-3-B		115	SLB45-6-2	22		

续表

序号	参考户数	设备型号	流量 (m^3/h)	扬程 (m)	推荐水泵			气压罐容积 (L)
					型号	功率（kW）	台数	
7	1250	BTG132-123-3-B	132	123	SLB45-6	22	3	300
		BTG132-138-3-B		138	SLB45-7-2	30		
		BTG132-146-3-B		146	SLB45-7	30		
		BTG132-158-3-B		158	SLB45-8-2	30		
		BTG132-166-3-B		166	SLB45-8	30		
		BTG132-178-3-B		178	SLB45-9-2	30		
8	1500	BTG154-24-3-B	154	24	SLB64-1	5.5	3	300
		BTG154-33-3-B		33	SLB64-2-2	7.5		
		BTG154-42-3-B		42	SLB64-2-1	11		
		BTG154-49-3-B		49	SLB64-2	11		
		BTG154-60-3-B		60	SLB64-3-2	15		
		BTG154-68-3-B		68	SLB64-3-1	15		
		BTG154-75-3-B		75	SLB64-3	18.5		
		BTG154-85-3-B		85	SLB64-4-2	18.5		
		BTG154-93-3-B		93	SLB64-4-1	22		
		BTG154-100-3-B		100	SLB64-4	22		
		BTG154-114-3-B		114	SLB64-5-2	30		
		BTG154-121-3-B		121	SLB64-5-1	30		
		BTG154-128-3-B		128	SLB64-5	30		
		BTG154-139-3-B		139	SLB64-6-2	30		
9	1750	BTG175-22-3-B	175	22	SLB64-1	5.5	3	300
		BTG175-32-3-B		32	SLB64-2-2	7.5		
		BTG175-40-3-B		40	SLB64-2-1	11		
		BTG175-48-3-B		48	SLB64-2	11		
		BTG175-58-3-B		58	SLB64-3-2	15		
		BTG175-63-3-B		63	SLB64-3-1	15		
		BTG175-70-3-B		70	SLB64-3	18.5		
		BTG175-80-3-B		80	SLB64-4-2	18.5		
		BTG175-88-3-B		88	SLB64-4-1	22		
		BTG175-95-3-B		95	SLB64-4	22		
		BTG175-107-3-B		107	SLB64-5-2	30		
		BTG175-114-3-B		114	SLB64-5-1	30		
		BTG175-122-3-B		122	SLB64-5	30		
		BTG175-131-3-B		131	SLB64-6-2	30		

续表

序号	参考户数	设备型号	流量 (m^3/h)	扬程 (m)	推荐水泵			气压罐容积 (L)
					型号	功率 (kW)	台数	
10	2000	BTG195-20-3-B	195	20	SLB64-1	5.5	3	300
		BTG195-28-3-B		28	SLB64-2-2	7.5		
		BTG195-37-3-B		37	SLB64-2-1	11		
		BTG195-45-3-B		45	SLB64-2	11		
		BTG195-52-3-B		52	SLB64-3-2	15		
		BTG195-59-3-B		59	SLB64-3-1	15		
		BTG195-68-3-B		68	SLB64-3	18.5		
		BTG195-74-3-B		74	SLB64-4-2	18.5		
		BTG195-83-3-B		83	SLB64-4-1	22		
		BTG195-90-3-B		90	SLB64-4	22		
		BTG195-100-3-B		100	SLB64-5-2	30		
		BTG195-107-3-B		107	SLB64-5-1	30		
		BTG195-115-3-B		115	SLB64-5	30		
		BTG195-123-3-B		123	SLB64-6-2	30		
11	2250	BTG216-23-3-B	216	23	SLB90-1	7.5	3	300
		BTG216-38-3-B		38	SLB90-2-2	11		
		BTG216-49-3-B		49	SLB90-2	15		
		BTG216-62-3-B		62	SLB90-3-2	18.5		
		BTG216-75-3-B		75	SLB90-3	22		
		BTG216-90-3-B		90	SLB90-4-2	30		
		BTG216-101-3-B		101	SLB90-4	30		
12	2500	BTG235-22-3-B	235	22	SLB90-1	7.5	3	300
		BTG235-35-3-B		35	SLB90-2-2	11		
		BTG235-47-3-B		47	SLB90-2	15		
		BTG235-60-3-B		60	SLB90-3-2	18.5		
		BTG235-72-3-B		72	SLB90-3	22		
		BTG235-86-3-B		86	SLB90-4-2	30		
		BTG235-97-3-B		97	SLB90-4	30		
13	2750	BTG255-21-3-B		21	SLB90-1	7.5	3	300
		BTG255-32-3-B		32	SLB90-2-2	11		
		BTG255-45-3-B		45	SLB90-2	15		
		BTG255-56-3-B		56	SLB90-3-2	18.5		
		BTG255-68-3-B		68	SLB90-3	22		
		BTG255-80-3-B		80	SLB90-4-2	30		
		BTG255-92-3-B		92	SLB90-4	30		

续表

序号	参考户数	设备型号	流量 (m^3/h)	扬程 (m)	推荐水泵			气压罐容积 (L)
					型号	功率 (kW)	台数	
14	3000	BTG275-20-3-B	275	20	SLB90-1	7.5	3	300
		BTG275-29-3-B		29	SLB90-2-2	11		
		BTG275-42-3-B		42	SLB90-2	15		
		BTG275-51-3-B		51	SLB90-3-2	18.5		
		BTG275-65-3-B		65	SLB90-3	22		
		BTG275-75-3-B		75	SLB90-4-2	30		

注：表中所列举的设备型号仅为常用的定型设备型号，当选用表中所列举的流量和扬程范围外的设备需与生产厂家联系。

附表 C-15 ZSGB 智能双驱高频变速泵技术参数一览表

设备型号	流量 (m^3/h)	扬程 (m)	效率 (%)	轴功率 (kW)	电机功率 (kW)	转速 (r/min)	必需汽蚀余量 (m)
ZSGB-80-210/4	85	15	85	4.1	5.5	1500	1.6
	81	14	85	3.6	5.5	1500	1.6
	78	13	83	3.3	4	1500	1.6
	74	12	82	2.9	4	1500	1.6
ZSGB-80-270/4	105	25	82	8.7	11	1500	2
	105	25	82	7.6	11	1500	2
	96	21	80	6.8	7.5	1500	2
	91	19	79	5.9	7.5	1500	2
ZSGB-80-370/4	115	40	83	15.1	18.5	1500	2
	110	37	83	13.3	18.5	1500	2
	105	33	82	11.5	15	1500	2
	100	31	81	10.4	15	1500	2
ZSGB-100-250/4	145	20	86	9.2	11	1500	2
	139	18	85	8.0	11	1500	2
	132	17	85	7.2	11	1500	2
	126	15	84	6.1	7.5	1500	2
ZSGB-100-310/4	185	32	84	19.2	22	1500	2
	177	29	83	16.4	22	1500	2
	169	27	83	15	18.5	1500	2
	161	25	82	13.4	15	1500	2
ZSGB-100-375/4	185	52	82	31.9	37	1500	2
	177	48	81	28.6	37	1500	2
	169	43	80	24.7	30	1500	2
	161	40	80	21.9	30	1500	2

续表

设备型号	流量 (m^3/h)	扬程 (m)	效率 (%)	轴功率 (kW)	电机功率 (kW)	转速 (r/min)	必需汽蚀余量 (m)
ZSGB-125-230/4	275	15	89	12.6	15	1500	2.0
	264	14	89	11.3	15	1500	2.0
	251	13	88	10.1	15	1500	2.0
	240	12	88	8.9	11	1500	2.0
ZSGB-125-290/4	269	27	87	22.7	30	1500	1.9
	258	25	87	20.2	30	1500	1.9
	246	22	86	17.1	22	1500	1.9
	235	21	86	15.6	18.5	1500	1.9
ZSGB-125-365/4	309	47	87	45.4	55	1500	1.9
	296	43	86	40.3	45	1500	1.9
	282	39	85	35.2	45	1500	1.9
	270	36	84	31.5	37	1500	1.9
ZSGB-125-500/4	331	75	85	79.5	90	1500	2.2
	318	69	84	71.1	90	1500	2.2
	302	63	83	62.4	75	1500	2.2
	302	63	82	55.6	75	1500	2.2
ZSGB-150-290/4	445	21	89	28.6	37	1500	2.4
	427	19	88	25.1	30	1500	2.4
	406	18	88	22.6	30	1500	2.4
	388	16	87	19.4	22	1500	2.4
ZSGB-150-360/4	447	38	88	52.5	75	1500	2.5
	429	35	87	47	55	1500	2.5
	408	32	87	40.9	55	1500	2.5
	390	29	86	35.8	45	1500	2.5
ZSGB-150-460/4	501	66	88	102.3	132	1500	2.9
	481	61	87	91.8	110	1500	2.9
	458	55	86	79.7	90	1500	2.9
	437	51	85	71.4	90	1500	2.9
ZSGB-150-605/4	525	105	86	174.5	200	1500	3.3
	504	96	85	155.0	200	1500	3.3
	479	87	84	135.1	160	1500	3.3
	458	81	84	120.2	160	1500	3.3
ZSGB-200-250/4	681	20	89	52.1	45	1500	4.5
	653	18	89	36.0	45	1500	4.5
	621	16	88	30.7	37	1500	4.5
	594	14	87	26.0	30	1500	4.5

续表

设备型号	流量 (m^3/h)	扬程 (m)	效率 (%)	轴功率 (kW)	电机功率 (kW)	转速 (r/min)	必需汽蚀余量 (m)
ZSGB-200-320/4	694	30	89	63.7	75	1500	3.3
	666	28	89	57.0	75	1500	3.3
	634	25	88	49.0	55	1500	3.3
	606	23	87	43.6	55	1500	3.3
ZSGB-200-420/4	708	52	89	112.6	132	1500	2.4
	679	48	88	100.8	110	1500	2.4
	646	43	87	86.9	110	1500	2.4
	617	40	86	78.1	90	1500	2.4
ZSGB-200-520/4	800	98	87	236.1	315	1500	3.5
	820	92	87	209.3	280	1500	3.5
	787	85	86	182.8	250	1500	3.5
	750	77	85	162.6	220	1500	3.5
ZSGB-250-280/4	899	20	90	54.4	75	1500	4.5
	863	18	89	47.5	55	1500	4.5
	820	17	89	42.6	55	1500	4.5
	785	15	88	36.4	45	1500	4.5
ZSGB-250-370/4	977	40	90	118.2	132	1500	2.8
	938	37	89	106.2	132	1500	2.8
	890	34	88	93.6	110	1500	2.8
	852	31	87	82.6	90	1500	2.8
ZSGB-250-480/4	1047	66	90	209.0	250	1500	3.3
	1005	61	89	187.5	220	1500	3.3
	956	55	88	162.7	200	1500	3.3
	913	51	87	145.7	200	1500	3.3
ZSGB-300-300/4	1199	27	90	97.9	110	1500	4.0
	1151	24	89	84.5	90	1500	4.0
	1095	21	88	71.1	90	1500	4.0
	1046	19	87	62.2	75	1500	4.0
ZSGB-300-435/4	1279	55	92	208.1	250	1500	4.8
	1227	50	91	183.5	220	1500	4.8
	1168	46	90	162.5	200	1500	4.8
	1116	42	89	143.4	200	1500	4.5
	1052	38	88	123.7	160	1500	4.5
ZSGB-300-490/4	1400	59	87	258.5	315	1500	6.5
	1290	54	86	220.5	280	1500	5.3
	1300	43.5	83	185.5	220	1500	5.1

续表

设备型号	流量 (m^3/h)	扬程 (m)	效率 (%)	轴功率 (kW)	电机功率 (kW)	转速 (r/min)	必需汽蚀余量 (m)
ZSGB-300-560/4	1100	84	88	285.8	355	1500	3.9
	1055	77	87	254.2	315	1500	3.9
	1003	70	86	222 2	280	1500	3.9
	959	64	85	196.6	250	1500	3.9
ZSGB-350-360/4	1734	32	89	169.7	200	1500	5.2
	1663	29	88	149.2	200	1500	5.2
	1583	27	87	133.7	160	1500	5.2
	1512	25	86	119.7	132	1500	5.2
ZSGB-350-430/4	2628	35	86	291.2	355	1500	8.6
	2520	27.5	84	224.6	280	1500	8.6
	2412	22	80	180.6	220	1500	9.7
ZSGB-400-410/4	2450	32	91	234.5	250	1500	6.0
	2350	29	90	206.1	220	1500	6.0
	2236	27	89	184.7	200	1500	6.0
	2136	25	88	165.2	160	1500	6.0
	2020	22	88	137.5	250	1500	6.0
ZSGB-400-460/4	2495	42	90	317	355	1500	6.0
	2375	38	89	276	315	1500	6.0
	2270	35	88	245.8	280	1500	6.0
ZSGB-500-510/6	3451	25	92	255.3	280	984	5.8
	3311	23	92	225.3	250	984	5.8
	3151	21	91	197.9	220	984	5.8
	3010	19	90	173	200	984	5.8

附表 C-16　全变频恒压供水设备性能参数一览表

<table>
<tr><th rowspan="2">序号</th><th rowspan="2">设备型号</th><th rowspan="2">系统流量 (m³/h)</th><th rowspan="2">供水压力 (MPa)</th><th colspan="5">立式多级水泵</th><th rowspan="2">气压罐型号</th><th rowspan="2">控制柜外形尺寸 L×B×H (mm)</th><th rowspan="2">净质量 (kg)</th></tr>
<tr><th>水泵型号</th><th>台数</th><th>单泵流量 (m³/h)</th><th>单泵扬程 (m)</th><th>单泵功率 (kW)</th></tr>
<tr><td>1</td><td>50KQGV-5-58-1.5*2</td><td rowspan="6">5</td><td>0.58</td><td>KQDQE32-5-58</td><td rowspan="6">2</td><td rowspan="6">5</td><td>58</td><td>1.5</td><td>100</td><td rowspan="6">400×300×1200</td><td>244</td></tr>
<tr><td>2</td><td>50KQGV-5-73-2.2*2</td><td>0.73</td><td>KQDQE32-5-73</td><td>73</td><td>2.2</td><td>100</td><td>252</td></tr>
<tr><td>3</td><td>50KQGV-5-88-2.2*2</td><td>0.88</td><td>KQDQE32-5-88</td><td>88</td><td>2.2</td><td>100</td><td>255</td></tr>
<tr><td>4</td><td>50KQGV-5-103-3*2</td><td>1.03</td><td>KQDQE32-5-103</td><td>103</td><td>3.0</td><td>100</td><td>288</td></tr>
<tr><td>5</td><td>50KQGV-5-119-3*2</td><td>1.19</td><td>KQDQE32-5-119</td><td>119</td><td>3.0</td><td>100</td><td>290</td></tr>
<tr><td>6</td><td>50KQGV-5-134-4*2</td><td>1.34</td><td>KQDQE32-5-134</td><td>134</td><td>4.0</td><td>100</td><td>301</td></tr>
</table>

续表

序号	设备型号	系统流量 (m^3/h)	供水压力 (MPa)	立式多级水泵					气压罐型号	控制柜外形尺寸 $L\times B\times H$ (mm)	净质量 (kg)
				水泵型号	台数	单泵流量 (m^3/h)	单泵扬程 (m)	单泵功率 (kW)			
7	50KQGV-8-46-2.2＊2	8	0.46	KQDQE40-8-46	2	8	46	2.2	100	400×300×1200	274
8	50KQGV-8-69-3＊2		0.69	KQDQE40-8-69			69	3.0	100		304
9	50KQGV-8-93-4＊2		0.93	KQDQE40-8-93			93	4.0	100		334
10	50KQGV-8-118-5.5＊2		1.18	KQDQE50-8-118			118	5.5	100		400
11	50KQGV-8-142-5.5＊2		1.42	KQDQE50-8-142			142	5.5	100		411
12	65KQGV-10-58-1.5＊3	10	0.58	KQDQE32-5-58	3	5	58	1.5	100	400×300×1200	337
13	65KQGV-10-73-2.2＊3		0.73	KQDQE32-5-73			73	2.2	100		349
14	65KQGV-10-88-2.2＊3		0.88	KQDQE32-5-88			88	2.2	100		353
15	65KQGV-10-103-3＊3		1.03	KQDQE32-5-103			103	3.0	100		403
16	65KQGV-10-119-3＊3		1.19	KQDQE32-5-119			119	3.0	100		407
17	65KQGV-10-134-4＊3		1.34	KQDQE32-5-134			134	4.0	100		423
18	65KQGV-16-46-2.2＊3	16	0.46	KQDQE40-8-46	3	8	46	2.2	100	400×300×1200	382
19	65KQGV-16-69-3＊3		0.69	KQDQE40-8-69			69	3.0	100		428
20	65KQGV-16-93-4＊3		0.93	KQDQE40-8-93			93	4.0	100		473
21	65KQGV-16-118-5.5＊3		1.18	KQDQE50-8-118			118	5.5	100		572
22	65KQGV-16-142-5.5＊3		1.42	KQDQE50-8-142			142	5.5	100		588
23	65KQGV-20-43-2.2＊3	20	0.43	KQDQE40-10-43	3	10	43	2.2	100	400×300×1200	390
24	65KQGV-20-65-3＊3		0.65	KQDQE40-10-65			65	3.0	100		436
25	65KQGV-20-87-4＊3		0.87	KQDQE40-10-87			87	4.0	100		481
26	65KQGV-20-110-5.5＊3		1.10	KQDQE40-10-110			110	5.5	100		547
27	65KQGV-20-133-5.5＊3		1.33	KQDQE40-10-133			133	5.5	100		564
28	100KQGV-30-43-3＊3	30	0.43	KQDQE50-15-43	3	15	43	3.0	100	400×300×1200	460
29	100KQGV-30-58-4＊3		0.58	KQDQE50-15-58			58	4.0	100		513
30	100KQGV-30-72-5.5＊3		0.72	KQDQE50-15-72			72	5.5	100		616
31	100KQGV-30-87-7.5＊3		0.87	KQDQE50-15-87			87	7.5	100		637
32	100KQGV-30-102-7.5＊3		1.02	KQDQE50-15-102			102	7.5	100		645
33	100KQGV-30-117-11＊3		1.17	KQDQE50-15-117			117	11.0	100		802
34	100KQGV-30-133-11＊3		1.33	KQDQE50-15-133			133	11.0	100		806
35	100KQGV-40-43-4＊3	40	0.43	KQDQE50-20-43	3	30	43	4.0	100	400×300×1200	509
36	100KQGV-40-58-5.5＊3		0.58	KQDQE50-20-58			58	5.5	100		600
37	100KQGV-40-74-7.5＊3		0.74	KQDQE50-20-74			74	7.5	100		637
38	100KQGV-40-90-11＊3		0.90	KQDQE50-20-90			90	11.0	100		785

续表

序号	设备型号	系统流量 (m^3/h)	供水压力 (MPa)	立式多级水泵					气压罐型号	控制柜外形尺寸 $L\times B\times H$ (mm)	净质量 (kg)
				水泵型号	台数	单泵流量 (m^3/h)	单泵扬程 (m)	单泵功率 (kW)			
39	100KQGV-40-105-11*3	40	1.05	KQDQE50-20-105	3	30	105	11.0	100	400×300×1200	794
40	100KQGV-40-120-11*3		1.20	KQDQE50-20-120			120	11.0	100		818
41	100KQGV-40-135-15*3		1.35	KQDQE50-20-135			135	15.0	100		868
42	150KQGV-64-29-4*3	64	0.29	KQDQE65-32-29	3	32	29	4.0	200	400×300×1200	725
43	150KQGV-64-44-7.5*3		0.44	KQDQE65-32-44			44	7.5	200		894
44	150KQGV-64-59-11*3		0.59	KQDQE65-32-59			59	11.0	200		1014
45	150KQGV-64-74-11*3		0.74	KQDQE65-32-74			74	11.0	200		1055
46	150KQGV-64-90-15*3		0.90	KQDQE65-32-90			90	15.0	200		1158
47	150KQGV-64-106-15*3		1.06	KQDQE65-32-106			106	15.0	200		1167
48	150KQGV-90-26-5.5*3	90	0.26	KQDQE80-45-26	3	45	26	5.5	200	400×300×1200	862
49	150KQGV-90-35-7.5*3		0.35	KQDQE80-45-35			35	7.5	200		912
50	150KQGV-90-53-11*3		0.53	KQDQE80-45-53			53	11.0	200		1097
51	150KQGV-90-74-15*3		0.79	KQDQE80-45-79			79	15.0	200		1192
52	150KQGV-48-42-3*4	48	0.42	KQDQE50-16-42	4	16	42	3.0	100	400×300×1200	657
53	150KQGV-48-57-4*4		0.57	KQDQE50-16-57			57	4.0	100		729
54	150KQGV-48-71-5.5*4		0.71	KQDQE50-16-71			71	5.5	100		866
55	150KQGV-48-86-7.5*4		0.86	KQDQE50-16-86			86	7.5	100		894
56	150KQGV-48-100-7.5*4		1.00	KQDQE50-16-100			100	7.5	100		905
57	150KQGV-48-115-11*4		1.15	KQDQE50-16-115			115	11.0	100		1114
58	150KQGV-48-130-11*4		1.30	KQDQE50-16-130			130	11.0	100		1119
59	150KQGV-135-26-5.5*4	135	0.26	KQDQE80-45-26	4	45	26	5.5	200	400×300×1200	1170
60	150KQGV-135-35-7.5*4		0.35	KQDQE80-45-35			35	7.5	200		1236
61	150KQGV-135-53-11*4		0.53	KQDQE80-45-53			53	11.0	200		1484
62	150KQGV-135-79-15*4		0.79	KQDQE80-45-79			79	15.0	200		1610
63	250KQGV-192-28-7.5*4	192	0.28	KQDQE100-64-28	4	64	28	7.5	300	400×300×1200	1246
64	250KQGV-192-42-11*4		0.42	KQDQE100-64-42			43	11.0	300		1494
65	250KQGV-192-55-15*4		0.55	KQDQE100-64-55			55	15.0	300		1659
66	250KQGV-192-70-18.5*4		0.70	KQDQE100-64-70			70	18.5	300		1873
67	250KQGV-192-84-22*4		0.84	KQDQE100-64-84			84	22.0	300		2066
68	250KQGV-270-20-7.5*4	270	0.20	KQDQE100-90-20	4	90	20	7.5	500	400×300×1200	1285
69	250KQGV-270-31-11*4		0.31	KQDQE100-90-31			31	11.0	500		1615
70	250KQGV-270-41-15*4		0.41	KQDQE100-90-41			42	15.0	500		1780
71	250KQGV-270-53-18.5*4		0.53	KQDQE100-90-53			53	18.5	500		1890
72	250KQGV-270-63-22*4		0.63	KQDQE100-90-63			63	22.0	500		2000

附表 C-17 全变频恒压供水设备外形及安装尺寸一览表

序号	设备型号	外形及安装尺寸（mm）					气压罐	膨胀螺栓	运行质量
		L	L_1	L_2	H_1	h	$\Phi\times H_q$	n-$M\times L$	(kg)
1	50KQGV-5-58-1.5*2	1220	920	820	183	885	G450×910	4-M16×150	244
2	50KQGV-5-73-2.2*2	1220	920	820	183	939	G450×910	4-M16×150	252
3	50KQGV-5-88-2.2*2	1220	920	820	183	993	G450×910	4-M16×150	255
4	50KQGV-5-103-3*2	1220	920	820	183	1082	G450×910	4-M16×150	288
5	50KQGV-5-119-3*2	1220	920	820	183	1136	G450×910	4-M16×150	290
6	50KQGV-5-134-4*2	1220	920	820	183	1220	G450×910	4-M16×150	301
7	50KQGV-8-46-2.2*2	1220	920	820	188	841	G450×910	4-M16×150	274
8	50KQGV-8-69-3*2	1220	920	820	188	936	G450×910	4-M16×150	304
9	50KQGV-8-93-4*2	1220	920	820	188	1026	G450×910	4-M16×150	334
10	50KQGV-8-118-5.5*2	1220	920	820	188	1191	G450×910	4-M16×150	400
11	50KQGV-8-142-5.5*2	1220	920	820	188	1251	G450×910	4-M16×150	411
12	65KQGV-10-58-1.5*3	1640	1340	1240	183	885	G450×910	4-M16×150	244
13	65KQGV-10-73-2.2*3	1640	1340	1240	183	939	G450×910	4-M16×150	252
14	65KQGV-10-88-2.2*3	1640	1340	1240	183	993	G450×910	4-M16×150	255
15	65KQGV-10-103-3*3	1640	1340	1240	183	1082	G450×910	4-M16×150	288
16	65KQGV-10-119-3*3	1640	1340	1240	183	1136	G450×910	4-M16×150	290
17	65KQGV-10-134-4*3	1640	1340	1240	183	1220	G450×910	4-M16×150	301
18	65KQGV-16-46-2.2*3	1640	1340	1240	188	841	G450×910	4-M16×150	274
19	65KQGV-16-69-3*3	1640	1340	1240	188	936	G450×910	4-M16×150	304
20	65KQGV-16-93-4*3	1640	1340	1240	188	1026	G450×910	4-M16×150	334
21	65KQGV-16-118-5.5*3	1640	1340	1240	188	1191	G450×910	4-M16×150	400
22	65KQGV-16-142-5.5*3	1640	1340	1240	188	1251	G450×910	4-M16×150	411
23	65KQGV-20-43-2.2*3	1640	1340	1240	188	841	G450×910	4-M16×150	390
24	65KQGV-20-65-3*3	1640	1340	1240	188	936	G450×910	4-M16×150	436
25	65KQGV-20-87-4*3	1640	1340	1240	188	1026	G450×910	4-M16×150	481
26	65KQGV-20-110-5.5*3	1640	1340	1240	188	1191	G450×910	4-M16×150	547
27	65KQGV-20-133-5.5*3	1640	1340	1240	188	1251	G450×910	4-M16×150	564
28	100KQGV-30-43-3*3	1640	1340	1240	198	901	G450×910	4-M16×150	460
29	100KQGV-30-58-4*3	1640	1340	1240	198	976	G450×910	4-M16×150	513
30	100KQGV-30-72-5.5*3	1640	1340	1240	198	1126	G450×910	4-M16×150	616
31	100KQGV-30-87-7.5*3	1640	1340	1240	198	1171	G450×910	4-M16×150	637
32	100KQGV-30-102-7.5*3	1640	1340	1240	198	1216	G450×910	4-M16×150	645
33	100KQGV-30-117-11*3	1640	1340	1240	198	1397	G450×910	4-M16×150	802

续表

序号	设备型号	外形及安装尺寸（mm）					气压罐	膨胀螺栓	运行质量
		L	L_1	L_2	H_1	h	$\Phi\times H_q$	n-$M\times L$	(kg)
34	100KQGV-30-133-11＊3	1640	1340	1240	198	1442	G450×910	4-M16×150	806
35	100KQGV-40-43-4＊3	1640	1340	1240	198	931	G450×910	4-M16×150	509
36	100KQGV-40-58-5.5＊3	1640	1340	1240	198	1081	G450×910	4-M16×150	600
37	100KQGV-40-74-7.5＊3	1640	1340	1240	198	1126	G450×910	4-M16×150	637
38	100KQGV-40-90-11＊3	1640	1340	1240	198	1307	G450×910	4-M16×150	785
39	100KQGV-40-105-11＊3	1640	1340	1240	198	1352	G450×910	4-M16×150	794
40	100KQGV-40-120-11＊3	1640	1340	1240	198	1397	G450×910	4-M16×150	818
41	100KQGV-40-135-15＊3	1640	1340	1240	198	1442	G450×910	4-M16×150	868
42	150KQGV-64-29-4＊3	1640	1340	1240	213	931	G550×1235	4-M16×150	725
43	150KQGV-64-44-7.5＊3	1640	1340	1240	213	1140	G550×1235	4-M16×150	894
44	150KQGV-64-59-11＊3	1640	1340	1240	213	1319	G550×1235	4-M16×150	1014
45	150KQGV-64-74-11＊3	1640	1340	1240	213	1463	G550×1235	4-M16×150	1055
46	150KQGV-64-90-15＊3	1640	1340	1240	213	1517	G550×1235	4-M16×150	1158
47	150KQGV-64-106-15＊3	1640	1340	1240	213	1571	G550×1235	4-M16×150	1167
48	150KQGV-90-26-5.5＊3	1640	1340	1240	248	1156	G550×1235	4-M16×150	862
49	150KQGV-90-35-7.5＊3	1640	1340	1240	248	1156	G550×1235	4-M16×150	912
50	150KQGV-90-53-11＊3	1640	1340	1240	248	1441	G550×1235	4-M16×150	1097
51	150KQGV-90-74-15＊3	1640	1340	1240	248	1601	G550×1235	4-M16×150	1192
52	150KQGV-48-42-3＊4	2060	1760	1660	198	901	G450×910	4-M16×150	657
53	150KQGV-48-57-4＊4	2060	1760	1660	198	976	G450×910	4-M16×150	729
54	150KQGV-48-71-5.5＊4	2060	1760	1660	198	1126	G450×910	4-M16×150	866
55	150KQGV-48-86-7.5＊4	2060	1760	1660	198	1171	G450×910	4-M16×150	894
56	150KQGV-48-100-7.5＊4	2060	1760	1660	198	1216	G450×910	4-M16×150	905
57	150KQGV-48-115-11＊4	2060	1760	1660	198	1397	G450×910	4-M16×150	1114
58	150KQGV-48-130-11＊4	2060	1760	1660	198	1442	G450×910	4-M16×150	1119
59	150KQGV-135-26-5.5＊4	2060	1760	1660	248	1156	G550×1235	4-M16×150	1170
60	150KQGV-135-35-7.5＊4	2060	1760	1660	248	1156	G550×1235	4-M16×150	1236
61	150KQGV-135-53-11＊4	2060	1760	1660	248	1441	G550×1235	4-M16×150	1484
62	150KQGV-135-79-15＊4	2060	1760	1660	248	1601	G550×1235	4-M16×150	1610
63	250KQGV-192-28-7.5＊4	2060	1760	1660	248	1162	G630×1365	4-M16×150	1246
64	250KQGV-192-42-11＊4	2060	1760	1660	248	1367	G630×1365	4-M16×150	1494
65	250KQGV-192-55-15＊4	2060	1760	1660	248	1449	G630×1365	4-M16×150	1659
66	250KQGV-192-70-18.5＊4	2060	1760	1660	248	1586	G630×1365	4-M16×150	1873

续表

序号	设备型号	外形及安装尺寸（mm）					气压罐 $\Phi \times H_q$	膨胀螺栓 $n\text{-}M \times L$	运行质量（kg）
		L	L_1	L_2	H_1	h			
67	250KQGV-192-84-22＊4	2060	1760	1660	248	1616	G630×1365	4-M16×150	2066
68	250KQGV-270-20-7.5＊4	2060	1760	1660	248	1094	G750×1560	4-M16×150	1285
69	250KQGV-270-31-11＊4	2060	1760	1660	248	1391	G750×1560	4-M16×150	1615
70	250KQGV-270-41-15＊4	2060	1760	1660	248	1391	G750×1560	4-M16×150	1780
71	250KQGV-270-53-18.5＊4	2060	1760	1660	248	1538	G750×1560	4-M16×150	1890
72	250KQGV-270-63-22＊4	2060	1760	1660	248	1601	G750×1560	4-M16×150	2000

附录D　消防给水设备技术资料

附表 D-1　物联网消防机组性能参数一览表

序号	型号	额定流量(L/s)	零流量时工作压力(MPa)	额定流量工作压力(MPa)	150%额定工作流量时工作压力(MPa)	电动机配套功率(kW)	电动机额定转速(r/min)	吸水口公称直径 *DN*1	出水口公称直径 *DN*2	测试口公称直径 *DN*3	巡检口公称直径 *DN*4	总质量(不含水)(kg)
1	ZY3/10-11-W2-□		0.36	0.30	0.26	5.5	2960					1240
2	ZY4/10-15-W2-□		0.44	0.40	0.38	7.5	2960					1270
3	ZY5/10-22-W2-□		0.53	0.50	0.46	11	2960					1370
4	ZY6/10-30-W2-□	10	0.69	0.60	0.57	15	2960	100	100	65	65	1380
5	ZY8/10-37-W2-□		0.86	0.80	0.78	18.5	2960					1450
6	ZY10/10-60-W2-□		1.05	1.00	0.98	30	2960					1680
7	ZY12/10-75-W2-□		1.23	1.20	1.18	37	2960					1650
8	ZY3/15-15-W2-□		0.38	0.30	0.20	7.5	2960					1405
9	ZY4/15-22-W2-□		0.46	0.40	0.34	11	2960					1505
10	ZY5/15-30-W2-□	15	0.60	0.50	0.43	15	2960	125	100	65	65	1525
11	ZY6/15-37-W2-□		0.70	0.60	0.47	18.5	2960					1585
12	ZY8/15-60-W2-□		0.90	0.80	0.57	30	2960					1815
13	ZY11/15-75-W2-□		1.18	1.10	0.95	37	2960					1790
14	ZY3/20-22-W2-□		0.34	0.30	0.24	11	2960					1816
15	ZY5/20-37-W2-□		0.56	0.50	0.40	18.5	2960					1920
16	ZY7.2/20-60-W2-□		0.78	0.72	0.62	30	2960					2120
17	ZY9.4/20-75-W2-□	20	1.06	0.94	0.71	37	2960	150	125	80	65	2150
18	ZY11/20-90-W2-□		1.21	1.10	0.90	45	2960					2421
19	ZY12/20-110-W2-□		1.31	1.20	1.11	55	2960					2635
20	ZY15.5/20-150-W2-□		1.63	1.55	1.50	75	2960					2925
21	ZY3/25-37-W2-□		0.36	0.30	0.22	11	2960					2006
22	ZY4/25-37-W2-□		0.46	0.40	0.32	18.5	2960					2110
23	ZY5/25-45-W2-□	25	0.55	0.50	0.43	22	2960	200	125	80	65	2170
24	ZY6/25-60-W2-□		0.67	0.60	0.51	30	2960					2310
25	ZY8/25-75-W2-□		0.88	0.80	0.70	37	2960					2340
26	ZY3/30-30-W2-□		0.34	0.30	0.25	15	2960					2450
27	ZY4/30-45-W2-□	30	0.47	0.40	0.26	22	2960	200	150	100	65	2540
28	ZY5.5/30-60-W2-□		0.60	0.55	0.48	30	2960					2700

续表

序号	型号	额定流量(L/s)	零流量时工作压力(MPa)	额定流量工作压力(MPa)	150%额定工作流量时工作压力(MPa)	电动机配套功率(kW)	电动机额定转速(r/min)	吸水口公称直径 *DN*1	出水口公称直径 *DN*2	测试口公称直径 *DN*3	巡检口公称直径 *DN*4	总质量(不含水)(kg)
29	ZY8.5/30-90-W2-□	30	0.88	0.85	0.78	45	2960	200	150	100	65	2910
30	ZY10/30-110-W2-□		1.10	1.00	0.87	55	2960					3120
31	ZY12/30-150-W2-□		1.30	1.20	1.10	75	2960					3422
32	ZY15/30-180-W2-□		1.57	1.50	1.37	90	2960					3570
33	ZY3/35-37-W2-□	35	0.35	0.30	0.23	18.5	2960	200	150	100	65	2480
34	ZY4/35-45-W2-□		0.49	0.40	0.29	22	2960					2540
35	ZY6/35-75-W2-□		0.68	0.60	0.52	37	2960					2730
36	ZY7/35-90-W2-□		0.75	0.70	0.62	45	2960					2910
37	ZY8/35-110-W2-□		0.90	0.80	0.73	55	2960					3130
38	ZY10/35-150-W2-□		1.10	1.00	0.83	75	2960					3350
39	ZY12/35-180-W2-□		1.33	1.20	1.08	90	2960					3430
40	ZY16/35-220-W2-□		1.72	1.60	1.20	110	2960					4120
41	ZY3/40-37-W2-□	40	0.35	0.30	0.21	18.5	2960	250	200	100	65	3440
42	ZY4/40-60-W2-□		0.48	0.40	0.29	30	2960					3660
43	ZY6/40-75-W2-□		0.68	0.60	0.50	37	2960					3690
44	ZY7/40-90-W2-□		0.81	0.70	0.57	45	2960					3870
45	ZY8/40-110-W2-□		0.90	0.80	0.64	55	2960					4090
46	ZY10.2/40-150-W2-□		1.20	1.02	0.82	75	2960					4310
47	ZY12/40-180-W2-□		1.41	1.20	1.03	90	2960					4470
48	ZY16/40-220-W2-□		1.76	1.60	1.32	110	2960					5170
49	ZY4/45-60-W2-□	45	0.52	0.40	0.26	30	2960	250	200	125	65	3590
50	ZY6/45-90-W2-□		0.73	0.60	0.49	45	2960					3810
51	ZY7/45-110-W2-□		0.81	0.70	0.58	55	2960					4030
52	ZY9/45-150-W2-□		1.02	0.90	0.74	75	2960					4290
53	ZY11/45-180-W2-□		1.27	1.10	0.97	90	2960					4680
54	ZY13/45-220-W2-□		1.48	1.30	1.20	110	2960					5380
55	ZY16/45-265-W2-□		1.82	1.60	1.36	132	2960					5640
56	ZY5/50-75-W2-□	50	0.64	0.50	0.36	37	2960	250	200	125	65	3620
57	ZY7/50-110-W2-□		0.86	0.70	0.54	55	2960					4026
58	ZY8/50-150-W2-□		0.98	0.80	0.65	75	2960					4292
59	ZY10/50-180-W2-□		1.21	1.00	0.85	90	2960					4530
60	ZY13/50-220-W2-□		1.50	1.30	1.13	110	2960					5380
61	ZY16/50-265-W2-□		1.85	1.60	1.31	132	2960					5640

续表

序号	型号	额定流量(L/s)	零流量时工作压力(MPa)	额定流量工作压力(MPa)	150%额定工作流量时工作压力(MPa)	电动机配套功率(kW)	电动机额定转速(r/min)	吸水口公称直径 *DN*1	出水口公称直径 *DN*2	测试口公称直径 *DN*3	巡检口公称直径 *DN*4	总质量(不含水)(kg)
62	ZY5/55-90-W2-□	55	0.70	0.50	0.41	45	2960	250	200	125	65	3810
63	ZY7/55-150-W2-□		0.90	0.70	0.55	75	2960					4290
64	ZY10/55-180-W2-□		1.25	1.00	0.86	90	2960					4530
65	ZY11/55-220-W2-□		1.34	1.10	0.96	110	2960					5380
66	ZY15/55-265-W2-□		1.82	1.50	1.19	132	2960					5640
67	ZY16/55-320-W2-□		1.92	1.60	1.29	160	2960					5740
68	ZY6.5/60-150-W2-□	60	0.83	0.65	0.43	75	2960	250	200	125	65	4420
69	ZY8/60-150-W2-□		1.03	0.80	0.54	75	2960					4420
70	ZY10/60-180-W2-□		1.23	1.00	0.73	90	2960					4530
71	ZY11/60-220-W2-□		1.35	1.10	0.88	110	2960					5380
72	ZY12/60-265-W2-□		1.48	1.20	0.97	132	2960					5550
73	ZY16/60-320-W2-□		1.94	1.60	1.04	160	2960					5730
74	ZY6/65-150-W2-□	65	0.80	0.60	0.42	75	2960	300	250	150	65	4970
75	ZY9/65-180-W2-□		1.01	0.90	0.76	90	2960					5030
76	ZY10/65-220-W2-□		1.32	1.00	0.90	110	2960					5660
77	ZY13/65-265-W2-□		1.42	1.30	1.06	132	2960					5980
78	ZY15/65-320-W2-□		1.82	1.50	1.16	160	2960					6100
79	ZY6/70-150-W2-□	70	0.79	0.60	0.45	75	2960	300	250	150	65	4970
80	ZY8.5/70-180-W2-□		1.00	0.85	0.62	90	2960					5030
81	ZY10/70-220-W2-□		1.17	1.00	0.82	110	2960					5660
82	ZY12/70-265-W2-□		1.37	1.20	0.97	132	2960					5980
83	ZY14/70-320-W2-□		1.72	1.40	1.05	160	2960					6100
84	ZY16/70-370-W2-□		1.92	1.60	1.39	185	2960					6260
85	ZY7/80-150-W2-□	80	0.90	0.70	0.47	75	2960	300	250	150	65	4970
86	ZY9/80-220-W2-□		1.13	0.90	0.71	110	2960					5550
87	ZY11/80-265-W2-□		1.33	1.10	0.86	132	2960					5960
88	ZY13/80-320-W2-□		1.63	1.30	1.05	160	2960					6300
89	ZY14/80-370-W2-□		1.78	1.40	1.17	185	2960					6500
90	ZY16/80-400-W2-□		1.87	1.60	1.30	200	2960					6500

附表 D-2 物联网消防机组安装尺寸一览表一（mm）

序号	型号	B0	B1	B2	B3	B4	B5	B6	B7	A1
1	ZY3/10-11-W2-□	855	375	493	1443	1543	172	229	578	1090
2	ZY4/10-15-W2-□	855	430	410	1470	1570	172	229	578	1115

续表

序号	型号	B0	B1	B2	B3	B4	B5	B6	B7	A1
3	ZY5/10-22-W2-□	805	430	410	1470	1570	172	229	578	1115
4	ZY6/10-30-W2-□	805	430	410	1470	1570	172	229	578	1115
5	ZY8/10-37-W2-□	805	430	410	1470	1570	172	229	578	1115
6	ZY10/10-60-W2-□	980	500	530	1730	1830	172	229	690	1115
7	ZY12/10-75-W2-□	980	500	530	1730	1830	172	229	690	1115
8	ZY3/15-15-W2-□	855	375	493	1443	1543	172	229	578	1218
9	ZY4/15-22-W2-□	805	430	410	1470	1570	172	229	578	1243
10	ZY5/15-30-W2-□	805	430	410	1470	1570	172	229	578	1243
11	ZY6/15-37-W2-□	805	430	410	1470	1570	172	229	578	1243
12	ZY8/15-60-W2-□	980	500	530	1730	1830	172	229	690	1243
13	ZY11/15-75-W2-□	980	500	530	1730	1830	172	229	690	1243
14	ZY3/20-22-W2-□	965	420	585	1625	1725	194	264	658	1294
15	ZY5/20-37-W2-□	985	455	533	1643	1743	194	264	658	1319
16	ZY7.2/20-60-W2-□	1150	500	720	1920	2020	194	264	785	1319
17	ZY9.4/20-75-W2-□	1150	500	720	1920	2020	194	264	785	1319
18	ZY11/20-90-W2-□	1100	540	660	1940	2040	194	264	785	1319
19	ZY12/20-110-W2-□	1060	600	570	1970	2070	194	264	785	1319
20	ZY15.5/20-150-W2-□	1250	660	740	2260	2360	194	264	915	1319
21	ZY3/25-37-W2-□	965	420	585	1625	1725	194	264	658	1429
22	ZY4/25-37-W2-□	945	460	525	1645	1745	194	264	658	1454
23	ZY5/25-45-W2-□	935	455	533	1643	1743	194	264	658	1454
24	ZY6/25-60-W2-□	1150	500	720	1920	2020	194	264	785	1454
25	ZY8/25-75-W2-□	1150	500	720	1920	2020	194	264	785	1454
26	ZY3/30-30-W2-□	1130	430	735	1795	1895	210	305	740	1454
27	ZY4/30-45-W2-□	1285	455	898	2008	2108	210	305	840	1454
28	ZY5.5/30-60-W2-□	1260	500	830	2030	2130	210	305	840	1454
29	ZY8.5/30-90-W2-□	1210	540	770	2050	2150	210	305	840	1454
30	ZY10/30-110-W2-□	1220	600	730	2130	2230	210	305	865	1469
31	ZY12/30-150-W2-□	1200	660	690	2210	2310	210	305	890	1469
32	ZY15/30-180-W2-□	1200	740	570	2250	2350	210	305	890	1469
33	ZY3/35-37-W2-□	1130	430	735	1795	1895	210	305	740	1454
34	ZY4/35-45-W2-□	1300	455	898	2008	2108	210	305	840	1454
35	ZY6/35-75-W2-□	1260	500	830	2030	2130	210	305	840	1454
36	ZY7/35-90-W2-□	1210	540	770	2050	2150	210	305	840	1454
37	ZY8/35-110-W2-□	1220	600	730	2130	2230	210	305	865	1454
38	ZY10/35-150-W2-□	1200	660	690	2210	2310	210	305	890	1469

续表

序号	型号	B0	B1	B2	B3	B4	B5	B6	B7	A1
39	ZY12/35-180-W2-□	1200	660	690	2210	2310	210	305	890	1469
40	ZY16/35-220-W2-□	1170	740	620	2300	2400	210	305	915	1469
41	ZY3/40-37-W2-□	1335	430	945	2005	2105	255	372	845	1662
42	ZY4/40-60-W2-□	1270	500	840	2040	2140	255	372	845	1662
43	ZY6/40-75-W2-□	1270	500	840	2040	2140	255	372	845	1662
44	ZY7/40-90-W2-□	1220	540	780	2060	2160	255	372	845	1662
45	ZY8/40-110-W2-□	1180	600	690	2090	2190	255	372	845	1662
46	ZY10.2/40-150-W2-□	1310	660	800	2320	2420	255	372	945	1677
47	ZY12/40-180-W2-□	1310	660	800	2320	2420	255	372	945	1677
48	ZY16/40-220-W2-□	1230	740	680	2360	2460	255	372	945	1677
49	ZY4/45-60-W2-□	1305	500	875	2075	2175	255	372	863	1662
50	ZY6/45-90-W2-□	1255	540	815	2095	2195	255	372	863	1662
51	ZY7/45-110-W2-□	1215	600	725	2125	2225	255	372	863	1662
52	ZY9/45-150-W2-□	1345	660	835	2355	2455	255	372	963	1662
53	ZY11/45-180-W2-□	1345	740	715	2395	2495	255	372	963	1677
54	ZY13/45-220-W2-□	1265	740	715	2395	2495	255	372	963	1677
55	ZY16/45-265-W2-□	1265	740	715	2395	2495	255	372	963	1677
56	ZY5/50-75-W2-□	1305	500	875	2075	2175	255	372	863	1662
57	ZY7/50-110-W2-□	1215	600	725	2125	2225	255	372	863	1662
58	ZY8/50-150-W2-□	1345	660	835	2355	2455	255	372	963	1662
59	ZY10/50-180-W2-□	1345	740	715	2395	2495	255	372	963	1677
60	ZY13/50-220-W2-□	1345	740	715	2395	2495	255	372	963	1677
61	ZY16/50-265-W2-□	1265	740	715	2395	2495	255	372	963	1677
62	ZY5/55-90-W2-□	1255	540	815	2095	2195	255	372	863	1662
63	ZY7/55-150-W2-□	1345	740	715	2395	2495	255	372	963	1677
64	ZY10/55-180-W2-□	1345	740	715	2395	2495	255	372	963	1677
65	ZY11/55-220-W2-□	1265	740	715	2395	2495	255	372	963	1677
66	ZY15/55-265-W2-□	1265	740	715	2395	2495	255	372	963	1717
67	ZY16/55-320-W2-□	1265	740	715	2395	2495	255	372	963	1717
68	ZY6.5/60-150-W2-□	1215	660	635	2155	2255	255	372	863	1662
69	ZY8/60-150-W2-□	1345	660	835	2355	2455	255	372	963	1662
70	ZY10/60-180-W2-□	1345	740	715	2395	2495	255	372	963	1677
71	ZY11/60-220-W2-□	1265	740	715	2395	2495	255	372	963	1677
72	ZY12/60-265-W2-□	1265	740	715	2395	2495	255	372	963	1677
73	ZY16/60-320-W2-□	1265	740	715	2395	2495	255	372	963	1717
74	ZY6/65-150-W2-□	1550	660	1010	2530	2630	314	458	1050	1864

续表

序号	型号	B0	B1	B2	B3	B4	B5	B6	B7	A1
75	ZY9/65-180-W2-□	1550	660	1010	2530	2630	314	458	1050	1864
76	ZY10/65-220-W2-□	1440	740	890	2570	2670	314	458	1050	1864
77	ZY13/65-265-W2-□	1440	740	890	2570	2670	314	458	1050	1879
78	ZY15/65-320-W2-□	1440	740	890	2570	2670	314	458	1050	1879
79	ZY6/70-150-W2-□	1550	660	1010	2530	2630	314	458	1050	1864
80	ZY8.5/70-180-W2-□	1550	660	1010	2530	2630	314	458	1050	1864
81	ZY10/70-220-W2-□	1440	740	890	2570	2670	314	458	1050	1864
82	ZY12/70-265-W2-□	1440	740	890	2570	2670	314	458	1050	1864
83	ZY14/70-320-W2-□	1440	740	890	2570	2670	314	458	1050	1879
84	ZY16/70-370-W2-□	1440	740	890	2570	2670	314	458	1050	1879
85	ZY7/80-150-W2-□	1550	660	1010	2530	2630	314	458	1050	1864
86	ZY9/80-220-W2-□	1440	740	890	2570	2670	314	458	1050	1864
87	ZY11/80-265-W2-□	1440	740	890	2570	2670	314	458	1050	1864
88	ZY13/80-320-W2-□	1440	740	890	2570	2670	314	458	1050	1854
89	ZY14/80-370-W2-□	1440	740	890	2570	2670	314	458	1050	1854
90	ZY16/80-400-W2-□	1440	740	890	2570	2670	314	458	1050	1854

附表 D-3 物联网消防机组安装尺寸一览表二（mm）

序号	型号	A2	A3	A4	A5	H1	H2	H3	H4	H5
1	ZY3/10-11-W2-□	1070	350	390	530	100	337	350	1258	1856
2	ZY4/10-15-W2-□	1070	385	425	575	100	367	380	1328	1926
3	ZY5/10-22-W2-□	1070	470	510	660	100	367	380	1328	1926
4	ZY6/10-30-W2-□	1070	470	510	710	100	367	380	1328	1926
5	ZY8/10-37-W2-□	1070	510	550	715	100	367	380	1328	1926
6	ZY10/10-60-W2-□	1070	610	650	900	100	422	435	1423	2021
7	ZY12/10-75-W2-□	1070	610	650	900	100	422	435	1423	2021
8	ZY3/15-15-W2-□	1070	350	390	530	100	325	350	1253	1851
9	ZY4/15-22-W2-□	1070	470	510	660	100	355	380	1328	1926
10	ZY5/15-30-W2-□	1070	470	510	660	100	355	380	1328	1926
11	ZY6/15-37-W2-□	1070	510	550	715	100	355	380	1328	1926
12	ZY8/15-60-W2-□	1070	610	650	900	100	410	435	1423	2021
13	ZY11/15-75-W2-□	1070	610	650	900	100	410	435	1423	2021
14	ZY3/20-22-W2-□	1216	475	515	665	100	327	352	1390	2048
15	ZY5/20-37-W2-□	1216	515	555	750	100	380	405	1488	2146
16	ZY7.2/20-60-W2-□	1216	610	650	850	100	385	410	1493	2151
17	ZY9.4/20-75-W2-□	1216	635	675	860	100	405	430	1513	2171

续表

序号	型号	A2	A3	A4	A5	H1	H2	H3	H4	H5
18	ZY11/20-90-W2-□	1216	665	705	895	100	400	425	1508	2166
19	ZY12/20-110-W2-□	1216	730	770	955	100	450	475	1598	2256
20	ZY15.5/20-150-W2-□	1216	790	830	1025	100	460	485	1608	2266
21	ZY3/25-37-W2-□	1216	475	515	665	100	300	352	1390	2048
22	ZY4/25-37-W2-□	1216	515	555	750	100	353	405	1468	2126
23	ZY5/25-45-W2-□	1216	520	560	790	100	353	405	1468	2126
24	ZY6/25-60-W2-□	1216	610	650	850	100	358	410	1473	2131
25	ZY8/25-75-W2-□	1216	610	650	850	100	358	410	1473	2131
26	ZY3/30-30-W2-□	1476	485	525	710	100	337	377	1514	2226
27	ZY4/30-45-W2-□	1476	550	590	760	100	365	405	1572	2284
28	ZY5.5/30-60-W2-□	1476	635	675	840	100	365	405	1572	2284
29	ZY8.5/30-90-W2-□	1476	665	705	895	100	385	425	1592	2304
30	ZY10/30-110-W2-□	1476	730	770	970	100	430	470	1637	2349
31	ZY12/30-150-W2-□	1476	800	840	1040	100	440	480	1647	2359
32	ZY15/30-180-W2-□	1476	850	890	1040	100	480	520	1707	2419
33	ZY3/35-37-W2-□	1476	530	570	715	100	340	380	1517	2229
34	ZY4/35-45-W2-□	1476	550	590	800	100	365	405	1572	2284
35	ZY6/35-75-W2-□	1476	635	675	860	100	370	410	1577	2289
36	ZY7/35-90-W2-□	1476	665	705	895	100	385	425	1592	2304
37	ZY8/35-110-W2-□	1476	730	770	955	100	435	475	1642	2354
38	ZY10/35-150-W2-□	1476	800	840	1040	100	440	480	1647	2359
39	ZY12/35-180-W2-□	1476	850	890	1090	100	440	480	1647	2359
40	ZY16/35-220-W2-□	1476	850	890	1215	100	500	540	1727	2439
41	ZY3/40-37-W2-□	1476	530	570	745	120	333	400	1677	2501
42	ZY4/40-60-W2-□	1476	635	675	860	120	363	430	1737	2561
43	ZY6/40-75-W2-□	1476	635	675	860	120	363	430	1737	2561
44	ZY7/40-90-W2-□	1476	665	705	895	120	378	445	1752	2576
45	ZY8/40-110-W2-□	1476	730	770	955	120	428	495	1802	2626
46	ZY10.2/40-150-W2-□	1476	800	840	1040	120	433	500	1807	2631
47	ZY12/40-180-W2-□	1476	850	890	1090	120	433	500	1807	2631
48	ZY16/40-220-W2-□	1476	850	890	1220	120	433	560	1887	2711
49	ZY4/45-60-W2-□	1714	635	675	860	120	396	450	1812	2636
50	ZY6/45-90-W2-□	1714	665	705	895	120	391	445	1802	2626
51	ZY7/45-110-W2-□	1714	730	770	955	120	441	495	1852	2676
52	ZY9/45-150-W2-□	1714	800	840	1025	120	451	505	1862	2686
53	ZY11/45-180-W2-□	1714	850	890	1075	120	486	540	1927	2751

续表

序号	型号	A2	A3	A4	A5	H1	H2	H3	H4	H5
54	ZY13/45-220-W2-□	1714	860	900	1220	120	520	575	1967	2791
55	ZY16/45-265-W2-□	1714	950	990	1360	120	506	560	1957	2781
56	ZY5/50-75-W2-□	1714	635	675	860	120	396	450	1807	2631
57	ZY7/50-110-W2-□	1714	730	770	955	120	441	495	1852	2676
58	ZY8/50-150-W2-□	1714	800	840	1025	120	451	505	1862	2686
59	ZY10/50-180-W2-□	1714	850	890	1075	120	486	540	1927	2751
60	ZY13/50-220-W2-□	1714	850	890	1075	120	486	540	1927	2751
61	ZY16/50-265-W2-□	1714	950	990	1360	120	506	560	1957	2781
62	ZY5/55-90-W2-□	1714	665	705	895	120	391	445	1802	2626
63	ZY7/55-150-W2-□	1714	800	840	1025	120	451	505	1862	2686
64	ZY10/55-180-W2-□	1714	850	890	1075	120	486	540	1927	2751
65	ZY11/55-220-W2-□	1714	860	900	1220	120	521	575	1962	2786
66	ZY15/55-265-W2-□	1714	950	990	1320	120	506	560	1957	2781
67	ZY16/55-320-W2-□	1714	950	990	1320	120	506	560	1957	2781
68	ZY6.5/60-150-W2-□	1714	800	840	955	120	451	505	1862	2686
69	ZY8/60-150-W2-□	1714	800	840	1025	120	451	505	1862	2686
70	ZY10/60-180-W2-□	1714	850	890	1075	120	486	540	1927	2751
71	ZY11/60-220-W2-□	1714	860	900	1220	120	521	575	1962	2786
72	ZY12/60-265-W2-□	1714	950	990	1320	120	506	560	1947	2771
73	ZY16/60-320-W2-□	1714	950	990	1320	120	506	560	1957	2781
74	ZY6/65-150-W2-□	2002	790	830	1020	120	513	565	2116	3074
75	ZY9/65-180-W2-□	2002	840	880	1070	120	513	565	2116	3074
76	ZY10/65-220-W2-□	2002	875	915	1215	120	513	565	2116	3074
77	ZY13/65-265-W2-□	2002	915	955	1315	120	513	565	2236	3194
78	ZY15/65-320-W2-□	2002	915	955	1315	120	513	565	2236	3194
79	ZY6/70-150-W2-□	2002	790	830	1020	120	513	565	2116	3074
80	ZY8.5/70-180-W2-□	2002	840	880	1070	120	513	565	2116	3074
81	ZY10/70-220-W2-□	2002	875	915	1215	120	513	565	2116	3074
82	ZY12/70-265-W2-□	2002	915	955	1315	120	513	565	2236	3074
83	ZY14/70-320-W2-□	2002	915	955	1315	120	513	565	2236	3194
84	ZY16/70-370-W2-□	2002	915	955	1315	120	513	565	2236	3194
85	ZY7/80-150-W2-□	2002	790	830	1020	120	513	565	2136	3094
86	ZY9/80-220-W2-□	2002	875	915	1215	120	513	565	2116	3074

续表

序号	型号	A2	A3	A4	A5	H1	H2	H3	H4	H5
87	ZY11/80-265-W2-□	2002	915	955	1315	120	513	565	2116	3074
88	ZY13/80-320-W2-□	2002	915	955	1315	120	513	565	2236	3194
89	ZY14/80-370-W2-□	2002	915	955	1315	120	513	565	2236	3194
90	ZY16/80-400-W2-□	2002	915	955	1315	120	513	565	2236	3194

附表 D-4 消防给水稳压设备性能参数一览表

序号	消防给水稳压设备型号	充气压力 P_0 (MPa)	立式隔膜式气压水罐				配用水泵	运行压力 (MPa)		设备质量 (kg)
			型号规格	工作压力比 α_b	总容积 (m^3)	有效水容积 (L)	型号			
1	W1.5/0.45-1-□	0.15	SQL-1000 (0.6MPa)	0.86	1.30	450	□DP32-5-35 $Q=1L/s$ $H=35m$ $N=1.1kW$	$P_0=0.15$	$P_{s1}=0.30$ $P_{s2}=0.35$	753.1
2	W2.0/0.45-1-□	0.20	SQL-1000 (1.0MPa)	0.89	1.30	450	□DP32-5-43 $Q=1L/s$ $H=43m$ $N=1.1kW$	$P_0=0.20$	$P_{s1}=0.40$ $P_{s2}=0.45$	870.1
3	W3.0/0.45-1-□	0.30	SQL-1000 (1.0MPa)	0.91	1.30	450	□DP32-5-58 $Q=1L/s$ $H=58m$ $N=1.5kW$	$P_0=0.30$	$P_{s1}=0.524$ $P_{s2}=0.576$	882.1
4	W4.0/0.45-1-□	0.40	SQL-1000 (1.6MPa)	0.87	1.30	450	□DP32-5-73 $Q=1L/s$ $H=73m$ $N=2.2kW$	$P_0=0.40$	$P_{s1}=0.681$ $P_{s2}=0.78$	898.1
5	W1.5/0.45-1-□	0.15	SQL-800 (0.6MPa)	0.82	0.80	300	□DP32-4-37 $Q=1L/s$ $H=37m$ $N=1.1kW$	$P_0=0.15$	$P_{s1}=0.319$ $P_{s2}=0.39$	517.9
6	W2.0/0.3-1-□	0.20	SQL-800 (1.0MPa)	0.84	0.80	300	□DP32-4-46 $Q=1L/s$ $H=46m$ $N=1.1kW$	$P_0=0.20$	$P_{s1}=0.401$ $P_{s2}=0.48$	569.9
7	W3.0/0.3-1-□	0.30	SQL-800 (1.0MPa)	0.83	0.80	300	□DP32-4-64 $Q=1L/s$ $H=64m$ $N=1.5kW$	$P_0=0.30$	$P_{s1}=0.55$ $P_{s2}=0.66$	581.9
8	W4.0/0.3-1-□	0.40	SQL-800 (1.6MPa)	0.79	0.80	300	□DP32-4-92 $Q=1L/s$ $H=92m$ $N=2.2kW$	$P_0=0.40$	$P_{s1}=0.75$ $P_{s2}=0.95$	594.9

续表

序号	消防给水稳压设备型号	充气压力 P_0 (MPa)	立式隔膜式气压水罐				配用水泵	运行压力 (MPa)		设备质量 (kg)
			型号规格	工作压力比 α_b	总容积 (m^3)	有效水容积 (L)	型号			
9	W1.5/0.45-□	0.15	SQL-1200 (0.6MPa)	0.89	2.20	450	□DP32-4-26 Q=1L/s H=26m N=0.75kW	P_0=0.15	P_{s1}=0.24 P_{s2}=0.27	991.8
10	W2.2/0.45-□	0.22	SQL-1200 (0.6MPa)	0.89	2.20	450	□DP32-4-37 Q=1L/s H=36m N=1.1kW	P_0=0.22	P_{s1}=0.33 P_{s2}=0.37	993.8
11	W3.1/0.45-□	0.31	SQL-1200 (1.0MPa)	0.87	2.20	450	□DP32-4-55 Q=1L/s H=52m N=1.5kW	P_0=0.31	P_{s1}=0.46 P_{s2}=0.53	1180.8
12	W4.3/0.45-□	0.43	SQL-1200 (1.6MPa)	0.95	2.20	450	□DP32-4-74 Q=1L/s H=64m N=2.2kW	P_0=0.43	P_{s1}=0.62 P_{s2}=0.65	1199.8
13	W5.3/0.45-□	0.53	SQL-1200 (1.6MPa)	0.94	2.20	450	□DP32-4-92 Q=1L/s H=79m N=2.2kW	P_0=0.53	P_{s1}=0.74 P_{s2}=0.79	1205.8
14	W6.3/0.45-□	0.63	SQL-1200 (1.6MPa)	0.93	2.20	450	□DP32-4-101 Q=1L/s H=95m N=3kW	P_0=0.63	P_{s1}=0.88 P_{s2}=0.95	1225.8
15	W7.3/0.45-□	0.73	SQL-1200 (2.0MPa)	0.96	2.20	450	□DP32-4-121 Q=1L/s H=106m N=3kW	P_0=0.73	P_{s1}=1.02 P_{s2}=1.06	1242.2
16	W1.5/0.3-□	0.15	SQL-1000 (0.6MPa)	0.87	1.30	300	□DP32-4-26 Q=1L/s H=30m N=0.75kW	P_0=0.15	P_{s1}=0.26 P_{s2}=0.30	749.1
17	W2.2/0.3-□	0.22	SQL-1000 (0.6MPa)	0.93	1.30	300	□DP32-4-37 Q=1L/s H=39m N=1.1kW	P_0=0.22	P_{s1}=0.37 P_{s2}=0.40	751.1
18	W3.1/0.3-□	0.31	SQL-1000 (1.0MPa)	0.89	1.30	300	□DP32-4-55 Q=1L/s H=54m N=1.5kW	P_0=0.31	P_{s1}=0.48 P_{s2}=0.54	878.1

续表

序号	消防给水稳压设备型号	充气压力 P_0 (MPa)	立式隔膜式气压水罐				配用水泵	运行压力 (MPa)		设备质量 (kg)
			型号规格	工作压力比 α_b	总容积 (m^3)	有效水容积 (L)	型号			
19	W4.3/0.3-□	0.43	SQL-1000 (1.6MPa)	0.92	1.30	300	□DP32-4-74 Q=1L/s H=71m N=2.2kW	P_0=0.43	P_{s1}=0.66 P_{s2}=0.72	892.1
20	W5.3/0.3-□	0.53	SQL-1000 (1.6MPa)	0.92	1.30	300	□DP32-4-92 Q=1L/s H=87m N=2.2kW	P_0=0.53	P_{s1}=0.82 P_{s2}=0.89	898.1
21	W6.3/0.3-□	0.63	SQL-1000 (1.6MPa)	0.92	1.30	300	□DP32-4-101 Q=1L/s H=105m N=3kW	P_0=0.63	P_{s1}=0.97 P_{s2}=1.06	918.1
22	W7.3/0.3-□	0.73	SQL-1000 (2.0MPa)	0.93	1.30	300	□DP32-4-121 Q=1L/s H=122m N=3kW	P_0=0.73	P_{s1}=1.13 P_{s2}=1.22	933.9
23	W1.5/0.45-2-□	0.15	SQL-1200 (0.6MPa)	0.78	2.20	450	□DP40-8-34 Q=2L/s H=34m N=2.2kW	P_0=0.15	P_{s1}=0.28 P_{s2}=0.36	1027.3
24	W2.0/0.45-2-□	0.20	SQL-1200 (1.0MPa)	0.77	2.20	450	□DP40-8-46 Q=2L/s H=46m N=3kW	P_0=0.20	P_{s1}=0.36 P_{s2}=0.47	1208.3
25	W3.0/0.45-2-□	0.30	SQL-1200 (1.0MPa)	0.84	2.20	450	□DP40-8-57 Q=2L/s H=57m N=3kW	P_0=0.30	P_{s1}=0.51 P_{s2}=0.61	1212.3
26	W4.0/0.45-2-□	0.40	SQL-1200 (1.6MPa)	0.86	2.20	450	□DP40-8-69 Q=2L/s H=69m N=4kW	P_0=0.40	P_{s1}=0.62 P_{s2}=0.72	1245.3
27	W5.0/0.45-2-□	0.50	SQL-1200 (1.6MPa)	0.85	2.20	450	□DP40-8-93 Q=2L/s H=93m N=5.5kW	P_0=0.50	P_{s1}=0.82 P_{s2}=0.97	1267.3
28	W1.5/0.3-2-□	0.15	SQL-1000 (0.6MPa)	0.78	1.30	300	□DP40-8-34 Q=2L/s H=34m N=2.2kW	P_0=0.15	P_{s1}=0.28 P_{s2}=0.36	784.6
29	W2.0/0.3-2-□	0.20	SQL-1000 (1.0MPa)	0.77	1.30	300	□DP40-8-46 Q=2L/s H=46m N=3kW	P_0=0.20	P_{s1}=0.36 P_{s2}=0.47	905.6

续表

序号	消防给水稳压设备型号	充气压力 P_0 (MPa)	立式隔膜式气压水罐				配用水泵	运行压力(MPa)		设备质量(kg)
			型号规格	工作压力比 α_b	总容积 (m^3)	有效水容积 (L)	型号			
30	W3.0/0.3-2-□	0.30	SQL-1000 (1.0MPa)	0.84	1.30	300	□DP40-8-57 Q=2L/s H=57m N=3kW	P_0=0.30	P_{s1}=0.51 P_{s2}=0.61	909.6
31	W4.0/0.3-2-□	0.40	SQL-1000 (1.6MPa)	0.86	1.30	300	□DP40-8-69 Q=2L/s H=69m N=4kW	P_0=0.40	P_{s1}=0.62 P_{s2}=0.72	937.6
32	W5.0/0.3-2-□	0.50	SQL-1000 (1.6MPa)	0.85	1.30	300	□DP40-8-93 Q=2L/s H=93m N=5.5kW	P_0=0.50	P_{s1}=0.82 P_{s2}=0.97	959.6
33	W1.5/0.45-5-□	0.15	SQL-1200 (0.6MPa)	0.83	2.20	450	□DP50-20-28 Q=5L/s H=28m N=3kW	P_0=0.15	P_{s1}=0.25 P_{s2}=0.30	1069.3
34	W2.0/0.45-5-□	0.20	SQL-1200 (1.0MPa)	0.80	2.20	450	□DP50-20-43 Q=5L/s H=43m N=4kW	P_0=0.20	P_{s1}=0.36 P_{s2}=0.45	1260.3
35	W3.0/0.45-5-□	0.30	SQL-1200 (1.0MPa)	0.82	2.20	450	□DP50-20-58 Q=5L/s H=58m N=5.5kW	P_0=0.30	P_{s1}=0.51 P_{s2}=0.62	1304.3
36	W4.0/0.45-5-□	0.40	SQL-1200 (1.6MPa)	0.86	2.20	450	□DP50-20-74 Q=5L/s H=74m N=7.5kW	P_0=0.40	P_{s1}=0.65 P_{s2}=0.76	1337.3
37	W5.0/0.45-5-□	0.50	SQL-1200 (1.6MPa)	0.86	2.20	450	□DP50-20-90 Q=5L/s H=90m N=11kW	P_0=0.50	P_{s1}=0.82 P_{s2}=0.95	1409.3
38	W1.5/0.3-5-□	0.15	SQL-1000 (0.6MPa)	0.87	1.30	300	□DP50-20-28 Q=5L/s H=28m N=3kW	P_0=0.15	P_{s1}=0.27 P_{s2}=0.31	826.7
39	W2.0/0.3-5-□	0.20	SQL-1000 (1.0MPa)	0.80	1.30	300	□DP50-20-43 Q=5L/s H=43m N=4kW	P_0=0.20	P_{s1}=0.36 P_{s2}=0.45	957.7

续表

序号	消防给水稳压设备型号	充气压力 P_0 (MPa)	立式隔膜式气压水罐				配用水泵	运行压力 (MPa)		设备质量 (kg)
			型号规格	工作压力比 α_b	总容积 (m^3)	有效水容积 (L)	型号			
40	W3.0/0.3-5-□	0.30	SQL-1000 (1.0MPa)	0.82	1.30	300	□DP50-20-58 Q=5L/s H=58m N=5.5kW	P_0=0.30	P_{s1}=0.51 P_{s2}=0.62	1001.7
41	W4.0/0.3-5-□	0.40	SQL-1000 (1.6MPa)	0.86	1.30	300	□DP50-20-74 Q=5L/s H=74m N=7.5kW	P_0=0.40	P_{s1}=0.65 P_{s2}=0.76	1029.7
42	W5.0/0.3-5-□	0.50	SQL-1000 (1.6MPa)	0.86	1.30	300	□DP50-20-90 Q=5L/s H=90m N=11kW	P_0=0.50	P_{s1}=0.82 P_{s2}=0.95	1101.7

附表 D-5　消防给水稳压设备安装尺寸一览表一（mm）

序号	消防给水稳压设备型号	B0	B1	B2	B3	B4	B5	B6	A0	A1	A2	立式隔膜式气压水罐型号规格
1	W1.5/0.45-1-□	780	820	860	900	250	150	275	340	908	468	SQL-1000 (0.6MPa)
2	W2.0/0.45-1-□	780	820	860	900	250	150	275	340	908	468	SQL-1000 (1.0MPa)
3	W3.0/0.45-1-□	780	820	860	900	250	150	275	340	908	468	
4	W4.0/0.45-1-□	780	820	860	900	250	150	275	340	908	468	SQL-1000 (1.6MPa)
5	W1.5/0.45-1-□	780	820	710	750	250	150	275	340	830	340	SQL-800 (0.6MPa)
6	W2.0/0.3-1-□	780	820	710	750	250	150	275	340	830	340	SQL-800 (1.0MPa)
7	W3.0/0.3-1-□	780	820	710	750	250	150	275	340	830	340	
8	W4.0/0.3-1-□	780	820	710	750	250	150	275	340	830	340	SQL-800 (1.6MPa)
9	W1.5/0.45-□	780	820	1010	1050	250	150	275	340	965	595	SQL-1200 (0.6MPa)
10	W2.2/0.45-□	780	820	1010	1050	250	150	275	340	965	595	
11	W3.1/0.45-□	780	820	1010	1050	250	150	275	340	965	595	SQL-1200 (1.0MPa)
12	W4.3/0.45-□	780	820	1010	1050	250	150	275	340	965	595	SQL-1200 (1.6MPa)
13	W5.3/0.45-□	780	820	1010	1050	250	150	275	340	965	595	
14	W6.3/0.45-□	780	820	1010	1050	250	150	275	340	965	595	

续表

序号	消防给水稳压设备型号	B0	B1	B2	B3	B4	B5	B6	A0	A1	A2	立式隔膜式气压水罐型号规格
15	W7.3/0.45-□	780	820	1010	1050	250	150	275	340	920	595	SQL-1200 (2.0MPa)
16	W1.5/0.3-□	780	820	860	900	250	150	275	340	908	468	SQL-1000 (0.6MPa)
17	W2.2/0.3-□	780	820	860	900	250	150	275	340	908	468	
18	W3.1/0.3-□	780	820	860	900	250	150	275	340	908	468	SQL-1000 (1.0MPa)
19	W4.3/0.3-□	780	820	860	900	250	150	275	340	908	468	SQL-1000 (1.6MPa)
20	W5.3/0.3-□	780	820	860	900	250	150	275	340	908	468	
21	W6.3/0.3-□	780	820	860	900	250	150	275	340	908	468	
22	W7.3/0.3-□	780	820	860	900	250	150	275	340	863	468	SQL-1000 (2.0MPa)
23	W1.5/0.45-2-□	780	820	1010	1050	250	150	275	340	980	595	SQL-1200 (0.6MPa)
24	W2.0/0.45-2-□	780	820	1010	1050	250	150	275	340	980	595	SQL-1200 (1.0MPa)
25	W3.0/0.45-2-□	780	820	1010	1050	250	150	275	340	980	595	
26	W4.0/0.45-2-□	780	820	1010	1050	250	150	275	340	980	595	SQL-1200 (1.6MPa)
27	W5.0/0.45-2-□	780	820	1010	1050	250	150	275	340	980	595	
28	W1.5/0.3-2-□	780	820	860	900	250	150	275	340	923	468	SQL-1000 (0.6MPa)
29	W2.0/0.3-2-□	780	820	860	900	250	150	275	340	923	468	SQL-1000 (1.0MPa)
30	W3.0/0.3-2-□	780	820	860	900	250	150	275	340	923	468	
31	W4.0/0.3-2-□	780	820	860	900	250	150	275	340	923	468	SQL-1000 (1.6MPa)
32	W5.0/0.3-2-□	780	820	860	900	250	150	275	340	923	468	
33	W1.5/0.45-5-□	780	820	1010	1050	280	150	275	340	1019	595	SQL-1200 (0.6MPa)
34	W2.0/0.45-5-□	780	820	1010	1050	280	150	275	340	1019	595	SQL-1200 (1.0MPa)
35	W3.0/0.45-5-□	780	820	1010	1050	280	150	275	340	1019	595	
36	W4.0/0.45-5-□	780	820	1010	1050	280	150	275	340	1019	595	SQL-1200 (1.6MPa)
37	W5.0/0.45-5-□	780	820	1010	1050	280	150	275	340	1019	595	
38	W1.5/0.3-5-□	780	820	860	900	280	150	275	340	962	468	SQL-1000 (0.6MPa)

续表

序号	消防给水稳压设备型号	B0	B1	B2	B3	B4	B5	B6	A0	A1	A2	立式隔膜式气压水罐型号规格
39	W2.0/0.3-5-□	780	820	860	900	280	150	275	340	962	468	SQL-1000(1.0MPa)
40	W3.0/0.3-5-□	780	820	860	900	280	150	275	340	962	468	
41	W4.0/0.3-5-□	780	820	860	900	280	150	275	340	962	468	SQL-1000(1.6MPa)
42	W5.0/0.3-5-□	780	820	860	900	280	150	275	340	962	468	

附表D-6 消防给水稳压设备安装尺寸一览表二(mm)

序号	消防给水稳压设备型号	A3	A4	A5	A6	H1	H2	H3	H4	H5	立式隔膜式气压水罐型号规格
1	W1.5/0.45-1-□	170	410	825	450	90	165	560	454	2485	SQL-1000(0.6MPa)
2	W2.0/0.45-1-□	170	410	825	450	90	165	560	481	2485	SQL-1000(1.0MPa)
3	W3.0/0.45-1-□	170	410	825	450	90	165	560	535	2485	SQL-1000(1.0MPa)
4	W4.0/0.45-1-□	170	410	825	450	90	165	560	589	2485	SQL-1000(1.6MPa)
5	W1.5/0.45-1-□	170	410	705	365	90	165	560	427	2455	SQL-800(0.6MPa)
6	W2.0/0.3-1-□	170	410	705	365	90	165	560	454	2455	SQL-800(1.0MPa)
7	W3.0/0.3-1-□	170	410	705	365	90	165	560	508	2455	SQL-800(1.0MPa)
8	W4.0/0.3-1-□	170	410	705	365	90	165	560	589	2455	SQL-800(1.6MPa)
9	W1.5/0.45-□	170	410	925	565	90	165	560	400	2835	SQL-1200(0.6MPa)
10	W2.2/0.45-□	170	410	925	565	90	165	560	427	2835	SQL-1200(0.6MPa)
11	W3.1/0.45-□	170	410	925	565	90	165	560	481	2835	SQL-1200(1.0MPa)
12	W4.3/0.45-□	170	410	925	565	90	165	560	535	2835	SQL-1200(1.6MPa)
13	W5.3/0.45-□	170	410	925	565	90	165	560	589	2835	SQL-1200(1.6MPa)
14	W6.3/0.45-□	170	410	925	565	90	165	560	626	2835	SQL-1200(1.6MPa)
15	W7.3/0.45-□	170	365	925	565	90	165	560	680	2835	SQL-1200(2.0MPa)
16	W1.5/0.3-□	170	410	825	450	90	165	560	400	2485	SQL-1000(0.6MPa)
17	W2.2/0.3-□	170	410	825	450	90	165	560	427	2485	SQL-1000(0.6MPa)
18	W3.1/0.3-□	170	410	825	450	90	165	560	481	2485	SQL-1000(1.0MPa)
19	W4.3/0.3-□	170	410	825	450	90	165	560	535	2485	SQL-1000(1.6MPa)
20	W5.3/0.3-□	170	410	825	450	90	165	560	589	2485	SQL-1000(1.6MPa)
21	W6.3/0.3-□	170	410	825	450	90	165	560	626	2485	SQL-1000(1.6MPa)
22	W7.3/0.3-□	170	365	825	450	90	165	560	680	2485	SQL-1000(2.0MPa)
23	W1.5/0.45-2-□	170	425	925	565	90	170	565	493	2835	SQL-1200(0.6MPa)
24	W2.0/0.45-2-□	170	425	925	565	90	170	565	523	2835	SQL-1200(1.0MPa)

续表

序号	消防给水稳压设备型号	A3	A4	A5	A6	H1	H2	H3	H4	H5	立式隔膜式气压水罐型号规格
25	W3.0/0.45-2-□	170	425	925	565	90	170	565	553	2835	SQL-1200(1.0MPa)
26	W4.0/0.45-2-□	170	425	925	565	90	170	565	593	2835	SQL-1200(1.6MPa)
27	W5.0/0.45-2-□	170	425	925	565	90	170	565	653	2835	SQL-1200(1.6MPa)
28	W1.5/0.3-2-□	170	425	825	450	90	170	565	493	2485	SQL-1000(0.6MPa)
29	W2.0/0.3-2-□	170	425	825	450	90	170	565	523	2485	SQL-1000(1.0MPa)
30	W3.0/0.3-2-□	170	425	825	450	90	170	565	553	2485	SQL-1000(1.0MPa)
31	W4.0/0.3-2-□	170	425	825	450	90	170	565	593	2485	SQL-1000(1.6MPa)
32	W5.0/0.3-2-□	170	425	825	450	90	170	565	653	2485	SQL-1000(1.6MPa)
33	W1.5/0.45-5-□	170	445	944	565	90	180	590	513	2835	SQL-1200(0.6MPa)
34	W2.0/0.45-5-□	170	445	944	565	90	180	590	558	2835	SQL-1200(1.0MPa)
35	W3.0/0.45-5-□	170	445	944	565	90	180	590	633	2835	SQL-1200(1.0MPa)
36	W4.0/0.45-5-□	170	445	944	565	90	180	590	678	2835	SQL-1200(1.6MPa)
37	W5.0/0.45-5-□	170	445	944	565	90	180	590	791	2835	SQL-1200(1.6MPa)
38	W1.5/0.3-5-□	170	445	844	450	90	180	590	513	2485	SQL-1000(0.6MPa)
39	W2.0/0.3-5-□	170	445	844	450	90	180	590	558	2485	SQL-1000(1.0MPa)
40	W3.0/0.3-5-□	170	445	844	450	90	180	590	633	2485	SQL-1000(1.0MPa)
41	W4.0/0.3-5-□	170	445	844	450	90	180	590	678	2485	SQL-1000(1.6MPa)
42	W5.0/0.3-5-□	170	445	844	450	90	180	590	791	2485	SQL-1000(1.6MPa)

附表 D-7　智慧物联网消防给水机组性能参数一览表

序号	机组型号	流量(L/s)	压力(MPa)	电机功率(kW)	汽蚀余量(m)	吸水管 *DN*	出水管 *DN*
	立式机组						
1	ZY3.2/15-15-RKL 2LY	15	0.32	7.5	3	125	100
2	ZY4.0/15-22-RKL 2LY	15	0.40	11	3	125	100
3	ZY4.5/15-30-RKL 2LY	15	0.45	15	3	125	100
4	ZY5.0/15-30-RKL 2LY	15	0.50	15	3	125	100
5	ZY6.0/15-37-RKL 2LY	15	0.60	18.5	3	125	100
6	ZY7.0/15-44-RKL 2LY	15	0.70	22	3	125	100
7	ZY8.0/15-44-RKL 2LY	15	0.80	22	3	125	100
8	ZY9.0/15-60-RKL 2LY	15	0.90	30	3	125	100
9	ZY9.7/15-60-RKL 2LY	15	0.97	30	3	125	100
10	ZY10.7/15-60-RKL 2LY	15	1.07	30	3	125	100
11	ZY11.5/15-74-RKL 2LY	15	1.15	37	3	125	100
12	ZY12.0/15-74-RKL 2LY	15	1.20	37	3	125	100

续表

序号	机组型号	流量 (L/s)	压力 (MPa)	电机功率 (kW)	汽蚀余量 (m)	吸水管 *DN*	出水管 *DN*
13	ZY13.0/15-90-RKL 2LY	15	1.30	45	3.3	125	100
14	ZY14.0/15-110-RKL 2LY	15	1.40	55	3.3	125	100
15	ZY15.0/15-110-RKL 2LY	15	1.50	55	3.3	125	100
16	ZY3.5/20-30-RKL 2LY	20	0.35	15	4	150	125
17	ZY4.0/20-30-RKL 2LY	20	0.40	15	4	150	125
18	ZY4.5/20-37-RKL 2LY	20	0.45	18.5	4	150	125
19	ZY5.0/20-44-RKL 2LY	20	0.50	22	4	150	125
20	ZY6.5/20-60-RKL 2LY	20	0.65	30	4	150	125
21	ZY7.5/20-60-RKL 2LY	20	0.75	30	4	150	125
22	ZY7.9/20-74-RKL 2LY	20	0.79	37	4	150	125
23	ZY8.5/20-74-RKL 2LY	20	0.85	37	4	150	125
24	ZY9.0/20-90-RKL 2LY	20	0.90	45	4	150	125
25	ZY10.2/20-90-RKL 2LY	20	1.02	45	4	150	125
26	ZY11.5/20-110-RKL 2LY	20	1.15	55	4	150	125
27	ZY12.0/20-110-RKL 2LY	20	1.20	55	4	150	125
28	ZY12.7/20-110-RKL 2LY	20	1.27	55	4	150	125
29	ZY13.5/20-110-RKL 2LY	20	1.35	55	4	150	125
30	ZY14.5/20-150-RKL 2LY	20	1.45	75	4	150	125
31	ZY15.6/20-150-RKL 2LY	20	1.56	75	4	150	125
32	ZY3.8/25-30-RKL 2LY	25	0.38	15	4	150	125
33	ZY4.5/25-37-RKL 2LY	25	0.45	18.5	4	150	125
34	ZY5.0/25-44-RKL 2LY	25	0.50	22	4	150	125
35	ZY5.5/25-60-RKL 2LY	25	0.55	30	4	150	125
36	ZY6.0/25-60-RKL 2LY	25	0.60	30	4	150	125
37	ZY7.1/25-60-RKL 2LY	25	0.71	30	4	150	125
38	ZY8.0/25-74-RKL 2LY	25	0.80	37	4	150	125
39	ZY9.0/25-90-RKL 2LY	25	0.90	45	4	150	125
40	ZY10.0/25-90-RKL 2LY	25	1.00	45	4	150	125
41	ZY11.0/25-110-RKL 2LY	25	1.10	55	4	150	125
42	ZY11.5/25-110-RKL 2LY	25	1.15	55	4	150	125
43	ZY12.5/25-150-RKL 2LY	25	1.25	75	4	150	125
44	ZY13.2/25-150-RKL 2LY	25	1.32	75	4.5	150	125
45	ZY14.0/25-150-RKL 2LY	25	1.40	75	4.5	150	125
46	ZY15.5/25-180-RKL 2LY	25	1.55	90	4.5	150	125
47	ZY3.7/30-37-RKL 2LY	30	0.37	18.5	4	150	125

续表

序号	机组型号	流量（L/s）	压力（MPa）	电机功率（kW）	汽蚀余量（m）	吸水管 *DN*	出水管 *DN*
48	ZY4.5/30-44-RKL 2LY	30	0.45	22	4	150	125
49	ZY5.2/30-60-RKL 2LY	30	0.52	30	4	150	125
50	ZY6.2/30-60-RKL 2LY	30	0.62	30	4	150	125
51	ZY7.0/30-60-RKL 2LY	30	0.70	30	4	150	125
52	ZY7.5/30-74-RKL 2LY	30	0.75	37	4	150	125
53	ZY8.0/30-74-RKL 2LY	30	0.80	37	4	150	125
54	ZY8.5/30-90-RKL 2LY	30	0.85	45	4	150	125
55	ZY9.0/30-90-RKL 2LY	30	0.90	45	4	150	125
56	ZY10.0/30-110-RKL 2LY	30	1.00	55	4	150	125
57	ZY10.5/30-110-RKL 2LY	30	1.05	55	4	150	125
58	ZY11.0/30-110-RKL 2LY	30	1.10	55	4	150	125
59	ZY11.8/30-150-RKL 2LY	30	1.18	75	4	150	125
60	ZY12.0/30-150-RKL 2LY	30	1.20	75	4	150	125
61	ZY13.0/30-150-RKL 2LY	30	1.30	75	4.5	150	125
62	ZY14.0/30-180-RKL 2LY	30	1.40	90	4.5	150	125
63	ZY15.4/30-220-RKL 2LY	30	1.54	110	4.5	150	125
64	ZY3.2/35-44-RKL 2LY	35	0.32	22	4.5	200	150
65	ZY4.0/35-60-RKL 2LY	35	0.40	30	4.5	200	150
66	ZY4.5/35-60-RKL 2LY	35	0.45	30	4.5	200	150
67	ZY5.0/35-74-RKL 2LY	35	0.50	37	4.5	200	150
68	ZY5.7/35-74-RKL 2LY	35	0.57	37	5	200	150
69	ZY6.2/35-90-RKL 2LY	35	0.62	45	5	200	150
70	ZY7.0/35-90-RKL 2LY	35	0.70	45	5	200	150
71	ZY7.5/35-110-RKL 2LY	35	0.75	55	5	200	150
72	ZY8.2/35-110-RKL 2LY	35	0.82	55	5	200	150
73	ZY9.0/35-110-RKL 2LY	35	0.90	55	5	200	150
74	ZY10.0/35-150-RKL 2LY	35	1.00	75	5	200	150
75	ZY11.0/35-150-RKL 2LY	35	1.10	75	5	200	150
76	ZY12.0/35-150-RKL 2LY	35	1.20	75	5	200	150
77	ZY13.0/35-150-RKL 2LY	35	1.30	75	5	200	150
78	ZY14.0/35-180-RKL 2LY	35	1.40	90	5	200	150
79	ZY15.0/35-220-RKL 2LY	35	1.50	110	5	200	150
80	ZY3.5/40-44-RKL 2LY	40	0.35	22	4.5	200	150
81	ZY4.0/40-60-RKL 2LY	40	0.40	30	4.5	200	150
82	ZY4.5/40-60-RKL 2LY	40	0.45	30	4.5	200	150

续表

序号	机组型号	流量(L/s)	压力(MPa)	电机功率(kW)	汽蚀余量(m)	吸水管 *DN*	出水管 *DN*
83	ZY5. 0/40-74-RKL 2LY	40	0. 50	37	4. 5	200	150
84	ZY5. 5/40-74-RKL 2LY	40	0. 55	37	4. 5	200	150
85	ZY6. 0/40-90-RKL 2LY	40	0. 60	45	4. 5	200	150
86	ZY7. 2/40-90-RKL 2LY	40	0. 72	45	4. 5	200	150
87	ZY8. 1/40-110-RKL 2LY	40	0. 81	55	4. 5	200	150
88	ZY9. 0/40-110-RKL 2LY	40	0. 90	55	5	200	150
89	ZY9. 5/40-150-RKL 2LY	40	0. 95	75	5	200	150
90	ZY10. 0/40-150-RKL 2LY	40	1. 00	75	5	200	150
91	ZY11. 0/40-150-RKL 2LY	40	1. 10	75	5	200	150
92	ZY12. 0/40-180-RKL 2LY	40	1. 20	90	5	200	150
93	ZY13. 0/40-180-RKL 2LY	40	1. 30	90	5	200	150
94	ZY14. 0/40-220-RKL 2LY	40	1. 40	110	5	200	150
95	ZY15. 0/40-220-RKL 2LY	40	1. 50	110	5	200	150
96	ZY4. 0/45-60-RKL 2LY	45	0. 40	30	4. 5	200	150
97	ZY5. 2/45-74-RKL 2LY	45	0. 52	37	4. 5	200	150
98	ZY6. 0/45-90-RKL 2LY	45	0. 60	45	5	200	150
99	ZY7. 3/45-110-RKL 2LY	45	0. 73	55	5	200	150
100	ZY8. 0/45-110-RKL 2LY	45	0. 80	55	5	200	150
101	ZY9. 0/45-150-RKL 2LY	45	0. 90	75	5	200	150
102	ZY10. 0/45-180-RKL 2LY	45	1. 00	90	5	250	200
103	ZY11. 0/45-180-RKL 2LY	45	1. 10	90	5	250	200
104	ZY12. 0/45-220-RKL 2LY	45	1. 20	110	5	250	200
105	ZY13. 0/45-220-RKL 2LY	45	1. 30	110	5	250	200
106	ZY3. 5/50-60-RKL 2LY	50	0. 35	30	5	250	200
107	ZY4. 5/50-74-RKL 2LY	50	0. 45	37	5	250	200
108	ZY5. 0/50-90-RKL 2LY	50	0. 50	45	5	250	200
109	ZY6. 1/50-110-RKL 2LY	50	0. 61	55	5	250	200
110	ZY7. 0/50-110-RKL 2LY	50	0. 70	55	5	250	200
111	ZY8. 0/50-150-RKL 2LY	50	0. 80	75	5	250	200
112	ZY9. 0/50-150-RKL 2LY	50	0. 90	75	5	250	200
113	ZY10. 0/50-180-RKL 2LY	50	1. 00	90	5	250	200
114	ZY11. 0/50-180-RKL 2LY	50	1. 10	90	5	250	200
115	ZY12. 0/50-220-RKL 2LY	50	1. 20	110	5	250	200
116	ZY13. 5/50-264-RKL 2LY	50	1. 35	132	5	250	200
117	ZY3. 2/55-60-RKL 2LY	55	0. 32	30	5	250	200

续表

序号	机组型号	流量 (L/s)	压力 (MPa)	电机功率 (kW)	汽蚀余量 (m)	吸水管 *DN*	出水管 *DN*
118	ZY4.0/55-74-RKL 2LY	55	0.40	37	5	250	200
119	ZY5.0/55-90-RKL 2LY	55	0.50	45	5	250	200
120	ZY6.7/55-110-RKL 2LY	55	0.67	55	5	250	200
121	ZY8.0/55-150-RKL 2LY	55	0.80	75	5	250	200
122	ZY9.0/55-150-RKL 2LY	55	0.90	75	5	250	200
123	ZY10.0/55-180-RKL 2LY	55	1.00	90	5	250	200
124	ZY11.0/55-220-RKL 2LY	55	1.10	110	5	250	200
125	ZY11.8/55-220-RKL 2LY	55	1.18	110	5	250	200
126	ZY13.0/55-264-RKL 2LY	55	1.30	132	5	250	200
127	ZY3.5/60-74-RKL 2LY	60	0.35	37	5.4	250	200
128	ZY4.0/60-90-RKL 2LY	60	0.40	45	5.4	250	200
129	ZY4.5/60-90-RKL 2LY	60	0.45	45	5.4	250	200
130	ZY5.0/60-110-RKL 2LY	60	0.50	55	5.4	250	200
131	ZY6.0/60-150-RKL 2LY	60	0.60	75	5.4	250	200
132	ZY6.5/60-150-RKL 2LY	60	0.65	75	5.4	250	200
133	ZY7.0/60-150-RKL 2LY	60	0.70	75	5.4	250	200
134	ZY7.5/60-180-RKL 2LY	60	0.75	90	5.4	250	200
135	ZY8.0/60-180-RKL 2LY	60	0.80	90	5.4	250	200
136	ZY9.0/60-220-RKL 2LY	60	0.90	110	5.4	250	200
137	ZY9.5/60-220-RKL 2LY	60	0.95	110	5.4	250	200
138	ZY10.0/60-264-RKL 2LY	60	1.00	132	5.4	250	200
139	ZY11.0/60-264-RKL 2LY	60	1.10	132	5.4	250	200
140	ZY11.7/60-320-RKL 2LY	60	1.17	160	5.4	250	200
141	ZY3.5/70-90-RKL 2LY	70	0.35	45	5.4	300	250
142	ZY4.0/70-110-RKL 2LY	70	0.40	55	5.4	300	250
143	ZY4.5/70-150-RKL 2LY	70	0.45	75	5.4	300	250
144	ZY5.0/70-150-RKL 2LY	70	0.50	75	5.4	300	250
145	ZY5.5/70-150-RKL 2LY	70	0.55	75	5.4	300	250
146	ZY6.0/70-150-RKL 2LY	70	0.60	75	5.4	300	250
147	ZY6.5/70-180-RKL 2LY	70	0.65	90	5.4	300	250
148	ZY7.0/70-180-RKL 2LY	70	0.70	90	5.4	300	250
149	ZY7.5/70-220-RKL 2LY	70	0.75	110	5.4	300	250
150	ZY8.5/70-220-RKL 2LY	70	0.85	110	5.4	300	250
151	ZY9.0/70-264-RKL 2LY	70	0.90	132	5.4	300	250
152	ZY4.2/80-110-RKL 2LY	80	0.42	55	5.4	300	250

续表

序号	机组型号	流量(L/s)	压力(MPa)	电机功率(kW)	汽蚀余量(m)	吸水管DN	出水管DN
153	ZY5. 2/80-150-RKL 2LY	80	0. 52	75	5. 4	300	250
154	ZY6. 1/80-180-RKL 2LY	80	0. 61	90	5. 4	300	250
155	ZY7. 4/80-220-RKL 2LY	80	0. 74	110	5. 4	300	250
156	ZY8. 5/80-264-RKL 2LY	80	0. 85	132	5. 4	300	250
157	ZY4. 2/85-110-RKL 2LY	85	0. 42	55	5. 4	300	250
158	ZY5. 0/85-150-RKL 2LY	85	0. 50	75	5. 4	300	250
159	ZY6. 0/85-180-RKL 2LY	85	0. 60	90	5. 4	300	250
160	ZY7. 1/85-220-RKL 2LY	85	0. 71	110	5. 4	300	250
161	ZY8. 5/85-264-RKL 2LY	85	0. 85	132	5. 4	300	250
162	ZY5. 1/90-150-RKL 2LY	90	0. 51	75	5. 4	300	250
163	ZY6. 0/90-180-RKL 2LY	90	0. 60	90	5. 4	300	250
164	ZY7. 2/90-220-RKL 2LY	90	0. 72	110	5. 4	300	250
165	ZY8. 4/90-264-RKL 2LY	90	0. 84	132	5. 4	300	250
166	ZY4. 4/100-150-RKL 2LY	100	0. 44	75	5. 4	300	250
167	ZY5. 0/100-150-RKL 2LY	100	0. 50	75	5. 4	300	250
168	ZY5. 8/100-180-RKL 2LY	100	0. 58	90	5. 4	300	250
169	ZY7. 0/100-220-RKL 2LY	100	0. 70	110	5. 4	300	250
170	ZY8. 0/100-264-RKL 2LY	100	0. 80	132	5. 4	300	250
171	ZY9. 2/100-400-RKL 2LY	100	0. 92	200	5. 4	300	250
	卧式机组						
1	ZY3. 3/15-22-RKL 2WY	15	0. 33	11	3	125	80
2	ZY4. 0/15-22-RKL 2WY	15	0. 40	11	3	125	80
3	ZY4. 5/15-30-RKL 2WY	15	0. 45	15	3	125	80
4	ZY5. 0/15-30-RKL 2WY	15	0. 50	15	3	125	80
5	ZY6. 0/15-37-RKL 2WY	15	0. 60	18. 5	3	125	80
6	ZY7. 0/15-44-RKL 2WY	15	0. 70	22	3	125	80
7	ZY8. 0/15-60-RKL 2WY	15	0. 80	30	3	125	80
8	ZY8. 5/15-60-RKL 2WY	15	0. 85	30	3	125	80
9	ZY9. 0/15-60-RKL 2WY	15	0. 90	30	3	125	80
10	ZY10. 0/15-74-RKL 2WY	15	1. 00	37	3	125	80
11	ZY10. 5/15-74-RKL 2WY	15	1. 05	37	3	125	80
12	ZY11. 0/15-90-RKL 2WY	15	1. 10	45	3	125	80
13	ZY12. 1/15-90-RKL 2WY	15	1. 21	45	3	125	80
14	ZY13. 2/15-110-RKL 2WY	15	1. 32	55	3. 3	125	80
15	ZY14. 0/15-110-RKL 2WY	15	1. 40	55	3. 3	125	80

续表

序号	机组型号	流量 (L/s)	压力 (MPa)	电机功率 (kW)	汽蚀余量 (m)	吸水管 *DN*	出水管 *DN*
16	ZY14.5/15-150-RKL 2WY	15	1.45	75	3.3	125	80
17	ZY3.5/20-30-RKL 2WY	20	0.35	15	4	150	125
18	ZY4.0/20-30-RKL 2WY	20	0.40	15	4	150	125
19	ZY4.5/20-37-RKL 2WY	20	0.45	18.5	4	150	125
20	ZY5.0/20-44-RKL 2WY	20	0.50	22	4	150	125
21	ZY6.0/20-44-RKL 2WY	20	0.60	22	4	150	125
22	ZY7.0/20-60-RKL 2WY	20	0.70	30	4	150	125
23	ZY8.0/20-74-RKL 2WY	20	0.80	37	4	150	125
24	ZY8.5/20-74-RKL 2WY	20	0.85	37	4	150	125
25	ZY9.0/20-90-RKL 2WY	20	0.90	45	4	150	125
26	ZY10.0/20-90-RKL 2WY	20	1.00	45	4	150	125
27	ZY11.0/20-110-RKL 2WY	20	1.10	55	4	150	125
28	ZY12.0/20-110-RKL 2WY	20	1.20	55	4	150	125
29	ZY13.0/20-150-RKL 2WY	20	1.30	75	4	150	125
30	ZY14.0/20-150-RKL 2WY	20	1.40	75	4	150	125
31	ZY14.5/20-150-RKL 2WY	20	1.45	75	4	150	125
32	ZY3.2/25-30-RKL 2WY	25	0.32	15	4	150	125
33	ZY4.0/25-37-RKL 2WY	25	0.40	18.5	4	150	125
34	ZY5.0/25-44-RKL 2WY	25	0.50	22	4	150	125
35	ZY5.5/25-60-RKL 2WY	25	0.55	30	4	150	125
36	ZY6.0/25-60-RKL 2WY	25	0.60	30	4	150	125
37	ZY7.2/25-74-RKL 2WY	25	0.72	37	4	150	125
38	ZY8.0/25-74-RKL 2WY	25	0.80	37	4	150	125
39	ZY9.0/25-90-RKL 2WY	25	0.90	45	4	150	125
40	ZY10.2/25-110-RKL 2WY	25	1.02	55	4	150	125
41	ZY11.0/25-110-RKL 2WY	25	1.10	55	4	150	125
42	ZY12.0/25-150-RKL 2WY	25	1.20	75	4	150	125
43	ZY13.0/25-150-RKL 2WY	25	1.30	75	4.5	150	125
44	ZY14.1/25-180-RKL 2WY	25	1.41	90	4.5	150	125
45	ZY14.5/25-180-RKL 2WY	25	1.45	90	4.5	150	125
46	ZY3.7/30-37-RKL 2WY	30	0.37	18.5	2.2	150	125
47	ZY4.5/30-44-RKL 2WY	30	0.45	22	2.1	150	125
48	ZY5.2/30-60-RKL 2WY	30	0.52	30	2.3	150	125
49	ZY5.7/30-60-RKL 2WY	30	0.57	30	2.3	150	125
50	ZY7.2/30-74-RKL 2WY	30	0.72	37	2.2	150	125

续表

序号	机组型号	流量 (L/s)	压力 (MPa)	电机功率 (kW)	汽蚀余量 (m)	吸水管 *DN*	出水管 *DN*
51	ZY8. 3/30-90-RKL 2WY	30	0. 83	45	2. 4	150	125
52	ZY9. 3/30-90-RKL 2WY	30	0. 93	45	2. 3	150	125
53	ZY10. 0/30-110-RKL 2WY	30	1. 00	55	2. 3	150	125
54	ZY10. 5/30-110-RKL 2WY	30	1. 05	55	2. 3	150	125
55	ZY11. 0/30-150-RKL 2WY	30	1. 10	75	3. 7	150	125
56	ZY12. 0/30-150-RKL 2WY	30	1. 20	75	3. 7	150	125
57	ZY12. 7/30-180-RKL 2WY	30	1. 27	90	4. 2	150	125
58	ZY13. 5/30-180-RKL 2WY	30	1. 35	90	3. 7	150	125
59	ZY14. 2/30-180-RKL 2WY	30	1. 42	90	3. 9	150	125
60	ZY15. 4/30-220-RKL 2WY	30	1. 54	110	3. 7	150	125
61	ZY3. 6/35-44-RKL 2WY	35	0. 36	22	3. 7	200	150
62	ZY4. 0/35-60-RKL 2WY	35	0. 40	30	3. 7	200	150
63	ZY4. 5/35-60-RKL 2WY	35	0. 45	30	4. 3	200	150
64	ZY4. 7/35-74-RKL 2WY	35	0. 47	37	4. 3	200	150
65	ZY5. 0/35-74-RKL 2WY	35	0. 50	37	3. 7	200	150
66	ZY5. 7/35-90-RKL 2WY	35	0. 57	45	3. 7	200	150
67	ZY6. 0/35-90-RKL 2WY	35	0. 60	45	3. 9	200	150
68	ZY7. 0/35-110-RKL 2WY	35	0. 70	55	3. 7	200	150
69	ZY7. 5/35-110-RKL 2WY	35	0. 75	55	3. 7	200	150
70	ZY8. 0/35-110-RKL 2WY	35	0. 80	55	3. 9	200	150
71	ZY9. 0/35-150-RKL 2WY	35	0. 90	75	3. 7	200	150
72	ZY10. 0/35-150-RKL 2WY	35	1. 00	75	3. 7	200	150
73	ZY11. 0/35-150-RKL 2WY	35	1. 10	75	3. 7	200	150
74	ZY12. 0/35-150-RKL 2WY	35	1. 20	75	4. 1	200	150
75	ZY13. 2/35-150-RKL 2WY	35	1. 32	75	3. 7	200	150
76	ZY14. 0/35-180-RKL 2WY	35	1. 40	90	3. 7	200	150
77	ZY15. 5/35-220-RKL 2WY	35	1. 55	110	4. 2	200	150
78	ZY16. 0/35-220-RKL 2WY	35	1. 60	110	4. 2	200	150
79	ZY3. 6/40-44-RKL 2WY	40	0. 36	22	3. 7	200	150
80	ZY4. 0/40-60-RKL 2WY	40	0. 40	30	3. 7	200	150
81	ZY4. 5/40-60-RKL 2WY	40	0. 45	30	3. 7	200	150
82	ZY5. 0/40-74-RKL 2WY	40	0. 50	37	3. 7	200	150
83	ZY5. 5/40-74-RKL 2WY	40	0. 55	37	3. 7	200	150
84	ZY6. 0/40-90-RKL 2WY	40	0. 60	45	4. 1	200	150
85	ZY6. 7/40-90-RKL 2WY	40	0. 67	45	3. 7	200	150

续表

序号	机组型号	流量(L/s)	压力(MPa)	电机功率(kW)	汽蚀余量(m)	吸水管 *DN*	出水管 *DN*
86	ZY8.0/40-110-RKL 2WY	40	0.80	55	3.7	200	150
87	ZY8.4/40-110-RKL 2WY	40	0.84	55	4.2	200	150
88	ZY9.0/40-110-RKL 2WY	40	0.90	55	3.7	200	150
89	ZY10.0/40-150-RKL 2WY	40	1.00	75	3.9	200	150
90	ZY11.0/40-180-RKL 2WY	40	1.10	90	4.3	200	150
91	ZY12.0/40-180-RKL 2WY	40	1.20	90	4.3	200	150
92	ZY13.0/40-180-RKL 2WY	40	1.30	90	3.7	200	150
93	ZY14.0/40-220-RKL 2WY	40	1.40	110	3.9	200	150
94	ZY15.0/40-220-RKL 2WY	40	1.50	110	3.7	200	150
95	ZY16.0/40-264-RKL 2WY	40	1.60	132	3.8	200	150
96	ZY3.6/50-60-RKL 2WY	50	0.36	30	3.7	250	200
97	ZY4.5/50-74-RKL 2WY	50	0.45	37	3.7	250	200
98	ZY4.6/50-90-RKL 2WY	50	0.46	45	4.3	250	200
99	ZY4.9/50-90-RKL 2WY	50	0.49	45	3.8	250	200
100	ZY6.1/50-110-RKL 2WY	50	0.61	55	4.1	250	200
101	ZY7.0/50-110-RKL 2WY	50	0.70	55	4.4	250	200
102	ZY8.0/50-150-RKL 2WY	50	0.80	75	4.4	250	200
103	ZY9.0/50-150-RKL 2WY	50	0.90	75	4.2	250	200
104	ZY10.0/50-180-RKL 2WY	50	1.00	90	3.9	250	200
105	ZY11.0/50-180-RKL 2WY	50	1.10	90	4.3	250	200
106	ZY12.0/50-220-RKL 2WY	50	1.20	110	4.3	250	200
107	ZY13.5/50-264-RKL 2WY	50	1.35	132	3.9	250	200
108	ZY3.6/60-74-RKL 2WY	60	0.36	37	4.2	250	200
109	ZY4.5/60-90-RKL 2WY	60	0.45	45	4.2	250	200
110	ZY5.3/60-110-RKL 2WY	60	0.53	55	4.1	250	200
111	ZY6.0/60-150-RKL 2WY	60	0.60	75	3.8	250	200
112	ZY7.0/60-150-RKL 2WY	60	0.70	75	4.1	250	200
113	ZY8.0/60-180-RKL 2WY	60	0.80	90	4.1	250	200
114	ZY9.0/60-220-RKL 2WY	60	0.90	110	4.4	250	200
115	ZY10.0/60-220-RKL 2WY	60	1.00	110	3.9	250	200
116	ZY11.0/60-264-RKL 2WY	60	1.10	132	4.3	250	200
117	ZY12.0/60-264-RKL 2WY	60	1.20	132	4.3	250	200
118	ZY13.0/60-320-RKL 2WY	60	1.30	160	3.9	250	200
119	ZY14.0/60-320-RKL 2WY	60	1.40	160	4.2	250	200
120	ZY15.0/60-370-RKL 2WY	60	1.50	185	4.4	250	200

续表

序号	机组型号	流量 (L/s)	压力 (MPa)	电机功率 (kW)	汽蚀余量 (m)	吸水管 *DN*	出水管 *DN*
121	ZY16.0/60-400-RKL 2WY	60	1.60	200	4.4	250	200
122	ZY17.0/60-400-RKL 2WY	60	1.70	200	4.4	250	200
123	ZY4.0/70-90-RKL 2WY	70	0.40	45	4.1	250	200
124	ZY4.7/70-110-RKL 2WY	70	0.47	55	4.1	250	200
125	ZY6.0/70-150-RKL 2WY	70	0.60	75	3.8	250	200
126	ZY7.0/70-180-RKL 2WY	70	0.70	90	4.1	250	200
127	ZY8.0/70-220-RKL 2WY	70	0.80	110	4.4	250	200
128	ZY9.0/70-220-RKL 2WY	70	0.90	110	4.4	250	200
129	ZY10.0/70-264-RKL 2WY	70	1.00	132	4.2	250	200
130	ZY11.0/70-320-RKL 2WY	70	1.10	160	4.2	250	200
131	ZY12.0/70-320-RKL 2WY	70	1.20	160	4.1	250	200
132	ZY13.0/70-370-RKL 2WY	70	1.30	185	4.2	250	200
133	ZY14.0/70-370-RKL 2WY	70	1.40	185	3.9	250	200
134	ZY15.0/70-400-RKL 2WY	70	1.50	200	4.3	250	200
135	ZY16.8/70-400-RKL 2WY	70	1.68	200	4.3	250	200
136	ZY4.0/80-110-RKL 2WY	80	0.40	55	4.1	250	200
137	ZY5.0/80-150-RKL 2WY	80	0.50	75	4.1	250	200
138	ZY6.0/80-180-RKL 2WY	80	0.60	90	4.4	250	200
139	ZY7.0/80-220-RKL 2WY	80	0.70	110	4.4	250	200
140	ZY8.0/80-220-RKL 2WY	80	0.80	110	4.2	250	200
141	ZY9.0/80-264-RKL 2WY	80	0.90	132	4.2	250	200
142	ZY10.0/80-320-RKL 2WY	80	1.00	160	4.1	250	200
143	ZY11.0/80-320-RKL 2WY	80	1.10	160	4.2	300	250
144	ZY12.0/80-370-RKL 2WY	80	1.20	185	3.9	300	250
145	ZY13.0/80-400-RKL 2WY	80	1.30	200	4.3	300	250
146	ZY14.0/80-440-RKL 2WY	80	1.40	220	4.3	300	250
147	ZY15.0/80-440-RKL 2WY	80	1.50	220	3.9	300	250
148	ZY16.0/80-500-RKL 2WY	80	1.60	250	4.2	300	250
149	ZY3.8/90-110-RKL 2WY	90	0.38	55	4.4	300	250
150	ZY5.0/90-150-RKL 2WY	90	0.50	75	4.4	300	250
151	ZY6.0/90-180-RKL 2WY	90	0.60	90	4.2	300	250
152	ZY7.0/90-220-RKL 2WY	90	0.70	110	4.2	300	250
153	ZY8.0/90-264-RKL 2WY	90	0.80	132	4.1	300	250
154	ZY9.0/90-320-RKL 2WY	90	0.90	160	4.2	300	250
155	ZY10.0/90-320-RKL 2WY	90	1.00	160	3.9	300	250

续表

序号	机组型号	流量(L/s)	压力(MPa)	电机功率(kW)	汽蚀余量(m)	吸水管 *DN*	出水管 *DN*
156	ZY11.0/90-370-RKL 2WY	90	1.10	185	4.3	300	250
157	ZY12.0/90-400-RKL 2WY	90	1.20	200	4.3	300	250
158	ZY13.0/90-440-RKL 2WY	90	1.30	220	3.9	300	250
159	ZY14.0/90-500-RKL 2WY	90	1.40	250	4.1	300	250
160	ZY15.0/90-500-RKL 2WY	90	1.50	250	4.4	300	250
161	ZY16.0/90-560-RKL 2WY	90	1.60	280	4.4	300	250
162	ZY16.0/90-560-RKL 2WY	90	1.70	280	3.8	300	250
163	ZY3.8/100-150-RKL 2WY	100	0.38	75	4.2	300	250
164	ZY5.5/100-180-RKL 2WY	100	0.55	90	4.1	300	250
165	ZY6.5/100-220-RKL 2WY	100	0.65	110	4.1	300	250
166	ZY7.5/100-264-RKL 2WY	100	0.75	132	4.2	300	250
167	ZY8.0/100-320-RKL 2WY	100	0.80	160	3.9	300	250
168	ZY9.0/100-320-RKL 2WY	100	0.90	160	4.3	300	250
169	ZY10.0/100-370-RKL 2WY	100	1.00	185	4.3	300	250
170	ZY11.0/100-400-RKL 2WY	100	1.10	200	3.9	300	250
171	ZY12.0/100-440-RKL 2WY	100	1.20	220	4.2	300	250
172	ZY13.0/100-500-RKL 2WY	100	1.30	250	4.1	300	250
173	ZY14.0/100-500-RKL 2WY	100	1.40	250	3.8	300	250
174	ZY15.0/100-560-RKL 2WY	100	1.50	280	4.1	300	250
175	ZY16.0/100-630-RKL 2WY	100	1.60	315	4.4	300	250
176	ZY16.0/100-630-RKL 2WY	100	1.70	315	4.4	300	250

参 考 文 献

[1] 周建昌，于晓明．医院建筑给水排水系统设计［M］. 北京：中国建筑工业出版社，2020.

[2] 中华人民共和国住房和城乡建设部．《建筑给水排水与节水通用规范》：GB 55020—2021［S］. 北京：中国建筑工业出版社，2022.

[3] 中华人民共和国住房和城乡建设部．《建筑节能与可再生能源利用通用规范》：GB 55015—2021［S］. 北京：中国建筑工业出版社，2022.

[4] 中华人民共和国住房和城乡建设部．《城市给水工程项目规范》：GB 55026—2022［S］. 北京：中国建筑工业出版社，2022.

[5] 中华人民共和国住房和城乡建设部．《城乡排水工程项目规范》：GB 55027—2022［S］. 北京：中国建筑工业出版社，2022.

[6] 中华人民共和国住房和城乡建设部．《建筑防火通用规范》：GB 55037—2022［S］. 北京：中国计划出版社，2022.

[7] 中华人民共和国住房和城乡建设部．《消防设施通用规范》：GB 55036—2022［S］. 北京：中国计划出版社，2022.

[8] 中华人民共和国住房和城乡建设部．《建筑给水排水设计标准》：GB 50015—2019［S］. 北京：中国计划出版社，2019.

[9] 中华人民共和国住房和城乡建设部．《室外给水设计标准》：GB 50013—2018［S］. 北京：中国计划出版社，2019.

[10] 中华人民共和国住房和城乡建设部．《室外排水设计标准》：GB 50014—2021［S］. 北京：中国计划出版社，2021.

[11] 中华人民共和国住房和城乡建设部．《建筑设计防火规范》：GB 50016—2014(2018 年版)［S］. 北京：中国计划出版社，2018.

[12] 中华人民共和国住房和城乡建设部．《消防给水及消火栓系统技术规范》：GB 50974—2014［S］. 北京：中国计划出版社，2014

[13] 中华人民共和国住房和城乡建设部．《自动喷水灭火系统设计规范》：GB 50084—2017［S］. 北京：中国计划出版社，2017.

[14] 中华人民共和国住房和城乡建设部．《自动跟踪定位射流灭火系统技术标准》：GB 51427—2021［S］. 北京：中国计划出版社，2021.

[15] 中华人民共和国住房和城乡建设部．《水喷雾灭火系统技术规范》：GB 50219—2014［S］. 北京：中国计划出版社，2015.

[16] 中华人民共和国住房和城乡建设部．《细水雾灭火系统技术规范》：GB 50898—2013［S］. 北京：中国计划出版社，2013.

[17] 中华人民共和国住房和城乡建设部．《汽车库、修车库、停车场设计防火规范》：GB 50067—2014［S］. 北京：中国计划出版社，2014.

[18] 中华人民共和国建设部，中华人民共和国国家质量监督检验检疫总局．《气体灭火系统设计规范》：GB 50370—2005［S］. 北京：人民出版社，2006.

[19] 中华人民共和国建设部，中华人民共和国国家质量监督检验检疫总局．《建筑灭火器配置设计规范》：GB 50140—2005［S］. 北京：中国计划出版社，2005.

[20] 中华人民共和国建设部.《固定消防炮灭火系统设计规范》：GB 50338—2003 [S]. 北京：中国计划出版社，2003.
[21] 中华人民共和国住房和城乡建设部.《人民防空工程设计防火规范》：GB 50098—2009 [S]. 北京：兵器工业出版社，2009.
[22] 中华人民共和国住房和城乡建设部.《建筑中水设计标准》：GB 50336—2018 [S]. 北京：中国建筑工业出版社，2018.
[23] 中华人民共和国住房和城乡建设部.《民用建筑节水设计标准》：GB 50555—2010 [S]. 北京：中国建筑工业出版社，2010.
[24] 中华人民共和国住房和城乡建设部.《公共建筑节能设计标准》：GB 50189—2015 [S]. 北京：中国建筑工业出版社，2015.
[25] 中华人民共和国住房和城乡建设部.《建筑机电工程抗震设计规范》：GB 50981—2014 [S]. 北京：中国建筑工业出版社，2014.
[26] 中华人民共和国住房和城乡建设部.《民用建筑太阳能热水系统应用技术标准》：GB 50364—2018 [S]. 北京：中国建筑工业出版社，2018.
[27] 中华人民共和国建设部.《建筑给水排水及采暖工程施工质量验收规范》：GB 50242—2002 [S]. 北京：中国建筑工业出版社，2002.
[28] 中华人民共和国住房和城乡建设部.《自动喷水灭火系统施工及验收规范》：GB 50261—2017 [S]. 北京：中国计划出版社，2017.
[29] 中华人民共和国住房和城乡建设部.《建筑与小区雨水控制及利用工程技术规范》：GB 50400—2016 [S]. 北京：中国建筑工业出版社，2017.
[30] 中华人民共和国住房和城乡建设部.《绿色建筑评价标准》：GB/T 50378—2019 [S]. 北京：中国建筑工业出版社，2019.
[31] 中华人民共和国住房和城乡建设部，中国医院协会医院建筑系统研究分会.《综合医院建筑设计标准》：GB 51039—2014 [S]. 北京：中国计划出版社，2014.
[32] 中华人民共和国住房和城乡建设部.《精神专科医院建筑设计规范》：GB 51058—2014 [S]. 北京：中国计划出版社，2014.
[33] 中华人民共和国住房和城乡建设部.《传染病医院建筑设计规范》：GB 50849—2014 [S]. 北京：中国计划出版社，2014.
[34] 中华人民共和国住房和城乡建设部.《医院洁净手术部建筑技术规范》：GB 50333—2013 [S]. 北京：中国计划出版社，2013.
[35] 国家环境保护总局，国家质量监督检验检疫总局.《医疗机构水污染物排放标准》：GB 18466—2005 [S]. 北京：中国环境科学出版社，2005.
[36] 中华人民共和国住房和城乡建设部.《传染病医院建筑施工及验收规范》：GB 50686—2011 [S]. 北京：中国建筑工业出版社，2011.
[37] 中华人民共和国住房和城乡建设部.《绿色医院建筑评价标准》：GB/T 51153—2015 [S]. 北京：中国计划出版社，2015.
[38] 中华人民共和国住房和城乡建设部.《民用建筑绿色设计规范》：JGJ/T 229—2010 [S]. 北京：中国建筑工业出版社，2010.
[39] 中华人民共和国环境保护部.《医院污水处理工程技术规范》：HJ 2029—2013 [S]. 北京：中国环境科学出版社，2013.
[40] 中国工程建设标准化协会，北京市医院污水污物处理技术协会.《医院污水处理设计规范》：CECS 07—2004 [S]. 北京：中国计划出版社，2004.
[41] 中华人民共和国住房和城乡建设部.《建筑与小区管道直饮水系统技术规程》：CJJ/T 110—2017

[S]. 北京：中国建筑工业出版社，2017.
[42] 中华人民共和国住房和城乡建设部.《二次供水工程技术规程》：CJJ 140—2010 [S]. 北京：中国建筑工业出版社，2010.
[43] 国家质量技术监督局，中华人民共和国卫生部.《二次供水设施卫生规范》：GB 17051—1997 [S]. 北京：中国标准出版社，1998.
[44] 中华人民共和国住房和城乡建设部.《建筑屋面雨水排水系统技术规程》：CJJ 142—2014 [S]. 北京：中国建筑工业出版社，2014.
[45] 中华人民共和国住房和城乡建设部.《车库建筑设计规范》：JGJ 100—2015 [S]. 北京：中国建筑工业出版社，2015.
[46] 中华人民共和国住房和城乡建设部.《宿舍、旅馆建筑项目规范》：GB 55025—2022 [S]. 北京：中国建筑工业出版社，2022.
[47] 中华人民共和国住房和城乡建设部.《旅馆建筑设计规范》：JGJ 62—2014 [S]. 北京：中国建筑工业出版社，2015.
[48] 中华人民共和国住房和城乡建设部.《宿舍建筑设计规范》：JGJ 36—2016 [S]. 北京：中国建筑工业出版社，2017.
[49] 中华人民共和国住房和城乡建设部.《中小学校设计规范》：GB 50099—2011 [S]. 北京：中国建筑工业出版社，2011.
[50] 中华人民共和国住房和城乡建设部.《图书馆建筑设计规范》：JGJ 38—2015 [S]. 北京：中国建筑工业出版社，2015.
[51] 中华人民共和国住房和城乡建设部.《托儿所、幼儿园建筑设计规范》：JGJ 39—2016(2019 年版) [S]. 北京：中国建筑工业出版社，2019.
[52] 中华人民共和国住房和城乡建设部.《办公建筑设计标准》：JGJ/T 67—2019 [S]. 北京：中国建筑工业出版社，2020.
[53] 中华人民共和国住房和城乡建设部.《商店建筑设计规范》：JGJ 48—2014 [S]. 北京：中国建筑工业出版社，2014.
[54] 中华人民共和国住房和城乡建设部.《展览建筑设计规范》：JGJ 218—2010 [S]. 北京：中国建筑工业出版社，2010.
[55] 中华人民共和国住房和城乡建设部.《博物馆建筑设计规范》：JGJ 66—2015 [S]. 北京：中国建筑工业出版社，2016.
[56] 中华人民共和国住房和城乡建设部.《档案馆建筑设计规范》：JGJ 25—2010 [S]. 北京：中国建筑工业出版社，2010.
[57] 中华人民共和国住房和城乡建设部.《剧场建筑设计规范》：JGJ 57—2016 [S]. 北京：中国建筑工业出版社，2017.
[58] 中华人民共和国建设部.《电影院建筑设计规范》：JGJ 58—2008 [S]. 北京：中国建筑工业出版社，2008.
[59] 中华人民共和国建设部，国家体育总局.《体育建筑设计规范》：JGJ/T 31—2003 [S]. 北京：中国建筑工业出版社，2003.
[60] 中华人民共和国住房和城乡建设部，甘肃省建筑设计研究院.《交通客运站建筑设计规范》：JGJ/T 60—2012 [S]. 北京：中国建筑工业出版社，2013.
[61] 中华人民共和国建设部.《铁路旅客车站建筑设计规范》：GB 50226—2007(2011 版) [S]. 北京：中国计划出版社，2012.
[62] 国家铁路局.《铁路旅客车站设计规范》：TB 10100—2018 [S]. 北京：中国铁道出版社，2018.
[63] 国家铁路局.《铁路给水排水设计规范》：TB 10010—2016 [S]. 北京：中国铁道出版社，2017.

[64] 国家铁路局.《铁路工程设计防火规范》：TB 10063—2016 [S]. 北京：中国铁道出版社，2017.
[65] 中华人民共和国住房和城乡建设部，中华人民共和国国家发展和改革委员会.《民用机场工程项目建设标准》：建标 105—2008 [S].
[66] 中华人民共和国住房和城乡建设部.《民用机场航站楼设计防火规范》：GB 51236—2017 [S]. 北京：中国计划出版社，2017.
[67] 中华人民共和国住房和城乡建设部.《科研建筑设计标准》：JGJ 91—2019 [S]. 北京：中国建筑工业出版社，2019.
[68] 中华人民共和国住房和城乡建设部.《饮食建筑设计标准》：JGJ 64—2017 [S]. 北京：中国建筑工业出版社，2018.
[69] 中华人民共和国住房和城乡建设部，北京建工四建工程建设有限公司.《疗养院建筑设计标准》：JGJ/T 40—2019 [S]. 北京：中国建筑工业出版社，2019.
[70] 中华人民共和国住房和城乡建设部.《老年人照料设施建筑设计标准》：JGJ 450—2018 [S]. 北京：中国建筑工业出版社，2018.
[71] 国家新闻出版广电总局，中华人民共和国公安部.《广播电影电视建筑设计防火标准》：GY 5067—2017 [S].
[72] 中华人民共和国住房和城乡建设部，中华人民共和国国家质量监督检验检疫总局.《电力调度通信中心工程设计规范》：GB/T 50980—2014 [S]. 北京：中国计划出版社，2014.
[73] 中华人民共和国工业和信息化部.《通信建筑工程设计规范》：YD 5003—2014 [S].
[74] 中华人民共和国邮电部，中华人民共和国公安部.《邮电建筑防火设计标准》：YD 5002—94(2005年版) [S].
[75] 中华人民共和国住房和城乡建设部，国家市场监督管理总局.《看守所建筑设计标准》：GB 51400—2020 [S]. 北京：中国计划出版社，2020.
[76] 中华人民共和国建设部，中华人民共和国民政部.《殡仪馆建筑设计规范》：JGJ 124—99 [S]. 北京：中国建筑工业出版社，1999.
[77] 中华人民共和国住房和城乡建设部，中华人民共和国国家质量监督检验检疫总局.《数据中心设计规范》：GB 50174—2017 [S]. 北京：中国计划出版社，2017.
[78] 国家市场监督管理总局，国家标准化管理委员会.《生活饮用水卫生标准》：GB 5749—2022 [S].
[79] 中国工程建设标准化协会.《室内真空排水系统工程技术规程》：T/CECS 544—2018 [S]. 北京：中国建筑工业出版社，2018.
[80] 中国工程建设标准化协会.《室外真空排水系统工程技术规程》：CECS 316：2012 [S]. 北京：中国计划出版社，2012.
[81] 中华人民共和国住房和城乡建设部.《医用气体工程设计》：16R303 [S]. 北京：中国计划出版社，2017.
[82] 山东祥生新材料科技股份有限公司产品资料.
[83] 山东天诚建材有限公司产品资料.
[84] 浙江共和实业有限公司产品资料.
[85] 济南科瑞德环境设备有限公司产品资料.
[86] 青岛三利中德美水设备有限公司产品资料.
[87] 江苏铭星供水设备有限公司产品资料.
[88] 徐州同乐管业有限公司产品资料.
[89] 欧文托普(中国)暖通空调系统技术有限公司产品资料.
[90] 上海凯泉泵业(集团)有限公司产品资料.
[91] 杭州聚川环保科技股份有限公司产品资料.

[92] 浙江康帕斯流体技术股份有限公司产品资料.
[93] 江苏众信绿色管业科技有限公司产品资料.
[94] 天津市瑞克来电气股份有限公司产品资料.
[95] 宁波铭扬不锈钢管业有限公司产品资料.
[96] 太阳雨集团有限公司产品资料.
[97] 江苏沛尔膜业股份有限公司产品资料.
[98] 北京华夏源洁水务科技有限公司产品资料.
[99] 北京索乐阳光能源科技有限公司产品资料.
[100] 上海逸通科技股份有限公司产品资料.
[101] 上海同泰火安科技有限公司产品资料.
[102] 湖北大洋塑胶有限公司产品资料.